MODERN METHODS OF PLANT ANALYSIS

EDITED BY

K. PAECH   M. V. TRACEY

VOLUME I

CONTRIBUTORS

G. BRAUNITZER - J. GLOVER - M. J. R. HEALY - E. HECKER - H. HELLMANN
R. HILL - E. C. HUMPHRIES - R. H. KENTEN - G. KORTÜM
M. KORTÜM-SEILER - K. PAECH - N. W. PIRIE - J. SMALL
R. L. M. SYNGE - F. R. WHATLEY

WITH 215 FIGURES

SPRINGER-VERLAG BERLIN HEIDELBERG GMBH

1956

MODERNE METHODEN DER PFLANZENANALYSE

HERAUSGEGEBEN VON

K. PAECH   M. V. TRACEY

ERSTER BAND

BEARBEITET VON

G. BRAUNITZER - J. GLOVER - M. J. R. HEALY - E. HECKER - H. HELLMANN
R. HILL - E. C. HUMPHRIES - R. H. KENTEN - G. KORTÜM
M. KORTÜM-SEILER - K. PAECH - N. W. PIRIE - J. SMALL
R. L. M. SYNGE - F. R. WHATLEY

MIT 215 ABBILDUNGEN

SPRINGER-VERLAG BERLIN HEIDELBERG GMBH
1956

ISBN 978-3-662-23271-2   ISBN 978-3-662-25300-7 (eBook)
DOI 10.1007/978-3-662-25300-7

BRÜHLSCHE UNIVERSITÄTSDRUCKEREI GIESSEN

Einleitung.

Viele bedeutende Errungenschaften der modernen Biologie sind erst nach Erfindung und Anwendung von leistungsfähigen Methoden möglich geworden. Man kann zwar nicht sagen, daß wir in einem „Zeitalter der Methoden" leben, aber jeder Schritt zur Lösung eines wichtigen biologischen Problems mußte und muß durch die Entwicklung einer geeigneten Methode vorbereitet werden. Es gibt nicht viele „klassische" Verfahren, die sich in der physiologisch-chemischen Forschung erhalten haben. Physik und Chemie entdecken immer wieder spezifische, genauere und bequemere analytische Möglichkeiten, die von Biochemikern übernommen und für die Anwendung auf Pflanzenmaterial abgewandelt werden. Wenn solche neuen Methoden in rein analytischen Zeitschriften veröffentlicht werden, so sind sie zwischen analytischen Verfahren für alle möglichen Gebiete der Chemie, vom Petroleum bis zu Schwermetallegierungen, verborgen. Erscheinen sie aber als methodischer Teil in den Arbeiten über spezielle biochemische Probleme, so gibt oft weder der Titel der Arbeit noch die Zusammenfassung einen Hinweis auf die wertvolle Methode und ihre Anwendungsmöglichkeiten. Neue leistungsfähige Methoden erreichen deshalb oft nicht unmittelbar alle die Forscher, die bei ihren Arbeiten größten Nutzen daraus ziehen könnten.

Das waren die entscheidenden Überlegungen, die zur Planung dieses Handbuchs führten. Nach unseren Erfahrungen besteht ein Bedürfnis für eine moderne Sammlung zuverlässiger Methoden der Pflanzenanalyse vor allem auch in weiten Kreisen der angewandten Botanik, von landwirtschaftlichen und Gartenbau-Instituten bis zu pharmazeutischen und technischen Untersuchungsanstalten, die mit pflanzlichem Material zu tun haben.

Abgesehen von der Stoffwechselphysiologie, für die natürlich seit jeher chemisch-analytische Methoden unerläßlich waren, haben sich inzwischen auch andere Zweige der reinen Botanik so entwickelt, daß sie auf die genaue Kenntnis der chemischen Zusammensetzung der Pflanzen oder bestimmter Inhaltsstoffe angewiesen sind. Das gilt für die Genetik, die Wachstumsphysiologie und sogar für die Taxonomie. Einerseits die zerstreute Publikation der analytischen Methoden und andererseits die fehlende Übung in der Beurteilung der Leistungsfähigkeit chemischer Verfahren machen es für Neulinge auf dem Gebiet der Pflanzenanalyse manchmal schwierig, die für ihre Zwecke am besten geeignete Methode aufzufinden oder auszuwählen. Die in diesem Handbuch gebotene Sammlung kann deshalb wohl auch dazu dienen, den Weg zur Lösung von Problemen der reinen Botanik auf denjenigen Gebieten zu ebnen, wo die chemische Zusammensetzung der Pflanzen nur als Indikator anderer Funktionen als des Stoffwechsels von Bedeutung ist. Über einige Gruppen von Pflanzenstoffen sind unsere Kenntnisse noch recht mager, z. B. über Tannine und Melanine. Wenn auch für sie geeignete Methoden aufgeführt werden, so hoffen wir, damit die Untersuchungen über Vorkommen, Entstehung und Funktion dieser Stoffe in den Pflanzen zu fördern.

Es kann nicht die Absicht dieses Handbuches sein, ein biochemisches System der Pflanzenstoffe zu bieten oder die Physiologie des pflanzlichen Stoffwechsels darzustellen, sondern hier sollen rein analytische Gesichtspunkte vorherrschen.

Unser Ziel war, eine möglichst umfassende, zuverlässige und zeitgemäße Hilfe für die Laboratoriumsarbeit zu schaffen. Wir sind den Autoren der einzelnen Kapitel zu größtem Dank verbunden, daß sie die Last auf sich genommen haben, die Methoden und Verfahren so zusammenzustellen, daß ihre persönliche Kenntnis und Erfahrung in der experimentellen Biochemie den Benutzern des Werkes in weitestem Umfange zugute kommen wird. In dankenswerter Weise haben sich die Autoren einer ausführlicheren, für sie viel verlockenderen Diskussion der dynamischen Seite der Pflanzenstoffe, ihrer Biogenese und ihres Umsatzes, enthalten.

Das in manchen Teilen überholte „Handbuch der Pflanzenanalyse" von G. KLEIN (Springer, Wien 1931/33), an dessen Stelle das vorliegende Werk treten soll, wurde neben seinen analytischen Beiträgen oft noch mehr wegen seiner zusätzlichen Angaben über das Vorkommen und die Funktion von Pflanzenstoffen geschätzt. Das rasche Fortschreiten in der Erkenntnis der dynamischen Biochemie ebenso wie die täglich wachsende Zahl neuer Pflanzenstoffe, die von den verschiedensten Seiten her entdeckt werden, würden jeden Versuch, dem KLEINschen Handbuch in dieser Richtung zu folgen, zu einem uferlosen Unternehmen stempeln. Deshalb wurden alle nichtanalytischen Zusätze bewußt ausgelassen; nur kurze Listen bestimmter Pflanzenstoffe sind bei einigen Kapiteln angefügt worden. Das erschien uns vor allem dort angebracht, wo es sich um jüngst entdeckte Gruppen von Pflanzenstoffen handelt, oder wo die Angaben erfahrungsgemäß so weit verstreut sind, daß die Listen als solche einen besonderen Wert bekommen. Im ganzen Werk sind aber reichlich Literaturzitate angeführt, die ein Aufsuchen der chemischen und physikalischen Kenngrößen und anderer Daten der einzelnen Substanzen erleichtern sollen. Im übrigen sind in den regelmäßig erscheinenden Ergänzungswerken zu „Beilsteins Handbuch der organischen Chemie" Formeln und Daten der Naturstoffe zu finden.

Erfahrungsgemäß erfordert fast jedes Pflanzenmaterial eine gewisse Modifikation und Anpassung des analytischen Vorgehens. Diese Notwendigkeit scheint uns jedoch den Wert der hier gebotenen Sammlung von Methoden nicht wesentlich zu beeinträchtigen, denn die Abwandlungen sind im allgemeinen nicht prinzipiell, und sie bauen auf alle Fälle auf bestehende und erprobte Verfahren auf. Die in diesem Werk aufgenommenen Methoden sind kritisch gesichtet, ohne daß die dargebotene Auswahl zu stark beschnitten worden wäre. Erst wenige Methoden haben den Wert von Standard-Methoden für die betreffenden Substanzen erreicht. Dank der großen Erfahrung der Mitarbeiter konnten meist die Grenzen der Verfahren angedeutet und mögliche Fehlerquellen bei der Anwendung auf neues, noch unbekanntes Material aufgezeigt werden. Es ist beabsichtigt, in Zukunft durch Herausgabe von Ergänzungsbänden die Fortschritte in der Pflanzenanalyse von Zeit zu Zeit gesammelt zugänglich zu machen, so daß das vorliegende Werk die Grundlage eines immer dem Stand der Zeit entsprechenden Handbuchs für das Laboratorium bleibt.

Obwohl bei der Anordnung des außerordentlich mannigfaltigen Stoffes ein möglichst konsequentes System angestrebt worden ist, ließ es sich nicht vermeiden, daß manchmal physiologisch zusammengehörige Verbindungen in getrennten Kapiteln untergebracht oder daß physiologisch heterogene Substanzen nebeneinandergestellt werden mußten. Im allgemeinen ist der chemischen Gruppierung der Vorzug gegeben worden. In einigen Fällen erschien es uns angebracht, physiologisch verwandte Stoffe (Antibiotica, Wuchsstoffe) vereint zu behandeln. Für Vitamine und Enzyme sind keine besonderen Kapitel eingerichtet worden. Die Enzyme werden als Klasse bei den Eiweißen und im übrigen soweit behandelt, als sie analytisch für die Bestimmung ihrer Substrate in Betracht kommen. Da die Vitamine und die mit ihnen meist verwandten Coenzyme weder unter chemischen noch unter pflanzenphysiologischen Gesichtspunkten eine einheitliche Gruppe darstellen, werden sie nicht in einem Kapitel vereint, sondern jeweils mit den chemisch verwandten Verbindungen zusammengestellt.

Die verschiedenen Beiträge zu diesem Handbuch sind weder in der Auffassung der Aufgabe noch in der Ausgestaltung ganz uniform. Eine gewisse Einheitlichkeit ist natürlich angestrebt und wohl auch erreicht worden, aber die Persönlichkeit des Autors gibt jedem Kapitel sein besonderes Gepräge, und die Herausgeber haben ihren Ehrgeiz nicht darein gesetzt, durch ein starres Schema die individuelle Gestaltung zu verwischen.

Die Herausgeber und der Verlag sind den Herren Dr. A. C. CHIBNALL, F.R.S., Cambridge, und Professor Dr. Dr. h. c. W. RUHLAND, Unterdeufstetten, für die bereitwillige Unterstützung des Handbuches zu großem Dank verbunden. Professor M. THOMAS, F.R.S., Newcastle-upon-Tyne, und Mr. N. W. PIRIE, F.R.S. Rothamsted, haben bei der Planung des Werkes ihren wertvollen Rat geliehen, für den wir ihnen aufrichtigen Dank sagen. Dem Verlag danken wir dafür, daß das Werk rasch und in bester Aufmachung erscheint.

Tübingen und Rothamsted, Juli 1954.

K. PAECH

M. V. TRACEY

Introduction.

Many outstanding advances in modern biology have been made as a result of the invention and application of efficient methods. This does not necessarily mean that we are living in an age of methods but every stride towards the solution of an important biological problem has been, and will have to be, prepared by the forging of the appropriate method. There are not very many 'classical' techniques that have become part of the standard equiqment of biological research. Again and again chemistry and physics provide more specific, more exact, and more convenient analytical devices that are taken over by biochemists and modified to suit plant material. If published in purely analytical journals these recent methods are hidden in a welter of other methods applying to all fields of analysis from petroleum to heavy metal alloys. When they appear in the methods section of papers on specialised biochemical subjects they may be obscured by a title and discussion giving no hint of the presence of a valuable method or of its general applicability. As a result new methods very often do not immediately reach those manifold groups of research workers to whom they would be of the greatest use.

These are the considerations that led to the plan of this handbook. We are convinced that there is a real need for a collection of reliable up-to-date methods for plant analysis in large areas of applied biology ranging from agricultural and horticultural experiment stations to pharmaceutical and technical institutions concerned with raw materials of plant origin.

Apart from the study of plant metabolism in which analytical methods are essential many branches of pure botany, originally not concerned with the chemical composition of plants, have developed in such a way as to depend on accurate knowledge of the nature and amounts of plant constituents. This applies among others to genetics, the physiology of growth, and taxonomy. The scattered publication of analytical methods and lack of experience in judging chemical methods makes it hazardous for many of the newcomers in the field of plant analysis to find or select the best available methods for their purposes. The collection offered in this handbook may help to pave the way for tackling problems in those fields of pure botany where chemical components are useful as indicators of the varied activities of the living plant cell.

It is not in the scope of this work to produce a handbook of plant metabolism or a biochemical system of plant substances. Had it been, then the structure of the book and the arrangement of the contents would have been more logical than that which has been imposed by the purely analytical considerations that prevail in the present work, for example, mineral substances could not have been separated from many other sections. The ambition of the editors, however, was to produce a laboratory manual of the highest standard possible. We are greatly indebted to the authors of the various chapters for their willingness to undertake the task of discussing the detailed techniques of analysis in such a way that the user of these volumes will be able to make the greatest use of the authors' experience and knowledge of experimental biochemistry. The purpose of the work is furthered by the fact that the authors have avoided discussing problems of the biogenesis and metabolism of the substances with which they are concerned, tempting and fruitful though these physiological considerations may have appeared to them.

The outdated „Handbuch der Pflanzenanalyse" by G. KLEIN, whose place is being filled by the present work, was appreciated partly because it has ample non-analytical supplementary notes on the occurrence and function of plant substances. The rapid progress in dynamic aspects of biochemistry and the ever growing wealth of newly discovered plant substances from many sources would render fragmentary any attempt to follow KLEIN in this respect. Therefore non-analytical notes have been deliberately excluded, though brief lists of some compounds have been attached to some chapters. This has been done where the substances in question have been only recently discovered or when information regarding them is so widely scattered that the lists have a value of their own. Ample references to original papers are given throughout the work to facilitate further search for data — a task which will be assisted by the forthcoming edition of „Beilstein".

It is true that each particular plant material may require some modification of the usual methods and techniques. Nevertheless this necessity does not reduce the value of the collection given here, for the modifications will generally be slight and not fundamental, and be based on existing techniques. The methods set forth in the present work have been critically selected, some of them have reached the status of standard methods for the substances concerned. Owing to the wide experience of the contributors, proper emphasis has been laid on the limitations of the techniques described and reference has been made, where possible, to pitfalls likely to be met with in their application to unknown plant material. For the future it is intended to issue supplementary volumes to make advances in plant analysis accessible.

In certain fields our knowledge of plant substances is still very sparse, e. g. the tannins and melanins. It is hoped that the appearance of suitable methods for their analysis will stimulate the elucidation of their structure and metabolism. No chapters on enzymes and vitamins have been included. The former are treated only as a class of proteins or as analytical means for the estimation of their substrates. Vitamins and the related coenzymes are not treated separately since they are not an uniform group from either a chemical or physiological standpoint. They are treated in conjuction with chemically related plant components.

The various contributions are not uniform in either style or approach. The author's personality gives each an individual form and attempts by the editors to impose a rigid mould and extinguish individual preferences have been avoided.

The editors are greatly indebted to Dr. A. C. CHIBNALL, F. R. S., Cambridge, and to Professor Dr. Dr. W. RUHLAND, Unterdeufstetten, for their readiness to support 'Modern Methods of Plant Analysis'. Professor M. THOMAS, F.R.S., Newcastle-upon-Tyne, and Mr. N. W. PIRIE, F.R.S., Rothamsted, have willingly given valuable advice and help in the planning of the work. Finally we wish to express gratitude to Springer-Verlag.

Rothamsted and Tübingen, July 1954.

M. V. TRACEY

K. PAECH

Inhaltsverzeichnis. — Contents.

Inhalt der übrigen Bände. — Contents of other Volumes.

Zweiter Band. — Volume II.

Dritter Band. — Volume III.

Vierter Band. — Volume IV.

Mitarbeiter von Band I.   Contributors to Volume I.

Dr. G. Braunitzer, Max-Planck-Institut für Virusforschung,
Tübingen, Melanchthonstr. 36.

Dr. J. Glover, Biochemistry Department, The University,
Liverpool (England).

Mr. M. J. R. Healy, Rothamsted Experimental Station,
Harpenden, Herts. (England).

Dr. E. Hecker, Max-Planck-Institut für Biochemie,
Tübingen, Gmelinstr. 8.

Professor Dr. H. Hellmann, Chem. Institut d. Univ. Tübingen.

Dr. R. Hill, F. R. S., Department of Biochemistry,
Tennis Court Road, Cambridge (England).

Dr. E. C. Humphries, Rothamsted Experimental Station,
Harpenden, Herts. (England).

Mr. R. H. Kenten, Rothamsted Experimental Station,
Harpenden, Herts. (England).

Professor Dr. G. Kortüm, Chem. Institut d. Univ. Tübingen.

Dr. M. Kortüm-Seiler, Chem. Institut d. Univ. Tübingen.

Professor Dr. K. Paech †, Botanisches Institut,
Tübingen, Wilhelmstr. 5.

Mr. N. W. Pirie, F. R. S., Rothamsted Experimental Station,
Harpenden, Herts. (England).

Professor J. Small †, Department of Botany,
Queen's University, Belfast (Northern Ireland).

Dr. R. L. M. Synge, F. R. S., The Rowett Institute,
Bucksburn, Aberdeenshire (Scotland).

Dr. F. R. Whatley, Department of Plant Nutrition,
3048 Life Sciences Bldg. University of California,
Berkeley 4, Calif. (USA).

Allgemeine Maßnahmen und Bestimmungen bei der Aufarbeitung von Pflanzenmaterial.

Von

K. Paech.

Mit 1 Textabbildung.

A. Aufbewahrung und Konservierung des Untersuchungsgutes.

Wo immer es angeht, wird man bei einer Analyse, die etwas über den Zustand der lebenden Pflanze aussagen soll, von frisch geerntetem Material ausgehen. Schon das *Welken* der Pflanzenteile zieht in manchen Stoffwechselbereichen anomale Umsetzungen nach sich, die die Zusammensetzung entweder durch Produktion von Verbindungen, die im frischen Zustand nicht vorhanden sind, oder durch Minderung bzw. Schwund vorhandener Inhaltsstoffe gegenüber der frischen Pflanze wesentlich verändern können. Stabile Verbindungen wie Zellulose und Lignin werden davon natürlich kaum betroffen, aber schon Stärke, Eiweiße, organische Säuren und erst recht andere noch leichter umsetzbare Substanzen werden meist schon nach einigen Stunden Welken bei Zimmertemperatur abgebaut, und zwar oft ganz abweichend vom normalen Stoffwechsel. Obwohl häufig beobachtet wurde, daß beim Welken besonders Hydrolysen begünstigt sind, ist es doch nicht möglich, etwas Bestimmtes über Art und Ausmaß des Stoffumsatzes welkender Pflanzenteile anzugeben. Man muß immer auf Überraschungen gefaßt sein. (Vergl. dazu Bd. I, S. 2.)

Wieder andere Veränderungen sind beim *Trocknen* der Pflanzen zu befürchten. Bei geschickter Leitung des Trockenprozesses brauchen diese Abweichungen vom frischen Zustand nicht einmal tiefer in die Zusammensetzung der Trockensubstanz einzugreifen als die durch das Welken hervorgerufenen. Es hängt weitgehend von der speziellen Fragestellung ab, ob das zu untersuchende Material eine Konservierung verträgt oder ob nur frische Pflanzenteile sinnvolle Analysenergebnisse versprechen. Schonendes Trocknen wird meist als eine harmlose und erträgliche Form der Haltbarmachung angesehen. Bestimmte Veränderungen, wie die Denaturierung mancher Eiweiße und die Inaktivierung von Enzymen müssen dabei jedoch in Kauf genommen werden. Während der Dauer der Lagerung können dann jedoch noch mancherlei andere Veränderungen eintreten. In der pharmazeutischen Anwendung der Pflanzenanalyse stellt die getrocknete Droge oft das „natürliche" Untersuchungsmaterial dar. Da sogar flüchtige ätherische Öle dank ihres Einschlusses in Exkretbehältern der Pflanzen trotz längerer Trockenlagerung offenbar erhalten bleiben, läßt sich im allgemeinen gegen ein Trocknen vor der Analyse stabiler Verbindungen nicht viel einwenden. Sogar die licht- und sauerstoffempfindlichen Carotinoide lassen sich in rasch und schonend getrocknetem Material, das allerdings nicht längere Zeit aufbewahrt werden darf, ohne wesentliche Veränderungen bestimmen. Es scheint jedoch mehr genuine Pflanzenstoffe, als bisher identifiziert worden sind, zu geben, die schon durch bloßes Trocknen der Pflanzen zerstört werden (vgl. PAECH, 1953).

Das Trocknen muß stets mit Überlegung geleitet und überwacht werden. Beim Sammeln von Pflanzen in trocknem Klima und bei größeren Portionen wird man gern auf *natürliche Trocknung* zurückgreifen. Die Vorstellung, daß die Trocknung an der frischen Luft und in der Sonne einer Trocknung in künstlich erwärmter Luft auf alle Fälle überlegen sei, ist nicht begründet. Entscheidend ist, daß das Wasser bei sonst unschädlichen Temperaturen möglichst rasch entzogen wird. Auf Ausbreitung in dünner Schicht, Aufstellung in bewegter Luft und Ausschluß längerer Sonnenbestrahlung ist im Freien zu achten. Nicht nur Pflanzenfarbstoffe werden in der Sonne ausgebleicht, auch verschiedene organische Säuren werden leicht photolytisch zerlegt (SPOEHR, 1913). Dickere Pflanzenteile (Wurzeln, Rüben, Zwiebeln, Stengel, succulente Blätter usw.) müssen in Scheiben oder Streifen zerlegt und an Schnüren oder Drähten aufgehängt werden. Pflanzenteile, die von Natur aus über einen besonderen Transpirationsschutz verfügen, z. B. in Form der Lederblätter, durch Behaarung oder Wachsüberzug, müssen für das Trocknen durch Aufschneiden vorbereitet werden. Selbst bei diesen Vorkehrungen werden die Pflanzenteile selten innerhalb eines Tages bis zur Lufttrockenheit entwässert sein. Über Nacht ist das Trockengut ausgebreitet liegen zu lassen und vor Betauung zu schützen.

Rascher und unter geeigneten Bedingungen deshalb sicherer trocknet man die Pflanzen mit künstlich erwärmter und bewegter Luft in einem *Trockenapparat*, den man sich mit den heutigen technischen Hilfsmitteln im allgemeinen leicht in der gewünschten Größe herstellen oder herstellen lassen kann. Im Prinzip handelt es sich dabei immer um eine „offene" Luftführung, bei der die Luft also nicht in einem geschlossenen System nur umgewälzt wird. Die Abscheidung des Wasserdampfes aus der erwärmten Luft eines geschlossenen Umlaufes ist meist kostspieliger als die fortlaufende Erwärmung frischer Luft. Die Frischluft wird zunächst über einem Heizdraht oder einem mit Dampf bzw. Warmwasser beheizten Röhrensystem auf die gewünschte, durch Thermometer oder Thermostat kontrollierte Temperatur gebracht und dann über das in einem Kasten oder einer Kammer gegebenenfalls in mehrere Etagen ausgebreitete oder aufgehängte Trockengut geleitet. Darauf verläßt die Luft die Trockenapparatur. Durch Klappen oder andere Reguliervorrichtungen kann die Menge der durchgeleiteten Luft und damit in gewissen Grenzen gleichzeitig deren Temperatur eingestellt bzw. variiert werden. Für die meisten Fälle ist 50° bis 60° C eine geeignete Trockentemperatur.

Als unreife Maiskörner bei 44° C, 54° C bzw. 83° C getrocknet wurden, ergaben sich signifikante Abweichungen in der Zusammensetzung der Körner in verschiedenen Komponenten gegenüber der Trocknung bei Zimmertemperatur (GAUSMAN u. a., 1952). Vor allem die höheren Temperaturen und diese besonders dann, wenn die Körper anfangs noch recht viel Wasser enthielten (über 50% des Trockengewichtes), stabilisieren die Körner offenbar in dem Zustand, in dem sie geerntet worden sind. Der Zuckergehalt war höher und der Stärkegehalt entsprechend niedriger als bei gewöhnlicher Trocknung. Diese Unterschiede entstehen wohl dadurch, daß die höhere Temperatur durch Inaktivierung der Enzyme und durch raschen Wasserentzug den Stoffumsatz sofort unterbricht und damit den normalen Reifevorgang unterbindet, der bei gewöhnlicher Temperatur noch weiterläuft. Die möglichen Verluste durch Atmung werden unter diesen Bedingungen natürlich ebenfalls ausgeschaltet. In bezug auf die „Wirkstoffe" war das Bild uneinheitlicher: der Gehalt an Pantothensäure und Pyridoxin war bei höherer Trockentemperatur geringer, derjenige an Riboflavin und Nicotinsäure hingegen höher als nach dem Trocknen bei Zimmertemperatur.

Unter bestimmten Umständen, z. B. für die Analyse ätherischer Öle, sind niedere Trockentemperaturen zu empfehlen. Die in den Trockenapparat eintretende

Frischluft sollte dann getrocknet werden, indem man sie durch einen mit Chlorcalcium oder gebrannten Kalk beschickten Turm leitet. Chlorcalcium zerfließt bei zunehmender Wasseraufnahme. Gebrannter Kalk bleibt zwar körnig, aber die Fähigkeit, Wasserdampf rasch aufzunehmen, geht ihm nach Umwandlung in Calciumhydroxyd verloren.

Wenn nicht leichtflüchtige oder hitzeempfindliche Substanzen es verbieten, sollte das frische Material zunächst einige Minuten auf 70°—80° C zur raschen Abtötung der Zellen erhitzt werden, da abgetötete Pflanzenteile das Wasser rascher abgeben als lebende. Zudem werden dabei schon die meisten Enzyme, die noch Veränderungen an den Inhaltsstoffen verursachen könnten, inaktiviert (s.u.).

In 2—4 Std. kann und sollte im allgemeinen das Pflanzenmaterial in einem Trockenapparat soweit entwässert sein, daß keine bedeutenden enzymatischen Umsetzungen mehr stattfinden können. Der Gewichtsverlust beim Trocknen hängt sowohl von der Erhitzungstemperatur als auch von der Erhitzungsdauer ab. Nach länger ausgedehntem Erhitzen, besonders bei 80° C und darüber, nehmen die Verluste und Veränderungen durch chemische Umsetzungen (thermische Zersetzung von Oxalsäure, Karamelisierung von Zuckern usw.) und durch die Flüchtigkeit von Ammoniumsalzen und organischen Verbindungen zu.

Beim Trocknen von Cruciferen-Samen geht ein merklicher Anteil von Schwefelverbindungen verloren. Diese flüchtigen Substanzen können nicht nur von freien Alkylsulfiden und den gespaltenen Senfölglykosiden herrühren, denn deren Gehalt ist nicht so hoch, daß sie für die Differenz im Schwefelgehalt vor und nach dem Trocknen bis zur Gewichtskonstanz verantwortlich sein können. Ein Teil des Schwefels aus schwefelhaltigen Aminosäuren bzw. Proteinen scheint ebenfalls verflüchtigt zu werden (ANDRÉ und CARBOUÈRES, 1952).

Das getrocknete Material wird in Weithalsflaschen mit eingeschliffenem Stopfen möglichst im Dunklen, in Blechdosen mit dicht schließendem Deckel, der durch einen Streifen von Leukoplast oder ähnlichem gedichtet werden kann, oder im Exsiccator ebenfalls im Dunklen und möglichst kühl aufbewahrt. Da viele Pflanzenstoffe auch im trocknen Zustand autoxydabel sind, ist es zu empfehlen, die Größe der Behälter für getrocknetes Pflanzenmaterial so zu wählen, daß sie möglichst voll gefüllt werden, ohne viel Luftraum frei zu lassen (vgl. "The Determination of Rubber and Gutta in Plants" in Bd. 3). Beutel, die für längere Verwahrung wasserdampfdicht sein sollen, müssen daraufhin stets erst geprüft werden. Viele der gebräuchlichen Kunststoffe lassen auf die Dauer Wasserdampf merklich durchtreten. (Trocknen und Verwendung von Exsiccatoren vgl. auch S. 50.)

Recht schonend lassen sich manche Pflanzenteile *im gefrorenen Zustand* bei Temperaturen zwischen —20° und —30° C aufbewahren, wenn es gelingt, die Objekte in kürzester Zeit, etwa in 1 Std., auf diese Temperaturen abzukühlen. Dazu sind im Prinzip ähnliche Vorkehrungen nötig wie beim Trocknen, nämlich lockere Ausbreitung und rasch bewegte Luft. Das gefrorene Gut muß vor Verdunstung geschützt werden (Verpacken in dampfdichte Gefäße) und muß ohne aufzutauen bei den tiefen Temperaturen bis zur Analyse lagern. Wenn durch Erhitzen keine Veränderungen der gesuchten Inhaltsstoffe zu befürchten sind, kann die Stabilität bei längerer Lagerung (monate- bis jahrelang) des Gefriergutes noch erhöht werden, indem die Enzyme vor dem Einfrieren durch kurzes Erhitzen der Pflanzenteile im Dampf (etwa 1—5 min je nach Dicke) inaktiviert werden (vgl. im einzelnen PAECH, 1945).

Auch sehr empfindliche Pflanzenstoffe lassen sich ohne wesentliche Veränderungen durch *Gefriertrocknung* stabilisieren und für die weitere Verarbeitung vorbereiten (s. S. 51).

Für die *Stabilisierung* des Untersuchungsmaterials ist eine hinreichende Inaktivierung der Enzyme ausschlaggebend. Es wird dabei von folgenden Möglichkeiten Gebrauch gemacht (vgl. MOSER, 1941; SCHULTZ, 1953).

a) Herstellen unwirksamer Enzymreaktionsprodukte,
b) Verschieben des p_H-Wertes,
c) Aussalzen,
d) rasches Trocknen,
e) Denaturieren und Koagulieren.

a) Die zur „Vergiftung" der Enzyme gebräuchlichen Substanzen wirken selbst meist recht stark auf andere Inhaltsstoffe der Pflanzen. Mit Kaliumfluorid wurde der Milchsaft von *Papaver somniferum* stabilisiert, so daß der Morphiumgehalt beim Trocknen nicht abnahm. Die Chlorogensäure schützt man in Blättern vor der Oxydation, indem man die Blätter vor dem Zerreiben in 1% Natriumbisulfit eintaucht oder damit besprüht.

b) Unter der Voraussetzung, daß die zu gewinnenden Substanzen gegen höhere Acidität beständig sind, kann man durch Verwendung von schwachen Säuren, z. B. 5% Essigsäure, beim Extrahieren den enzymatischen Abbau verhindern. Bei Opiumextrakten erreicht man das gleiche Ziel, wenn man die Ansatzflüssigkeit wiederholt mit CO_2 sättigt.

c) Durch höhere Konzentrationen von Ammoniumsulfat werden viele Enzyme ausgesalzen. Bei sehr reaktionsfähigen Enzymen, die schon vor oder während der Vermischung zu Umsetzungen führen, versagt diese Methode allerdings. Das Salz wird entweder zu dem im „Starmix"(Waring blendor) frisch zerkleinerten Pflanzenmaterial zugesetzt oder die Pflanzenteile werden mit der entsprechenden Menge Salz verrieben. Diese Methode leistete gute Dienste bei der Reindarstellung von Scillaren aus *Scilla maritima* und von Digilanid A, B und C aus *Digitalis lanata* (STOLL, 1933, 1935, vgl. auch Bd. 3 dieses Handbuches). Die Glykoside lassen sich aus dem wäßrigen Extrakt und aus dem abgepreßten Rückstand mit Äthylessigester von den ausgefällten Enzymen trennen.

d) Beim Trocknungsprozeß liegt die für die Veränderung der Zusammensetzung der Pflanzenteile gefährliche Spanne zwischen dem Abtöten der Zellen und dem Austrocknen bis zu dem Grade, in dem die Enzymtätigkeit aus Wassermangel unterbunden ist. Das Erhitzen hat zwei voneinander unabhängige Folgen: die Abtötung der lebenden Zellen und die Vernichtung der Enzyme. Jene erfolgt im allgemeinen bei einer niedrigeren Temperatur, und dabei erhalten die Inhaltsstoffe ungehinderten Zutritt zu den Enzymen. Zugleich bedeutet eine Temperaturerhöhung eine Steigerung der Aktivität der Enzyme, die oft bei der Abtötungstemperatur des Protoplasten ihr Temperaturoptimum haben. Andererseits ist man natürlich bemüht, die Stabilisierung bei möglichst niedrigen Temperaturen durchzuführen, um einen anderweitigen Hitzeeinfluß zu vermeiden. Daraus ergibt sich die wesentliche Forderung, daß die Zeitspanne zwischen dem Abtöten der Zellen und der Vernichtung der Enzyme möglichst kurz gehalten wird (MOSER, 1941).

Die Verarbeitung von Pflanzen im gefrorenen Zustand verdankt ihre Vorteile nicht nur dem Kühleffekt, sondern auch dem Wasserentzug durch das Ausfrieren. Durch Überführung des Wassers in den festen Aggregatzustand wird ja ebenfalls eine Austrocknung erreicht. Wenn man dafür sorgt, daß mit entsprechenden Lösungsmitteln die Extraktion aus dem tiefgekühlten Material (nach Vermischen mit CO_2-Schnee) vorgenommen wird, können auch solche Substrate isoliert werden, die sonst nach Abtöten der Zellen mit einem auf ihren Abbau eingestellten Enzym in Verbindung kämen und rasch umgesetzt würden, z. B. Amygdalin in Anwesenheit von Emulsin oder Senfölglykoside in Anwesenheit von Myrosin. Durch das Gefrieren werden Enzyme nicht bleibend inaktiviert. Nach dem Auftauen ist mit postmortalen enzymatischen Umsetzungen zu rechnen.

e) Zum Denaturieren bzw. Koagulieren der Enzymeiweiße wird im allgemeinen Hitze benutzt. Die frischen unverletzten Pflanzenteile müssen dabei sehr rasch auf die Temperatur erwärmt werden, bei der Enzyme eben sicher zerstört werden. Wenn das Material durch und durch erwärmt ist, braucht die Temperatur nur wenige Minuten gehalten zu werden. Peroxydasen sind relativ hitzeresistent; 5—10 min müssen die Pflanzenteile auf etwa 90° C erhitzt werden, um auch diese Enzyme auszuschalten.

Wenn nicht die Gefahr besteht, daß wasserlösliche Bestandteile ausgelaugt werden, kann die Denatuierung durch Abbrühen in Wasserdampf erfolgen. Wenn Saftverlust befürchtet wird oder der Saft gesammelt werden soll, werden kleinere Mengen von Blättern oder Blüten in weite Reagenzgläser gefüllt und in einem Bad kochenden Wassers erhitzt, bis auch hierbei die Temperatur in allen Blättern einige Minuten über 90° C gehalten worden ist. Für größere Mengen sind besondere Gefäße vorgeschlagen worden (vgl. MOSER, 1941). In besonderen Fällen, vor allem bei relativ dünnen Blättern, kann eine rasche Denaturierung der Enzymeiweiße durch Aufpressen eines heißen Bügeleisens auf die auf Fließpapier liegenden Blätter erreicht werden. Dadurch werden die sonst beim Trocknen vieler Blätter eintretenden oxydativen Verfärbungen zunächst verhindert. Trockene Pflanzenteile, z. B. Samen, Getreidekörner, werden im offenen Gefäß $^1/_2$—1 Std. auf 90° bis 100° C zur Inaktivierung der Enzyme erhitzt, z. B. der Oxydasen vor der Isolierung und Bestimmung von Chlorogensäure und anderen Polyphenolen.

B. Die Angabe von Analysenresultaten und die Bezugsgrößen.

Auf die *statistische Auswertung* von Reihenanalysen soll hier nicht eingegangen werden. Dafür gibt es bereits geeignete und handliche Anleitungen in besonderen Werken, z. B. S. KOLLER, 1953; E. WEBER, 1948; R. A. FISHER, 1948; D. J. FINNEY, 1952; A. LINDER, 1953.

Die Angabe und *Darstellung der Versuchsergebnisse* in Zahlen erfordert manchmal eine besondere Überlegung, denn quantitative Analysendaten sind nur insoweit sinnvoll und exakt, wie die angewandte Methode sie zu bestimmen gestattet. Angaben darüber hinaus sind eine Täuschung. Jede Zahl sollte nur mit soviel Stellen angegeben werden, daß die vorletzte Ziffer als sicher gelten muß, während die letzte zwar noch wahrscheinlich aber doch unsicher ist. Das bezieht sich auch auf das Mitschreiben von Nullen, denn 10% und 10,00% bedeuten eine ganz verschiedene Genauigkeit der ermittelten Werte. Die Resultate von Wägungen sind ebenso wie die Ablesungen von Büretten und allen Instrumenten nur bis zu einer bestimmten Größenordnung zuverlässig, die auch durch mehrfaches Ablesen und „Mitteln" der Zahlen nicht gesteigert werden kann. Mehrfaches Ablesen ebenso wie mehrere Parallelbestimmungen gleichen zwar die unvermeidlichen Abweichungen in der Zusammensetzung verschiedener Proben des gleichen Materials sowie die Fehler beim Sammeln, Wägen, Abmessen und bei anderen Manipulationen aus, aber sie erhöhen nicht die Genauigkeit der Methode. Für die Ermittlung der Fehlerbreite bei Reihen von Bestimmungen müssen die eingangs genannten Anweisungen für statistische Berechnungen zu Hilfe genommen werden.

Die ungerechtfertigt genaue Angabe von Analysenwerten, vor allem die Vernachlässigung der durch die Methode garantierten Genauigkeit bzw. der methodischen Ungenauigkeit führt besonders dann zu groben Entstellungen und falschen Schlüssen, wenn die tatsächlich abgelesenen Zahlen nur für einen kleinen aliquoten Teil des Gesamtmaterials gelten und wenn durch Multiplikation mit einem großen Faktor die Ungenauigkeit in bezug auf den absoluten Wert vervielfacht wird.

Bezugsgrößen.

Von noch größerer Bedeutung für die Auswertung der Analysenergebnisse ist meist die richtige Wahl der *Bezugsgröße*. Im einfachsten Falle wird die gefundene Menge eines Pflanzeninhaltsstoffes auf das Gewicht des Ausgangsmaterials bezogen. Das ist entweder *Frischgewicht* oder Trockengewicht. Da der Wassergehalt der Pflanzenteile sehr variabel ist und da der restliche Wassergehalt bei lufttrockenem Gut je nach den Umweltbedingungen höher oder niedriger liegt, sind solche Angaben meist nicht sehr befriedigend. Wenn die gestellte Aufgabe die Beziehung auf das Frischgewicht erfordert, dann sollte man vor dessen Bestimmung dafür sorgen, daß die Pflanzenteile wassergesättigt sind (Einstellen in Wasser unter eine feuchte Glocke). Gouwentak (1929) lehnt das Frischgewicht als Bezugsgröße für Blattuntersuchungen ganz ab, weil sie nachweisen kann, daß das Frischgewicht je Flächeneinheit von *Helianthus*-Blättern am Morgen bis zu 10% höher liegt als am Abend. Kaum auswertbare Zahlen ergeben sich, wenn das Frischgewicht, auf welches Analysendaten bezogen werden, während des Versuches sich merklich verändert. Unter solchen Umständen kann man sich manchmal durch Bezug auf das „Ausgangsfrischgewicht", d. h. das bei Beginn des Versuches eingewogene Frischgewicht der zu analysierenden Probe, helfen.

Ähnliche Überlegungen gelten für das *Trockengewicht*, dessen Veränderungen während der Versuchsdauer noch weniger wahrgenommen werden als diejenigen des Frischgewichtes, das von einer bestimmten Versuchsportion am Anfang und Ende des Versuches und meist an beliebigen Punkten seines Verlaufes ermittelt werden kann, was beim Trockengewicht nicht möglich ist. Das Trockengewicht lebender Pflanzenteile wird vor allem durch die Schwankungen des Kohlenhydrat-, Säure- und Eiweißgehaltes beeinflußt und ändert sich mit Ausnahme weniger spezieller Zustände, z. B. beim Kompensationspunkt der Photosynthese, laufend, entweder es verringert sich durch Atmung und Ableitung oder es erhöht sich durch Photosynthese und Zuleitung. Das wirkt sich so aus, daß der unveränderte Gehalt an einer Substanz beim Bezug auf Trockengewicht scheinbar steigt oder fällt.

Ein Bezug auf Trockengewicht setzt voraus, daß sich dieses während des Versuches nicht ändert. Chibnall (1923) wies schon vor langem darauf hin, daß das bei diurnalen Umsetzungen in Blättern nicht zutrifft. Die wirklichen Veränderungen im N-Gehalt werden durch die größeren Veränderungen der im Blatt vorhandenen mobilisierbaren Kohlenhydrate maskiert, ja der Bezug auf Trockengewicht kann unter diesen Umständen sogar eine Umkehr der tatsächlichen Veränderungen vortäuschen, d. h. eine Zunahme eines Inhaltsstoffes kann sich als Abnahme darbieten. Gouwentak (1929) gibt dafür ein Beispiel. Morgens machte der Total-N-Gehalt eines Blattes 4,94%, abends 4,56% vom Trockengewicht aus. Die absoluten N-Mengen waren jedoch 333 mg morgens und 433 mg abends.

Mason und Maskell (1928) zogen daraus den Schluß, daß die Variationen im Kohlenhydrat- und Wassergehalt eines ausgewachsenen Pflanzenorganes oder Gewebes weder auf Frisch- noch auf Trockengewicht bezogen werden sollten. Da die wesentlichen Unterschiede des Trockengewichtes auf Veränderungen des Kohlenhydratgehaltes zurückzuführen sind, dürfte der übrige Teil der Trockensubstanz eine relativ stabile Größe darstellen. Die genannten Autoren schlugen deshalb vor, das *„Resttrockengewicht"* (residual dry weight), das aus Trockengewicht minus „Gesamtkohlenhydraten" berechnet wird, als eine aus theoretischen Überlegungen exaktere Grundlage für die Berechnung von Inhaltsstoffen vor allem bei kurzfristigen Veränderungen zu nehmen. Problematisch bleibt dabei nur die Bestimmung von „Gesamtkohlenhydraten", unter denen wohl wasserlösliche plus leicht hydrolysierbare Kohlenhydrate verstanden werden sollen.

Bei sich entwickelnden Samen und Früchten, bei keimenden Samen sowie bei austreibenden Knospen oder vegetativen Reservestoffbehältern sind Trocken- und Frischgewicht so variabel, daß sie als Bezugsgrößen nur bei genauer Berücksichtigung dieser Veränderungen brauchbar wären.

In wachsenden Weizenkörnern auf dem Halm erscheint auf Trockengewicht bezogen der Stärkegehalt vom 28. Tag nach Beginn des Blühens bis zum 43. Tag, d. h. bis zur Ernte, praktisch unverändert (64—65%), weil das Gesamttrocken- gewicht in ähnlicher Weise zunimmt, während tatsächlich, nämlich bei Bezug auf die Einheit des Samens, in diesem Falle auf 1000 Korn, die Stärkemenge von 18 g auf 23,5 g anstieg (KOBLET, 1940). Auch die Angaben, daß der Eiweißgehalt in Maiskörnern vom 15. Tag bis zum 57. Tag nach der Blüte von 19,3% auf 11,6% des Trockengewichtes und der Aschegehalt von 3,33% auf 1,78% abnahm (EVANS, 1941), vermitteln kein richtiges Bild von den tatsächlichen Veränderungen dieser Komponenten, denn beide nehmen natürlich zu. Da das Gesamttrocken- gewicht der Körner laufend ansteigt, kann ein Bestandteil in seinem prozentualen Anteil zwar zurückgehen und doch der Menge nach zunehmen. (Vgl. weiter auch bei CROCKER und BARTON, 1953.) Ähnliche Verhältnisse bestehen beim Aus- keimen, wo ebenfalls nur ein Bezug auf die Einheit der Pflanze, bzw. auf 100 oder 1000 Stück, den gewünschten Einblick in die wirklichen Umsetzungen vermittelt.

Für viele Untersuchungen bietet sich die Einheit der *Blattfläche* als eine geeignete Bezugsgröße an, obwohl dabei die Blattdicke, der Wasser- und Trocken- substanzgehalt verschiedener Blatteile und andere Variable eingehen können. In Verbindung mit der SACHSschen Blatthälften-Methode ist der Bezug auf die Blattfläche jedoch meist recht zuverlässig.

Das Problem der Auswahl einheitlicher bzw. gleichwertiger Blattproben gehört zwar noch mehr als manche andere der zuletzt besprochenen Fragen in das Gebiet der physiologischen Versuchsanstellung und nicht mehr unmittelbar zur chemischen Analyse. Da aber die Gleichwertigkeit des analytischen Materials mitbestimmend für die Auswertung der Analysendaten von Blättern ist, sollen einige Gesichtspunkte hier aufgezeigt werden. Zudem ist die richtige Probenahme entscheidend für die Streuungsbreite von Parallelanalysen ("duplicates"). Bei der Bewertung von Doppelanalysen muß ja neben der durch die Analysen- methode bedingten Ungenauigkeit noch die Schwankung in der Zusammen- setzung des Pflanzenmaterials berücksichtigt werden, selbst wenn dieses sorg- fältig ausgesucht worden ist. Da heute die chemischen Methoden mit so hoher Genauigkeit arbeiten, kommt der Auswahl gleichmäßigen Materials besondere Bedeutung zu, und die Zurückdrängung der durch die Probenahme bedingten Unsicherheit stellt eine besonders wichtige Aufgabe dar. Man ging bisher manch- mal so weit, daß man Abweichungen zweier Parallelbestimmungen bis zu 10% noch als Streuung des Versuchsmaterials ansah. Wenn es sich darum handelt, nur zwei gleichwertige Portionen zu bilden, kann man gegenständige Blätter oder gegenständige Blattfiedern als chemisch identisch ansehen. Wenn mehr als zwei Proben nötig sind, können Blatthälften gegenständiger Blätter, also 4 Por- tionen, noch als gleichwertig genommen werden.

Um objektive Unterlagen für die Beurteilung der durch die Probenahme bedingten Fluktuationen in den Analysenwerten zu erhalten, haben Vickery u. a. (1949) drei Methoden der Auswahl von Blattgut an den gegenständigen und gefiederten Blättern von *Bryophyllum calycinum* verglichen. Es wurde angestrebt, mehrere, z. B. 5 gleichwertige Blattproben zu bilden. Dabei erwies sich eine „statistische Methode" als überlegen, die in den einzelnen Proben die Verschiedenheiten der Pflanzen, der Blattstellungen und der Fiederblattstellung auszugleichen sucht. Die Portionen werden so zusammengestellt, daß jede Pflanze und jedes Blatt zu genau dem gleichen Anteil in jeder Probe vertreten sind. Um einen exakten Ausgleich aller dieser Faktoren zu sichern, sind allerdings die relative Zahl der zusammenzustellenden Portionen und die Zahl der verwendeten Pflanzen und Blätter gewissen Beschränkungen bzw. Abstimmungen aufeinander unterworfen. Im einzelnen wird nach der statistischen Methode folgendermaßen verfahren. Die Pflanzen werden willkürlich mit Nummern versehen, ebenso werden die Fiederblättchen eines bestimmten zu untersuchenden Blattes an jeder Pflanze, etwa des untersten Blattes oder des gerade ausgewachsenen Blattes, nach einem für alle Blätter gleichen Schema numeriert. Die Zahl der benutzten Pflanzen und Blätter muß dabei gleich oder ein Vielfaches der zu bildenden Portionen sein. Für 5 Proben werden jeweils die 5 Fiederblätter eines bestimmten Blattes jeder Pflanze in vorstehender Weise verteilt (Tab. 1).

Tabelle 1.

Aufteilung der Fiederblättchen je eines Blattes von 5 Pflanzen (Bryophyllum calycinum) auf 5 gleichwertige Portionen. (Nach Vickery u. a., 1949.)

Blättchen Stellung	Pflanze Nr.				
	1	2	3	4	5
	Nr. der Portion				
1	1	2	3	4	5
2	2	3	4	5	1
3	3	4	5	1	2
4	4	5	1	2	3
5	5	1	2	3	4

Die Fiederblättchen 6—10 des betreffenden gegenständigen Blattes können nach einem ähnlichen Schema zu Portionen vereint werden. Die Bestimmung verschiedener Komponenten (Asche, Stärke, Eiweiß-N usw.) zeigte, daß in den nach dieser Methode gesammelten Proben die Abweichungen zwischen 1 und 2% lagen, während sie sich bei den nach anderen Gesichtspunkten zusammengestellten Proben, z. B. auch den auf Grund der Vergleichbarkeit von ganzen gegenständigen Blättern gewonnenen, zwischen 2,5 und 3,7% bewegten. Um bei diesen anderen Methoden der Probenahme die gleiche gute Übereinstimmung wie bei der statistischen Methode zu erzielen, wären vier- bis fünfmal so viele Proben nötig gewesen.

Wenn bei den Analysenergebnissen eine Beziehung zum lebenden Anteil der betreffenden Pflanzen hergestellt werden soll, empfiehlt es sich, in erster Näherung den *Eiweißgehalt*, besser jedoch den Gehalt an Nucleinsäuren als Bezugsgröße heranzuziehen.

Daß sich dabei tatsächlich ein anderes Bild von der Zusammensetzung gewisser Pflanzenorgane als beim Bezug auf Frischgewicht ergeben kann, zeigt Tab. 2, in welcher der Gehalt von Äpfeln an reduzierter Ascorbinsäure das eine Mal auf Frischgewicht und daneben auf den gleichzeitig bestimmten Eiweißgehalt der betreffenden Gewebe berechnet worden ist (Paech, 1938).

Wiederum ein anderes Bild ergibt sich, wenn der absolute Gehalt an Ascorbinsäure in einem ganzen Apfel und seinen Teilen ermittelt wird. Dann ist die Gesamtmenge im Fleisch höher als in den Schalen, weil deren Gewicht nur einen geringen Teil des Apfelgewichtes ausmacht. Die Schalen eines der in Tab. 2 analysierten Äpfel enthielten 3,3 mg, das Fleisch dieses Apfels hatte dagegen 8,3 mg Ascorbinsäure.

Tabelle 2. *Ascorbinsäuregehalt von „Wiltshire"-Äpfeln, bezogen auf Frischgewicht und Eiweißgehalt.*

Gewebe	In 100 g Frischgewicht		Ascorbinsäure je 100 mg Eiweiß
	Ascorbinsäure mg	Eiweiß-N mg	mg
Rote Schalen	50,6	87,0	58,2
Fleisch der roten Seite	7,3	17,7	41,2
Gelbe Schalen	28,9	88,8	32,6
Fleisch der gelben Seite	4,4	17,0	25,9

Da nicht immer leicht zu entscheiden ist, ob und wieviel neben dem Eiweiß des lebenstätigen Plasmas noch Reserveeiweiß in einem Organ vorhanden ist, wird sicherer die Menge an *Desoxyribonucleinsäuren*, die charakteristische Zellkernsubstanz, als ein Maß für den lebenden Anteil eines Pflanzenorgans genommen. Allerdings besteht auch dabei die Möglichkeit, daß die Größe der Zellkerne sich z. B. im Laufe von Entwicklungsvorgängen und damit auch die Menge DNS ändert, ohne daß die Zellzahl, also der lebende Anteil zunimmt. Bei der Entwicklung eines pflanzlichen Organes finden nicht selten Polyploidisierungen in einzelnen Geweben statt, bei denen sich auch die DNS-Menge pro Zelle ändern dürfte.

So kommt man schließlich dazu, die ausgezählte *Zahl der Zellen* als Bezugsgröße für die chemische Analyse des Organes zu berücksichtigen. Ob und wie sie im einzelnen Falle festzustellen ist, muß jeweils besonders entschieden werden.

Der Rohfasergehalt.

Bei der Untersuchung des Stoffwechsels austreibender vegetativer Speicherorgane (Knollen, Rüben, Zwiebeln) tauchen auf der Suche nach einer geeigneten Bezugsgröße, die von den physiologischen Umwälzungen in den sich entleerenden Organen möglichst unberührt bleibt, besonders große Schwierigkeiten auf. Frisch- und Trockengewicht erleiden so starke und unregelmäßige Veränderungen, daß sie über eine längere Dauer des Versuches noch weit unzuverlässiger sind als bei Blättern. Für jene Organe erwies sich das Zellwandmaterial, soweit es nicht aus Reservezellulose besteht und deshalb nicht mobilisiert werden kann, als eine gut bestimmbare und relativ konstante Bezugsgröße, die als Rohfasergehalt bezeichnet worden ist (RAHN, 1933). Wie oben bereits ausgeführt, ist auch bei ausgewachsenen Blättern weder Frisch- noch Trockengewicht eine konstante Größe. „Bei pharmakognostischen Arbeiten wird häufig das Trockengewicht als Bezugsgröße gewählt, weil die Drogen in der Regel in getrocknetem Zustande gehandelt und verwendet werden. Will man indessen physiologische Schlüsse über die Tagesperiodizität des Wirkstoffgehaltes einer Droge ziehen, so genügt das Trockengewicht als Bezugsgröße nicht, ganz besonders dann nicht, wenn es sich um eine Untersuchung an Blättern handelt. Diese reichern während des Tages Assimilate an und haben dann folgerichtig ein höheres Trockengewicht als zur Nachtzeit, wo die Assimilate abgeführt worden sind. . . . Um diesen Schwierigkeiten zu begegnen, haben wir die Rohfasermenge als eigentliche Bezugsgröße gewählt. Diese variiert während 24 Std. praktisch fast gar nicht" (HEMBERG und FLÜCK, 1953). Diese Feststellung gilt natürlich nur für ausgewachsene Blätter, denn wachsende Blätter bilden in Form von Zellulose und anderem Wandmaterial Rohfaser. Bei der Strohanalyse und zur Beurteilung des Futterwertes auf landwirtschaftlichem Gebiet spielt ebenfalls der Rohfasergehalt eine wichtige Rolle.

Bestimmung der Rohfaser. Auf dem Wege geeignet geleiteter Hydrolyse werden Eiweiße und mobilisierbare Kohlenhydrate in Lösung gebracht und von der nicht so leicht hydrolysierbaren Rohfaser getrennt. Bei der agrikulturchemischen Analyse versteht man unter Roh- oder Holzfaser den Rückstand, der bleibt, wenn man das Frisch- oder Trockenmaterial zunächst 30 min mit 1,25%iger Schwefelsäure und nach Filtrieren und Auswaschen mit 1,25%iger Kalilauge ebenfalls für 30 min kocht (vgl. Wiessmann und Nehring, 1951). Ein Mikroverfahren nach dem gleichen Prinzip ist von Gorbach und Butscher (1952) angegeben worden. Wenn mit kochender Lauge hydrolysiert wird, darf der Rohfasergehalt nicht als Summe der Wandsubstanzen angesehen werden, denn außer den Pektinen werden dabei auch Hemizellulosen gelöst. Ebensowenig besagt in diesem Falle Rohfaser etwas über die für die menschliche oder tierische Ernährung verdaulichen Anteile. Dafür sind dann besondere Methoden entwickelt worden (vgl. Paloheimo, 1953).

Das Endprodukt ist niemals chemisch genau zu definieren, aber bei Einhaltung einer detaillierten Vorschrift erfaßt man eine für physiologische Versuche und Betrachtungen sehr nützliche Größe. Um die beim Hydrolysieren oft entstehenden Schleime zu beseitigen, ohne gleichzeitig einen bemerkenswerten Teil der Wandzellulose anzugreifen, erwies sich eine mit der Hydrolyse verbundene Oxydation (mit 21% HNO_3 70 min bei 80° C) als sehr günstig (Rahn, 1933). Dabei werden etwa 9% der reinen Zellulose gelöst. Bei Serienversuchen mit Zwiebel- und Kartoffelpulver ergaben sich Abweichungen im Rohfasergehalt von 2—4%. Für die Durchführung der Reaktion hat Rahn eine besondere Apparatur zusammengestellt. Es genügt jedoch, in einem Erlenmeyer oder Becherglas die zu untersuchende Substanz (1—2 g Trockenmaterial) mit 40 ml kaltem Wasser, 60 ml HNO_3 (spez. Gew. 1,4) und 100 ml kochend heißem Wasser zu vermischen und die Reaktionsmischung unter dem Abzug genau 70 min bei 80° C zu halten. Das verdampfende Wasser wird von Zeit zu Zeit ersetzt, und die am Rande des Gefäßes anhängenden Partikel werden herabgespült. Nach 70 min wird der Inhalt des Reaktionsgefäßes unter Saugen in einen Porzellantiegel mit Filterplatte (Gooch-Tiegel) gegossen. Das Gefäß wird mit heißem Wasser ausgespült. Der Tiegelinhalt wird gewaschen, bis die ablaufende Flüssigkeit nicht mehr sauer reagiert. Man kann dann noch mit Alkohol nachwaschen und trocknet den Tiegel 3 Std. bei 80° C, läßt im Exsiccator abkühlen und wägt. Danach wird der Tiegel mit Inhalt geglüht. Nach dem Abkühlen wird wieder gewogen. Die Gewichtsdifferenz gibt die Menge der Rohfaser in der eingewogenen Substanzmenge an.

Durch die Rückwägung der Asche fälscht auch ein sehr hoher Gehalt an anorganischen Substanzen die Rohfaserbestimmung nicht wesentlich. Bei Anwesenheit von großen Mengen Ca-Salzen ist ein Verfahren empfehlenswert, das mit Hilfe leicht löslicher Ca-Komplexe die Salze entfernt und dann zuverlässigere Werte geben soll (Hirsjärvi und Andersen, 1952).

C. Die Aufteilung des Untersuchungsmaterials in Fraktionen.
I. Allgemeines.

Der Wunsch nach einer „zerstörungsfreien" Analyse der Organismen wird, soweit wir heute sehen können, wohl für immer unerfüllbar bleiben. In einigen besonderen Fällen ist der Nachweis und sogar die quantitative Bestimmung von Substanzen im intakten Organ allerdings möglich. Nach Verabreichung von radioaktiven Verbindungen, z. B. von Phosphaten, läßt sich der Verbleib der betreffenden Stoffe durch radioautographische Abbildung nachweisen. Auch fluoreszierende Verbindungen können in dünnen Pflanzenorganen in situ entdeckt und unter günstigen Bedingungen wohl auch identifiziert und quantitativ bestimmt werden. Aber das sind seltene Ausnahmen. Im allgemeinen muß eine Zerstörung und meist sogar eine „Homogenisierung" des zu untersuchenden Organes in Kauf genommen werden. Die Erfahrung hat dabei gelehrt, daß die Aufarbeitung von frischen, also lebenden biologischen Objekten nach den bei unbelebtem Material gebräuchlichen und bewährten Verfahren die in der Zelle vorhandenen chemischen Verbindungen oft qualitativ und quantitativ verändert zutage fördert. Wenn Hefezellen wie üblich zum Enteiweißen mit Trichloressigsäure verrührt werden, wird gleichzeitig Phosphat aus labilen Phosphorsäureverbindungen freigesetzt, so daß der Spiegel des anorganischen Phosphates der Zellen zu hoch, verglichen mit den normalen Verhältnissen, erscheint. Die viel niedrigeren Konzentrationen an wahrem anorganischen Phosphat in Hefe erhält man, wenn flüssige Luft zum Aufschließen benutzt wird (HOLZER und LYNEN, 1950).

Eine besondere Aufgabe bei der Analyse von biologischem Material besteht also darin, Veränderungen der Zellbestandteile zu vermeiden, bzw. alle möglichen Umwandlungen der genuinen Komponenten zu überwachen und in Rechnung zu stellen.

Das gilt schon für die Analyse der chemischen Bestandteile unabhängig von ihrer Verteilung in der Zelle. Ganz besondere Vorsicht ist aber geboten, wenn es sich darum handelt, gewisse Zellinhaltsstoffe, z. B. Enzyme, labile Phosphate (ADP, ATP), reduzierte Verbindungen usw., nicht nur qualitativ, sondern auch mengenmäßig an bestimmten morphologischen Strukturen der Zelle zu erfassen.

Das größte Hindernis, das der unveränderten Isolierung der Elemente pflanzlicher Zellen im Wege steht, erhebt sich aus dem charakteristischen Bau der pflanzlichen Zellen; der Inhalt der großen Vacuole, die im lebenden Zustand durch den Tonoplasten streng vom Cytoplasma getrennt ist, kommt beim Aufbrechen der Zellen unvermeidlich mit der plasmatischen Komponente in Berührung. Relativ hohe Salz- und Säurekonzentrationen, Gerbstoffe, Saponine und andere Vacuoleninhaltsstoffe reagieren mit den im Plasma lokalisierten chemischen Verbindungen und beeinträchtigen zudem die vitale Struktur von Zellkernen, Plastiden und Cytoplasma manchmal stark. Man kann mit zuverlässigen Resultaten der chemischen Analyse pflanzlicher Organe und Gewebe nur dann rechnen, wenn man sich die mikroskopische und submikroskopische Struktur der lebenden Zelle vor Augen hält. Das gilt nicht nur für die Fraktionierung der cytologischen Komponenten, sondern auch für die chemische Analyse der Pflanzen. Bei der Aufarbeitung tierischer Organe und Organismen sind dabei wegen des ganz anderen Aufbaues der Zellen im allgemeinen weniger Artefakte der Analyse zu befürchten als bei Pflanzen.

In der Architektur der lebenden Zelle sind häufig Komplexe aus recht verschiedenartigen chemischen Verbindungen eingefügt, deren saubere Abtrennung ohne Veränderung der Partner besondere Vorkehrungen erfordert. Das gilt wiederum sowohl für die Trennung der Zellkomponenten cytologisch gesehen, als auch für die Analyse der chemischen Fraktionen und hier ebenso für die Plasmabestandteile wie für Wand- und Vakuolenstoffe. Die Schwierigkeiten bei der Bestimmung der Lipoidfraktion des Plasmas oder bei der Gewinnung des nativen Lignins und die Isolierung mancher Alkaloide rühren von der engen Vergesellschaftung heterogener chemischer Substanzen im Zellgefüge her.

Da verschiedene Zellkomponenten vermöge ihrer ausgedehnten inneren Oberfläche stark adsorbieren, ist weiterhin damit zu rechnen, daß oberflächenaktive Substanzen aus der Vakuole beim Vermischen mit den plasmatischen Anteilen der Zelle adsorbiert und dadurch der Extraktion oder Abscheidung entzogen werden.

II. Fraktionierung der Zellkomponenten.

Die zunächst für tierische Organe entwickelte Technik des fraktionierten Zentrifugierens von scharf zerkleinerten Geweben zur Trennung der morphologischen Bestandteile der Zellen (Zellkern, Mitochondrien, Cytoplasma) darf nicht unbesehen auf pflanzliche Objekte übernommen werden, eben weil bei dem im Vergleich zur tierischen Zelle grundlegend anderen Bau der pflanzlichen Zelle viel eher Veränderungen der einzelnen Zellorganellen beim Vermischen mit dem Vakuolensaft zu befürchten sind. Es ist heute noch nicht möglich, zuverlässige Methoden für die Fraktionierung beliebiger Pflanzenteile oder Organe zu geben. Am ehesten sind meristematische bzw. embryonale Gewebe und die Speichergewebe der Samen einer Aufteilung in unbeschädigte Zellkomponenten zugänglich. Im übrigen kommt es heute noch darauf hinaus, zu warnen und Vorsicht zu empfehlen, damit nicht weittragende Schlüsse auf Resultate gestützt werden, die ihre Entstehung unzulänglichen Methoden verdanken. Es gibt schon manche Beispiele für Kunstprodukte dieser Art, obwohl die cytologische Fraktionierung noch recht jung in der Pflanzenanalyse ist. Die Stärkephosphorylase z. B. wurde nach Zentrifugieren des mehrfach in destilliertem Wasser aufgeschwemmten Homogenisates im nichtsedimentierenden Anteil, also scheinbar im Cytoplasma, gefunden (Stafford, 1951), obwohl man sich im frischen Gewebeschnitt leicht davon überzeugen kann, daß die Phosphorylase in den Plastiden lokalisiert sein muß, aus denen sie allerdings schon durch kurze Extraktion gelöst wird.

Entsprechend den cytologischen Erkenntnissen sucht man gewöhnlich die zerkleinerten „homogenisierten" Gewebe in die folgenden Fraktionen aufzuteilen, wobei das Zellwandmaterial bisher noch wenig Berücksichtigung fand, außer bei elektronenoptischen Untersuchungen:

1. Zellkerne, 2. Chloroplasten bzw. andere Plastiden, 3. Mitochondrien (Chondriosomen), 4. Stärkekörner, Kristalle, „Mikrosomen" und andere geformte Bestandteile, 5. Cytoplasma (Hyaloplasma) (vgl. Weier u. Stocking, 1952).

Alle Manipulationen bei der Fraktionierung werden bei tiefen Temperaturen, etwa $+5°$ C, durchgeführt, und die verwendeten Suspensionsflüssigkeiten sollen eisgekühlt sein. Ob dieses Vorgehen für tropische Pflanzen, die bei Temperaturen über dem Gefrierpunkt schon Kälteschäden erleiden können, ideal ist, bleibt noch zu untersuchen.

Das „Homogenisieren" der Gewebe oder Organe wird heute meist mit Geräten durchgeführt, in denen durch sehr rasch bewegte Messer (1500—2500 Umdrehungen/min) die Zellen aufgerissen werden (Waring Blendor, „Star-Mix", oder Homogenisator der Fa. Bühler, Tübingen u. ä.). Die Cellulosewände der pflanzlichen Zellen erfordern stärkere Scherkräfte als tierische Gewebe, wo mit schonender Technik gearbeitet werden kann (Lang, 1952). Meristematische Gewebe und embryonale Organe sind nicht nur wegen der noch nicht ausgebildeten großen Vakuolen, sondern auch wegen der zarteren Zellwände leichter in unveränderte Komponenten zu zerlegen. Um weniger zerschlagene Zellkerne und Plastiden im homogenisierten Material zu haben, wird häufig scharfes Zerreiben mit Seesand im Mörser dem Zertrümmern im Homogenisator vorgezogen. Das Zerschlagen im Waring Blender soll nicht zu lange fortgesetzt werden, etwa 1 oder 2 min.

Das zu zerreibende Material wird in einer Lösung von 0,5 m Rohrzucker, die zur besseren Erhaltung der Chloroplasten 0,001 m $Ca(NO_3)_2$ enthält, aufgeschwemmt (10—20 g auf 100 ml Lösung). Bei tierischen Geweben wird meist 0,88 m Rohrzuckerlösung verwendet. Bei pflanzlichen Objekten entstehen dabei schon Artefakte (Perner, 1952). Eine wichtige Rolle für die einwandfreie Trennung der unveränderten Elemente der pflanzlichen Zellen spielt der p_H-Wert der Suspensionsflüssigkeit. Ein p_H-Wert in der Nähe des Neutralpunktes scheint günstig zu sein (HAGEN und JONES, 1952), obwohl auch dabei anomale Erscheinungen an Chloroplasten beobachtet worden sind (s. unten).

Der Brei wird zunächst durch mehrfache Lagen von weitmaschigem Tuch (dichter Verbandmull, cheese cloth) gepreßt, um grobe Gewebsteile zurückzuhalten. Der Preßsaft wird in gekühlter Zentrifuge bei geringer Zentrifugalkraft (etwa 50 × g) für 15 min zentrifugiert. Stärkekörner, einige Chloroplasten, Zellkerne und Kerntrümmer sowie andere Zellfragmente werden dabei sedimentiert. Die überstehende (grüne) Flüssigkeit wird darauf mit höherer Tourenzahl (etwa 200—600 × g) zentrifugiert. Im Niederschlag finden sich nun die meisten Chloroplasten bzw. andere Plastiden und, falls die Gewebe im Mörser zerrieben worden sind, auch die Zellkerne. Das Überstehende enthält das Hyaloplasma, falls dieses nicht durch flockende Bestandteile der Zellen, z. B. Tannine, ausgeflockt und mit anderen Fraktionen niedergeschlagen worden ist. Einer wirklich sauberen Abtrennung des lebensfrischen Hyaloplasmas ist bisher noch nicht genügend Aufmerksamkeit gewidmet worden. Vor allem bei Dauerzellen muß, wie das mikroskopische Bild abgetöteter Zellen schon lehrt, immer damit gerechnet werden, daß das Cytoplasma granuläre Artefakte bildet, die als Verunreinigungen bei anderen Fraktionen auftauchen. Auf der Suche nach geeigneten Suspensionsflüssigkeiten wird man nicht nur auf die richtige osmotische Stärke, sondern auch auf Pufferwirkung, ausbalancierte Ionenwirkung u. ä. achten müssen.

Aus geeignetem chloroplastenfreiem Material (Kartoffelknollen, etiolierten Keimlingen von *Phaseolus aureus*) gelang es, Fraktionen von geformten Partikeln abzutrennen, die nach Größe und Färbbarkeit zu urteilen als Mitochondrien in Analogie zu tierischen Fraktionen angesehen wurden (MILLERD, 1951; MILLERD, u. a. 1952). Die Mitochondrien (Chondriosomen) scheinen in pflanzlichen Zellen besonders labil in ihrer Struktur zu sein. Aus tierischen Gewebshomogenaten lassen sich die Mitochondrien nur durch sehr hohe Zentrifugalkräfte abtrennen (20000—25000 × g). Für beliebiges Pflanzenmaterial gibt es noch keine zuverlässigen Anweisungen zur Gewinnung unveränderter Mitochondrien.

DAVIES (1953) hat 20 g junge Keimlinge mit 10 g Sand in 25 ml 0,4 m Glucoselösung + 0,02 m Nicotinsäureamid bei pH 7,0—7,5 (0,1 m Phosphatpuffer) zerrieben und mit 7500 × g wiederholt 15 min nach erneutem Aufschwemmen in der gleichen Lösung zentrifugiert. Es wurde eine Fraktion von geformten Teilchen mit durchschnittlich 1 μ Durchmesser erhalten, die sich mit Janusgrün färbten und deshalb als Mitochondrien angesprochen wurden.

Durch einmaliges Sedimentieren der einzelnen Fraktionen erhält man nur unreine Präparate. Sowohl zum Studium bestimmter Stoffwechselleistungen als auch zur chemischen Analyse der einzelnen Fraktionen muß man die Niederschläge wieder in den genannten Lösungen suspendieren und erneut zentrifugieren. Dabei geht natürlich Material verloren, so daß die Genauigkeit von Zahlenangaben über den Anteil der verschiedenen Fraktionen in einem Gewebe nicht überschätzt werden darf.

Für die Darstellung von Zellkernfraktionen werden besondere Wege eingeschlagen. Aus tierischen „Homogenaten" (Leber, Niere) werden sie z. B. in 7%iger Citronensäure (DIANZANI, 1952) oder in 0,88 m Rohrzuckerlösung (HOGEBOOM u. a., 1948) abgetrennt. Ebenso wie bei tierischem Material sind auch für trockene Pflanzen (Weizenembryonen) nichtwäßrige Suspensionsflüssigkeiten mit Vorteil benutzt worden (STERN und MIRSKY, 1952). Den Kernen werden dabei keine wasserlöslichen Substanzen entzogen. Ob und welche Nachteile in Kauf genommen werden müssen, ist wohl noch nicht gebührend untersucht worden. Die zermahlenen (48 Std. in der Kugelmühle) und mit Petroläther entfetteten Embryonen wurden in einer Mischung von Cyclohexan und Tetrachlorkohlenstoff vom spez. Gew. 1,395 zentrifugiert. Das Sediment wird in einer Mischung vom spez. Gew. 1,447 nochmals fraktioniert. Die Zellkerne bleiben dann im Überstehenden. Dieses wird in ein Drittel seines Volumens Petroläther gegossen. Der Niederschlag wird nochmals mit Gemisch vom spez. Gew. 1,447 ausgewaschen und das Überstehende wird auch mit Petroläther vermischt. Aus den vereinigten Flüssigkeiten wird durch erneutes Zentrifugieren eine Fraktion gewonnen, die reich an Zellkernen ist. Sie kann in Anlehnung an die für tierisches Material erprobte Technik (ALLFREY u. a., 1952) weiter gereinigt werden. Der Niederschlag wird der Reihe nach in Cyclohexan-Tetrachlorkohlenstoff-Gemischen mit steigendem spez. Gewicht, beginnend mit 1,380; 1,390 usw. bis 1,420 gut aufgerührt und bei etwa $6000 \times g$ zentrifugiert, wobei bis zu 1,410 das Überstehende jeweils verworfen wird. Die Zellkerne werden im Niederschlag zwischen spez. Gew. 1,410 und 1,420 gesammelt. Mit gewissen Verunreinigungen muß allerdings auch dann noch gerechnet werden, nämlich mit solchen, die das gleiche spez. Gewicht wie die Zellkerne haben. Die Methode wird im Einzelfall stets so modifiziert werden, daß durch mikroskopische Prüfung der Niederschläge das optimale spez. Gewicht der Suspensionsflüssigkeit, in der die Kerne in größter Zahl niedergeschlagen werden, festgestellt wird. Aus 10 g entfetteten Embryonen wurden schließlich 5 g Zellkerne gewonnen.

Die wesentlichen Gefahren, die beim Fraktionieren der Zellkomponenten auftauchen, lassen sich etwa in folgende Gruppen ordnen:

a) Mechanische Beschädigungen der Zellkerne und Plastiden beim Zerkleinern.

b) Osmotische Schäden an den Zellkernen, Plastiden und Mitochondrien durch den Vakuolensaft oder ungeeignete Suspensionsflüssigkeiten.

c) Auslaugung löslicher Bestandteile aus den verschiedenen geformten Komponenten oder Adsorption von ursprünglich gelösten Stoffen an die Zellorganelle.

d) Unvollständige Trennung der geformten Anteile vom Cytoplasma.

Zu a). Das Zerreiben mit Sand im Mörser schont die Zellkerne mehr als das Zerkleinern im Waring Blendor (Mixer). Die Isolierung unbeschädigter Zellkerne kann leichter nach Zerreiben durchgeführt werden, während Chloroplasten, jedenfalls was ihr Aussehen betrifft, ebenso gut nach Homogenisieren im Waring Blender zu erhalten sind. Durch Homogenisieren und scharfes Zentrifugieren werden die Kerne oft deformiert oder zerstört. Wenn die Kernhaut aufgerissen ist, treten Chromosomenmaterial und die Karyolymphe aus und mischen sich unter die anderen Fraktionen. Ihre Anwesenheit kann durch die bekannten Reagenzien auf Desoxyribose-nucleinsäure (Methylgrünfärbung und Feulgen-Test) leicht nachgewiesen werden. Dazu werden Ausstriche der betreffenden Fraktion auf Objektträgern mit der Oberseite nach unten 10—15 min den Dämpfen von 4%iger Osmiumsäure ausgesetzt. Unmittelbar darauf kommen die Ausstriche für 20 min bei 60° C in 1 n HCl zur Hydrolyse. Anschließend werden sie 2 Std. in fuchsinschweflige Säure[1] gebracht, mit SO_2-haltigem Wasser gewaschen, schnell entwässert und in Kanadabalsam eingelegt. Die Kerne und Kernbestandteile zeigen rotviolette Färbung. Eine Methode, um sich rasch über

---

[1] Herstellung der Fuchsin-schwefligen Säure: 1 g zerriebenes Fuchsin (Parafuchsin) in 200 ml siedendem destilliertem Wasser auflösen. Nach Abkühlen auf etwa 50° C in braune Flaschen filtrieren, 20 ml n HCl zufügen und weiter abkühlen lassen bis auf 25° C. Dann 1 g Natriumbisulfit zugeben. Vor Gebrauch 24 Std. stehen lassen, wobei Entfärbung eintritt. Gut verschlossen und dunkel aufbewahren! Deckel der Färbeküvette mit Fett gegen Luftzutritt abdichten.

SO_2-haltiges Wasser: 10 ml einer 10%igen Lösung von wasserfreiem Natriumbisulfit in Wasser und 10 ml n HCl mit 200 ml Leitungswasser mischen. Jeweils frisch herstellen!

das Ausmaß der Verunreinigung mit Kernmaterial zu orientieren, bietet die Anfärbung mit Methylgrün. Dazu wird ein Ausstrich ohne Fixierung mit einem Tropfen Methylgrünlösung (1:1000) verrieben. Nur Desoxyribose-nucleinsäurehaltiges Material färbt sich kräftig blau-grün.

Chloroplasten werden nicht so leicht mechanisch beschädigt wie Zellkerne. Unbeschädigte Chloroplasten färben sich mit 1%iger wäßriger Toluidinblaulösung nur schwach blau oder gar nicht. Osmotisch oder mechanisch geschädigte färben sich tief blau.

Zu b). Chloroplasten, die in destilliertem Wasser aufgeschwemmt werden, quellen stark. Da sich in Chloroplasten Vakuolen bilden und durch osmotische Wirkung wieder rückgängig machen lassen, ist an einer semipermeablen Plastidengrenzschicht wohl nicht zu zweifeln (vgl. GRANICK, 1938; SCHMIDT, 1951). Als geeignete isotonische Suspensionsflüssigkeiten für Chloroplasten kommt neben 0,5 m Rohrzucker (oder Glucose) + 0,001 Ca(NO$_3$)$_2$ auch 0,13 m NaCl, 0,12 m KCl oder 0,05 m Phosphatpuffer (pH 6,5) in Frage (GRANICK, 1938).

Chondriosomen erleiden ebenfalls durch die Isolierung aus den Zellen, in denen sie stäbchen-, faden- oder kokkenförmig zu sehen sind, Veränderungen. Sie vakuolisieren, kugeln sich ab und zeigen ein ungewöhnliches Verhalten gegen Janusgrün. In hypertonischen Glucoselösungen entmischen sich die Mitochondrien bald (PERNER, 1952). Weitere chemische Veränderungen folgen den strukturellen. Auch diese Schäden mögen sich durch Auffindung geeigneter Suspensionsflüssigkeiten vermeiden lassen.

Zu c). Die semipermeable Grenzschicht der Plastiden scheint besonders empfindlich zu sein. Chloro- und Leukoplasten verlieren beim Isolieren sehr rasch die Stärkephosphorylase, die in intakten Zellen in ihnen nachweisbar ist (PAECH und KRECH, 1953). Eine schützende Suspensionsflüssigkeit ist noch nicht bekannt geworden. Auch andere Eiweiße diffundieren offenbar leicht aus isolierten Chloroplasten, und zwar hat sich dabei der pH-Wert der Suspensionsflüssigkeit als ein Faktor erwiesen, der zu Artefakten Anlaß gibt. „Chloroplastin", ein chlorophylltragendes Eiweiß trennt sich abhängig vom pH-Wert mehr oder weniger stark von den Plastiden. Bei neutraler Reaktion geht ein großer Teil in die Suspensionsflüssigkeit über, nur bei pH-Werten zwischen 3,0 und 4,0 (!) wird es praktisch vollständig zurückgehalten (HAGEN und JONES, 1952).

Im tierischen Material werden manche Dehydrasen, z. B. Milchsäure- und Glycerinaldehyd-Dehydrase, schon unter den mildesten Bedingungen der Präparation von den Mitochondrien abgelöst (STILL und KAPLAN, 1950).

Auf der anderen Seite sind auch Adsorptionen von Bestandteilen, die in der lebenden Zelle an bestimmte Elemente gebunden sein müssen, an andere geformte Komponenten nachgewiesen worden. Die variable Verteilung der Katalase zwischen den Zellfraktionen von jungen Weizenpflänzchen kann durch verschieden starke Sorption an die Chloroplasten bedingt sein. Bei pH-Werten um 5 der Suspensionsflüssigkeit (Rohrzuckerlösung) war die Katalase fast völlig an Chloroplasten gebunden, während sie sich bei pH 3,3 und 5,6 zum größten Teil in der löslichen Fraktion fand (HAGEN und JONES, 1952).

Verluste an flüchtigen Pflanzeninhaltsstoffen sind beim Homogenisieren selbst beobachtet worden. Bei Apfelsinenschalen tritt schon nach 4 min Rühren und bei längerer Homogenisierungsdauer rasch zunehmend ein Verlust an ätherischen Ölen ein (STEINER und HOCHHAUSEN, 1952), wobei es sich nicht um die Folgen einer zu starken Erwärmung handeln kann, die ausgeschlossen wurde.

Zu d). Eine besonders schwierige Aufgabe bei der Aufteilung des Zellinhaltes in natürliche Komponenten stellt die saubere Isolierung des Hyaloplasmas.

„Das Hyaloplasma bleibt nicht im mikrodispersen Zustand wie in der lebenden Zelle. Es bilden sich myelinartige Entmischungen, granuläre Koazervate verschiedenster Größe und Zusammensetzung. Aus den phosphatidreichen Plasmagrenzschichten (Hechtsche Fäden) entstehen perlschnurartige Granula, die den Chondriosomen-Granula täuschend ähneln. Im Hyaloplasma bilden sich ferner komplexe Koazervate heterogener Zusammensetzung, die wie Leukoplasten aussehen. Da eine Trennung der isolierten Plasmapartikel nur auf Grund des unterschiedlichen spezifischen Gewichtes möglich ist, ist eine Verunreinigung der einzelnen Fraktionen durch cytoplasmatische Artefakte nicht zu vermeiden" (Perner, 1952). Die Fähigkeit isolierter Chloroplasten, Ferricyanid zu reduzieren, wird durch mehrmaliges Waschen mit 0,5 m Rohrzuckerlösung stark gesteigert. Die Aktivität wird wieder herabgesetzt, wenn die Fraktion des Cytoplasmaeiweißes zugesetzt wird (Spikes u. a., 1950). Auch hierbei führt eine nicht saubere Abtrennung von anderen Komponenten, und zwar auch vom Cytoplasma, zu falschen Schlüssen über die Funktion der einzelnen Zellorganellen.

Das Verfahren der Abtrennung cytologischer Komponenten aus pflanzlichen Geweben ist noch zu jung. Bei allen Angaben handelt es sich um die ersten Erfahrungen, die bisher gesammelt worden sind, und eine wohlausgebildete Technik muß erst noch entwickelt werden. Durch vorsichtiges Handhaben des für tierisches Material entwickelten fraktionierten Zentrifugierens zerriebener Gewebe lassen sich auch bei Pflanzen mehr oder weniger dem normalen Zustand entsprechende Fraktionen aus lebenden Zellen gewinnen. Es muß aber nochmals betont werden, daß vor allem bei Dauergeweben die unvermeidliche Vermischung des Plasmas und seiner Elemente mit dem Vakuolensaft, auch der ungehinderte Zutritt des Sauerstoffs nach dem Aufbrechen der Zellen manche bemerkte oder unbemerkte Veränderungen hervorrufen, die diesen analytischen Weg, der im Gegensatz zu der üblichen chemischen Fraktionierung des Untersuchungsmaterials Rücksicht auf die Architektur der Zellen nimmt, gerade für pflanzliche Gewebe besonders dornenvoll machen.

Die Probleme, die zunächst zu lösen sind, ehe eine bestimmte Fraktion aus Homogenaten, besonders wenn es sich um solche aus Blättern handelt, einer bestimmten cytologischen Struktur gleichgesetzt und auf ihre normalen Funktionen mit Aussicht auf unzweideutige Resultate untersucht werden kann, sind: 1. reine Suspensionen von Chloroplasten, Kernen, Mitochondrien und Hyaloplasma herzustellen und als Voraussetzung dafür Mittel zu schaffen, durch die die Elemente in den Zellen der Laubblätter mit denen der Homogenate sicher identifiziert werden können; 2. die Fraktionen nicht nur rein darzustellen, sondern auch alle Veränderungen ihrer labilen Eigenschaften (z. B. der Semipermeabilität) dabei auszuschließen oder so genau zu ermitteln, daß daraus auf den normalen Zustand extrapoliert werden kann (Weier, 1953).

III. Chemische Fraktionen.

Im allgemeinen handelt es sich zwar nicht darum, von einem vorliegenden Pflanzenmaterial eine Gesamtanalyse durchzuführen, d. h. sämtliche Inhaltsstoffe qualitativ oder quantitativ zu bestimmen. In selteneren, nicht unwichtigen Fällen kann jedoch auch diese Aufgabe auftreten. Für die Aufstellung einer Bilanz der Pflanzeninhaltsstoffe unter verschiedenen Versuchsbedingungen wird es manchmal nötig werden, wenigstens bestimmte Fraktionen vollständig kennenzulernen. In zunehmendem Maße müssen bei entwicklungsphysiologischen Untersuchungen Stoffe gesucht werden, von denen außer ihrer Funktion im Entwicklungsgeschehen nicht viel bekannt ist, von denen vor allem noch keine chemischen Charakteristica erkannt sind, die einen direkten Weg der Analyse vorzeichnen würden. Hierbei ebenso wie bei der Suche nach den Primärprodukten der Photosynthese und anderen Analysen, bei denen der Stoff chemisch zunächst noch unbekannt ist, besteht der erste Schritt in einer geschickten Aufteilung des Untersuchungsmaterials in Fraktionen. Auch die Identifizierung von „Wirkstoffen", sei es für die Ernährung von Mikroorganismen, sei es als Heilmittel für die menschliche Medizin, erfordert eine vorausgehende Fraktionierung und die Weiterverarbeitung jeweils der „aktiven" Fraktion. Je mehr Bestandteile einer bestimmten Pflanze bekannt werden, um so näher rückt die Möglichkeit, die Lücken der bis dahin als „unbekannt" geführten Anteile durch systematische Aufarbeitung der verschiedenen Fraktionen zu schließen. Ganz abgesehen von der fortgesetzten Auffindung „sekundärer" Pflanzenstoffe in nahezu allen Fraktionen ist in jüngster Zeit die Entdeckung neuer natürlicher Aminosäuren mit recht weiter Verbreitung im Pflanzenreich ein Beispiel dafür, wie die vollständige Analyse einer Fraktion unterstützt durch moderne Methoden unsere Vorstellung vom Stoffwechsel der Pflanzen wesentlich erweitert hat, denn wir hatten uns fast damit abgefunden, mit etwa 20 verschiedenen α-Aminosäuren den natürlichen Bestand restlos erfaßt zu haben.

Es gibt bisher keinen ausgearbeiteten Analysengang, der in ähnlicher Weise wie für ein anorganisches Substanzgemisch die vollständige Erfassung und Identifizierung aller Bestandteile einer Pflanze garantierte, obwohl ein solches Verfahren mit der Zeit angestrebt werden muß.

Wird nur ein einzelner bekannter Stoff oder eine eng umschriebene Gruppe von Substanzen gesucht, so ist deren Abtrennung als erster Schritt der speziellen Analyse anzusehen. Die übrigen Fraktionen bzw. der Rückstand des Materials werden dabei verworfen.

Vor der Identifizierung unbekannter Stoffe pflegt man im allgemeinen folgende Fraktionen herzustellen.

1. Wasserdampfdestillat.
2. Petrolätherauszug.
3. Ätherextrakt.
4. Chloroformextrakt.
5. Auszug mit Äthylalkohol (abs. oder 80%).
6. Wäßrige Auszüge (kaltes, warmes, angesäuertes, alkalisch gemachtes Wasser).

Bei Trockenmaterial kann man noch eine Mikrosublimation vorausschicken. Die genannte Reihenfolge läßt sich bei getrockneten Pflanzenteilen leicht einhalten, wobei für die Wasserdampfdestillation eine getrennte Probe verwendet wird. Wenn frisches Material verarbeitet werden soll, wird am besten mit einem alkoholischen Auszug zur Entwässerung begonnen, weil sich die Fettlösungsmittel nicht hinreichend mit den wasserhaltigen Pflanzengeweben durchmischen lassen, um alle lipoidlöslichen Anteile zu erfassen. Der alkoholische Extrakt enthält dann natürlich manchmal einen beträchtlichen Teil der fettartigen Substanzen, die im Extrakt aus trocknem Material im Petroläther-, Äther- oder Chloroformauszug auftauchen würden. Der nach erschöpfender Auslaugung mit allen Extraktionsmitteln zurückbleibende Anteil stellt eine besondere Fraktion, das Unlösliche, dar, das dann durch Hydrolyse und andere drastischere Eingriffe aufgeschlossen und weiter zerlegt werden kann. Vom Ausgangsmaterial sollte für eine Totalanalyse stets und von den einzelnen Fraktionen kann eine Veraschung und Analyse der Asche vorgenommen werden.

Die Frage der Extraktionsdauer, die bei quantitativen Bestimmungen natürlich eine entscheidende Rolle spielen kann, muß von Fall zu Fall entschieden werden. Die im folgenden Beispiel erforderlichen Zeiten erscheinen zwar sehr lang, aber mit ihnen muß gerechnet werden. (Woodward u. Rabideau, 1953) Maiskeimlinge, die 15 Std. bei Gegenwart von $C^{14}O_2$ belichtet worden waren, wurden nach dem Zerkleinern zunächst mit dem 20fachen Volumen und dann immer mit dem 10fachen Volumen an 80%igem Äthanol so extrahiert, daß das Lösungsmittel nach bestimmten Perioden erneuert wurde. In den Extrakten wurden die stickstofffreien Carbonsäuren, Aminosäuren und Zucker im einzelnen analysiert. Nach 72 Std. waren alle Zucker aus dem Pflanzenmaterial entfernt. Noch nach 400 Std. konnten aber Spuren reduzierender Verbindungen in den Extrakten nachgewiesen werden. Die meisten Carbonsäuren waren nach 96 Std. gelöst, Weinsäure fand sich noch nach 190 Std. und Aconitsäure sogar nach 400 Std. in den Extraktfraktionen. Die Hauptmenge der radioaktiven Verbindungen wurde zwischen der 24. und 146. Std. herausgelöst. In ähnlichen Extraktionsversuchen mit *Andropogon ischaeum* wurde gefunden, daß hier der Hauptteil der radioaktiven Komponenten schon nach 72 Std. in den Alkohol übergegangen war. Die Extraktionsdauer wird also immer einen Kompromiß zwischen der Geschwindigkeit der Ausführung einer Analyse und ihrer Genauigkeit darstellen.

Bei der vorgeschlagenen Reihenfolge der Extrakte würden z. B. alle Mono- und Oligosaccharide im Äthanolauszug enthalten sein. Im übrigen ist die Trennung aber recht grob. Freie mehrbasische Carbonsäuren sind leicht in Äther löslich, während ihre Salze sich darin weniger gut lösen. Diese sind nur z. T. im alkoholischen und wäßrigen Extrakt enthalten, so daß ohne weitere Vorbereitung des Pflanzenmaterials die Säuren bzw. ihre Anionen auf die verschiedenen Extrakte verzettelt würden. Wenn die Alkoholextraktion der Wasserextraktion voraufgeht, werden die meisten Eiweiße denaturiert, die sonst wenigstens teilweise im Wasserauszug enthalten wären. Die Aufteilung in Fraktionen nach der Löslichkeit bringt also keineswegs chemisch zusammengehörige Verbindungen in einen Extrakt, was nach dem unterschiedlichen Verhalten der Glieder von homologen Reihen oder von anderen zusammengehörigen Gruppen chemischer Verbindungen nicht anders zu erwarten ist. Geschicktere Möglichkeiten der Auftrennung sind aber noch nicht aufgefunden und ausgenutzt worden. Vielleicht lassen sich mit einer elektrophoretischen Trennung von „homogenisierten" Geweben einheitlichere Fraktionen gewinnen.

Die weitere vollständige Aufgliederung des wäßrigen Extraktes aus Pflanzen (und tierischen Organen) ist mit Hilfe der Ionenaustauscher durchgeführt worden (Partridge, 1952). Die mengenmäßig größten Gruppen von Verbindungen, die der Wasserauszug enthält, sind Aminosäuren und organische N-Basen, Carbonsäuren und niedere Saccharide. Eine Unterteilung des Wasserextraktes ist auch dann erforderlich, wenn die Identifizierung mit Hilfe der Papierchromatographie vorgesehen ist, denn mit dem rohen wäßrigen Auszug überlagern sich die einzelnen Substanzen auf dem Papier und beeinflußen gegenseitig ihre Laufgeschwindigkeit, so daß keine genauen R_F-Werte festzustellen sind. Es ist deshalb unerläßlich, den wäßrigen Extrakt zunächst in verschiedene genau definierte Unterfraktionen zu zerlegen, von denen jede eine bestimmte Gruppe von Substanzen enthält, die dann auf dem Papier ohne gegenseitige Überlagerung getrennt werden. Für diese vorbereitende Gruppenbildung haben sich die Ionenaustauscher als sehr nützlich erwiesen (vgl. dazu S. 117).

Deren Anwendung setzt jedoch eine Enteiweißung und die Entfernung von anderen hochmolekularen Stoffen sowie von Pigmenten (Anthocyanen, Flavonen) voraus, die also der vollständigen Identifizierung des Wasserextraktes damit verlorengehen. Wenn eine Holzkohlebehandlung zur Reinigung (!) eingeschaltet wird, bleiben nicht nur viele Glykoside mit aromatischem Aglykon, sondern auch aromatische Aminosäuren an der Kohle hängen. Die gereinigte wäßrige Lösung wird über ein Kationenaustauscherharz (z. B. sulfonierte Polystyrene) in der Säureform geschickt. Alle anorganischen und organischen Kationen sowie die Ampholyte einschließlich der natürlichen Aminosäuren bleiben in der Säule. Die ablaufende Lösung ist stark sauer. Sie enthält neben den Anionen die neutralen Verbindungen. Die Titration eines aliquoten Teils gibt die Konzentration der Gesamtanionen. Die adsorbierten Verbindungen werden mit einer anorganischen Base, z. B. 0,1 oder 0,15 n NaOH in Fraktionen die sich für die papierchromatographische Analyse eignen, eluiert. (Einzelheiten dazu s. S. 127 u. Bd. 2 dieses Handbuchs.)

In der sauren Lösung werden die neutralen Verbindungen (Zucker und Zuckeralkohole) dadurch abgetrennt, daß auf einer Anionenaustausch-Säule die Anionen festgehalten werden. Die Wahl des Harzes ist dabei besonders wichtig, denn stark basische Harze des quarternären Ammoniumtyps verändern manche Zucker durch Epimerisierung. Ein monofunktionelles, schwach basisches Harz wäre für eine Zuckeranalyse am günstigsten. Um die Hydrolyse von Oligosacchariden zu vermeiden, soll man in nicht zu stark saurer Lösung und außerdem möglichst rasch arbeiten.

Die Carbonsäuren werden von der Anionenaustausch-Säule durch 0,2 n HCl abgelöst. In den Unterfraktionen können die bekannten Verbindungen leicht durch die „klassischen" oder papierchromatographischen Methoden identifiziert werden. Der wichtigste Schritt soll jedoch zur Isolierung und Identifizierung unbekannter oder unerwarteter Komponenten der Fraktionen führen, und dabei muß man sich darauf verlassen, daß solche Substanzen sich mit den gebräuchlichen Indicatoren nachweisen lassen. Die Entdeckung und Identifizierung verschiedener, bisher in der Natur noch nicht aufgefundener Aminosäuren ist diesem Vorgehen zu danken.

Für die Verarbeitung größerer Mengen von Extrakten, in denen oft die unbekannten Substanzen in geringen Konzentrationen enthalten sind, wurde eine Technik der „Austausch-Verteilung" (displacement chromatography) entwickelt, bei der die einzelnen Komponenten einer komplexen Mischung rein gewonnen werden (PARTRIDGE und BRIMLEY, 1952). Im Prinzip werden dazu 3 Harze verwendet und die Trennung wird in 3 Hauptschritten durchgeführt. Zunächst werden in einer Säule aus dem Gemisch von Aminosäure-Hydrochloriden Arginin, Lysin und andere starke Basen durch NaOH auseinandergezogen. In den Eluatfraktionen dieses ersten Schrittes sind die sauren und neutralen Aminosäuren enthalten. Die vereinigten Lösungen werden über eine Zeo-Karb-215-Säule geschickt und dort mit verdünntem Ammoniak entwickelt, so daß eine Reihe von gemischten Bändern entsteht. Damit ist die grobe Trennung erreicht. Zur endgültigen Isolierung wird jede der gemischten Banden auf einer Säule von stark basischem Anionenaustauscher Dowex 2 mit verdünnter HCl getrennt. Bei der Entwicklung eines solchen Fraktionierungsganges für irgendeine gewünschte Verbindung ist es nötig, deren genauen Platz in der Reihenfolge der Aufteilung der anderen organischen Elektrolyte, die im Gemisch vorhanden sind, zu kennen. Diese Reihenfolge ist für verschiedene Harze sowie für die anderen Arbeitsbedingungen recht verschieden. Es gibt zwar einige Regeln, aber am Ende kommt es darauf hinaus, daß in einer Vorprobe die Lage der betreffenden Verbindung festgestellt wird, die dann präparativ getrennt werden kann.

Prinzipiell kann dieses Verfahren auch auf andere wasserlösliche ionisierte Naturstoffe angewendet werden.

D. Aufarbeitung unter Schutz von Sauerstoff.

Viel zu wenig wird meist berücksichtigt, daß die Verarbeitung von frischem Pflanzenmaterial unter vollem Luftzutritt zu schwerwiegenden Veränderungen jener Zellinhaltsstoffe führen kann, die in der lebenden Zelle reduziert vorliegen. Die Zelle auch der aeroben Organismen ist eben nicht „eine von Sauerstoff durchflutete Einheit". Der Sauerstoff hat nur auf geregelten Bahnen Zutritt, und in der lebenden Zelle herrscht ein relativ hohes Reduktionspotential. Durch das Braunwerden der Schnittflächen beim Apfel oder bei der Kartoffel werden solche oxydativen Veränderungen des Zellinhaltes — hier unter Mitwirkung von Polyphenolasen — leicht augenfällig. Diese außergewöhnlich raschen Oxydationen nach Zerstören der Zellen ergreifen aber auch Verbindungen, deren Umwandlung sich nicht so auffällig kund tut.

Es ist z. B. seit langem bekannt, daß Chloroplasten in Zellen, die durch angesäuerte Silbernitratlösung abgetötet worden sind, das Nitrat zu metallischem

Silber reduzieren. Das geschieht aber im allgemeinen dann nicht mehr, wenn das Silbernitrat zu Zellen zugegeben wird, die so abgetötet worden sind, daß rasche Oxydation im Blatt stattfinden konnte. In Blättern, die unter Ausschluß von Sauerstoff abgetötet worden sind, wird das Silbernitrat auch in toten Zellen noch reduziert. Nach dem Tod der Zellen scheint also eine rasche Oxydation von Verbindungen in den Chloroplasten einzutreten (vgl. Weier, 1953).

Wie erwähnt, sind die oxydativen Veränderungen genuiner Pflanzenstoffe nach dem Zerstören der Zellen häufig die Folge von Enzymwirkungen, die in der lebenden Zelle entweder nicht ablaufen oder die durch Wasserstoffübertragung im Zuge des Atmungsgeschehens immer wieder ausgeglichen werden. Durch Inaktivierung der beteiligten Enzyme werden diese postmortalen Oxydationen unterbunden. Vor der Extraktion von Chlorogensäure aus Samen oder anderen trockenen Organen werden die Polyphenolasen durch einstündiges Erhitzen bei 100° C zerstört (Freudenberg, 1920). Saftige Organe brauchen nur solange erhitzt zu werden, daß im Mittelpunkt des Organes die Temperatur etwa 5—10 min auf 90—100° C gehalten wird. Die Enzyme sind in den lebenstätigen Zellen meist so empfindlich, daß sie dann vollständig inaktiviert sind. Beim Erhitzen ist darauf zu achten, daß abfließender Saft nicht der Analyse verlorengeht.

Man kann oxydierende Enzyme inaktivieren und gleichzeitig die betreffenden Verbindungen vor Autoxydation schützen, wenn man die Pflanzenteile vor dem Zerreiben in 1%ige Natriumbisulfitlösung taucht (Johnson u. a., 1951). Dieser Kunstgriff hat sich bei der Isolierung von Chlorogensäure und anderen Polyphenolen bewährt.

Wenn weder Erhitzen noch die Zugabe von Bisulfit statthaft sind, wie z. B. bei der Extraktion von Ascorbinsäure, werden andere Wege zur Vermeidung partieller Oxydation beim Zerstören der Zellen eingeschlagen. Die enzymatische und spontane Oxydation der Ascorbinsäure wird durch Extraktion mit Säure (2% Metaphosphorsäure; 10% Essigsäure + 0,5% Oxalsäure u. ä., vgl. Bd. 2, „Ascorbinsäure") hintangehalten. Das Gewebe muß vor dem Zerreiben mit der Extraktionsflüssigkeit übergossen werden, damit die saure Flüssigkeit im Augenblick des Abtötens in die Zellen eintritt und die Ascorbinsäure vor Oxydation schützt. In manchen Pflanzenorganen, z. B. Kressekeimlingen, verschwindet beim bloßen Zerreiben im Mörser bis zu 75% der reduzierten Ascorbinsäure, die erhalten bleibt, wenn die saure Extraktionsflüssigkeit rechtzeitig zugegeben wird.

In manchen Fällen genügt es nicht, den Sauerstoff aus der Umgebung der zu untersuchenden Pflanzenorgane zu vertreiben. Bei einem bestimmten Verfahren zur Extraktion der Ascorbinsäure aus Äpfeln wurde das frische Material unter Durchleiten von Stickstoff durch den Extraktionskolben in 2% Essigsäure gekocht. Obwohl der umgebende Sauerstoff ausgeschaltet worden war, ergaben sich so niedrige Werte für den Ascorbinsäuregehalt, daß ein Fehler in der Extraktionsmethode gesucht werden mußte. Es wurde gefunden, daß der in den Intercellularen vorhandene Sauerstoff, der trotz der Stickstoffdurchleitung durch den Kolben in den Organen erhalten bleibt, einen beträchtlichen Teil der in den lebenden Zellen reduziert vorhandenen Ascorbinsäure rasch oxydiert, wenn durch das Erhitzen die Zellen getötet worden sind. Höhere Ascorbinsäurewerte wurden erhalten, sobald der Sauerstoff aus den Intercellularen vor der Extraktion entfernt worden war (Paech, 1938). Dazu wird das Gewebe entweder mit der Extraktionsflüssigkeit oder mit einem inerten Gas (z. B. N_2) infiltriert.

Die Infiltration von Pflanzengewebe mit einer Flüssigkeit läßt sich am leichtesten so durchführen, daß die Gewebe bzw. Organe in einem dickwandigen Glas, etwa einem Zentrifugenglas oder einer Saugflasche, in die zu infiltrierende Lösung untergetaucht und an der Wasserstrahl- oder einer anderen Saugpumpe solange evakuiert werden, bis keine Blasen mehr aus den Stomata oder Schnittstellen austreten. Bei völlig untergetauchten Pflanzenteilen wird dann der normale Luftdruck langsam wieder hergestellt, wodurch die Lösung in die Intercellularen gepreßt wird (Vakuum-Infiltrationsmethode). Nach dem Infiltrieren müssen die Gewebe „glasig" aussehen. Wenn die Stomata nicht weit genug geöffnet sind, muß das Evakuieren mehrmals wiederholt oder es müssen Einschnitte in die Blätter oder Stengel angebracht werden. Das Evakuieren schädigt pflanzliche Zellen nicht.

Wenn das zu infiltrierende Pflanzenmaterial in Zentrifugengläsern Platz hat, können die Intercellularen auch durch Zentrifugieren des untergetauchten Gewebes mit der Flüssigkeit infiltriert werden. Mäßiges Zentrifugieren hat im allgemeinen keine bleibenden Nachwirkungen auf den Inhalt der Zellen, obwohl Verlagerungen der geformten Zellbestandteile vorkommen.

Die Verdrängung der Intercellularenluft durch ein inertes Gas läßt sich weniger leicht bewerkstelligen und ist vielleicht für die Pflanzenanalyse weniger notwendig als für manche physiologische Versuche. In bestimmten Fällen hat es sich als ausreichend erwiesen, den Sauerstoff durch die betreffenden Pflanzenteile selbst verbrauchen zu lassen, indem man sie nach Abschluß von der Luft etwa durch Untertauchen in eine sauerstofffreie Flüssigkeit (Auskochen) einige Zeit bei höherer Temperatur stehen läßt. Im allgemeinen läuft bis zu relativ geringen Sauerstoffkonzentrationen (etwa 2—4%) eine normale Atmung weiter, aber bei weiterem Abschluß der atmenden Zellen von der Sauerstoffzufuhr treten mit weiterer Verarmung an O_2 anomale anaerobe Umsetzungen ein, die die Zusammensetzung der Gewebe verändern würden. Die „Selbstverarmung" an Sauerstoff muß also stets mit Vorsicht durchgeführt werden.

Sollen die Intercellularen mit einem inerten Gas, Stickstoff oder Argon, gefüllt werden, so müssen sie ebenfalls in einem dickwandigen Gefäß evakuiert werden. Das Gefäß muß einen geeigneten Ansatz haben (Zuleitungsrohr mit eingeschliffenem Hahn), über den aus der Gasbombe gegebenenfalls nach Reinigung (Entfernen des im technischen Stickstoff noch enthaltenen Sauerstoffs nach Durchleiten durch alkalische Pyrogallol-Lösung oder über ein glühendes Kupferdrahtnetz in einem Porzellanrohr) N_2 in das evakuierte Gefäß eingeleitet werden kann.

Auf alle Fälle ist bei der Analyse besonders sauerstoffempfindlicher genuiner Stoffe immer auch der Intercellularensauerstoff als Gefahrenquelle für eine Oxydation im Auge zu behalten bzw. auszuschalten. Eine besondere Bedeutung hat der Ausschluß des Sauerstoffs bei der Analyse für die Aufklärung des Zustandes der proteolytischen Enzyme in den pflanzlichen Zellen erlangt. Für die Aktivität dieser Enzyme sind reduzierte Bedingungen, vielleicht SH-Gruppen, entscheidend. Durch den Sauerstoff werden diese Gruppen nach Zerstören der Zellen oxydiert, und so erschien es, als ob die proteolytischen Enzyme im inaktiven Zustand in der Zelle vorhanden seien und erst besonderer „Aktivatoren" bedürften, um für den Eiweißabbau vorbereitet zu werden. Werden die Zellen jedoch in Stickstoffatmosphäre abgetötet, so erweisen sich die proteolytischen Enzyme als vollaktiv und die ohne diese Schutzmaßnahme erhaltenen reversibel inaktivierten als Artefakte (PAECH, 1935).

E. Bestimmung der Trockensubstanz und des Wassergehaltes.

Obwohl der Gehalt der Pflanzen an Wasser eine sehr schwankende Größe ist und obwohl auch der Gehalt an Trockensubstanz nichts chemisch genau Definierbares darstellt, wird häufig das Trockengewicht als Bezugsgröße für die Angabe der Analysenwerte, und das Verhältnis Trockengewicht zu Wassergehalt bzw. das relative Trockengewicht (in % vom Frischgewicht) für den Vergleich mit einzelnen Pflanzenstoffen oder für die Berechnung des „Gesamtertrages" usw. von Bedeutung sein.

Bei den Pflanzen, die außer Wasser keine bei 100—105° C flüchtige Verbindungen enthalten, wird das Trockengewicht nach Abdampfen des Wassers als der verbleibende Rückstand bestimmt. Im allgemeinen kann die Gewichtsabnahme bei der Trockentemperatur jedoch nur als „apparenter Wassergehalt" bezeichnet werden (FRYD und KIFF, 1951), denn sie setzt sich zusammen aus der Wasserabgabe und der Abgabe von anderen flüchtigen Verbindungen, wie Ammoniak, Estern, Aminen u. ä., sowie den Produkten chemischer Umsetzungen, die, je länger die Trocknung ausgedehnt wird, um so mehr Verbindungen erfaßt. Oxalsäure wird im trocknen Zustand unter 100° C merklich zersetzt, verschiedene Zucker werden karamelisiert. Außerdem reagieren die Zucker mit organischen Säuren, besonders mit den universellen Aminosäuren. Solche Verluste können durch möglichst rasche Trocknung auf ein Mindestmaß zurückgedrängt werden. Da das Ergebnis einer Trockensubstanzbestimmung aber stets stark von den Einzelheiten der angewandten Methode abhängt, empfiehlt es sich immer, die Bedingungen, unter denen getrocknet wurde, genau anzugeben, damit ein Vergleich mit anderen Bestimmungen möglich ist.

Zur Ermittlung des Trockengewichtes werden größere Pflanzenteile vorher zerkleinert. Saftverlust muß dabei vermieden werden. Je nachdem, ob das Material homogen ist oder nicht bringt man weniger oder mehr davon (zwischen 10 und 100 g) in eine Schale oder ein breites Glas und trocknet bei 100° C etwa 1 Std. Das vorgetrocknete Material wird aus der Schale ohne Verlust in ein Wägeglas übergeführt, bei 102°—105° C wiederum 1 Std. getrocknet, im Exsiccator über Calciumchlorid, Phosphorpentoxyd oder Schwefelsäure abkühlen lassen und schließlich auf der Analysenwaage gewogen. Falls es ohne Verlust möglich ist, kann zerrieben oder anderweitig zerkleinert werden. Danach wird erneut etwa 30 min getrocknet, und nach Abkühlen im Exsiccator wird das geschlossene Wägeglas gewogen. Wenn die Gewichtsdifferenz der beiden Wägungen weniger als 1% der im Wägeglas enthaltenen Menge beträgt, kann die Trocknung als beendet betrachtet werden. Eine völlige Gewichtskonstanz wie bei stabilen chemischen Substanzen läßt sich kaum erreichen, da bei längerdauerndem Erhitzen sich Zersetzungen bemerkbar machen, die das Gewicht sowohl nach unten (durch Verflüchtigung) als auch nach oben (durch Oxydationen) verändern können.

Enthält das Pflanzenmaterial ätherische Öle oder andere flüchtige Inhaltsstoffe, so würden diese bei 105° C wenigstens teilweise verlorengehen. In solchen Fällen muß man die Bestimmung der Trockensubstanz ohne Anwendung von Hitze vornehmen, indem man die mit zerkleinerten Pflanzenteilen beschickten Wägegläser 24 Std. lang in einem frisch mit reichlich gebranntem Kalk oder gekörntem Chlorcalcium beschickten Exsiccator stehen läßt. Ein Schwefelsäure-Exsiccator ist in diesem Falle nicht zu empfehlen, weil die flüchtigen organischen Verbindungen oder zufällig in die Schwefelsäure gefallene organische Partikel unter Bildung von schwefliger Säure bzw. Schwefeldioxyd zersetzt werden, das seinerseits mit dem Pflanzenmaterial in Reaktion tritt. Nach 24 Std. wird gewogen, dann wieder im Exsiccator stehen gelassen und alle 24 Std. erneut gewogen, bis eine hinreichende Gewichtskonstanz erreicht ist (BRIEGER, 1931). Der Trocknungsvorgang kann durch Evakuieren des Exsiccators beschleunigt werden. Die Gefahr bei diesem Vorgehen besteht darin, daß anfangs, ehe die Zellen soviel Wasser verloren haben, daß die Enzymtätigkeit unterbrochen ist, noch

Atmungsverluste die Trockensubstanz schmälern. Das schonendste Trocknen ist wahrscheinlich die Gefriertrocknung (vgl. S. 51).

Für die quantitative Bestimmung des Wassergehaltes gibt es in der Chemie eine ganze Reihe Verfahren, die auf verschiedenen Prinzipien beruhen und Rücksicht auf den Bindungszustand des Wassers nehmen (vgl. HEIN und BÄHR, 1950).

Im einfachsten Falle ist bei Pflanzenmaterial die Bestimmung des Trockengewichtes gleichbedeutend mit der Ermittlung des Wassergehaltes, der als Differenz zwischen Frischgewicht und Trockensubstanz errechnet wird. Die Festlegung der Trockentemperatur entspricht der Erfahrung, daß bei etwa 105° C nicht nur die Feuchtigkeit oder das freie Wasser abgetrieben, sondern daß auch das als Hydratwasser gebundene entfernt wird.

Neben dieser einfachen aber indirekten und unspezifischen Wasserbestimmung, die dort nicht anwendbar ist, wo flüchtige oder leicht zersetzliche Inhaltsstoffe einen höheren Gewichtsrückgang beim Trocknen verursachen würden als dem Wassergehalt entspricht, kommen für die Pflanzenanalyse noch einige Verfahren der direkten Bestimmung in Betracht.

In einer Art umgekehrter Wasserdampfdestillation kann das Wasser aus Pflanzengeweben durch die Dämpfe leicht verdampfbarer Flüssigkeiten ausgetrieben werden. Das Wasser wird dann volumetrisch gemessen, wenn die Triebflüssigkeit, z. B. Xylol, nicht mit Wasser mischbar ist. Das Wasser kann durch geeignete Lösungsmittel, wie Alkohol, Aceton, Dioxan, aus dem Pflanzenmaterial ausgezogen werden, und seine Menge wird durch Dichtemessung oder Feststellung des Brechungsindex der mit Wasser vermengten Extraktionsflüssigkeit bestimmt. Aus einer Reihe chemischer Wasserbestimmungen sei nur die Methode von KARL FISCHER etwas näher beschrieben, die davon Gebrauch macht, daß sich Jod mit Schwefeldioxyd nur in dem Maße zu Schwefelsäure und Jodwasserstoff umsetzt, wie Wasser zugegen ist. Die Bestimmung des Wassers läuft also auf eine jodometrische Titration hinaus, die eine besonders hohe Genauigkeit gewährleistet.

Destillationsverfahren (aus HEIN und BÄHR). Der Siedepunkt der Hilfsflüssigkeit braucht nicht höher als der des Wassers zu liegen. Im allgemeinen wird Xylol (Siedepunkt 140°, Dichte 0,86) verwendet. An seine Stelle kann Toluol, Heptan, Schwerbenzin oder Leuchtpetroleum treten. Die Verwendung mehrfach halogenierter Kohlenwasserstoffe (Tetrachlorkohlenstoff, Trichloräthylen) hätte zwar gewisse Vorteile (nicht brennbar), aber sie sind spezifisch schwerer als das Wasser, und deshalb müßte die Apparatur gegenüber der für Xylol geeigneten verändert werden.

Für Flüssigkeiten, die leichter als Wasser sind, eignet sich eine Apparatur wie in Abb. 1[1]. Der Inhalt des Kolbens ist nach dem Wassergehalt des Materials zu bemessen. Es sollten mindestens 2 ml Wasser in der Meßbürette gesammelt werden. Die Substanz wird z. B. mit 50 ml Xylol in den etwa 200 ml fassenden Kolben gebracht. Wenn zum Sieden erhitzt wird (elektrisches Sandbad, Glycerinbad o. ä.), kondensieren die Dämpfe und sammeln sich in dem unteren, zu einer Art Bürette ausgestalteten Teil des Kühlrohres. Die Menge des unter dem überstehenden Xylol sich sammelnden Wassers kann dort unmittelbar in ml abgelesen werden. Wenn so viel Xylol übergegangen ist, daß es den Überlauf erreicht, der etwas schräger als in der Abbildung ausgeführt sein sollte, so fließt es durch diesen in den Kolben zurück. Normalerweise soll die Entwässerung in $^{1}/_{2}$—1 Std. beendet sein.

---

[1] Auch die für die Bestimmung des Gehaltes an ätherischen Ölen benutzten Destillationsapparaturen, etwa die nach MORITZ, können notfalls verwendet werden (vgl. Bd. 3, dieses Handbuches).

Wenn die Apparatur vor der Benutzung mit Chromschwefelsäure gut gereinigt war, bleiben im allgemeinen keine Wassertropfen im Bereich des überstehenden Xylols an der Glaswand hängen. Sollte das doch vorkommen, so genügt meist Erwärmung des Meßgefäßes, um das Zusammenfließen der Tropfen zu erleichtern.

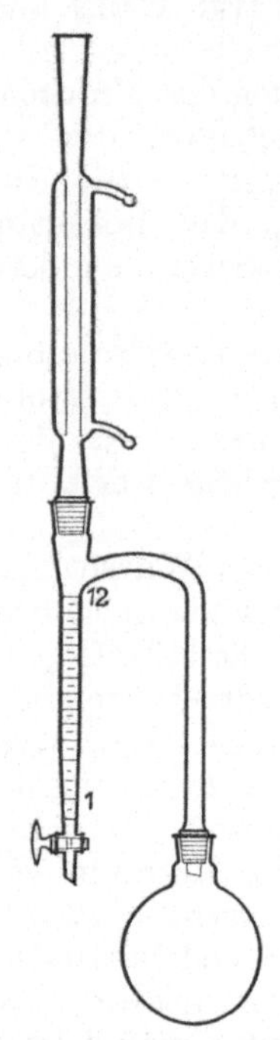

Abb. 1. Destillationsapparatur zur Bestimmung des Wassergehaltes mit Flüssigkeiten, die spezifisch leichter als Wasser sind. (Aus HEIN und BÄHR 1950.)

Eine vorherige Sättigung des Xylols mit Wasser ist nicht nötig. Das Stoßen des Xylols im Destillationskolben wird durch Einbringen eines Stückchens Platindraht oder von Platinschnitzeln verhindert. Wegen der Veränderung des Meniskus durch das überstehende Xylol muß eine Korrektur von $+0,02$ für 6 mm Durchmesser der Bürette und von $+0,09$ ml je ml bei 12 mm Durchmesser angebracht werden. Die Korrektur für Destillationsverluste sollte durch Destillation einer genau eingemessenen Menge Wasser jeweils bestimmt werden. Sie dürfte bei 2 ml Wasser etwa 0,2 ml ausmachen. Ätherische Öle stören bei diesem Verfahren im allgemeinen nicht, weil sie zwar mit übergehen aber im organischen Lösungsmittel gelöst bleiben. Schwierigkeiten können durch Emulsionsbildungen im Meßgerät auftreten.

Eine Reihe von Abwandlungen dieses Verfahrens sowie Apparaturen für die Verwendung von Hilfsflüssigkeiten, die schwerer als Wasser sind, sind bei HEIN und BÄHR beschrieben.

Auslaugeverfahren. Es eignet sich nur für Materialien, die außer Wasser keine anderen Substanzen an die Lösungsmittel abgeben, also z. B. für Fasern oder Stärkemehl. In einem Kolben wird eine abgewogene Menge des zu untersuchenden Pflanzenmaterials mit einem genau abgemessenen Volumen von absolutem Methylalkohol, Äthylalkohol oder Aceton übergossen und mindestens 1 min lang geschüttelt. Das durch aufgenommenes Wasser verdünnte Lösungsmittel wird in einen Zylinder abfiltriert. Durch Dichtemessung wird der Wassergehalt bestimmt und nach Umrechnung auf die zugegebene Menge Alkohol usw. läßt sich die in dem extrahierten Material vorhandene Wassermenge ermitteln.

Das KARL-FISCHER-Verfahren (vgl. HEIN und BÄHR). Es hat sich gezeigt, daß die zugrunde liegende Umsetzung $2\,H_2O + SO_2 + J_2 \rightleftarrows H_2SO_4 + 2\,HJ$ erst bei Gegenwart von organischen Basen, vor allem Pyridin, quantitativ verläuft. Das Pyridin verändert die Gesamtbilanz so, daß schon auf 1 Mol Wasser 1 Mol Jod verbraucht wird:

$$H_2O + J_2 + SO_3 + 3\,C_5H_5N \rightarrow 2\,C_5H_5N \cdot HJ + C_5H_5N \cdot SO_3.$$

Die Reaktionsmischung wird in Methylalkohol gelöst, den man zur Entwässerung einige Zeit mit wasserfreiem Kupfersulfat geschüttelt und dann destilliert hat. Man löst 50,8 g Jod in einem Liter Methylalkohol, setzt 158 g Pyridin hinzu und schüttelt um. Dann gibt man 38,4 g flüssiges Schwefeldioxyd vorsichtig hinzu. Abkühlen in kaltem Wasser ist empfehlenswert. Der Titer dieser Lösung wird mit weitgehend entwässertem Methylalkohol bestimmt. Von dem Methylalkohol werden zunächst 10 ml bis zum deutlichen Farbumschlag von Gelb nach Braun mit der Reaktionsmischung versetzt. Dann löst man in diesem Methylalkohol, z. B. in 500 ml, eine genau gemessene Menge Wasser, z. B. 5 g, und führt unter Berücksichtigung der Volumenänderung mehrere Titrationen von 10 ml aus. Die Differenz der vor und nach dem Wasserzusatz verbrauchten Menge des Reaktionsgemisches entspricht der eingemessenen Wassermenge. Man kann daraus berechnen, wieviel mg Wasser 1 ml der Jodlösung entspricht. Auf die gleiche Weise muß der Titer der Reaktionslösung von Zeit zu Zeit nachkontrolliert werden. Die Titration des zu untersuchenden Materials nimmt man in möglichst kleinen Gefäßen vor, weil die Lösung begierig Feuchtigkeit anzieht. Die fein zerteilte Substanz, etwa 1—2 g, wird in einem kleinen, trockenen Erlenmeyer-Kölbchen mit 5—10 ml trockenem Methylalkohol (dessen Wassergehalt vorher titriert worden ist) aufgeschwemmt und bis zu einer deutlichen Braunfärbung titriert. Von dem gefundenen Wert zieht man den Wasserwert des benutzten Methylalkohols ab.

Literatur.

ALLFREY, V. et al.: J. Gen. Physiol. **35**, 529 (1952); Nature (Lond.) **169**, 128 (1952).— ANDRÉ, E., et M. CARBOUÈRES: C. r. Acad. Sci. (Paris) **235**, 816 (1952).

BRIEGER, R.: In G. KLEIN, Handbuch der Pflanzenanalyse I. Wien 1931. — BROWN, A.K., F. FAGER and H. GAFFRON: Arch. of Biochem. a. Biophysics **19**, 407 (1948).

CALVIN, M.: J. Chem. Educat. **26**, 639 (1949). — CHIBNALL, A. C.: Ann. of Bot. **37**, 511 (1923). — CHOLNOKY, B. J.: Mikroskopie (Wien) **7**, 223 (1953). — CROCKER, W., and L. V. BARTON: Physiology of Seeds. Waltham, Mass. 1953. — DAVIES,D.D.:J.ofExper.Bot.4,173(1953).—DIANZANI, M.K.: Ark.Kemi(Stockh.)**4**,1(1952). EVANS, J. W.: Cereal Chem. **18**, 468 (1941).

FINNEY, D. J.: Statistical Method in Biological Essay. London: Griffin 1952. — FISHER, R. A.: Statistical Methods for Research Workers. 10. ed. London 1948. — FREUDENBERG, K.: Ber. dtsch. chem. Ges. **53**, 232 (1920). — FRYD, C. F. M., and P. R. KIFF: Analyst (Lond.) **76**, 25 (1951).

GAUSMAN, K. W. et al.: Plant Physiol. **27**, 794 (1952). — GORBACH, G., u. H. BUTSCHER: Z. Lebensmittelunters. u. -Forsch. **95**, 323 (1952). —GOUWENTAK, C. A.: Rec. Trav. bot. néerl. **26**, 19 (1929). — GRANICK, S.: Amer. J. Bot. **25**, 558 (1938). —

HAGEN, C. E., and V. V. JONES: Bot. Gaz. **114**, 130 (1952). — HEIN, F., u. G. BÄHR: In Handbuch der analytischen Chemie. Herausgegeben von W. FRESENIUS u. G. JANDER. 3. Teil, Bd. VIIaα, S. 69. Heidelberg 1950. — HEMBERG, T., u. H. FLÜCK: Pharm. Acta Helv. **28**, 74 (1953). — HIRSJÄRVI,V.P., u. L.ANDERSEN: Z. anal. Chem. **136**, 177 (1952). — HOGEBOOM, G. H. et al.: J. of Biol. Chem. **172**, 619 (1948). — HOLZER, H., u. F. LYNEN: Liebigs Ann. **569**, 138 (1950). — HULME, A. C.: Abstr. 1st Internat. Congr. of Biochem. S. 493. Cambridge 1949.— JOHNSON, G. et. al.: Food Res. **16**, 169 (1951).

KOBLET, R.: Ber. schweiz. bot. Ges. **50**, 99 (1940). — KOLLER, S.: Graphische Tafeln zur Beurteilung statistischer Zahlen. 3. Aufl. Dresden-Leipzig 1953. —

LANG, K.: 2. Colloquium der Dtsch. Ges. f. physiol. Chemie. S. 24. Heidelberg 1952. LINDER, A.: Planen und Auswerten von Versuchen Basel—Stuttgart 1953.

MASON, T. G., and E. J. MASKELL: Ann. of Bot. **42**, 189 (1928). — MILLERD, A.: Proc. Linnean Soc. N. S. Wales **76**, 123 (1951). — MILLERD, A., et. al: Proc. Nat. Acad. Sci.USA **37**, 855 (1952). — MOSER, H.: In BAMANN-MYRBÄCK, Die Methoden der Fermentforschung. Bd. 3. Leipzig 1941.

PAECH, K.: Planta (Berlin) **24**, 78 (1935); Z. Unters. Lebensmitt. **76**, 234 (1938); Die Gefrierkonservierung von Gemüse, Obst und Fruchtsäften. 2. Aufl. Berlin: Parey 1945; Planta (Berlin) **42**, 56 (1953). — PAECH, K., u. E. KRECH: Planta (Berlin) **41**, 391 (1953). — PALO-HEIMO, L.: J. Sci. Agric. Soc. Finland **25**, 16 (1953). — PARTRIDGE, S. M.: Analyst (Lond.) **77**, 955 (1952). — PARTRIDGE, S. M., and R. C. BRIMLEY: Biochemic. J. **51**, 628 (1952).— PERNER, E.: Ber. dtsch. bot. Ges. **65**, 235 (1952).

RAHN, H.: Planta (Berlin) **18**, 1 (1933).

SCHMIDT, K. H.: Protoplasma (Wien) **40**, 209 (1951). — SCHULTZ, O. E.: Planta Medica (Stuttgart) **1**, 32 (1953). — SPIKES, J. D.: Arch. of Biochem. **28**, 48 (1950). — SPOEHR, H. A.: Biochem. Z. **57**, 95 (1913). — STAFFORD, H. A.: Physiol. Plantarum **4**, 696 (1951). — STEINER, M., u. J. HOCHHAUSEN: Arzneimittel-Forschg. **2**, 535 (1952). — STERN, H., and A. E. MIRSKY: J. Gen. Physiol. **36**, 181 (1952). — STILL, J. L., and E. H. KAPLAN: Exper. Cell Res. **1**, 403 (1950). — STOLL, A. u. a.: Helv. chim. Acta **16**, 703, 721 (1933); **18**, 120 (1935); Hoppe-Seylers Z. **235**, 249 (1935). —

VICKERY, H. B. et. al.: Plant Physiol. **24**, 335 (1949).

WEBER, E.: Grundriß der biologischen Statistik. Jena: Fischer 1948. — WEIER, T. E.: Protoplasma (Wien) **42**, 260 (1953). — WEIER, T. E., and C. R. STOCKING: Amer. J. Bot. **39**, 720 (1952). — WIESSMANN, K., u. K. NEHRING: Agrikulturchemisches Praktikum. Berlin: Parey 1951. — WOODWARD, C. C., and G. S. RABIDEAU: Plant Physiol. **28**, 535 (1953).

General Methods for Separation.

Making and Handling Extracts.

By

N. W. Pirie

With 5 Figures.

An analysis can sometimes be made directly on fresh or dried plant material, total nitrogen and ash, for example, can be estimated in this way. Sometimes also the substance that is being estimated or characterised occurs naturally in a solution that can be collected in bulk, for example latex, nectar or guttation fluid. Here no problems arise over the method of extraction to be used. In general, however, the first step is to get the material that is being studied into solution or suspension, and this step involves not only difficulties but also grave risks that the material is being modified during the course of extraction.

In a few special cases a fluid can be obtained without seriously damaging the tissue. Thus MASON & PHILLIS (1939) have expressed vacuolar sap from leaves by simple pressure, and fluid can be forced out by the application of air (CHIBNALL & GROVER, 1926), or water (JOHNSON, 1949, 1951) pressure to the petiole. Such processes are highly selective and a representative fraction of the cell contents is not extracted. Water soluble substances of low molecular weight generally diffuse out of the cell when a tissue has been treated in such a way as to destroy its osmotic control. Treatments that may be used are: heating to 60° or higher, freezing (if the tissue is frost sensitive) and exposure to poisons e.g. ether or chloroform. The choice of agent clearly depends on the substance that is being investigated. This method of extraction has the great merit that the large molecules, proteins, gums, etc., are mostly retained by the still incompletely damaged cell wall so that they do not contaminate the extract. Either by accident or design this merit has often been made use of; the extraction of glutathione from yeast may be given as an example (PIRIE, 1930).

A. Disintegration of Tissues.

Diffusion from tissues is often slow even when there is no osmotic barrier. This is especially so with large molecules such as proteins or gums. Furthermore, layers of impervious material may intervene. In these circumstances, some subdivision is necessary and for this a wide range of techniques and equipment is available.

1. Mechanical Methods.

The pestle and mortar is the simplest device for both wet and dry material. Its use becomes laborious if work on any scale is contemplated but can be eased if a heavy pestle is used with an elongated handle which is held in a ring above the mortar. To grind it is then only necessary to move the pestle laterally and not to press it down.

a) Grinding Dry Materials.

Large scale fine grinding is most easily carried out on dry material and power driven hammer mills are widely advertised. In them the material to be ground stays in the path of the hammers until it is fine enough to get through a perforated screen and the fineness of grinding is controlled by the fineness of the screen. The thoroughness of drying is important, for some substances will only grind after thorough drying in a desiccator while others grind better if only air dry. Hammer mills are used to grind such materials as wood, bark, dry leaves and dry roots; they are robust and not easily damaged by stones and dirt that may contaminate some samples. For small samples, especially if very fine grinding is required, ball mills are used. Here the material to be ground is put in a vessel, half filled with balls, which is rotated so that the balls are constantly tumbling over each other and grinding the charge at the points of impact. Satisfactory grinding sometimes takes many hours or even days. Recently mills have appeared, in which a blast of air carries the dry material round so that the particles impinge on one another and on stationary or vibrating parts of the machine. This brings about very fine grinding but such machines have not yet found general application.

There are several disadvantages to dry grinding in mills such as these. Fine grinding alters the chemical properties of many apparently inert substances, for example cellulose is so altered that reducing groups appear, and proteins are altered in various ways (COHEN, 1943, 1944). There are also reactions between substances, of these the best known is the MAILLARD reaction in which reducing sugars react with some proteins when a mixture is ground dry and form complexes that can resist ordinary separatory and hydrolytic operations. There is a serious risk of contamination by the material of the mill. This can be minimised, or at least recognised, if the working parts are made of an innocuous metal or one that is easily recognised analytically. The parts of a ball mill are generally made of glass, ceramic or agate; this minimises wear but even so it is well to weigh the balls from time to time to determine the extent to which the materials that have been ground have also become contaminated by parts of the grinding surface. The need for drying the charge may be partly avoided by freezing it and grinding with a chilled mill so that it stays frozen. This can be done with any of the standard mills. A frozen block can also conveniently be ground by pressing it against a rotating carborundum grinding wheel enclosed in a housing to collect the resulting fragments (NICHOLSON, 1951).

b) Grinding Moist Material.

For many extractions fine grinding is not necessary and preliminary drying may be disadvantageous. Various kitchen utensils slice soft material adequately on a small scale and the machines used to cut tobacco are obviously suitable for larger scale use. For fine slicing on a 100 to 300 g scale DE FLINES (1951) has described an arrangement in which two spindles carry sharp edged stainless steel disks spaced about 1 mm. apart and set to interpenetrate. Both spindles are driven and the material comes through effectively sliced into zig-zag pieces. The bowl cutter is widely used in the food industry to give particles 3—4 mm. across, it handles leaves and fleshy roots well in batches up to 50 kg.

For the release of cell components rubbing is often more effective than cutting unless cutting can be made so fine that every cell is opened. This would require a microtome and no practical machine handling even gram quantities has been described. The domestic meat mincer is widely used for combined subdivision and rubbing. It works well on leaves, fruits and roots so long as there is not much fibre present but it becomes clogged if fed with a very fibrous material such as sisal leaf. It is not well adapted for quantities smaller than 60 g. because of the quantity needed to fill the working volume. Hand driven machines become laborious to operate if several kg. have to be ground but there are power driven machines with an output of several kg. per hour; these are even more sensitive to the presence of fibre. For working on an even larger scale the special techniques developed in the sugar cane, sugar-beet, wine and sisal industries are needed and recently (c. f. Pirie, 1952) their adaptation to the large scale separation of protein from leaves has been considered and a machine has been designed that cannot clog with fibre.

Power driven pestles and mortars, usually in the form of the "end runner mill" are useful for making batches of thick slurry from almost any type of vegetable material. By sufficiently long grinding very fine subdivision can be attained especially if an abrasive such as sand or alumina is added (McIlwain, 1948). On a smaller scale, and with soft materials the Potter-Elvehjem (1936) grinder is now much used. In this the charge is forced through the annulus between two concentric cylinders one of which is driven mechanically. The arrangement is itself a variant of the well established method for grinding bacteria by forcing them past the plunger of a glass hypodermic syringe and most users have made their own further variations. Soft leaves can be easily ground by forcing them through the annulus between stationary cylinders (Pirie unpublished). Tobacco leaves, from which the midribs have been removed, can be pressed through a 1 μ gap by subjection to about 1 ton per sq. cm.; the product contains few intact cells. All these are batch grinders.

Continuous fine grinding is most easily achieved with the much less widely used "triple roller mill". Here a stiff paste is made by passage of the charge through two nips between cylindrical rollers driven at different speeds. These machines are normally used for preparing ointments and paint but are efficient with many types of leaf (Bawden & Pirie, 1944). For work on small samples the rollers are only 5 cm. in diameter but models of all sizes are made.

c) Grinding Dilute Suspensions.

In the machines described so far, dry material or material with only sufficient water in it to give a thick slurry is ideal. It is often convenient to combine the processes of subdivision and extraction and here also several arrangements are available. The most widely used is the "Waring blendor" and variants of it. These are batch machines in which knives rotating up to 12,000 times a minute cut up a charge suspended in extractant. With suitable choice of vessel the final volume may be 10 to 2,000 ml. but the resulting suspension must be thin enough to flow easily into the path of the knives so that a cavity is not formed. This principle has the defect that the charge is very thoroughly aerated and exposed to surface forces so that it is not suitable for materials sensitive to these agents. Thus Stern & Bird (1949) and Sibly & Wood (1951) report losses in ascorbic oxidase and carbonic anhydrase activity when a high speed machine is used instead of a pestle and mortar. With plant pigments, on the other hand, Benne (1942) found that they gave results similar to hand grinding. High speed disintegration is the ideal method in the routine determination of those tissue components that are not sensitive to it because the action, unlike that of the pestle and mortar or roller mill, is reproducible. So long as care is taken to use knives adapted to the texture of the material that is being dispersed, these grinders will handle almost anything. Several types of colloid mill are on the market in which the dilute charge is pumped through a controllable gap between smooth or slightly serrated metal surfaces until the particles have been sufficiently subdivided by shear. WILDMAN & BONNER (1947) have used this method for disintegrating leaves. The somewhat similar type of mill devised by BOOTH & GREEN (1938) in which the charge has to pass between the rollers and casing of a roller bearing, was not found to work well on tobacco leaf fibre.

When an even greater degree of subdivision is required, methods used in other branches of biology may sometimes be effective. Sonic and supersonic vibration is widely used to disperse suspensions of bacteria but the method has only rarely been used on more highly organised plant tissue. MILNER, LAWRENCE & FRENCH (1950) have used the shearing action that results when a suspension is forced through a needle valve for disintegration and this method is effective (FOWDEN, 1952) with *Chlorella*. In principle the action is similar to that of a colloid mill in which there is only one passage through the working space. Several attempts have been made to disintegrate a tissue by saturating it with gas under high pressure and then allowing the gas to expand by suddenly releasing the pressure. The most successful arrangement, using nitrous oxide, is that described by FRASER (1951). The principle of attrition between surfaces maintained in constant motion, which underlies the action of the ball mill, has been adapted to wet grinding by CURRAN & EVANS (1942) who shake the suspension with sand or small glass beads. This technique has been further extended by MICKLE (1948) who mounts the vessels to be shaken on the end of an electrically maintained tuning fork and so gets a more rapid movement than that on the conventional laboratory shaking machine.

2. Enzymic Disintegration.

Attention is focussed on the importance of the enzymic disintegration of most animal tissues by the readiness with which they autolyse. Plant material, except for yeasts and some fruits, does not disintegrate in the same way on sterile incubation but the cell structure can be broken down with various enzyme preparations. This method is not extensively used; perhaps because the enzyme preparations available commercially contain so many components that the substances under investigation are likely to be destroyed as well as the tissue structure. The position would be greatly improved if purified cellulase and other carbohydrases were available commercially. The table gives a representative group of those that are available.

Substrate	*Supplier of Enzyme(s) Attacking Substrate*
Pectin	Rohm & Haas Co., Philadelphia (Charles Lennig & Co Ltd., London) Norman, Evans & Rais Ltd., Manchester
Hemicelluloses	(Rohm & Haas Co., Philadelphia — Development) General Biochemicals Inc., Chagrin Falls Ohio.
Cellulose	(Norman, Evans & Rais Ltd., Manchester — Development) Delta Chemical Corp. New York.
Phytin	Bios Laboratories Inc. New York.

Note: The cruder preparations of pectinolytic enzymes will often be found to contain appreciable amounts of hemicellulase, cellulase, and chitinase.

Digestive fluid from the crops of the snails *Helix aspersa* and *H. pomatia* has been used in the separation of some plant viruses from tobacco leaf fibre (BAWDEN & PIRIE, 1946) and the optimum conditions for the action of the relevant enzymes in this mixture have been defined by HOLDEN, PIRIE & TRACEY (1950), and for enzymes from a variety of funguses by HOLDEN (1950). HOOVER et al (1945) have used a growing culture of *Clostridium roseum* to digest the cell structure of some plants so as to release rubber when this is held in discrete globules in the cells rather than in latex ducts. Similar enzyme preparations are widely used histologically.

3. Chemical Disintegration.

This subject is too diffuse to justify more than superficial treatment. At the one extreme lie processes which may be looked on as chemical methods of cytolysis; the use of narcotics to alter the permeability of cells so that diffusible molecules can escape has already been mentioned. By the use of more powerful agents the cell wall can be broken so as to release all the contents, DELLA ROSA, ALTMAN & SOLOMON (1953) used dimethyl formamide in this way to break open *Chlorella* cells. Many agents have been used to break molecular associations between the substance that is being extracted and the insoluble parts of the cell. Outstanding among these are the detergents. Cholic and deoxycholic acid acids were used in the 19th century, more recently the range has been extended by synthetic products such as sodium dodecyl sulphate and cetyl triammonium bromide. Solutions of urea, pyridine, phenol, calcium thiocyanate etc. are also useful for this purpose. There is seldom any evidence about the nature of the link that is being broken by these agents and this is an almost entirely empirical field of investigation.

4. Comparison of Methods of Subdivision.

Each of the methods used for subdividing the tissue so that an extract can be made has particular merits and demerits and, in selecting the most suitable method for the work in hand, many factors have to be borne in mind. First there is the risk of making artefacts. Thus drying and freezing denature many proteins and may dissociate from them substances that were held as prosthetic groups. Intensive grinding, as in the "triple-roller mill" appears to bond chlorophyll or leaf chromoprotein on to free protein (BAWDEN & PIRIE, 1944) or even on to added paper pulp (CROOK, 1946). Effects such as these have not been described with the other types of grinding but it is possible that this is because they have not been looked for. It is also possible that local intense heating is the cause of this bonding and it is more likely to be caused by this type of mill than by others. The danger of denaturation and oxidation, inherent in methods that involve great frothing, have already been mentioned. Another important factor is the ease with which an extract can be separated from the ground residue afterwards. Obviously this is generally easier the coarser the subdivision so that grinding should be restricted to the minimum needed to release, or permit the diffusion of, the substance under investigation. Most methods of wet grinding crush and rub the charge as well as cutting it and, at least with soft tissues such as leaves, stems and flowers, the rubbing may be very effective in liberating particles as large as normal proteins or even viruses. Thus much of the virus in an infected leaf is liberated by coarse mincing that results in fragments several millimeters across in which a large proportion of the cells appear under the microscope to be undamaged. Finer grinding has to be carefully controlled if it is to liberate any more virus, for the amount destroyed by grinding may exceed the extra amount liberated. The choice of method is therefore, a matter for experiment with each system and it is only when several different methods of extraction have given the same end product that it is safe to begin to look on it as a normal component of the tissue. The effects of different types of grinding on the same materials are too seldom compared and the comparisons made by DENUES (1952) and CROOK (1946) are very welcome.

5. Terminology.

Having described the methods that can be used for dispersing tissues as a prelude to extraction it is worth while considering the terms suitable for the different types of ground material. Each grinding technique has a different effect and is likely to produce different types of artefact, it is therefore vital that an indication of the method used should always be given. Furthermore, when the ground material is referred to later, words should be used that do not appear to claim more than can be demonstrated.

Sometimes terminology is simple. The product of dry grinding is a powder and its average or modal particle size can be stated in terms of standard sieves. The product of grinding in a mincing machine is a mince and an indication of its fineness is given by stating the size of the holes in the end plate of the machine. When wet grinding is more thorough, more difficulty arises. The texture of the product is one important factor and the particle size another. Some products can be described as pastes or doughs but when much diluent has been added more suitable words are dispersion, slurry or suspension. Microscopical examination or the use of sieves will give some indication of the particle size and this evidence can be supplemented by observations on the rate at which the particles sediment after being stirred up in water or other suitable fluid.

During the past few years an increasing number of products have been called "homogenates" and the process of their preparation "homogenisation". There can be no justification for the use of these words for suspensions that settle under gravity in a few minutes. If "homogenate" meant anything it would be a synonym for solution and would mean a system that remained homogeneous under the conditions of the experiment. The words are used, either by accident or deliberately, to suggest that more has been done than there is evidence for and they smack more of alchemy than of biochemistry.

B. The Preparation and Concentration of Extracts.

I. The Preparation of Extracts.

The properties of the substance that is being extracted control the techniques that may be used for extraction even more than they do the techniques that may be used for grinding. Two extreme possibilities may be considered. In the first the juice already contains the material that is being extracted from the solid, or else added solvent has been left in contact with the solid for long enough for equilibrium to be established; the problem here is to separate as much fluid as possible from the solid. In the second the difficulties involved in getting a relatively complete separation are avoided by accepting incomplete separation and using very large volumes of extraction solvent. Because of the inconvenience of handling very large volumes of solvent, the second method is generally reserved for thermostable substances so that the solvent may be distilled off and recycled.

Filtration. Traditionally a solid and a solution are separated by putting the material on to a filter and allowing the fluid to run through. This is rarely satisfactory with products of vegetable origin because they tend to have an open and hydrophilic texture so that what remains on the filter retains a great deal of the solution. There are methods of minimising the importance of this: suction, pressure or centrifuging. There is no need to enlarge on the process of filtration on a BÜCHNER funnel, it is adequately dealt with in most laboratory manuals and advice on the choice of paper and of filter aids such as paper pulp and diatomaceous earths is given. The action of adsorbents is also considered in another section (p. 95). Filtration has two defects. As soon as the solid begins to get dry the cake cracks so that air gets through it and atmospheric pressure no longer forces the fluid through. At this stage therefore, constant attention is needed. As material is stopped by a filter its porosity is altered, this may make the filter almost water tight if the material that is being stopped contains some fat or resin or it may so alter the filter that only substances of very small molecular weight can get through. These difficulties can be in part avoided by scraping the filtration surface to remove the deposited layer and the efficacy of the filter aids depends to a large extent on their ability to keep the system open with a large surface for holding obstructive materials.

Instead of allowing filtration to proceed by suction, that is to say by using the 1 kg. per sq. cm. of atmospheric pressure, the solid and solvent may be pressed. On a small scale, up to 1 litre, this is conveniently done by putting the material into a cloth and pressing by hand. By this means a greater pressure is applied and the process of hand squeezing rearranges the charge continuously so that the wetter parts are brought near the outside and clogging of the filtration surface is minimised. The work entailed is, however, heavy and hand squeezing is only possible with bland solvents. Various forms of screw and hydraulic press are regularly used. For many materials these are very convenient but they have one outstanding defect — as soon as a high pressure is built up the tissue fragments or fibres that are being retained in the press get pressed tightly together and form a layer of diminished permeability. Obviously this makes the escape of fluid slow and for this reason the pressure is generally applied slowly, partly to reduce the risk of bursting the filter cloth and partly so as to allow as much as possible of the fluid to get out at a low pressure when flow is rapid. The layer of tightly packed material may also act as a semipermeable membrane so that the first runnings from the press differ in composition from the later runnings. The importance of this factor clearly depends on the substances that are being extracted: with oils and with water soluble substances of low molecular weight it is of small importance; with proteins it matters more. Thus the first runnings from a mass of minced leaves may have three times the protein content of the last runnings under a pressure of 500 kg. sq. cm.

Centrifugation. When a fibrous mass is centrifuged in the conventional types of tube the deposit has a very high water content and the volume of extract is, therefore, small. Furthermore, with many materials the deposit is elastic and, although it may have been fairly compact while the centrifuge was running, it quickly swells and reimbibes water when it stops. Better results are got with basket centrifuges which may either take the form of a rotating drum with a perforated curved surface or, on a smaller scale, of sieves mounted in centrifuge tubes. This method of separating fluid from solid has the merit that the gravitational acceleration is tending to throw each separate droplet of fluid out of the retaining vessel whereas when pressure or suction are used movement depends on the whole mass of fluid being pressed out from the shrinking interstices of the solid phase. As soon as a point is reached at which the rigidity of the solid phase is sufficient to withstand the pressure that is being applied, no more fluid will be expressed, but on the centrifuge, fluid would still run out. The importance of this difference obviously depends on the rigidity of the residual solid. With hard materials, such as chips of wood, centrifuging would get out more; with soft materials, such as minced leaves, centrifuging gives a product with the same water content (c 70%) as hand pressing whereas by increasing the pressure a lower water content can be achieved.

Percolation. The alternative to making extraction as complete as possible in one operation is to allow the separation of fluid from solid to be relatively incomplete and to use large volumes of fluid. This is the principle of the SOXHLET extractor and other similar arrangements. In these the extract is kept boiling and, after condensation, is allowed to run back through the material to be extracted. In the simplest arrangement the material to be extracted is hung in a suitable vessel of filter paper, cloth or sintered glass under the spout of the reflux condenser, this introduces great risk of spattering the solid and of the formation of channels through it which make extraction inefficient. In the Soxhlet the solid is held in a cylindrical glass vessel open at the top but with its bottom sealed to an inverted U of narrow glass tubing. The top of the U is 1—2 cm. below the open mouth of the vessel and the free end 2—3 cm. below the bottom. The vessel fills with condensed distillate until the level reaches the top of the U, it then syphons over and empties completely. The material being extracted is thus alternately completely immersed in fresh solvent and allowed to drain so that channelling is diminished. With these two arrangements the material being extracted is kept continually at the temperature of the solvent vapour, if this is a disadvantage it is necessary to have two condensers and to allow the vapour to be condensed in the upper one so that the solvent is cooled in the lower one before running into the syphon. This is shown diagrammatically in Figure 1. Percolating arrangements of these various types are made commercially in a wide range of sizes.

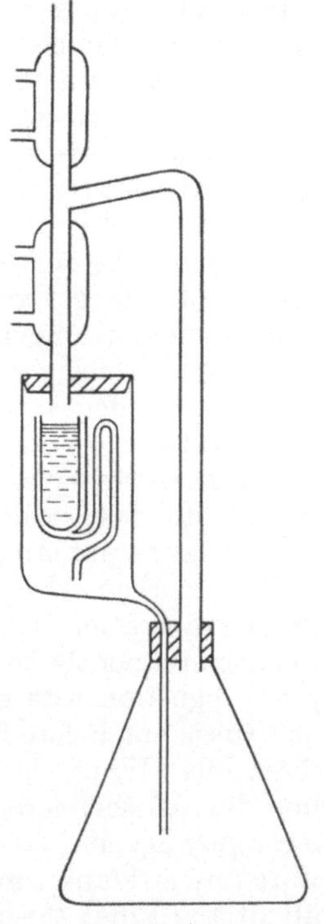

Fig. 1. Arrangement for extracting a solid with a volatile solvent at room temperature.

Instead of recovering the solvent by distillation it is possible to remove the extracted material from the extract in many other ways. Thus the extract may be allowed to percolate through a layer of adsorbent; PARTRIDGE (1952) and SCHLUBACH & HAUSCHILDT (1952) have given useful lists of adsorbents. It may be extracted with another immiscible solvent; for example an acid may be extracted with a solvent such as chloroform or ether and then separated from the solvent with a base exchange resin or by extraction with aqueous alkali. Here the cycle is not maintained by distillation but a pump or other lifting arrangement is needed, or the process can be made intermittent.

II. Concentration of Extracts.

When the material being investigated appears in a large volume of extract and cannot be concentrated from it by adsorption or extraction, it is often necessary to diminish the bulk of the extract before proceeding to chemical fractionation. Evaporation is the traditional method. Whatever technique is adopted, heat must be supplied to convert liquid solvent into vapour. When the solvent is water and the scale of work is small there is no need to think of recovering either the solvent or the heat; later, methods in which the solvent is recovered will be discussed but on the laboratory scale it is never profitable to attempt the conservation of heat by use of a "heat pump" or vapour compressor.

1. Free Evaporation.

Aqueous extracts containing thermostable substances can simply be boiled down; the rate of this process is limited only by splashing and frothing. When the latter is troublesome, evaporation may be carried out at a temperature below boiling either by heating from below in the usual way or by radiant heating from above; the rate of evaporation may be increased by blowing a current of air over the surface of the fluid to remove the air that is already saturated with vapour at the temperature of the liquid surface. It is advantageous not only to warm the fluid but also to pre-heat the air and for this purpose an electric hair drier is very convenient. It is usual to evaporate extracts in a draught hood and the necessary movement of air can easily be got by placing the pan of extract on a suitable source of heat under the partly opened sash of the hood so that the draught passes over the liquid surface. By suitable adjustment it is easy to get an evaporation rate of 1 litre per hour per 1,000 sq. cm. of surface at 40—50° and it is possible to get greater rates even at this temperature. This is much the simplest method of evaporation provided a flow of air can be maintained over the surface in such a way as to carry off the water vapour without causing splashing, and provided an impermeable pellicle is not formed by fatty materials or crystallisation.

If it is necessary to evaporate at a lower temperature and to avoid contamination with dust, which becomes serious when draughts of air are used, the extract may be put in a series of cellophan tubes and hung up to dry. The seamless cellulose sausage skin generally used for dialysis is convenient and, because the rate of evaporation is proportional to the surface exposed, it should be as narrow as can conveniently be handled. The commercial reels of tube are kept supple by impregnation with substances such as glycerol and glycol, it is necessary to wash these out before filling the tube if their presence in the extract would be deleterious. When the plasticiser has been removed the tube becomes brittle when dry. If, therefore, during evaporation, an empty part of the tube becomes thoroughly dry, it should be carefully wetted by pressing fluid up from the bottom before any attempt is made to handle the tube. There are occasional holes in the wall of the tube; the process of washing can conveniently be combined with testing for holes. When wet the tube is easily handled and a firmer closure can be made by tying the tube itself into a knot at the end than by tying it with string. Tubes full of extract may be hung in a draught in the laboratory or in a cold room provided this has a fan in it. The method is clearly not suitable for use in humid atmospheres.

2. Distillation in Vacuo.

Distillation *in vacuo* is the most commonly used method for diminishing the bulk of an extract but it is a method that is often used unskilfully. To get a high rate of distillation at a low temperature it is essential to have:—

1. A good vacuum. For this a filter pump is perfectly adequate provided it gives a vacuum within 1—2 mm. of the vapour pressure of water at the temperature at which it is running. Water at this temperature is likely to be used as the cooling agent and there is no advantage in using a mechanical pump attaining a pressure lower than this because that would result in the distillation of condensed water from the receiver into the pump. The pressure in the system will not be lower than the vapour pressure of the cold distillate in the receiver. With a little experience the performance of a pump can be judged by eye and ear. There is no need to have a vacuum gauge on the system, the clear bubble-free appearance of the water coming from the pump is as good an indication of the absence of leaks in the system as a gauge would be. Leaks can only be avoided by careful selection of rubber stoppers or of well fitting ground glass joints. If the holes in rubber stoppers are the correct size to fit snugly on to the tubes passing through and if the inside of the hole is smooth, there will be no need for any subsequent use of a leak stopping agent such as collodion. This is especially important with two or three holed stoppers because if the stopper is distorted by pushing in tubes too wide for the holes it will always cause trouble in a round necked flask. The vacuum-tightness of a ground glass joint can be maintained by occasionally squirting water on to it, an air channel through this film of water is easily seen because of the difference in critical angle of a glass : air and a glass : water interface.

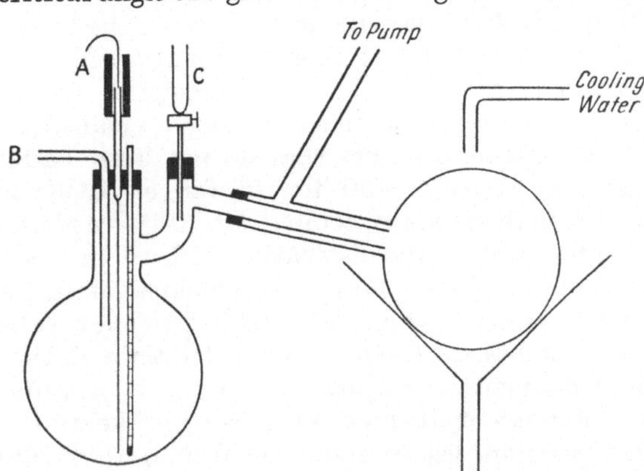

Fig. 3. General arrangement of apparatus in vacuum distillation.

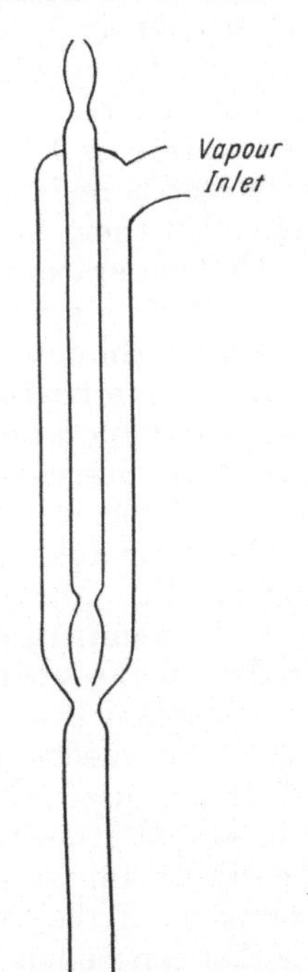

Fig. 2. Filter pump adapted to discharge the distillate in vacuum distillation.

2. *Wide vapour paths.* Using laboratory sized equipment it is easy to maintain a distillation rate of 1,000 ml. of water per hour or 16.7 ml. per minute. At 30° and 15 mm. pressure this means that vapour is flowing through the system at the rate of 1,160 litres per minute. Connections between the distillation flask and condenser should therefore be as short as possible; they should, at no point, be less than 1 sq. cm. in area and should be wider if possible.

3. *Efficient cooling.* If the distillate is of no value there is no need to have a receiver and the distillate can be allowed to go to waste into the filter pump. The pump will then act as an ideal condenser because its cold surface is being constantly renewed. An efficient pump will need at least 10 litres of water a minute so that if this water is used for cooling its temperature will not rise by 1°. The area of surface of the water jet is not, however, sufficient for satisfactory condensation and in the usual design of pump the area of the glass jet is too small also. Satisfactory condensation and distillation is given by a pump made as in Figure 2, alternatively a condenser with a metal tube can be used to connect the distillation flask with the pump. If this is done it is important to remember that condensation in the condenser may be incomplete and to keep the connection between condenser and pump, short and wide.

This arrangement has the merit that it can be made continuous because the extract can be run slowly into the distillation flask and no distillate collects. When it is necessary to retain the distillate the usual arrangement is made with a CLAISEN flask and a distillation flask as shown in Figure 3. This figure also

3*

shows some points about the distillation flask which apply equally when there is no receiver. Smooth distillation will only be achieved if a slow stream of air is allowed in through a fine capillary tube. The rate of flow of air is controlled by a piece of heavy walled rubber tubing with a fine wire inside it, this prevents the tube from closing completely when pinched by a screw clip (A). The tube for introducing more extract (B) should come well down into the flask in case the incoming fluid froths. It is indeed often worth while to expose batches of the extract briefly to a vacuum before allowing them to run in so that the dissolved air will not spoil the vacuum (see p. 45). It is essential to have a tap at C as a safety measure so that air can be introduced if frothing starts or when distillation is being stopped. It is convenient if this takes the form of a small separating funnel containing a few drops of a suitable antifrothing agent such as octyl alcohol, amylcitrate or a silicone. A thermometer is not necessary but is reassuring.

When a 2 litre flask is used it is easy to maintain a distillation rate of 1 litre an hour on aqueous extracts that do not froth badly. If the temperature inside the flask rises above 25—30° for this rate of distillation it means that there is an inadequacy in the vacuum, cooling or width of vapour passages. The temperature of the water bath outside the distillation flask will probably have to be 70° to maintain this rate but the value depends on the thickness of the glass wall; so long as the outside water level is only 1—2 cm. above the inside level there is no risk of overheating the flask contents. All the heat conducted through the wall is used for evaporation.

The same principles apply in the many variants that have been described. Craig, Gregory & Hausmann (1950), by keeping both flask and receiver in constant rotation, get evaporation from a thin film without any air inlet or frothing. This is a great advantage if the extract is to be evaporated to dryness or if it is very liable to froth. When very large volumes have to be handled, or when it is inadvisable to allow concentrated extract to accumulate in the warm flask, more elaborate arrangements are needed and particular attention has to be given to the prevention of droplets of extract from being carried over mechanically into the distillate. As a rule a centrifugal or "cyclone" trap is used. In this the vapour is led horizontally and tangentially into a bulb so that it swirls round it, droplets fall to the bottom and syphon back into the distillation vessel while the vapour goes to the condenser through a hole in the middle of the top of the bulb. There are various commercial models, and designs that can be made up in the laboratory have been published by Mitchell, Shildneck & Dustin (1944), Bartholomew (1949) & van Heyningen (1949).

3. Freezing.

In general, when an aqueous extract freezes, only the water goes into the solid phase and the solutes are concentrated in the unfrozen part. This is a traditional method for increasing the strength of alcoholic drinks e.g. in making apple-jack from cider, and Glauber (1658) used it to concentrate acetic acid, but it is not widely used in the laboratory. Bawden & Pirie (1950) concentrated tobacco sap, as a prelude to virus preparation, by freezing about 90% of the water out in a domestic refrigerator and then separating the unfrozen fluid in a chilled basket centrifuge. Whitaker (1953) has used a similar process for concentrating the cellulase containing extract from *Myrothecium* and he gives details of a method for covering the top and bottom of the vessel in which freezing takes place so as to ensure that freezing proceeds from the sides and makes a continuous column of unfrozen fluid. The process is obviously suitable for handling unstable materials and, if carried out carefully, the losses through the formation of pockets entirely surrounded by ice, are small.

4. Ultrafiltration.

In principle it is possible by choosing a suitable membrane to concentrate any solute by ultrafiltration but in practice the process is only useful when the valuable component of an extract is water soluble and has a molecular weight greater than 5,000. With smaller molecules the membranes have to be so impervious that filtration is slow and high pressures have to be used to overcome the osmotic pressure caused by the retained solute. Membranes may be moulded in the laboratory by allowing nitrocellulose solution to evaporate on the surface of a test tube, or sheets of filter paper impregnated with nitrocellulose may be made or bought. By varying the concentration of the solution used, the porosity can be varied so as to make filtration as rapid as is compatible with retaining the material under investigation. Cellulose seamless sausage skin is now widely used although filtration through it is rather slow and no variation in porosity is possible.

Pressure is most conveniently applied by evacuating the space on one side of the membrane and allowing atmospheric pressure to force the fluid through but various arrangements are on the market with which extra pressure can be applied by either a pump or compressed air. Obviously the type of support that the membrane needs depends on the pressure. Moulded nitrocellulose tubes of not more than 1.5 cm. diameter will withstand atmospheric pressure but cellulose sausage skin stretches slowly so that the tube must be enclosed in a tube of thin cloth or wire gauze of suitable size. A convenient arrangement was described by PATERSON, PIRIE & STABLEFORTH (1947). Flat membranes are also mounted between rubber gaskets on a BÜCHNER funnel plate; the holes in it may be 1—2 mm. in diameter for atmospheric pressure but must be smaller as pressure is increased.

As in other types of filtration the porosity of the filter alters during its operation as retained material accumulates on the surface. When the surface is smooth and flat this can be counteracted by gently rubbing the surface with a brush; it is more difficult to remove the layer when ultrafiltration is carried out in sausage skin but it can be done if the tube is removed from the evacuated vessel and its inside faces are rubbed together between finger and thumb. On a small scale, pressure can be applied and the filter surface can be kept clean if ultrafiltration is carried out on a centrifuge. This can be done either by hanging a nitrocellulose or sausage skin tube, suitably protected by a sleeve from bursting, inside a centrifuge tube or, as SZENT GYÖRGYI suggested, by moulding a nitrocellulose membrane on the inside of a ceramic filter candle and then centrifuging that, REHBERG (1943) uses a wire basket instead of a filter candle. In either case the intensified gravitational field down the tube makes the concentrate collect in a layer at the bottom and leaves the sides free for further filtration.

Some authors have advocated the concentration of fluids by putting them in a semipermeable container in a fluid of higher osmotic pressure so that water diffused out. This method is clearly only applicable on a small scale and it is not obvious what merit this method of causing diffusion has over pressure or suction when the osmotic pressure is maintained by using strong solution of a colloid such as albumin or dextrin. If, however, alcohol or ammonium sulphate is used to promote diffusion, then concentration is combined with precipitation and the method offers some advantages.

In this section, ultrafiltration has been considered simply as a method for diminishing the bulk of a solution. By suitable choice of membranes it is also a valuable method for separating mixtures but this aspect will be referred to in the next section.

C. Procedures Used in Fractionation.

An extract can be subjected to so many different types of operation that any selection from among them is bound to be capricious. It would be difficult to be comprehensive and impossible to be critical because useful criticism is only possible with methods that the writer has used, or at least thought about, at some length. A few methods are, however, of such universal application that their selection is obvious. Preference will be given to those techniques that have assumed greater importance in biochemical laboratories than in others.

I. Dialysis.

Semi-permeable membranes, whether used for dialysis or for ultrafiltration, are generally thought of as sieves with holes large enough to permit the passage of some particles while preventing the passage of others. Other factors also play a part, for example the shape of the particles and the electric charge, or distribution of charge, on it. These aspects are dealt with in the text books of physical chemistry but the subject is still in the state in which experiment carries us further than theory and a confident prediction of the behaviour, at a particular membrane, of a particle in the intermediate size range, can seldom be made. Almost all dialysis is now done with the commercially available cellophan sheet and tube and it may permit the passage of certain particles with molecular weights nearing 10,000 while retaining others that are much smaller. For certain purposes membranes of other materials have to be used. An obvious example is any extract containing a cellulase; membranes of nitrated cellulose or of protein, such as gut or bladder, are suitable.

With small amounts of fluid, dialysis presents few difficulties; the fluid to be dialysed is put into a bag folded from cellophan sheet or into a length of tube and immersed in water. When tube is used the possibility arises of closing the system by tying each end. The advisability of doing this depends on the osmotic pressure of the fluid. The advantage is that pressure built up in the tube diminishes the dilution of the preparation by water which moves in under osmotic pressure; the disadvantage is the risk of breakage. Cellophan tube, if not protected in the ways described in the section on ultrafiltration, will not permanently withstand pressures greater than 100 g. per sq. cm. but will gradually bulge and, if the bulging does not cause a sufficient fall in the osmotic pressure, burst. When osmotic pressure is caused by diffusible molecules the risk of bursting depends on the rate at which the solute diffuses out compared with the rate at which water diffuses in. Thus a sac generally bursts if filled and tied with a saturated solution of ammonium sulphate in it but is not likely to if the solution is only half saturated at the start. Pressure due to indiffusible molecules may be predicted; 100 g. per sq. cm. is approximately the pressure exerted by a solution containing one tenth of a gram molecule in 22.4 litres i.e. a 45 g. per l. solution of material with molecular weight 10,000 or a 9 g. per l. solution of one with molecular weight 2,000. It is these small but indiffusible molecules that generally cause the trouble; proteins with molecular weights of 50,000 to 50,000,000 cause a barely perceptible or imperceptible turgor at the concentrations normally handled.

When the concentration of diffusible solute is small, dialysis is greatly hastened by keeping both the fluids mixed and many arrangements have been described in which the dialysis is done on a rocking platform. Less complete but still useful mixing can be maintained by bubbling air slowly through the outside vessel or by arranging for a drop of water to fall in every few seconds. The dialysis sac may also be rotated by a motor or by hanging it on a long string which also carries a heavy wheel so that, once set in motion, it will continue to oscillate slowly for several hours. While the concentration of diffusible solute is large enough to make the difference in density between solution and solvent significant, there is no need for mixing. There is indeed an advantage in leaving the system still. Thus a dialysis tube suspended near the top of a jar of water will soon establish a convective system in which a column of the denser solution of diffusible solute runs off its surface to the bottom of the jar where it lies undisturbed so that dialysis takes place against a more dilute solution than if there had been mixing. There is similar convection in the opposite direction inside the sac. An even greater convective hastening of the first stage of dialysis can be arranged if the sac is put into a tube a few mm. wider than it and open at each end which is immersed in a jar of water as in figure 4A. Alternatively the tube may be mounted so that a slow stream of water passes through it as in Figure 4B.

The dialysis of large volumes of fluid is more difficult and a continuous flow apparatus is generally used. Many types have been described and the literature, especially its medical aspect—the artificial kidney—is surveyed by WOLF (1952). SAROFF & DILLARD (1952) have described an ingenious arrangement, in which a thin film of fluid runs over one face of a strip of cellophan while water runs on the other face, which is well adapted for use in the laboratory.

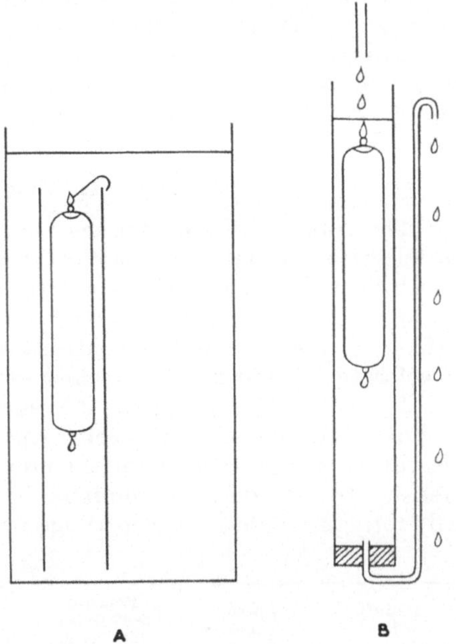

Fig. 4. Two arrangements for hastening dialysis through cellophan tube.

In this section, and also in the ealier one on Ultrafiltration, membranes have been spoken of as if they were all equivalent and separated substances into the distinct categories of diffusible and indiffusible. Much use has however been made of membranes of graded porosity on which more refined separations are possible. BECHOLD made such filters forty years ago and they are available commercially. The differences in porosity are achieved by impregnating filter paper with solutions of nitro-cellulose of varying strength. ELFORD (1931) extended this work and, by close attention to uniformity of conditions, made membranes of more sharply defined porosity, these have mainly been used for determining the sizes of viruses but some studies on smaller proteins have also been made (e.g. ELFORD, GRABAR & FISCHER, 1936). It was at one time thought that the average pore size could be deduced from measurements of the rate of flow of water through these membranes but GRABAR (1938) demonstrated that the basic assumption—that they contained a set of more or less straight pores of uniform width—was not in accordance with their appearance under the microscope. This last paper gives an admirable survey of the conclusions that can be drawn from ultrafiltration. It is clear that differences in the filterability of two substances when they are dissolved in the same solvent reflect differences between their constituent particles but it is by no means clear that size, rather than charge or some other property, is the controlling factor. Much of the difficulty in differential ultrafiltration is the consequence of the bulk movement of fluid through the membrane, if this is avoided, as in differential diffusion, more precise separations become possible. Preliminary steps in this direction have been taken by Signer, Hänni, Koestler & Rottenberg (1946).

Mention should finally be made of a possible confusion in nomenclature. Most dictionaries define "dialysate" as the part of a solution that does not pass through a membrane but most scientists use the word for the part that does go through (Pirie, 1947). The context of any phrase must therefore be examined carefully to see in which sense the word has been used. The words "residue" and "diffusate" would be unambiguous but it is probable that unanimity will be reached in favour of the common usage and dictionary definitions will be altered.

II. Centrifugation.

The rotation of a centrifuge imposes on fluids carried round in it a radial acceleration so that every particle is subjected to a force of $M r \omega^2$ dynes directed away from the spindle of the centrifuge (M = mass of particle in grams; r = distance from the axis in cm.; ω = angular velocity in radians per second). The effect of this is to add a controllable outward acceleration to the downward acceleration due to gravity to which everything on the earth is subject. Separation on the centrifuge depends on the same properties in a mixture as settling under gravity; the phases that are being separated must differ in density and the particles must be large enough for the rate of movement caused by this difference in density to overcome the remixing in the fluid that thermal agitation is continually bringing about. A centrifuge does three things. It increases the rate of separation of a system that would have separated under gravity. It brings about separation in systems that would under normal conditions remain permanently mixed; by the use of sufficiently high speeds the distinction often made between a solution and a suspension disappears. It packs the sediment more tightly than settling would have done so that the phases are more conveniently and completely separated from each other.

In the table, figures are set out for the radial acceleration caused by different speeds at different radial distances from the axis within the range of sizes commonly found in laboratory centrifuges. For convenience the figure is divided by the normal gravitational acceleration (981 cm./sec.^{2}) to give the relative centrifugal force (RCF) or g as it is generally called. It is to this that rate of sedimentation, hydrostatic pressure in the tube etc. are approximately proportional.

Radius cms.	Speed r.p.m.	Relative centrifugal force or g.
7	1,000	79
	3,000	704
	10,000	7,900
	20,000	30,000
	40,000	126,000
	60,000	283,000
10	1,000	113
	2,000	452
	3,000	1,000
	8,000	7,200
	14,000	22,000
16	1,000	180
	2,000	720
	3,000	1,600
	5,000	4,500
20	1,000	226
	2,000	904
	3,000	2,050

The material that is being centrifuged can be carried either in a bowl or in tubes and the tubes can be either fixed at an angle in the head or free to swing out in trunnions so that the direction of acceleration is always straight along the tube whether the centrifuge is at rest or rotating. Very many factors govern the selection of the ideal centrifuge for a particular purpose and there is no strictly logical order in which they can be taken.

1. Centrifugation at Low Speeds in Tubes.

At speeds below 3,000 r.p.m. a centrifuge with maximum radius 10—15 cm. can be made safely with either swinging tubes or tubes fixed in a solid head, i.e. bucket type or angle type. A particle is only centrifuged down effectively when it has been moved to the side or bottom of the tube, the former is in general the shorter distance so that an angle head is likely to sediment a larger proportion of the particles in a suspension, other things being equal, than is a swinging tube head. Furthermore, an angle head, being smooth outside, offers less wind resistance so that it is more economical to run and heats up less. On the other hand the sediment is not so conveniently disposed in the tubes. Sticky precipitates remain as a streak up the tube and those that slide down the side of the tube to the bottom collect in a pellet with its surface forming part of a cylinder with a vertical axis. As soon as the centrifuge stops, therefore, the pellet tends to slip under gravity into a horizontal position with consequent partial remixing. These are difficulties that only arise with a few precipitates but they should be borne in mind. When the precipitate makes up only a small proportion of the volume of the fluid being centrifuged the bucket type is to be preferred because tubes can be used in it with pointed or otherwise shaped ends into which the small sediment packs and does not become dislodged while the centrifuge is slowing down.

As speeds increase the arguments in favour of angle heads gain strength and it is unusual for any other type to be used above 5,000 r.p.m.

Various points of technique apply equally to both heads. Tubes should not be overfilled for many reasons; there is the obvious risk of spilling and of breaking the tube with the extra load, but also, unless the tubes are covered, the wind across their mouths keeps the fluid stirred and so diminishes the efficiency of sedimentation, furthermore in a full tube a larger proportion of the fluid is being carried round on a small radius and so at low g. Broadly speaking the distance between the surface of the fluid and the lip of the tube should not be less than the width of the tube mouth and preferably should be greater. It is common experience that a fluid that will not centrifuge clear in a nearly full tube, does so if poured into two tubes less than half full.

A centrifuge is only balanced if opposite tubes have the products of mass times distance of the centre of gravity from the axis, equal. It is clear, therefore, that tubes that weigh alike are not balanced unless they look alike also. It is folly to spend time ensuring that the weights are equal within 20—50 mg. while being unconcerned at a difference of 1 cm. in the levels of the fluids in the two tubes. Most inequalities are caused by glass tubes of unequal weight, these can be avoided by selection. Another common source is the use of a water filled tube as a counterpoise for one filled with a fluid of different density. When there is an overriding argument in favour of balancing in this way, the bad effect can be counteracted by making the fuller tube, which is therefore the one with its centre of gravity nearest the axis, the heavier. A little inspired guesswork produces a much better balance under these circumstances than much precise weighing. A further trouble when a water counterpoise is used arises from the movement of the sediment to the bottom of the tube during the run. This moves the centre of gravity outwards and should be compensated for by making the counterpoise the heavier. The centrifuge will then start out of balance but come into balance as it runs. When possible the same fluid should be put in each tube and the tubes should be of the same weight and geometrical form. Fortunately most manufacturers produce machines able to stand up to considerable imbalance.

Properly annealed glass tubes should stand up to 2,000 g. in a bucket centrifuge if the column of fluid in the tube is not more than 10 cm. deep and its density is approximately 1. In an angle head a greater speed will be withstood because the effective column is shorter. If tubes break more easily than this they are of poor quality, or the rubber pads are unsuitable. The most common defect in a pad is the presence of a chip of glass left over from an earlier breakage. At higher speeds the hydrostatic strain may be taken off the glass tube by putting water in the metal cup; this technique of counteracting the internal pressure also allows a variety of small thin walled tubes to be used for centrifuging when, for example, the volume of fluid is only 1—2 ml. At low speeds these may conveniently be carried inside ordinary glass tubes. At higher speeds glass becomes unsuitable and metal, nylon, cellulose and nitrocellulose tubes are used. Transparency is such an advantage in a centrifuge tube that the last is the most common. Nitrocellulose tubes should fit the holes in an angle head snugly so that, as the internal pressure increases, the tube can bulge within its elastic limit and transfer all the strain to the metal rotor. If there is too much clearance the tubes will have a short life.

2. Centrifugation at High Speeds in Tubes.

Within the last few years there has been a great increase in the extent to which high speed centrifuges have been used. These may arbitrarily be taken as machines able to produce more than 10,000 g. The development of commercial models has been very rapid so that some elements of design are still far from satisfactory for routine use; furthermore, there is more scope for personal opinion about the merits of particular designs than there is with better established machines.

The simplest way to drive an ultracentrifuge is unquestionably to connect the rotor directly to the spindle of an electric motor that can rotate at the required speed. The design of such motors has presented difficulties so that some manufacturers get the necessary increase in speed by means of pinion gearing or friction gearing while others use a turbine drive. Air is the most convenient fluid in a turbine although it is inefficient; the air compressor needed to produce the necessary compressed air takes many times more current than a directly coupled electric motor would have taken. Oil and steam are also used; the former is especially suitable for centrifuges that have to run at constant speed.

Preparative ultracentrifuges invariably use metal tubes or else tubes of a material such as nitrocellulose that is sufficiently elastic to relax and fit the rotor when under strain. In most models the tubes are inclined at 40—60° to the axis but in Masket's (1941) design the angle is only 10° so that each tube has to be individually stoppered to keep the fluid in it during centrifugation. This is no disadvantage. The tops of the tubes, in whatever way they are disposed, have to be effectively sealed because the rotor is generally run in a high vacuum to avoid air friction. Individual sealing can be carried out quickly and ensures that there is no cross contamination when tubes of different fluids are ultracentrifuged on the same run. As the angle between the axis of the tube and the axis of the centrifuge gets smaller, a larger proportion of the fluid in the tube is carried in the region of maximum gravitational field, also the distance a particle must travel to be effectively sedimented becomes smaller. These are clear advantages. On the other hand the pellet exposes a larger surface for re-solution while the centrifuge is slowing down and after it has stopped. This is a factor of much more importance on the ultracentrifuge than in those running at lower speeds for the materials sedimented on the latter generally make dense coherent pellets whereas an ultracentrifuge pellet is often very soft and sometimes is not compacted at all but simply lies as a dense slightly viscous layer under the supernatant fluid. It is therefore generally wisest not to attempt to pour off the supernatant fluid but to run it off carefully with a syphon while holding the tube vertical. When this is done a transparent tube is clearly nearly essential.

In a high speed centrifuge the tops of the tubes are invariably covered so that wind does not cause delay in sedimentation. The most important disturbing factor, and one not always easy to control, is convection. The amount of convective remixing caused by a given temperature gradient is approximetaly proportional to g.; at 10,000 g. therefore, a temperature gradient of $0.01°$ across a tube will cause as much convection as $100°$ would under gravity alone. Rotors are generally solid blocks of aluminium alloy with less than half their volume bored out at the periphery to take the tubes; their high thermal conductivity tends to maintain uniform temperature. Heat is, however, generated at the surface by air friction so that for as long as the temperature of the rotor is rising there is a temperature gradient across each tube. The complex shape of a rotor precludes rigid calculation of the temperature gradient while it is running but by making a few approximations and considering an aluminium alloy rotor with radius 7 cm. it is clear that a temperature gradient of $0.01°$ per cm. will be established in the outer part if the temperature of the inside of the rotor is rising by $1°$ in 8 min. Such a rate of increase in temperature would not be immediately obvious on a short run and experience with many designs of centrifuge shows that most of them, when running in air, warm up more rapidly than this. Heating is avoided in ultracentrifuges where the rotor runs in a vacuum and thermal equilibrium is reached at a lower temperature if a lower speed machine is run in a cold room. The effects of a rise in the temperature of the rotor can conveniently be lessened by surrounding the tube with a sleeve of poorly conducting material and it would be well if centrifuge manufacturers would co-operate by making sleeves or adapters of such materials.

Centrifuges, and especially ultracentrifuges, can be used not only to separate sedimentable from effectively unsedimentable particles but also to separate particles that sediment at different rates. Ideally the tube should be sampled while in motion and arrangements for doing this have been described but they are complex and have not been used widely. Small samples from the different levels of a tube can be taken by ELFORD's (1936) technique of centrifuging in a set of inverted tubes which differ in length and are carried in one normally orientated outer tube. To minimise remixing of the fluid while the centrifuge is slowing down and being opened PICKLES (1943) centrifuged in a concentration gradient of sucrose or some other inert and unsedimentable material; he gives a useful account of the theory underlying this operation. Those who have considered the slowly sedimenting materials at all have however generally been content with less refinement than this and take only three fractions: the main body of supernatant, which is syphoned off and contains only very slowly sedimenting material; the layer that will pour out, this contains slowly sedimenting material and some redissolved pellet; the pellet itself. By repeating the operation it is fairly easy to get a fraction that is free from the most rapidly sedimenting material but not one containing the rapidly but free from the slowly sedimenting material. BAWDEN & PIRIE (1945) and MARKHAM (1953) have emphasised the amount of information and material discarded by the normal practice of pouring out all the fluid from an ultracentrifuge tube.

Measurement of the sedimentation constant of purified materials is formally an example of high speed centrifugation in a tube; the tube this time being an observation cell bounded by flat quartz plates. The making of these measurements is, however, a highly specialised physico-chemical technique. A full account of the machines used is given by Svedberg & Pedersen (1940) and the difficulties that arise in interpreting measurements made on it have been the subject of many papers and reviews (e.g. Ogston, 1953; Cecil & Ogston, 1948; Pirie, 1940; Kegeles & Guitter, 1951; Kinell & Rånby, 1950; Scheraga & Mandelkern, 1953). It is clear from these that the early confident assumption that a preparation was homogeneous if visual examination of a photograph of the sedimentation boundary failed to reveal an inhomogeneity, must be given up. Gross contamination is easily recognised, especially when the contaminant is itself fairly homogeneous. It is much more difficult to recognise contamination by heterogeneous material at low levels.

3. Bowl Centrifuges.

With bowl centrifuges choice is more restricted than with those carrying tubes because fewer manufacturers specialise in them. Furthermore, there is less need for discussion because the explanatory literature issued by the manufacturers is very complete. Closed bowl machines do not have a wide application and are seldom used in laboratories where a tube centrifuge capable of the same g. is available. Continuous centrifuges, on the other hand, are useful where large quantities of fluid have to be handled. In them a tube rotates about its axis, it is filled at one end and discharges over a sill at the other. If the total amount of sedimentable material is small it simply accumulates in the tube until the end of the run. The thickness of the film of fluid that comes over the discharge sill is extremely small and any particle is effectively sedimented if it has been moved by this much towards the outside of the tube during its movement up towards the outlet. This capacity to separate effectively particles that have only moved a very small distance is an important merit of centrifuges of this type. Bowls are made which will discharge the precipitate continuously as a paste but their action is not always trustworthy.

Continuous centrifuges have evolved from machines made to separate cream from milk, that is to say, to "break" an emulsion and discharge two liquids. This is useful after many solvent extraction operations, but it also is fully dealt with in the manufacturer's literature.

4. Performance of Centrifuges.

There are a few more general principles that apply to the operation of any centrifuge. If a precipitate separates out when a fluid is left unstirred for a time it is natural to think that it should separate better when centrifuged. This is not always so, because the vibration of the centrifuge may break up loosely coalesced particles and, if the difference in density is small, the resulting smaller fragments may not sediment. In any system in which this may happen it is safest, therefore, to pour or syphon off as much supernatant fluid as possible and only to centrifuge the remainder. The presence of bubbles of gas in a precipitate is another cause of failure of a visible precipitate to sediment. The most common origin of these bubbles is the displacement of dissolved air from an aqueous solution by the salts used in precipitating proteins or polysaccharides, or the displacement of air that occurs when alcohol and an aqueous solution are mixed. If this air is left in the system it may make the precipitate float sufficiently for it to be removed as a pellicle but more often part of it sinks, part floats, and part sinks while the air is compressed during centrifugation but floats up as soon as the centrifuge stops and the bubbles can expand again. For these reasons it is wise to remove at least some of the air. This is easily done by putting the fluid in a bottle, that is not more than one third filled, and is closed by a two holed stopper. It is connected through one hole to a filter pump and the other hole is closed by a finger so that air can be allowed in quickly if froth fills the bottle. The removal of bubbles is generally sufficiently complete within a minute.

Centrifugal fractionation is being increasingly used to separate different classes of particles; its effectiveness depends both on differences in the masses of the particles and also on differences in their densities when hydrated. Thus highly hydrated particles or particles containing lipides may sediment more slowly than their size, as measured under the microscope, would have suggested. Work in this field has mainly been done on extracts of animal organs but it has been extended to leaf and shoot extracts and the results will be described in Vol. 4 of this handbook dealing with proteins from these sources. Each tissue extract presents a somewhat different problem so that variations in the times of centrifuging and values of g used should always be tried but the following broad generalisations may be useful as a guide.

Starch grains, tissue fragments, undisrupted plastids, and some nuclear material is mainly found in the sediment formed at less than 100 g in half an hour. If, however, the tissue has been so thoroughly ground as to break up the cell components rather than simply to open the cells, some of this material will remain unsedimented and will come out in the sediment at 2,000 g. The next fraction that is generally taken sediments in half an hour at 7,000 to 10,000 g. This contains almost all the chlorophyll-containing fragments from chloroplasts and the mitochondria and other particles that were visible in the undamaged cell under the microscope. The crystalline material from many plant tissues distributes between these two fractions. In periods up to two hours at 10,000 to 20,000 g the group of particles collectively labelled microsomes sediments. In animal tissue extracts this is the fraction in which viruses are generally found if the tissue is taken from an infected animal but the plant viruses that have been intensively studied tend to sediment more slowly and require half an hour or more at 100,000 g. These generalisations are clearly only indicative and depend on the precise conditions used. Thus longer times will be needed if the viscosity or density of the suspending medium is increased, if there is excessive convective remixing, or if the tubes are carried at such an angle that particles have to travel several cm. before sedimentation can be looked on as effective. Many different sequences of sedimentation have been published; as examples the separation of tobacco mosaic virus from the leaf in different states of aggregation (BAWDEN & PIRIE, 1945); the separation of normal leaf nucleoprotein (PIRIE, 1950) and of various larger leaf components (MCCLENDON, 1952; WEIER & STOCKING, 1952) may be mentioned. Many relevant points have been discussed in a review by BRADFIELD (1950) and in a symposium arranged by the Royal Society (1954).

In the absence of disturbing features each fraction can be separated fairly completely from the one that sediments more rapidly because, with particles of the size dealt with here, diffusion is very slow compared with the rate of sedimentation and there is a steady streaming of particles towards the bottom of the tube. Each fraction is, however, contaminated by the one sedimenting more slowly; this can be minimised but not avoided by repeating the sedimentation.

III. Precipitation from Aqueous Solution.

The art of fractionating complex mixtures is subject to very obvious fashions so that the techniques used vary not only with the type of substance being handled but also with the time at which it is being handled. There are few clear underlying principles and the new fashions are not necessarily better or of more universal application than the old. Thus the newer methods of electrical transport and chromatography supplement but do not replace the older methods. Those without much experience of fractionation would therefore be well advised, before starting, to read a few papers by each of the masters of the art at least as far back as 1900 so as to be properly aware of the range of possibilities.

Separations of volatile substances and of substances that are soluble in non-aqueous solvents are treated in other parts of this book. The principles arising in separations of water soluble substances of low molecular weight are considered in the sections on amino-acids and carbohydrates. Here therefore attention will be confined to processes that have been used in fractionating proteins and polysaccharides. The scope of this section is still further limited by the attention that has been paid to methods depending on adsorption (p. 95), electrical transport (p. 55), diffusion (p. 38) and centrifugation (p. 32 and p. 40) in other sections. What remains is the group of fractionation procedures that depend on the different effects of salts and other materials on the solubility of the components of a mixture in water. Examples of their use are given in the sections on seed proteins (Vol. 4, 69) and haematin proteins (Vol. 4, 197).

Many important aspects of separation have already been touched on in the discussion of methods for making extracts; it is generally preferable to avoid getting a contaminant into the extract in the first place rather than to devise means for removing it afterwards. There are several reasons for this. Two are especially important. The removal of a component from a system is generally associated with the loss of some of the substance sought so that it is not unusual for the end product of a fractionation to contain only a tiny proportion of the original activity. Complex initial extracts can act as solvents with peculiar properties so that it is often found that a substance that precipitates easily when certain salts or solvents are added to its solution in water, may remain soluble if the precipitation is attempted in the presence of other proteins or polysaccharides so that it is only at a late stage in the fractionation that its intrinsic properties may begin to influence precipitation.

Traditionally proteins have been fractionated by precipitation with salts and this forms the basis of the system of classification that has been used since 1905. The system was however primarily designed to cover animal proteins and the proteins from seeds; little but confusion results when attempts are made to force proteins from other parts of the plant into categories such as albumin and globulin. The salts most commonly used are ammonium sulphate, magnesium sulphate, sodium chloride, sodium sulphate and sodium or potassium phosphate. The first is used more often than all the others together. There are several reasons for this. The sulphate ion is a better precipitant than most others, the salt is more soluble and substances that are soluble even in saturated solutions of the other salts can be precipitated by it. The ammonium ion is exceptionally easy to recognise when determining the extent to which the precipitant has been removed from the preparation in later operations. In a sufficiently complex mixture, e.g. leaf sap, the protein carrying a particular activity may come out in a series of fractions from 1/10 of saturation up to full saturation but as the number of components is diminished precipitation becomes sharper so that purified proteins which dissolve to the extent of 5 or more grams per litre at one ammonium sulphate concentration may have a negligible solubility if the salt concentration is raised 10 %. Polysaccharides salt out in much the same way; it is sometimes said that they tend to be more soluble in strong ammonium sulphate than proteins but it is not clear that this suggestion has any foundation.

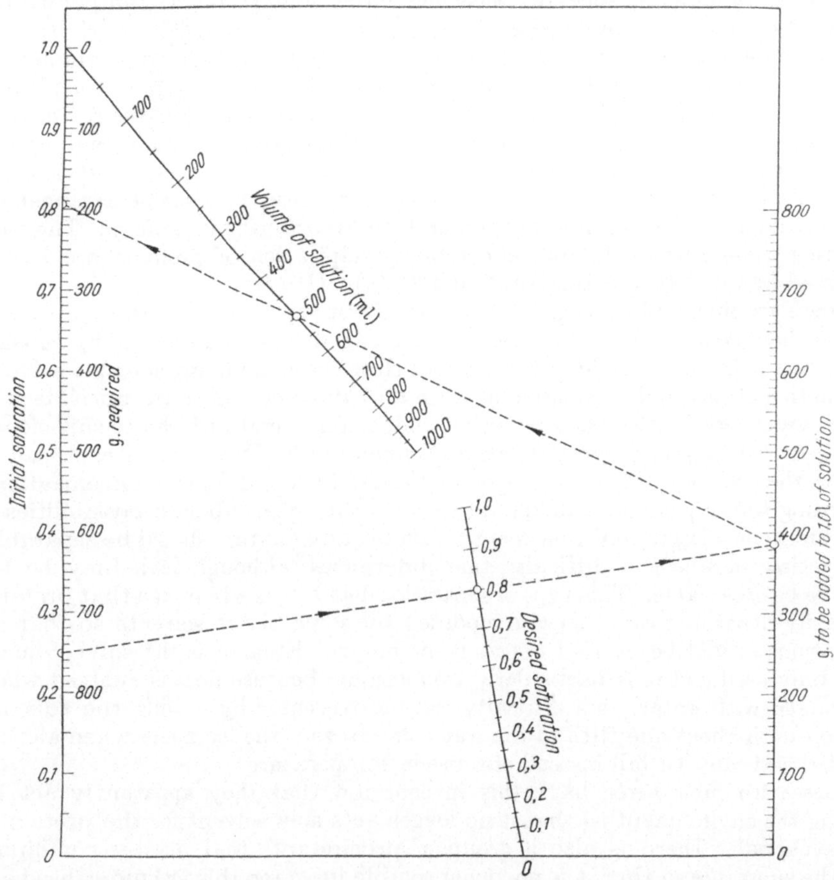

Fig. 5. Nomogram for determining the amount of ammonium sulphate needed to get a specified concentration. A straight line through the initial saturation and the desired saturation gives the amount of solid $(NH_4)_2SO_4$ to be added to 1 l. of the solution. A line from this point passing through the volume of the solution gives the amount required.

Similarly, the idea is widespread, but baseless, that the concentration of salt needed for precipitation is less the larger the molecule. In a group of molecules all having the same composition but differing in molecular weight i.e. in the number of repetitions of the unit structure, there is such a relationship but not in the usual naturally occurring mixtures of substances with different compositions. DIXON (1953) published the nomogram that is reproduced here (Fig. 5). It is very useful for finding the weight of ammonium sulphate needed to bring a given volume of solution from one degree of saturation to another. "An example of its use is indicated by the dotted lines. This shows that 500 ml. of a 0.25-saturated solution requires the addition of 193 g. of solid ammonium sulphate to bring it to 0.8-saturation. It must be noted that the final scale reads downwards.

Full saturation is taken as being given by adding 760 g. to 1 litre of water, i.e. as saturation at room temperature."

By the use of other variables as well, salting out can be made more selective; as a rule temperature and p_H are used. The behaviour of both proteins and polysaccharides towards these variables is unpredictable. Thus most of them resemble the generality of substances in becoming more soluble as the temperature is increased but a few resemble gases in having the opposite behaviour. Substances that are more soluble when cold are particularly easy to purify because ammonium sulphate can be added to the mixture at room temperature until the precipitation of the substance sought is complete, on cooling it dissolves but the co-precipitating contaminants remain insoluble and can be centrifuged off. When the temperature of the fluid rises again there is precipitation. BAWDEN & PIRIE (1943) used this technique to purify tomato bushy stunt virus and they describe a simple arrangement for centrifuging small volumes of fluid at 0° in an ordinary centrifuge. The ways in which these various factors affect the precipitation of proteins are lucidly discussed by COHN & EDSALL (1943) and EDSALL (1947).

There are many advantages in bringing about separations by the addition of organic liquids miscible with water. These are discussed in detail by EDSALL (1947) and it is sufficient here to point out that there are many suitable solvents e.g. methanol, ethanol, propanol, acetone and dioxane which are miscible with water, and methyl ethyl ketone, ether and ethyl acetate which are sufficiently soluble to act as precipitants in some circumstances. Furthermore each can be used in the presence of a wide range of different ions at different concentrations. According to the principles of the Phase Rule this opens up such possibilities of introducing new Degrees of Freedom that almost any mixture should be separable; in practice there is the difficulty that differences, although real, may be too small to be observable. This type of separation has the disadvantage that proteins are easily denatured or otherwise modified by some of the solvents so that all separations should be carried out at 0° or below. Ethanol is the solvent most commonly used and it is particularly troublesome because heat is evolved when it is mixed with water, this difficulty can be overcome by cooling the aqueous solution until about one fifth of the water has frozen, the ice melts when alcohol is added and causes a fall instead of a rise in temperature.

These two procedures have this in common that they apparently act by altering the environment so that it no longer acts as a solvent for the protein or polysaccharide. There is also a group of precipitants that act by combining with the substance so that it is no longer soluble in water, this technique has been used more often with proteins than polysaccharides. The standard protein precipitants used to make protein-free extracts for analysis, trichloroacetic acid, metaphosphoric acid, tungstic and phosphotungstic acids, copper, mercury and zinc salts and the adsorbent materials such as LLOYDS reagent, have all been used preparatively but it is often difficult to get the protein back into solution unaltered. Furthermore they tend to precipitate all the protein without discrimination. Both difficulties are avoided in precipitations with a heterogeneous group of agents which form protein complexes. This group includes nucleic acid, dodecyl sulphate, protamines, and safranine and other dyestuffs. The complex can be dissociated by getting it into solution by a change in the p_H or ionic composition of the environment and one or other component removed by precipitation or dialysis. Complex formation of this type bears some resemblance to the more specific combination between enzyme and substrate and antigen and antibody; there is therefore the possibility that much more selective methods will be developed in the future.

Whatever the agent used for precipitation, the effect depends on the concentration, and it is often found that material that has once precipitated does not redissolve readily when the concentration is diminished slightly. It is therefore very important that local regions of high concentration should be avoided during the addition. The solution should be stirred vigorously during the addition and precipitants should be added slowly in a fine stream. When solids such as ammonium sulphate are being used it is more difficult to avoid a local high concentration; the most effective way is to enclose the required amount of solid in a piece of cellophan dialysis tube and attach this to a slowly moving stirrer in the fluid, but it is seldom necessary to take this amount of trouble.

So far this account of the procedures used in separations has been based on the assumption that the solution contains independent particles of different types. As SÖRENSEN and many others have pointed out this is by no means always the case; proteins and other substances exist as labile associations which can be broken even by changes in the ionic environment. The products of a separation involving such changes, although they may still show many of the activities of the original extract, are no longer in the original state and must be looked on as artefacts. Precipitation by solvents is still more likely to cause dissociations. This is made use of in a group of fractionation procedures involving strong solutions of acetic acid, pyridine, picoline, phenol etc. These are especially useful with polysaccharides because proteins, although often soluble in the strong solution, are denatured and precipitate when the agent is removed. To fractionate a mixture, 4 or 5 volumes of the agent are added to an aqueous solution, which to avoid having very large volumes at the end should contain 5—50 g. per l.; if there is a small precipitate it is centrifuged off. Precipitation is then brought about either by adding still more of the agent so as to bring up the concentration to 90 or 95% or else by adding alcohol, ether or some other liquid which is miscible in the system but is not a good solvent for the substance sought. There are a few obvious precautions. It is necessary to use solvents as free from water as possible or it will be difficult to get the concentration high enough to cause precipitation; fluids should always be centrifuged or filtered to see if there is a precipitate there, the high refractive index of some of the systems e.g. those containing phenol or pyridine, makes it difficult sometimes to see whether a precipitate has separated or not. These techniques of fractionation have hitherto been used mainly for fractionating bacterial polysaccharides but they have sometimes been used with nucleic acid and polysaccharides from the higher plants and the use might well be extended.

D. Drying.

The starting material for an analysis or extraction is often dried as a first step, partly because this diminishes the risk of putrescence and other changes during storage and partly because dry tissues are more easily ground to a fineness that permits proper sampling. The final products of a fractionation, when they can be dried without damage, are generally dried because they then are more convenient to store. Many of the principles involved have already been discussed in the section on the concentration of extracts (p. 33). Those considered here arise particularly when it is necessary to remove all or almost all, the water (cf. also p. 27).

1. Drying at Room Temperature or above.

Traditionally vegetable samples are dried by exposure to air in rooms or ovens at various temperatures. The process is well understood and all that is needed here is a comment on the changes that are likely to take place while the material is being dried.

A mass of wet leaves or roots will not reach the temperature of the oven for as long as water is evaporating and heat is being absorbed to supply the latent heat of vaporisation. The first stages of drying, even in an oven at 100°, should therefore be called moist incubation and during this period there may be so much autolysis that the composition of the final material may bear little relationship to its composition at the start. Obviously there is also loss of volatile substances from aromatic materials and some tissues may lose a significant amount of their carbohydrate through respiration. These difficulties are partly circumvented by increasing the speed with which the high temperature is attained either by subdividing the material finely or by spraying it into a moving air stream. Each procedure increases the risk of oxidation. Vacuum drying is an obvious solution; there is little or no oxidation and drying can go on at very low temperatures. Many vacuum drying units are on the market; for the larger ones the manufacturers handbooks cover most of the points of difficulty. On a large scale the water evolved during the drying is either condensed in the vacuum pump and discharged from it, condensed on cooling coils at —40° or below, or collected on a drying agent. The merits of each method depend on the scale of operations and on the temperature at which it is thought advisable to work. The arrangements used for vacuum distillation, especially that of Craig et al (1950), can also be used for drying.

On a small scale, that is up to 100 ml. it is easy to dry tissues or fluids in a vacuum desiccator. There are many types on the market with complications of shape which are intended to improve the rate of drying or to make it easy to keep the substances being dried separate from the drying agent. It is doubtful if they have much beneficial effect and the present day trend in desiccators is towards a simple rounded shape which is robust. The most effective drying agents, phosphorus pentoxide and magnesium perchlorate, are expensive and so are generally only used for small analytical samples although the latter can be regenerated by heating at 160°. Calcium chloride and silica gel are convenient and relatively inert, the latter has the advantage that it also can be regenerated by heating. The most widely used is, however, sulphuric acid although it has many defects. The water that it absorbs lies as a layer of dilute acid on the surface and so diminishes the rate of absorption of more water vapour; it can be mixed by gently swirling the desiccator but this introduces the risk of splashing. It is slowly reduced by volatile organic substances or by traces of scattered powder and evolves SO_2. This and other acid vapours cannot be effectively absorbed by having a pot with KOH in the desiccator as well; if the sulphuric acid is fresh it will keep the surface of the KOH so dry that vapour absorption is poor. It shares with the other desiccants, except phosphorus pentoxide, the defect that it is not possible to tell at a glance whether it is spent or not. This can be remedied by putting in some glass floats that sink when the density falls to 1.7, or 1.6; at these densities the vapour pressures at room temperature are 0.5 and 2.0 mm. Yea (1925) and Smith, Bernhart & Wiederkehr (1952) give figures for the relative efficiencies of the various common drying agents under the conditions obtaining in a desiccator.

The rate of evaporation is increased by evacuating the desiccator because air does not then obstruct the movement of water away from the wet surface towards the surface of the drying agent; the higher the vacuum the less the obstruction becomes. Evacuation does, however, diminish the conduction of heat and this may become a limiting factor because heat is needed to convert liquid water into water vapour whatever the temperature of the conversion. The latent heat of vaporisation does indeed increase from 2258 joules (539 cal.) per gram at 100° to 2494 at 0°. This heat is absorbed by the pumping or condensing system in large scale evaporation but in a desiccator it reappears in the drying agent plus the heat that would have been evolved had liquid water been added to it. With sulphuric acid and phosphorus pentoxide this is considerable and it is a hazard if any significant layer of dilute unmixed acid is allowed to accumulate over the strong acid. When mixing does occur the heat produced locally may crack the desiccator. This heat, conducted by the tenuous gas in the desiccator and by the supports that hold the vessel of material being dried, together with radiant heat and light from the surrounding room, is sufficient to maintain evaporation. An equilibrium is set up in which the temperature of the evaporating surface is controlled by the rate of loss of heat as latent heat and the rate of access of heat from the surroundings. As the pressure in the desiccator is lowered the water will freeze if matters are so disposed as to facilitate the absorption of water vapour but not the conduction of heat. The consequent drying from the frozen state offers many technical advantages.

2. Freeze-drying or Drying by Sublimation.

The evaporation of ice without the intermediate formation of water is a matter of common observation and was applied early to the preparation of histological specimens. It formed the theme of a popular novel in 1867 (c.f. BELL, 1952). At the beginning of this century it was used for preservation of bacterial cultures and is now a standard procedure with many organisms. The method was used in histology because structure and bulk are preserved during drying. This is the primary merit of the method in handling vegetable materials and preparations made from them, but the manifest advantages of this took many years to penetrate from histological into biochemical laboratories. Materials that have been dried in an oven, or in a desiccator unfrozen, often have a horny or scaly texture and many adhere firmly to their container. A drying film sometimes pulls chips of glass off the vessel surface but this can be countered by drying in vessels of nickel or some other metal. To avoid these difficulties preparations were often precipitated with alcohol or some other water-miscible solvent in which they are insoluble and the resulting paste was dried; but this introduces the risk of damage by the solvent, for example by denaturation of proteins or the extraction of component lipides. After drying by sublimation the solid has approximately the same bulk as the fluid from which it came and has an open friable or felt-like texture. The convenience of freeze-drying as a means of getting a preparation with a suitable texture for subsequent handling was recognised with oxidised glutathione (PIRIE, 1931) and later applied to a wide range of other uncrystallisable, or not easily crystallised, materials such as bacterial poly-saccharides and proteins.

On a small scale (up to 20 ml.) the solution or moist tissue is frozen solid in a vessel of such size that the liquid layer is not more than 10 mm. deep. It is then transferred quickly to a desiccator and put on a piece of corrugated paper or cork to diminish the conduction of heat. If the weight of water to be evaporated is small, the molecular weight of the materials in it high, the drying agent fresh and the arrangement of the desiccator efficient, it is possible to dry satisfactorily in the vacuum given by a filter pump; but it is safer to use a mechanical pump. There is, however, no need to use one giving a high vacuum; even at —17° the vapour pressure of ice is 1 mm. and the result of using a pump giving a better vacuum than this is to move water vapour into the pump as well as into the drying agent. Once the desiccator is evacuated the tap can be turned off and the pump disconnected. So long as the surface of the drying agent is effectively absorbing water vapour the rate of evaporation can usefully be increased by allowing a strong light to fall on the frozen material; in a properly arranged system radiant energy is the main source of the calories needed to supply latent heat and it has the merit of being applied at the top surface where evaporation is easy rather than underneath where conduction puts it and where evaporation is impeded. So long as the pressure in the system remains below the vapour pressure of ice, at the temperature at which it remains frozen in spite of the solutes present, and this it will do if there is no leak and the drying agent is effective, there will be no melting whatever the rate of energy input; all available calories will be converted into latent heat of vaporisation.

All the drying agents mentioned in the last section are suitable and choice is controlled by economy and convenience.

With increase in the popularity of the method of freeze-drying has come a proliferation of names for the process—lyophil, desivac, cryochem etc.—there seems to be little need for any of them and some, e.g. lyophilisation, are definitely misleading because they suggest merits that the method does not possess with all substances. Many protein solutions do not withstand the process of freezing let alone subsequent drying. As well as a proliferation of names there has been a proliferation of pieces of equipment for freeze-drying. On a large scale these are necessary and the principles of their design and operation are dealt with in the maker's leaflets, in several reviews (e.g. Flosdorf, Hull & Mudd, 1945; Neumann, 1952) and in a symposium arranged by the Institute of Biology (1952). In these the drying agent is almost invariably replaced by a surface or coil kept cold by solid CO_2 or a refrigerant. This is effective because at $-40°$ the vapour pressure over ice is 0.1 mm. and at $-60°$ it is 0.01. Because condensation, and dissipation of the latent heat, is taking place in another vessel the problem of supplying the heat necessary for sublimation is more acute than in a desiccator and provision for it is made by putting warm water coils or electric heating elements under the trays of fluid being dried. The rapid evaporation from the surface of trays of liquid is generally used to bring about the freezing in spite of the difficulties sometimes caused by frothing as air leaves the solution before freezing takes place. It is sometimes argued that this method of freezing has advantages, for example, that it is particularly rapid. The phrase "snap freezing" is sometimes used. This is an illusion caused by the rapid visible spread of a reticulum of ice crystals through supercooled water as soon as crystallisation starts; but the maximum probable degree of supercooling is 16° and this would only be sufficient to freeze one fifth of the mass of water. Freezing then goes on by loss of heat from the subliming surface and conduction of heat from the deeper parts to the surface. If very rapid freezing is in fact an advantage it could be as rapidly, or more rapidly, achieved by putting metal trays of the solution to be dried into a freezing mixture.

Freeze-drying in a desiccator will be unsatisfactory even on a small scale if the fluid contains such a concentration of low molecular weight solute as to have its temperature, when nearly completely frozen, lowered by more than 5 or 10° and it becomes awkward if many small samples have to be dried or if the total volume exceeds 20 ml. When there is much depression of freezing point it is essential to use a mechanical pump and phosphorus pentoxide or a vessel cooled with solid CO_2 ($-76°$) as drying agent. For drying many samples at once it is convenient to have a manifold with its orifices closed with rubber stoppers carrying the ampoules of material. This manifold can connect with or contain the drying agent, more conveniently part of it can be reflected inwards to form a well into which solid CO_2 and some low freezing point liquid such as acetone or a glycol ester can be put. The condensed ice then collects inside the manifold and there is no need for any further insulation of the condenser. Larger volumes of fluid can be handled by freezing the liquid in a spherical flask while it is being rotated so that a layer of ice not more than 10 mm. thick is built up. A suitable freezing mixture can be made by adding ice to spent sulphuric acid from desiccators. The flask is then connected to a suitable condenser, or to a vessel containing sulphuric acid, and exhausted. The weight of sulphuric acid should be at least six times the weight of water that is being sublimed.

With these last two arrangements the vessels containing the dried material are exposed to the air and quickly form a layer of hoar frost on their outsides. This is a useful indication that evaporation is going on. Drying will be complete soon after the outside of the vessel has reached room temperature provided the vacuum and desiccant are in good order. It is not so easy to know when drying is complete when it is taking place in a desiccator and experience is the best guide; layers 1—2 mm. thick will dry in 4 hours, layers 10 mm. thick should be left for 24 hours.

Drying by sublimation is not successful with all types of material. Very soluble substances of low molecular weight are not easy to keep frozen and often give a sticky product. The same trouble arises if the solution contains a non-volatile liquid such as glycerol. Fortunately there are other convenient methods of handling such materials so that freeze-drying may be looked on as characteristically the method for handling dialysed solutions of large molecules. Some large molecules are destroyed by freezing so that preparations of them may become insoluble or be otherwise altered after freeze-drying whereas drying directly from solution may be innocuous. The dry material left after sublimation is sometimes not coherent and may get scattered by the flow of water vapour away from the surface. This trouble has been experienced with some chloroplast and virus preparations. Most protein and polysaccharide solutions give rise to a coherent felt even when the original solid content was as low as 1 g./l. but with others it is wise to concentrate first by some other method or the light wisp of dried material may be lost. It is always wise to start readmitting air to a desiccator very gently because the risk of scattering a dried material is very great.

3. The Determination of Dry Matter.

Analytical data are generally expressed on a weight basis. When a purified preparation has been made there is little uncertainty about the weight that should be taken as standard; clearly it is the weight of the preparation itself, and if the material is not volatile at normal temperatures, this is in principle easily measured. Water of crystallisation introduces definable and well understood uncertainties with many small molecules; as molecules get larger the difficulties of defining the status of water and other solvents bound to the molecule get greater. Many curves have been published (e.g. MELLON, KORN & HOOVER, 1949) showing the dependence of the water content of a protein on the pressure of water vapour to which it is exposed and from these it is clear that there is no stoicheiometric relationship which would justify the postulation of a definite hydrate. This state of affairs is not confined to proteins; it is also found with other large molecules such as polysaccharides and with peptides (MELLON et al, 1948). There is much conflict of opinion over the manner in which this water is held but this cannot be gone into here. All that is necessary is to emphasise that with many materials the "dry" state is a matter of arbitrary definition and that different methods of drying remove not only different amounts of water but also water bound in dissimilar ways. Wherever this state of affairs is recognised or suspected it is essential that the method used for drying should be stated.

The main obstacle to the removal of water from vegetable material is the slow diffusion of internal water through the partly dried outer layers of the pieces. Drying is, therefore, hastened if the material is sliced thinly or if liquids are dried in vessels so broad that the final dried layer is less than 1 mm. thick. Part of the merit of the various modifications of simple drying in an oven is that they help to preserve an open texture which facilitates water movement. Outstanding among these modifications is freeze-drying though, as has been pointed out, this technique carries with it the risk of scattering some of the material. For the same reasons that freeze-drying facilitates the escape of water it also facilitates its reabsorption and the product is often so hygroscopic that it cannot be weighed in an open vessel although the same material, dried in such a way as to give a granular product, may be weighed with little difficulty.

Because of the difficulties involved in weighing hygroscopic materials and because of the arbitrariness with which drying conditions are chosen for tissues or preparations of large molecules, it is often best to weigh specimens "air dry". This was Osborne's technique and it is used by CHIBNALL, REES & WILLIAMS (1943) and others. It is especially useful in routine work for then most of the weighing is made easy and occasional samples are dried by different techniques and the loss in weight from the air dried state recorded. There is less advantage when a range of different products is being studied for each must be presumed to take up a different amount of water on going from "dry" to "air dry" and this would have to be determined in each case. Furthermore, as the use of the hair hygrometer demonstrates, the range of normal variation in humidity lies on a fairly steep part of the curve relating the water content of a protein to the humidity.

Recently, increasing use has been made of heating by induction in analytical drying. In this method an alternating electric field round the specimen induces eddy currents in those parts of it that are electrically conducting and so generates heat there. In general these parts are the wet parts so that the texture is kept open by the escape of water vapour from the inner parts of each particle. Drying with solvents is not to be recommended in analysis because an unpredictable fraction of most mixed materials may go into solution. Even proteins cannot be relied on to be insoluble in the fat solvents (BALLS 1942). Water is however often determined by heating the material in oil or a fluid such as toluene and measuring the loss in weight or the volume of water produced. The latter is the well known DEAN & STARK method of refluxing the material with toluene and allowing the condensed solvent and water mixture to flow back through a trap in which the water collects for measurement. This method has the peculiar merit that what is estimated as water nearly always is water. When the water content of plant material is being determined by drying in an oven and measuring the loss of weight at 100° or 110° it is immediately apparent from the smell in the room that this is not then the case.

References.

BALLS, A. K.: J. Acad. Sci. (Wash.) 32, 132 (1942). — BARTHOLOMEW, W. H.: Analyt. Chemistry 21, 527 (1949). — BAWDEN, F. C., & N. W. PIRIE: Biochemic. J. 37, 66 (1943). — BAWDEN, F. C., & N. W. PIRIE: Brit. J. Exper. Path. 25, 68 (1944). — BAWDEN, F. C., & N. W. PIRIE: Brit. J. Exper. Path. 26, 294 (1945). — BAWDEN, F. C., & N. W. PIRIE: Brit. J. Exper. Path. 27, 81 (1946). — BAWDEN, F. C., & N. W. PIRIE: J. Gen. Microbiol. 4, 464 (1950). — BELL, L. G. E.: Nature (Lond.) 170, 547 (1952). — BENNE, E. J.: J. Assoc. Off. Agricult. Chemists 25, 3 (1942). — BOOTH, V. H., & D. E. GREEN: Biochemic. J. 32, 855 (1938). — BRADFIELD, J. R. G.: Biol. Rev. 25, 113 (1950).

Cecil, R., & A. G. Ogston: Biochemic. J. **43**, 592 (1948). — Chibnall, A. C., & C. E. Grover: Ann. of Bot. **40**, 491 (1926). — Chibnall, A. C., M. V. Rees & E. F. Williams: Biochemic. J. **37**, 354 (1943). — Cohen, H. R.: Arch. of Biochem. **2**, 1 (1943); Arch. of Biochem. **4**, 51 (1944). — Cohn, E. J., & J. T. Edsall: In " Proteins, Amino-acids and Peptides". New York 1943. — Craig, L. C., J. D. Gregory & W' Hausmann: Analyt. Chemistry **22**, 1462 (1950). — Crook, E. M.: Biochemic. J. **40**, 197 (1946). — Curran, H. R., & F. R. Evans: J. Bacter. **43**, 125 (1942).

Della Rosa, R. J., K. I. Altman & K. Solomon: J. of Biol. Chem. **202**, 771 (1953). — Denues, A. R. T.: Exper. Cell. Res. **3**, 387 (1952). — Dixon, M.: Biochemic. J. **54**, 457 (1953).

Edsall, J. T.: Adv. Protein Chem. **3**, 383 (1947). — Elford, W. T.: J. Bacter. **34**, 305 (1931); Brit. J. Exper. Path. **17**, 399 (1936). — Elford, W. T., P. Grabar & W. Fischer: Biochemic. J. **30**, 92 (1936).

de Flines, J.: Experientia (Basel) **7**, 234 (1951). — Flosdorf, E. W., L. W. Hull & S. Mudd: J. of Immun. **50**, 21 (1945). — Fowden, L.: Biochemic. J. **50**, 355 (1952). — Fraser, D.: Nature (Lond.) **167**, 33 (1951).

Glauber, J. R.: In "Opera Chimica" p. 215. Frankfurt 1658. — Grabar, P.: Cold Spring Harbor. Symp. Quant. Biol. **6**, 252 (1938). —

van Heyningen, W. E.: Brit. J. Exper. Path. **30**, 302 (1949). — Holden, M.: Biochemic. J. **47**, 426 (1950). — Holden, M., N. W. Pirie & M. V. Tracey: Biochemic. J. **47**, 399 (1950). — Hoover, S. R., J. D. Thomas, J. Naghski & J. W. White: Industr. Engng. Chem. **37**, 803 (1945).

Institute of Biology. "Freezing and Drying." London 1952.

Johnson, J.: Phytopathology. **39**, 11 (1949); **41**, 78 (1951).

Kegeles, G., & F. J. Gutter: J. Amer. Chem. Soc. **73**, 3770 (1951). — Kinnell, P. O., & B. G. Rånby: Adv. Coll. Sci. **3**, 161 (1950). —

McClendon, J. H.: Amer. J. Bot. **39**, 275 (1952). — McIlwain, H.: J. Gen. Microbiol. **2**, 288 (1948). — Markham, R.: In "Nature of Virus Multiplication" p. 85. Cambridge, 1953. — Masket, A. V.: Rev. Sci. Instrum. **12**, 277 (1941). — Mason, T. G., & E. Phillis: Ann. of Bot. N. S. **3**, 532 (1939). — Mellon, E. F., A. H. Korn & S. R. Hoover: J. Amer. Chem. Soc. **70**, 3040 (1948); **71**, 2761 (1949). — Mickle, H.: J. Roy. Microsc. Soc. **68**, 10 (1948). — Milner, H. W., N. S. Lawrence & C. S. French: Science **111**, 663 (1950). — Mitchell, D. T., P. Shildneck & J. Dustin: Industr. Engng. Chem. Anal. Ed. **16**, 754 (1944).

Neumann, K.: "Grundriß der Gefriertrocknung" Göttingen 1952. — Nicholson, A. J.: Nature (Lond.) **167**, 563 (1951).

Ogston, A. G.: In "Physical Techniques in Biological Research". Academic Press. 1953.

Partridge, S. M.: Analyst **77**, 955 (1952). — Paterson, J. S., N. W. Pirie & A. W. Stableforth: Brit. J. Exper. Path. **28**, 223 (1947). — Pickles, E. G.: J. Gen. Physiol. **26**, 341 (1943). — Pirie, N. W.: Biochemic. J. **24**, 51 (1930); **25**, 614 (1931); Biol. Rev. **15**, 377 (1940); Nature (Lond.) **160**, 198 (1947); Biochemic. J. **47**, 614 (1950); World Crops. **4**, 374 (1952). — Potter, V. R., & C. A. Elvehjem: J. of Biol. Chem. **144**, 495 (1936).

Rehberg, P. B.: Acta physiol. scand. **5**, 305 (1943). — Proc. Roy. Soc. (B) **142**, 137 1954.

Saroff, H. A., & G. H. Dillard: Arch. of Biochem. **37**, 340 (1952). — Scheraga, H. A., & L. Mandelkern: J. Amer. Chem. Soc. **75**, 179 (1953). — Schlubach, H. H., & P. Hauschildt: Analyst **577**, 54 (1952). — Sibley, P. M., & J. G. Wood: Austral. J. Sci. Res. **4**, 500 (1951). — Signer, R., H. Hänni, W. Koestler & W. Rottenberg: Helvet. Chim. Acta. **29**, 1984 (1946). — Smith, G. F., D. N. Bernhart & V. R. Wiederkehr: Anal. Chim. Acta. **6**, 42 (1952). — Stern, R., & L. H. Bird: Biochemic. J. **44**, 635 (1949). — Svedberg, T., & K. O. Pedersen: In "The Ultracentrifuge". Oxford 1940.

Weier, T. E., & C. R. Stocking: Amer. J. Bot. **39**, 720 (1952). — Whitaker, D. R.: Arch. of Biochem. **43**, 253 (1953). — Wildman, S. G., & J. Bonner: Arch. of Biochem. **14**, 381 (1947). — Wolf, A. V.: Science **115**, 193 (1952).

Yea, J. H.: Chem. News **130**, 340 (1925).

Electrical-Transport Methods.

By

R. L. M. Synge.

This section is intended to outline methods of analysis using the separation of substances resulting from their movement in an electric field. This includes the phenomena of electrophoresis (of colloids) and ionophoresis (of crystalloids). However, the more general title is used because additional phenomena may play a part in analytically useful separations. Analytical methods depending primarily on electrode reactions (electrolytic methods, potentiometry, polarography etc.) are not considered here. Indeed an important consideration in the design of apparatus for electrical-transport analysis is to prevent the substances being analysed from coming into contact with the electrodes.

I. Principles.

Although observations on the migration of dissolved substances and suspended particles in an electric field were common knowledge in the 19th Century and formed an important line of evidence in favour of the ionic theory, there was a considerable delay in appreciating the analytical possibilities of the phenomena observed. Their exploitation has been steadily increasing in recent years and electrical-transport methods are now becoming very popular among biochemists.

(1) Particles and molecules are moved in an electric field by a force proportional to that field and to the net electric charge which they carry; the resultant rate of movement through the surrounding liquid is determined by the hydrodynamic resistance, thus depending on bulk and shape. Molecules having the same charge and differing in size or shape can therefore be separated; so also can molecules having similar size and shape but differing in charge. Furthermore, since many of the substances of interest in plant analysis are weak electrolytes, the average net charge on their molecules can be controlled by maintaining the pH of the medium at the value most favourable for the desired separation. Electrical migration, however, is not very useful for separating polydisperse "isochemical" substances which differ in molecular weight but not much in chemical composition —e.g. many plant gums—since here there is a more or less constant relationship between the charge and the frictional resistance of the molecules.

(2) Since electrical transport can take place in a solution in such a way that there are no marked changes in environmental conditions (pH, concentration of salts or other solutes, temperature, etc.) it offers the possibility of handling analytically substances which are not stable in the variety of environments which most other analytical procedures entail.

(3) The possibility of observing interaction effects in the electrical migration of two or more substances in known environmental conditions affords an additional means for the study of interactions which is of great value for the study of complex formation and of increasing importance in biological work (cf. Kraus & Smith, 1950; Smith & Briggs, 1950; Alberty & King, 1951). Complexing agents may also be added to a mixture to make possible separations that would not otherwise occur; thus, such effects have been studied with boric acid for separating sugars (Consden & Stanier, 1952; Jaenicke, 1952; Micheel & van de Kamp, 1952; Michl, 1952), with cupriethylene-diamine for cellulose and its degradation products (Adams, Karon & Reeves, 1951) and with iodine-iodide for starch degradation products (Synge & Tiselius, 1950; Mould & Synge, 1951). Irreversible chemical reactions which confer a new charged group on molecules may likewise be useful for their separation, e.g. the oxidation, in peptides, of cysteine residues to those of the rather strong acid cysteic acid (Consden & Gordon, 1950; Sanger & Thompson, 1953) or of the reducing end groups of a dextrin to give the corresponding gluconic acid derivative (Norberg & French, 1950).

Some of the useful characteristics under (2) and (3) above are also possessed by ultracentrifugal methods of study (p. 42); however, the electrical transport methods work nearly as well for small as for large molecules.

Since the non-random velocity of a dissolved charged molecule is proportional to the electric field whilst the random movement of diffusion (leading to spreading of boundaries and zones) is of substantially constant velocity, sharper separations will result from using as high an electric field as possible. In practice, the resultant heating always sets a limit to the potential difference that can be applied. Conductivity of the solution should therefore be kept as low as is consistent with the environmental conditions required for the separation, and apparatus should be designed so as to permit efficient cooling.

Arrangements are usually also included for preventing reaction products and p_H changes due to reactions at the electrodes from approaching the parts of the apparatus in which analysis is proceeding.

Insofar as they depend on differences in the net charge of molecules to be separated, electrical-transport separations are often duplicated by separations done on columns of ion-exchange materials (p. 117) and the latter usually require less complicated apparatus. However, behaviour on ion-exchange materials is much affected by other than electrochemical properties and it is thus not possible to make such rigorous deductions as to the electrochemical charalteristics of an unknown substance from its behaviour on ion-exchange materials as from its behaviour in electrical transport. There are also serious dangers of losing unknown substances on ion-exchange materials by irreversible adsorption (e.g. PIEZ, TOOPER & FOSDICK, 1952). Electrical-transport methods thus have a special value for isolation and study of unknown substances from biological material while for routine analysis they are often later replaced by ion-exchange methods.

1. Control of Environmental Solution and of Conductivity.

Separations depending on differences in net mobilities of substances have usually been conducted by two different classes of procedure:—

(1) Only the substances to be separated are present in the system to which the field is applied. Under these conditions p_H and conductivity are determined by the substances undergoing analysis. Such procedures have had considerable success in dealing with ampholytes ("isoelectric fractionation"). They also offer great possibilities with weak and even strong electrolytes which have so far been very little exploited.

(2) A concentration of buffer and electrolyte is provided throughout the system, which is larger than that of the substances undergoing separation. Under these conditions p_H and conductivity (which determines the electric field at different points between the electrodes) are substantially constant at any given point and the different charged substances migrate independently of one another. This is the condition of operation most commonly used.

2. Electrical Transport in Presence of Immobilizing Agents and Membranes.

So far, only the analytical possibilities of ionic migration in a homogeneous liquid phase have been considered. In practice, it is necessary to prevent convective disturbance of the liquid from spoiling separations. In the moving-boundary procedure (see below) gravity can be used to eliminate convective disturbances, as in the Tiselius U-tube apparatus. However, the moving-boundary procedure does not easily give large yields of the different components of a mixture and for "zone electrophoresis" it is necessary to immobilize the liquid in some porous medium that will prevent convection. Such a medium may be quite coarse-pored (e.g. glass wool) or very fine-pored (a gel). In either case generally the immobilizing structure will be charged relative to the solution in which it is immersed and consequently there will be electroendosmotic flow of the solution in one direction or other parallel to the applied electric field. The resultant velocity of ions will be the algebraic sum of their migration velocity in the free solution and the velocity of this electroendosmotic flow. This is substantially true for the coarser porous structures, but for the finer-pored structures (in which the electroendosmotic flow is smaller) an additional effect is encountered, namely that the greater part of the capillary spaces are included in the "diffuse region of the electrical double layer" in which the proportion of positively to negatively charged ions is greatly different from what it is in free solution. The result is that a finely-pored structure (e.g. most membranes) transmits positively or negatively charged ions in a more selective way than that calculated simply from the mobilities superimposed on the electroendosmotic flow through the membrane.

Very useful analytical results may be obtained in this way, and these are discussed below in connection with diaphragm cells. The introduction of a porous structure into the medium in which electrical transport is taking place may also affect the movements of molecules in at least two other ways:—

(1) Molecular-sieve effects will prevent movement of the larger molecules through the medium; such effects are made use of in electrodialysis and in electrokinetic ultrafiltration (see below).

(2) Any tendency of molecules to be adsorbed, sorbed in or bound by ionic forces to the porous structure will affect their distribution between the liquid and the porous structure. Such retention of molecules by the porous structure is often disadvantageous, but useful chromatographic effects may be superimposed on the separation due to simple electrical transport — "electrochromatography" (see below).

II. Apparatus and Procedures.

Svensson (1948) has given a detailed and well-illustrated account of the methods available at that date for electrophoresis and ionophoresis; the present article therefore refers mainly to subsequent developments. See also Strain & Murphy (1952).

1. Fractionations without Added Electrolyte.

Since Svensson (1948) described in detail work using this principle, few workers seem to have made use of it (e.g. Manecke, 1952; Roland, Millman & Giffee, 1953). Diaphragm cells have often been used, but, with the high potentials and low concentrations of electrolyte, electroendosmosis becomes tiresome under these circumstances, and it may be better to work with a series of compartments joined by simple constrictions (in which the potential gradient will be concentrated) or else with a continuous jelly. Here, however, there may well be a tendency for the jelly to crack at points where the electrolyte concentration changes abruptly. To exploit in practice the full potentialities of the principle, which are great, requires considerable further work.

2. Fractionations with Added Electrolyte.

a) Diaphragm Cells.

In work with diaphragm cells, different p_H and electrolyte conditions usually prevail in each compartment. However it should be realised that the compartment contents are always being mixed (stirring and cooling arrangements are usually incorporated) so that any differential transport of materials occurs inside the membranes. The arrangement of THEORELL & ÅKESON (1942) with membrane areas small in relation to the compartments concentrates the potential gradient at the membranes and thereby increases the desired electrical transport as against diffusion of unwanted molecules through them. Such a cell is particularly useful for analytical work on a small scale. In general, unwanted molecules will pass membranes either by diffusion, which is minimized by using thick membranes, or with the electroendosmotic stream. This can be diminished by using finer-pored membranes. With coarser-pored membranes, in a simple case, strong electrolyte could be separated from neutral material in a three-compartment cell without loss of non-ionizing material by using a negative anode membrane, and a positive cathode membrane so that the electroendosmotic flow is in each membrane away from the electrode compartment towards the middle compartment. However, this would diminish the current efficiency of removal of electrolyte greatly and would not permit the removal of weak or amphoteric electrolytes since the p_H inside each membrane, influenced by that of the anode and cathode compartments respectively, would abolish or reverse their charges. In practice a certain undesired escape from a compartment must be tolerated. Repetition of the operation will usually reduce this to negligible proportions. For larger-scale work MARTIN & SYNGE (1945) have stressed some of the considerations in designing a cell which would have a high capacity and high current efficiency; here there would be forced circulation of the contents of each compartment past the membranes, which would lie close to one another and to the electrodes. However, such a cell does not yet seem to have been described in operation.

Although separations occur in the membranes of diaphragm cells, and not in the compartments, the p_H and electrolyte concentration must usually be controlled in the compartments, since this may determine the separation conditions in one or both of the adjacent membranes. With suitable combinations of membranes and compartment p_H's, diaphragm cells are very versatile pieces of analytical equipment. Necessary p_H control in the compartments can sometimes be arranged by adding to the desired compartment excess of a suitable weak acid or base when weakly acid or alkaline p_H's are required; these provide H^+ or OH^-ions at a suitable concentration without greatly increasing the conductivity of the compartment. More accurate control of p_H can be maintained by intermittent checking and manual addition of acid or base. Automatic titration equipment (e.g. JACOBSEN & LÉONIS, 1951) may prove useful for this purpose. SPERBER (1946) has added an ion-exchange resin to one compartment of a diaphragm cell to maintain p_H.

There has always been a fairly wide choice of negatively-charged membrane materials (paper, "parchment paper" (sulphuric acid-treated cellulose), cellophan, collodion, ceramics, glass etc.). However in the past proteins have been the only readily available positively-charged materials, and being amphoteric these are only positive when impregnated with acidic solutions. They are also liable to chemical attack, which confuses the analysis when peptides etc. are being fractionated. Sheepskin parchment, pig's bladder and cloth impregnated with formolized gelatin are typical of positive membranes traditionally available. Some of the same objections apply to protamine-treated collodion membranes. ZHUKOV (1943) and others describe the treatment of collodion membranes with other basic substances to render them positive. However, the most promising prospect at present is the use of resinous ion-exchange materials (KRESSMAN, 1950; JUDA & McRAE, 1950; BERGSMA, 1952) as membranes either fabricated as such or mounted on a reinforcing support of cloth etc. There is room for much research towards obtaining membranes combining high selectivity with high current efficiency. A useful recent review on the behaviour of ionic membranes has been made by Teorell (1953).

Platinum or other non-dissolving electrodes are usually employed with diaphragm cells. These do not themselves contaminate the media but the electrolytic reaction products may be destructive or inconvenient. The electrode compartments may be perfused or their contents frequently replaced, thus preventing analytically valuable material entering them from spending long in contact with the electrode. Alternatively, guard compartments may be introduced (see Svensson, 1948), delaying the approach of sensitive material to the electrode compartment. These should contain strong acid (anode) or strong alkali (cathode) thus giving a high conductivity and not diminishing the potential drop in the parts of the cell where fractionation is taking place. When weak acids are being fractionated, these may be prevented from entering the strongly acid anode compartment by a negative (e.g. cellophan) membrane in which electroendosmosis is away from the anode and the p_H is so low as to de-ionize the weak acid completely. Such an arrangement is used in the desalting apparatus of Consden, Gordon & Martin (1947) and was added by Synge (1951b) to the diaphragm cell of Theorell & Åkeson (1942) thereby avoiding the destructive effect of anodically liberated Cl_2 (from Cl-ions) on weak acids by preventing them from entering the anode compartment. Presumably a converse arrangement could be devised preventing weak bases from arriving in the cathode compartment, and would avoid the cathodic reduction effects that can lead to trouble in desalting amino-acid mixtures before chromatography.

While diaphragm cells, unlike most of the other procedures described in this section, are not suitable for effecting separations of substances of like charge whose net mobilities differ, they are extremely efficient for removing completely from a solution all material that is positively or negatively charged at a desired p_H, and the progress of the removal can often be followed by observing the current passing through the apparatus under a constant applied potential difference. This may fall to very low values as the compartment which it is wished to clear becomes denuded of electrolyte. By effecting removal of charged material from a solution at a series of different p_H's weak electrolytes with different ionization constants may be successively extracted from the solution, thus being separated from one another and from strong electrolytes.

Some illustrative applications of diaphragm cells are:— removal of traces of salts from water; separation of basic neutral and acidic amino-acids etc. (Theorell & Åkeson, 1942; Synge, 1951b); separation of α- and ω-amino-acids (Synge, 1951a); separation of ionizable peptides and amino-acids from diketoperazines (Gavrilov and colleagues, quoted by Svensson, 1948); isolation of alkaloids from animal tissues in toxicological work (Molle, 1952; Sokolova, 1952) and from plant materials (Babich, 1947); isolation of alkali and alkaline-earth metals from biological material (Walaas & Walaas, 1949; Malm, 1950; Tsao, 1950); purification of antibiotics (e.g. Fischbach, 1948). An application likely to assume considerable future importance is the removal of buffer components after fractionating materials by zone electrophoresis (see below).

Electrodialysis. Diaphragm cells are often described as "electrodialysis cells" because this was the first purpose for which they were used. In the above separations the membranes are all, in the absence of an applied potential, more or less freely penetrable by the molecules being separated. However, the same considerations apply for freeing solutions of large molecules from electrolytes, and the operation of electrodialysis is simpler in that the large molecules cannot leave the compartment in which they are placed. p_H changes can (and often must) be avoided in the same way as described above. The "electroultrafiltration" procedure of BECHOLD (1929) is a form of electrodialysis using outward ultrafiltration to prevent p_H changes. Electrodialysis is superior to simple dialysis (p. 38) for hastening the removal of electrolytes from solutions of small molecules, but is useless for removing neutral substances. The subject was fully reviewed by SPIEGEL-ADOLF (1929) and other reviews are cited by SVENSSON (1948). Since then RUTGERS & SWYNGEDOUW (1951) have described a continuous electrodialyser; NOWOTNY (1950) has described an apparatus with central chamber of adjustable capacity and URBACH & SVARZ (1948) one with central chamber of small capacity.

Electrophoresis-convection. In addition to the older "electrodecantation" procedure, described by SVENSSON (1948) the apparatus of NIELSEN & KIRKWOOD has in recent years undergone improvements in the hands of J. G. KIRKWOOD and collaborators. Here a mixture of colloidal electrolytes in buffer-salt solution is maintained in a narrow vertical chamber between two semipermeable membranes. There are reservoirs above and below this chamber and the direction of the applied electric field is horizontal and perpendicular to the membranes. The colloid migrating fastest is selectively concentrated at one of the membranes and convected downward into the bottom reservoir. Some quite refined protein separations have been done with this kind of apparatus. It has the advantage of handling quite large quantities of material but the disadvantage that, however complicated the mixture being analysed, only two final fractions are obtained.

b) Migration in Free Solution-Moving Boundary Method.

The apparatus of TISELIUS is now standard equipment for studying electrophoretic migration in free solution by observing the moving boundaries formed in a U-tube when the mixture to be analysed is layered under the electrolyte in which its behaviour is to be studied. TISELIUS (1949) has described the development of the apparatus and an extensive literature on its construction, operation, and the results obtained with it has grown up (see SVENSSON, 1948; ALBERTY, 1953). The solution below each boundary is denser than that above; the boundaries are thus stabilized by gravity. By working at 4°, the maximum density of water, convection disturbances due to the heat evolved are minimized. A compensating flow of electrolyte through the U-tube maintains the boundaries in the tube until max mum resolution has been achieved. There have been numerous modifications of the cells and of the optical systems for observation of the boundaries which cannot be discussed here at length. The TISELIUS apparatus has the special advantage that the mobilities observed therein are uncomplicated by electroendosmosis, adsorption etc. and thus have an absolute significance. The apparatus is admirable for analytical purposes. However, only the two extreme components are readily isolated in one operation. Hence the demand for the various zone-electrophoresis procedures mentioned below. Nevertheless, semicontinuous modifications of the Tiselius apparatus have been described (e.g. SVENSSON, 1946; KEKWICK, LYTTLETON, BREWER & DREBLOW, 1951) which in some cases permit rather large-scale separations.

Mobilities determined at a number of p_H's in the TISELIUS apparatus are a valuable means of characterizing proteins and other colloidal electrolytes, and many such materials have been studied in this way. Often two or more migrating boundaries (maxima of refractive-index gradient) are observed. However, where only one such maximum is present, this does not mean, as many authors imply, that the migrating material is electrophoretically homogeneous. With most proteins so far examined the spreading of the boundary diminishes with time on reversing the electric field, i.e. is due not only to diffusion but also to the material consisting of a mixture of components having slightly different mobilities (see Hess, 1951; Alberty, 1953). That this interpretation of "reversible boundary spreading" is correct has been convincingly demonstrated by two-dimensional zone electrophoresis of serum proteins (Kunkel & Tiselius, 1951). This shows how far from homogeneous are nearly all the "pure" proteins so far described and gives an idea of the potentialities of electrophoresis as a method for their further fractionation.

c) Zone Electrophoresis in Convection-Free Media.

By incorporating the mixture to be analysed as a zone in a uniform buffered electrolyte medium full advantage can be taken of differences in mobilities to effect complete separations. This kind of electrophoresis has recently been reviewed by Tiselius & Flodin (1953). Convection is prevented by immobilizing the liquid in a porous medium or a jelly. Volatile electrolytes such as ammonium acetate or carbonate or acetic acid simplify the working up of material after analysis. The incorporation of neutral markers, such as sugars, is convenient if it is wished to estimate the extent of electroendosmotic flow in an experiment.

Batch Procedures. *(i) Packed Columns.* Coolidge (1939) described a column procedure using ground glass wool. Butler & Stephen (1947) used asbestos fibre in a dismountable column built in sections. Brewer et al. (1947) (see also Madorsky & Straus, 1947; Westhaver, 1947) used compensating flow in a packed column for obtaining partial separation of potassium isotopes. Haglund & Tiselius (1950) have developed an apparatus which shows great promise for biochemical work. The zone is run into the middle of a packed column. After electrophoresis the column is washed out and successive portions of effluent are collected in a fraction-cutter of conventional design. Packed columns have not been extensively used yet, but are likely to be useful for putting on a rather larger scale separations first studied by filter-paper methods.

(ii) Jelly Slabs. These are often useful for rather smaller-scale work. After a run zones may conveniently be located by "jellygraph" printing on to filter-paper strips to which suitable tests can be applied. The jelly is then cut into sections for working up. The apparatus of Consden, Gordon & Martin (1946; cf. Hall, 1948) was first used with silica jelly. This gives insoluble silica on drying, thus permitting separation of soluble materials. However, silica jelly causes adsorption and spreading of basic zones and proteins are immobilized in it. Lens (1946) and Gordon et al. (1949, 1950) used agar-agar jelly and showed that it permits the migration of molecules as large as those of haemocyanins at practically the same rate as in free solution, if electroendosmosis is allowed for. However, it is not always easy to separate materials being studied from agar, and for much work with plant materials agar is obviously unsuitable.

In all work with jellies cracking, synaeresis and electroendosmotic leaking in spaces where the jelly has cracked away from the container can be very tiresome. Peniston, Agar & McCarthy (1951) have used agar-agar jelly in a tube. The starch-block method of Kunkel & Slater (1952) and the kieselguhr slab method of Gardell, Gordon & Åqvist (1950) are similar to these jelly procedures.

(iii) Filter Paper. For small-scale work, zone electrophoresis on filter-paper has achieved considerable popularity in recent years. See Wieland & Fischer, 1948; Haugaard & Kroner, 1948; Biserte, 1950; Cremer & Tiselius, 1950; Durrum, 1950; McDonald, Urbin & Williamson, 1950; Turba & Enenkel, 1950; Kunkel & Tiselius, 1951; Foster, 1952; Sternberg, 1953. Filter-paper

electrophoresis has been reviewed by Loos (1952) and LEDERER (1951). Zones are conveniently detected, when not visible, by fluorescence, colour reactions, bioautography and radioautography and may be subjected to a second electrophoretic run at righ angles or to chromatography at right angles, even simultaneously (HAUGAARD & KRONER, 1948). For cooling, insulating liquids (cf. CREMER & TISELIUS, 1950) may be useful. A variety of experimental arrangements have been proposed. It is important (a) to check evaporation and (b) to prevent gravitational movement of liquid along the paper. DURRUM (1950, 1951a, c) has described some interesting effects when these precautions are not taken, which could possibly have preparative value.

When proper precautions are taken, mobilities, after allowing for electroendosmosis, may often approach those found in free solution. However, adsorptive effects are frequently noted in filter-paper electrophoresis. The best results seem to have been obtained where the paper is gripped between greased horizontal glass plates. The efficient cooling possible with a single sheet of paper permits the use of very high potential gradients, with improved resolution (MICHL, 1951; HOLT, VOIGT & GAEDE, 1952; KICKHÖFEN & WESTPHAL, 1952; MARKHAM & SMITH, 1952; TURBA & ESSER, 1953).

Continuous Procedures. SVENSSON & BRATTSTEN (1950) and GRASSMANN & HANNIG (1950) have independently described apparatus in which zone electrophoresis proceeds in a horizontal direction while the liquid in which it is occurring moves bodily downwards through a packed trough. Each zone thus pursues a course through the apparatus having a characteristic slope and is collected separately by means of a number of outlets at the bottom of the trough. Such an arrangement has great possibilities for large-scale handling of materials and its resolving power is also great. There are technical difficulties in preventing changes of pH etc., due to electrode reactions, but it seems probable that when these and other problems of stabilizing the behaviour of such apparatus are overcome it will find widespread application for larger-scale preparative work. Similar arrangements using filter paper have been described by BRATTSTEN & NILSSON (1951), DURRUM (1951b), STRAIN & SULLIVAN (1951) and SATO, NORRIS & STRAIN (1952). However, the throughput with a single sheet of paper cannot be very great.

d) Separations Dependent on the Immobilizing Medium.

Such separations, as mentioned above, are closely related to chromatography (p. 127); the migration of a zone is retarded below the speed resultant from electrophoretic mobility and electroendosmosis on account of retention by the stationary phase of the system. It would be preferable that the name "electrochromatography" should only be applied to such separations and not, as it has been, to zone electrophoresis of the kinds described above. STRAIN (1939) described experiments on electrophoretic chromatography. See also LECOQ, 1944; KAKIHANA, NATSUME & YASIMA, 1950; SPIEGLER & CORYELL, 1951, 1952; MANECKE, 1952.

MOULD & SYNGE (1952) used electrokinetic ultrafiltration for separating neutral polysaccharides of different molecular weights by electrokinetic movement inside and parallel to the surfaces of collodion ultrafiltration membranes. Here ultrafiltration effects seemed to exclude from the membrane all molecules above a critical size, whereas the separations inside the membrane of those molecules able to enter it could be explained in terms of adsorption according to Traube's Rule.

References.

ADAMS, M. E., M. L. KARON & R. E. REEVES: J. Amer. Chem. Soc. **73**, 2350 (1951). — ALBERTY, R. A.: The Proteins (ed. H. NEURATH & K. BAILEY) **1**, 461. New York: Academic Press 1953. — ALBERTY, R. A., & E. L. KING: J. Amer. Chem. Soc. **73**, 517 (1951).

BABICH, S. KH.: Ž. prikl. Chim. **20**, 652 (1947); Through Chem Abs. **43**, 3975 (1949). — BECHOLD, H.: Handbuch der biologischen Arbeitsmethoden. ed. E. ABDERHALDEN III B p. 583. Berlin & Vienna: Urban & Schwarzenberg 1929. — BERGSMA, F.: Chem. Weekbl. **48**, 361, (1952). — BISERTE, G.: Biochim. et Biophysica. Acta **4**, 416 (1950). — BRATTSTEN, I., & A. NILSSON: Ark. Kemi **3**, 337 (1951). — BREWER, A. K., S. L. MADORSKY, J. K. TAYLOR, V. H. DIBELER, P. BRADT, O. L. PARHAM, R. J. BRITTEN & J. G. REID JR.: J. Res. Nat. Bur. Standards **38**, 137 (1947). — BUTLER, J. A. V., & J. M. L. STEPHEN: Nature (Lond.) **160**, 469 (1947).

CONSDEN, R., & A. H. GORDON: Biochemic. J. **46**, 8 (1950). — CONSDEN, R., A. H. GORDON & A. J. P. MARTIN: Biochemic. J. **40**, 33 (1946); **41**, 590 (1947). — CONSDEN, R., & W. M. STANIER: Nature (Lond.) **169**, 783 (1952). — COOLIDGE, T. B.: J. of Biol. Chem. **127**, 551 (1939). — CREMER, H. D., & A. TISELIUS: Biochem. Z. **320**, 273 (1950).

DURRUM, E. L.: J. Amer. Chem. Soc. **72**, 2943 (1950); Science **113a**, 66 (1951); J. Amer. Chem. Soc. **73b**, 4875 (1951); J. Coll. Sci. **6c**, 274 (1951).

FISCHBACH, H.: J. Amer. Pharm. Assoc. Sci. Ed. **37**, 470 (1948); Through Chem. Abs. **43**, 7195 (1949). — FOSTER, A. B.: Chem. & Ind. p. 1050 (1952).

GARDELL, S., A. H. GORDON & S. ÅQVIST: Acta chem. scand. **4**, 907 (1950). — GORDON, A. H., B. KEIL & K. ŠEBESTA: Nature (Lond.) **164**, 498 (1949). — GORDON, A. H., B. KEIL, K. ŠEBESTA, O. KNESSL & F. ŠORM: Coll. Czechoslov. chem. Commun. **15**, 1 (1950). — GRASSMANN, W., & K. HANNIG: Z. angew. Chem. **62**, 170 (1950). — Hoppe-Seylers Z. **292**, 32 (1953).

HAGLUND, H., & A. TISELIUS: Acta chem. scand. **4**, 957 (1950). — HALL, D. A.: Nature (Lond.) **162**, 105 (1948). — HAUGAARD, G., & T. D. KRONER: J. Amer. Chem. Soc. **70**, 2135 (1948). — HESS, E. L.: Science **113**, 709 (1951). — v. HOLT, C., K. D. VOIGT & K. GAEDE: Biochem. Z. **323**, 345 (1952).

JACOBSEN, C. F., & J. LÉONIS: C. R. Trav. Lab. Carlsberg. Sér. Chim. **27** no. 14 (1951). — JAENICKE, L.: Naturwiss. **39**, 86 (1952); See also L. JAENICKE & I. VOLLBRECHTSHAUSEN: Naturwiss. **39**, 86 (1952). — JUDA, W., & W. A. McRAE: J. Amer. Chem. Soc. **72** 1044 (1950).

KAKIHANA, H., H. NATSUME & S. YASIMA: J. Chem. Soc. Japan Pure Chem. Sect. **71**, 234 (1950); Through Chem. Abs. **45**, 4599 (1951). — KEKWICK, R. A., J. W. LYTTLETON, E. BREWER & E. S. DREBLOW: Biochemic. J. **49**, 253 (1951). — KICKHÖFEN, B., & O. WESTPHAL: Z. Naturforschg. **7b**, 655 (1952). — KRAUS, K. A., & G. W. SMITH J. Amer. Chem. Soc. **72**, 4329 (1950). — KRESSMAN, T. R. E.: Nature (Lond.) **165**, 568 (1950). — KUNKEL, H. C., & R. J. SLATER: Proc. Soc. Exper. Biol. Med. N. Y. **80**, 42 (1952). — KUNKEL, H. G., & A. TISELIUS: J. Gen. Physiol. **35**, 89 (1951).

LECOQ, H.: Bull. soc. roy. sci. Liége **13**, 20 (1944); Through Chem. Abs. **42**, 6703 (1948). — LEDERER, M.: Research **4**, 371 (1951). — LENS, J.: Nature (Lond.) **157**, 663 (1946). — Loos, R.: Mededel. Vlaam. Chem. Ver. **14**, 135 (1952); Through Chem. Abs. **47**, 4409 (1953).

MADORSKY, S. L., & S. STRAUS: J. Res. Nat. Bur. Standards **38**, 185 (1947). — MALM, O. J.: Scand. J. Clin. Lab. Invest. **2**, 92 (1950). — MANECKE, G.: Naturwiss. **39**, 62 (1952). — MARKHAM, R., & J. D. SMITH: Biochemic. J. **52**, 552, 558, 565 (1952). — MARTIN, A. J. P., & R. L. M. SYNGE: Adv. Protein Chem. **2**, 1 (1945). — McDONALD, H. J., M. C. URBIN & M. B. WILLIAMSON: Science **112**, 227 (1950). — MICHEEL, F., & F. P. VAN DE KAMP: Angew. Chem. **64**, 607 (1952); Through Chem. Abs. **47**, 1545 (1953). — MICHL, H.: Monatsh. **82**, 489 (1951); Through Chem. Abs. **46**, 2429 (1952); Monatsh. **83**, 737 (1952); Through Chem. Abs. **46**, 10802 (1952). — MOLLE, L.: Ann. soc. roy. sci. med. et nat. Bruxelles **5**, 9 (1952); Through Chem. Abs. **46**, 9345 (1952). — MOULD, D. L., & R. L. M. SYNGE: Biochemic. J. **50**, xi; (1951); Analyst. **77**, 964 (1952).

NORBERG, E., & D. FRENCH: J. Amer. Chem. Soc. **72**, 1202 (1950). — NOWOTNY, A.: Acta physiol. Acad. Sci. Hung. **1**, 27 (1950).

PENISTON, Q. P., H. D. AGAR & J. L. McCARTHY: Anal. Chem. **23**, 994 (1951). — PIEZ, K. A., E. B. TOOPER & L. S. FOSDICK: J. of Biol. Chem. **194**, 669 (1952).

ROLAND, J. F., JR., I. MILLMAN & J. W. GIFFEE, JR.: J. of Biol. Chem. **202**, 857 (1953). — RUTGERS, A. J., & R. SWYNGEDOUW: Nature (Lond.) **168**, 727 (1951).

SANGER, F., & E. O. P. THOMPSON: Biochemic. J. **53**, 353, 366 (1953). — SATO, T. R., W. P. NORRIS & H. H. STRAIN: Anal. Chem. **24**, 776 (1952). — SMITH, R. F., & D. R. BRIGGS: J. Phys. Coll. Chem. **54**, 33 (1950). — SOKOLOVA, I. V.: Veterinariya **29** no. 4, 56 (1952); Through Chem. Abs. **46**, 7612 (1952). — SPERBER, E.: J. of Biol. Chem. **166**, 75 (1946). — SPIEGEL-ADOLF, M.: Handbuch der biologischen Arbeitsmethoden ed. E. ABDERHALDEN III B p. 595. Berlin & Vienna: Urban & Schwarzenberg 1929. — SPIEGLER, K. S., & C. D. CORYELL: Science **113**, 546 (1951); J. phys. Chem. **56**, 106 (1952). — STERNBERG, J.: Canad.

Med. Assoc. J. **68**, 284 (1953). — STRAIN, H. H.: J. Amer. Chem. Soc. **61**, 1292 (1939).—
STRAIN, H. H., & G. W. MURPHY: Anal. Chem. **24**, 50 (1952). — STRAIN, H. H., & J. C.
SULLIVAN: Anal. Chem. **23**, 816 (1951). — SVENSSON, H.: Ark. Kemi, Mineral. Geol. **22** A,
no. 10 (1946); Adv. Protein Chem. **4**, 251 (1948). — SVENSSON, H., & I. BRATTSTEN: Arkiv
Kemi **1**, 401 (1950). — SYNGE, R. L. M.: Biochemic. J. **48**, 429 (1951a); **49**, 642 (1951b). —
SYNGE, R. L. M., & A. TISELIUS: Biochemic. J. **46**, XLI (1950).

TEORELL, T.: Progress in Biophysics **3**, 305 (1953). — THEORELL, H., & Å. ÅKESON:
Ark. Kemi, Min. Geol. **16** A, no. 8 (1942). — TISELIUS, A.: Les Prix Nobel en 1948 p. 102.
Stockholm: P. A. Norstedt & Söner 1949. — TISELIUS, A., & P. FLODIN: Adv. Protein
Chem. **8**, 461 (1953). — TSAO, M. U.: Scand. J. Clin. Lab. Invest. **2**, 102 (1950). — TURBA, F.,
& H. J. ENENKEL: Naturwiss. **37**, 93 (1950). — TURBA, F., & H. ESSER: Angew. Chem. **65**,
256 (1953).

URBACH, K. F., & J. J. SVARZ: Science **108**, 93 (1948).

WALAAS, E., & O. WALAAS: Acta physiol. scand. **17**, 222 (1949). — WESTHAVER, J. W.:
J. Res. Nat. Bur. Standards **38**, 169 (1947). — WIELAND, T., & E. FISCHER: Naturwiss. **35**,
29 (1948).

ZHUKOV, I. I.: Uspekhi Khim. **12**, 265 (1943).

Multiplikative Verteilung.

Von

E. Hecker.

Mit 21 Abbildungen.

Die klassischen Verfahren der Substanztrennung, die fraktionierte Destillation und die fraktionierte Kristallisation, sind zur Auftrennung von Stoffgemischen biologischer Herkunft oft ungeeignet, weil sie die Anwendung erhöhter Temperaturen erfordern; dies kann zur Zerstörung empfindlicher Substanzen führen. Es bedeutete daher einen wesentlichen Fortschritt, als MARTIN und SYNGE (1941) sowie CRAIG (1944), auf den schon länger bekannten Prinzipien der Verteilung aufbauend, einfache und sehr leistungsfähige Trennungsverfahren entwickelten. Sie fanden außerordentlich schnelle Verbreitung und sind, besonders für den Biochemiker, in kurzer Zeit zu unentbehrlichen Methoden geworden, die die Zerlegung von Stoffgemischen in wirkungsvoller Weise und bei größter Schonung der Substanzen ermöglichen. Außer den von MARTIN und SYNGE sowie von CRAIG angegebenen Verfahren, die sich besonders zur Trennung von kleinen und kleinsten Substanzmengen (mehrere Gamma bis 10 g) in analytischem Maßstab eignen, stehen auch Verteilungsverfahren zur Verfügung, die die Trennung sehr großer Substanzmengen (10 g bis mehrere Kilogramm) in präparativem Maßstab gestatten.

In den folgenden Abschnitten werden diejenigen Verfahren der Verteilung besprochen, die auf der Anwendung von zwei *freien*, flüssigen Phasen beruhen. Auf die Methodik der Verteilungs- und Papierchromatographie, bei der die eine der beiden Phasen an einen festen Träger *gebunden* ist, wird bei den chromatographischen Verfahren eingegangen (s. S. 95). Wegen methodischer Einzelheiten, die über den Rahmen der vorliegenden Einführung hinausgehen, wird auf die einschlägigen Monographien verwiesen (CRAIG und CRAIG, 1950; RAUEN und STAMM, 1953; HECKER, 1954a).

A. Grundlagen der Methoden.

I. Der NERNSTsche Verteilungssatz; Parameter der Verteilung.

Die Verteilung von Substanzen durch *Ausschütteln* ist eine der einfachsten Trennungsmethoden im chemischen Laboratorium. Als Gerät dazu dient der Scheidetrichter. Beispielsweise kann man durch mehrfaches Ausschütteln einer wäßrigen Lösung von Valeriansäure und Kochsalz mit Äther oder Butanol die organische Säure von dem anorganischen Salz trennen. Nicht ohne weiteres lassen sich auf diese Weise jedoch Gemische mehrerer organischer Säuren, z. B. Buttersäure, Valeriansäure und Capronsäure in die reinen Komponenten zerlegen; die Trennung derartiger Gemische durch Verteilung zwischen zwei nicht mischbaren Flüssigkeiten erfordert Verfahren mit größerer Trennleistung als das einfache Ausschütteln. Es ist eine ganze Anzahl solcher Verfahren bekannt; sie werden unter dem Begriff „Verfahren der multiplikativen Verteilung“ zusammengefaßt. Die einzelnen Ausführungsformen der multiplikativen Verteilung werden nach denjenigen Autoren benannt, die das betreffende Verfahren zuerst und in wirkungsvoller Weise angewandt haben (HECKER und ALLEMANN, 1954).

Eine Übersicht über die Stoffklassen, bei denen bisher die multiplikative Verteilung angewandt wurde, gibt Tab. 1.

Tabelle 1. *Die wichtigsten Stoffklassen, bei denen die multiplikative Verteilung als Trennverfahren angewandt wurde.*

Aminosäuren, Peptide, Proteine	Phenole und phenolische Naturstoffe
Antibiotica	Aliphatische und aromatische Amine
Biologische Faktoren und Stoffwechsel-	Purine, Pyrimidine
produkte	Porphyrine und Pterine
Alkohole, Glykole, Zucker und Zucker-	Nukleoside und Nukleotide
alkohole	Alkaloide
Zuckerester und Glykoside	Steroide und Gallensäuren
Fettsäuren	Chinoide Naturstoffe
Dicarbonsäuren	Kohlenwasserstoffe und Azulene
Aromatische Säuren	

Die *einfache Verteilung* durch Ausschütteln und die verschiedenen Ausführungsformen der *multiplikativen Verteilung* gehen auf den NERNSTschen Verteilungssatz zurück (NERNST, 1926), der quantitative Aussagen über das Verhalten einer Substanz beim Schütteln mit zwei nicht mischbaren Flüssigkeiten macht:

1. Eine gelöste Substanz, die sich im Gleichgewicht mit zwei beschränkt mischbaren Flüssigkeiten befindet, ist in einem konstanten und reproduzierbaren Verhältnis zwischen diesen Flüssigkeiten verteilt. Das Verteilungsverhältnis ist außer vom Lösungsmittelsystem nur von der Temperatur (und vom Druck), nicht aber von der Konzentration der gelösten Substanz abhängig.

2. Bei Gegenwart mehrerer Molekelarten in beiden Flüssigkeitsschichten verteilen sich die einzelnen Molekeln so, als ob die anderen nicht zugegen wären.

Für jede Molekelart gilt die einfache Beziehung

$$\frac{c_l}{c_s} = k_{i\,(T,System)}, \tag{1}$$

wobei c_l die Konzentration in der leichteren Flüssigkeitsschicht, c_s die Konzentration derselben Molekelart in der schwereren Flüssigkeitsschicht (z. B. Mol/Liter) und k_i den *individuellen* Verteilungskoeffizienten bedeutet. Der NERNSTsche Verteilungssatz gilt in der Form von (1) nicht mehr, wenn man bei hohen Konzentrationen arbeitet.

Die beiden Flüssigkeitsschichten l und s werden im folgenden als „leichte Phase“ bzw. „schwere Phase“ oder auch als „Oberphase“ bzw. „Unterphase“ bezeichnet. Beide Phasen zusammengenommen bilden das „Lösungsmittelsystem“.

Wenn die verteilte Substanz in Ober- und Unterphase nur in *einer* Molekelform vorkommt, ist das Verhältnis c_l/c_s in Gleichung (1) identisch mit dem Verhältnis der Gesamtkonzentration C_l/C_s der Substanz in den beiden Phasen, das im folgenden im Gegensatz zu (1) mit

$$\frac{C_l}{C_s} = K \tag{2}$$

bezeichnet werden soll. Nur der auf *die Gesamtkonzentration* einer Substanz bezogene Verteilungskoeffizient K ist für die Verfahren der Verteilung von Bedeutung, da der individuelle Verteilungskoeffizient k_i meist nicht in einfacher Weise bestimmt werden kann. Nach NERNST ist auch der auf die Gesamtkonzentration bezogene Verteilungskoeffizient von der Konzentration unabhängig, wenn die Substanz in beiden Phasen nur in einer Molekelform vorkommt.

Ein von der Konzentration unabhängiger Verteilungskoeffizient K liegt z. B. bei der Verteilung des 3,5-Dinitrobenzoesäure-n-octylesters im System Cyclohexan(20)/Methanol(20), Wasser(1) vor. Verteilt man verschiedene Mengen dieses Esters durch anhaltendes Schütteln mit jeweils gleichen Volumina der beiden Phasen im Scheidetrichter, so erhält man von der Einwaage unabhängige, konstante K-Werte. Trägt man C_l und C_s in der Reihenfolge steigender Konzentrationen in einem Koordinatensystem auf, so ergibt sich eine *Gerade* mit dem Anstieg K (Abb. 1). In einem C_l-C_s-Diagramm wiedergegebene Kurven werden als *Verteilungsisothermen* bezeichnet.

Infolge von Assoziation oder Dissoziation können von derselben Substanz aber auch mehrere Molekelarten in einer Phase oder in beiden Phasen zugleich auftreten. Dann ist zwar nach Nernst für jede einzelne Molekelart ein konzentrationsunabhängiger, individueller Verteilungskoeffizient k_i zu erwarten, das auf einfache Weise bestimmbare Verhältnis der Gesamtkonzentrationen C_l und C_s wird aber konzentrationsabhängig, weil Assoziations- und Dissoziationsgleichgewichte in den Ausdruck für die Verteilung eingehen: Die Verteilungsisotherme weicht dann von der linearen Form ab. In manchen Fällen kann man durch geschickte Auswahl der Lösungsmittel (S. 87) auch dann eine lineare Verteilungsisotherme erzielen, wenn verschiedene Molekelarten in beiden Phasen vorkommen. Das ist von praktischer Bedeutung, weil die Trennung von Substanzgemischen nur bei linearer Verteilungsisotherme mit minimalem Aufwand an Zeit und Apparaturen möglich ist.

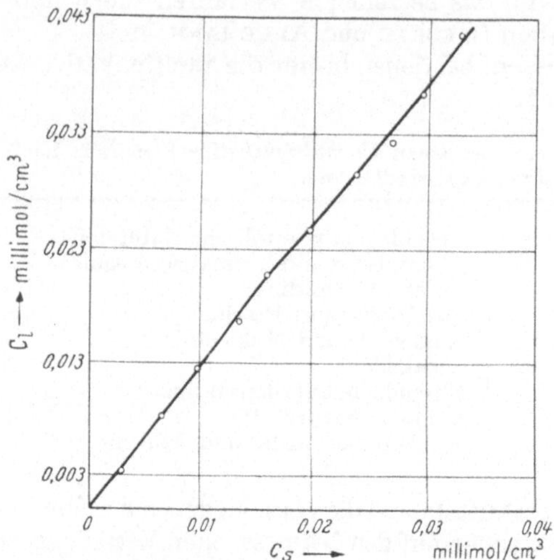

Abb. 1. Verteilungsisotherme von 3,5-Dinitrobenzoesäure-n-octylester im System Cyclohexan (20)/Methanol (20), Wasser (1) bei Zimmertemperatur. Eigene Versuche.

Tabelle 2. *Verteilungskoeffizienten einfacher Verbindungen in zwei verschiedenen Lösungsmittelsystemen.* Werte nach Collander, 1949 u. 1950.

Substanz	°C	Isobutanol/Wasser K	Äther/Wasser K
Methylharnstoff	19	0,24	0,0012
Acetamid	19	0,33	0,0025
iso-Propanolamin	21	0,43	0,0043
Methylamin	20	0,62	0,0023
Propionamid	19	0,69	0,013
β-Methoxy-essigsäure	19	0,81	0,18
Bernsteinsäure	23	0,96	0,15
Lävulinsäure	20	1,2	0,26
Äthylamin	18	1,2	0,06
Dimethylamin	21	1,2	0,055
Essigsäure	19	1,2	0,52
n-Butyramid	18	1,5	0,058
Acetaldehyd	19	1,8	0,41
Glutarsäure	19	2,0	0,27
m-Aminobenzoesäure	20	2,9	1,5
Trimethylamin	21	3,1	0,46
Propionsäure	20	3,3	1,8
Adipinsäure	22	3,5	0,54
Propylamin	19	3,7	0,29
Diäthylamin	21	4,4	0,53
Propionaldehyd	18	6,7	2,0
Äthylacetat	20	7,2	8,5
Pyridin	19	7,3	1,2
p-Aminobenzoesäure	20	7,7	7,6
Pentaerythrittetraacetat	20	9,4	9,3
Ephedrin	18	15	2,0
o-Aminobenzoesäure	20	15	27
Methyljodid	20	35	84

Wenn nicht anders vermerkt, *gelten alle im folgenden angestellten Überlegungen für Substanzen mit linearer Verteilungsisotherme.* Unter dieser Voraussetzung ist der Verteilungskoeffizient K eine einfache und leicht zu bestimmende physikalische Konstante, die wie Schmelz- und Siedepunkt zur Charakterisierung einer Substanz herangezogen werden kann.

Die Angabe eines Verteilungskoeffizienten ist nur dann sinnvoll, wenn gleichzeitig die Zusammensetzung des Lösungsmittelsystems und die Temperatur vermerkt wird, etwa in der Form

$$\text{Bernsteinsäure } K_{23°\,C} = 0{,}96 \text{ (Isobutanol/Wasser).}$$

Besteht das System aus mehr als zwei Flüssigkeiten, so drückt man seine Zusammensetzung am besten durch das Volumenverhältnis der reinen Lösungsmittel aus, wie etwa 3,5-Dinitrobenzoesäure-n-octylester $K_{20°C} = 1{,}2$ (Cyclohexan(20)/Methanol(20), Wasser(1) d. h. 20 Teile Cyclohexan, 20 Teile Methanol und 1 Teil Wasser werden ins Gleichgewicht gesetzt und die Verteilung anschließend mit den dabei entstehenden Phasen vorgenommen. — Verteilungskoeffizienten einiger Substanzen sind in Tab. 2 wiedergegeben.

Bei den Verfahren der multiplikativen Verteilung ist das Volumenverhältnis der beiden Phasen eine wichtige Variable. Außerdem geht in die mathematische Darstellung der Verfahren nicht die Konzentration, sondern die relative Substanzmenge in Ober- und Unterphase ein. Es ist daher zweckmäßig, Gleichung (2) umzuformen und statt des klassischen volumenunabhängigen Verteilungskoeffizienten K das Verhältnis der relativen Substanzmengen, die *Verteilungszahl G* zu verwenden. Es gilt dann

$$p/q = G_{\,(T,\,V,\,System)} \tag{3a}$$

$$= K \cdot V, \tag{3b}$$

wobei

$$p = \frac{\text{Substanzmenge in der Oberphase}}{\text{Gesamtsubstanzmenge}} = \frac{o}{Q} \tag{4a}$$

$$q = \frac{\text{Substanzmenge in der Unterphase}}{\text{Gesamtsubstanzmenge}} = \frac{u}{Q} \tag{4b}$$

und $V = V_l/V_s$ das Verhältnis Volumen der leichten Phase/Volumen der schweren Phase bedeutet. Die Form der Gleichung (3a) ist dieselbe wie die des NERNSTschen Verteilungssatzes in Gleichung (2). Der Unterschied besteht nur darin, daß die Verteilungszahl G außer von der Temperatur und dem System auch vom Volumenverhältnis der Phasen abhängt. Für den einfachsten Fall $V = 1$ ist $G = K$.

Bei denjenigen Verfahren der multiplikativen Verteilung, die mit gleichförmig bewegten Phasen arbeiten, tritt an die Stelle des Volumenverhältnisses V das Geschwindigkeitsverhältnis φ der beiden Phasen, auf dessen Bedeutung später eingegangen wird. Es soll mit

$$\varphi = \frac{v_{m,\,l}}{v_{m,\,s}} \tag{5}$$

bezeichnet werden, wobei $v_{m,\,l}$ bzw. $v_{m,\,s}$ das pro Zeiteinheit durch den Einheitsquerschnitt strömende Volumen der mobilen, leichten Phase bzw. der mobilen, schweren Phase bedeutet.

Da die Kenntnis des Volumen- bzw. Geschwindigkeitsverhältnisses zur Nacharbeitung einer multiplikativen Verteilung notwendig ist, gibt man zweckmäßig mit der Verteilungszahl G auch V bzw. φ an.

Aus der Verteilungszahl G leiten sich zwei weitere wichtige Größen ab, die für den apparativen Aufwand und den Zeitaufwand zur Trennung von Substanzgemischen durch multiplikative Verteilung entscheidend sind. Der *Volumenfaktor* α ist als Produkt der Verteilungszahlen zweier Substanzen A und B definiert:

$$\alpha = G_A \cdot G_B \tag{6a}$$

$$= K_A \cdot K_B \cdot V^2. \tag{6b}$$

Der Volumenfaktor ist maßgebend für das zur Trennung zweier Substanzen am besten geeignete Volumen- bzw. Geschwindigkeitsverhältnis der Phasen. Bei gegebener Apparatur wird optimale Trennung zweier Substanzen erzielt, wenn man das Volumen- bzw. das Geschwindigkeitsverhältnis der Phasen so wählt, daß α den Wert 1 annimmt, d. h. daß $G_A = 1/G_B$ wird. Für zwei Substanzen A und B ergibt sich dieses Verhältnis in einfacher Weise aus ihren Verteilungskoeffizienten:

$$V_{opt} = \varphi_{opt} = \frac{1}{\sqrt{K_A \cdot K_B}}. \tag{7}$$

Der *Trennfaktor* β ist ein Maß für die Trennbarkeit von Substanzgemischen. Er ist definiert als das Verhältnis der Verteilungszahlen zweier Substanzen A und B, nämlich

$$\beta = \frac{G_A}{G_B} = \frac{K_A}{K_B} > 1. \tag{8}$$

Bei $\beta = 1$ ist eine Trennung unmöglich; dagegen genügt bei $\beta > 10000$ schon eine Ausschüttlung im Scheidetrichter, um zwei Substanzen zu trennen, wie man leicht nachrechnen kann.

Tabelle 3. *Trennfaktoren höherer Fettsäuren in verschiedenen Lösungsmittelsystemen.* Werte nach Ahrens und Craig, 1952.

Lösungsmittelsystem	Stearinsäure K	Palmitin-säure K	β
n-Heptan/Essigsäure (97,5%)	4,96	3,35	1,48
n-Heptan (11)/Essigsäure (5), Acetonitril (5)	5,92	3,61	1,64
n-Heptan (4)/Essigsäure (3), Formamid (1)	24,0	12,0	2,00
n-Heptan (3)/Essigsäure (1), Acetonitril (1), Formamid (1)	25,4	6,2	4,1

Der Zahlenwert des Trennfaktors β hängt wie der Verteilungskoeffizient von der Zusammensetzung des Lösungsmittelsystems ab: Jedem Lösungsmittelsystem kommt, bezogen auf ein bestimmtes Substanzpaar, eine gewisse „Selektivität" zu, die durch den Trennfaktor zahlenmäßig ausgedrückt werden kann. Man hat also die Möglichkeit, den Trennfaktor durch geeignete Wahl der Lösungsmittel zu vergrößern und dadurch die Trennung zu erleichtern.

Zusammenfassend kann gesagt werden: Die Trennung von Substanzgemischen durch multiplikative Verteilung ist in kurzer Zeit und mit geringem apparativem Aufwand möglich, wenn man durch geeignete Wahl des Lösungsmittelsystems (S. 87) und des Volumenverhältnisses dafür Sorge trägt, daß die Verteilungsisothermen der zu trennenden Substanzen linear sind und daß ferner

$$\alpha = 1 \text{ und } \beta \gg 1$$

ist.

II. Bestimmung von Verteilungskoeffizienten.

Das im Laboratorium übliche mehrfache Ausschütteln von organischen Substanzen aus wäßrigen Lösungen mit Äther erfordert keinerlei Vorversuche: man schüttelt so lange, bis die wäßrige Phase erschöpft ist. Vor der Ausführung einer multiplikativen Verteilung sind jedoch Vorversuche notwendig, denn der Erfolg einer Trennung hängt nicht zuletzt auch davon ab, ob man das System so gewählt hat, daß die zu trennenden Substanzen günstige Verteilungskoeffizienten haben. Der beste und am einfachsten durchzuführende Vorversuch ist die Bestimmung von Verteilungskoeffizienten der zu trennenden Substanzen. Dadurch werden gleichzeitig auch alle für die Verteilung wichtigen Eigenschaften eines Systems überprüft.

Zur Bestimmung eines Verteilungskoeffizienten füllt man in ein Scheideröhrchen von der in Abb. 2 wiedergegebenen Form z. B. je 4 ml Unter- und Oberphase, gibt 10—20 mg der zu verteilenden Substanz hinzu und stellt durch Umschütteln das Verteilungsgleichgewicht ein. Hierbei ist es ratsam, das Scheideröhrchen nur an Stopfen und Hahn anzufassen, um Temperaturänderungen der Lösungsmittel zu vermeiden. Nach der Trennung der Phasen wird der Substanzgehalt der Ober- und Unterphase mit einer geeigneten analytischen Methode bestimmt. Wenn man das Verhältnis der in beiden Phasen enthaltenen Substanzmengen bildet, erhält man die Verteilungszahl G, die mit dem Volumenverhältnis der beiden Phasen nach den Gleichungen (3a) und (3b) leicht auf K umgerechnet werden kann. Das Verfahren liefert zuverlässige Werte, wenn K zwischen 0,1 und 10 liegt. Für die genaue Bestimmung größerer oder kleinerer K-Werte zieht man besser das Verfahren der Austauschverteilung heran (GOLUMBIC und WELLER, 1950).

Als Vorversuch zur Trennung eines völlig unbekannten Substanzgemisches bestimmt man den Verteilungskoeffizienten K_M bzw. die Verteilungszahl G_M des Gemisches in gleicher Weise wie für eine reine Substanz. Es ist

$$\frac{p_M}{q_M} = G_M \tag{9}$$

p_M und q_M bedeuten die Substanzmenge des Gemisches in Ober- bzw. Unterphase. Die Verteilungszahl G_M hat naturgemäß keine Bedeutung als Stoffkonstante, sie gibt jedoch Anhaltspunkte über die Brauchbarkeit des gewählten Systems. Der Zahlenwert von G_M sollte z. B. für die CRAIG-Verteilung zwischen 0,5 und 2,0 liegen.

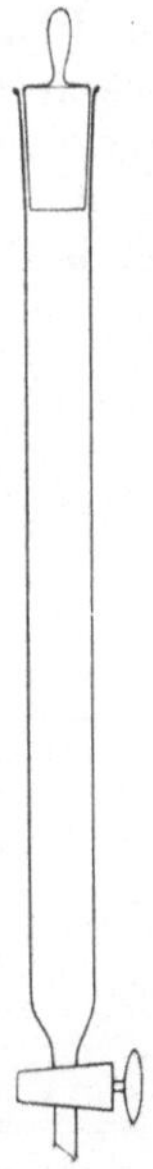

An die Reproduzierbarkeit von Verteilungskoeffizienten bzw. Verteilungszahlen dürfen keine zu hohen Anforderungen gestellt werden, auch wenn konzentrationsunabhängige Verteilungskoeffizienten vorliegen. Nur unter gleichen Umständen bestimmte K- bzw. G-Werte sind ohne weiteres vergleichbar. Um zuverlässige Werte zu erhalten, müssen bestimmte Voraussetzungen erfüllt werden. Am besten verwendet man zur Verteilung destillierte Lösungsmittel; die beiden Phasen müssen vorher durch längeres Schütteln auf einer Schüttelmaschine gegeneinander abgesättigt werden; die zu verteilende Substanz ist so lange mit den beiden Phasen zu schütteln, bis das Verteilungsgleichgewicht vollständig erreicht ist. Bei Einhaltung dieser Bedingungen wird man im allgemeinen mit einer Genauigkeit der Zahlenwerte von $\pm 3\%$ rechnen können.

Die Geschwindigkeit, mit der sich das Verteilungsgleichgewicht beim Schütteln im Scheidetrichter einstellt, hängt wesentlich von der Art des Durchmischens der beiden Phasen ab. Zu kräftiges Durchschütteln führt mehr oder weniger leicht zu Emulsionen, die den Austausch der Substanz zwischen den Tröpfchen der beiden Phasen verhindern, und zu schwaches Schütteln schafft nicht genügend Berührungsflächen. Ein Austausch mit optimaler Geschwindigkeit findet dagegen statt, wenn die Tropfen der beiden Phasen laufend neu gebildet und wieder zerstört werden. Dies wird am besten durch Kippungen des Scheideröhrchens um seine Querachse erreicht. Dreht man das Scheideröhrchen schnell um 180°, so steigt die eingeschlossene Luft unter Durchmischung der beiden Phasen auf. Wenn die Luftblasen das obere Ende des Röhrchens erreicht haben, dreht man wieder um 180° in die Ausgangsstellung zurück usw. Auf diese Weise erhält man einen sehr intensiven Substanzaustausch zwischen den Phasen. Zwei solcher Kippungen sollen im folgenden immer als *eine* (Standard-)Umschüttlung (v)

Abb. 2. Scheideröhrchen zur Bestimmung von Verteilungskoeffizienten; Länge 15 cm, Durchmesser 1,5 cm. Nach HECKER, 1953 (a).

bezeichnet werden. Das Scheideröhrchen befindet sich also nach *einer* Standard-umschüttlung wieder in der Ausgangsstellung (Abb. 2).

Die Geschwindigkeit der Gleichgewichtseinstellung bei dieser Schütteltechnik wurde an zahlreichen Verbindungen gemessen. Es wurde gefunden, daß keine der Substanzen mehr als 50 Umschüttlungen zur vollständigen Einstellung des Verteilungsgleichgewichtes benötigt (Barry, Sato und Craig, 1948). Meist kommt man mit weniger Umschüttlungen ($v = 20$ bis 30) aus.

Die *Bestimmung der Substanzmengen* in Ober- und Unterphase oder auch in beiden Phasen zusammen ist eine bei der multiplikativen Verteilung ständig wiederkehrende Aufgabe. Es kann dazu prinzipiell jede analytische Methode herangezogen werden, die die verteilten Substanzen quantitativ zu erfassen gestattet.

Bei der Wahl der Bestimmungsmethoden wird man sich vor allem an Verfahren halten, die ein rasches Arbeiten erlauben. Meist genügt eine Genauigkeit der Bestimmung auf $\pm\,1$—3%. Von den in Frage kommenden Verfahren (z. B. gravimetrische Bestimmung, Titration, kolorimetrische oder spektrophotometrische Bestimmung, Polarimetrie, Polarographie, Bestimmung der Radioaktivität, biologischer Test u. a.) ist die *gravimetrische* Bestimmung die zuverlässigste Methode. Voraussetzung zur Anwendung der Methode ist, daß sich die Lösungsmittel verdampfen lassen und daß die zu wägenden Substanzen nicht flüchtig sind. Wenn nur eine Phase flüchtig ist (z. B. im System organisches Lösungsmittel/Puffer), kann man die gelöste Substanz meist quantitativ aus der nicht flüchtigen Phase in die flüchtige Phase überführen, wenn man die gepufferte Phase mit einer geeigneten Säure ansäuert und dann umschüttelt (z. B. Barry, Sato und Craig, 1951).

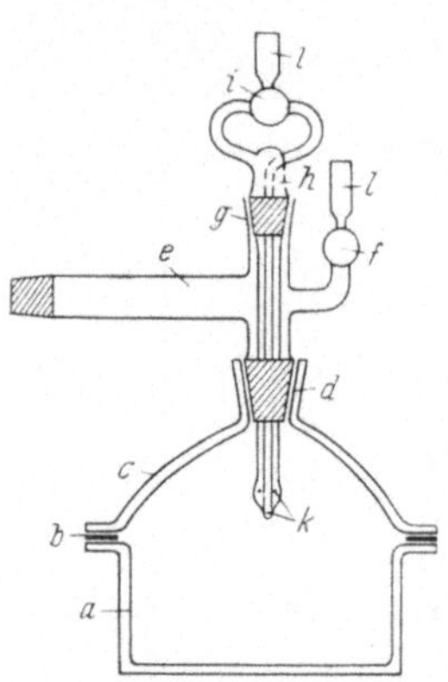

Abb. 3. Eindampfgerät[1] mit Bodengefäß *a*, Gummidichtung *b*, Glasdeckel *c*, Schliff *d*, Abdampfrohr *e*, Entlüftungshahn *f*, Schliff *g*, Capillareneinsatz *h*, Dreiwegehahn *i*, Capillaren *k*, Röhren für Wattebausch *l*. (Hecker und Karlson, 1953.)

Das Abdampfen der Lösungsmittel aus zahlreichen Fraktionen kann gleichzeitig und ohne Aufsicht mit einer einfachen Apparatur ausgeführt werden, die einem heizbaren Vakuumexsiccator ähnlich ist. Sie besteht aus einem glockenförmigen Glasdeckel *c* (Abb. 3) und einem angeschliffenen Porzellanbodengefäß *a* und ist mit einem besonders konstruierten Capillareneinsatz *h* versehen, durch den ein regelbarer Luft- oder Inertgasstrom zugeführt werden kann. Zum Auffangen wertvoller Lösungsmittel ist das Gerät mit einer Kühlfalle (im Anschluß an *e*) ausgestattet. Das Bodengefäß taucht in ein Wasserbad ein.

Nach Beendigung der Verteilung werden die Fraktionen in dünnwandigen, weithalsigen Erlenmeyerkölbchen entsprechender Größe aufgefangen, in denen der Rückstand nach dem Abdampfen des Lösungsmittels auch zur Wägung gelangt. Die Kölbchen werden in das Bodengefäß der Apparatur gestellt und nach Aufsetzen des Deckels mit Abdampfrohr und Capillareneinsatz wird mit der Wasserstrahlpumpe evakuiert. Hierbei können am Capillareneinsatz drei Vakuumstufen eingestellt werden.

Die Einstellung der richtigen Vakuumstufe läßt sich auf einfache Weise kontrollieren: man stellt beim Eindampfen ein zusätzliches Testkölbchen in die Apparatur, das dieselben Lösungsmittel wie die anderen Kölbchen aber keine gelöste Substanz, sondern ein Siedesteinchen aus Bimsstein enthält. Wird ein zu hohes Vakuum eingestellt, so zeigen dies die am Siedesteinchen aufsteigenden Dampfblasen sofort an. Ein Verspritzen von Substanz durch Aufsieden des Lösungsmittels kann auf diese Weise zuverlässig vermieden werden.

---

[1] Das Gerät kann komplett von der Fa. *E. Bühler*, Fabrik wissenschaftlicher Apparate, Tübingen, Reutlinger Straße 6, bezogen werden.

Die Beheizung des Wasserbades richtet sich nach der Flüchtigkeit der verwendeten Lösungsmittel und der Empfindlichkeit der Substanz und kann durch ein Kontaktthermometer geregelt werden. Bei empfindlichen Substanzen werden die Lösungsmittel ohne Beheizung im Luft- oder Inertgasstrom entfernt. Nach Einstellung des Vakuums kann man das Gerät ohne weitere Aufsicht betreiben. Man dampft am besten über Nacht ein und kann dann am anderen Morgen wiegen, nachdem die Kölbchen kurze Zeit in einem Vakuumexsiccator gestanden haben.

Bei einer anderen Apparatur werden aliquote Teile der zu bestimmenden Lösungen eingedampft. Man bringt dazu beispielsweise je 1—3 ml der Lösung mittels einer Injektionsspritze in dünnwandige Glasschälchen. Diese wiegen etwa 0,5 g und hängen, nach aufsteigenden Gewichten geordnet, in Drahtösen, die an einem einfachen Gestell befestigt sind (Abb. 4). Ein Schälchen dient als Tara und macht die Arbeitsgänge der anderen mit.

Das Entfernen der Lösungsmittel wird einzeln auf einem Dampfbad vorgenommen und durch einen Luftstrom beschleunigt, der auf die Flüssigkeitsoberfläche in den Schälchen geblasen wird. Während ein Schälchen eindampft, werden die anderen vorgewärmt. Ist das Lösungsmittel soweit wie möglich aus einem Satz von Schälchen entfernt, so werden sie auf ihr Gestell gebracht, samt diesem in einen evakuierbaren Glasmantel gestellt und in einem Dampfbad im Ölpumpenvakuum einige Zeit getrocknet. Bei Eindampfrückständen von 0,5—5 mg braucht man ein Verspritzen von Substanz nicht zu befürchten.

B. Verfahren der multiplikativen Verteilung.

Wenn man ein Gemisch zweier Substanzen A und B z. B. zwischen Äther und Wasser einmalig verteilt, so kann man nur bei sehr großen Trennfaktoren ($\beta = 10000$) in der einen Phase praktisch reine Substanz A, in der anderen Phase praktisch reine Substanz B erwarten. Bei kleineren Trennfaktoren verbessert wiederholte Ausschüttlung der Ausgangslösung mit frischer Ober- bzw. Unterphase die Trennwirkung des Verfahrens nicht wesentlich. Da die Trennfaktoren der meisten Substanzgemische im Bereich zwischen $\beta = 1$ und $\beta = 10$ liegen, sind zu ihrer Trennung *Fraktionierungsverfahren* erforderlich. Bei diesen Verfahren werden die kleinen Trenneffekte der einzelnen Verteilungen durch sinnvolle Kombination der beiden Phasen miteinander und mit frischem Lösungsmittel vervielfacht (multiplikative Verteilung). Auf diese Weise kann man daher auch Substanzen mit sehr kleinen Trennfaktoren in reiner Form gewinnen. Bedingung ist nur, daß man den multiplikativen Prozeß genügend oft wiederholt.

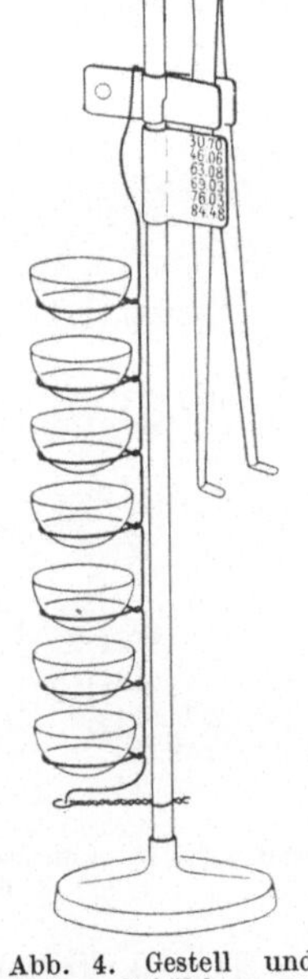

Abb. 4. Gestell und Abdampfschälchen zur Bestimmung von Gewichtskurven. (CRAIG, HAUSMANN u. a., 1951a.)

Die einfachste Ausführungsform der multiplikativen Verteilung ist der Grundprozeß der CRAIG-*Verteilung*. Als Gerät zur Ausführung des Verfahrens mögen z. B. einfache Reagenzgläser mit Schliffstopfen dienen. Fünf solcher Reagenzgläser seien in einem passenden Gestell nebeneinander aufgestellt und zur Kennzeichnung von 0—4 numeriert. In jedes der Reagenzgläser wird 4 ml Unterphase gefüllt, dann löst man in 4 ml Oberphase z. B. 1 g einer Substanz A, die in dem verwendeten System eine Verteilungszahl $G = 1$ haben soll. Die Lösung gibt man in das Reagenzglas mit der Nummer 0, das also gleiche Volumina substanz*freier* Unterphase und substanz*haltiger* Oberphase enthält. Dieser Zustand der Reagenzgläser ist in Abb. 5a als „Ausgangszustand" gekennzeichnet. Nun stellt man in Reagenzglas 0 durch Umschütteln das Verteilungsgleichgewicht ein. Entsprechend der Verteilungszahl ($G = 1$) befinden sich nach der

Phasentrennung 0,5 g der Substanz A in der Ober- und 0,5 g.in der Unterphase. Jetzt transportiert man mittels eines kleinen Hebers die Oberphase aus Reagenzglas 0 nach Reagenzglas 1. In Reagenzglas 0 wird frische Oberphase nachgefüllt. Damit ist der erste *Verteilungsschritt* ($n = 1$) beendet (Abb. 5a).

Zur Ausführung des nächsten Verteilungsschrittes wird sowohl in Reagenzglas 0 als auch in Reagenzglas 1 das Verteilungsgleichgewicht eingestellt; nach der Schichtentrennung werden die Oberphasen jeweils in das Reagenzglas mit der nächst höheren Nummer transportiert. In Reagenzglas 0 wird wieder frische Oberphase nachgefüllt und damit der Verteilungsschritt $n = 2$ beendet. Es sind jetzt die Reagenzgläser 0, 1, 2 mit Unter- und Oberphase gefüllt. Die Verteilung der Substanz auf die Phasen ist in Abb. 5a angegeben.

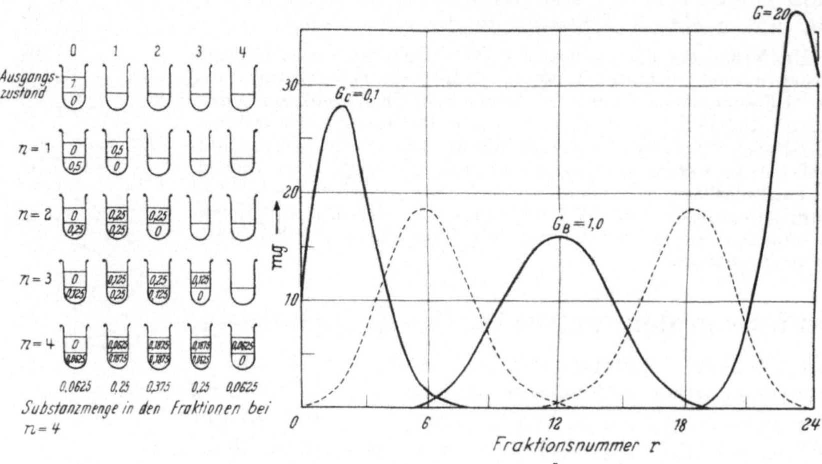

Abb. 5a u. b. a die ersten Verteilungsschritte beim Grundprozeß der Craig-Verteilung; b Verteilungskurven für verschiedene Verteilungszahlen bei $n = 24$. Erläuterung im Text.

Der 3. Verteilungsschritt beginnt wieder mit der Gleichgewichtseinstellung durch Umschütteln der einzelnen Reagenzgläser, darauf folgt der Transport der Oberphasen ins jeweils nächste Reagenzglas sowie das Nachfüllen der Oberphase in Reagenzglas 0 (Abb. 5a).

Fährt man auf diese Weise fort, bis alle Reagenzgläser von 0—4 je eine Ober- und Unterphase enthalten, so hat man $n = 4$ Verteilungsschritte ausgeführt und die Substanz ist auf die Ober- und Unterphasen der 4 Reagenzgläser verteilt wie im einzelnen aus Abb. 5 $n = 4$ hervorgeht. Die Substanzmengen in Ober- und Unterphase bilden, zusammengenommen, eine *Fraktion r*. Die Nummern dieser Fraktionen sind beim Grundprozeß mit den Nummern der zugehörigen Reagenzgläser identisch und laufen von $r = 0$ bis $r = n$.

Nach beendeter Verteilung gießt man den Inhalt eines jeden Reagenzglases in ein Erlenmeyerkölbchen und verdampft das Lösungsmittel. Der Rückstand wird gewogen. Das zu erwartende Gewicht der Fraktionen ist in Abb. 5a angegeben. Trägt man die Folge der Fraktionsnummern von 0—4 auf der Abszisse und die Gewichte der Fraktionen auf der Ordinate eines rechtwinkligen Koordinatensystems ab, so erhält man ein *Verteilungsdiagramm* mit einer *Verteilungskurve*, deren Maximum über $r = 2$ liegt.

Führt man den Grundprozeß der Craig-Verteilung in 24 Reagenzgläsern und mit einem Gemisch aus gleichen Teilen einer Substanz B ($G_B = 1{,}0$) und einer Substanz C ($G_C = 0{,}1$) aus, so erhält man die in Abb. 5b wiedergegebenen Verteilungskurven mit den Maxima bei $r = 2$ bzw. $r = 12$. Man sieht, daß eine Substanz bei mobiler Oberphase um so schneller die Reihe der Reagenzgläser entlang wandert, je größer ihre Verteilungszahl ist. Dieses Verhalten kann zur Trennung von Substanzgemischen ausgenutzt werden, deren Komponenten in einem bestimmten Lösungsmittelsystem verschiedene G-Werte aufweisen. Außer Unterschieden in den Verteilungszahlen zweier Substanzen ist für jede Tren-

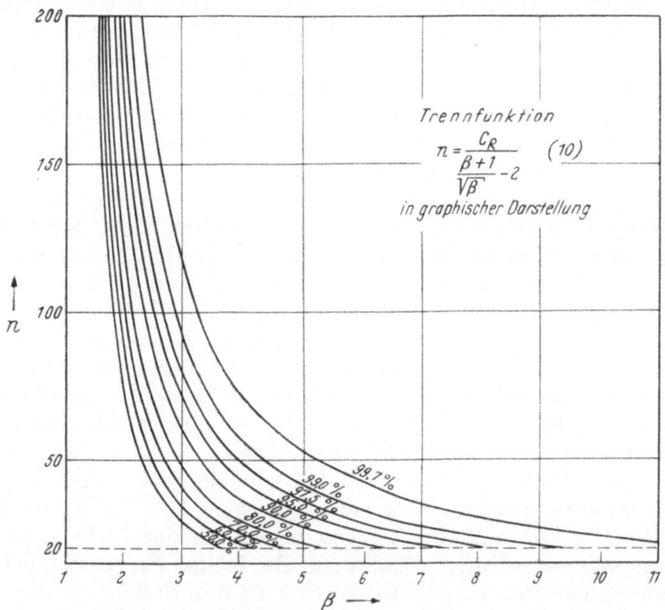

$$n = \frac{c_R}{\frac{\beta+1}{\sqrt{\beta}} - 2} \qquad (10)$$

Abb. 6. Trennfunktion für den Grundprozeß der CRAIG-Verteilung (HECKER 1953a).

nung die Gültigkeit der zweiten Forderung des NERNSTschen Verteilungssatzes Voraussetzung, die eine unabhängige Verteilung der Komponenten eines Gemisches verlangt.

In dem Beispiel für die Trennung der Substanzen B und C hat der *Volumenfaktor* den Wert $\alpha = 0{,}1$. Man erkennt, daß sich die Kurven (Abb. 5b) in den Fraktionen $r = 5, 6, 7$ und 8 überschneiden, d. h. in diesen Fraktionen ist jeweils die eine Substanz durch größere Mengen der anderen verunreinigt. Um optimale Trennung in den gegebenen 24 Reagenzgläsern zu erzielen, müßte man die Verteilung nach Gleichung (7) mit einem Volumenverhältnis von $V = 3{,}16$ an Stelle von $V = 1{,}0$ durchführen. Dann hätte man die in Abb. 5b gestrichelt eingezeichneten Kurven zu erwarten. Der Grad der Überschneidung dieser beiden Verteilungskurven ist geringer, d. h. man kann von B und C jeweils mehr Substanz in reiner Form isolieren. Der Zustand optimaler Trennung ist daran zu erkennen, daß die Verteilungskurven symmetrisch zu $r = n/2$ liegen ($G_A = 1/G_B$).

Der *Trennfaktor* der Substanzen B und C hat den Wert $\beta = 10$. Zur Trennung von Gemischen mit $\beta < 10$ sind mehr als 24 Verteilungsschritte, d. h. beim Grundprozeß auch mehr Reagenzgläser erforderlich. Dasselbe gilt, wenn eine höhere Ausbeute an reinen Substanzen erwünscht ist. Es müßten z. B. mehr als 24 Verteilungsschritte ausgeführt werden, wenn sich die gestrichelten Verteilungskurven in Abb. 5b praktisch überhaupt nicht mehr überschneiden sollten. Die quantitative Beziehung zwischen β, n und der Ausbeute an reiner Substanz für den Grundprozeß mit $\alpha = 1$ ist in Abb. 6 bzw. Gleichung (10) wiedergegeben. C_R ist eine Reinheitskonstante, deren Zahlenwert für verschiedene Ausbeuten an reiner Substanz aus einer Tabelle entnommen werden kann (Hecker, 1954a).

Die Craig-Verteilung läßt sich im Laboratorium schon mit einfachsten Mitteln (Scheidetrichtern, Reagenzgläsern) durchführen; ein rasches Arbeiten gestatten spezielle Apparaturen (S. 79). Das Verfahren ist besonders geeignet zur Trennung von Substanzgemischen in analytischem Maßstab (einige Milligramm bis mehrere Gramm) und zur Reinheitsprüfung von Substanzen (S. 90).

Wenn eine gegebene Zahl von Scheidetrichtern oder eine Verteilungsapparatur zur Trennung zweier Substanzen nach dem Grundprozeß nicht ausreicht, so kann man die Verteilung mit Hilfe der *Verfahren zur Nachfraktionierung* in gewissen Grenzen zu größeren Trenneffekten fortführen. Wegen der Ausführung dieser Verfahren wird auf die Spezialliteratur verwiesen (Craig, 1950; Rauen und Stamm, 1953; Hecker, 1954a).

Für die Trennung von großen Substanzmengen in präparativem Maßstab (10 g bis mehrere Kilogramm) eignet sich besonders die O'Keeffe-*Verteilung*. Zu ihrer Ausführung dient eine Anzahl von Scheidetrichtern und eine gleich große Zahl von Bechergläsern. 11 Scheidetrichter und 11 Bechergläser seien in der in Abb. 7a wiedergegebenen Weise von -5 über 0 bis $+5$ numeriert. Die Scheidetrichter sind mit Ober- und Unterphase (z. B. gleiche Volumina) gefüllt, und Scheidetrichter 0 enthält außerdem in der Oberphase gelöst einen ersten Anteil des insgesamt zu trennenden Substanzgemisches. Dann wird das Verteilungsgleichgewicht eingestellt (Abb. 7a, A). Nach der Schichtentrennung läßt man alle Unterphasen in die Bechergläser ab und rückt die Reihe der Scheidetrichter um eine Einheit nach rechts. Die Oberphase aus dem letzten Scheidetrichter ($+6$) wird in ein Sammelgefäß abgelassen (Abb. 7a, B) und der entleerte Scheidetrichter, gefüllt mit frischer Oberphase, an der Stelle -5 der Batterie wieder angeschlossen. Dann rückt man die Reihe der Bechergläser um eine Einheit nach links. Der Inhalt des Bechers an der Stelle -6 wird ebenfalls in einen Sammeltopf entleert (Abb. 7a, C), das Glas mit frischer Unterphase gefüllt und an der Stelle $+5$ wieder in die Batterie eingereiht. Nun kann der Inhalt der Bechergläser in die Scheidetrichter zurückgegossen werden. Damit ist die ursprüngliche Anordnung der Scheidetrichter und Bechergläser wieder hergestellt. Der durch Abb. 7a, A, B, C dargestellte Arbeitsgang wird daher als Verteilungszyklus N bezeichnet. Der nächste Verteilungszyklus wird mit der Zufuhr einer neuen Portion des zu trennenden Substanzgemisches in Scheidetrichter 0 eingeleitet usw.

Führt man das Verfahren genügend lange fort, so stellt sich in der Verteilungsbatterie ein stationärer Zustand ein, der dadurch gekennzeichnet ist, daß sich die in den Scheidetrichtern enthaltenen Substanzmengen mit zunehmender Zahl der Verteilungszyklen nicht mehr verändern, weil gleich große Substanzmengen zu- und abgeführt werden, d. h. die Verteilungskurven für zwei Substanzen A und B ändern sich bei Weiterführung der Verteilung nicht mehr.

In Abb. 7b sind die Verteilungskurven zweier Substanzen dargestellt; die Ordinaten geben die Substanzmenge, bezogen auf die Einheitsmenge von A bzw. B an. Die durch einen Pfeil und S_o bzw. S_u gekennzeichnete Ordinate stellt jeweils die entnommenen Fraktionen dar. Im stationären Zustand und bei genügend großem Trennfaktor ist dies dieselbe Substanzmenge in reiner Form, die bei jedem Verteilungszyklus im Gemisch zugeführt wird. Durch Überlagerung der beiden Verteilungskurven für A und B erhält man die Verteilung der Gesamtsubstanzmenge. Man erkennt, daß in Scheidetrichter 0 eine ziemlich hohe Substanzkonzentration herrscht; sie setzt sich additiv aus der jeweils frisch zugeführten Portion Substanzgemisch und der in dem Element bereits vorhandenen Substanzmenge zusammen.

Die einzelnen Portionen des zu trennenden Substanzgemisches können als Festsubstanz oder in einer bestimmten Menge Oberphase gelöst in die Verteilungsbatterie gebracht werden. Für die Darstellung der Verteilungskurven Abb. 7b ist vorausgesetzt, daß die einzelnen Portionen gleich groß und so bemessen sind, daß der NERNSTsche Verteilungssatz für jeden einzelnen Scheidetrichter erfüllt

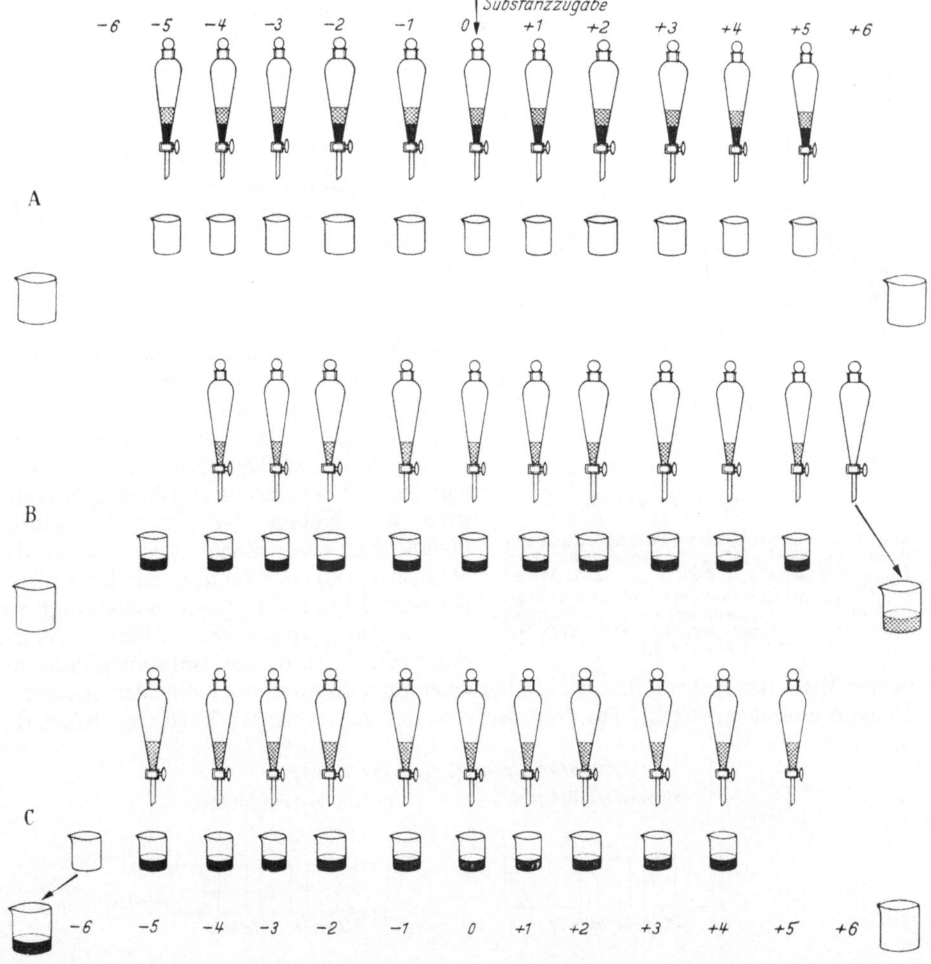

Abb. 7 a. Ausführung der O'KEEFFE-Verteilung.

ist. In der Praxis kann man meist höhere Konzentrationen anwenden, da die Verteilungskurven nicht als Reinheitskriterium (S. 90) verwendet werden. Optimale Trennung wird bei Einhaltung der durch Gleichung (7) gegebenen Bedingung erzielt.

Die O'KEEFFE-Verteilung gestattet wegen der Ausbildung eines stationären Zustandes die Auftrennung beliebig großer Substanzmengen im Dauerbetrieb. Allerdings erhält man bei einem Arbeitsgang nur 2 Fraktionen, wovon die eine bei Einhaltung der Bedingung Gleichung (7) die Substanzen mit $G \leq 1$, die andere die Substanzen mit $G \geq 1$ enthält.

Bei den bisher beschriebenen Verfahren wurde eine Phase (Craig-Verteilung) oder beide Phasen (O'Keeffe-Verteilung) *schubweise* fortbewegt. In geeigneten Apparaturen kann man zur Craig-Verteilung und zur O'Keeffe-Verteilung analoge Verfahren auch mit *gleichförmig* fließenden Phasen durchführen. Diese Verfahren sind in Abb. 8 als Martin-Synge- und als van Dyck-Verteilung bezeichnet. Apparaturen zur Ausführung der Verfahren werden im nächsten Abschnitt beschrieben.

Die in Abb. 8 aufgeführten Verfahren der multiplikativen Verteilung sind nach ihrem Verwendungszweck in analytische und präparative Verfahren unterteilt. Für die analytischen Verfahren ist die einmalige Zufuhr des Substanzgemisches am Anfang der Apparatur und die Anwendung von einer bewegten und einer stationären Phase charakteristisch. Man erhält bei diesen diskontinuierlichen Verfahren für jede Substanz eine *einzelne* Verteilungskurve, wenn der Trennfaktor in dem verwendeten Lösungsmittelsystem genügend groß ist. Neben der Craig-Verteilung kommt für analytische Zwecke auch der Martin-Synge-Verteilung mit freier, stationärer Phase praktische Bedeutung zu.

Für die präparativen Verfahren ist die dauernde Zufuhr des Substanzgemisches in der Mitte der Apparatur und die Verwendung von zwei gegeneinander bewegten Phasen charakteristisch. Im Gegensatz zu den analytischen Verfahren führt die

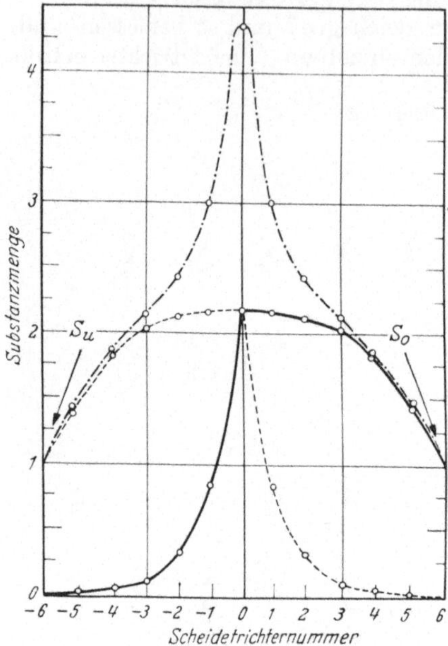

Abb. 7 b. Verteilungskurven im stationären Zustand für gleiche Mengen zweier Substanzen $K_A = 2,2$ und $K_B = 0,63$; $V = 0,85$. Wegen $\alpha = 1$ liegen die Kurven symmetrisch zum Scheidetrichter 0. —o— Substanz A, - - -o- - - Substanz B, —·—o—·— Gesamtsubstanz. (O'Keeffe und Mitarbeiter, 1949.)

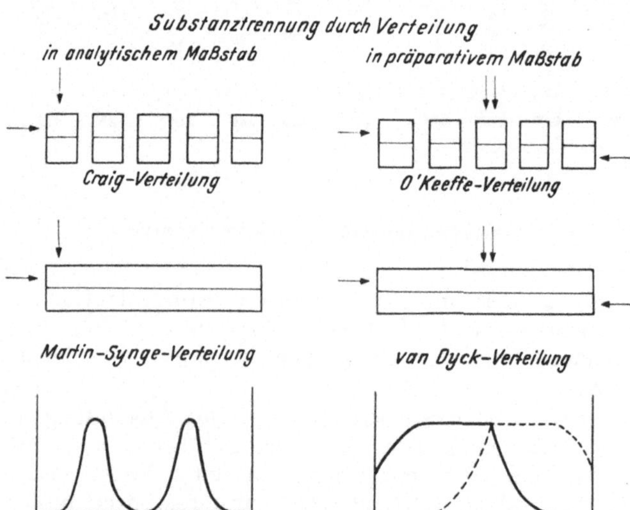

Abb. 8. Übersicht über die wichtigsten Verfahren der multiplikativen Verteilung (Hecker, 1955.) Die waagerechten Pfeile deuten die Richtung der Phasenbewegung, die senkrechten Pfeile die Substanzzufuhr an.

O'KEEFFE- und die VAN DYCK-Verteilung zu einem stationären Zustand, der die Trennung von beliebigen Substanzmengen im Dauerbetrieb ermöglicht. Allerdings erhält man hierbei in einem Arbeitsgang nicht für jede Substanz eine einzelne Verteilungskurve, sondern auch von Gemischen mit vielen Komponenten nur 2 Fraktionen, die dann jede für sich weiter getrennt werden müssen.

C. Apparaturen.

I. Apparaturen für Verfahren mit schubweise bewegten Phasen.

Zur Durchführung der CRAIG-Verteilung sind Apparaturen angegeben worden, die die Ausführung von vielen hundert einzelnen Ausschüttlungen in kurzer Zeit ermöglichen. Alle diese Verteilungs*batterien* bestehen aus einer Anzahl von Verteilungs*elementen*, die auf einer drehbaren Achse hintereinander angeordnet sind.

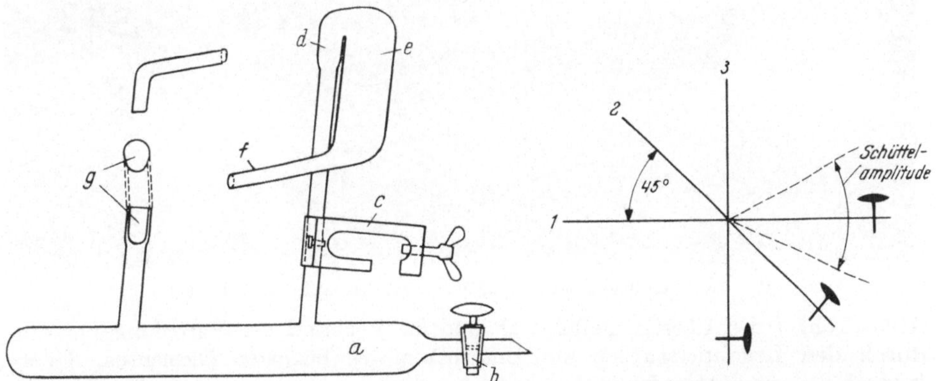

Abb. 9a. Standardisiertes Verteilungselement. (HECKER, 1953b.)

Abb. 9b. *1* Einfüllstellung, *2* Phasentrennung, *3* Dekantierstellung.

Die Verteilungselemente spielen die Rolle der Reagenzgläser oder der Scheidetrichter und erfüllen meist zusätzlich eine Transportfunktion, so daß sich der Transport z. B. der Oberphase ins jeweils nächste Verteilungselement mit einfachen Handgriffen ausführen läßt.

Einfach gebaut und vielseitig verwendbar ist das Verteilungselement Abb. 9a, das in standardisierten Größen bezogen werden kann (vgl. Fußnote 1 S. 81). Es besteht im wesentlichen aus dem Schüttelrohr (*a*) mit Glashahn (*b*) und dem Überlaufgefäß (*e*). Es wird mit Hilfe der Halterung (*c*) auf einer horizontalen Achse befestigt. Zur Ausführung einer Verteilung sind drei Arbeitsstellungen erforderlich.

Einfüllstellung. Das Schüttelrohr *a* liegt horizontal (Abb. 9b, 1). In das Verteilungselement wird mittels Pipette durch den Dekantierstutzen (*g*) eine abgemessene Menge (z. B. je 20 ml) Unter- und Oberphase sowie die zu verteilende Substanz eingefüllt. Nun wird das Verteilungsgleichgewicht durch Kippungen um die horizontale Achse eingestellt. Das Schüttelrohr soll dabei um etwa ± 30° um die Horizontale pendeln (vgl. Skizze Abb. 9b).

Phasentrennung. Zur Entmischung der Phasen neigt man das Verteilungselement so, daß das Schüttelrohr einen Winkel von 45° mit der Horizontalen bildet (Abb. 9b, 2). Der Hahn zeigt dabei nach unten und die Oberphase kann noch nicht durch das Dekantierrohr *d* ablaufen. Die Verteilungsbatterie wird in dieser Stellung solange arretiert, bis sich die beiden Phasen in allen Elementen vollständig getrennt haben.

Dekantierstellung. Wenn sich die Phasen getrennt haben, wird das Schüttelrohr aufgerichtet, so daß es vertikal steht (Abb. 9b, 3). Die Oberphase fließt nun durch das Dekantierrohr d und seine Erweiterung in das Überlaufgefäß e. Die Erweiterung bei d verhindert das Zustandekommen einer unerwünschten Heberwirkung beim Dekantieren. Dreht man das Verteilungselement aus der Dekantierstellung wieder in die Einfüllstellung zurück, so fließt die Oberphase durch das

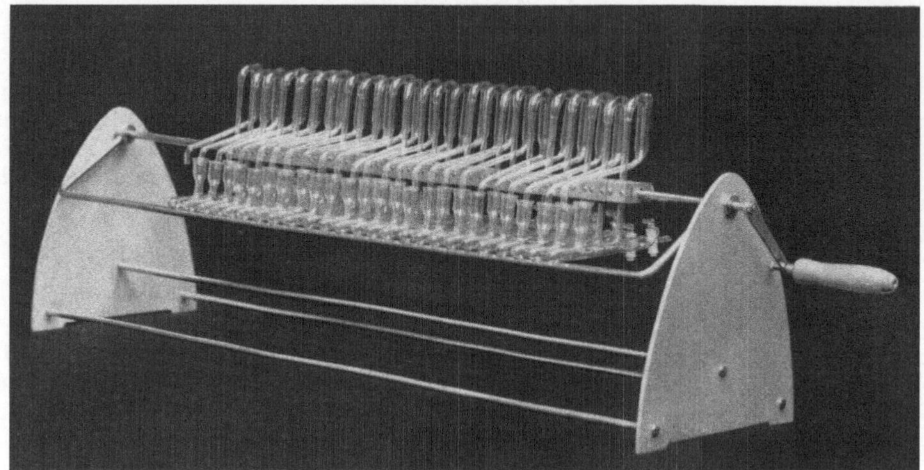

Abb. 9 c. Verteilungsbatterie mit 25 Verteilungselementen. (Hecker 1953b)

Ablaufrohr f des Überlaufgefäßes ab und im Verband der Verteilungsbatterie durch den Dekantierstutzen zur Unterphase des nächsten Elementes. Überlaufgefäß e und Ablaufrohr f haben also die Funktion des bei der Modellverteilung der Substanz A (S. 74) benutzten Hebers.

Der Hahn des Verteilungselementes ist gut eingeschliffen und wird durch das jeweilige Lösungsmittel abgedichtet. Er macht das Phasenpaar in jedem Element auch während der Verteilung zugänglich. Dies ist besonders bei Emulsionsbildung wichtig; der Glashahn ermöglicht außerdem, in Verbindung mit der Aufhängung der Verteilungselemente, die Durchführung sämtlicher Verteilungsverfahren mit schubweiser Phasenbewegung (S. 73 ff.).

Zur Ausführung des Grundprozesses der Craig-Verteilung werden z. B. 25 solche Elemente hintereinander geschaltet (Abb. 9 c) und

Tabelle 4. *Volumen und Anfangskonzentration der Unterphase bei verschieden konzentrierten Ausgangslösungen.*

Substanzmenge in g	Volumen der Unterphase in ml	Anfangskonzentration bezogen auf das Volumen der Unterphase in %
3—30	300	1—10
1—3	50	2—6
0,3—1	20	1,5—5
0,1—0,3	10	1—3
0,001—0,1	3	0,03—3

mit Unterphase gefüllt. In das erste Element bringt man außerdem Oberphase und das Substanzgemisch. Dann beginnt die Verteilung analog dem auf S. 73 beschriebenen Beispiel.

Um sowohl mit kleinen und kleinsten Substanzmengen als auch mit größeren Mengen arbeiten zu können, sind Verteilungsbatterien und -elemente verschiedener Größe notwendig. Die Verteilungselemente sollen außerdem nach Möglichkeit so beschaffen sein, daß man mit dem Volumenverhältnis der Phasen zwischen $V = 0,5$ und $V = 2,0$ variieren kann.

In Tab. 4 sind fünf Größen für Verteilungselemente angegeben, die sich zur Verteilung von Substanzmengen zwischen 1 mg und 30 g als praktisch erwiesen haben. Wie man leicht überschlagen kann, entspricht eine 1,5%ige Lösung bei einem mittleren Molekulargewicht ($M = 150$) einer Konzentration von $c = 0,1$ Mol/l. Bei einem Volumenverhältnis von $V = 1$ ist also die Grenzkonzentration, bei der man im allgemeinen noch eine lineare Verteilungsisotherme erwarten kann, in den in Tab. 4 angegebenen Verteilungselementen erreicht. Sie kann im Interesse einer größeren Kapazität der Apparaturen beim ersten Verteilungsschritt je nach Substanz auch etwas über $c = 0,1$ Mol/l liegen, ohne daß dadurch ein ernster Fehler entstehen würde. Für die Elemente mit 3 und 10 ml sowie mit 20 und 50 ml Fassungs-

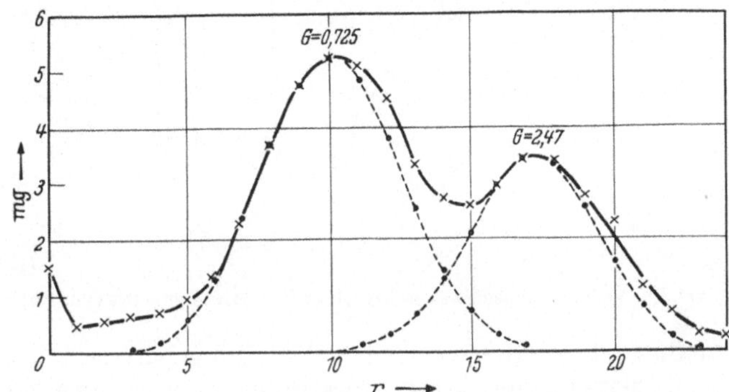

Abb. 10. Trennung zweier Steroide im System Wasser (3), Methanol (7)/CCl₄ (6), CHCl₃ (4) $V = 1$ in der Mikroapparatur (3 ml Unterphase); $G = 0,725$: 16-Isonitroso-13-iso-androstanol(3β)-on-(17), $G = 2,47$:16-Isonitroso-13-iso-androstan-diol(3β, 17); ——×—— gefunden, ········ berechnet (vgl. S. 90). (HECKER, 1953a.)

vermögen kann jeweils *ein* Gestell verwendet werden. Die Gestelle sind außerdem in ihren Abmessungen so dimensioniert, daß man eine 25 Elemente umfassende Batterie durch Zusatz weiterer Elemente um etwa 10 Einheiten erweitern kann[1]. Die Trennung zweier Steroide mit der 3 ml-Apparatur zeigt Abb. 10.

CRAIG und v. METZSCH haben im Prinzip ähnlich gebaute Verteilungsbatterien beschrieben, die 220 bzw. 200 Elemente umfassen und vollautomatisch arbeiten[2]

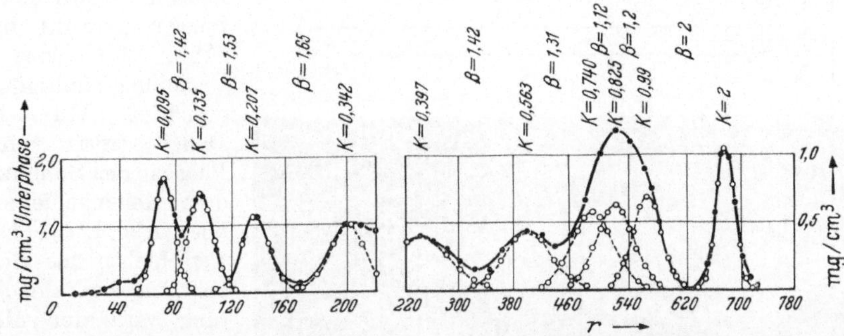

Abb. 11. Trennung eines Gemisches aus 10 Aminosäuren im System Butanol/5% wäss. HCl (——•——) gefunden (----o----) berechnet (vgl. S. 90). Von links nach rechts: Glycin, Alanin, α-Aminobuttersäure, Valin, Methionin, Tyrosin, Isoleucin, Leucin, Phenylalanin, Tryptophan. (CRAIG und Mitarbeiter, 1951b.)

(CRAIG und Mitarbeiter, 1951b; v. METZSCH, 1953a). Diese Geräte finden Anwendung zur Trennung von Substanzen mit sehr kleinen Trennfaktoren. Die Trennung einiger α-Aminosäuren durch Ausführung von mehreren hundert Verteilungsschritten ist in Abb. 11 wiedergegeben.

---

[1] Komplette Verteilungsbatterien und Einzelteile können von der Fa. *E. Bühler*, Tübingen, Reutlinger Straße 6, bezogen werden.

[2] Das Gerät nach v. METZSCH kann von der Fa. *Kühn*, Göttingen, Hospitalstraße 9c, bezogen werden.

Das von Lathe und Ruthven beschriebene Gerät kann mit relativ einfachen Mitteln zusammengestellt werden (Lathe und Ruthven, 1951). Die Verteilungselemente bestehen im wesentlichen aus einem U-Rohr, dessen weite Schenkel A und B durch Polythenschläuche von kleinem Querschnitt verbunden sind. Bis

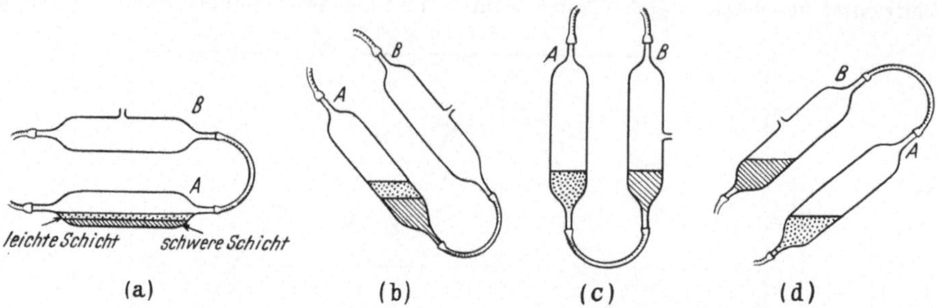

Abb. 12. Verteilungselemente der Batterie nach Lathe und Ruthven, 1951.

zu 50 Elemente dieses Typs können zu einer Verteilungsbatterie zusammengefaßt werden, wobei die gemeinsame Achse zweckmäßig zwischen den Schenkeln der U-Rohre verläuft. Die Verbindung von Schenkel B des einen zu Schenkel A des nächsten Elementes wird ebenfalls durch Polythenschläuche hergestellt. Schenkel A des U-Rohres (Abb. 12) dient zur Einstellung des Verteilungsgleichgewichtes mit je 5—40 ml beider Phasen. Wenn sich die Phasen getrennt haben (Abb. 12a), wird das Verteilungselement aufgerichtet (Abb. 12b). Dabei tritt schwere Phase in den Schenkel B des Verteilungselementes über (Abb. 12c). Durch Verschieben des Schenkels B in vertikaler Richtung wird der Meniskus im Verbindungsschlauch so eingestellt, daß er sich am tiefsten Punkt befindet. Wenn sich die Volumina der Phasen nicht ändern, braucht diese Manipulation nur *einmal* zu Beginn der Verteilung vorgenommen zu werden.

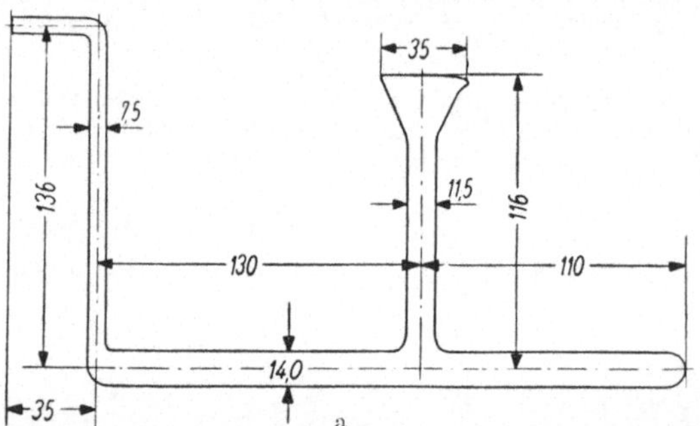

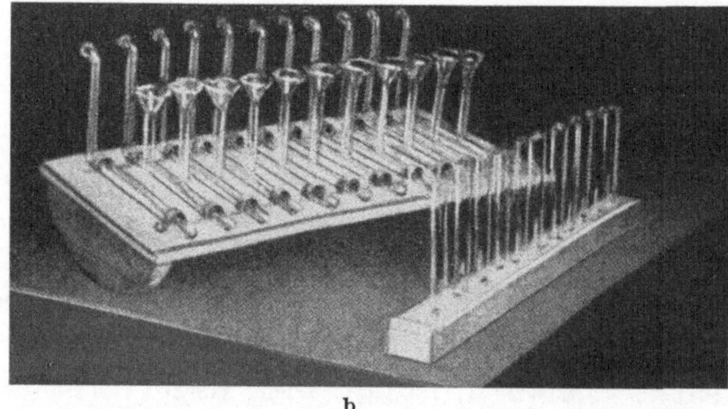

b

Abb. 13. Einzelnes Verteilungselement und Gesamtansicht der Apparatur nach Weygand. Das Element faßt 10 ml Unterphase. (Weygand, 1950.)

Wenn man eine Schwenkung des Verteilungselementes um nahezu 180° (Abb. 12d) ausführt, werden die Phasen getrennt. Durch geeignetes Drehen der Apparatur wird dann jeweils die Oberphase in Schenkel A mit der Unterphase in Schenkel B des nächsten Elementes kombiniert.

Eine einfache Verteilungsapparatur, bei der die Verteilungselemente auf einer Wippe montiert sind (Abb. 13, b), hat WEYGAND (1950) beschrieben. Der Transport der Ober- oder Unterphasen erfolgt manuell mit Hilfe eines Satzes von Reagenzgläsern, in die die Phasen alle gleichzeitig eingegossen werden. Man verschiebt dann den Satz der Reagenzgläser um eine Einheit und gießt die Phasen, wiederum alle gleichzeitig, zurück. Die Verteilungselemente (Abb. 13, a) sind zum Ausgießen und zum Nachfüllen der Oberphasen mit einem trichterförmig erweiterten Stutzen versehen, und zum Ausgießen der Unterphase dient ein schnabelförmig gebogenes Rohr (am linken Ende des Verteilungselementes Abb. 13 a). Mehrere Wippen können auch hintereinander geschaltet werden.

II. Apparaturen für Verfahren mit gleichförmig bewegten Phasen.

Zur Ausführung der multiplikativen Verteilung mit gleichförmig fließenden Phasen werden Verteilungsbatterien und Verteilungskolonnen verwendet. In Verteilungs*batterien* strömen die Phasen durch horizontal angeordnete Mischungs- und Entmischungszonen, in denen Substanzaustausch und Phasentrennung stattfinden. Verteilungs*kolonnen* sind im Prinzip ähnlich gebaut wie Verteilungsbatterien, stehen aber senkrecht. Zwischen den beiden erwähnten Arten von Verteilungsapparaturen gibt es Übergangsformen, die sich nicht ohne Willkür einem bestimmten Typus zuordnen lassen. Je eine Mischungs- und die zugehörige Entmischungszone wird als eine *Stufe* bezeichnet. Die einzelnen Stufen spielen formal dieselbe Rolle wie die Verteilungselemente bei den Apparaturen mit schubweise bewegten Phasen. Der Unterschied gegenüber diesen Apparaturen besteht jedoch darin, daß das Verteilungsgleichgewicht in einer Stufe im allgemeinen nicht vollständig erreicht wird.

Bei der CRAIG- und der O'KEEFFE-Verteilung läßt die schubweise Fortbewegung der Phasen in allen Fällen die vollständige Einstellung des Verteilungsgleichgewichtes zu. Außerdem kann sich die mobile Phase nicht in einer anderen als der gewünschten Richtung bewegen und damit einen bereits erzielten Trenneffekt rückgängig machen. Bei den Verfahren mit gleichförmig bewegten Phasen erfolgt die Einstellung des Verteilungsgleichgewichtes durch Austausch der gelösten Substanz zwischen den Tröpfchen der beiden Phasen, die ineinander verrührt werden. Dabei ist sowohl die Einstellung des Verteilungsgleichgewichtes als auch die Bewegung der einzelnen Tröpfchen bis zu einem gewissen Grade sich selbst überlassen und kann nicht unmittelbar beeinflußt werden.

Um eine gegebene Apparatur möglichst vollkommen ausnutzen zu können, muß für einen raschen und vollständigen Substanzaustausch zwischen den Phasen gesorgt werden. Von entscheidender Bedeutung dafür ist ein günstiges Verhältnis zwischen der Translationsgeschwindigkeit der beiden Flüssigkeitsschichten und der Austauschgeschwindigkeit der Substanz.

Als Maß für die Trenngüte einer Apparatur, die mit gleichförmig fließenden Phasen arbeitet, wird häufig die Zahl der „idealen Stufen" angegeben, denen die Trennwirkung des Gerätes äquivalent ist. Die Angabe, eine bestimmte Apparatur enthalte 10 ideale Stufen, bedeutet, daß mit dem Gerät dieselbe Trennwirkung erzielt werden kann wie mit 10 Scheidetrichtern oder Verteilungselementen bei vollständiger Einstellung des Verteilungsgleichgewichtes. Die Zahl der idealen Stufen hängt stark von dem verwendeten Lösungsmittelsystem, dem Geschwindigkeitsverhältnis der Phasen und anderen Einflüssen ab und kann daher nur unter genau festgelegten Versuchsbedingungen als Apparate-Konstante betrachtet werden.

Zur Ausführung der MARTIN-SYNGE-Verteilung eignet sich eine Verteilungskolonne, die von KEPES (1953) beschrieben wurde. Sie ist aus Glaszylindern zusammengesetzt, die je 20 ml Lösungsmittel fassen (Abb. 14). Die einzelnen Glaszylinder sind durch lösungsmittelresistente Kunststoffscheiben (Teflon) gegeneinander abgedichtet. Jede der Dichtungsscheiben ist in der Mitte mit einem kleinen Loch von 0,24 mm Durchmesser versehen. Die ganze Kolonne ist in eine Halterung montiert, die der Anordnung Stabilität verleiht. Am unteren

Ende wird ein Vorratsgefäß angeschlossen, das die beiden Phasen enthält; diese werden mittels Preßluft in die Kolonne gedrückt. Die Zuleitung ist beweglich und je nach Eintauchtiefe in das Vorratsgefäß kann man leichte oder schwere Phase zuführen. Das am oberen Ende der Kolonne austretende Lösungsmittel wird entweder mittels Fraktionssammler aufgefangen oder dem unteren Ende einer zweiten, ebensolchen Kolonne zugeleitet.

Das Füllen der Kolonne erfolgt in horizontaler Stellung, so daß die Kammern miteinander kommunizieren. Wenn die Hälfte ihres Volumens mit schwerer Phase gefüllt ist, stellt man die Kolonne senkrecht und drückt leichte Phase in die erste Kammer, wodurch die noch leeren Hälften der Kammern unter Verdrängung der eingeschlossenen Luft nach und nach angefüllt werden (Abb. 14b). Nach dem Füllen der Kolonne bringt man das zu trennende Substanzgemisch durch einen seitlich angebrachten .Stutzen in die unterste oder die oberste Kammer, je nachdem, ob die leichte oder die schwere Phase als mobile Flüssigkeit dient. Drückt man z. B. leichte Phase in die unterste Kammer der Kolonne, so pflanzt sich der Druck gleichmäßig fort, und es wird die leichte Phase aus jeder Kammer durch das Loch in den Dichtungsscheiben in die Unterphase der nächsten Kammer versprüht (Abb. 14c). Dort steigen die Tröpfchen hoch und bilden dann

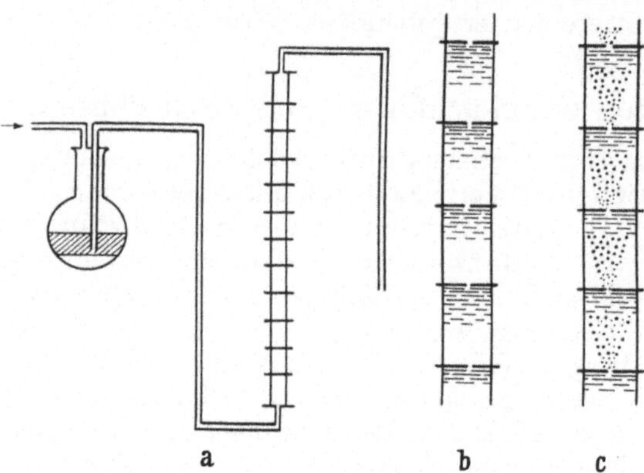

Abb. 14. Prinzip und Arbeitsweise der Kolonne nach Kepes (1953), schematisch. a die gesamte Anordnung, b gefüllte Kolonne, c Versprühen der leichten Phase. Erläuterungen im Text.

die Oberphase in der nächsten Kammer usw. Wesentliche Bedingung für die Wirksamkeit des Verfahrens ist, daß der Druck so gewählt wird, daß man eine feine Zerstäubung der leichten Phase erhält. Ist der Druck zu niedrig, so perlt die Oberphase in großen Tropfen durch die nächstfolgende Unterphase und es findet kein genügender Austausch der Substanz zwischen den Phasen statt. Den für ein bestimmtes System erforderlichen Mindestdruck ermittelt man durch einen Vorversuch. In Analogie zu den Verfahren der Chromatographie wird so lange mit der mobilen Phase „eluiert", bis alle Substanzen die Kolonne verlassen haben.

Der Autor berichtet über gute Erfahrungen mit zwei derartigen Kolonnen, die je 26 Stufen umfassen und hintereinander geschaltet sind. Zu ihrem Betrieb genügt ein Überdruck von 2,5—3 Atm. Es werden dabei pro Element 8—10 ml mobile Phase innerhalb von 60—75 sec transportiert. In 8 Std. können mehr als 400 Fraktionen aufgefangen

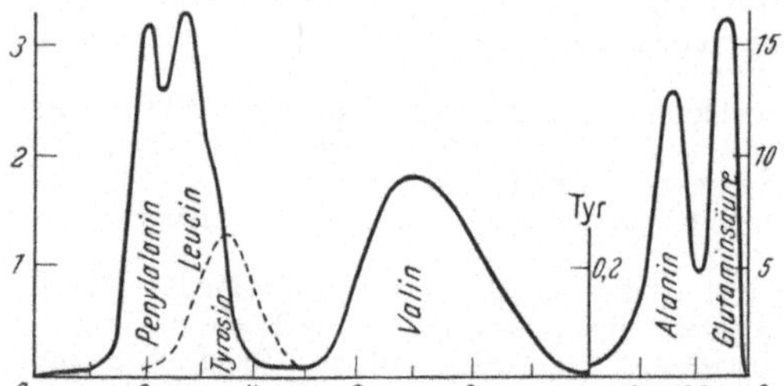

Abb. 15. Trennung einiger Aminosäuren im System Butanol/Wasser mit der Apparatur von Kepes. Links: Butanolfraktionen, rechts Wasserfraktionen. Abszisse: Volumen der mobilen Phase in Liter, Ordinate: Konzentration in Mol × 10⁻³. (Kepes, 1953.)

werden. Das Gerät hat sich bei der Trennung von Aminosäuren bewährt (Abb. 15). Ein gewisser Nachteil der Anordnung ist, daß das Volumenverhältnis der Phasen nur wenig variiert werden kann. Der Ausbildung von Emulsionen kann man durch Verwendung von Emulsionsbrechern begegnen. Angaben über die Zahl der idealen Stufen der Kolonne sind bis jetzt nicht bekannt geworden.

Die von Rometsch angegebene Kolonne (Abb. 16) ist in erster Linie zur Anwendung bei der van Dyck-Verteilung gedacht, es kann damit aber auch die

MARTIN-SYNGE-Verteilung ausgeführt werden. Das Gerät besteht aus einem Glasrohr von 35 mm lichter Weite, das auf einer Länge von 1 m durch Siebplatten in 25 Kammern von gleicher Größe unterteilt ist. Diese Anordnung wird von einer vertikalen Achse durchzogen, auf der Siebplattenrührer in einem solchen Abstand angebracht sind, daß jede Kammer einen Rührer enthält. An dieses Mittelstück der Kolonne, in dem die aufeinanderfolgende Vermischung und Trennung der Phasen stattfindet, schließt sich nach oben und unten je eine 20 cm lange Abklärsäule an. Die Kolonne ist mit einem Kühlmantel versehen, der ein Arbeiten bei 0° C gestattet.

Die leichte Phase wird der Kolonne in der untersten Kammer zugeführt und zwischen der festen und der rotierenden Siebplatte mit der schweren Phase innig vermischt. Oberhalb des Rührers entmischen sich die beiden Phasen teilweise und werden beim nächsten Rührer wieder gemischt usw. Nach Durchlaufen der letzten Kammer tritt die leichte Phase in die obere Abklärsäule ein und verläßt die Kolonne durch den Abfluß unter Zurücklassung mitgerissener Tröpfchen der schweren Phase.

Umgekehrt tritt die schwere Flüssigkeit in die oberste Kammer der Kolonne ein; nach Durchlaufen des Mittelteiles trennt sie sich von mitgerissener leichter Phase in der unteren Abklärsäule und verläßt die Kolonne durch ein Steigrohr. Die Kolonne arbeitet dann am besten, wenn man sie jeweils mit derjenigen Phase füllt, die sie am schnellsten passiert, und wenn man durch Regulierung der Überlaufhöhen die Trennschichten zwischen den beiden Phasen jeweils einige Zentimeter über bzw. unter dem letzten Rührer festhält (ROMETSCH, 1950).

In Tab. 5 ist die mit drei verschiedenen Testsubstanzen im System n-Heptan/Methanol bei 0° C ermittelte Zahl der idealen Stufen einer Kolonne von ROMETSCH angegeben.

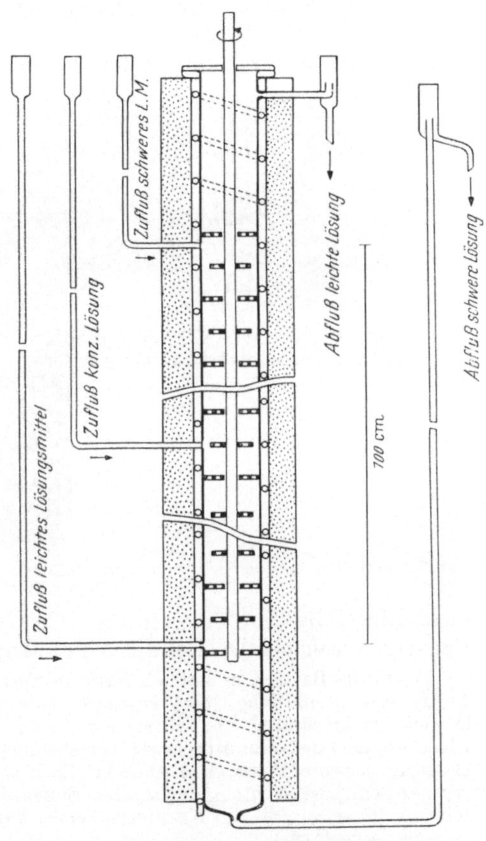

Abb. 16. Verteilungskolonne nach ROMETSCH, 1950.

Es wurden bei einem Durchsatz von zusammen 40 ml Lösungsmittel/min Rührgeschwindigkeiten von 250 bis 400 U/min angewandt. Um bei Verwendung von $CHCl_3$/Wasser an Stelle von n-Heptan/Methanol annähernd die gleiche Anzahl idealer Stufen zu erreichen, müssen wegen der großen Differenzen in der Dichte der Phasen viel höhere Rührgeschwindigkeiten angewandt werden. Die mit der beschriebenen Kolonne gesammelten Erfahrungen sind beim Bau von Geräten mit höherer Trennstufenzahl verwendet worden.

Tabelle 5. *Zahl der idealen Stufen der Kolonne von* ROMETSCH. *(Nach* ROMETSCH, 1950.)

Cholesterin	8—10
p-Dimethylaminoazobenzol	9,0
2-Äthylaminonaphthalin-1-p-disazobenzol ⟨ 1 ⟩ azo ⟨ 1 ⟩ -benzol-⟨ 4 ⟩ azo ⟨ 1 ⟩ -benzol	8,5

Eine von Scheibel angegebene Kolonne ist im Prinzip ebenso gebaut wie die Kolonne von Rometsch. Die Entmischungszonen sind zusätzlich noch mit Packungen aus Drahtnetz bestimmter Maschenweite ausgefüllt, wodurch eine Erhöhung der Zahl der idealen Stufen erzielt wird (Scheibel, 1948).

Zur Ausführung der Martin-Synge- und der van Dyck-Verteilung gleichermaßen geeignet ist eine Verteilungsbatterie, die von Signer beschrieben wurde. Das Gerät besteht im wesentlichen aus einem etwa 60 cm langen Trog aus Metall (Abb. 17), der durch dünne, halbkreisförmige Trennwände (Abb. 17) in 37 einzelne Kammern unterteilt ist. Zu jeder Kammer gehört eine kreisförmige Rührscheibe; die Rührscheiben aller Kammern sind auf einer gemeinsamen Achse

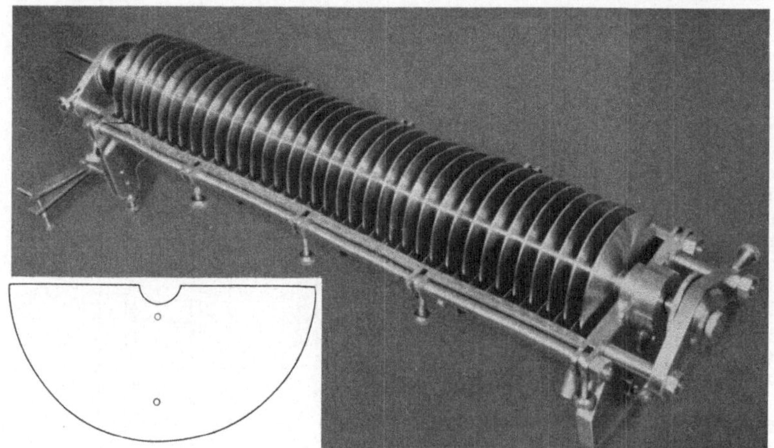

Abb. 17. Verteilungsbatterie nach Signer und halbkreisförmige Trennwand mit Bohrungen für den Durchtritt der Phasen. (Signer, 1952.)

angeordnet, die dem Trog aufliegt. Die Apparatur kann durch einen mit einem Fenster versehenen Deckel aus Metall dampfdicht verschlossen werden.

Wenn die Batterie in betriebsfertigem Zustand ist, befinden sich die beiden Phasen im Trog; ihre Grenzfläche liegt so, daß beide Phasen durch die entsprechende Bohrung in den Trennwänden der Kammern (Abb. 17) kommunizieren. Durch Mariottesche Flaschen, die auf bestimmte Ausflußgeschwindigkeiten geeicht sind, wird am einen Ende der Batterie schwere Phase, am anderen Ende leichte Phase zugeführt. In gleichem Maße tritt an den jeweils entgegengesetzten Enden der Batterie aus einem Überlauf leichte bzw. schwere Phase aus, die die Kammern bereits durchströmt hat; sie wird mit einem Fraktionssammler aufgefangen.

Die Einstellung des Verteilungsgleichgewichtes wird durch *langsame* Rotation der Rührscheiben in den Kammern erzielt, wobei die Phasen nicht sichtbar miteinander vermischt werden. Die Wirkung dieser Art des Rührens beruht auf der Schaffung und dem Aneinandervorbeiführen stets neuer Grenzflächen an den Rührscheiben. Allerdings setzt dieses Prinzip eine relativ geringe Strömungsgeschwindigkeit der Phasen voraus (40—80 ml/h). Dies kann bei einem Laboratoriumsgerät in Kauf genommen werden, wenn der Wirkungsgrad der Anordnung dafür entsprechend hoch ist.

Der Wirkungsgrad einer solchen Batterie mit 50 Stufen lag bei der Trennung von etwa 40 mg Valin und Leucin im System Butanol/Wasser zwischen 0,6 und 1,0, wenn eine Rührgeschwindigkeit von 40 U/min angewandt wurde. Die Zufuhr des Substanzgemisches erfolgte auf einmal in der Mitte der Batterie. Bei dauernder Substanzzufuhr (Valin + Leucin) wurde ein Wirkungsgrad von etwa 0,7 gefunden, d. h. die Trennwirkung einer Kammer erreicht den 0,7fachen Wert der Trennwirkung eines Verteilungselementes bzw. Scheidetrichters. Ein großer Vorteil der Apparatur besteht darin, daß auch stark zur Emulsionsbildung neigende Substanzen ohne Schwierigkeiten getrennt werden können. Der Autor hat eine Trennung von Strophantusglycosiden im System $CHCl_3$/Formamid mit Erfolg durchgeführt.

D. Auswahl von Lösungsmittelsystemen.

Die Auswahl eines geeigneten Lösungsmittelsystems ist von entscheidender Bedeutung für den Verlauf und den Erfolg einer multiplikativen Verteilung. Für das Aufsuchen von Lösungsmittelsystemen können einige allgemein gültige Regeln angegeben werden, die jedoch den Vorversuch durch Bestimmung von Verteilungskoeffizienten (S. 71) nicht ersetzen. Häufig geben auch die in der Literatur niedergelegten Erfahrungen, die bei ähnlichen Stoffklassen gewonnen wurden, Anhaltspunkte für die eigenen Probleme. Zusammenfassungen von Lösungsmittelsystemen für zahlreiche Substanzen findet man bei v. METZSCH (1953 b) und HECKER (1954 a).

Verteilt man z. B. Essigsäure im System Benzol/Wasser, so erhält man eine annähernd parabelförmige Verteilungsisotherme an Stelle der erwünschten Geraden. Die Ursache dafür ist die Assoziation der Essigsäuremolekeln in der Benzolphase. Außerdem ist ein Teil der Molekeln in der wäßrigen Phase dissoziiert, so daß der durch das Verhältnis der Gesamtkonzentration in beiden Phasen bestimmte Verteilungskoeffizient K im System Benzol/Wasser stark von der Konzentration abhängig wird. Wählt man aber z. B. einen höheren Äther als Oberphase und eine Pufferlösung von geeignetem p_H-Wert als Unterphase, so erhält man für Essigsäure eine lineare Verteilungsisotherme. Außer dem Verlauf der Verteilungs-

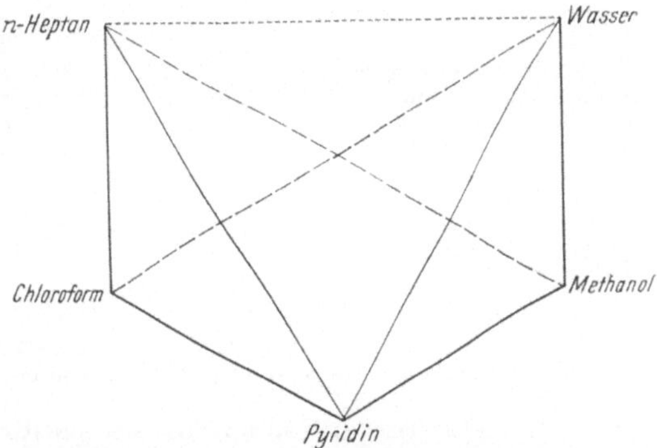

Abb. 18. Mischbarkeit von Flüssigkeiten, schematisch. Erläuterung im Text. - - - - - - praktisch nicht mischbar, — — — teilweise mischbar, ———— vollkommen mischbar. (Nach HECKER, 1954 b.)

isotherme kann auch der Wert des Verteilungskoeffizienten durch die Zusammensetzung des Phasenpaares beeinflußt werden. Erwünscht ist ein Wert zwischen $K = 0{,}25$ und $K = 4$; er kann durch Variation des Volumenverhältnisses in geeigneter Weise verändert werden, so daß mittlere Verteilungszahlen etwa zwischen $G = 0{,}5$ und $G = 2{,}0$ resultieren. Um im Gültigkeitsbereich des NERNSTschen Verteilungssatzes möglichst viel Substanz auf einmal trennen zu können, sollte die Substanz außerdem in dem gewählten System genügend löslich sein. Auch die Größe des Trennfaktors hängt stark von der Zusammensetzung des Lösungsmittelsystems ab. Er ist in der Regel um so größer, je weniger sich die beiden Phasen gegenseitig lösen. An ein Lösungsmittelsystem, das zur multiplikativen Verteilung Anwendung finden soll, müssen also zahlreiche Anforderungen gestellt werden. Die wichtigsten sind:

Linearität der Verteilungsisotherme.
Passender Wert des Verteilungskoeffizienten ($0{,}25 \leqq K \leqq 4{,}0$).
Große Selektivität ($\beta \gg 1$).
Große Kapazität.
Keine irreversible Reaktion mit der Substanz.
Große Dichteunterschiede der Phasen.
Geringe Viskosität.
Keine Neigung zur Emulsionsbildung.
Möglichkeit zur leichten Rückgewinnung der Substanz.

Trotz der Vielzahl der Bedingungen, denen ein zur multiplikativen Verteilung brauchbares Phasenpaar genügen muß, findet man unter den üblichen Lösungsmitteln fast immer eine Kombination, die sich für ein bestimmtes Trennungsproblem eignet. Von praktischem Nutzen bei der Auswahl der Lösungsmittel ist die *mixotrope Reihe* der Flüssigkeiten (Abb. 18 und Tab. 6).

Tabelle 6. *Die mixotrope Reihe der Flüssigkeiten.* (Hecker, 1954b.)

Salzlösungen (Puffer)	Essigester und Homologe
Anorganische Säuren	Methyläthylketon
Wasser	Diäthyläther und Homologe
Milchsäure	Methylenchlorid
Formamid	Tetrachloräthan
Morpholin	*Chloroform*
Ameisensäure	Dichloräthan
Nitromethan	Trichloräthan
Acetonitril	Benzol
Essigsäure und Homologe	Toluol
Methanol	Tetrachlorkohlenstoff
Glykolmonomethyläther	Schwefelkohlenstoff
Äthanol und Homologe	Cyclopentan
Phenol	Cyclohexan
Anilin	2,2,4-Trimethylpentan
Aceton	*n-Heptan*
Dioxan	Hexan
Tetrahydrofuran	Paraffinöl
Pyridin	

Das offene Fünfeck (Abb. 18) gibt eine Übersicht über die mixotrope Reihe. Links bzw. rechts oben stehen n-Heptan und Wasser, die beim Vermischen zwei Flüssigkeitsschichten bilden.

In der Oberphase (n-Heptan) löst sich praktisch kein Wasser und in der Unterphase (Wasser) praktisch kein n-Heptan; die beiden Phasen mischen sich also nicht. Dies ist im Schema durch die klein gestrichelte Linie angedeutet. An der unteren Ecke des Fünfecks steht Pyridin, das sowohl mit n-Heptan als auch mit Wasser vollkommen mischbar ist (ausgezogene Linie). Die Kombination n-Heptan/Pyridin bzw. Wasser/Pyridin ist zur multiplikativen Verteilung unbrauchbar, weil sich keine Phasengrenze ausbildet. In der Mitte zwischen n-Heptan und Pyridin steht Chloroform auf der einen Seite des Fünfecks, Methanol auf der anderen Seite. Beide Flüssigkeiten bilden mit n-Heptan bzw. Wasser zwei Phasen, die jedoch teilweise ineinander löslich sind (gestrichelte Linie). Auf der linken Seite des Schemas stehen also Flüssigkeiten, die mit *Wasser* zwei Phasen bilden (hydrophobe Flüssigkeiten) und auf der rechten Seite Flüssigkeiten, die mit *n-Heptan* zwei Phasen bilden (lipophobe oder hydrophile Flüssigkeiten). In der Mitte steht Pyridin, das sowohl hydrophile als auch hydrophobe Eigenschaften hat. Zwischen diesen fünf typischen Lösungsmitteln gibt es alle Übergänge, und man kann die gebräuchlichen Lösungsmittel entsprechend ihrer Mischbarkeit mit n-Heptan bzw. Wasser in einer Reihe anordnen (Tab. 6). Je weiter zwei Lösungsmittel in dieser Folge voneinander entfernt stehen, desto weniger sind sie miteinander mischbar. Man kann also aus der mixotropen Reihe entnehmen, welche Lösungsmittelkombinationen beim Vermischen voraussichtlich zwei Flüssigkeitsschichten ausbilden.

Außer über die Mischbarkeitsbeziehungen zwischen den reinen Lösungsmitteln gibt die mixotrope Reihe auch Anhaltspunkte über diejenigen möglichen Phasenpaare, die zur Verteilung einer bestimmten Substanz in Frage kommen. Man ordnet dazu die zu verteilende Substanz entsprechend ihrer chemischen Konstitution in die mixotrope Reihe ein; aus der Stellung der Substanz in der Reihe läßt sich etwa abschätzen, welche Lösungsmittel als Komponenten für ein Phasenpaar geeignet sein können. Eine ganze Anzahl von Flüssigkeitspaaren kann auf diese Weise ausgeschlossen werden.

Steht die zu verteilende Substanz z. B. in der Nähe von Pyridin, so wird man im allgemeinen ein Lösungsmittelsystem leicht auffinden können: Lösungsmittelkombinationen wie n-Heptan/Wasser eignen sich im Hinblick auf möglichst geringe Mischbarkeit [großer Trennfaktor (S. 87)] am besten. Auch andere

Kohlenwasserstoffe und Kohlenwasserstoffgemische sind als Oberphase, Alkohole mit verschiedenem Wassergehalt als Unterphase geeignet. In mehreren günstig erscheinenden Lösungsmittelkombinationen wird man den Verteilungskoeffizienten der Substanz bestimmen und dann die Zusammensetzung des Phasenpaares solange ändern, bis ein System mit den gewünschten Eigenschaften vorliegt.

Auch für Substanzen, die in der Nähe von Chloroform bzw. Methanol stehen, macht das Auffinden eines geeigneten Systems im allgemeinen keine größeren Schwierigkeiten. Dagegen ist es meist nicht leicht, für Substanzen in der Nähe von n-Heptan oder Wasser ein System zu finden.

Die β-Anthrachinoncarbonsäureester höherer Alkohole müssen in der mixotropen Reihe in der Nähe von Pyridin eingeordnet werden. Sie haben wegen der großen hydrophoben Teile der Molekel in Systemen mit wäßriger Phase große Verteilungskoeffizienten. Als Unterphase kommt daher nur ein dem Methanol nahestehendes Lösungsmittel in Betracht und als Oberphase zwangsläufig ein aliphatischer Kohlenwasserstoff. n-Heptan siedet nicht zu hoch und ist mit Methanol relativ wenig mischbar. Allerdings ist die Verteilungszahl der Ester in n-Heptan/Methanol sehr klein. Um die Verteilungszahl zu erhöhen, kann man dem n-Heptan etwas Benzol zusetzen. Die Vergrößerung der Verteilungszahl wird durch Wasserzusatz in der Unterphase noch unterstützt. Gleichzeitig erreicht man durch den Wasserzusatz, daß die Mischbarkeit der Phasen absinkt und damit der Trennfaktor ansteigt. Ähnliche Überlegungen, deren Richtigkeit stets durch Bestimmung von Verteilungskoeffizienten geprüft werden muß, führen meist zu Systemen mit mehr als zwei Komponenten. Sinnvoll zusammengestellte Mehrkomponentensysteme leisten im allgemeinen mehr als Zweikomponentensysteme.

Besondere Bedeutung kommt der Lösungsmittelauswahl bei der Verteilung von Säuren und Basen zu. Alle Lösungsmittel um n-Heptan und Chloroform fördern die Eigenassoziation; ihre Anwendung zur Verteilung von Säuren und Basen führt daher zu mehr oder weniger großen Abweichungen der Verteilungsisotherme von der linearen Form. Bei Verwendung von höheren Äthern und

Tabelle 7. *Verteilungskoeffizienten einiger Alkaloide in einem System mit gepufferter wäßriger Phase bei 24 $\pm$ 2° C* (BADGETT u. a., 1952).

Substanz	tert. Amylalkohol/0,05 m Citrat- bzw. Phosphatpuffer		
	p_H 6,0 K	p_H 7,0 K	p_H 8,0 K
N-Methylmyosmin . .	0,01	0,01$_6$	0,06
4-Methylamino-1-(3-pyridyl)-1-butanol . . .	0,01	0,02	0,04$_5$
Nornicotin	0,01$_3$	0,08	0,46
Anabasin	0,03	0,14	0,86
Metanicotin	0,03	0,07	0,17
Nicotindioxyd	0,04	0,04	0,04
Nicotinoxyd	0,11$_0$	0,11$_7$	0,12$_2$
Nicotin	0,29	2,05	5,59
Dihydronicotyrin . . .	0,53	2,99	5,89
Myosmin	4,70	5,36	5,56
Nicotyrin	12,8$_5$	13,4	13,6
Nornicotyrin	14,0	14,1	14,4
Pyridin.	3,6	4,03	4,04
2-Methyl-6-(3-pyridyl)-tetrahydro-1,2-oxazin	6,21	6,24	6,34

Tabelle 8. *Trennfaktoren einiger Phenole und Chinoline bei p_H 7 und in Pufferlösungen von verschiedenem p_H-Wert.* (GOLUMBIC und Mitarbeiter, 1949; GOLUMBIC und ORCHIN, 1950.)

Substanzpaare	Cyclohexan/		
	Wasser p_H 7,0 β	Puffer p_H 11,08 β	p_H 3,72 β
o- m- Kresol	1,91	2,66	—
2,4- 3,5- Xylenol	1,63	4,94	—
o- m- Äthylphenol	2,55	4,68	—
Chinolin, Isochinolin . .	1,38	—	3,71
4- 6- Methylchinolin . . .	1,53	—	4,18
2- 8- Methylchinolin . . .	3,73	—	28,4

höheren Ketonen wird jedoch die Eigenassoziation auch von Carbonsäuren weitgehend unterdrückt. Dagegen kann die Dissoziation in der wäßrigen Phase zu Störungen Anlaß geben. Verwendet man aber eine Pufferlösung als Unterphase, so wird das Dissoziationsgleichgewicht festgelegt, solange die Kapazität des Puffers nicht überschritten wird, und man erhält den erwünschten, konzentrationsunabhängigen Verteilungskoeffizienten. Die Verwendung von Pufferlösungen zur Verteilung bringt aber noch weitere Vorteile: man kann den Wert von K durch Variation des p_H-Wertes der wäßrigen Phase in weiten Bereichen ändern (Tab. 7). Auch ist der Trennfaktor zweier Substanzen in gepufferten Systemen oft höher als in nicht gepufferten Systemen, wie die in Tab. 8 aufgeführten Beispiele zeigen. Aus diesem Grunde wird man einem gepufferten System stets den Vorzug geben, wenn mehrere Phasenpaare in die engere Auswahl kommen.

E. Die Craig-Verteilung als Methode zur Reinheitsprüfung.

Der besondere Vorteil der Craig-Verteilung gegenüber den anderen Verfahren der multiplikativen Verteilung besteht darin, daß gleichzeitig mit der Reindarstellung von Substanzen auch die Prüfung auf Reinheit vorgenommen werden kann. Die Anwendung der Craig-Verteilung zur Reinheitsprüfung beruht auf dem Vergleich der experimentell gewonnenen Verteilungskurve mit einer berechneten Verteilungskurve. Wenn sich beide Kurven zur Deckung bringen lassen, kann man die verteilte Substanz mit gewissen Einschränkungen als rein ansehen. Voraussetzung für die Reinheitsprüfung durch Craig-Verteilung ist, daß die zu prüfende Substanz in dem verwendeten Lösungsmittelsystem eine lineare Verteilungsisotherme hat. Wie bei allen Verfahren zur Reinheitsprüfung von Substanzen kann nur schärfste Kritik bei der Auswertung der Resultate vor Fehlschlüssen bewahren.

Für den Grundprozeß der Craig-Verteilung kann man die theoretische Verteilungskurve einer Substanz mit der Verteilungszahl $G = p/q$ nach Ausführung von n Verteilungsschritten mit Hilfe des Binoms

$$(q + p)^n = 1 \tag{10}$$

berechnen. Die Summe der Glieder des Binoms ergibt stets die Einheitsmenge bzw. 100%[1] der verteilten Substanz.

Nach dem ersten Verteilungsschritt des Grundprozesses ($n = 1$) enthält die Fraktion $r = 0$ die relative Substanzmenge q und außerdem frische Oberphase, die Fraktion $r = 1$ die relative Substanzmenge p und frische Unterphase, vgl. Abb. 5a. Wenn der zweite Verteilungsschritt ($n = 2$) beendet ist, ergibt sich der Inhalt der Fraktionen, beginnend mit $r = 0$, zu

$$(q + p)^2 = q^2 + 2\,pq + p^2, \tag{11}$$

wobei Fraktion $r = 0$ zusätzlich frische Oberphase, Fraktion $r = 2$ frische Unterphase enthält. Nach 4 Verteilungsschritten ($n = 4$) erhält man für die Fraktionen $r = 0$ bis $r = 4$ die Reihe

$$(q + p)^4 = q^4 + 3\,pq^3 + 6\,p^2q^2 + 3\,p^3q + p^4. \tag{12}$$

Dies ist der allgemeine Ausdruck für die in Abb. 5 bei $n = 4$ angegebenen Substanzmengen in den Fraktionen $r = 0$ bis $r = 4$, wie man leicht nachprüfen kann.

Die einzelnen Glieder des Binoms $(q + p)^n$ d. h. die relativen Substanzmengen in jeder Fraktion r lassen sich in bekannter Weise durch den Ausdruck

$$T_{n,r} = \frac{n!}{r!\,(n-r)!}\;p^r\,q^{n-r} \tag{13}$$

darstellen. Auf die Verteilungszahl G umgerechnet ergibt sich

$$T_{n,r} = \frac{n!}{r!\,(n-r)!}\;\frac{G^r}{(1+G)^n}. \tag{14}$$

---

[1] Wenn man die Gleichungen (10), (13) und (14) auf beiden Seiten mit dem Faktor 100 multipliziert, kann man statt der „relativen Substanzmenge" den anschaulicheren Begriff „prozentuale Substanzmenge" verwenden.

Kennt man also die Verteilungszahl G einer Substanz, so kann man nach Gleichung (14) die relative Substanzmenge berechnen, die sich nach einem n-fachen Grundprozeß in jeder einzelnen Fraktion r befinden muß. Mit Hilfe eines einfachen Rechenverfahrens kann die Berechnung in kürzester Zeit ausgeführt werden. Die errechneten relativen Substanzmengen werden auf Gewichtsmengen umgerechnet, so daß man die experimentell erhaltene Verteilungskurve und die theoretische Verteilungskurve unmittelbar vergleichen kann.

In der großen Mehrzahl der Fälle ist die Verteilungszahl einer Substanz vor der Verteilung nicht bekannt. Trotzdem kann man eine theoretische Verteilungskurve berechnen, denn der Zahlenwert von G ergibt sich in einfacher Weise aus der Lage des Maximums der experimentell

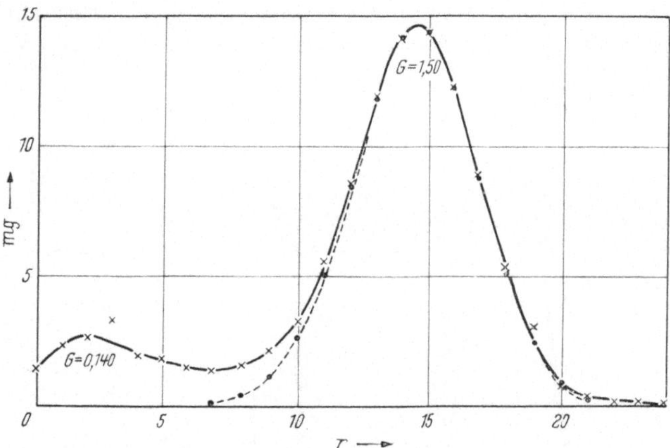

Abb. 19. 24 fache CRAIG-Verteilung eines Gemisches aus Taraxasterol und ψ-Taraxasterol (Isomerengemisch, $G = 1,50$). System Benzin (Kp. 150—175° C)/Methanol; $V = 5/6,8$. $G = 0,14$ ist eine Verunreinigung. —×— gefunden, - - · - - für G = 1,50 berechnet. (HECKER, 1953a.)

gewonnenen Verteilungskurve. Bezeichnet man mit r_{max} die Nummer derjenigen Fraktion, auf die das Maximum der Verteilungskurve entfällt, und mit n die Zahl der ausgeführten Verteilungsschritte, so ergibt sich G aus

$$G = \frac{r_{max} + 0,5}{n - r_{max} + 0,5}. \tag{15}$$

Der Zahlenwert für r_{max} wird aus dem Verteilungsdiagramm entnommen und braucht nicht ganzzahlig zu sein.

Bei großen n ($n > 100$) kann an Stelle von Gleichung (14) zur Berechnung der theoretischen Verteilungskurve eine Näherungsformel herangezogen werden. Eine ausführliche Anleitung sowie Hilfstabellen zur Berechnung theoretischer Verteilungskurven findet man bei HECKER (1954a).

Ist eine reine Substanz verteilt worden, so muß jede nach dem binomischen Ansatz berechnete Fraktion innerhalb der Fehlergrenze der Methode ($\pm$ 3%) mit dem experimentell ermittelten Substanzgehalt übereinstimmen, wenn die Verteilungsisotherme der Substanz linear ist. Es ist jedoch zu beachten, daß auch bei guter Übereinstimmung der theoretischen mit der experimentellen Kurve ein Gemisch aus zwei oder mehreren Substanzen vorliegen kann, die *gleiche* Verteilungszahlen haben. Dieser Fall tritt manchmal bei strukturell nahe verwandten Verbindungen auf.

Ein Beispiel dafür ist die in Abb. 19 dargestellte Verteilungskurve ($G = 1,50$), die weitgehend mit der theoretischen Kurve für $G = 1,50$ übereinstimmt. Trotzdem enthalten die Fraktionen ein Gemisch aus zwei isomeren Triterpenen, die sich nur durch die Lage der Doppelbindung unterscheiden. Häufig ist die Trennung derartiger Gemische in Systemen größerer Selektivität oder durch Anwendung von mehr Verteilungsschritten möglich.

Wenn bei der Reinheitsprüfung durch CRAIG-Verteilung *Abweichungen* der experimentellen von der theoretischen Verteilungskurve auftreten, so muß zunächst der Verlauf der Verteilungsisotherme überprüft werden (S. 68). Ist

sie linear, so kann mit Sicherheit auf die Anwesenheit einer oder mehrerer Verunreinigungen geschlossen werden. Auch durch Bestimmung von physikalischen
Konstanten in den Fraktionen links und rechts des Maximums der Verteilungskurve läßt sich die Reinheit der Substanz überprüfen. In vielen Fällen ist auch
die Anwendung der Papierchromatographie zur Kontrolle der Einheitlichkeit
der Fraktionen von Nutzen. Als Beispiel soll die Reinheitsprüfung eines Anti-
malariamittels ausführlich erläutert werden.

Plasmochin ist eine stickstoffhaltige Base, die als Antimalariamittel Verwendung findet; der Base kommt die untenstehende Konstitution (I) zu. Ein
Handelspräparat wurde vor der klinischen Anwendung durch Verteilung auf

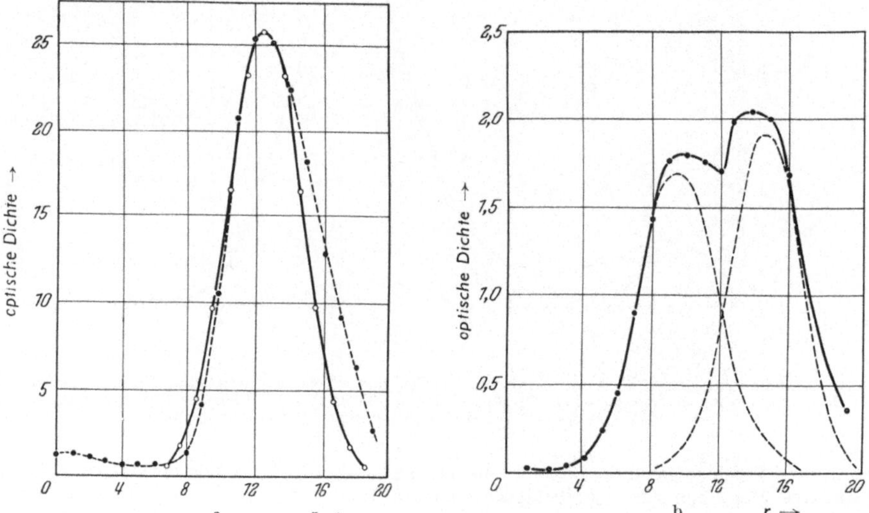

Abb. 20a u. b. Reinheitsprüfung von Plasmochin. Die Substanzmengen in den Fraktionen wurden durch
UV-Absorption bei 370 mμ gemessen. (Craig und Mitarbeiter, 1948.)

seine Reinheit geprüft (Craig und Mitarbeiter, 1948). Nach wiederholter Um-
kristallisation des Hydrojodids lag der Schmelzpunkt des Citrats bei 126—128° C
und veränderte sich bei weiterem Umkristallisieren nicht mehr. Die Analyse
ergab Werte, die in Übereinstimmung mit der Formel (I) waren. Das Präparat
hätte also als rein angesprochen werden können. Ein 19facher Grundprozeß im
System Cyclohexan/2,1 m Phosphatpuffer, p_H 5,33 ergab das Verteilungsdiagramm
Abb. 20a.

$$CH_3—CH—CH_2—CH_2—CH_2—N\diagup^{C_2H_5}_{\diagdown C_2H_5}$$

I

$$C_2H_5—CH—CH_2—CH_2—CH_2—N\diagup^{C_2H_5}_{\diagdown C_2H_5}$$

II

Die Abweichung der experimentellen von der theoretischen Verteilungskurve
in den Fraktionen 15—19 wird durch eine Verunreinigung verursacht, denn die

Bestimmung der Verteilungskoeffizienten ergab in den Fraktionen 9—11 konstante Werte, in den Fraktionen 15—19 dagegen Verteilungskoeffizienten, die etwa 3mal größer waren. Bei nochmaliger Verteilung der Fraktion 11 im gleichen System wurde eine Verteilungskurve erhalten, die mit der theoretischen Kurve übereinstimmte. Um die Verunreinigung in den Fraktionen 15—19 fassen zu können, wurde der Inhalt dieser Fraktionen ebenfalls einer zweiten Verteilung in demselben System unterworfen. Dabei erhielt man das Verteilungsdiagramm Abb. 20b, bei dem sich deutlich zwei Maxima abzeichnen. Das Citrat der Frak-

tionen 16 und 17 (Abb. 20b) hatte einen Schmelzpunkt von 136—139° C, das Citrat aus der Fraktion 12 (Abb. 20a) einen Schmelzpunkt von 126—128°C, der Mischschmelzpunkt der Citrate lag bei 118—133° C. Es konnte durch Syntheseversuche wahrscheinlich gemacht werden, daß es sich bei der Verunreinigung um ein Isomeres (II) des Plasmochins handelt.

Diese Art der Reinheitsprüfung wird häufig auch bei der Isolierung und Reindarstellung von Alkaloiden angewandt. So konnten aus den Wurzeln von Trypterygium wolfordii Hook zwei bisher nicht bekannte Esteralkaloide mit insekticider Wirkung isoliert werden (Beroza 1952). Die kristallisierten Substanzen erwiesen sich durch Craig-Verteilung als einheitlich und wurden mit den Namen Wilforgin und Wilfortrin belegt. Die Verteilungskurve für Wilfortrin ist in Abb. 21 wiedergegeben. In ähnlicher Weise wurden die verschiedensten Naturstoffe durch Craig-Verteilung auf ihre Einheitlichkeit ge-

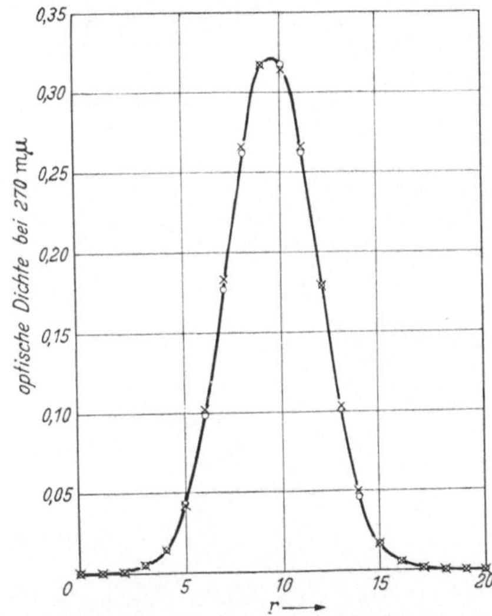

Abb. 21. Reinheitsprüfung von Wilfortrin durch Craig-Verteilung (Grundprozeß) im System Benzol/1,8%ige HCl; ×————× experimentelle Kurve, o————o berechnete Kurve. (Beroza 1952.)

prüft. Dabei ergab sich in vielen Fällen, daß Substanzen, die nach den üblichen Kriterien für rein gehalten wurden, in Wirklichkeit Gemische darstellten, deren Trennung mit den bisher bekannten Methoden nicht möglich war.

Literatur.

Ahrens, E. H., jr. and L. C. Craig: J. Biol. Chem. 195, 299 (1952).

Badgett, C. O., A. Eisner and H. A. Walens: J. Amer. Chem. Soc. 74, 4096 (1952).— Barry, G. T., Y. Sato and L. C. Craig: J. Biol. Chem. 174, 209 (1948); 188, 299 (1951).— Beroza, M.: J. Amer. Chem. Soc. 74, 1585 (1952).

Collander, R.: Acta chem. scand. 3, 717 (1949); 4, 1085 (1950). — Craig, L. C., and D. Craig: In Weissberger, Technique of Organic Chemistry, Vol. III, S. 171. New York: Interscience Pub. 1950. — Craig, L. C., W. Hausmann, E. H. Ahrens jr. and E. J. Harfenist: (a) Analyt. Chem. 23, 1326 (1951); (b) Analyt. Chem. 23, 1236 (1951). — Craig, L. C.: J. Biol. Chem. 155, 519 (1944). — Craig, L. C., H. Mighton, E. Titus and C. Golumbic: Analyt. Chem. 20, 134 (1948).

Golumbic, C., and M. Orchin: J. Amer. Chem. Soc. 72, 4145 (1950). — Golumbic, C., M. Orchin and S. Weller: J. Amer. Chem. Soc. 71, 2624 (1949). — Golumbic, C., and S. Weller: Analyt. Chem. 22, 1418 (1950).

Hecker, E.: (a) Z. Naturforschg. 8b, 77 (1953); (b) Chemie-Ingenieur-Technik 25, 505 (1953); (a) Verteilungsverfahren im Laboratorium. Weinheim/Bergstraße: Verlag Chemie 1954; (b) Chimia 8, 229 (1954); Österr. Chem. Ztg. 56, 3 (1955). — Hecker, E., u. K.

ALLEMANN: Angew. Chemie **66**, 557 (1954). — HECKER, E., u. P. KARLSON: Chemie-Ingenieur-Technik **25**, 397 (1953).

KEPES, A.: Bull. Soc. Chim. Biol. **35**, 1243 (1953).

LATHE, G. H., and C. R. J. RUTHVEN: Biochem. J. **49**, 540 (1951).

MARTIN, A. J. P., and R. L. M. SYNGE: Biochem. J. **35**, 1358 (1941). — v. METZSCH, F. A.: (a) Chemie-Ingenieur-Technik **25**, 66 (1953); (b) Angew. Chemie **65**, 586 (1953).

NERNST, W.: Theoretische Chemie, 11.—15. Aufl. Stuttgart: Ferd. Enke 1926.

O'KEEFFE, A. E., M. A. DOLLIVER and E. T. STILLER: J. Amer. Chem. Soc. **71**, 2452 (1949).

RAUEN, H. M., u. W. STAMM: Gegenstromverteilung. Berlin: Springer-Verlag 1953. — ROMETSCH, R.: Helv. Chim. Acta **33**, 184 (1950).

SCHEIBEL, E. G.: Chem. Eng. Progr. **44**, 681 (1948). — SIGNER, R.: Chimia **6**, 243 (1952); Dissertationen von W. RITSCHARD, Bern 1952, K. ALLEMANN, Bern 1953 und W. LEHMANN, Bern 1953.

WEYGAND, F.: Chemie-Ingenieur-Technik **22**, 213 (1950).

Die chromatographische Analyse in Säulen.

Von

G. Braunitzer.

Mit 22 Abbildungen.

A. Allgemeiner Teil.

I. Die Arten der chromatographischen Trennung.

Für die Entwicklung der modernen Chromatographie war die Beobachtung des Botanikers Tswett von Bedeutung: Er filtrierte einen Petrolätherextrakt von Blättern über eine Filterschicht von Calciumcarbonat. Beim Nachwaschen zeigte sich, daß die Farbkomponenten des Extraktes verschieden schnell durch das Filter wanderten. Durch mechanische Trennung der Filterschicht konnte er auf einfache Weise die einzelnen Komponenten in reiner Form gewinnen. Aber erst 25 Jahre später, als das Tswettsche Verfahren bei der Bearbeitung der Carotinoide entscheidend zur Erschließung dieses Gebietes beitrug (Kuhn, Lederer, 1931), wurde es Allgemeingut des Chemikers. Da es anfangs nur für Farbstoffe angewandt wurde, nannte man dieses Verfahren Chromatographie.

Im Wesen wird heute noch die Versuchsanordnung von Tswett angewandt: In einem Röhrchen (Abb. 1) wird ein gepulverter oder fein gekörnter Stoff von einer Flüssigkeit umspült. Das Gemisch wird im gelösten Zustand in den Füllkörper (Adsorbens) eingesaugt und mit geeignetem Lösungsmittel wird nachgewaschen. Hierbei stellt sich ein Gleichgewicht zwischen dem in Lösung befindlichen und an der Oberfläche des Adsorbens festgehaltenen Stoff ein, das immer wieder durch die vorbeifließende Flüssigkeit

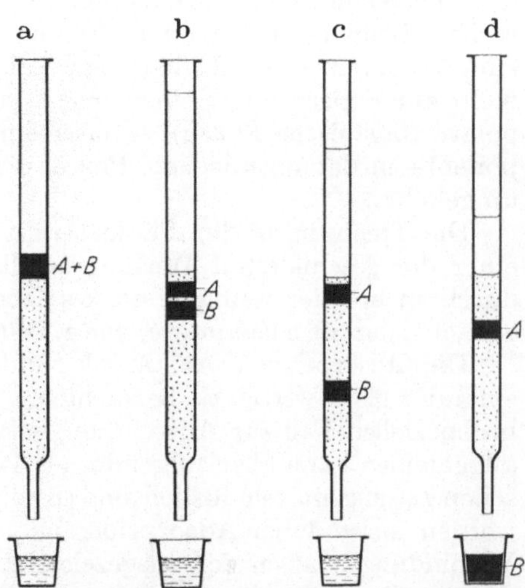

Abb. 1. Schematische Darstellung der chromatographischen Trennung der Substanzen A und B. a)Auftragung des Gemisches auf die Säule; b) Anfangsstadium der chromatographischen Analyse durch Nachspülen mit entsprechenden Lösungsmitteln: Beginnende Trennung der Substanzen A und B (*Entwicklung* des Chromatogramms); c) Substanz A und B vollständig getrennt. Durch Ausstoßen und mechanische Zerlegung der Säule und Auswaschen vom Adsorbens können die Komponenten in reiner Form gewonnen werden; d) Durch weiteres Nachwaschen kann die schnellwandernde Komponente gesondert im Durchlauf aufgefangen werden (Elution oder *Elutionsanalyse*).

gestört wird. Durch stetes Wiederholen dieses Grundvorganges können Stoffe, deren Gleichgewicht sich nur um wenig voneinander unterscheidet, voneinander getrennt werden.

Die Trennung kann durch drei verschiedene Wirkungen erreicht werden:
1. durch Adsorption (das klassische oder Tswettsche Verfahren); 2. durch Ionenaustausch; 3. durch Verteilung zwischen zwei flüssigen Phasen.

Die Trennung durch Adsorption. Der Trenneffekt beruht darauf, daß die
verschiedenen Komponenten eines Gemisches vom Füllkörper oder Adsorbens
verschieden stark, aber reversibel adsorbiert werden (Bildung von Nebenvalenz-
verbindungen an der Adsorptionsoberfläche). Je nach dem Grad der Wechselwirkung werden die einzelnen Komponenten schneller oder langsamer von der
Spülflüssigkeit mitgenommen und so voneinander getrennt.

Die Trennung durch Ionenaustausch. Das Füllmaterial besteht aus einem
festen hochpolymeren Polyelektrolyt (Säure oder Base). Die Trennung erfolgt
durch Ionenaustausch an der aktiven Oberfläche nach der Gleichung:

$$\text{Aust}^- \quad \text{H}^+ + \text{NaCl} \to \text{Aust}^- \text{Na}^+ + \text{HCl}$$
$$\text{Aust}^+ \text{OH}^- + \text{NaCl} \to \text{Aust}^+ \text{Cl}^- + \text{NaOH}$$

$\text{Aust}^- = $ Kationenaustauscher; $\text{Aust}^+ = $ Anionenaustauscher.

Die Austauscher sind entweder natürlichen Ursprungs, meist aber synthetische
Produkte (Polykondensate oder Polymerisate). Durch verschiedenen Grad der
Austausches werden die einzelnen Anionen bzw. Kationen stärker an der Säule
ausgetauscht und daher zurückgehalten. Dieses Verfahren eignet sich in erster
Linie zur Trennung geladener Moleküle in polaren, meist wäßrigen Lösungen.

Die Trennung durch Verteilung. Im Prinzip handelt es sich um eine multiplikative Verteilung. Der Trenneffekt wird durch Verteilung zwischen zwei meist
nicht mischbaren flüssigen Phasen erreicht. Der Füllkörper trägt im Gegensatz
zum Verfahren 1 und 2 nichts zur Auftrennung des Gemisches bei, er dient vielmehr zur Fixierung der einen (meist polaren) Phase, an der eine zweite, weniger
polare (organische Phase) vorbeiströmt. Je größer die Löslichkeit einer Komponente in der organischen Phase, desto schneller wird sie mitgenommen und
umgekehrt.

Die Trennung in der Säule beruht nur in seltenen Fällen ausschließlich auf
einer der geschilderten Wirkungen allein. In vielen Fällen wird die Trennung
durch mehr oder weniger starkes Überwiegen der einen Art, z. B. Verteilung,
erreicht, der oft eine andere, wie z. B. die Adsorption, überlagert ist.

Die Adsorptions-, Austausch- und Verteilungschromatographie sind unter-
einander gleichwertig zu betrachten. Welches der drei verschiedenen Verfahren
im speziellen Fall zur Anwendung gelangen soll, entscheidet die Erfahrung. Im
allgemeinen kann aber folgendes als Richtlinie gelten: Stoffe, die nur in organischen Lösungsmitteln löslich sind (Kohlenwasserstoffe, Terpene, Carotinoide u. a.),
werden meist durch Adsorptionsanalyse getrennt. Wasserlösliche und geladene
Verbindungen lassen sich ausgezeichnet durch Ionenaustausch trennen (organische
Säuren, Basen, anorganische Ionen). Substanzen, die in Wasser und organischen
Lösungsmitteln löslich sind, werden vorteilhaft durch Verteilungschromatographie
getrennt. Natürlich können aber manche Substanzen nach mehreren Verfahren,
z. B. durch Verteilungs- und Austauschchromatographie usw., mit Erfolg getrennt
werden.

Über den Einfluß des Molekelbaues auf die chromatographische Trennbarkeit
bei den einzelnen Chromatographie-Arten gibt die Tab. 1 Auskunft.

Richtig angewandt kann die Chromatographie als ein sehr schonendes Trennverfahren gelten. In nur relativ seltenen Fällen treten Veränderungen der Substanz während des Arbeitens auf. Die häufigsten Veränderungen werden bei der
Adsorptionschromatographie beobachtet, da adsorbierte Stoffe im allgemeinen
reaktionsfähiger sind. Von ganz wenigen Fällen abgesehen (z. B. Zerlegung von
Pikraten), ist dies aber nicht erwünscht. In solchen Fällen geht man am besten

Tabelle 1. *Der Einfluß des Molekelbaues auf die chromatographische Trennbarkeit. (Nach* TURBA *und* WIELAND.)

Strukturelle Unterschiede	Adsorption	Trennung durch Ionenaustausch	Verteilung
Molekelgröße	gut – mäßig	sehr gut	sehr gut – gut
Strukturisomere			
Ketten, Ringe	gut – mäßig	—	gut
Kettenverzweigung	gut – mäßig	mäßig	mäßig
Lage von Doppelbindungen	gut – mäßig	—	—
Räumliche Isomere			
cis-trans an Doppelbindung	gut – mäßig	gut	gut
cis-trans am Ring	sehr gut – mäßig	gut	gut
Optische Isomere	mäßig	mäßig	mäßig
Zahl der Doppelbindungen	sehr gut	—	gut
Konjugation der Doppelbindungen .	sehr gut – gut	gut	gut
Zahl unpolarer Substituenten	gut — mäßig	gut — mäßig	gut — mäßig
Zahl polarer Substituenten	sehr gut	sehr gut	sehr gut
Polarität der Substituenten	sehr gut	sehr gut	sehr gut

zu einem schwächer adsorbierenden Adsorbens über. In manchen Fällen genügt bereits, daß die Aktivität des Präparates herabgesetzt wird. Chemisch wurden Isomerisation, Polymerisation, Acetalisierung, Verseifung und Oxydation beobachtet. Bei Farbstoffen ist die Zersetzung meist von einer Farbveränderung begleitet. Eiweißstoffe werden von den meisten Adsorbentien denaturiert.

Bei reiner Verteilungschromatographie ist, sofern die zu trennenden Verbindungen im Lösungsmittel stabil sind, mit keinen Veränderungen zu rechnen[1].

II. Die drei Typen der Entwicklung der Banden bei der chromatographischen Analyse.

Wie oben erwähnt, unterscheidet man zwischen Adsorptions-, Austausch- und Verteilungschromatographie. Wie TISELIUS (1948) gezeigt hat, gibt es drei verschiedene Wege, die unabhängig vom physikalischen Grundvorgang zur Analyse und Trennung eines Stoffgemisches führen: a) durch Frontalanalyse, b) durch Auswasch- oder Elutionsanalyse und c) durch Verdrängungsanalyse.

a) *Die Frontalanalyse* (frontal analysis) wird dadurch erhalten, daß man eine oder mehrere Komponenten enthaltende Lösung solange durch die Säule laufen läßt, bis alle Komponenten im Durchlauf erscheinen (Abb. 2a). Eine vollständige Auftrennung ist nach diesem Verfahren nicht erreichbar. Lediglich ein Teil der zuerst austretenden Komponente kann auf diese Weise in reinem Zustand gewonnen werden. Die Bedeutung dieser Methode liegt darin, daß sie zur Prüfung auf die Einheitlichkeit einer Substanz herangezogen werden kann. Ferner erlaubt die quantitative Auswertung der Stufen (Höhe und Länge) die Berechnung der Zusammensetzung des ursprünglichen Gemisches.

b) *Die Elutionsanalyse* (elution analysis). Sie ist das bis heute meist angewandte Verfahren und in Abb. 1 bereits schematisch wiedergegeben (vgl. Abb. 2b). Dieses Verfahren entspricht der klassischen Methode von TSWETT. Eine kleine Menge des Gemisches wird in einem möglichst kleinen Volumen am oberen Ende der Säule eingebracht und hierauf mit geeignetem Lösungsmittel heruntergewaschen. Das Auflösungsvermögen nach dieser Methode hängt stark von der

---

[1] Über die Theorie der Chromatographie vgl. F. TURBA, Chromatographische Methoden in der Proteinchemie. Ferner die Symposia mit weiterer Literaturangabe. Angekündigt: A. J. P. MARTIN and A. J. JAMES: The Theory of Chromatography. Elsevier Publishing Comp. Amsterdam u. New York.

Form der Adsorptionsisotherme ab. Stellt sie eine Gerade dar (ideale Verteilung, verdünnte Lösung), d. h. besteht Proportionalität zwischen der Konzentration des Stoffes in Lösung und der adsorbierten Menge, so findet eine von der Konzentration des Stoffes unabhängige Wanderung durch die Säule statt. Dies ist aber insbesondere bei der Adsorptionsanalyse nicht der Fall, was ein Schwänzen (tailing) der Bande (stärkere Adsorption bei schwachen Konzentrationen) und hiermit unter Umständen eine beträchtliche Minderung des Auflösungsvermögens verursacht.

   c) *Die Verdrängungsanalyse* (displacement development). Der Nachteil des Schwänzens bei der Elutionsanalyse kann durch das gegenseitige Verdrängen der einzelnen Komponenten vermieden werden. Man adsorbiert wieder ein kleines Volumen des Gemisches am oberen Ende der Säule. Es wird nun dem reinen Lösungsmittel eine Substanz zugegeben, die stärker adsorbiert wird als jede der zu untersuchenden Komponenten. Die einzelnen Komponenten verdrängen sich gegenseitig, und zwar so, daß die stärker adsorbierte Komponente die jeweils schwächer adsorbierte vor sich hinwegschiebt (Abbildung 2c). Jede Komponente wandert mit einer ihr eigenen Konzentration und kann auf diese Weise identifiziert werden. Wie bei der Elutionsanalyse können auch nach diesem Verfahren die einzelnen Komponenten in reiner Form gewonnen werden.

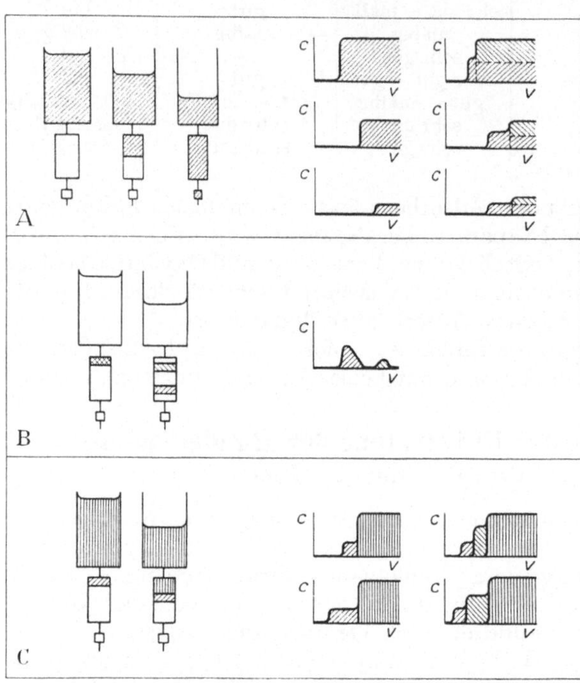

Abb. 2. Die drei Typen von Chromatogrammen. [Nach A. Tiselius: Endeavour 11, 41, (1952).]

   Die Elutionsanalyse wurde meist diskontinuierlich vollzogen. Das heißt, man verwende eine Anzahl von Lösungssystemen mit steigender Elutionskraft. Es zeigte sich aber, daß es vorteilhaft ist, die Erhöhung der Elutionskraft eines Lösungsmittels kontinuierlich zu vollziehen *(Gradienten-Elution)*. Hierbei wird eine bessere und vollständigere Trennung erzielt. Das Verfahren, das bei der Absorptions-, Austausch- und Verteilungschromatographie angewandt werden kann, gewinnt immer mehr an Bedeutung und ist bei der Durchführung der Elutionsanalyse dem diskontinuierlichen Verfahren unbedingt vorzuziehen.

   Auch die Verdrängungsanalyse wurde in letzter Zeit (Tiselius und Hagdahl, 1950) wesentlich durch Zwischenschalten von Trägern (carrier displacement development) verbessert. Um die Komponenten a und b quantitativ zu trennen, wird eine Substanz dem Gemisch $a + b$ beigegeben, die a verdrängt, selbst aber von b verdrängt wird. Durch das Einschalten eines solchen „Vakuums" zwischen den Zonen der Komponenten a und b wird eine saubere Trennung erreicht. Als

Träger dienen natürlich Substanzen, die leicht entfernbar sind (für Aminosäuren
z. B. verschiedene niedere Alkohole).

TISELIUS demonstrierte die Brauchbarkeit dieser Verfahren durch Untersuchungen an Aktivkohle. Sie sind aber nicht nur für die Adsorptionschromatographie anwendbar, sie können mit Erfolg auch bei Austausch- und Verteilungschromatographie verwendet werden. So sehr diese Arbeiten für die chromatographische Methodik von Bedeutung sind, sind sie bis heute relativ wenig verwendet worden. Für viele Untersuchungen jedoch ist die Entwicklung der Banden
nach einem anderen als dem Elutionsprinzip oft von Vorteil, so können z. B. bei
der Verdrängungsanalyse an Ionenaustauschern viel größere Substanzmengen
auf einmal getrennt werden, als dies beim Elutionsverfahren der Fall ist. In
Zukunft wird man sich sicherlich mehr als dies bis heute der Fall war dieser beiden
Arten der Bandenentwicklung bedienen. (Vgl. z. B. die theoretischen Betrachtungen über die vorteilhafte Anwendung der Verdrängungsanalyse in der Verteilungschromatographie bei MARTIN, 1950.)

III. Apparate und allgemeine Methodik.

1. Das Chromatographie-Rohr.

Man verwendete in den Anfängen der Chromatographie eine große Anzahl
von verschiedenen Typen an Chromatographieröhrchen. Heute werden nur noch
einige Standardtypen gebraucht, die in den Abb. 3—7 wiedergegeben
sind. Röhrchen mit Schliff und Fritte sind vorzuziehen. Für viele
Zwecke werden Sonderausführungen verwendet. Bei der Analyse
schwer zu trennender Substanzen empfiehlt es sich, mit einer Säule,
deren Länge das 30—100fache des Durchmessers beträgt, zu arbeiten.

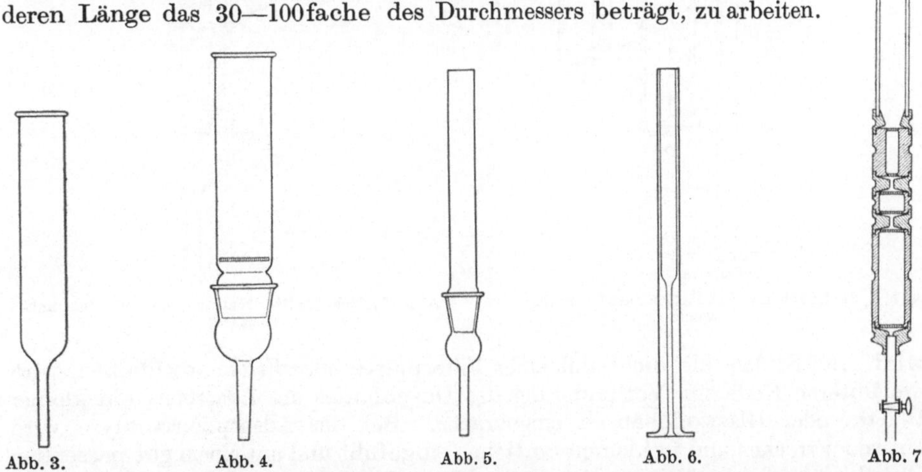

Abb. 3.   Abb. 4.   Abb. 5.   Abb. 6.   Abb. 7.

Abb. 3—7. Einige gebräuchliche Formen des Chromatographie-Rohres. Abb. 3. Grundform; Abb. 4. Chromatographie-Rohr nach KUHN und BROCKMANN; Abb. 5. Chromatographie-Rohr nach ZECHMEISTER; Abb. 6. Mikro-
ausführung nach SCHÖPF und BECKER (Kapillare Durchmesser 1 mm); Abb. 7. Mehrkammervorrichtung nach
TISELIUS und Mitarbeiter. (Aus Metall, innen vergoldet.)

Die Schärfe der Banden kann durch Hintereinanderschaltung von mehreren
Säulen mit immer kleinerem Volumen gesteigert werden. Abb. 8 zeigt eine
praktische Anordnung für präparatives Arbeiten. Drei große Säulen werden
hintereinander geschaltet zur Trennung von 280 g Ovalbuminhydrolysat. Die
Säulen sind mit Ionenaustauschern gefüllt, die erste ist am größten, die
letzte am kleinsten. Der optimale Effekt einer gekoppelten Säulenkolonne soll

bei drei Einheiten liegen. Ein gekoppeltes Säulensystem aus Glas für Chromatographie an Cellulosepulver ist in Abb. 9 dargestellt.

Für manche Trennungen ist der Einfluß der Temperatur von Bedeutung. Für Arbeiten bei erhöhten Temperaturen umgibt man das Chromatographierohr mit einem Wärmemantel in Form eines Liebig-Kühlers (Abb. 10 b). Eine andere einfache Vorrichtung unter Benutzung eines Bunsenbrenners ist in Abb. 10 a wiedergegeben.

2. Die Füllung und Herstellung der Säulen.

Bei der Herstellung der Säule, d. h. beim Einbringen des Adsorbens, ist besonders darauf zu achten, daß die Pakkung der Säule gleichmäßig vollzogen

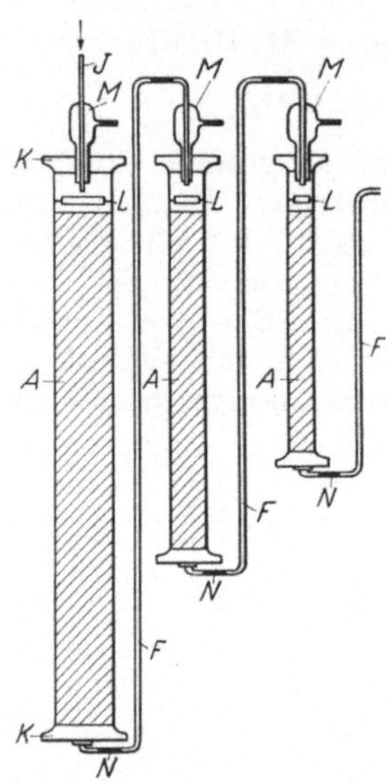

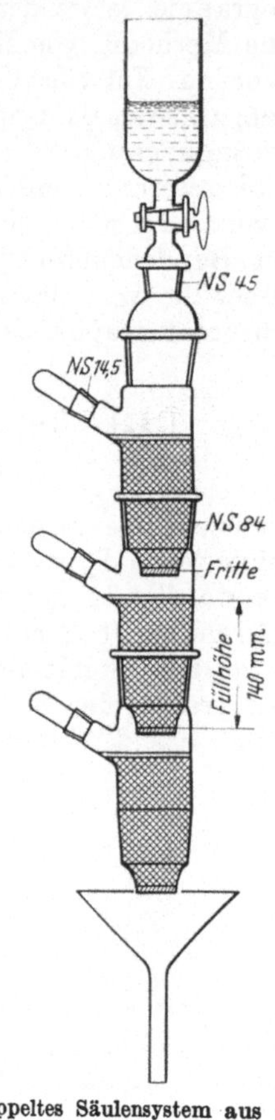

Abb. 8. Säulenkolonne nach Partridge für präparative Zwecke.

Abb. 9. Gekoppeltes Säulensystem aus Glas nach Wieland.

wird. Bei Säulen, die nicht mit einer Filterplatte oder Fritte abschließen, wird am unteren Ende zur Verhinderung des Durchlaufes des Adsorbens ein kleiner Watte- oder Glaswollebausch eingebracht. Bei der Adsorptionsanalyse wird entweder trocken und in kleinen Portionen eingefüllt und mit einem gut passenden Pistill unter gleichmäßigem Druck eingestampft, und hierauf das entsprechende Lösungsmittel (von oben) eingebracht, oder das Adsorbens wird in dem entsprechenden Lösungsmittel aufgeschlemmt und die Suspension in der Säule sedimentiert, wodurch eine gleichmäßige Packung erzielt wird. Das Einschlemmen empfiehlt sich besonders bei kleinen Säulen. Beim Einführen des Lösungsmittels in die Säule ist besonders darauf zu achten, daß keine Bläschen entstehen, da sonst eine gleichmäßige Wanderung der Banden nicht gewährleistet ist. Das Gewichtsverhältnis zwischen Füllkörper und dem zu trennenden Substanzgemisch beträgt im allgemeinen 1:50 bis 1:1000. Nur in besonderen Fällen (vgl. S. 123) kann sich das Verhältnis bis auf 1:6 herabmindern.

Die Herstellung der Säule zur Verteilungschromatographie beginnt mit der Fixierung der stationären Phase am Adsorbens. Jedoch sind viele Modifikationen möglich, die im entsprechenden Kapitel gesondert behandelt werden.

Ionenaustauscher werden fast ausnahmslos in die Säule eingeschlemmt. Auch hier empfiehlt es sich, die Herstellung der Säule schrittweise zu vollziehen. Der nicht zu zähe Brei des Austauschers wird in mehreren Portionen in die Säule gebracht, wobei das Nachfüllen des nächsten Anteils erst nach der Sedimentation der ersten erfolgt.

Das obere Ende der Säule muß eben sein und wird mit einem Filtrierpapier oder einer dünnen Schicht Glaswolle abgedeckt, um ein Aufwirbeln des Adsorbens zu verhindern. Es ist sorgfältig darauf zu achten, daß die Säule immer mit Flüssigkeit überschichtet bleibt und nicht eintrocknet.

3. Die Regulierung der Durchlaufgeschwindigkeit.

Die Durchlaufgeschwindigkeit eines Lösungsmttels ist genau einzuhalten. Dies gilt besonders für Verteilungs- und Austauschchromatographie, wo die Bandenbreite sehr von der Durchflußgeschwindigkeit abhängt. Man chromatographiert meist von oben nach unten, d. h. in Richtung der Erdschwere. Einige Autoren empfehlen das Drücken der Flüssigkeit von unten nach oben. Oft, aber nicht immer, ergibt sich von selbst aus dem Widerstand des Füllkörpers die günstige Durchflußgeschwindigkeit. Sonst muß sie durch Überdruck bzw. Unterdruck reguliert werden.

Ist der Widerstand des Adsorbens zu groß, so können gewisse Zusätze, z. B. bei der Adsorptionschromatographie, bereits den gewünschten Erfolg bringen (Glaspulver, Sand, Kieselgur). Ansonsten empfiehlt es sich, Überdruck anzuwenden (Unterdruck, z. B. Absaugen des Eluates durch Wasserstrahlpumpe, wird weniger empfohlen, da viele Lösungsmittel infolge

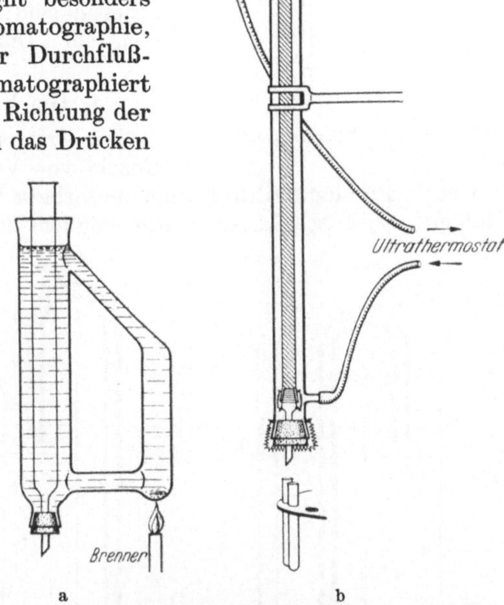

Abb. 10. Chromatographie-Rohre mit Mantel für Arbeiten bei erhöhten Temperaturen.

ihres niederen Siedepunktes eine Bläschenbildung im unteren Teil der Säule verursachen). Bei der Anwendung von Gasen zur Erzeugung des Überdruckes ist darauf zu achten, daß die Löslichkeit des Gases nicht zu groß ist, da sonst infolge des Druckgradienten in der Säule eine Entspannung und dadurch Bläschenbildung entsteht. Allgemein empfehlenswert sind Stickstoff und Luft. Kohlensäure darf bei organischen Lösungsmitteln aus oben erwähnten Gründen nicht genommen werden. Zur Erzeugung eines Überdruckes werden im allgemeinen Gasbomben oder Wasserstrahlgebläse verwendet. Kleine Drucke können auch vorteilhaft durch Membranpumpen erzeugt werden.

Zur Einstellung eines genauen und konstanten Druckes sind verschiedene sinnvolle Reguliervorrichtungen entworfen worden. In Abb. 11 ist ein einfaches Gerät dargestellt. Die Einstellung des Überdruckes wird durch die Höhe des Eintauchens des Glasröhrchens festgelegt. Das aus dem Überdruckgefäß ausfließende Gas perlt soweit nicht verbraucht, in langsamen Bläschen aus dem Quecksilbergefäß. Ist der Widerstand des Füllkörpers zu gering (bei kleinen Säulen), so wird entweder durch Schließen eines Hahnes am Ende der Säule oder durch eine Durchlaufbremse (Abb. 12c) der Fluß herabgesetzt.

Bei manchen Untersuchungen ist eine konstante Durchflußgeschwindigkeit erwünscht. Dies ist besonders bei längerem Chromatographieren nicht der Fall, da mit der Zeit eine stärkere Packung der Säule eintritt, aber auch das Niveau der Flüssigkeit verändert sich über der Säule. Für solche Fälle wurden von Vogt (1951) zwei sinnvolle Vorrichtungen angegeben, die in Abb. 12a und 12b wiedergegeben sind; a dient für absteigenden, b für aufsteigenden Durchfluß.

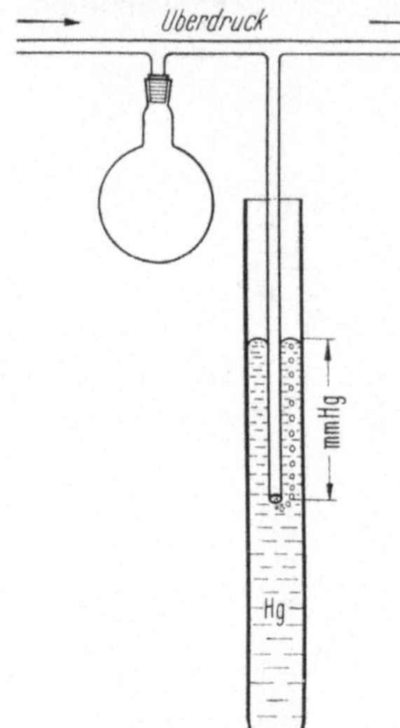

Abb. 11. Überdruckregler.

4. Die Verfolgung des Trennvorganges.

Zur Trennung farbloser Substanzen wurde eine Anzahl von Verfahren entwickelt, die es gestatten, je nach Problemstellung auch für farblose Substanzen den Trennvorgang zu verfolgen. Chemisch besteht die Möglichkeit, eine farblose Verbindung in ein

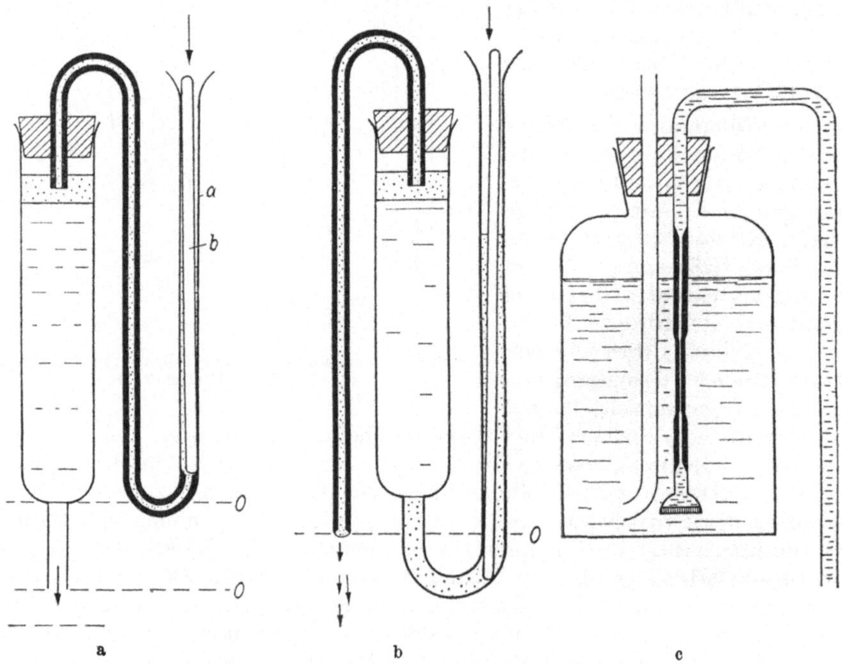

Abb. 12. Vorrichtung zur Konstanthaltung der Durchflußgeschwindigkeit und Durchlaufbremse.

gefärbtes Derivat überzuführen. Aldehyde und Ketone in 2,4-Dinitrophenyl-hydrazone, Alkohole durch Umsetzung mit Paraphenyl-azocarbonsäurechlorid und mehr.

Das einfachste Verfahren zum Nachweis einer farblosen Komponente in der Säule stammt von ZECHMEISTER. Die Säule wird nach Entwicklung ausgestoßen und mit einem oder mehreren feinen Strichen eines entsprechenden Reagenses entlang der Säule gepinselt, wobei durch Farbreaktion die Lage der gewünschten Komponente festgestellt werden kann. (Hauptsächlich bei Adsorptionschromatographie angewandt, vgl. Tab. 2.) Ein allgemein anwendbares Verfahren bildet die Messung des Brechungsindex der Flüssigkeit entlang der Säule durch Totalreflektion (CLAESSON, 1947).

Viele Substanzen fluorescieren im ultravioletten Licht, so daß die Wanderung bei Verwendung von UV-durchlässigen Chromatographieröhrchen durch Bestrahlung verfolgt werden kann. Nach BROCKMANN und VOLPERTS (1950) können

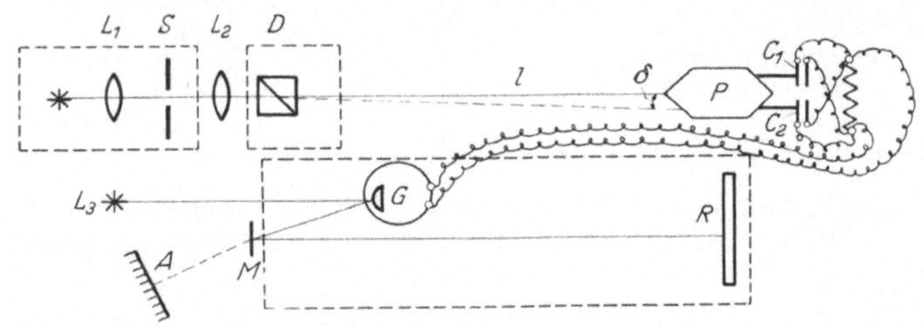

Abb. 13. Gerät zur automatischen Registrierung des Brechungsindex bei chromatographischen Untersuchungen. [S. CLAESSON: Ann. New York Acad. Sci. **42**, 195 (1948).] *D* Doppelprisma, innen hohl: In einem befindet sich die reine Elutionsflüssigkeit, durch das andere strömt das Eluat aus der Säule. Der Lichtstrahl fällt auf ein hexagonales Prisma *P* und wird halbiert. Die Lichtintensität wird durch zwei Photoelemente *C* und *C₂* gemessen, der Strom über ein Galvanometer *G* registriert. Der Durchfluß einer Komponente bewirkt eine Änderung von *n* des Lösungsmittels, wodurch der Strahl abgelenkt wird. Die Differenz der Lichtintensität, gemessen bei *C₁* und *C₂*, ist proportional der Änderung von *n*. Empfindlichkeit $2 \cdot 10^{-5}$.

Adsorbentien mit fluorescierenden Stoffen imprägniert werden. Die absorbierenden Komponenten werden durch Löschung der Fluorescenz als dunkle Banden sichtbar. Es wurden für verschiedene Wellenlängen verschiedene Stoffe ausgesucht, so daß das Verfahren bei Anwendung des entsprechenden Fluorescenzstoffes sehr geringe Substanzmengen an der Säule nachweisbar sind. Noch allgemeiner anwendbar sind verschiedene Leuchtfarben, die in geringen Mengen (1%) dem Absorbens beigemengt werden. Ihre starke Leuchtkraft bewirkt bei Bestrahlung eine Erhellung der ganzen Säule, die an den Stellen, die durch die einzelnen im UV adsorbierenden Komponenten besetzt sind, verdunkelt wird (BROCKMANN und BEYER, 1951). Als besonders geeignet wird der Leuchtstoff K4 Grün 1 (Dr. F. A. FRANKE, Frankfurt) und Leuchtfarbe SF 152 Rot (Auergesellschaft, Berlin) empfohlen.

Darstellung von Aluminiumoxydmorin: In 500 ml Methanol werden 500 g Aluminiumoxyd gerührt und unter kräftigem Rühren 300 mg Morin und 500 ml Methanol zugegeben. Nach Entfärbung der Flüssigkeit wird filtriert und bei 150° getrocknet. Besonders empfindlich im langwelligen UV (größer als 300 mμ). Auch für MgO und $CaCO_3$.

Darstellung von 3-oxypyren-trisulfonsaurem Aluminiumoxyd: 1 kg Aluminiumoxyd (nach BROCKMANN) wird in 2 n HCl suspendiert, nach 1 Std. abfiltriert, gewaschen und anschließend mit 400 ml Wasser, das 120 mg Natriumsalz der 3-Oxypyren-5,8,10-trisulfosäure enthält, suspendiert. Nach gründlichem Waschen wird bei 120—150° getrocknet. Während Morin-Aluminiumoxyd bei Bestrahlung mit Wellenlängen unterhalb von 275 mμ nur noch schwach leuchtet, zeigt dieses Präparat noch bei 214 mμ helle Fluorescenz.

Die kontinuierliche Verfolgung des Trennerfolges kann auch im Eluat durch Messung verschiedener physikalischer Größen durchgeführt werden. TISELIUS

Tabelle 2. *Reagentien zur Kenntlichmachung von Adsorptionszonen*[1].

Reagens	Zonenfarbe	Gefundene Verbindung
1. 1% p-Nitrobenzol-diazonium-fluorborat	gelb-rot	aliphatische und aromatische Amine, Benzidin, Naphthole
2. PbO_2 in 30%iger Essigsäure	blau oder grün	Benzidin, Naphthylamin
3. 0,0075 m $KMnO_4$ in 0,25 m NaOH	grün auf rosa	zahlreiche oxydable Verbindung.
4. Schiffsches Reagens	violett	Aldehyde
5. $SbCl_3$ in $CHCl_3$	blau	Vitamin A und Verwandte
6. 1% $Ce(SO_4)_2$ in 85%iger H_2SO_4	braun-blau-rot	Harnstoff, Urethane u. Derivate
7. 0,25% V_2O_5 in konz. H_2SO_4	braun-blau-rot	wie 6.
8. 1% $K_2Cr_2O_7$ in konz. H_2SO_4	braun-rot	wie 6.
9. 6n NaOH oder konz. KOH	farbig	Nitroverbindung
10. Zn-Staub und alkohol. NaOH	gelb	Nitrobenzol
11. Universalindicator		Säuren und Basen
12. Nickel-Dioxim-Reagens	rot	starke Basen
13. Jod-Stärke-Bromat-Reagens	blau	Säuren
14. Dimethylglyoxim	rot	Nickelsalze
15. Brom in CS_2	gefärbt	Amine
16. Dinitrophenylhydrazin in HCl	gelb	Ketone, Aldehyde
17. CS_2 + KOH + Nesslers Reagens	gelb	Alkohole
18. und Nessler-Test	negativ	Aceton, Nitromethan
19. 6n alkoholische NaOH-Nesslers Reagens	gelb	CS_2
20. Jod-Stärke-Acid-Reagens	blau	Sulfide
21. a) 0,25% Diphenylamin in konz. H_2SO_4 b) 6n NaOH	blau	Nitrate, Nitrite, Nitramine
22. 1% $NaNO_2$ in konz. H_2SO_4	blau	Diphenylamin und entsprechende Verbindungen
23. Griess-Test a) 0,5% Sulfanilsäure, 0,15% α-Naphthylamin in 30%iger Essigsäure b) 6n NaOH	rosa	Nitramine, Nitrite und Derivate
24. Benzol-Franchimont-Test a) Zn-Staub b) Benzol c) Griess-Lösung (23)	rosa	Cyclonit (Hexahydro-1,3,5-tri-nitro-s-triazin), Nitramine und Nitraminverbindungen
25. Schryver-Test a) Phenylhydrazin-HCl in H_2SO_4 b) 5%ige wäßrige $K_3[Fe(CN)_6]$-Lösung	rot	wie 24., Formaldehyd
26. Gesättigte Lösung von α-Naphthylamin in konz. HCl	rosa	N-Nitrosoverbindungen
27. Vongerichten-Test a) Gesättigte Lösung von 2,4-Dinitrochlorbenzol in Alkohol b) 6n NaOH	rot-orange	Pyridin
28. $CuSO_4$ + Br_2-Dampf	blau auf braun	Diarylamine und Triarylamine
29. a) Konz. H_2SO_4 b) + 6n NaOH	verschieden gefärbt	verschiedene Substanzklassen, Nitroso- u. Nitroverbindungen
30. Konz. HCl	gefärbt	verschiedene Verbindungen

Die jeweilige Ordnung der Reagentien bezeichnet die Reihenfolge, in der sie auf die Kolonne gepinselt werden. Die Empfindlichkeit liegt bei Konzentrationen von etwa 0,01 molar. Sie ist etwas abhängig vom Adsorbens und Lösungsmittel.

z. B. verwendet in seinen Arbeiten fast ausschließlich das Refraktometer. Im allgemeinen kann aber jede physikalische Größe je nach der Art der Chromatographie zur Registrierung herangezogen werden (Ultrarotabsorption, Ultra-

---

[1] Le Rosen, A. L., P. H. Monaghan, C. A. Rivet, E. D. Smith u. H. A. Suter: Analyt. Chem., Washington **22**, 809 (1950) [Angew. Chem. **63**, 33 (1951)].

violettabsorption, Radioaktivität, Leitfähigkeit, Wasserstoffionenkonzentration, optische Drehung u. a. mehr). Der apparative Aufwand für eine kontinuierliche Registrierung ist meistens sehr groß. Im allgemeinen wird daher so verfahren, daß das Eluat in eine größere Anzahl Fraktionen (am besten automatisch mit Fraktionssammler, s. unten) unterteilt wird und hierauf die einzelnen Fraktionen für sich untersucht werden. Sehr oft wird der Trennungserfolg chemisch durch eine spezifische Reaktion in einem aliquoten Teil einer Fraktion ermittelt. Zur Feststellung des Trennerfolges wird vielfach auch die Papierchromatographie herangezogen. Durch Tüpfeln der einzelnen Fraktionen und anschließendes Entwickeln im gegebenen System kann nach diesem Verfahren auch zwischen Stoffen unterschieden werden, die sich nicht durch eine chemische Farbreaktion, unterscheiden (z. B. die Trennung von Glykokoll und Alanin; beide reagieren gleichartig mit Ninhydrin. Die An- oder Abwesenheit der einen läßt sich aber papierchromatographisch ohne weiteres feststellen).

5. Der Fraktionssammler.

Bei der Elutionsanalyse werden die Substanzen im Durchlauf gesondert aufgefangen und voneinander getrennt. Der Wechsel der Vorlage geschah lange Zeit durch die Hand. Viele moderne chromatographische Analysen erstrecken sich aber über mehrere Stunden und Tage. Eine hierdurch nötig gewordene Mechanisierung der Arbeit wurde von MOORE und STEIN (1948) durch die Einführung des sog. Fraktionssammlers (fraction collector) durchgeführt. Das Gerät besteht in seinem Wesen aus zwei Teilen: a) dem sog. Kollektor, einer kreisförmigen drehbaren Platte, die eine größere Anzahl konzentrisch oder spiralenförmig angeordnete Auffanggefäße trägt und die Elutionsflüssigkeit aufnimmt; b) der eigentlichen Fraktioniervorrichtung, die das aus dem Chromatographierohr ausfließende Eluat in viele gleiche Untereinheiten unterteilt, und den einzelnen Auffanggefäßen zuteilt. Hierdurch werden die einzelnen Komponenten voneinander getrennt und gesondert aufgefangen (Abb. 14).

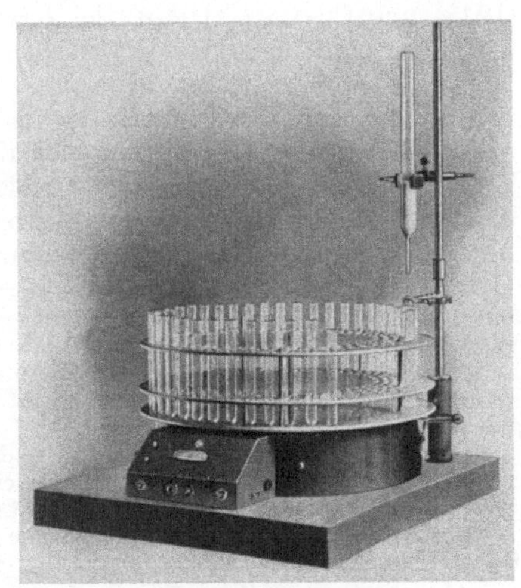

Abb. 14. Fraktionssammler.

Die Fraktionierung geschieht bei Unterteilung in kleine Volumina meist durch Zählung der Tropfen. Die aus dem Chromatographierohr austretenden Tropfen werden durch eine geeignete Vorrichtung photoelektrisch, elektrisch oder mechanisch gezählt. Nach Erreichung einer bestimmten Tropfenzahl bewirkt ein geeigneter Mechanismus die Weiterschwenkung des Rotors um einen Schritt, die Flüssigkeit wird einem neuen Auffanggefäß zugeteilt.

Da die Tropfengröße sehr variabel ist und auch bei sonst konstanten Versuchsbedingungen stark von der Natur des Lösungsmittels abhängt, sind die Fraktionen besonders bei der Adsorptionsanalyse, wo öfter die Elutionsflüssigkeit gewechselt wird, verschieden groß. Die Reproduzierbarkeit der Versuchsergebnisse und besonders der Charakterisierung einer Substanz durch ihr Verzögerungsvolumen wird hierdurch sehr erschwert. In solchen Fällen empfiehlt es sich, die Unterteilung eines Eluates in Einheiten konstanten Volumens durchzuführen. Bei vielen Untersuchungen wird diese Unterteilung durch Schwenkung des Kollektors nach konstanten Zeiteinheiten bewirkt. Wird die Durchflußgeschwindigkeit der Elutionsflüssigkeit durch geeignete Vorrichtung konstant gehalten, so ist bereits nach diesem Verfahren eine relativ gleichmäßige Fraktionierung erreichbar. [Zur Selbstherstellung: z. B. Analyt. Chemistry 25, 1423 (1953), mit weiteren Rückzitaten.[1]]

B. Spezieller Teil.

I. Die Durchführung der Adsorptionsanalyse.

1. Die Adsorbentien.

Bei der Durchführung der Adsorptionsanalyse ist der Aktivität und Korngröße des Präparates besondere Aufmerksamkeit zu schenken (Vergl. dazu Tab. 6, S. 118). Die Aktivität der Produkte schwankt oft innerhalb eines großen Bereiches. Sie hängt vom Ausgangsmaterial und dessen Vorbehandlung ab. Für viele Adsorbentien, insbesondere Aluminiumoxyd, werden einfache empirische Aktivitätsstufen angegeben.

Adsorptionskohle (Aktivkohle). Diese wurde besonders von Tiselius (1948) und Claeson (1946) viel verwendet. Das Präparat muß vor Gebrauch je nach Verwendungszweck vorbehandelt werden. Durch Kochen mit 20%iger Essigsäure werden stickstoffhaltige Verunreinigungen entfernt. Die Oxydation von Substanzen an der Oberfläche der Kohle, die durch Metallspuren verursacht wird, kann durch Behandlung mit KCN, Ephedrin oder durch Sättigung der Elutionsflüssigkeit durch H_2S vermieden werden. Die Aktivität der meisten Kohlensorten ist sehr groß. Die aktivsten Zentren können durch Behandlung mit Phenol, Pyridin oder höheren Fettsäuren entfernt werden.

Darstellung von Aktivkohle nach Schramm *und* Primosigh *(1943).* Aktivkohle (Carbo activatus granulatus Schering) wird zerkleinert, gesiebt und in 10—20facher Menge 20%iger Essigsäure gekocht, zentrifugiert und mit heißem Wasser gewaschen. Das Präparat wird hierauf einige Minuten mit einer KCN-Lösung (50 mg KCN in 50 ml H_2O) bei Zimmertemperatur behandelt und abermals mehrfach mit heißem H_2O gewaschen, getrocknet und in einem gut verschlossenen Gefäß aufbewahrt.

Bekannte Handelssorten: Carbo medicinalis, Merck; Carbo activatus granulatus, Schering; Darco G 60, S 51, Norit (American Norit Comp., Inc. Jacksonville,) Suchar and Nuchar [West Virginia Pulp a. Paper Comp., New York]).

Der Anwendungsbereich der Aktivkohle ist vielseitig; Aminosäuren, Peptide, Fettsäuren, Fettsäureester, Dicarbonsäure, Zucker u. a. m.

Aluminiumoxyd ist das meist verwendete Adsorbens. Darstellung durch Glühen von Tonerde mit alkalischen Zusätzen. Die Aktivität der Präparate variiert sehr stark. Sie hängt, abgesehen von der Darstellung, in erster Linie vom Wassergehalt des Präparates ab. Frisch geglühtes, wasserfreies Aluminiumoxyd besitzt die höchste Aktivität. Viele Trennungen sind aber, wie Brockmann zeigen konnte, bei niederen Aktivitätsstufen besser durchzuführen, auch können viele Substanzen, die bei höheren Aktivitätsstufen zersetzt werden (z. B. Azulene), bei niederen Aktivitäten ohne weiteres mit gutem Erfolg gereinigt werden. Es muß daher bei chromatographischen Analysen eines Gemisches ein definierter Aktivitätsgrad eingestellt werden. Am genauesten ist dies zweifellos zahlenmäßig durch die Messung der Adsorptionsisothermen geeigneter Stoffe möglich. Dies ist aber für die Laboratoriumspraxis zeitraubend.

---

[1] Handelsgeräte: Technicon Chromatography Corp., New York: Shandon Scientific Company, London.

Für praktische Zwecke haben BROCKMANN und SCHODDER (1941) ein einfaches empirisches Verfahren angegeben: Sie teilen willkürlich die Aktivität des Aluminiumoxydes in 5 Stufen, die durch das chromatographische Verhalten verschiedener stark absorbierender Stoffe definiert werden. Der Aktivitätsgrad I bedeutet hierbei die größte, die Aktivität V die kleinste Aktivität des Präparates.

a) Testfarbstoffe.
1. Azobenzol F 68° (aus Äthanol umkristallisiert).
2. p-Methoxyazobenzol F 55° (aus Methanol zweimal umkristallisiert).
3. p-Oxyazobenzol F 53° (aus Benzol-Benzin umkristallisiert).
4. p-Aminoazobenzol F 127° (aus Benzin umkristallisiert).
5. Benzolazonaphthol (2), Sudangelb F 134° (aus Methanol umkristallisiert).
6. Sudan III (Sudanrot) F 184° (aus Essigester).

Die Testlösungen werden durch Lösen von 20 mg des betreffenden Farbstoffes in 10 ml Benzol (über KOH dest.) und Auffüllen auf 50 ml dargestellt.

Bestimmung der Aktivität. In einem Chromatographierohr (20 cm hoch, Durchmesser 15 mm) wird unten ein Wattebausch angebracht und darauf 5 cm hohe Schicht des auf die Aktivität zu untersuchenden Präparates, auf das noch ein dünner Wattebausch oder Filtrierpapierscheibe gelegt wird. Dann setzt man das Röhrchen mit Hilfe eines seitlich eingenarbten Korkens auf ein Kölbchen und gießt 10 ml des Farbstoffes auf die Säule. Die Durchlaufgeschwindigkeit beträgt 20—30 Tropfen pro Minute. Bevor der Anteil in die Säule eingesickert ist, beginnt man mit dem Nachgießen des Lösungsmittels (1 Vol. Benzol + 4 Vol. Benzin), von dem bei allen Proben 20 ml zum Entwickeln des Chromatogramms benutzt werden (s. Tab. 3).

Tabelle 3. *Schema der Prüfung auf Aktivität nach* BROCKMANN.

	Aktivitätsstufe							
	I	II		III		IV		V
	Nr. der Testlösung							
	1	1	2	2	3	3	4	5
Lage der Farbstoffe in der Säule	p-Methoxyazobenzol Azobenzol	p-Methoxyazobenzol	Sudangelb p-Methoxyazobenzol	Sudangelb	Sudanrot Sudangelb	Sudanrot	p-Aminoazobenzol Sudanrot	p-Oxyazobenzol p-Aminoazobenzol
Filtrat		Azobenzol			p-Methoxyazobenzol		Sudangelb	

Die römischen Ziffern der Tab. 3 bedeuten den Aktivitätsgrad nach BROCKMANN. Die beiden Querstriche sollen den oberen und den unteren Rand der chromatographischen Säule versinnbildlichen. Die zwischen den Strichen stehenden Namen der Farbstoffe sollen anzeigen, wo sich ihre Zonen nach der Entwicklung des Chromatogramms in 20 ml Entwicklungsgemisch in der Säule befinden. Ist ein Farbstoff bei der Entwicklung in das Filtrat durchgelaufen, so steht sein Name unter dem Strich. Die arabischen Ziffern der einzelnen Säulen bezeichnen die verwendeten Farbstoffgemische. Man sieht, daß die Aktivität so abgestuft ist, daß ein Farbstoffgemisch, das sich bei einem Präparat in zwei untereinanderliegenden Zonen auftrennt, bei der nächsten schwächeren Aktivitätsstufe so zerlegt wird, daß sich die eine Komponente im Filtrat befindet.

Ein sehr einfaches Verfahren zur Bestimmung der Aktivität, durch Sättigung des Aluminiumoxydpräparates, wurde von HESSE und Mitarbeiter (1952) angegeben. Sie wird definiert durch die sog. Azobenzolzahl.

In einem kleinen Kölbchen mit Schliffstopfen werden 0,5 g Aluminiumoxyd mit 3 ml einer 0,1 mol-Lösung von reinstem Azobenzol in absolute Cyclohexan übergossen und mehrfach umgeschüttelt. Nach etwa 1 Std. wird abzentrifugiert und 1 Teil der klaren Lösung in die 5-mm-Küvette des PULFRICH-Photometers von Zeiss eingegossen, die sofort zu bedecken ist. Die Extinktion wird mit dem Filter L II gegen reines Cyclohexan gemessen, der Verlust an Azobenzol festgestellt (Alkohol) und hieraus nach der Formel

$$x = \frac{a}{n}(C_1 - C_2)$$

die adsorbierte Menge in Mol/g Adsorbens (x) berechnet.

Es bedeuten a Volumen der Farbstofflösung in ml, n Adsorbens in g, C_1 die Anfangs- und C_2 die Endkonzentration der Farbstofflösung in Mol/ml.

Das von Müller (1943) angegebene kolorimetrische Verfahren ist auch allgemein anwendbar und genau, aber zeitraubend.

Die Abstufung der Aktivitäten des Aluminiumoxyds: Die meisten Handelspräparate besitzen bereits die höchste Aktivitätsstufe. Ist dies nicht der Fall, so wird das Präparat unter häufigem Umrühren im Eisentiegel geglüht und im Exsikkator erkalten lassen. Die niedereren Aktivitätsstufen können durch Stehenlassen an freier feuchter Luft (z. B. im Keller) auf niedere Stufen gebracht werden (empirisches Testen nach verschiedenen Zeitintervallen). Noch einfacher ist die Zugabe von Wasser: Man pipettiert in einem verschließbaren Gefäß die erforderliche Menge Wasser, verteilt es durch Schwenken an der Glaswand und fügt das Aluminiumoxyd hinzu. Das Gleichgewicht ist nach einigen Stunden, spätestens aber über Nacht erreicht. In der Tab. 4 sind verglichen die Aktivitätsstufen nach Brockmann und die Azobenzahl nach Hesse. Ferner sind in der Tabelle enthalten die Prozente an Wasser, die nötig sind, um ein Aluminiumoxydpräparat von einer höheren auf eine niedere Stufe zu bringen.

Tabelle 4. *Vergleich der Azobenzolzahl, der Aktivitätsstufe nach* Brockmann *und Wasserzusatz von Aluminiumoxyd.*

Wasserzusatz (%)	Aktivitätsstufe nach Brockmann und Schodder	Azobenzolzahl (10^{-5} Mol/g)
0	I	26
3	II	21
6	III	18
10	IV	13
15	V	0

Bekannte Handelssorten: Aluminiumoxyd Merck (standardisiert nach Brockmann), Aluminiumoxyd — Woelm-Eschwege: (Neutral, sauer, basisch) wird standardisiert mit der Aktivitätsstufe I geliefert und kann durch direktes Hinzufügen von Wasser ohne umständliches Testen auf den entsprechenden Aktivitätsgrad gebracht werden. Hydralo, Tonfasererde, verschiedene Aluminiumoxydpräparate (weniger aktiv).

Adsorbierendes Silikagel. Sehr starkes Adsorptionsmittel, jedoch ist die Aktivität je nach Herkunft und Darstellung sehr verschieden. Am besten eignet sich für die chromatographische Analyse die Nachbehandlung mit einem käuflichen Produkt.

Bleicherden, natürliche saure Aluminiumsilikate, die zur Entfärbung der Öle Verwendung finden, besitzen meist starke Adsorptionsfähigkeit; durch mehrfaches Kochen mit 3 n-HCl je 5 min kann die Aktivität vermindert werden. Aktivierung durch Erhitzen auf 120°: Anwendung: Pterine, Sterine u. a. Handelssorten, Frankonit KL., Floridin XXF, Fullererden (Lloyds Reagens), Filtrol u. a.

Calciumoxyd, viel verwendetes Adsorbens, nur in wasserfreien Lösungsmitteln brauchbar.

Calciumcarbonat, bereits von Tswett verwendet, vielseitig verwendbar, wird zur Standardisierung vor Gebrauch auf 150° erhitzt.

Calciumsulfat, schwaches Adsorbens, auch in wäßrigen Lösungsmitteln verwendbar.

Calciumphosphate, schwach adsorbierend, mehrfach auch zur Reinigung von Enzymen verwendet.

Magnesiumsilikate, natürliche und aktivierte Mg-Silikate, werden öfter vorteilhaft für verschiedene Substanzen, z. B. Steroide, zur Trennung herangezogen.

Talkum, sehr feinkörnig, daher sehr langsame Durchlaufgeschwindigkeiten. Besonders geeignet für Phenole und Polynitroverbindungen.

Zinkcarbonat, vielfach verwendet.

Magnesiumcarbonat.

Zinksulfid.

Chrom III-Oxyd.

Kieselgur, sehr schwach adsorbierend. Wird hauptsächlich infolge seiner guten Porosität als Beimengung bei anderen Absorbentien zur Erhöhung der Durchlaufgeschwindigkeit genommen.

Kohlenhydrate, sehr viel verwendet, sehr schwache Adsorbentien (Puderzucker, Inulin, Zellulose, Stärke).

Über die relative Aktivität der Adsorbentien läßt sich erfahrungsgemäß folgende Reihenfolge aufstellen: Kieselgel > Bleicherden > Magnesiumsilikate > Aluminiumoxyd sauer > Aluminiumoxyd basisch > Chrom III-Oxyd > Zinksulfid > Aluminiumoxyd Merck > Calciumoxyd > Calciumcarbonat > Calciumsulfat > Calciumphosphat > Talkum > Kohlenhydrate.

Soll mit unbekannten Substanzen chromatographiert werden, so beginnt man am besten mit Aluminiumoxyd (Merck), und geht, je nachdem die Substanz zu stark oder zu schwach adsorbiert wird, zu einem schwächeren oder stärkeren Adsorbens über.

2. Die Lösungsmittel.

Die bei der Adsorptionsanalyse verwendeten Lösungsmittel müssen in sehr großem Reinheitsgrad benutzt werden. Alle Lösungsmittel müssen redestilliert werden und in trockenem, wasserfreiem Zustand zur Anwendung kommen. Von Verunreinigungen ist besonders auf die zu achten, die die Elutionskraft des gewählten Elutionsmittels erhöhen (Alkohole, Wasser, Säuren), oder die Aktivität des Adsorbens erniedrigen.

Über die Anwendung der einzelnen Lösungsmittel bestehen folgende Regelmäßigkeiten (TRAPPE, 1940; STRAIN, 1947; JACQUES und MATHIEU, 1946):

Wie TRAPPE zeigen konnte, ist die Elutionskraft eines organischen Lösungsmittels bei polaren Adsorbentien proportional der Dielektrizitätskonstante. Er stellte auf Grund seiner Versuche die sog. und hier erweiterte Eluotropereihe der Lösungsmittel auf: Petroläther > Benzin > Hexan > Schwefelkohlenstoff > Trichloräthylen > Benzol > Chlormethylen > Chloroform > Äther > Essigester > Aceton > Propanol > Äthanol > Pyridin > Wasser > organische Säuren > Phenol.

Das jeweils rechts stehende Lösungsmittel besitzt eine größere Elutionskraft als das links von ihm stehende. Man beginnt daher den Versuch immer mit einem möglichst weit vorn stehenden Lösungsmittel, z. B. Petroläther, und geht, falls keine Wanderung eingetreten ist, weiter nach rechts über.

Für unpolare Adsorbentien (Aktivkohle) in polaren Lösungsmitteln wird die Elution durch organische Lösungsmittel erhöht (TISELIUS).

3. Einige Beispiele zur Adsorptionschromatographie.

Die Abtrennung der aromatischen Aminosäuren.

(SCHRAMM und PRIMOSIGH, 1943.)

In einem Chromatographieröhrchen von 12 mm Durchmesser und einer Länge von 250 mm werden 2 g Aktivkohle (Darstellung s. S. 106), die durch ein Sieb mit der Maschenzahl 28/cm² von gröberen Anteilen befreit wurde, gebracht. Die Säulenhöhe beträgt 4 cm. Aminosäuren oder das von Salzsäure gut befreite Hydrolysat eines Proteins werden in 5 ml 5%iger Essigsäure gelöst. Nachdem 50 ml 5%ige Essigsäure die Säule passiert haben, wird das Aminosäuregemisch auf die Säule gebracht und mit 2—3 ml Essigsäure nachgewaschen. Tropfgeschwindigkeit 5—10 Tropfen/min. In den ersten 50 ml des weiteren Durchlaufes (5%ige Essigsäure) befinden sich sämtliche Aminosäuren mit Ausnahme der aromatischen. Die Gewinnung derselben durch Elution geschieht mit 100 ml 5%iger phenolischer Lösung in 20%iger Essigsäure. Das Verfahren ist sehr selektiv und gestattet auch weitgehend die Abtrennung aromatischer Peptide aus einem Partialhydrolysat (Sanger, 1951).

Die chromatographische Auftrennung der Zucker über Aktivkohle.

(Whistler und Durso, 1950.)

Das Verfahren ist sehr geeignet zur Trennung von Mono-, Di- und Trisacchariden. Die Zucker werden in wäßriger Lösung an Aktivkohle adsorbiert und durch Alkohol, Aceton oder verdünnte Säuren selektiv eluiert.

Durchführung. Darco G 60 und Celite 535 werden zu gleichen Teilen vermischt und in ein Chromatographierohr von 34 mm Durchmesser und 170 mm hoch aufgetragen. Vor Zugabe der Zuckerlösung wird die Säule mit 150 ml Wasser angefeuchtet. Das in Wasser gelöste Zuckergemisch (5—10%ige Lösung, Gesamtmenge je Komponente etwa 1 g, unter Umständen auch mehr) wird in die Säule eingesaugt. Wie an Modellversuchen festgestellt werden konnte, stören auch größere Mengen an Salz nicht: Sie laufen ohne Verzögerung durch die Säule und werden in den ersten Fraktionen aufgefunden. Der Durchlauf wird in Portionen zu je 100 ml aufgefangen (z. B. Fraktionssammler). Man entwickelt erst mit Wasser und trennt hierauf die verschiedenen Zuckerarten mit stärker eluierenden Lösungsmitteln (Alkohol, Aceton, Essigsäure). Der Trennungsvorgang wird polarimetrisch verfolgt. Monosaccharide (Glucose, Galaktose, Mannose, Xylose, Arabinose, Fructose und Rhamnose) werden durch Waschen mit 800 ml Wasser quantitativ im Eluat wiedergefunden. Disaccharide, Maltose, Melibiose, Laktose, Saccharose und Trehalose werden durch Wasser kaum, aber durch 1 l 5%iges Äthanol eluiert. Trisaccharide, z. B. Raffinose, werden erst durch 500 ml 5%iges Äthanol eluiert. Ein Gemisch von je 1 g Glucose, Maltose und Raffinose konnten auf diese Weise quantitativ getrennt und in kristallisierter Form gewonnen werden. Ausbeute 90—99%.

Auf ähnliche Weise gelang Tiselius die Auftrennung der Schardingerschen Dextrine (Gradienten, Elution, kontinuierliche Erhöhung des Alkoholgehaltes einer wäßrigen Lösung). (Vgl. auch Bd. 2 dieses Handbuchs.)

Die Trennung der Blattpigmente.

(Winterstein und Stein, 1934.)

3—4 frische Spinatblätter werden in ein Gemisch von Benzin-Benzol-Methanol (4:5:15) gebracht und nach 1 stündigem Stehen filtriert. Durch öfteres Waschen im

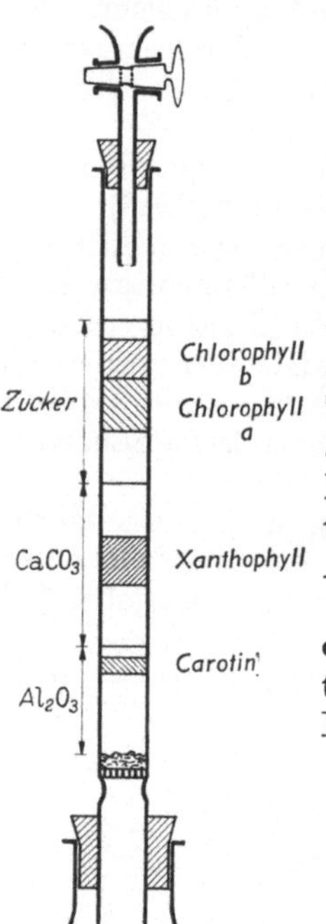

Abb. 15. Chromatogramm der Blattpigmente.

Scheidetrichter wird hierauf der Methylalkohol entfernt und die restliche Lösung über Natriumsulfat getrocknet. Die chromatographische Analyse wird in einem Rohr von etwa 20 cm Länge und 1 cm Durchmesser durchgeführt. Es werden in die Säule aufgebracht: 1. Aluminiumoxyd nach BROCKMANN, 2—3 cm hoch; 2. Calciumcarbonat, das kurz zuvor bei 150° getrocknet wurde (4 cm) und 3. fein gesiebter Puderzucker (5—7 cm). Die Säule wird durch schwaches Saugen mit Benzin benetzt. Hierauf wird die getrocknete Pigmentlösung in die Säule gebracht.

Wenn die Farbstofflösung bis auf einen geringen Rest durchgelaufen ist, entwickelt man das Chromatogramm durch Nachwaschen mit Benzin-Benzol 4:1. Die schematische Darstellung des Chromatogramms ist aus Abb. 15 ersichtlich. Die einzelnen Komponenten können durch Ausstoßen und mechanische Zerlegung in reiner Form gewonnen werden. Man löst am besten die Farbstoffe in Äther, dem wenig Methanol zugesetzt wurde, heraus (s. auch Bd. 4 dieses Handbuches).

Isolierung von Capsanthin, Capsorubin und Zeaxanthin und Kryptoxanthin aus Paprika.

(ZECHMEISTER und v. CHOLNOKY, 1934.)

200 g Paprikahäute werden mit 1,5 l leichtem Petroläther perkoliert. Der Auszug wird nach dem Überführen in den Äther mit methanolischem Alkali verseift. Der Ätherauszug wird mehrfach mit Wasser alkalifrei gewaschen, eingedampft und in Schwefelkohlenstoff aufgenommen. Die Auftrennung der Farbstoffe geschieht über Calciumcarbonat (10 Röhrchen, Durchmesser 3 cm). Das Chromatogramm zeigt folgendes Bild (Elutionsmittel, Schwefelkohlenstoff, links Bandenbreite in mm):

5 braun;

20 rötlich braun;

0,2 gelber Strich;

5 violett *Capsorubin*;

5 kanariengelb;

20 violett *Capsanthin*:

5 verschiedenfarbige dünne Striche;

5 orangengelb *Zeaxanthin*;

0,2 violett;

10 orangengelb: *Kryptoxanthin*;

im Filtrat β-Carotin;

Elution und Kristallisation der Banden nach Extraktion mit alkoholischem Äther (vgl. auch Bd. 3 dieses Handbuches).

Die Trennung von Vanillin und Piperonal.

Gleiche Teile von Vanillin (Schmelzpunkt 80,5°) und Piperonal (Schmelzpunkt 33°) werden aus Benzol an Morin-Aluminiumoxyd von der Aktivitätsstufe IV nach BROCKMANN adsorbiert. Der Trennvorgang wird durch Bestrahlung mit UV-Licht verfolgt. Beim Nachwaschen mit Benzol geht das Piperonal in das Filtrat. Der Verdampfungsrückstand des Filtrates schmolz bei 34°. Aus der deutlich erkennbaren oberen Zone wurde Vanillin mit Schmelzpunkt 80° erhalten.

II. Die Durchführung der Verteilungsanalyse.
1. Allgemeines.

Die Verteilungschromatographie wurde von Martin und Synge (1941) bei Untersuchungen zur Trennung von Wollhydrolysaten aus der Gegenstromextraktion entwickelt. Um das Auflösungsvermögen des Verfahrens zu erhöhen (Erhöhung der Zahl der Extraktionsstufen), versuchten sie, die eine Phase (H_2O) an Kieselgel in Säulenform zu fixieren, an der eine zweite, nur partiell mischbare vorbeifloß. Die Versuchsanordnung muß als eine neue Art Chromatographie betrachtet werden, und bildet einen Extremfall der Gegenstromverteilung. Die Fixierung der stationären Phase geschah ursprünglich an Kieselgel, Stärke und Kieselgur. Durch Fixierung der polaren Phase an Filtrierpapier entstand die verbreitetste Form der Verteilungschromatographie, die Papierchromatographie. Sie stellt eine der leistungsfähigsten Mikromethoden zur Trennung und Nachweis einer Verbindung dar. Sie wird ihrer besonderen Bedeutung und speziellen Technik wegen im anschließenden Kapitel gesondert behandelt.

Infolge der Analogie des Trennprinzips ist die mathematische Behandlung der Verteilungschromatographie (im Gegensatz zur Adsorptions- und Austauschchromatographie) einfach und übersichtlich. Man kann bei reiner Verteilung von vornherein auf relativ einfache Weise die Wanderungsgeschwindigkeit einer Komponente in der Säule, die mit R bezeichnet wird, berechnen.

Die Wanderungsgeschwindigkeit ist definiert:

$$R = \frac{\text{Wanderung der Bande in der Säule}}{\text{Wanderung des Niveaus des Lösungsmittels oberhalb der Säule}}$$

ist

$A =$ der Flächenquerschnitt der Säule,
$A_{st} =$ Flächenanteil der stationären Phase in der Säule,
$A_m =$ Flächenanteil der mobilen Phase in der Säule,
$A_t =$ Flächenanteil des Trägers, so ist
$A = A_{st} + A_n + A_t,$

ferner

$K = C_{st}/C_m$ (Verteilungskoeffizient), so ergibt sich

$$R = \frac{A}{A_m + K\,A_{st}}$$

oder

$$K = \frac{A}{R\,A_{st}} - \frac{A_m}{A_{st}}$$

Der Ausdruck R steht in Analogie zum R_f-Wert in der Papierchromatographie, er kann aber definitionsgemäß auch größer als 1 sein (in der Praxis bis 2). Das Auflösungsvermögen solcher Säulen ist sehr groß und wird charakterisiert durch die Zahl der theoretischen ,,Böden", die in Analogie zu der Anzahl der Verteilungsschritte bei der Craig-Verteilung stehen. Sie ist in der Größenordnung von einigen Tausend für eine 10—20 cm hohe Säule, woraus sich das **große** Auflösungsvermögen des Verfahrens ergibt.

Man kann daher relativ einfach empirisch für eine unbekannte Substanz sofort durch Ermittlung des Verteilungskoeffizienten die Brauchbarkeit des Systems feststellen, bzw. die richtige Auswahl treffen. Die besten Trennungen werden erzielt, wenn der Verteilungskoeffizient in der Nähe von 1 oder kleiner liegt. Er wird am einfachsten durch einen Versuch im Schütteltrichter ermittelt.

Zur Trennbarkeit von Substanzen ist daher die Auswahl des richtigen Systems von Wichtigkeit. Im allgemeinen können sämtliche Systeme partiell mischbarer

Lösungsmittel, wie sie in der CRAIG-Verteilung angewandt werden, unter Verwendung eines entsprechenden Trägers benutzt werden.

Es sei nochmals betont, daß der feste Füllkörper nichts zur Auftrennung des Gemisches beiträgt, sondern nur zur Fixierung der einen Phase dient. Die Auftrennung bzw. Wanderungsgeschwindigkeit hängt nur von dem Verteilungskoeffizienten zwischen den beiden Phasen einer Komponente ab.

2. Träger der stationären Phase.

Es werden zwei „Typen" verwandt: a) Träger der polaren (wäßrigen) Phase wie Kieselgur, Silikagel, Zellulose und Stärke werden am meisten verwandt, da die Träger einfach darstellbar und die Versuchsbedingungen leichter reproduzierbar sind. Die Sättigung beträgt bis zu 70% der polaren Phase des Gewichtsanteiles des Trägers. b) Träger mit hydrophober Oberfläche, bei denen die organische Phase stationär ist (Reversed phase chromatography). Bisher weniger verwandt. Die Darstellung geschieht meist durch Imprägnieren verschiedener Träger. Die Reproduzierbarkeit und der Trennerfolg hängen von der Darstellung einer gleichmäßigen Imprägnierungsschicht ab. Die Zahl der Systeme für die "Reversed phase chromatography" ist geringer, jedoch bei stark lipophilen Substanzen mit Vorteil anzuwenden.

a) Kieselgel für Verteilungschromatographie wurde erstmals von MARTIN und SYNGE angegeben. Da verschiedene Störeffekte, besonders aber Adsorption vermieden werden müssen, wird für verteilungschromatographische Zwecke besonderes Silikagel nach Vorschrift der Autoren zubereitet.

Darstellung. Technisches Wasserglas (140° Tw Jos-Grossfield Ltd. Warington) wird mit 2 Teilen Wasser verdünnt, hierauf wird 10%ige Salzsäure unter starkem Rühren hinzugegeben, bis Methylorange umschlägt. Nachdem das Präparat mehrere Stunden gestanden hat, und wenn nötig noch mehr Säure hinzugefügt wurde, wird filtriert und gewaschen, bis dem Präparat kein Indikator mehr anhaftet. Das Gel wird abfiltriert und 1—2 Tage stehengelassen (Alterung), und nach weiterem Waschen bei 110° getrocknet. Es ist wichtig, daß beim Waschen mit Wasser die letzten Spuren von Säure entfernt werden. Die Herkunft von Wasserglas scheint bei Beachtung dieser Maßnahme weniger von Bedeutung zu sein.

b) Kieselgur. Als Träger für die stationäre Phase (Wasser, Puffer, Nitromethan, Formamid) kann anstelle des Silikagels Diatomenerde verschiedener Provenienz verwendet werden. Die Handelspräparate können direkt ohne weitere Vorbehandlung zur Analyse herangezogen werden, die Absorption ist sehr gering. In neuerer Zeit auch verwendet für Verteilung, Gas:Flüssigkeit (vgl. S. 117).

Bekannte Handelssorten: Hyflo Supercel, verschiedene Cellite, Kieselgur Merck.

Für "Reversed phase chromatography" eignet sich besonders gut Kieselgur, das mit Dimethylchlorsilan behandelt wurde. Der Überzug ist sehr gleichmäßig.

Darstellung. Hyflo Supercel wird bei 110° getrocknet. Im Exsikkator abgekühlt und unter schwachem Rühren des Pulvers Dimethylchlorsilan mit getrockneter Luft verdünnt, hindurchgeleitet. Ende des Einleitens, wenn eine Probe mit Wasser geschüttelt, an der Oberfläche verbleibt. Das Präparat wird mit Methanol sorgfältig von Säurespuren befreit und bei 110° getrocknet.

Die Darstellung der Silikagel- und Kieselgursäulen beginnt mit der Fixierung der stationären Phase am Träger. Die besten und die gleichmäßigsten Säulen werden nach folgender Weise dargestellt. Das organische, mit Wasser partiell mischbare Lösungsmittel wird mit Wasser gesättigt und im Schütteltrichter von der wäßrigen Phase abgetrennt. 30—50 ml des gesättigten Lösungsmittels werden in ein Becherglas gebracht und hierauf z. B. mit 1 ml der stationären Phase versetzt. Unter starkem Rühren werden nun 2,5 g des Trägers (Kieselgur, Silikagel) eingebracht und weitergerührt, bis eine homogene Suspension des Trägers entsteht. Kieselgursäulen werden gestopft. In einem Chromatographierohr wird die Suspension langsam eingegossen, mit einem Stopfer (am besten aus Metall, dessen Platte mit vielen kleinen Löchern versehen ist, damit der Überschuß der organischen Phase gleichmäßig entweichen kann) wird nun der Brei langsam und gleichmäßig zusammengedrückt und so vom überschüssigen Lösungsmittel befreit. Nach Übergießen der eingefüllten Flüssigkeit wird diese Prozedur wiederholt und stufenweise die Säule gebaut. Gute Säulen werden durch langsames und gleichmäßiges Drücken erreicht. Vielfach wird bei Kieselgel und Kieselgur die Fixierung der stationären Phase auch so vollzogen, daß eine abgewogene Menge des Trägers und eine bestimmte Menge der polaren Phase vermischt werden, und dem anscheinend trockenen Pulver nach kräftigem Mischen die andere Phase hinzugegeben wird.

c) Stärke. Die Stärke kann ebenfalls mit Erfolg als Träger verwendet werden. Am besten eignet sich Kartoffelstärke, jedoch sind nicht sämtliche Sorten gleich gut verwendbar. Die besten Trennungen werden erzielt mit Präparaten, die eine gleichmäßige Korngröße besitzen. Störende Metallspuren werden durch Oxychinolin entfernt. Die Anwendung der Stärke ist insofern beschränkt, als bei höherem p_H infolge von Quellung die Durchlässigkeit zu gering wird. Stein und Moore (1949) geben ein Spezialverfahren zur Darstellung von Säulen, zur Verteilungschromatographie der Aminosäuren. Sehr bewährt hat sich auch das Verfahren, Stärke in Aceton zu suspendieren und unter Druck in die Säule zu bringen. Nachdem die gewünschte Säulenhöhe erreicht wurde, wird das Elutionsmittel auf die Säule gebracht. Nach Aufnahme der stationären Phase und Einstellung des Gleichgewichtes ist die Säule bereit zur Analyse.

Allgemeine Vorbehandlung der Stärke: Käufliche Kartoffelstärke wird durch mehrfaches Dekantieren mit 10 Teilen Wasser bis zum Verschwinden der Ninhydrinreaktion gereinigt, luftgetrocknet und mit wasser-gesättigtem Butanol extrahiert bei Raumtemperatur 24 Std. gelassen und bei 37° getrocknet.

d) Zellulose. Zellulosepulver wurde von vielen Autoren verwendet. Leider gelingt es nicht, eine Säule darzustellen, die ein gleiches Trennvermögen, wie wir es von der Papierchromatographie her kennen, aufweist. Jedoch ist die Verwendung der Zellulose für verschiedene Trennungen, besonders im präparativen Maßstab, sehr geeignet. Zur Erhöhung des Auflösungsvermögens kann z. B. ein gekoppeltes Säulensystem (Abb. 9) verwendet werden. Ein gewisser Vorteil der Stärke und der Zellulose besteht darin, daß man an ihnen auch mit Wasser mischbaren Lösungsmitteln chromatographieren kann, z. B. Propanol, Aceton usw. (10—20% Wasser). Diese Lösungsmittel werden immer da angewandt, wenn Substanzen in sonstigen Systemen, z. B. Butanol:H_2O zu langsam wandern, da sie in diesen Lösungsmitteln beschleunigt aus der Säule austreten.

Bekannte Handelssorten: Whatman ashless und B, Solca Floc BW 200, Zellstoffpulver (Waldhoff AG. Mannheim).

e) Chloropren (Chlorkautschuk) für Reversed Phase chromatography empfohlen.

f) Acetylzellulose, wie e.

3. Beispiele für die Trennung an Säulen durch Verteilung.

Die Darstellung des kristallisierten Senfölglucosids von *Lepidium sativum* an Zellulosepulver.

(Schultz und Gmelin, 1952.)

Zur Chromatographie gelangt ein Extrakt von *Lepidium*-Samen, der durch Extraktion im Soxhlet mit Methanol gewonnen wird. Etwa 0,2 g des Trocken-extraktes werden in 2 ml Methanol gelöst, mit 3 g Zellulosepulver (Whatman) zerrieben und bei 40° getrocknet. Als Säule dient eine 14 cm hohe Schicht von feingepulvertem frisch gesiebtem Zellulosepulver, (32—34 g) in einem 18 cm langen und $2^1/_2$ cm weiten Chromatographierohr. Das glykosidhaltige Zellulosepulver wird in die Säule eingestampft und mit n-Butanol/Essigsäure/Wasser (40:10:50) entwickelt. Das Eluat wird in je 40 Einzelfraktionen zu je 100 Tropfen in einem Fraktionssammler aufgefangen. Zur Analyse wird jede Fraktion am Filtrierpapier papierchromatographisch getestet. Durch Besprühen mit 10%iger Kupfersulfatlösung läßt sich das

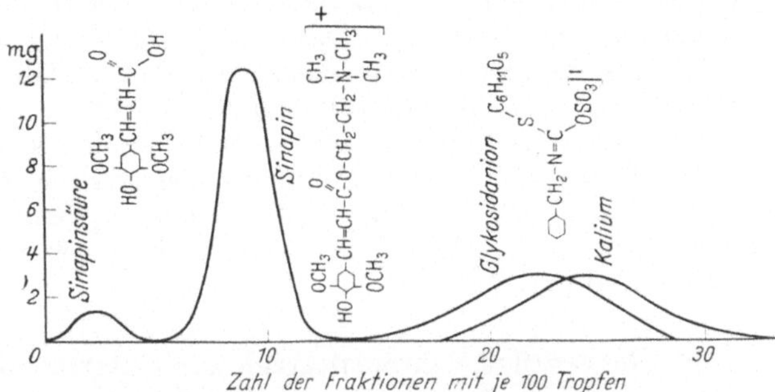

Abb. 16. Die Chromatische Trennung des methanolischen Extraktes aus *Lepidium*-Samen an Zellulosepulver.

Glucosid als brauner Fleck nachweisen. Die glucosidhaltigen Fraktionen 19—26 (Abb. 16) werden mit den kaliumionenhaltigen Restfraktionen 26—28 vereinigt und bei niedriger Temperatur im Vakuum zur Trockene gebracht. Die vereinigten Rückstände von mehreren Ansätzen werden in wenig Wasser aufgenommen und unter Zusatz von Methanol kristallisiert.

Die Auftrennung der DNP-Aminosäuren in gepufferten Kieselgursäulen.

Die zur Endgruppenbestimmung wichtigen 2,4-Dinitrophenyl-Derivate der Aminosäuren (DNP) können durch Verteilungschromatographie über Kieselgur Merck sehr leicht getrennt und identifiziert werden. Man verwendet z. B. Essigester (ges. mit Wasser), als stationäre Phase verschiedene Phosphatpuffer (1/10 m), mit steigendem p_H. Darstellung der Säulen: 1 ml Puffer werden in 30—50 ml

Tabelle 5. *R-Werte der DNP-Aminosäuren bei Auftrennung in gepufferten Kieselgursäulen.*

	0,5 m KH₂ PO₄	4,5	5,5	6,5	7,5	0,1% Na HCO₃	1% Na HCO₃
Dinitroanilin	—	—	—	—	1,60	1,75	2,1
Di-Lysin	—	—	—	—	1,40	1,20	1,20
Tryptophan	—	—	—	—	1,15	0,85	0,60
Di-Tyrosin	—	—	—	1,50	1,20	1,50	1,20
Mono-Tyrosin	—	—	—	1,00	0,50	0,25	0,20
Di-Cystein	—	—	—	—	1,35	1,20	1,10
Phenylalanin	—	—	—	1,40	0,70	0,50	0,50
Leucin	—	—	—	1,40	0,65	0,50	0,40
DNP-Phenol	—	—	—	1,00	0,50	0,20	—
Valin	—	—	—	1,00	0,50	0,30	—
Methionin	—	—	1,40	1,10	0,50	—	—
Alanin	—	—	0,90	0,60	0,20	—	—
Prolin	—	—	0,80	0,60	0,20	—	—
Glykokoll	—	0,80	0,65	0,30	0,10	—	—
Threonin	—	0,35	0,30	—	—	—	—
Serin	0,85	0,25	0,20	0,10	0,05	—	—
Glutaminsäure	0,55	0,10	0,10	0,03	—	—	—
Asparaginsäure	0,25	0,07	0,07	—	—	—	—

8*

mit Wasser-gesättigtem Essigester gebracht und unter kräftigem Rühren 2,5 g Kieselgur Merck eingeführt. Der Brei wird in kleinen Portionen in die Säule gestopft (Durchmesser 9—10 mm). Zur Identifizierung werden je Komponente annähernd 1 µMol verwendet. Die R-Werte ·sind aus der Tab. 5 ersichtlich. Der Vorteil einer gepufferten Lösung (an Stelle H_2O) als stationäre Phase bei Substanzen, deren Löslichkeit stark vom p_H abhängig ist (schwache Säuren, Basen usw.) geht aus diesem Beispiel eindeutig hervor. Durch Pufferung kann nicht nur der R-Wert bei konstanter organischer Phase weitgehend variiert werden, sondern es können bei gleicher organischer Phase auch viel mehr Substanzen getrennt werden. Durch Hintereinanderschalten von mehreren (z. B. 3 mit steigendem p_H von oben nach unten) Säulensegmenten mit verschiedenem Puffer bietet zusätzlich weitere Vorteile, wodurch das Auslösungsvermögen noch weiter erhöht wird (vgl. Tab. 5).

Die verteilungschromatographische Untersuchung der Ribonuklease.
(Martin und Porter, 1951.)

Mehrfach kristallisierte, in der Elektrophorese und Ultrazentrifuge einheitliche Ribonuklease, wurde von Martin und Porter (1951) durch Verteilungschromatographie im System 65% H_2O, 20% Ammonsulfat und 24% Cellosolve und Kieselgur als stationäre Phase in 2 Komponenten aufgetrennt (Abb. 17). Beide Komponenten besitzen Fermentaktivität. Auch über Ionenaustauscher läßt sich Ribonuklease in zwei Bestandteile mit demselben prozentuellen Anteil auftrennen, Präparate, die nach der Trichloressigsäure- oder Schwefelsäuremethode dargestellt wurden, zeigen dasselbe chromatographische Verhalten. Der Trennung höher molekularer Substanzen durch Verteilungschromatographie sind insofern Grenzen gesetzt, als mit steigendem Molekulargewicht die Diffusion zur Einstellung des Gleichgewichtes zu klein wird. Über Fermenttrennungen durch

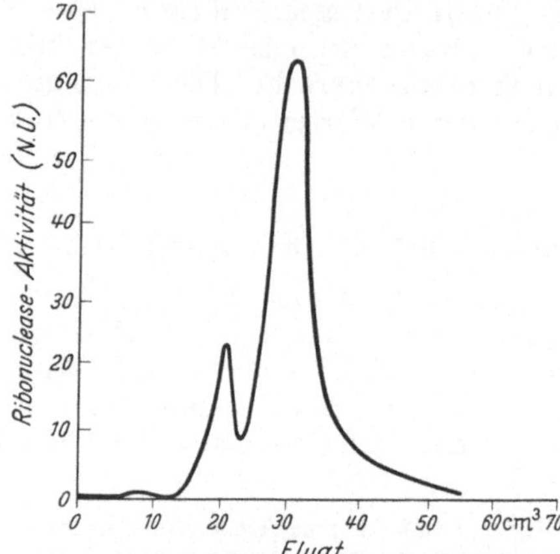

Abb. 17. Die verteilungschromatographische Analyse der kristallisierten Ribonuklease.

Adsorption vgl. Zechmeister und Rohdewald (1951). Eine viel versprechende Methode zur Trennung der Proteine ist die Aussalzchromatographie (Tiselius, 1948).

Die Trennung der Fettsäuren durch Verteilungschromatographie Gas : Flüssigkeit.
(James und Martin, 1952.)

Eine wesentliche Bereicherung erfuhr die Verteilungschromatographie durch die Verteilung im System Gas:Flüssigkeit. Die Dämpfe der zu trennenden Fettsäuren werden bei 100° unter erniedrigtem Druck in einer Stickstoffatmosphäre durch ein langes Rohr (etwa 3 m) geschickt, in dem sich Kieselgur befindet. Am Träger befindet sich Stearinsäure als stationäre Phase (10%ige Lösung in Silicon DC 550, 0,5 g auf 1 g Kieselgur). Die niederen Fettsäuren werden zwischen Stearinsäure (flüssig) und Stickstoffatmosphäre verteilt: Die in der Stickstoffatmosphäre entweichenden Fettsäuren perlen am Ende der Säule durch eine alkalische Lösung mit Indikator. Der Verbrauch der Lauge wird automatisch titriert und registriert (Abb. 18 unten). Durch Differenzierung dieser Kurve entsteht das Durchflußdiagramm (Abb. 18 oben, Gradient der Titrationskurve). Aus dem Verzögerungsvolumen erfolgt die Identifizierung der Komponenten, der prozentuelle Anteil errechnet sich aus dem Verbrauch der Lauge. Nach

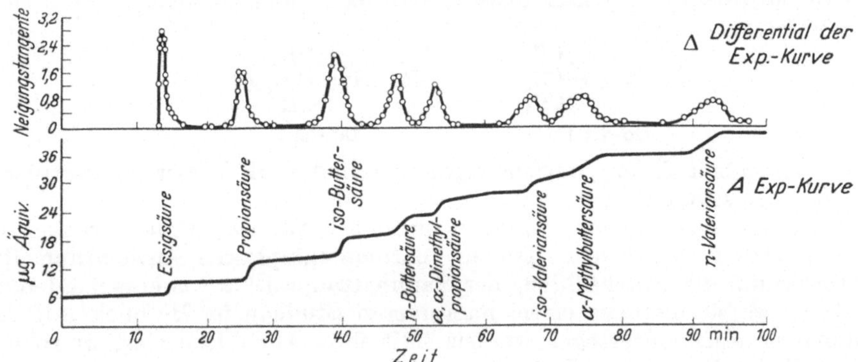

Abb. 18. Die Trennung der Fettsäuren durch Verteilung Gas/Flüssigkeit. Untere Abbildung die automatisch registrierte Titrationskurve der ausströmenden Fettsäuren; darüber: Durchflußdiagramm der Titrationskurve.

diesem Verfahren wurden Fettsäuren (C_1—C_{12} und viele Isomeren), aliphatische Amine, Pyridinhomologe, aliphatische Halogenverbindungen u. a. getrennt. Das Verfahren ist besonders dadurch variabel, daß durch Anwendung verschiedener Substanzen als stationäre Phase weitgehende Beeinflussung des Durchlaufes der einzelnen Komponenten möglich ist.

III. Die Durchführung der Austauschanalyse.

1. Allgemeines.

Die zur Durchführung der Austauschchromatographie verwendeten Ionenaustauscher sind feste Körper, die freie saure oder basische Gruppen enthalten und in polaren Lösungen zu dissoziieren vermögen. Man verwendet heute fast ausschließlich synthetische Austauscher. Lediglich das anionotrope Aluminiumoxyd spielt noch eine gewisse Rolle.

Der Natur nach sind Harze entweder Polykondensate (Phenol-Formol-Typ, Bakelitbasis) oder Polymerisate (z. B. des Styrols). Durch Behandlung von Braunkohle mit konz. Schwefelsäure werden ebenfalls gute Austauscher erhalten.

Man unterscheidet zwischen Anionen- und Kationenaustauschern.

Die Kationenaustauscher enthalten Gruppen mit acidem Wasserstoff (SO_3H, —COOH oder —OH phenolisch). Die SO_3H-Gruppe wird bei neueren Austauschern durch Nachbehandlung des vernetzten hochmolekularen Kohlenwasserstoffgerüstes eingeführt. Sie sind besonders resistent gegen Säuren und Alkali und können auch bei höherer Temperatur verwendet werden (z. B. Permutit RS). Der Anwendungsbereich eines Austauschers hängt von der Natur seiner austauschbaren Gruppen ab. Da ein Austausch nur im dissoziierten Zustand erfolgen kann, so ist die Anwendung eines sulfonierten Austauschers auch bei niedrigem p_H möglich, die eines COOH-haltigen Kationenaustauschers erst bei höherem p_H und erst recht bei austauschfähiger phenolischer Hydroxylgruppe.

Der Anwendungsbereich eines stark sauren Kationenaustauschers ist daher am weitesten. Doch werden carboxylhaltige Ionenaustauscher oft mit Vorteil zu Trennungen herangezogen werden, da sie meistens eine größere Kapazität besitzen und oft eine größere Selektivität bei Trennungen zeigen. Zu beachten ist, daß bei Harzen vom Phenol-Formol-Typ oberhalb p_H 9 Störungen auftreten, die durch die zusätzliche Dissoziation der phenolischen Gruppen des Grundskeletts verursacht werden.

Anionenaustauscher besitzen basische Gruppen (Ammoniumsalze oder substituierte Amine):

$$R_3\!-\!N^+\!\!-\!\!\begin{cases} CH_3 \\ CH_3 \\ CH_3 \end{cases} \qquad\qquad R_3\!-\!N^+\!\!\begin{cases} CH_3 \\ C_2H_4OH \\ CH_3 \end{cases}$$

$$\text{Dowex 1} \qquad\qquad\qquad \text{Dowex 2}$$

Austauscher mit freien Ammoniumgruppen sind stark basisch, substituierte Amine dagegen schwach.

Die meisten Austauscher wurden ursprünglich für technische Zwecke zur Wasserenthärtung entwickelt. Für die chromatographische Anwendung der Austauscher war die Durchführung des Mannhattanprojekts von entscheidender Bedeutung, wo sie erstmals einem intensiveren Studium im Hinblick auf das Trennungsvermögen unterzogen wurden. Mit ihrer Hilfe gelang es, in relativ einfacher Weise die seltenen Erden im großen Maßstab zu trennen und in reiner Form zu gewinnen, ein sonst außerordentlich mühsames Unternehmen. Die Spaltprodukte beim radioaktiven Zerfall wurden ebenfalls durch Ionenaustauscher voneinander getrennt und identifiziert. Für besondere Zwecke werden in neuerer Zeit einige Harze, z. B. Amberlite, auch aus chemisch reinen Ausgangssubstanzen hergestellt (vgl. Tab. 7 und 8). Viele Austauscher werden in granulierter Form geliefert, einige auch in Kugelform bestimmter Größe. Standardharze, die besonders viel für wissenschaftliche Untersuchungen verwendet werden, sind auch in verschiedenen Korngrößen erhältlich. Im allgemeinen empfiehlt es sich, den Austauscher in einer Korngröße von 0,1—0,01 mm zur Anwendung zu bringen. In den angelsächsischen Ländern ist es üblich, die Korngröße durch die sog. Maschenzahl anzugeben. Am meisten verwendet werden Präparate von der Maschenzahl 200—400. Für präparative Untersuchungen kommen auch Harze von der Maschenzahl 40—50 in Betracht (vgl. Tab. 6). Die Anwendungsform des Austauschers ist verschieden. Sie können als freie Säuren oder Basen oder auch in Form ihrer Salze verwendet werden. So kann z. B. ein Kationenaustauscher als freie Säure (H^+-Form) oder in Form seiner Salze, z. B. Natrium-Kalium-Lithium-Form, benutzt werden. Die Verdrängung geschieht am besten immer mit denselben Ionen, mit der der Austauscher verwendet wird, z. B. die H^+-Form durch Säuren, die Natriumform durch verschiedene Natriumpuffer oder Natriumsalze. Man spricht in diesem Fall von Wasserstoff-Natrium-Cyclus usw. Bei feineren Untersuchungen, wo es auf eine große Selektivität ankommt, ist der Einfluß des austauschbaren Ions von Bedeutung.

Die Anionenaustauscher werden meistens in der OH^--Form verwendet. Die Verdrängung geschieht am besten durch Laugen. Doch werden auch vielfach die Cl^--, HCO_3^--, Boratform usw. verwendet. Der große Vorteil der Austauscher besteht in ihrer Regenerierbarkeit. Sie können praktisch unendlich oft wieder zur Verwendung gelangen. Sie müßten lediglich, wie unten

Tabelle 6. *Vergleich zwischen* "mesh size" und "openings" (lichte Maschenweite).

mesh size	opening, mm
10	2,00
20	0,85
30	0,50
40	0,36
50	0,29
60	0,25
70	0,21
80	0,17
100	0,14
120	0,125
150	0,105
170	0,088
200	0,074
250	0,062
280	0,052
325	0,044

Tabelle. 7 *Zusammenstellung der wichtigsten im Handel erhältlichen synthetischen Ionenaustauscher zur chromatographischen Analyse* (erweitert nach TURBA, 1954).

Bezeichnung	Firma	Maschenzahl	Form	Kapazität
		Kationenaustauscher		
		Ringkohlenwasserstoffe mit Sulfongruppen		
Amberlite IR 120 B	Rohm & Haas, Philadelphia	20—40	Kugeln	
Amberlite XE 64 B (bzw. Amberlite JR 100 und JR 105)		200—300	Kugeln	
Dowex 50[1]	Dow Chem. Comp., Midland, Mich.	von 20/40 bis 250/500	Kugeln	Austauschkapazität etwa 5 mäq/g
Permutit Q Permutit RS	Permutit Co., New York	16—50	Kugeln	
Duolite C 20	Chem. Proc. Comp., Redwood City, Calif.	20—40	Kugeln	
Zeocarb (auf Kohlebasis)	Permutit Co.			Austauschkapazität etwas geringer
		Phenol-Formaldehydharze mit Sulfongruppen		
Wofatit K. KS, P[2]	Bayerwerke Leverkusen	mehrere mm Durchmess.	Granula	Austauschkapazität 1,5—3,5 mäq/g
Amberlite IR 100	Rohm & Haas	20—40	Körner	
Duolite C 3	Chem. Proc. Comp.	20—40		
Nalcite MX	National Alum. Corp., Chicago, Ill.			Austauschkapazität 0,52—0,70 mÄquiv./cm³
		Carboxylgruppenhaltige Austauscher		
Wofatit C	Bayerwerke Leverkusen	mehrere mm Durchmesser	Granula	Austauschkapazität
Amberlite IRC 50	Rohm & Haas	20—40	Kugeln	hängt sehr stark vom p_H ab.
Amberlite XE 97	Rohm & Haas	200—300	Kugeln	
Duolite CS 100	Chem. Proc. Comp.	20—40		
		Anionenaustauscher		
		Stark basische Typen, vergleichbar mit NaOH (R · N:OH $\rightleftharpoons$ R · N⁺ + OH⁻)		
Amberlite IR A 400 Amberlite IRA 410	Rohm & Haas	20—40	Kugeln	Austauschkapazität 2,3 m Val/3
Amberlite XE 59	Rohm & Haas	200—300	Kugeln	
Dowex·2[1]	Dow Chem. Comp.	20—40	Kugeln	
Dowex 1[1]	Dow Chem. Comp.	200—400		
		Schwach basische Typen, vergleichbar mit NH₄OH (R · NH₃OH $\rightleftharpoons$ R · NH₃⁺ + OH).		
Wofatit M	Bayerwerke Leverkusen	mehrere mm Durchmesser	Granula	
Amberlite IR 4 B Amberlite IR 45	Rohm & Haas	20—40	Granula	Austauschkapazität 1,66 mäq/cm³
Duolite A 2	Chem. Proc. Comp.	20—40		Austauschkapazität 2,2 mäq/cm³
A 300	Cyanamid Comp., New York	20—40	Granula	Austauschkapazität 1,5 mäq/cm³
Deacidite	Permutit Co., New York	16—50	Granula	Austauschkapazität 0,55—1,2 mäq/cm³
Dowex 3[1]	Dow Chem. Comp.			

[1] Wird mit verschiedenem Vernetzungsgrad geliefert, was bei der Verwendung zu beachten ist. (Der Vernetzungsgrad wird mit X bezeichnet, z. B. Dowex 50 X 8, d. h. das Grundskelett ist durch Zugabe von 8% Divinylbenzol vernetzt.)

[2] Doppelt gehärtet, beständig gegen heiße Lösungen.

Tabelle 8. *Deutsche Austauschharze der Firma Bayerwerke Leverkusen.*

Handelsname	Typ	Akt.-Gruppe	Form	Austauschleistung g CaO/l	Körnung	Beständigkeit bis ° C
		Kationenaustauscher				
A { Lewatit PN	Polykondensationsharz	—CH_2—SO_2H	gekörnt	13—14	0,3—2,0	95
{ Lewatit KS	Polykondensationsharz	—SO_3H	gekörnt	16—18	0,5—1,5	30
Lewatit KSN	Polykondensationsharz	—SO_3H	gekörnt	24—26	0,5—1,5	30
Lewatit CN	Polykondensationsharz	—COOH	gekörnt	20—40	0,5—1,5	100
Lewatit S 100	Polymerisat	—SO_3H	kugelig	40	0,4—0,8	40
Lewatit CNS	Polykondensationsharz	—SO_3H_1COOH	kugelig	20	0,3—20	40
		Anionenaustauscher				
Lewatit M	Polykondensationsharz	—NH_2 —NH—	gekörnt	10—13	0,3—2,0	30
Lewatit M 1	Polykondensationsharz	—NH_2 —NH—	gekörnt	26	0,3—2,0	30
Lewatit M 2	Polykondensationsharz	NH_2 quartäre Ammoniumbasen	gekörnt	10—15	0,3—2,0	30

beschrieben, in die ursprüngliche Form übergeführt werden. Die Darstellung von Ionenaustauschern mit definierten physikalischen Eigenschaften gelingt ohne weiteres: Die Reproduzierbarkeit der Versuche bietet daher im allgemeinen wenig Schwierigkeiten.

Als allgemeine Regel über die Verdrängung eines Stoffes gilt, daß bei steigender Ionenkonzentration die Elutionskraft des Lösungsmittels erhöht wird. Sie kann aber auch bei Konstanthaltung der Ionenkonzentration durch Änderung des p_H-Wertes (Verwendung verschiedener Puffer von gleicher ionaler Stärke, aber mit verschiedenem p_H-Wert) erreicht werden.

Die Anwendung der Ionenaustauscher ist dort zweckmäßig, wo es sich darum handelt, in Wasser lösliche und geladene Moleküle zu trennen. Ionenaustauscher können daher gut zur Entfernung polarer Moleküle von nicht geladenen dienen (z. B. zur Entsalzung organischer Verbindungen), und andererseits zur Trennung geladener Moleküle selbst. Charakteristisch für die Austauschchromatographie ist, daß jeweils nur ein Teil des Moleküls entweder nur das Anion oder das Kation festgehalten wird und die zweite Hälfte des Moleküls im Durchlauf aufgefunden wird. Auch hochmolekulare Verbindungen wie Proteine und andere Polyelektrolyte können getrennt werden. Bei der Trennung dieser Stoffgruppe spielt neben der Nettoladung, besonders der Vernetzungsgrad des Grundgerüstes des Austauschers eine entscheidende Rolle, der für den Erfolg der Trennung weitgehend mit verantwortlich ist. So wird z. B. Arginin am carboxylhaltigen Austauscher IR4-120 quantitativ adsorbiert, Clupein, das zu 75% aus Arginin besteht, jedoch nicht (ähnlich bei Polyphosphaten, Polygalakturonsäuren u. a.).

Allgemeine Vorbehandlung der Austauscher. Der Austauscher wird, sobald er nicht in entsprechender Form erhältlich ist, auf die richtige Korngröße gebracht. Hierzu wird er nach längerem Trocknen bei 60—80° am besten in einer Kaffeemühle fein gemahlen und durch Siebung auf die gewünschte Korngröße gebracht. Durch mehrfaches abwechselndes Waschen — wenn nicht besonders angegeben — mit 1 n Kalilauge und 1 n Salzsäure wird der Austauscher gereinigt. Soll der Kationenaustauscher in der H^+-Form zur Verwendung kommen, so wird nach der letzten Waschung mit 1 n HCl solange mit Wasser nachgewaschen, bis die Waschlösung neutral reagiert. Soll die Natrium- oder Kaliumform usw. verwendet werden, so wird nach der Säurebehandlung mit Natrium- bzw. Kalilauge usw.

gewaschen und hierauf mit Wasser der Rest der **Base** entfernt (Kontrolle durch Messung des p_H). Die Darstellung der OH⁻-Form eines Anionenaustauschers geschieht durch gründliches Auswaschen des Austauschers mit Wasser nach der letzten Behandlung mit Lauge. Soll z. B. hingegen die Cl⁻-Form dargestellt werden, so wird nach der Salzsäurebehandlung mit Wasser gewaschen. Die Salzform der Austauscher kann aber auch durch Waschung mit entsprechenden Salzlösungen erhalten werden. Das Auswaschen von schwach basischen und schwach sauren Austauschern soll mit möglichst wenig Wasser erfolgen, da diese Harze in wäßriger Lösung leicht hydrolysieren.

2. Beispiele für die Austauschanalyse.

Die Bestimmung von Streptomycin in Nährlösungen.
(DOERY u. a., 1950.)

Zur chemischen Bestimmung des Streptomycins aus Nährlösungen wird das Antibioticum über einen carboxylhaltigen Kationenaustauscher (Amberlite IRC-50) adsorbiert, und so von den störenden Begleitstoffen gereinigt und nach Elution colorimetrisch als Maltol bestimmt: Verwendet wird die Natriumform des Austauschers (Darstellung durch mehrfaches Waschen der H⁺-Form mit gesättigter Natriumbicarbonat-Lösung). Die Streptomycinbrühe wird mit 0,2 ml sekundärem Natriumphosphat verdünnt (20—50 Einheiten je ml), und der p_H-Wert zwischen 8,5 und 9 eingestellt. Dest. Wasser (0,5 ml), hierauf 5 ml der eingestellten Brühe und wieder 1 ml Wasser werden durch die Säule geschickt. Die Durchlaufgeschwindigkeit beträgt 0,3 ml pro min. Das Streptomycin wird quantitativ bei diesem p_H adsorbiert. Die Elution erfolgt durch 25 ml einer 0,2 n Salzsäure. Die ersten 20 ml enthalten das Streptomycin frei von störenden Verunreinigungen.

Die chemische Bestimmung erfolgt durch Kochen von 4 ml des Eluates mit 0,2 ml 4 n Natriumhydroxyd. Das gebildete Maltol wird im Ultraviolett bei 322 mμ bestimmt.

Die Trennung von Ribonukleotiden an Dowex 2.

(COHN, 1950.)

Dowex 2 (200—400 Maschen) wird mit 1 n HCl gewaschen, bis das Eluat dasselbe p_H und dieselbe optische Dichte zwischen 240—280 mμ enthält wie die reine Säure, und hierauf mit Wasser durchspült. Die Trennung der Nukleotide wurde durch Messen der optischen Dichte verfolgt: Sie gelingt am besten in 0,003 n HCl. Je Komponente gelangen 10—35 mg zur Anwendung (Abb. 19).

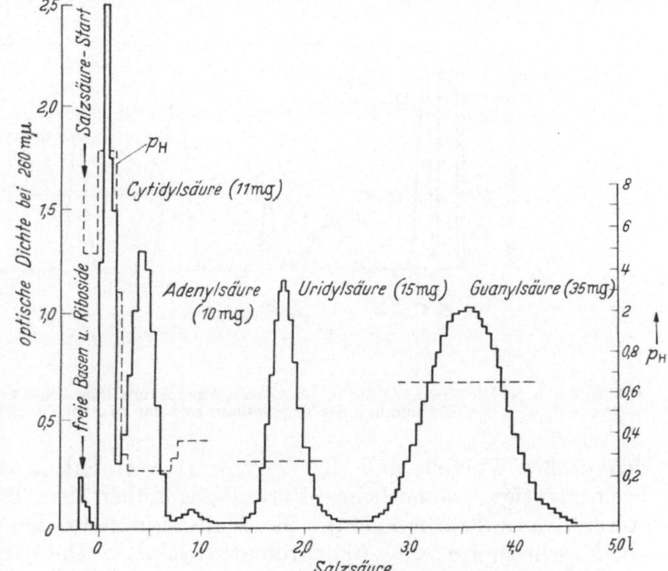

Abb. 19. Die Trennung der Ribonukleotide über Dowex 2.

Die quantitative Bestimmung der Aminosäuren an Dowex 50 X 8.
(Stein und Moore, 1951.)

Die quantitative Bestimmung der proteinogenen Aminosäuren und einiger anderer, mit Ninhydrin reagierender Substanzen wurden von Stein und Moore durch Chromatographie an Ionenaustauschern angegeben. Das Verfahren besitzt

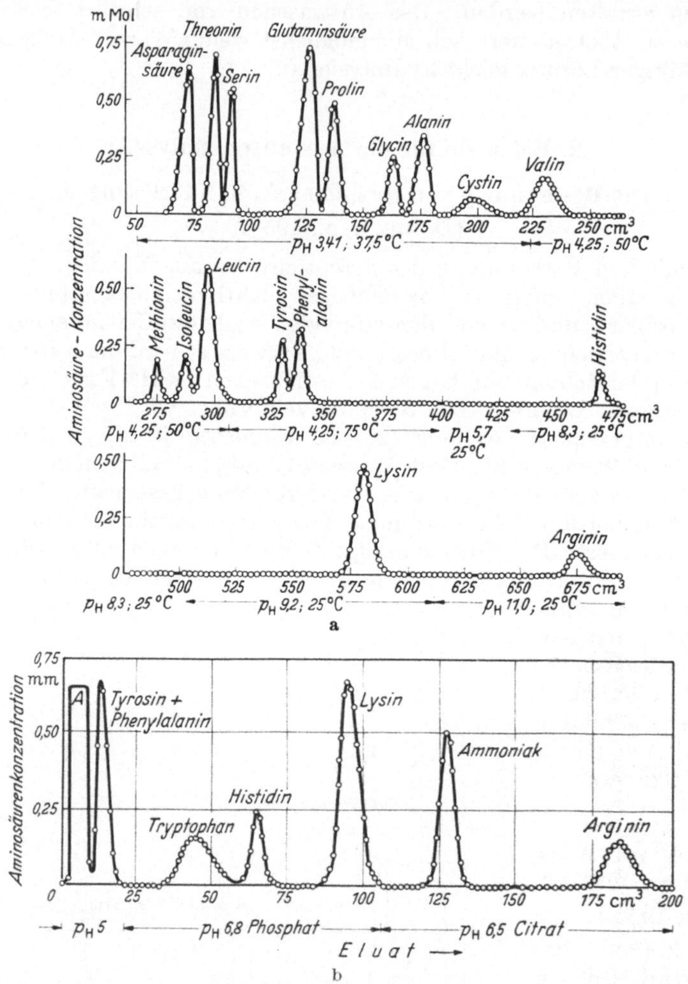

Abb. 20 a u. b. a) Die Trennung der proteinogenen Aminosäure über Dowex 50 X 8 (6 mgr.-Gemisch). b) Die Bestimmung des Tryptophans und der basischen Aminosäuren.

den großen Vorteil, daß die Gegenwart von Salzen den Analysengang nicht beeinträchtigt (wesentlicher Vorteil gegenüber den Trennverfahren derselben Autoren über Stärkesäulen). Die Aminosäuren werden über Dowex 50 X 8 von der Maschenweite 200—400 chromatographiert. Die Säulenhöhe beträgt 100 cm vom Durchmesser 9 mm. Die Auftrennung geschieht durch stufenweise Elution der Komponenten durch Puffer steigenden p_H-Wertes (Abb. 20). Durch Zugabe eines neutralen Benetzungsmittels wird der Durchfluß ohne Verbreiterung der Banden wesentlich erhöht. Die Durchführung dauert nur 5 Tage (Stärkesäule

8 Tage). Die Reihenfolge der einzelnen Komponenten ist aus Abb. 20a ersichtlich. Das Eluat wird in kleinen Portionen von je 1 ml aufgefangen und quantitativ bestimmt. Die Genauigkeit des Verfahrens beträgt bei sorgfältiger Arbeitsweise ± 3%. Die basischen Aminosäuren werden in der großen Säule nicht quantitativ eluiert. Ihre Trennung und quantitative Bestimmung geschieht am besten gesondert in einer kurzen Säule von 15 cm Höhe (Abb. 20b). Hierbei kann auch Tryptophan nach alkalischer Hydrolyse neben den basischen Aminosäuren bestimmt werden.

Die quantitative Ninhydrinreaktion wird bei p_H 5,0 durchgeführt. Für die quantitative Auswertung müssen die Werte für die einzelnen Komponenten durch einen empirischen Faktor korrigiert werden.

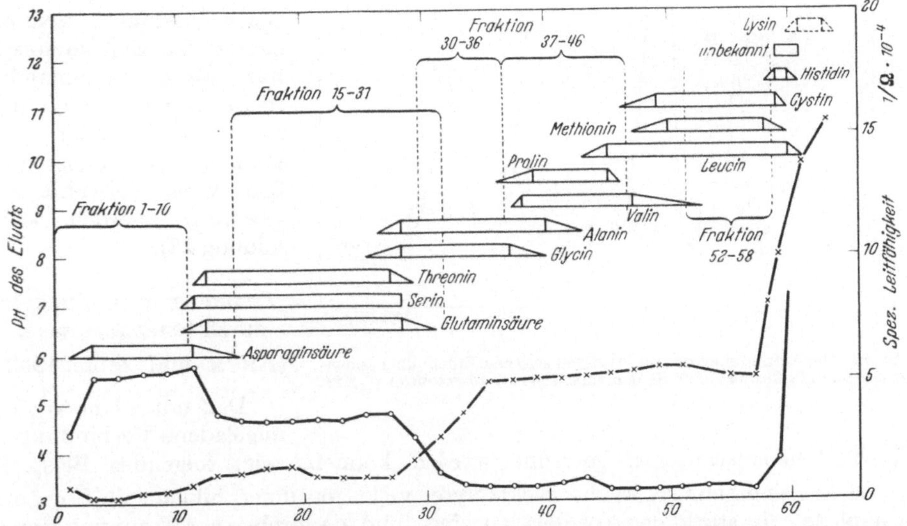

Abb. 21. Die Auftrennung eines Hydrolysats aus Eialbumin an Zeocarb 215. Verdränger: 0,15 n-Ammoniak; (O—O) = Spezifische Leitfähigkeit; (×—×) = p_H des Eluates.

Ein relativ einfaches Trennverfahren (H^+-Cyclus) derselben Autoren wurde angegeben; es ist einfacher durchzuführen, jedoch nicht so selektiv (STEIN und MOORE, 1949).

Für die Verdrängerentwicklung sei als Gegenbeispiel die Trennung eines Hydrolysates aus Eieralbumin an Zeocarb 215 nach PARTRIDGE (1949) erwähnt. Nach Hydrolyse, Entfernung der Salzsäure sowie der aromatischen Aminosäuren an Aktivkohle (vgl. S. 109) werden die restlichen 200 g des Hydrolysates über den Kationenaustauscher Zeocarb 215 gebracht (Verhältnis Austauscher zur Substanz 6:1) und die Aminosäuren mit 0,15 n-Ammoniak verdrängt. Hierbei verdrängt jeweils die Aminosäure mit der höheren Affinität zum Austauscher diejenige mit der schwächeren. Die Reihenfolge ist aus Abb. 21 ersichtlich. Beim Füllen der Säule ist etwa die Hälfte der aktiven Stellen mit Aminosäure gesättigt, woraus sich am besten der Vorteil des Verdrängungsverfahrens für präparative Zwecke bei Ionenaustauschern ergibt. Die einzelnen hiermit aufgetrennten Komponenten konnten durch Rechromatographie in reiner Form gewonnen werden. Die Gesamtausbeute betrug 46% des angewandten Hydrolysates an reinen kristallisierten Aminosäuren (vgl. auch Bd. 4 dieses Handbuches).

Die Auftrennung der radioaktiven seltenen Erden über Dowex 50.

(Kettele u. a., 1947.)

Zur Anreicherung aus verdünnten Lösungen und zur Trennung anorganischer Ionen eignet sich die Chromatographie über Ionenaustauscher besonders gut.

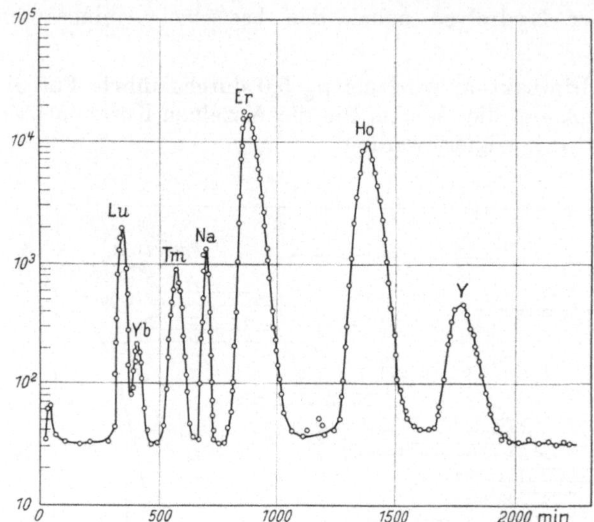

Abb. 22. Die Auftrennung der radioaktiven seltenen Erden über Ionen-austauscher (Dowex 50, 100°; Säulenlänge 100 cm, Citratpuffer p_H 3,2).

Kalium-, Natrium-, Lithium-, bzw. Chlor-, Brom-Jod-Ionen können in einer einzigen Säule voneinander getrennt werden. Die Brauchbarkeit sei an einem extremen Beispiel, der Auftrennung der seltenen Erden demonstriert, die sich chemisch nur wenig voneinander unterscheiden und mit sonstigen Methoden nur mühevoll und unter großem Arbeitsaufwand rein gewonnen werden (Abbildung 22).

Trennung von Zuckern durch Ionenaustausch.

(Khym und Zill, 1952.)

Daß unter Umständen ungeladene Verbindungen durch Ionenaustauscher getrennt werden können, zeigt folgendes Beispiel:

Zucker sind sehr schwache Elektrolyte, viele von ihnen bilden mit Borsäure Komplexe, die stark negativ geladen sind, und dadurch einer Trennung durch Ionenaustausch zugänglich werden. Zur Verwendung gelangt ein stark basischer Ionenaustauscher. Dowex 1 (200—400 Maschen) wird mit 1 n HCl gewaschen und hierauf durch Waschen mit 0,1 m Tetraboratlösung in die Boratform übergeführt, danach wird mit Wasser der überschüssige Puffer entfernt. Die Säulenhöhe beträgt 13 cm, Durchmesser 0,85 cm. Die Zucker werden 10—20 mg je Komponente in 10 ml einer 0,005 m Boratlösung gelöst und chromatographiert. Die Verfolgung der Trennung wird kolorimetrisch durchgeführt. Ribose, Arabinose und Xylose, Mannose und Fructose, Fructose, Galaktose und Glucose, Saccharose und Maltose, Saccharose, Fructose und Glucose konnten auf diese Weise leicht getrennt werden. Zur Gewinnung der reinen Zucker wurden die entsprechenden Fraktionen eingedampft und durch Chromatographie über Dowex 50 (H⁺-Form) vom Borat befreit. Ähnlich konnte Samuelson durch Addition von SO_2 an Aldehyde und Ketone

$$R-CHO + HSO_3^- \rightleftharpoons RCHOHSO_3H^-$$
$$R_1R_2CO + HSO_3^- \rightleftharpoons R_1R_2COHSO_3H^-$$

von anderen ungeladenen Molekülen durch Adsorption an stark basischen Austauschern abtrennen (Amberlite IRA 400, SO_3H^--Form). Da der Aldehydkomplex wesentlich stabiler ist, kann man beide anschließend durch selektive Elution voneinander trennen.

Die chromatographische Reinigung des Coenzyms A.
(Stadtman und Kornberg, 1953.)

Zum Abschluß sei ein schönes Beispiel zur Gewinnung eines Stoffes durch zweimaliges Chromatographieren, nämlich die Darstellung des Coenzyms A aus Hefe gebracht. 3 kg Trockenhefe (Anheuser-Busch, Stamm G) werden langsam in 15 l siedendes Wasser gebracht, die Suspension unter Rühren für weitere 5 min kräftig am Sieden gehalten. Zur Lösung werden 12,5 kg Eis hinzugegeben und die kalte Suspension wird bei 2000 g zentrifugiert. Der schwach-trübe Überstand enthält 100000 Einheiten Coenzym A (19 l).

a) Die Reinigung über Aktivkohle. Der Überstand wird durch 6 n Salzsäure auf p_H 3,0 gebracht und hierauf über eine Säule von Aktivkohle (10 × 29 cm) chromatographiert. Die Aktivkohle wird mit 10—15 l Wasser gewaschen, hierauf mit 2—4 l 40%igem Aceton und anschließend mit 40%igem Aceton, enthaltend 1 ml konz. Ammoniak je Liter. Das Eluat wird nun in Fraktionen von je 2 l aufgefangen. Das p_H steigt langsam von 3,3—5,0 und hierauf sprunghaft auf 9,0. Coenzym A wird fast ausschließlich in den Fraktionen zwischen p_H 3,8 und 7 aufgefangen. Die das Coenzym enthaltenden Fraktionen werden vereinigt und mit 6n Salzsäure auf p_H 1,7 gebracht, das Coenzym A durch Zugabe von 5,5 Volumina Aceton gefällt. Der Niederschlag wird nach 1—2 Std. am Büchner-Trichter filtriert, mit Aceton gewaschen und im Vakuum über P_2O_5 getrocknet. Ausbeute 5—6 g.

Die Aktivkohle Nuchar C wurde über Nacht in 6n Salzsäure suspendiert, am nächsten Tag in die Säule gebracht und mit Wasser bis p_H 3,5 eluiert.

b) Die Reinigung über Dowex 1. Das Acetontrockenpulver wird in Wasser gelöst auf p_H 8,1 gebracht, auf 200 ml aufgefüllt und durch Zentrifugieren von unlöslichen Bestandteilen befreit. Die Lösung wird in eine Dowex 1X2-Säule gebracht (13 × 15 cm, Formiatform). Nach dem Einsickern der Lösung in die Säule wird zweimal mit 100 ml Wasser gewaschen. Die Elution erfolgt durch eine Lösung, bestehend aus 25,8 ml Ameisensäure (88%) und 18,9 g Ammoniumformiat je Liter. Die Durchflußgeschwindigkeit beträgt 450 ml pro Stunde. Das Eluat wird in Fraktionen von je 500 ml aufgefangen und gesondert auf Coenzym A und Adenin (UV) getestet. Die Elution des Coenzyms beginnt nach 20—23 Volum-Einheiten der Säule und ist nach 10—12 weiteren Säulenvolumina beendet. Die Fraktionen, die das Coenzym enthalten (2,5—3 l) werden durch wiederholte Adsorption an Aktivkohle (wie oben) konzentriert. Auf diese Weise konnten Präparate erzielt werden, die 200—270 Einheiten des Coenzym A/mg (50—65% Reinheit) bei einer Gesamtausbeute von 50—55% enthielten.

Bibliographie.

Cassidy, H. G.: Adsorption and Chromatography. Technique of Org. Chemistry V. 1951. New York: Intersience Publishers.

Kunin, R., and R. J. Myers: Ion exchange Resins. New York: J. Wiley Son., Inc. 1950.

Lederer, E., and M. Lederer: Chromatographie (A review of principles and applications), 460 S. Amsterdam, New York: Elsevier Publishing Comp. 1953 (Das moderne Standardwerk der Chromatographie.)

Nachod, F. C.: Ion Exchange. New York: Academic Press 1949.

Sammuelson, O.: Ion Echanges in Analytical Chemistry, edited by Almquist and Wiksell. New York: John Wiley and Sons Inc. 1952.

Strain, H. H.: Chromatographic Adsorption Analysis (Chemical analysis, Vol. 2). New York: Intersience Publishers 1947.

Turba, F.: Chromatographische Methoden in der Protein-Chemie, 360 S. Berlin: Springer-Verlag 1954.

Zechmeister, L.: Progress in Chromatography, 1938—47. New York: J. Wiley and Sons Inc. 1951.

Literatur.

BROCKMANN, H., u. E. BEYER: Angew. Chemie **63**, 133 (1951). — BROCKMANN, H., u.
F. VOLPERS: Ber. dtsch. chem. Ges. **80**, 77 (1947). — BROCKMANN, H., u. H. SCHODDER:
Ber. dtsch. chem. Ges. **74**, 73 (1941).

CLAESSON, S.: Nature **159**, 708 (1947). — CLAESSON, S.: Ark. Kem. Miner. Geol. Ser. A
24, 16 (1946). — COHN, W. E.: J. Amer. Chem. Soc. **72**, 1476 (1950).

DOERY, H. M., E. C. MASON and D. E. WEISS: Analyt. Chem. **22**, 1038 (1950)

HESSE, G., J. DANIEL u. G. WOHLLEBEN: Angew. Chemie. **64**, 103 (1952).

JACQUE, J., et J. P. MATHIEU: Bull. Soc. chim. France **1946**, 94. — JAMES, A. T.,
and A. J. MARTIN: Biochem. J. **50**, 679 (1952).

KETELLE, B. H., and G. E. BOYD: J. Amer. Chem. Soc. **69**, 2800 (1947). — KHYM, J. X.,
and L. P. ZILL: J. Amer. Chem. Soc. **74**, 2090 (1952). — KUHN, R., u. E. LEDERER: Naturwiss.
19, 306 (1931); Ber. dtsch. chem. Ges. **64**, 1349 (1931).

MARTIN, A. J. P.: Biochem. Soc. Symposia **3**, 13 (1950). — MARTIN, A. J. P., and R. R.
PORTER: Biochem. J. **49**, 215 (1951). — MARTIN, A. J. P., and R. L. M. SYNGE: Biochem. J.
35, 1359 (1941). — MOORE, S., and W. H. STEIN: Ann. New York Acad. Sci. **49**, 265 (1948). —
MÜLLER, B. B.: Helv. chim Acta **26**, 1945 (1943).

SANGER, F., and A. TUPPY: Biochem. J. **49**, 463 (1951). — SCHRAMM, G., u. J. PRIMOSIGH:
Ber. dtsch. chem. Ges. **76**, 379 (1943). — SCHULTZ, O. E., u. R. GMELIN: Arzneimittel-
Forschg. **2**, 532 (1952). — SEASE, J. W.: J. Amer. Chem. Soc. **69**, 2242 (1947). — STADMANN,
E. R., and A. KORNBERG: J. Biol. Chem. **203**, 47 (1943). — STEIN, W. H., and S. MOORE:
J. Biol. Chem. **44**, 418 (1951). — STEIN, W. H., and S. MOORE: Cold Spring Harbor Symposium
Quant. Biol. **14**, 189 (1949).

TISELIUS, A.: Ark. Kem. Mineral. Geol. Ser. B. **15**, Nr. 6 (1941). — TISELIUS, A.:
Ark. f. Kemi **26** b, Nr. 1 (1948). — TISELIUS, A., u. L. HAGDAHL: Acta. chem. scand. **4**, 394
(1950). — TRAPPE, W.: Biochem. Z. **305**, 150 (1940); **306**, 316 (1940).

VOGT, W.: Chem. Ing. Technik **23**, 580 (1951).

WHISTLER, R., L., and D. F. DURSO: J. Amer. Chem. Soc. **72**, 677 (1950). — WINTER-
STEIN, A., u. G. STEIN: Hoppe-Seylers Z. **220**, 263 (1934).

ZECHMEISTER, L., u. L. v. CHOLNOKY: Liebigs Ann. **509**, 269 (1934). — ZECHMEISTER, L.,
u. M. ROHDEWALD: Fortschritte der chem. org. Naturstoffe VIII. Wien: Julius Springer 1951.

Papierchromatographie.

Von

H. Hellmann.

Mit 19 Abbildungen.

Die Papierchromatographie ist eine *Mikromethode*, die sich zur *qualitativen* und *halbquantitativen Analyse* von Stoffgemischen eignet, in welchen die einzelnen Komponenten in Mengen von nur einigen Mikrogrammen vertreten sind. Ihr *Hauptwert* liegt darin, daß sie die Trennung und Identifizierung zahlreicher chemisch sehr *nahe verwandter, hydrophiler Stoffe*, z. B. Aminosäuren oder Zucker, mit einfachsten Mitteln und mit einem Minimum an Arbeitsaufwand gestattet. Sie ist daher eine ideale Methode für die Untersuchung von Pflanzensäften, Pflanzenextrakten, Bodenextrakten, von Hydrolysaten hochmolekularer Stoffe wie Proteine, Polysaccharide, Nucleinsäuren sowie zur Verfolgung von Stoffwechsel-Prozessen. Die Einfachheit und Billigkeit der Apparatur ermöglichen die Durchführung der Papierchromatographie in jedem Laboratorium.

Bisher hat die Papierchromatographie vornehmlich zur Analyse von Gemischen aus folgenden Stoffklassen gedient:

Aminosäuren, Peptide, Proteine, Enzyme,
Zucker, methylierte Zucker, Aminozucker, Zuckeralkohole Glykoside,
Alkohole, Fette, Carbonsäuren, Ketosäuren, Phosphorsäure-ester,
Amine, Alkaloide, Antibiotica,
Phenole, Gerbstoffe, Flavone, Anthocyane,
Acridine, Anthrachinone, Porphyrine,
Purine, Pyrimidine, Nucleoside, Nucleotide, Pterine,
Vitamine, Steroide,
Aromatische Aldehyde, Duftstoffe,
Anorganische Kationen und Anionen.

Die Literatur über Papierchromatographie umfaßt bereits über 1000 Publikationen, obwohl die Methode erst vor zehn Jahren von CONSDEN, GORDON und MARTIN (1944) zu einem leistungsfähigen Instrument entwickelt worden ist. Es ist nicht möglich, in diesem Rahmen die experimentellen Einzelheiten für die papierchromatographische Analyse aller oben genannten Stoffklassen anzugeben. Es werden vielmehr das methodische Prinzip, die gebräuchlichsten Geräte, die geeigneten Lösungsmittelsysteme, die Durchführung der verschiedenen Techniken der Papierchromatographie, der Sichtbarmachung und der Auswertung der Papierchromatogramme geschildert. Die papierchromatographischen Daten der einzelnen Substanzen sind jeweils in den speziellen Kapiteln angegeben. Eine nahezu vollständige Literaturzusammenstellung über Papierchromatographie mit etwa 1000 Titeln (welche laufend ergänzt wird) gibt die Firma *Carl Schleicher & Schüll*, Dassel, Kreis Einbeck, Deutschland, kostenlos an Interessenten ab. Empfohlen seien ferner die Monographien von CRAMER sowie von LEDERER und LEDERER (1953) und die jährlich in "Anal. Chemistry" erscheinenden Zusammenfassungen.

A. Allgemeine Beschreibung.

Der detaillierten Beschreibung der methodischen Besonderheiten sei eine kurze Darstellung des Prinzips vorausgeschickt. Von der zu analysierenden Lösung wird ein kleiner Fleck auf einem Filterpapierstreifen, wenige Zentimeter von einem Ende entfernt (auf der *Startlinie St* in Abb. 1), aufgebracht und eingetrocknet. Hängt man diesen Streifen in einem geschlossenen Zylinder, in dem sich ein zur Papierchromatographie geeignetes Lösungsmittel (S) befindet, mit dem substanzbeladenen Ende nach unten so auf, daß der unterste Rand des

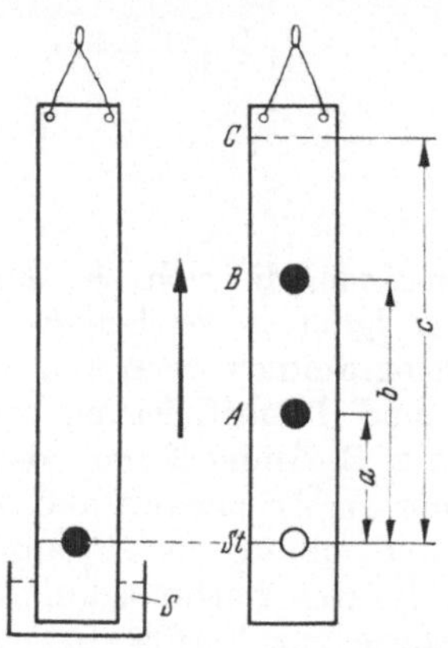

Abb. 1. Schematische Darstellung der aufsteigenden Papierchromatographie. *S* Lösungsmittel, *St* Startlinie, *A* u. *B* Positionen zweier Komponenten aus dem Substanzgemisch im fertigen Chromatogramm. *A* u. *B* haben die Strecken *a* bzw. *b* zurückgelegt, wenn die Lösungsmittelfront *C* die Steighöhe *c* erreicht hat. (Nach Rauen, 1953.)

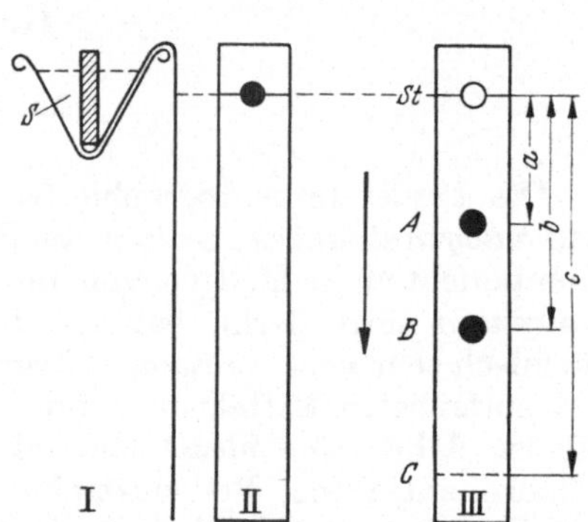

Abb. 2. Schematische Darstellung der absteigenden Technik. I. Querschnitt durch den Trog, in welchem sich das Lösungsmittel *S* befindet und der Papierstreifen mit dem oberen Ende durch eine linealförmige Glasplatte festgehalten wird. II. Aufsicht auf den substanzbeladenen Papierstreifen vor der Chromatographie. III. nach der Chromatographie.

Papiers etwa 1—2 cm eintaucht und der Substanzfleck sich 1—2 cm über der Flüssigkeitsoberfläche befindet, so wird das Lösungsmittel vom Papier angesaugt; seine Front überschreitet das aufgebrachte Substanzgemisch und wandert den Streifen weiter aufwärts. Bei dieser Wanderung nimmt das Lösungsmittel aus dem Substanzfleck die Stoffe mit, und zwar die einzelnen Komponenten des Gemisches verschieden weit (Substanz A über die Strecke a, Substanz B über b, wenn die *Lösungsmittelfront C* die Strecke c zurückgelegt hat), wodurch eine Auftrennung erfolgt. Bei farbigen Substanzen kann man diesen Vorgang direkt beobachten, bei farblosen macht man die Substanzflecke des *Papyrogramms* nach dem Trocknen des Papiers durch geeignete Farbreaktionen oder andere Kunstgriffe sichtbar. Die *Wanderungsstrecke*, welche eine Substanz in einem bestimmten Lösungsmittelsystem zurücklegt, wird auf die Wanderungsstrecke der Lösungsmittelfront als Einheit bezogen; man erhält so den R_F-*Wert* (*retention factor* nach Consden, Gordon und Martin, 1944):

$$R_F = \frac{\text{Wanderungsstrecke der Substanz}}{\text{Wanderungsstrecke der Lösungsmittelfront}}.$$

Der R_F-Wert kann neben anderen physikalischen Konstanten wie Schmelzpunkt, Brechungsindex, spez. Gewicht, zur Charakterisierung einer Substanz benutzt werden. Er bietet jedoch den Vorteil der weitgehenden Unabhängigkeit von Verunreinigungen in der Substanzprobe; bei der Ermittlung, eines Schmelzpunktes hingegen muß die Substanz absolut rein sein. Reproduzierbare Chromatogramme sind jedoch nur zu erzielen, wenn man unter gleichen Bedingungen dieselbe Papiersorte verwendet, das gleiche Lösungsmittel benutzt, und wenn man die

Chromatographie in einem abgeschlossenen Gefäß vornimmt. Die Methode ist jetzt soweit durchentwickelt, daß diese Vorsichtsmaßregeln leicht einzuhalten sind.

Bei der oben beschriebenen Anordnung steigt das Lösungsmittel infolge der Capillarkräfte gegen die Schwerkraft im Papier auf. Diese *aufsteigende Papierchromatographie* (WILLIAMS und KIRBY, 1948) (Abb. 1) ist experimentell am einfachsten durchzuführen; sie wird daher bevorzugt angewendet. Bei einer Steighöhe von etwa 30 cm bleibt die Lösungsmittelfront jedoch meistens stehen, was für die Trennung mehrerer Stoffe mit niederem R_F-Wert ungünstig ist. Diese

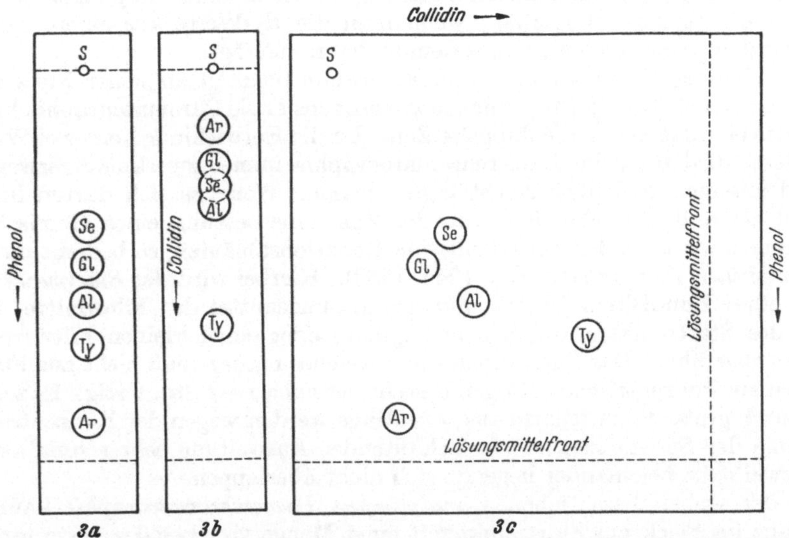

Abb. 3a—c. a) Mit absteigender Technik gewonnenes Chromatogramm eines Aminosäuregemisches aus Serin (*Se*), Glycin (*Gl*), Alanin (*Al*), Tyrosin (*Ty*) und Arginin (*Ar*) unter Verwendung von wassergesättigtem Phenol. b) Dasselbe Gemisch mit wassergesättigtem Collidin entwickelt. c) Zweidimensionales Chromatogramm desselben Gemisches, mit den wassergesättigten Lösungsmitteln Collidin und Phenol gewonnen.

Schwierigkeit vermeidet die apparativ etwas umständlichere *absteigende Papierchromatographie* (Abb. 2), bei der sich der Substanzfleck in der Nähe des oberen Endes befindet, welches in einen Trog mit dem Lösungsmittel eintaucht, und bei welcher der Papierstreifen als Saugheber wirkt. Aufsteigende und absteigende Technik geben praktisch gleiche R_F-Werte.

Die Stoffe wandern mit verschiedenen Lösungsmitteln verschieden schnell; man vergleiche die von ein und demselben Aminosäuregemisch erhaltenen Chromatogramme bei Entwicklung mit wasserhaltigem Phenol bzw. Collidin (Abb. 3a und b). Diese Tatsache macht man sich zunutze in der *zweidimensionalen Papierchromatographie*, welche zur Anwendung kommt, wenn in den oben beschriebenen *eindimensionalen* Techniken keine vollständige Auftrennung zu erreichen ist. Überlagerungen und Überlappungen von Flecken, wie sie z. B. im Collidin-Chromatogramm zwischen Glycin, Serin und Alanin (Abb. 3b) vorkommen, können durch eine zweite Chromatographie mit Phenol aufgelöst werden. Das zweidimensionale Papierchromatogramm erhält man nach CONSDEN, GORDON und MARTIN (1944), indem man das Substanzgemisch in einer Ecke eines quadratischen Filtrierpapier*blattes* aufträgt und zunächst mit dem einen Lösungsmittel eindimensional (auf- oder absteigend) entwickelt, wozu eine Papier*kante* in das Lösungsmittel getaucht wird. Es entsteht ein eindimensionales Chromatogramm senkrecht über bzw. unter dem Startpunkt S dicht neben einer Papierkante. Nach dem Trocknen des Blattes wird in einem anderen Lösungsmittel chromatographiert, und zwar nachdem der Bogen um 90° zur ersten Chromatographierrichtung gedreht worden ist, so daß das vorhin gewonnene Chromatogramm jetzt als *Startlinie* nach unten bzw. oben kommt. Man erhält so eine „Landkarte" des zweidimensionalen Chromatogramms (3c), welche allerdings meistens nur mit Hilfe von gleichzeitig hergestellten *Vergleichschromatogrammen* unter Verwendung bekannter Substanzen zuverlässig entschlüsselt werden kann. Die relative Lage der Flecke in einem solchen Chromatogramm, das *Verteilungsmuster*, entspricht bei gleich langen Lösungsmittelwanderungsstrecken völlig derjenigen in einem Diagramm, welches man erhält, wenn man die R_F-Werte aus einem Lösungsmittelsystem gegen diejenigen aus dem anderen aufträgt.

Ein eindimensionales Papierchromatogramm benötigt zu seiner Entwicklung durchschnittlich 10—12 Std. Für die zweidimensionale Chromatographie braucht man also etwas mehr als die doppelte Zeit. Da die Entwicklung keinerlei Wartung erfordert, wird man die Papierchromatographie immer zweckmäßigerweise am Abend ansetzen und über Nacht laufen lassen. Wenn es sich darum handelt, schnell ein orientierendes Bild von der Zusammensetzung eines Gemisches zu bekommen, etwa bei der Verfolgung von Reaktionsabläufen, so bedient man sich der *Rundfilter-Technik* (Rutter, 1948, 1950). Hierbei wird der *Startpunkt* in die Mitte eines Rundfilters gesetzt und das Lösungsmittel der Filtermitte, in der Nähe des Startpunktes, durch eine Capillare oder einen kleinen Filtrierpapierstreifen zugeführt. Das Chromatogramm, welches naturgemäß nicht aus Flecken, sondern aus konzentrischen Ringen besteht, ist nach 1—2 Std. fertig. Es zeichnet sich durch große Trennschärfe aus; die Ringe werden wegen der Konzentrationsabnahme der Substanzen mit fortschreitender Ausweitung sehr schmal, so daß auch zwei nahe beieinander liegende sich nicht überlappen.

In der soeben beschriebenen *analytischen Papierchromatographie* kann jede Substanz im Fleck am Startpunkt mit einer Menge von 1—50 γ vertreten sein; die untere Grenze ist durch die Erkennbarkeit im Chromatogramm gegeben, die obere durch das Auflösungsvermögen des Verfahrens, denn bei Überladung des Systems mit Substanz kommt es zu einer Schwanzbildung an den Flecken, die das Chromatogramm unbrauchbar macht. Mengen bis zu einigen Milligramm jeder Substanz können eindimensional auf einem Bogen getrennt werden, wenn man die Substanz als Punktreihe oder Streifen an der Startlinie aufträgt, so daß man an Stelle des Fleckenchromatogramms ein Streifenchromatogramm bekommt. Die Trennung noch größerer Mengen ermöglicht die *präparative Papierchromatographie* durch Verwendung sehr dicker Papiere bzw. Kartons oder des *Chromatopiles* (Mitchell und Haskins, 1949), einer Säule aufeinander gepreßter Rundfilter, welche die Verarbeitung bis zu 1 g Substanz erlaubt.

B. Zubehör.

I. Das Papier.

Für die Papierchromatographie sind Spezialpapiere erforderlich. Für die Filterpapierfabrikation werden im allgemeinen drei verschiedene Rohstoffe verwendet: Holzzellstoffe, Hadern und Linters. Hadern sind die meist schon in einem textilen Lebenslauf abgenutzten, selten frischen, langen Samenhaare aus der Baumwollkapsel, Linters die kurzen, textilmäßig nicht mehr brauchbaren Samenhaare, die fast immer ohne vorhergehende Benutzung zu anderen Zwecken als Rohstoffe für die Papierherstellung verwendet werden. Für die chemische Natur der Filterpapiercellulose sind die Herkunft und die Schädigung bei der Aufbereitung bestimmend. Die Schädigung erfolgt bei Holzzellstoffen durch den Aufschluß, die Veredelung und das Bleichen, bei Baumwolle durch die Textilvergangenheit, also Wäsche und Belichtung, bei Linters nur durch Bleiche. Diese Prozesse, die bei den Linters am wenigsten zur Wirkung kommen, erhöhen die Zahl der Carboxylgruppen der Cellulose, wodurch diese den Charakter einer schwachen Säure und damit den eines Kationen-Austauschers bekommt (KULLGREN, DU RIETZ). Basische Stoffe, Amine und Alkaloide können mit den carboxylreichen Papieren besser getrennt werden als mit den carboxylarmen. Man hat sogar die Oxygruppen der Cellulose am 6-C-Atom zu Carboxylgruppen vorsichtig bis zu einem Carboxylgehalt zwischen 1 und 4% oxydiert und dieses *Carboxyl-Papier* mit gutem Erfolg benutzt (WIELAND und BERG, 1952). Auch die unvollständige Oxydation von —CH_2OH-Gruppen, welche nur bis zum Aldehyd führt, findet offenbar an der Cellulose statt und ist für die Chromatographie in manchen Fällen von Bedeutung. Zum Beispiel geben Aminosäuren allein keine Fluorescenz unter der UV-Lampe, wohl aber im Chromatogramm auf Filterpapier nach Erhitzen auf 80° C. WOIWOOD (1950) führt die Veränderung auf eine Reaktion zwischen den Aldehydgruppen des Papiers und den Aminosäuren zurück; das würde erklären, weshalb die Fluorescenz-Reaktion der Aminosäuren auf verschiedenen Papieren so verschieden stark ausfällt und bei sehr reinen Papieren ganz fehlen kann.

Störungsfreie Chromatogramme sind am leichtesten mit solchen Papieren zu erzielen, deren Cellulose weitgehend frei von Fremdstoffen und am wenigsten geschädigt ist. Das sind die auf *Linters*-Basis hergestellten Papiere. In den angelsächsischen Ländern werden in erster Linie die englischen *Whatman*-Papiere verwendet. In Deutschland hat die Firma *Carl Schleicher & Schüll*, Dassel, Kreis Einbeck, in den letzten Jahren eine Anzahl chromatographischer Papiere herausgebracht, welche zum Teil in ihren Eigenschaften mit den englischen *Whatman*-Papieren übereinstimmen, wodurch ein Vergleich der mit verschiedenen Papiersorten gewonnenen Ergebnisse erleichtert wird.

Fabrikationsnummern und einige Eigenschaften von nicht deutschen Filtrierpapieren.

Whatman Nr. 1: Standardpapier mit mittlerer Laufzeit;

Whatman Nr. 4: schnell laufend, für aufsteigende Technik gut geeignet;

Whatman Nr. 3 MM: dickes Papier für quantitative Chromatographie;

Whatman Nr. 54: festes Papier, auch im feuchten Zustand reißfest, daher für lange Chromatogramme und für Beladung mit Imprägnierungsmitteln geeignet.

In Amerika werden neben den englischen *Whatman*-Papieren vielfach die Sorten der dortigen Firma *Schleicher & Schüll* (SS) Nr. 589, 595, 598 und 602 verwendet. Nach KOWKABANY und CASSIDY (1950) sind die *Whatman* (W)- und *Schleicher & Schüll* (SS)-Papiere in der Aminosäure-Chromatographie mit verschiedenen Lösungsmittelsystemen zweckmäßigerweise folgendermaßen zu verwenden (Reihenfolge der Papiere jeweils nach Eignung):

Collidin: W 3, SS 595, W 4, W 1;

Phenol: W 3, SS 595, W 1, W 4;

Butanol: SS 589, SS 595, SS 598, W 3;

Butanol-Ameisensäure: W 3, W 1, W 2, SS 602;

Butanol-Ammoniak: SS 589, W 1.

In Schweden benutzt man vorzugsweise das schnellaufende Papier Nr. OB der Munktells Papperfabriks-Aktiebolag, Grycksbo; in Frankreich zum Teil D'Arches Nr. 302 und Durieux Nr. III.

Fabrikationsnummern und Eigenschaften der chromatographischen Papiere der Firma Carl Schleicher & Schüll (Deutschland).

a) Auf Linters-Basis hergestellte Filterpapiere:

Nr. 2040a 0,30—0,35 mm Dicke: schnell laufend, etwa wie Whatman Nr. 4;

Nr. 2040b 0,23—0,24 mm Dicke: schnell laufend, etwa wie Whatman Nr. 4;

Nr. 2043a 0,18—0,19 mm Dicke: mittlere Laufzeit, etwa wie Whatman Nr. 1;

Nr. 2043b 0,20—0,25 mm Dicke: mittlere Laufzeit, etwa wie Whatman Nr. 1;

Nr. 2045a 0,16—0,17 mm Dicke: sehr langsam laufend, für besonders scharfe Trennungen;

Nr. 2045b 0,23—0,24 mm Dicke: sehr langsam laufend, für sehr scharfe Trennungen;

Nr. 2181, Karton,4—5 mm Dicke: zur präparativen aufsteigenden Chromatographie.

a bedeutet 80 g/m² Gewicht; b bedeutet 120 g/m² Gewicht.

b) Die Sorten 2040a und 2040b eignen sich besonders gut für Trennungen von Purinen und Zuckern, die Sorten 2043a und 2043b für Aminosäuren, Zucker und Purine.

b) Auf anderer Basis hergestellte Filterpapier:

Nr. 598G etwa 150 g/m²-Gew.: weich, sehr schnell laufend, hauptsächlich für orientierende Vorversuche im aufsteigenden Chromatogramm;

Nr. 602h:P 110—120 g/m²-Gew.: hart, langsam laufend;

Nr. 1101 120 g/m²-Gew.: hart, sehr langsam laufend;

Nr. 1104 120 g/m²-Gew.: mittlere Härte, mittlere Laufzeit.

Die Sorte 1101 eignet sich wegen ihrer gegenüber den Linterspapieren höheren Carboxylzahl und stärkeren Adsorptionsfähigkeit besonders gut für Trennungen von Alkaloiden und Aminen.

Zur Erzielung reproduzierbarer Chromatogramme soll man immer in *Faserrichtung des Papiers* chromatographieren. Die starke Strömung beim Auftragen des verdünnten Papierbreies auf die Maschine bei der Herstellung des Papiers bedingt eine bevorzugte Ausrichtung der verfilzten Fasern in Strömungsrichtung. Den Faserverlauf kann man einfach dadurch bestimmen, daß man einen Wassertropfen senkrecht auf den horizontal liegenden Bogen auftropft. Die größere Ausdehnung des ovalen Flecks zeigt die Laufrichtung an. Bei den *Schleicher & Schüll*-Papieren 2040, 2043 und 2045 sind die Bogen neuerdings in einer Ecke mit einem Wasserzeichen-Pfeil versehen, welcher die Faserrichtung anzeigt.

II. Die Entwicklungskammer.

Die Papierchromatographie muß in einem *abgeschlossenen Gefäß* vorgenommen werden, weil die Verdunstung des Lösungsmittels sonst die Entwicklung brauchbarer Chromatogramme verhindert. Die Wahl einer geeigneten Entwicklungskammer wird sich nach den wirtschaftlichen Verhältnissen des Laboratoriums zu richten haben. Von den billigsten Behelfsapparaturen, wie Einmachgläsern, Akkumulatorengefäßen, Aquarien, bis zu den teuersten Kammern aus Spezialstahl ist alles empfohlen worden. Hin und wieder sind mit den primitiven Geräten leidlich brauchbare Papierchromatogramme erzielt worden; einwandfreie, reproduzierbare Chromatogramme bekommt man jedoch nicht damit, zumal wenn es sich um leichtflüchtige Lösungsmittel oder gasförmige Zusätze, wie Ammoniak, Schwefelwasserstoff, Schwefeldioxyd, Leuchtgas usw., handelt. Für eine kurze Orientierung kann man ein eindimensionales Chromatogramm auf einem Streifen in einem mit Gummistopfen verschlossenen Reagenzglas oder Meßzylinder aufsteigend entwickeln, für die exakte Papierchromatographie sind größere Gefäße erforderlich. Die ideale Entwicklungskammer für die *eindimensionale, auf- und absteigende Papierchromatographie* muß folgenden Anforderungen genügen: sie soll luftdicht verschließbar, aus durchsichtigem Material gefertigt, leicht transportabel, leicht zu reinigen sein, darf von Lösungsmitteln und Zusätzen nicht angegriffen werden und soll zudem noch billig sein. Eine Anordnung, welche diesen Anforderungen weitgehend gerecht wird, besteht aus einer Kombination von einem zylindrischen Präparatenglas mit einem tubulierten Exsiccatordeckel (Abb. 4). Das Präparatenglas hat eine Höhe von 50 cm und einen Durchmesser von 25 cm. Es ist mit einem geschliffenen Glasrand versehen, welcher dem Exsiccatordeckel fest anliegt. Solche Glaszylinder finden in biologischen Instituten vielfach zur Aufbewahrung von Präparaten Verwendung. Die fertige Kombination kann von der Firma Normschliff Glasgeräte G.m.b.H., Wertheim am Main, bezogen werden. Für die eindimensionale Chromatographie wird hier nur dieses Gerät ausführlich beschrieben, da das Bild ohne weiteres zeigt, wie man sich leicht anderweitig behelfen kann.

Auf den Boden des Zylinders wird bei Verwendung zweiphasiger Lösungsmittelsysteme eine Petrischale mit der wäßrigen Phase, d. h. bei Verwendung von wassergesättigtem Phenol als Chromatographieflüssigkeit phenolgesättigtes Wasser, gestellt. Darüber steht eine mit Füßen versehene Porzellanplatte, wie sie für Exsiccatoren verwendet wird. Sie dient bei aufsteigender Chromatographie als Tisch für die Schale mit dem Lösungsmittel, bei absteigender als Unterlage für das den Trog tragende Stativ. Der Zylinder wird mit einem eingefetteten, durchlochten Exsiccatordeckel von passender Größe verschlossen. Das Loch im Deckel wird mit einem durchbohrten Gummistopfen versehen, durch dessen Bohrung von unten her Glasstäbe mit geeigneten Aufhängevorrichtungen für Filterpapier, wie sie leicht jeder Glasbläser anfertigen kann, gesteckt werden. Die Dicke der Glasstäbe muß so bemessen sein, daß sie zwar auch bei Belastung mit vollgesogenem Papier fest in einer Stellung verharren, aber dennoch bei Verwendung von Glycerin als Gleitmittel leicht auf und ab bewegt werden können. Diese Anordnung ermöglicht die Gleichgewichtseinstellung zwischen Lösungsmittel, Innenatmosphäre und Papier vor Beginn der Chromatographie und das nachherige Eintauchen des Papiers in das Lösungsmittel durch Senken des Glasstabes ohne nochmaliges Öffnen der Kammer. Als Aufhängevorrichtung in der aufsteigenden Technik eignen sich für eindimensionale Chromatographie mit Häckchen versehene Querstäbe (Abb. 5). Um bei eindimensionaler Arbeitsweise möglichst lange Papierstreifen verwenden zu können, bedient man sich eines Glasrostes, über dessen Sparren der Streifen hälftig gelegt wird, so daß das Lösungsmittel im ersten Schenkel auf- und im zweiten absteigt. Diese Glasroste (Abb. 6) sind auch für die absteigende Chromatographie verwendbar. Der Papierstreifen wird am oberen Ende um 2 cm doppelt gefaltet und dann mit einer Knopflochschere mit einigen Längsschnitten versehen, durch die wechselseitig

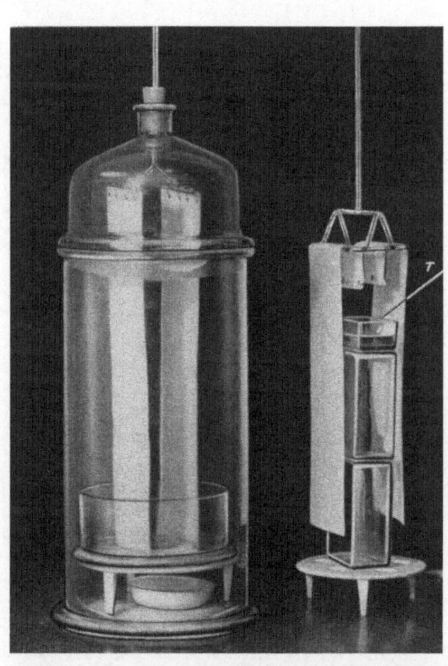

Abb. 4. Gläserne Entwicklungskammer. Kombination eines zylindrischen Präparatenglases von 50 cm Höhe und 25 cm Durchmesser mit passendem Exsiccatordeckel (HELLMANN, 1951). Der durch den im Deckel sitzenden Gummistopfen führende Glasstab, der am unteren Ende mit geeigneten Aufhängevorrichtungen für das Papier (vgl. Abb. 5, 6 u. 7) versehen ist, kann leicht auf und ab bewegt werden; dadurch läßt sich ein Öffnen der Kammer nach Gleichgewichtseinstellung zum Eintauchen des Papiers in das Lösungsmittel vermeiden. Die Kammer ist in 4a für aufsteigende Chromatographie hergerichtet. Abb. 4b. Stativ für den Glastrog T aus gläsernen Instrumentenschalen und Aufhängevorrichtung für absteigende Chromatographie (vgl. Abb. 7).

ein Glasstab gesteckt wird. Der Glasstab dient im kurzen Papierschenkel als Gegengewicht für den lang über den Sparren herabhängenden Streifen Als schmaler Trog ist eine gläserne Instrumentenschale geeignet (12 × 6 cm). Sie ruht auf einigen hochkant übereinander gestellten größeren Instrumentenschalen (Abb. 4b). Nach Gleichgewichteinstellung wird der Glasstab so tief gesenkt, daß das doppelt gefaltete Papierstück mit dem Querstab ganz in das Lösungsmittel eintaucht. Die aufgebrachten Substanztropfen (S) sollen sich bei

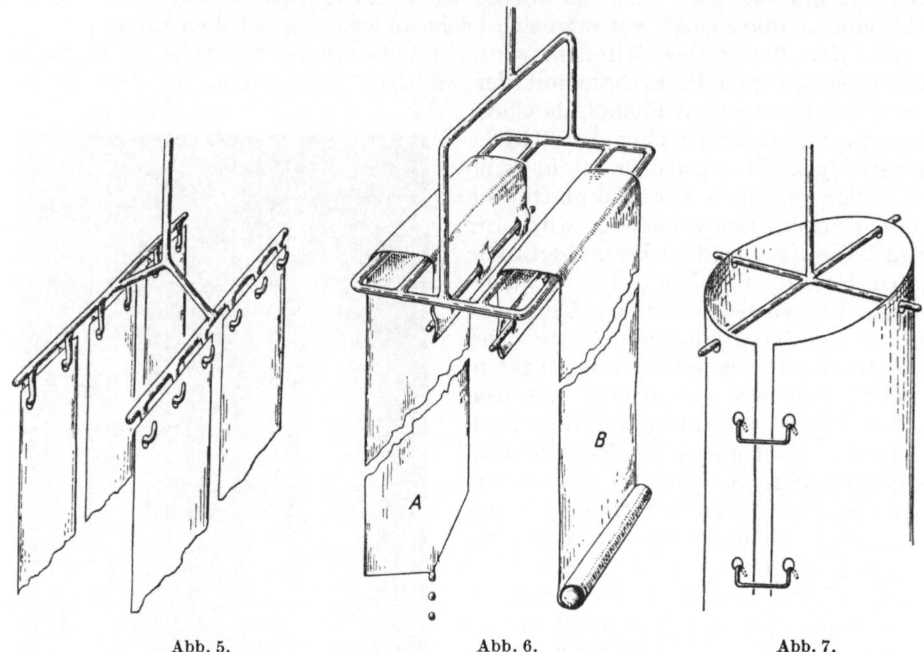

Abb. 5.   Abb. 6.   Abb. 7.

Abb. 5. Glasgerüst mit Häkchen als Aufhängevorrichtung für das Papier bei aufsteigender Chromatographie (vgl. Abb. 4a).

Abb. 6. Glasrost als Träger für das Papier bei eindimensionaler absteigender Chromatographie (vgl. Abb. 4b). Der kurze Schenkel des Papierstreifens ist am Ende um 2 cm doppelt gelegt und mit einem durchgesteckten Glasstab beschwert. In 6A ist der lange Papierschenkel spitz zugeschnitten, damit Lösungsmittel, die niedrige R_F-Werte liefern, über das Papier hinauswandern und abtropfen können. In 6B ist am Ende des Streifens ein Saugpolster befestigt, das solche Lösungsmittel aufsaugt.

Abb. 7. Glaskreuz als Aufhängevorrichtung für den zum Zylinder geformten Papierbogen für aufsteigende zweidimensionale Chromatographie. Der Zylinder wird durch Klammern aus Aluminiumdraht in Form gehalten.

dieser Anordnung auf dem langen Papierschenkel etwa 1 cm unterhalb der Glasbarriere befinden. Lösungsmittel, die niedrige R_F-Werte liefern, wie wassergesättigter Benzylalkohol, läßt man über das Papier hinauswandern, so daß sie abtropfen (Abb. 6A) oder läßt sie von einem Saugpolster aus Cellulose aufsaugen (Abb. Bb, Miettinen und Virtanen, 1949). Für die zweidimensionale Chromatographie kann man ein Glaskreuz benutzen, das den zum Zylinder geformten Bogen trägt (Abb. 7). Der obere Rand des Papiers wird hierfür mit Hilfe eines Bürolochers gelocht. Der durch entsprechend gebogene Aluminiumklammern in Form gehaltene Papierzylinder läßt sich leicht durch Zusammendrücken am Glaskreuz aufhängen. Man kann den Zylinder auch durch Zusammennähen in Form halten und ihn ohne Aufhängung in das Lösungsmittel hineinstellen. Eine *zweidimensionale absteigende Chromatographie* kann in solchen zylindrischen Kammern nicht durchgeführt werden; für diesen Zweck benötigt man kastenförmige Gefäße. Am meisten werden heute Kammern verwendet, die derjenigen von DENT (1948) nachgebildet sind (Abb. 8). Sie bestehen aus Holz oder Metall haben einen mit Schwammgummi abgedichteten Deckel, mehrere lange schmale

gläserne oder emaillierte Tröge und Fenster zur Beobachtung der Entwicklung. Die Kammern, welche die Firma *Hormuth & Vetter*, Heidelberg, liefert, bestehen aus imprägniertem Holz und sind so groß, daß sie ganze Filtrierpapierbögen (etwa 60 cm²) aufnehmen können. Abb. 9 veranschaulicht, in welcher Weise zwei Bögen in einen Trog eingelegt und dort mit einem Glasstab beschwert werden. Um zu verhindern, daß sich die nassen Blätter an die Außenwand des Trogs anlegen, was zu sehr unregelmäßiger Fließgeschwindigkeit und damit zu verzerrten Chromatogrammen führen würde, liegen parallel zu den Trögen Glasstäbe, über welche das Papier herabhängt.

Als Entwicklungskammer für die *Rundfiltertechnik* verwendet man am einfachsten zwei gleich große Kristallisierschalen ohne Ausguß (RUTTER, 1948), zwischen denen das Rundfilter eingeklemmt wird, wie es Abb. 10 zeigt. Aus dem Filter wird eine schmale Zunge herausgeschnitten und nach unten abgebogen, so daß sie das Lösungsmittel ansaugen kann. Der Substanzfleck soll sich kurz hinter der Einmündungsstelle der Zunge in der Filtermitte befinden. Die

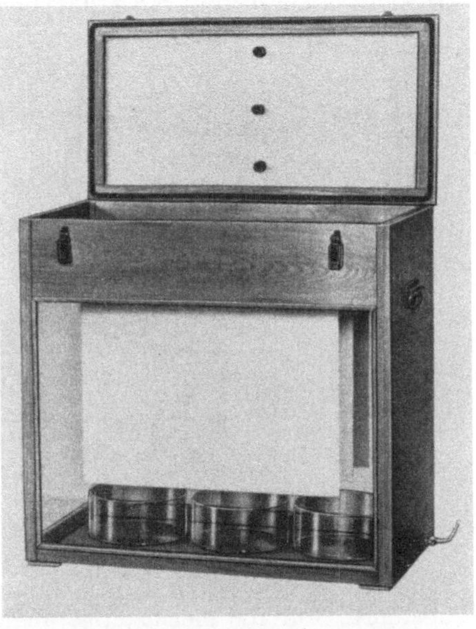

Abb. 8. Entwicklungskammer für absteigende zweidimensionale Chromatographie aus imprägniertem Holz (Fa. Hormuth & Vetter, Heidelberg). Die Kammer enthält drei emaillierte Tröge, kann also sechs Filtrierpapierbogen gleichzeitig aufnehmen. Die Schalen auf dem Boden der Kammer enthalten die Gegenphase des Lösungsmittels.

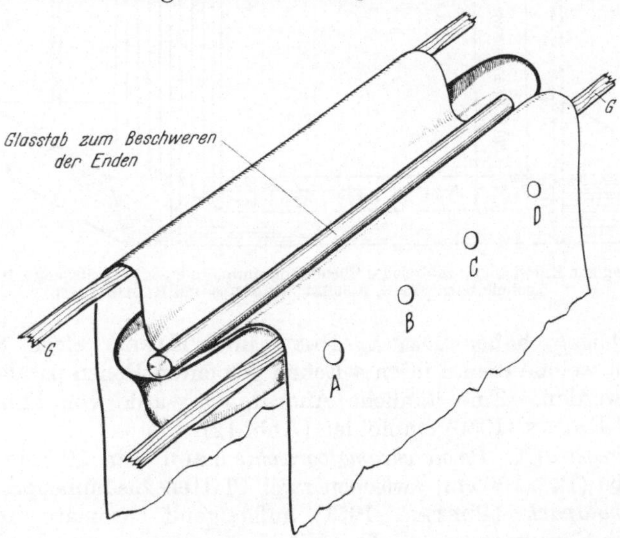

Abb. 9. Einlegen von zwei Papierbogen in den Trog. *A—D* aufgetragene Substanz. *G* Glasstäbe, welche verhindern, daß sich das feuchte Papier an die Außenwand des Trogs anlegt. (Aus CRAMER, 1953.)

Ringchromatographie liefert schwach elliptische Ringe mit der längeren Achse in Faserrichtung des Papiers. Etwaige Unregelmäßigkeiten, die durch den Zungenausschnitt verursacht werden, sind zu vermeiden, wenn man die Anordnung von Zimmermann und Nehring (1951) benutzt, in welcher ein größeres Rundfilter auf

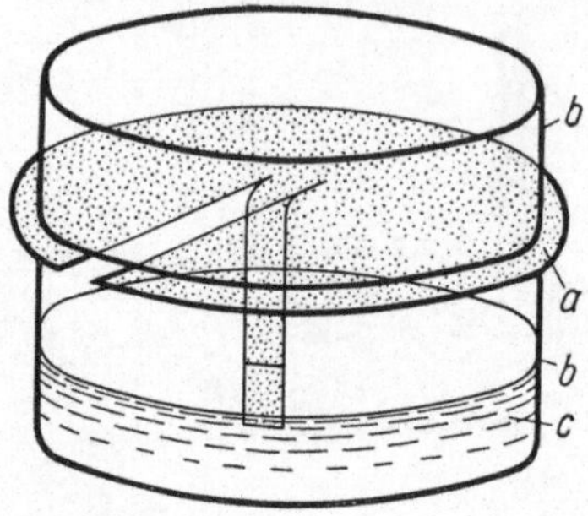

Abb. 10. Rundfilter-Technik nach Rutter. *a* Rundfilter mit eingeschnittener, nach unten gebogener Zunge welche das Lösungsmittel ansaugt. *b* zwei aufeinandergelegte Kristallisierschalen ohne Ausguß. *c* Lösungsmittel.

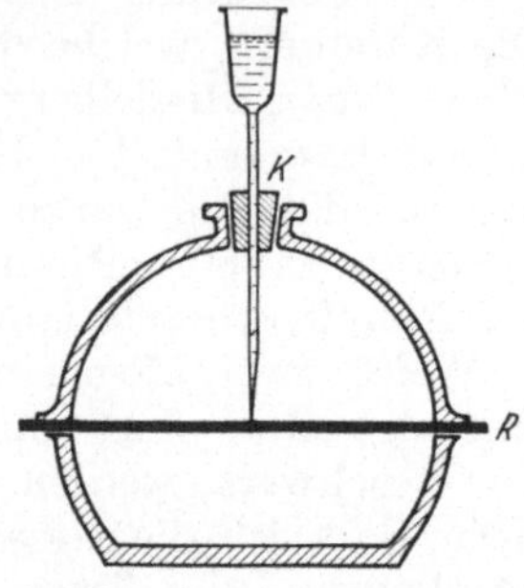

Abb. 11. Rundfilterchromatographie nach Zimmermann und Nehring (1951). *K* Capillare mit Trichter, durch welche das Lösungsmittel zur Mitte des zwischen Exsiccatorunterteil und -deckel eingeklemmten Rundfilters *R* geführt wird.

dem Schliffrand eines Exsiccators liegt und es mit dem tubullierten Exsiccatordeckel festklemmt (Abb. 11). Das Lösungsmittel wird der Filtermitte durch eine Capillare, welche durch einen Gummistopfen im Exsiccatordeckel hineinragt, zugeführt. Für die gleichzeitige aufsteigende Chromatographie mit zahlreichen

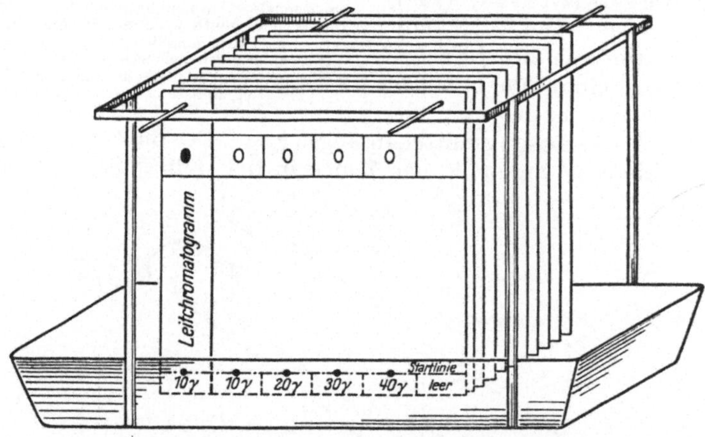

Abb. 12. Anordnung zur Entwicklung zahlreicher Chromatogramme in einem Arbeitsgang mit der aufsteigenden Technik nach Felix, Fischer, Krekels und Rauen (1951).

Filtrierpapierbögen haben Datta, Dent und Harris einen Spannrahmen konstruiert, in welche die an ihren 4 Ecken gelochten Bogen parallel zueinander eingespannt werden. Eine ähnliche Anordnung wurde von Felix, Fischer, Krekels und Rauen (1950) empfohlen (Abb. 12).

Für die *präparative Papierchromatographie* kann man 50 Papierstreifen der üblichen Größe (12 × 50 cm) zwischen zwei Platten zusammenpressen und mit diesem *Chromatopack* (Porter, 1951) aufsteigend chromatographieren. Zur Erkennung des Chromatogramms braucht man nur einen aus der Mitte herausgenommenen Streifen mit einem geeigneten Farbreagens zu behandeln. Mengen von 0,5—1 g pro Substanz lassen sich im *Chromatopile* (MITCHELL und HASKINS, 1949) verarbeiten, einer Säule aus mehreren hundert Rundfiltern, die fest zusammengepreßt werden (Abb. 13). Die zu analysierende Lösung wird in 10 Rundfiltern aufgesaugt, welche oben auf die Säule gelegt werden. Nachdem man hierauf noch einmal 20 Rundfilter gelegt hat, wird absteigend chromatographiert, in dem man das Lösungsmittel durch eine Siebplatte von oben her der Säule zuführt. Diese Anordnung kommt der Säulenchromatographie mit Cellulosepulver bereits sehr nahe; man wird diese dem Chromatopile in den meisten Fällen den Vorzug geben, weil sie billiger ist.

III. Das Lösungsmittel.

Entscheidend für die Auftrennung eines Substanzgemisches ist die Wahl des Lösungsmittelsystems. Glücklicherweise haben sich für fast alle hydrophilen Stoffe bereits Systeme mit gutem Trennungsvermögen finden lassen. Bevor man sich daran begibt, ein geeignetes Lösungsmittel auszuprobieren, vergegenwärtige man sich, in welcher Weise die papierchromatographische Trennung vor sich geht.

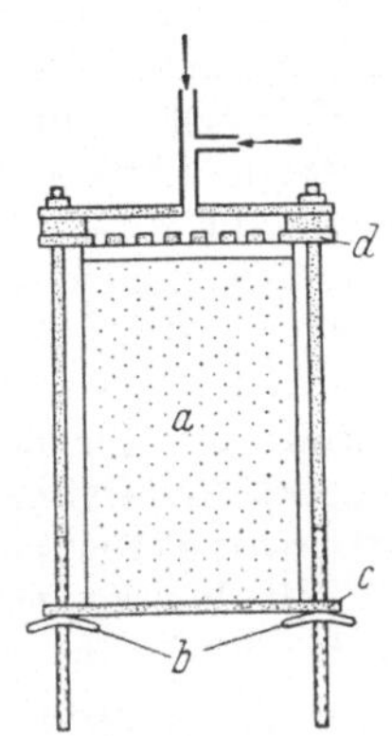

Abb. 13. Chromatopile nach MITCHELL und HASKINS (1949). *a* Säule aus Rundfiltern, *b* Flügelschrauben zum Zusammenpressen der Säule, *c* ungelochte Bodenplatte, *d* Siebplatte, durch welche das Lösungsmittel zugeführt wird.

Man könnte vermuten, daß ein Verfahren wie die Papierchromatographie, das so einfach durchführbar ist und so sinnfällige, klare Ergebnisse liefert, auf einem sehr simplen, leicht zu durchschauenden Prinzip beruhe. Bis jetzt besteht jedoch über die für die Stofftrennung verantwortlichen Vorgänge noch keine einheitliche Auffassung. CONSDEN, GORDON und MARTIN (1944), die dieses Verfahren zu seiner heutigen leistungsfähigen Form entwickelten, haben die Ausbildung des Chromatogramms als Verteilungsvorgang aufgefaßt, wie er dem Ausschütteln (Ausäthern im Scheidetrichter) zugrunde liegt. Auch das Ausschütteln kann zur Trennung von Stoffen dienen, besonders wenn es sehr oft wiederholt wird. Die Gegenstromverteilung, die nach diesem Prinzip arbeitet, hat sich zur Auftrennung von Stoffgemischen sehr bewährt und bildet als Makromethode eine gute Ergänzung zur Papierchromatographie. Die Verteilung spielt sich zwischen zwei nicht mischbaren Lösungsmitteln (Phasen) ab; im Falle der Papierchromatographie ist das eine Lösungsmittel Wasser, das vom Papier festgehalten wird, die zweite Phase ist das aufsteigende bzw. absteigende Lösungsmittel. Der Verteilungsvorgang gehorcht im Idealfall dem NERNSTSchen Verteilungssatz (das Verhältnis der Konzentrationen eines Stoffes in beiden Phasen ist gleich einer Konstanten, dem Verteilungskoeffizienten), und das Verhalten einer Verbindung beim Ausschütteln und bei der Gegenstromverteilung läßt sich, wie im vorigen Kapitel gezeigt, sehr genau vorausberechnen. Bei der Papierchromatographie wiederholt sich der Verteilungsvorgang kontinuierlich; dadurch wird die Berechnung kompliziert. MARTIN und SYNGE (1941) haben in Anlehnung an die Theorie der fraktionierten Destillation, bei welcher, ebenfalls kontinuierlich, ein Gleichgewicht zwischen Dampfstrom und Flüssigkeitsphase eingestellt wird, die R_F-Werte einiger Substanzen vorausberechnet und Übereinstimmung mit experimentellen Werten gefunden, was sie als Bestätigung ihrer Auffassung werten.

Die Auffassung, daß die Papierchromatographie ein reines Verteilungsverfahren zwischen zwei nicht mischbaren Lösungsmitteln sei, wobei eine Phase von einem inerten Träger festgehalten wird, ist nur in erster Näherung richtig. Sie ist von Hanes und Isherwood (1949) verfeinert worden durch die Annahme, daß als stationäre Phase ein Cellulose-Wasser-Komplex wirksam ist. In diesem Komplex soll das Wasser in einem bestimmten Ordnungszustand vorliegen und sich damit vom „freien Wasser" unterscheiden. Die Papierfaser ist stark hygroskopisch. Nach K. H. Meyer beträgt der Wassergehalt bei normaler Luftfeuchtigkeit in einem sich trocken anfühlenden Papier etwa 5—6%; es wird in den „Lockerstellen" im Kristallitgefüge von der Cellulose addiert. In wasserdampfgesättigter Atmosphäre wie bei der Papierchromatographie steigt der Wassergehalt auf 20%, dieses weitere Wasser wird capillar gebunden. Der Cellulose-Wasser-Komplex kann entweder weitere hydrophile Verbindungen zusätzlich einlagern oder gegen Wassermoleküle austauschen; es kommt zu einem Gleichgewicht zwischen der Konzentration in der mobilen und in der festen Phase, das bestimmend für die Trennung ist. Ob dies ein Verteilungsvorgang oder ein Adsorptionsvorgang ist, wird offengelassen. Die Vorstellung von Hanes und Isherwood (1949) erklärt die Papierchromatographie mit solchen Lösungsmitteln, die mit Wasser mischbar sind, bei denen also keine Nernstsche Verteilung stattfinden kann. Solche Lösungsmittelsysteme sind von Bentley und Whitehead (1950) sowie von Decker und Riffahrt (1950) mit gutem Erfolg zur Trennung von Aminosäuren verwendet worden.

Durch neuere Untersuchungen von Horner, Emrich und Kirschner (1952) ist die Existenz des Cellulose-Wasser-Komplexes nachgewiesen worden. Die Autoren konnten zeigen, daß das Papier dem aufsteigenden Lösungsmittel (z. B. wassergesättigtem Butanol) Wasser entzieht. Aber auch die organischen Lösungsmittel können an die Cellulose gebunden werden (besonders leicht Phenol und Isopropanol); es entsteht demnach ein *ternärer Komplex aus Cellulose + Wasser + organischem Solvens*, dem die mobile Phase gegenübersteht. Zwischen diesen beiden Phasen spielt sich die Verteilung der Substanz ab, die zur Ausbildung diskreter Flecken führt. Mit zunehmendem Wassergehalt der mobilen Phase steigt der R_F-Wert hydrophiler Stoffe, und die Trennwirkung nimmt ab, offenbar weil die hydrophilen Stoffe jetzt bevorzugt in die mobile Phase gehen und die Unterschiede im Verteilungsverhalten sich verwischen müssen. Eine Mitwirkung von Adsorptionskräften glauben Horner u. a. (1952) ausschließen zu können, desgleichen Ionenaustauschvorgänge. Nur bei besonders carboxylreichen oder entsprechend vorbehandelten Papieren wird der Ionenaustausch bestimmend (Wieland und Berg, 1952 sowie Lautsch, Manecke und Boser, 1953). Die Beteiligung von Adsorptionsvorgängen am nicht behandelten Papier in dem Sinne, daß die Stoffe an aktiven Zentren des festen Adsorbens fixiert werden, ist nach Horner u. a. (1952), unwahrscheinlich, weil die Celluloseoberfläche bevorzugt vom Wasser besetzt wird und das Substrat bei der normalen Papierchromatographie stark solvatisiert ist.

Decker (1953) unterscheidet 5 Stoffgruppen, für welche verschiedene Lösungsmittelsysteme in Frage kommen:

1. Stark hydrophile Stoffe. Kennzeichen: in Wasser leichter löslich als in Alkohol, R_F-Werte in wasserfreiem Butanol etwa 0. Lösungsmittel: unbeschränkt oder beschränkt wassermischbare organische Lösungsmittelgemische mit 1—40% Wassergehalt. Eventuell Zusätze von Säuren, Basen oder Salzen, insbesondere Puffern. Wasserzusatz erhöht R_F-Werte.

2. Mäßig hydrophile Stoffe. Kennzeichen: in Alkohol leichter löslich als in Wasser, R_F-Werte in wasserfreiem Butanol häufig größer als 0, in Wasser etwa 1. Lösungsmittel: wie zu 1., ferner wasserärmere Gemische, welche unpolare Lösungsmittel, wie Chloroform, Benzol, Petroläther, Essigester usw., enthalten.

3. Aromatische und heterocyclische Stoffe mit Affinität zur Baumwollfaser (u. a. Phenole, Farbstoffe). Kennzeichen: R_F-Werte in Wasser evtl. nach Säure-, Salz- oder Ammoniak-Zusatz 0,05—0,9. Lösungsmittel: wie zu 1. und 2., ferner Mischungen von organischen Lösungsmitteln mit 50—100% Wassergehalt und verschiedenen Zusätzen (Säuren, Alkalien, Salze, z. B. Na_2SO_4; diese erniedrigen die R_F-Werte).

4. Lipoide. Kennzeichen: in Petroläther löslich, in Wasser unlöslich. R_F-Werte mit Wasser 0, mit wassergesättigtem Butanol etwa 1. Lösungsmittel: I. wie zu 1. (Wassergehalt senkt hier die R_F-Werte) und 2. (Petroläther u. a. Kohlenwasserstoffe senken häufig die R_F-Werte), jedoch häufig unbrauchbar wegen Schwanzbildung. II. Wasserfreie Lösungsmittel, getrocknetes oder imprägniertes Papier (Kieselsäure, Aluminiumoxyd). III. Streng zweiphasige Gemische, in welchen das Wasser durch Formamid, Glykol u. a. ganz oder teilweise ersetzt ist. Unter Umständen Papier mit der fixen Phase getränkt. IV. Reversed-Phase-Systeme: Papier hydrophobiert mit Silikonen, Ölen, Kautschuk, Chlorkautschuk oder durch Acetylierung, Lösungsmittel mit 50—95% Wassergehalt, evtl. wäßrige Phase partiell wassermischbarer Gemische. V. Kupplung mit hydrophilen Komponenten und Verwendung der Lösungsmittel der 1. Gruppe.

5. Säuren und Basen. Lösungsmittel: I. wie zu 1. und 2. unter Zusatz stärkerer Säuren oder Basen zwecks Zurückdrängung der Dissoziation. II. wie zu I. unter Zusatz von Basen bzw. Säuren zwecks Überführung in die hydrophilen Salze. III. Ionenaustauschende Papiere, z. B. imprägniert mit Aluminiumoxyd, mit Ionenaustauscherharzen oder gekuppelt mit geeigneten ionisierenden Komponenten.

Die erste Gruppe interessiert hier am meisten, weil sie diejenigen Stoffe enthält, welche mit den klassischen Methoden der Chemie und Chromatographie nur schwer zu trennen sind, vor allem die Aminosäuren und die Zucker. Bis zum Jahre 1950 hat man für ihre papierchromatographische Trennung ausschließlich *beschränkt wassermischbare organische Lösungsmittel* verwendet. Ihre Zahl ist nicht sehr groß; sie liefern aber durchweg gute Chromatogramme, und sie werden deshalb auch heute noch viel benutzt. Hierher gehören *Phenol, Kresol, Collidin* und *Butanol.* Für Aminosäuretrennungen eignet sich hervorragend wassergesättigtes (CONSDON, GORDON und MARTIN, 1944) oder 80%iges Phenol (BULL, HAHN und BAPTIST, 1949), wassergesättigtes Collidin (2,4,6-Trimethylpyridin) oder die wassergesättigte Mischung gleicher Teile von Collidin und 2,4-Lutidin (Dimethylpyridin) (DENT, 1947, 1948). Das Gemisch Pyridin-Amylalkohol-Wasser soll wassergesättigtem Collidin gleichwertig sein (DE VERDIER und ÅGREN, 1948). Auch die organische Phase einer Mischung von n-Butanol, Eisessig und Wasser (4:1:5) hat sich sehr gut bewährt (PARTRIDGE, 1948; FELIX und Mitarbeiter, 1950). Zum Beispiel wandern Phenylalanin, Leucin, Isoleucin und Methionin in Phenol und Collidin mit nahezu gleicher Geschwindigkeit, was eine Überlappung ihrer Flecken zur Folge hat. Sie können aber getrennt werden mit dem wassergesättigten Gemisch n-Butanol-Benzylalkohol (1:1) (CONSDEN, GORDON und MARTIN, 1944) oder mit m-Kresol in ammoniakalischer Atmosphäre (POLSON, 1948, 1949) oder auch mit Lutidin-Amylalkohol (1:1), wenn sich eine 0,1%ige Diäthylaminlösung auf dem Boden der Kammer befindet (ÅGREN und NILSSON, 1949). Das *Sättigen der Innenatmosphäre mit flüchtigen Säuren oder Basen* ist ein wertvolles Hilfsmittel zur *Veränderung der R_F-Werte* polarer Substanzen, von dem man Gebrauch macht, um den sauren bzw. basischen Charakter unbekannter Substanzen zu erkennen oder auch um die polaren Substanzen aus einer zu engen Gruppierung herauszuziehen. So wandern im alkalischen Milieu die sauren Aminosäuren langsamer, die basischen dagegen schneller als im neutralen; das Umgekehrte gilt für saures Milieu. Zur Erzeugung eines alkalischen Milieus hat man beispielsweise das Phenol mit 0,3%iger Ammoniaklösung an Stelle von Wasser gesättigt (Polson, 1948, 1949) oder man hat eine 0,1 bis 0,3%ige Ammoniaklösung in die Kammer gestellt (de Verdier und Ågren, 1948) oder auch 1 ml konzentrierte Ammoniaklösung auf ihren Boden getropft (Dent). Bei den Pyridinbasen hat man zum gleichen Zweck der wäßrigen Phase 1% Diäthylamin zugesetzt oder Diäthylaminlösungen anderer Konzentrationen in die Kammer gestellt (Ågren und Nilsson, 1949). Zur Erzeugung einer sauren Atmosphäre kann man eine 50%ige Essigsäure auf den Kammerboden bringen (Dent, 1947, 1948) oder das Lösungsmittel mit verdünnter Essigsäure anstelle von Wasser sättigen; ein Beispiel hierfür ist die auch für Aminosäuretrennungen mit gutem Erfolg verwendete, zuerst für Zuckertrennungen benutzte Mischung n-Butanol-Eisessig-Wasser (4:1:5) (Partridge, 1948).

Voraussetzung für gutes Gelingen ist in allen Fällen *Reinheit der Lösungsmittel*. Collidin und Lutidin sind in Deutschland in reinem Zustand käuflich (z. B. Teerverwertungsgesellschaft, Duisburg-Meiderich); sie halten sich monatelang. n-Butanol für das Partridge-Gemisch ist leicht durch Destillation zu reinigen. Die Butanol-Essigsäure-Mischung erleidet bereits nach einigen Tagen Veränderungen; die Esterbildung ist leicht am süßlichen, fruchtartigen Geruch zu erkennen. Solche gealterten Partridge-Gemische sind bis zu einem gewissen Grade der Veresterung sehr gut für die Papierchromatographie geeignet; manche Autoren bevorzugen sogar das esterhaltige Gemisch. Die Phenole sind ebenfalls in Deutschland in reinem Zustand erhältlich. Sie erleiden jedoch leicht Oxydation und färben sich dabei rot und braun. Um die Oxydation hintanzuhalten, verwendet man Antioxydantien, welche die als Oxydationskatalysatoren wirkenden Schwermetallspuren binden. Entweder gibt man in die organische Phase einige Kriställchen α-Benzoinoxim („Cupron") bzw. 8-Oxychinolin („Oxin") oder in die wäßrige Phase etwas kristallisiertes Kaliumcyanid. Man kann auch die Kammeratmosphäre mit Kohlenoxyd sättigen, was am einfachsten durch Einleiten von viel Leuchtgas geschieht (Consden, Gordon und Martin, 1944). Trotz dieser Vorsichtsmaßregeln wird sich die Lösungsmittelfront bräunlich färben. Eine blaßbraune Bande stört jedoch das Chromatogramm nicht. Wenn Phenol bei zweidimensionaler Chromatographie als erstes Lösungsmittel benutzt wurde, so schneidet man die Bande vor Verwendung des zweiten weg.

Zur Reinigung des Phenols verfährt man nach Draper und Pollard (1944) in der Weise, daß zunächst das kristallisierte Phenol durch Zusatz von 12% Wasser verflüssigt wird und dann bei Normaldruck über 0,1% Aluminiumdrehspänen und 0,05% Natriumbicarbonat destilliert wird, bis das Wasser übergegangen ist. Das Phenol wird schließlich bei 25 mm Hg destilliert, bis nur 20 ml eines dunklen Rückstandes übrigbleiben. Wieland (1949) reinigt das Phenol durch Vakuumdestillation über Zinkstaub, Partridge (1948) durch Wasserdampfdestillation.

Die Reinigung des Collidins erfolgt nach Partridge (1948), indem man 1 l Collidin mit 5—10 ml Brom vorsichtig schüttelt, filtriert, unter Schütteln Natriumthiosulfat hinzugibt und wieder filtriert. Dann wird 1 Tag lang über festem Natriumhydroxyd stehengelassen, filtriert und schließlich destilliert, wobei man nur die bei 172° übergehende Mittelfraktion benutzt.

Die Sättigung des Lösungsmittels mit Wasser erreicht man durch einstündiges Schütteln auf der Schüttelmaschine und Stehenlassen im Scheidetrichter über Nacht. Tropfen der Gegenphase, die sich hartnäckig auf der Oberfläche halten, lassen sich mit einem Glaslöffel abheben oder durch Filtrierpapier aufsaugen. Um eine Verwechslung der Phasen, die bei Lösungsmitteln mit Dichte um 1,0 leicht vorkommen kann, zu vermeiden, untersucht man eine Probe einer Phase auf ihre Mischbarkeit mit Wasser.

Wassergesättigte Lösungsmittel sind empfindlich gegen Abkühlung, wobei es zur Phasentrennung kommt (Trübung des Gemisches). Normale Zimmertemperaturschwankungen wirken sich jedoch nur beim wassergesättigten Collidin schnell aus; am besten arbeitet man hiermit bei 15°.

Zur *Ermittlung eines für zweidimensionale Papierchromatographie geeigneten Lösungsmittelpaares* trägt man die R_F-Werte von einem Lösungsmittel gegen die von einem anderen im Diagramm auf. Aus dem Verteilungsmuster in diesem Diagramm, das im Falle gleicher Lösungsmittelwanderungsstrecken dem zu erwartenden Chromatogramm entspricht, kann man abschätzen, ob die Positionen der einzelnen Komponenten weit genug voneinander entfernt sind, um keine Überlappungen auftreten zu lassen. Auch wenn die R_F-Werte in verschiedenen Lösungsmitteln über den Komponenten des Analysengemisches aufgetragen werden, wie von HANES und ISHERWOOD (1949) für die Phosphorsäureester durchgeführt, lassen sich die Kombinationsmöglichkeiten überblicken. ÅGREN und NILSSON (1949) haben eine Karte mit den Positionen von 35 ninhydrinpositiven Substanzen für das Lösungsmittelpaar Phenol/Pyridin-Amylalkohol und DENT (1947, 1948) hat eine solche mit 60 ninhydrinpositiven Stoffen für das Lösungsmittelpaar Phenol/Collidin veröffentlicht.

Wie schon oben bei der Erläuterung der Theorie der Papierchromatographie gesagt, kann man auch mit Lösungmitteln arbeiten, welche sich vollständig mit Wasser mischen. Vor einigen Jahren haben BENTLEY und WHITEHEAD (1950) sowie DECKER und RIFFAHRT (1950) gezeigt, daß *unbeschränkt wassermischbare Lösungsmittel* vielfach den beschränkt mischbaren gleichwertig in der Leistung, billiger und vor allem bequemer zu handhaben sind, was z. B. die Einstellung des richtigen Wassergehaltes anbelangt. DECKER (1953) benutzt Picolin statt Collidin, Isopropylalkohol statt Butanol. Er empfiehlt auch aus den wasserunmischbaren Lösungsmitteln, z. B. Benzol, Essigester usw., vor Zusatz des Wassers durch Zugabe eines Lösungsvermittlers eine Ausgangsmischung herzustellen, welcher man in der gewünschten Menge ohne Entmischungsgefahr Wasser hinzufügen kann. Wichtiger als die Zweiphasigkeit ist, wie DECKER (1953) zeigte, der Wassergehalt. Das Wasser hat zwei unabhängige Funktionen:

1. Die R_F-Werte steigen mit zunehmendem Wassergehalt von sehr niedrigen auf sehr hohe Werte.

2. Zur Ausbildung von runden Flecken ist ein Mindest-Wassergehalt erforderlich, im allgemeinen etwa 10%, ein höherer Gehalt schadet nicht.

Die Höhe der R_F-Werte ist außer vom Wassergehalt auch stark von der Natur des organischen Lösungsmittels abhängig. So gibt Methanol mit 10% Wasser bei Aminosäuren schon zu hohe R_F-Werte. Erst vom Äthanol bzw. Propanol ab sind die Alkohole gut brauchbar. Isopropylalkohol liefert mit 30% Wassergehalt günstige R_F-Werte bei Aminosäuren und Zuckern. Ähnliche Verhältnisse herrschen bei den homologen Pyridinen. Ameisensäure, Eisessig, Formamid, und bis zu einem gewissen Grade Methanol können in bezug auf R_F-Werte einen Teil des Wassers ersetzen, und zwar bis auf 5—10%, die zur Unterdrückung der Schwanzbildung erforderlich sind. DECKER, RIFFAHRT und OBERNEDER (1951) geben für die zweidimensionale Trennung von 20 Aminosäuren die drei folgenden Gemische an, welche in den 3 möglichen Kombinationen gute Ergebnisse liefern sollen:

1. Wassergesättigtes Phenol-Phenolum liquidum 4:1 in Ammoniakatmosphäre.
2. Picolin-konz. Ammoniak-Wasser 70:2:28.
3. Isopropylalkohol-Eisessig-Wasser 70:20:10.

BENTLEY und WHITEHEAD (1950) haben zahlreiche wassermischbare organische Lösungsmittel auf ihre papierchromatographische Eignung geprüft und berichten, daß der relativ schwerflüchtige Furfurylalkohol und der Tetrahydrofurfurylalkohol in der absteigenden Technik und die flüchtigen, niederen Alkohole sowie Aceton, Pyridin und Tetrahydrofuran in der aufsteigenden Technik in absolut dichten Kammern trennscharfe Chromatogramme liefern, wenn sie 20—40% Wasser enthalten. BOISSONNAS (1950), dem es vor allem um eine Verkürzung der Entwicklungsdauer zu tun war, schlägt als Lösungsmittel mit starker Auflösungskraft und geringer Viscosität zwei einphasige Lösungsmittelpaare vor, deren beide zweidimensionale Chromatogramme sich gegenseitig ergänzen sollen. Das erste Paar besteht aus tertiärem Butylalkohol-Methyläthylketon-Wasser (4:4:2) und tertiärem Butanol-Methanol-Wasser (4:5:1), das zweite aus Phenol-Wasser (7:3) und n-Propanol-Wasser (7:3). Das eine Paar trennt die Aminosäuren mit den hohen R_F-Werten, das andere diejenigen mit den niedrigen.

Die Auswahl der Lösungsmittelsysteme muß so erfolgen, daß die R_F-Werte der Substanzen sich mindestens um 0,05 unterscheiden und daß sie nicht über 0,9 liegen, da oberhalb dieses Wertes keine scharfen Trennungen mehr erzielt werden (zu hoher Wassergehalt).

C. Vorbereitung der Substanz und Durchführung der Papierchromatographie.

Die *Gesamtmenge* des am Startpunkt aufzutragenden Substanzgemisches ist so zu bemessen, daß jede Komponente mit etwa 10 γ vertreten ist (bei Aminosäuren können es bis zu 50 γ sein, bei Zuckern noch etwas mehr). Größere Mengen führen zu *Überlappungen*, kleinere werden möglicherweise nicht mehr erkannt. Wenn die zu analysierende Lösung ungefähr 1% ig in bezug auf jede Substanz ist, so muß man einen Fleck von höchstens 1 cm Durchmesser aufbringen. Nicht größer: Je größer der Fleck, um so größer die Ungenauigkeit des Chromatogramms. Ist die Analysenlösung zu verdünnt, so bringt man die Substanz portionsweise auf den Startfleck auf, indem man nach jedem Aufsaugen verdunsten läßt, was schnell über einem Heißlufttrockner (Fön) oder einer Ultrarotlampe geschehen kann. Die Lösung wird aus einer Mikropipette oder aus einem zur Capillare ausgezogenen Glasrohr, welches man kurz auf den Startpunkt auftippt, aufgetragen. Wenn mehrere Startpunkte auf einem Chromatogramm aufgetragen werden sollen, so zieht man mit dem Bleistift vorher im Abstand von 3—4 cm von der Papierkante eine Startlinie (bei *absteigender* Chromatographie entsprechend weiter entfernt). Das Lösungsmittel, in welchem das Analysengemisch aufgetragen wird, ist selbstverständlich ohne Belang für die Chromatographie, da der Startfleck vor ihrem Beginn in jedem Fall vollständig getrocknet werden muß.

Schwerlösliche Aminosäuren lassen sich durch Zusatz von etwas Salzsäure in Lösung bringen. Überschüssige Säure aus Hydrolysaten soll vorher durch wiederholtes Eindampfen im Vakuum soweit wie möglich entfernt werden; der Rest wird dadurch neutralisiert, daß man das Papier mit dem Startfleck kurz über die Öffnung einer Ammoniakflasche hält (MIETTINEN und VIRTANEN, 1949). Bei all diesen Handhabungen wie auch beim Zuschneiden des Papiers soll das Papier möglichst mit Gummihandschuhen angefaßt werden und nicht mit der bloßen Hand, weil die Fingerabdrücke bei den Farbreaktionen (besonders deutlich mit Ninhydrin) zum Vorschein kommen und das Chromatogramm sehr verunstalten. Für die Bestimmung von Aminosäuren müssen störende Fremdstoffe zuvor aus dem Gemisch entfernt werden, vor allem Eiweißstoffe, Lipoide und anorganische Salze.

De Verdier und Ågren (1948) haben 6 *Enteiweißungsverfahren* (Dialyse und Fällung mit Trichloressigsäure bzw. Phosphorwolframsäure, Ferrihydroxyd, Zinkhydroxyd, Äthanol) geprüft und der Fällung mit Äthanol bei einer Endkonzentration von 80% den Vorzug gegeben. Auch in den meisten anderen Laboratorien ist die Alkoholfällung zur Enteiweißung benutzt worden. *Die Entfernung der Lipoide* wird meistens durch Extraktion der zur Trockene eingedampften Lösungen mit Lipoidlösungsmitteln wie Alkohol-Chloroform, Äther, Petroläther vorgenommen. In diesem Zusammenhang ist wichtig, daß Wynn und Williams (1950) durch einen Vergleich der Papierchromatogramme von Petrolätherextrakten und den dazugehörigen Rückständen feststellten, daß etwa 20% der Aminosäuren und sogar 80% des Glutamins in den Petrolätherextrakt übergehen: Gebundene Aminosäuren und lipoidhaltige Peptide werden extrahiert. Trotz Enteiweißen und Entlipoidieren geben biologische Flüssigkeiten noch keine befriedigenden Chromatogramme, wenn sie zuviel *Salze* enthalten. Nach Consden, Gordon und Martin (1944) beruht diese Störung auf der hygroskopischen Wirkung der Salze, welche zu lokaler Wasseransammlung im Papier (water logging) Anlaß gibt. Die *Entfernung anorganischer Stoffe* kann durch Ionenaustauscher (s. S. 117) oder durch Elektrodialyse (s. S. 60) erfolgen; Consden, Gordon und Martin (1947) sowie Astrup, Olson und Stage (1951) haben geeignete Apparaturen hierfür beschrieben.

Man soll jedoch die Vorsichtsmaßregeln nicht überbewerten und sich durch einige Versuche zunächst überzeugen, ob die vorhandenen Fremdstoffe sich wirklich störend bemerkbar machen. Bei den meisten Arbeiten, in denen die Papierchromatographie bisher hervorragende Dienste geleistet hat, waren die im Vergleich zur eigentlichen Papierchromatographie doch recht umständlichen Vorreinigungen nicht erforderlich.

Ist das Papier zur Chromatographie fertig, so hängt man es in die Kammer und läßt es einige Stunden zur Gleichgewichtseinstellung in dieser hängen, ohne daß es in das Lösungsmittel eintaucht, und beginnt erst nach dieser Zeit mit der Chromatographie. In vielen Fällen mag diese Gleichgewichtseinstellung nicht nötig sein; in zahlreichen Laboratorien verzichtet man ganz darauf. Beim Herausnehmen des Papiers aus der Kammer nach erfolgter Chromatographie mache man die Lösungsmittelfront durch Ritzen des Papiers mit dem Fingernagel kenntlich, da die Front bei ganz reinen Lösungsmitteln nach dem Verdunsten nicht mehr zu erkennen ist. Ist das vergessen worden, so betrachtet man das Papier im durchfallenden UV-Licht (Hanauer Quarzlampe mit UG 2-Filter); hier ist die Front in allen Fällen deutlich zu sehen.

Das Verdunsten des Lösungsmittels erfolgt am besten in einem geräumigen Trockenschrank *mit Abzugrohr* (!), in welchem die Papiere an geeigneten Klammern oder Häkchen aufgehängt werden. Die Temperatur des Trockenschrankes richtet sich nach der Empfindlichkeit der Substanzen. Einfacher läßt sich das Trocknen der Papiere mit einem Fön erreichen. Das Trocknen soll immer unter einem Abzug geschehen; denn wer viel papierchromatographiert, muß sonst beträchtliche Mengen der Lösungsmitteldämpfe einatmen. Man hüte sich vor Collidin und Butanol!

Vor Anwendung eines Farbreagenses zum Sichtbarmachen des Chromatogramms versäume man nie das getrocknete Papier im durchfallenden UV-Licht (Hanauer Quarzlampe mit vorgeschaltetem UG 2-Filter) zu betrachten. Zahlreiche Substanzen geben sich hierbei durch *Fluorescenz* zu erkennen, entweder weil sie selbst fluorescieren oder weil sie mit dem Papier zu fluorescierenden Stoffen reagieren

(z. B. Aminosäuren mit manchen Papiersorten, vgl. S. 131). Die fluorescierenden Bereiche werden durch Umfahren mit dem Bleistift markiert, um die Bestimmung der R_F-Werte zu vereinfachen. Auch bei Anwendung von Farbreaktionen ist es zweckmäßig, die Flecken mit dem Bleistift zu umreißen, weil die meisten angefärbten Chromatogramme nach einiger Zeit abblassen und dann für spätere Vergleichszwecke nicht mehr zur Verfügung stehen. Für die *Farbreaktion* wird das Papier in die Lösung des Reagenses hineingelegt (nur bei einigen Farbreaktionen!) oder besser mit der Lösung besprüht, wobei man sich einer *Sprühflasche* nach Art der Parfumzerstäuber bedient. Geeignete Sprüher können z. B. von den Firmen Hormuth & Vetter, Heidelberg, oder Greiner & Co., Bremen, bezogen werden, sind aber auch leicht von jedem Glasbläser herzustellen. Entscheidend ist, daß der Vernebler das Reagens sehr fein versprüht, so daß das Papier ebenmäßig gut feucht, aber nicht fleckig und nicht zu naß wird, damit die Flecken nicht verlaufen. Einen gleichmäßigen Sprühstrom erzielt man leicht, wenn man den Sprüher an das Reduzierventil einer Stickstoffbombe anschließt. Nach dem Besprühen wird das Papier im Trockenschrank auf die jeweils erforderliche Temperatur gebracht. Hierbei empfiehlt es sich, das Chromatogramm zu beobachten, denn die Geschwindigkeit, mit der die einzelnen Stoffe die Farbreaktion geben, oder auch Veränderungen im Farbton während des Erwärmens können oftmals wertvolle Hilfe bei der Identifizierung (z. B. bei den Aminosäuren) leisten. Aminosäuren erkennt man durch Besprühen mit wäßrig-butanolischer Ninhydrinlösung, reduzierende Substanzen durch gleiche Behandlung mit ammoniakalischer Silbernitratlösung, Phenole und aromatische Amine durch Kuppeln zu Azofarbstoffen usw. Handelt es sich um Substanzen, welche im UV-Licht absorbieren wie z. B. die Nucleinbasen, so kann man im UV-Licht einen photographischen Abzug des Chromatogramms herstellen, indem man das Originalchromatogramm als „Film" verwendet (MARKHAM und SMITH, 1949, 1950). Radioaktive Substanzen lassen sich mit dem GEIGER-MÜLLER-Zähler finden oder durch Auflegen des getrockneten Papiers auf Photopapier (*Autoradiographie*, BENSON, CALVIN u. a., 1952), Antibiotica durch Auflegen des Chromatogramms auf eine beimpfte Agar-Platte, wobei sich die Positionen der antibiotisch wirksamen Stoffe als von Mikroorganismen freie Höfe abzeichnen (GOODALL und LEVI, 1946).

D. Die Auswertung der Chromatogramme.

Die Identifizierung der Substanzen im Chromatogramm wird in den meisten Fällen durch die spezifischen Farbreaktionen und die R_F-*Werte* gelingen. Die R_F-Werte können ohne Rechnen auf bequeme Weise direkt auf den Chromatogrammen abgemessen werden, wenn man ein mit Hundertsteleinteilung versehenes Gummiband zwischen Startpunkt und Lösungsmittelfront auseinanderzieht (PHILIPPS, 1948). ROCKLAND und DUNN (1949) benutzten für diesen Zweck ein Proportionalteilernetz („Partogrid"), CRAMER (1953) eine Schablone als „Schlüssel".

Um die Sicherheit in der Identifizierung zu erhöhen, chromatographiert man die im Analysengemisch vermuteten Substanzen im eindimensionalen Chromatogramm gleichlaufend mit, indem man sie einzeln in Abständen von 1,5—2 cm auf die Startlinie aufträgt, wie es Abb. 14 für die Analyse eines Aminosäuregemisches demonstriert.

In der zweidimensionalen Technik wird ein künstliches Gemisch auf einem zweiten Bogen in derselben Kammer gleichzeitig mitchromatographiert; denn die relative Lage der Flecke im Chromatogramm zueinander, das *Verteilungsmuster*, bleibt gleich, auch wenn die Wanderungsstrecken von Fall zu Fall leicht differieren sollten. Zeigt das zweidimensionale Chromatogramm nur wenige Flecke, deren Zuordnung Schwierigkeiten bereitet, so chromatographiert man das Gemisch noch einmal unter Zusatz einiger bekannter Stoffe, die mit Sicherheit nicht in dem Gemisch vorhanden sind, und benutzt deren Flecke im Chromatogramm als *Richtpunkte* für die Entschlüsselung.

Wie schon erwähnt ist es häufig nicht möglich, eine unbekannte Substanz durch den R_F-Wert allein zu identifizieren. Zahlreiche Isomerengemische, z. B. das Gemisch aus 1-Oxy-2-amino-propan und 1-Amino-2-oxy-propan bildet in verschiedenen untersuchten Lösungsmittelsystemen nur einen einzigen Fleck (LEVINE und CHARGAFF, 1951). Über den *Zusammenhang zwischen chemischer Konstitution und Position im Papierchromatogramm* liegen bereits einige Beobachtungen vor. So zeigen die Fettsäuren und ihre Derivate einen regelmäßigen Anstieg des R_F-Wertes mit steigender Zahl der C-Atome. POLSON (1949) fand eine Beziehung zwischen chemischer Konstitution und Position im Papierchromatogramm bei Aminosäuren; im zweidimensionalen Phenol-Collidin-Chromatogramm liegen die aliphatischen Monoaminosäuren auf einer Kurve, die Oxyaminosäuren auf einer anderen, die Hexonbasen liegen hintereinander auf einer Geraden nahe beieinander, die Dicarbonsäuren wiederum auf einer anderen (CONSDEN, GORDON und MARTIN, 1944). Die Lage des unbekannten Fleckes erlaubt also in beschränktem Maße Schlüsse auf die chemische Konstitution der in Frage stehenden Substanz. BATE-SMITH und WESTALL (1950) bedienen sich des R_M-Wertes, einer Funktion des R_F-Wertes ($R_M =$

$$= \log \frac{1}{R_F} - 1)$$ zur Identifizierung von Gliedern homologer Reihen. Wenn die R_M-Werte gegen die Zahl der C-Atome aufgetragen

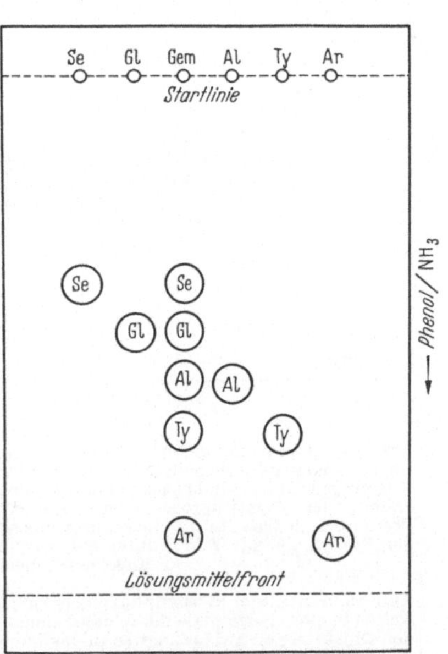

Abb. 14. Eindimensionale absteigende Chromatographie eines Aminosäuregemisches (*Gem*) mit ammoniakalischem Phenol. Zur Erhöhung der Sicherheit bei der Identifizierung sind reine Proben der im Gemisch vermuteten Aminosäuren Serin (*Se*), Glykokoll (*Gl*), Alanin (*Al*), Tyrosin (*Ty*), Arginin (*Ar*) gleichzeitig mitchromatographiert worden.

werden, so ergibt sich eine mehr oder weniger gerade Linie für jede homologe Reihe. Sind die R_F-Werte einiger Glieder einer Reihe bekannt, so können andere Glieder ermittelt werden. BATE-SMITH und WESTALL (1950) haben diese Methode mit Erfolg bei Polyphenolen angewendet. Trifft diese Beziehung nicht zu, so kann man vermuten, daß Adsorptionskräfte mit im Spiele sind. Die R_F-Werte von Peptiden sind von MARTIN (1949) vorausberechnet worden.

Einige Stoffe sind durch streng spezifische Farbreaktionen zu identifizieren, wie etwa die Aminosäuren Histidin und Tyrosin durch PAULYs Diazoreagens, Tryptophan durch EHRLICHs Reagens (p-Dimethylaminobenzaldehyd), Arginin durch SAKAGOUCHI-Reaktion usw. Andere wird man in zweifelhaften Fällen aus dem Papier eluieren müssen, um sie in Lösung mit solchen Mitteln zu identifizieren, die auf dem Papier nicht anwendbar sind (Farbreaktionen mit ätzenden Chemikalien, Messung des UV-Absorptionsspektrums usw.). Dazu wird zumeist eine größere Substanzmenge benötigt als in einem Fleck vorhanden ist. Sie kann dadurch gewonnen werden, daß man das Analysengemisch mit 10—20 Proben

nebeneinander auf die Startlinie aufträgt, nach eindimensionaler Chromatographie
nur das Chromatogramm einer einzigen Probe mit dem Farbreagens sichtbar
macht und dieses als Leitchromatogramm für die unsichtbar gebliebenen verwendet. Man schneidet nun aus
dem Papier Querstreifen heraus, die nur eine einzige Substanz auf mehrere Stellen gleichmäßig verteilt enthalten (Abbildung 15) und eluiert hieraus
die Substanz durch Waschen
mit Wasser auf eine der nach-
folgend beschriebenen Weisen.

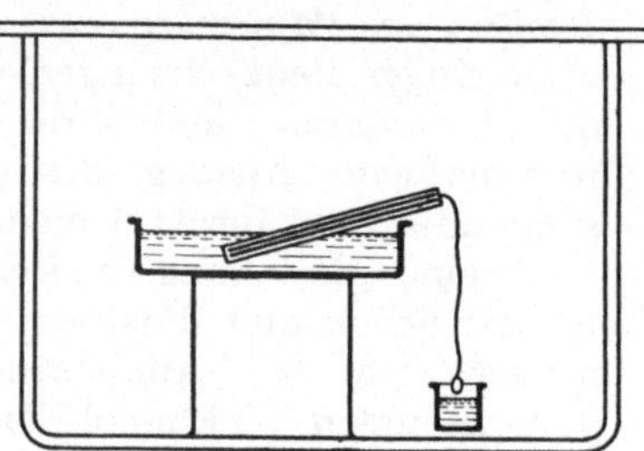

Abb. 15.　　　　　　　　　　Abb. 16.

Abb. 15. Gewinnung größerer Substanzmengen für Identifizierungsreaktionen durch Elution mehrerer auf
einem Streifen gelegener Flecke. Auf der Startlinie sind in S_1—S_{11} gleiche Proben eines Aminosäuregemisches
aufgetragen. Nach eindimensionaler Chromatographie mit Phenol wurde nur das abgeschnittene Chromatogramm der Gemischprobe S_1 mit Ninhydrin sichtbar gemacht. Dieses „Leitchromatogramm" dient zur
Positionsermittlung für die einzelnen Aminosäuren in den mit ihm identischen unsichtbaren Chromatogrammen
der Proben S_2—S_{11}. Zur Elution der Substanz aus 10 Flecken schneidet man einen Streifen, wie für Alanin
angedeutet, heraus und eluiert (vgl. Abb. 16 u. 17).

Abb. 16. Elution der Substanz aus einem Papierstreifen. Der Streifen ist zwischen zwei Objektträgern eingeklemmt,
welche in einer Petrischale mit Wasser enden. Das Wasser aus der Schale steigt durch Capillarkraft zwischen
den Objektträgern auf, gelangt so in das Papier und tropft schließlich in den Becher ab. Der große, das Ganze
umgebende Glaskasten verhindert die Verdunstung. (Dent, 1947.)

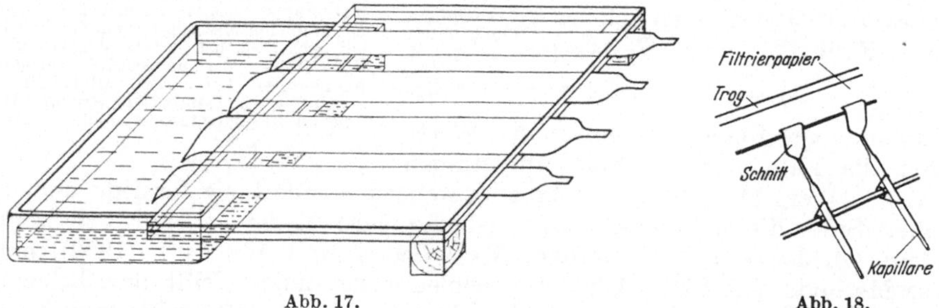

Abb. 17.　　　　　　　　　　Abb. 18.

Abb. 17. Konzentrierende Elution von Papierchromatogrammen nach Decker (1951). Die Streifen werden zu
einer 4 mm breiten und 10 mm langen Spitze zugeschnitten und zwischen 10—15 cm breite Glasscheiben die auf
dem Rand einer Wasserküvette aufliegen, geklemmt, so daß das eine Ende ins Wasser taucht, während die
Spitze in die Luft ragt. Wenn die Wasserfront aus dem Bereich der Glasplatten herausgetreten ist, zieht man
die Streifen soweit zurück, daß nur die Spitze 3—5 cm weit zwischen den Glasplatten hervorragt. Über Nacht ist
die gesamte Substanz durch die an der Spitze erfolgende Verdunstung des Wassers in einem
4 × 4 mm großen Bereich konzentriert.

Abb. 18. Elution der Substanz aus einem Fleck des Chromatogramms nach Consden, Gordon und Martin
(1947). Ein Filtrierpapierstreifen wird mit einer Längskante in einen Trog mit Wasser getaucht. Die mit einer
Spitze versehenen ausgeschnittenen Flecken werden mit einer Kante auf den feuchten Streifen gedrückt, wo
sie von selbst haftenbleiben. Das Eluat wird aus der Spitze der Flecken von Glascapillaren aufgenommen.

Zur *Elution der Substanzen* auf den herausgeschnittenen Streifen legt Dent
(1947, 1948) den Streifen in einer geschlossenen Kammer zwischen 2 Objektträger

und läßt die Substanz durch Saugheberwirkung herausschwemmen (Abb. 16), während DECKER (1953) nach einem ähnlichen Prinzip arbeitet und die Substanz in der Spitze der Streifen durch Wegdunsten des Lösungsmittels konzentriert und sie dann hieraus eluiert (Abb. 17). Häufig ist es angebracht, den Papierstreifen in einem Glas mit wenig Wasser mit einem Glasstab zu zerfasern und den Papierbrei auf der Nutsche scharf abzusaugen und mit Wasser nachzuwaschen.

Geringste Substanzmengen, wie sie in einem einzigen Fleck enthalten sind, kann man nach CONSDEN, GORDON und MARTIN (1947) mit einer Capillare heraussaugen (Abb. 18).

E. Quantitative Papierchromatographie.

Die Papierchromatographie ist in erster Linie ein qualitatives Verfahren, eine quantitative Analyse ist jedoch vielfach bis zu 10% Genauigkeit möglich. Zur quantitativen Auswertung kann man die Substanzen nach einer der oben beschriebenen Weisen aus dem Chromatogramm herauslösen und dann auf physikalischem Wege (Kolorimetrie, UV-Absorptionsmessung) bestimmen. Aber auch zur *direkten Bestimmung auf dem Papier* sind verschiedene Möglichkeiten gegeben. Am einfachsten gelingt sie bei radioaktiven Verbindungen durch den GEIGER-MÜLLER-Zähler; hier sei besonders auf die Arbeiten von BENSON, CALVIN und Mitarbeiter (1952) über die Assimilation unter Verwendung von C^{14} und P^{32} hingewiesen. Die quantitative Auswertung der Flecken nichtradioaktiver Substanzen erfolgt am besten nach Anfärbung mit geeigneten Reagentien durch *Photometrieren*, wie von GRASSMANN, HANNIG und KNEDEL (1951) für die Auswertung von Papierelektrophorogrammen beschrieben. Auch die Fleckengröße kann mit 10% Genauigkeit benutzt werden, wenn gleiche Volumina bekannter und unbekannter Lösungen zugleich chromatographiert werden. Die *Fleckengröße* ist dem Logarithmus des Gehaltes an Substanz proportional (FISHER, PARSON und MORRISON, 1948); sie wird entweder durch Planimetrieren oder durch Wägen der ausgeschnittenen Papierflecken bestimmt (BEERSTECHER, 1950). Ungenauer, aber doch hin und wieder nützlich ist die "*spot dilution technique*" von POLSON, MOSLEY und WYCKOFF (1947), in der man eine Verdünnungsreihe chromatographiert und den Fleck unbekannter Konzentration in die Skala einordnet. In vielen Fällen hat sich die *Retentionsanalyse* von WIELAND, FISCHER und WIRTH (1951) gut bewährt. Ihr Prinzip sei an einem Aminosäurechromatogramm erläutert (Abb. 19). Der Streifen mit dem eindimensionalen Chromatogramm wird zu einem flachen Zylinder zusammengerollt und 3 mm tief in eine 0,1%ige Lösung von Kupferacetat in 10%igem wasserhaltigem Tetrahydrofuran, die etwas Eisessig enthält, eingetaucht. Das von unten aufsteigende, also seitlich auf das Chromatogramm zuwandernde Kupferacetat wird an den Stellen, an welchen Aminosäuren sitzen, durch Komplexbildung in seiner Wanderung aufgehalten, so daß Retentionslücken entstehen, deren Flächen den Aminosäuremengen proportional sind. Die kupferhaltige Fläche wird nach dem Trocknen an der Luft durch Besprühen mit einer 0,1%igen Lösung von Rubeanwasserstoff

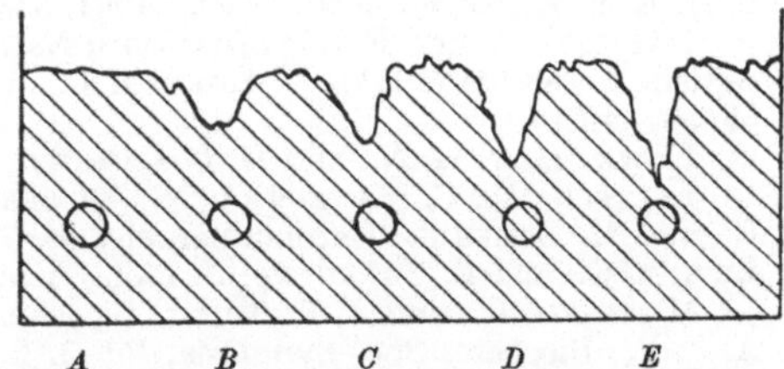

Abb. 19. Retentiogramm von steigenden Glycinmengen, die in *A—E* aufgetragen wurden (0—2,5). Die Front der aufsteigenden Kupfersalzlösung zeigt Retentionslücken, deren Fläche den Aminosäuremengen proportional ist. (WIELAND, FISCHER und WIRTH, 1950.)

(H_2NSC—$CSNH_2$) in 10% wasserhaltigem Aceton sichtbar gemacht. Bei Verwendung von radioaktiver Kupfersalzlösung kann man das Retentiogramm radioautographieren.

Literatur.

ÅGREN, G., u. T. NILSSON: Acta chem. scand. **3**, 525 (1949). — ASTRUP, T., E. OLSON u. A. STAGE: Chem.-Ing.-Techn. **23**, 71 (1951).

BATE-SMITH, E. C., u. R. G. WESTALL: Biochem. Biophys. Acta **4**, 427 (1950). — BEER-STECHER, E.: Analyt. Chemistry **22**, 1200 (1950). — BENSON, A. A., M. CALVIN u. Mitarb.: Experientia **8**, 445 (1952); J. Amer. Chem. Soc. **74**, 4477 (1952). — BENTLEY, H. R., and J. K. WHITEHEAD: Biochem. J. **46**, 241 (1950). — BOISSONNAS, R. A.: Helv. chim. Acta **33**, 1966, 1972, 1975 (1950). — BULL, B. H., J. W. HAHN and V. H. BAPTIST: J. Amer. Chem. Soc. **71**, 550 (1949).

CONSDEN., R. A. H. GORDON and A. J. P. MARTIN: Biochem. J. **38**, 224 (1944); **41**, 590 (1947). — CRAMER, F.: Papierchromatographie, 2. Aufl. Weinheim/Bergstraße: Verlag Chemie 1953.

DATTE, S. P., C. E. DENT and H. HARRIS: Biochem. J. **46**, XLII (1950). — DECKER, P.: Naturwiss. **38**, 287 (1951); Pharmazie **8**, 371, 477 (1953). — DECKER, P., u. W. RIFFART: Chemiker Z. **74**, 261, 268, 373 (1950). — DECKER, P., W. RIFFART u. G. OBERNEDER: Naturwiss. **38**, 288 (1951). — DENT, C. E.: Biochem. J. **41**, 240 (1947); **43**, 169 (1948). — DRAPER, O., and W. POLLARD: Science **109**, 448 (1944).

FELIX, K., H. FISCHER, A. KREKELS u. H. M. RAUEN: Hoppe-Seylers Z. **286**, 67 (1950). — FISHER, R., D. PARSON and G. MORRISON: Nature **161**, 764 (1948).

GOODALL, R. R., and A. A. LEVI: Nature **158**, 675 (1946). — GRASSMANN, W., K. HANNIG u. M. KNEDEL: Dtsch. med. Wschr. **1951**, 333; Naturwiss. **37**, 496 (1950).

HANES, C. S., and F. A. ISHERWOOD: Nature **164**, 1107 (1949). — HELLMANN, H.: Hoppe-Seylers Z. **288**, 95 (1951). — HORNER, L., W. EMRICH u. A. KIRSCHNER: Z. Elektrochemie **56**, 987 (1952).

KOWKABANY, G. N., and H. G. CASSIDY: Analyt. Chemistry **22**, 817 (1950).

LAUTSCH, W., G. MANECKE u. W. BROSER: Z. Naturforschg. **8b**, 232 (1953). — LEDERER, E., and M. LEDERER: Chromatography, S. 74. Amsterdam: Elsevier Publ. Comp. 1953. — LEVINE, G., and E. CHARGAFF: J. Biol. Chem. **192**, 481 (1951).

MARKHAM, R., and J. P. SMITH: Biochem. J. **45**, 294 (1949); **46**, 509 (1950). — MARTIN, A. J. P.: Biochem. Soc. Symposia, Bd. 3, S. 4. Cambridge: Univ. Press. 1949. — MARTIN, A. J. P., and R. L. M. SYNGE: Biochem. J. **35**, 1358 (1941). — MIETTINEN, J. K., u. A. VIRTANEN: Acta. chem. scand **3**, 459 (1949). — MITCHELL, H. K., and F. A. HASKINS: Science **110**, 278 (1949).

PARTRIDGE, S. M.: Biochem. J. **42**, 238 (1948). — PHILIPPS, D. M. P.: Nature **162**, 180 (1948). — POLSON, A.: Biochem. Biophys. Acta **2**, 575 (1948); **3**, 205 (1949). — POLSON, A., V. M. MOSLEY and R. W. G. WYCKOFF: Science **105**, 603 (1947). — PORTER, W. L.: Analyt. Chemistry **23**, 412 (1951).

RAUEN, H. M.: Papierchromatographie in Hoppe-Seyler/Thierfelder, Handbuch der Physiol. u.Pathol. Chem. Analyse. Berlin-Göttingen-Heidelberg:Springer-Verlag1953.—ROCKLAND, L. B., and M. S. DUNN: J. Amer. Chem. Soc. **71**, 4121 (1949). — RUTTER, L.: Nature **161**, 435 (1948); Analyst **75**, 37 (1950).

DE VERDIER, C. H., u. G. ÅGREN: Acta chem. scand. **2**, 783 (1948).

WIELAND, TH.: Chem. Ber. **82**, 468 (1949). — WIELAND, TH., u. A. BERG: Angew. Chem. **64**, 418 (1952).— WIELAND, TH., E. FISCHER u. L. WIRTH: Angew. Chem. **62**, 473 (1950); **63**, 171 (1951); Naturwiss. **36**, 280 (1949). — WILLIAMS, R., and H. M. KIRBY: Science **107**, 481 (1948). — WOIWOOD, A. J.: Nature **166**, 272 (1950). — WYNN, V., and T. N. W. WILLIAMS: Nature **165**, 768 (1950). —

ZIMMERMANN, G., u. K. NEHRING: Angew. Chem. **63**, 556 (1951).

Colorimetric, Absorptimetric and Fluorimetric Methods.

By

J. Glover.

With 35 Figures.

This section deals with those analytical procedures involving the measurement of (a) the capacity of certain substances to absorb radiant energy of specified wavelengths *(absorptimetry)* and (b) the property of some of the substances to re-emit part of the absorbed energy in the form of light *(fluorimetry)*. When the absorption takes place in the visible region, then the substance is coloured and the measurement of the quantity of the absorbing material present by comparison with known colour standards is loosely called *colorimetry*. The process of determining the absorption of radiant energy by a substance in solution relative to that by its solvent in the ultraviolet or infrared regions is usually referred to as *ultraviolet* or *infrared spectrophotometry* respectively. The measurements may be made qualitatively to determine the nature of the absorbing material or quantitatively for estimating the amount present in the given preparation.

The earliest analytical work on coloured solutions was carried out simply by comparing the intensity of the colour of an unknown against a series of standards under identical conditions in similar glass vessels. Indeed this and other very similar procedures which are extremely rapid are still used for routine visual checking of the limits of trace impurities in inorganic chemicals. For more quantitative work, however, this early procedure was considerably improved by the use of different types of comparators which reduced or eliminated errors due to the lack of uniformity in the light source and to side light interference. The DUBOSCQ colorimeter designed in 1854 was among the earliest of these instruments and although its design has been modified and improved, it is still basically the same in principle. The various procedures for visual comparators will be discussed first. With the development of photoelectric cells of suitable sensitivity, a number of instruments have been devised incorporating them as the detection device in place of the eye, thereby improving considerably the sensitivity and the accuracy of the measurements of relative intensities of coloured solutions. The sensitivity has been improved still further by the use of a wide range of filters which only transmit relatively narrow bands of light. The procedures involving filter photometers both visual and photoelectric will be treated secondly. Running parallel with this development in colorimetric procedures was the research in fundamental absorption spectroscopy which enabled a number of conclusions to be drawn as to the structural features giving rise to the selective absorption shown by certain substances. While the early work was mainly qualitative or only semi-quantitative the design by TWYMAN (1913) of a rotating scctor photometer soon enabled the subject of absorption spectrophotometry in the ultra-violet and visible regions to be placed on a sound quantitative basis. During this time the photographic plate was the main detector device for recording the absorption spectra. Then Cary and Beckman in 1941 utilized a highly sensitive and stable vacuum photo-tube-amplifier system and associated electric circuits for the detector and photo-metric system respectively of a very compact spectrophotometer. This represented another considerable advance in spectrophotometric technique. In fact, at the present time every laboratory conducting biological research should have access to one of these exceedingly versatile photoelectric spectrophotometers for both quantitative and qualitative work. The procedures for this type of equipment are discussed in the third section.

As indicated above, the determination of the absorption spectrum of a substance enables certain conclusions to be drawn with regard to some aspects of its structure. This function alone makes the spectrophotometer an extremely valuable research weapon in detecting the presence of hitherto unsuspected materials. Again, considerable progress in the development of equipment for the determination of infrared spectra has permitted an extension of the technique of applying absorption spectroscopy to the determination of the structure of complex molecules. Fourthly, then, the various infrared techniques will be discussed and finally those of fluorimetry which are somewhat more restricted in application to biological problems.

A. Laws of Absorption.

Since the work in all of the following sections is concerned with the relationship between the magnitude of the absorption of radiation incident upon a substance and the amount present in a given layer, the laws which have been formulated concerning this relationship are considered now before describing the analytical procedures. The first, known as Bouguer's or Lambert's Law, states that *the proportion of radiation (originally of light) absorbed by a transparent medium is independent of the intensity incident upon it provided the quality of the radiation remains unchanged.* Thus the law applies only to monochromatic radiation, and implies that each layer of equal thickness absorbs a constant fraction of the radiation which passes through it. It can be readily seen then that the radiation intensity decreases exponentially with increasing thickness of the medium. This is usually expressed in the following way:

$$I = I_0 \, e^{-k'd} \ \text{ or } \ \log_e I_0 / I = k' d$$

where I_0 = intensity of the incident light
$\quad\ I$ = intensity of the transmitted light
$\quad\ d$ = thickness of the absorbing layer (in cm.)
$\quad\ k'$ = absorption coefficient of the medium.

It is more convenient to use Briggsian than natural logarithms, so on this basis the absorption coefficient k' becomes K, the so-called Bunsen and Roscoe *extinction coefficient*, and the above equation becomes

$$I = I_0 \, 10^{-Kd} \ \text{ or } \ \log I_0 / I = Kd$$

where K is a constant for the particular medium and frequency of radiation used, and $k' = 2.303 \, K$.

The above law cannot be used directly for solutions since it does not include a concentration factor. The second of the two laws, known as Beer's Law, takes this into account. It states that *the absorption is proportional to the number of molecules of the absorbing substance in the light path.* When the absorbing substance is dissolved in a non-absorbing medium then the intensity of absorption relative to the medium is directly proportional to the molecular concentration. So, providing no ionization or association of the molecules takes place, the previous law can be rewritten

$$I = I_0\, 10^{-\alpha cl} \text{ or } \log I_0/I = \alpha\, cl.$$

where α is the absorption coefficient of the solute and c its concentration. When "c" is 1 mol. per litre and "l" is 1 cm., the constant "α" is known as the molecular extinction coefficient and is given the symbol "ε" or sometimes "a_i" (absorbance index). The term $\log I_0/I$ is often referred to as the extinction "E". The varied terminology used in spectrophotometry is discussed fully by BRODE (1949).

Now in the examination of natural products containing absorbing substances whose molecular weight are unknown, the molecular extinction coefficients cannot be calculated. Hence the only value which one can record for their absorption is the extinction E of the particular solution measured. It is useful however, to have a suitable system for the comparison of extracts as a guide to purification and concentration. The notation $E^{1\,\%}_{1\,cm.}$ (suggested by GILLAM and MORTON, 1929) has been found valuable. It represents the extinction of a 1 cm. layer of a 1% solution of the material under test.

$$\text{The } E^{1\,\%}_{1cm.} \text{ value} \times \frac{\text{Molecular weight}}{10} = \varepsilon.$$

It is usual to insert after the notation the wavelength at which the measurement has been made.

Many instruments are calibrated in terms of percentage *transmittance* ($T \times 100$). The transmittance (T) is equal to I_0/I and hence $\log I_0/I = \log 1/T$.

Nomenclature of Absorption Curves.

The intensity of absorption of a substance varies with the frequency or wavelength of the radiation energy incident upon it. The plot of the change in absorption (ε) with wavelength (usually expressed in mμ) is known as the *absorption spectrum*. Where the absorption varies only slightly with wavelength showing only a steady increase towards one end of the spectrum or the other, it is said to be *general* and is often referred to as "end-absorption"; where the absorption changes rapidly with wavelength rising to a maximum and then falling again, it is said to be *selective*. Often materials exhibit an absorption spectrum where the intensity of absorption rises and falls rapidly within a short wavelength range. The spectrum is then described as having *fine structure*. These different types of absorption curves are shown in Fig. 1 (A, B and C).

An *absorption maximum* (written λ_{max}) is the wavelength at which the intensity of absorption passes through a maximum. There may be several to a single spectrum. Each absorption peak is often called an *absorption band*.

An *absorption minimum* (written λ_{min}) is the wavelength at which the absorption curve is minimal. Similarly there may be several of these in a given absorption spectrum.

Sometimes the slope of an absorption curve may change from positive or negative to zero and back again quickly. This gives rise to a shoulder in the curve which is called an *inflexion*.

Another term particularly useful in quickly assessing from the absorption spectrum the purity of the material examined is the *persistence* of the absorption peak. This is defined as the difference between the intensity (for the particular units in use) at the peak and that at the nearest minimum although for many purposes the ratio E_{max}/E_{min} is better.

A number of substances showing selective absorption can exist in solution in two separate forms in equilibrium with each other. These may be different ionic or oxidised and reduced forms. The relative amounts of each form present alter with changing pH or level of oxidation potential of the medium in which they are examined. These changes are often reflected by marked differences in the absorption spectra of the solution.

When the different spectra are plotted for each value, say of pH, in the medium, a family of curves is obtained, all of which pass through at least one common point of intersection. This is known as the *isosbestic point* and the wavelength at which it occurs is characteristic of the substance. The extinction value of the solution at this wavelength gives a direct measure of the total amount of the substance present.

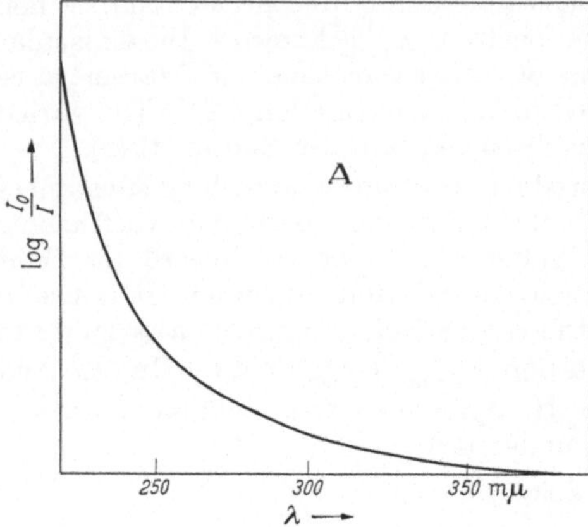

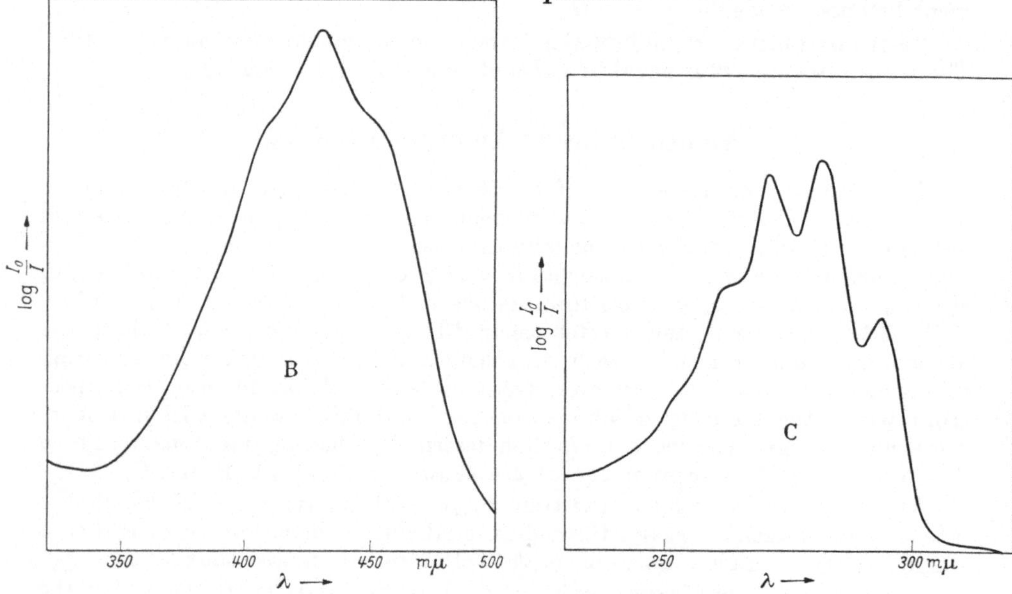

Fig. 1. Different types of Absorption Curves: A *general* absorption; B *selective* absorption; and C absorption with *fine structure*.

B. Colorimetry.

Colorimetric methods are among the most widespread and the most useful of the analytical techniques available for the final quantitative estimation of small amounts of materials. The basic equipment required is simple to operate and relatively cheap. The procedure is to treat the materials where necessary with specific reagents which will produce stable coloured products whose intensities will be directly proportional to the amounts present. These ideal conditions can sometimes only be approximated. The intensity of the colour is then matched with that of a known amount of the pure material under similar conditions. Results can be obtained more rapidly than with gravimetric procedures thereby enabling a number of biological problems to be attempted, which have to be carried out on a scale suitable for statistical treatment.

The methods are ideally suited for micro or semi-micro work and indeed they are often the only ones available. With "null" or matching techniques the measurements can be made with considerable accuracy. For visual comparisons the error is usually less than 5% and with refinements can be made less than 2%. With the better photoelectric colorimeters and spectrophotometers described in the following sections errors less than 1% and down to 0.5% are the general rule. The methods have been used for studies on intermediary metabolism, on ion transport and generally on the distribution of plant substances to mention only a few problems concerned with plant analysis.

The equipment and procedures described below indicate the ways in which the colour match against a standard is obtained. The standards available may be liquid or solid. Visual methods are discussed first and then those involving a photoelectric colorimeter.

I. Comparison with a Series of Liquid Standards.

This is the basic procedure from which the others have been developed. A series of standards of the same material as that under test having colour intensities sufficiently far apart for the eye to discriminate easily between them is prepared to cover the expected range of the test sample. This is conveniently accomplished by making the standards in a geometric series because "the increment in stimulus which can just be perceived by the eye is always the same fraction of the total stimulus" (WEBER's Law). The unknown is then compared against the standards using similar glass vessels and a uniform light source. The particular standard closest to the unknown gives the concentration. Test tubes of uniform wall thickness and internal diameter may be used but NESSLER tubes with clear glass walls and flat bottoms are better. Where the colours developed are not stable for lengthy periods, as is indeed often the case, it is necessary to prepare fresh standards frequently. The more stable coloured substances may be sealed and kept for ready reference in suitable bottles. Square bottles are available for this purpose.

For this technique it is not necessary for BEER's Law to hold as long as the unknown value is closely matched with one of the standards. The NESSLER comparison tubes are usually obtained in sets of 6 or 12 having uniform diameters. They carry two graduations, 50 ml. and 100 ml. and the difference in heights of these marks on the different tubes should not vary by more than a few mm. Other tubes having a much smaller diameter, made from glass of uniform thickness and possessing more graduations can be used for more accurate work. These are EGGERTZ tubes which have a capacity of 30—50 ml. and JULIAN tubes with 0.1 ml. graduations in the ranges 5—30 ml. and 10—50 ml. respectively.

A number of simple mechanical devices have been prepared to control the conditions of viewing the tubes so that they are reproducible and also to speed up the process. The Fisher Scientific Co. manufacture a Roulette Nesslerizer which holds the tubes containing the standards on a revolving stand enabling them to be brought round in turn beside the unknown. The instrument is also fitted with an optical system to bring the light beams from the two tubes into juxtaposition so that they are easily matched. More simply the comparison is readily made by viewing the columns of solution while they are held over white opal glass or a white tile at an angle of 45° to a good north light.

The above procedure may not give an exact match since the unknown may lie somewhere between two of the standard colours prepared. When a more precise result is desired then one of the following procedures should be adopted.

Titration. In certain instances where the material under investigation will form a stable coloured complex quickly, small amounts of a concentrated standard solution of the material in a pipette or burette can be run into a Nessler tube previously prepared with a suitable quantity of reagent. The total volume can then be made up to very approximately that of the unknown and the titration completed. Again, for this procedure the substances need not obey Beer's Law, but the comparison tubes must be uniform.

Dilution. The more concentrated solution, either the standard or the test, can be diluted with additional solvent-reagent mixture until the intensities of the colours in the two tubes are equal when viewed horizontally. It is advisable here to isolate equal fields of view well within the diameter of the tubes and to screen the tubes from side lighting other than that from the light source. The concentrations of the solutions are inversely related to their volumes. It is very important that the tubes for this procedure have the same internal diameter.

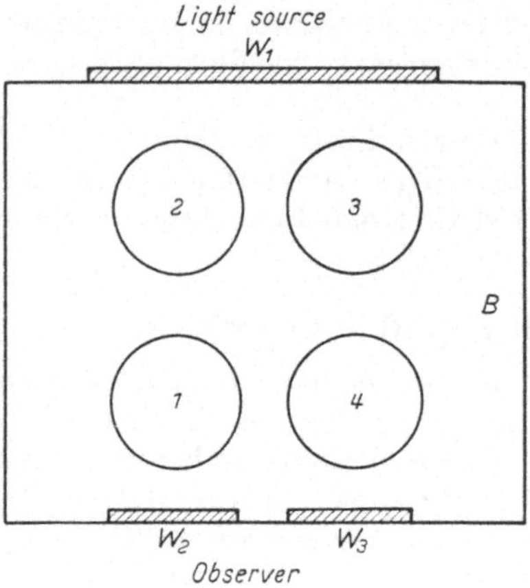

In the apparatus known as the block comparator (Fig. 2) this principle is often employed for pH measurement of slightly coloured solutions using indicators. The instrument has spaces for four (or six tubes) placed as shown in the diagram with a light source at the back. This is to allow for compensation by some of the coloured solution.

Fig. 2. Diagram of Block Comparator.

The principle of the method is as follows: The pH is determined roughly by indicators until one is found which has a pH range covering that of the unknown coloured solution. A known quantity of the indicator is placed in a known volume of the coloured solution and a similar quantity in the same volume of a buffer solution (such as Britton and Robinson's, 1931, buffer mixture) whose pH changes uniformly with the addition of alkali. Using a tube of the coloured solution as compensator the standard alkali is added to the buffer until a colour match is obtained with the unknown. The volume added is recorded and the exact pH read off from a graph relating pH to alkali addition. The concentration of the indicator has to be maintained constant during the titration by adding the appropriate amount, say one drop for every ml. of alkali solution added.

II. Balancing Method.

A portion of one of the coloured solutions, standard or unknown, whichever is the stronger, can be removed from the Nessler tube with a graduated pipette or by simply pouring it out in small amounts to reduce the height of the absorbing column of solution until a match point is reached with the weaker. Special graduated tubes (like Nessler tubes) fitted with stop-cocks near the bottom

(HEHNER's cylinders) have been devised to speed up this matching process. The cylinder volume readings are taken when the colour intensities of the solutions look identical and again their concentrations are inversely related to the readings.

Where the difference in depths of the solutions is large, it is advisable to use a suitable diaphragm to isolate only the central portions of the field of view. For this method the coloured material should follow BEER's Law. The above balancing principle was used by DUBOSCQ in his colorimeter which is a considerable refinement of the above procedures. He used glass plungers to bring about the change in thicknesses of solution and standard. The original type of instrument with many minor modifications is still in very wide use but is gradually being supplanted by the more accurate photoelectric instruments. It consists essentially of a uniform artificial light source at the base, above which the cups containing the coloured solution are mounted on two rack and pinion supports. The cups can be raised so that the plungers fixed at the top of the instrument enter the cups centrally. The depth of solution viewed is that between the base of the cup and the bottom face of the plunger, both of which are optical flats. The light beams which traverse the solutions are brought into juxtaposition with the aid of the optical system shown in the diagram (Fig. 3) and are viewed through the eyepiece.

The field of view is usually circular, each half of which is derived from the respective light beams. The walls of the cups and plungers are made of opaque glass to exclude side light. The upper part of the cup has a wider diameter than the base to take the liquid displaced by the plunger. To each pinion is attached a scale and between the scales is placed a vernier. For zero position on each scale the bottom of the cup is right against the base of the

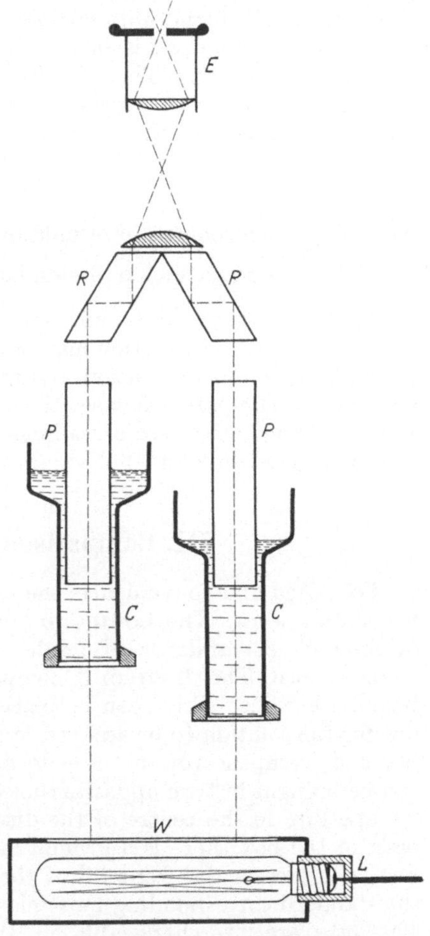

Fig. 3. Diagram of the Optical System of a DUBOSCQ-type colorimeter.
C Cup; E Eyepiece; L Light Source; P Plunger; R Rhomb; and W Window

plunger. Provision has been made for adjustment if the zero on the scale should not correspond exactly with that on the fixed vernier. The scales and vernier are viewed easily through a little microscope from a position beside the eyepiece. The scale divisions correspond to about 1 mm. and with the vernier can be read to the nearest 0.1 mm. Some instruments use magnified and carefully calibrated scales reading directly to 0.2 mm. and no vernier.

The procedure for determining the concentration of a coloured substance is as follows: The optical surfaces of the cups and plungers are first examined to ensure that they are clean. The zero positions of the cups are checked and if not correct should be adjusted by the appropriate screws at the side of the instrument. The cups are supplied to be interchangeable but occasionally some have slightly thicker bases than others. In these cases when adjustment is made the cups should always be used in the same positions again. The unknown solution is placed in one cup and a suitable standard in the other completely filling the narrow diameter portions. The cups are then placed in their appropriate positions and raised until the bases of the plungers pass beneath the surface of the liquids. With the unknown set at a suitable reading such as 20 or 25 scale divisions, the standard is balanced by raising or lowering it until the fields of view match exactly. Their readings are then taken. The endpoint should be approached from both directions and a mean result of at least 4 readings taken. The concentration of the unknown coloured substance is given by the equation

$$C_u = \frac{C_s \times R_s}{R_u}$$

where C_u = concentration of unknown and R_u is the reading and

C_s = concentration of standard and R_s is the corresponding reading.

If the substance does not obey Beer's Law a calibration curve must be prepared so that a correction may be applied. In testing this point, it is customary to make up a dilute solution accurately from a known amount of the material and then to compare a few serial dilutions of stronger solutions against the first. A plot of theoretical scale readings calculated from the dilutions against those observed gives the corrected values for intermediate results.

III. Comparison with Solid Standards.

For speed and convenience, the use of solid standards where possible is better for routine work. The Lovibond and Hellige comparators incorporate a series of nine glass standards of graded intensity distributed uniformly around a bakelite disc. The Lovibond comparator in which the discs are mounted, is a bakelite box into which can be placed two 13.5 mm. diam. tubes or square cells, one for the solution to be assayed in the centre and the other for water or reagent blank as compensator in the side compartment. Each of the standard glasses can be brought in turn opposite the compensator tube or cell by rotating the disc. An aperture in the centre of the disc allows the unknown to be viewed. In the back of the box there is a ground glass window so that by looking through the two apertures in the front lid of the box while it is held towards a north light, the standard corresponding most closely to the unknown can be found quickly. The discs are interchangeable for the analysis of a variety of materials both inorganic and organic.

In addition to the above standard type of equipment there is available an all purpose instrument which will take cells from 13.5 up to 40 mm. optical depth, and is therefore more versatile, particularly for determining substances near the lower limit of detection. Furthermore, in collaboration with British Drug Houses, Ltd. a B. D. H. Lovibond Nesslerizer has been designed which combines the convenience of solid glass standards with the greater sensitivity obtainable with long columns of coloured solutions in the Nessler tubes. The discs for this equipment are not interchangeable with the above.

These comparators have proved of great service in the speedy determination of the pH of culture media, etc. to within 0.2, and for the determination of trace quantities of metals to within 10%.

IV. General Precautions in Colorimetric Techniques.

There are a considerable number of factors which require careful attention for minimum errors when using colorimetric methods regardless of the type of equipment or final procedure adopted.

1. The colour developed in the solution should be sufficiently stable to allow check comparisons within a few minutes. Where there are variations in intensity with time, the readings should always be taken at a given interval after adding the reagents and thoroughly mixing.

2. Sometimes other substances present in variable amounts may also react with colour forming reagents, so that the amount of the latter added should be sufficient to ensure an excess, otherwise the procedure may not be reproducible. Particular attention has to be paid to oxidation-reduction reactions in this respect.

3. Variations in ionization, association or dissociation may cause deviations from BEER's Law, making a calibration curve necessary.

4. A number of coloured complexes are affected by pH. This should always be controlled carefully.

5. Solutions should be optically clear. Colloidally dispersed or particulate matter will interfere with matching.

6. Blank tests should always be carried out on reagents for impurities which may interfere. Sometimes if the absorption band of the impurity is sufficiently far removed from that of the substance being examined, a filter can be used to get a good colour match.

7. Where colours developed are temperature sensitive or photosensitive they should be examined under constant conditions.

8. Certain indicators such as bromocresol green possessing two absorption bands in the visible with unequal absorption coefficients will show different hues in different concentrations at the same thickness when viewed by transmission. The phenomenon is known as dichromatism.

9. The light source should be uniform and the fields of view in comparators kept well within the diameter of the vessels containing the solutions. In matching NESSLER type tubes, shallow depths should never be used because of shading effects around the edges. Grossly unequal depths also cause errors due to the apparent difference in the size of the bases of the tubes.

10. The precision with which two columns of solution can be matched can vary with the intensity of lighting below a threshold level which varies for different wavelengths, so the lighting should be kept uniformly good. The light from bright, cloudy or clear blue skies is so varied that now the general tendency is to have an artificial light source built in the equipment. The ordinary LOVIBOND standards however are designed for daylight.

11. In using a colorimeter readings should be taken quickly in less than 5 secs. so as not to let the eye become fatigued or insensitive to the colour.

Errors. In the visual method the average of several readings with a DUBOSCQ type colorimeter are generally accurate to within 5% and very occasionally 2% when the concentration range for the measurement gives maximum sensitivity. With NESSLER tubes however, the error may be as high as 8% (THIEL, 1935; 1936).

C. Filter Photometry.

With the filter photometer where the relative intensities of the transmitted light passing through the coloured solution and solvent-reagent blank can be compared directly it is possible to prepare calibration curves for the instrument using a series of standard solutions. Then it is not always necessary to prepare fresh standards for each new group of analyses except for an occasional periodic check on the instrument's performance. This speeds up the process of colour matching considerably.

The main elements of a filter photometer are (i) a stabilized light source, (ii) a filter for selecting a particular wavelength region, (iii) an adjustable diaphragm to control the level of radiation, (iv) an optical system for producing a parallel beam of light (v) a compartment for holding the cells containing the solutions in the light beam (vi) a receptor device for measuring the relative light intensities of the two beams with a scale indicating the values obtained.

While there have been a number of very good visual instruments designed, such as the Zeiss Pulfrich photometer which uses adjustable diaphragms for matching the light beams, the Leitz polarization type instrument and the Aminco (American Instrument Co.) wedge photometer, which employs a neutral stepped wedge for matching, the modern tendency is to use the more sensitive photoelectric colorimeters which give results not subject to the errors of the observers and, taken all round, are to be preferred to the visual instruments. It is proposed then to discuss only a few of the procedures involving the photoelectric type instrument.

The development of filter photometers incorporating barrier-layer photocells or vacuum phototubes has increased the sensitivity and precision of colorimetry to a considerable degree above that obtained by visual instruments. The photocells have a wide spectral response from the X-ray region to the near infra-red with a maximum about $600 \, m\mu$ and vacuum phototubes are available with maximum sensitivity towards the "red" or "blue" end of the spectrum. These receptors are several orders of magnitude more sensitive than the eye and so with appropriate filters can be used with accuracy over a wider range of wavelengths. They are especially useful for the quantitative assay of very dilute solutions which in fact tend to follow Beer's Law more closely than concentrated ones. Again, since the absorption bands of many coloured ions and other substances are relatively broad, the filter photometers can yield in many instances results almost as reliable as those obtained by the more elaborate and more costly spectrophotometers.

The use of photocells asreceptors depends on the fact that their photocurrent output increases approximately linearly with increasing radiation intensity, so that when they are coupled directly to a galvanometer the extent of the deflection of the needle across the scale gives a measure of either the extinction, percentage transmittance or both, depending on the calibrations provided. With vacuum phototubes a minimum potential is applied to the tube so that saturation current may be obtained. This saturation current shows a linear relationship with light intensity. There are two main types of these instruments, one which uses a single photocell for the comparison and the other which uses two photocells connected in opposition, one of the cells receiving the light transmitted through the test solution and the other a compensating beam. The second type of instrument being a "null" type is very much more accurate and reliable.

I. Single Photocell Colorimeters.

The general arrangement of the components in these instruments is much the same, but a few have some additional refinements. The schematic diagram (Fig. 4) indicates the basic requirements.

Light Source. This is generally a low voltage bulb 4—6 v. (3 watts) to avoid excessive changes in temperature. It is fitted with a parabolic reflector and is stabilised by a constant voltage transformer, to minimise fluctuations in voltage which would alter the quality and intensity of the light. Alternative connections for battery operation are also provided. As the bulb ages, the filament volatilizes, causing an alteration in the quality of the emitted light.

Colour Filters. In a few instruments the filters are mounted permanently in a disc which can be rotated to bring each into the light beam as required. In others they are supplied individually as separate mounts. For ordinary colorimetric procedures used in routine analysis, the three filters, a red, a green and a blue, with broad wavelengths bands (120—140 mμ) covering the visible range are satisfactory, but some 8 to 12 narrower band (50—80 mμ) types can be obtained for more selective work. The latter have to be used in certain instances to eliminate the effects of absorbing impurities, or merely to provide greater sensitivity and accuracy. It is unfortunately not feasible at present to use the very narrow band interference filters in the instruments using a low power light source.

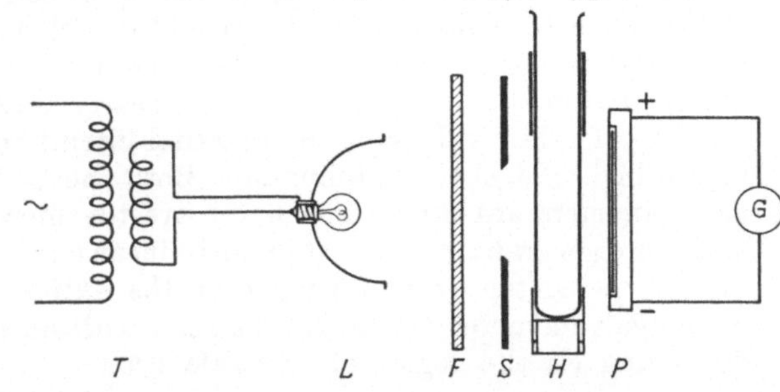

Fig. 4. Schematic Diagram of a Simple Photoelectric Colorimeter. *F* Filter; *H* Tube-holder; *L* Light Source; *P* Photocell; *S* Shutter; and *T* Transformer

Since many filters are made of dyed gelatine films fastened between glass plates, they should not be allowed to get wet, otherwise they may be damaged. The loose filters should be handled carefully to prevent them from becoming soiled and should be inspected before use to ensure that they are clean.

Control of Light Intensity. In most instruments the light intensity is controlled by varying the size of the aperture in an iris diaphragm or rectangular shutter. In the ENGEL photoelectric colorimeter[1] which uses a voltage stabilizer circuit for the tungsten lamp, the control of light intensity is achieved by altering the current through the filament. The intensity must be sufficient to produce full scale deflection of the galvanometer needle with the filter and compensator in the light path. The control knobs or wheels allow easy setting of the galvanometer.

Colorimeter Tubes or Cells. Most of the instruments are fitted with holders for the relatively inexpensive colorimeter tubes which are supplied in uniform matched sets. They can be obtained in different diameters from $\frac{1}{4}''$ to $\frac{5}{8}''$

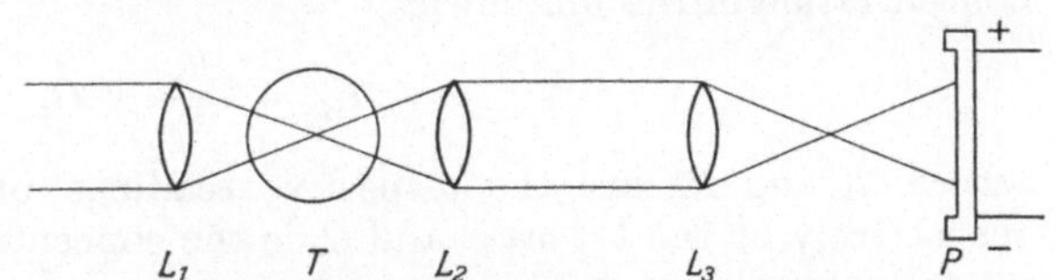

Fig. 5. Diagram of the Optical System for the Test-tube Mount Used in the HILGER Biochem Absorptiometer. *L*$_{1,2,3}$ Lenses; *P* Photocell; and *T* Colorimeter tube

depending on the capacity and depth of light path required. Each tube carries a mark on the side so that it can be placed in the colorimeter reproducibly. The HILGER Biochem Absorptiometer[2], however, has a special test tube mount with an optical system shown in the diagram (Fig. 5), where the light beam is always normal to the tube and can be focused to make the area of illumination on the photocell constant with or without liquid in the tube.

---

[1] Kipp, Holland.

[2] Hilger & Walts, Ltd., London.

The more refined analytical instruments can also accommodate rectangular cells or cuvettes with optical paths from 0.5 cm. to 4 or 5 cm. These are much better for work requiring greater accuracy. The compartment holding these cells is usually covered with a light-tight lid to prevent extraneous light reaching the photocell. With regard to the handling of colorimeter tubes or cells, they should always be checked before placing in the instrument to make sure the glass surfaces are free from drops of liquid or grease spots.

Photocells. These are of the selenium or cuprous oxide barrier-layer type and should give long service provided no corrosive liquid or fumes come into contact with them. They are usually protected by a thin window which should be kept clean. A few instruments are also provided with a shutter in front of the photocell to protect it while filters or sample tubes are being changed. The photocurrent obtained from the photocells is very nearly directly proportional to the light intensity for low values of the external circuit resistance. They operate better at the higher levels of illumination. Both the Unipivot and reflecting type spot galvanometers are used. The latter are the more sensitive. The galvanometer scales are generally calibrated in both linear and logarithmic divisions for recording the percentage transmittance or the extinction (absorbance). The setting of the galvanometer needle can be read with an accuracy of about 0.5 to 1.5% depending on the region of the scale used.

Procedure. Firstly, the galvanometer setting is checked for the infinite absorbance (zero transmittance) position by opening the shorting circuit or unclamping the suspension, while no light is reaching the photocell. Then with the tube or cell containing the compensating solution in position and the appropriate filter in the light path, the lamp is switched on and the aperture adjusted until the needle or spot of the galvanometer shows full scale deflection to the zero absorbance (100 per cent transmittance) mark. The instrument is then left for about 2 to 5 mins. until it becomes stabilised when the needle can be readjusted to the 100% transmittance mark.

On switching "off" the galvanometer should return to the zero transmittance position again. Readjustment should be repeated until these settings are obtained. Then the cell containing the standard solution is inserted in the light path and the reading recorded. Record also the reading for the unknown. Then the concentration of the unknown,

$$C_u = \frac{R_u}{R_s} \times C_s$$

where R_s and R_u are the respective readings of the standard and unknown respectively on the logscale and C_s is the concentration of the standard.

If it is not desired to use fresh standards with each set of analyses then calibration curves relating scale readings to concentration can be prepared using serial dilutions of the standard material. Results for unknown samples prepared under identical conditions may then be read off a graph. With the latter procedure, care must be taken to ensure that the same set of tubes or cells as those selected for the original calibration are used in the analysis. Again, should any adjustment or component be changed in the instrument, the calibration curve must be checked.

The procedure of comparing the unknown with a fresh standard is the more reliable and for the greatest precision where sufficient light intensity can be obtained, then the transmittance ratio method is the best (HISKEY, 1949). This will be discussed in a later section.

Advantages and Disadvantages of Photoelectric Colorimeters.

A number of the single photocell instruments are cheaper than the DUBOSCQ type colorimeters and the more refined members of the group are certainly comparable in price. They are more versatile than the visual colorimeters in that not only can they be used for analytical work over a wider wavelength range but also under a wider range of experimental conditions e. g. in that certain differences in hue between the standard and unknown solutions can be tolerated by using appropriate filters. They enable the course of relatively slow reactions involving coloured substances to be followed by simply reading off the increase or decrease in their extinction with time as the galvanometer needle moves across the scale. Analyses can be made more quickly using large numbers of uniform colorimeter tubes. The results obtained by the photoelectric instruments are not subject to the variations due to different operators. Finally, they are quite portable and do not require a darkened room or bench for observations.

To set against the above advantages are a number of disadvantages. The photocells are sensitive to changes in temperature and humidity. The galvanometer needles sometimes drift slightly due to changes in the light source temperature and to "fatigue" of the photocell, particularly if it is subject to high light intensities. The instrument requires to be left on for a little time to become stabilised. These difficulties with regard to the cell result from changes in internal parallel resistance which drops with increasing illumination. Higher temperatures and increased humidity also cause leakage across the cell.

It is necessary therefore to keep the potential difference between the elements low by using a low external circuit resistance. Ideally the whole surface area of the cell should be illuminated for best results, because the photocurrent response from different sections of the cell surface equal in area is not necessarily the same and hence minor adjustments of the light source or colorimeter tube could cause appreciable differences in the sensitivity obtained. Thus the instruments have to be used with caution and to be maintained properly for reliable work. Replacement of either the light source, photocell or set of colorimeter tubes requires calibration curves to be checked if the latter are used. Hence it is advisable always to measure a standard along with each series of unknowns.

II. Two Photocell Colorimeters.

These were designed to overcome some of the difficulties mentioned above. Two photocells are coupled together via a potentiometer bridge network so that the photocurrent or potential difference developed in the "measuring" or "working" cell which records the changes in light intensity transmitted through the different solutions is exactly counterbalanced by the current or E. M. F. from the other, a "reference" photocell (SUMMERSON, 1939). The same light source illuminates both cells, so that fluctuations in it are automatically compensated at the balance point, eliminating the need for a stabilised power supply. Again light sources of greater power and variety may be used. Many of the colorimeters are equipped to take the mercury-arc or sodium lamp as alternatives to the standard tungsten lamp. A less sensitive and more robust galvanometer may be used to record the balance point. It is usual to compare the intensities of transmitted light from the solvent and solution respectively in turn in the same light beam, using that falling on the other only for a reference current. The balancing of the two cells may be carried out in an optical-mechanical manner or potentiometrically. The two photocells with the solvent in the light-path of the measuring cell are set in balance by adjusting an iris diaphragm in the light beam or a resistance in the circuit. The solvent is then replaced by the solution and the imbalance in photocurrent resulting from the change in intensity of the transmitted light falling on the working cell is restored by adjusting a calibrated shutter or potentiometer. These systems enable larger calibrated scales to be used than those on the average galvanometer thereby reducing the percentage error in reading the extinction of the coloured solution.

1. Optically Balanced Type.

The diagram (Fig. 6) indicates the arrangement for the optical and electrical components of one instrument of this type (the Hilger "Spekker" photoelectric absorptiometer) which is shown in Fig. 7.

The light source is a 100 watt projector lamp. The right hand beam of light first passes through a heat filter and a calibrated variable aperture to a lens which renders it parallel prior to entering the test solution or solvent; from the latter it then passes through a spectrum filter to a lens which finally focuses the light beam as an image of the lamp filament on the surface of the photocell. The variable aperture which is a cam shutter device is controlled by a wide diameter drum, carrying optical density and percentage transmittance scales. Rotary

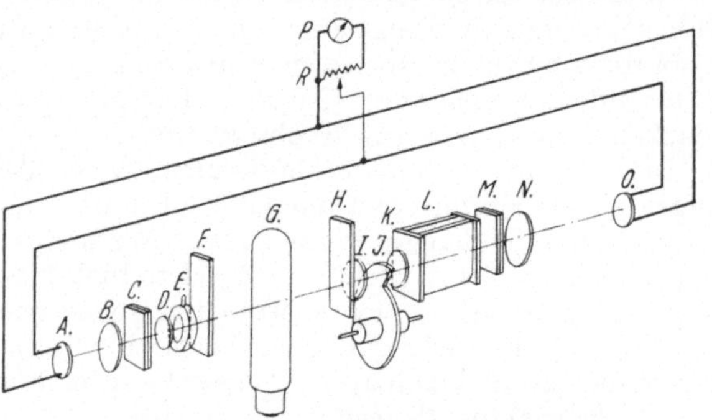

Fig. 6. Simplified diagram of the optical system and photocell circuit of a Spekker absorptiometer. *A* and *O* Photocells; *B* Lens; *C* Spectrum filter; *D* Window; *E* Iris diaphragm; *F* Heat absorbing filter; *G* Lamp; *H* Heat absorbing filter; *I* Window; *J* Measuring disc; *K* Lens; *L* Cell for liquids; *M* Spectrum filter; *N* Lens; *P* Spot galvanometer; *R* Sensitivity control.

Fig. 7. Illustration of the "Spekker" absorptiometer. (Courtesy of Hilger Watts, Ltd., London.)

movement of the drum varies the intensity of light falling on the photocell without affecting the area of illumination on the photocell.

The beam of light emerging to the left hand side passes through a similar heat filter, an uncalibrated iris diaphragm, spectrum filter and lens to the reference photocell. The amount of light falling on this cell is controlled by adjusting the diaphragm. The two photocells are connected via a bridge circuit so that their respective currents are in opposition and when the spot galvanometer reads zero, no current is flowing through the cells. At this point the reading is independent of any variation of photocell resistance with current. The spectrum filters in this new instrument are situated remote from the lamp source on a slide where the strong light and heat will not damage them.

Procedure. A number of techniques have been adopted with this instrument. The one recommended by the manufacturers is as follows:

(a) The heat and the appropriate colour filters are placed in position. The latter are supplied in matched sets marked for use on a particular side right or left so that they can always be placed in the instrument in the same manner. The iris diaphragm on the left is closed down and the calibrated aperture on the right set to read zero absorption or 100% transmittance. The two cells containing the unknown solution and reagent blank respectively are placed on the cell mount in such a way that the test solution is moved into the light beam first. The shutter is opened on the lamp housing and the sensitivity control adjusted until the galvanometer registers full scale deflection. The iris diaphragm is then opened up until the galvanometer spot returns to zero. The reagent blank is pushed into the light beam causing an imbalance in the current. Balance is restored by closing down the shutter until the null point is again reached. If the reading on the logarithmic scale of the drum is taken it is linearly related to concentration.

The amount of material in the solution can be obtained by comparison with a standard curve or compared with the reading for a standard measurement in the same range. This procedure is suitable for carrying out only a few measurements at a time, but becomes tedious and impractical when there are a large number of samples to be examined, which is often the case.

(b) An alternative procedure was suggested by VAUGHAN (1941) which is the reverse of the former. In this, the solvent or blank cell is placed in the light path and the calibrated shutter closed down to a suitable optical density reading such as 1.0 or 1.2, the balance point obtained and then the blank is replaced by the unknown. To obtain balance again the shutter is opened up. The difference between the two readings is directly related to the difference in concentration between the two.

A graph can be drawn calibrating the readings directly. The advantages of this procedure are that (i) when the setting is made with the blank, the unknowns can be run through quickly and (ii) the lower end of the drum scale on the older instruments was easier to read when the optical densities of the solution are in the 0.8 region. The disadvantages of it are (a) that one has to know approximately the extinction of the most concentrated solution so that it may be diluted appropriately to bring it inside the easy readable range up to 1.0 or 1.3, and (b) for the determination of the weaker solutions, the errors of a small difference reading at the 1.0 part of the scale compared to the zero region, where the calibrations are furthest apart, are greater. The error of setting at a reading of 1.0 is ± 0.003 corresponding to the thickness of the engraved line. Again, the reproducibility of the shutter setting mechanism is poorer at the higher intensity levels (ISBELL, 1949), so where higher precision is required for the weaker solutions the first technique is to be preferred. For the more concentrated solutions the VAUGHAN method is better. Neither of these procedures however is suitable for measuring large concentrations of materials where the intensity of the colour developed may be off the accurate part of the scale. If it is not feasible to dilute the solutions, having developed the colour, then it is necessary to start again from new aliquots of the starting material, causing delay. If the dilution factor becomes large then the error in the determination becomes correspondingly greater. A number of authors have described procedures whereby the "Spekker" scale can be effectively extended.

(c) High (1943) inserted a neutral filter of known extinction value in the right hand side and then set the instrument in the balanced position with the shutter at a suitable density reading in the middle of that part of the scale where the calibrations are easier to read. The filter is then removed and the reading for the standard solution is obtained and finally that for the unknown concentrated solution. The difference between the actual reading with the filter and the standard reading is added to the reading for the test solution when it is below and subtracted when it is above the standard. The optical density of the filter is determined periodically by comparing it against a standard solution of approximately the same concentration as that employed in the analysis.

An improved version of this procedure has been devised by Stross (1949). When a coloured solution is not measurable in the accurate part of the scale a neutral filter is inserted in the left hand side enabling a balance to be obtained on the reliable part of the scale so that a calibration curve may be constructed with stronger solutions. This however requires a galvanometer of greater sensitivity than the Cambridge spot type supplied with the instrument. The original paper should be consulted for full details. In both the latter procedures, it is advisable to use glass filters which should be more stable under the intense light used, but at all events periodic checks should be kept on them so that any variation in transmission can be detected at once and gross errors avoided. The latter procedure is somewhat similar to the relative absorption or transmittance ratio method employed by Ringbom (1939) for the assay of solutions having very high optical densities and has been adapted for a number of electrically balanced instruments (Hiskey, Rabinowitz and Young, 1950). The instrument is set with a standard solution of high optical density and compared directly with the unknown. Carefully calibrated or matched cuvettes or colorimeter cells are required (Hiskey, 1949). This procedure is discussed more fully later but its use in biological work will probably be somewhat limited since in the latter the optical densities employed are generally very low and the method has no appreciable advantages over normal procedures for weak solutions.

Accuracy. The scale on the new "Spekker" instrument is 16 inches long and has both optical density and percentage transmittance calibrations. It is therefore 3 to 4 times the length of the average galvanometer scale. The divisions are spread very uniformly up to 1.3 optical density and can be read easily in the better part (0 to 1.3) to half a division (± 0.005 density) and with care along a good part of its length to 0.25 division (± 0.0025 density) which means an error of 1% and often *ca* 0.5% in reading at the 0.5 density level.

With regard to stray light effects, errors due to these on the older models were considerably reduced by placing them in a darkened room or in a screened section of a bench. The newly designed instrument however, provides better screening for the cuvettes and photocells.

Some trouble has also been experienced with filters which fluoresce slightly on irradiation with the mercury arc used as a light source for obtaining monochromatic light (Nicholas and Pollak, 1950). In the new absorptiometer where they are placed next to the photocell, considerable errors could arise. These troublesome filters however are being gradually eliminated, but care should be exercised when using the Hg-arc in conjunction with filters. The above paper should be consulted for details of suitable filter combinations to select particular Hg emission lines.

With regard to the changing of photocells or lamps, as in the replacement of spares, differences may arise in the calibration curves. The latter obtained for the "Spekker" absorptiometer require to be checked when new lamps or photocells are inserted because different but equal areas of illumination on the barrier-layer cell have different sensitivities. A procedure for obtaining even illumination of the calibrated aperture when inserting a new lamp has been described by PIZER (1946).

Accessories. Auxiliary holders supplied with the Hilger instrument enable the cheaper uniform test-tubes to be used in place of the more costly flat-sided cell for the rapid assay of numerous solutions. A special flow through cell (Fig. 8) has also been designed for analytical work involving samples of similar concentration, and special attachments are available for fluorescence or nephelometric work.

Neofluoro-Photometer[1]. A relatively new instrument in this group is the Neofluoro-Photometer which employs two matched vacuum photomultiplier tubes (Type RCA 931 A) and auxiliary circuit in place of barrier-layer cells. These tubes will detect light some 200 times weaker than that by the more usual vacuum phototube-amplifier system.

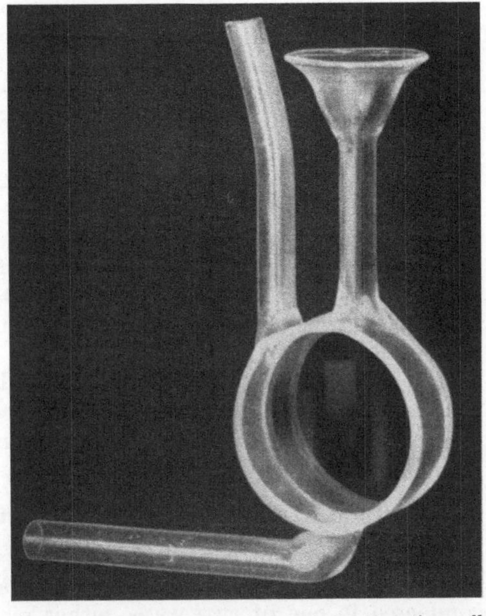

Fig. 8. Illustration of the flow-through absorption cell. (Courtesy of Hilger Watts, Ltd., London.)

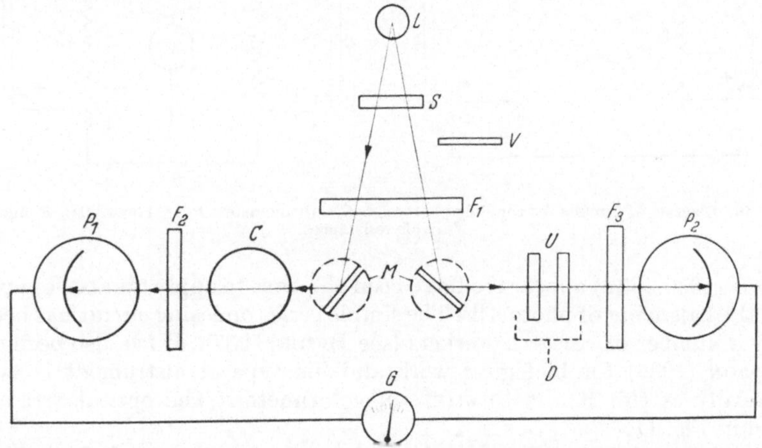

Fig. 9. Diagram of the Optical System of the Nefluoro-photometer. L Light source; S Shutter; V Vane — initial null control; $F_{1,2,3}$ Filters; M Mirrors; C Cell; U Polaroid unit (discs); D Dial control and scale; $P_{1,2}$ Photomultiplier tubes; G Vacuum tube voltmeter. (Courtesy of Fisher Scientific Co., USA.)

[1] Fisher Scientific Co. USA.

A simplified diagram of the optical system is shown in Fig. 9. The filter F_1 in front of the lamp shutter is of the spectrum type. That in front of the measuring phototube is an etched glass "diffuser" to spread light over the surface of the phototube. The polaroid unit requires a sharp cut-off filter transmitting light above 430 mμ because the unit attenuates in the 420—750 mμ range.

The mode of operation in carrying out a colorimetric estimation is similar to that of other instruments in this group. The galvanometer is usually set at zero and its sensitivity at an optimal value. With the compensating solvent in the "measuring" beam of light and with the percentage transmittance scale attached to the polaroid discs in the reference beam set at 100, the lamp shutter is opened and the balance point obtained by adjusting the null control vane. The solvent is then replaced by the solution and the polaroid unit control knob turned until balance is restored when the % transmittance or extinction of the solution can be read.

This appears to be a very versatile instrument which can be readily converted for fluorimetric or nephelometric work. It may also be used with a sodium lamp or mercury arc. The cell compartment is designed to take a standard $^3/_4''$ cylindrical cell.

The "Elektrophotometer-Elko II" is a further instrument[1] employing the optical-balancing feature. It has an adjustable diaphragm in the measuring beam and a neutral wedge in the reference beam. It is designed for use with the optically better rectangular cuvettes giving improved reproducibility.

2. Electrically Compensated Type.

In order to obtain compensation between the "working" and "reference" photocells with a galvanometer to indicate the point of balance, they may be connected in one of two ways, either in a series opposing or in a parallel type circuit as shown in the Fig. 10, A and B. These basic circuits have been referred to by Wood (1934) as "voltage balancing" and "current balancing" respectively.

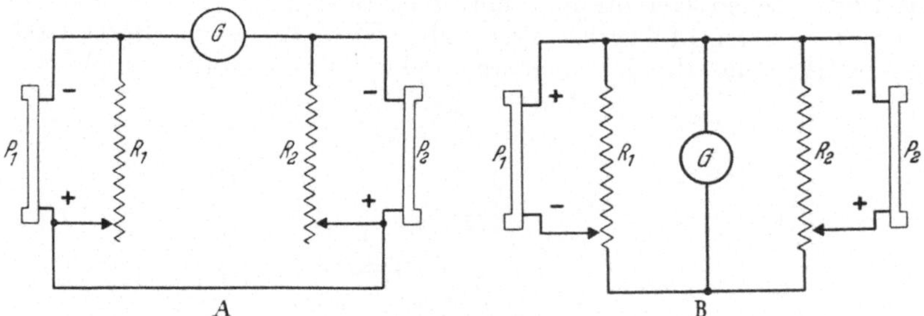

Fig. 10. Diagram of circuits for coupling photocells. G Galvanometer; P_1 P_2 Photocells; R_1 and R_2 Variable resistances.

Lange (1930, 1932) appears to have been the first to apply the above type of circuits to the balancing of photocells. The simple series opposing circuit has been used since by a number of research workers (see Brice, 1937). It has also been used by Summerson (1939) for biological work and his type of instrument is available commercially as the Klett-Summerson colorimeter. The optical arrangement is shown in Fig. 11.

The resistances R_1 and R_2 in this instrument are 400 ohms each, R_2 is fixed and R_1 is variable. With a colorimeter tube containing the solvent in the light path

---

[1] Carl Zeiss, Germany

of the working cell and the whole of the slide wire potentiometer R_1 in circuit (zero absorption reading) the circuit is initially put into a state of balance by adjusting the position of the light source with respect to the two condensing lens-aperture systems. The solution is then placed in the light beam and the potentiometer adjusted until balance is restored. The reading on the calibrated log-scale of the potentiometer gives a value linearly related to the optical density or concentration of the solution. The overall accuracy of the instrument is about 2—3%. For more precise work, WITHROW, SHREWSBURY and KRAYBILL (1936) designed an instrument on the same principle as that above but having a more refined optical system incorporating more heat filters and additional diaphragms with apertures to collimate the light beams and so eliminate stray light. The light source employed was strong enough to permit the use of narrow band-pass filters. The accuracy claimed by the designers is 0.5%. It is available commercially in a modified form.

The parallel type of circuit (voltage balancing) appears to have been used more widely and according to WOOD (1936) is to be preferred to the series opposing (current balancing) type in that the ideal condition of having the potential difference between the cell elements of the working cell zero if possible at the balance point is satisfied or more closely approached. The stability of this type

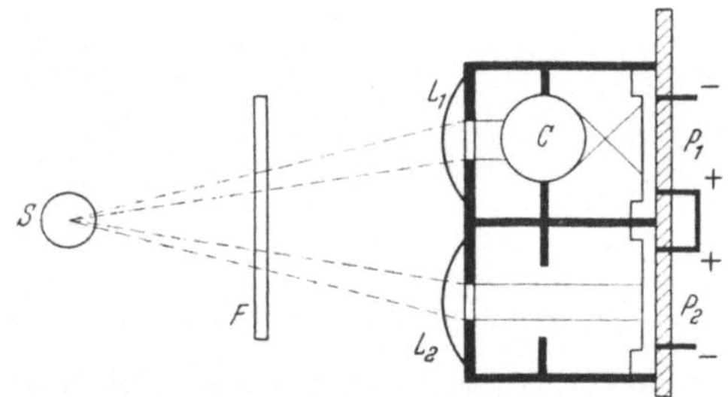

Fig. 11. Diagram of the optical system of the KLETT-SUMMERSON colorimeter. *C* Colorimeter cell; *F* Spectrum filter; L_1 and L_2 Lenses; P_1 and P_2 Photocells. (Redrawn from SUMMERSON, 1939.)

of circuit and the linearity of its response are better. A number of commercially available instruments utilize this circuit, but the manner in which the balance is obtained varies. The Aminco (American Instrument Company) photoelectric photometer uses an optical system similar to their visual wedge-type instrument, where the solvent is placed in one light beam and the solution in the other, balance being restored with a potentiometer. The Lumetron colorimeter (Photovolt Corpn.) employs a unique balancing system for the reference cell. The latter is mounted on a little turntable and by rotating it the intensity of light falling on the cell can be reduced until the null point is obtained for the 100% transmittance setting with the solvent in the light path of the "measuring" cell. The solvent is then replaced by the solution and the reading on the slide wire potentiometer recorded. The insertion of a neutral tint filter in the light path as in the procedures described previously for optically balanced instruments enables the effective range of the transmission scale to be extended for solutions of low transmittance. The optical arrangement of the instrument is shown in Fig. 12. It may also be used as a single photocell direct reading instrument. It is supplied with 14 filters each having a 30 mμ band-pass.

While barrier-layer photocell instruments such as the above are widely used, and relatively simple to operate and maintain, the modern tendency is to insert the vacuum photo-emissive tubes as detectors in place of the above cells.

The phototubes give smaller currents than the photovoltaic cells for a given light intensity, but they have the distinct advantage that their current can be amplified so that the resulting detection system is many times more sensitive than that of the latter. Furthermore they are not affected by temperature or humidity to the same extent. With the demand increasing for equipment which is more versatile and thus able to use narrower band-pass interference filters or monochromators (1—5 mμ bands) the intensities of light available are much less than those obtained with the more usual 60—70 mμ half band-width filters. It is not practical to use high intensities of illumination because of increasing the errors due to effects of temperature on the filters and of increased stray light. The phototube enables full advantage to be taken of relatively low light intensities. The new developments in the production of stable amplifiers for the small currents makes the vacuum phototube instruments somewhat

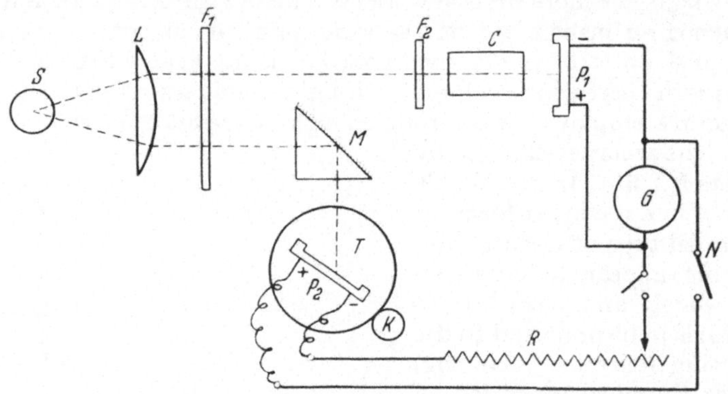

Fig. 12. Diagram of the optical system of the Lumetron colorimeter. (After, Gibb, 1942.) S Light source; L Condensing lens; F_1, F_2 Spectrum filters; C Colorimeter cell; P_1, P_2 Photocells; M Reflecting prism; T Turntable mount; K Knob controlling mount; R Calibrated potentiometer; G Galvanometer and N switch to convert instrument to the direct reading type.

more sensitive with no loss in reliability. Maintenance difficulties tend to increase as the equipment becomes more complex, but modern layouts enable replacements to be made quickly so that no serious inconvenience need be experienced.

III. Diffraction Grating Colorimeters.

When a broad waveband instead of monochromatic light is employed as the source of illumination, the effective wavelength of maximum transmission through an absorbing solution is affected by the absorption curve (Lothian, 1949) and also by the response curve of the detector. Thus the measured optical density bears no predictable relation to the true density. For this reason, as Summerson (1939) points out, it is better to call the various filter instruments colorimeters than photometers. Thus one of the difficulties with filter type instruments is that although the visible spectrum is well covered with a wide range of relatively narrow band filters, there are many instances where it is not always possible to obtain one whose maximum absorption corresponds very closely to the absorption peak of the substance to be analysed. A certain amount of specificity is lost. While for most colorimetric work this is not serious, there are many instances when the contribution to the absorption from impurities in the medium is difficult to assess. The use of the very narrow band interference filters can often overcome such difficulties and a good range of these are available[1] for the visible region They have a half width of less than 20 mμ or 25 mμ depending on the Grade obtained. The Grade I type have a peak transmission greater than 20%. However the nominal peak wavelength is subject to a tolerance of ± 5 mμ for a given batch and to within ± 3 mμ for the different sections of a particular filter.

---

[1] Farrand Optical Co. Inc. U. S. A.

In addition to the above difficulties are those mentioned previously, such as the effects of irradiation of the filter and moisture damage which can cause their transmission to be altered qualitatively and quantitatively.

These problems are overcome to a considerable extent by employing a ruled diffraction grating as the dispersion element in a monochromator and adopting a suitable fixed slit-width. Since the dispersion of a grating is uniform over the whole wavelength range, the slit will always pass a fixed band of light, the amount passing depending on the width of the slit. These instruments are simplified versions of the more expensive spectrophotometers and are often referred to as "abridged" spectrophotometers in that they do not use strictly monochromatic light and cover a more limited wavelength range. As a consequence of being able to use a narrow band of light the centre of which corresponds to the wavelength of maximum absorption of the solution examined and by eliminating considerable stray light, the sensitivity and specificity of the particular procedure is improved.

The instruments in this group are mainly of the direct reading type. As with those discussed previously both photovoltaic cells and photoemissive type tubes have been fitted as detectors, but the instruments with the phototubes are better mainly for the reasons discussed above. The light source, a tungsten lamp, is stabilised generally by a constant-voltage transformer. The optical systems for selecting the monochromatic light vary from instrument to instrument. The Unicam S. P. 350 and 400 spectrophotometers cover the range 400—675 mμ with a slit-width passing a 35 millimicrons wave-band approximately. The wavelength is selected by moving the lamp relative to a system of condensing lenses in which the diffraction grating is mounted. The band of light from the exit slit then passes through the cell or colorimeter tube containing the solution under test to the photocell. The changes in photocurrent with solvent and solution in the light path are measured with a sensitive spot galvanometer, which is fitted with a sensitivity control. The Bausch and Lomb instrument, the Spectronic "20" colorimeter has a very narrow slit with a bandpass of only 20 millimicrons This excellent instrument covers a wide wavelength range from 375 mμ to 965 mμ. in two sections, the visible 375 mμ to 650 mμ by the "blue" sensitive photo-tube and the near infra-red region by a "red" sensitive phototube and filter. The stray light at 375 mμ is reported by the manufacturers to be less than 0.1% and at longer wavelengths will be even smaller. The diagram (Fig. 13) indicates the optical arrangement.

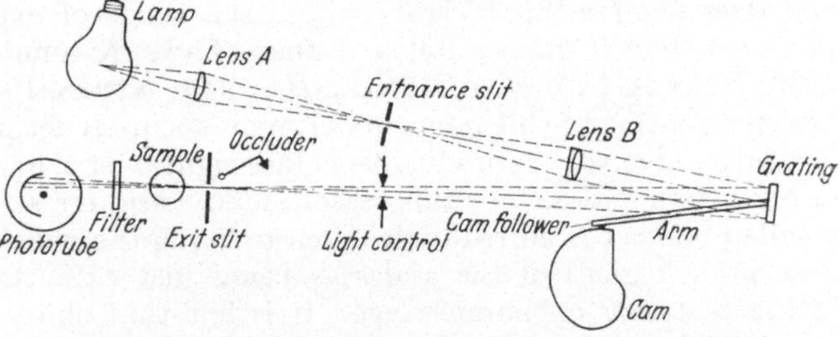

Fig. 13. Diagram of Optical System of Spectronic 20 colorimeter.
(Courtesy of Bausch and Lomb Optical Co., USA.)

The lamp is fixed and the diffraction grating (600 grooves/mm.) is rotated by a cam for selecting the wavelength required. The light from the exit slit passes through the absorbing solution on to the filter and the phototube. The current is amplified and measured with a relatively robust and low-sensitivity galvanometer carrying optical density and transmittance scales. The latter can be read to about the same degree of accuracy in the various instruments which corresponds to about a 1.0—1.5% error.

Procedure. For colorimetric work the particular wavelength of radiation corresponding to the maximum absorption of the solution is selected on the scale of the wavelength control knob. The zero position of the galvanometer (corresponding to zero transmittance or infinite absorption reading) is set. The cuvette or tube holding the solvent is placed in the light beam, the light-tight lid of this compartment closed and the light control knob or sensitivity knob adjusted until the galvanometer reads 100% transmittance. The instrument is then set for reading the transmittance or optical density of the unknown solutions or standards. The solvent is replaced by the solution and the reading taken directly from the scale.

The approximate pattern of the absorption spectrum of the coloured material can also be recorded on these instruments, particularly well with the narrow bandpass colorimeters. It is advisable to use the standard optical cuvettes for this work. The procedure as described above is carried out at each wavelength interval, say 5 mμ.

It is always necessary to recheck the 100% transmittance reading at each wavelength reading since the sensitivity of the photocell varies with the wavelength of the incident light. The zero transmittance setting of the galvanometer need only be carried out periodically once the instrument has settled down.

IV. Errors in Photometric Analysis.

The accuracy by which the concentration of a substance in a given solution can be measured is proportional to the accuracy in measuring its extinction. Thus if dE is the smallest increment measurable at intensity E, the relative error will be dE/E. In recording the extinction of the substance, however, it is the change in radiation intensity which is estimated. The proportional error in this case is represented by the term dI/I where dI is the smallest increment detectable. In studying the various conditions for securing accuracy in spectrophotometry, Twyman and Lothian (1933) determined these errors for visual and photoelectric spectrophotometers. Where the eye is the detector, the best extinction level at which to examine a substance is about 1.5 to 2.0, corresponding to a percentage transmittance of 3—1. With photoelectric instruments, however, the error is minimal at a much lower extinction value 0.434 (36.8% transmittance) and does not rise appreciably within the range of extinction values 0.2 to 0.8 provided the substances follow Beer's Law. A number of authors (Ringbom, 1939; Barnes, Liddel and Williams, 1943; Ayres, 1949, and others) have since drawn attention to this range of optimum accuracy for photoelectric photometers. The latter give very reproducible values right over the whole of their transmission or extinction scales. For this reason, many workers are tempted to regard those results obtained from readings taken towards the ends (particularly in the lower absorption region) of the scales as being just as accurate as those determined in the centre or optimum range. It is felt that since the photoelectric type of colorimeter or spectrophotometer are even now more widely used than the visual type, it is worth re-emphasising the work of the above authors.

Ringbom (1939) has shown that the maximum attainable accuracy is limited by the basic laws of spectrophotometry. If dc is the absolute error in the concentration c of the substance, it may be quite small but appreciable in relation to c when that is very low. The relative analysis error dc/c is a more useful term.

From Beer's Law

$$\frac{dc}{c} = \frac{dE}{E} \; ; \text{ and } E = \log_{10} I_0/I \text{ from which } dE = \log_{10} e \times \frac{dI}{I} .$$

$$\text{Hence } \frac{dc}{c} = -\frac{\log_{10} e}{E} \frac{dI}{I} = -\frac{0.434}{E \cdot 10^{-E}} \frac{dI}{I_0}$$

this expression will be minimum when $E \cdot 10^{-E}$ is maximum. By differentiating it and putting equal to zero, the above condition is fulfilled when

$$E = \frac{1}{\log_e 10} = 0.434 \ (36.8\% \ \text{transmittance})$$

which is then the optimum extinction value for precision. By substituting various values for E in the expression $(E \cdot 10^{-E})$ it will be readily seen that the error varies only slightly for E values within the range 0.2 to 0.8.

RINGBOM then calculated from the above equation originally derived by TWYMAN and LOTHIAN (1933) the percentage relative analysis error for a 1% photometric error. At the E value of 0.434, this was found to be 2.72% and outside the reliable 0.2 to 0.8 range it increased rapidly. It is important then to assess the error over the range of the instrument.

As opposed to visual colorimetry where the precision in matching intensities is limited by the relative intensity variation dI/I, the reproducibility in the measurement depends in the case of photoelectric photometers on the sensitivity of the photocell to the absolute intensity change, dI, and the precision with which the corresponding photocurrent may be read. So the relative analysis error has to be considered in relation to the error in the intensity measurement dI. By rearranging the equation above it will be seen that the accuracy will be highest when the expression,

$$\frac{dI}{dc/c} = \frac{dI}{d\ln c} = \frac{dI}{2.303 \, d \log c} \ \text{is maximal.}$$

RINGBOM then proposed plotting the % *absorbance* against *log concentration* when preparing a calibration curve in place of the often used extinction versus concentration plot which yields a straight line when the solutions obey BEER's Law. This enabled the most suitable concentration range for an analysis and its accuracy to be determined at the same time. The relationship between % absorbance (ordinate) and log concentration (abscissa) is shown for permanganate (Fig. 14). The accurate concentration range for carrying out analyses is clearly the region having the steepest slope $\left(\dfrac{dI}{d\log c}\right)$. The point of inflection where the slope is maximal corresponds to 63.2 % absorbance point. The general shape of such curves are the same providing the systems conform to BEER's Law, but will be displaced towards the right or the left depending on the ex-

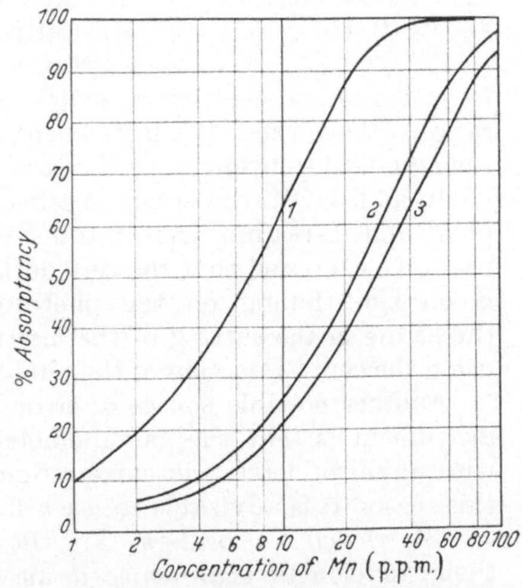

Fig. 14. Calibration curves for permanganate. 1, 2 and 3 are curves obtained with BECKMAN spectro-photometer at the wavelengths 528, 480 and 580 mμ respectively. [After AYRES, G. H.: Anal. Chem. **21**, 652 (1949).]

tinction coefficient of the material at the particular wavelength of light and the depth of solution used. The figure shows curves for the different $\lambda\lambda_{max}$ of permanganate. When the system does not follow BEER's Law then the piont of inflection will not be at 63.2% absorbance, but the region for minimal error in analysis will nevertheless be revealed as the approximately linear part of the curve close to the point of inflection. The percentage analysis error for a 1% absolute photometric error can be readily evaluated using the equation (ii) above.

$$\frac{\% \text{ relative analysis error}}{1\% \text{ absolute photometric error}} = \frac{dc/c}{dI} = \frac{2.303 \times 100}{dI/d\log c} = \frac{230}{\text{slope of curve}}$$

The slope $\left(\dfrac{dI}{d\log c}\right)$ is measured as the absorption or transmittance change in $\%$ corresponding to one log cycle. The table 1 shown below and compiled by Ayres (1949) gives the $\%$ relative analysis errors corresponding to 1% photometric error at different extinction values for a typical system.

Table 1.

% Transmittance	% Relative Analysis Error per 1% Photometric Error
95	20.5
90	10.7
80	5.6
70	4.0
60	3.3
50	2.9
40	2.7
30	4.8
20	3.2
10	4.3
5	6.5

After Ayres: Anal. Chem. **21**, 652 (1949).

When it is desired to examine a material covering a wide concentration range, it is often necessary to prepare several calibration curves to maintain readings in the minimal-error region of the $\%$ absorption or transmission scales. This can be done in the following manner: For weak solutions (a) a greater cell thickness may be used; (b) it may be possible to obtain cells of smaller capacity but having the same optical depth permitting a certain amount of concentration of the weaker solutions. It is possible to insert thin glass plates down the sides of certain standard cuvettes without interfering with the optical path and also to adjust the height of the cells in the holder to reduce the volume of solution required. For the more concentrated solutions when it is not convenient to dilute, it may be possible (a) to employ cells having a smaller optical path; (b) to read the extinction or $\%$ transmittance at another suitable λ_{max} or λ_{min} having a lower extinction coefficient, or (c) to examine the solutions by the transmittance ratio method where the instrument is set at the 100% transmittance point with the standard solution instead of the solvent in the light path.

In addition to the errors in setting the instrument at the 100% transmittance point and in reading the $\%$ transmittance of the solution under test, great care has to be exercised that the zero deflection point of the galvanometer when there is no light falling on the phototube is accurate. Hamilton (1944) discusses the errors in the setting of the instrument and again indicates the desirability of using the central portion of the photometric scale.

Another possible source of error, particularly with the direct reading type of instrument is that the galvanometer may not show a precisely linear response with uniform increase in current due to abnormalities in the magnetic field. For this reason it is advisable to use a limited region of the scale.

Wavelength Calibration. For the grating instruments, it is essential to check their wavelength scale since it may have been knocked out of adjustment in transit from the manufacturer. This is done quite effectively, using a didymium glass filter whose range of sharp absorption maxima and minima enable the wavelength scale to be set quite reliably to within $1-2\,\mathrm{m}\mu$.

D. Spectrophotometry.

Spectrophotometry may be defined as the relative measurement of radiant energy as a function of wavelength. This implies the use of very narrow wavebands of radiation (virtually monochromatic radiation) as opposed to the broad wavelength band-pass of the previously discussed colorimeters.

Its great value in analytical and research work lies in the fact that where a substance shows selective absorption, the wavelengths of maximum and minimum absorption and their respective intensities are characteristic of a particular chromophore in the substance and often of the substance itself. The information to be obtained from the complete absorption spectrum is therefore specific in that it is qualitative as well as quantitative. It also permits the presence of impurities to be detected readily and a correction applied. In determining the absorption spectrum of a substance, it is subjected to successive wavelengths of radiation and the relative intensities of the incident and transmitted beams measured at each wavelength as previously described in the introductory section. In practical analytical work the relative intensity of the light transmitted through a solution is compared with that passing through a similar layer of the pure solvent.

The requirements for this are (i) a good radiant energy source to cover the spectrum range (ii) a spectral dispersing system (iii) a photometric system (iv) the appropriate detector for the particular radiant energy used and (v) vessels for holding the sample and solvent in the radiant energy beam.

I. Visible and Ultra-violet Regions.

1. Light Source.

For the visible region the tungsten filament lamp is the most common. The Pointolite lamp with its highly localised source has proved very effective in the HILGER-NUTTING visual instrument. For methods involving photographic detection, the D. C. arc between iron and nickel electrodes whose spectrum consists of numerous lines has been extensively used. A few research laboratories have also employed the underwater tungsten spark described by McNICHOLAS (1938) whose continuous spectrum (BRODE, 1939) made the determination of the match points on the photographic plate easier and hence more accurate.

An excellent continuous source for the ultraviolet region is the low voltage hydrogen discharge tube and one designed by ALLEN and FRANKLIN (1939) and improved by ALLEN (1941) gives radiant energy of suitable intensities. This type of source has been used in photographic recording (HOLIDAY, 1950) but more extensively with photoelectric instruments. With the latter it is absolutely essential to maintain a constant output of energy from the arc which necessitates controlling it by means of a stabilised power unit. Similarly in the case of the tungsten-lamp source for photoelectric work, changes in filament temperature owing to change in the voltage-supply must be avoided. It is advisable to run the lamps from a battery or have a constant-voltage transformer in the supply line.

The hot cathode H_2-arc in a quartz envelope (Thermal Syndicate, England) or in a glass transparent to ultraviolet radiation (Corning 974 ultraviolet transmitting glass) also yields a fairly continuous spectrum and in recent years has become the source of choice for nearly all ultraviolet work. A xenon-arc[1] is available for the CARY recording spectrophotometers. This is a high pressure xenon-filled lamp which provides a more intense light source for the ultraviolet region. Its emission is more than ten times greater at 210 mμ and 1,000 times at 300 mμ than that of the hydrogen-arc. This is an extremely valuable accessory for analytical work and research in the 200—230 mμ region where much narrower slit-widths may be used thereby giving improved resolution. This arc also requires its own stabilised power supply. In addition to these continuous light

---

[1] Applied Physics Corpn, Pasadena, USA.

sources for absorption measurements, mercury-arc assemblies or neon lamps are available whose line spectra are excellent for wavelength calibration and also for photometric work in wavelength regions having good emission lines.

2. Dispersion System.

The light from the source after passing through the slit of the spectrometer is first rendered parallel by a collimating lens or mirror and then resolved either by refraction in a prism or by the diffraction and interference associated with a ruled grating. The resolved beam is then refocused by the same mirror or another camera lens to give the spectral image of the entrance slit in the plane of the exit slit. When only one prism or grating is employed the spectrometer is referred to as a single monochromator. For many purposes it is desirable to obtain monochromatic light by excluding scattered radiation within the spectrometer. So an additional prism or grating and its collimating mirror or lens system is incorporated which increases the resolution of the spectrum further. The two stage dispersive system is called a double monochromator.

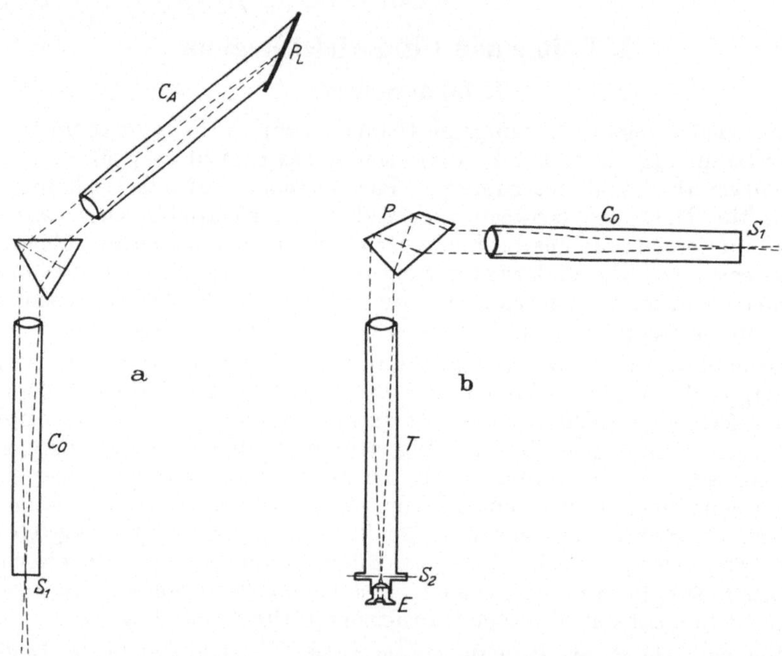

Fig. 15. (a) Simple quartz spectrometer. *P* 60° prism [Two 30° prism of (+) and (—) quartz, cemented together]; *Co* Collimator; *S₁* Entrance slit; *Ca* Camera; *P_L* Photographic plate. (b) **Constant-deviation spectrometer.** *P* Constant deviation prism (60° type); *T* Telescope; *S₂* Shutter; *E* Eyepiece; *S₁* Entrance slit.

Examples of the monochromator systems used in the HILGER E3 and in the visual HILGER-NUTTING instrument for photographic and visual methods respectively are shown in Figs 15a and b. Other examples are illustrated in the various diagrams of optical systems discussed later (see Figs. 18, 19, 20, 21, 22, and 23). Type (a) has the ordinary 60° prism. The photographic plate is mounted at an angle to the axis of the camera limb and within the plate holder it is held in a slightly curved position so that the whole of the spectrum is in perfect focus. Type (b) is a constant deviation spectrometer. The refraction obtained is similar to that of the 60° type since it can be regarded as being equivalent to two 30° prisms separated by a totally reflecting 90° prism. The collimator and telescope are fixed at 90° with respect to each other and the prism is rotated to bring the particular part of the spectrum required on to the exit slit.

Gratings are formed by cutting wedge shaped lines in a glass or metal surface. Replicas can be taken from the master "ruling" by means of plastic film. These are considerably cheaper than prisms and while they form a uniformly dispersed spectrum they suffer from the disadvantage of having more stray light associated with them than do prisms mainly on account of the interference of the second order spectrum. Sharp cut-off filters are often used in conjunction with gratings to eliminate the second order interference. The echelette grating (Fig. 16) however, concentrates more light in the first order spectrum and reduces the interference to a minimum. Both the plane and concave reflecting types have been employed for spectrophotometry (COLEMAN Spectrophotometer Model 18 and CENCO Spectrophotelometer and the BAUSCH and LOMB Spectronic "20" instrument) but they are used to greater advantage with a foreprism in double monochromators (CARY Recording Spectrophotometer Model 14 and COLEMAN Spectrophotometer Model 10).

Fig. 16. Enlarged diagrammatic cross section of a grating surface (echelette ruling).

3. Photometric Systems.

A variety of photometric systems have been designed for quantitative absorption spectroscopy. Most photoelectric except automatic recording systems generally involve only a single beam of light — single beam photometry — whereas visual and photographic methods usually employ two beams of equal intensity — double beam photometry — and an auxiliary optical device for their relative measurement. The general principle of the optical methods is to attenuate the light beam which passes through the solvent until its intensity matches that transmitted by the solution at the particular wavelength under consideration. There are several ways in which this may be carried out.

a) Visual Photometry.

For visual instruments a polarization method is generally employed as in the HILGER-NUTTING, BAUSCH and LOMB and KÖNIG-MARTENS spectrophotometers. A neutral stepped wedge has also been employed. The former instrument is

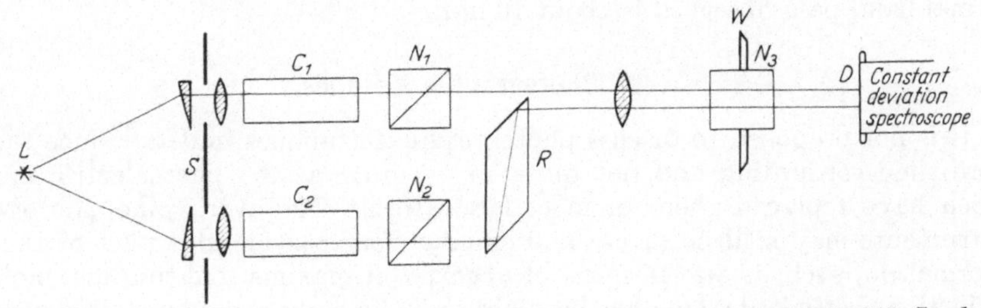

Fig. 17. Optical system of HILGER-NUTTING visual photometer. (Courtesy of Hilger Watts, Ltd., London.)

selected to illustrate the principles. Its optical system is shown in the diagram, Fig. 17.

The light from a Pointolite lamp (L) is directed on to a double achromic rhomb-lens system (S) which internally reflects the light separating the original beam into two identical parallel beams which pass through the vessels containing the solvent and solution respectively. They then enter the photometer containing Nicol prisms (N) which are aligned so that their planes of polarization are at right angles to one another. The polarized beams are brought into juxtaposition by means of the large rhomb (R) passed through a lens and another Nicol prism mounted centrally on a wheel (W) or drum. Rotation of the wheel will cut the light of one beam down and transmit more of the other for the first 90° and vice versa for the next and so the intensities of the two beams can be matched. The emergent beams from the photometer are projected on to the entrance slit (D) of a constant deviation spectroscope. The two spectra one above the other are then viewed through the eyepiece of the telescope, which is fitted with a bilateral shutter as the exit slit. When these are almost closed down they show the two narrow rectangular fields of light to be matched. Rotation of the prism selects the wave length of light to be viewed, usually that corresponding to the maximum of the absorption band; and rotation of the Nicol prism in the wheel enables the two fields of illumination to be matched. The circumference of the wheel carries a scale graduated in terms of log I_0/I from 0 to 4.0. The zero position corresponds to the point where the two beams are matched with only solvent in the cells. When a solution is placed in one of the cells a new match point is obtained at a given value on the scale. The calibrations are rather close together above 2 so it is advisable not to use this section of the scale for accurate work. The section from 1.5 to 2.0 is considered the optimal part. Solutions with values of optical density below 1.0 are quite difficult to match accurately. In carrying out a determination it is advisable as with all optical methods to take a number of readings, certainly not less than four, and to use the average. The ratio of the intensities follows the equation $I_0/I = \tan^2\theta$ where θ is the angle of rotation of the Nicol prism. To overcome difficulties with scattered light from the crossed Nicol prisms, Dowell (1931) designed a system involving two more Nicol prisms, which at the same time extended the optical density scale making $I_0/I = \tan^4\theta$, thereby improving the accuracy obtainable. In general, under optimal conditions mean values of several readings are reliable to within $\pm 1\%$ and usually less than $\pm 2\%$. The errors are however greater towards the ends of the spectrum where the discrimination of the eye is poorer. This type of instrument has now largely been superseded by the more sensitive versatile and compact photoelectric instruments, but some of the existing ones are still proving useful for picking out absorption maxima in the visible quickly particularly if the colours tend to be transient. Qualitatively the absorption maxima can be picked out quite reliably. The normal band pass observed is about 10 mμ.

b) Photographic Methods.

It is not proposed to discuss photographic techniques in detail since they are more time consuming and not quite so accurate as the photoelectric methods which have replaced them in most laboratories. However, some photographic instruments may still be in use and since a very considerable part of the basic information, such as wavelengths of absorption maxima and minima, molecular extinction coefficients, etc., has been obtained by these procedures, it is necessary to comment on their accuracy so that the later results obtained on photoelectric spectrophotometers may be compared with the previous figures.

Gibb (1942) gives a good account of the very early photographic procedures. The more recent involving the rotating sector and Hilger-Spekker photometers are described in most of the standard works on absorption spectroscopy [Brode

(1939), Morton (1938), Gibb (1942), Holiday (1950) and Gillam and Stern (1952)]. The principles of the techniques are briefly these:

When the spectrum of the radiation from a continuous light source transmitted through a transparent solvent is taken on the photographic plate, e.g., a 60° quartz prism spectrograph, a continuous dark image is formed across the plate. If a coloured solution is interposed in place of the solvent between the source and the slit, the spectrum recorded will show lighter zones due to absorption of some of the light by the solvent. The width of the zones or bands will depend on the concentration and depth of the solution, the exposure time and the characteristics of the photographic emulsion. Suppose two spectra are taken in juxtaposition on the plate; one of the light transmitted by the solution and the other of the beam transmitted by the solvent but slightly attenuated. The blackening of the spectrum from the attenuated solvent beam will be lighter in intensity than the other outside the regions of absorption by the solution and darker within them. The points where their intensities of blackening match and cross over from dark to light and vice versa can be marked with a tiny ink spot. By reducing the intensity of the light beam derived from the solvent further by means of a calibrated variable aperture while that from the solution is kept fixed it is possible to obtain other match points at different wavelengths. The total radiation energy transmitted by the solvent is always kept constant by increasing the exposure time correspondingly. The amount by which the solvent beam intensity has been attenuated is a direct measure of the effectiveness of the solute in absorbing light at the wavelength of the particular match point. The rotating sectorphotometer designed by Twyman (1913) enables a series of such pairs of spectra to be taken on the photographic plate for different aperture settings calibrated in terms of $\log I_0/I$ so that the pattern of the group of match points gives the absorption spectrum of the solute. This device represented a considerable advance in putting absorption spectrophotometry on a sound quantitative basis. However errors in fixing match points exactly became apparent due to chromatic aberration of the prismatic lens system in the photometer causing adjacent parts of the two spectra to arise from different points of the light source. This led Twyman (1931) to design a variable rectangular diaphragm photometer (Hilger-Spekker photometer) which improved still further the photographic procedure.

Owing to the large total number of exposures which are required firstly to determine the correct dilution of an unknown sample and secondly to plot the complete absorption spectrum, the photographic method is rather time consuming. Twyman, Spencer and Harvey (1931) developed a procedure using an echelon cell whereby 10 pairs of spectra of different known thicknesses of the solution and solvent could be taken for a single setting of the sector. While this reduced the time of making the photographic record, the increased difficulties in determining the match points tended to cancel out the advantage. Furthermore, the accuracy of the method is slightly less than that obtained when using the standard rotating sector or variable diaphragm alone. The great advantage of the echelon cell lies in the fact that spectra of extremely labile components can be determined quickly. The details of the procedure are described fully by Twyman and Allsop (1934).

The reproducibility in visual matching of lined spectra is subject to an error of $\pm 1.5\%$ though with a microphotometer this is usually less ca. 0.6% (Holiday and Irwin, 1946 and Irwin, 1946). This means that the wavelength measurement for λ_{max} can be slightly in error. Other errors in wavelength reading arise from the uneven bending of the plate in the plate holder and the extrapolation measurement from known marker lines in the calibration spectrum. So with the difficulties in spotting the match point the position of maximum absorption may be in error by as much as 2 mμ. Furthermore, there is a tendency sometimes to mark what is really only a pronounced shoulder in an absorption band as a weak subsidiary maximum. While an error in wavelength reading does not usually affect the optical density at the maximum when the absorption band is broad it can be appreciable with a sharp band. In general the molecular extinction coefficients determining photographically may be in error by about $\pm 2\%$. The error in wavelength however can mask the presence of isomers and small subsidiary bands due to impurities. The greater precision of photoelectric instruments on the other hand often permits absorption spectra to be corrected for the presence of impurities by a procedure similar to that worked out for the estimation of vitamin A in liver oils by Morton and Stubbs (1947). There are many other advantages in speed and ease of recording spectra.

c) Photoelectric-photometry.

Since the vacuum phototube shows a linear response to the radiant energy incident upon it, it is possible to obtain a direct measure of the relative intensities of the radiation transmitted by the solvent and the solution respectively using a single beam of radiant energy. The small photocurrents produced are suitably amplified so that a robust milliammeter can be used as the indicating device. The modern inverse feed-back amplifiers employed ensure a high degree of linearity between photocurrent and output.

The principle of operation of a typical instrument (Beckman, Model DU) is as follows: The photocurrent from the irradiated tube produces a voltage drop across a very high resistance (2,000 megohm) which is directly connected to the grid of the electrometer valve of the amplifying circuit. An opposing voltage is applied to the resistance by means of a slide wire potentiometer to bring the circuit to its original state again. The balance point is indicated by a milliammeter in the output from the amplifier. The slide wire potentiometer usually carries two scales calibrated in terms of % transmittance and optical density respectively. The circuit has to be "set" under standard conditions with the milliammeter needle at zero position in the center of the scale prior to use so that the calibrations on the transmittance scale bear the correct relationship to the slide wire potentiometer. The small current due to thermal electrons (dark current) is balanced out first by adjusting the appropriate potentiometer in the circuit until the milliammeter needle rests at zero. The pure solvent is then placed in the beam and the slit of the monochromator and the sensitivity potentiometer of the amplifier adjusted so that with the light transmitted by the solvent the milliammeter needle is again set at the centre. In this condition the whole of the slide wide potentiometer represents 100% transmittance. When the solution is placed in the light path, the light falling on the phototube is reduced so that the potentiometer must be adjusted to restore the electrometer valve back to its original state. The amount of this adjustment is read off directly from the potentiometer scale in terms of % transmittance or optical density. Thus the instrument operates essentially on the null principle (Cary and Beckman, 1941).

Photoelectric Photometers in Recording Instruments. The system in the Beckman Model DR quartz recording spectrophotometer is similar to that in the manually operated Model DU which is the single beam type described above. The Cary recording spectrophotometers, Models 10 and 11, use a double beam photometric system with two matched 1 P 28 photomultiplier tubes as detectors (see Fig. 18). The entrance beam to the double monochromator is chopped by a cylindrical shutter driven at 60 cps. by a synchronous motor and the emergent modulated radiation is split into two approximately equal beams which pass through the solvent and solution respectively and fall on two matched photomultiplier tubes. The beam-splitter is a special mirror comprised of a series of narrow strips of mirror set together horizontally but with their planes inclined alternately in opposite direction to the vertical. The electronic measuring system operates on a null balance principle as previously described. The transmittance of the sample is measured by comparing the amplitudes of the two A. C. signals from the photomultipliers on a recording potentiometer. The signal from the reference photocell is fed through a compensatory circuit *(vide infra)* on to the whole of the wire and a portion of it, depending on the position of the slide contact,

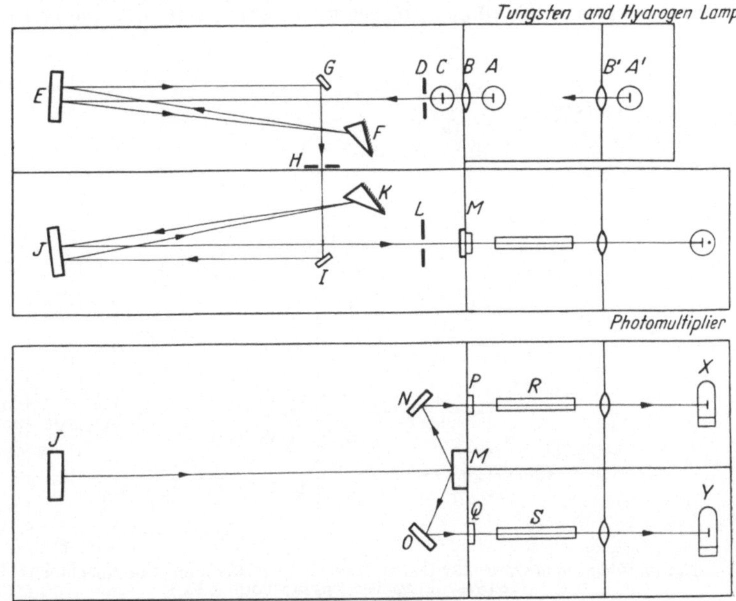

Fig. 18. Diagram of optical system of CARY model 11 recording spectrophotometer.
(Courtesy of Applied Physics Corp. USA.)

is used to balance the sample signal applied to the variable point. The remaining excess or difference signal is amplified further and causes the pen motor to drive the slide-contact to the balance point. Thus a null balance is obtained before the sample signal passes through the amplier and hence variations in linearity of the latter will not affect photometric accuracy. The reproducibility in routine measurements is better than 0.01 in optical density and with correction for the shrinking or slipping of the paper can be made less than 0.004. Good reproducibility is obtained for high optical densities between 1.0 and 2.0. The electrical compensatory device consists of a series of electronic circuits which allow for (i) differences in the spectral sensitivities of the two photomultipliers and (ii) the facts that the emergent light is not split into exact halves and (iii) the inequality of the absorption cells. This electrical system is coupled to the wavelength mechanism and is controlled from the instrument panel. The adjustment is carried out with solvent in the cells in both beams so that the two signals for comparison are made essentially equal.

The CARY Spectrophotometers Models 13 and 14 employ only a single 1 P 28 photomultiplier tube with an associated electronic system which makes use of a principle described by HALES (1953). The optical arrangements are shown in

Fig. 19. The double monochromator consists of a 30° fused silica prism (F) in series with an echelette grating (J) (600 lines/mm.) each with its own collimating mirrors and slit system. The beam of radiation from the double monochromator is sent in pulses at 30 cps. alternately through the sample cell (T) and reference cell (T') by means of the rotating semicircular mirror (O) and chopper disc (N) driven by a synchronous motor. The semicircular mirror alternately either reflects the radiation on to mirror (R) or allows it to fall on mirror (P) and thence on to R'; the chopper disc produces a dark interval alternating with each radiation pulse. The pulses transmitted through the cells are then directed by the mirrors V, V' and W, W' on to the photomultiplier tube (X). Since the two series of pulses are out of phase the phototube receives light from only one beam at a time.

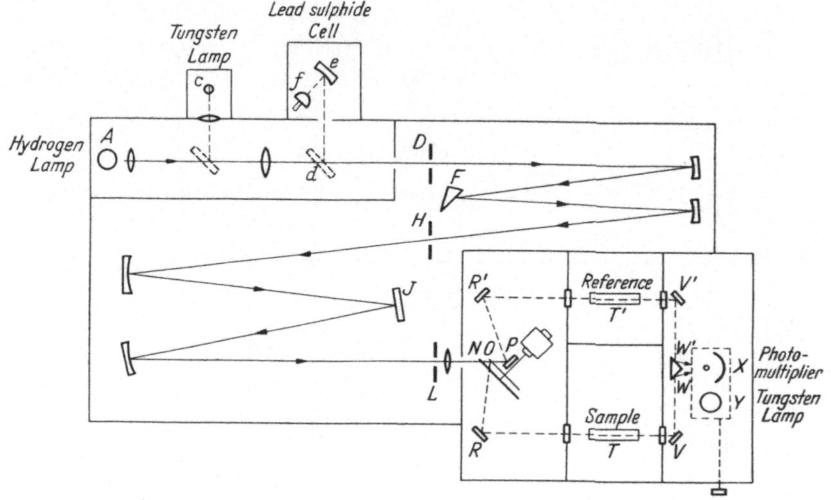

Fig. 19. Diagram of Optical System of Cary model 14 Recording Spectrophotometer.
(Courtesy of Applied Physics Corp. USA.)

The electronic system receiving these alternating pulses of different amplitude causes the recorded slide wire potentiometer to be adjusted until they are balanced in the comparison circuit. The recorder employs two pens operating in the optical density regions 0—1 and 1—2 respectively. The scale is effectively 20 inches for the full range 0—2 and the recorder pointers can be read to the limit of accuracy of the system. In the range 0—1 this amounts to ±0.002 and in the 1—2 range up to ±0.005. The error of recording is probably slightly greater than this on account of the shrinking or slipping of the paper.

For the determination of absorption in the infrared region, the photomultiplier tube (X) is replaced by a special Tungsten lamp (Y). The radiation from this source is divided between the sample and reference cells, chopped and passed through the optical system in reverse. A lead sulphide cell is connected as the detector. The light path is reversed to reduce interference from undispersed radiation emitted from the surface of the chopper unit, which would reach the lead sulphide cell if it were placed in the same position as the photomultiplier tube.

Detectors. The modern tendency is to use vacuum phototubes or electron multiplier tubes as the detector elements. The spectral response curves of the various types differ enormously (Forsythe, 1937) but in general only two types — a "blue" sensitive one (caesium-antimony surface) and a "red" sensitive one (caesium oxide surface) — are employed to cover the spectrum range from 200 mμ—1000 mμ or slightly above. The former covers the region from 200 mμ up to 650 mμ or 700 mμ and the latter tube from 600 mμ up to 1000 mμ. Photomultiplier tubes are somewhat more sensitive than the other phototubes and cover the visible region in addition to the ultraviolet, which is of advantage in recording a complete absorption spectrum. The detector for the near infrared in the CARY Recording Spectrophotometer is a lead sulphide cell.

The response curves of the detectors overlap so when recording a spectrum extending over the region 600 mμ to 650 mμ, it is better to change over from one to the other at the wavelength position where their response curves intersect.

The tubes are usually housed in a separate compartment which may also contain the amplifier. It is necessary to keep this compartment dry and free from dust which may affect the performance of the high resistor in the input circuit to the electrometer valve. Silica gel capsules or tubes are usually fitted. The gel requires replacement fairly frequently, about once every two weeks. The envelope of the BECKMAN ultraviolet photocells is prepared from CORNING ultraviolet transmitting glass and that of the UNICAM instrument from silica. The portion of the envelope in the BECKMAN photocell in front of the cathode is sand blasted to ensure that the light passing through it is spread over the cathode surface. This is necessary because several-fold variations in sensitivity of phototube surface are detectable using small areas of illumination (GOLDING, HAWES, HARE, BECKMAN and STICKNEY, 1953). Very small changes in the positioning of the solution cells may cause the beam of transmitted light to be deflected to different parts of the cathode surface giving rise to errors. The effect is more marked with red-sensitive tubes.

Sample Cells. A wide variety of these are available for different purposes. For ordinary photometric work the type usually employed have a 1 cm. optical path and are 4 cm. long by 1 cm. wide. They are available in glass or fused silica, have a 1 mm. thick wall and can be fitted with lids or stoppers. The joints are all fused so that they will withstand most solvents. It is advisable to obtain or use the quartz cells in matched pairs, because of variations in their ultra-violet transmission which can be very pronounced at 240 mμ (MORTON, 1949). Some cells show an absorption band at this wavelength. The variation at other wavelengths outside this region does not usually exceed ± 0.002 but may be ± 0.005 optical density and a correction can be applied where it is so high.

For special problems cells and appropriate mounts can be obtained covering a range from 1.0 mm. to 10 cm. The arrangement and fitting of the cell compartment is so easy that spares can be supplied to allow the fitting of special cells to the user's design. BALY micrometer cells have been fitted to the BECKMAN and CARY instruments by mounting them on a special holder to fit the 10 cm. cell compartment. The cell faces are quartz and the distance between them is variable accurately from 0.5 mm. up to 5.0 mm. They are valuable for determining absorption spectra at the extreme wavelength ranges where solvent absorption is appreciable and limits the degree of resolution which can be obtained on account of having to use wide slit-widths. They are also useful for measuring absorption spectra of solutions having maxima with large differences in optical density (HIRT and KING, 1952) since they save diluting the solution. Futhermore, errors due to lack of conformity by the substance to BEER's Law are not encountered.

Jacketed cells or special cell holders which can be thermostatically controlled are required for studies on enzymes or reaction kinetics involving substances having characteristic spectra. A few jacketed cells are available commercially for the HILGER Uvispek and CARY recording spectrophotometers. A number have been made up in individual laboratories to fit the BECKMAN or UNICAM instruments (BELL and STRYKER, 1947 and DIXON, 1953). The cell holder constructed by DIXON provides intimate contact between the cell and the circulating fluid enabling the solution within the cell to be brought to the correct temperature quickly.

Where only minute quantities of materials are available for analysis, micro cells with a 1 cm. optical path but having a capacity as low as 0.03 ml. can also be obtained for the HILGER Uvispek. This involves masking a portion of the light beam which must be done in a reproducible manner for the highest accuracy.

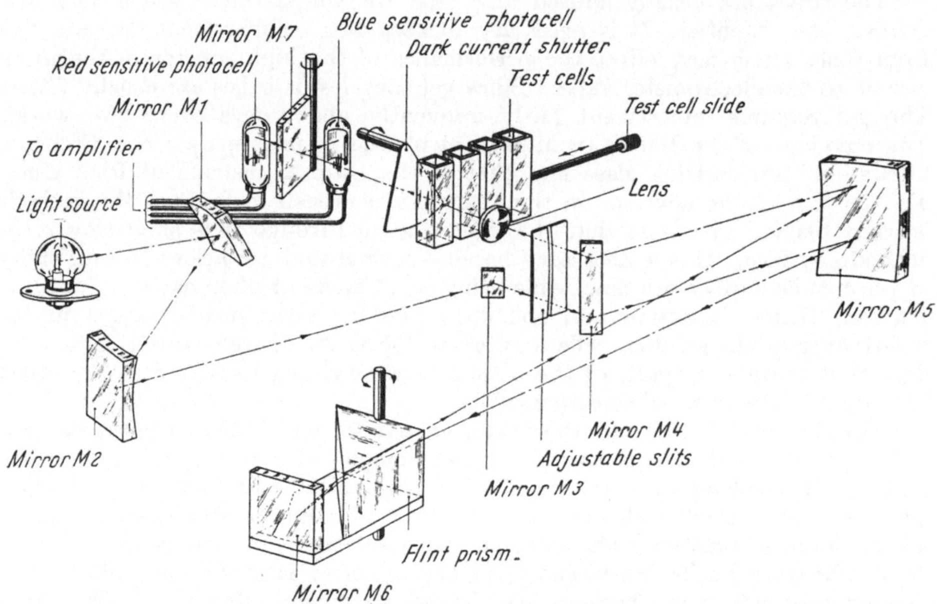

Fig. 20. Schematic diagram of optical system of UNICAM Sp. 600 spectrophotometer.
(Courtesy of UNICAM Instruments Ltd., Cambridge.)

Typical Instruments. A few typical photoelectric instruments used for spectrophotometric analysis are described in the following sections.

Visible Range. The instruments designed for work in this range are mainly of the prism type. For reasons mentioned previously prisms are preferred to gratings since their optical surfaces are better and they have less stray light associated with them. The UNICAM S. P. 600 instrument has a 60° flint glass prism and mirror in a LITTROW-type dispersion arrangement. The optical system is shown in the diagram (Fig. 20). The light source is a 12 volt 36 watt lamp. An enlarged image of the filament is focused by the two condensing mirrors M_1 and M_2 on to a plane mirror M_3 set at 45° which directs the light beam through the lower half of the slit. The light from the slit is then reflected by the plane mirror M_4 on to the collimating mirror M_5 from which parallel light is directed through the 60° prism where it is refracted, then reflected back through the prism by the LITTROW mirror M_6 and again refracted. The emergent spectrum is focused by the collimating mirror on to the top half mirror M_4 which directs the monochromatic beam through the top half of the slit, the absorption cells and on to the phototube compartment.

The wavelength dial is calibrated from 350 mμ to 1000 mμ and the bandwidth for the greater part of the range is about 3.0 mμ rising up to 10 mμ at extreme wavelengths. Two vacuum photocells, a blue and a red sensitive one, cover the complete spectrum range with a changeover point in sensitivity about 630 mμ. A filter is used for readings below 400 mμ to reduce stray light to <1%. The scale can be read directly to $\leq$5 Å at the ultraviolet end rising gradually to 50 Å at the near infrared end. In the useful working section up to 600 mμ in the centre it can be read easily to 10 Å. The cell compartment will accommodate cells of optical path from 1 to 40 mm. on a sliding carriage controlled by a push-rod. The photocells and cathode follower type amplifier system are operated from dry batteries, but the valve filament and the light source may be operated from the mains A. C. supply with a constant voltage transformer where fluctuations in the line voltage are not large. Otherwise it is essential to use a 12 volt accumulator which can be coupled to a trickle charger.

The instrument is of the null type and a wide diameter knob on the slit control gives adequate sensitivity in adjusting the photometric system with the solvent cell in the light path. The transmittance/optical density scales on the balancing potentiometer are approximately $10^{1}/_{2}''$ in length. The density scale can be read to $\leq 0.5\%$ accuracy up to a level of 0.8 and to $\leq 1\%$ up to 1.3.

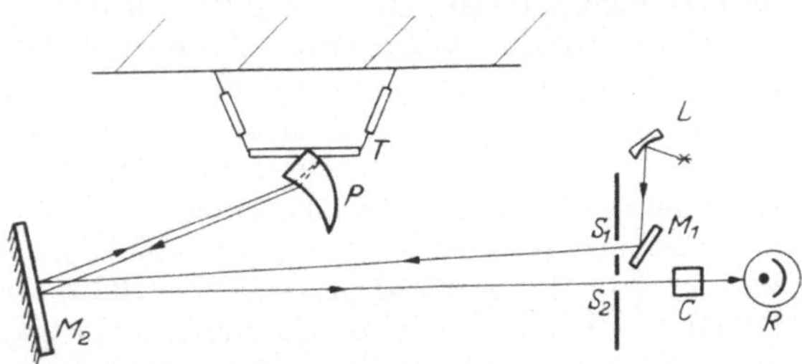

Fig. 21. Schematic diagram of FERY prism-type optical system. *L* Light source; M_1, M_2 Plane mirrors; *P* FERY prism with spherical faces; *T* Adjustable member of trapezoidal mount; S_1 Curved slit; S_2 Straight slit; *C* Absorption cell; *R* Phototube. (Courtesy of Beckman Instruments, Inc., USA.)

The BECKMAN instrument Model B designed by MILLER, HAWE, STRAIN, GEORGE, STICKNEY and BECKMAN (1949), also covers the visible and near infrared regions (320 mμ — 950 mμ). The dispersion system in the monochromator is a glass FERY prism of 18'' focal length. The optical system is explained by the diagram (Fig. 21). The faces of the prism are spherical. The slits are fixed and since the focal length of the prism varies with wavelengths, the prism has to be moved forward or backward at the same time as it is rotated. These combined movements have been ingeniously accomplished by using a quadrilateral type of mount with the base limb fixed. The prism is mounted on a moving member which is connected to the latter with 4 beryllium-copper reeds causing the prism to rotate with lateral movement. This prism exhibits strong astigmatism such that a point source becomes a 3/4 in. line. The entrance slit is curved so that the image of every point on it is a straight line for one wave length and departures over a considerable range from this are small. The degree of dispersion of the borosilicate crown glass used varies 40 times from 300—1000 mμ, so a control making use of the sine-bar principle has been adopted to reduce the large effect of the wavelength scale compression. The scale is on the outer end surface of a fan shaped sector which turns on a pivot at the narrow end. The drive point on the sector is connected to a drive point on the moveable plate of the quadrilateral. The effective band-width of the instrument is < 5 mμ. The detector system consists of the usual two photo-tubes and a modified amplifier. The sensitivity of the latter is controlled by a four position switch, each step representing a factor of $\sqrt{10}$ of the previous one. Optical density readings have the values

0.5, 1.0 and 1.5 added respectively for the three steps enabling solutions of high optical density to be determined with greater precision.

This instrument is of the direct reading type and has a highly linear 4 in. galvanometer to indicate the optical density or transmittance. The sensitivity control on the amplifier compensates for the relative shortness of the galvanometer scale and enables results to be read off with high accuracy at the higher density levels The adoption of this system having the minimum number of controls to operate has the merit of enabling the determination of % transmittance to be made quickly. The procedure is as follows: With the correct photocell in position, set the monochromator for the wavelength required. The dark current control is adjusted so that the galvanometer needle is at infinity. The cell containing the compensating solution is placed in the light path and with the gain selector switch in a suitable position the shutter is opened and the slit control adjusted until the galvanometer reads 100% transmittance. The sample solution is then brought into the light path and the % transmittance or density reading on the galvanometer recorded. MILLER et al. (1949) claim that the error in reproducibility of the readings at the various wavelengths is 0.5%. The above instruments were designed to meet the need for an instrument intermediate in performance and price between the more costly ultraviolet spectrophotometers and the much less versatile but cheaper filter photometers.

Ultraviolet Region. The very successful operation of photoelectric instruments built by VON HALBAN and SIEDENTOPF (1922) and later by HOGNESS and ZSCHEILE (1937) pointed the way to the great advantage which this method possessed in accuracy and reproducibility over the photographic procedures, while at the same time being less tedious in operation. Since then a number of good instruments have been designed and built in individual laboratories mainly for research in absorption spectroscopy (DECK, 1938; and JACOBSON, BENT and HARRISON, 1940) but it was the design and production at a reasonable price of the compact BECKMAN ultraviolet quartz photoelectric spectrophotometer (CARY and BECKMAN, 1941) which brought about a marked expansion in the use of this type of equipment for accurate quantitative analytical and research work. The greater precision over photographic methods has made possible the assay of many natural products such as pigments, coenzymes, vitamins and provitamins to be carried out rapidly and reliably often without having to isolate them in the pure state. The greater availability of this type of instrument has also permitted the wider application to structural problems of the findings of the earlier research workers on the relationship between absorption spectra and chemical constitution. Again, the u-v. absorption spectrum of a substance provides an excellent internal label for following its metabolism or rate of reaction in a biological system. For this reason too, spectrophotometry is indispensable for much of modern enzyme research involving coenzymes with good u-v.-absorption bands.

The BECKMAN instrument, model DU, is typical of the equipment now being used and is discussed in more detail since many of the principles of its design have been followed in the manufacture of other instruments. The optical system is shown in Fig. 22.

The instrument consists essentially of a light source, a mirror-collimated LITTROW-type monochromator, a cell compartment and a phototube-amplifier compartment. The lamp housing contains the concave mirror M_1 which focuses an enlarged image of the source via the plane mirror M_2 on to the lower curved entrance slit opening which lies just inside a quartz entrance window. The light passing through the slit is collected by the aluminised concave collimating mirror (M_3) and directed as a parallel beam on to the prism (P) where it is refracted, reflected by the silvered back of the prism and further refracted upon leaving the prism. The spectrum formed is focused by the collimating mirror in the plane of the exit slit which is the upper section of the two slit jaws. The portion of the spectrum selected by the slit opening leaves the monochromator through a low-power quartz lens which limits the divergence of the beam. The light then passes through the absorption cell and on to the phototube when the shutter in that compartment is open. The photometer is of the null type; the balance point being indicated on a robust milliammeter. The balancing potentiometer is a slide wire "helipot" and carries both % transmittance and optical density scales. The latter are approximately 10″ long and can be read to < 0.5% accuracy up to 0.8 and < 1% up to 1.0 in the optical density scale[1]. The monochromator is mounted in a cast iron box on top of which are mounted the controls for the prism and slit. The control knobs, helipots and other electrical equipment are mounted on an outer aluminium case.

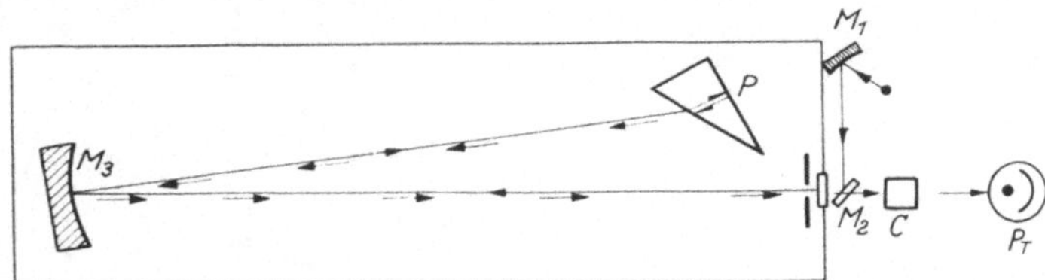

Fig. 22. Diagram of optical of BECKMAN model D U spectrophotometer. (After CARY and BECKMAN, 1941.) M_1 Concave mirror; M_2 Plane mirror; M_3 Collimating mirror; P 30° Fused silica prism; S Entrance and exit slits; C Absorption cell; P_T Phototube.

The prism is rotated on its mount by means of a shaft which has a pin engaging in a helical scroll, the bearing of which is attached to the casting. The wave length scale is 100 cm. long and can be read to 1 Å at the ultraviolet end and to 10 Å in the near infrared. It extends from 200 mμ to 2000 mμ. The bilateral slit has a height of 13 mm. and its width is variable up to 2 mm. The effective band width is < 2 mμ in the ultraviolet, < 1 mμ in the visible but rises to 5 mμ in the infra-red under optimum conditions. The light sources are the tungsten filament lamp (6 volts, 4.5 amps.) and a hot cathode hydrogen discharge tube with stabilised power unit.

The UNICAM SP 500 U.V.-spectrophotometer is modelled on the above instrument and has a few modifications in connection with the light source and in the layout of the controls. Whereas the light sources in the BECKMAN instrument are mounted separately, in the British spectrophotometer they are combined in one larger mount so that a single concave mirror which can be readily rotated by an external control enables light from either source to be directed into the dispersion system. Both systems have advantages and disadvantages. The arrangement for the BECKMAN instrument takes up less space and is easy to service. That of the UNICAM SP 500 model is better for switching over from one source to the other in determining a complete absorption spectrum requiring both sources. The batteries for the amplifier system are more accessible in the latter. The controls on the sloping panel of the UNICAM are slightly more convenient to view and use than on the BECKMAN DU instrument which has a flat top but there are more calibrations in the optical density scale of the latter in the very useful 0.5 to 0.8 range which make the reading of results in that region easier and less subject to personal error. The wavelength scale of the UNICAM SP 500 Spectrophotometer is also about 100 cm. long but covers a shorter range, 200 to

---

[1] An additional potentiometer is provided to allow the scale to be read accurately up to 2.0.

1000 mμ. Readings can be taken on it to 1 Å in the ultraviolet a10 Å in the near infrared.

The controls driving the prisms in these instruments are completely free from backlash and the calibrations are reliable to within 1 mμ over the entire spectrum range (Cary and Beckman, 1941; Gibson and Keegan, 1948). The photometric scales are also very reliable over the optimum range for measurements by photoelectric instruments.

Another instrument in this group is the Hilger Uvispek photoelectric spectrophotometer which also uses a Littrow-type monochromator but has two separate symmetrical slits separately adjustable to 0.02 mm. with a working height of 15 mm. The prism is placed beneath the plane of the entrance and exit beams. This arrangement allows the collimating mirror to be used more nearly on axis,

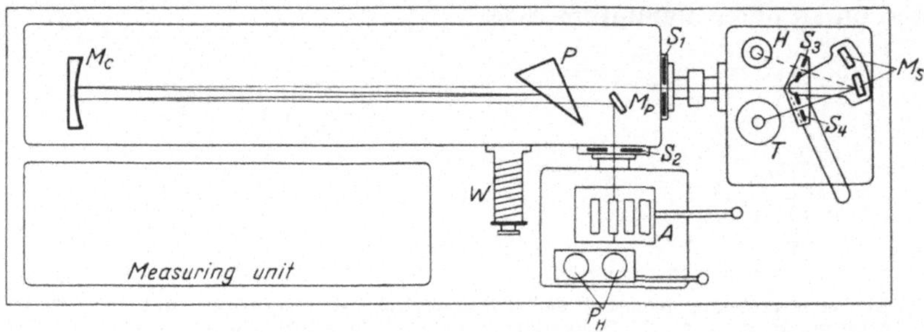

Fig. 23. Diagram of optical system of Hilger Uvispek photoelectric spectrophotometer. *H, T* Hydrogen and tungsten lamps; M_S Source mirrors; M_C Coilimating mirror; M_P Plane mirror; *A* Absorption cells; *P* 30° quarty prism; P_H Photocells; S_1 and S_2 Entrance and exit slits. S_3 and S_4 Apertures for light sources; *W* Wavelength drum.

thereby reducing the effects of astigmatism, which is a troublesome feature with the Beckman and Unicam instruments which operate with the mirror 5° off the optical axis (see Fig. 23). There is no significant broadening of the spectral slit image thereby improving spectral purity. With the optimal slit-width the monochromator band spread is approximately 10 Å over most of the spectral range for the appropriate combination of lamp, prism and photocell. Both quartz and glass dispersing prisms may be obtained and interchanged easily to take advantage of the greater dispersion by glass in the visible region. The appropriate wavelength drums are also quickly changed. The photometric system like the other operates on the null principle but its D. C. amplifier has a higher sensitivity.

The density scale is divided up into 5 ranges which together are equivalent to 1 meter in effective length. These are 0 to 0.6; 0.46 to 1.1; 0.96 to 1.6; 1.46 to 2.1 and 1.95 to 3.2. This is of particular value in reading accurate extinction values very much greater than 1.0. The shorter transmittance/density scales (approximately 20 cm.) on the previous two instruments, however, are perfectly adequate for the usual routine work, although a number of dilutions of the solution under test have often to be made to bring the density readings within the accurate region of the scale which is from 0.2 to 0.8 for minimal errors. The performance of the instrument is extremely good indeed but it is a little slower to operate than the other instruments with fewer controls.

The recently designed Zeiss Spektralphotometer, PMQII, has a similar monochromator to that of the Hilger instrument in that the entrance and exit slits are separated. The wavelength range covered extends from 200 mμ to 2.5 μ.

The detector for the ultraviolet and lower visible regions is a sensitive photomultiplier tube which enables narrower slit-widths to be used with a consequent improvement in the resolution of the spectrum particularly in the far ultraviolet.

Recording Photoelectric Spectrophotometers. The main advantage of an automatic recording instrument lies in the very great reduction in time required to record a complete absorption spectrum; a few minutes suffices compared with 45 minutes or more for the same job done manually including the time for plotting the graph from the readings taken. Again, if variable BALY-type micrometer cells are used with the instruments there is an additional saving in time because altering the cell length is quicker than making a new dilution to bring the optical density reading at a particular wave length on to that part of the scale (0.2 to 0.8) having the minimal percentage error. HIRT and KING (1952) have used these cells to advantage in the estimation of mixed unsaturated fatty acids on the CARY recording spectrophotometer.

This saving in time is not gained at the expense of accuracy and reliability because the improvements in design are such as to eliminate many sources of error associated with previously designed non-recording equipment. A comparative survey of the BECKMAN Model DU and the CARY Recording Spectrophotometers carried out in 15 laboratories has shown satisfactory agreement between several instruments of the same manufacture and also between the two types (BRODE, GOULD, WHITNEY and WYMAN, 1953). Indeed, a statistical analysis of the readings, which were taken on an alkaline potassium chromate solution and on a specimen of "Tropex" glass, indicated that the CARY instruments are more reproducible in the lower wavelength region. This result is not unexpected in view of the facts that there is less interference from stray light and that the light source-detector system provides a stronger signal to noise ratio in the photometer system. In addition the instruments are extremely versatile in applicability to various problems. They can be used for recording the rapid change in optical density in a reaction with time at a particular wavelength. The recording represents the reaction rate curve (PETERS, 1953).

There are a number of very fine recording instruments commercially available. The instruments designed by HARDY and manufactured by the General Electric Company has been modified recently (PRITCHARD, 1953) and made more compact. It has an optical photometric system involving polarizing prisms and can be used in the visible range 380 mμ to 700 mμ. It will record a spectrum in 54 seconds and is accurate to within 0.5% in optical density and to 1 mμ in the wave length scale.

However, the modern tendency in design appears to be towards the use of electronic systems for measuring the ratio of the intensities of the two beams of light transmitted from the sample and reference cells respectively.

The BECKMAN Model DR and the various CARY models 10, 11, 13 and 14 are examples of newly developed instruments in this group which are available commercially. The former is a single beam spectrophotometer comprised of the familar and highly successful BECKMAN DU monochromator with a light source and receiver unit coupled to a controller recorder unit, which carries out all the adjustments of the wavelength, slit and transmission controls. The controller unit also moves the solvent and solution cells in cyclic fashion in and out of the light beam. During each cycle the dark current reading is automatically adjusted, the instrument standardised at zero density level with the compensating solvent in the light path and then the percentage transmittance reading for the sample at the particular wavelength is marked on the chart as a dot. The retention of this cycling system as used in the non-recording instrument enables the absorption spectra of three solution to be determined simultaneously on the same chart with only a 50 per cent increase in recording time over that required for one sample. The absorption spectra are plotted in different coloured inks. The charts are $8^1/_2$ in. $\times$ 11 in. and available for several wavelength ranges and recorder drum speeds. The size of the interval between points on the graph can be varied from a minimum of 2 points per each slit-width of spectrum scanned up to about 5/8 in. (at high speed) or 5/16 in. (at low speed). Special points of interest, maxima or minima on absorption curves can be rescanned to fill in more points as required. The instrument may be stopped at any time for manual control and restarted at where the manual operation ceased.

With regard to performance the manufacturers claim that the degree of accuracy obtained by the recording model is in general better than that of the manually operated instrument because the former is always maintained at the maximum sensitivity of which it is capable for optimum signal to noise ratio.

While the above instrument represents the successful mechanization of the relatively tedious manual operations in preparing full absorption spectra there is no fundamental improvement in the design of the monochromator as used in the DU instrument to improve the degree of resolution and accuracy attainable. Again there is a slight disadvantage in that the recorded spectra are plotted on a non-linear wavelength scale so that for qualitative comparison with other spectra published in the literature and plotted linearly they have to be redrawn on a linear wavelength basis. Interpolation between graduations on a non-linear scale is more difficult, so that errors may be made when various correction procedures for irrelevant absorption are applied to the recorded spectra.

These difficulties have been overcome in the more expensive Cary recording spectrophotometers, which have been designed around a double monochromator which improves the resolution and at the same time reduces interference from stray light to $< 0.0001\%$. The optical systems are shown in Figs. 18 and 19. Model 11 employs two mirror-collimated Littrow type dispersing units containing $30°$ quartz prisms and the spectrum is finally focused in the variable exit slit L. The rotation of these prisms F and K is brought about by the action of a precision lead screw which is coupled to the wavelength arm through a simple mechanism to give a linear wavelength scale. This mechanism is driven by a reversible synchronous motor with a gear cluster permitting the selection of 4 scanning speeds. There is in addition a high-speed control for returning the wavelength mechanism back to the starting point once a spectrum has been recorded.

The wavelength scale is in two ranges, 2000 Å to 3500 Å and 3000 Å to 8000 Å respectively. The former scale can be read directly from a Veeder counter to the nearest Ångstrom unit and the latter to the nearest 10 Å in a counter. The overlap of the two scales is extremely valuable when absorption maxima occur at or near the ends of one or other of the scales in the 300 mμ to 350 mμ region.

The curved bilateral entrance and exit slits are adjusted by a cam and gear train operated by a servo-motor so that a constant signal is produced in the reference photocell circuit at all wave lengths. The level of this reference signal can be adjusted by a control on the instrument panel. The slits are 2 cm. high and can be varied from 0 to 3.0 mm. The intermediate slit is fixed at 1.5 mm. width. The sample compartment has provision for two sample cells on a slide and for a single reference cell on a fixed carrier. Cells of various optical depths up to 10 cm. long can be accommodated but they must have a minimum diameter of 19 mm. and a maximum outside diameter of 28 mm.

The double monochromator in model 14 employs a $30°$ fused silica prism (F) in series with an echelette grating J (600 lines/mm.). The wavelength scale is again linear, extending from 200 mμ to 2.6 μ. An additional feature on this instrument is a control for reducing the slit-height from the maximum 20 mm. down to 7 mm. This enables the mismatch between the image curvature and the slit curvature to be reduced towards the limits of the wavelength range so that improved resolution may be obtained.

Performance of Automatic Recording Spectrophotometers. One of the sources of trouble with manually operated photoelectric spectrophotometers is the occasional tendency for the zero (dark current) setting to drift for a period after switching the instruments on and sometimes after they have been used for a few hours. Frequent rechecking of the dark current is often necessary thereby prolonging the time for determining an absorption spectrum. Variations in the supply voltages to the light sources — particularly the tungsten lamp — cause changes in light intensity resulting in drifts of the 100% transmittance setting. Again delays are often encountered. Very careful maintenance indeed is required to avoid the above difficulties.

The BECKMAN DR instrument overcomes them to a large extent by carrying out a check on the dark current and 100% transmittance setting during each cycle measurement smoothly and quickly. The CARY instruments however eliminate the trouble due to fluctuations in source intensity by adopting a modulated double beam photometric system. This latter principle has also been applied to the BECKMAN Model DU monochromator by COOR and SMITH (1947) and KAYE and DEVANEY (1952).

Thus the reproducibility of these instruments, as might be expected, is of a very high order even between instruments of the same manufacture (BRODE *et al.*, 1953). The double monochromators which use a more intense light source have the additional advantage of giving a much higher resolution. The resolution of the CARY Model 11 is 1—2 Å in the greater part of the ultraviolet region and from 1 to 5 Å in the visible, while that of the general purpose Model 14 is better than 1 Å in the ultraviolet and less than 3 Å in the near infrared. Their reproducibility is better than 0.5 Å; the error in wavelength scale is less than 5 Å in the ultraviolet and 10 Å in the visible region for the Model 11 and less then 5 Å throughout the whole range of the Model 14. Larger errors, however, have been observed in the red end on the Model 11 (TARRANT, 1953).

The accuracy of the photometers is also of a high order as indicated by the figures given for the reproducibility of optical density in the previous section. Some instruments even of the same manufacture tend to read very slightly higher or lower than others but consistently so over the whole wavelength range. The differences, however, are small (BRODE *et al.*, 1953). The elimination of batteries for voltage supply in the double beam instruments is a great advantage over previous arrangements.

All these spectrophotometers are extremely versatile and can be used for many problems involving spectrophotometric work. They may be fitted with different light sources and accessories for recording reflection, fluorescence and spectral energy curves. The various measurements can also be taken at different scanning speeds as required.

4. Errors in Spectrophotometry.

The photoelectric spectrophotometers described in the previous section are capable of measuring absorption spectra in the ultra violet, visible and near infrared regions with considerable accuracy. The absolute error obtained routinely is < 1.0%, although the reproducibility is generally < 0.5%. However, as with other physical methods considerable care and attention has to be given to the apparatus and the technique of using it for optimal results. GOLDRING *et al.*

(1953) give a good account of the various errors in spectrophotometry. Some of the major sources of error are discussed in the ensuing paragraphs. They are divided into technique and instrumental errors.

a) Errors in Technique.

Solvents.

Distilled water is the most transparent solvent in the visible and ultraviolet regions and is usually adopted for all readily water soluble substances. However, as it stands in a closed cell, air bubbles may form on the optical face giving rise to an appreciable error owing to scattering of the light. To obviate this, freshly boiled distilled water should always be used. For organic substances, the lower aliphatic alcohols and saturated hydrocarbons are the most suitable since 1 cm. layers of them have more than 50% transmittance relative to water down to 220 mμ. A table of the transmissive powers of the various solvents is given by GILLAM and STERN (1954). Chloroform, carbon tetrachloride and carbon disulphide are satisfactory for organic materials in the visible region; and the first two are also satisfactory for the near ultraviolet region.

The "transparent" organic solvents often contain small amounts of impurities which affect their suitability for measurements in the ultraviolet. All solvents used in spectrophotometric work should be checked for their transmission against distilled water over the region for which they will be required. This is even more important in analytical work involving a preliminary resolution of components by chromatographic procedures. Here a trace impurity may become concentrated in the evaporation of a large volume of eluate from a chromatography column. Traces of benzene in light petroleum are often very troublesome. The impurities present absorb so much of the monochromatic light that rather large slit-widths have to be used in the far ultraviolet resulting in errors due to a loss of resolution and to a possible increase in stray light. Some solvents specially purified for spectroscopy are available commercially. These are, however, still relatively expensive for routine work and should be regarded more as standards against which solvents purified in the individual laboratories may be checked.

Absolute ethanol contains traces of aldehydic impurities, which are best removed by treating with granular zinc (20 g./l.) and NaOH (20 g./l.) under reflux for 1 hr. The alcohol is then distilled over from the mixture using a good fractionating column. The aldehydes may also be precipitated as 2:4-dinitrophenyl-hydrazones and the pure ethanol distilled off. The final distillation in the latter procedure is more difficult.

Isopropanol is satisfactory when just redistilled. The traces of acetone impurity present do not interfere seriously with the transmission of the solvent.

Cyclohexane and other saturated hydrocarbon solvents were purified formerly from aromatic hydrocarbons by treatment with fuming sulphuric acid. This was a lengthy process. This procedure has now been replaced by a simpler and quicker chromatographic method with silica gel as the adsorbent. Silica gel (30/120 mesh) is dried and heated to *ca.* 400° C in an open pan on a gas ring. A column (2 feet long by 1 inch diam.) containing approximately 400 g. of the adsorbent is usually sufficient to remove the benzene from 1 litre of *cyclo*hexane or 0.5 to 2.5 litres of light petroleum depending on the degree of contamination. The silica gel can be emptied from the column, air dried and then reactivated for use again as described above. The efficiency of the latter process can be gauged from the comparison tests carried out on the same batch of cyclohexane in this laboratory by CREED (1952) (see Table 2). Measurements of the purified solvent were made against distilled water.

Chloroform is useful for obtaining high concentrations of materials not readily soluble in other fat solvents. It is generally supplied containing 1% absolute ethanol as a stabiliser. It may contain a small amount of HCl as an impurity which has to be washed out with water. The chloroform is then dried over calcium chloride and fractionally distilled. The purified material is stored in the dark at low temperature.

Ether is a good solvent as regards transparency in the ultraviolet but its volatility can lead to serious errors. It should be peroxide free. When quantitative measurements are made on solutes in volatile solvents (e.g. light petroleum B.P. 40/60°) care must be exercised to prevent loss of the solvent by evaporation. The long-necked standard flasks are particularly suitable for preparing dilutions. When only small amounts of material are available which have to be dissolved directly in a minimal amount of solvent, it is advisable to have it in a vessel whose volume is only slightly larger than the final volume of solutions required. The solvent may be pipetted in and the dilution determined by weighing the amount of solvent added. The absorption cells should be fitted with stoppers or lids.

Finally in order to avoid errors arising from poor compensation, solvent from the same bottle or bath as that used for dissolving the material should be placed in the reference cell.

Cells. The absorption cells or cuvettes, particularly the optical faces, should be kept thoroughly clean. Particulate matter or grease from the fingers deposited on them can give rise to considerable errors. They should be handled carefully and not scratched in cleaning. When quartz cells are put into service for the first time, their relative transmittance should be checked with only solvent in both. The optical depths of the 1 cm. type cell which is the most common do not vary by more than 0.002 cm. and so do not cause an appreciable difference in optical density values. Since, however, some quartz shows selective absorption with a broad maximum at about 240 mμ, errors can arise due to poor matching of the cells in the 230—240 mμ region (HOLIDAY and BEAVEN, 1950; MORTON, 1951). This has been confirmed by other workers (HARDING, 1951). By so comparing the cuvettes those showing the smallest difference in optical density can be matched for analytical work and where there is any serious difference (> 0.003) a correction can be applied. The cells can now be purchased in matched pairs at increased cost.

Alternatively, to eliminate errors due to differences in the quartz, the solvent and solutions may be interchanged between the cells and the mean result for the two readings taken (MORTON, 1951). In this connection, however, it is also advisable to place the cells in the light path reproducibly to avoid beam deviation effects. The various sections of the cathode surfaces of the phototubes particularly the red sensitive one, do not show a uniform response to radiation so that a slight change in the position of the beam for the reference cell compared with that for the sample cell could cause a difference in observed reading (HARDING, 1951). These differences are generally small on account of the ease with which the cell holder and slide can move reproducibly into position and because the phototube windows in instruments, such as the BECKMAN are roughened to diffuse the light. They are worth examining however when extreme accuracy

Table 2.

Wavelength mμ	Optical Density (1 cm. cell) Cyclohexane	
	After Acid Purification	After Silicagel Chromatography
220	0.478	0.339
230	0.143	0.131
240	0.063	0.062
250	0.027	0.027
255	0.015	0.015
260	0.007	0.008

is required and particularly in measurements with micro-cells of capillary tubing (CRAIG, BARTEL and KIRK, 1953; SIPPEL, 1954) where some of the light beam is masked. Care has also to be exercised with cuvettes which have dimensions just large enough to transmit the beam (VALLEE, 1953) and in using glass plugs to reduce the volume of the standard 1 cm. cuvette to ensure that no part of the beam is masked. There is also the possibility of causing some scattering of the radiation.

If HILGER-BALY variable micrometer cells whose depth can be varied in 0.01 mm. steps from 0.5 mm. to 5 mm. are being used, their scales should be checked using a standard solution of known optical density.

Other Sources of Error.

Adsorption. Some materials such as dyes are quite strongly adsorbed on the glassware and on the cells, so precautions have to be taken to ensure that representative samples are obtained for analysis particularly when solutions are dilute. The absorption cells require thorough cleaning after examining substances like astraphloxin perchlorate which has been used for standardisation (VON HALBAN and WIELAND, 1944).

Examination of Labile Substances. Certain materials (visual pigments) undergo a photochemical change when irradiated with energy in the region of their maximum absorption. It is necessary to check the change in optical density with time in those instances and from the decay curve project back to zero time. This technique may be adopted for any labile chromogen, e. g. in studying the coloured "complexes" derived from the interaction of sterols with concentrated sulphuric acid or carotenoids with antimony trichloride. Relatively slow enzymic or chemical reactions may also be followed in this way. Automatic recording instruments are ideally suited for the study of reaction kinetics.

b) Instrumental Errors.

Light Source. This should be so adjusted that the whole of the slit-width is evenly illuminated at optimal intensity, otherwise errors arise in two ways. Firstly, there is a lowering of sensitivity which means that very wide slits are required to obtain a balance point in the far ultraviolet increasing the errors due to stray light and to the overall reduction in resolution. Secondly, beam deviation effects become exaggerated and reproducibility is very poor, e. g. rotation of the sample cell through 180° can produce results widely different from those recorded prior to rotation.

The tungsten lamps are supplied fitted with a slotted holder so that on mounting in the lamp housing they are in approximate focus and only need minor adjustments. The replacement of the hydrogen-arc is somewhat more tricky. Without some device to assist in the preliminary lining up of the tube which is held by spring clips, it is sometimes difficult to get near the approximate adjustment because the lamp heats up very quickly. The adjustments can best be made by inserting a small plane mirror into the cell compartment oposite the exit slit so that the slit can be viewed directly. Finally, the screws in the lamp housing can be turned to obtain the optimum position as judged by the movement of the milliammeter needle when the instrument (BECKMAN or UNICAM) is on the check position.

The light source in the case of all single-beam photometers must be carefully stabilised because fluctuations in the source temperature will cause variations in the quality of the emission as well as in its intensity. The various arc units for ultraviolet work are fitted with stabilised power supplies and the more powerful arcs also have cooling coils.

In the case of the tungsten filament lamp, usually a constant voltage transformer is adequate but where wider fluctuations arise from the main supply. GOLDRING *et al.* (1953) recommend coupling a C. V. transformer to batteries through a battery charger maintained at a lower charging rate than that of the consumption by the lamp. The battery then acts as a buffer in filtering out minor fluctuations.

Monochromator.

Slit-Width. The effective slit-width of a monochromator is always somewhat greater than the exit slit-width because the entrance slit-width must be finite to allow sufficient energy to pass. This means that the spectral images of the entrance slit for each wavelength overlap. Thus the pass band (energy-wavelength relationship) is generally trapezoid in form but becomes triangular when the image of the entrance slit and the exit slit are equal in size (HOGNESS, ZSCHEILE and SIDWELL, 1937). The range of wavelengths passed by a monochromator having equal entrance and exit slits (the most common arrangement) is equal to twice the width of the slit in wavelength units. The central half of the spectral slit-width transmits three quarters of the total energy passed by the whole range assuming a uniform dispersion and includes the wavelengths which have equal to or more than half the intensity at the maximum. This half intensity width is the effective slit-width providing that the response curve of the detector is not sloping steeply.

Since then a definite waveband of energy must be passed by the monochromator it is necessary to keep the range of wavelengths down to maintain optimum resolution for the measurement of the optical densities of sharp maxima and minima. Errors due to poor resolution of the monochromator have been realised for a long time but recently attention has been redrawn to them by many workers (GIBSON, 1950; GLOVER, 1951; EDISBURY, 1951; AMAT, 1951 and HAMMOND and LUNDBERG, 1953). They can be particularly troublesome in regions where the photocell sensitivity and the emission from the energy source are low, as in the far ultraviolet. The magnitude of the error depends on the width of the band passed by the slit and the degree of curvature of the absorption spectrum. The effect is to lower the true density values for the absorption maxima and to raise them for minima. In general, provided the nominal slit-width is kept below 0.5 mm. the error in measuring an absorption maximum however sharp is small. The error can be determined by plotting the values for the optical density at different slit-widths and projecting the resulting curve back to zero width.

Wavelength Scale. When a spectrophotometer is first received from the manufacturer or is transported in a fashion such that the prism mounting may be moved, it will almost certainly require readjustment. The wavelength scale can be checked in one of two main ways. The better one is to make use of good isolated emission-spectrum lines of known wavelength from an arc source. A useful list of suitable emission lines for the various sources, mercury-, hydrogen-, sodium- and caesium-arcs; helium and neon discharge tubes; and the aluminium spark in air, has been compiled by GIBSON (1950). Of these the mercury- and hydrogen-arcs which are readily available to fit most photoelectric spectrophotometers have probably been used more widely than the others. The mercury line 546.1 mμ and the hydrogen lines 486.1 mμ and 656.3 mμ are excellent for the purpose. The technique for the BECKMAN and UNICAM instruments is described here. Ensure first of all that the light source is in correct adjustment for even illumination of the slit. With the instrument switched on adjust the dark current and set the wavelength dial to the value for the selected spectrum line. The shutter should then be opened and the instrument balanced on "check" with the slit and sensitivity control. Now turn the wavelength dial to traverse slowly the nominal values close to the reading for the known line. As the image of the line approaches the exit slit, the milliammeter needle will move over to a maximum in the directional sense of increased light intensity (to the left in the BECKMAN). The sensitivity control may also have to be readjusted to observe the actual maximum position. The wavelength reading at which the needle is deflected maximally is noted. If this does not coincide with the correct λ value for the known line then reset the scale at the correct position and turn the adjusting screw for the prism as directed by the manufacturer until the maximum deflection position occurs at the right nominal value for the particular spectrum line. The scale may then be rechecked at one of the other positions.

The second method of calibration of the wavelength scale involves the measurement of $\lambda\lambda_{max}$ or $\lambda\lambda_{min}$ positions of standard materials with well characterised absorption spectra. The rare earth glasses (didymium and samarium) exhibit absorption spectra (relative to air) composed of a series of sharp absorption maxima and minima over the visible range. Alternatively, a standard solution of the substance, astraphloxin perchlorate (VON HALBAN *et al.*, 1944) or of potassium nitrate in distilled water (λ_{max} 301.5 and λ_{min} 262.5) may be used for the ultraviolet region. Measurements of the absorption maximum are observed in the usual way very carefully. If the scale is in error the prism-adjusting screw is turned until the maximum optical-density value corresponds with the nominal value on the scale. In the case of the sharp maxima of didymium or similar glass, this calibration method is satisfactory provided the glass has previously been calibrated using a monochromator with similar slit widths. The narrowest slit-width possible should be employed.

The latter absorption band procedure should be adopted when the wavelength scale error is very large, so that the adjustment can be made approximately at first. With the spectrum-line method there is the possibility of selecting the wrong emission line.

A technique which may be developed in the future for wavelength calibration makes use of the continuous series of narrow interference bands observed when two silica plates are mounted in parallel fashion with a narrow air space (HEIDT and BOSELY, 1953). Once the positions of the interference bands have been related say to the hydrogen lines then calibration is possible at any point over the whole scale. The calibration system should be invaluable for recording instruments.

When the above adjustments are made correctly, the error in calibration is generally less than ± 0.5 mμ over the ultra-violet and greater part of the visible ranges (GIBSON and BALCOM, 1947) but tends to be subject to wider deviations (± 1 mμ) in the near infrared where the calibration lines are closer together. An error of 1 mμ is not serious when only substances with broad absorption maxima are being examined, but for substances exhibiting sharp absorption bands large errors may be observed. Again, correction procedures of the type designed by MORTON and STUBBS (1946) *(vide infra)* which involve measurements on the slope of an absorption curve are rendered useless by faulty adjustment of the spectrophotometer. Very small deviations in wavelength are caused by the change in refractive index of quartz with temperature. The change amounts for 0.1 mμ/°C at 546.1 mμ (Hg-line). It is extremely important to keep a periodic check on wavelength adjustment and to handle the instrument with care to ensure reliability.

Optical Density/Transmittance. The accuracy and reproducibility of the density and transmittance scales of photoelectric instruments have been examined very thoroughly in collaborative tests in Gt. Britain (EDISBURY, 1949 and GRIDGEMAN, 1951) and U.S.A. (BRODE *et al.*, 1953). The practice in this country was to measure the optical density of two solutions of a pure substance whose concentrations were known accurately. The results on the solutions of potassium dichromate in 0.01 N sulphuric acid were analysed statistically by GRIDGEMAN. The mean spectrophotometric ratio determined was 0.5% greater than the gravimetric value at the 350 mμ maximum. The general conclusions arrived at are (i) that while the instruments of the different makes are in good agreement (coefficient of variation 1.67) there are definite differences between individual instruments of the same make. Again, although the reproducibility of the readings on any of the individual instruments is extremely good, the coefficient of variation for the individual estimates of the optical density of the dichromate on the different instruments was 1.87. Thus there can be appreciable errors in the spectrophotometric assay and it is small consolation to know from the above work that one photoelectric estimate has the same precision as the mean of 6—7 photographic estimates. It would be of considerable advantage if the error could be made even smaller for work involving the use of correction procedures (MORTON, 1951). For most routine biological work an absolute error of less than 1.0% which is obtainable with good technique is not serious. However, it is important to know some of the main causes of errors and what steps may be taken to eliminate them.

The solution of recrystallised potassium dichromate in 0.01 N sulphuric acid as used in the collaborative test mentioned above is suitable for testing photometric accuracy. Its acceptable characteristics are given in Table 3. Alternatively two solutions of potassium chromate, 0.001 M and 0.0001 M respectively, in 0.05 N KOH may be used (HOGNESS, ZSCHEILE and SIDWELL, 1937).

Table 3.

Wavelength mμ	235	257	313	350
E (1%, 1cm.) value	125.2	145.6	48.9	107.0

As an extension of the above type of calibration procedures, the linearity of the scale has also been examined by measuring the optical densities of a series of known concentrations of a substance which follows BEER's Law. The readings of optical density are plotted against the calculated E (1%, 1 cm.) values or molecular extinction coefficients (E) for those readings. If the assay procedure is accurate over the whole of the scale, then a straight line should be observed, all observed readings leading to the same calculated result. However, the more usual type of curve observed by VANDENBELT *et al.* (1945) and by many others since, is of the type illustrated in Fig. 24. The deviations from the straight line relationship indicate at first glance that the scale calibrations are inaccurate at the ends.

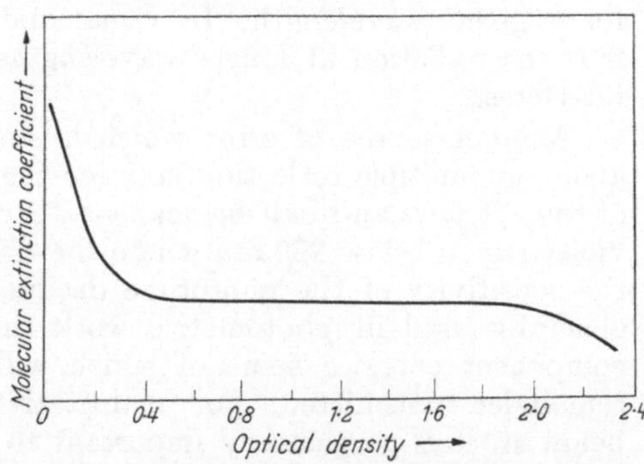

Fig. 24. Typical relationship between the calculated molecular extinction coefficient and the density scale readings of a photoelectric spectrophotometer observed on a series of solutions of the same absorbing entity.

The errors, however, are not due to any fault in the potentiometer scale. They arise in a number of ways.

Firstly, low readings at high density values have been considered due to stray light from the monochromator (VANDENBELT *et al.*, 1945) but GOLDRING and co-workers (1953) regard the main part of this error as arising from multiple reflection paths between the absorption cell faces and also between the latter and the slit jaws. Secondly, the wavelength adjustment may be in error causing a slight displacement of the curve which should be detected. Stray light may be reaching the phototube from the phototube housing. Faulty batteries may allow the "null setting" of the phototube-amplifier system to drift severely. Fluorescence or turbidity may also affect the results. All these effects will tend to give lower readings than the theoretical.

The high readings at low optical densities have not yet been satisfactorily explained although a suggestion has been put forward (Goldring, 1950) that it may be due to increased reflectance loss due to a change of refractive index of a solution at the absorption maximum.

Provided there is only one molecular species in solution, Beer's Law is said to be followed closely (Hardy and Young, 1948) and there is no evidence to suggest that more than one molecular species is present in the case of the dilute dichromate solutions used for the above spectrophotometric test. The various sources of photometric error are discussed more fully in the following sections.

Stray Light. This arises from a variety of causes. In visual instruments using polarizing-photometer systems it may be due to unpolarized energy. In grating instruments it is mainly due to interference by the second order spectrum and to scattering by the surface of the grating. In the case of the prism spectrometers the main causes appear to be scratches or flaws on the optical surfaces of the lenses, mirrors and prisms. Bad shielding of the detector also gives rise to trouble. Electrometer and amplifier values in phototube compartments are now screened. The aluminized mirrors gradually corrode with age and can give rise to appreciable stray light errors in time. Attempts are being made to protect the front-surface mirrors by coating them with very thin films of aluminium oxide (Hass, 1949) or silicon monoxide (Hass and Scott, 1949) but users in England can reckon with having to get mirrors re-aluminised about once in every 3 or 4 years at least.

The extra light appears as a low flat curve in the spectral transmission diagram for a given wavelength. In visual and ultraviolet photoelectric spectrometry it is the radiation at longer wavelengths than the nominal value which mostly interferes.

Another source of error which is similar in effect to stray light is brought about by multiple reflection between the absorption cell surface and the surfaces of the slit jaws and exit-beams lens. Stray light is most serious in the far ultra-violet region below 230 mμ where the effective emission of the hydrogen arc and the sensitivity of the phototube decline quickly. Since a continuous source is generally used in photometric work the stray light is composed of different component energies some of which will be absorbed by the sample and the remainder transmitted. For quantitative work in the region around 230 mμ or below it, it is particularly important to know the extent of the error involved under a particular set of conditions and hence to apply a correction if necessary, or better, to eliminate the errors by inserting a suitable filter. It is not feasible to calculate the fraction of scattered light exactly by taking into account the varied distribution of light energy; however, an approximate solution is possible.

The total incident light is made up of two components, the nominal wavelength and stray light, some of which is partly absorbed by the substance under test and the remainder (a mixture of different wavelengths) wholly transmitted. It is the latter which is most effective in producing errors which lead to low density values. Hogness, Zscheile and Sidwell (1937) were among the first to examine the errors involved.

Let $I_{0\lambda}$ and I_λ be the intensities of the incident and transmitted monochromatic light (λ) respectively, and I_{0S} and I_S the corresponding values for the stray radiation. Following the treatment due to Gibson (1950) let m and n represent the weighting terms for the spectral response of the instrument to the radiations of the nominal and stray wavelengths respectively.

$$\text{Then, } T_{\lambda+S} = \frac{mI_\lambda + nI_S}{mI_{0\lambda} + nI_{0S}} \qquad \text{(i)},$$

$T_\lambda = \dfrac{I_\lambda}{I_{0\lambda}}$ and $T_S = \dfrac{I_S}{I_{0S}}$ where $T_{\lambda+S} =$ observed transmittance, $T_\lambda =$ the transmittance of the selected monochromatic radiation and $T_S =$ the transmittance of the stray light. Now by substituting for I_λ and I_S, respectively, the equation (i) becomes

$$T_\lambda = T_{\lambda+S} + \frac{nI_{0S}}{mI_{0\lambda} + nI_{0S}} (T_\lambda - T_S) \qquad \text{(ii)}.$$

hence the true transmittance will be greater or less than the observed value depending on whether the transmission by the sample of the selected monochromatic energy is greater or less than that of the stray radiation. Again when the spectral response n of the instrument to the stray light is zero or extremely small compared to m then $T_\lambda = T_{\lambda+S}$. This is the situation over the greater part of the wavelength scale when the correct light source and detector are employed to give optimum spectral response over the selected region.

Under certain conditions, however, results can be obtained which are greatly in error although the amount of stray light may be negligible. A number of workers (Holiday and Beaven 1950; Collins, 1951; Saidel, Goldfarb and Kalt, 1951 and Vandenbelt, Heinrich and Bash, 1951) have observed readings giving rise to "phantom" absorption bands below $230\,\mathrm{m}\mu$ in the determination of spectra of solutions of materials like glycine, acetic acid, and cholesterol which ought not to exhibit selective absorption in this region.

In all these instances there was very strong end absorption of the radiation (by the solvent and the solute) below $230\ \mathrm{m}\mu$ while above $250\ \mathrm{m}\mu$ the solutions were very much more transparent. The explanation of the false maxima can be seen by examining the above equation (ii) rearranged to give

$$T_{\lambda+S} = T_\lambda \left(\frac{mI_{0\lambda}}{mI_{0\lambda} + nI_{0S}} \right) + T_S \left(\frac{nI_{0S}}{mI_{0\lambda} + nI_{0S}} \right) \qquad \text{(iii)}.$$

As the transmission limit of the solvent and the solute is reached for the nominal monochromatic light in the lowest wavelength region (200—$270\ \mathrm{m}\mu$) where the phototube sensitivity is also low the T_λ term becomes extremely small or zero. At the same time, however, the stray light of much longer wavelengths will be readily transmitted and the phototube sensitivity will be favourable for it. Thus as the wave length of the selected radiation (λ) is reduced, stray light becomes the only effective energy to elicit a response from the phototube (nI_{0S} becomes very much greater than $mI_{0\lambda}$) so the term $T_S\ \dfrac{nI_{0S}}{mI_{0\lambda} + nI_{0S}}$ tends to its maximum value and T_S increases towards 100% or the optical density D_S (where $T_S = 10^{-D_S}$) tends towards zero, giving a "phantom" absorption band. Collins also drew attention to how it was possible to obtain optical density readings grossly in error by using the tungsten lamp at a position (310—$320\ \mathrm{m}\mu$) where its emission is extremely low. The insertion of a filter to cut off the stray light of longer wavelengths reduces the stray light error considerably but does not remove it all. Normally, however, the possibility of encountering errors in the far ultraviolet is the greater since they would arise in correct routine use of the instrument. Again, deterioration of the mirror surfaces of the monochromator and lamp-housing increases the trouble by causing (a) increased scattering of the light internally and (b) greater slit-widths must be used to pass sufficient energy to obtain a null balance point.

It is advisable therefore if quantitative work is to be carried out in the far ultraviolet region to test the instrument for stray light effects since ageing of the mirrors, phototubes and light sources is such that these effects increase gradually and imperceptibly. If excessively large slit-widths are required (> 1.5 mm.) together with high sensitivity of the amplifier to obtain readings, then those readings are liable to be in error.

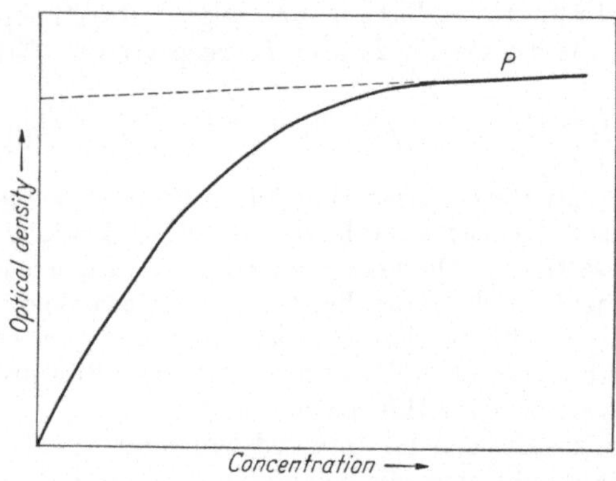

Fig. 25. Curve relating observed optical-density to concentration of a solution when there is stray-light interference. The flat portion P of the curve gives a measure of the amount of stray light.

Tests for Stray Light and Application of a Correction. The most practical methods in the average laboratory are indirect ones and depend on estimating the effect of stray light on the determination of optical density. Holiday and Beaven (1950) have outlines a few procedures.

Method (i) involves the examination of various layer thicknesses or concentrations of a standard solution known to follow Beer's Law. The calculated and observed optical density readings should agree for each layer thickness or concentration. The errors will be more noticeable with the larger cell thickness or higher concentrations when the nominal monochromatic light is strongly absorbed by the solvent or the solute. This procedure also reveals errors due to multiple reflection in the cell compartment.

Method (ii) depends on the measurement of the optical density of a solution having a sharp absorption maximum with and without a narrow band pass filter[1]. If stray light is present the optical-density at the maximum will be higher when the filter is inserted in the optical path. Care has to be taken here not to increase errors by causing multiple reflection. Filters should be inserted obliquely.

Method (iii), which is the easiest to apply, involves the measurement of the optical density of a solution or cut-off filter in the wavelength region where its true value is known to be high (> 3.0). The actual reading obtained is a measure of the transmitted stray radiation.

With regard to the first method, Saidel *et al.* (1951) plotted optical density against increasing concentration of the solution until a maximum value was obtained when all the monochromatic light is absorbed and only the stray light transmitted. A curve of the type illustrated in Fig. 25 is obtained. Using the same nomenclature as previously, over the flat portion of the curve (P) the

optical density (D) is given by $\log \left(\dfrac{m I_{0\lambda} + n I_{0S}}{n I_{0S}} \right)$ (since $n I_S = n I_{0S}$ and $m I_\lambda = 0$).

Projection of the flat portion back to the ordinate gives an intercept, the negative

---

[1] Between 360 and 750 mμ, interference filters are available. Certain rare earth salt solutions or glasses with their alternating sharp maxima and minima may also be used.

antilog of which can be regarded as being equal to the ratio of the insensity of stray radiation to the total energy from the monochromator ($= \alpha$).

Hence the corrected optical density for that particular wavelength will be

$$D_{corr} = \log \frac{1 - \alpha}{T_{\lambda+S} - \alpha} \qquad \text{(iv)},$$

where $T_{\lambda+S}$ is the experimentally observed reading in transmittance terms.

HOLIDAY and BEAVEN (1950) and GOLDRING et al. (1953) recommend the use of filters with sharp cut-off limits in the 220 mμ to 250 mμ region (method iii). It is assumed here that the effective stray light is that transmitted at the longer wavelengths where the phototube sensitivity is higher, so if the apparent optical density is measured at a point beyond the transmittance limit of the filter ($D > 3.0$) then only the stray light will be transmitted.

Again using the same symbols as before, equation (i) can be rearranged by dividing throughout with $m I_{0\lambda}$ to give

$$T_{\lambda+S} = \frac{\dfrac{m I_\lambda}{m I_{0\lambda}} + \dfrac{n I_S}{m I_{0\lambda}}}{1 \quad + \dfrac{n I_{0S}}{m I_{0\lambda}}} \qquad \text{(v)}$$

and letting α' equal the proportion of effective stray radiation to that of the nominal wavelength, that is

$$\alpha' = \frac{n I_{0S}}{m I_{0\lambda}}$$

then (v) becomes $T_{\lambda+S} = \dfrac{T_\lambda + \alpha'}{1 + \alpha'}$ since $n I_S$ is assumed to be equal to $n I_{0S}$,

from which $\alpha' = \dfrac{T_\lambda - T_{\lambda+S}}{T_{\lambda+S} - 1}$. Thus if the instrument is adjusted to read at a wavelength where the true optical density of the filter is extremely high (then $T_\lambda = 0$) e.g. at the 2.5 density reading, then α' can be evaluated. Using this value for α' it is possible to construct a curve relating T_λ to $T_{\lambda+S}$ for the percentage of stray light found.

It is recommended that if the stray light becomes appreciably greater than 1 percent then the instrument mirrors, etc. require overhauling.

The stray light errors discussed above can be minimised by using thinner layers of the material for the optical density measurements.

Multiple Reflection. GOLDRING et al. (1953) suggest that the errors observed by VANDENBELT et al. (1945) and later by other workers could arise from multiple reflection paths within the cell compartment. The radiation beam can be repeatedly reflected back on itself between the cell faces, the exit-beam lens, the outer faces of the slit jaws and other exposed surfaces. Several procedures have been suggested by the above authors to reduce or eliminate the effects. (i). The cells can be placed at an angle of 5° to the path of the beam and at the same time the opening into the phototube compartment can be reduced to an area not much larger than that required by the exit beam. (ii). A neutral filter immersed in the solvent will reduce the reading at the nominal wave length slightly but will lower the multiple path error many-fold. Longer path cells are better on account of beam divergence whereas cells with very thin layers of material, where interfacial reflections are extensive, may introduce interference errors.

Polarization Error. A cyclic variation in the background response of photoelectric instruments detected by GIBSON and BALCOM (1947) was ascribed to partial polarization of the radiation emergent from any monochromator (HARDING, 1951) coupled with the rotary dispersion of the crystal quartz exit-beam lens. The sensitivity of the phototube surface varies with the direction of the radiation vector, so the measurement of optically active materials may be affected appreciably.

Fluorescence. In most photoelectric instruments the sample cell is placed immediately in front of the photocell or vacuum phototube. When a strongly fluorescent substance is being examined an error is introduced by the fluorescent light of the sample falling on the receptor. The error similar to that for stray light can be appreciable if it occurs at a wavelength where the phototube has a higher sensitivity than that for the nominal radiation.

Braude, Fawcett and Timmons (1950) reported errors in the assay of anthracene and naphthalene which they attributed to a fluorescence effect. However, Ovenston (1951), after examining the effect of the proximity of the absorption cell to the phototube on the magnitude of the error, considers that when measurements are made in the more usual 0.2 to 0.8 optical density region, the error is negligible for most purposes. For accuracy the fluorescence interference can be minimised in many instances by inserting a filter which will absorb the fluorescent light but transmit the radiation over the region of maximal absorption of the substance.

Much depends however on the degree of separation of the absorption and fluorescence bands and on the presence of impurities which may act as activating or quenching agents. In general biological work, weak fluorescence causes little interference.

Turbidity. When solutions are not optically clear the suspended particles scatter the radiation and the absorption spectra have strong end-absorption in the lower visible and ultra-violet regions. It is advisable to clarify such solutions where possible prior to analysis. However, quantitative work on turbid solutions may be carried out with reasonable precision. A procedure worked out by Fog (1952) can be applied widely. He studied the problem in connection with the estimation of various constituents in blood serum. The method is discussed more fully in a later section on correction procedures.

5. Applications of Spectrophotometry.

A very considerable proportion of qualitative and quantitative analytical work in biological sciences is now done spectrophotometrically. Spectrophotometers are extremely versatile. They have been used for detecting and identifying the nature of the selectively absorbing substances present in an extract or preparation, and for determining the amount present. In addition to general analysis they may also be employed for (a) the control of the isolation or preparative procedures for various materials, (b) the study of equilibria between various reactants, (c) the determination of rates of reaction and (d) the determination of dissociation constants to mention only a few applications.

Irrespective of the nature of the problem, providing the various points of experimental technique discussed previously have been observed, the recording of the spectrum is straightforward. The pattern of the absorption spectrum and the position of the wavelength maximum give an indication of the nature of the absorbing material; and the intensity of the absorption band at λ_{max} gives a measure of the amount present.

However, in the examination of biological materials it is not always possible or advisable to isolate many labile substances in the pure form prior to quantitative assay even by means of the modern physical techniques of chromatography and counter-current distribution, since they may become oxidised or isomerised in the process. Therefore a compromise must often be made. It is generally only necessary to prepare the material in a form such that its absorption band can be recorded clearly and then correct for the irrelevant absorption of the impurities by a procedure similar to that devised by MORTON and STUBBS (1946) for vitamin A in liver oils.

a) Qualitative Examination of Materials.

Cause and Interpretation of the Absorption Band. When a substance is exposed to radiation energy of various wavelengths, absorption will take place at widely different frequencies corresponding to different energy levels. Absorption in the far infrared region causes an increase in the rotational energy of the molecule. Definite quanta are absorbed resulting in a line-type spectrum. In the near infrared region, the quanta have sufficient energy to displace the atoms of the molecule from their normal positions so that they oscillate back and forth from each other and swing sidewise. These stretching or bending motions of the bond give rise to vibrational spectra, which take the form of bands, because some of the energy may be transferred internally to alter the rotational energy. Therefore quanta over a small energy range may bring about the vibration. Incident radiation over the visible and ultra-violet regions of the spectrum causes the displacement of an outer electron in the molecule; and the absorption spectra in these regions are sometimes referred to as electronic spectra. The difference between the two regions is merely that the transitions in the former require a lower energy. They are made easier for many substances where a larger number of possible electromeric forms (resonance states) exists. The energy in the far ultraviolet is sufficient in some cases to bring about ionization of the molecule. Electronic spectra also appear as bands since both vibrational and rotational energy effects modify the main transitional energy requirement.

Presentation of Spectra. Most of the commercial instruments operating in the visible and ultraviolet regions have their wavelength scales calibrated in millimicrons ($1 \, m\mu = 10 \, \text{Å}$). In view of the size of the band-pass of the monochromators and the breadth of most absorption bands, the millimicron unit is preferable to the Ångstrom. Sometimes the inverse of the wavelength (cm.$^{-1}$), the wavenumber, recently called *kayser* (BAKKER, 1953) has been used, since this unit is more suitable for the infrared region. Occasionally also frequency units, *fresnels*, have been employed. The latter notation however is more of theoretical interest in studies on the electronic transitions responsible for the band than of an applied analytical nature. For some recording instruments covering a very wide spectral range it has been suggested by SHURCLIFF (1942) that a log wavelength scale would be more convenient. This would ensure that each width of recorder paper covers a constant wavelength range.

The photometric scales are generally calibrated in terms of % transmittance and optical density. For routine quantitative work the % transmittance scale is widely used possibly because many colorimeters are also calibrated only in terms of % transmittance. This notation is required for the transmittance ratio procedure of analysis. When, however, fuller information is required regarding the absorption band, perhaps with a view to correcting it for impurities, then the optical density scale is more convenient. The notation, $E_{1\,cm.}^{1\,\%}$ value, for the optical density (extinction) of a 1% solution in a cell 1 cm. thick is the most practical quantitative unit in following the purification of a substance by its absorption spectrum. For recording the spectra of pure compounds possessing absorption bands of widely different intensity, it is often more convenient to plot log ε against wavelength. SHURCLIFF and STEARNS, (1949) and STEARNS, (1950) recommend the plot of log optical density against wavelength. The shape of this absorption curve is independent of the level of optical density at which it is recorded and hence superposition of such curves on transparent paper can reveal differences immediately where different chromophores are concerned. Coincidence of the curves over the whole spectral range is firm evidence of chemical identity.

Interpretation. When the absorption spectrum of a substance is recorded in the ultraviolet or visible region, the main points to observe about it are the characteristic wavelengths of the maxima and minima of absorption, the number of absorption bands, the presence or absence of fine structure, the intensities of the bands and their persistence. The positions of the maxima and minima give information regarding the nature of the substance and the intensity a measure of the amount present. Most extracts however, show traces of impurities which give rise to interfering absorption, sometimes partly obscuring the selectively absorbing constituents.

The interpretation is based on a large amount of empirical observations relating the structure of compounds to their absorption spectra. Only a few general basic considerations can be dealt with here and only a few examples of the various types of characteristic absorption given. For full details reviewing this information on the connection between "colour" and constitution the various standard works and review articles (Morton, 1942; Brode, 1943; Kortüm, 1948; Ferguson, 1947; Maccoll, 1947; Gillam and Stern, 1954) should be consulted.

Colour in organic molecules is generally associated with unsaturation in the group such as $\rangle C=C\langle$; $\rangle C=O$; $-N=C\langle$; $-N=N-$; etc. Witt (1876 and 1888) was among the first to note their importance in this connection and gave them the name *chromophores*. Furthermore, he noticed that the colour of the substances containing the above type of unsaturated groups was enhanced by the addition of other groups (e.g. an $-NH_2$ or an $-OH$) to which he gave the name *auxochromes*. These single isolated chromophores do not absorb in the visible region but only in the ultraviolet. Table 4 gives the wavelengths of the absorption maxima of the various groups.

When a number of the above groups are conjugated so that electronic resonance transitions may take place the absorption occurs in the visible (e. g. the carotenoid, β-carotene with 11 ethylenic double bonds is yellow in solution). Brode (1949) in reviewing the presentation of spectra describes the three possible ways in which chromophores are found in complex molecules:

(i) They may be *separated* in the molecule by an insulating bridge such as that of a methylene group ($-CH_2-$) or an oxygen atom ($-O-$) so that resonance transitions cannot take place between the chromophores on either side. The absorption spectrum will in general be a summation of the separate chromophores. In certain instances one can influence the other slightly. The absorption bands associated with the separate chromophores such as the above or with unpaired electrons of free radicals have been referred to as R(Radical)-bands (Burawoy, 1939).

(ii) The chromophores may be linked in *conjugation* thereby producing a larger chromophore. The resonance effects can be transmitted by covalent and co-ordinate linkages but not by two single ionic bonds. The absorption bands associated with these chromophores are referred to by Burawoy as K (Konjugiert) bands.

(iii) This type, which Brode calls *cumulated*, is rarer. Here two resonance centres share electrons in common so that only one of the two forms can exist at a given instant (e. g. as in certain azo-dyes). The resonance forms usually have reduced extinction values.

There are considerable differences in the first two groups of bands which help to distinguish them. The R-bands have very low molecular extinction coefficients usually less than 100 and always less than approximately 2,000 (GILLAM and STERN, 1954) whereas those of K-bands are from 5,000 to 50,000 or even up to 200,000. Substitution of R-chromophores by auxochromes displaces the bands to shorter wavelengths, whereas substitution of K-chromophores moves the bands to longer wavelengths. Again, the displacement effects on the two types of band caused by the different solvents *(vide infra)* are also in opposite directions.

Movement of an absorption band to longer wavelengths is referred to as a *bathochromic* shift and to shorter wavelengths, *hypsochromic*. The change of intensity of λ_{max} associated with these changes is called *hyperchromic* when the shift results in an increase in the absorption at λ_{max} and *hypochromic*, a decrease.

Solvent Effects. The position and intensity of the absorption band of a pure substance are influenced by the solvent in which the spectrum is recorded. The effects are mainly physical and vary depending on (a) the nature of the solvent, (b) the nature of the solute and (c) the type of chromophore (K- or R-) responsible for the selective absorption.

With regard to (a) and (c) the solvent molecules in general broaden the absorption band by virtue of their collisions and association with the solute molecules and at the same time reduce the intensity at the maximum. Vapour spectra and spectra recorded in the solvent at low temperatures where collision energies are reduced show very sharp absorption bands. KUNDT (1878) observed that when absorption spectra are recorded in different solvents that the positions of the $\lambda\lambda_{max}$ and their intensities are altered. The effects are more noticeable with the conjugated type of chromophores.

He believed that the absorption maximum was shifted towards the red end of the spectrum with increasing refractive index of the solvent. BRODE (1926) showed that this was not always the case. The relationship between the movement of absorption maxima with a number of the physical properties of solvents have been studied (SHEPPARD, LAMBERT and WALKER, 1941) but no consistent effects were observed. For many substances the absorption maximum is moved towards the red end of the spectrum with increasing dielectric constant of the solvent, e.g. chromophores ending in —CHO but not —COOH. The relationship is not a close one and in the case of mixed solvents the more polar component present even down to 1% can be just as effective as when present to 100%. The oscillator strength (area enclosed by absorption band) remains constant and so the intensities of the bands are lower. Solvents with the higher dielectric constants cause the absorption bands associated with R-chromophores to appear at shorter wavelengths. With regard to (b) the direction and the extent of the shift observed depend considerably on the terminal group of the K-chromophore. If the chromophore terminates in a saturated grouping (e. g. alkyl or alcohol) the displacement with change of solvent from hexane to ethanol is quite small, about 2 or 3 mμ. However, with a terminal group which is itself a chromophore and therefore liable to be affected by the possibility of H-bonding or association with the solvent molecules then the displacement is larger. Chromophores ending with an aldehyde group follow the above rule and exhibit a shift of ca. 6 mμ but these with a terminal carboxyl have their maximum of absorption at a shorter wavelength in ethanol than in hexane.

Relationship between the wavelength of absorption and the number of double bonds in the chromophore. HEWITT and MITCHELL (1907) observed that the colour of a dye deepened with increase in the length of the chain of conjugated double bond in the molecule. Then in studies on the carotenoid pigments a considerable amount of in-

formation on the absorption spectra of conjugated systems was collected by
HAUSSER and co-workers (1935). They studied systems such as $CH_3(CH=CH)_nCHO$
and also the corresponding acids. With an increase in the number of conjugated
double bonds in the molecule the absorption maximum and also the molecular
extinction coefficient increased.

The oscillator strength, $f = \int_{\nu_1}^{\nu_2} \varepsilon \, d\nu$, which is the integral of the molecular
extinction values over the frequency range of the absorption band was shown by
HAUSSER et al. (1935) to be directly related to the number of double bonds. This
effect has been confirmed with other polyene systems by many workers (LEWIS
and CALVIN, 1939; BLOUT and FIELDS, 1948 and GLOVER and REDFEARN, 1954).

In an attempt to obtain a better understanding of the data on polyene systems,
LEWIS and CALVIN (1939) started with the idea that the light energy is taken up
by electrons oscillating between the atoms linked by the double bonds.
The alternating magnetic field of the radiation of wavelengths which is large
compared with the dimensions of the molecule was considered to induce an oscillation of electrons along the length of the conjugated system. The displacement
would be proportional to the polarizability of the molecule. Assuming further
that the oscillations of each chromophore were harmonic and that they all vibrated
in phase, a relationship was obtained that the square of the wavelength was related
to the number of double bonds (n) as follows: —

$$\lambda^2 = A_n + B$$

where A and B are constants. The various members of a number of polyene series
with up to eleven double bonds in conjugation fit this relationship very closely.
So for practical purposes it has been found the most useful in predicting the
number of conjugated double bonds in a K-type chromophore.

Many other workers have studied the phenomenon and derived relationships
by analogy with various types of oscillators (HENRICI, 1940 and KUHN, 1948) or
on a basis of quantum mechanics (MULLIKEN, 1939; and MULLIKEN and RIEKE,
1941) but the above has proved very satisfactory for most purposes.

Absorption of Ring Systems. The atoms in ring compounds have less freedom
of movement than in the open chain structures. This restriction on the variety of
ways in which the main electronic transitional energy requirements can be
satisfied results in the absorption band having fine structure.

(i) Aromatic. Benzene shows two main absorption regions, one in the vacuum
ultraviolet with λ_{max} 198 mμ; ε, ca. 8000 and the other in the 230—270 mμ region
with λ_{max} at 255 mμ and ε, ca. 230. An increase in the conjugation of the double
bonds either by adding on an aliphatic type side chain to the benzene nucleus or
by increasing the number of fused benzene rings causes a bathochromic shift of the
absorption maxima of benzene. The intensity of the absorption is also increased
with increasing conjugation as with aliphatic compounds.

The insertion of substituents in the benzene nucleus and the addition of
conjugated aliphatic chromophores cause a diminution in the fine structure of the
band (KORTÜM and DREESEN, 1951) whereas the polycyclic aromatic compounds
retain the fine structure as expected. The effects of substituents like the —OH and
—NH$_2$ groups is greater on the benzenoid absorption band (230—270 mμ region)
than on those of compounds with aliphatic chromophores. The central benzenoid
band is at 255 mμ whereas those for phenol and aniline occur at 273 mμ and
280 mμ respectively; and their intensities are 10 and 6.5 times greater.

(ii) Heterocyclic. The absorption spectra of unsaturated heterocyclic ring systems
have many properties in common with those of the aromatic ring, in that they also

Table 4. *Absorption Maxima of Typical Chromophoric Groups.*

Chromophore	System	Example	λ_{max} (mμ)	ε	Solvent
Carbonyl	$R \cdot R'C=O$	acetone	270.6	15.8	alcohol
Carbonyl	$R \cdot HC=O$	acetaldehyde	293.4	11.8	alcohol
Carboxyl	$R-C{\overset{\diagup O}{\diagdown OH}}$	acetic acid	204	60	water
Ethylene	$R \cdot CH=CH \cdot R$	ethylene	193	10,000	vapour
Conjugated diene	$R \cdot (CH=CH)_2 \cdot R$	1,3 butadiene	217	20,900	hexane
Acetylene	$R \cdot C{\equiv}C \cdot R$	acetylene	173	6,000	vapour
Azomethine	$R \cdot R'C=NR''$	acetoxime	190	5,000	water
Nitrile	$RC{\equiv}N$	acetonitrile	160	—	—
Azo	$R \cdot N=NR'$	diazomethane	410	1,200	vapour
Nitroso	$R \cdot N=O$	nitrosobutane	300	100	
			665	20	ether
Thiocarbonyl	$R \cdot R'C=S$	diethyl-thiocarbonate	330	5	
Sulphoxide	$R \cdot R'S \rightarrow O$	*cyclo*hexyl methyl sulphoxide	210	1,500	alcohol

exhibit fine structure. The replacement of $=CH-$ by $=N-$ or of $-CH_2-$ by $-NH-$ does not appreciably affect the position of the absorption band but causes an increase in intensity. The various purines and pyrimidines absorb in the 245—290 mμ region.

(iii) Steroid. Compounds with the single ethylenic bond absorb in the 180—190 mμ region and with the ketone bond feebly at 270—280 mμ. With regard to conjugated double bond systems in the steroid molecule, FIESER and CAMPBELL (1938) drew attention to the facts that when two double bonds were present in the same ring the absorption occurred in the 260—280 mμ region and when in adjacent rings around the 220—260 mμ region.

The former type of chromophore exhibits fine structure as in the $\Delta^{5,7}$-sterols with absorption maxima at 271.5 mμ, 281.5 mμ and 293 mμ respectively (Fig. 26) — whereas the latter type possesses a single maximum as in the $\Delta^{4,6}$ sterols with λ_{max} at 240.5 mμ which has small shoulders at 235 mμ and 249 mμ.

A further increase in conjugation causes a similar bathochromic shift to that observed in spectra of open chain compounds. When the double bond is conjugated

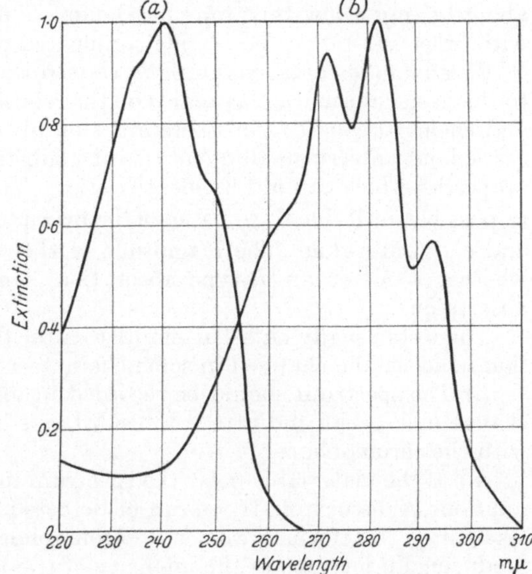

Fig. 26. Absorption spectra of *(a)* Δ^{4-6} cholestadienol; and *(b)* Δ^{5-7} cholestadienol in cyclohexane.

with a carbonyl group as in an α-β-unsaturated ketone, the exact position of the absorption maximum which occurs within the 220—260 mμ region depends on the number of carbon substituents on the α- and β- carbons. WOODWARD (1941,

1942), who studied alkyl substituents on simple chromophores observed three subzones. The different types may be considered with reference to the following structure

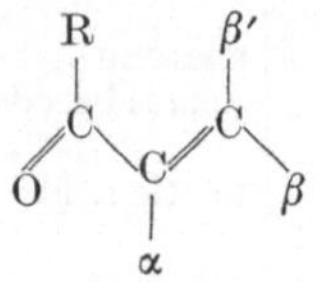

$$\begin{array}{ccc} R & & \beta' \\ \backslash & & / \\ C & & C \\ / \backslash & / & \backslash \\ O & C & \beta \\ & | & \\ & \alpha & \end{array}$$

	λ_{max} in Ethanol
Type I: α or β carbon and the remainder H, then	$= 225 \pm 5\ m\mu$
II: α and β or β and β' are carbons remainder H, then	$= 239 \pm 5\ m\mu$
III: α, β and β' all carbon	$= 254 \pm 8\ m\mu$

When the enol form of this chromophore is examined, the band is generally displaced towards the visible.

Stereoisomerism. Where the differences in structure arise from the spatial arrangement around an asymmetric carbon atom as in optical isomers there are no differences in the position or intensity of the absorption band. With *cis-trans-* isomerism on the other hand, the spatial arrangement around the plane of an ethylenic bond (or an azo group) is concerned and so, if the latter forms part of the chromophore, differences are expected. The experimental evidence on carotenoids and other long conjugated carbon chains indicate that for maximum resonance along the complete chromophore it is necessary for all the resonating units to be coplanar (ZECHMEISTER and POLGAR, 1943). In the case of the all-*trans* compounds, the longer wavelength maxima are at their greatest intensity. After heating or treatment with iodine, *cis*-isomers are formed. In these the longer wavelength absorption band has a much lower intensity and a new *cis*-peak appears about 143 mμ below the "top" maximum. Similar phenomena have been observed with other substances possessing conjugated polyene chromophores.

Determination of the nature of the chromophore present in a molecule. In addition to the basic information available on the relationship between selective absorption and chemical constitution there are a number of additional tests which may be carried out on very small quantities of a substance possessing selective absorption properties which can aid its identification. Firstly, the material is purified as far as possible until the $E_{1cm}^{1\%}$ value of the maximum of absorption attains an optimal and constant value. The magnitude of this value will give an indication as to whether a K- or an R-type absorption band is responsible for the selective absorption.

The tests usually entail attempts to alter the chromophore so that the absorption band will be changed in some characteristic manner.

(i) The spectrum should be recorded in different solvents. The degree of the change in λ_{max} can indicate if the substance has a polar group closely associated with the chromophore.

(ii) If the material is polar the spectrum may be recorded in acidic or alkaline solution. A dissociable H-ion can be detected in this way. Again, the addition of alkali may transform a carbonyl chromophore of a ketone into the enolic form producing an increase in the intensity of the band.

(iii) The presence of oxidising-reducing agents in the solution may also change the position of the absorption maximum. The action of a more powerful reducing agent such as lithium aluminium hydride (BROWN, 1951) or sodium borohydride under controlled conditions may be attempted. Aldehydes, ketones, carboxylic acids and esters are readily reduced to the corresponding alcohol in good yield causing a hypsochromic shift in the absorption spectrum.

(iv) The substance may be treated with N-bromosuccinimide (DJERASSI, 1948) to determine if additional double bonds can be inserted to increase the degree of conjugation.

Spectrophotometric Determination of Molecular Weight. The selective absorption of an isolated chromophoric group is generally not appreciably affected by the remainder of the molecule. Esters of selectively absorbing alcohols such as ergosterol, xanthophylls and vitamin A with various fatty acids exhibit closely similar absorption properties to the free compounds. The molecular extinction coefficients of the free alcohol and the ester are always in very close agreement since they are characteristic only of the chromophoric group. Respective $E_{1\,cm.}^{1\,\%}$ values of the free and combined substances however, are considerably different since they depend on the molecular weight.

$$E_{1\,cm.}^{1\,\%}. \text{value} = \frac{10\,\varepsilon}{\text{M.W.}}.$$

This relationship can be used for the determination of the molecular weight of a substance.

It can be applied in a variety of ways: —

Case (i). (a). The unknown substance is transparent in the visible or near ultra-violet but possesses a reactive grouping such as —OH, —NH$_2$, —CHO or —COOH. It can be conjugated with a compound possessing a characteristic chromophore to yield a derivative, the molecular extinction coefficient of which is known from observed values on similar types of compounds.

(b) The unknown substance possesses a chromophore and a reactive grouping enabling it to be linked with a transparent substance to form a derivative whose molecular extinction coefficient is known as for (a) above.

The above type of procedure has been applied by CUNNINGHAM, DAWSON and SPRING (1951) in the determination of molecular weights by means of picrates. FAZAKERLY and GLOVER (1954) have used it for the determination of the M. W. of an unknown aldehyde extracted from plant leaf tissue. The 2,4 dinitrophenyl-hydrazone was prepared and recrystallised and its $E_{1\,cm.}^{1\,\%}$ value at λ_{max} 357 mμ determined in ethanol. This value was then inserted in the above equation using the mean value for the molecular extinction coefficients of similar dinitrophenyl-hydrazone derivatives of unconjugated aldehydes shown in Table 5.

The accuracy depends on the purity of the derivative prepared. Providing this is satisfactory the error will be about ± 2%.

If the aldehyde is conjugated with other double bonds the values for chromophores with λ_{max} at the same wavelength must be used since the oscillator strength (f) of the chromphore increases linearly with increasing wavelength of absorption.

Table 5.

2,4 dinitrophenyl-hydrazone of	$\lambda_{m\mu}$	
Isobutyrylaldehyde	357—8	23,100
n-valerylaldehyde	357	23,100
*iso*valerylaldehyde	357	23,200
n-caproylaldehyde	358	23,800

Solvent: ethanol. After LOCKHART, MERRITT and MEAD (1951).

Case (ii). The unknown substance possessing a chromophore is impure.

If two pure crystalline derivatives can be prepared having the same molecular extinction coefficient, their $E_{1\,cm.}^{1\,\%}$ values may be determined and the molecular weight derived from two simultaneous equations obtained by substitution in the above relationship.

b) Quantitative Analysis.

One of two general methods may be used as in colorimetric analysis for the spectrophotometric determination of the concentration of a substance in solution. The substance may possess a chromophore exhibiting a sufficiently high intensity of absorption allowing it to be assayed directly or alternatively it may be treated with a reagent to form a derivative which has a suitable absorption band. The choice of procedure will depend on the sensitivity desired, the molecular extinction coefficient of the material and the presence of interfering absorption. Selection is usually made to avoid interfering absorption as far as possible.

Single Component Assay. When only one selectively absorbing component is present, its concentration can be determined by measuring the optical density or percentage transmittance at the maximum of absorption. Here $\dfrac{\Delta\varepsilon}{\Delta\lambda}$ is minimal and hence small errors in wavelength adjustment will cause negligible errors in the optical density reading. In some cases where interference is encountered with the main absorption maximum, another maximum or minimum freer from irrelevant absorption may be used.

Let the amount of the sample (containing compound A) taken $= c$ grammes and suppose that, after chemical or chromatographic separation procedures, the total extract of the purified substance is made up to 100 ml.

If this $c\%$ solution is assayed directly in a cell of thickness d cm. and gives an optical density reading of D' at the wavelength λ selected, then

$$\text{the } E_{1\,\text{cm.}}^{1\%} \text{ value at } \lambda = \frac{D'}{c \times d} = \frac{D}{c} \text{ for 1 cm. cell.}$$

The $E_{1\,\text{cm.}}^{1\%}$ value for the pure substance will be known at this wavelength $= k_a$ Hence the amount of compound A in the sample

$$= \frac{D \times 100}{c \times k_a}.$$

This $E_{1\,\text{cm.}}^{1\%}$ value is more convenient to use in practice than the molecular extinction coefficient (ε) and in work where the molecular weight of the substance responsible for the absorption is not known it can be used as a measure of the relative amounts present in different extracts.

For routine analysis a calibration curve relating optical density to percentage concentration may be prepared. This is essential for some substances which do not obey BEER's Law.

The above procedure represents the ideal situation when the absorption band is free from interference due to impurities. When the latter are present a correction must be applied *(vide infra)*.

Assay of Two Components.

VIERORDT's *Method.* When the two components present in a mixture have their absorption bands sufficiently clear of each other so that there is no mutual interference at their respective maxima of absorption, each can be assayed as a single substance. Such cases are quite rare; there is usually a considerable overlap in the spectra. In the latter event it is necessary to calculate algebraically the absorption due to each component in the presence of the other. VIERORDT's method (1934) accomplishes this when there is no irrelevant absorption.

The procedure is relatively simple requiring reliable optical density values from the spectrum of the mixture at two chosen wavelengths.

Let the absorption due to compound A at $\lambda_1 = D_{a1}$ and at $\lambda_2 = D_{a2}$ and let the corresponding values for B at $\lambda_1 = D_{b1}$ and at $\lambda_2 = D_{b2}$.

Now, $D_{a1} = C_a \times \varepsilon_{a1}$ where $C_a =$ concentration in g. mol./litre and $\varepsilon_{a1} =$ molecular extinction coefficient of A at λ_1 and similarly, $D_{b1} = C_b \times \varepsilon_{b1}$ for the compound B at λ_1.

The corresponding equations for λ_2 are
$$D_{a2} = C_a \times \varepsilon_{a2} \text{ and } D_{b2} = C_b \times \varepsilon_{b2}.$$

The observed optical density
$$E_1 \text{ at } \lambda_1 = (D_{a1} + D_{b1}) = C_a \times \varepsilon_{a1} + C_b \times \varepsilon_{b1}$$
$$\text{and } E_2 \text{ at } \lambda_2 = (D_{a2} + D_{b2}) = C_a \times \varepsilon_{a2} + C_b \times \varepsilon_{b2}.$$

From these two equations the two unknowns C_a and C_b can be calculated. They are given by the following equations,

$$C_a = \frac{\dfrac{E_1}{\varepsilon_{b1}} - \dfrac{E_2}{\varepsilon_{b2}}}{\dfrac{\varepsilon_{a1}}{\varepsilon_{b1}} - \dfrac{\varepsilon_{a2}}{\varepsilon_{b2}}} \text{ and } C_b = \frac{\dfrac{E_1}{\varepsilon_{a1}} - \dfrac{E_2}{\varepsilon_{a2}}}{\dfrac{\varepsilon_{b1}}{\varepsilon_{a1}} - \dfrac{\varepsilon_{b2}}{\varepsilon_{a2}}}$$

With regard to the choice of wavelengths in the above method a number of factors have to be considered. Firstly, the measurement at the absorption maximum is subject to less error than on the slope; secondly, the error in the expressions for C_a and C_b are minimal when the difference between the ratios in the denominator are maximal (STEARNS, 1950); and thirdly, the wavelengths chosen must be free from absorption due to other impurities.

Modification of VIERORDT's *method by* GOODWIN *and* MORTON. In addition to the direct analysis of binary mixtures a considerable amount of work involving spectroscopy in the biological field is concerned with following the transformation of one type of chromophore into another by means of an enzymic reaction such as an oxidation or a reduction. Either the substance itself may be selectively absorbing and therefore capable of being followed directly or perhaps the absorption of the coenzyme concerned in the reaction is the label employed. Whichever absorption band of the system is followed, the analytical technique is much the same. The decline in the maximum of absorption at wavelength λ_1 or an increase at λ_2 is measured. The spectra of such mixtures of two chromophores present in different proportions pass through a common point called the *isosbestic point*. It occurs at the wavelength where the molecular extinction coefficient of the two chromophores are equal, hence the optical density reading at that wavelength is a measure of the total molar concentration of the components.

GOODWIN and MORTON (1946) devised an improved method for the analysis of tyrosine and tryptophan in proteins making use of one of the two common points of intersection of their spectra, which gives the total molar concentration. Measurement at one other wavelength, as free from irrelevant absorption interference as possible, then enables the relative proportions present to be calculated. For accuracy in applying this method the point of intersection of the two component spectra must be determined carefully since for at least one of them the absorption will be changing rapidly with wavelength.

Let $D_1 =$ the observed optical density at the point of intersection (λ_1) where the molecular extinction coefficient of each component $= \varepsilon$.

Then the total number of mols./litre $= \dfrac{D_1}{\varepsilon} = m$.

Let $n =$ the number of mols./litre of compound A;
then $m - n =$ the number of mols./litre of compound B.
Again, if $D_2 =$ the observed optical density at wavelength λ_2 and ε_a and ε_b are the

respective molecular extinction coefficients of the two compounds, then

$$D_2 = n\,\varepsilon_a + (m - n)\,\varepsilon_b$$

from which $\quad n = \dfrac{D_2 - m\,\varepsilon_b}{\varepsilon_a - \varepsilon_b}.$

A correction for irrelevant absorption was obtained by a linear extrapolation of the absorption from a region just clear of the absorption bands to the selected wavelength positions. This was apparently satisfactory for the tyrosine-tryptophan analysis but should be used with caution. A more reliable type of general correction procedure for interfering absorption is described in the next section.

Correction Procedures for Irrelevant Absorption. Reliable quantitative analyses by the earlier photographic procedures were somewhat tedious on account of the precautions necessary to eliminate errors due to variations in the photographic emulsions, in the processing and in the spotting of the plates. A number of exposures were usually necessary to obtain the absorption maximum accurately. The higher reproducibility and accuracy of photoelectric instruments however, give a result which has the precision of the mean value of about 6 photographic estimations (Gridgeman, 1952). Readings can be taken on the slopes of absorption curves with reasonable precision ($< 0.5\%$ error) enabling algebraic methods to be applied successfully to correct for irrelevant absorption.

Experience has shown that the interfering absorption in spectra generally follows an exponential type curve as shown in Fig. 1, rising towards either the vacuum ultraviolet or infrared region. Morton and Stubbs (1946) introduced a procedure to correct for this interference. The method involves the simple assumption that over short wavelength ranges the irrelevant absorption approximates closely to a straight line[1]. For full details of the general treatment of the procedure, the original paper should be consulted. Only two special cases which have been widely accepted and proved to be extremely practical are dealt with here.

Full details of the spectrum of the pure material under examination are required and these should be obtained or verified on the spectrophotometer which will be used for the analysis. This precaution is necessary to avoid errors due to faulty setting of the wavelength scale and to slight absolute differences in the photometric system.

Three Point Procedure of Morton and Stubbs. Let the curve (a) in Fig. 27 represent the observed absorption band of the contaminated substance, and the curve (b) the absorption due to the irrelevant material. It is assumed that the latter is linear over the wavelength region λ_1 to λ_3 extending on both sides of the absorption maximum at λ_2. The readings for optical density are recorded carefully in duplicate or triplicate at these wavelengths, known as the three fixation points. The curve (c) is the absorption due to the pure material. The wavelengths, λ_1 and λ_3, are chosen such that the optical densities at these points are equal,

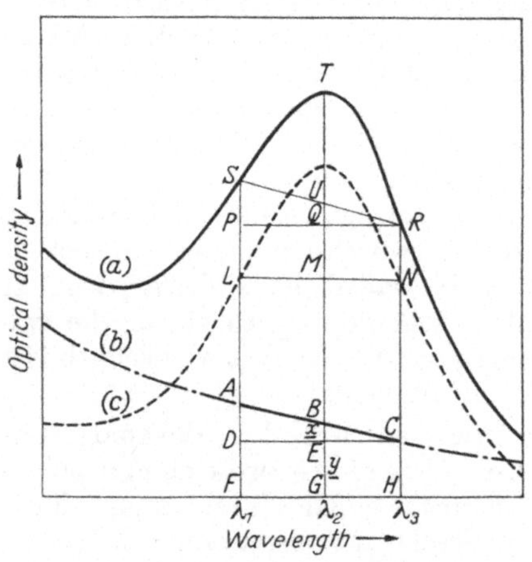

Fig. 27. Curves illustrating Morton-Stubbs' correction procedure for irrelevant absorption.

---

[1] If the irrelevant absorption is not approximately linear the equations will lead to a negative answer indicating that the original assumption was not valid.

hence LN is horizontal. The total correction to be applied at the absorption maximum (λ_2) is equal to BG which is composed of two parts (i) BE (x) due to the slope of the line and (ii) EG (y) the height of the lowest point of the selected portion of the irrelevant absorption above the zero line

BE is equal to $UQ = SP \times \dfrac{QR}{PR}$, all of which are known

$SP = D_{\lambda_1} - D_{\lambda_3}$ the optical densities at λ_1 and λ_3 respectively,

$$QR = \lambda_3 - \lambda_2 \text{ and } PR = \lambda_3 - \lambda_1$$

Hence the correction for the slope

$$x = \frac{(D_{\lambda_1} - D_{\lambda_3}) \times (\lambda_3 - \lambda_2)}{(\lambda_3 - \lambda_1)} \tag{i}$$

The portion EG is evaluated by making use of the fact that the optical density of the pure material at the absorption maximum (λ_2) has a definite and known ratio $(= k)$ to the densities at λ_1 and λ_2 respectively.
Thus,

$$\frac{D_{\lambda_2} - x - EG}{D_{\lambda_3} - CH} = k. \tag{ii}$$

Now $EG = CH = DF$ and denoting them by y, the above equation (ii) becomes $D_{\lambda_2} - x - y = k\,D_{\lambda_3} - ky$ from which

$$y = \frac{k\,D_{\lambda_3} - D_{\lambda_2} + x}{k - 1} \tag{iii}$$

and by substituting for x and y, the corrected optical density at the absorption maximum,

$$D_{corr} = \frac{k}{k-1}\left\{ D_{\lambda_2} - \frac{(\lambda_2 - \lambda_1)}{(\lambda_3 - \lambda_1)}\,D_{\lambda_3} - \frac{(\lambda_3 - \lambda_2)}{(\lambda_3 - \lambda_1)}\,D_{\lambda_1}\right\} \tag{iv}$$

and by choosing suitable values for λ_1, λ_2, λ_3 and k respectively the correction can be simply made. It is usual to compare a number of different points to find the set which gives rise to the minimum error in practice as checked by a number of analyses, say after chromatographic procedures to remove the contaminating material.

A number of refinements to this general procedure have been suggested to enable corrections to be read off quickly from a nomogram (OSER, 1949) or graphically (McGILLIVRAY, 1950).

McGILLIVRAY's *modification of* MORTON *and* STUBBS' *Three Point Procedure.* The fixation points for this procedure are λ_{max} and two other wavelengths equidistant above and below:
Let curve (a) in Fig. 28 be the observed absorption band and curve (b) irrelevant absorption as before. Then the absorption due to the pure substance,

at the maximum, $\lambda_2 = D_{\lambda_2} - (x + y)$,

at, $\lambda_1 = D_{\lambda_1} - (x + 2y)$, since $\lambda_1 \sim \lambda_2$, $\lambda_2 \sim \lambda_3$ are equal,

and at $\lambda_3 = D_{\lambda_3} - x$.

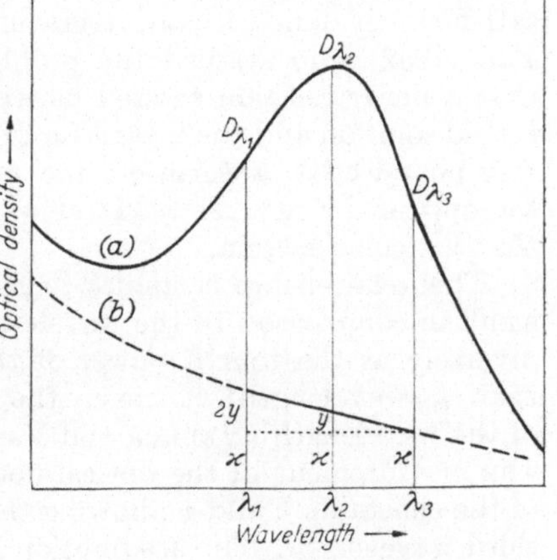

Fig. 28. Curves illustrating modified correction procedure.

Now
$$\frac{D_{\lambda_1} - (x + 2y)}{D_{\lambda_2} - (x + y)} = k_1 \quad \text{and} \quad \frac{D_{\lambda_3} - x}{D_{\lambda_2} - (x + y)} = k_2$$

where k_1 and k_2 are known constants for the pure substance, from which
$$D_{\lambda_1} - (x + 2y) = k_1 D_{\lambda_2} - k_1 (x + y)$$

and
$$D_{\lambda_3} - x = k_2 D_{\lambda_2} - k_2 (x + y)$$

adding and solving for $(x + y)$, the equation,
$$(x + y) = \frac{D_{\lambda_1} - (k_1 + k_2) D_{\lambda_2} + D_{\lambda_3}}{2 - (k_1 + k_2)} \quad \text{is obtained.}$$

Hence
$$D_{corr} = 2 \, \frac{D_{\lambda_2} - D_{\lambda_1} - D_{\lambda_3}}{2 - (k_1 + k_2)} \, .$$

The latter modification is a simple correction to apply in practice though both give results in close agreement (Cama, Collins and Morton, 1951).

In those instances where the correction to be applied becomes very large it is considered advisable to purify the material further and assay again in order to obtain another estimate of the accuracy of the first determination.

More elaborate procedures have been used along the same general principles to increase the accuracy with which the correction can be evaluated. Cama et al. (loc. cit.) have developed a procedure which still assumes the interfering absorption is linear over the narrow wavelength range and which involves 16 fixation points. Another algebraic procedure devised by Tunnicliff, Rasmussen and Morse (1949) is based on the assumption that the optical density of the interference can be represented by an analytical function of wavelength which does not represent any of the components being determined. The functions tried were power series and descending exponentials. However, for most work, the simple procedures described above when carefully applied are perfectly adequate.

Correction procedure for Turbidity. In certain circumstances where the compounds to be studied are labile and would be mostly destroyed by chemical treatment to purify them, it is possible within limits to assay them directly even though the solution may be colloidal or somewhat turbid. Previously this was only satisfactorily done with an integrating-spectrophotometer (Snell and Snell, 1948). Fog (1952) who studied the problem of assaying substances in plasma found that a linear relation existed between the logarithm of the optical density of a turbid solution and the logarithm of the wavelength. With turbid samples exhibiting no selective absorption, the following relationship was observed to hold: the optical density, $D = k\lambda^y$ at wavelength λ, where k and y are constants for the particular system.

This relationship is similar to Rayleigh's law which states that for particles small in comparison to the wavelength of the incident light the scattering varies inversely as the fourth power of the wavelength. For larger particles (greater than $^1/_{10}$ wavelength), however, the scattering varies inversely as smaller powers of the wavelength (Heller and Vassey, 1946). Thus y depends on particle size. The measurement of the optical density at two wavelengths will give the values of the constants k and y allowing the interfering absorption to be calculated for a third wavelength. The assumption is made that the above relationship holds for the colloidally suspended material contaminating the sample to be analysed.

The absorption curve for the turbid solution is plotted on logarithmic paper. Let the optical density values for the selected fixation wavelengths λ_1, λ_2 and λ_3 be D_1'', D_2'' and D_3'' respectively (Fig. 29). These wavelengths should be chosen at the minima of any other coloured impurities present; and let D_1, D_2 and D_3

represent the true absorption curve of the substance and D_1', D_2' and D_3', the irrelevant absorption. The values for the observed curve, $D'' = D + D'$, i.e. the sum of those for the true selective absorption and turbidity curves.

The line joining D_1 and D_3 gives the value ΔD_2 for the pure substance. Now $D_2 - \Delta D_2$ is proportional to the concentration if BEER's Law is satisfied; otherwise a calibration curve may be prepared relating the two. The aim of the procedure then is to obtain a reliable estimate of the expression,

$$D_2 - \Delta D_2 \quad \text{which equals} \quad D_2'' - \Delta D_2'' + Z \tag{i}$$

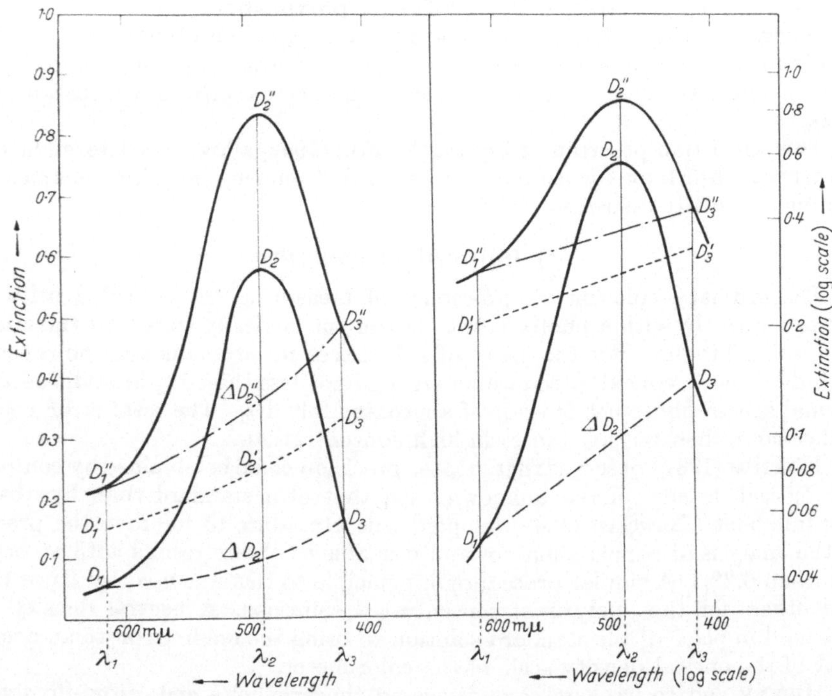

Fig. 29. Graphs illustrating correction procedure for turbid solutions. [After FOG: Analyst 77, 454 (1952).]

where Z is a factor taking into account the fact that the sum of the values for ΔD_2 and D_2' obtained from the respective equations ($D = k\lambda^v$) will not exactly equal $\Delta D_2''$ derived from its equation. The $\Delta D_2''$ term can be calculated on the assumption that D_1'', $\Delta D_2''$, D_3'' also satisfy the above relationship. This leaves the unknown factor (Z) to be determined. The latter will be small if (a) $\Delta D_2 \ll D_2$; (b) $D_1 > D_2$ where $\lambda_3 > \lambda_1$; and (c) λ_1 and λ_3 are at absorption minima on the curve for any selectively absorbing impurity. However, should Z exceed the experimental error of the measurement of D_2'' it can be calculated by successive approximations.

Now, from the figure, $\Delta D_2'' = \Delta D_2 + D_2' + Z$. (ii)

Hence, to obtain approximate values for Z, the unknowns ΔD_2 and D_2' must be estimated.

ΔD_2 can be obtained graphically from the straight line joining the approximate values for D_1 and D_3 on the true absorption curve.

Now,
$$D_1 = D_1^\circ \times \frac{D_2'' - \Delta D_2''}{D_2^\circ - \Delta D_2^\circ} \tag{iii}$$

and
$$D_3 = D_3^\circ \times \frac{D_2'' - \Delta D_2''}{D_2^\circ - \Delta D_2^\circ} \text{, approximately,} \tag{iv}$$

where D_1°, D_2°, D_3° and ΔD_2° refers to the values obtained from an absorption curve of the pure substance in a non turbid medium.

Again, since
$$D_1' = D_1'' - D_1 \text{ (approx.)}$$
and
$$D_3' = D_3'' - D_3 \text{ (approx.).}$$

Therefore D_2' can also be obtained graphically from the curve due to turbidity so that $Z = \Delta D_2'' - \Delta D_2 - D_2'$ as a first approximation.

Using this value of Z in the expression (i) above a better estimate of $D_2'' - \Delta D_2''$ is obtained which can be employed for a second estimation of Z and so on until a value is obtained which comes within the experimental error of the measurement of D_2''.

This correction procedure according to Fog (1952) allows the determination of selectively absorbing constituents to be carried out on biological samples containing colloidally dispersed fat and protein.

c) Differential Colorimetry.

The ordinary colorimetric procedure of measuring the optical density of a solution directly with a photoelectric instrument is ideally suited for the analysis of dilute solutions. For the assay of substances in large amounts however, the high dilutions involved introduce an error of not less than 1% in addition to the normal spectrophotometric error of approximately 1%. The total error becomes rather large then for substances in high concentration.

Kortüm (1937) observed that greater precision could be obtained by comparing the optical density of the unknown with that of a standard than by absolute measurement. Bastian (1949) adopted this procedure to improve the precision of the analysis of copper solutions and was able to obtain results with an error of less than 0.2%. A similar procedure in principle to this was used by High (1943) and others for the analysis of concentrated solutions. A neutral density filter was used in place of the standard solution to bring the readings on to an accurate part of the optical density scale of the colorimeter.

Hiskey and co-workers have discussed the principles and errors involved in this technique in a series of papers since 1949. The setting of the colorimeter

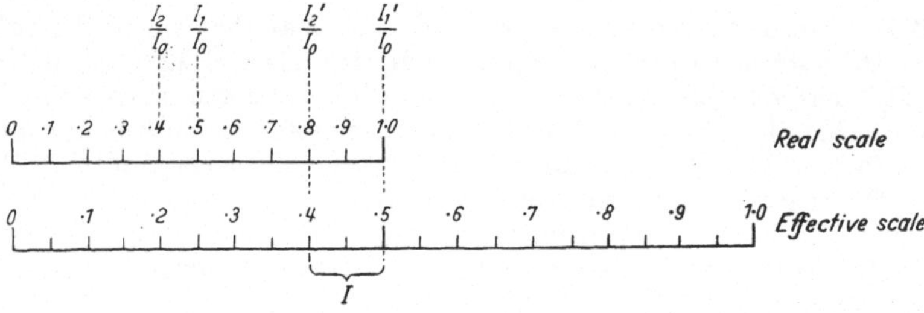

Fig. 30. Diagram illustrating the increased sensitivity of the colorimetric method in which a standard solution used as a compensator instead of the solvent.

or spectrophotometer at zero optical density or 100% transmittance with a standard solution or filter instead of the solvent in the light path means that the intensity of the incident radiation required is greater than that in ordinary colorimetric practice and so an increase in the overall response of the photocell results. Similarly, that for the unknown will also be greater but the relative values of the two photocurrents will remain the same. The absolute difference between them, however, will be increased and hence will be measured with greater precision by means of the galvanometer or potentiometer. This increase in sensitivity is equivalent to increasing the effective length of the optical density and transmission scales on the instrument. Consider the diagram (Fig. 30) the top section of which represents normal whereas the lower shows the relative values in the new procedure. It will be seen that the absolute difference, I, between the standard and unknown is considerably increased. This relationship can be expressed mathematically as described below:

Let C_1 and C_2 be the concentrations of the standard and unknown solutions respectively.

Then,

$$C_1 = \frac{1}{\varepsilon d} \log \frac{I_0}{I_1}$$

and

$$C_2 = \frac{1}{\varepsilon d} \log \frac{I_0}{I_2}$$

by the normal method of measurement of optical density in which I_0, I_1 and I_2 are the light intensities of the incident and emergent beams respectively.

The difference in concentration,

$$\alpha = C_2 - C_1 = \frac{1}{\varepsilon d} \left(\log \frac{I_0}{I_2} - \log \frac{I_0}{I_1} \right) = \frac{1}{\varepsilon d} \log \frac{I_1}{I_2}$$

thus when the unknown is measured against the standard solution set at zero absorption the observed reading is a measure of their difference in concentration. If the normal absorption reading, E, for the standard solution is used in place of the molecular extinction coefficient, ε, the above equation becomes

$$\log \frac{I_1}{I_2} = \frac{E}{C_1} (C_2 - C_1) = E \left(\frac{C_2}{C_1} - 1 \right).$$

HISKEY and co-workers (1950) plotted the relative optical density found for known values of E and the ratio C_2/C_1 and the curves clearly show that as the value of E increases the smaller is the difference between C_2 and C_1 which can be detected. All other things being equal the precision in the measurement of the unknown is greater.

However he pointed out that there are a series of limitations in applying the technique to various instruments. The latter should have a variable optical scale obtainable either (i) by increasing light intensity which may be achieved by adjusting the slits of the monochromator or by varying the amount of current through the light source or (ii) by operating the detector with variable sensitivity, i. e. using the galvanometer with a shunt or changing the amplification of the photocurrent produced.

Most photoelectric instruments are not designed for high optical density standards and only a few of the more recent spectrophotometers have the necessary sensitivity with variable slit control and amplification to enable the instrument to be balanced with a coloured standard solution in place of a solvent. The suitability of an instrument for this technique is assessed by measuring the intrinsic length of the transmittance scale. The normal 0—100% scale is assigned the value of unity when the balance is carried out with solvent in the ordinary way; with a standard solution, however, the effective scale length will be greater than unity. When the percentage transmittance is at the lowest value permitting the balance, the effective scale length is maximal and is called the intrinsic scale length of the instrument. Hiskey and co-workers (1950) have discussed the increase in precision of the method and the level of optical density desirable for the different types of equipment. Before applying the technique to a given problem, the performance of the spectrophotometer or colorimeter and its suitability for differential colorimetry should be tested by the procedures outlined by the above authors.

The precision in the measurement of the concentration of a solution by ordinary colorimetry depends on the value of the optical density $\log I_0/I$ at which the measurement is made as a consequence of the Bouguer-Beer Law. The optimal range is 0.2 to 0.8, the value 0.4343 being the maximum (see previous section p. 171). In a similar manner the measurement of the difference in concentration between two solutions one of which (usually the standard) is made equivalent to the solvent can be shown to be dependent on the $\log I_1/I_2$ value. However, the error in the measurement of the absolute concentration of an unknown solution is the main concern and this is naturally dependent also on the value of the $\%$ transmittance of the standard used in the comparison. Hiskey has plotted the relative error against the $\%$ transmittance-ratio value for different values of the optical density of the comparison standard. The family of curves obtained all show that the errors are always less than those in the special case where solvent is in the compensating cell. The position of minimal error moves from 0.43 towards 0 optical density value as the concentration difference between known and unknown becomes smaller. It is, generally speaking, impractical to work with a standard with an optical density greater than 1.7; and the standard chosen should be as close to the unknown value as possible without letting it be stronger than the unknown.

Since this procedure is designed to measure small differences in optical density, the cuvettes employed have to be carefully calibrated. The difference in their optical paths is evaluated by means of the above procedure. The cuvette with the shorter optical pathway is marked for the standard and the other the unknown. The same high optical density solution is placed in each cuvette and the difference in optical density value recorded when the standard cell is set at zero absorption. The equation, $\log I_1/I_2 = Cd\,(\beta - 1) = E\,(\beta - 1)$, where β is the ratio d'/d of the optical paths, enables β to be determined.

Another important factor in this technique of analysis is the question of conformity of the denser solution with Beer's Law. If the absorption versus concentration curve shows a deviation in a negative direction from the more usual straight line relationship then the precision of the particular assay is considerably reduced. One of the difficulties is that in using solutions of high optical density the instruments are often operated towards the extreme limits of their capabilities with regard to sensitivity, which favours an increase in stray light errors and hence produces such a negative deviation. A calibration curve should be prepared using a series of standard solutions with optical density from 0.1 to 2.0. Commencing with pure solvent as the compensator, the optical density should be measured until the value 0.43 is reached and then the solvent is replaced with this solution and measurements taken with the higher standards until the value 0.43 is obtained again and so on until the highest standard which can be measured on the instrument is reached. In this way the linearity of the absorption concentration curve can be checked.

If Beer's Law is not followed it is difficult to apply a correction. To avoid this and also the disadvantage of preparing very reliable reference standards and correcting for differences in the cuvettes, Ringbom & Oesterholm (1953) describe an alternative differential method which involves a more lengthy dilution titration procedure. The latter does not appear suitable for large numbers of samples.

The differential method has also been applied to two component systems (HISKEY and FIRESTONE, 1952).

d) Difference Spectra.

The spectrophotometer has one valuable advantage as an analytical instrument It can often be used to follow the behaviour of selectively absorbing substances in the presence of impurities such as are in biological media. In many cases the labile substances need not be isolated in pure form for analysis. While the spectra of a reaction system at the outset and at the end of the reaction often show nothing of interest, their difference spectrum may reveal the disappearance or development of a recognisable chromophore. The participation of the coenzymes, flavinadeninedinucleotide and diphosphopyridinenucleotide in oxidation-reduction enzyme systems has been studied qualitatively and quantitatively (e. g. GOLDMAN, 1954; RAFTER, CHAYKIN and KREBS, 1954) by the change in optical density at 450 mμ. and 340 mμ. respectively. Again, changes in the intensity of the β-ketoacylthioester absorption band at 303 mμ. have been employed by LYNEN and co-workers (1952) in studies on enzymes concerned in fatty acid metabolism. This band is intensified in the presence of Mg^{++} ions (STERN, COON and DEL CAMPILLO, 1953). The chromophore disappears on cleavage of the thiolester link by the appropriate enzyme enabling the reaction to be followed and hence its kinetics to be determined. Changes in absorption spectra have also been used in the determination of the mode of linkage of co-enzymes to the apoenzymes (e. g. MORELL, 1952; RACKER and KRIMSKY, 1952; VELICK, 1953 and CHANCE, 1953).

Instruments have been developed which enable difference spectra to be displayed directly on a cathode ray unit (DALY, 1951 and CHANCE, 1951). With this type of equipment CHANCE (1952) has developed sensitive methods for recording differences in optical density between aerobic and anaerobic suspensions of many types of bacteria which have made possible more detailed studies of the sequence of reactions in their respiratory systems (CHANCE, SMITH and CASTOR, 1953). These techniques will have a wider application to other enzyme systems in the future.

The correction procedures developed by MORTON and STUBBS (1946) give a reliable estimation of a selectively absorbing component in a mixture. When the absorption contribution due to the component assayed is drawn in full on the same scale and subtracted from the original uncorrected spectrum, the difference curve obtained may often reveal selective absorption in a longer or shorter wavelength region due to another substance which may be identified and assayed. This technique has been applied in the vitamin A field (MORTON and STUBBS, 1947 and GLOVER, GOODWIN and MORTON, 1948).

e) Photometric Titrations.

Photoelectric methods were initially employed in 1928 by MÜLLER and PARTRIDGE to follow the change of an indicator objectively. Most of this early equipment which was usually developed for a specific problem consisted of a modified filter photometer having a barrier-layer photocell. The development of the modern photoelectric spectrophotometer has increased the range of applicability of the technique to the ultraviolet region and improved the reproducibility and accuracy of the results. In the photoelectric titration, the change of optical density of a reactant or an indicator in the reaction mixture is recorded for each addition of the reagent, in the same manner as the changes in electrical properties of the solution are followed in conductometric or amperometric titrations. The end-point is much more reliably obtained than by the visual method since it is determined by the intersection of the lines joining the two series of plotted values on either side of the end-point and remote from it. The error is of the same order as that encountered in ordinary photometric analysis.

The technique has been applied to a wide variety of titration systems such as acid-base (RINGBOM and SUNDMAN, 1939; and GODDU and HUME, 1950); oxidation-reduction (BRICKER and SWEETSER, 1952, 1953; and SWEETSER and BRICKER, 1952); turbidimetric (NICHOLS and KINDT, 1950) and those involving complex formation (SCHWARZENBACH, BIERDERMANN and BANGERTER, 1946; RINGBOM and VANNINEN, 1954). The latter authors discuss the theory and errors involved in this type of work and comment on the suitability of the sensitive photoelectric methods which allow titrations to be carried out in extremely dilute solutions. The metal complexes formed with ethylene diamine tetracetic acid are particularly strong so that with appropriate metal indicators a number of assays are possible. Another advantage of the above technique is that it can be used for substances soluble in fat solvents. A number of applications have been reviewed by OSBURN, ELLIOT and MARTIN, 1943; GODDU and HUME, 1950; and UNDERWOOD, 1954.

Apparatus. Most of the photoelectric colorimeters and spectrophotometers described previously may be used. The titration cell for the visible region consists of a 100 ml. or 150 ml. beaker into the bottom of which is sealed a cylindrical or square sectioned tube of good optical glass which can fit into the normal cell compartment of the instrument. The burette tip and stirrer project through a light-tight cover into the solution in the beaker. The volume of the solution to be titrated is usually 100 ml. approximately. The amount of reagent required should be kept low to avoid having to apply a volume correction. The stirrer may be mechanical, magnetic or just a fine gas stream; and is situated in such a way that there is no obstruction to the light beam. For work in the ultraviolet region, the ordinary quartz cuvettes may be used, some of the reaction mixture contained in a large vessel being transferred for examination periodically. The instrument is set at the required wavelength for optimum change in optical density at the end-point and balanced with the initial solution in the light path reading zero. The subsequent changes in density are recorded following each addition of reagent and the end-point derived.

II. Infrared Spectrophotometry.

The infrared region of the spectrum covers the range of wavelengths from $0.75\,\mu$ to $350\,\mu$ which is the extreme wavelength studied by heat radiation methods (WILLIAMS, 1948). It is divided into three subdivisions (i) the *very near infrared* wavelengths $0.75\,\mu$ to $2.5\,\mu$, (ii) the *near infrared* 2.5 to $25\,\mu$ and (iii) the *far infrared* up to $350\,\mu$. Absorption of radiation in (i) can be studied using the previously described spectrometers with quartz or glass optics but a detector such as a lead sulphide cell is required for the wavelengths above $1.5\,\mu$. The lower part of this section forms really an extension from the visible; and the upper part or overtone region has not yet proved to be of any great practical interest for the analyst. Similarly the far infrared (iii) has not been used.

The near infrared region however, is the one in which the fundamental vibrations and associated rotations of polyatomic molecules can give rise to absorption spectra. This section concerns the analyst most and the section above $8\,\mu$ is often referred to as the "fingerprint" region because the spectrum is a unique characteristic of the molecule. JULIUS, 1892 and COBLENTZ, 1905 were the first to show the relationship between structure and infrared spectra of organic molecules. However, the full value of spectrophotometric data in the infrared region could only be obtained following the development of instruments which were sufficiently stable to allow measurements to be made reproducibly and routinely. These only became commercially available during the last decade, but a very considerable amount of information including reference spectra have been accumulated, quickly making the technique a particularly powerful aid for qualitative analysis.

Nature of the Absorption. Molecules can be considered as a set of point-masses, the atoms, held in equilibrium positions by the valence bond and other forces permitting oscillations of a harmonic nature. When the latter cause a change in the dipole moment of the molecule, the electric field around it will undergo periodic changes, giving rise to emission or absorption of radiation in the infrared region. The vibrational spectrum will show bands at frequencies corresponding to the fundamental vibration of the whole molecule and to the vibrations of its substituent groups. The absorption bands are extremely sharp making an automatic recording system essential to plot full curves within a reasonable time.

1. Instrumentation.

There are a few important differences in basic design between the instruments for infrared work compared with those previously described for operation in the ultraviolet and visible region. Firstly, the photometric system is inserted before the spectrometer to prevent stray infrared radiation reflected from the component surfaces reaching the detector. Secondly, many of the instruments are constructed so that various sections such as the photometer, spectrometer, etc. can be evacuated if necessary to remove interference due to CO_2 and H_2O vapour bands, particularly in single beam instruments and in double-beam if the optical pathways of the radiation passing through the sample and reference cells are not identical in length. Thirdly, the prisms and sealing windows of the various units are made from crystalline halides which are readily damaged by moisture, so temperature and often humidity control are extremely important to prevent the condensation of moisture on any of the optical surfaces.

Instruments are available in two main designs, single- and double-beam, whose principles of operation are similar to those described previously for ultraviolet work. The former type records the energy from the radiation source as a function of wavelength with and without the sample in the light beam so that the two traces on the recording have to be compared to evaluate the percentage absorption. This procedure is lengthy so the present tendency is to convert existing single-beam instruments to double-beam operation where possible (SAVITSKY and HALFORD, 1950; WALSH, 1951 and 1952; and ROCHESTER and MARTIN, 1951). This enables the percentage absorption to be recorded directly from a comparison of two beams passing through the sample and reference material respectively.

The modern instruments incorporate double-beam photometric systems and are therefore discussed more fully than the former type. As indicated in the previous section the comparison of two beams of radiation can be done in two main ways. The principle of the first is that the radiation from the source is divided into two equal beams, one of which passes through the sample and the other through the reference material, e.g. air or an equivalent thickness of solvent. Then they enter the spectrometer for resolution and pass on to two separate detector units. The current outputs from the two are restored to balance automatically by a servo-motor driving a variable aperture or comb diaphragm in the reference beam. The amount by which the aperture has to be altered to obtain balance gives a measure of the percentage absorption. This system has sometimes been referred to as "double-beam in space". Hardy and Ryer (1939) were among the first to introduce it for infrared work and Wild (1947) designed an automatic system. There are a few disadvantages with this arrangement in that the detectors have to be carefully matched and the assumption is made that the response of each to radiation intensity is linear. Again there is the problem of drift in the response of either detector with time.

A different system of operation has been developed to overcome these difficulties. It is sometimes called the "double-beam in time" principle (Wright and Herscher, 1947), a semicircular sector-mirror (Unicam, Cary, Baird) or an oscillating mirror (Grubb-Parsons, Hilger) (see Fig. 31 a) directs the reference beam

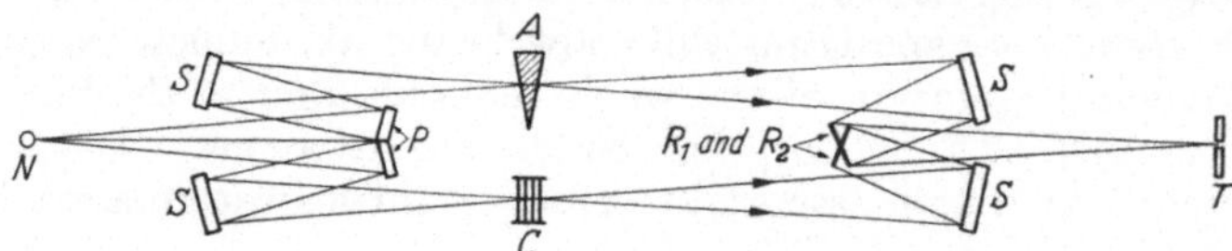

Fig. 31a. Diagram of the radiation unit of a double-beam spectrometer. N, Nernst filament source; S, Spherical mirrors; P, Plane mirrors; R₁ and R₂ Reciprocating mirrors; T, Spectrometer entrance slit; A, Attenuating comb; C, Absorption cell.

alternately with the sample beam through the spectrometer at a low frequency of some 6 or 12 cycles per second. A single detector receives the radiation. When the intensities of the two beams are identical the output from the detector is at a steady value. When, however, the two beams show an imbalance due to selective absorption by the sample, the output from the detector will take the form of an a-c signal which is amplified and rectified. The phase of this signal and hence the direction of the direct current applied to the recorder and the associated balancing motor will be determined by the more intense beam. The motor drives the aperture in the reference beam in such a way as to restore the balance again.

Spectrometer. The design used most frequently is the Littrow type comprising a 60° prism with a plane-mirror to reflect the radiation back through the prism as shown in the diagram (Fig. 31 b). The spectrum is scanned by rotating the plane mirror. An alternative system, the Wadsworth-Littrow mounting employing an additional mirror has also been successfully employed (Randall and Strong, 1931). Here the prism and Wadsworth mirror are rotated on a table mount while the plane mirror is kept stationary. This permits any beam of light falling on the thermopile to traverse the prism approximately at minimum deviation regardless of

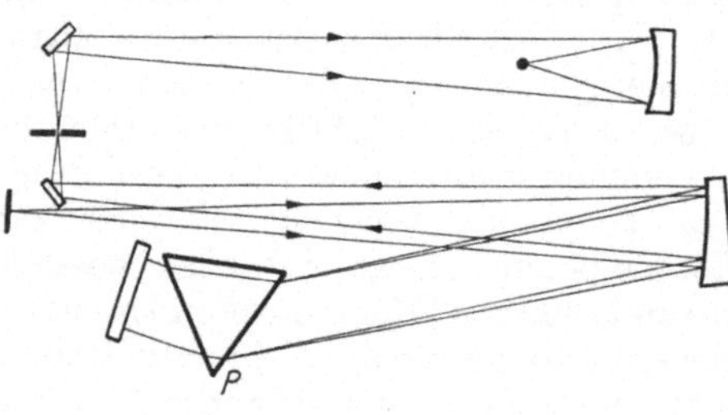

Fig. 31b. Diagram of Littrow optical arrangement for an infrared spectrometer. (By courtesy of Sir Howard Grubb Parsons Ltd., England.)

wavelength. The various types of prism which are commonly used and their transmission limits are given in Table No. 6 in descending order of their transparency.

The mirrors in the Littrow type units are now generally driven by cams enabling a particular region of the spectrum selected to be scanned linearly with respect to wave numbers. Provision is made in the various commercial instruments for the interchange of the various prisms and their appropriate cams. Invariably collimating mirrors are employed instead of lenses. Spherical mirrors, however, show strong astigmatism when the direction of the beam does not correspond with that of the optical axis as in the straightforward lay-out of the components. This would cause a reduction in the resolution of the spectrometer, so accurately figured paraboloid collimating mirrors are fitted, allowing them to be used in an off-axis position.

The spectrometer units are often sealed or carefully enclosed and fitted with dehydrating agents to keep them dry. This is particularly important for the cheaper single-beam instruments to remove the interfering bands due to water vapour. In the important $3\,\mu$. region, rock salt does not provide sufficient resolution. Lithium fluoride, although expensive, is being used more frequently but as seen from the table its usefulness is limited to a narrow zone. However the development of good grating instruments provides a satisfactory answer (GOULDEN, 1952). A number has been designed with a view to obtaining a greater dispersion in this region. These have been used mainly for pure research in the past but are now of particular value for analytical work in the hydrocarbon field.

Sources. The NERNST glower is probably the most common infrared source. This is a short cylindrical filament 1—2 cm. long × ca. 0.5 — 1 mm. diameter, composed of a mixture of the oxides of zirconium, yttrium and thorium, which can be operated in air. The glower has a negative coefficient of resistance and is operated with a ballast resistance, usually a barretter lamp.

Table 6. *Wavelength limits for transmission of prism materials.*

Material	Wavelength
Glass	up to $2.5\,\mu$ approx.
Quartz	$3.5\,\mu$
Lithium fluoride	$6\,\mu$
Calcium fluoride (fluorite)	$9\,\mu$
Sodium chloride (rock salt)	$16\,\mu$
Potassium chloride (sylvine)	$21\,\mu$
Potassium bromide	$28\,\mu$
Potassium iodide	$31\,\mu$
Thallium bromoiodide	$38\,\mu$
Caesium bromide	$42\,\mu$

The output of the unit is regulated with a constant voltage transformer. This small source is non-conducting at room temperature and must be heated externally to make it conduct. Some of the large units are cooled with a water-jacketed housing. There is one difficulty with these units, however, in that the platinum contacts with the element are subject to failure. Their emission is satisfactory for wavelengths up to $25\,\mu$ but it is necessary to filter out the visible and near infrared radiation.

An alternative source which is also frequently used is the Globar, which consists of a silicon carbide rod. This element is procurable in a number of sizes but the small rod ca. 5 cm. long by 6 mm. diameter is suitable for infrared work. It emission closely approximates black body radiation at the same temperature (McALISTER, MATHESON and SWEENEY, 1941) and is relatively greater than that of the NERNST glower above $10\,\mu$. Both sources show their maximum emission in the 1 to $2\,\mu$ region falling away rapidly at shorter and longer wavelengths (FRIEDEL and SHARKEY, 1947). Water cooling is also required with this unit. The disadvantage with the Globar is that its resistance increases with the length of time used so the voltage across it must be raised by means of a variable transformer.

Detectors. Until recently, the *thermopile* and *bolometer* have been the two main detectors employed, but a different type of receiver, the GOLAY *pneumatic detector*, developed in the last few years, is coming into favour. The first mentioned consists of one or more junctions between metallic conductors which develops an e.m.f. as a result of a change in temperature. A similar junction screened from the radiation is coupled to it as a compensator. The detecting junction is covered with a small blackened receiver and the whole sealed off under vacuum. The image of the spectrometer exit slit is reduced in size so that it just fills the receiver. Amplification of the small current generated is necessary. Formerly this was achieved by a relay system but now it is invariably electronic. Thermopiles have been developed with a sufficiently fast response to allow the production of an a-c signal either (i) by the periodic interruption of the radiation beam as in single-beam spectrophotometers or (ii) by the alternate focusing of the reference and sample beams with a rotating sector mirror or oscillating mirror on to the receiver in the case of the double-beam instruments. The a.-c. signal is amplified in a circuit tuned to the frequency of the sector or mirror oscillations.

The second type of receiver which has been widely used is the bolometer. This is comprised of a delicate resistance thermometer provided with a blackened radiation-absorbing surface. It is made of a very thin strip of conducting material which has a high temperature coefficient of resist nce and which is inserted into one arm of a Wheatstone bridge. An identical strip is fitted in the opposing arm to compensate for the fluctuations in the ambient temperature. The bridge is completed with two other equal resistances with a negligible temperature coefficient. The working current is provided by an exter al source, and any imbalance in the bridge circuit can be suitably amplified to operate the balancing-motor and recorder. Again the speed of response of the bolometer is just fast enough to permit the use of an interrupted or alternating beam in the radiation unit and a tuned amplifier for the a-c signal formed.

An improved version of the above receiver with a faster response has been incorporated in some recent commercial instruments. This is the *thermistor*. It is a resistor manufactured from mixtures of the semi-conducting metallic oxides of manganese (Mn_2O_3) and nickel (NiO) which have a very high temperature coefficient of resistance. They are prepared in the form of thin flakes about 10μ. thick and have thermal time constants about 0.003 to 0.005 sec. (West, 1949).

This form of receiver has been used in conjunction with a cathode-ray display unit enabling a portion (3 microns approximately) of the infrared spectrum to be scanned in about 30 secs. (Daly and Sutherland, 1946; and King, Temple and Thompson, 1946). Provision is now made in commercial instruments to fit automatic scanning gear and cathode-ray units.

The third type of detector designed by Golay (1947) is based on a different principle from the above two but has one similarity in that it is also non-selective. It is called the Golay pneumatic detector and has a very fast response. It consists of a tiny gas filled compartment having a radiation absorbing film and flexible mirror at the two opposite ends. The sensitivity can be varied by using different gases (air, helium or xenon) in the little cell. The radiation focused on the absorbing surface ($^1/_8$ in. diam. approximately) increases the gas pressure causing the flexible mirror to be distorted. Light from a source at the rear of the cell passes through one half of a line grid on to the flexible mirror which reflects it back through the other half on to a plane mirror set at 45° to the light and thence to a photocell.

As the small flexible mirror becomes deflected, the image of the first half of the grid which falls on the other will on moving over it admit more light or reduce the amount from the source reaching the photocell. This optical system thus brings about some amplification of the radiation incident on the front absorbing surface of the cell. The alternating photocurrent produced is also amplified to operate the recording and balancing mechanism. This detector has been fitted to a number of double-beam infrared instruments, such as the modified

Perkin-Elmer Model 12C by SAVITSKY and HALFORD (1950) and the recently designed Unicam instrument. The extreme sensitivity, however, makes it difficult to handle in practice.

2. Preparation of Samples.

Solutions. The majority of organic materials are prepared for examination in concentrated solution in thin layers or films, since there are no solvents which are completely transparent in the infrared region. It has been found most convenient in recording spectra to arrange that the maximum of the absorption curve should lie in the range 0.4 to 0.8 optical density or 40 to 16% transmittance. For a 0.1 mm. thickness, a 10% w/v solution is generally required and correspondingly lower concentrations for larger cell thicknesses.

The solvents which have been found the most suitable over the widest ranges are carbon disulphide and carbon tetrachloride. Substances soluble in these solvents present little difficulty in analysis. For other materials, the solvents ethanol, methanol, water can be used in limited regions of the spectrum (RANDALL et al., 1949). Hexachlorbutadiene and tetrachloroethylene have been used as alternatives to the mulling agent, liquid paraffin, for the examination of substances in the 2—7 μ region (ARD, 1953). The spectra of various solvents have been recorded by TORKINGTON and THOMPSON (1945). Their list of spectra should be consulted when selecting a solvent for the examination of a substance in a particular region. The former authors also give a table of solvents with the various spectral regions which can be examined when using a particular cell thickness.

If the substance is liquid at or near room temperature then it is possible to dispense with the solvent and record the spectrum of the material directly as a thin film between sodium chloride or potassium bromide plates mounted as a cell.

Cells for the examination of liquids and solutions are prepared with path lengths from 50 μ. to 5 or 10 mm. The amount of liquid required to fill them varies from about 0.05 ml. to 3 ml. The cells used most frequently are those of path length 1 mm. down to 0.1 mm. The windows of the cell consist of two polished crystalline plates (ca. 3 mm. thick) prepared from either rock salt (3—15 μ. region), potassium bromide (14—24 μ. region), or silver chloride (2.5 to 24 μ.). The plates are separated by a precision-cut spacer and the various pieces are held together in a screw clamp fitted with a small inlet and outlet tube for filling.

The cells available commercially have machined spacers to cover the thickness range 0.025 to 1.5 mm. and a considerable number of similar type cells have been designed and described in the literature (COGGLESHALL, 1946; COLTHUP, 1947; COLTHUP and WILLIAMS, 1947; MITZNER and LEWIS, 1954). The most usual technique is to use the hub of a hypodermic syringe needle for filling and emptying. MITZNER and LEWIN (1954) have also designed a double compartment cell for investigations on reaction rates. The spacers are usually made of a metal foil such as amalgamated tinfoil, but cellophane (FUOSS, 1945) and polyethylene film (MITZNER et al., 1954) have been successfully employed. The thicknesses of the spaces can be accurately measured with a micrometer. More expensive micrometer variable-path cells are also available for accurate quantitative work covering the thickness range 0.025 mm. to 0.5 mm. These cells are valuable for double-beam work to obtain an exact match for the solution cell with fixed thickness. The end plates of all these cells can be readily removed for cleaning and polishing. If materials are handled routinely which are liable to contain traces of moisture, it is possible to have the plates water proofed with selenium to prevent serious corrosion (ANDERSON, ANDERSON and KRAKOWSKI, 1950). Some loss in their transmission of course results.

Cells have also been devised with a mercury seal for use in an evacuated housing (Randall, 1939) but there is little requirement for the evacuation of the photometer and spectrometer units in routine analysis.

Gases. Gases are analysed in tubular cells 10 cms. to 20 cms. long × 5 cm. diam. having rock salt plates cemented on the ends. A vacuum tap and standard taper joint is fitted at the centre of the cell for connection to a gas line for filling.

Solids. One of the most convenient techniques for examining solids is to disperse the solid evenly in liquid paraffin (Nujol). The oil and sample are ground together in a small mortar (1 ml. — 2 ml. capacity) for about 20 to 30 secs. and the mull or paste applied along a section of the edge of a salt plate. The second plate is slipped over and squeezed down evenly to exclude air bubbles. Approximately 3 to 5 mg. oil (one drop) is the minimum amount of sample required for a clear spectrum. A film of density 1 mg./cm.^{2} is equivalent to a paste thickness of approximately 0.01 mm. (Randall *et al.*, 1951) and an aluminium spacer of 0.01 mm. may be used for ensuring reproducibility. This method is applicable to almost all solids and is rapid. It provides almost as uniform a distribution as a true solution and gives sharper spectral bands on account of the absence of association with solvent molecules. There is always, however, some loss of the incident radiation due to scattering.

The serious disadvantages are that while the Nujol is relatively transparent it possesses four strong bands which often interfere with those of the test material. There is a strong doublet at 3.43 and 3.51 μ. and two fairly strong bands at 6.86 mμ. and 7.27 mμ. Other mulling agents such as the completely fluorinated hydrocarbon "perfluorolube", which are transparent in the latter important regions, have also been used successfully (Blout and Mellors, 1949 and Ard, 1953). A second disadvantage is that the technique is not suitable for quantitative work and some losses take place in transferring the sample. An alternative procedure may be used where the test material is soluble in a solvent such as ether or carbon tetrachloride. The two substances in known proportions can be dissolved in the common solvent and a known volume withdrawn for evaporation on the salt plate.

A new KBr disc technique has been developed independently recently by Stimson and O'Donnell (1952) and Schiedt (1952) for the analysis of solids, which is a vast improvement on the previous methods. In this procedure a small amount of the sample 0.1 to 1% (ca. 1 mg.) is added to chemically pure KBr or KCl powder and mixed by grinding. The mixture is then subjected to high pressure in a small press to form a clear transparent disc. The proportion of sample to KBr can be measured for quantitative work. The discs are generally 1 mm. thick and 1.5 cm. diam. and are mounted on special holders. Suitable small presses for this technique are available from the various instrument suppliers. A pressure of some 35 tons per square inch is required. This can be obtained by first applying a preliminary pressure to the disc and then heating the jacketed unit with steam or flame to cause the additional pressure by expansion of the piston. During this procedure the pressure chamber is kept evacuated from the bottom to prevent the trapping of air bubbles in the final disc. The absorption bands obtained with these discs are much clearer and sharper than those obtained with mulls.

If a suitable press is not available and interference is encountered with the absorption bands of the various mulling agents, then the sample will have to be deposited on the plate in as uniform a film as possible. If the substance has a low melting point it is practicable to melt and press a little of the material into a thin film between warmed plates which are then allowed to cool and finally mounted in the usual way. The other alternative is to deposit a film of the material from a few drops of a concentrated solution. In practice a few mg. of the finely powdered sample are placed on a salt plate followed by a few drops of a suitable solvent. The mixture is stirred to form a thin paste and the solvent evaporated off. A number of solvents or mixed solvents may have to be tried before a uniform transparent layer of amorphous particles or a glassy film is obtained which will not show any gaps or scatter an undue proportion of the incident radiation.

Examination of micro-quantities of material. All the above techniques require relatively large samples of material (usually ca. 3 mg.) from the biological point of view. Often only smaller amounts of the rarer intermediates can be isolated in pure form by the modern chromatographic procedures. One or two instrument manufacturers have arranged that the radiation from the source passes through a focus in the sample compartment enabling samples of small area to be examined. This allows the lower limit of material required for analysis to be reduced several-fold.

For work on a truly micro-scale, however, it is necessary to fit a reflecting microscope in the sample beam (BARER, COLE and THOMPSON, 1949; BLOUT, BIRD and GREY, 1949 and 1950; COLE and JONES, 1952; and FRASER, 1953) to permit the examination of material directly in tissues (WOOD, 1950) or in micro-cells (COLE and JONES, 1952). Such a micro-cell has a capacity of only 3 cu. mm. and a satisfactory spectrum can be obtained with only 30 μg. of material in carbon disulphide or carbon tetrachloride solution. The instrument so adapted is then exclusively used as a single-beam spectrophotometer on account of the size of the microscope unit. Recently, however, ANDERSON and MILLER (1953) have built a small silver chloride lens unit and fitted it successfully to a BAIRD double-beam spectrophotometer so that the advantage of double-beam operation is retained. Samples in the range 20 to 50 μg. can be examined routinely with no change in slit settings or amplifier gain. This seems a very promising development.

3. Operation of the Infrared Spectrophotometer.

Calibration. Wavelength calibration requires greater care in the infrared than in the ultraviolet and visible regions since (i) the spectral absorption bands are narrower and more numerous in the former and (ii) the refractive index of a salt prism changes appreciably with temperature. RANDALL, FOWLER, FUSON and DANGL (1949) report that a rise in temperature of 1° C results in a shift of the absorption lines by 0.01 μ., approximately, in the 3 μ. to 13 μ. region. It is important then to maintain the instrument at as uniform a temperature as possible and certainly to prevent rapid changes which could cause local heating of the outer surfaces of the prism.

The standard wavelengths in the infrared region have been obtained from measurements with grating instruments. The latter have greater resolution than most prism monochromators particularly in the lower wavelength ranges. The narrow bands recorded on a high resolution instrument are unsuitable for the calibration of the ordinary prism instruments because (a) groups of bands coalesce at a lower resolution often unsymmetrically giving a maximum quite different from that of the strongest line or of the weighed mean and (b) identification of the correct peaks is difficult (DOWNIE and coworkers, 1953). The solution adopted by OETJEN, CHAO-LAN KAO and RANDALL (1942) to this problem was to reduce the resolution of a grating instrument to approximate that of the particular prism system and then to determine directly the wavelengths of the peaks as observed in the spectrum taken with the prism instrument.

The substances examined were carbon dioxide, ethane, ammonia and water vapour. These four gases give a number of lines between 5 μ. and 15 μ. measured accurately to 0.001 μ. which are suitable for calibrating prism instruments. This method has also been used by Plyler and Peters (1950) to identify the main maxima of absorption of toluene, 1,2,4-trichlorbenzene and polystyrene which form suitable supplementary calibration points to those of the gases mentioned.

The infrared spectrophotometer used for analytical work is most simply calibrated by means of the clearly defined absorption bands of known substances such as the above. A select number of absorption maxima in the spectra of ammonia (Robertson and Fox, 1928) of carbon dioxide (Barker, 1922; Morton and Barker, 1932) and of acetylene (Levin and Meyer, 1928) have been listed by Randall and co-authors (1949) as suitable for calibration points. Again, the rotational lines of carbon dioxide and water vapour appear in the source background when no provision is taken for their removal from the atmosphere in the instrument and can be utilised as a check on the constancy of calibration. Morrison (1952) has employed the water vapour bands for calibration in the 15 to 25 μ region.

Supplementary lists of calibration points have been selected by Randall et al. (1949) from the spectra of the more conveniently handled materials, benzene, thiophene and pyridine, for the range 2.4 to 24 μ; by Plyler and Peters (1950) for the range 1.5 to 24 μ using 1,2,4-trichlorbenzene, methylcyclohexanone, toluene and polystyrene (film); by Acquista and Plyler (1952) for the region 0.6 to 2.6 μ, and by Borden and Barker (1938) and Downie and coworkers (1953) for 12 to 24 μ with methyl alcohol as the absorbing material.

Towler and Guy (1952) have developed a simplified method of calibrating infrared spectrophotometers using 10 evenly spaced calibration points over the range 0.5 to 15 μ. The results for the drum readings on instruments such as the Grubb-Parsons or Perkin-Elmer models are compared with a standard calibration table and a correction table or curve prepared, which enables the standard table to be entered for any reading.

An alternative technique which is not perhaps so dependent on the degree of resolution of the spectrometer has been employed by Williamson (1949). This involves the use of Dennison-Hadley reflection filters which exhibit a series of reflection peaks whose width at the 50% reflectivity value is about half their separation.

Resolution. Owing to the limited intensity of infrared sources and the relatively low sensitivity of the detectors compared to photocells, energy is at a premium in the infrared spectrometer. The lengths and widths of the slits must be of sufficiently large dimensions to pass enough energy to produce a signal in the ouput of the detector which will be clearly distinguishable from the random fluctuations (noise) of the latter. This means that the optimum slit width for the full theoretical resolving power of the spectrometer (as calculated by the formula of Barnes, McDonald, Williams and Kinnaird, 1945 and Williams, 1948) is rarely attained in practice. The longer slit required produces an image with greater curvature causing appreciable overlap of the various radiation frequencies focused on the detector. Similarly, a wide slit passing a broad band of energy which becomes comparable in breadth with the narrow infrared absorption bands reduces resolution. Hence, a balance must be struck between the employment of narrow slits for good resolution and the accuracy of the absorption measurement which declines with a low signal to noise ratio.

The breadth of an infrared absorption band may be defined as the width (in cm.$^{-1}$) at the optical density level which is half maximal. For organic substances in solution this is seldom less than 10 cm.$^{-1}$. So the spectral slit width should be less than 5 cm.$^{-1}$ to reveal a maximum. For precision in quantitative measurements a much finer slit width, of the order of 1—2 cm.$^{-1}$, is required. In practice it is possible to maintain the resolution below 5 cm.$^{-1}$ by using the prism which gives optimum dispersive power at the particular section of the infrared region. For the common rock salt prism system, lines about 0.03 μ apart are resolved. This is equivalent to 3 cm.$^{-1}$ at 11 μ and 20 cm.$^{-1}$ at 4 μ (RANDALL et al., 1949).

Grating instruments on the other hand have a resolving power of the order of a fraction of a cm.$^{-1}$, but their performance is also limited by the energy level which can be passed and the fact that it is only optimal over a narrow zone. Hence a number of different gratings are required to cover a large region. For analysis work in the useful 3 μ region they are invaluable however, and small instruments covering it are now commercially available.

An improvement in resolution has also been obtained by using a double monochromator. The greater dispersion which can be achieved in this way leads to the reduction or the elimination of interference from stray radiation at the longer wavelengths, but spectrometers which incorporate an additional prism or grating with associated optical components are very expensive. A simpler and less expensive way of achieving the same result has been devised by WALSH (1951, 1952). A mirror is inserted near the exit slit to direct a portion of the first dispersed beam back through the prism a second time. The exit slit finally becomes irradiated with both singly and doubly dispersed spectra. However, if the beam which has traversed the prism once is chopped prior to redirection through the prism for the second time, then only the latter will give rise to an a-c signal in the detector. An amplifier in the receiver circuit tuned to the frequency of the chopper will then pick up only the doubly dispersed radiation. This system is now referred to as a "double-pass system". The same principle may be used for the manufacture of a multiple monochromator (HAM, WALSH and WILLIS, 1952). A number of single monochromators have now been modified to the double-pass type and appear to operate satisfactorily.

Presentation of Spectra. The infrared absorption spectrum is customarily presented as a graph of the percentage transmittance or absorbance plotted against increasing wavelength in microns (μ) or decreasing frequency in wavenumbers (cm.$^{-1}$). The recent double-beam instruments produce this final record directly but the earlier single-beam instruments, a considerable number of which are still in use, give a recording of the absorption spectrum superimposed on the radiation energy curve of the source from which the true % transmittance curve has to be derived. A second trace of the source energy curve under the same conditions with a cell-solvent blank in the beam is drawn to indicate the 100% transmittance record. To ensure that this should be moderately reproducible, considerable care has to be taken in regulating the slit of the spectrometer, the source temperature and emission and the amplifier gain of the detector. The additional information required such as the zero transmission mark is obtained readily by blocking the radiation beam from reaching the spectrometer with an opaque shutter.

The wavelength scale consists of a series of calibrated fiducial marks made at convenient intervals along the bottom of the graphical record. The marks correspond to drum readings of the recorder which are related to wavelength or wavenumber by means of a calibration curve. The reliability of the settings can be checked periodically with the absorption bands of carbon dioxide or water vapour as indicated in a previous section. From the above information then the percentage transmittance versus wavelength curve can be computed for the single-beam instrument. This calculation and replotting of the curve is rather time consuming and while the original trace of the absorption spectrum can often be used for qualitative examination of a material, it is desirable to derive the clear absorption curve with the 100% transmittance level straight. In the latter instance much more detail in the way of small maxima and key inflections in the bands becomes apparent. Alternative procedures such as the automatic adjustment of the slit-width with a cam and of the amplifier gain have been attempted to ensure that the reference energy level is constant throughout (WHITE, 1946). This procedure, however, is tricky in practice and the most satisfactory method of producing the pure spectrum is by using a double-beam system such as those described previously. With the latter also, the slit-width has of course to be adjusted continuously but not so critically to maintain the transmission of a fairly steady reference energy level through the spectrometer.

Wavelength Scale. In a number of instruments the LITTROW mirror is rotated at a uniform speed so that the wavelength readings on the recording are non-linear. This means that reference must always be made to the calibration curve to determine the wavelengths of the maxima. In the more recent instruments, however, the LITTROW mirror or prism, depending on the type of mount, is controlled by a carefully machined cam to make the trace on the uniformly moving recorder become linear either with respect to wavelength or to wavenumber. There is a greater tendency now to use the wavenumber unit, cm.$^{-1}$, in expressing the position of an absorption maximum and at the Joint Committee on Spectroscopy in Rome (1952), it was suggested that this unit be named *kayser* (BAKKER 1953). So far, however, the use of this terminology has been observed in only a few papers.

Absorption or Transmission Scale. Most instruments give the spectrum in terms of a percentage transmittance and some as percentage absorbance which are the simplest forms of presentation from the engineering point of view but not quite so convenient for quantitative analysis by the spectroscopist. It is somewhat easier to get a measure of the relative amounts of two substances or groups present by viewing directly the sizes of the relevant peaks on a linear optical density scale.

The form in which spectra are presented is of vital importance to the spectroscopist as has been pointed out recently by DANIEL and BRACKETT, 1953. Since the interpretation of infrared spectra involves much intercomparison work with similar spectra, presentation in a consistently standard form aids quicker recognition of the characteristic contour features. Unfortunately there is often a lot of time lost in replotting data into a form useful for comparison and for publication.

4. Applications of Infrared Spectroscopy.

Absorption spectroscopy in the infrared region has been most widely applied in the qualitative examination of chemical compounds. A considerable amount of work has been done in connection with the examination of (a) carbohydrates (KUHN, 1950); (b) long chain fatty acids, alcohols and esters (SHREVE, HEETHER, KNIGHT and SWERN, 1950); (c) unsaturated fatty acids (AHLERS, BRETT and MCTAGGART, 1953); (d) amino acids, polypeptides and proteins (SUTHERLAND, 1952); (e) hydrocarbons (HASTINGS, WATSON, WILLIAMS and ANDERSON, 1952); (f) steroids (DOBRINER, KATZENELLENBOGEN and JONES, 1953) and (g) salts of polyatomic inorganic ions (MILLER and WILKINS, 1952). This type of fundamental ground work forms the basis of the largely empirical information required for the assignment of the correct groupings to the peaks observed in a given spectrum.

A beginning has also been made on the examination of micro-quantities of materials in single cells and individual crystals utilising a reflecting microscope with the spectrometer.

The infrared spectrometer has also been used with polarized radiation to help resolve certain problems connected with the orientation of amino acid groups in protein molecules and similar structural problems in the polymer field.

Now with improved equipment more readily available, the quantitative analysis of complex mixtures of substances having relatively minor differences in structure is being attempted on an increasing scale.

Qualitative Analysis. Since the infrared absorption spectrum of a substance includes bands arising from both its saturated and unsaturated groupings in addition to features characteristic of the whole structure, it can provide more qualitative information about the arrangement of the various groups in the molecule than does the spectrum in the ultraviolet and visible regions, which is limited to the absorption of only the unsaturated and a few special strained groups and gives little or no information about the non-chromophoric parts of the molecule. At present, however, it is impossible to give more than a partial interpretation of the data provided by the infrared spectrum. Again full advantage of the partly empirical correlation rules already formulated cannot always be taken without (a) sufficient comparison spectra at the same degree of resolution of substances having similar groups to the material under study and (b) sufficient experience on the effects of the various interactions which may occur, say, between the molecules of the test substance and those of polar solvents and between certain groups within the molecule itself. Thus while a few main features are readily determined with a spectrum taken over the range $2.5\,\mu$ to $15\,\mu$ using a NaCl prism, the most common arrangement, the finer points of structural interest often must remain unresolved, pending the preparation of curves employing the optimum resolution to show up clearly the absorption bands due to the stretching vibrations of the important carbon-hydrogen and carbon-carbon regions. Nevertheless, a considerable amount of valuable structural information can be derived from the partial interpretation now possible.

The types of information which the infrared absorption spectrum of a single substance provides can be grouped as follows:

(a) If the substance is of unknown structure but in a state of reasonable purity, it may be examined for the presence of key reactive groups which may facilitate final purification as a suitable derivative. No loss of material is incurred in this examination. At the same time additional information may be obtained about other key parts of the structure.

(b) This is complementary to (a); the impurities may be identified and removed by a suitable procedure.

(c) If the substance is suspected to be one of a group of known materials isomeric or similar in structure, comparison of its spectrum with those of the known substances, will aid the identification of the particular isomer.

(d) When the preparation for examination contains a mixture of substances, comparison of the spectrum with those of similar known materials may help to identify the components.

Thus the key to the analysis of materials by infrared spectroscopy is a catalogue of spectra of pure materials and extensive tables of the frequencies at which the various groups exhibit their maximum absorption under the various conditions of structural arrangement. An extensive search must then be made through firstly the group frequencies to aim at classifying the substance and then through the various charts of spectra of substances containing similar groups to bring out further details.

This process of comparing spectra and reaching conclusions is speeded up considerably if the spectral data are presented in a similar manner to that which the observer is accustomed to studying from the particular instrument available to him.

Examination for Characteristic Groups. It is well known from experience that the vibrational bands characteristic of small groups of atoms within a polyatomic molecule occur in the infrared absorption spectrum regardless of the structure of the molecule as a whole. Similarly, the spectrum of a mixture of different molecular species consists of a summation of the various contributions of the individual spectra of the components present. When this is not so, then some form of interaction must have taken place between the components.

The actual position of the absorption band maximum of a group in a polyatomic molecule, however, is often modified to some extent by the immediate neighbouring groups to which it is coupled. For example, the frequency of maximum of absorption of the carbonyl group lies at different positions depending on whether the carbonyl occurs in a saturated ketone, aldehyde or ester (see Table 7). Again, the position of maximum absorption of the carbonyl group is modified by polar solvents like carbon tetrachloride. The absorption bands of the —OH, —NH and C=O groups due to the stretching of the bonds are shifted to a lower frequency by H-bonding.

It is not possible to give here complete details for all the reactive groups, which may be determined but a selection of those of biochemical and biological interest are given in the succeeding Tables 7, 8 and 9.

Table 7. *Characteristic Vibration Frequencies of Groups of Atoms.*

Group	Frequency cm.$^{-1}$	Wave-length μ	Group	Frequency cm.$^{-1}$	Wave-length μ
H—N[1] amino	3400	2.90			
H—N imino	3375	2.95	ketone in	1715	5.83
H—O[1]	3600	2.78	6 member (ring)	1745	5.73
H—S	2550	3.92	5 member (ring)	1725	5.80
C—N	1100	9.09	aldehyde	1735	5.76
C—O	1150	8.70	ester	1775	5.63
C—OH (carboxyl)	935	10.70	anhydride	1825	5.48
C—S	650	13.38	peptide	1695	5.90
C=N open chain	1675	6.00	dissociated acid	1575	6.35
conjugated ring	1640	6.10		1360	7.35
pyrimidine	1550	6.45	α-β unsaturated-		
C=S	1530	6.54	aldehyde	1695	5.90
C=O[1]			ketone	1675	5.97
undissociated acid	1715	5.83		875	
ketone	1715	5.83	acid	1705	5.86
			C≡N	2250	4.44

The above wavenumber values are given very approximately since the exact position of the band varies slightly from one molecule to another. When a value ends in a double zero the variation is $\pm$ 100 cm.$^{-1}$, in a single zero, then $\pm$ 50 cm.$^{-1}$; and in a 5, $\pm$ 10 to 20 cm.$^{-1}$.

---

[1] H-bonding causes these absorption bands to move to a lower frequency, up to 100 cm.$^{-1}$, in the cases of the H—N and H—O groups and 40 cm.$^{-1}$ approx in the case of the C=O group.

Table 8. *Characteristic Vibration Frequencies Associated with Olefinic Groups.*

Group	C—H Stretching 3 μ region cm.$^{-1}$	C=C Stretching 6 μ region cm.$^{-1}$	CH-Deformation in plane cm.$^{-1}$	out of plane cm.$^{-1}$
$R_2C=CH_2$ (R, H / H, H)	3075	1645	1415	995
R, H / R, H ($C=C$)	3025 3085	(1815)[1] (1785)[1] 1655	1415	915 (s) 885 (s)
R, R / H, H ($C=C$) (cis)	3050	1645	(1415)[1]	705 (m—s)
R, H / H, R ($C=C$) (trans)	3050	—[2]	1295	965
R—CH=CH—R (conjugated) (aromatic)	3050	1625[3] 1605		715
R, R / R_1, H ($C=C$)	3050 (w)	1665		825
R_1=CH$_3$	—	1675		
R, R / R, R ($C=C$)	—	1660[2]		

m = medium; s = strong; w = weak.

Table 9. *Characteristic Vibration Frequencies of Saturated Carbon-Hydrogen and Carbon-Carbon Groupings.*

Group	C—H Stretching Frequencies cm.$^{-1}$	CH-Deformation Frequencies cm.$^{-1}$	Skeletal Vibrations cm.$^{-1}$
CH$_3$—R	2965; 2875	1455 (asymmetrical) 1375 (symmetrical)	— —
—CH$_2$—	2925; 2855	1465	720—770[4]
>CH—	2895	—	—
(CH$_3$)$_2$>C—R	—	1385; 1365	1175; 1155; 920
(CH$_3$)$_3$>C—R	—	1390; 1365	1245; 1185
R—C—C—C—R | CH$_3$	—	—	1155
R—C—C—R | | R R (adjacent tert-carbon atoms)	—	—	1125

[1] These bands appear to be overtone bands of the strong CH bending frequency.

[2] The 6 μ band is extremely weak or missing in this symmetrical configuration.

[3] The approximate central position of a series of split bands, the number depending on the degree of conjugation, with the main maximum close to 1650 cm.$^{-1}$.

[4] The position of this band varies with the number (n) of —CH$_2$— groups in sequence from 720 cm^{-1} ($n = 6$ or more) to 770 cm^{-1} ($n = 1$).

The absorption bands included in the above table are those arising from the stretching vibrations of the particular bonds indicated. It will be observed how the close proximity of the frequencies of absorption of a number of the carbonyl bands makes exact identification difficult and how conjugation with an additional double bond causes an appreciable shift in the maximum of absorption. With regard to the —OH group, its position of absorption varies with increased association and it is indistinguishable from —NH.

While the above groups are excellent pointers for classification with a view towards purification, additional information is required regarding the main skeleton of the molecule before tentative structure conclusions may be drawn. The various vibrations arising from the carbon-hydrogen and carbon-carbon bonds provide information on the following points:

(a) the presence of unsaturation, unconjugated or conjugated

(b) the presence of tertiary carbon atoms from branched chains or ring structures,

(c) the presence of aromatic rings,

(d) the presence and lengths of aliphatic chains.

Clear cut evidence for the presence or absence of one or all of the above types of grouping together with the additional results on the other groups will help to eliminate the variety of possibilities for the structure of the test substance and help to define the type of compounds, whose spectra should be investigated for similar bands and to formulate a suitable chemical degradation procedure for final analysis.

The olefinic bonds are identified by the stretching frequencies of the $C{=}C$ bond at 1667 cm.$^{-1}$ and of the CH bond at 3050 cm.$^{-1}$ and by the out of plane bending of the CH bond in the 670 to 1000 cm.$^{-1}$ region. These three modes of vibration occur in general independently of the rest of the structure in aliphatic compounds and in those ring compounds where the olefinic bond is not under strain as in *cyclo*hex ne (Fox and Martin, 1940; Bladon, Fabian, Henbest, Koch and Wood, 1951) in which the behaviour is the same as for a disubstituted straight chain double-bond. The Table 8 lists the main regions where the various types of olefinic units absorb.

The absorption bands due to the stretching of the carbon-hydrogen and the saturated carbon-carbon bonds in the 3000—3500 cm.$^{-1}$ and the 1350 to 1550 cm.$^{-1}$ regions respectively and to the bending vibrations of the C—H and —CH$_3$ groups in the 700 to 800 cm.$^{-1}$ region provide clues to the presence of branched-chains, ring structures, methyl groups and methylene-groups. For adequate resolution and reliable identification of the bands due to the stretching vibrations of these groups it is necessary to use a fluorite (CaF_2) prism for the 1350 to 1550 cm.$^{-1}$ region and a LiF prism for the 3000—3500 cm.$^{-1}$ region or a grating spectrometer. Again, while the hydrogen bending frequencies have been worked out thoroughly for the hydrocarbons, the effect of H-bonding on the NH and OH deformation bands is imperfectly understood (Sutherland, 1951) and caution should be exercised in the interpretation of bands in this region.

Finally, the *skeletal frequencies* which arise from changes in the lengths and angles of the single bonds uniting groups of atoms in the main structure of the molecule overlap the hydrogen deformation frequencies and extend to much lower values (200 cm.$^{-1}$). These bands have been useful for analytical work but not for structural problems to the same extent as the stretching vibrations have been used.

Quantitative Analysis. The intensities of the absorption bands in the infrared region like those in the visible and ultraviolet regions follow the Bouguer-Beer law and in principle they can be utilized for analysis in the same way. There are a number of difficulties in practice, however, which up to now have not been fully overcome and which make it impossible to use the absolute molecular extinction coefficients as the standard basis for the examination of materials in the manner in which they have been applied so successfully in the visible and ultra-violet fields.

The main difficulties to be overcome are the effects of slit width and of scattered radiation, corrections for both of which are difficult to apply for each wavelength in the wide range over which extinction coefficients are to be calculated. The resolution of present day prism instruments with an optimum effective slit width of 3 to 5 cm.$^{-1}$ is not adequate to record the maximum extinction of the very narrow absorption bands with half-widths of the order of 10 cm.$^{-1}$, although it is satisfactory for certain materials having suitable broad bands. The latter however usually have a lower extinction coefficient and hence are less sensitive for accuracy.

The optical surfaces, particularly of the cells, also give trouble. They tend to become pitted and cause loss of the valuable radiation by increased scattering and more important, cause very marked differences in transparency between the sample and reference cells. Again, it is difficult to measure the liquid absorption-cell thicknesses of <1 mm. with any degree of accuracy routinely.

On account of the necessity to maintain the instrument at a temperature above that of the room and also under standard conditions of humidity, there is a tendency for the volatile organic solvent to be lost and hence the concentration changes.

It is apparent, then, that while it is not feasible for one laboratory to take over the extinction coefficients as standards determined in another laboratory in view of differences in the above factors, each laboratory can prepare and measure its own standards for comparison. The main requirement is that the measurement should be reproducible.

Single component analysis. The examination of liquid and solid substances only are considered, since they are the most likely form to be encountered by the biologist. The following preliminary points require attention:— The cell thickness used should be reproducible and as large as possible for the measurement at the particular wavelength selected. A suitable value for a considerable amount of work has been found to be 0.05 to 1 mm. The error in the cell thickness should be less than 1 per cent and for reproducibility the type with a fixed metallic spacer machined to the correct thickness is suitable. Sometimes a variable thickness compensating cell is advantageous to enable the sample and compen-sato⁻ to be exactly matched.

The liquid may be inserted by pouring it through a funnel-shaped orifice or by injecting the material from a syringe through the butt of a needle fastened to the cell. Cell length and concentration range should be chosen so that values of optical density lie in the range 0.2 to 0.8 and care should be taken to prevent excessive loss of the volatile solvent by evaporation.

Examination by a single-beam instrument gives the absorption spectrum superimposed on the radiant energy background curve together with the absorption bands due to CO_2 and H_2O vapour, unless precautions are taken to remove them from the instrument. In the analysis of a single substance the spectrum is recorded while maintaining the energy level in the optimum region of assay by frequent standardised adjustment of the slit. The spectrum is then examined for a suitable absorption band free from interference due to possible impurities. For routine work then only the region chosen need be scanned to give a measure of the absorption due to the selected band, which can be compared against that of a standard solution under similar conditions. A quantitative assay of the $C=O$ band in this way may be of value in determining how many $C=O$ groups are present in an unknown molecule.

Where the substance to be analysed is present in a complex mixture of known substances the "base-line" procedure suggested by Wright (1941) appears to be satisfactory. The original paper should be consulted for full details.

In the main, however, the great advantage of quantitative analysis by infrared has been in the examination of complex mixtures such as the unsaturated fatty acid fractions of oils and mixed hydrocarbons. Absorption maxima suitable for the quantitative analysis of hydrocarbon mixtures have been described by Hastings et al. (1952) and for fatty acids by Ahlers et al. (1953).

Analysis of mixtures. The analysis of mixtures is carried out in the same manner as was described for the visible and ultraviolet regions but is somewhat more complex in practice on account of the greater number of components present. As many as 10 components have been analysed in hydrocarbon mixtures but analyses are usually made with less than 5.

Since the optical density of a mixture at any given wavelength is equal to the sum of the respective optical densities of the components, it is necessary to record the absorption at n different spectral positions to determine the contributions due to each component.

Thus at any one wavelength, k, the extinction of the mixture

$$(E_k)_m = (E_k)_1 + (E_k)_2 + ---- (E_k)_n$$

where $(E_k)_1 ---- (E_k)_n =$ individual extinction values of the components. Thus, following the procedure used in p. 157,

$$(E_k)_m \text{ at } \lambda_k = c_1\varepsilon_{k1} + c_2\varepsilon_{k2} + c_3\varepsilon_{k3}\cdots c_n\varepsilon_{kn} = \sum_{j=1}^{n} c_j\varepsilon_{jk}$$

where c_1 to $c_n =$ concentrations of the various components in mol./litre, the ε_{k1} to $\varepsilon_{kn} =$ molecular extinction coefficients of each component, and from the n simultaneous equations,

$$E_1 = \sum_{j=1}^{n} c_1\varepsilon_{1j} \text{ to } E_n = \sum_{j=1}^{n} c_j\varepsilon_{nj},$$

the concentrations of each component present in the mixture can be assayed. The solution of these equations may be carried out by any one of a number of methods described in the literature (Crout, 1941). In the main when n is < 5 it is sometimes possible to select certain wavelength maxima where only one or two of the various components absorb enabling the number of simultaneous equation to be reduced or simplified. The values n_j for the various substances should be determined on the particular instrument and under the conditions of assay to be used in the routine analysis. The % absorbance values recorded may be used directly or may be corrected to infinitely thin slit-width by using the procedure similar to that outlined in p. 193.

It may be necessary particularly in the higher wavelength regions (above 8 μ) to correct for stray light. The most satisfactory procedure is to place a substance which will absorb the radiant energy completely in the wavelength interval of interest and then to measure the energy recorded by the spectrometer. Since the stray light interference comes mostly from the radiation at shorter wavelengths where the source energy is more intense, plates of the materials LiF or CaF_2 which cut off radiation just below the region of interest but transmit the short wave energy may be used.

Differential analysis has been carried out in the infrared region (Robinson, 1952) in a similar manner to that described for the ultraviolet and visible regions.

The day to day reproducibility of instruments and the linearity of the absorption scales have been checked on a number of instruments by CHILDERS and STRUTHERS, 1953. The overall reproducibility appears to be comparable with that of instruments used in the ultraviolet and visible ranges and was found to be about 0.1%. The authors further report little change in cell thickness of NaCl during several weeks use. It would seem then that with the development of the double-pass double-beam spectrometers and more sensitive detectors such as the GOLAY pneumatic receiver, the dispersion obtained will be adequate for routine accurate analysis similar to that carried out in the other regions.

In measuring the true absorption maximum of a sharp absorption band there are a number of possible errors. The first is that the effective slit-width is too large and hence gives a much lower value and the second is that the speed of the scanning may be too fast for the recording pen to trace the curve up to the maximum before the signal of the detector has changed in the other direction, thereby causing the pen to go back before the peak is reached.

It is therefore considered more reliable now in certain instances to measure the area within the contour of the band since the portion lost due to the poor resolution at the sharp maximum is extremely small compared to the total area within the recorded band.

E. Fluorimetry and Fluorospectrophotometry.

The name fluorescence was given by Sir George STOKES just over a century ago to the phenomenon of the re-emission of absorbed energy by certain substances, to distinguish it from the various forms of light scattering. Whereas most substances following the absorption of radiation dissipate the excess energy through internal vibrations and collisions, some cannot lose part of the acquired energy quickly enough in this manner. The latter on returning to the lowest vibrational level in the upper excited electronic state lose the remaining excess energy in going back to any one of the vibrational levels at the lowest electronic state. These transitions are accompanied by the emission of fluorescence. Since, however, the absorption of energy involves the larger transitions from the lowest vibrational level in the lowest electronic state to the different vibrational levels in the upper excited states, the principal frequency of the resulting fluorescence is always less than that of the absorption. A certain amount of overlap between the two spectra often occurs.

The fluorescence spectrum of a substance is just as characteristic as its absorption spectrum and will contain a similar number of bands. It has in fact a "mirror image" appearance. Irradiation by any wavelength at which the substance absorbs may be used to excite the molecules. The fluorescence property has certain advantages particularly in sensitivity for chemical analysis, e.g. the fluorescence method for aneurin is some 50 times more sensitive than the colorimetric (BROWN, HARTZLEN, PEACOCK and EMMETT, 1943).

1. General Procedure.

The general procedure for analysis by fluorescence is to select a suitable source of radiation which will excite the molecules of the substance and to isolate with filters a wavelength remote from the fluorescence emission so that the latter can be assayed without interference. Since most organic fluorescent substances possess conjugated chromophoric groups having an absorption band in the ultraviolet region some form of a mercury vapour lamp modified as required in a number of ways, is usually the basic exciting source, although the hydrogen arc and tungsten lamp may also be used for particular problems. A set of secondary filters which will cut out the ultraviolet radiation but will transmit the fluorescence can then be inserted between the sample and the photocell or slit of a monochromator to allow the fluorescence to be detected without interference. Its intensity is then measured against that of a reference-standard energy source, which may be quinine sulphate for fluorimetry, or the radiation from a tungsten lamp reduced in intensity for fluorescence spectroscopy. The same equipment as is used for colorimetry and spectrophotometry may be used with minor modifications and fluorescence accessories are available for most of the modern instruments.

There are a number of difficulties with the practical aspects of the assay of fluorescence. A number of factors have to be taken into account such as concentration effects, loss of radiation by reflection and overlap of the absorption and fluorescence spectra. These various factors affecting the fluorescence intensity of solutions are discussed in the succeeding section.

2. Factors Affecting Fluorescence in Solution.

Concentration. At low concentrations of solute the fluorescence is low in intensity but the whole of the solute is exposed to the beam of radiation so that the intensity of fluorescence bears a direct relationship with the absorbed light, that is, with concentration. At higher concentrations, however, as more of the light beam becomes absorbed in the first layers of the specimen, the later layers not being illuminated can absorb some of the fluorescent radiation particularly if the absorption and fluorescence bands overlap slightly. This causes a loss of some of the fluorescence. Again, it has also been observed that in the more concentrated solutions the efficiency, that is the ratio of the number of quanta of fluorescence to those of absorbed radiation, falls. This type of quenching is known as concentration quenching and sets in at different concentration levels for each substance.

Therefore. in order to obtain reliable results the concentration should be kept within the upper limit of constant efficiency and the lowest level for measurement of the intensity in the accurate range of the optical density scale (0.2 to 0.8). This is a limited range and is affected by the optical arrangement for viewing the fluorescence.

Optical Arrangement. If a rectangular cuvette is used and it is irradiated on say the longer side, then since the fluorescence emanates from within the cell, the intensity will be greater when viewed at right angles to the incident beam, than when viewed in the same direction from the front or rear of the cell on account of the refraction and internal reflection of the radiation. However, the relationship between concentration and fluorescence intensity can vary greatly depending on how it is observed. The range of concentration for approximate proportionality will be greater if the fluorescence is observed in the direction of the incident light than from the side owing to the variation in intensity as the irradiating beam penetrates the solution (Fig. 32). This will be more noticeable if only a portion of the field of view is isolated by the stops in front of the photocell. Observation on the same side as that of the incident light is the most satisfactory arrangement since with concentrated solutions self-absorption of that portion of the fluorescence spectrum which overlaps the absorption spectrum by the unexcited molecules is reduced or eliminated. This is most conveniently done by arranging the light source to shine on a mirror placed in front of the cuvette close to the slit or stop in front of the system for detecting the fluorescence (Fig. 33).

Temperature. The usual effect of increasing temperature is to lower the fluorescence about a few percent per degree centigrade; and lowering the temperature increases the fluorescence until it reaches a limiting maximum. It is therefore necessary to protect the cuvette containing the fluorescent material from large temperature fluctuations say from the heat of the light source.

Solvents. A change from a non-polar solvent such as hexane to a polar one such as carbon tetrachloride which will allow molecular association and H-bonding will cause a reduction in fluorescence intens ty just as it alters the absorption maximum. The fluorescence of non-ionizable organic substances is higher in hexane than in carbon tetrachloride. The increase in polarizability favours quenching processes (BOWEN and WOKES, 1953).

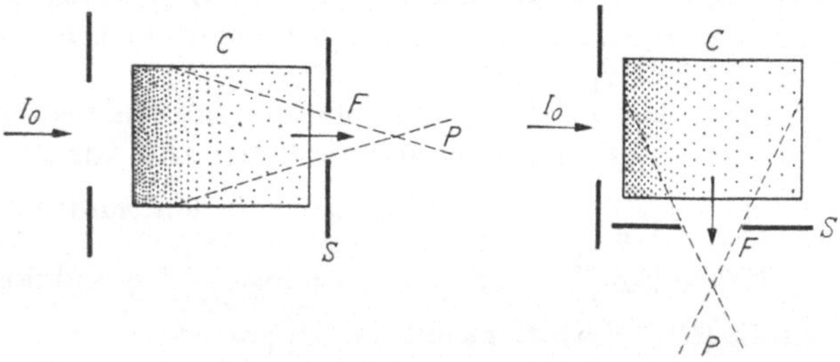

Fig. 32. Diagram illustrating the difference in the amount of fluorescence observed in a concentrated solution when observed (a) in the opposite direction to the exciting beam and (b) at right angles to it. C = cell; I_0 = incident radiation; F fluorescence; S stops; P position of photocell. (Adapted from BOWEN and WOKES, 1954.)

H-ion Concentration. The H-ion concentration can have a marked effect on the fluorescence of many compounds such as weak acids and weak bases, since ionization causes a change in structure which affects the light absorption as well as the fluorescence spectrum. A number of substances like quinine or β-naphthol whose fluorescence intensity changes over a narrow pH range can be used as fluorescent indicators for the titration of turbid solutions. In some instances only the ionic form fluoresces, in some the molecular and in others both, but each will have its characteristic spectrum. Where the fluorescence of the undissociated molecule is considerably different from that of its ion the change in fluorescence may be used to determine the dissociation constant.

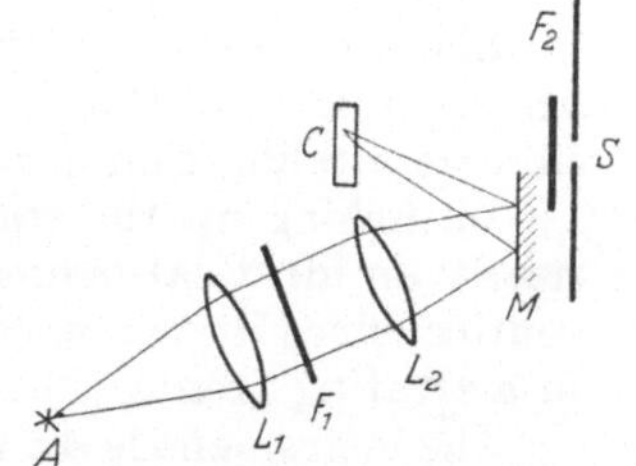

Fig. 33. Diagram of an optical arrangement for fluorescence spectra. A, arc; C, cuvette; F_1, F_2, pri ary and secondary filters; L_1, L_2, lenses; M, plane mirror; S, slit of monochromator.

Thus in measuring the fluorescence of materials which dissociate readily, the solvent medium chosen should be buffered at a pH where the fluorescence changes little with changing pH; and buffers have to be selected for their minimum quenching effects.

Contaminants. Often organic substances have their fluorescence quenched by contaminating materials which may or may not have an absorption band in the same region. In many cases it may even be the neutral salts in solution. "Antioxidants" are also efficient quenchers. The fluorescence will only appear after further purification. Thus in commencing an analysis by a fluorimetric procedure, some investigations have to be carried out to determine the right buffers and other conditions of purity necessary to avoid errors due to quenching.

3. Quantitative Fluorimetry.

The assay of a substance by its fluorescence is based on the measurement of its intensity in relation to that of a known standard of the same substance. EISENBRAND[1] has derived equations suitable for such an assay based on the following requirements being satisfied. The solutions must be in the range of constant

[1] Quoted in DANCKWORTT (1940).

fluorescence efficiency; there should be no absorption of the fluorescence by the solution and the solute should obey BEER's Law with regard to the absorption of the exciting radiation. The method is valid for making measurements of the fluorescence along or nearly along the axis of the exciting beam but not at right angles to it.

Consider a solution which is sufficiently concentrated to absorb all the incident radiation while still within the concentration range of constant fluorescence efficiency. The fluorescence intensity (F_0) which is directly proportional to the absorbed intensity will also be a measure of the intensity of the incident radiation (I_0) i. e., $I_0 = kF_0$.

For a less concentrated solution, the fluorescence intensity $F = kI_a$, where $I_a =$ intensity of absorbed radiation; and the optical density of the solution equals $\log \dfrac{I_0}{I_t}$, where $I_t =$ intensity of transmitted radiation.

Hence $\log \dfrac{I_0}{I_t} = \log \dfrac{I_0}{I_0 - I_a} = \log \dfrac{F_0}{F_0 - F}$ and this is proportional to the concentration (C) of the latter solution. Suppose there are two solutions of unknown concentrations C_1 and C_2, then the ratio of the two concentrations can be determined from their fluorescence intensities F_1 and F_2 relative to a solution in which all the incident radiation is absorbed,

$$\text{then,} \quad \frac{C_1}{C_2} = \frac{\log F_0 - \log (F_0 - F_1)}{\log F_0 - \log (F_0 - F_2)} \; .$$

Since, however, the fluorescence is viewed at 90° to the incident beam in the greater number of fluorimeters at present in use, the normal assay procedure is to prepare a calibration curve with solutions of known strength.

In making up the standard solutions, it is advisable to prepare them in as nearly an identical manner as possible with those which will be encountered in routine, since fluorescence is so sensitive to the presence or absence of quenching or activating agents.

The instrument is set with the strongest of the unknown solutions or a suitable standard having a similar type of fluorescence, such as quinine sulphate, fluorescein or a glass containing uranium and the reading taken with the weaker. For optimal accuracy the differences in intensity should be arranged so that the deflection or balance point on the density scale should lie in the accurate region (0.2 to 0.8). The various readings on the logarithmic density scale of the instrument for the serial dilutions of the material should show a linear relationship if concentration quenching is absent. WOKES, ORGAN, STILL and JACOBY (1944) suggest plotting the logarithm of the concentration versus the increase in intensity reading. For an increase in concentration of 2 times, the density reading should increase by log 2 or 0.303.

Since all glasses and some solvents show a weak fluorescence, or RAYLEIGH scattering, the reading for the blank which can be appreciable should be deducted except in those instruments which are set with the blank and in which the photo-current is balanced electrically instead of optically as is the practice with the Spekker fluorimeter.

Instrumentation.

Sources. The standard basic radiation source is the high pressure mercury-vapour arc which is available in a variety of shapes and power ratings. The smaller low power lamps about 80 or 125-watts are adequate for fluorimetry. The actual light source is about 4 cm. long and is enclosed in a cylindrical or bulb-shaped glass envelope. The lamps may be obtained with either clear or dark WOOD's glass transmitting mainly the strong mercury line at 365 mμ.

The clear glass lamps can be used with suitable filters to isolate the radiation required. These lamps show fluctuations in intensity due (a) to changes in the path of the arc in the vapour, (b) to temperature variations depending on the length of time the arc has been running and (c) to gradual drift with time. These variations in intensity cause serious trouble with single-beam type fluorimeters. The lamps have to be switched on for 15 min. or so prior to taking any readings and are best left running during a series of analyses.

The latter difficulty has been overcome by using a phosphor in conjunction with the low pressure arc irradiating mainly the 253.7 mμ line. A phosphor (360 B—L) has been developed in the United States which converts this radiation to a useful band of energy in the region 300 to 400 mμ, maximal at 350 mμ. This type of lamp has the advantage that it may be switched on and off without having to wait a long time.

For irradiating slits in the measurement of fluorescence spectra a very high pressure capillary mercury lamp[1] (1 mm.) rated at 2 kw has been developed. On account of the very high pressure the spectrum lines are broader so that a more continuous spectrum results. Tungsten filament lamps with suitable filters may be used for the longer wavelength exciting radiation.

Fluorimeters. Most of the colorimeters previously described can also be adapted for fluorimetry by changing a few accessories such as light source, cell compartment and perhaps the detector. In most of these the fluorescence is generally viewed at right angles to the exciting radiation. This arrangement was adopted to obtain optimal fluorescence intensity for the barrier-layer photocells and minimum interference from scattered ultraviolet radiation.

With the development of sensitive phototubes, photomultiplier tubes and suitable electronic amplifiers, however, it has become possible to place the detector at 45° or even a more acute angle (20°) to the exciting beam and insert stronger secondary filters for eliminating the reflected ultraviolet radiation. This type of arrangement used in recording fluorescence spectra requires a smaller depth of solution for the ultraviolet radiation to penetrate and reduces the self-absorption effect.

Again there is a tendency now to use an a. c. supply to the source and to couple the detector to an a. c. amplifier tuned to the frequency of the source-supply. This eliminates the troublesome zero drift with d. c. amplifiers. The sensitive photomultiplier tube is suitable as a detector in such a system.

Fluorescence Spectroscopy. In the same way that errors may arise in colorimetry through the absorption of impurities, so too the measurement of fluorescence by photocells is liable to be in error if unexpected fluorescent materials are present. The analysis can only be made specific for the component to be assayed by resolving the mixed fluorescence with a monochromator. The structure of the fluorescence spectrum will indicate the nature of the compound responsible and its area the total fluorescence intensity. Under standardised conditions the fluorescent intensity, say of the main maximum at a particular wavelength, may be used as a measure of the compound to be assayed.

In determining the spectral distribution of fluorescence the optical arrangement is governed by two main factors. The main one is generally the low intensity of the radiation (efficiency is often less than 0.1% and only a fraction of that can be collected) and secondly it is desirable to irradiate only a shallow layer since absorption of the fluorescence may cut off or reduce the short wave side of the spectrum.

---

[1] Type A lamp, Huggins Laboratories, Menlo Park, California.

To minimise the latter error while maintaining as high an intensity as possible it is desirable that the exciting light should be chosen so that it suffers as high an extinction as possible consistent with a high obtainable intensity; also the solution should be of such a dilution and depth that the whole of the material in the layer is kept excited and absorption of the fluorescence is then kept low.

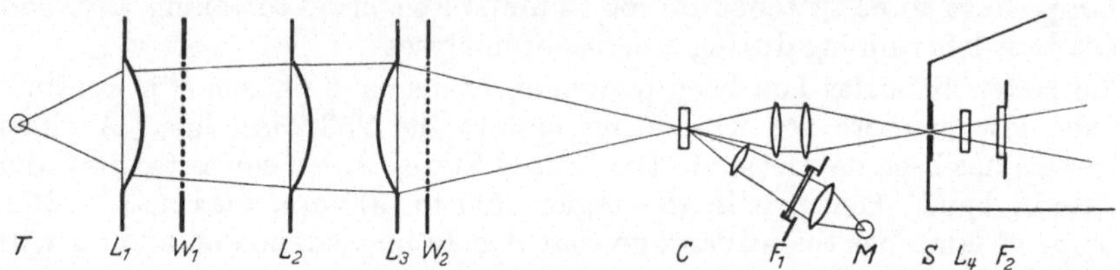

Fig. 34. Optical system for the measurement of the fluorescent spectra of algae using the emission of a tungsten lamp as standard. C, sample cell; F_1, F_2, filters; L_1—L_3, condenser lenses; L_4, cylindrical lens; M, mercury-vapour arc; S, slit of monochromator; T, standardised tungsten lamp; W_1, W_2, wire screens. (After Van Norman, French and Macdowall, 1948.)

Illumination at a angle as nearly as possible normal to the front of the cell is the best. The arrangements shown in Fig. 34 have been used satisfactorily by Van Norman, French and Macdowall (1948). Side illumination may be used in certain circumstances but the concentration range which may be used is limited. Fig. 35 shows the arrangement used by French and Young (1952) for the illumination of algae by monochromatic light and collection of the fluorescence. Filters are inserted to remove stray-light.

In order to get the pattern of the fluorescence spectrum with the intensities at the various wavelengths in correct relationship, the wavelength sensitivity of the combined spectrograph and detector must be known because the photocell sensitivity and transmission of the monochromator varies with wavelength. The usual procedure is to use a standardised tungsten lamp. The deflection of the galvanometer by the photocurrent produced by the fluorescent radiation is compared with that produced by the radiation from a tungsten lamp of known energy distribution after it has passed through the same optical system.

The standard tungsten lamp can be arranged to irradiate the slit directly after the intensity has been

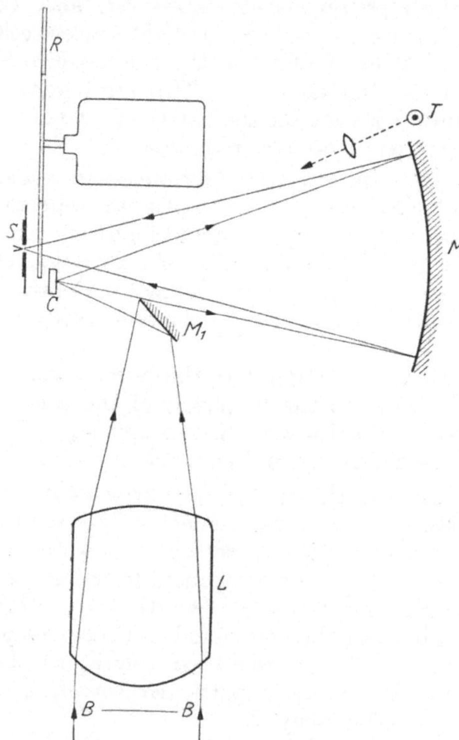

Fig. 35. Optical system for the measurement of the fluorescence spectra of algae irradiated with monochromatic light. B, Blue light from first monochromator; C, Sample cell or magnesium oxide block; L, Large 12in. lens; M_1, Plane mirror; M_2, Spheric l mirror; R, Rotating light chopper; S, Slit of second monochromator. (After French and Young, 1952.)

cut down by wire screens (van Norman, French and Macdowall, 1948) or it may illuminate a block of a white solid such as magnesium oxide (French and Young,

1952) held in the same position as the cell containing the fluorescent material. Measurements of the fluorescence and of the standard are taken at 5 or 10 mμ intervals or less around the maxima until the desired wavelength range is covered. An alternative procedure is to apply electrically a reference potential correcting for the change in sensitivity of the detector and transmission of the monochromator (FRENCH and YOUNG, 1952).

The Beckman photoelectric spectrophotometer has been adapted for the determination of fluorescence spectra by a number of workers (BURDELL and JONES, 1947 and HUKE, LAUER and ROSENBAUM, 1951 and HEIDEL and FASSEL, 1953. An accessory is available with the CARY Model 14 spectrophotometer enabling fluorescence spectra to be recorded with high resolution.

Optical Filters. These have to be chosen depending on the particular substance which has to be irradiated and the source used. A primary set of filters are required to isolate from the mercury arc the particular spectrum lines for irradiation. WOODS glass or CHANCE glass OX 1 will isolate the 3650 Å line, the one most commonly used. Should a filament lamp be used for longer wave excitation, the infra-red will have to be filtered using heat-resisting glass or a copper salt solution. Secondary filters are also required between the fluorescence and the slit of the monochromator to cut out the stray-light composed mainly of scattered and reflected ultraviolet from the source. A list of suitable combinations of filters is given by BOWEN and WOKES (1953) for various wavelengths of exciting light. An orange filter, such as the CHANCE OU 12 will cut out the ultraviolet completely.

Applications. In the main the applications are purely analytical. As examples, KODICEK, (1947) has reviewed methods for certain vitamins of the B group; GOODWIN (1947) gives a method for chlorophyll; and SLATENSCK (1947) for coumarin in sweet clover. Fluorescent substances in plants have been reviewed by GOODWIN (1953). General methods have been reviewed by WHITE, 1949 and 1950.

However, a considerable amount of research has been done involving the determination of the fluorescence spectra of the plant pigments in solution and directly in leaves or algae. These studies have helped to indicate the distribution of porphyrins in plant tissues (GOODWIN, KOSKI and OWENS, 1951) and also to reveal whether pigments other than the chlorophylls could take part in energy transfer in photosynthesis (DUTTON, MANNING and DUGGAR, 1943; VAN NORMAN et al., 1948; DUYSENS, 1951; and FRENCH and YOUNG, 1952).

References.

ACQUISTA, N., and E. K. PLYLER: J. Res. Natl. Bur. Stands 49, 13 (1952). — AHLERS, N. H. E., R. P. BRETT and N. G. McTAGGART: J. Appl. Chem. 3, 433 (1953). — ALLEN, A. J.: J. Opt. Soc. Amer. 31, 268 (1941). — ALLEN, A. J., and R. G. FRANKLIN: J. Opt. Soc. Amer. 29, 453 (1939). — AMAT, G.: Compt. rend. Acad. Sci. (Paris) 232, 1752 (1951). — ANDERSON, S., W. J. ANDERSON and M. KRAKOWSKI: Rev. Sci. Inst. 21, 574 (1950). — ANDERSON, D. H., and O. E. MILLER: J. Opt. Soc. Amer 43, 777 (1953). — ARD, J. S.: Anal. Chem. 25, 1743, 1780 (1953). — AYRES, G. H.: Anal. Chem. 21, 652 (1949).

BAKKER, C. J.: J. Opt. Soc. Amer. 43, 410 (1953). — BARER, R., A. R. COLE and H. W. THOMPSON: Nature 163, 198 (1949). — BARNES, R. B., R. C. GORE, U. LIDDEL and V. Z. WILLIAMS: "Infrared Spectroscopy" Reinhold Publ. Corpn. N. Y. 1944. — BARNES, R. B., R. S. McDONALD, V. Z. WILLIAMS and R. F. KINCAID: J. Appl. Phys. 16, 77 (1945). — BASTIAN, R.: Anal. Chem. 21, 972 (1949). — BELL, P. H., and C. R. STRYKER: Science 105, 415 (1947). — BLADON, P., J. M. FABIAN, H. B. HENBEST, H. P. KOCH and G. W. WOOD: J. Chem. Soc. 1951, 2402. — BLOUT, E. R., G. R. BIRD and D. S. GREY: J. Opt. Soc. Amer. 39, 1052 (1949); 40, 304 (1950). — BLOUT, E. R., and M. FIELDS: J. Amer. Chem. Soc. 70, 189 (1948). — BLOUT, E. R., and R. C. MELLORS: Science 110, 137 (1949). — BORDEN, A., and E. F. BARKER: J. Chem. Phys. 6, 553 (1938). — BOWEN, E. J., and F. WOKES: "Fluorescence of

Solutions". Longmans Green & Co. Ltd.; London 1953. — Braude, E. A., J. S. Fawcett and C. J. Timmins: J. Chem. Soc. **1950**, 1019. — Brice, B. A.: Rev. Sci. Inst. **8**, 279 (1937).— Bricker, C. E., and P. B. Sweetser: Anal. Chem. **24**, 409 (1952); **25**, 764 (1953). — Britton, H. T. S., and R. A. Robinson: J. Chem. Soc. **1931**, 1456. — Brode, W. R.: J. Phys. Chem. **30**, 56 (1926); "Chemical Spectroscopy". Publ. J. Wiley and Sons, N. Y. 1939; *ibid.* 2nd edition (1943); J. Opt. Soc. Amer. **39**, 1022 (1949). — Brode, W. R., J. H. Gould, J. E. Whitney and G. M. Wyman: J. Opt. Soc. Amer. **43**, 862 (1953). — Brown, W. G.: "Organic Reactions", Vol. VI, pp. 469, J. Wiley & Sons Inc. 1951. — Brown, R. A., E. Hartzlen, G. Peacock and A. D. Emmett: Ind. Eng. Chem. (Anal. Ed.) **15**, 4946 (1943). — Burawoy, A.: J. Chem. Soc. **1939**, 1177. — Burdett, R. A., and I. C. Jones: J. Opt. Soc. Amer. **37**, 554 (1947).

Cama, H. R., F. D. Collins and R. A. Morton: Biochem. J. **50**, 48 (1951). — Cary, H. H. and A. O. Beckman: J. Opt. Soc. Amer. **31**, 682 (1941). — Chance, B.: Rev. Sci. Inst. **22**, 619 (1951); Nature **169**, 215 (1952); J. biol. Chem. **202**, 397 (1953) and *ibid.* **202**, 383. — Chance, B., L. Smith and L. Castor: Biochem. et Biophys. Acta **12**, 289 (1953). — Childers, E., and G. W. Struthers: Anal. Chem. **25**, 1311 (1953). — Coblentz, W. W.: Carnegie Inst. of Washington, Publication No. 35 (1905). — Coggleshall, N. D.: Rev. Sci. Inst. **17**, 343 (1946). — Cole, A. R. H., and R. N. Jones: J. Opt. Soc. Amer. **42**, 348 (1952). — Collins, F. D.: Photoelectric Spectrometry Group Bull. No. 4, 96 (1951). — Colthup, N. B.: Rev. Sci. Inst. 18, 64 (1947). — Colthup, N. B., and V. Z. Williams: Rev. Sci. Inst. **18**, 927 (1947). — Coor, T. jr., and D. C. Smith: Rev. Sci. Inst. **18**, 173 (1947). — Craig, R., A. Bartel and P. L. Kirk: Rev. Sci. Inst. **24**, 49 (1953). — Creed, R. H.: Private communication (1952). — Crout, P. D.: Trans. Am. Inst. Elect. Engrs. **60**, 1235 (1941) quoted by L. J. Brady p. 508 "Analytical Absorption Spectroscopy" ed. M. G. Mellon. J. Wiley 1950. — Cunningham, K. G., W. Dawson and F. S. Spring: J. Chem. Soc. **1951**, 2305.

Daly, E. F.: J. Sci. Inst. **28**, 308 (1951). — Daly, E. F., and G. B. B. M. Sutherland: Nature **157**, 547 (1946). — P. W. Danckwortt: "Lumineszenz-Analyse" p. 123 Akadem. Verlagsgesellschaft Leipzig 1934. — Daniel, J. H., and F. S. Brackett: J. Opt. Soc. Amer. **43**, 960 (1953). — Deck, W.: Helv. Phys. Acta **11**, 3 (1938). — Dixon, M.: Biochem. J. **58**, 1 (1953). — Djerassi, C.: Chem. Revs. **43**, 271 (1948). — Dobriner, R., E. R. Katzenellenbogen and R. N. Jones: "Infrared Absorption Spectra of Steroids" Interscience Publ. N. Y, 1953. — Dowell, J. H.: J. Sci. Inst. **8**, 382 (1931). — Downie, A. R., M. C. Magoon, T. Purcell and B. Crawford: J. Opt. Soc. Amer. **43**, 941 (1953). — Dutton, H. J., W. M. Manning and B. M. Duggar: J. Phys. Chem. **47**, 308 (1943). — Duysens, L. N. M.: Nature **168**, 548 (1951).

Edisbury, J.: Photoelectric Spectrometry Group Bull. No. 1, 10 (1949); No. 2, 33 (1950).

Fazakerley, S., and J. Glover: Unpublished work (1954). — Ferguson, L. N.: Chem. Revs. **43**, 385 (1948). — Fieser, L. F., and W. P. Campbell: J. Amer. Chem. Soc. **60**, 159 (1938). — Fog, J.: Analyst **77**, 454 (1952). — Forsythe, W. E.: "Measurement of Radiant Energy" Publ. McGraw and Hill Co. N. Y. 1937. — Fox, J. J., and A. E. Martin: Proc. Roy. Soc. A **175**, 208 (1940). — Fraser, R. D. E.: J. Opt. Soc. Amer. **43**, 929 (1953). — French, C. S., and V. K. Young: J. Gen. Physiol. **35**, 873 (1952). — Friedel, R. A., and A. G. Sharkey: Rev. Sci. Inst. **18**, 928 (1947). — Fuoss, R. M.: Rev. Sci. Inst. **16**, 154 (1945).

Gibb, T. R. P.: "Optical Methods of Chemical Analysis" Publ. McGraw and Hill Book Co. N. Y. 1942. — Gibson, K. S.: "Analytical Absorption Spectroscopy" p. 186, Ed. M. G. Mallon — J. Wiley and Sons Inc. N. Y. 1950. — Gibson, K. S., and M. M. Balcom: J. Research Natl. Bur Standard **38**, 601 (1947); also J. Opt. Soc. Amer. **37**, 593. — Gibson, K. S., and H. J. Keegan: Natl. Bur. Standards, Letter Circular 929 (1948). — Gillam, A. E., and R. A. Morton: Proc. Roy. Soc. A **124**, 609 (1929). — Gillam, A. E., and E. S. Stern: "Electronic Absorption Spectroscopy" Edward Arnold (Publ.) Ltd. 1954. — Glover, J.: Photoelectric Spectrometry Group Bulletin No. 2, 32 (1950). — Glover, J., T. W. Goodwin and R. A. Morton: Biochem. J. **43**, 109 (1948). — Glover, J., and E. R. Redfearn: Unpublished work (1954). — Goddu, R. F., and D. N. Hume: Anal. Chem. **22**, 1314 (1950). — Golay, M. J. E.: Rev. Sci. Inst. **18**, 347 (1947). — Goldman, D. S.: J. Biol. Chem. **208**, 345 (1954). — Goldring, L. S.: Photoelectric Spectrometry Group Bulletin No. 2, 34 (1950). — Goldring, L. S., R. C. Hawes, G. H. Hare, A. O. Beckman and M. E. Stickney: Anal. Chem. **25**, 869 (1953). — Goodwin, R. H.: Anal. Chem. **19**, 789 (1947); Ann. Rev. Plant Physiol. **4**, 283 (1953). — Goodwin, R. H., V. M. Koski and O. V. H. Owens: Amer. J. Bot. **38**, 629 (1951). — Goodwin, T. W., and R. A. Morton: Biochem. J. **40**, 628 (1946). — Goulden, J. D. S.: J. Sci. Inst. **29**, 216 (1952); Nature **173**, 646 (1954). — Gridgeman, N. T.: Photoelectric Spectrometry Group Bulletin No. 4, 67 (1951); Anal. Chem. **24**, 445 (1952).

Halban, H. von, and K. Siedentopf: Z. physik. Chem. **100**, 208 (1922). — Halban, H. von, and K. Wieland: Helv. Chim. Acta **27**, 1032 (1944). — Hales, J. L.: J. Sci. Inst. **30**,

52 (1953). — HAM, N. S., A. WALSH and J. B. WILLIS: Nature 169, 977 (1952). — HAMILTON, R. H.: Ind. Eng. Chem. (Anal. Ed.) 16, 123 (1944). — HAMMOND, E. G., and W. O. LUNDBERG: J. Amer. Oil Chem. Soc. 30, 433 (1953). — HARDING, H. G. W.: Photoelectric Spectrometry Group Bull. No. 4, 79 (1951). — HARDY, J. D., and T. RYER: Phys. Rev. 55, 1112 (1939). — HARDY, A. C., and F. M. YOUNG: J. Opt. Soc. Amer. 38, 854 (1948). — HASS, G.: J. Opt. Soc. Amer. 39, 532 (1949). — HASS, G., and N. W. SCOTT: J. Opt. Soc. Amer. 39, 179 (1949). — HASTINGS, S. H., A. J. WATSON, R. B. WILLIAMS and J. A. ANDERSON: Anal. Chem. 24, 612 (1952). — HAUSSER, K. W., R. KUHN, A. SMAKULA and M. HOFFER: Z. physik. Chem. 29 B, 371 (1935). — HEIDT, L. J., and D. E. BOSLEY: J. Opt. Soc. Amer. 43, 760 (1953). — HELLER, W., and E. VASSEY: J. Chem. Phys. 14, 565 (1946). — HENRICI, A.: Z. phys. Chem. 47 B, 93 (1940). — HEWITT, J. T., and H. V. MITCHELL: J. Chem. Soc. Trans. 91, 1251 (1907). — HIGH, J. H.: Analyst 68, 78 (1943). — HIRT, R. C., and F. T. KING: Anal. Chem. 24, 1545 (1952). — HISKEY, C. F.: Anal. Chem. 21, 1440 (1949). — HISKEY, C. F., and D. FIRESTONE: Anal. Chem. 24, 342 (1952). — HISKEY, C. F., J. RABINOWITZ and I. G. YOUNG: Anal. Chem. 22, 1464 (1950). — HOGNESS, T. R., F. P. ZSCHEILE and A. E. SIDWELL: J. Phys. Chem. 41, 379 (1937). — HOLIDAY, E. R.: "Photographic Methods Ch. 6. Analytical Absorptiom Spectroscopy" p. 269 — Ed. M. G. Mellon Wiley & Sons Inc. N. Y. — HOLIDAY, E. R., and G. H. BEAVEN: Photoelectric Spectrometry Group Bull. No. 3, 53 (1950). — HOLIDAY, E. R., and J. O. IRWIN: Quart. J. Pharm. Pharmacol. 19, 155 (1946). — HUKE, F. B., R. H. HEIDEL and V. A. FASSEL: J. Opt. Soc. Amer. 43, 400 (1953).

IRWIN, J. O.: J. Roy. Statist. Soc. 109, 157 (1946). — ISBELL, R. A. C.: Analyst 74, 618 (1949).

JACOBSEN, S., H. E. BENT and A. J. HARRISON: Rev. Sci. Inst. 11, 221 (1940). — JULIUS, W. F.: Verh. Akad. Wetenschappen, Amsterdam — 1. 1. 1892 quoted by L. J. Brady in p. 439 Analytical Absorption Spectroscopy Ed. M. G. MELLON. J. Wiley and Sons. —

KAYE, W., and R. G. DEVANEY: J. Opt. Soc. Amer. 42, 567 (1952). — KING, J., R. B. TEMPLE and H. W. THOMPSON: Nature 158, 196 (1946). — KODICEK, E.: Analyst 72, 385 (1947). — KORTÜM, G.: Angew. Chem. 50, 193 (1937); „Kolorimetrie und Spektralphotometrie", Springer, Berlin 1948. — KORTÜM, G., and G. DREESEN: Ber. dtsch. Chem. Ges. 84, 182 (1951). — KUHN, W.: Helv. Chim. Acta 31, 1780 (1948). — KUHN. L. P.: Anal. Chem. 22, 276 (1950). — KUNDT, A.: Ann. Physik 4, 34 (1878).

LANGE, B.: Physik Z. 31, 964 (1930); Z. physik. Chem. A 159, 277 (1932). — LAUER, J. L., and E. J. ROSENBAUM: J. Opt. Soc. Amer. 41, 450 (1951). — LEVIN, A., and C. F. MEYER: J. Opt. Soc. Amer. 16, 137 (1928). — LEWIS, G. N., and M. CALVIN: Chem. Revs. 25, 273 (1939). — LOCKHART, E. E., M. C. MERRITT and C. D. MEAD: J. Amer. Chem. Soc. 73, 858 (1951). — LOTHIAN, G. F.: "Absorption Spectrophotometry" Publ. Hilger & Watts Ltd. 1949. — LYNEN, F.: Fed. Proc. 12, 683 (1953).

MCALISTER, E. D., G. L. MATHESON and W. J. SWEENEY: Rev. Sci. Inst. 12, 314 (1941).— MACCOLL, A.: Quart. Revs. Chem. Soc. 1, 16 (1947). — MCGILLIVRAY, W. A.: Anal. Chem. 22, 494 (1950). — MCNICHOLAS, H. J.: J. Res. Natl. Bur. Stands 1, 939 (1928). — MILLER, W. C., G. HARE, D. C. STRAIN, K. P. GEORGE, M. E. STICKNEY and A. O. BECKMAN: J. Opt. Soc. Amer. 39, 377 (1949). — MILLER, F. A., and C. H. WILKINS: Anal. Chem. 24, 1253 (1952). — MITZNER, B. M., and S. Z. LEWIN: J. Opt. Soc. Amer. 44, 425 and 499 (1954). — MORELL, D. B.: Biochem. J. 51, 657 (1952). — MORRISON, L. W.: J. Sci. Inst. 29, 233 (1952). — MORTON, R. A.: "Practical Aspects of Absorption Spectroscopy" — Inst. of Chem. Lectures (1938); "The Application of Absorption Spectra to the Study of Vitamins, Hormones and Coenzymes" 2nd Ed. Adam Hilger Ltd. London 1942; Photoelectric Spectrometry Group Bull. No. 1, 15 (1949); No. 4, 65 (1951). — MORTON, R. A., and A. L. STUBBS: Analyst 71, 348 (1946); Biochem. J. 41, 525 (1947). — MORTON, P. E., and E. F. BARKER: Phys. Rev. 41, 293 (1932). — MULLER, R. H., and H. M. PARTRIDGE: Ind. Eng. Chem. (Anal. Ed.) 20, 423 (1928). — MULLIKEN, R. S.: J. Chem. Phys. 7, 364 (1939). — MULLIKEN, R. S., and C. A. RIEKE: J. Amer. Chem. Soc. 63, 1770 (1941).

NICHOLAS, J. W., and F. F. POLLAK: Analyst 75, 662 (1950). — NICHOLS, M. L., and B. H. KINDT: Anal. Chem. 22, 785 (1950). — NORMAN, V. R., W. FRENCH and F. D. H. MacDOWALL: Plant Physiol 23, 455 (1948).

OETJEN, R. A., C. S. CHAO-LAN KAO and H. M. RANDALL: Rev. Sci. Inst. 13, 515 (1942).— OSBORN, R. H., J. H. ELLIOTT and A. F. MARTIN: Ind. Eng. Chem. (Anal. Ed.) 15, 642 (1943). — OSER, B. L.: Anal. Chem. 21, 529 (1949). — OVENSTON, T. C. J.: Photoelectric Spectrometry Group Bull., No. 6, 132 (1953).

PETERS, C. W.: Rept. of Discussion in Photoelectric Spectrometry Group Bull. No. 6, 148 (1953). — PIZER, N. H.: J. Soc. Chem. Ind. 65, 5 (1946). — PLYLER, E. K., and C. W. PETERS: J. Res. Natl. Bur. Stands 45, 462 (1950). — PRITCHARD, B. S.: J. Opt. Soc. Amer. 43, 812 (A) (1953).

RACKER, E., and I. KRIMSKY: J. Biol. Chem. **198**, 731 (1952). — RAFTER, G. W., S. CHAYKIN and E. G. KREBS: J. Biol. Chem. **208**, 799 (1954). — RANDALL, H. M.: J. Appl. Phys. **10**, 768 (1939); Rev. Sci. Inst. **10**, 195 (1939). — RANDALL, H. M., R. G. FOWLER, N. FUSON and J. R. DANGL: "Infrared Determination of Organic Structures" D. Van Nostrand Co. Inc. 1949. — RANDALL, H. M., and J. STRONG: Rev. Sci. Inst. **2**, 585 (1931). — RINGBOM, A.: Z. anal. Chem. **115**, 332 and 402 (1939). — RINGBOM, A., and K. ÖSTERHOLM: Anal. Chem. **25**, 1798 (1953). — RINGBOM, A., and F. SUNDMAN: Z. anal. Chem. **116**, 104 (1939). — RINGBOM, A., and E. VANNINEN: Anal. Chim. Acta **11**, 153 (1954). — ROBERTSON, R., and J. J. FOX: Proc. Roy. Soc. A **120**, 16 (1928). — ROBINSON, D. Z.: Anal. Chem. **24**, 619 (1952). — ROCHESTER, J. C. O., and A. E. MARTIN: Nature **168**, 785 (1951).

SAIDEL, L. J., A. R. GOLDFARB and W. B. KALT: Science **113**, 683 (1951). — SAVITZKY, A., and R. S. HALFORD: Rev. Sci. Inst. **21**, 203 (1950). — SCHIEDT, U.: Z. für Naturforschung **8**, 66 (1952). — SCHWARZENBACH, G., W. BIEDERMANN and F. BANGERTER: Helv. Chim. Acta **29**, 811 (1946). — SHEPPARD, S. E., R. H. LAMBERT and R. D. WALKER: J. Chem. Phys. **9**, 96 (1941). — SHREVE, O. D., M. R. HEETHER, H. B. KNIGHT and D. SWERN: Anal. Chem. **22**, 1498 (1950). — SHURCLIFF, W. A.: J. Opt. Soc. Amer. **32**, 429 (1942). — SHURCLIFF, W. A., and E. I. STEARNS: J. Opt. Soc. Amer. **39**, 72 (1949). — SIPPEL, T. O.: Exptl. Cell. Res. **7**, 281 (1954). — SLATENSCK, J. M.: Am. Soc. Agron. **39**, 596 (1947). — SNELL, F. D., and C. T. SNELL: Colorimetric Methods of Analysis, 3rd. Ed. 1948. — STEARNS, E. I.: "Analytical Absorption Spectroscopy" p. 306, Ed. M. G. Mellon: J. Wiley and Sons, Inc. 1950. — STERN, J. R., M. J. COON and A. DEL CAMPILLO: J. Amer. Chem. Soc. **75**, 1517 (1953). — STIMSON, M. M., and M. J. O'DONNELL: J. Amer. Chem. Soc. **74**, 1805 (1952). — STROSS, W.: Metallurgia **39**, 159 (1949). — SUMMERSON, W. H.: J. Biol. Chem. **130**, 149 (1939). — SUTHERLAND, G. B. B. M.: Faraday Soc. Discussion **9**, 274 (1951) "Advances in Protein Chemistry", Vol. VII, p. 291. Acad. Press N. Y. 1952. — SWEETSER, P. B., and C. A. BRICKER: Anal. Chem. **24**, 1107 (1952).

TARRANT, A. W. S.: Photoelectric Spectrometry Group Bull. No. 6, 143 (1953). — THIEL, A.: Ber. dtsch. chem. Ges. **68**, 1015 (1935). — TORKINGTON, P., and H. W. THOMPSON: Trans. Faraday Soc. **41**, 184 (1945). — TOWLER, J. H., and W. GUY: J. Sci. Instr. **29**, 393 (1952). — TUNNICLIFF, D. D., R. S. RASMUSSEN and M. L. MORSE: Anal. Chem, **21**, 895 (1949). — TWYMAN, F. (1913) see H. E. HOWE; Phys. Rev. **8**, 674 (1916) Trans. Opt. Soc. Lond. **33**, 9 (1931). — TWYMAN, F., and C. B. ALLSOP: "The Practice of Absorption Spectrophotometry". Adam Hilger, London 1934. — TWYMAN, F., and G. F. LOTHIAN: Proc. Phys. Soc. **45**, 643 (1933). — TWYMAN, F., L. J., SPENCER and A. HARVEY: Trans. Opt. Soc. **33**, 37 (1931).

UNDERWOOD, A. L.: J. Chem. Ed. **31**, 394 (1954).

VANDENBELT, J. M., J. FORSYTH and A. GARRETT: Ind. Eng. Chem. (Anal Ed.) **17**, 235 (1945). — VANDENBELT, J. M., C. HENRICH and S. L. BASH: Science **114**, 576 (1951). — VALLEE, B. L.: Anal. Chem. **25**, 985 (1953). — VAUGHAN, E. J.: The Use of (and Further Advances in the Use of) the Spekker Photoelectric Absorptiometer in Metallurgical analysis (Inst. of Chem.) London (1941 and 1942). — VELICK, S. F.: J. Biol. Chem. **203**, 563 (1953). — VIERORDT, K.: Quoted by TWYMAN, F., and C. B. ALLSOP: "The Practice of Absorption Spectrophotometry". Adam Hilger, London 1934.

WALSH, A.: Nature **167**, 810 (1951); J. Opt. Soc. Amer. **42**, 94 and 96 (1952). — WEST, W.: "Techniques of Organic Chemistry" Vol. I. Ed. A. Weissberger 2nd Ed. Interscience Publ. N. Y. — WHITE, C. E.: Anal. Chem. **21**, 104 (1949); **22**, 69 (1950). — WHITE, J. U.: J. Opt. Soc. Amer. **36**, 362 (1946). — WILD, R. F.: Rev. Sci. Inst. **18**, 436 (1947). — WILLIAMS, V. Z.: Rev. Sci. Inst. **19**, 135 (1948). — WILLIAMSON, D. F.: J. Opt. Soc. Amer. **39**, 613 (1949). — WITHROW, R. B., C. L. SHREWSBURY and H. R. KRAYBILL: Ind. Eng. Chem. (Anal Ed.) **8**, 214 (1936). — WITT, O. N.: Ber. dtsch. chem. Ges. **9**, 522 (1876); **21**, 321 (1888). — WOKES, F., J. G. ORGAN, B. M. STILL and E. C. JACOBY: Analyst **69**, 1 (1944). — WOOD, D. L.: Rev. Sci. Inst. **21**, 764 (1950); **5**, 295 (1934); **7**, 157 (1936). — WOODWARD, R. B.: Amer. Chem. Soc. **63**, 1123 (1941); **64**, 72 and 76 (1942). — WRIGHT, N.: Ind. Eng. Chem. Anal. Ed. **13**, 1 (1941). — WRIGHT, W. W., and L. W. HERSCHER: J. Opt. Soc. Amer. **37**, 211 (1947).

ZECHMEISTER, L., and A. POLGAR: J. Amer. Chem. Soc. **65**, 1522 (1943).

Refraktometrie und Interferometrie[1].

Von

G. Kortüm und M. Kortüm-Seiler.

Mit 33 Abbildungen.

A. Theoretische Grundlagen.

Die konstante Ausbreitungsgeschwindigkeit des Lichtes im Vakuum nimmt bei seinem Eintritt in homogene Materie sprungweise ab. Man nennt das Verhältnis der Geschwindigkeit c_0 im Vakuum zu derjenigen c_m in einem homogenen Medium den absoluten *Brechungsindex* n_0 des betreffenden Mediums:

$$\frac{c_0}{c_m} \equiv n_{0,m} . \tag{1}$$

Entsprechend ist das Verhältnis der Ausbreitungsgeschwindigkeiten in zwei verschiedenen Medien 1 und 2 gleich dem relativen Brechungsindex:

$$\frac{c_1}{c_2} = n_{1,2} . \tag{1a}$$

Bei schiefem Auftreffen eines parallelen Lichtbündels auf die Grenzfläche zwischen den beiden Medien findet nach den Gesetzen der klassischen Optik eine Änderung der Strahlungsrichtung statt, d. h. das Lichtbündel wird gebrochen (Abb. 1). Nach dem Gesetz von SNELLIUS gilt folgende Beziehung zwischen dem Einfallswinkel α (zwischen Strahlungsrichtung im Medium 1 und dem Einfallslot) und dem Austrittswinkel β (zwischen Strahlungsrichtung im Medium 2 und dem Einfallslot):

$$n = \frac{\sin \alpha}{\sin \beta} . \tag{2}$$

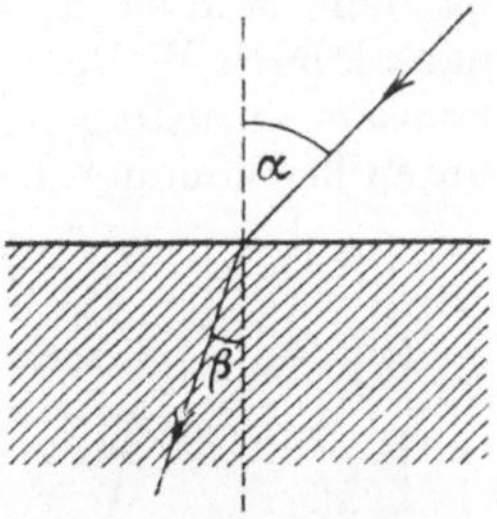

Aus den Gl. (1) und (2) ergeben sich zwei Möglichkeiten, den Brechungsindex zu bestimmen. Refraktometrisch mißt man Einfalls- und Austrittswinkel, α und β, während interferometrisch die Änderung der Fortpflanzungsgeschwindigkeit gemessen wird.

Abb. 1. Lichtbrechung (aus WEIGERT).

Die beiden Methoden der Refraktometrie und der Interferometrie unterscheiden sich, abgesehen von den völlig verschiedenen Meßprinzipien, im wesentlichen durch die erreichbare Genauigkeit. Während man mit refraktometrischen Methoden nur etwa 1—2 Einheiten der 5. Dezimale des Brechungsindex erfassen kann, kommt man bei den großen Interferometern auf etwa zwei Einheiten der 8. Dezimale. Außerdem lassen sich mit Interferometern auch Gase untersuchen; sie spielen deshalb für die Analyse von Gasgemischen eine wichtige Rolle.

In der Regel bestimmt man experimentell den Brechungsindex eines Mediums an der Grenzfläche gegen Luft. Bezeichnet man den absoluten Brechungsindex

[1] *Zusammenfassende Arbeiten:* HEILMEYER, L.: BAMANN-MYRBÄCK Bd. 1, S. 877, 886. — KOHLRAUSCH, F.: Praktische Physik. Bd. 1, 20. Aufl. Stuttgart 1055. — LÖWE, F.: Optische Messungen des Chemikers und des Mediziners. Dresden, Leipzig 1949. — WEIGERT, F.: Optische Methoden der Chemie. Leipzig 1927.

der Luft gegen Vakuum nach (1) mit $n_{0,1} = c_0/c_1$, den Brechungsindex des Mediums 2 gegen Luft nach (1a) mit $n_{1,2} = c_1/c_2$, so gilt für den absoluten Brechungsindex des Mediums 2 gegen Vakuum

$$n_{0,2} = \frac{c_0}{c_2} = n_{0,1} \cdot n_{1,2} \, . \tag{3}$$

Man erhält also den Brechungsindex gegen das Vakuum, indem man den gemessenen Brechungsindex gegen Luft mit dem absoluten Brechungsindex von Luft multipliziert.

Da die Ausbreitungsgeschwindigkeit in einem Medium (nicht aber im Vakuum) noch von der Wellenlänge des Lichtes abhängt, muß auch der Brechungsindex aller Stoffe wellenlängenabhängig sein. Bei schiefem Auffall eines kontinuierlichen (weißen) Lichtbündels auf eine Grenzfläche werden deshalb die verschiedenen Wellenlängen verschieden stark gebrochen. Man nennt dies die *Dispersion* des Brechungsindex. Im allgemeinen nimmt im sichtbaren Spektralbereich die Fortpflanzungsgeschwindigkeit mit abnehmender Wellenlänge ab, der Brechungsindex also entsprechend zu (normale Dispersion, vgl. Abb. 2). Kurzwelliges Licht wird stärker gebrochen als langwelliges Licht. Im Bereich von Absorptionsbanden zeigt die Dispersion jedoch einen anomalen Verlauf (anomale Dispersion). In Abb. 3 ist der Verlauf einer Dispersionskurve schematisch dargestellt. Die schraffierten Gebiete bedeuten Absorptionsgebiete, im ultraroten Gebiet der Schwingungsbanden, im sichtbaren und ultravioletten Gebiet der Elektronenbanden. Man sieht, daß im Gebiet der Absorptionsmaxima der Brechungsindex nach kurzen Wellen (hohen Frequenzen ν) jeweils steil abfällt, um dann wieder langsam anzusteigen. Bei sehr hohen ν-Werten (Röntgengebiet) erreicht er von unten her kommend asymptotisch den Wert 1. Das bedeutet, daß für sehr kurzwellige Strahlung die Fortpflanzungsgeschwindigkeit in jedem materiellen Medium etwas größer als im Vakuum ist.

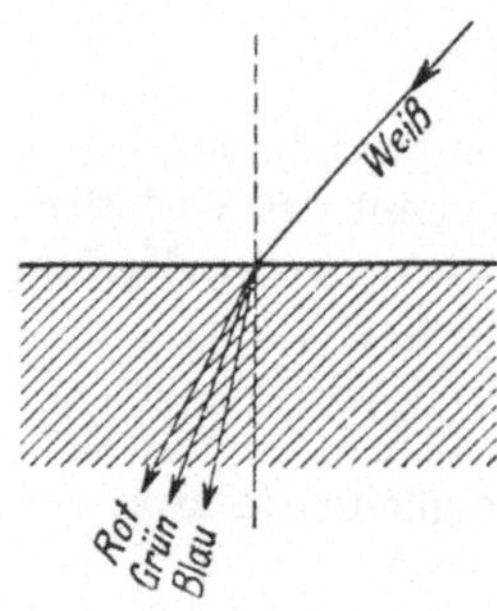

Abb. 2. Normale Lichtdispersion (aus Weigert).

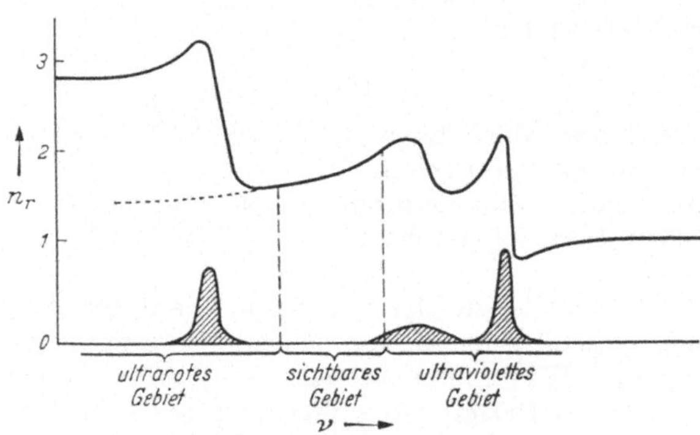

Abb. 3. Allgemeiner Verlauf einer Dispersionskurve (aus A. Eucken: Grundriß der physikalischen Chemie).

Für die Refraktometrie wichtig ist der Wert des Brechungsindex, den man durch Extrapolation der Dispersionskurve aus dem sichtbaren Bereich gegen lange Wellen erhält (in Abb. 3 gestrichelt). Im allgemeinen genügt es, hierfür den Wert für gelbes Natriumlicht (D-Linien bei 589 mμ) zu nehmen. In jedem Fall muß bei Angabe eines Brechungsindex die Wellenlänge des Lichtes angegeben werden, mit dem gemessen wurde, z. B. bedeutet n_D den Brechungsindex für das gelbe Natriumlicht.

Da der Brechungsindex von der Art des Mediums abhängt, muß er mit den Eigenschaften der Materie, d. h. der Moleküle zusammenhängen. Die Fortpflanzungsgeschwindigkeit des Lichtes wird dadurch verringert, daß eine Wechselwirkung zwischen Licht und Materie eintritt. Diese kommt folgendermaßen zustande: Die Atome bzw. Moleküle bestehen in ihren kleinsten Einheiten aus positiven Kernen und negativen Elektronen. Wird ein Atom in ein elektrisches Feld gebracht, so findet eine Ladungsverschiebung statt, weil die positiven Kerne eine Kraftwirkung in entgegengesetzter Richtung erfahren wie die negativen Elektronen. Diesen Vorgang nennt man *Polarisation*. Die Größe der Polarisation hängt von der Stärke des Feldes und der *Polarisierbarkeit* bzw. Deformierbarkeit α der Atome bzw. Moleküle ab (α ist definiert als das je Einheit des elektrischen Feldes induzierte elektrische Moment). Nun stellt ein Lichtbündel ein sich fortpflanzendes elektromagnetisches Wechselfeld dar, dem die Atome bzw. Moleküle ausgesetzt sind. Sie werden durch dieses Wechselfeld periodisch mit der Frequenz des Feldes polarisiert, was bedeutet, daß die Elektronen (und bei genügend niedrigen Frequenzen auch die schweren Kerne) erzwungene Schwingungen gleicher Frequenz in Richtung des elektrischen Vektors ausführen, wobei rückwirkend die Fortpflanzungsgeschwindigkeit des Lichtes vermindert wird. Liegt die Frequenz des Lichtes in der Nähe einer Eigenfrequenz derartiger Elektronenschwingungen, so findet außerdem eine Energieübertragung, d. h. Absorption des Lichtes statt. Darauf beruht der in Abb. 3 zum Ausdruck kommende Zusammenhang zwischen anomaler Dispersion und Absorption.

Die Beziehung zwischen dem Brechungsindex n eines Mediums und der Polarisierbarkeit α der Moleküle, aus denen es besteht, ist durch die LORENZ-LORENTZsche Gleichung

$$\frac{n^2-1}{n^2+2} \cdot \frac{M}{\varrho} = \frac{4}{3}\,\pi\,N \cdot \alpha \equiv R \tag{4}$$

gegeben. Dabei bedeuten: M das Molekulargewicht, ϱ die Dichte der Materie, N die LOSCHMIDTsche Zahl (Zahl der Moleküle in einem Mol). R nennt man die *Molrefraktion*, sie stellt eine für jeden einheitlichen chemischen Stoff charakteristische Größe dar, die auch vom Aggregatzustand weitgehend unabhängig ist. Dabei ist vorausgesetzt, daß es sich um den auf unendlich lange Wellen (ohne Berücksichtigung der ultraroten Schwingungsbanden) extrapolierten Brechungsindex handelt (in Abb. 3 gestrichelt), der ein Maß für die reine Elektronenpolarisation darstellt. Wie schon erwähnt, genügt es für die Praxis meistens, den leicht meßbaren Brechungsindex n_D bei der gelben Natriumlinie in die Gl. (4) einzusetzen. Das Auftreten der Dichte ϱ in der Gleichung ist leicht verständlich. Der Brechungsindex, bzw. die Größe $\dfrac{n^2-1}{n^2+2}$ muß bei gegebenem α der Einzelmoleküle um so größer sein, je mehr Moleküle sich in einem Volumenelement befinden, d. h. je größer ϱ ist.

Gelegentlich wird statt der Molrefraktion auch die *spezifische Refraktion* r benützt, die durch folgende analoge Gleichung definiert ist:

$$r \equiv \frac{n^2-1}{n^2+2} \cdot \frac{1}{\varrho} = \frac{4}{3}\,\pi\,\frac{N}{M}\,\alpha. \tag{5}$$

Die Dimension der Molrefraktion R ist $\dfrac{\mathrm{g}}{\mathrm{g/cm^3}}$, d. h. die eines Volumens, wie daraus hervorgeht, daß n eine dimensionslose Verhältniszahl und M/ϱ das Molvolumen ist. Man faßt daher die Molrefraktion auch gelegentlich als Maß für das wahre Volumen der N Moleküle auf. Auf Grund dieser Vorstellung liegt es nahe zu erwarten, daß in *Mischungen* verschiedener Stoffe sich die Gesamtrefraktion aus der Summe der Einzelrefraktionen der einzelnen Mischungskomponenten zusammensetzt, genau wie sich das Gesamtvolumen in der Regel in guter Näherung aus den Einzelvolumina zusammensetzt. Für die Refraktion eines Gemisches der Stoffe 1 und 2 ergibt sich dann

$$R_{1,2}= x_1\,R_1 + x_2\,R_2, \tag{6}$$

wobei x_1 und x_2 die Molenbrüche der Komponenten 1 und 2 bedeuten:

$$\left(x_1 = \frac{n_1}{n_1 + n_2 + \cdots} = \frac{n_1}{\sum\limits_{1}^{i} n_i}; \quad n = \text{Anzahl Mole} \right).$$

Tatsächlich ist diese Beziehung z. B. bei Mischungen und Lösungen organischer Stoffe recht gut erfüllt.

Zur praktischen Verwendung kann man die Gleichung noch etwas umformen, indem man anstelle der Molenbrüche die Gewichtsanteile $\dfrac{m_1}{m_1 + m_2} = \dfrac{m_1}{m}$ usw. der Komponenten einführt. Man erhält dann:

$$\frac{n^2 - 1}{n^2 + 2} \frac{m}{\varrho} = \frac{n_1^2 - 1}{n_{,}^2 + 2} \frac{m_1}{\varrho_1} + \frac{n_2^2 - 1}{n_2^2 + 2} \frac{m_2}{\varrho_2} + \cdots. \tag{7}$$

Will man z. B. die spezifische Refraktion r_2 eines Stoffes 2 bestimmen, von dem p Gramme in 100 g einer Mischung mit Stoff 1 vorhanden sind, so gilt

$$\frac{n^2 - 1}{n^2 + 2} \frac{100}{\varrho} = \frac{n_1^2 - 1}{n^2 + 2} \frac{100 - p}{\varrho_1} + r_2\, p. \tag{8}$$

Aus r_2 erhält man dann die Molrefraktion des Stoffes 2 zu $R_2 = M_2\, r_2$. Umgekehrt läßt sich natürlich aus dem gemessenen Brechungsindex n und den bekannten n_1 und n_2 die unbekannte prozentuale Konzentration p berechnen:

$$p = \frac{100 \left[\dfrac{1}{\varrho} \dfrac{n^2 - 1}{n^2 + 2} - \dfrac{1}{\varrho_1} \dfrac{n_1^2 - 1}{n_1^2 + 2} \right]}{\dfrac{1}{\varrho_2} \dfrac{n_2^2 - 1}{n_2^2 + 2} - \dfrac{1}{\varrho_1} \dfrac{n^2 - 1}{n_1^2 + 2}}. \tag{9}$$

Darauf beruht die Verwendungsmöglichkeit von Bestimmungen des Brechungsindex für *analytische Zwecke*. Im allgemeinen wird man allerdings eine unbekannte Konzentration nicht nach der etwas umständlichen Gl. (9) berechnen, sondern man wird mit einer Reihe bekannter Mischungen eine Eichkurve (n in Abhängigkeit von der prozentualen oder molaren Konzentration) aufnehmen, mit deren Hilfe man dann aus einem gemessenen n direkt die unbekannte Konzentration ablesen kann. Man wird nach dieser Methode allerdings im allgemeinen keine linearen Eichkurven erhalten, weil die Additivität sich ja nicht auf den Brechungsindex selbst, sondern auf den Ausdruck $\dfrac{n^2 - 1}{n^2 + 2}$ bezieht. Diese Analysenmethode ist auf binäre Gemische beschränkt, ist aber außerordentlich genau und bequem und wird deshalb sehr häufig verwendet (vgl. Abb. 4).

Schon frühzeitig versuchte man, die Additivität der Molrefraktion bei Mischungen auch auf die Zusammensetzung der Moleküle aus den einzelnen Atomen auszudehnen, mit anderen Worten, die Moleküle als ein Gemisch von Atomen aufzufassen und darauf Gl. (6) anzuwenden. Die Refraktionswerte der einzelnen Atome bezeichnet man als *Atomrefraktion* R_A und die der Gl. (6) entsprechende Formel lautet:

$$\frac{n^2 - 1}{n^2 + 2} \frac{M}{\varrho} = R = z_1 R_{A_1} + z_2 R_{A_2} + \cdots. \tag{10}$$

Dabei bedeuten z_1, z_2 usw. die stöchiometrischen Verbindungszahlen der einzelnen Atome.

Offenbar kann man nicht erwarten, daß sich die Molrefraktion ohne weiteres aus den Atomrefraktionen der neutralen, isoliert gedachten Atome additiv berechnen läßt, denn beim Zusammentreten der Atome zu einem Molekül ändert sich die Elektronenverteilung und damit auch die Polarisierbarkeit. Bei der Bildung polarer Verbindungen findet ja sogar ein Übergang einzelner Elektronen von einem Atom zu einem anderen statt. Man muß also als Atomrefraktionen in

Gl. (10) nicht die Werte der freien Atome, sondern diejenigen der innerhalb der Molekel gebundenen Atome einsetzen. Man sieht leicht ein, daß die Werte auch dann noch je nach der Bindungsart, mit der die Atome an die Nachbaratome gebunden sind, verschieden sein müssen. Jeder Bindungsart des betreffenden

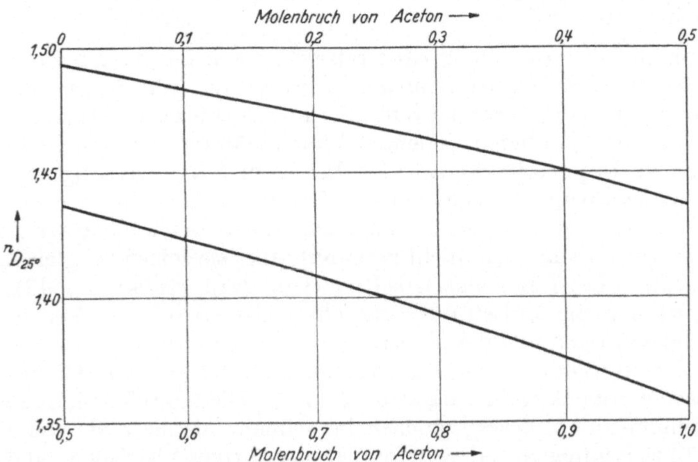

Abb. 4. Eichkurve für den Brechungsindex von Gemischen von Toluol und Aceton.

Atoms ist also ein besonderer Wert der Atomrefraktion zuzuordnen. Tab. 1 zeigt eine Reihe derartiger Atomrefraktionen, wie sie etwa in organischen Verbindungen am häufigsten vorkommen. D bedeutet die Natriumlinie bei 589 mμ; Hα, Hβ, Hγ die Wasserstofflinien bei 656 mμ, 486 mμ und 434 mμ.

Tabelle 1. *Atomrefraktionen in organischen Verbindungen.*

Atom bzw. Art der Verkettung	Hα	D	Hβ	Hγ
$>$C$<$	2,413	2,418	2,438	2,466
H—(C)	1,092	1,100	1,115	1,122
O=(C)	2,189	2,211	2,247	2,267
(C)—O—(C)	1,639	1,643	1,649	1,662
(C)—O—(H)	1,522	1,525	1,531	1,541
Cl—(C)	5,933	5,967	6,043	6,101
Br—(C)	8,803	8,865	8,999	9,152
J—(C)	13,757	13,900	14,224	14,521
$>$C=(C$<$)	3,256	3,284	3,350	3,412
—C≡(C—)	3,577	3,617	3,961	3,735
(H)—N$<$(H)(C)	2,309	2,322	2,368	2,397
(C)—N$<$(C)(H)	2,478	2,502	2,561	2,605
(C)—N$<$(C)(C)	2,808	2,840	2,940	3,000
N≡(C)	3,102	3,118	3,155	3,173
(C)—N=(C)	3,740	3,776	3,877	3,962

Um den Einfluß der Bindungsart auf die Atomrefraktion auszuschalten, hat man versucht, statt der Atomrefraktionen sog. *Bindungsrefraktionen* einzuführen in der Weise, daß man die Molrefraktionen aus der Summe der einzelnen Bindungsrefraktionen zusammensetzt. Dies hat insofern seine Berechtigung, als die an den Bindungen beteiligten Elektronen im allgemeinen die am leichtesten polarisierbaren sind, und die Polarisierbarkeit ja maßgebend für die Refraktion ist. Bei einfachen Kohlenwasserstoffen ist die Additivität der Bindungsrefraktionen gut erfüllt. Dagegen treten z. B. bei den Halogenen, besonders beim Fluor, Abweichungen auf, weil hier noch andere, nicht an der Bindung beteiligte Elektronen maßgeblich zur Refraktion beitragen.

Behält man die Zerlegung in Atomrefraktionen bei, so muß man für bestimmte Bindungstypen, z. B. Doppelbindungen, Korrekturen (sog. *Inkremente*) einführen. Diese Inkremente werden bei der Summierung der Atomrefraktionen (die sich nun alle auf einfache Bindungen beziehen) hinzugezählt. In vielen Fällen, z. B. bei semicyclischen Doppelbindungen oder bei mehrfach ungesättigten Stoffen mit konjugierten Doppelbindungen, müssen für die Inkremente höhere als die normalen Werte eingesetzt werden. Man nennt die Überschußbeträge *Exaltationen*. Diese Exaltationen sind zwar nicht konstant, aber sie zeigen bei gleichartigen Verbindungstypen einige Regelmäßigkeiten (vgl. dazu Hückel, 1943). Auf diese Weise lassen sich die Molrefraktionen sehr vieler organischer Verbindungen aus den Atomrefraktionen in guter Näherung berechnen. Stark polare Verbindungen, wie sie in der anorganischen Chemie vorkommen, also z. B. NaCl, kann man sich als aus starren Ionenkugeln aufgebaut denken. Die Molrefraktion läßt sich dann aus der Summe der *Ionenrefraktionen* berechnen, wie sie z. B. von Fajans und Joos (1924) zusammengestellt wurden. Die Additivität ist jedoch auch hier nicht streng erfüllt.

Der Vergleich der gemessenen Molrefraktionen mit den aus Atomrefraktionen berechneten ist für die Praxis insofern wichtig, als er häufig eine brauchbare Hilfe bei Fragen der Konstitutionsaufklärung bietet. Es läßt sich z. B. entscheiden, ob ein Sauerstoffatom in einer Ketogruppe oder in einer Alkoholgruppe vorhanden ist, oder man kann über die Zahl und Anordnung von Doppelbindungen (isoliert, konjugiert oder kumuliert) etwas aussagen. Damit ist der zweite wesentliche Aufgabenkreis umrissen, der mit Hilfe von Messungen des Brechungsindex behandelt werden kann, nämlich der der *Konstitutionsaufklärung*.

Da die Additivität der Atomrefraktion mit einer erheblichen Unsicherheit behaftet ist, hat es keinen Zweck, für Konstitutionsaufklärungen die Molrefraktion mit höherer Genauigkeit zu bestimmen, als dieser Unsicherheit entspricht. Man wird deshalb für solche Zwecke auf die interferometrische Messung des Brechungsindex, die wesentlich genauer ist als die refraktometrische, stets verzichten können. Dagegen ist es oft erwünscht, für Konzentrationsbestimmungen die Genauigkeit möglichst weit zu treiben.

Ganz allgemein ist dabei zu berücksichtigen, daß die Genauigkeit der Konzentrationsbestimmung immer hinter der Genauigkeit der Bestimmung des Brechungsindex zurückbleibt. Aus Gl. (6) ergibt sich für einen unbekannten Molenbruch x_2 mit $x_1 = 1 - x_2$:

$$x_2 = \frac{R_{1,2} - R_1}{R_2 - R_1} \, . \tag{11}$$

Da in die Berechnung von x_2 die *Differenzen* der verschiedenen R eingehen, wird es nicht die gleiche Genauigkeit erreichen, mit der die R-Werte bekannt sind. Die Genauigkeit in x_2 wird um so größer sein, je mehr sich R_1 und R_2 unterscheiden, und je größer der Absolutwert von x_2 ist, d. h. je höher die Konzentration des Stoffes 1 ist, weil dann auch die Differenz zwischen $R_{1,2}$ und R_1 größer wird. Das gleiche gilt natürlich, wenn man, wie es praktisch gemacht wird, die unbekannte Konzentration direkt aus dem gemessenen Brechungsindex mit Hilfe einer Eichkurve abliest, ohne erst die Refraktion $R_{1,2}$ aus $n_{1,2}$ zu berechnen[1]. Will man z. B die Konzentration einer Lösung von 10 Mol-% Toluol in Aceton auf 1% genau bestimmen, so muß man den Brechungsindex auf die 4. Stelle genau, also auf 0,0013% genau messen (vgl. Abb. 4).

Die gleichen Überlegungen gelten natürlich, wenn man für Probleme der Konstitutionsaufklärung nicht den reinen Stoff, sondern nur seine Lösung untersuchen kann. In je geringerer Menge der zu untersuchende Stoff anwesend ist, um so genauer muß die Gesamtrefraktion der Lösung bestimmt werden, damit die Refraktion des betreffenden Stoffes genügend genau wird. Man berechnet die unbekannte Refraktion r_2 nach Gl. (8), wobei n den Brechungsindex der Lösung, n_1 denjenigen des Lösungsmittels bedeutet.

Für die Genauigkeit eines berechneten R-Wertes ist es wichtig, daß auch die *Dichtemessungen* mit der gleichen Genauigkeit durchgeführt sind wie die Bestimmungen des Brechungsindex.

Da der Brechungsindex temperaturabhängig ist (etwa 0,01% je Grad), muß auf definierte *Temperaturkonstanz* bei der Messung des Brechungsindex geachtet werden. Bei den modernen Refraktometern und Interferometern kann die Meßflüssigkeit während der Messung mit Thermostatenwasser temperiert werden. Für diesen Zweck sind sog. Umlaufthermostaten konstruiert worden, die von mehreren Firmen geliefert werden[2].

B. Refraktometrie.

I. Meßprinzip.

Den refraktometrischen Messungen liegen die Gl. (2) und (3) zugrunde, d. h. man berechnet den absoluten Brechungsindex aus dem Einfallswinkel und dem Austrittswinkel eines Lichtstrahls beim Übergang von Luft in das zu untersuchende Medium:

$$n_{0,m} = \frac{\sin \alpha}{\sin \beta} \cdot n_{Luft} \ . \tag{12}$$

Man kann entweder die beiden Winkel α und β ausmessen; diese Methode wird z. B. bei Messungen im Ultraviolett, bei Bestimmungen der gesamten Dispersionskurve und für spezielle Zwecke verwendet. Fast bei allen im Handel befindlichen Geräten wird jedoch ein anderes Prinzip verwendet, nämlich die Bestimmung des *Grenzwinkels der Totalreflexion* (Abb. 5). Läßt man nämlich ein Lichtbündel aus einem optisch dichteren in ein optisch dünneres Medium eintreten (also z. B. aus der zu untersuchenden Substanz in Luft), so kann, wenn der Winkel β vergrößert wird, α nur bis zum Grenzwert 90° anwachsen. Vergrößert man β weiter, so tritt der Strahl nicht mehr in das dünnere Medium ein, sondern er wird an der Grenzfläche völlig reflektiert. Der Grenzwinkel β, bei dem Totalreflexion auftritt, läßt sich verhältnismäßig einfach bestimmen. Nach diesem Prinzip arbeiten z. B. das ABBEsche und das PULFRICHsche Refraktometer und ihnen verwandte Geräte.

II. Einzelne Geräte.

1. PULFRICH-Refraktometer.

Der Hauptbestandteil des PULFRICH-Refraktometers[3] (Abb. 5) ist ein rechtwinkliges Glasprisma mit möglichst hohem Brechungsindex, dessen eine Katheten-

---

[1] $R_{1,2}$ läßt sich praktisch nicht ohne weiteres berechnen, falls man das mittlere Molekulargewicht der unbekannten Mischung nicht kennt. Man rechnet dann nach Gl. (7) unter Verwendung der spezifischen Refraktion.

[2] Zum Beispiel Colora, Lorch (Württ.); E. Bühler, Tübingen; Herzog, Berlin; Gebr. Haake, Berlin.

[3] Zeiss, Oberkochen; VEB, Optik, Jena.

fläche senkrecht, die andere horizontal angeordnet ist. Auf die obere Fläche ist ein kurzer Zylindermantel aus Glas aufgekittet, in den die zu untersuchende Flüssigkeit gefüllt wird. Das durch eine Kondensorlinse schwach konvergent gemachte Strahlenbündel fällt auf die Grenzfläche zwischen Flüssigkeit und Prismenoberfläche, wird dort und nach Durchqueren des Prismas beim Austritt in die Luft nochmals gebrochen. Der maximale Winkel, unter dem die Strahlen in das Prisma eintreten können, ist der Winkel r der Totalreflexion. Dieser Winkel läßt sich nicht unmittelbar bestimmen, sondern man mißt den zugehörigen Austrittswinkel e. Blickt man nämlich durch ein drehbares Fernrohr in Richtung des ankommenden Strahlenbündels, so wird oberhalb von einer bestimmten Stellung das Gesichtsfeld dunkel bleiben, weil kein Licht in das Fernrohr gelangen kann, unterhalb dieser Stellung wird es hell sein. Auf die dem Winkel e entsprechende scharfe Grenze zwischen hell und dunkel wird das Fadenkreuz des Fernrohres eingestellt; der zugehörige Winkel e läßt sich an einem Teilkreis ablesen. Je größer der Brechungsindex der Flüssigkeit ist, um so kleiner wird der Winkel e. Ist der Brechungsindex der Flüssigkeit gleich

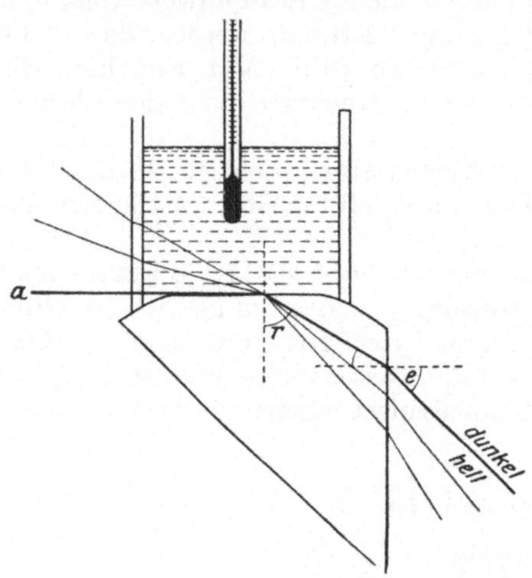

Abb. 5. Prisma des Pulfrich-Refraktometers (aus Fajans-Wüst: Physikalisch-chemisches Praktikum).

groß oder größer als derjenige des Glases, so wird $e = 0$, d. h. es tritt kein Licht mehr in das Prisma ein. In diesem Fall muß ein Prisma aus stärker brechendem Glas verwendet werden. Aus dem Winkel e läßt sich der Brechungsindex der Meßflüssigkeit folgendermaßen berechnen: Für den dem Grenzwinkel der Totalreflexion entsprechenden Strahl a gilt jetzt nach Gl. (2)

$$n\,(\text{Flüssigkeit/Glas}) = \frac{\sin 90°}{\sin r} = \frac{1}{\sin r} = \frac{1}{\sqrt{1 - \cos^2 r}}$$

$$= \frac{n\,(\text{Luft/Glas})}{n\,(\text{Luft/Flüssigkeit})} \tag{13}$$

$$n\,(\text{Luft/Glas}) = \frac{\sin e}{\sin (90 - r)} = \frac{\sin e}{\cos r}. \tag{14}$$

oder

$$\cos r = \frac{\sin e}{n\,(\text{Luft/Glas})}. \tag{15}$$

Setzt man dies in (13) ein, so wird

$$\frac{n\,(\text{Luft/Glas})}{n\,(\text{Luft/Flüssigkeit})} = \frac{1}{\sqrt{1 - \dfrac{\sin^2 e}{n^2\,(\text{Luft/Glas})}}} = \frac{1}{\sqrt{\dfrac{n^2\,(\text{Luft/Glas}) - \sin^2 e}{n^2\,(\text{Luft/Glas})}}} \tag{16}$$

oder

$$n\,(\text{Luft/Flüssigkeit}) = \sqrt{n^2\,(\text{Luft/Glas}) - \sin^2 e}. \tag{17}$$

Aus $n\,(\text{Luft/Flüssigkeit})$ läßt sich nach Gl. (3) $n_0\,(\text{Vakuum/Flüssigkeit})$ durch Multiplikation mit $n_0\,(\text{Vakuum/Luft})$ berechnen ($n_{0\,Luft} = 1{,}0002724$ bei 760 mm Druck und 20° C für $\lambda = 589\ m\mu$).

Zur Berechnung des Brechungsindex der Flüssigkeit muß man nach Gl. (17) den Brechungsindex des Glases kennen, aus dem das Prisma hergestellt ist.

Praktisch benutzt man die den Apparaten beigelegten Tabellen, aus denen man direkt den einem gemessenen Winkel *e* entsprechenden Brechungsindex einer Flüssigkeit ablesen kann. Da der Brechungsindex des Glases immer höher sein muß als derjenige der Flüssigkeit, sind die Apparate meistens mit mehreren auswechselbaren Prismen aus Glas mit verschieden hohem Brechungsindex ausgerüstet, von denen jedes einen bestimmten Meßbereich umfaßt.

Da man mit monochromatischem Licht arbeiten muß, verwendet man als Lichtquelle am besten eine Spektrallampe (evtl. mit Filter zur Aussonderung bestimmter Spektrallinien)[1]. Wenn nicht spezielle Aufgaben vorliegen, mißt man den Brechungsindex für die gelbe Natriumlinie. Die Natriumdampflampen haben den Vorteil, daß sie nur eine Linie (bzw. ein sehr eng benachbartes Dublett) aussenden und infolgedessen sehr hell sind. Falls man keine Spektrallampe zur Verfügung hat, kann man sich einen Natriumbrenner auch selbst herstellen, indem man auf die halbkreisförmig ausgeschnittene Kante eines Stückes Asbestpappe ein Gemisch aus Natriumchlorid und Wasserglas aufträgt, das man in solchen Verhältnissen zusammengibt, daß eine zähe, plastische Masse entsteht. Die so präparierte Kante rückt man 2—3 mm weit in das untere Drittel einer etwa 10 cm hohen entleuchteten Bunsenflamme. Man erhält so eine breite, intensive Natriumflamme.

Die Lichtquelle wird etwa 20—30 cm vom Apparat entfernt aufgestellt, so daß durch die Kondensorlinse ihr reelles umgekehrtes Bild dicht vor dem Flüssigkeitsbehälter entsteht, was man mit Hilfe eines Papierschirms kontrollieren kann. Um an Lichtstärke zu gewinnen, kann man die Lampe nachträglich noch etwas näher an den Apparat rücken. Will man in unverdunkeltem Zimmer arbeiten, so stellt man einen großen schwarzen Schirm hinter die Lichtquelle, der verhindert, daß zu viel Streulicht in das Refraktometer gelangt. Dadurch wird der Kontrast zwischen Dunkel und Hell im Gesichtsfeld verschärft und die Einstellung auf die Grenze erleichtert.

Für die Messung genügt es prinzipiell, wenn die horizontale Prismenfläche eben mit der Meßflüssigkeit bedeckt ist. Es ist jedoch zu empfehlen, die Flüssigkeit so hoch einzufüllen, daß die Kugel des eingebauten Thermometers davon bedeckt ist, so daß gleichzeitig mit der Messung auch die Temperatur der Flüssigkeit abgelesen werden kann. Zur *Konstanthaltung der Temperatur* läßt sich ein hohler Metallmantel mit zwei Zuführungen, durch den Thermostatenwasser fließt, in die Meßflüssigkeit einführen.

Der Glasring für die Flüssigkeitsaufnahme löst sich gelegentlich vom Prisma ab und muß neu angekittet werden. Die Prismenoberfläche und der untere Rand des Ringes werden sorgfältig gereinigt. Dann wird der untere Zylindermantel sehr dünn mit einem geeigneten Kitt bestrichen und mit schwachem Druck auf das Prisma aufgepreßt. Man beschwert den Zylinder leicht und läßt den Kitt hart werden. Als Kitt für organische Flüssigkeiten sind z. B. Syndetikon oder Wasserglas-Talkum geeignet; für wäßrige Lösungen nimmt man z. B. Bienenwachs-Colophonium. Es ist wichtig, daß die Eintrittsstelle des streifend einfallenden Lichtes nicht durch überschüssigen oder verschmierten Kitt verunreinigt ist. Da keiner dieser Kitte auf die Dauer den verschiedenen Flüssigkeiten standhält, ist es wichtig, nach jeder Messung den Zylinder zu leeren und zu säubern. Man entfernt hierzu die Flüssigkeit mittels einer kleinen Pipette, spült mit einem reinen Lösungsmittel einige Male nach und saugt mit der Wasserstrahlpumpe trocken.

Zur eigentlichen *Messung* stellt man zunächst das Ablesefernrohr horizontal, so daß es in einer Geraden mit der oberen Prismenfläche, der Linse und der Lichtquelle liegt. Das Gesichtsfeld ist hier hell, weil das den Glasring durchsetzende und nicht in das Prisma gebrochene Licht in das Fernrohr eindringt. Dann dreht man das Fernrohr langsam abwärts, wobei das Gesichtsfeld dunkel wird. Bei weiterer Drehung erscheint die scharfe Grenze zwischen dem oberen dunklen und dem unteren hellen Bereich des Gesichtsfeldes (vgl. Abb. 6). Dreht man noch weiter, so gelangt man durch eine verwaschene Grenze hindurch wieder in ein dunkles Gebiet. Die Stellung, die dem Winkel der Totalreflexion entspricht, ist dann gegeben, wenn das Fadenkreuz im Fernrohr auf die scharfe Grenze eingestellt ist (Abb. 6). Der unterhalb des Winkels der Totalreflexion auftretende helle Bereich kann sich natürlich nur über einen bestimmten Winkelbereich erstrecken, der dem Öffnungswinkel des in das Gefäß eintretenden Strahlenbündels entspricht.

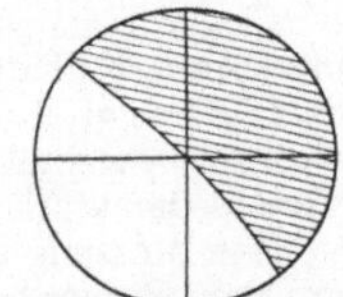

Abb. 6. Gesichtsfeld im Refraktometerfernrohr (aus WEIGERT).

---

[1] Osram, Heidenheim.

Daher wird das Gesichtsfeld schließlich wieder dunkel, wenn das Fernrohr noch weiter nach unten gedreht wird. Der helle Bereich kann verkleinert und schließlich zu einem schmalen Streifen mit oben scharfer und unten verwaschener Grenze verengt werden, wenn man den Öffnungswinkel des Lichtbündels verringert. An dem Apparat ist zu diesem Zweck eine verstellbare Blende mit gezackten Rändern angebracht. Es ist auf diese Weise möglich, mit einer Lichtquelle zu messen, die mehrere Spektrallinien aussendet (z. B. einem Quecksilberbogen) und nacheinander die Winkelstellungen totaler Reflexion für die verschiedenen Wellenlängen der Spektrallinien festzustellen, d. h. die Dispersionskurve (Wellenlängenabhängigkeit des Brechungsindex) aufzunehmen. Man verengt die Blende zu diesem Zweck so lange, bis sich die verschiedenen farbigen Streifen nicht mehr überdecken, und liest für jeden Streifen die dem scharfen oberen Rand des Streifens entsprechende Winkelstellung ab. Das Fernrohr wird durch eine Feststellschraube arretiert, wenn die richtige Stellung erreicht ist. Mit Hilfe einer Mikrometerschraube kann dann die endgültige Einstellung noch verfeinert werden.

Auf dem Teilkreis lassen sich die ganzen und die halben Grade ablesen, der Nonius, der 29 halbe Grade in 30 Teile geteilt enthält, gibt die Minuten an. Für feine Differenzmessungen (z. B. zum Ausmessen der Dispersion) kann man bei arretiertem Fernrohr kleine Winkeldifferenzen durch Drehen der Mikrometerschraube messen. Eine Trommelumdrehung der Mikrometerschraube entspricht 20 Bogenminuten. Da die Trommel in 200 Teile geteilt ist, läßt sich die Winkeldifferenz auf 0,1 min genau feststellen. Der abgelesene Winkel entspricht dem Winkel e von Gl. (17) und Abb. 5. Der zugehörige Brechungsindex der Flüssigkeit wird entweder nach Gl. (17) berechnet, oder man liest ihn aus den beigegebenen Tabellen ab, wobei darauf zu achten ist, daß die Glassorte des Prismas auch wirklich derjenigen entspricht, die auf der Eichtabelle angegeben ist. Zu jeder Winkelablesung des Fernrohrs gehört eine Ablesung der Temperatur (auf 1/10° genau) an dem Thermometer, das sich in der Meßflüssigkeit befindet.

Zur Prüfung des *Nullpunktes* des Refraktometers beschickt man das Gläschen mit reinem Wasser und liest den Winkel ab. Aus der Eichtabelle oder mit Hilfe von Gl. (17) ermittelt man den Winkel, der dem Brechungsindex des Wassers entspricht, und vergleicht ihn mit dem gemessenen Winkel. Die Differenz wird bei allen Winkelablesungen als Korrektur angebracht (Vorzeichen beachten). Der Brechungsindex von Wasser gegen Luft für die Natriumlinie 589 mμ hat folgende Werte:

°C	15	18	20	22
n	1,333387	1,333158	1,332988	1,332803

Mit dem Pulfrich-Refraktometer ist auch eine *Untersuchung fester Stoffe* möglich. Die Methode beruht darauf, daß unregelmäßig geformte Körner eines durchsichtigen festen Stoffes, die in einer Flüssigkeit suspendiert sind, ein Lichtbündel nur dann geometrisch unverändert hindurchtreten lassen, wenn die Brechungsindices von Flüssigkeit und festem Stoff gleich groß sind. Die Flüssigkeit sieht dann vollkommen homogen aus. Sind dagegen die Brechungsindices nicht gleich groß, so wird das Licht an den Grenzflächen der Kriställchen verschieden stark abgebeugt, d. h. es wird zerstreut, und die Flüssigkeit sieht trübe aus.

Zur Messung des Brechungsindex eines festen Stoffes wird der Boden des Prismentroges mit dem Pulver bedeckt (das nicht doppelbrechend sein darf), und mit einem Gemisch zweier Flüssigkeiten von stark verschiedenem Brechungsindex verrührt. Der feste Stoff darf natürlich in den Flüssigkeiten praktisch nicht löslich sein. Haben Pulver und Flüssigkeit verschiedenen Brechungsindex, so kann man im Fernrohr die scharfe Trennungslinie Hell—Dunkel nicht erkennen. Durch tropfenweise Zugabe einer der beiden Flüssigkeiten wird unter Umrühren der Brechungsindex des Gemisches so lange geändert, bis die Trennungslinie so scharf erscheint, daß man das Fadenkreuz auf sie einstellen kann. Der abgelesene Winkel entspricht dem Brechungsindex sowohl des festen Stoffes wie auch des Flüssigkeitsgemisches. Selbstverständlich muß der Brechungsindex des festen Stoffes zwischen demjenigen der beiden reinen Komponenten liegen. Als Flüssigkeiten mit hohem Brechungsindex kommen α-Bromnaphthalin, Schwefelkohlenstoff oder Methylenjodid in Frage, als solche mit niedrigem Brechungsindex Chloroform, Toluol, Benzol, Aceton oder Alkohol.

Wenn die zu untersuchende Probe nicht aus einem feinen Kristallpulver besteht, sondern aus größeren festen Stücken, so kann man die Mischung der beiden Einbettungsflüssigkeiten auch in einem größeren Behälter vornehmen. Man kontrolliert dann mit unbewaffnetem Auge, wann die Konturen der eingetauchten Probe verschwinden. Dann entnimmt man eine Probe des Flüssigkeitsgemisches und bestimmt seinen Brechungsindex.

2. Abbe-Refraktometer.

Das Meßprinzip des Abbe-Refraktometers geht aus den Abb. 7 und 8 hervor. Es beruht ebenfalls auf der Messung des Winkels totaler Reflexion. Die zu untersuchende Flüssigkeit wird in dünner Schicht zwischen die Hypotenusen zweier aufeinandergelegter Prismen P von größerem Brechungsindex gebracht. Das Licht fällt entweder direkt oder durch den Beleuchtungsspiegel S reflektiert durch die Prismen und in das Fernrohr. Beim Drehen des Prismas wird der Winkel e verändert, unter dem das Lichtbündel auf die Grenzfläche Prisma-Flüssigkeit auftritt bzw. unter dem es in dem zweiten Prisma weitergeleitet wird. Wenn der Grenzwinkel der totalen Reflexion überschritten wird, kann kein Licht mehr in die Flüssigkeit eintreten. Beim Drehen des Prismas erscheint daher im Ocular A eine Grenzlinie Hell—Dunkel, auf die das Fadenkreuz B eingestellt wird. Da das untere Prisma für den eigentlichen Meßvorgang keine Bedeutung hat, bezeichnet man es auch als Beleuchtungsprisma und das obere als Meßprisma. Die Stellung der Prismen wird bei älteren Instrumenten über den Hebel F mit Hilfe des Index E auf der Skala K angezeigt. Die Skala ist entweder empirisch direkt in Werten des Brechungsindex geeicht oder in willkürlichen Zahlenwerten, mit deren Hilfe aus einer Tabelle der Brechungsindex abgelesen wird.

Bei allen Abbe-Refraktometern wird mit weißem Licht gemessen. Das Licht wird infolge der wiederholten Brechung dispergiert, so daß man zunächst keine scharfe, sondern eine verwaschene farbige Grenzlinie beobachtet. Dieser Effekt wird durch einen sog. *Farbenkompensator* ausgeglichen (D und C in Abb. 7). Er besteht aus zwei sog. Amici-Prismen, die für Natriumlicht geradsichtig sind, d. h. Natriumlicht wird ohne Richtungsänderung durchgelassen, längerwelliges Licht wird nach der einen Seite abgebeugt, kurzwelliges nach der anderen. Die beiden Amici-Prismen können nun so gegeneinander verdreht werden, daß alle Wellenlängen des Lichtes im Ocular wieder zusammenfallen und weißes Licht bilden. Man dreht also den Farbenkompensator mit Hilfe der Trommel T so lange,

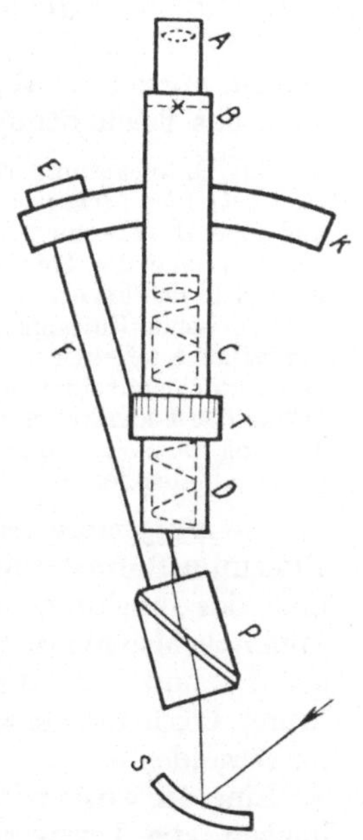

Abb. 7. Abbe-Refraktometer (schematisch) (aus Kohlrausch).

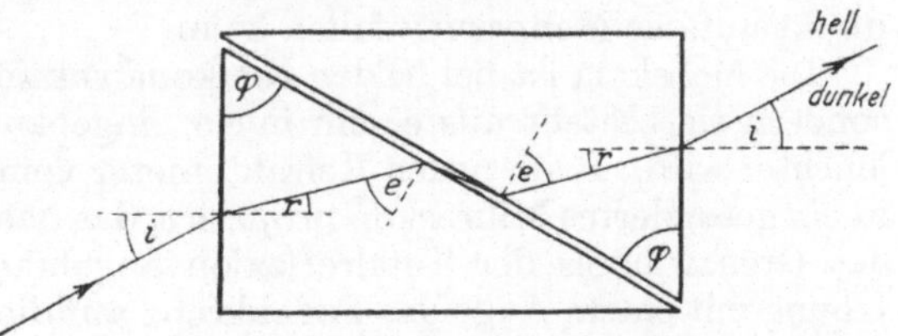

Abb. 8. Prismen des Abbe-Refraktometers mit Strahlengang (aus Fajans-Wüst: Physikalisch-Chemisches Praktikum).

bis die Grenzlinie scharf wird, und die Farben verschwinden. Der abgelesene Brechungsindex entspricht dann immer demjenigen für die Natrium D-Linie. Es ist leicht einzusehen, daß die zum Farbenkompensator notwendige Drehung der Amici-schen Prismen gegeneinander von der Dispersion des Meßprismas und der Flüssigkeit abhängt. Da erstere konstant ist, kann man daher umgekehrt aus der Stellung des Farbenkompensators auf die Dispersion der Flüssigkeit schließen. Die Teilung der Trommel T gibt den Winkel an, den die beiden Amici-Prismen gegeneinander bilden. Daraus und aus dem gemessenen Brechungsindex läßt sich mit Hilfe einer den Instrumenten beigegebenen Tabelle die *mittlere Dispersion* der Flüssigkeit $(n_F - n_C)$ angeben. Dabei bedeuten n_F den Brechungsindex für die H_β-Linie von Wasserstoff bei 486 mμ, n_C den Brechungsindex für die H_α-Linie von Wasserstoff bei 656 mμ. $n_F - n_C$ bedeutet also die Abnahme des Brechungsindex zwischen 468 und 656 mμ (vgl. auch Tab. 1).

Die Meßflüssigkeit wird auf folgende Weise zwischen die beiden Prismen gebracht: Man legt das ganze Gerät um, so daß die Hypotenusenfläche der Prismen wieder horizontal liegt. Man schiebt dann das jetzt obenliegende Beleuchtungsprisma vorsichtig ab, bringt einen Tropfen Flüssigkeit auf das Meßprisma und setzt das Beleuchtungsprisma wieder auf.

Zur Untersuchung von *undurchsichtigen Flüssigkeiten* kann man statt im durchfallenden *im reflektierten Licht messen.* Das Licht fällt durch die längere Kathetenfläche des Meßprismas auf seine Hypotenuse. Ist der Winkel, unter dem es auf die Hypotenusenfläche fällt, größer als der Winkel der Totalreflexion (vgl. Abb. 8, Winkel e), so wird es vollständig reflektiert und gelangt in das Fernrohr. Ist der Winkel dagegen kleiner, so tritt es fast vollständig in die zu untersuchende Flüssigkeit bzw. die feste Substanz ein, und nur ein geringer Teil wird an der Grenzfläche reflektiert. Beim Drehen des Prismas erscheint daher im Ocular die Grenzlinie zwischen einem sehr hellen und einem nur schwach erleuchteten Gesichtsfeld. Man stellt wie vorher das Fadenkreuz auf die Grenzlinie ein. Wie man leicht einsieht, ist bei dieser Art der Messung die Reihenfolge der Felder Hell—Dunkel im Ocular umgekehrt wie bei der Messung im durchfallenden Licht.

Die *Meßgenauigkeit* ist beim Abbeschen Refraktometer etwas kleiner als beim Pulfrich-Refraktometer. Die Unsicherheit beträgt einige Einheiten der 4. Dezimale des Brechungsindex. Dafür besitzt das Gerät den großen Vorteil, daß nur minimale Mengen der Substanz gebraucht werden. Der Meßbereich liegt zwischen $n = 1{,}3$ und $1{,}7$. Wenn das Abbe-Refraktometer zur Untersuchung von stark sauren Lösungen verwendet werden soll, so empfiehlt es sich, die Prismenfassungen zu vergolden.

Eine der wesentlichen Fehlerquellen bei älteren Ausführungen ist die Unmöglichkeit, die Temperatur zu regulieren und konstant zu halten. Bei den neu entwickelten Geräten[1] ist diese Fehlerquelle dadurch ausgeschlossen, daß die Prismen in einem Gehäuse untergebracht sind, durch welches man Thermostatenwasser umlaufen lassen kann. Durch das Gehäuse werden gleichzeitig die Prismen vor Verletzungen geschützt. Messungen im reflektierten Licht lassen sich ebensogut durchführen wie bei den älteren offenen Modellen. Es sind bestimmte Öffnungen vorgesehen, durch welche das Licht anstatt durch das Beleuchtungsprisma direkt auf das Meßprisma fallen kann.

Die Meßskala ist bei beiden Neukonstruktionen nicht mehr außen angebracht, sondern sie besteht aus einem innen eingebauten Teilkreis aus Glas, der durchleuchtet wird. Beim neuen Refraktometer vom VEB, Optik, Jena, wird die Skala in ein gesondertes Mikroskop projiziert, das neben dem Fernrohr zur Beobachtung des Grenzwinkels der Totalreflexion angebracht ist. Man kann so mit einiger Übung mit einem Auge das Fadenkreuz auf die Grenzlinie einstellen und mit dem anderen Auge den Meßwert ablesen. Beim Refraktometer von Zeiss, Oberkochen, wird der Glasteilkreis in das Sehfeld des gleichen Oculars projiziert, mit dem die Grenzlinie der Totalreflexion beobachtet wird (vgl. Abb. 9). Man kann also auf die Grenzlinie einstellen und gleichzeitig den zugehörigen Brechungsindex ablesen.

---

[1] VEB, Optik, Jena, und Zeiss, Oberkochen.

Als weitere Verbesserung des ABBE-Refraktometers in der modernen Ausführung von Zeiss, Oberkochen, ist die neue Anordnung der Prismen zu erwähnen. Die Hypotenuse des Meßprismas steht hier immer waagerecht. Zum Füllen und Reinigen wird einfach das Beleuchtungsprisma hochgeklappt; ein Umlegen des Instrumentes ist nicht mehr notwendig.

Beim *Hand-Zuckerrefraktometer*[1], das ein vereinfachtes Modell des ABBE-Refraktometers speziell zur Bestimmung des Zuckergehaltes von Lösungen darstellt, ist die ins Einstellocular projizierte Meß-skala in Prozentwerte Trockensubstanz und in sog. „Grad Öchsle" eingeteilt. Auch mit diesem Instrument sind zur Untersuchung undurchsichtiger Flüssigkeiten Messungen im reflektierten Licht möglich. Der Meßbereich des Instrumentes umfaßt 0—80% Zuckergehalt.

Die Genauigkeit, die mit diesen neuen Instrumenten erreicht wird, beträgt ebenfalls 1—2 Einheiten der 4. Dezimale des Brechungsindex. Zur Eichung bzw. zur Kontrolle der Meßskala werden Flüssigkeiten mit bekanntem Brechungsindex und ein Justierplättchen beigegeben. Wenn es notwendig ist, kann die Skala mit Hilfe einer Justierschraube berichtigt werden.

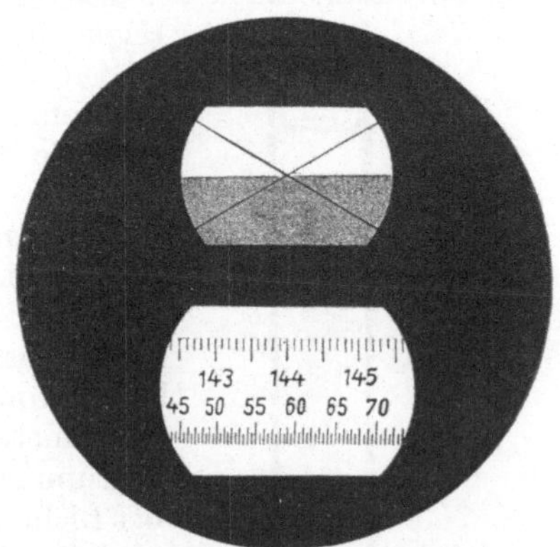

Abb. 9. Blick auf die Teilungen im Ablesemikroskop.

Ähnlich wie das Zeiss-ABBE-Refraktometer ist auch das *Chemiker-Refraktometer* der Firma Fuess, Berlin, konstruiert, wie aus dem Schnitt der Abb. 10 hervorgeht. Es ist ebenfalls mit dem Farbenkompensator ausgerüstet, die Grenzlinie und die Glasteilung werden im gleichen Gesichtsfeld abgelesen.

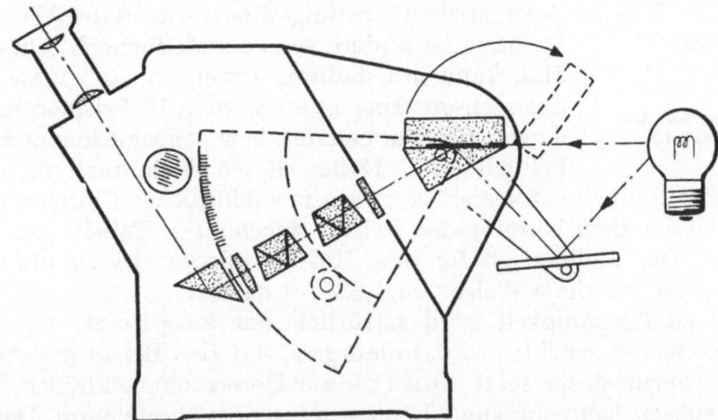

Abb. 10. Chemikerrefraktometer von FUESS (Vertikalschnitt) [aus F. LÖWE: Chemiker-Zeitung 74, 395 (1950)].

Nach dem Prinzip des ABBE-Refraktometers sind auch die meisten Neukonstruktionen des Auslandes ausgeführt (vgl. LÖWE, 1950), wie z.B. das "Precision Refractometer" von Bausch und Lomb (Rochester, USA), oder das "Standard Refractometer" von Bellingham und Stanley, London.

Das *Eintauchrefraktometer*[2] ist aus dem ABBE-Refraktometer hervorgegangen und ist zur Bestimmung des Brechungsindex von Lösungen zum Zwecke von

[1] Zeiss, Oberkochen.
[2] VEB Optik, Jena.

Konzentrationsbestimmungen gedacht, weil es eine Meßgenauigkeit von einer Einheit der 5. Dezimale erreicht. Einen schematischen Schnitt durch das Eintauchrefraktometer zeigt Abb. 11. Denkt man sich in Abb. 7 das obere Prisma P mit dem Fernrohr AD verbunden, so entsteht ein Eintauchrefraktometer. Das untere Prisma sowie die Skala mit Index und zugehörigem Arm fallen weg. Auf einer durchsichtigen Glasplatte in der Brennebene befindet sich eine willkürliche Skala Sk. Die Stelle der Skala, die von einem Lichtstrahl getroffen wird, hängt außer vom Brechungsindex der Lösung noch von der Richtung ab, in der er auf die Hypotenusenfläche des Prismas aufgefallen ist. Dem streifenden Einfall entspricht eine bestimmte Richtung im Fernrohr; jenseits von dieser bleibt das Gesichtsfeld dunkel. Die Auslöschungsgrenze selbst dient also als Index auf der Skala. Die Bruchteile der Skalenteile können mit Hilfe einer Mikrometerschraube bestimmt werden, durch die man die Grenzlinie genau auf einen Skalenteil verschieben kann. Die den Skalenteilen entsprechenden Werte des Brechungsindex sind einer Tabelle zu entnehmen. Die Farbenkompensation ist die gleiche wie beim Abbe-Refraktometer; man bestimmt also den Brechungsindex für Natrium D-Licht. Für die streifende Beleuchtung läßt man das Licht am besten mit Hilfe eines Spiegels von unten oder von der Seite in das Flüssigkeitsgefäß eintreten.

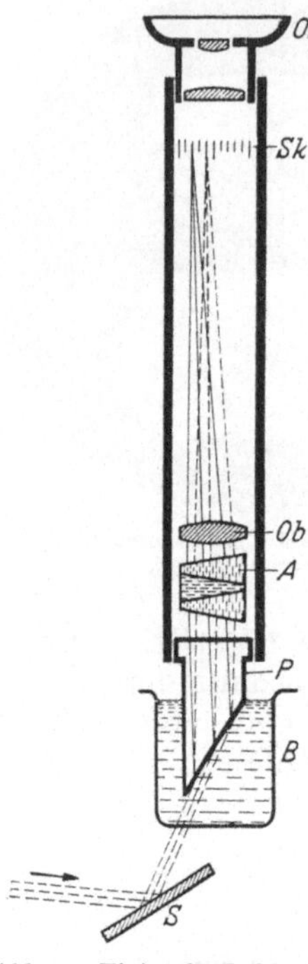

Abb. 11. Eintauchrefraktometer (aus Weigert).

Wenn man nur wenig Meßflüssigkeit zur Verfügung hat, so kann man die Hypotenusenfläche des Prismas mit einem 2. Prisma bedecken, so daß ein schmaler paralleler Zwischenraum bleibt, in den man einen Tropfen der Flüssigkeit bringt. Es entsteht so ein gewöhnliches Abbe-Refraktometer etwa von der Art des Hand-Zuckerrefraktometers.

Die erreichbare hohe Meßgenauigkeit von einer Einheit der 5. Dezimale bedingt eine starke Fernrohrvergrößerung. Dadurch ist andererseits der Meßbereich sehr beschränkt. Man kann ihn dadurch erweitern, daß man das Prisma auswechselt. Insgesamt werden 10 Prismen mit verschiedenem Brechungsindex bzw. verschiedenem Prismenwinkel geliefert[1]. Daher ist die Skala auch nicht direkt in Werten des Brechungsindex geeicht, sondern in willkürlichen Einheiten, aus denen man mit Hilfe der dem betreffenden Prisma zugehörigen Tabelle den Brechungsindex abliest. Der Meßbereich für den Brechungsindex der zu untersuchenden Flüssigkeit reicht auf diese Weise von 1,324—1,647.

Die hohe Meßgenauigkeit wird natürlich nur ausgenutzt, wenn auf gute Temperaturkonstanz geachtet wird, indem man z.B. den Behälter mit der Flüssigkeit in einen Thermostaten setzt. Auch die zur Untersuchung kleiner Flüssigkeitsmengen geeigneten Doppelprismen können mit einem Mantel zum Durchpumpen von Thermostatenwasser geliefert werden.

3. Jelley-Refraktometer.

Im Gegensatz zu den bisher beschriebenen Refraktometern beruht das Meßprinzip des Jelley-Mikrorefraktometers[2] nicht auf der Bestimmung des Winkels der Totalreflexion. Seine Wirkungsweise ist in Abb. 12 schematisch dargestellt.

---

[1] Ein elftes, mit Z bezeichnetes Prisma wird speziell für Untersuchungen der Zuckerindustrie hergestellt. Es umfaßt einen Meßbereich vom Brechungsindex des Wassers bis zu demjenigen einer 1 m Zuckerlösung.

[2] Leitz, Wetzlar.

Ein beleuchteter Spalt S wird durch eine kleine Öffnung O betrachtet. Vor dieser Einblicköffnung ist ein kleines, auf eine Planglasplatte gekittetes Glasprisma P mit zwei Klemmen so befestigt, daß seine brechende Kante horizontal und etwa in der Mitte der Öffnung liegt. Von der zu untersuchenden Probe wird ein Tropfen in der Weise zwischen Prisma und Planplatte gebracht, wie es in Abb. 12 dargestellt ist. Wenn die Probe den gleichen Brechungsindex hat wie das Glas des Prismas, so wird das Lichtbündel nicht abgelenkt. Ist der Brechungsindex der Probe größer als der des Glases, so wird das Bündel nach oben, ist er kleiner, wird es nach unten abgelenkt. Für das Auge entsteht dann der Eindruck, als läge der Spalt S weiter unten, bzw. weiter oben, wie es in Abb. 12 durch die punktierte Linie angedeutet ist. Die Lage des scheinbaren Spaltbildes wird auf der Meßskala, die sich in der Ebene des Spaltes befindet, durch einen verschiebbaren Markierungsstrich fixiert. Man liest ab, indem man in Richtung des abgelenkten Strahles an dem Flüssigkeitsprisma vorbeisieht.

Die Skala ist direkt in Werten des Brechungsindex geeicht. Der Stelle S entspricht der Brechungsindex des Prismenglases, nach oben werden die Brechungsindices kleiner, nach unten größer. Der *Meßbereich* liegt zwischen $n_D = 1{,}33$ und $1{,}92$. Für die Messung wird der Spalt S von hinten mit einer Natriumlampe beleuchtet. Das Bild des Spaltes erscheint dann als scharf begrenzter gelber Strich. Wenn keine Natriumlampe zur Verfügung steht, kann man auch mit einer Glühlampe oder mit Tageslicht beleuchten. Statt des gelben Striches

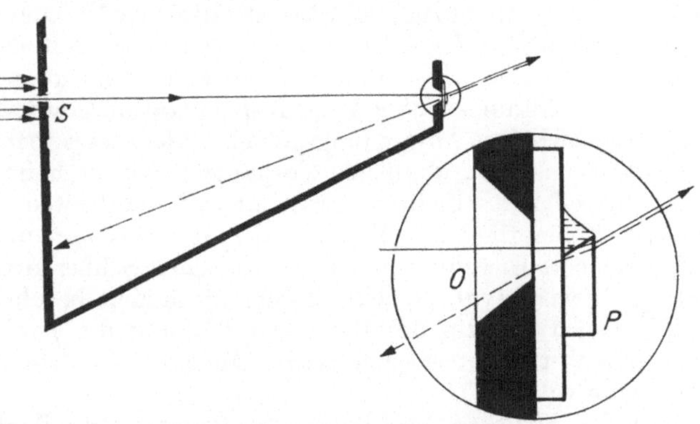

Abb. 12. Jelley-Refraktometer.

erscheint dann ein mehr oder weniger breites Spektrum. Um innerhalb dieses Spektrums die Lage der Natriumlinie festzulegen, wird hinter dem Spalt ein Spezialfilter eingeschaltet, das im wesentlichen das Licht in der Gegend der Natriumlinie absorbiert. Es entsteht daher an dieser Stelle im Spektrum ein schwarzer Strich, auf den man die Ablesung bezieht.

Zur Kontrolle des Instrumentes dienen zwei besondere mit W und T markierte Teilstriche der Skala. Wählt man als Probe destilliertes Wasser, so muß das scheinbare Spaltbild auf W liegen. Setzt man das Prisma ohne Flüssigkeit, aber umgekehrt, d. h. mit seiner brechenden Kante nach unten vor die Öffnung O, so muß das scheinbare Spaltbild auf T liegen.

Der Vorteil des Instrumentes liegt in dem einfachen Bau und dem geringen Substanzverbrauch. Die erreichbare Genauigkeit beträgt jedoch nur eine Einheit der 3. Dezimale. Außerdem ist es nicht möglich, mit dem Instrument die Dispersion des Brechungsindex zu bestimmen, da die Skala nur für Natriumlicht geeicht ist. Nach ähnlichem Prinzip ist das *"Hilger-Chance-Precision-Refractometer"* (Hilger & Watts, London) konstruiert, es gewährleistet jedoch erheblich höhere Genauigkeiten infolge der Fernrohrablesung und ist dem Abbe-Refraktometer gleichwertig.

Zur Registrierung des Ablenkungswinkels beim Eintritt eines Lichtbündels in ein Medium mit unbekanntem Brechungsindex können auch Photoelemente herangezogen werden. Derartige Geräte zur lichtelektrischen Refraktionsmessung sind mehrfach beschrieben worden (vgl. z. B. Claesson, 1948; Karrer und Orr, 1946).

Über Methoden zur Bestimmung des Brechungsindex im ultravioletten Spektralbereich vgl. Henri, 1919; Voellmy, 1927. Eine lichtelektrische Anordnung, mit der Unterschiede des Brechungsindex auf einige Einheiten der 7. Dezimale genau bestimmt werden können, wurde von Schulz, Bodmann und Cantow (1952) entwickelt.

III. Skalenmethode zur Untersuchung von Diffusionsvorgängen[1].

Ein Lichtbündel, das in horizontaler Richtung (y-Richtung) in ein Medium eintritt, dessen Brechungsindex in vertikaler Richtung (x-Richtung) zu- oder abnimmt, verläuft in diesem Medium gekrümmt. Der Ablenkungswinkel δ, dem diese Krümmung entspricht, ist durch die Gleichung gegeben:

$$\delta = a \cdot \frac{dn}{dx} . \tag{18}$$

Dabei bedeutet a die in der y-Richtung durchlaufene Schichtdicke, dn/dx den Brechungsindexgradienten, d. h. die Änderung des Brechungsindex je Längeneinheit in der x-Richtung. Gl. (18) ist unter der Voraussetzung abgeleitet, daß der Brechungsindex in der y-Richtung konstant ist, daß also $dn/dy = 0$ ist. Da der Brechungsindex in erster Näherung der Konzentration proportional ist, kann man aus dem Ablenkungswinkel δ den Konzentrationsgradienten einer Lösung bestimmen. Ein wichtiges Anwendungsgebiet findet dieses Prinzip bei der Untersuchung von Diffusions- und ähnlichen Vorgängen, wie sie beim Arbeiten mit der Ultrazentrifuge oder mit Elektrophoreseapparaten auftreten. Prinzipiell kommen hierbei zwei Meßmethoden in Frage: 1. die *Skalenmethode* und 2. die *Spaltmethode*, die eigentlich eine Erweiterung der Töplerschen Schlierenmethode darstellt und dort behandelt wird (vgl. S. 262). Beide Methoden beruhen jedoch auf dem oben besprochenen Prinzip der Strahlenablenkung durch ein inhomogenes Medium. Über eine dritte (interferometrische) Methode zur Untersuchung von Diffusionsvorgängen vgl. S. 271.

Bei der *Skalenmethode* wird eine transparente Skala durch die Diffusionsschicht hindurch photographiert, und zwar in der Weise, daß die Skala in der gleichen Richtung verläuft wie der Konzentrationsgradient in der Diffusionsschicht. Der Konzentrationsgradient in dieser Schicht verursacht eine Deformation der projizierten Skala, und zwar ist die Verschiebung Z_1 der Skalenstriche dem Gradienten des Brechungsindex dn/dx bzw. der Konzentration dc/dx proportional.

Um die Verschiebung der Skalenstriche zu messen, photographiert man die Skala einmal durch eine homogene Flüssigkeit und dann durch die Diffusionsschicht hindurch, jedoch unter identischen Bedingungen hinsichtlich des übrigen Strahlenganges (planparalleler Platten usw.). Die beiden Bilder werden als Hauptaufnahme und Vergleichsaufnahme bezeichnet. Sie werden in einem Mikrokompensator auf etwa $1\ \mu$ genau ausgemessen. Die Lagedifferenz korrespondierender Linien auf beiden Photogrammen gibt die Verschiebung bis auf einen willkürlichen konstanten Betrag. Diese Verschiebungen werden in Abhängigkeit von der Höhe der Diffusionsschicht graphisch aufgetragen.

IV. Töplersche Schlierenmethode.

Die auf S. 254 beschriebenen Methoden zur Bestimmung des Brechungsindex fester Stoffe beruhen darauf, daß man die betreffende Substanz in ein Medium einbettet, dessen Brechungsindex man dem der Substanz angleicht. Man kann diese Angleichung schon mit bloßem Auge verfolgen, denn solange die Brechungsindices von Substanz und Einbettungsflüssigkeit nicht gleich sind, sieht man die Konturen der festen Substanz, die bei weiterer Annäherung der Brechungsindices

---

[1] Vgl. Lamm, O.: Handb. Kolloidwiss. (Wo. Ostwald) Bd. 7, Die Ultrazentrifuge, S. 226. Dresden-Leipzig 1940. — Z. physik. Chem. (A) **138**, 313 (1928); **143**, 177 (1929) — Nova Acta R. Soc. Sci., Upsala, **4**, 10 (1937) — Tiselus, A.: Biochemic J. **31**, 313 (1937) — Tiselus, A., u. F. L. Horsfell: J. Exp. Med. **69**, 83 (1939). — Tiselus, A., u. E. A. Kabat: J. Exp. Med. **69**, 119 (1939).

in kaum wahrnehmbare Schlieren übergehen, bevor sie bei völliger Angleichung ganz verschwinden. Solche Schlieren treten immer auf, wenn Licht durch ein Medium mit variablem Brechungsindex fällt; sie beruhen darauf, daß die einzelnen Lichtstrahlen unregelmäßig abgelenkt werden. Bekannt ist z. B. das Auftreten solcher Schlieren bei örtlicher Erwärmung eines Gases, etwa über einer Flamme oder auch über dem Erdboden bei starker Sonnenbestrahlung. An diesen Stellen dehnt sich das Gas aus, und der Brechungsindex wird gegenüber demjenigen der Umgebung herabgesetzt.

Mit Hilfe der Schlierenmethode ist man in der Lage, kaum wahrnehmbare Inhomogenitäten des Brechungsindex und damit des betreffenden Mediums deutlich sichtbar zu machen. Das Verfahren läßt sich am einfachsten anhand der Abb. 13 erklären[1], in der der Grundriß einer schematischen Versuchsanordnung dargestellt ist. Eine senkrechte Spaltblende B wird mittels einer Linse C von einer Lichtquelle D intensiv beleuchtet. Die Spaltblende B wirkt so als neue Lichtquelle, die durch den Hohlspiegel A bei E abgebildet wird. Der Querschnitt des Lichtbündels ist kurz hinter A noch rund, hat also die Form der Hohllinse, wird dann elliptisch und verengt sich gegen E zu dem länglichen Bild der Spaltblende. In noch größerer Entfernung wird der Querschnitt wieder elliptisch bis rund. Auf einem Schirm bei H sieht man also einen elliptischen bis runden hellen Fleck. Die Linse bei F bewirkt lediglich, daß das zu untersuchende Objekt bei G auf dem Schirm H scharf abgebildet wird (punktierter Strahlengang). Man deckt nun das Bild der Spaltblende bei E mit einer scharfkantigen einseitigen Blende (sog. Schlierenblende) von der Seite herkommend langsam ab (vgl. Abb. 13). Der Fleck auf dem Schirm H wird dann dunkler und verschwindet schließlich ganz, wenn das Blendenlicht völlig abgedeckt ist. Man stellt auf mittlere Helligkeit ein, d. h. man blendet das Bild etwa zur Hälfte ab. Die Schlierenblende muß zu diesem Zweck mit Hilfe einer Mikrometerschraube sehr fein verstellbar sein.

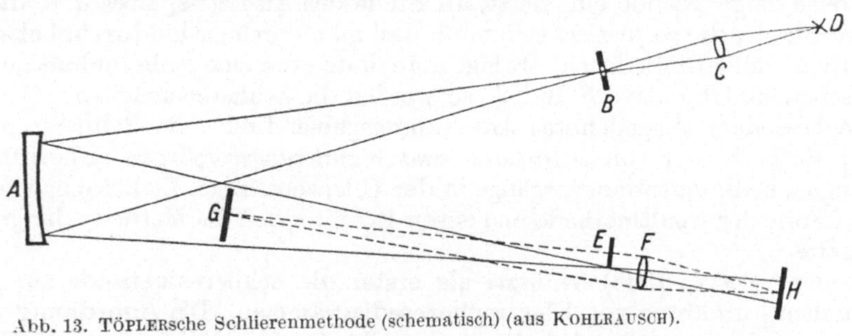

Abb. 13. TÖPLERsche Schlierenmethode (schematisch) (aus KOHLRAUSCH).

Wenn das zu untersuchende Objekt G nicht homogen ist, dann erscheinen auf dem halbabgedunkelten Schirm H die Inhomogenitäten in Form von Schlieren scharf abgebildet. Das kommt dadurch zustande, daß Strahlen, die sonst durch die Schlierenblende abgeblendet wurden, durch Beugung bei G an der Schlierenblende vorbeigelangen bzw. daß solche, die an sich noch vorbeigelangen müßten, durch Beugung bei G so abgelenkt werden, daß sie von der Blende abgeschirmt werden. Das Bild der Schlieren auf H wird also heller oder dunkler als der Untergrund sein, je nachdem der Brechungsindex der inhomogenen Stelle bei G kleiner oder größer ist als der der Umgebung. Je größer die Unterschiede des Brechungsindex sind, um so heller bzw. dunkler zeichnen sich die Schlieren ab. Die Größe der Unterschiede im Brechungsindex bestimmen also nun die *Intensität* der Schlieren;

---

[1] Über ähnliche Anordnungen vgl. auch E. v. ANGERER, u. H. EBERT: Technische Kunstgriffe bei physikalischen Untersuchungen. 8. Aufl., S. 146 Braunschweig 1952.

ihre *Form* ist durch die geometrische Verteilung der Inhomogenität bei G gegeben, die durch F auf H abgebildet wird. Die Anordnung der Spaltblende bei B und der Schlierenblende bei E (horizontal oder vertikal) soll sich nach der Richtung der Schlieren richten. Diese treten am deutlichsten hervor, wenn ihre Richtung mit derjenigen der Blende übereinstimmt. Außerdem soll der Abstand G—E möglichst groß sein, weil dann bereits eine kleine Strahlenablenkung durch die Schliere genügt, um die Strahlen noch bzw. nicht mehr an der Schlierenblende vorbeigelangen zu lassen. Man wird also möglichst langbrennweitige Hohlspiegel wählen und mit Abständen bis zu 10 m arbeiten, was eine besonders sorgfältige Justierung erfordert.

Anstatt der spaltförmigen Blenden können auch kreisförmige verwendet werden, wobei die Schlierenblende die Form eines kreisförmigen Ringes haben muß. In Abb. 14 ist eine solche Anordnung von Abbe dargestellt, wie sie leicht an jedem

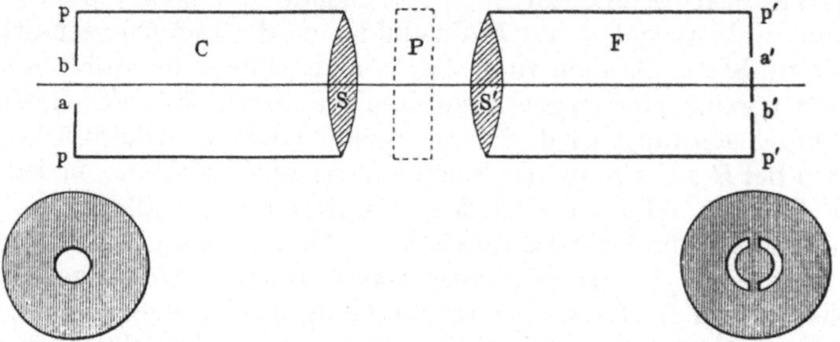

Abb. 14. Schlierenbeobachtung nach Abbe (aus Müller-Pouillet: Lehrbuch der Physik II/2).

Spektroskop angebracht werden kann. Anstatt des Eintrittsspaltes wird bei $a\,b$ eine kreisförmige Blende eingesetzt, an Stelle des Austrittsspaltes $a'\,b'$ die ringförmige Blende, die so justiert sein muß, daß man durch sie hindurchblickend das Objektiv S' völlig dunkel sieht. Bringt man dann etwa eine schlierenhaltige Platte P zwischen die Objektive S und S', so werden die Schlieren sichtbar.

Ein besonders ausgedehntes Anwendungsgebiet findet die Schlierenmethode bei der Beobachtung von *Diffusions- und Wanderungsvorgängen* (Überführungsmessungen, Sedimentationsvorgänge in der Ultrazentrifuge, Elektrophorese), und zwar in Form der Spaltmethode und deren Erweiterung, der Methode der gekreuzten Spalte.

Tiselius (1937, 1938) benützte als erster die Schlierenmethode zur photographischen Aufnahme von Elektrophoresediagrammen. Die Anordnung war im wesentlichen diejenige der Abb. 13, nur wurde statt des Hohlspiegels ein Linsenobjektiv verwendet. An den Stellen der im Felde wandernden Schicht, wo dn/dx bzw. dc/dx besonders groß ist, wird das Lichtbündel besonders stark abgelenkt, und es erscheint ein waagerechter Streifen auf der photographischen Platte, dessen Lage sich ausmessen läßt. Das Wandern der Schicht kann durch Wiederholung der Aufnahmen nach bestimmten Zeitabständen verfolgt werden. Sind mehrere Komponenten mit verschiedener Wanderungsgeschwindigkeit in der untersuchten Lösung, so trennen sich die den einzelnen Komponenten zugehörigen Streifen infolge ihrer verschiedenen Wanderungsgeschwindigkeit mit der Zeit immer deutlicher voneinander.

Wesentliche Verbesserungen der Schlierenmethode für Diffusionsuntersuchungen wurden von Philpot (1938) und in ähnlicher Weise von Longsworth (1939, 1946) eingeführt. Das Ergebnis dieser Untersuchungen führte zur sog. *Methode der gekreuzten Spalte*, die von Svensson (1939, 1940) entwickelt wurde, und die hier beschrieben werden soll[1]. Die Ergebnisse, die diese Methode liefert, können zwar nicht den gleichen Grad an Genauigkeit beanspruchen wie diejenigen der Skalenmethode(vgl. S. 260), die Methode ist aber geeignet, in verhältnismäßig kurzer Zeit und mit wenig Mühe einen Überblick über die Vorgänge, z. B. in der Elektrophoresezelle, zu gewinnen. Außerdem ist die Methode noch verbesserungsfähig (vgl. die Angaben am Schluß der Beschreibung).

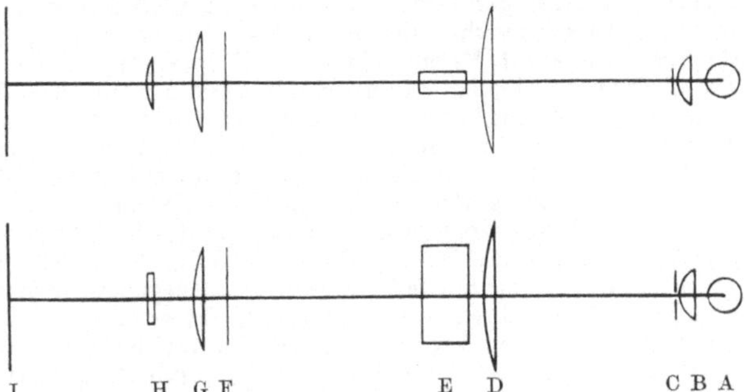

Abb. 15. Schema der Anordnung mit gekreuzten Spalten zur Untersuchung von Diffusionsvorgängen (aus H. Svensson). Oben Horizontalschnitt, unten Vertikalschnitt.

Das Prinzip der Methode sei anhand der Abb. 15 erläutert. A ist die Lichtquelle, B eine Kondensorlinse, die A auf dem horizontalen Spalt C abbildet, der seinerseits durch die Schlierenlinse D auf die Schlierenblende G abgebildet wird. Die Schlierenblende G hat die Form eines Spaltes, der mit der Vertikalrichtung einen zwischen 0 und 90° einstellbaren Winkel bildet. H ist eine Zylinderlinse mit lotrechter Achse (vgl. Abb. 16), I die photographische Platte. F ist eine zusätzliche Linse. Die Zylinderlinse wirkt nur in horizontaler Richtung wie eine Linse, in vertikaler dagegen wie eine Platte. Daher sind die Focussierungen in der Vertikal- und in der Horizontalebene verschieden (vgl. Abb. 15). In der Horizontalebene ist die Zelle E nicht auf I focussiert, wohl aber der Spalt G, der durch die beiden Linsen F und H scharf auf der photographischen Platte abgebildet wird. In der Vertikalebene dagegen wird die Zelle durch die Linse F auf I focussiert. Auf I werden also horizontale Linien aus der Zelle, vertikale Linien aus dem Spalt G scharf abgebildet.

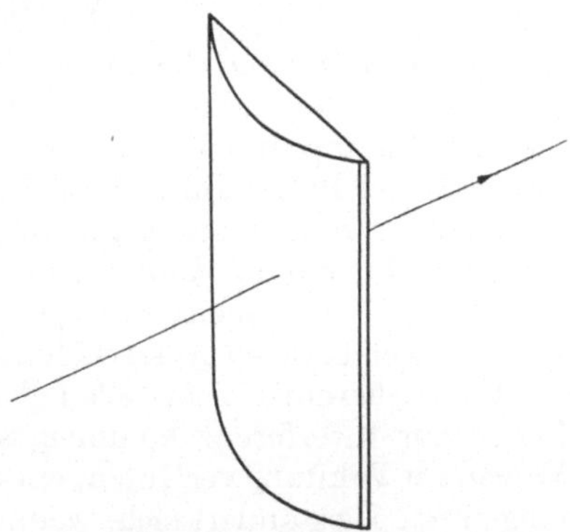

Abb. 16. Zylinderlinse mit senkrechter Achse.

Wenn die Elektrophoresezelle mit einem homogenen Medium gefüllt ist, würde ohne den schrägen Spalt G und ohne die Zylinderlinse ein Bild der Zelle auf der Platte entstehen. Die Zylinderlinse bewirkt dann, daß dies Bild in vertikaler Richtung scharf bleibt, in horizontaler dagegen in die Breite verschwimmt. Da die Zylinderlinse jedoch den Spalt G in horizontaler Richtung scharf abbildet, und da der Spalt G nur an der einen Stelle, an der er sich mit dem Bild des horizontalen Spaltes C schneidet, hell ist, wird das verbreiterte Bild der Zelle zu einer schmalen *vertikalen* Linie zusammengezogen.

Befinden sich in der Elektrophoresezelle jedoch Schichten mit variablem Brechungsindex, so wird durch diese Stellen das Bild des Spaltes C auf dem schrägen Spalt G nach unten bzw. oben verschoben, und zwar um so mehr, je größer dn/dx ist. Der

---

[1] Die Firma Klett MFG Co. New York, N. Y., liefert eine Elektrophoreseapparatur, die nach Angaben von Longsworth gebaut und auch für die Methode der gekreuzten Spalte eingerichtet ist.

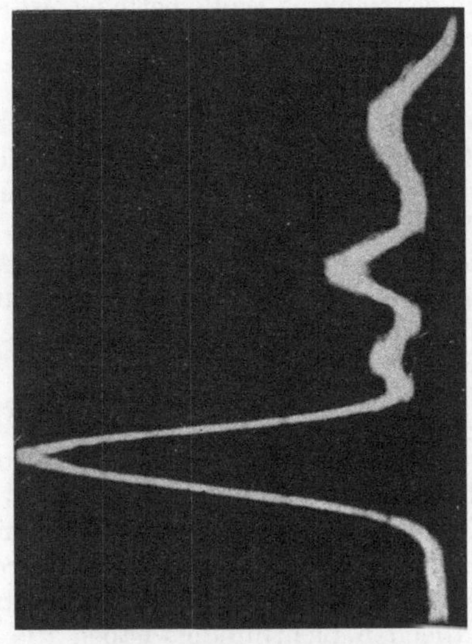

Abb. 17. Elektrophoresediagramm nach der Methode der gekreuzten Spalte (aus H. Svensson).

17a

Schnittpunkt des Spaltbildes von C mit dem Spalt G liegt also entsprechend weiter links bzw.
rechts, und ebenso verhält sich das Bild der photographischen Platte, das der betreffenden Stelle
der Zelle entspricht. Es entsteht so ein Diagramm von der Art der Abb. 17 (s. auch S. 275).
Die einzelnen seitlichen Maxima entsprechen den einzelnen Diffusionsschichten der verschiedenen Komponenten in vertikaler Richtung in der Zelle; die Höhe (seitliche Ausdehnung) dieser
Maxima entspricht jeweils der Größe des Brechungsindexgradienten $dn/dx \cong dc/dx$ und ist
ein Maß für die Konzentration der betreffenden Komponente, da bei höherer Konzentration
auch ihre Änderung mit der Schichtdicke größer ist. Durch die schräge Anordnung des
Spaltes Q wird also die vertikale Ablenkung des Lichtbündels durch die Zelle in eine horizontale Verschiebung des Bildes auf der Platte umgewandelt. In der Literatur sind solche Dia-
gramme gewöhnlich um 90° gedreht wiedergegeben. Anstatt eines schrägen Spaltes kann
man auch einen schrägen geradlinigen Draht anbringen. Man erhält dann ein dunkles Bild
auf hellem Grunde. Die Schärfe der Kurven ist durch die Breite und Form der Spalte
gegeben. Eine gewisse Unschärfe entsteht durch Beugungserscheinungen. Diese Erscheinung
kann nach einer Methode, die auf dem Prinzip der Minimalstrahlkennzeichnung von Wolters
beruht, behoben werden (Armbruster, Kossel u. Strohmaier, 1951).

C. Interferometrie.

Die Interferenzerscheinungen beruhen auf der Wellennatur des Lichtes. Sie
können auftreten, wenn zwei Lichtwellen von gleicher Schwingungszahl sich im
gleichen Raumpunkt überlagern. Bei Phasengleichheit verstärken sie sich maximal, bei einer Phasendifferenz von einer halben Wellenlänge löschen sie sich gegenseitig aus. Voraussetzung für das Auftreten von Interferenz ist jedoch, daß die
beiden Lichtwellen *kohärent* sind, d. h. sie müssen gleichzeitig von dem gleichen
Punkt einer Lichtquelle ausgegangen sein, und sie müssen ihren Ursprung dem
gleichen elementaren Ausstrahlungsakt verdanken.

Zwei kohärente Lichtwellen gleicher Frequenz werden, wenn sie nach gleichen
Zeiten zur Interferenz kommen, sich gegenseitig verstärken. Wenn die beiden
Wellen im Vakuum verlaufen, entsprechen den gleichen Zeiten auch gleiche Weglängen S_0. Dies ändert sich, wenn der eine Wellenzug in einem Medium mit dem
Brechungsindex n verläuft. Er wird dann in der gleichen Zeit nur den Weg
$S = \dfrac{S_0}{n}$ zurücklegen, wie sich unmittelbar aus der Gl. (1) ergibt. Für die Phase,
in der sich eine Welle befindet, ist also nicht die geometrische Weglänge S, sondern
die sog. *optische Weglänge*

$$n\,S = S_0 \tag{19}$$

maßgebend, wobei S_0 die geometrische Weglänge im Vakuum bedeutet. Das
Ergebnis dieser Überlegung läßt sich so ausdrücken: In gleichen Zeiten durchläuft
das Licht gleiche optische Weglängen. Da der Brechungsindex in die optische
Weglänge eingeht, kann man bei Kenntnis der geometrischen Weglänge zweier
kohärenter Wellenzüge aus der Art der Interferenz (Abschwächung oder Verstärkung) etwas über den Brechungsindex aussagen. Dieses Anwendungsgebiet
der Interferometrie soll hier im wesentlichen besprochen werden.

I. Interferenz durch Beugung.

1. Meßprinzip. Bei den meisten gebräuchlichen Methoden macht man die
Interferenz durch Beugung an zwei benachbarten Spalten sichtbar (Rayleigh-
Methode), die von der gleichen monochromatischen Lichtquelle mit parallelem
kohärentem Licht beleuchtet werden (vgl. Abb. 18). Nach dem Huygensschen
Prinzip ist jeder Spalt Ausgangspunkt einer Kugelwelle. In Richtung O des auffallenden Lichtbündels haben alle Wellenzüge dieselbe Phase, sie verstärken sich
deshalb maximal, und auf einem Schirm hinter den Spalten erscheint in Richtung O
ein heller Streifen maximaler Intensität. In der Richtung A, die mit O den Winkel

α bildet, haben die von den beiden Spalten ausgehenden Wellenzüge einen Gangunterschied von $d \sin \alpha$, wie unmittelbar aus Abb. 18 hervorgeht, wobei d den Abstand der Spalte bedeutet. Ist diese Gangdifferenz gleich einer halben Wellenlänge oder einem ungeraden Vielfachen davon, so erfolgt Auslöschung, und man beobachtet in der Richtung A einen dunklen Streifen; ist der Gangunterschied gleich einer ganzen Wellenlänge oder einem Vielfachen davon, so erfolgt maximale Verstärkung, und man beobachtet wieder einen hellen Streifen. Man erhält so eine Reihe von abwechselnd hellen und dunklen *Interferenzstreifen*, für die gilt

$$d \sin \alpha = z \frac{\lambda}{2} \text{ oder } \sin \alpha = \frac{z\left(\frac{\lambda}{2}\right)}{d}. \quad (20)$$

z durchläuft die Reihe der ganzen Zahlen; für ungerade Werte von z tritt maximale Auslöschung, für gerade Werte von z maximale Verstärkung auf. Da die Spalte nicht unendlich schmal sind, überlagert sich dem durch beide Spalte erzeugten Interferenzbild noch das Interferenzbild, das von den einzelnen Punkten des gleichen Spaltes herrührt. Ein schematisches Interferenzbild eines solchen Doppelspaltes

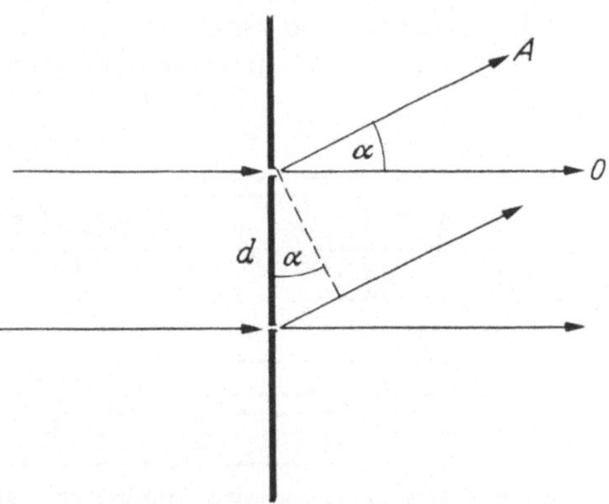

Abb. 18. Beugung an einem Doppelspalt.

zeigt Abb. 19. Benutzt man nicht monochromatisches, sondern weißes Licht, so bleibt nur der dem ungebeugten Licht entsprechende Mittelstreifen weiß, die Beugungsstreifen erscheinen farbig, weil der Abstand der Interferenzstreifen für jede Wellenlänge ein anderer ist.

Eine Anordnung, wie sie für die gebräuchlichen Gas- und Flüssigkeitsinterferometer benutzt wird, zeigt die schematische Abb. 20. Das von einem beleuchteten Spalt kommende Lichtbündel wird durch eine Kollimatorlinse parallel gemacht und in einem Fernrohrobjektiv wieder zum Spaltbild vereinigt, das mit einem stark vergrößernden Ocular betrachtet wird. Wenn man die beiden Spaltblenden vor dem Objektiv einfügt, so werden aus dem Lichtbündel zwei schmale Strahlenbündel ausgesondert, und man erhält statt des Spaltbildes allein auch die entsprechenden Beugungsbilder gemäß Abb. 19. Bringt man jetzt in die Wege der beiden Strahlenbündel vor den Spalten zwei gleich lange Küvetten ein, die mit zwei Medien (z. B. zwei Gasen) von verschiedenem Brechungsindex gefüllt sind, so sind die optischen Weglängen der beiden Strahlenbündel nicht mehr

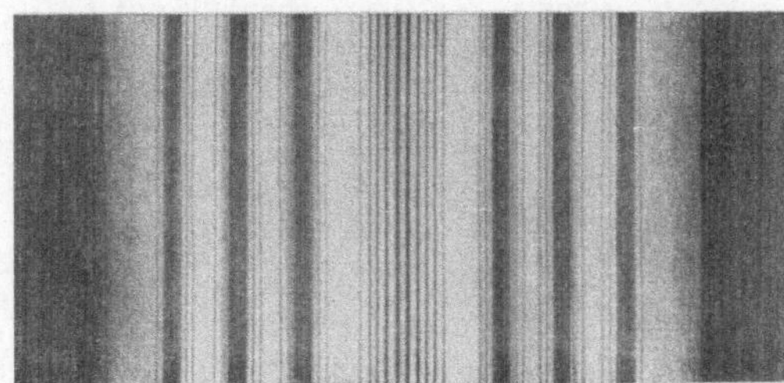

Abb. 19. Schematisches Interferenzbild eines Doppelspaltes.

gleich, es tritt eine Phasenverschiebung und damit eine Verschiebung des Interferenzstreifensystems ein. Die Größe der Streifenverschiebung hängt von der Differenz der optischen Weglängen in den beiden Kammern ab. Jede Änderung dieser Differenz um eine Lichtwellenlänge entspricht einer Verschiebung um einen Streifenabstand. Es gilt also die Beziehung:

$$n_{0,1} L - n_{0,2} L = m \lambda = L(n_{0,1} - n_{0,2}). \quad (21)$$

Dabei bedeuten $n_{0,1}$ und $n_{0,2}$ die absoluten Brechungsindices der Küvettenfüllungen, L die Länge der Küvetten und m die Anzahl Interferenzstreifen, die an der ursprünglichen Mittellage vorbeigewandert sind, d. h. die Streifenverschiebung dividiert durch den Streifenabstand.

Die Streifenverschiebung ist besonders bei Verwendung von weißem Licht sehr auffallend, weil man direkt die Verschiebung des weißen Mittelstreifens beobachten kann. Nur das der gleichen optischen Weglänge entsprechende Spaltbild bleibt weiß. Der weiße Mittelstreifen erhält dabei allerdings unter Umständen einen farbigen Saum, und zwar um so mehr, je größer die Verschiebung ist. Dies wird nach Gl. (21) dann der Fall sein, wenn die Differenz der optischen Weglängen stark von der Wellenlänge des Lichtes abhängt, mit anderen Worten, wenn die *Dispersion* der beiden Medien sehr verschieden ist. Dann ist die Verschiebung der Streifen nicht für alle Farben gleich; der weiße Mittelstreifen erhält einen farbigen Saum, ist aber immerhin noch als weißer Streifen zu erkennen.

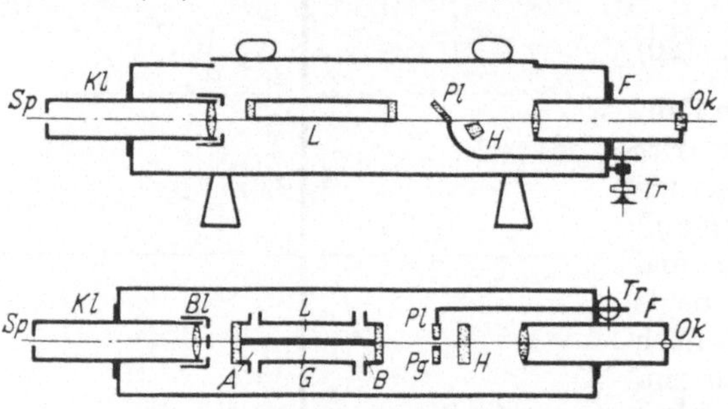

Abb. 20. Schematischer Auf- und Grundriß des Laboratoriumsinterferometers. *Sp* Spalt, *Kl* Kollimator, *Bl* Doppelblende, *L* Luftkammer, *G* Gaskammer, *Pl* drehbare Kompensatorplatte, *Pg* feste Kompensatorplatte, *H* Hilfsplatte, *F* Fernrohr, *Ok* Ocular, *Tr* Meßtrommel, *A* und *B* Gaszu- und abführungsstutzen (aus Heilmeyer: Methoden der Fermentforschung von Bamann und Myrbäck, 1941).

2. Meßverfahren. Die praktische Messung der Streifenverschiebung und damit des Brechungsindex soll anhand von Abb. 20 erläutert werden, in der das *Gasinterferometer* nach Haber-Löwe[1] im Grundriß und im Querschnitt schematisch dargestellt ist.

Das aus dem Kollimator *Kl* kommende Strahlenbündel tritt durch zwei senkrechte Spaltblenden *Bl* und teils durch die Doppelkammern *G* und *L* hindurch, teils über sie hinweg in das Fernrohr *F* ein. Das Bild des Spaltes und die ganze Reihe der Beugungsbilder werden durch eine als Ocular dienende Zylinderlinse beobachtet. Die Zylinderlinse bewirkt lediglich eine Vergrößerung in horizontaler Richtung, so daß die Interferometerstreifen auseinandergezogen werden. Die untere Wand der Doppelkammer ist als schwarze Trennungslinie zu sehen. Oberhalb davon hat das Licht die beiden Kammern gleicher Länge *G* und *L* passiert unterhalb davon nur Luft.

Wenn die beiden Kammern ebenfalls mit Luft gefüllt sind, sieht man oberhalb und unterhalb der Trennungslinie zwei identische Streifensysteme. Ändert man die optische Weglänge in der einen Kammer *G* durch Einfüllung eines anderen Gases, so wird das obere Streifensystem gegenüber dem unteren, das als Einstellmarke dient, verschoben. Man mißt nun nicht diese Verschiebung, da dies etwas mühsam ist, sondern verändert den optischen Lichtweg des Strahlenbündels, welches durch die Kammer hindurchgeht, mit Hilfe eines geeichten Meßkompensators *Pl*, bis die Verschiebung wieder rückgängig gemacht ist.

Der *Meßkompensator Pl* besteht aus einer geneigten, planparallelen Glasplatte, deren Neigung durch eine Mikrometerschraube *Tr* über einen langen Hebelarm verändert werden kann. Eine stärkere Neigung der Platte bewirkt eine Verlängerung des Lichtweges in ihr und damit, weil das Glas einen verhältnismäßig hohen Brechungsindex besitzt, eine Vergrößerung der optischen Weglänge in diesem Teil des Lichtbündels. Die feststehenden Platten *H* und *Pg* dienen nur zum Ausgleich aller optischen Weglängen vor der eigentlichen Messung. Die Übertragung der Bewegung der Mikrometerschraube auf die Neigung der Platte ist sehr fein. Zur Kompensation der Streifenverschiebung bei 4% CO_2 in der Kammer *G* gegen reine Luft in *L* sind 4 ganze Umdrehungen erforderlich, so daß die Verschiebung um einen Trommelteil des Kompensators einem Konzentrationsunterschied von etwa 0,01% entspricht.

Während man bei der Refraktometrie den Einfalls- und Austrittswinkel beim Übergang eines Lichtbündels von einem Medium in ein anderes mißt und daraus

---

[1] VEB Optik, Jena.

nach Gl. (2) das *Verhältnis* der Brechungsindices dieser beiden Medien erhält, besteht das *Meßprinzip* der Interferometrie darin, daß man die Differenz der optischen Weglängen zweier Medien gleicher Schichtdicke bestimmt und daraus nach Gl. (21) die *Differenz* der absoluten Brechungsindices der beiden Medien gleicher Schichtdicke erhält. Die Differenz $m\lambda$ der optischen Weglängen mißt man, indem man die Interferenzstreifenverschiebung durch Neigen der Kompensatorplatte rückgängig macht. Die Mikrometerschraube, mit der das geschieht, ist z. B. in Werten von $m\lambda$ oder $\dfrac{m\lambda}{L}$ geeicht.

Am besten läßt sich das beschriebene Prinzip der Bestimmung absoluter Brechungsindices anhand eines *Beispiels* erläutern: Beim Ersatz der Luft in der Kammer G durch ein Gas mit unbekanntem Brechungsindex, soll bei Beleuchtung mit Natrium D-Licht eine Interferenzstreifenverschiebung stattfinden, die durch 400 Trommelteile, d. h. 4 Umdrehungen der Mikrometerschraube wieder rückgängig gemacht wird. Die Länge der Gaskammern soll 1 m betragen. Aus der Eichtabelle liest man ab, daß 400 Trommelteile des Kompensators bei Natriumlicht einer Verschiebung des Interferenzbildes $m\lambda$ um 10 Streifen $= 10 \cdot \lambda_{Na_D}$ $= 10 \cdot 5{,}893 \cdot 10^{-5}$ cm entsprechen.

In Gl. (21) eingesetzt ergibt dies:

$$(n_{0x} - n_{0\,Luft})\,100\;\mathrm{cm} = 10 \cdot 5{,}893 \cdot 10^{-5}\;\mathrm{cm}$$

oder

$$n_{0x} - n_{0\,Luft} = 5{,}893 \cdot 10^{-6}.$$

n_{Luft} beträgt bei $p = 760$ mm und $t = 0°$ C für die D-Linie 1,000 2919. Zur Umrechnung auf verschiedenen Druck und verschiedene Temperatur gilt für Gase die Gleichung

$$n_{(p,t)} - 1 = \frac{(n_{00} - 1)\,p}{(1 + \alpha t)\,760} \quad (\alpha = 0{,}00367), \tag{22}$$

wobei n_{00} den Brechungsindex für 760 mm Druck und $t = 0°$ C, also für Normalbedingungen, bedeutet.

Wurde die Messung bei 18° C und einem Druck von 740 mm vorgenommen, so berechnet sich der Brechungsindex der Luft für diese Bedingungen nach Gl. (22) zu

$$n_{0\,Luft} - 1 = 0{,}000\,2919\,\frac{740}{760} \cdot \frac{291{,}2}{273{,}2}$$

$$n_{0\,Luft} = 1{,}000\,3029.$$

Unter den Meßbedingungen 18° C und 740 mm Hg ist also $n_{0x} = 1{,}000\,3088$. Auf das Vorzeichen von m und damit von $n_{0x} - n_{0\,Luft}$ ist natürlich besonders zu achten.

Im allgemeinen werden interferometrische Messungen nicht zur Bestimmung von Absolutwerten der Brechungsindices verwendet, sondern gerade ihrer hohen Empfindlichkeit wegen zu *Relativmessungen*, d. h. im wesentlichen für *analytische Aufgaben*. Man wird dann den Kompensator statt in Differenzen der optischen Länge direkt in Gehalten (prozentualen oder molaren) der zu bestimmenden Substanzen eichen. Will man z. B. das Mischungsverhältnis von Gasen bestimmen, so verläuft die empirische Eichkurve meist linear mit der Konzentration (über solche Eichungen vgl. z. B. BERL und ANDRESS, 1921). Wenn man in der Vergleichskammer L ein Medium mit ungefähr gleichem Brechungsindex hat, wie ihn das zu untersuchende Medium in der Kammer G besitzt (z. B. zwei Gase desselben Druckes), so sind Druck und Temperaturabhängigkeit nach Gl. (22) für beide etwa gleich groß und fallen in der Differenz der Brechungsindices, die die eigentliche Meßgröße darstellt, heraus. Es ist dann trotz der hohen relativen Genauigkeit nicht notwendig, z. B. die Temperatur sehr genau konstant zu halten.

Für die *absolute Eichung des Kompensators* in Einheiten von $m\lambda$ oder von $\dfrac{m\lambda}{L}$ verwendet man nur monochromatisches Licht. Man dreht die Trommel langsam um eine bestimmte Anzahl Trommelteile und zählt dabei die Zahl m der Streifen ab, die an der feststehenden Streifenmarke vorbeiwandern. Den Bruchteil eines Streifenabstandes mißt man unter Ausnutzung der Mikrometerschraube. Die Meßtrommel muß über ihren gesamten Bereich geeicht werden, da die Änderung der optischen Weglänge der Trommelverschiebung nicht proportional ist. Die Größe ($m\lambda$/Anzahl Trommelteile) wird von der Wellenlänge des verwendeten Lichtes abhängen, da sie durch die optische Länge und damit durch den Brechungsindex, der zur Kompensation verwendeten Glasplatte gegeben ist, und da der Brechungsindex von Glas ja eine beträchtliche Wellenlängenabhängigkeit aufweist.

Vielfach wird für interferometrische Messungen weißes Licht benützt. Es wurde bereits darauf hingewiesen, daß bei einer Verschiebung der Interferenzstreifen aus der Mittellage der weiße Mittelstreifen einen farbigen Saum erhält, weil die gleiche optische Weglänge nicht mehr für alle Farben übereinstimmt, wenn sich in dem einen Lichtweg ein Medium mit anderer Dispersion befindet als im anderen. Aus dem gleichen Grund ist auch die Eichung des Kompensators wellenlängenabhängig. Wenn nun die Streifenverschiebung mit Hilfe des Kompensators rückgängig gemacht worden ist, so sind zwar die optischen Weglängen für beide Lichtbündel wieder gleich, aber die Einstellung braucht nicht für alle Wellenlängen übereinzustimmen, weil die optischen Wege durch verschiedene Medien verlaufen. Nur wenn die Dispersion der Kompensatorplatte und die des untersuchten Gases zufällig übereinstimmen, wird man nach der Kompensation wieder einen rein weißen Mittelstreifen erhalten. Andernfalls bleiben mehr oder weniger farbige Ränder bestehen, die eine genaue Einstellung auf das obere Vergleichsstreifensystem erschweren.

Wenn man daher mit weißem Licht messen will, muß man sich vergewissern, ob nicht farbige Ränder die Einstellung innerhalb der gewünschten Meßgenauigkeit verhindern. Ist dies nicht der Fall, so bestehen keine Bedenken für die Verwendung von weißem Licht. Man muß aber trotzdem die Eichung des Kompensators mit monochromatischem Licht vornehmen, und zwar mit Licht der gleichen Wellenlänge, für die man die Meßwerte der zu untersuchenden Substanz zu haben wünscht.

Wenn farbige Ränder die gewünschte Einstellung stören, so müssen nicht nur die Eichung, sondern auch die Messung mit monochromatischem Licht durchgeführt werden. Man bedient sich dann des weißen Lichtes nur, um die Interferenzstreifenverschiebung ungefähr mit der Trommel zu kompensieren, da dies mit monochromatischem Licht schwierig ist, weil man oben und unten lediglich ein System heller und dunkler äquidistanter Streifen hat, und der Mittelstreifen gleicher optischer Länge sich nicht besonders hervorhebt. Zur genauen Einstellung schaltet man dann auf monochromatische Beleuchtung um. Zu diesem Zweck stellt man die monochromatische Lichtquelle seitlich auf und reflektiert ihr Licht mit Hilfe eines in den Strahlengang eingeführten Spiegels oder rechtwinkligen Prismas in die optische Achse des Instrumentes.

Ein *kombiniertes Gas- und Flüssigkeitsinterferometer*[1] ist wohl für Laboratoriumszwecke das am vielseitigsten verwendbare Instrument. Es ist mit auswechselbaren Kammern von 0,5—25 cm Länge versehen. Falls nur sehr geringe Flüssigkeitsmengen zur Verfügung stehen, kann in die 5 mm-Kammer ein Füllstück von 4 mm eingesetzt werden, so daß die Flüssigkeitsschicht selbst nur 1 mm beträgt. Zur Untersuchung von sauren Dämpfen oder Flüssigkeiten können verschmolzene Glaskammern verschiedener Dicke eingesetzt werden.

Bei der Messung von Flüssigkeiten ist es notwendig, die Temperatur sehr konstant zu halten, da die Temperaturabhängigkeit des Brechungsindex von Flüssigkeit und Vergleichsflüssigkeit im allgemeinen nicht gleich ist und sich daher bei der Differenzbildung ($n_{0,1} - n_{0,2}$) nicht heraushebt. Die Kammern werden daher in einen mit Wasser gefüllten Temperiertrog eingesetzt. Die Strahlenbündel

---

[1] VEB Optik, Jena.

für die feststehende Streifenmarke treten unter den Kammern durch das Wasser. Gewöhnlich ist der Temperaturausgleich nach wenigen Minuten erreicht. Geringe lokale Temperaturschwankungen sind an einer Krümmung und Verbiegung der Interferometerstreifen zu erkennen, deren Verschwinden man vor der Messung abwarten muß (Abb. 21). Der Temperaturausgleich wird beschleunigt, wenn man statt der Glaskammern Metallkammern mit aufgekitteten Verschlußplatten benützt. Es werden zu diesem Zweck vergoldete Kammern geliefert. Nur für stark ätzende Flüssigkeiten sind verschmolzene Glaskammern unvermeidbar.

Bei der Analyse nichtwäßriger Flüssigkeiten müssen besondere Vorsichtsmaßnahmen eingehalten werden (vgl. z. B. Cohen und Bruins, 1921). Es sollen nur verschmolzene Tröge verwendet werden, ferner muß auf besonders gute Temperaturkonstanz geachtet werden (Einbau des ganzen Interferometers in einen Wasserthermostaten). Wasser eignet sich nicht als eigentliche Temperierflüssigkeit, da dann eine kleine Abweichung von der Planparallelität der Kammerverschlußplatten bereits genügt, um die Interferenzstreifen aus dem Gesichtsfeld abzulenken. Statt dessen wird Tetrachloräthan empfohlen. Die Lösungsmittel und die Kammern müssen sorgfältig getrocknet werden, da ein kleiner Wassergehalt der Lösungsmittel bereits eine erhebliche Änderung des Brechungsindex verursachen kann.

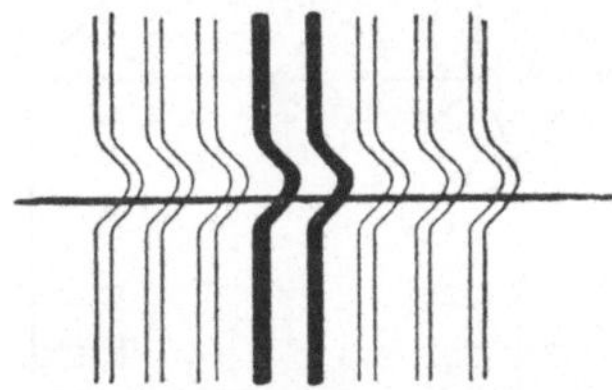

Abb. 21. Verbiegung der Interferenzstreifen bei mangelndem Temperaturausgleich zwischen den Flüssigkeitskammern (aus Weigert).

Das beschriebene kombinierte Interferometer wird auch mit 3 nebeneinander liegenden Kammern geliefert. Durch Schlittenverschiebung gelangen entweder Kammer 1 und 2 oder 2 und 3 zusammen zur Messung. Die Anordnung wird besonders für Stoffwechseluntersuchungen verwendet (vgl. Löwe 1949; Kinder, 1939, 1940). Die erste Kammer wird mit getrockneter ausgeatmeter Luft gefüllt, die zweite mit getrockneter ausgeatmeter Luft, bei der das CO_2 durch ein Absorptionsrohr mit Natronkalk entfernt worden ist, die dritte mit getrockneter Zimmerluft, aus der CO_2 auf gleiche Weise entfernt ist. Aus dem interferometrischen Vergleich der Kammern 1 und 2 ergibt sich der CO_2-Gehalt der Atemluft, aus dem Vergleich der Kammern 2 und 3 wird der Sauerstoffverbrauch bei der Atmung berechnet.

Stark absorbierende Flüssigkeiten lassen sich interferometrisch schlecht untersuchen, weil die seitlichen Interferometerstreifen sich in ihrem Aussehen nicht vom Mittelstreifen unterscheiden, und man somit bei der Kompensation nicht mit Sicherheit erkennt, auf welchen Streifen man einstellen muß. Nur bei Lösungen, welche ein ziemlich breites Spektralgebiet oder mehrere durchlassen, entsteht wenigstens für die Streifen höherer Ordnung eine abweichende Färbung. Man kann die Sicherheit der Einstellung erhöhen, wenn man sie einmal mit einem roten und dann noch einmal mit einem blaugrünen Filter vor dem Auge vornimmt. Nur der Mittelstreifen verschiebt sich dabei nicht.

Bei allen interferometrischen Messungen ist es wichtig, daß nur völlig schlierenfreie Optik (Linsen, Verschlußplatten usw.) verwendet wird.

II. Interferenz durch Mehrfachreflexion.

Die beschriebenen Interferometer, bei denen die Interferenz durch Beugung an zwei benachbarten Spalten zustande kommt, eignen sich nicht, wenn sich die zu untersuchenden Gase oder Flüssigkeiten in umfangreichen Apparaturen befinden und nicht in dem engen Raum untergebracht werden können, wie er durch die Nachbarschaft der Spaltblende gegeben ist. Solche Anforderungen treten z. B.

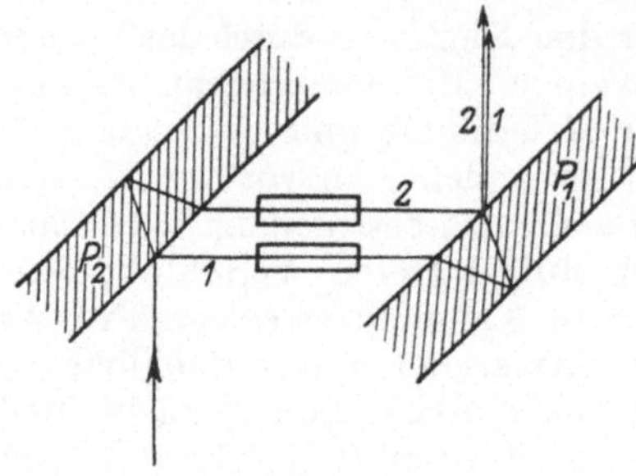

Abb. 22. Interferometer nach Jamin (aus Weigert).

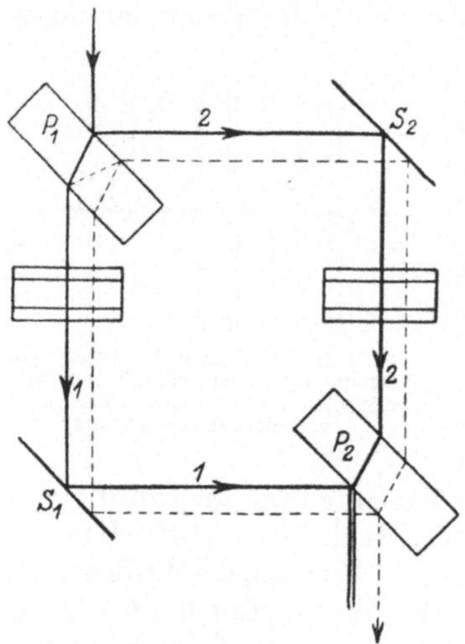

Abb. 23. Interferometer nach Mach (aus Weigert).

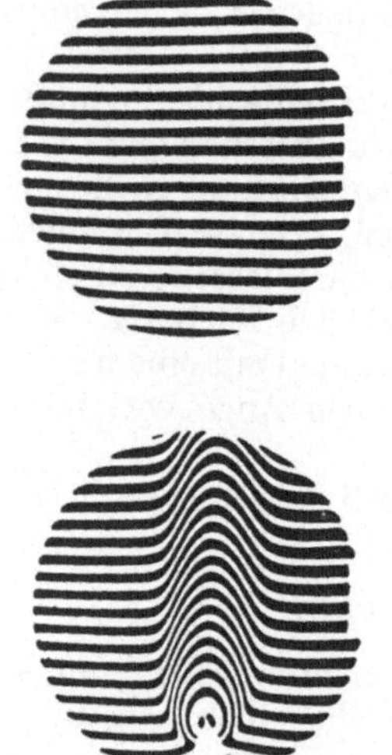

Abb. 24. Interferenzaufnahme der Spitze einer Bunsenflamme (aus Weigert).

bei reaktionskinetischen Versuchen auf. Man geht dann zu Anordnungen über, die auf Interferenzerscheinungen durch Mehrfachreflexion beruhen, bei denen der Abstand zwischen den beiden interferierenden Strahlenbündeln z. T. beliebig groß gemacht werden kann. Interferometer dieser Art wurden früher von Zeiss, Fuess, Schmidt und Haensch, Liesegang (Düsseldorf), Hilger (London) hergestellt. Das Arbeiten damit erfordert jedoch eine gewisse Übung im Umgang mit optischen Instrumenten, außerdem ist ihre Bedeutung durch die neueren Interferometer, wie sie im letzten Abschnitt beschrieben wurden, zurückgegangen. Wer sich trotzdem einer solchen Methode bedienen will bzw. muß, ist gezwungen, sich über Einzelheiten in optischen Spezialwerken zu informieren[1]. Hier sollen nur die Grundzüge der gebräuchlichsten Methoden behandelt werden.

1. Interferometer nach Jamin[2]. Abb. 22 zeigt den Strahlengang dieser Anordnung. Zwei genau gleich dicke, planparallele, rückseitig versilberte Glasplatten stehen sich so gegenüber, daß sie einen sehr kleinen Winkel miteinander bilden. Ein auf P_2 fallendes Lichtbündel wird durch Reflexion an der Vorder- und Hinterfläche in zwei Strahlenbündel aufgespalten. Durch Reflexion an P_1 liefert jedes von ihnen wieder zwei Strahlenbündel, von denen die beiden gezeichneten miteinander austreten und interferieren. Die beiden anderen werden ausgeblendet. Wenn die beiden Platten P_1 und P_2 schwach gegeneinander geneigt sind, so erzeugen die beiden Strahlenbündel 1 und 2 ein System von Interferenzstreifen (Brewstersche Interferenzstreifen) in der Art, wie sie von den bisher besprochenen Interferometern bekannt sind. Genau wie dort wird das Streifensystem verschoben, wenn die optische Länge des einen Strahlenbündels durch Einbringen eines Mediums mit anderem Brechungsindex verändert wird. Die Verschiebung kann wieder durch einen geeichten Kompensator rückgängig gemacht werden. Die beiden Platten sollen einen Winkel von etwa 15—20 min gegeneinander aufweisen. Für die Neigung der beiden Platten gegen die Verbindungslinie ihrer Mitten wird am vorteilhaftesten ein Winkel von 41° gewählt, weil dann der Abstand zwischen den beiden Strahlenbündeln 1 und 2 am größten wird.

---

[1] Zum Beispiel Müller-Pouillets Lehrb. Physik Bd. 2/1, 11. Aufl. Braunschweig 1926.

[2] Vgl. z. B. F. Kohlrausch: Praktische Physik. Bd. 1. — Hansen, G.: Z. Instrumentenkde **50**, 460 (1930); **60**, 325 (1940). — Martens, F. F.: Z. Physik **61**, 363 (1930). — Schardin, H.: Z. Instrumentenkde **53**, 396, 424 (1933).

2. Anordnung nach MACH (MACH 1892; vgl. Abb. 23). Hierbei ist es durch Verwendung der Spiegel S_1 und S_2 und der halbversilberten Platten (vgl. z. B. ROTHER 1921, 1923) P_1 und P_2 möglich, die interferierenden Strahlenbündel noch weiter voneinander zu trennen, so daß noch größere Versuchsgefäße eingeschaltet werden können. Als Beispiel zeigt Abb. 24 das Interferenzbild, das entsteht, wenn eine Bunsenflamme in den einen Lichtweg gehalten wird im Vergleich zum unveränderten Interferenzbild. Die Methode stellt also eigentlich eine quantitative Schlierenmessung (vgl. S. 260) dar.

3. Das MICHELSONsche Interferometer (MICHELSON 1882), das eigentlich zur Bestimmung sehr kleiner Längen, also z. B. der Wellenlängen von Licht entwickelt wurde, kann somit im Prinzip auch zur Bestimmung von Brechungsindices herangezogen werden.

Abb. 25 zeigt das Schema der Anordnung. Ein Lichtbündel S fällt unter einem Winkel von 45° auf eine halbdurchlässig versilberte Glasplatte P. Ein Teil wird reflektiert, fällt auf den Spiegel Sp_2, wird dort wieder reflektiert und gelangt teils durch P zum Auge, teils durch Reflexion in Richtung zur Lichtquelle zurück. Die andere Hälfte des Lichtbündels S geht zunächst durch den Spiegel P hindurch, wird von Sp_1 reflektiert und durch P ebenso wie die erste Hälfte nochmals geteilt in einen Anteil, der reflektiert wird und ins Auge gelangt, und einen Anteil, der in Richtung nach S verlorengeht. Die beiden ins Auge gelangenden Lichtbündel interferieren, und zwar verstärken sie sich, wenn die Abstände $P-Sp_1$ und $P-Sp_2$ gleich sind, oder sich um ein gerades Vielfaches einer Wellenlänge unterscheiden, sie löschen sich aus, wenn sich die Abstände um ein ungerades Vielfaches einer Wellenlänge unterscheiden. Wenn man einen der beiden Spiegel Sp_1 oder Sp_2 in Richtung des einfallenden Lichtbündels verschiebt, wird das Auge bei jeder Verschiebung um eine Viertelwellenlänge einen Wechsel hell-dunkel oder umgekehrt feststellen. Umgekehrt kann so eine Änderung der optischen Weglänge des einen Lichtbündels infolge von Änderungen des Brechungsindex durch messende Kompensation im anderen Lichtweg ausgeglichen werden.

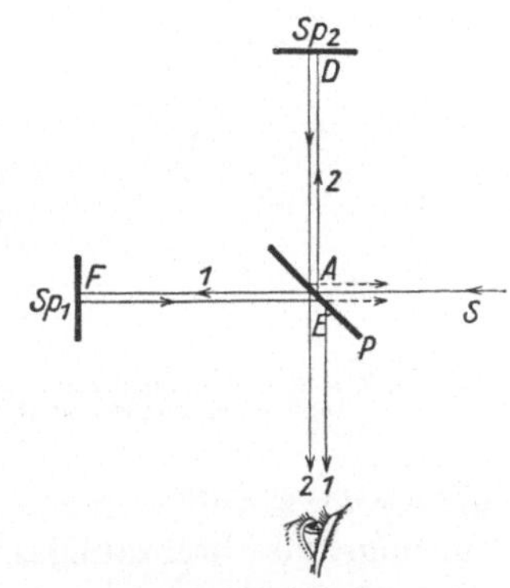

Abb. 25. MICHELSON-Interferometer (aus GRIMSEHL. Lehrbuch der Physik. Bd. II/1).

III. Untersuchung von Diffusions- und Wanderungsvorgängen.

Die interferometrische Erfassung von Diffusions- und Wanderungsvorgängen bildet eine wertvolle Ergänzung zu den S. 260 u.262 beschriebenen refraktometrischenMethoden (Skalenmethode,Methode der gekreuzten Spalte). Bei diesen wird die Ablenkung eines Lichtbündels infolge der Inhomogenität eines Mediums, also z. B. eines Konzentrationsgradienten in einer Diffusionsschicht, gemessen. Die Ablenkung ist um so größer, je größer der Konzentrationsgradient ist. Man mißt also z. B. im Falle der Elektrophorese nicht direkt die Konzentration der wandernden Eiweißschicht, sondern ihre Änderung mit der Ausdehnung der Schicht. Die Konzentration selbst ergibt sich durch Integration über die gesamte Ausdehnung. Demgegenüber liefern die interferometrischen Methoden direkt den Brechungsindex bzw. die Konzentration der untersuchten Stoffe an der betreffenden Stelle.

Von den zu diesem Zweck entwickelten Methoden sollen einige beschrieben werden, die auf etwas verschiedenen Meßprinzipien beruhen (s. auch S. 262).

1. Mikroelektrophorese nach LABHART und STAUB (1947). Das Prinzip der Anordnung[1] ist in Abb. 26 dargestellt. Der Aufbau ist der eines Interferometers nach JAMIN.

Das Licht der monochromatischen Lichtquelle L tritt durch die Lochblende B und wird von der Linse L_1 parallel gerichtet. B_1 sind zwei 1,5 mm breite vertikale Spalte, deren Länge

---

[1] Kern & Co. AG., Aarau, Schweiz, stellt solche Anordnungen her.

gleich derjenigen der Elektrophoresezelle ist. Durch Reflexion an der Vorder- und Rückfläche der planparallelen Platte P_1 entstehen aus den 2 Strahlenbündeln 4, deren Zahl durch entsprechende Reflexion an P_2 nochmals verdoppelt wird. Wie aus der Abbildung zu sehen ist, superponieren sich je 2 dieser Strahlenbündel und können so zu Interferenzerscheinungen führen. Die Blende B_2 deckt diejenigen Strahlen ab, die nicht mit anderen interferieren. Zwischen P_1 und P_2 befindet sich die Elektrophoresezelle Z, die aus 4 Kanälen besteht. Die beiden mittleren bilden den auf- und absteigenden Schenkel der eigentlichen Elektrophoresezelle; die äußeren Vergleichskanäle sind mit reinem Puffer gefüllt. Die zur Interferenz gelangenden Lichtbündel durchsetzen je einen Vergleichskanal und einen Mittelkanal. Durch die Linse S und das Objektiv O wird die Zellenebene auf der Photoplatte abgebildet.

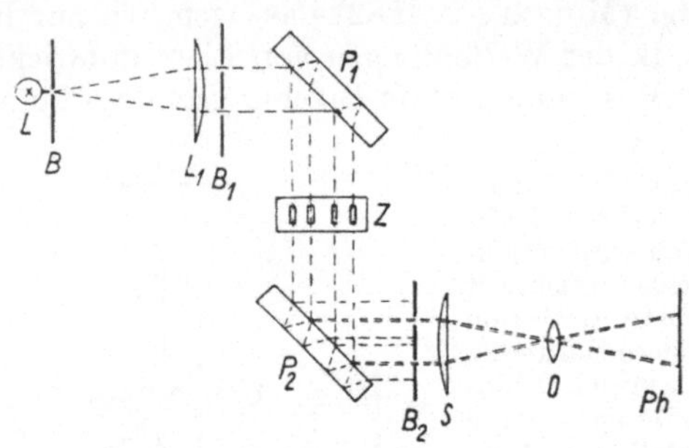

Abb. 26. Elektrophoreseapparatur nach Labhart u. Staub
(aus H. Labhart und H. Staub).

Die Bilder der Kanäle sind nur an jenen Stellen hell, wo sich die beiden interferierenden Lichtbündel verstärken, d. h. wo der Gangunterschied des Bündels, das den Vergleichskanal und desjenigen, das den einen Schenkel der Elektrophoreseapparatur durchlaufen hat, ein ganzes Vielfaches der Wellenlänge λ beträgt,

$$z\lambda = l(n_s - n_p), \qquad (23)$$

wobei z eine ganze Zahl, l die Tiefe der Zelle, n_s bzw. n_p die Brechungsindices der Eiweißlösung bzw. des Puffers bedeuten. Beträgt dieser Gangunterschied ein ungerades halbzahliges Vielfaches der Wellenlänge, so tritt Auslöschung ein.

Das Bild der Zellkanäle wird also von einer Reihe von dunklen und hellen horizontalen Streifen durchzogen sein. Der Unterschied des Brechungsindex von einem hellen zum nächsten hellen Streifen Δn_s ist jeweils $= \lambda/l$. Die Konzentrationsunterschiede sind den Unterschieden des Brechungsindex in erster Näherung proportional. Wie in Abb. 27 gezeigt ist, trägt man nach abgeschlossener Elektrophorese für jeden hellen Streifen eine bestimmte Konzentrationsdifferenz auf und erhält so das gesuchte

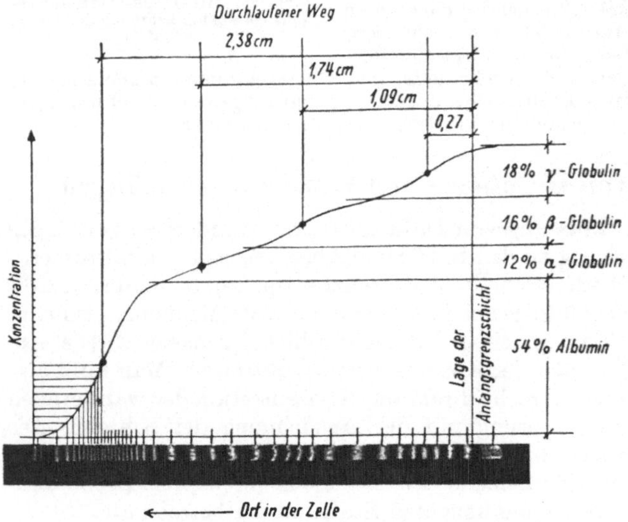

Abb. 27. Elektrophoresediagramm nach Labhart und Staub
(aus H. Labhart und H. Staub).

treppenförmige Diagramm. Den Stellen mit größerem Streifenabstand entsprechen die flacheren Stellen der Kurve. Jeder Absatz entspricht einer Eiweißkomponente. Die ganze Anordnung ist zur Untersuchung sehr geringer Substanzmengen eingerichtet. Es kann daher auf besondere Konstanthaltung der Temperatur verzichtet werden.

Die Empfindlichkeit der Anordnung läßt sich dadurch verdoppeln, daß man das Strahlenbündel nach Durchsetzen der Zelle reflektiert und letztere nochmals durchlaufen läßt. Als Beispiel hierfür zeigt Abb. 28 das von Lotmar (1949) empfohlene Modell[1]. Im Gegensatz zum Jaminschen Interferometer weist diese Anordnung einen unsymmetrischen Strahlengang auf. Die optische Weglänge der beiden interferierenden Strahlenbündel kann zwar gleichgemacht werden, doch ist das Verhältnis von Glasweg zu Luftweg auch dann nicht für beide Bündel gleich. Die Einstellung wird daher von der Wellenlänge des Lichtes abhängen (vgl. S. 268), was bedeutet, daß sich mit weißem Licht keine exakte Kompensation erreichen läßt.

2. Elektrophoreseanordnung nach Antweiler (1949; vergl. auch Hartmann und Schumacher, 1950). Die Anordnung nach Antweiler ist ebenfalls nach dem Prinzip des Jaminschen Interferometers gebaut (Abb. 29)[2]. Von zwei Lichtbündeln, die aus einer Lichtquelle L stammen und durch doppelte Reflexion an dem planparallelen Spiegel S_1 entstehen, geht der eine durch den mit Pufferlösung gefüllten optischen Kontrollschenkel, der andere durch den aufsteigenden Elektrophoreseschenkel der Apparatur. Die entstehenden Interferenzstreifen werden sich verschieben, sobald eine Brechungsindexdifferenz zwischen dem Inhalt der beiden Schenkel auftritt, und zwar proportional diesem Unterschied. Durch Drehen des Spiegels

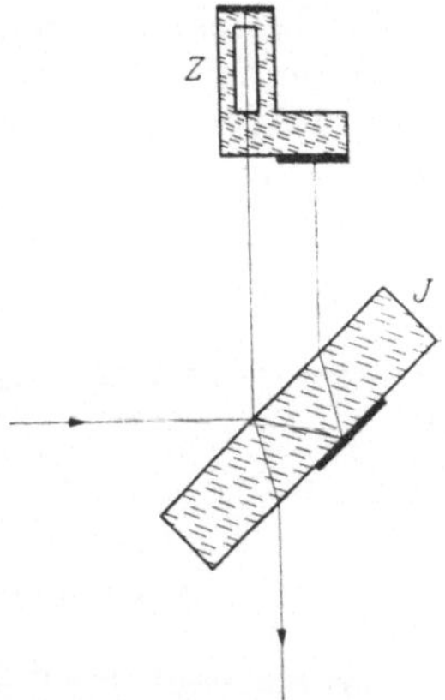

Abb. 28. Elektrophoreseanordnung nach Lotmar (aus W. Lotmar).

S_2 können die Interferenzstreifen wieder in ihre alte Lage gebracht werden. Die meßbare Drehung des Spiegels ist dann dem Brechungsindex proportional.

Zur Konzentrationsbestimmung wird nach beendeter Elektrophorese das Interferometer von oben her an den Kammern entlanggeführt und in Abständen von 0,1 mm die Interferenzstreifenverschiebung gemessen, wobei für jede Stellung die Drehung des Spiegels notiert wird, die notwendig ist, um die ursprüngliche Stellung der Interferenzstreifen wiederherzustellen. Man erhält so eine Zahlenreihe, deren Werte gegen die Kammerhöhe aufgetragen, eine Treppenkurve ergeben. Die Höhe der gesamten Kurve ist ein Maß für die Gesamtkonzentration an Eiweiß, die Höhe der einzelnen Stufen ein Maß für die Konzentration der einzelnen Fraktionen. Durch Bildung der Differenzquotienten gewinnt man eine Kurve, deren Minima das Auftreten einer neuen Fraktion anzeigen.

Da bei dieser Anordnung die Aufnahme einer ganzen Meßreihe eine oft unerwünscht lange Zeit in Anspruch nimmt, wurde eine

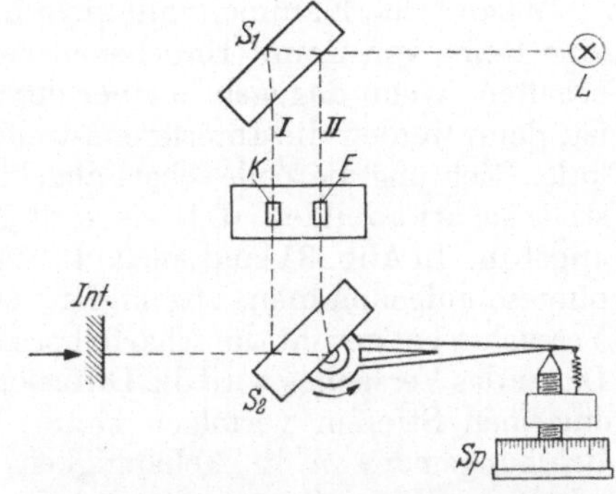

Abb. 29. Elektrophoreseanordnung nach Antweiler (aus F. Hartmann und G. Schumacher).

neue Methode ausgearbeitet (Antweiler, 1952), bei der die beiden Jamin-Platten parallel stehen, und vertikale Interferenzstreifen auf der photographischen Platte mit Hilfe von zwei um ihre vertikale Achse drehbaren Zusatzplatten in den beiden Strahlenbündeln erzeugt werden. Ein Konzentrationsunterschied im Inhalt der beiden Elektrophoreseschenkel bewirkt eine Verschiebung der Interferenzstreifen

---

[1] Hersteller: Kern & Co. AG., Aarau, Schweiz.
[2] Hersteller: Boskamp, Hersel b. Bonn.

in horizontaler Richtung. Durch eine Zylinderlinse werden die Elektrophoresezellen in der Vertikalrichtung auf die Platte scharf abgebildet. Wie bei der anschließend beschriebenen Anordnung von Philpot und Cook (1948) ist es möglich, so durch eine einzige Aufnahme die Konzentrationsverhältnisse in der gesamten Vertikalausdehnung einer Elektrophoresezelle zu erfassen. Die Interferenzbilder gleichen denen der Abb. 31; die Streifenverschiebung ist dem Konzentrationsunterschied in den beiden Elektrophoreseschenkeln proportional.

Nach dem Prinzip des Rayleigh-Interferometers (S. 264) ist die Anordnung von Philpot und Cook (1948; vgl. auch Longsworth, 1950, 1951) für Elektrophoreseuntersuchung gebaut (Abb. 30).

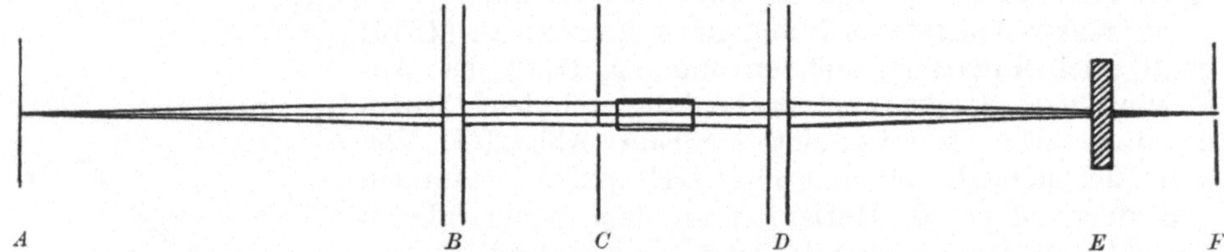

Abb. 30. Elektrophoreseanordnung nach Philpot-Cook (Horizontalschnitt) (aus H. Svensson).

Der senkrechte Spalt A wird von monochromatischem Licht beleuchtet. Das Lichtbündel wird durch die Linse B parallel gerichtet und durch die Linse D auf F focussiert. C ist die Doppelzelle mit einer Kammer für das Lösungsmittel und einer für die Diffusionssäule. Die Zylinderlinse E mit horizontaler Achse bildet in der Vertikalrichtung die Zelle in der Ebene F ab; jeder Punkt des Spaltes A dagegen wird zu einer senkrechten Linie auseinandergezogen. In der Horizontalrichtung wirkt die Zylinderlinse wie eine Platte. Die beiden vertikalen Spalte vor der Doppelzelle C bewirken, daß neben dem vertikalen Bild des Spaltes auf F eine Reihe von Beugungsbildern oder Interferenzstreifen entstehen, genau wie bei einem gewöhnlichen Gas- oder Flüssigkeitsinterferometer.

Der Abstand der Interferenzstreifen hängt vom Abstand der beiden Kammern ab. Je dünner die Trennungswand ist, um so leichter lassen sich die Streifen trennen.

Wenn beide Kammern mit einer homogenen Flüssigkeit gefüllt sind, wird man eine Reihe von ununterbrochenen vertikalen Interferenzstreifen in der Ebene F erhalten. Wenn dagegen in einer der Kammern eine Diffusionsschicht vorhanden ist, dann werden die Interferenzstreifen an dieser Stelle verschoben. Da in vertikaler Richtung die Zelle scharf abgebildet ist, wird sich auch diese Verschiebungsstelle scharf abbilden, d. h. sie wird genau die Ausdehnung der Diffusionsschicht angeben. In Abb. 31 sind solche Interferenzbilder, während der Dauer der Elektrophorese aufgenommen, abgebildet. Dem Konzentrationsursprung zu Anfang des Versuches entspricht die scharfe horizontale Linie des ersten Bildes. Während der Dauer des Versuches wird die Diffusionsschicht breiter, so daß man den Verlauf der einzelnen Streifen verfolgen kann. Wenn man entsprechend der Abb. 27 den Brechungsindex n in Abhängigkeit von der Höhe im Elektrophoreseapparat erhalten will, muß man die Streifen numerieren und die Lage der Maxima in vertikaler Richtung in Abhängigkeit von ihrer Nummer auftragen.

Man erhält also auch mit dieser Methode direkt n bzw. c in Abhängigkeit von der Höhe von x. Es ist jedoch mit dieser Anordnung möglich, (Svensson, 1949) wie bei der Methode der gekreuzten Spalte (vgl. S. 262) oder der Skalenmethode (vgl. S. 260), auch dn/dx in Abhängigkeit von x zu erhalten, indem man in den beiden Kammern die gleichen Diffusionsprozesse gleichzeitig, aber mit einer geringen Höhendifferenz ablaufen läßt. Wenn die Diffusionsschicht in beiden Kammern genau gleich hoch wäre und die beiden Diffusionsprozesse genau gleich ablaufen würden, dann würde man in der ganzen Ausdehnung des Bildes ununterbrochene vertikale Streifen erhalten. Besteht jedoch eine kleine Höhendifferenz zwischen den Diffusionsschichten, so erhält man Bilder von der Art der Abb. 32. Die Interferenzstreifen beschreiben Kurven, die ungefähr gleich denen der Ab-

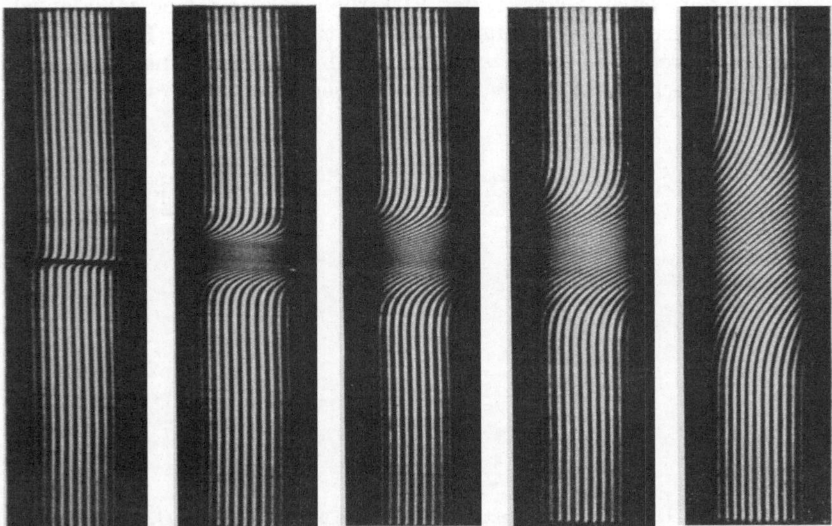

Abb. 31. Interferenzbilder im Elektrophoreseapparat nach PHILPOT-COOK (aus H. SVENSSON).

leitung des Brechungsindex dn/dx sind. Die Schwierigkeit, zwei Diffusionsprozesse in genau gleicher Weise mit einer geringen Höhendifferenz ablaufen zu lassen, kann umgangen werden, wenn man nur eine Diffusionszelle benützt und die beiden

Abb. 32. Interferenzbilder im Elektrophoreseapparat nach PHILPOT-COOK (aus H. SVENSSON).

nachher interferierenden Strahlenbündel in geringem Abstand übereinander durch die Zelle treten läßt. Eine solche Anordnung ist in Abb. 33 dargestellt (SVENSSON, 1950a). Sie entspricht im wesentlichen derjenigen von Abb. 30. In der Ebene F

ist in vertikaler Richtung die Zelle C abgebildet; in horizontaler Richtung wirkt die Zylinderlinse wie eine Platte, so daß die Abbildung des Spaltes A in der Ebene F davon nicht berührt wird. Die 4 planparallelen Glasplatten bei G und H bewirken, daß die beiden nebeneinanderliegenden Strahlenbündel die einheitliche Zelle, die aus dem einen Schenkel des Elektrophoreseapparates gebildet ist, mit einem geringen vertikalen Niveauunterschied Δx durchsetzen. Die Verschiebung der Interferenzstreifen oberhalb und unterhalb der Diffusionsschicht gibt die Änderung des Brechungsindex Δn für den kleinen Niveauunterschied Δx.

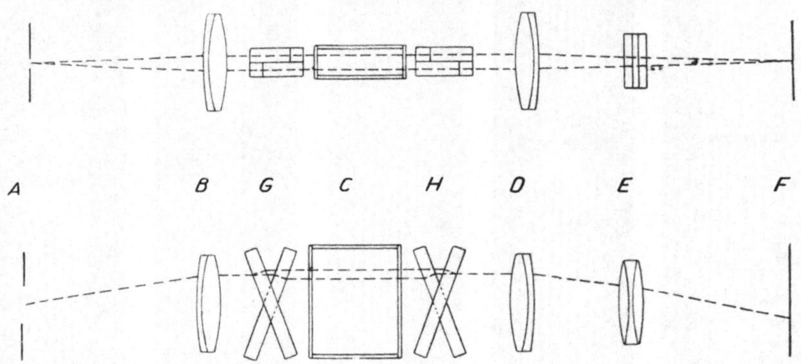

Abb. 33. Interferometeranordnung zur Elektrophorese; direkte Bestimmung von dn/dx (aus H. Svensson).

Von Svensson (1950b, 1951) wurde weiterhin die Möglichkeit diskutiert, mit ein und derselben Apparatur einmal die Ableitung des Brechungsindex dn/dx und dann nach einem einfachen Umbau auch den Brechungsindex selbst zu erfassen. Die Kombination dieser beiden Möglichkeiten ist in vielen Fällen erwünscht; die erstere ist besonders geeignet, die einzelnen Fraktionen bei Elektrophoreseuntersuchungen voneinander zu trennen, während die zweite hauptsächlich zur Bestimmung der Konzentrationen herangezogen wird.

Während bisher die Skalenmethode (vgl. S. 260) zur Absolutbestimmung von Konzentrationen die bestgeeignete war, kann man heute mit Hilfe der Interferenzmethoden analoge Ergebnisse erzielen. Das spielt vor allem bei der Untersuchung von Sedimentationsvorgängen in der Ultrazentrifuge eine Rolle, wo bisher meistens die Skalenmethode angewendet wurde.

Es ist nun tatsächlich möglich, die Anordnung für die Methode der gekreuzten Spalte (vgl. S. 262) in eine Interferometeranordnung nach Philpot-Cook umzubauen, indem man den horizontalen Spalt (Abb. 15) entfernt. Gleichzeitig muß natürlich die einfache Zelle, die durch den einen Schenkel des Elektrophoreseapparates gebildet ist, durch eine Doppelzelle ersetzt werden, deren eine Kammer mit dem Lösungsmittel gefüllt ist.

Literatur.

Antweiler, H. J.: Kolloid-Z. 115, 130 (1949); Chem.-Ing. Techn. 24, 284 (1952). — Armbruster, O., W. Kossel u. K. Strohmaier: Z. Naturforsch. 6a, 510 (1951).

Berl, E., u. K. Andress: Z. angew. Chem. 34, 370 (1921).

Claesson, S.: Ann. N.Y. Acad. Sci. 49, 195 (1948). — Cohen, E., u. H. R. Bruins: Proc. Kon. Akad. Wet. Amsterdam 24, Nr. 1, 2, 3 (1921).

Faik, C. A., and B. Fonoroff: J. Opt. Soc. Amer. 34, 330 (1944). — Fajans, K., u. G. Joos: Z. Physik 23, 1 (1924).

[1] Hersteller: Zeiss, Oberkochen.

HARTMANN, F., u. G. SCHUMACHER: Z. Naturforsch. 5b, 361 (1950). — HENRI, V.: Etudes de Photochimie, Paris 1919. — HÜCKEL, W.: Theoretische Grundlagen der organischen Chemie. 4. Aufl. Bd. 2., S. 147. Leipzig 1943.

KARRER, E., u. R. S. ORR: J. Opt. Soc. Amer. 36, 42 (1946). — KINDER, W.: Klin. Wschr. 1939 II, 1623; Zeiss-Nachr. (3) 189—238 (1940).

LABHART, H., u. H. STAUB: Helvet. chim. Acta 30, 1954 (1947). — Vgl. F. LÖWE: Optische Messungen des Chemikers und des Mediziners. 5. Aufl., S. 268. Dresden, Leipzig 1949. — LÖWE, F.: Chem.-Ztg. 74, 393 (1950). — LONGSWORTH, L. G.: Amer. Chem. Soc. 61, 529 (1939); Industr. Engng. Chem., analyt. Ed. 18, 219 (1946); Rev. Sci. Instr. 21, 524 (1950); Analyt. Chem., Washington 23, 346 (1951). — LOTMAR, W.: Helvet. chim. Acta 32, 1847 (1949).

MACH, L.: Physikalische Optik. S. 234. Leipzig 1921; Z. Instrumentenkde. 12, 89 (1892). — MICHELSON, A. A.: Philos. Mag. (5) 13, 236 (1882).

PHILPOT, J. St. Z.: Nature 141, 283 (1938). — PHILPOT, J. St. L., and G. H. COOK: Research 1, 234 (1948).

Rother, F.: Dtsch. opt. Wschr. 1921, 578; Physik. Z. 24, 462 (1923).

SCHULZ, G. V., O. BODMANN u. H. J. CANTOW: Z. Naturforsch. 7a, 760 (1952). — SVENSSON, H.: Kolloid-Z. 87, 181 (1939); 90, 141 (1940); Acta chem. scand 3, 1170 (1949); 4, 399 (1950); 4, 1329 (1950); 5, 72, 1301 (1951).

Tiselius, A.: Trans. Faraday Soc. 33, 524 (1937); Kolloid-Z. 85, 129 (1938).

VOELLMY, H.: Z. physik. chem. (A) 127, 305 (1927).

Polarimetrie.

Von

G. Kortüm und M. Kortüm-Seiler.

Mit 28 Abbildungen.

A. Theoretische Grundlagen.

Unter *optischem Drehungsvermögen* versteht man die Fähigkeit eines Moleküls (oder auch Kristalls), die Polarisationsebene linear polarisierten Lichtes[1] zu drehen. Diese Fähigkeit ist an die Bedingung geknüpft, daß das Molekül durch Translationen oder Drehungen nicht mit seinem Spiegelbild zur Deckung gebracht werden kann. In solchen Fällen gibt es zwei entgegengesetzt drehende „optisch aktive" Formen des gleichen Moleküls, die man als optische Antipoden oder optische Isomere bezeichnet. Diese gleichen sich in allen ihren physikalischen Eigenschaften, da die äußere Molekülform und die Atomabstände völlig gleich sind, sie unterscheiden sich lediglich darin, daß sie keine Symmetrieebene besitzen, daß man also z. B. um die Substituenten A, B, C, D eines optisch aktiven Methanderivates in der gleichen Reihenfolge zu durchlaufen, bei den beiden Antipoden in verschiedenem Drehsinn vorgehen muß. Um die beiden Antipoden zu unterscheiden, muß man deshalb offenbar ein physikalisches Hilfsmittel zur Verfügung haben, das sich in Form einer Links- bzw. einer Rechtsschraube anwenden läßt. Ein solches steht in Form des *links-* bzw. *rechts-zirkularpolarisierten Lichtes*[1] zur Verfügung: Man beobachtet, daß zwei entgegengesetzt zirkularpolarisierte Lichtbündel durch den gleichen Antipoden einer optisch aktiven Verbindung verschieden stark gebrochen werden, d. h. in einem optisch aktiven Stoff verschieden große Fortpflanzungsgeschwindigkeit besitzen. Diese Erscheinung bezeichnet man als *zirkulare Doppelbrechung*. Außerdem werden in einem Absorptionsgebiet des optisch aktiven Stoffes zwei entgegengesetzt zirkularpolarisierte Lichtbündel verschieden stark absorbiert, man beobachtet *zirkularen Dichroismus*.

Die Fähigkeit optisch aktiver Stoffe, die Ebene linear polarisierten Lichtes zu drehen, hängt mit der zirkularen Doppelbrechung auf folgende Weise zusammen: Linear polarisiertes Licht, bei dem der elektrische Vektor des elektromagnetischen Wechselfeldes in einer bestimmten Richtung senkrecht zur Fortpflanzungs-

---

[1] Licht ist eine transversale elektromagnetische Wellenbewegung, die sich im Vakuum mit der Geschwindigkeit $c = 3 \cdot 10^{10}$ cm/sec fortpflanzt. Die Spitze des Vektors der elektrischen Feldstärke beschreibt eine Sinuskurve, ebenso die des magnetischen Vektors, der stets auf dem elektrischen Vektor senkrecht steht. Das elektrische Feld hat jeweils den Maximalwert, wenn das magnetische Feld Null geworden ist und umgekehrt (Phasenverschiebung von $\lambda/4$). Unter Schwingungsrichtung des Lichtes versteht man die Richtung des elektrischen Vektors senkrecht zur Fortpflanzungsrichtung. Natürliches Licht, wie es z. B. von einer Glühlampe ausgestrahlt wird, enthält alle Schwingungsrichtungen. Linear polarisiertes Licht dagegen enthält nur Licht einer einzigen Schwingungsrichtung. Durch Superposition von zwei senkrecht zueinander linear polarisierten Strahlen mit einem Gangunterschied von $\lambda/4 = \pi/2$ entsteht ein rechts- bzw. linkszirkularpolarisierter Lichtstrahl (vgl. auch S. 285) mit konstantem elektrischem Vektor, dessen Spitze eine Rechts- bzw. Linksschraube beschreibt.

richtung des Lichtes schwingt, läßt sich als die Superposition von links- und rechtszirkularpolarisiertem Licht gleicher Schwingungsamplitude auffassen, wie aus Abb. 1a hervorgeht. Die Fortpflanzungsrichtung des Lichtes verläuft senkrecht zur Papierebene, die Schwingungsrichtung des elektrischen Vektors des linear polarisierten Strahls sei x. Der elektrische Vektor $\mathfrak{E}$ eines zirkularpolarisierten Strahls bleibt dem Betrag nach konstant, dreht sich jedoch je Wellenlänge λ um den Winkel 2π, so daß die Spitze des Vektors auf einer Schraubenlinie mit der Ganghöhe λ umläuft. Denkt man sich den Vektor $\mathfrak{E}$ in jedem Augenblick in die Komponenten $\mathfrak{E}_x$ und $\mathfrak{E}_y$ vektoriell zerlegt, wie es in Abb. 1a für eine beliebig herausgegriffene Lage dargestellt ist, so sieht man unmittelbar, daß sich die Komponenten des links- und des rechtszirkularen Strahls stets gegenseitig wegheben, die Komponenten $\mathfrak{E}_x$ dagegen addieren, d. h. die Überlagerung der beiden zirkularen Strahlen ergibt tatsächlich einen in der x-Richtung linear polarisierten Strahl.

Läßt man die beiden zirkularen Strahlen ein optisch aktives Medium mit zirkularer Doppelbrechung durchsetzen, so bleibt der eine Strahl gegenüber dem anderen zurück, weil sie sich mit verschiedener Geschwindigkeit fortpflanzen: $\dfrac{c}{n_l} \neq \dfrac{c}{n_r}$ (vgl. S. 245 zur Definition von n). Beim Durchlaufen einer Schicht von der Länge d beträgt diese Verzögerung des einen Strahls gegenüber dem anderen

$$\Delta t = \frac{n_l d}{c} - \frac{n_r d}{c} \; .$$

Diese Verzögerung bedeutet einen Gangunterschied von $\Delta t \cdot \nu$ Wellen, wenn ν die Frequenz des Lichtes ist, oder eine Phasendifferenz von

$$\tau = 2\,\pi \cdot \Delta t \cdot \nu = \frac{2\,\pi\,\nu\,d}{c}\,(n_l - n_r).$$

Die geometrische Superposition der beiden zirkularen Strahlen ergibt wieder wie in Abb. 1a einen linear polarisierten Strahl, jedoch ist die Schwingungsrichtung gegenüber der früheren um

$$\frac{\tau}{2} \equiv \alpha = \frac{\pi\,d\,\nu}{c}\,(n_l - n_r) = \frac{\pi\,d}{\lambda_0}\,(n_l - n_r) \; . \tag{1}$$

gedreht, wie man aus Abb. 1b abliest. Die Drehung erfolgt nach rechts, wenn der rechtszirkulare Strahl vorauseilt, also den kleineren Brechungsindex besitzt, wenn also $n_l > n_r$. Die von Fresnel abgeleitete Gleichung (1) gibt den Zusammenhang zwischen der beobachteten Drehung α der Polarisationsebene des linearen Lichtes, der durchlaufenen Schichtdicke d des optisch aktiven Mediums und der Differenz der Brechungsindices für links- und rechtspolarisiertes Licht an. Die optische Drehung ist also eine Erscheinung der Lichtbrechung und gehorcht deshalb ähnlichen Gesetzen wie der Brechungsindex.

Wie man mit Hilfe von Gl. (1) leicht abschätzt, ist die zirkulare Doppelbrechung stets sehr klein. Besitzt ein optisch aktives Medium bei 1 cm Schichtdicke eine optische Drehung von 10° bei $\lambda_0 = 5000$ Å, wie sie etwa bei sehr stark drehenden Stoffen vorkommt, so wird

$$n_l - n_r = 10 \cdot \frac{2\,\pi}{360} \cdot \frac{5 \cdot 10^{-5}}{\pi} = 2{,}8 \cdot 10^{-6} \, ,$$

d. h. die optische Drehung ist ein äußerst empfindliches Maß für einen sehr kleinen Unterschied der Brechungsindices n_l und n_r, der sich nur mit interferometrischen Methoden eben erfassen lassen würde.

Als *spezifische Drehung* [α] gelöster Stoffe bezeichnet man den Drehungswinkel, den man beobachten würde, wenn in 1 ml Lösung 1 g aktiver Stoff vorhanden ist, und die vom Licht durchlaufene Schichtdicke 10 cm beträgt. Sind in

1 ml g Gramme Substanz vorhanden, und beträgt die Schichtdicke d *Dezimeter*, so ist

$$[\alpha] = \frac{\alpha}{d \cdot g}, \tag{2}$$

wobei α den gemessenen Drehungswinkel in Graden bedeutet. Dabei wird α positiv gerechnet, wenn vom Beobachter aus die Polarisationsrichtung im Uhrzeigersinn gedreht wird, negativ, wenn sie gegen den Uhrzeigersinn gedreht wird.

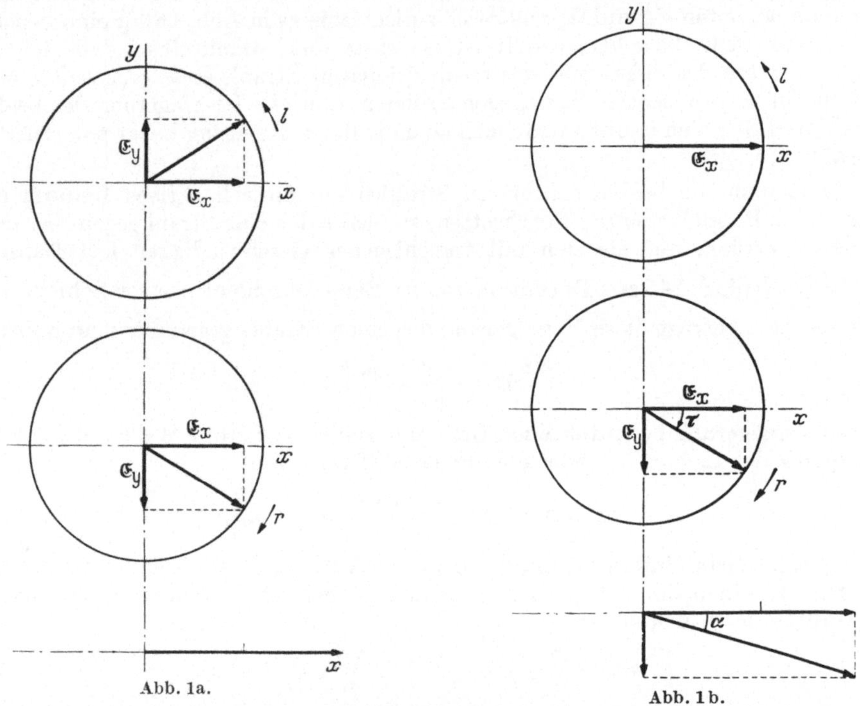

Abb. 1a.

Abb. 1b.

Abb. 1a. Linear polarisierter Lichtstrahl als Überlagerung zweier entgegengesetzt zirkularpolarisierter Strahlen.

Abb. 1b. Drehung der Polarisationsebene linearpolarisierten Lichtes als Folge einer Phasenverschiebung der beiden zirkularpolarisierten Strahlen.

Für reine, flüssige oder gasförmige aktive Stoffe gilt analog

$$[\alpha] = \frac{\alpha}{d \cdot \varrho}, \tag{3}$$

wenn ϱ die Dichte des Stoffes bedeutet. Beide Definitionen sind natürlich identisch. Da $[\alpha]$ von Temperatur und Wellenlänge des Lichtes abhängig ist, müssen diese angegeben werden. Zum Beispiel bedeutet $[\alpha]_D^{20}$ die spezifische Drehung bei 20° C und der Wellenlänge 589 mμ (Natrium-D-Linie). Das Produkt aus spezifischer Drehung und Molgewicht des aktiven Stoffes bezeichnet man als *molekulares Drehungsvermögen* oder *Molrotation*

$$[M]_{\lambda_0}^{t} = M \cdot [\alpha]_{\lambda_0}^{t}. \tag{4}$$

Es eignet sich zum Vergleich der Aktivität verschiedener Stoffe. In geringerem Grade kann das Drehungsvermögen gelöster Stoffe noch von Konzentration und Lösungsmittel abhängen (vgl. z. B. Kortüm, 1935), dabei handelt es sich um Effekte zweiter Ordnung.

Analog wie der Brechungsindex besitzt auch die optische Drehung, die ja ebenfalls eine Erscheinung der Lichtbrechung ist, eine Wellenlängenabhängigkeit, die man als *Rotationsdispersion* bezeichnet. Ebenfalls analog zum Brechungsindex setzt sich die beobachtete Drehung aus den Beiträgen der einzelnen Absorptionsbanden zusammen, und man spricht von *normaler* und *anomaler* Rotationsdispersion (s. S. 246). Letztere wird auch nach ihrem Entdecker als COTTON-Effekt bezeichnet. Den Verlauf der anomalen Rotationsdispersionskurve im Bereich einer Absorptionsbande zeigt die schematische Abb. 2. Maßgebend für den Beitrag einer Bande ist jedoch nicht wie bei der Dispersion des Brechungsindex der Absorptionskoeffizient selbst, sondern die Differenz der Absorptionskoeffizienten für links- und rechtszirkulares Licht, d. h. der *zirkulare Dichroismus*. Im Bereich einer Absorptionsbande tritt daher nicht nur eine Phasenverschiebung der beiden zirkularpolarisierten Strahlen gegeneinander auf, sondern die verschieden starke Absorption bedeutet außerdem eine Änderung ihrer Schwingungsamplituden, da die Intensität gleich dem maximalen Amplitudenquadrat des elektrischen Vektors der elektromagnetischen Schwingung ist. Das bedeutet, daß sich die bei den zirkularpolarisierten Strahlen nach Durchlaufen der zirkulardichroitischen Schicht nicht mehr zu einem linear polarisierten Strahl superponieren können, sondern *elliptisch polarisiertes* Licht liefern (s. S. 296). Die *Elliptizität* des austretenden Lichtes ist deshalb ein unmittelbares Maß für den Zirkulardichroismus.

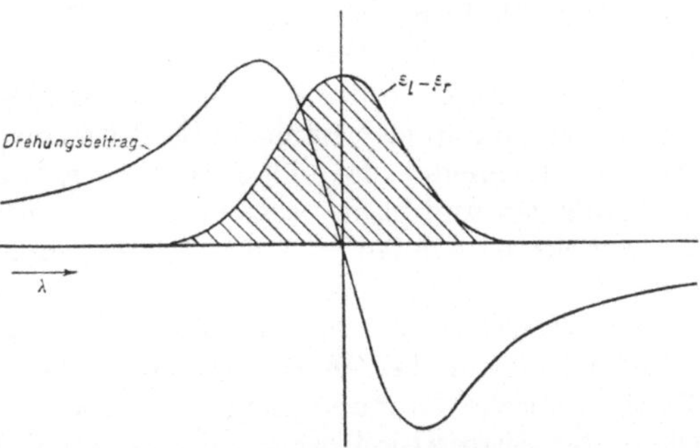

Abb. 2. Zusammenhang zwischen anomaler Rotationsdispersion und Zirkulardichroismus (aus FREUDENBERG: Stereochemie. Leipzig 1933).

Der Absorptionskoeffizient k' ist definiert durch

$$J = J_0\, e^{-k'd}, \tag{5}$$

wenn J_0 die Intensität des einfallenden, J die Intensität des austretenden Lichtes nach Durchlaufen der Schichtdicke d darstellt. Ist nun $k'_l \neq k'_r$, so ergibt sich für die Amplitude der beiden zirkular polarisierten Strahlen nach Durchlaufen der Schichtdicke d

$$\mathfrak{E}_l = \mathfrak{E}_0 \cdot e^{-k'_l d/2} \quad \text{und} \quad \mathfrak{E}_r = \mathfrak{E}_0 \cdot e^{-k'_r d/2} \;. \tag{6}$$

Da nun die große Halbachse A der resultierenden Ellipse gleich der Summe, die kleine Halbachse B gleich der Differenz der Amplituden ist, erhält man

$$A = \mathfrak{E}_0 \left[e^{-k'_l d/2} + e^{-k'_r d/2} \right] \;;\; B = \mathfrak{E}_0 \left[e^{-k'_l d/2} - e^{-k'_r d/2} \right],$$

und für das Verhältnis beider die Elliptizität

$$\left. \begin{aligned} tg\,\varphi &= \frac{B}{A} = \frac{e^{-k'_l d/2} - e^{-k'_r d/2}}{e^{-k'_l d/2} + e^{-k'_r d/2}} \\[2mm] &= \frac{1 - e^{-(k'_l - k'_r)d/2}}{1 + e^{-(k'_l - k'_r)d/2}} \;. \end{aligned} \right\} \tag{7}$$

Da k'_l und k'_r im allgemeinen nur wenig voneinander verschieden sind, was bedeutet, daß ebenso wie die zirkulare Doppelbrechung auch der Zirkulardichroismus sehr gering ist, kann man näherungsweise $tg\,\varphi \cong \varphi$ setzen, und erhält durch Entwicklung der e-Funktion

$$tg\,\varphi \cong \varphi \cong \frac{1 - 1 + \dfrac{k'_l - k'_r}{2}\, d}{1 + 1 - \dfrac{k'_l - k'_r}{2}\, d} = \frac{(k'_l - k'_r)d}{4 - (k'_l - k'_r)d} \;.$$

Vernachlässigt man den zweiten Term im Nenner als klein gegenüber 4 und ersetzt unter Einführung des molaren dekadischen Extinktionskoeffizienten

$$k' = \varepsilon c \cdot \ln 10 = \varepsilon c \, 2{,}30 \,, \tag{8}$$

so wird schließlich

$$\varphi = \frac{\varepsilon_l - \varepsilon_r}{4} \cdot 2{,}30 \; \mathrm{cd} \,. \tag{9}$$

Gl. (9) gibt den Zusammenhang zwischen der mittels Halbschattenapparatur meßbaren (s. S. 296) Elliptizität φ und dem Zirkulardichroismus wieder, der auf diese Weise ermittelt werden kann.

Das hauptsächlichste Anwendungsgebiet der Polarimetrie ist die quantitative Analyse: Aus dem gemessenen Drehungswinkel und dem bekannten Wert für die spezifische Drehung einer Verbindung läßt sich ihre Konzentration in Lösung nach Gl. (2) bestimmen. Wenn die Lösung zwei verschiedene optisch aktive Verbindungen enthält, läßt sich eine quantitative Analyse unter Umständen trotzdem ausführen. Wenn sich nämlich die Rotationsdispersion der beiden Verbindungen stark unterscheidet, so mißt man die Drehung bei zwei möglichst verschiedenen Wellenlängen und kann daraus die beiden unbekannten Konzentrationen in analoger Weise berechnen, wie dies für photometrische Messungen möglich geworden ist.

Zur Charakterisierung von optisch aktiven Verbindungen wird oft die spezifische Drehung bei einer bestimmten Wellenlänge, z. B. Na-Licht angegeben. Da die optische Drehung nicht sehr spezifisch ist, wäre es besser, wenn man zur Charakterisierung die Rotationsdispersion, d. h. die ganze Kurve der Abhängigkeit der optischen Drehung von der Wellenlänge aufnehmen würde. Da dies verhältnismäßig umständlich ist, begnügt man sich häufig mit der Messung von $[\alpha]$ für zwei verschiedene Wellenlängen und gibt zusätzlich den sog. „Dispersionsquotienten" $[\alpha]_{436}/[\alpha]_{589}$ an, was bereits wesentlich spezifischer für eine gegebene optisch aktive Substanz ist als der Drehungswert bei einer einzigen Wellenlänge.

Da sich die optische Drehung aus den Beiträgen der einzelnen Absorptionsbanden zusammensetzt, nimmt sie im allgemeinen gegen kürzere Wellen zunächst monoton ab oder zu. Wenn daher eine Verbindung im Sichtbaren Drehungswerte besitzt, die für eine quantitative Analyse hoher Genauigkeit zu klein sind, kann man versuchen, die Messung statt wie üblich bei 589 mμ im Blau oder sogar im ultravioletten Licht (z. B. mit der Hg-Linie 2537 Å) durchzuführen, da man dann größere Drehungen erhält. Allerdings erfordert letzteres einen größeren apparativen Aufwand (s. S. 292).

B. Herstellung von polarisiertem Licht.

I. Linear polarisiertes Licht.

Die einfachste Methode zur Herstellung von linear polarisiertem Licht besteht darin, daß man natürliches Licht unter einem bestimmten Winkel, dem sog. Polarisationswinkel, *an einer Glasplatte reflektieren* läßt (Abb. 3). Das unter dem „Polarisationswinkel" reflektierte Licht ist vollständig polarisiert, und zwar steht die Schwingungsrichtung des reflektierten Lichtes (Richtung des elektrischen Vektors)[1] senkrecht zur Einfalls- bzw. Reflexionsebene. Dabei bedeutet die Einfalls- bzw. Reflexionsebene die Ebene, die der einfallende bzw. der reflektierte Strahl mit dem Einfallslot bildet, in Abb. 3 also die Papierebene. Das durch die Glas-

---

[1] Als „Polarisationsrichtung" bezeichnet man in der Regel die Richtung senkrecht zur Schwingungsrichtung des elektrischen Vektors, also die Richtung des magnetischen Vektors. Der Ausdruck Schwingungsrichtung des Lichtes dagegen, der hier immer gebraucht werden soll, gibt stets die Richtung des elektrischen Vektors an.

platte hindurchtretende Licht ist dagegen nur teilweise polarisiert, und zwar liegt die Schwingungsrichtung in der Einfallsebene. Durch Anwendung mehrerer Glasplatten hintereinander (Glasplattensatz) kann man auch das hindurchtretende Licht weitgehend polarisieren, indem man die senkrecht zur Einfallsebene schwingende Komponente durch die wiederholte Reflexion praktisch völlig entfernt (s. Abb. 4). Die Lichtausbeute ist in diesem Fall größer, als wenn man den einfach reflektierten Strahl benützt; sie beträgt jedoch bei weitem nicht 50%.

Wenn man das Licht unter einem anderen als dem „Polarisationswinkel" einfallen läßt, ist auch der reflektierte Strahl nicht vollständig polarisiert. Bei senkrechtem Einfall tritt überhaupt keine Polarisation auf. Die Größe des Polarisationswinkels ist nach dem BREWSTER-schen Gesetz durch die Bedingung gegeben, daß der reflektierte und der gebrochene Strahl einen rechten Winkel bilden. Dann gilt, wie man aus Abb. 3 ersieht,

$$\sin\alpha = \cos\beta \qquad (10)$$

oder nach dem Brechungsgesetz (S. 245), Gl. (2)

$$\operatorname{tg}\alpha = n. \qquad (11)$$

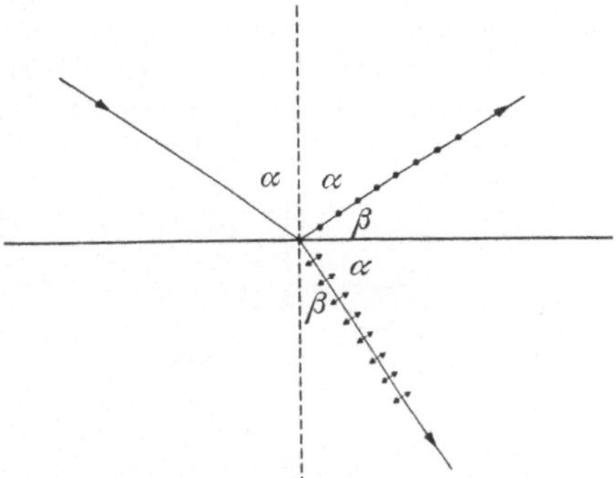

Für Glas beträgt der Polarisationswinkel 57°.

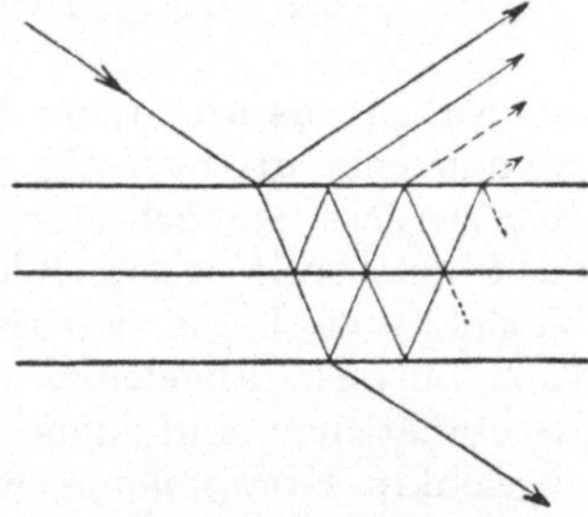

Abb. 3. Polarisation durch Reflexion.

Mit weitaus größerer Lichtausbeute stellt man vollständig linear polarisiertes Licht her, indem man natürliches Licht durch eine *doppelbrechende Kalkspatprismenkombination* hindurchtreten läßt. Wenn ein Lichtstrahl durch eine der Rhomboederflächen des Kalkspates in den Kristall eintritt, so wird er in zwei Strahlen gleicher Intensität zerlegt, den ordentlichen und den außerordentlichen Strahl, die senkrecht zueinander polarisiert sind und die je nach der Einfallsrichtung verschiedene Winkel miteinander einschließen können. Man kann nun durch geeignete Kombination von zwei Prismen entweder den einen Strahl durch Totalreflexion vollständig zum Verschwinden bringen, oder den Winkel, unter dem die beiden Strahlen austreten, so groß machen, daß man den einen Strahl nachträglich ausblenden kann (s. Abb. 5).

Abb. 4. Polarisation durch einen Glasplattensatz (aus WEIGERT).

Die verschiedenen Prismenkombinationen unterscheiden sich hauptsächlich durch den maximalen Öffnungswinkel φ, unter dem die Strahlen noch eintreten können, ohne daß die Vollständigkeit der Polarisation leidet.

Polarisationsprismen[1] mit schiefen rhombischen bzw. rechteckigen Endflächen (NICOLsches Prisma bzw. Prisma nach Halle) sind heute kaum noch in Gebrauch.

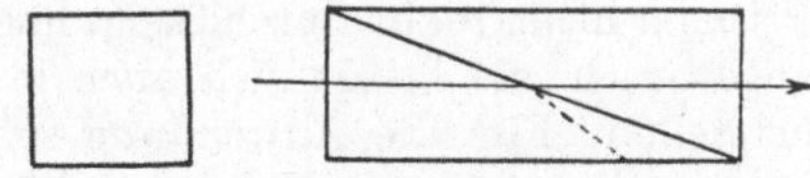

Abb. 5. Prisma nach GLAN-THOMPSON (senkrechte Endflächen) (aus WEIGERT).

Abb. 5 zeigt den Querschnitt eines GLAN-THOMPSON-Prismas mit senkrechten Endflächen. Die beiden Halbprismen sind durch eine dünne Kittschicht verbunden. Als Kitt werden Canadabalsam, Leinöl oder Terpentinöl verwendet, für den ultravioletten Spektralbereich Glycerin

---

[1] Hersteller B. Halle, Berlin; Schmidt & Haensch, Berlin; Zeiss-Winkel, Göttingen.

oder ein Harnstoff-Formaldehydpolymerisat[1]. Will man der Absorption wegen keinen Kitt verwenden, so kann man statt dessen sog. Glan-Prismen mit einer dünnen Luftschicht zwischen den beiden Halbprismen verwenden; jedoch besitzen solche Polarisatoren einen sehr kleinen Öffnungswinkel (7°), und es tritt leicht Streulicht infolge von mehrfacher Reflexion auf, so daß diese Glan-Prismen nicht zu empfehlen sind. Der maximale Öffnungswinkel bei gekitteten Glan-Thompson-Prismen beträgt etwa 22°. Der ordentliche Strahl wird durch Totalreflexion an der Kittfläche zum Verschwinden gebracht, der außerordentliche geht unabgelenkt durch, zeigt also auch keine Dispersion, d. h. keine Wellenlängenabhängigkeit der Strahlenrichtung.

Abb. 6 zeigt drei weitere Typen von Polarisatoren, bei denen die beiden senkrecht zueinander polarisierten Komponenten aus der senkrechten Endfläche divergierend austreten. Die Schraffierung gibt die Richtung der optischen Achse

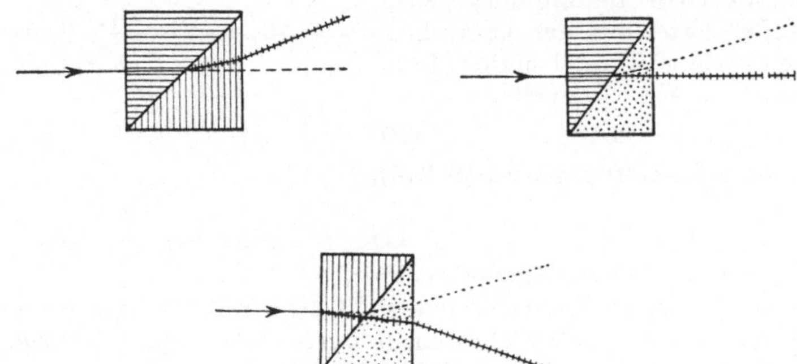

Abb. 6. Verschiedene Typen von Polarisatoren, bei denen beide Strahlen austreten (aus Weigert).

des Kalkspates an. Beim Sénarmont- und beim Rochon-Prisma geht die eine Komponente unabgelenkt durch das Prisma hindurch, so daß von den beiden Bildern eines beobachteten hellen Punktes das eine beim Drehen des Prismas um das feststehende andere Bild im Kreise herumwandert. Das unabgelenkte Lichtbündel zeigt keine Farbendispersion. Beim *Wollaston*-Prisma werden beide Komponenten abgelenkt und zeigen Dispersion. Die beiden erstgenannten Kombinationen sind daher als Polarisatoren einfacher zu handhaben. Die seitlich abgelenkte Komponente wird durch eine äußere Blende vernichtet. Es muß jedoch darauf geachtet werden, daß sowohl beim Sénarmont- als auch beim Rochon-Prisma die Polarisation nur vollständig ist, wenn das Licht das Prisma in der in Abb. 6 gezeichneten Weise durchsetzt. Die Zerlegung in zwei senkrecht zueinander polarisierte Strahlen ist nicht vollständig, wenn das Prisma um 180° gedreht wird.

Für das weite Ultraviolett unterhalb von 2400 Å sind die beschriebenen Prismen nicht mehr durchlässig, und man ist auf *Polarisationsprismen aus Quarz* angewiesen; sie lassen sich auch in einer der in Abb. 6 gezeigten Kombination herstellen. Für die Anwendung solcher Polarisatoren in der Polarimetrie muß jedoch die optische Eigenaktivität des Quarzes berücksichtigt werden. Sie bewirkt, daß linear polarisiertes Licht, welches parallel zur optischen Achse des Quarzes läuft, in seiner Polarisationseinrichtung gedreht wird, und daß Licht, welches senkrecht zur optischen Achse des Quarzes unverändert laufen kann, nicht linear, sondern elliptisch polarisiert ist. Über die Berücksichtigung dieser Eigenschaften bei Polarimeteranordnungen s. S. 294.

---

[1] B. Halle, Berlin.

Für *Polarisationsprismen im infraroten Spektralbereich* kann man bis 2μ ebenfalls Kalkspat verwenden. Für Wellenlängen $> 2\mu$ muß man polarisierte Strahlung durch Reflexion herstellen. Am besten eignen sich dazu Spiegel aus amorphem Selen, die man dadurch herstellt, daß man Selen zwischen zwei Glasplatten gießt und nach dem Erstarren vorsichtig ablöst (vgl. z. B. CZERNY 1923, PFUND 1947). Die Öffnung des Strahlenbündels darf dabei nicht mehr als etwa $10°$ betragen; die Ausbeute an polarisierter Strahlung beträgt nur etwa 10—20%.

In neuerer Zeit benützt man statt Selen AgCl-Platten[1] (WRIGHT, 1948), durch die man das Licht hindurchtreten läßt. Mit einem Satz von 4—5 Platten erhält man noch eine Ausbeute von 40—50%. Diese Art der Polarisation läßt sich bis etwa 20μ verwenden.

II. Elliptisch- und zirkularpolarisiertes Licht.

Läßt man linear polarisiertes Licht in der Weise durch eine doppelbrechende Platte gehen, daß die Polarisationsrichtung nicht mit einer der Hauptschwingungsrichtungen des Kristalls übereinstimmt, wie es in Abb. 7 gezeigt ist, so entsteht elliptisch- bzw. zirkularpolarisiertes Licht. Das beruht darauf, daß das linear polarisierte Licht in zwei Komponenten aufgespalten wird, deren Schwingungsrichtung mit den Hauptschwingungsrichtungen des Kristalls übereinstimmt. Da die Fortpflanzungsgeschwindigkeit für die beiden Komponenten nicht gleich groß ist, entsteht eine Phasenverschiebung zwischen ihnen, die um so größer ist, je dicker die Platte ist. Beim Austritt aus der Platte superponieren sich die beiden Komponenten wieder, wobei auf Grund der Phasenverschiebung elliptisch- bzw. zirkularpolarisiertes Licht entsteht, oder bei noch größerer Phasenverschiebung linear polarisiertes Licht, dessen Schwingungsrichtung senkrecht auf derjenigen des ursprünglichen Lichtes steht.

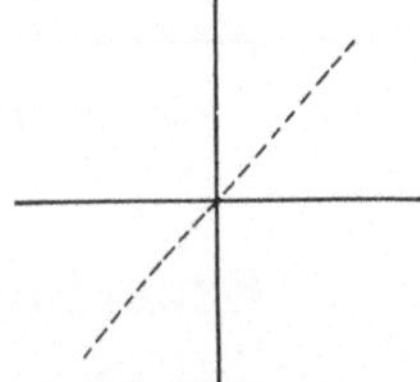

Abb. 7. Schema der Verhältnisse beim Durchgang eines Lichtbündels durch eine doppelbrechende Platte. Ausgezogene Gerade = Hauptschwingungsrichtungen des Kristalls (optische Achse und senkrecht dazu). Gestrichelte Gerade = Polarisationsrichtung des Lichtes.

Abb. 8 veranschaulicht die Superposition von zwei senkrecht zueinander polarisierten Strahlen A und B mit einer Phasenverschiebung von $\lambda/4 = 90°$ zu einem zirkularpolarisierten Strahl. Ist die Amplitude des Strahls A die maximale, so ist diejenige des Strahls B die gleich Null. Nach einer gewissen Zeit haben die Amplituden der beiden Strahlen die in der Abb. 8 angedeuteten Mittelstellungen erreicht, die durch Superposition entstehende Amplitude entspricht dem unter $45°$ eingezeichneten Pfeil, der die gleiche Länge hat wie die maximale Amplitude der einzelnen Strahlen. Wenn die Amplitude von B maximal ist, ist die von $A = 0$ usw. Durch die Superposition entsteht also eine Schwingung, deren Amplitude konstant ist und einen Kreis im Uhrzeigersinn beschreibt, d. h. es entsteht rechts zirkularpolarisiertes Licht. Beträgt die Phasenverschiebung der beiden linear polarisierten Strahlen $3/4\,\lambda$, so entsteht linkszirkularpolarisiertes Licht. Da sich während einer Phasenänderung um $360°$ die Schwingung außerdem in ihrer Fortpflanzungsrichtung (senkrecht zur Papierebene) um λ weiterbewegt hat, beschreibt der elektrische Vektor einer solchen Schwingung eine Rechts- bzw. Linksschraube mit der Ganghöhe λ (s. S. 278). Die Schwingungsformen, die durch Superposition von linear polarisiertem Licht verschiedener Phasenverschiebung entstehen, gehen schematisch aus Abb. 9 hervor, in der gezeigt ist, wie man mit einem Quarzkeil alle möglichen Phasenverschiebungen und damit alle möglichen Elliptizitäten der

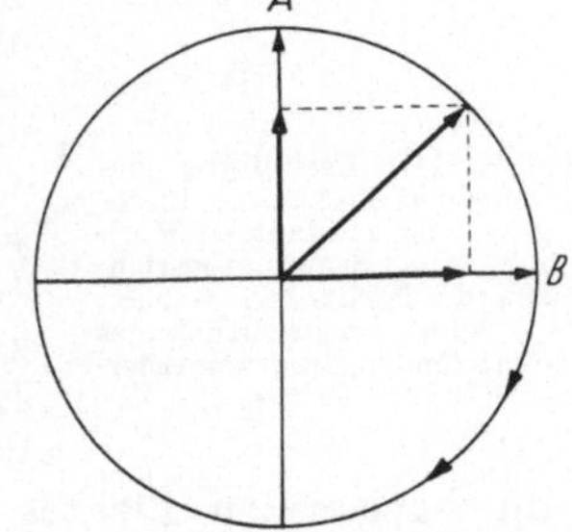

Abb. 8. Entstehung eines zirkularpolarisierten Strahles aus 2 linearpolarisierten mit einer Phasenverschiebung von $\lambda/4$.

---

[1] Hersteller z. B. Perkin Elmer Corp., Norwalk, Connecticut, USA, oder Onera, Paris, Bvd. Malesherbes.

resultierenden Schwingungen erzeugen kann. Konstante Phasenverzögerungen stellt man am einfachsten mit dünnen Glimmerspaltblättchen her. Durch ein sog. $^1/_4\lambda$-Glimmerblättchen (Dicke = 0,032 mm) entsteht z. B. zirkularpolarisiertes Licht, durch ein $^1/_2\lambda$-Blättchen wird

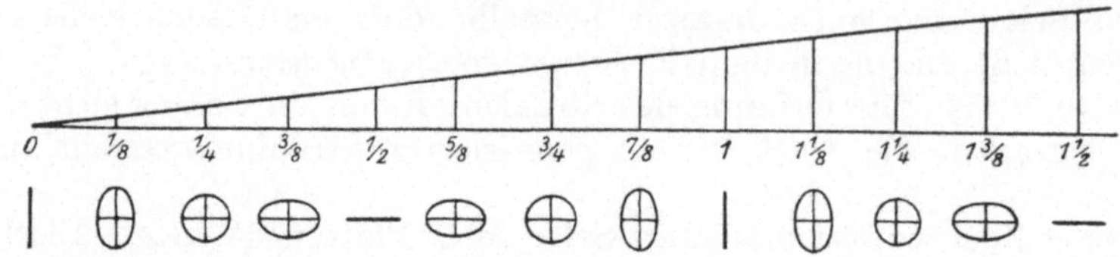

Abb. 9. Formen der Schwingungsellipsen bei verschiedenen Phasenverzögerungen in einem Quarzkeil (aus Weigert).

die Schwingungsrichtung um 90° gedreht usw., wie es in Abb. 9 gezeigt ist. Streng genommen gilt dies wegen der Dispersion des Brechungsindex nur für eine bestimmte Wellenlänge (Na-Licht).

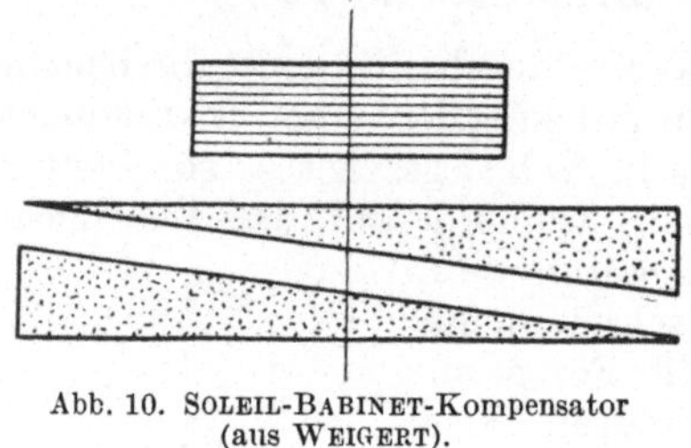

Abb. 10. Soleil-Babinet-Kompensator (aus Weigert).

Vorrichtungen, die eine variable Phasenverschiebung erzeugen, werden z. B. zur quantitativen Bestimmung der Doppelbrechung verwendet. Anstatt des einfachen Quarzkeils der Abb. 9 benützt man einen sog. Soleil-Babinett-Kompensator (Abb. 10) der im wesentlichen aus zwei gegeneinander verschiebbaren Quarzkeilen besteht, die sich zu einer parallelen Quarzplatte variabler Dicke ergänzen. Ein solcher Kompensator wird in Einheiten der Phasenverschiebung für monochromatisches Licht (Na-Licht) geeicht.

C. Experimentelle Bestimmung der optischen Drehung.

I. Meßprinzip.

Ein Polarisator der Art von Abb. 6 läßt nur Licht bestimmter Schwingungsrichtung ungeschwächt durch. Senkrecht dazu polarisiertes Licht wird völlig ausgelöscht. Vom linear polarisierten Licht, dessen Schwingungsrichtung einen Winkel zwischen 0° und 90° mit derjenigen des Polarisators bildet, wird nur der Anteil durchgelassen, welcher der Projektion dieser Schwingungsrichtung auf diejenige des Polarisators entspricht (s. Abb. 11). OA sei die Amplitude des auffallenden Lichtes. Dann beträgt die Amplitude des austretenden, jetzt in Richtung OB polarisierten Lichtes $\mathfrak{E} = \mathfrak{E}_0 \cdot \cos\alpha$. Die Intensität eines Lichtbündels ist dem Quadrat der Amplitude des elektrischen Vektors proportional, es ist also

$$J = J_0 \cdot \cos^2\alpha, \tag{12}$$

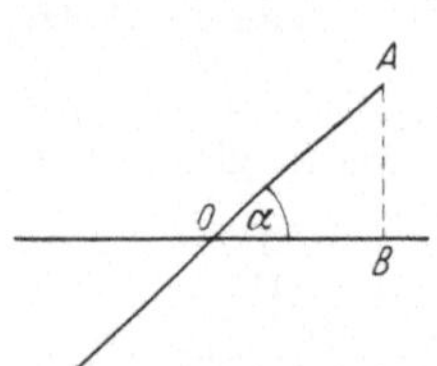

Abb. 11. Darstellung des von einem Polarisator durchgelassenen Lichtanteils Horizontal = Schwingungsrichtung des Polarisators. Geneigt = Schwingungsrichtung des eintretenden, linearpolarisierten Lichtes.

wobei J_0 die Intensität des eintretenden Lichtes, J diejenige des austretenden Lichtes bedeutet. Auf dieser Gleichung beruht die meßbare Lichtschwächung mit Hilfe zweier Polarisationsprismen. Wenn demnach natürliches Licht nacheinander durch zwei Polarisationsprismen hindurchgeht, so hängt der Anteil des vom zweiten Prisma durchgelassenen Lichtes in gleicher Weise von dem Winkel ab, den die beiden Prismen miteinander bilden, und der gewöhnlich als *Azimut* φ bezeichnet wird. Sind die Schwingungsrichtungen von beiden Prismen gleich (Parallelstellung: $\varphi = 0$), so läßt das zweite Prisma alles Licht durch, das aus dem ersten ausgetreten ist. Stehen die Schwingungsrichtungen der Prismen senkrecht aufeinander (gekreuzte Stellung; $\varphi = 90°$), so wird alles Licht ausgelöscht. Umgekehrt kann man aus der Stellung, bei der das zweite Prisma völlig ausgelöscht, die Schwingungsrichtung des ersten feststellen. Man bezeichnet deshalb das zweite Prisma im allgemeinen als *Analysator*.

Polarisator und Analysator in gekreuzter Stellung bewirken völlige Auslöschung eines Lichtbündels. Bringt man nun zwischen beide eine optisch aktive Substanz, so tritt wieder Aufhellung ein, weil die Schwingungsrichtung des vom Polarisator durchgelassenen Lichtes gedreht worden ist. Man kann die durch den aktiven Stoff verursachte Drehung der Polarisationsebene dadurch bestimmen, daß man entgegengesetzt der Fortpflanzungsrichtung des Lichtes gegen den Analysator blickt und diesen solange dreht, bis wieder völlige Auslöschung eintritt. Ist dazu eine Drehung des Analysators im Uhrzeigersinn um einen Winkel $+ \alpha$ notwendig, so ist dies nicht notwendig der Drehungswinkel des optisch aktiven Stoffes, denn eine Drehung des Analysators gegen den Uhrzeigersinn um $(+ \alpha - 180)$ würde ebenfalls zur Auslöschung führen[1]. Um den *Drehungssinn* (positiv oder negativ) des aktiven Stoffes festzulegen, verändert man die Schichtdicke des aktiven Stoffes. Ist z. B. bei halber Schichtdicke die Drehung im Uhrzeigersinn $+ \beta$, und ist $\beta = \dfrac{\alpha}{2}$, so ist der Stoff rechtsdrehend. Wäre der Stoff linksdrehend, so müßte jetzt für die Drehung gegen den Uhrzeigersinn gelten $(+ \beta - 180) = (+ \alpha - 180)/2$ oder $+ \beta = + \dfrac{\alpha}{2} + 90$, so daß sich auf diese Weise der Drehungssinn leicht feststellen läßt. Noch einfacher ist dies, wenn eine sog. Kontrollbeobachtungsröhre[2] zur Verfügung steht, mit der sich eine meßbar veränderliche Schichtdicke einstellen läßt. Vergrößert man etwa die Schichtdicke um einen sehr kleinen Betrag, so ergibt sich aus der zugehörigen positiven oder negativen Drehung des Analysators bis zur erneuten Auslöschung sofort der Drehungssinn.

Die Einstellung auf völlige Dunkelheit des Gesichtsfeldes ist deshalb ungeeignet, weil die Genauigkeit der Einstellung bei gekreuzten Prismen sehr gering ist[3].

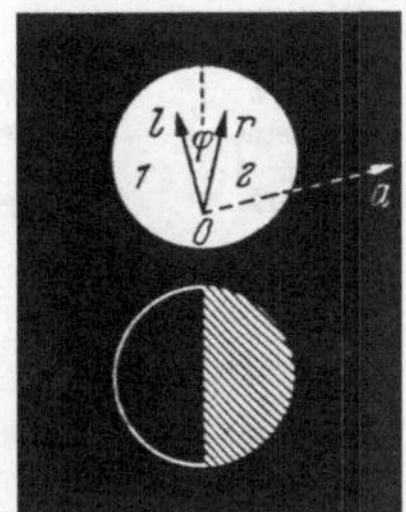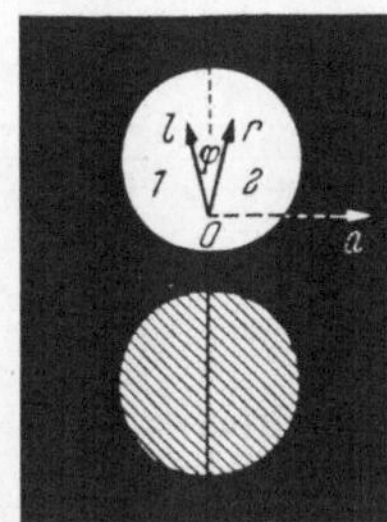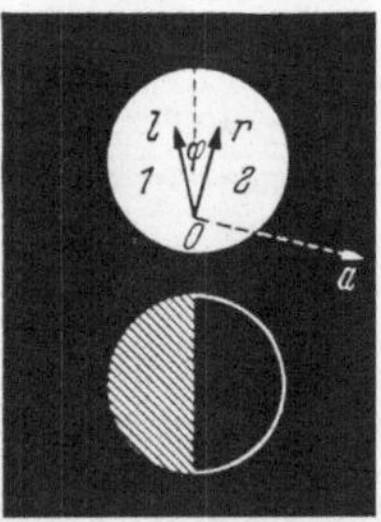

Abb. 12a—c. Gesichtsfeld eines Halbschattenapparates bei verschiedenen Stellungen des Analysators (aus L. HEILMEYER: Methoden der Fermentforschung (BAMANN-MYRBÄCK). Leipzig 1941).

Alle modernen Polarisationsapparate sind deshalb mit sog. *Halbschattenpolarisatoren* ausgerüstet. Der Polarisator besteht aus zwei Hälften, in denen sich die Schwingungsrichtungen des linear polarisierten Lichtes um einen kleinen Winkel, den sog. Halbschattenwinkel φ, unterscheiden. Blickt man jetzt durch ein Okular gegen den Analysator, so sieht man die beiden Hälften des Polarisators

---

[1] Selbstverständlich könnte der Drehungswinkel auch den Betrag $(+ \alpha + n \cdot 180)$ oder $(+ \alpha - n \cdot 180)$ besitzen, wobei n eine ganze Zahl ist, doch kommen so große Drehungen praktisch kaum vor.

[2] Schmidt und Haensch, Berlin.

[3] Der relative Fehler ist gegeben durch $\dfrac{dJ}{J} = - \mathrm{tg}\,\alpha\, d\alpha$, wird also für $\alpha \to 90°$ sehr groß.

in Form von zwei aneinandergrenzenden Feldern, die jetzt nicht mehr beide gleichzeitig auf völlige Dunkelheit gebracht werden können. Das Gesichtsfeld eines Halbschattenapparates bei verschiedener Stellung des Analysators ist in Abb. 12 dargestellt. Die Pfeile l und r geben die Schwingungsrichtungen des aus dem Polarisator austretenden Lichtes an, der Pfeil a die Schwingungsrichtung des Analysators. Bringt man eine drehende Substanz zwischen Analysator und Polarisator, so werden l und r in gleicher Weise um einen bestimmten Winkel gedreht, und um den gleichen (gesuchten) Winkel muß auch der Analysator a gedreht werden, damit die beiden Gesichtsfeldhälften wieder gleich hell erscheinen. Diese Einstellung auf gleiche (geringe) Helligkeit, die der Mittelstellung des Analysators entspricht, kann mit großer Genauigkeit vorgenommen werden; sie wird um so größer, je kleiner der Halbschattenwinkel φ gewählt wird, solange die Helligkeit des Gesichtsfeldes nicht unter eine gewisse Grenze sinkt. Praktisch läßt sich ein Maximum der Empfindlichkeit bei einem Halbschattenwinkel von etwa 2° erreichen. Einzelne Apparate besitzen einen festen Halbschattenwinkel, bei anderen läßt er sich nach Belieben einstellen.

II. Verschiedene Ausführungsformen von visuellen Polarimetern.

Der Strahlengang bei visuellen Polarimetern entspricht etwa der schematischen Abb. 13. C bedeutet den Polarisator, H den Analysator, E das mit dem aktiven Stoff gefüllte Rohr. Die Lichtquelle A wird durch die Linse B auf der Analysatorblende F abgebildet. Das Fernrohr J wird durch Verschieben des Okulars LM scharf auf die Polarisationsblende D bzw. auf die direkt davor befindliche (in Abb. 13 nicht eingezeichnete) Halbschatteneinrichtung eingestellt. Wenn das ins Auge gelangende Licht nur durch die Blenden D und F begrenzt ist, bestimmt Blende D die Größe und Blende F die Helligkeit des Gesichtsfeldes.

Die verschiedenen Konstruktionen von Polarimetern unterscheiden sich im wesentlichen durch die Art der Herstellung des Halbschattenfeldes.

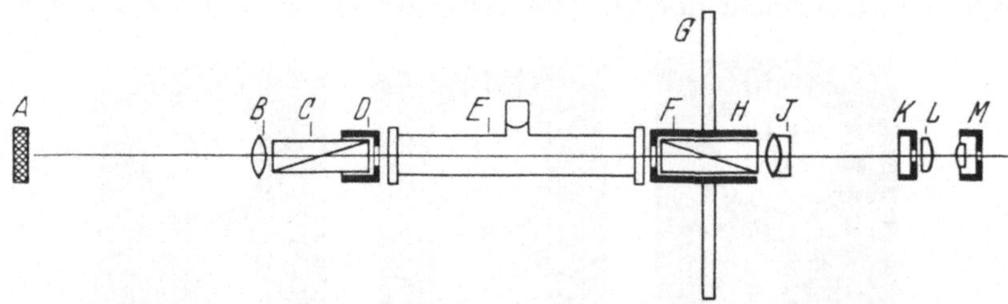

Abb. 13. Strahlengang eines Polarimeters (aus Kohlrausch: Prakt. Physik I, 1943).

1. Halbschatten nach Jellet und Cornu. Ein normaler Polarisator wird zunächst in der Längsrichtung durchgeschnitten und dann die beiden Hälften nach dem Abschleifen der Schnittflächen um einen kleinen Winkel wieder zusammengekittet. Der Halbschattenwinkel ist unabhängig von der Wellenlänge des Lichtes. Diese Art des Halbschattens hat den Nachteil der Unveränderlichkeit und wird nur noch bei Saccharimetern älterer Konstruktion verwendet.

2. Lippichscher Halbschatten. Wie in Abb. 14 dargestellt ist, bringt man hinter dem Polarisationsprisma P ein kleineres Halbprisma H in etwas schiefer Stellung so an, daß es bis in die Mitte der kreisförmigen Polarisatorblende reicht. Während das Halbprisma fest montiert ist, läßt sich das Polarisationsprisma um die optische Achse des Instrumentes drehen, so daß der Winkel, den die aus den beiden Hälften austretenden Schwingungsrichtungen bilden, beliebig veränderlich ist. Auch hier ist der Halbschattenwinkel unabhängig von der Wellenlänge des Lichtes.

Weil die eine Hälfte des aus P austretenden Lichtbündels durch das Halbprisma nachträglich geschwächt wird, entspricht die Einstellung des Analysators auf gleiche Helligkeit der beiden Felder nicht genau dem Mittel des Halbschattenwinkels (s. Abb. 12). Dadurch hängt die Nullstellung des Instrumentes von der Größe des Halbschattenwinkels ab. Bei Veränderung des Halbschattenwinkels muß also die Nullstellung neu bestimmt werden.

Mit Hilfe von zwei Halbprismen kann, wie Abb. 15 zeigt, auch ein dreiteiliges Gesichtsfeld hergestellt werden. Dadurch kann man die Genauigkeit der Einstellung um den Faktor zwei erhöhen. Man gibt der Polarisationsrichtung der beiden Halbprismen einen Winkelunterschied 2β, der doppelt so groß ist wie die Einstellgenauigkeit auf Grund des Helligkeitskontrastes der Schattenfelder. Bei

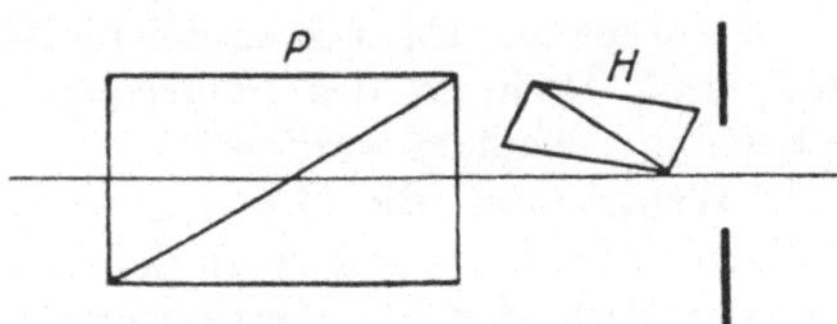

Abb. 14. Lippichscher Halbschatten mit Halbprisma H (aus Weigert).

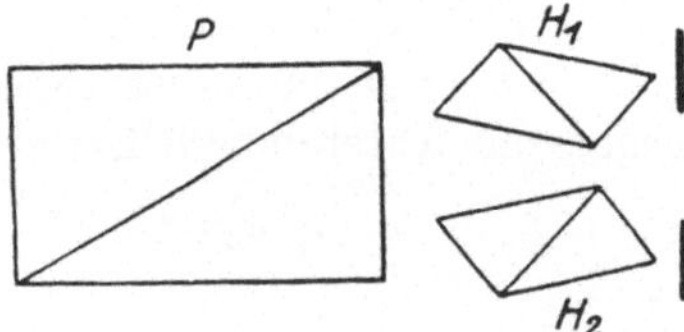

Abb. 15. Dreiteiliger Halbschatten nach Lippich (aus Weigert).

richtiger Einstellung wird dann das Mittelfeld je einen positiven und einen negativen Kontrast gegen die beiden äußeren Felder aufweisen, der den Winkelverschiebungen $+\beta$ und $-\beta$ entspricht. Da dieser Kontrast aber gerade der Kontrastempfindlichkeit des Auges entspricht, empfindet man alle 3 Felder als gleich hell. Wird der Analysator jetzt um einen Winkel $\dfrac{\beta}{2}$ gedreht, so entspricht der Kontrast des Mittelfeldes gegen das eine äußere Feld einer Winkelverschiebung von $\dfrac{3}{2}\beta$, der gegen das andere einer solchen von $\dfrac{\beta}{2}$. Einen Kontrast, der $\dfrac{3}{2}\beta$ entspricht, empfindet man aber bereits als Helligkeitsunterschied.

Auf diese Weise läßt sich eine Winkelverschiebung um $\dfrac{\beta}{2}$ gegenüber der Kompensationsstellung noch feststellen, obwohl die Kontrastempfindlichkeit eigentlich durch den Winkel β festgelegt ist.

Mit einem Lippichschen Halbschatten sind die Polarimeter der Firmen Zeiss-Winkel, Göttingen, und Schmidt und Haensch, Berlin, ausgerüstet.

3. Laurentscher Halbschatten. Hinter dem Polarisator wird eine parallel zur optischen Achse geschliffene planparallele Quarzplatte vor der einen Hälfte der runden Polarisationsblende angebracht. Ein in eine solche Platte eintretendes Lichtbündel wird in zwei senkrecht zueinander polarisierte (ordentlicher und außerordentlicher Strahl!) Strahlen zerlegt, deren Fortpflanzungsgeschwindigkeit verschieden ist, so daß sie beim Austritt aus der Platte eine Phasenverschiebung aufweisen, deren Größe von der Plattendicke abhängt. Die Dicke der Platte ist so bemessen, daß sie für eine bestimmte Wellenlänge (gewöhnlich für Na-Licht) eine Phasenverzögerung um eine halbe Wellenlänge oder ein ungerades Vielfaches davon bewirkt. Die Platte wird so angeordnet, daß die optische Achse senkrecht steht (Abb. 16), während die Schwingungsrichtung des

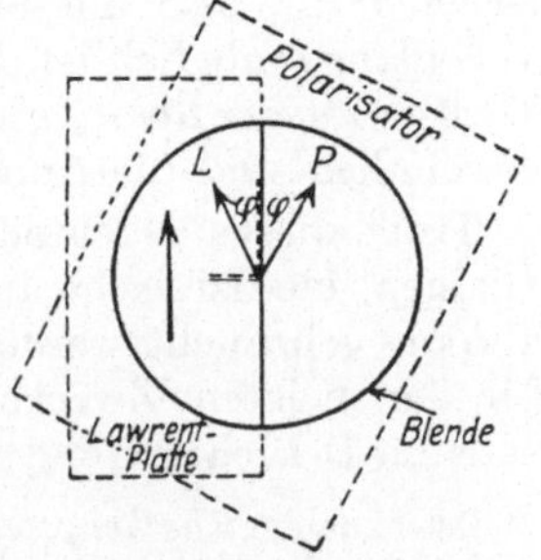

Abb. 16. Laurentscher Halbschatten (aus Weigert).

aus dem Polarisator austretenden Lichtes einen Winkel φ mit der optischen Achse einschließt. Das in Richtung MP schwingende Licht mit einer maximalen Amplitude MC wird in der Laurentschen Platte in 2 senkrecht zueinander polarisierte Strahlen zerlegt (Abb. 17), von denen der eine, der in Richtung der optischen Achse des Quarzes schwingt, die Amplitude MB, der senkrecht dazu polarisierte die Amplitude MD besitzt. Nach dem Durchgang durch die Platte besteht eine Phasendifferenz von $\frac{\lambda}{2}$ zwischen den beiden Strahlen, es fällt also die maximale Amplitude MB des einen Strahls mit der maximalen Amplitude MD' des anderen Strahls zusammen. Durch Superposition beider entsteht linear polarisiertes Licht mit einer Schwingungsrichtung ML und einer maximalen Amplitude MC'. Das die Laurentsche Platte verlassende Licht ist also genau symmetrisch zur ursprünglichen Polarisationsrichtung MP polarisiert; die Intensität hat sich dabei nicht geändert. Der Halbschattenwinkel 2φ kann durch Drehung des Polarisators gegen die feststehende Laurentsche Platte beliebig verändert werden.

Wenn man die Laurentsche Platte in Form einer kleinen Scheibe in der Mitte der Polarisationsebene anbringt, entsteht ein ringförmiges Halbschattenfeld gemäß Abb. 18.

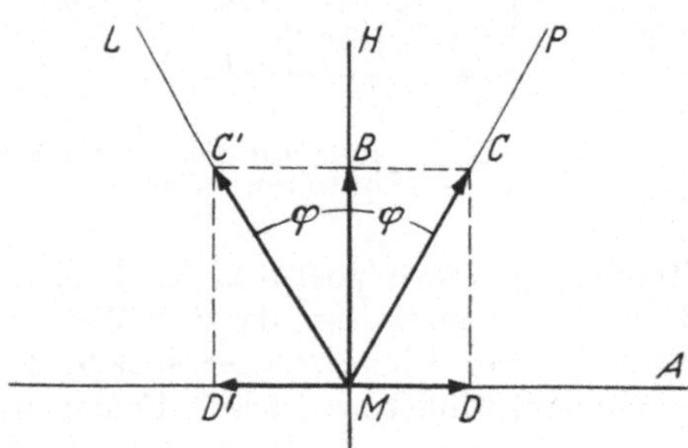

Abb. 17. Prinzip des Laurentschen Halbschattens [aus Kessler: Abderhaldens Handbuch der biologischen Arbeitsmethoden II, 2¹, (1928)].

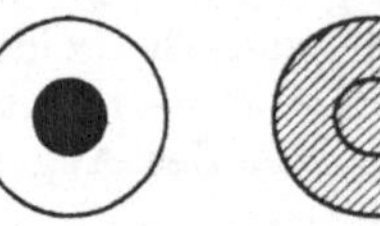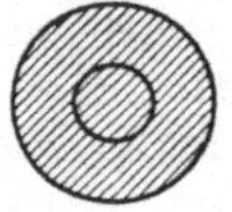

Abb. 18. Ringförmiges Halbschattenfeld mit der Laurent-Platte (aus Weigert).

Der Vorteil des Laurentschen Halbschattens gegenüber dem Lippichschen besteht darin, daß die Nulleinstellung des Apparates unabhängig von der Größe des Halbschattenwinkels 2φ ist, weil ja die beiden Lichtbündel beim Verlassen der Polarisatorblende gleiche Intensität besitzen. Ein großer Nachteil besteht jedoch darin, daß die Bestimmung der Drehung nur für Licht einer einzigen Wellenlänge möglich ist, für die die Dicke der Laurentschen Platte berechnet ist. Die *Messung der Rotationsdispersion ist also mit solchen Anordnungen ausgeschlossen*. Gewöhnlich sind die Apparate für Messungen mit Natrium-D-Licht eingerichtet.

Trotz dieses Nachteils sind die meisten neueren Polarimeter, wie sie für Kliniken, medizinische Institute, in der Nahrungsmittelchemie und die Zuckerfabriken gebraucht werden, mit einem Laurentschen Halbschatten ausgerüstet. Für die meisten Zwecke der quantitativen Analyse genügen Messungen mit Natrium-D-Licht.

Das einfache *Taschenpolarimeter* der Firma VEB Optik, Jena, ist zum Zwecke der Zuckerbestimmung im Harn entwickelt worden. Es enthält als Lichtquelle eine Mattglasglühlampe mit einem Lichtfilter, dessen Schwerpunkt im Bereich der Na-D-Linie liegt. Die Länge des Beobachtungsrohres ist so bemessen, daß der abgelesene Winkel mit 2 multipliziert den Zuckergehalt in Prozenten ergibt. Die Empfindlichkeit der Winkeleinstellung entspricht einer Unsicherheit der Bestimmung von 0,1% Zucker.

Höheren Anforderungen genügt das *Kreispolarimeter* der gleichen Firma, das nicht speziell für Zuckerbestimmung eingerichtet ist. Es ist mit einer Glühlampe und Lichtfilter ausgerüstet, für genauere Messungen wird eine Natrium-Spektrallampe benützt. Der Drehungswinkel wird an der mit dem Analysator fest verbundenen Kreisteilung mit feststehendem Nonius abgelesen. Der Kreis ist nach Graden in zwei Halbkreise geteilt, je mit 0° beginnend. Die Ablesegenauigkeit beträgt 0,05°.

Auch der *Halbschattenpolarisationsapparat* von Leitz, Wetzlar, ist mit einer Glühlampe als Lichtquelle und einem zusätzlichen Farbfilter ausgerüstet, dessen Schwerpunkt mit der Wellenlänge der Na-D-Linie übereinstimmt. Der Meßbereich des Instrumentes reicht von — 45° bis + 45°, mit einer Ablesegenauigkeit am Nonius von 0,05°. Ob es sich bei der Ablesung um positive oder negative Drehwerte handelt, erkennt man an der Anordnung der Zahlen auf der Meßskala. Bei positiven Winkeln sieht man die Zahlen unterhalb der Winkelteilung, bei negativen hingegen oberhalb derselben (s. Abb. 19).

Zwei kleine Polarimeter speziell zur Bestimmung von Zucker und Eiweiß im Harn werden von Hellige, Freiburg, hergestellt, nämlich das *Diabetometer* und das *Taschenpolarimeter.* Beide Instrumente besitzen einen Meßbereich von — 10° bis + 10°, entsprechend 0—20% Glucose bei 100 mm Schichtdicke. Beim Diabetometer liest man die Drehwinkel bzw. die Prozente Glucose und Eiweiß auf einer Kreisskala mit Zeiger ohne Lupe und Nonius ab. Das Taschenpolarimeter dagegen enthält eine Skala mit Lupe und Nonius. Als Lichtquelle kann bei beiden Apparaten Tageslicht oder eine in einem Stativ eingebaute künstliche Lichtquelle verwendet werden.

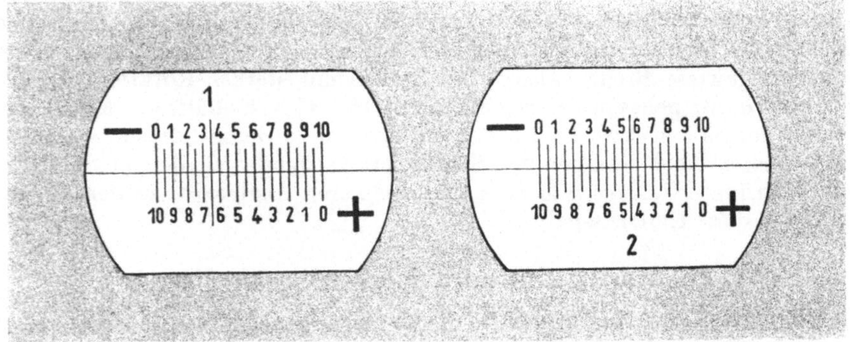

Abb. 19. Winkelablesung beim Halbschatten-Polarisationsapparat von Leitz.

III. Einzelheiten zur Meßtechnik.

Die *Küvetten* zur Aufnahme der zu untersuchenden Substanz bestehen im allgemeinen aus dickwandigen Röhren mit seitlichem Ansatzstutzen zum Einfüllen der Flüssigkeiten. Auf beide plangeschliffene Enden wird je eine planparallele, spannungsfreie Platte durch Schraubverschluß angepreßt. Der Schraubverschluß darf nicht zu stark angezogen werden, da sonst leicht Spannungen in den Platten entstehen, die zu einer teilweisen Aufhellung des Gesichtsfeldes führen. Es empfiehlt sich stets, vor jeder Meßreihe und ebenso bei Änderung der Wellenlänge oder Wechsel des Flüssigkeitsrohres den Nullpunkt zu bestimmen, indem man das Polarisationsrohr leer oder mit reinem Lösungsmittel gefüllt, einlegt und auf gleiche Helligkeit der Gesichtsfelder einstellt. Jeder Drehungswinkel ist mehrmals einzustellen und abzulesen, aus allen Ablesungen nimmt man das Mittel. Wichtig ist ein ausgeruhtes und gut adaptiertes Auge. Bei längeren Reihenmessungen nimmt die Genauigkeit der Ergebnisse infolge der Ermüdung des Auges rasch ab. Dies gilt insbesondere bei ungenügender Gesamthelligkeit (geringere Intensität der Lichtquelle, trübe oder gefärbte Lösungen). Der Vorteil größerer Drehwinkel im Blau (z. B. bei 436 mμ) wird durch zu geringe Intensität der Lichtquelle häufig wieder kompensiert, so daß die relative Genauigkeit nicht wächst, wie es normalerweise der Fall ist.

Da die optische Drehung *temperaturabhängig* ist, werden für präzise Messungen Rohre hergestellt, die mit einem Temperiermantel umgeben sind zum Durchpumpen von Thermostatenwasser.

Auf die sog. *Kontrollbeobachtungsröhren,* die nach Art der BALY-Rohre mit variabler Schichtdicke gebaut sind, wurde bereits S. 287 hingewiesen. Sie dienen zur Festlegung des Drehungssinnes.

Will man die *Rotationsdispersion* (Wellenlängenabhängigkeit der Drehung) über einen größeren Spektralbereich messen, so benützt man einen *Monochromator*, mit dem man äußerst schmale Spektralbereiche aus dem Licht einer kontinuierlichen Lichtquelle (Glühlampe, Wolfram-Punktlicht-Lampe) oder einzelne Linien einer Spektrallampe aussondert. Der Monochromator muß so aufgestellt werden, daß sein Austrittsspalt genau mit der Eintrittspupille des Polarisationsapparates, d. h. mit der Stelle, an der sich sonst die Lichtquelle befindet, zusammenfällt. Der Austrittsspalt muß daher für alle Wellenlängen seine feste Stellung behalten, d. h. es kommen nur Monochromatoren mit Prismen konstanter Ablenkung oder solche Instrumente in Betracht, bei denen das Kollimatorrohr mit der weißen Lichtquelle mittels einer in Wellenlängen geeichten Mikrometerschraube geschwenkt werden kann. Von Bechstein wurde ein geradsichtiger Monochromator entwickelt, der direkt auf das Okular des Polarisationsapparates aufgesetzt wird. Da man bei Drehungsmessungen auf eine ziemlich hohe Lichtintensität angewiesen ist, müssen die Monochromatorspalte immer eine gewisse Breite haben. Bei Stoffen mit starker Rotationsdispersion erhält man dann gelegentlich verschiedenfarbige Gesichtshälften. Man benützt dann eine normale spektroskopische Anordnung ohne Halbschatten, wie sie auch für polarimetrische Messungen im Ultraviolett verwendet werden (s. S. 293) und bringt Polarimeter, aktive Substanz und drehbaren Analysator in den Strahlengang hinter dem Eintrittsspalt.

IV. Polarimetrie im ultravioletten Spektralbereich.

1. Photographische Methoden. Da die Wellenlängenabhängigkeit der optischen Drehung im Ultraviolett entsprechend der anomalen Dispersion unter Umständen erheblich ist, spielt die Reinigung des Lichtes hier eine wesentliche Rolle. Für die spektrale Zerlegung des Lichtes sind zwei Möglichkeiten vorhanden. Entweder

a) man zerlegt es vor dem Eintritt in das eigentliche Polarimeter oder

b) man zerlegt die kontinuierliche Strahlung nach dem Durchgang durch das Polarimeter, ähnlich wie in einem Spektrographen, so daß man auf der photographischen Platte das ganze Spektrum untersuchen kann. Die erste Methode a) ist zu empfehlen, wenn es sich um besonders exakte Bestimmungen einzelner Drehungswerte handelt. Die Reinigung des Lichtes vor dem Polarimeter kann man nämlich beliebig weit treiben, z. B. durch Zerlegung mit einem Doppelmonochromator und außerdem noch durch Einschalten von Filtern. Anstatt einer kontinuierlichen Lichtquelle wird man außerdem eine solche mit Linienspektrum verwenden. Die Methode b) dagegen ist vorzuziehen, wenn es sich um die Messung der gesamten Rotationsdispersion handelt, oder wenn man wenigstens die Drehwerte für eine Reihe von Wellenlängen messen möchte. Wenn man nicht auf die ganze Dispersionskurve, sondern nur auf einzelne Wellenlängen Wert legt, ist auch hier die Verwendung von Spektrallampen zu empfehlen.

Von beiden Meßanordnungen (a und b) sollen einige neuere Beispiele aus der Literatur beschrieben werden, die sich natürlich je nach dem Verwendungszweck modifizieren lassen.

Methode von Bruhat und Pauthenier (1927) mit monochromatischem Licht. Das Prinzip der Anordnung geht aus Abb. 20 hervor. Die Lichtquelle L (Hg-Bogen) wird auf einem Spalt h_1 und dieser durch die Linse l_2 auf dem Spalt h_2 abgebildet. Zwischen h_1 und h_2 wird das Licht durch ein Prisma doppelt dispergiert. Das gleiche wiederholt sich zwischen den Spalten h_2 und h_3, von denen der letztere der Eintrittsspalt des eigentlichen Polarimeters ist. Durch h_3 gelangt also nur vierfach gereinigtes Licht einer bestimmten Wellenlänge. Das eigentliche Polarimeter besteht aus dem Polarisator P, dem drehbaren Analysator A, dem Polarimeterrohr S, einer Blende, der Linse l_5 und der photographischen Platte R, auf welcher ein monochromatisches Bild der Lichtquelle entsteht. Man macht mit genau gleicher Belichtungsdauer eine Reihe von Aufnahmen dieses Bildes, und zwar mit verschiedenen, gleichen Winkelabständen entsprechenden Analysatorstellungen. Das Verfahren wird vollkommen automatisch mit einem Uhrwerk geregelt. Zur Ermittlung des Drehwertes trägt man die im Mikrophotometer bestimmten Schwärzungen der einzelnen Bilder in Abhängigkeit von den Drehungswinkeln des Analysators auf. Man erhält so eine

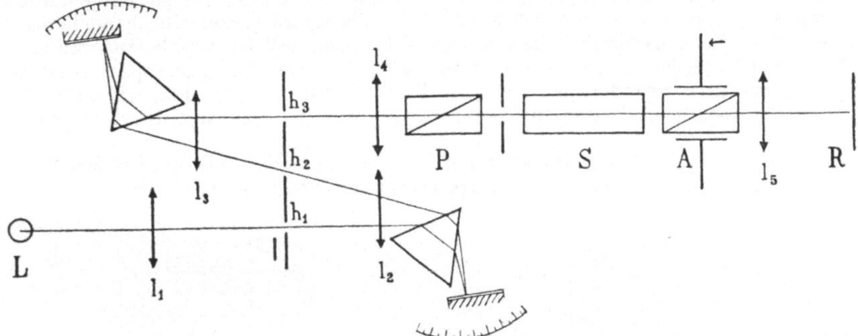

Abb. 20. Polarimeteranordnung nach BRUHAT und PAUTHENIER.

Kurve mit einem Minimum, das die Stelle der Auslöschung angibt (Abb. 21). Es werden zwei Kurven aufgenommen, eine mit und eine ohne drehende Substanz im Lichtweg; aus der Differenz der Lage der Minima wird die optische Drehung abgelesen. Die Verfasser geben an, unter günstigen Bedingungen die Drehung auf 0,1 min genau bestimmen zu können.

Methoden mit nachträglicher spektraler Zerlegung des Lichtes. Für diese Art der polarimetrischen Messungen über einen größeren Spektralbereich wird allgemein die *Halbschattenmethode* angewendet. Die erste photographische Halbschattenmethode wurde von VOIGT (London, 1908) entwickelt. Später haben sie DARMOIS (1911), LOWRY (1908), MALLEMANN (1927), SCHÖNROCK (1928) und KUHN (1929) erweitert und verbessert. Das gemeinsame Prinzip aller dieser Methoden geht aus Abb. 22 hervor.

Das Bild der Lichtquelle A wird durch die Linse L_1 in der Blende B entworfen. P_1 ist ein feststehendes Halbschattenprisma, das so angebracht ist, daß die Trennungslinie des Halbschattens horizontal liegt und den vertikal stehenden Spalt S des Spektrographen halbiert. P_2 ist der mit einem Teilkreis versehene Analysator, T die aktive Substanz, L_2 bildet den Polarisator P_1 auf dem Spalt ab. Der Spektrograph DEF entwirft auf der Platte G ein

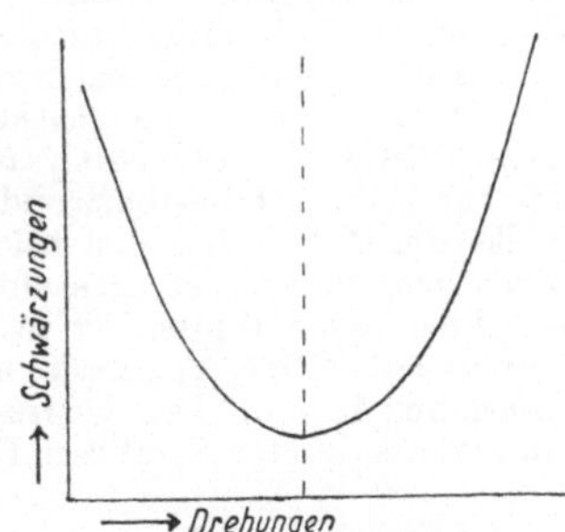

Abb. 21. Drehungskurve nach BRUHAT und PAUTHENIER.

Spektrum, das durch eine horizontale Trennungslinie in zwei Hälften geteilt erscheint, die den beiden Feldern des Halbschattens entsprechen. Als Polarisatoren lassen sich am besten GLAN-THOMPSON-Prismen mit Glycerin- oder Ricinusölkittung verwenden. Als Linsen dienen Quarzglasobjektive oder besser Quarz-Flußspat-Achromate.

Die Nullstellung des Analysators auf gleiche Intensität der Halbschattenfelder ist praktisch unabhängig von der Wellenlänge. Sie läßt sich sehr genau bestimmen, indem man eine Reihe

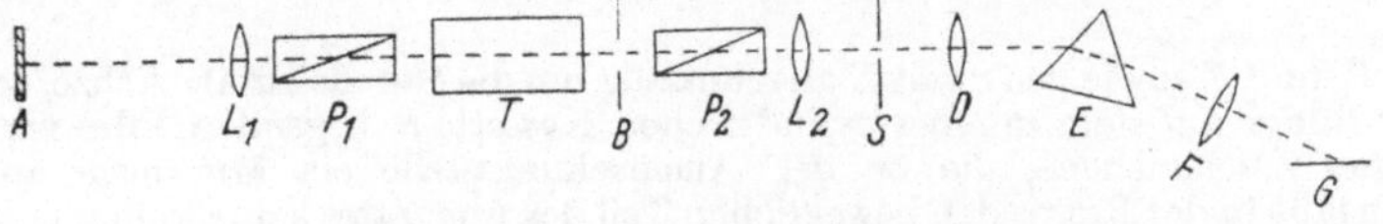

Abb. 22. Anordnung zur Polarimetrie im Ultraviolett.

von Aufnahmen des Spektrums macht, wobei jeweils die Platte vertikal verschoben und der Analysator um wenige Minuten gedreht wird. Von den einzelnen Aufnahmen gibt diejenige den Nullpunkt an, bei der beide Hälften des Spektrums oben und unten gleiche Schwärzung zeigen. Man bestimmt dies am besten mit Hilfe eines Plattenmeßapparates, wie er zum Ausmessen von Absorptionsspektren in der Spektrographie üblich ist. Man bringt nun den aktiven Stoff in den Lichtweg und macht wieder eine Reihe von Aufnahmen mit abgestuften

Analysatorstellungen. Man erhält wieder eine Reihe von Spektren und bestimmt in jedem die Wellenlänge, bei welcher die übereinanderliegenden Hälften des Spektrums gleiche Intensität zeigen. Die zugehörige Stellung des Analysators im Vergleich zur Nullstellung gibt die Drehung für diese Wellenlänge an. Zur Eichung der Wellenlängen photographiert man oben und unten auf der Platte ein bekanntes Linienspektrum mit.

Da der Kalkspat im kurzwelligen Ultraviolett absorbiert, müssen für Messungen unterhalb von 240 mμ Quarzprismen verwendet werden, für die Kuhn (1929) eine brauchbare Form angegeben hat[1]. Die Schwierigkeit besteht nämlich darin, daß Quarzpolarisatoren entweder (in Richtung der optischen Achse) selbst optisch aktiv sind, oder elliptisch polarisiertes Licht liefern. Nach Kuhn verwendet man Rochon- bzw. Sénarmont-Prismen, wie sie in Abb. 23 schematisch dargestellt sind. Die Achsenrichtungen des Quarzes sind durch Schraffierung angedeutet.

Analog wie in der Spektrographie eignen sich für diese Methode kontinuierliche Lichtquellen am besten. Die maximale erreichbare Genauigkeit beträgt etwa 0,005°.

Abb. 23a u. b. Kuhnsches Quarzprisma für das weite Ultraviolett; a Rochon-Prisma; b aus dem Rochon-Prisma gefertigter Halbschattenpolarisator [aus Wreschner: Abderhaldens Handbuch der biologischen Arbeitsmethoden II, 3[1] (1934).

Ein schnelleres Meßverfahren als die oben beschriebene Methode ermöglicht das photographische *Spektropolarimeter* von Cotten und Descamps (1926; Descamps 1926, 1930). Eine einzige Aufnahme mit diesem Apparat liefert ein vollständiges Bild über den Verlauf einer Rotationsdispersionskurve. Das Prinzip der Methode geht aus Abb. 24 hervor; die Bezeichnungen sind die gleichen wie in Abb. 22. Als Polarisator dient ein gewöhnliches Glan-Prisma P_1. Der Analysator ist ersetzt durch das erste Prisma P_2 des Spektrographen, das aus Kalkspat besteht, und dessen brechende Kante parallel zur optischen Achse des Kalkspats läuft. Von den beiden aus diesem Prisma austretenden Spektren wird nur das ordentliche verwendet, das außerordentliche wird ausgeblendet. P_3 besteht aus Quarz, und sein brechender Winkel ist so gewählt, daß die Ablenkung für den Bereich des mittleren Ultraviolett (3025 Å) gerade 90° beträgt, wenn beide Prismen die Stellung minimaler Ablenkung haben. Der Quarz-Flußspat-Achromat F entwirft dann für jede Spektrallinie ein Bild des Spaltes S auf dem Film G. Dreht man nun die auf derselben Platte festmontierten

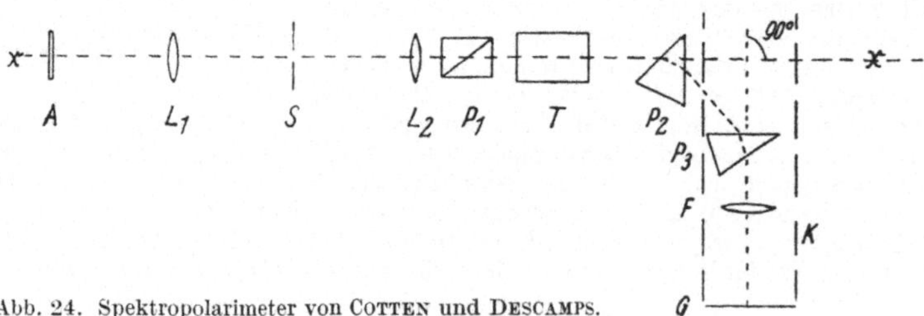

Abb. 24. Spektropolarimeter von Cotten und Descamps.

Stücke P_2, P_3 und F sowie den Spalt S gleichmäßig um die Gerade xx als Achse, so beschreibt jedes dieser Bilder auf dem in einer zylindrischen Kassette K liegenden Film eine Kreislinie senkrecht zur Zeichenebene, die an der Auslöschungsstelle ein Minimum an Intensität besitzt. Man läßt in der Praxis den beweglichen Teil des Apparates keine vollen Umdrehungen, sondern hin- und hergehende Schwenkungen von etwa 60° ausführen. Gleichzeitig bringt man oben und unten auf dem Film durch geeignete Belichtung Bezugszeichen an, deren Abstand voneinander einer bekannten Drehung entspricht. Die Entfernung einer Auslöschstelle von einem dieser Bezugszeichen gibt direkt die Drehung der Substanz für die betreffende Wellenlänge an, wenn auf einem zweiten Film die Nullstellung mit den gleichen Bezugszeichen aufgenommen wird.

---

[1] Die Kuhnschen Prismen werden von Schmidt und Haensch, Berlin, hergestellt.

2. Lichtelektrische Methoden. Da die Reproduzierbarkeit von Schwärzungen auf der photographischen Platte wegen des Plattenkorns und der Inhomogenität der Schichten nie unter einen bestimmten Betrag sinken kann (Stellen gleicher Schwärzung können mit einer Genauigkeit von höchstens 1%, bezogen auf die auffallende Lichtintensität, bestimmt werden), lag es nahe, für die Ultraviolettpolarimetrie lichtelektrische Methoden auszuarbeiten, da man mit der Photozelle unter Umständen wesentlich höhere Genauigkeiten erhält. Bei den ersten Anordnungen dieser Art (HALBAN u. MAYRHOFER, 1924, EBERT u. KORTÜM, 1931) wurden Analysator und Polarisator zunächst so aufgestellt, daß ihre Schwingungsrichtungen einen Winkel von etwa 45° miteinander bildeten analog wie bei lichtelektrischen Photometern mit Polarisationsprismen als Lichtschwächungseinrichtung. Die Änderung der Lichtintensität, die beim Einbringen der optisch aktiven Substanz in den Lichtweg entsteht, wurde durch Drehung des Analysators rückgängig gemacht, so daß sich die Methode als reine Nullmethode verwenden ließ. Diese Einstellung auf konstanten Photostrom ließ sich photoelektrisch mit Hilfe einer empfindlichen Zweizellenmethode sehr genau durchführen. Die Methode wird jedoch unbrauchbar, sobald die optisch aktive Substanz merklich absorbiert, da dann eine reine Nullmethode auf diese Weise nicht mehr durchführbar ist.

BRUHAT und Mitarbeiter (1932, 1933) versuchten als erste, das *Halbschattenprinzip* auch auf die lichtelektrische Polarimetrie anzuwenden. Die brauchbarste bisher entwickelte Methode stammt von SCHÖNROCK (1936). Sie soll hier kurz beschrieben werden.

Der Aufbau der optischen Anordnung ist in Abb. 25 dargestellt. Die Lichtquelle L, eine Niedervoltglühlampe mit Quarzfenstern oder ein Quecksilberbogen wird durch eine Quarzlinse M auf dem Eintrittsspalt des Doppelmonochromators abgebildet. Der Monochromator läßt sich mittels einer Trommel Tr auf die gewünschte Wellenlänge einstellen. Das aus dem Monochromator kommende Licht wird durch die Quarzlinse B parallel gerichtet. C und E

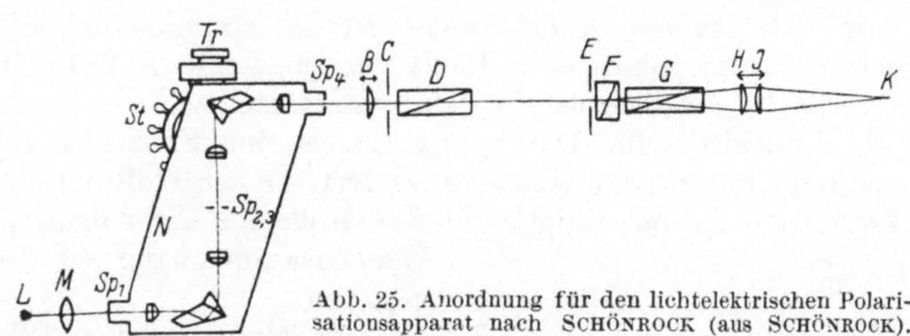

Abb. 25. Anordnung für den lichtelektrischen Polarisationsapparat nach SCHÖNROCK (aus SCHÖNROCK).

sind Lochblenden, D der Polarisator, G der Analysator, beides ROCHON-Prismen aus Kalkspat, die mit einem UV-durchlässigen Kitt gekittet sind. F ist ein Wollastonprisma, ebenfalls aus Kalkspat. Wie in Abb. 6 gezeigt wurde, spaltet das Wollastonprisma natürliches oder polarisiertes Licht in zwei senkrecht zueinander polarisierte, nur um Bruchteile eines Grades divergierende und zur optischen Achse symmetrisch verlaufende Strahlen auf, die beide übereinander durch den Analysator hindurchgehen. Durch ein System von zwei Quarzlinsen gleicher Brennweite, H und J, werden die beiden Lichtbündel konvergiert, so daß sie an der gleichen Stelle und in gleichem Durchmesser auf die Photozelle K treffen. Mit Hilfe eines nach Wellenlängen geeichten Schneckentriebes können die beiden Linsen gleichzeitig einander genähert bzw. voneinander entfernt werden, so daß die gleichmäßige Abbildung auf der Zelle gewährleistet ist, obwohl sowohl der Divergenzwinkel zwischen den aus dem Wollastonprisma austretenden Strahlenbündeln, als auch die Brennweite der Linsen wellenlängenabhängig sind. Das gleiche gilt für die Brennweite der Linse B, deren Abstand zum Monochromatorspalt sich entsprechend einstellen läßt.

Die polarimetrischen Messungen können mit dieser Anordnung nach zwei verschiedenen Methoden ausgeführt werden.

a) Messungen mit dem Wollastonprisma. Wenn die Schwingungsrichtung des polarisierten Lichtes einen Winkel von 45° gegen die Schwingungsrichtungen der beiden aus dem

Wollastonprisma austretenden Strahlen bildet, werden diese beiden Strahlen gleiche Intensität besitzen. Wenn der Analysator so steht, daß der eine Strahl ungeschwächt durchgelassen wird, so wird dafür der andere völlig ausgelöscht und umgekehrt. In den Zwischenstellungen wird immer von dem einen soviel ausgelöscht, wie von dem anderen durchgelassen wird. Wenn der Analysator daher langsam rotiert, oder auch zwischen den beiden um 90° verschiedenen Extremstellungen hin- und herpendelt, so erhält die Photozelle immer gleich viel Licht; sie liefert einen konstanten Photostrom. Bringt man nun einen aktiven Stoff zwischen Polarisator und Analysator, so steht die Schwingungsrichtung des auf das Wollastonprisma fallenden Lichtes nicht mehr unter 45° zu den beiden Schwingungsrichtungen desselben, so daß auch die Intensität der beiden aus dem Wollastonprisma austretenden Strahlenbündel verschieden ist. Der Photostrom schwankt jetzt im Rhythmus der Drehung des Analysators. Diese Schwankungen werden mittels eines zweistufigen Widerstandsverstärkers über einen Transformator mit dem Übersetzungsverhältnis 1:1 als Spannungsschwankungen dem Faden eines Lutz-Edelmann-Elektrometers zugeführt. Man dreht den Polarisator, bis diese Schwankungen verschwunden sind und liest den Drehungswinkel am Polarisatorteilkreis ab. Die Methode ist eine reine Nullmethode; die Resultate sind unabhängig von der Charakteristik der Photozelle. Wenn der aktive Stoff absorbiert, wird nur die Gesamtlichtintensität verringert; die Nullstellung bleibt unverändert.

b) Messungen ohne Wollastonprisma. Im Prinzip lassen sich die Messungen auch ohne Wollastonprisma durchführen: Wenn Polarisator und Analysator parallel stehen, so ist die durchgelassene Lichtintensität maximal. Läßt man den Analysator periodische, symmetrische Schwenkungen um diese mittlere Winkellage ausführen, so schwankt auch die Lichtintensität sinusförmig im gleichen Rhythmus mit. Man überträgt die so entstehenden Photostromschwankungen wieder auf ein Elektrometer und erhält symmetrische Ausschläge nach beiden Seiten. Wenn jetzt der Polarisationswinkel des Lichtes durch eine optisch aktive Substanz gedreht wird, so stehen die Extremlagen des Analysators nicht mehr symmetrisch zur Parallelstellung. Man dreht den Polarisator, bis sie wieder symmetrisch sind, und liest den Winkel ab.

Den Elektrometerfaden auf symmetrische Ausschläge einzustellen (Methode b) dürfte unsicherer sein als die Einstellung auf das Ausbleiben von Ausschlägen (Methode a).

V. Bestimmung des Zirkulardichroismus.

(Kuhn, 1933.)

Bei allen optisch aktiven Verbindungen ist der Extinktionskoeffizient ε für links- und rechtszirkular polarisiertes Licht verschieden (s. S. 281). Die Differenz $\varepsilon_l - \varepsilon_r$ nennt man Zirkulardichroismus. Dies äußert sich z. B. darin, daß ein linear polarisierter Lichtstrahl beim Durchgang durch eine Substanz mit Zirkulardichroismus seinen Polarisationszustand ändert, er wird elliptisch polarisiert. Umgekehrt kann man aus der Elliptizität die Größe des Dichroismus bestimmen. Der Zusammenhang ist durch Gl. (9) gegeben.

Zur Messung der Elliptizität (es handelt sich meist um Winkel φ von wenigen Graden) sind Halbschattenapparate konstruiert worden, mit denen sich die Messung analog gestaltet wie diejenige der optischen Drehung. Für Ultraviolett wurde die Methode von Kuhn u. Braun (1930) erweitert.

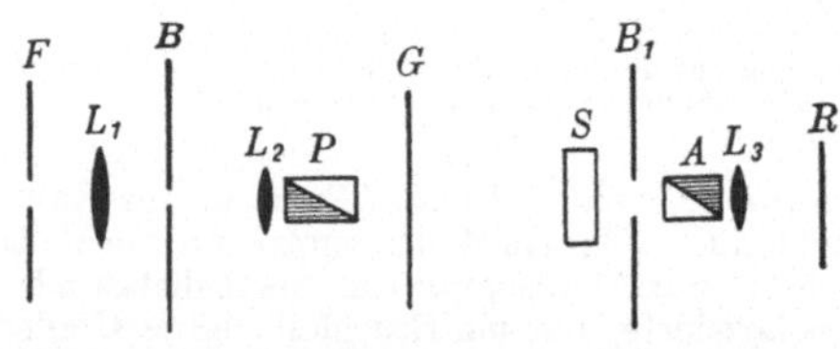

Abb. 26. Apparat zur Messung des Zirkulardichroismus.
F Lichtquelle; L_1, L_2, L_3 Linsen; B_1, B_2 Blenden; *P* Halbschattenpolarisator; $G\lambda/4$ Glimmer; *S* Substanz; *A* Analysator; *R* Spektrograph bzw. Auge (aus Freudenberg: Stereochemie. Leipzig und Wien 1933).

Die Anordnung eines Apparates zur Messung des Zirkulardichroismus ist in Abb. 26 dargestellt. Der Halbschattenpolarisator ist genau so beschaffen wie bei einem gewöhnlichen Polarisationsapparat. Die Polarisationsrichtungen, mit denen der Strahl das Prisma verläßt, sind also in den beiden Prismenhälften etwas gegeneinander geneigt (Winkel ε). Werden diese Strahlen, z. B. der in Abb. 27a mit q bezeichnete, durch ein $\lambda/4$ Glimmerblättchen (s. S. 286) hindurchgeschickt, so werden die beiden Strahlen in je zwei Komponenten mit den

Hauptschwingungsrichtungen p und s des Glimmers zerlegt. Aus dem Strahl q erhält man so die Komponenten q_r und q_s der Abb. 27b. Aus dem linear polarisierten Strahl wird durch die Phasenverschiebung im Glimmerblättchen ein elliptisch polarisierter, und zwar wird der Strahl q rechtselliptisch, wenn die Horizontalkomponente q_r verzögert worden ist. In diesem Falle wird der Strahl r linkselliptisch (Abb. 27c). Die Richtungen der Hauptachsen der beiden Ellipsen sind identisch und parallel der Schwingungsrichtung p des Glimmers. Wenn die Richtungen des Halbschattenpolarisators symmetrisch zur Hauptachse des Glimmers stehen, d. h. wenn $\gamma_r = \gamma_q = \varepsilon/2$ ist, haben die beiden Ellipsen gleiche Form, aber entgegengesetzten Umlauf (Abb. 27d). Durch Verändern des Winkelverhältnisses $\gamma_q : \gamma_r$ kann man das Verhältnis der Elliptizität von q und r beliebig variieren.

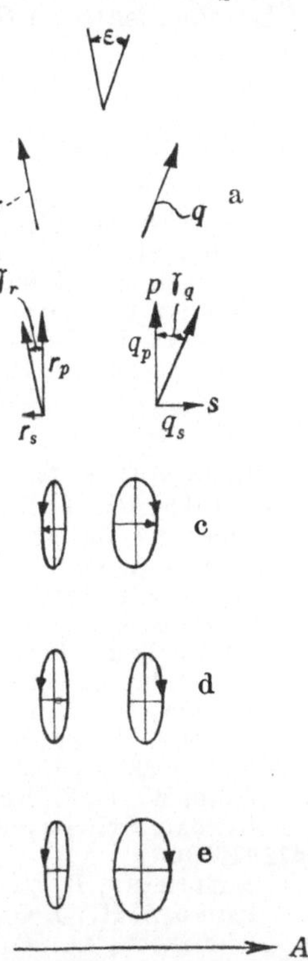

Abb. 27a—e. Wirkungsweise der Halbschattenmethode zur Bestimmung des Zirkulardichroismus (aus FREUDENBERG).

Ein linear polarisierter Strahl wird beim Durchgang durch einen dichroitischen Stoff, dessen $\varepsilon_r > \varepsilon_l$ ist, nach Abb. 28 linkselliptisch, ein rechtselliptischer Strahl wird schwächer rechtselliptisch, ein linkselliptischer stärker linkselliptisch. Je nach der Stellung, die man dem Polarisator in Abb. 26 gibt (Verhältnis von $\gamma_r : \gamma_l$), wird man erreichen können, daß die beiden Strahlenbündel nach dem Durchgang durch einen solchen dichroitischen Stoff genau gleich stark elliptisch sind (Übergänge von Abb. 27e in Abb. 27d). Ein Analysator A (Abb. 26 u. 27e) welcher senkrecht zur großen Achse der beiden Ellipsen gestellt ist, läßt von beiden Strahlen nur den der kleinen Halbachse entsprechenden Betrag an Licht durch. Man erhält also gleiche Helligkeit der Halbschattenfelder, wenn die Elliptizität der beiden Strahlen gleich ist. Aus der Differenz der Polarisatorstellungen, welche dieser gleichen Helligkeit mit und ohne Substanz entsprechen, kann man auf die durch die Substanz bewirkte Verschiebung der Elliptizität [Winkel φ von Gl. (9)], also auf den Zirkulardichroismus für die betreffende Wellenlänge schließen.

Abb. 28. Verwandlung eines linearpolarisierten Strahles in einen elliptischen durch Stoffe mit Zirkulardichroismus, Beispiel $\varepsilon_r < \varepsilon_l$ (aus FREUDENBERG).

VI. Polarimetrie im infraroten Spektralbereich.

Für die in diesem Handbuch behandelten Aufgaben wird die Polarimetrie im Infrarot nicht die Bedeutung haben, wie etwa die Spektrometrie. Sie soll daher nicht näher behandelt werden[1]. Im Prinzip beruhen die Methoden darauf, daß man im Strahlengang eines Infrarotspektrometers einen Polarisator und einen

---

[1] Vgl. darüber z. B. C. R. INGERSOLL: Physic. Rev. [2] **9**, 257 (1917). — MEYER, U.: Ann. Physik **30**, 607 (1919).

Analysator anbringt, die einen bestimmten Winkel miteinander bilden. Eine drehende Substanz zwischen beiden ändert die auf das Thermoelement gelangende Lichtintensität. Aus der Änderung kann auf den Drehwinkel geschlossen werden. Über Polarisatoren für Infrarot vgl. Kortüm (1955)[1].

Literatur.

a) Zusammenfassende Literatur.

Descamps, R.: Trans. Faraday Soc. **26**, 357 (1930).
Heilmeyer, L.: Bamann-Myrbäck Bd. 1, S. 869, 1941.
Kessler, H.: Handb. biol. Arb.-Meth. Abt. II. Teil 2/1, S. 1345, 1928.
Kortüm, G.: Physik. Z. **31**, 641 (1930); Z. angew. Chem. **43**, 343 (1930).
Weigert, F.: Optische Methoden der Chemie, Leipzig 1927.
Wreschner, M.: Handb. biol. Arb.-Meth. Abt. II. Teil 3/1. S. 2599, 1934.

b) Einzelliteratur.

Bruhat, G., et M. Pauthenier: Rev. optique **6**, 163 (1927). — Bruhat, G., et P. Chatelain: J. Physique et Radium [7] **3**, 501 (1932). — Bruhat, G., et A. Guinier: J. Physique et Radium [7] **4**, 691 (1933).
Cotton, A., et R. Descamps: C. r. Acad. Sci. Paris **182**, 22 (1926). — Czerny, M.: Z. Physik **16**, 321 (1923).
Darmois, E.: Ann. Chim. Physique [8] **22**, 247 (1911). — Descamps, R.: Rev. optique **5**, 481 (1926); Trans. Faraday Soc. **26**, 357 (1930).
Ebert, L., u. G. Kortüm: Z. physik. Chem. (B) **13**, 105 (1931).
Halban, H. v., u. K. Mayrhofer: Diss. Würzburg 1924.
Kortüm, G.: Z. physik. Chem. (B) **31**, 137 (1935). — Kuhn, W.: Ber. dtsch. chem. Ges. **62**, 1727 (1929). — Kuhn, W.: in Freudenberg, Stereochemie, S. 333. Leipzig u. Wien 1933. — Kuhn, W., u. E. Braun: Z. physik. Chem. (B) **8**, 445 (1930).
Landau, St.: Physik. Z. **9**, 417 (1908). — Lowry, T. M.: Proc. Roy. Soc. London (A) **81**, 472 (1908).
Mallemann, R. de: Philos. Trans. Roy. Soc. London (A) **226**, 413 (1927).
Pfund. A. H.: J. Opt. Soc. Am. **37**, 558 (1947).
Schönrock, O.: Polarimetrie. Handb. Physik (Geiger-Scheel) **19** (1928). — Schönrock, O., u. E. Einsporn: Physik. Z. **37**, 1 (1936).
Wright, N.: J. Opt. Soc. Am. **38**, 69 (1948).

---

[1] Kortüm, G.: Kolorimetrie, Photometrie, und Spektrometrie, **3. Auflage**. Berlin, Göttingen, Heidelberg 1955.

Nephelometrie.

Von

G. Kortüm und M. Kortüm-Seiler.

Mit 5 Abbildungen.

A. Allgemeines.

Unter Nephelometrie versteht man die Intensitätsmessung von Licht, das von trüben Medien (z. B. kolloiden Lösungen) gestreut bzw. durchgelassen wird. Derartige Streuungs- und Trübungsmessungen benutzt man ausschließlich für *Konzentrationsbestimmungen*. Ein Lichtbündel, das durch ein trübes Medium fällt, wird dadurch geschwächt, daß die kolloiden Teilchen einen Teil des Lichtes nach allen Richtungen wegstreuen (TYNDALL-Streuung). Man kann nun entweder die Intensität des gestreuten Lichtes messen *(Streuungsmessung)*, oder man bestimmt die Intensität des durchgegangenen Lichtes, d. h. die scheinbare Extinktion der Lösung *(Trübungsmessung)*. Für kleine Teilchen ist die Beziehung zwischen Konzentration und Streuintensität I durch die RAYLEIGHsche Formel gegeben:

$$I = \text{prop.} \frac{N \cdot V^2}{r^2 \cdot \lambda^4} I_0 . \tag{1}$$

N ist die Zahl der Kolloidteilchen in der Volumeneinheit, V das Volumen des einzelnen Teilchens, I_0 die eingestrahlte Lichtintensität, r die Entfernung von dem beleuchteten Volumenelement und λ die Wellenlänge des eingestrahlten Lichtes. Die Gleichung zeigt, daß bei konstanter Teilchengröße die Streuintensität der Zahl der Teilchen, d. h. ihrer Konzentration proportional ist. Im allgemeinen ändert sich aber die Teilchengröße, d. h. der Dispersitätsgrad mit der Konzentration. Da das Volumen, d. h. die Größe der Teilchen quadratisch in die Gleichung eingeht, wird die Erhöhung der Teilchengröße eine Erhöhung der Streuung zur Folge haben. Wenn die Teilchen sehr groß werden ($d > 30$ mμ), z. B. wenn Koagulation eintritt, so gilt die RAYLEIGHsche Beziehung nicht mehr, die Streuung nimmt dann mit wachsender Teilchengröße wieder ab. Der Faktor λ^4 in der Gleichung zeigt, daß die Streuung gegen den kurzwelligen Spektralbereich stark zunimmt (das Streulicht erscheint bei Bestrahlung mit weißem Licht stets etwas bläulich, weil die kurzwelligen Komponenten des Lichtes stärker gestreut werden).

Da man über die Konzentrationsabhängigkeit der Teilchengröße bei einer Trübungsreaktion von vornherein nichts aussagen kann, ist man bei Streuungs- und Trübungsmessungen zum Zwecke der Konzentrationsbestimmung stets auf empirische *Eichkurven* angewiesen. Zum mindesten sollte bei jeder Reaktion die Linearität zwischen Streuung und Konzentration einmal nachgeprüft werden. Damit eine solche Eichkurve für spätere Messungen ihren Zweck erfüllt, muß vorausgesetzt werden, daß sich bei Wiederholung der Reaktion stets die gleiche Teilchengröße einstellt. Die mangelnde Reproduzierbarkeit der kolloiddispersen Lösungen bildet die Hauptschwierigkeit der Nephelometrie, da die Teilchengröße von vielen Faktoren, wie Temperatur, pH, Anwesenheit von Neutralsalzen, Geschwindigkeit der Ausfällung usw. sehr stark abhängt, so daß die Fällungsbedingungen sehr konstant gehalten werden müssen. Zusatz stabilisierender Schutzkolloide (Gelatine, Agar-Agar) erhöht die Reproduzierbarkeit. Trotzdem beträgt die Unsicherheit der Konzentrationsbestimmung mindestens 2—3%, ist also größer als bei Analysenmethoden mit Hilfe der Lichtabsorption.

Nephelometrische Messungen stellen auch besondere Anforderungen an die Reinheit der Reagentien, da jede noch so kleine Trübung der Lösungen beträchtliche Fehler hervorrufen kann. So sollten die Lösungen vor der Fällungsreaktion durch Glasfritten filtriert werden, da bereits Filterfasern nachteilig sein können. Zur Prüfung, ob die verwendeten Lösungen „optisch leer" sind, werden sie in den Strahlengang gebracht. Das Gesichtsfeld muß dann bei transversaler Beobachtung vollkommen dunkel bleiben. Auch anscheinend völlig klare Flüssigkeiten geben gelegentlich einen unerwartet hellen Tyndall-Kegel.

Trotz der experimentellen Schwierigkeiten und der geringen erreichbaren Genauigkeit hat sich eine Reihe von nephelometrischen Bestimmungsmethoden durchgesetzt, hauptsächlich, weil die untere Nachweisgrenze sehr viel niedriger liegt als bei den meisten Absorptionsmethoden. Als Beispiel sei die Bestimmung der Phosphorsäure durch Trübungsmessung angeführt (Bergold u. Pister, 1948). Phosphationen werden durch Strychninmolybdat gefällt, und die entstehende Trübung wird gemessen. Es können noch 0,05 γ P/10 cm³ Lösung auf diese Weise bestimmt werden.

Die Schwierigkeiten, die durch die mangelnde Reproduzierbarkeit bei Fällungsreaktionen entstehen, können dadurch umgangen werden, daß man die Konzentration mit Hilfe einer *Fällungstitration* bestimmt (Ringbom, 1941).

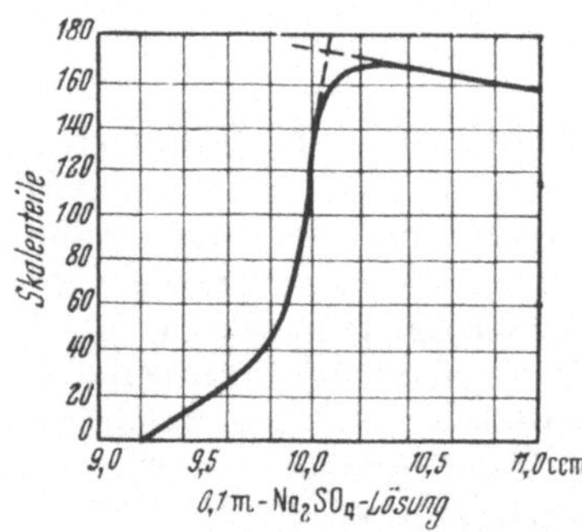

Man mißt die scheinbare Extinktion der trüben Lösung bei steigendem Zusatz des Fällungsmittels. Bei konstant bleibender Teilchengröße erhält man eine lineare Fällungskurve, die im Äquivalenzpunkt einen Knick zeigt, wie dies von konduktometrischen oder elektrometrischen Titrationen her bekannt ist. Genau wie dort wird der Knick undeutlicher, je größer das Löslichkeitsprodukt der entstandenen Verbindung und je kleiner die Kristallkeim-Bildungsgeschwindigkeit ist. Ein Zusatz von Lösungsmitteln, die das Löslichkeitsprodukt herabsetzen, trägt oft dazu bei, daß der Äquivalenzpunkt mit größerer Sicherheit festgestellt werden kann.

Bei nephelometrischen Titrationen spielt außerdem die Änderung der Teilchengröße in der Nähe des Äquivalenzpunktes eine Rolle. Praktisch wird man etwa Titrationskurven in der Art der Abb. 1 erhalten. Der Äquivalenzpunkt wird durch Extrapolation ermittelt. Gelegentlich läßt sich durch Zusatz von Schutzkolloiden eine Verbesserung der Methode erreichen. Im übrigen hängt die Richtigkeit der Meßergebnisse weitgehend von systematischen Fehlern ab, so daß für jeden einzelnen Fall eine genaue Arbeitsvorschrift auszuarbeiten ist. So ist es nicht gleichgültig, wie schnell und in welcher Richtung die Fällung vorgenommen wird. Zum Beispiel ist das entstehende Sol hochdispers, wenn man eine 0,2 m BaCl₂-Lösung mit einer gleichkonzentrierten (NH₄)₂SO₄-Lösung versetzt, während der Niederschlag bei Zugabe in umgekehrter Richtung sehr grobdispers wird. Häufig ist es notwendig, nach jeder Zugabe des Fällungsreagens längere Zeit zu warten, bis sich ein annähernd konstanter Extinktionswert einstellt, weil sich gerade in verdünnten Lösungen der Niederschlag nur langsam ausbildet. Die Genauigkeiten, die sich mit solchen Methoden erreichen lassen, betragen im besten Fall 0,2—0,4%.

Gelegentlich ist es vorteilhafter, für die Bestimmung des Äquivalenzpunktes die Tatsache auszunutzen, daß hier leicht Flockung eintritt. Die Flockungsgrenze zeigt sich durch ein plötzliches Ansteigen der Extinktion an. Natürlich muß empirisch festgestellt werden, ob dieser Punkt genau mit dem Äquivalenzpunkt übereinstimmt, und wenn nicht, ob sich in reproduzierbarer Weise eine Korrektur anbringen läßt.

B. Methodisches.

I. Trübungsmessungen.

Wie erwähnt, können nephelometrische Messungen auf zwei Arten durchgeführt werden: Mißt man im durchfallenden Licht die (scheinbare) Extinktion der Lösung, so spricht man von *Trübungsmessungen*. Die Meßmethode ist dann in jeder Beziehung die gleiche wie bei gewöhnlichen Extinktionsmessungen.

Die Verwendung lichtelektrischer Geräte hat hier nur insofern einen Sinn, als die Messungen dann rascher gehen und weniger ermüdend sind. Die Fehlergrenze wird dadurch nicht herabgesetzt, da sie durch die Einhaltung konstanter äußerer Bedingungen gegeben ist. Ein lichtelektrisches Instrument für Trübungsmessungen, das nach der Ausschlagsmethode arbeitet, liefert z. B. Eisemann, Stuttgart W. Es kann mit Hilfe eines Zusatzes für Querlichtmessungen auch für Streuungsmessungen verwendet werden. Auch die Photometer von LANGE und HAVEMANN und von KORTÜM lassen sich für Trübungsmessungen verwenden (vgl. KORTÜM, 1955).

Dagegen hat die Vereinfachung der Messung durch die Verwendung von Photoelementen bei *Fällungstitrationen* große Vorteile, weil hier für eine einzige Konzentrationsbestimmung ja eine ganze Reihe von Ablesungen notwendig ist. Außerdem erlaubt es die Konstruktion vieler visueller Geräte gar nicht, eine Titrationseinrichtung mit Rührer anzubringen, während bei einer Reihe von lichtelektrischen Geräten solche Zusatzeinrichtungen vorgesehen sind. Da es sich nicht um absolute Messungen handelt, genügen für solche Titrationen auch einfache lichtelektrische Apparate, die nach dem Ausschlagverfahren arbeiten.

II. Streuungsmessungen.

Meßprinzip. Die zweite nephelometrische Methode beruht darauf, daß man nicht das durchgelassene Licht, sondern einen bestimmten Anteil des gestreuten Lichtes mißt *(Streuungsmessung)*. Diese Meßmethode hat insofern Ähnlichkeit mit derjenigen der Fluorescenzphotometrie, als es sich auch um die Messung einer Art Emissionsstrahlung handelt.

In Abb. 2 ist die Meßanordnung für Streuungsmessungen schematisch dargestellt. Die Berechnung der Konzentration einer unbekannten Lösung nach Gl. (1), indem man das Verhältnis I/I_0 mit demjenigen einer bekannten Vergleichslösung vergleicht, stößt auf Schwierigkeiten, weil je nach der Stärke der Trübung die Intensität I_0 in beiden Fällen nicht über den ganzen bestrahlten Bereich die gleiche ist. Es wurde nun empirisch festgestellt, daß für genügend kleine Werte von E und s die Streuintensität proportional mit E, d. h. mit Konzentration und Schichtdicke zunimmt. Es gilt daher für die Streuintensität zweier Lösungen verschiedener Konzentration $I_1 =$ prop. $\varepsilon^* c_1 d_1$ und $I_2 =$ prop. $\varepsilon^* c_2 d_2$. Verwendet man zur Messung ein Colorimeter, bei dem man auf gleiche

Intensität $I_1 = I_2$ einstellt, so gilt analog wie bei Absorptionsmessungen

$$c_2 = c_1 \cdot \frac{d_1}{d_2} \, . \tag{2}$$

Die Gleichung gilt, wie schon betont wurde, nur für kleine **Extinktionen**, d. h. für geringe Trübungen. In welchem Konzentrations- oder Schichtdickenbereich sie angewendet werden darf, muß empirisch festgestellt werden. Ist die Gleichung nicht mehr erfüllt, so muß in analoger Weise wie bei der Colorimetrie eine Eichkurve aufgestellt werden, indem man c gegen $1/d$ für verschiedene bekannte Konzentrationen aufträgt.

Anstelle einer gleichstofflichen und gleichbehandelten Vergleichslösung werden oft feste unveränderliche *Trübungsstandards* empfohlen. Das entspricht dem Übergang vom colorimetrischen zum photometrischen **Meßprinzip.** Infolge der verschiedenartigen Streuung an Lösung und Vergleichsstandard ergibt sich häufig eine verschiedene Farbtönung der beiden Gesichtsfeldhälften, die die Vorschaltung von Farbfiltern erfordert. Man kann dies zum Teil dadurch vermeiden, daß man auch den Farbton des vom Trübungsstandard ausgesandten Lichtes variierbar macht. Beim festen Trübungsstandard nach Kleinmann wird das dadurch erreicht, daß hinter das als Reflektor dienende Deckglas ein Farbpulver gepreßt wird, dessen Zusammensetzung man so wählt, daß das Streulicht denselben Farbton zeigt, wie das Streulicht der zu untersuchenden Lösung.

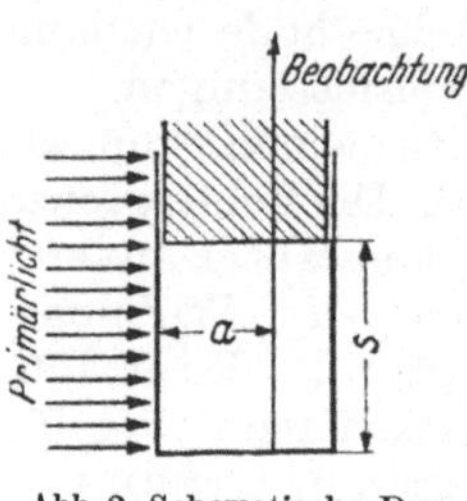

Abb. 2. Schematische Darstellung einer Nephelometermessung.

Der Vergleich mit einer analog wie die Versuchslösung hergestellten Standardlösung ist aber dem Vergleich mit einem festen Trübungsstandard stets vorzuziehen, da man wesentlich sicherere Ergebnisse erzielt. Dies rührt daher, daß sich Fehler z. B. Unreinheiten der Reagentien oder Temperaturschwankungen bei gleichzeitiger Herstellung von Lösung und Vergleichslösung herausheben. Man sollte daher feste Trübungsstandards nur dann verwenden, wenn die Herstellung der Vergleichslösung schwierig ist, oder wenn man keinen Wert auf möglichst hohe Genauigkeit legt.

Wenn man statt eines Colorimeters ein Photometer zur Verfügung hat, so stellt man auf gleiche Helligkeit ein, indem man die Streuungsintensität der einen Probe (im allgemeinen der Vergleichslösung bzw. des Vergleichsstandards) mit Hilfe eines Lichtschwächungsmittels schwächt. Zum Vergleich können auch hier Lösungen der gleichen Trübung oder Trübungsstandards verwendet werden.

Wenn man Streuungsmessungen lichtelektrisch im *durchfallenden* Licht ausführen will, so kann man das Primärlicht vom Streulicht trennen, indem man die Lichtquelle auf einer kleinen Blendenscheibe vor der Zelle abbildet (vgl. z. B. Greene, 1934, und weiterhin Müller, 1931).

Einzelne Meßgeräte. Prinzipiell läßt sich jedes *Colorimeter* für Streuungsmessungen verwenden, indem man die Flüssigkeitsbecher von der Seite her mit parallelem Licht beleuchtet und die Höhe der durchstrahlten Schicht begrenzbar macht. Zu den käuflichen Duboscq-Colorimetern werden von einzelnen Firmen Zusatzgeräte für Streuungsmessungen geliefert[1]. Nach dem gleichen Prinzip ist das Nephelometer nach Kleinmann[2] konstruiert.

Einen schematischen Schnitt zeigt Abb. 3. Das von der Opallampe kommende Licht wird in einem etwa 1 m langen Rohr mit Hilfe von 5 Blenden parallel gerichtet und fällt durch die Meßblenden auf die beiden senkrecht zur Abbildungsebene nebeneinanderstehenden zylindrischen Küvetten. Die Öffnungen der beiden Blenden können zwischen 0 und 45 mm

---

[1] Zum Beispiel Hellige, Freiburg i. Br.
[2] Hersteller: Schmidt & Haensch, Berlin.

auf 0,1 mm genau eingestellt werden, so daß die Tyndall-Kegel in den Küvetten in diesem Bereich in ihrer Länge variiert werden können. Das nach oben abgebeugte Licht gelangt durch die konischen Glastöpsel und das totalreflektierende Prisma in das Ocular. Der Durchmesser der unteren Glastöpselfläche ist so klein, daß nur Licht aus dem zentralen, gleichmäßig beleuchteten Teil der Küvetten zur Messung gelangt. Das Gesichtsfeld des Oculars wird ohne trennende Zwischenlinie genau je zur Hälfte von dem aus den beiden Küvetten kommenden Licht ausgeleuchtet. Die Küvetten werden in drei Größen (für 20, 4 und 2,5 cm³ Inhalt) geliefert.

Zur Messung füllt man zunächst beide Küvetten mit der gleichen trüben Lösung und stellt bei gleicher Schichthöhe der beiden Blenden durch Justieren der Lampe auf Helligkeitsgleichheit der beiden Gesichtsfeldhälften ein. Beim Vertauschen der beiden Küvetten muß die Helligkeitsgleichheit erhalten bleiben. Dann wird die eine Lösung durch eine unbekannte ersetzt, deren Konzentration sich bei erneuter Einstellung auf Hel-

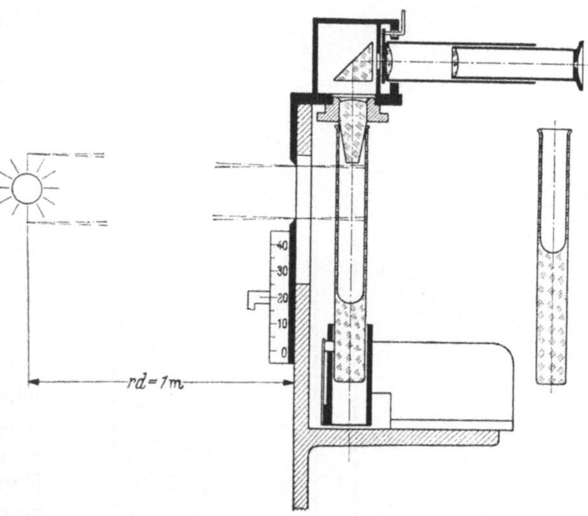

Abb. 3. Nephelometer nach Kleinmann.

ligkeitsgleichheit aus dem an den Blenden ablesbaren Schichthöhenverhältnis nach Gl. (2) berechnen bzw. aus der Eichkurve ablesen läßt. Kleinere Schichthöhen als 5 mm sollten nicht verwendet werden, da sonst die Einstellgenauigkeit unter 2% absinkt.

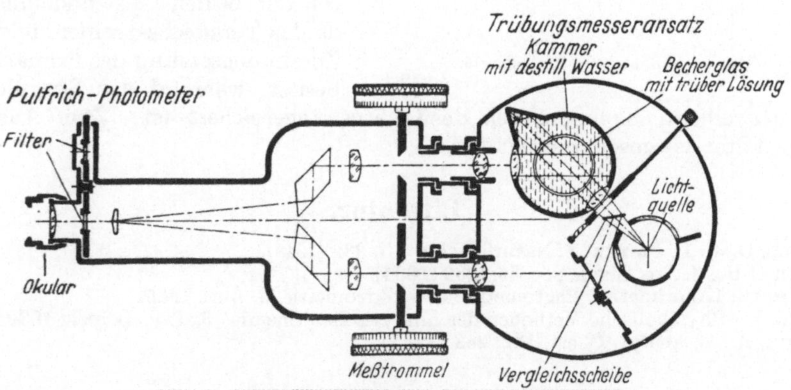

Abb. 4. Nephelometeransatz zum Pulfrich-Photometer.

Die für Streuungsmessungen eingerichteten *Photometer* verwenden im allgemeinen Trübungsstandards zum Vergleich. Als Beispiel sei der aus dem Pulfrich-Photometer entwickelte Trübungsmesser angeführt. Das zu dem Absorptionsphotometer notwendige Zusatzgerät ist in Abb. 4 schematisch wiedergegeben. Man beobachtet unter 45° zum Primärstrahl; als Vergleichsstandard dienen vier abgestufte, mittels Drehscheibe auswechselbare Milch- und Mattglasscheiben. Vorsatzobjekte sorgen für volle Ausleuchtung der Meßblenden.

Die Untersuchungsflüssigkeiten werden je nach der Stärke der Trübung in Bechergläsern verschiedener Weite oder in Planküvetten untersucht. Für kleine Flüssigkeitsmengen verwendet man Reagensgläser und ersetzt das parallel einfallende Primärlicht durch Vorschalten einer weiteren Linse durch ein schmales keilförmiges Strahlenbündel. Die Gefäße stehen zur Konstanthaltung der Temperatur in einer Wasserkammer.

Bei der Nephelometereinrichtung zum *Leifo*-Photometer verzichtet man völlig auf einen Vergleichstrübungsstandard und benützt statt dessen direkt das im Eintrittsstutzen abgezweigte Primärlicht, das durch 2 Polarisationsprismen meßbar geschwächt werden kann. Einen Querschnitt durch das *Leifo*-Nephelometer zeigt Abb. 5. Anstelle des totalreflektierenden Prismas hinter dem Eintrittsstutzen tritt die Streuküvette, anstelle des Tauchbechers für Absorptionsmessungen ein Lichtschutzrohr mit einer Anzahl von Blenden. Die starke Abhängigkeit der Lichtstreuung von der Wellenlänge (Gl. (1) bedingt in diesem Fall einen merklich verschiedenen Farbton der beiden Gesichtsfeldhälften, da das Vergleichsstrahlenbündel die Zusammensetzung des Primärlichtes besitzt, während das Streulicht an

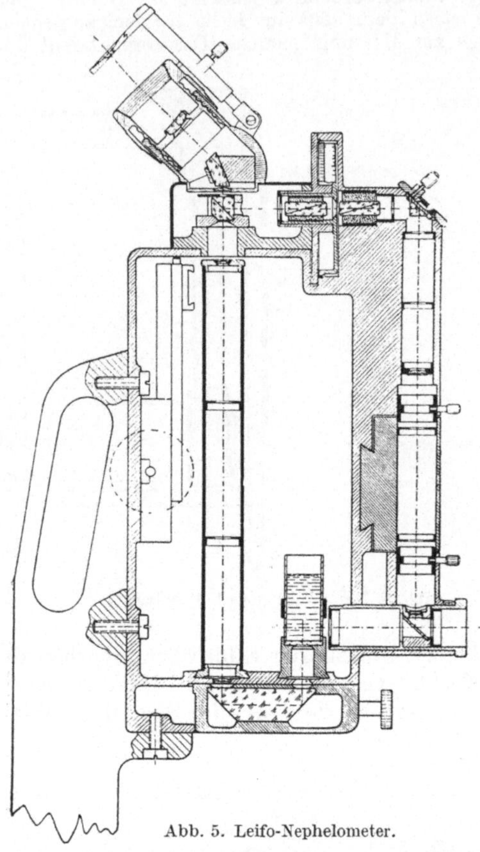

Abb. 5. Leifo-Nephelometer.

den kurzwelligen Komponenten des Lichtes angereichert ist. Zum Ausgleich müssen Filter vorgeschaltet werden.

Literatur.

Bergold, G., u. L. Pister: Z. Naturforschg. 3b, 332 (1948).
Greene, C. H.: J. Am. Chem. Soc. 56, 1269 (1934).
Kortüm, G.: Kolorimetrie, Photometrie u. Spektrometrie. 3. Aufl. 1955.
Müller, F.: Physikalische Methoden der analytischen Chemie. 3. Teil, Leipzig 1939.
Ringbom, A.: Z. analyt. Chem. 122, 263 (1941).

Principles of Biological Assay.

By

M. J. R. Healy.

With 5 Figures.

A. The Nature of a Biological Assay.

All the types of bioassay with which I shall deal are concerned with estimating the *potency* of a given substance, i.e. its power to produce a certain *response* when applied as a *stimulus* to a *test-subject*. The qualifier "biological" refers to the test-subject, which will usually be an organism of some kind, although the methods developed in this field have been applied in non-biological contexts, such as the standardisation of detonators. The response may be quantitative, such as the turbidity of a suspension or the weight of an animal, or qualitative, such as death or paralysis of the subject, and as a matter of experience it is found that the response to a fixed stimulus almost always varies from one subject to another and also from time to time in the same subject if repeated stimuli can be applied. Consequently *standard preparations* are normally included in all assays, and what is determined is the potency of the given substance *relative* to that of the standard (MILES, 1948; GRIDGEMAN, 1952). For some purposes, an estimate of potency may be all that is required, and it is in any case all that the assay provides; more usually, however, we wish to state that the given substance contains a certain quantity of an *active ingredient*. For this purpose it is necessary to assume that both standard and unknown consist of dilutions of the active ingredient in an inert diluent, one that has no effect on the response used in the assay. If this is so, we may argue as follows.—

The standard preparation contains (by definition) x units of active ingredient per gm.;

The given preparation, from the assay results, is (say) twice as potent as the standard;

Therefore the given preparation contains 2 x units of active ingredient per gm.

An assay based on these principles is called an *analytical dilution assay*. If the assumptions are fulfilled, it is clear that any biological system used for assay purposes should give the same result. It must be emphasised that this is by no means always the case, and the potency of an unknown preparation relative to a standard may depend upon the assay system employed. If the response used is one of practical importance, such as occurs in some insecticide assays, there may be no need to take the step from potency to assumed content of active ingredient; but in other cases, as when a drug for human use is assayed on animals, the assumption is of great importance. A fuller discussion is given in an important article by JERNE & WOOD (1949).

The present chapter will deal only with the statistical aspects of bioassay, the allocation of the treatments to the different subjects and the analysis and interpretation of the results. For biological details, readers should consult the original papers, or such texts as Burn, Finney and Goodwin (1950) or György (1951). Only the simplest types of assay will be discussed, for want of space. Fuller details, together with more elaborate techniques, are given in Finney (1952). The necessary statistical tables will be found in Finney (1952) and in Fisher and Yates (1953).

B. Direct Assays.

A direct assay is one with a qualitative ("yes—no") response, in which the dose just sufficient to produce the given response can be directly measured. An example is the cat assay (Burn et al., 1950) used for digitalis, strophanthus and squill. In this assay, the drug is injected into an anaesthetised cat at a fixed rate until the heart stops beating. The response is here the stopping of the heart, and the amount of drug necessary to produce this response can be directly measured. I shall use this assay to introduce certain statistical ideas and technical terms.

The results of a trial assay (Bliss, 1944) of a substance known to be an 85% dilution of the standard are given in Table 1. On the whole, the effective dose increases with the weight of the cat, and the results are therefore given in terms of cc./kg. live weight. (In general, an effect of this kind is best dealt with by using weight as a concomitant variate in an *analysis of covariance*, for which see Finney (1952), but Bliss (1939) has shown that the two methods are practically equivalent in this assay.)

The first column of figures contains the doses of the standard preparation needed to kill nine cats, and these doses may be considered as a *sample* from a

Table 1. *Cat Assay of Digitalis.*

Effective dose (cc/kg. liveweight)		Log (effective dose × 10)	
Standard	*Unknown*	*Standard*	*Unknown*
0.513	0.887	0.710	0.948
0.560	0.653	0.748	0.815
0.747	0.700	0.873	0.845
0.653	0.513	0.815	0.710
0.513	0.840	0.710	0.924
0.560	0.560	0.748	0.748
0.373	0.980	0.572	0.991
0.747	0.513	0.873	0.710
0.747	0.653	0.873	0.815
	Total	6.922	7.506
	Mean	0.7691	0.8340
Sum of Squares		0.08122	0.08474
Degrees of freedom		8	8

population of effective doses obtained by enlarging the experiment indefinitely. The doses in the second column are equally a sample from a second population of effective doses of the unknown preparation. It is important that these two samples should be as nearly as possible equivalent, apart from the effects of the different treatments. The correct way to ensure this is to allot the eighteen cats to the two preparations *at random*, by tossing a coin or by the use of a table of random numbers (e.g. Fisher and Yates, 1953). In many assays the test-subjects will fall into relatively homogeneous groups, and I shall show later how to take advantage of this.

Denoting individual doses by x, we can calculate from each sample of n values two quantities, the *mean* $\bar{x} = \Sigma\, x/n$ and the *variance* $s^2 = \Sigma(x-\bar{x})^2/(n-1)$, best calculated as $(\Sigma x^2 - (\Sigma x)^2/n)/(n-1)$. The numerator of this fraction is the *sum of squares* of the deviations of the x's from their mean, the denominator is known as the *degrees of freedom*. Both $\bar{x}$ and s^2 may be considered as *estimates* of corresponding quantities in the population; the latter measures the variability of the different values about their mean. For statistical reasons, it is desirable that the underlying populations should be of a certain form, known as *Normal* or *Gaussian*. It is still more desirable that the spread of the population, as measured by the variance, should not depend on the mean—there should be no tendency for a set of high doses resulting from a preparation of low potency to be more variable than a set of low doses. BLISS (1944) has shown that with the original doses these conditions are not fulfilled, but that we can meet them by using in the calculations the logarithms of the doses, which are also shown in Table 1.

Now suppose the relative potency of the unknown is ϱ. If the effective dose of standard for a particular cat is x, the effective dose of the unknown will be x/ϱ, and the log doses will be $\log x$ and $(\log x - \log \varrho)$ respectively. It follows that the population of log effective doses for the unknown is the same as that for the standard shifted to the left by a distance $\log \varrho$. In particular the means of the two populations will differ by $\log \varrho$, and we can use the difference between the means of our samples as an estimate of this quantity, denoting the estimate by M. In our example

$$M = 0.7691 - 0.8340 = -0.0649$$

so that ϱ is estimated by antilog $M = 0.861$. As the true relative potency is known to be 0.85, this is a very close estimate.

In practice the true relative potency is not known and we require a means of finding out how close our estimate is likely to be. For this purpose we find the sum of squares of deviations and the degrees of freedom for each sample (Table 1). If our assumptions are fulfilled these will both lead to estimates of the same variance; consequently we pool them to obtain an estimate.

$$s^2 = \frac{0.08122 + 0.08474}{8+8} = 0.01037$$

with 16 degrees of freedom (written 16 d.f.). Now we need two statistical results.

(1) The variance of the mean of n individuals is $1/n$ times the variance of one individual.

(2) The variance of the sum or difference of a set of independent quantities is the sum of the individual variances.

By (1) the variance of each mean is estimated by $s^2/9$, and so by (2) the variance of the difference is estimated by $(s^2/9 + s^2/9)$ so that we write

$$\mathrm{Var}\,(M) = 2s^2/9 = 0.002304$$

Although M is most unlikely to coincide exactly with the true log relative potency, we can now calculate limits within which we expect the true value to lie, in a sense to be explained shortly. These limits are given by the formula

$$M \pm t \sqrt{\mathrm{Var}\,(M)}$$

where t is a quantity tabulated in FISHER and YATES (1953). The value of t depends on the number of degrees of freedom in our estimate s^2, and also on the *level of significance* employed. It is customary (though no more than that) to use the 5% level, in which case the limits obtained are called 5% *fiducial limits*. We can then assert that if the *true* log relative potency lay above the upper limit, an *observed* M as low as the one we have obtained would occur in less than $2^1/_2\%$ of all assays, and equally that for a true log relative potency below the lower limit, an observed M as high as the one obtained would occur in less than $2^1/_2\%$ of all assays. It is in this sense that we assert that the true value "probably" lies inside the limits calculated.

In our example the 5% value of t for 16 d.f. is 2.120 and we calculate

$$-0.0649 \pm 2.120 \times \sqrt{0.002304}$$
$$= -0.0649 \pm 0.1018 = -0.1667 \text{ to } 0.0369$$

Taking antilogarithms, we can now assert that the true relative potency "probably" lies between 0.681 and 1.089.

These limits are rather wide, and it is useful to be able to predict how many animals will be required to obtain a certain level of precision. Such a prediction must be based on a knowledge of σ which may be obtained from past experience or from the literature. Table 2 gives the average width of the 5% fiducial interval for different values of σ and n, where n denotes the number of animals allotted to each treatment. For example, we may require to fix our answer within $\pm 20\%$ which corresponds on a log scale to $\pm \log 1.2$. The width

Table 2. *Direct assay in logarithmic units. Expected width of the 5% fiducial interval for the log relative potency.*

$\frac{\sigma}{n}$	.0001	.001	.01	.1
5	.028	.089	.28	.89
10	.019	.058	.19	.58
15	.015	.047	.15	.47
20	.013	.040	.13	.40
25	.011	.036	.11	.36
30	.010	.033	.10	.33

of the interval is thus 0.16, so that if the value of σ is .01 we should require on the average about twelve cats on each preparation. Notice that this average width will be exceeded in about half of all experiments; if it is desired to attain a given precision with a higher probability than 50%, more subjects will be needed.

C. Indirect Assays with a Quantitative Response.

In most assays it is not possible to measure directly the dose needed to produce a given response. Instead, a series of doses are given, the corresponding responses are measured, and the dose needed to produce a given response is obtained by a form of interpolation. If each dose is given to a large number of subjects and the mean responses are plotted against dose, the points will lie close to a smooth curve called the *dose-response curve*. For statistical convenience this curve should be a straight line, and this will often mean using some transformation (such as the logarithm) of doses, responses or both. It is also most desirable that the variance of the set of responses obtained at a fixed dose should not depend on their mean, and these two requirements may occasionally conflict; more usually, however, both are at least approximately satisfied by the use of the measured response without transformation. I therefore consider two main types of assay in the present category, one in which the relation between response and dose is linear, and the other in which a linear relation holds between response and the logarithm of the dose. The description of any assay will show which type it belongs to, and I confine myself here to an account of the computations for the two types. It must be realised that linearity will only hold over a certain range, and that doses outside this range may give rise to misleading results.

I. Response Linearly Related to the Logarithm of the Dose.

If the dose-response curve is linear when dose is measured in logarithms, our basic assumption implies that the line for the unknown preparation will be parallel to that for the standard and that the relative potency is given by the horizontal distance between the two lines. A straight line is determined by two

points and it is thus sufficient to use two doses of the unknown and two of the
standard, applying each dose to a number of test-subjects. However it is most
desirable to be able to test whether the doses have by some mischance gone outside
the range of linearity, and also whether the two response lines are actually parallel,
and for this reason it is pre-
ferable to use at least three
doses of each preparation.
It simplifies the procedure
considerably if there are
equal numbers of the test
subjects at each dose, and
if the doses differ by a constant ratio so that they are
equally spaced on the log
scale. An example of an

Table 3. *Nisin Assay. Responses as* $100 \times (p_H - 5)$.

Dose-level	Standard			Unknown			Total
	0	1	2	0	1	2	
	48	60	84	56	76	92	
	40	76	84	56	76	90	
	46	62	84	44	77	88	
Totals	134	198	252	156	229	270	1239
Means	44.7	66.0	84.0	52.0	76.3	90.0	

assay of this type is given in Table 3, which refers to a microbiological assay of
the antibiotic nisin. The test-subject is here a culture of the acid-forming bacteria *Streptococcus agalactiae* which is grown
in the presence of the antibiotic under controlled conditions, and the response is the
quantity of acid produced after a fixed time,
measured as p_H. The highest dose of the standard preparation contained 50 units/ml. of
nisin, and the constant dilution ratio between
successive doses was 1:1.5. As in all experimental work, uncontrolled factors should be
evened out by a process of randomization;
in this context, such factors are the order of
filling the tubes, position in the water-bath,
etc. Table 3 contains the observed responses
in an assay using three tubes at each dose,
together with the total and mean response

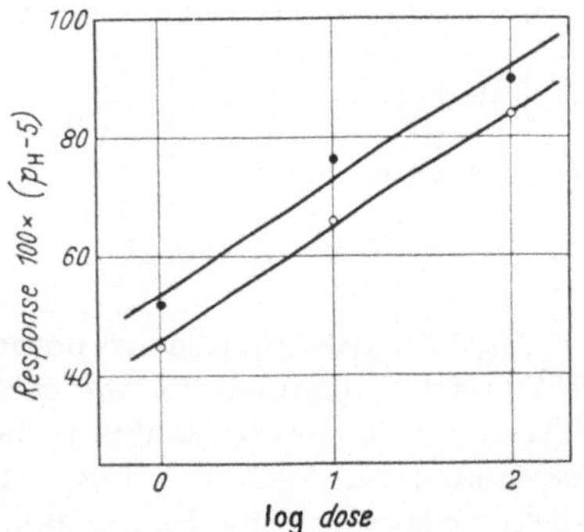

Fig. 1. Nisin assay (cf. the text).

for each dose. The means are plotted in Fig. 1 with the straight parallel
dose-response lines calculated below, and it appears at once that departures
from linearity and parallelism are not very pronounced.

1. Computation of the 6-point Assay.

An estimate of error can be based on the variability of tubes receiving the
same dose. Each set of 3 tubes will provide a sum of squares with 2 degrees of
freedom, and on our assump-
tions these can be pooled to give
an overall estimate "within
doses" with 12 d.f. It is convenient to set out the calculation in the form of an *analysis of variance*, as shown.

	d. f.	S. S.	M. S.
Between doses . . .	5	4829.17	
Within doses . . .	12	291.33	24.28
Total:	17	5120.50	

Here the total sum of squares (S.S.) is found by treating the 18 readings as a
single body of data and calculating

$$48^2 + 40^2 + \cdots + 90^2 + 88^2 - 1239^2/18;$$

this will have 17 degrees of freedom.

The sum of squares with 5 d.f. between doses is found from the dose totals as

$$(134^2 + 198^2 + \cdots + 270^2)/3 - 1239^2/18$$

where the divisor 3 is used because each figure is the total of 3 readings. The sum of squares within doses can be calculated as

$$(48^2 + 40^2 + 46^2 - 134^2/3) + \cdots + (92^2 + 90^2 + 88^2 - 270^2/3).$$

As a check, the degrees of freedom and the sums of squares between and within doses should add up to those in the total line. Dividing the within doses sum of squares by its degrees of freedom we obtain a *mean square* (M.S.) which is an estimate of the error variance of a single reading, and which I shall as usual denote by s^2.

Table 4. *Multipliers for 6-point assay.*

		Standard			Unknown				
		0	1	2	0	1	2		
	Dose totals	134	198	252	156	229	270		
								Total	Divisor
L_p	Materials	−1	−1	−1	+1	+1	+1	+71	6
L_1	Slope	−1	0	+1	−1	0	+1	+232	4
L'_1	Parallelism	+1	0	−1	−1	0	+1	−4	4
L_2	Curvature i	+1	−2	+1	+1	−2	+1	−42	12
L'_2	Curvature ii	−1	+2	−1	+1	−2	+1	−22	12

To calculate the relative potency and to test the validity of the assay, the dose totals are multiplied by the sets of coefficients given in Table 4 and summed. These give a set of contrasts between the responses; thus that for materials, calculated as $-134 - 198 - 252 + 156 + 229 + 270$, measures the vertical distance between the dose-response lines, and that for slope measures the average increase in response between successive doses. The third contrast measures the difference in slope between the two lines, while the fourth and fifth reflect departures from linearity. A useful check can be made by squaring each contrast total, dividing by the divisor given in the last column, and totalling. The result divided by the number of replicates at each dose should coincide exactly with the sum of squares between doses in the analysis of variance.

The next step is to test the validity of the assay, i.e. whether the figures show noticeable departures from the assumptions of linearity and parallelism of the dose-response lines. If the assumptions are perfectly fulfilled, the last three contrasts of Table 4 will give zero values, and we must test whether the totals actually obtained are consistent with true values of zero having regard to the experimental errors. To find the standard error of a given contrast total, we multiply the error mean square by the appropriate divisor and by the number of replicates at each dose and take the square root. Dividing the contrast total by its standard error we obtain a value of t, and if this does not exceed the significance level used the relevant assumption is not significantly contradicted by the data. In our example, the standard errors of L'_1, L_2 and L'_2 are

$$\sqrt{(4 \times 3 \times 24.28)} = 17.07, \sqrt{(12 \times 3 \times 24.28)} = 29.56 \text{ and } 29.56,$$

so that the values of t are 0.23, 1.42 and 0.74. None of these exceed 2.179, the 5% significance level for 12 d.f., so that there is no strong evidence to disprove the validity of the assay, and we may proceed with the estimation of the log relative potency. This is given by the formula

$$M = 4\,I\,L_p/3\,L_1$$

where I is the logarithm of the ratio between successive doses. This gives

$$M = (4 \times 71 \times \log 1.5)/(3 \times 232) = 0.07185$$

giving an estimated relative potency of 1.180 on taking the antilogarithm.

The formula for the fiducial limits is slightly more complicated. The limits are given by

$$\frac{M \pm \sqrt{[g(M^2 + 8\,(1 - g)\,I^2/3)]}}{1 - g}$$

where $g = 4nt^2\,s^2/L_1^2$, the appropriate significance level of t being used. In our example, for 5% limits, $t = 2.179$ and $g = 0.02570$, and the limits are given by

$$\frac{0.07185 \pm \sqrt{0.002202}}{0.97430} = 0.02558 \text{ or } 0.12191$$

so that the true relative potency is likely to lie between 1.061 and 1.324. Since the highest dose of the standard contained 50 units/ml. we can say that the highest dose of the unknown appeared to contain 59.0 units/ml. and that the true content probably lay between 53.0 and 66.2 units/ml.

If g is small (say 0.05 or less) a simpler approximate formula is obtained by replacing $1 - g$ by 1 in the expression for the fiducial limits. This gives the variance of M as $\dfrac{4\,ns^2}{L_1^2}\,(M^2 + 8\,I^2/3)$, the limits being found as $M \pm t\,\sqrt{\mathrm{Var}\,(M)}$. In the present example we find $\mathrm{Var}\,(M) = .0004756$ giving approximate limits of 0.0243 and 0.1194.

2. The 4-point Assay.

The 4-point assay with two doses of each preparation provides only a single test of validity, that of the parallelism of the dose-response lines. For this reason its use is not recommended unless the properties of the assay are well-known and a good enough guess at the unknown relative potency is available to prevent the range of linearity being exceeded. If these conditions are met, the 4-point assay

Table 5. *Multipliers for 4-point assay.*

		Standard		Unknown		
		0	1	0	1	Divisor
L_p	Materials	−1	−1	+1	+1	4
L_1	Slope	−1	+1	−1	+1	4
L'_1	Parallelism	+1	−1	−1	+1	4

gives in general a more precise answer for a given number of test-subjects, so that its analysis may be briefly outlined here. This follows a very similar pattern to that given in the previous section. The analysis of variance is drawn up, with 3 d.f. between doses. The dose totals are then combined into the contrasts given in Table 5. The third of these contrasts is used to test the validity of the assay, and if the test is passed the log relative potency is calculated as

$$M = I \, L_p/L_1$$

and the fiducial limits of this quantity as

$$\frac{M \pm \sqrt{[g \, (M^2 + (1 - g) \, I^2)]}}{1 - g}$$

when $g = 4 \, nt^2 s^2/L^2_1$ as before. The approximate formula for the variance of M is now $\dfrac{4ns^2}{L^2_1} \, (M^2 + I^2)$.

II. Response Linearly Related to the Dose.

When the response is linearly related to the dose, the assumptions imply that the dose-response curves for standard and unknown are straight lines intersecting at zero dose, the relative potency being given by the ratio of the slopes of the lines. The best design for general use is the 5-point, using two doses of each preparation together with a zero dose. The 3-point design is somewhat more efficient but lacks any kind of validity test.

1. Computation of a 5-point Assay.

Table 6 gives the results of an assay of nicotinic acid in tomatoes, and these are plotted in Fig. 2. The test-subject is a culture of *Lactobacillus arabinosus* and

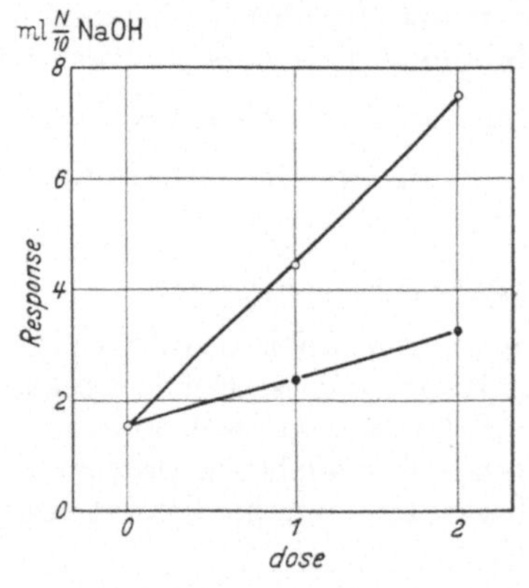

Fig. 2. Nicotinic acid assay (cf. the text).

Table 6. *Nicotinic Acid Assay. Responses as* (ml. 1/10 N NaOH) × 100.

Dose-level	Standard			Unknown		Total
	0	1	2	1	2	
	155	431	751	238	341	
	162	456	756	241	337	
	152	450	748	239	310	
Totals	469	1337	2255	718	988	5767
Means	156	446	752	239	329	

	d. f.	S. S.	M. S.
Between doses .	4	644188.40	
Within doses .	10	999.33	99.933
Total	14	645187.73	

the response is the amount of acid produced, measured by titration as ml. of 1/10 N NaOH. The analysis of variance shown above is calculated in the usual way, there being 4 d.f. between doses.

Between-dose contrasts are then calculated using the multipliers of Table 7. The last two of these provide tests of validity; that for intersection tests whether the two lines intersect at the zero dose level and that for blanks tests whether their point of intersection agrees with the observed response to zero dose. As before we can check the arithmetic by squaring each contrast total, dividing by the appropriate divisor and totalling. The sum divided by the number of replicates at each dose should coincide exactly with the sum of squares between doses.

Table 7. *Multipliers for 5-point assay.*

| | Dose totals | Standard | | | Unknown | | Total | Divisor |
		0 469	1 1337	2 2255	1 718	2 988		
L_p	Materials	0	—1	—2	+1	+2	—3153	10
L_1	Slope	—6	—1	+4	—1	+4	+8103	70
L_B	Blanks	+2	—2	+1	—2	+1	+71	14
L_I	Intersection	0	+2	—1	—2	+1	—29	10

In our example the standard errors of L_B and L_I are
$\sqrt{(3 \times 14 \times 99.933)} = 64.8$ and $\sqrt{(3 \times 10 \times 99.933)} = 54.8$, giving t-values of
1.10 and 0.53, neither of which exceed 2.228, the 5% significance level for 10 d.f.

The relative potency is given for this design by

$$R = (5\,L_1 + 7\,L_p)/(5\,L_1 - 7\,L_p) = 18444/62586 = 0.295$$

and the fiducial limits by

$$\frac{R - \dfrac{9}{16}\,g \pm \sqrt{[g\,(R - {}^9/_{16})^2 + 175\,(1 - g)/256)]}}{1 - g}$$

where $g = 2240\,nt^2s^2/\,(5\,L_1 - 7\,L_p)^2$, which in our example gives 5% limits of
0.270 to 0.320.

The simpler approximate formula for the variance of R, applicable when g is
small, is

$$V\,(R) \simeq 280\,ns^2\,(8 - 9R + 8R^2)/(5\,L_1 - 7\,L_p)^2.$$

In the present example, this gives identical results. The higher dose of standard
contained 0.20 μg nicotinic acid, so that the content of the higher dose of unknown
is estimated as .059 μg with 5% limits of .054 and .064 μg.

III. The Use of Homogeneous Groups of Subjects.

In many assays the test-subjects fall into groups, members of which may be
expected to be more alike than subjects chosen at random. Examples are animals
from the same litter, or positions on the same agar plate. Sometimes groups
are formed during the assay procedure, as when tubes are placed together in an
incubator or water-bath, or when certain operations are performed during a
short time interval. In this latter case the effects of grouping can be nullified
by a process of randomization, but it is usually preferable to incorporate the
groups into the design of the assay and to increase the precision of the result by
making all comparisons within groups, the differences between groups being
thus eliminated. This is carried out in practice by restricting the random process
of allocating the doses to the test-subjects. Assuming that the number of subjects
in each group is equal to the number of different treatments to be applied, the allocation is made so that each treatment occurs once in each group, allocation to the individual subjects within the groups being still made at random. This produces
a design in *randomized blocks*.

Table 8. *Guinea-pig assay of tuberculin. Weal diameters in mm.*

		Standard			Unknown			Total	L_p	L_1
		0	1	2	0	1	2			
Animal	1	13	14	18	16	16	18	95	$+5$	$+7$
	2	12	15	18	14	14	18	91	$+1$	$+10$
	3	10	16	19	10	14	17	86	-4	$+16$
	4	14	14	18	8	14	16	84	-8	$+12$
	5	11	14	17	12	14	16	84	0	$+10$
	6	12	16	16	10	14	16	84	-4	$+10$
	7	12	14	17	10	14	18	85	-1	$+13$
	8	12	14	18	10	14	17	85	-3	$+13$
Totals		96	117	141	90	114	136	694	-14	$+91$

$$L_p = -14 \quad L_1 = +91 \qquad\qquad I = 0.602$$
$$L_1' = +1 \pm 7.4 \qquad L_2 = +1 \pm 12.8 \quad L_2' = -5 \pm 12.8$$
$$M = (4 \times 0.602 \times -14)/(3 \times 91) = -0.1235$$
$$g = (4 \times 8 \times 2.03^2 \times 1.700)/91^2 = 0.0271$$
$$5\%\ \text{limits} = \frac{-0.1235 \pm \sqrt{[0.0271\,(0.0153 + 0.9402)]}}{0.9729}$$
$$= -0.2923 \text{ or } + 0.0384$$
$$R = 0.510 \cdots 0.752 \cdots 1.092$$

Any change in the allocation of treatments to subjects must be reflected in the statistical analysis. In the present instance the only change affects the estimation of error by way of the analysis of variance. As an example, Table 8 gives the results of a 6-point guinea-pig assay of tuberculin. In this assay the 6 doses of tuberculin are injected into sites on the back of a guinea-pig and the response, the diameter in mm. of the resulting weal after 48 hours, is linearly related to log dose. The blocks are here the individual guinea-pigs.

To form the analysis of variance, we calculate as before the total sum of squares with 47 d.f.

$$(13^2 + 14^2 + \cdots + 14^2 + 17^2) - 694^2/48 = 341.9167,$$

and the between-doses sums of squares with 5 d.f.

$$(96^2 + 117^2 + \cdots + 114^2 + 136^2)/8 - 694^2/48 = 263.1667;$$

in addition we have in exactly the same way a sum of squares between blocks with 7 d.f.

$$(95^2 + 91^2 + \cdots + 85^2 + 85^2)/6 - 694^2/48 = 19.2500.$$

By subtraction we obtain a residual sum of squares of 59.5000 with 35 d.f. so that the analysis of variance is as follows

	d. f.	S. S.	M. S.
Between blocks. . .	7	19.2500	
Between doses . . .	5	263.1667	
Residual.	35	59.5000	1.7000
Total	47	341.9167	

s^2 is now given by 1.7000, and 5% t for 35 d.f. is 2.030, so that the validity tests and the estimation of relative potency and its 5% fiducial limits can be completed as shown in the table.

1. Estimation of Error in Randomized Block Assays.

FINNEY (1952) has pointed out a flaw in the above analysis. The basic assumptions are not violated if the true slope of the dose-response line varies from block to block, provided that the horizontal distance between the lines remains constant. If such variation in slope actually occurs, it will have the effect of increasing the residual sum of squares in the analysis of variance. However, it can be shown that this extra component of the variability affects neither the validity tests nor the estimate of log relative potency, and so it is useful to have some estimate of error from which the component is eliminated.

To do this in the tuberculin assay, we calculate contrasts L_p and L_1 for each block separately—the totals are given in Table 8. Using the divisors from Table 4 we calculate from these sets of 8 values two sums of squares each with 7 d.f. —

Material $\times$ Blocks: $[(5^2 + (-1)^2 + \cdots + (-3)^2) - (-14)^2/8]/6 = 17.9167$
Slope $\times$ Blocks: $\quad [7^2 + 10^2 + \cdots + 13^2 - 91^2/8]/4 = 12.9688.$

These *interaction* sums of squares measure the variability of the materials and slope contrasts from block to block, and actually form part of the residual sum of squares in the previous analysis, which we can now re-write as follows —

	d. f.	S. S.	M. S.
Blocks	7	19.2500	
Doses	5	263.1667	
Interactions	14	30.8855	
Residual	21	28.6145	1.3626
Total	47	341.9167	

s^2 is now reduced to 1.3626 and 5% t for 21 d.f. is 2.080, so that the 5% limits for M are found to be -0.2777 and $+0.0250$ and R is given by

$$0.528 \ldots 0.752 \ldots 1.059.$$

The same procedure can be applied to slope-ratio assays carried out in randomized blocks. L_p and L_1 are calculated for each block separately, and the corresponding degrees of freedom and sums of squares removed from the residual before taking the mean square.

The importance of this modification to the analysis depends on the variability of slope encountered in any particular assay. BLISS (1952) has shown that in five rat assays of vitamins A and D there was no strong evidence of slope variability. On the other hand LEECH and GRUNDY (1953) have shown in a number of tuberculin assays that the full analysis reduced the error variance by a factor of 1.3 on the average, and in addition that this reduced variance was far more stable from one assay to another. The chief drawback to using the full procedure is the loss of degrees of freedom in the estimation of error, which is particularly serious when the number of doses is small. It may occasionally be possible to remedy this to some extent by within-block replication; doses are allocated so that each occurs twice within each homogeneous group. If d represents a difference between two subjects in a group that are treated alike, an extra sum of squares for error is given by $^1/_2 \Sigma d^2$. This has p degrees of freedom where p is the number of differences used. This procedure requires each group to contain twice as many subjects as there are doses, and this is not usually feasible in practice.

2. Latin Squares, Cross-over Designs, Incomplete Blocks.

It may be possible to form homogeneous groups of subjects in two different ways. Thus a large agar plate may accommodate 36 sites and a 6-point antibiotic assay could then be laid out in a square array in which both the rows and the columns of the square form natural groupings. Again, if different operators are concerned in setting up an assay using animals from different litters, both operators and litters form a basis for grouping. Comparisons may be made within both forms of group by a Latin square design. A Latin square is a square array of letters in which each letter occurs just once in each row and column. Examples are given in Fisher and Yates (1953) together with a description of the method of randomization. Using a 6×6 square and identifying the letters with the different treatments we obtain the layout for a 6-point assay given in Table 9. The necessary modification to the analysis concerns only the analysis of variance. Here we must include sums of squares for both rows and columns, calculated from row and column totals in the usual manner. The number of replicates must be equal to the number of treatments, or a multiple of this; in the latter case, several Latin squares will be used, each being separately randomized.

Table 9. *Latin square design for 6-point assay.*   *Analysis of variance:*

U_2	S_0	S_1	U_0	U_1	S_2			d. f.
S_0	U_2	U_1	S_2	S_1	U_0	Rows		5
S_1	S_2	S_0	U_2	U_0	U_1	Columns		5
U_0	U_1	U_2	S_0	S_2	S_1	Doses		5
U_1	U_0	S_2	S_1	S_0	U_2	Residual		20
S_2	S_1	U_0	U_1	U_2	S_0	Total		35

A development of this principle applies when a test-subject can be used on several successive occasions. The analysis may now be slightly more complicated, since there are two sorts of comparison, between different subjects and between different occasions on the same subject. Of these, the latter will often be much more precise, but it is not always possible to build up all the necessary contrasts from comparisons of this kind. The simplest case is that in which each subject can be used on a number of occasions equal to the number of different treatments. The subjects and occasions can then be identified with the rows and columns of a Latin square, and the analysis is straightforward. It must always be borne in mind that in this type of assay, the response of a subject on one occasion is assumed to be unaffected by that on a previous occasion; no test of this assumption is incorporated in the analysis, and it must be made the subject of a preliminary investigation.

The randomized block designs described above require that each block should contain as many subjects as there are treatments. This is not always possible, but smaller blocks can often be utilised by means of *incomplete block designs*. In these designs, some of the treatment contrasts are identified with block differences and some information is thus discarded, but this loss will often be trivial in comparison with the gain due to the elimination of block-to-block variability from the estimate of error. In addition, it is sometimes possible to arrange that the materials and slope constrasts are estimated with full accuracy, the effect of blocking being confined to a loss of sensitivity in the validity tests.

A useful design of this type for a 6-point assay in blocks of four subjects is given in Table 10. There are three types of block which should be used in equal numbers. The analysis of this design is particularly simple. The contrasts for materials, slope and curvature ii are unaffected by the blocking, but the other two contrasts must be adjusted by means of the block totals. We have

Table 10. *Design for 6-point assay in blocks of 4.*

	S_0	S_1	S_2	U_0	U_1	U_2
Block type I	×	×			×	×
Block type II	×		×	×		×
Block type III		×	×	×	×	

$$L_1' \text{ (adj)} = L_1' + \tfrac{1}{2}(B_{III} - B_I) \qquad \text{divisor} = 3$$
$$L_2 \text{ (adj)} = L_2 + \tfrac{1}{2}(B_I - 2B_{II} + B_{III}) \text{ divisor} = 9$$

where B_I, B_{II} and B_{III} represent the total responses in blocks of the three types. In the analysis of variance, the treatments sum of squares is derived from the contrast totals (after adjustment of L_1' and L_2) rather than from the plain treatment totals. Apart from this the analysis is unaltered.

For a 6-point assay in blocks of two, three block-types can again be used, viz. (S_0, U_2), (S_1, U_1), and (S_2, U_0). It is found that the contrasts for parallelism and curvature i are derived entirely from comparisons between groups (and so may result in very insensitive tests). Accordingly, the usual sum of squares between blocks is broken down to give a second error mean square, which is used only for the validity tests of L_1' and L_2. The structure of the analysis of variance when there are $3K$ blocks in all is

	d. f.
L_1', L_2	2
Error (1)	$3K - 3$
Between blocks. . .	$3K - 1$
L_p, L_1, L_2'	3
Error (2)	$3K - 3$
Total	$6K - 1$

The two sums of squares for treatments are derived from the contrast totals in the usual way by squaring, dividing by the appropriate divisors, totalling and finally dividing by the number of replicates at each dose. It is essential in setting up this assay that the pairs of subjects should be allotted at random to the block types, subject to an equal number of each type being used.

IV. The Planning of Assays with a Quantitative Response.

With parallel line assays, the precision for a given number of subjects falls off as the number of doses used increases. The most economical design is thus the 4-point; but its lack of comprehensive validity tests is a drawback in critical work or in the early stages of an investigation, and the 6-point design is often to be preferred. In slope-ratio assays the same consideration applies, but the 3-point design, though the most economical, lacks any form of validity test and is not recommended for general use. There is seldom any reason to use more than 3 dose-levels of each material in these assays, although in preliminary investigation of a new assay procedure, a large number of levels may be needed to give the shape of the dose-response curve along its whole length.

The range between the highest and lowest doses should be as large as possible without going beyond the range of linearity. As one extreme dose of the unknown material will lie beyond the extremes of the standard, the dose range of the latter must be somewhat less than the known range of linearity, the actual reduction depending on what previous knowledge is available as to the potency of the unknown.

The fiducial range is decreased and the danger of exceeding the range of linearity is lessened if the unknown is diluted to give a potency close to that of the standard. In many cases it will be worth while to do a rough pilot assay as a preliminary operation, possibly by some simpler technique, the resulting potency estimate being used to plan the full-scale assay. For slope-ratio assays, it is best to dilute the unknown to slightly less than the standard potency to insure against non-linearity when the preliminary estimate of potency is too low.

The number of subjects required for a given precision in a parallel line assay depends on the ratio of the slope to the standard error. The slope b is calculated as $L_1/4nI$ for the 6-point and $L_1/2nI$ for the 4-point design. Then the approximate standard error of M, the log relative potency, is $4s/Nb$, where N is the *total* number of subjects in the assay, and the expected fiducial range is about $\pm 4ts/Nb$. This will tend to be an under-estimate, particularly if the potency of the unknown is very different from that of the standard, and this underestimation is more serious for the 6-point than for the 4-point design. For slope-ratio assays, the key quantity is s/bX, where b and X are the slope and the highest dose of the standard preparation. For the 5-point design b is given by $(5\,L_1 - 7\,L_p)/35\,n$ and the approximate standard error of the relative potency is $\sqrt{8\,s/Nb\,X}$.

D. Indirect Assays with a Quantal Response.

In many indirect assays, the response is of a quantal or "yes—no" nature; the commonest examples are insecticide and fungicide assays when the response is the death of the subject, but quantal assays have also been used for the estimation of insulin and vitamins E and K, as well as in other contexts. The procedure is to apply each dose to a number of subjects and to record the percentage giving the standard response. If these percentages are plotted against log dose the

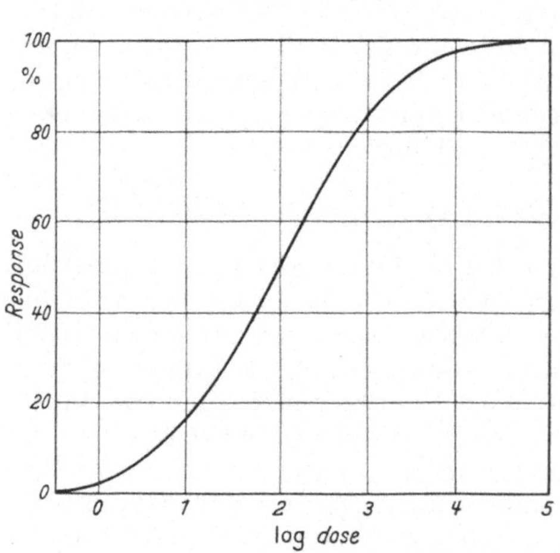

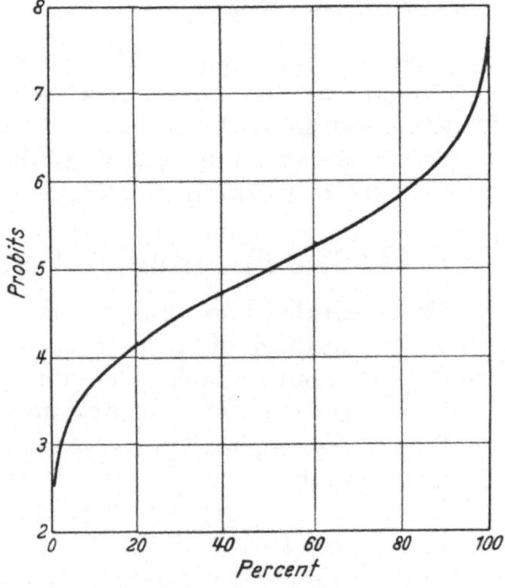

Fig. 3. Normal sigmoid dose-response curve.　　　　Fig. 4. Relationship between percentages and probits.

resulting dose-response curve commonly takes the *sigmoid* or S-shaped form shown in Fig. 3, and this curve can be transformed into a straight line by replacing the percentages by *probits*. The relationship between percentages and probits is shown in Fig. 4; tables are given in Finney (1952) and Fisher and Yates (1953). Unfortunately it is not usually possible to find a transformation which gives linearity over the range 0—100% response and at the same time equalises the variability at different levels of response. The analysis of probit assays is consequently more complicated than those dealt with so far.

The probit transformation is based on a theoretical model which often conforms fairly closely with reality. It is assumed that each subject has a certain *threshold dose*, and that it will respond to all doses exceeding the threshold. The threshold doses will differ from one subject to another, so that there will be a frequency distribution of thresholds over the population of subjects. If this distribution is normal when dose is measured in logarithms, the probit and log dose transformations will produce a straight dose-response line. Other threshold distributions have been suggested which involve slightly different transformations, but the one treated here seems the best for general use.

I. Calculation of a Probit Assay.

Table 11. *Pyrethrum assay on T. Castaneum*

(1) Log. dose x	(2) No. of subjects n	(3) No. responding r	(4) % responding p	(5) Empirical probit	(6) y	(7) nw	(8) y	(9) nwx	(10) nwy	(11) Y'
					Standard					
0	46	0	0	$-\infty$	3.0	6.0	2.58	0.0	15.480	2.67
1	47	7	15	3.96	4.0	20.6	3.96	20.6	81.576	3.86
2	45	22	49	4.97	5.1	28.5	4.98	57.0	141.930	5.05
3	45	40	89	6.23	6.1	18.2	6.22	54.6	113.204	6.24
4	45	45	100	∞	7.2	4.1	7.59	16.4	31.119	7.43
						77.4		148.6	383.309	
					$1/\Sigma nw = .01291990$					
					Unknown					
0	42	0	0	$-\infty$	2.6	2.6	2.23	0.0	5.798	2.30
1	44	5	11	3.77	3.6	13.3	3.80	13.3	50.540	3.49
2	45	13	29	4.45	4.7	27.7	4.46	55.4	123.542	4.68
3	45	37	82	5.92	5.8	22.6	5.91	67.8	133.566	5.87
4	43	43	100	∞	6.8	7.7	7.26	30.8	55.902	7.06
						73.9		167.3	369.348	
					$1/\Sigma nw = .01353180$					

	$\overline{x}$	$\overline{y}$	S_{xx}	S_{xy}	S_{yy}	χ^2	d. f.
Standard	1.920	4.9523	78.703	93.610	111.847	0.506	3
Unknown	2.264	4.9979	71.954	85.774	105.222	2.975	3
Total			150.657	179.384	217.069	3.481	7
					Parallelism	0.000	1

$$b = 1.191$$

$$Y_s - 4.9523 = 1.191\,(x - 1.920) \qquad Y_s = 1.191\,x + 2.666$$
$$Y_u - 4.9979 = 1.191\,(x - 2.264) \qquad Y_u = 1.191\,x + 2.301$$

$$I = 0.301$$

$$\text{log. } ED \text{ 50's} \cdots m_s = 1.960 \qquad m_u = 2.266 \qquad M = -0.306$$

$$g = 1.96^2/(150.657 \times 1.191^2) = 0.0180$$

5% fiducial limits—

$$-0.344 + \frac{+0.038 \pm \sqrt{0.07047}}{0.9820} = -0.036 \text{ or} -0.575$$

$$R = 0.671 \cdots 0.809 \cdots 0.975$$

The results of an assay of two pyrethrum strains are given in Table 11. The materials are applied as sprays to sets of flourbeetles *Tribolium castaneum* and the proportions killed are recorded after 6 days. The first column of the table gives the log doses (x) on an arbitrary scale, a constant dose-ratio of 2 having been used. The second column gives the number of subjects used at each dose (n) and the third the number responding (r). The fourth column gives the percentage response (p) and the fifth records the corresponding probit figures which are plotted in Fig. 5. 0% or 100% responses correspond to infinite probit values and these are indicated on the diagram by means of arrows. The next step is to plot provisional dose-response lines on the diagram. These should be drawn **parallel** and it should be borne in mind that responses between 4 and 6 probits are more accurately determined than responses outside this range. From these lines we read off provisional probits (Y) against each dose, and record them in the sixth column. The relative accuracy with which each response is determined is reflected in its *weight* (w) which depends on Y and which is found in the appropriate tables. The weight for each response is multiplied by the total number of subjects involved and entered as nw in column 7. We also require the *working probit* y which depends on Y and p and which is also found from tables. The nw values are multiplied successively by the appropriate x's and y's and entered in columns 10 and 11. Totals of nw, nwx and nwy are found for each material separately, and the means $\bar{x}$ and $\bar{y}$ are calculated as

$$\bar{x} = \Sigma\, nwx/\Sigma\, nw \qquad\qquad \bar{y} = \Sigma\, nwy/\Sigma\, nw.$$

The next step is to calculate the weighted sums of squares and products of the x's and y's. We have for the standard preparation

$$\begin{aligned}
S_{xx} &= (\Sigma\, nw.\ \Sigma\, nwx^2 - (\Sigma\, nwx)^2)/\Sigma\, nw \\
&= (77.4\,(6.0 \times 0 + 20.6 \times 1 + \cdots + 16.4 \times 4) - 148.6^2)/77.4
\end{aligned}$$

$$\begin{aligned}
S_{xy} &= (\Sigma\, nw.\ \Sigma\, nwxy - \Sigma\, nwx.\ \Sigma\, nwy)/\Sigma\, nw \\
&= (77.4\,(15.480 \times 0 + 81.576 \times 1 + \cdots + 31.119 \times 4) - 148.6 \times 383.309)/77.4
\end{aligned}$$

$$\begin{aligned}
S_{yy} &= (\Sigma\, nw.\ \Sigma\, nwy^2 - (\Sigma\, nwy)^2)/\Sigma\, nw \\
&= (77.4\,(15.480 \times 2.58 + 81.576 \times 3.96 + \cdots + 31.119 \times 7.59) - 383.309^2)/77.4
\end{aligned}$$

are similarly for the unknown. For each preparation we form a quantity χ^2 calculated as

$$\chi^2 = S_{yy} - S^2_{xy}/S_{xx}$$

This is associated with degrees of freedom two less than the number of doses — in our example, 3 d.f. for each line. The two degrees of freedom lost correspond to the mean and slope of the dose-response line, which have been estimated from the data. The significance levels of χ^2 have been tabulated (FISHER and YATES, 1953) and the two values obtained provide significance tests for the linearity of the two dose-response curves. For 3 d.f. the 5% level of χ^2 is 7.815, so that neither of our two curves departs significantly from linearity.

We can now add the values of S_{xx}, S_{xy} and S_{yy} to give those shown in the total line, and obtain a new value of χ^2 with d.f. three less than the total number of doses—we are now fitting parallel dose-response lines with two different means and one common slope. Subtracting the two χ^2's already obtained, we are left with a χ^2 with 1 d.f. which provides a test of parallelism. In our example, this χ^2 value is very small — the lines depart from parallelism a good deal less than the experimental errors would have led us to expect.

The validity tests for linearity and parallelism have been satisfied, and we proceed to estimate the equation to the dose-response lines. We find the slope b as S_{xy}/S_{xx} from the Total line, and the equations are then for the standard

$$Y_s - \overline{y}_s = b(x - \overline{x}_s)$$

and for the unknown

$$Y_u - \overline{y}_u = b(x - \overline{x}_u)$$

From these equations we can complete the last column of the table (Y') giving the fitted values of Y for each value of x.

In theory we should now repeat the calculations inserting the fitted values in column 6 to estimate new weights, and should continue in this way until columns 6 and 11 coincide. In practice, however, two such cycles of computation are almost always sufficient, and unless the data are very irregular so that the positions of the initial lines are uncertain one cycle will often be enough. As a rough-and-ready guide, a second cycle should be carried out if any of the differences between cols. 6 and 11 exceed 0.2, except perhaps at the extreme responses. Our example is rather a borderline case; I shall complete the working on the basis of the first cycle only and will give below the results of a second cycle.

The positions of the dose-response lines are commonly specified by the log doses which produce responses of 5 probits or 50%. The correspond-

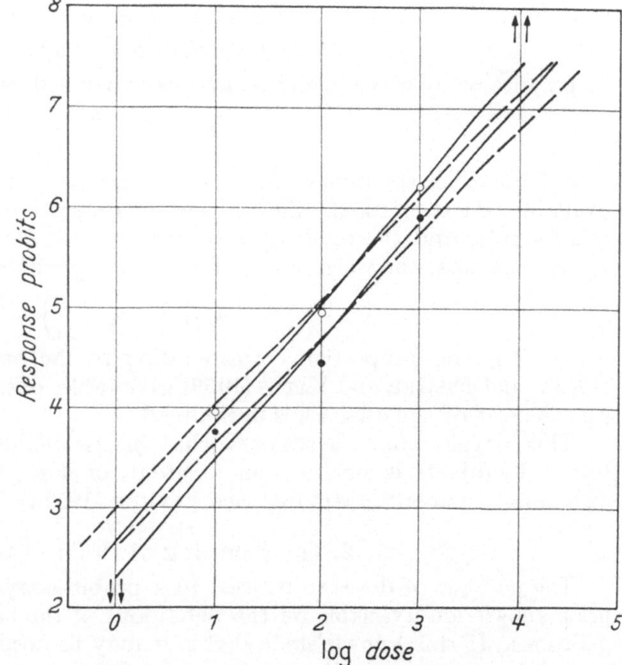

Fig. 5. Pyrethrum assay, showing preliminary and fitted dose-response lines.

ing dose is usually referred to as the *median effective dose* or *ED* 50. The log *ED* 50's (denoted by m_s, m_u) for the two lines are found from their equations by putting $Y = 5$ and solving for X. The log relative potency is then given by $M = (m_s - m_u)$, and the fiducial limits of this quantity are

$$\overline{x}_s - \overline{x}_u + \frac{(M - \overline{x}_s + \overline{x}_u) \pm \sqrt{\left[g\left((M - x_s + x_u)^2 + (1 - g)\left(\frac{1}{s\Sigma nw} + \frac{1}{u\Sigma nw}\right) {}_T S_{xx}\right)\right]}}{1 - g}$$

Here $_s\Sigma nw$ and $_u\Sigma nw$ are the sums of the nw values for standard and unknown, and $_T S_{xx}$ is taken from the Total line. g is given by $t^2/b^2 {}_T S_{xx}$ where t, which refers to a theoretical and not an estimated variance, has ∞ d.f. The log relative potency and limits are all still measured in the arbitrary scale, and must be multiplied by I, the log dose interval, before taking antilogarithms. The first cycle gives a relative potency of 0.809, with 5% limits from 0.671 to 0.975. After

a second cycle of computation, the relative potency is estimated as 0.816, with
5% limits from 0.676 to 0.989. The estimate after one cycle would be adequate
for almost all practical purposes.

1. Allowance for Non-zero Response in Untreated Subjects.

In many quantal assays, it is possible for untreated subjects to show the
characteristic response to a certain degree and it is good assay practice to run a
batch of untreated control subjects to check on this. If a response rate p_0 is
observed in the controls, it can be allowed for fairly simply in the analysis.

Suppose in a treated batch of subjects the expected proportion responding
to the treatment is p. A proportion p_0 are expected to respond for reasons other
than the treatment, and so a proportion p of the remainder will respond to the
treatment alone, and the overall proportion responding will be

$$p' = p_0 + p(1 - p_0)$$

In practice we observe p_0 and p', and can then deduce p from the formula

$$p = \frac{p' - p_0}{1 - p_0}$$

This formula is sometimes known as ABBOT's *correction*; a convenient table is
available (HEALY, 1952). Each observed proportion responding is adjusted by
this formula, and the resulting p values are used for the rest of the calculation.
Apart from this, the weights are affected, being reduced in the ratio

$$P \left/ \left(P + \frac{p_0}{1 - p_0}\right)\right.$$

where P is the proportion corresponding to the expected probit Y. FINNEY
(1952a) and FISHER and YATES (1953) give tables of w directly in terms of Y and
p_0. The rest of the analysis is unchanged.

This simple analysis assumes that p_0 is well-determined. If the control
batch of subjects is small or non-existent, or if p_0 exceeds about 20%, a more
elaborate treatment is required (see FINNEY, 1952a).

2. The Planning of Probit Assays.

The number of doses to be used in a probit assay depends on the amount of
prior knowledge available on the behaviour of the standard and unknown preparations. If this knowledge is slight, it may be necessary to use several closely
spaced doses to ensure that some of them fall in the centre of the range and thus
produce worthwhile information. If doses can be chosen in advance to ensure
this, a 6-point assay with equal numbers of subjects at each dose is probably
the most useful for general purposes. I have discussed elsewhere (HEALY, 1950)
the planning of such an assay and have given some guidance upon the best
dose-ratio and the number of subjects required to attain a given degree of precision.

In carrying out the assay, it is as always necessary to adopt a process of
randomization for allocating the subjects to the doses. Failure to do this may
result in the χ^2 values for the individual lines exceeding the significance level,
a phenomenon known as *heterogeneity*. As mentioned above, these χ^2 values
provide tests of linearity; however if there are several dose-levels, it may be that
a line giving rise to a large χ^2 shows no evidence of a systematic departure from
linearity, and we are then led to suppose that heterogeneity is present. In this
case we have to use an estimated instead of a theoretical error, the χ^2's taking
the place of sums of squares in an analysis of variance. The two values are
summed and divided by their total degrees of freedom to give a *heterogeneity
factor* corresponding to the usual error mean square. In the formula giving the

fiducial limits of M, g must be multiplied by the heterogeneity factor, and the value of t used should have the appropriate number of degrees of freedom. This is clearly a procedure to be adopted with considerable caution. It is in any case of little use with the 6-point design since there are only 2 d.f. for error, so that the fiducial limits will be intolerably wide; also it is impossible to distinguish heterogeneity from invalidity due to curvature of the dose-response lines.

II. Alternative Methods for Evaluating Quantal Assays.

The complete analysis of quantal assays by the above process is undoubtedly rather tedious, though the time taken will often be negligible compared with that spent in obtaining the data. For many purposes it is useful to have a rapid means of assessing the results of a quantal assay. For example, efficient design of the assay requires a rough preliminary idea of the relative potency of the unknown material; this is most easily obtained by running a small-scale pilot assay, using a wide range of fairly closely-spaced doses and an approximate but quick method of analysis.

The quickest method of all is simply to plot the results, transforming to probits and logarithms or using log-probability paper. Parallel dose-response lines are drawn by eye, and the relative potency is read off as the horizontal distance between lines. Unfortunately, the plotted points may be very irregular in a small scale assay, and an arithmetical method may be required. The best method in the present context is probably the SPEARMAN-KÄRBER method, which is applied to each line separately to estimate the log ED 50's, the log relative potency being given by the difference between the two as shown above. The method is best applied to data with a wide range of doses, since it is necessary to assume that the response is zero at the lowest dose used and all lower doses and 100% at the highest dose used and all higher doses. If this is so, the ED 50 is estimated by

$$m = X_k - I \left(\Sigma p - {}^1/_2 \right)$$

where X_k is the highest log dose used and p represents a proportion responding. If one extreme dose just fails to give 0 or 100% response, an extra fictitious dose with the required response may be inserted, though this expedient should not be used uncritically.

It is often suggested that some approximate method such as the above should replace the probit technique for general use. There are two serious drawbacks to this suggestion. First, it economises time at the expense of materials; in general the SPEARMAN-KÄRBER and other such techniques do not use all the information in the data, and moreover they necessitate an experimental design which does not use the available material to the best advantage. Secondly, they lack any form of validity test and so may sometimes give very misleading results.

BERKSON (1944) has suggested an alternative technique based on the *logistic curve*, which differs slightly from the normal sigmoid implied by probit analysis. This requires about the same amount of calculation per cycle as the probit method, but one cycle is all that is required unless there are 0 or 100% responses. However, one probit cycle will also be sufficient in most practical cases, and the slightly greater flexibility of the probit method gives it a certain advantage.

E. The Conduct of Biological Assays.

The statistical evaluation of a biological assay frequently accounts for only a small part of the total cost of the assay, whereas by extracting all the information from the data it may often produce important economies. If this is to be so, two considerations must be borne in mind. The first is that the analysis must be that appropriate to the experimental set-up. I have stressed throughout the importance of random allocation of subjects to treatments, except where this is restricted by the experimental design. It is scarcely too much to assert that the process of randomization used completely determines the form of the analysis. As an example, suppose a 6-point feeding assay is carried out in four replicates on guinea-pigs housed four in a cage. It may be thought convenient to place the four animals receiving a certain treatment in a cage together; but if this is done, the cages become the experimental units in place of the animals, and the fourfold replication is wasted.

The second point—not so trivial as it sounds—is the need for accuracy. Great care is needed to ensure that the figures presented for analysis give a true record of the experimental results, and only bitter experience can show the difficulty of avoiding errors of calculation. Some kind of check is essential; the best is to have each assay computed independently by two workers who only compare results at the end of the computations, but gross errors in the estimate of relative potency can be guarded against by comparison with a graphical estimate obtained when plotting the results before the calculations are started.

Full statistical rigour is usually essential when animals are used as test-subjects, from the ethical as well as the economical point of view. Useful discussions of practical problems in this field can be found in György (1951) and Worden (1948). Under other circumstances, especially with some microbiological assays, it may be economical to ignore some of the available information in the interests of more rapid computation. I have described elsewhere (1949) a rapid method for computing 6-point assays which is likely to be very efficient unless the number of replicates is large; Leech and Grundy (1953) have extended the technique to include assays in blocks. An alternative method is due to Gridgeman (1951), and similar techniques could easily be developed for slope-ratio assays. I have already discussed some rapid methods for computing quantal assays; these usually involve an inefficient design as well as inefficient analysis and so are somewhat less attractive, even though the full-scale analysis is a good deal more arduous in this case.

Acknowledgements. I am grateful to Mrs. D. P. James, Mr. F. B. Leech and Dr. C.Potter for providing unpublished data used in the examples, and to Mr. J. H. A. Dunwoody for assistance with the computations.

References.

Berkson, J.: J. Amer. Statist. Ass. **39**, 357—365 (1944).—Bliss C. I.: J. Amer. Pharm. Ass. **28**, 521—530 (1939); **33**, 225—245 (1944); The Statistics of Bioassay. New York: Academic Press 1952 — Burn, J. H., D. J. Finney and L. G. Goodwin: Biological Standardization. London: Oxford University Press 1950.

Finney, D. J.: Statistical Method in Biological Assay. London: Griffin. 1952. Probit Analysis. 2nd Edn. Cambridge University Press 1952a.— Fisher, R. A., & F. Yates: Statistical Tables for Biological, Agricultural & Medical Research. 4th Edn. Edinburgh: Oliver & Boyd 1953.

Gridgeman, N. T.: Biometrics **7**, 201—221 (1951); Analyst **77**, 239—245 (1952). — György, P. (ed.): Vitamin Methods. New York: Academic Press 1951.

Healy, M. J. R.: Biometrics 5, 330—334 (1949); **6**, 424—431 (1950); Ann. Appl. Biol. **39**, 211—212 (1952).

Jerne, N. K., and E. C. Wood: Biometrics **5**, 273—299 (1949)

Leech, F. B., and P. M. Grundy: Brit. J. Pharmacol. 8, 281—285 (1953).

Miles, A. A.: Analyst **73**, 530—537 (1948).

Worden, A. N.: The U.F.A.W. Handbook on the Care and Management of Laboratory Animals. London: Baillère, Tyndall & Cox. 1948.

Methods Involving Labelled Atoms.

By

J. Glover.

With 25 Figures.

The application of tracers to biological research and in particular to problems in plant physiology and biochemistry has received considerable attention during the last decade. The main principles underlying the use of tracers, the methods adopted and the results achieved have been discussed in a series of excellent reviews and books, which are listed at the end of this section. Only a few of these, however, discuss in some detail the equipment and technical procedures employed. The present work mainly attempts to assemble information on the procedures for the assay of the various types of isotopes when prepared in the form of either a solid, liquid or gaseous sample. The radioactive isotopes are used more extensively than the stable variety in tracer research for two main reasons. Firstly, the dilution of the isotope in the tissue which can be tolerated, while still allowing its detection and estimation with reasonable accuracy, is very much greater in the case of the radioactive element: a millionfold compared to only a thousandfold for the stable isotope. Secondly, the cost of the equipment for detecting and analysing test materials labelled with radioactive isotopes is much less and it is also easier to service and maintain. However, when it is necessary to follow the metabolism of the nitrogen and oxygen atoms, the stable isotopes N^{15} and O^{18}, are the only ones available. Furthermore, it is often of advantage to be able to follow simultaneously the different pathways of metabolism of neighbouring groups or atoms, in a given molecule (e. g., the two carbons of acetic acid, or the β-carbon and nitrogen of an amino group, in an amino acid). This is done most effectively, using doubly-labelled compounds with one atom marked with a stable isotope and the other with a radioactive isotope. It is therefore desirable in tracer research to have access to equipment for the assay of both types of isotopes. The techniques for detecting and assaying radioactive isotopes are described first.

A. Methods for Radioactive Isotopes.

The nature of the problem and the particular isotope to be used for its investigation influence to some extent the selection of the most suitable equipment. Where an isotope such as P^{32}, with a high radiation energy (E_{max}. 1.75 Mev.) is the label in an experiment, e. g. on the translocation of phosphorus in the plant, the dilution will be relatively small, and hence less sensitive equipment can be used than that required for studies such as arise in determining the detailed pattern of the labelling of the carbon atoms of an amino acid or sugar, e. g. from a plant which has been photosynthesising in $C^{14}O_2$ (the E_{max}. for $C^{14} = 0.15$ Mev.).

Table 1 below gives a list of a few of the radioactive isotopes which have already been used widely in biological tracer research, together with their half-lives and radiation energy. Full details of all other isotopes of biological interest can readily be obtained from the various handbooks of physics and chemistry.

I. Detection of Radioactive Isotopes.

Detailed information on the theory of operation of the various detection devices is given in the series of text-books listed in the bibliography. However, a few of the basic principles are discussed here to aid the reader to assess the merits of the particular types of equipment for certain problems. In brief, the main methods of detection of radioactive isotopes are based on the ionization properties of the particles and photons themselves, or of the secondary radiations produced by them.

Table 1.

Symbol and Mass No of Isotope	Half-life	Radiation Energy (Mev).	
		Particle	γ
H^3 (T)	12.5 yr.	β^-, 0.017—0.019	—
C^{14}	5.300 yr.	β^-, 0.155	—
Na^{24}	14.8 hr.	β^-, 1.39	1.38, 2.76
P^{32}	14.3 d.	β^-, 1.71	—
S^{35}	87 d.	β^-, 0.167	—
Cl^{36}	4.4×10^5 yr.	β^-, 0.73, β^+,	K
K^{42}	12.4 hr.	β^-, 3.58; 2.04	1.51
Ca^{45}	152 d.	β^-, 0.26	—
Fe^{55}	5.0 yr.		K
Fe^{59}	47 d.	β^-, 0.26; 0.46	1.10; 1.30
Co^{60}	5.3 yr.	β^-, 0.308	1.115; 1.317
Cu^{64}	12.8 hr.	β^+, (15%) 0.657; β^-, (31%) 0.571	K(54%) 1.35
Zn^{65}	250 d.	β^+, (1.3%) 0.35	K (98.7%) 1.11
Mo^{99}	67 hr.	β^-, 1.05; 0.21	0.164; 0.284; 0.625
I^{131}	8 d.	β^-, 0.650; 0.250	01.77; 0.364

K = electron capture in the K orbit.

The basic principle of the main group of these methods is to arrange that the ionization takes place in a gaseous medium, between two oppositely charged electrodes usually in an enclosed system (Fig. 1) so that the positively and negatively charged ions can be collected on the cathode and anode respectively, and hence a measure of the ionization produced obtained. However, as the charged ions move in the electric field, they will collide with other molecules, and if their energy is sufficiently great, they may produce more ions before they reach the collecting electrode. Thus, the magnitude of the charge collected, is dependent on the voltage impressed across the electrodes.

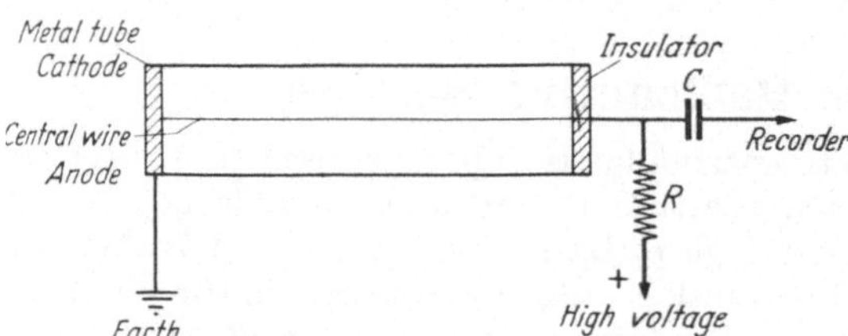

Fig. 1. Diagram of GEIGER-MÜLLER Counter. R high resistance 10—100 MΩ. C coupling condenser 50—100 $\mu\mu$F.

When the logarithm of the quantity of charge collected on the anode is plotted against increasing voltage applied across the electrodes, curves such as those shown in Fig. 2, are obtained for α- and β-radiations.

In regions I and II, the detection device functions as an *ionization chamber*. Initially, in region I, the number of ions collected is directly proportional to the voltage applied; then in region II, all the ions produced in the gas volume between the electrodes are collected. Beyond this voltage, in region III, the primary ions moving under the influence of a stronger electric field, have gained sufficient energy to produce secondary ions, and the number produced is proportional to the number of initiating primary ions. This region is then called the true *proportional region*. The difference in height of the curves A and B, reflects the difference in the number of ion pairs produced by each type of radiation. It will be noted that in this region some amplification of the initial ionization takes place. With increasing voltage, a transitional region (IV) is passed where the ionization produced depends both on the initial number of ions produced and also on the voltage. Here, with increasing voltage, the ionization due to the various particles, tends towards a steady value, independent of the number of initiating ions. This is the commencement of the GEIGER-MÜLLER *region* (V), in which any primary radiation tends to produce the same amount of ionization at a given voltage. As the voltage increases through this region however, the absolute magnitude of the ionization increases. Finally, beyond this region, the recording device goes into continuous discharge (region VI). The various pieces of equipment then, for the detection and assay of radioactive isotopes, operate at suitable voltages in one of the three main regions: II (Ionization-chamber), III (Proportional-counter), and V (GEIGER-MÜLLER counter).

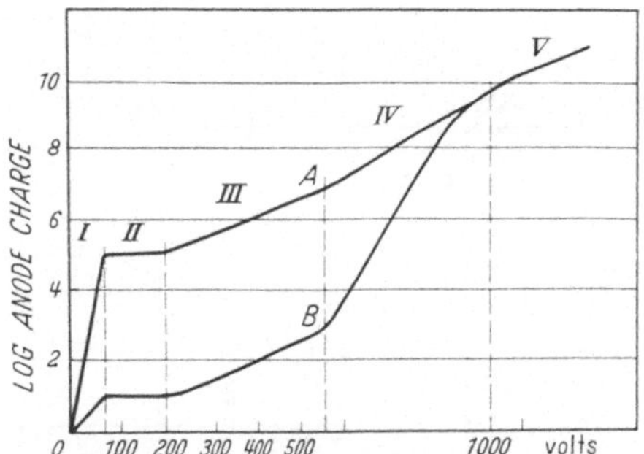

Fig. 2. Change in Ionization Produced by α-Rays (Curve *A*) and β-Rays (Curve *B*) with Increasing Voltage. (Adapted from MONTGOMERY and MONTGOMERY, 1941.)

In addition to the above three methods, a system which is extremely efficient for the detection of the very penetrating γ-rays or X-rays makes use of the property these photons have for exciting various substances, so that they fluoresce. The scintillations produced usually in large crystals, e. g. of anthracene or of "thallium-activated" sodium iodide can be amplified electronically, by a photomultiplier tube and so recorded. This device is called a *scintillation counter*.

For qualitative and semi-quantitative work, certain photographic emulsions which are fogged by the various radiations, have proved useful in the *autoradiograph* technique for the location of isotopes in plant tissues or for indicating the position of radioactive substances on paper chromatograms.

The various instruments of detection are discussed roughly in order of their sensitivity for assaying the radioactivity of solid samples, which are the most common type. The assay of radioactive solutions are also dealt with in the appropriate section. Then the more specialised methods used for assaying the low energy β-particle emitters in the gaseous form are discussed and finally the equipment for detecting γ-radiation. In a final section, the various autoradiograph techniques are described.

1. Electroscopes.

One of the most sensitive of these is the instrument designed by LAURITSEN and LAURITSEN (1937). It is based on the principle of the gold-leaf electroscope. It has a gold-sputtered quartz fibre in place of the gold leaf, and having much lower electrical capacity is a more sensitive element. The fibre is mounted on a parallel support, insulated from and projecting into the closed metal chamber, as shown in the diagram, Fig. 3. When a voltage of 100—200 V. is applied to the metal support, the fibre diverges from its support, and looking through the eyepiece, the little cross fibre attached to it can be seen to move across the scale of 100 divisions. It would remain in that position if the insulator were perfect and if no ions were to reach the element and so cause the charge to leak away. However, background radiation due to cosmic rays penetrating the walls of the chamber and other radiations from minute traces of contaminants in the materials of the instrument and its surroundings, together with leakage across the insulation release the charge on the fibre and allow it to collapse towards the metal support and assume its original unchanged position. The rate at which this movement takes place is recorded, using a stopwatch. This is the background drift, and is usually about 4 divs./hr. The sensitivity of the instrument is approx. 1 to 4 scale divisions/mc.[1] of radium at 1 metre distance.

This instrument is generally used for gamma and strong beta-radiations, such as that of I^{131} and P^{32} respectively. It is an excellent, stable and robust instrument for assaying quantities of tracer in microcurie amounts where very large dilutions can be avoided.

Procedure. The rate of movement of the fibre across the scale is usually not uniform over the whole 100 divisions, so in putting the instrument in operation it is essential to determine the scale linearity so that the linear portion may be selected for assay. This usually extends for 50—70 divs. The

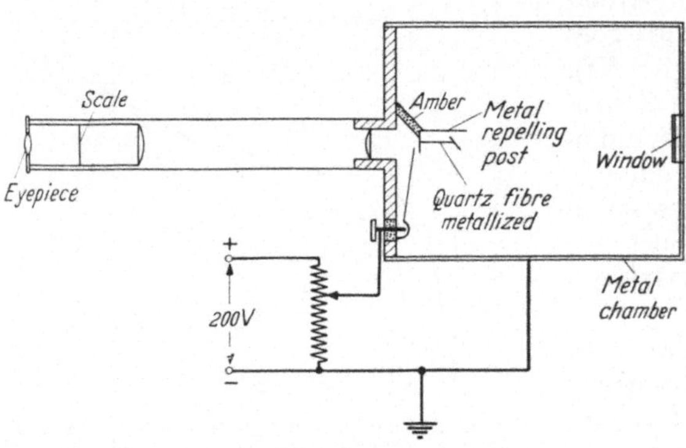

Fig. 3. Lauritsen Electroscope.

electroscope is charged with a d. c. voltage (100—200 V.) which may be obtained from batteries but the commercial models usually incorporate a rectifier unit operating from the a. c. mains. The electroscope, which is mounted as a complete unit with a rectifier, potentiometer and light source, is charged so that the fibre lies on the scale close to zero. Then with a moderately active sample (0.1 μc.) of P^{32} spread evenly on a planchet and placed centrally on the cardboard tray under the window of the chamber the rate of movement of the fibre is determined over each 10 div. of the scale (using a stopwatch). The whole operation should be repeated, and the linear portion determined by noting the section of the scale giving uniform times. The background rate is then determined over a section of this uniform region, for a period of 30—40 mins. Next, a suitable working standard[2] is inserted, and the rate of drift again determined. This is to check any change in sensitivity. Finally the sample preparation mounted in the same manner as that of the standard, and in the same position with respect to the electroscope, is assayed.

The radioactivity of the sample

$$= \left(\frac{\text{divs/sec. for sample} - \text{divs/sec. background}}{\text{divs/sec. for standard}} \right) \times \text{activity of standard.}$$

These readings are reproducible to about 0.5% over any given scale range. In tracer research work, however, the above instrument is not sufficiently sensitive

---

[1] 1 mc = one millicurie $\equiv 3.7 \times 10^7$ disintegrations per second. 1 curie = amount of a nuclide which undergoes 3.7×10^{10} disintegrations per sec..

[2] U_3O_8 mounted on a slight recess on a metal plate or cardboard, and covered with Sellotape to keep it intact, makes a suitable working standard for checking any changes in sensitivity of the electroscope, from day to day. The working standard can be calibrated against the main accurate standard, of known radioactivity.

for the assay of very small amounts of the low energy β-particle emitters such as C^{14} and S^{35}, whose radiations would be strongly absorbed in the thin mica window. To get over this difficulty, HENRIQUES, KISTIAKOWSKY, MARGNETTI, and SCHNEIDER (1946) have modified the chamber to take a special sliding bar or shelf by means of which a radioactive sample (e. g. $BaC^{14}O_3$) can be inserted inside the chamber. This avoids the window absorption, but still the sensitivity is low. Another group of workers (ROBERTS, BENNETT, HOLROYD and FUGITT, 1948) have also used this type of modification successfully. When the electroscope case has been opened like this, it is essential to have a drying agent within the chamber to maintain the air dry. The latter workers used a tray of anhydrous magnesium perchlorate covered with lens paper. Samples dried over the same reagent in a desiccator gave reproducible readings 5 mins. after placing in the chamber.

Sensitivity. A 55 mg. sample of a substance containing ca. 0.05 μc. radioactive carbon prepared as $Ba^{14}CO_3$ on a 2.9 sq. cm. sample tray showed a rate of discharge of the fibre about 6—7 divs./min. The absolute sensitivity of this modified instrument is 10^{-4} μc., which is of the order of background and comparable with the sensitivity of a thin end-window type GEIGER-MÜLLER Counter. Considerable care, however, has to be exercised to minimise fluctuations of temperature, and to maintain the atmosphere of the electroscope dry to ensure reproducible results. Furthermore, while the cost of the apparatus is much smaller than that of the G.-M. counting equipment, according to HENRIQUES et al. (1946), the life of the modified electroscope when run fairly continuously is only about 1 year.

Ionization Chamber Combined with an Electroscope or an Electrometer. By using an ionization chamber and applying 200—300 V. to the outer electrode, a greater field strength can be obtained to ensure a more efficient collection of the ion pairs formed by the radiation

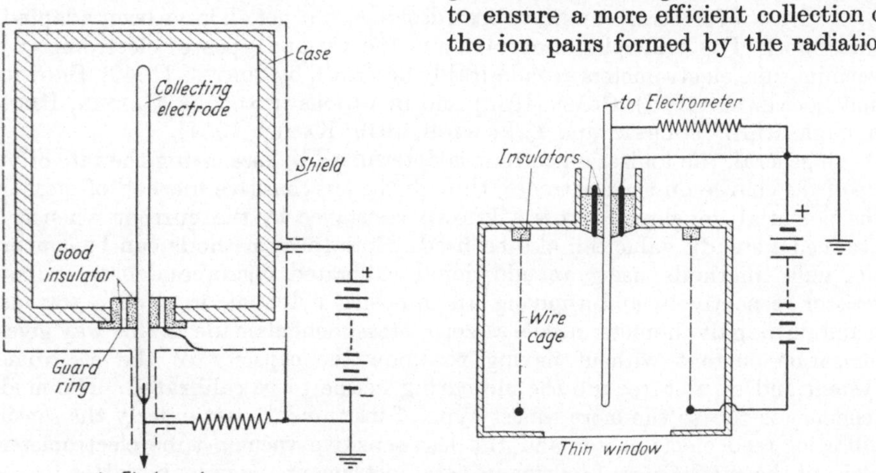

Fig. 4. Typical Ionization Chamber.

passing through the gas in the chamber. Two types of instrument are shown in Fig. 4. Type A is filled with radioactive gas and the other, Type B, has a thin end-window for the assay of external samples. The former is a cylindrical metal chamber with a centre rod of fairly large diameter supported in a good insulator such as polystyrene. The latter has a wire cage electrode, negatively charged with respect to the centre rod and the outer wall. This arrangement also reduces background due to negative electrons formed by α-particle contamination from the walls of the instrument. This type is more suitable for the detection of the stronger radiations whereas the former is largely used for the weak β-particle emitters such as radiocarbon[14] which can be used as the filling gas in the form of carbon dioxide.

The main advantages of the ionization chamber are that it has no delicate moving part like the electroscope and that the dimensions are not critical, provided no ionization can take place at the voltage used in the absence of radiation. Again, for the assay of weak β-particle emitters such as carbon[14], the chamber being of robust construction, can be evacuated and refilled with $C^{14}O_2$ to a suitable pressure, ensuring a high counting efficiency. The purity of the filling gas is not so critical as that required for assay of the isotope in the GEIGER-MÜLLER region. Larger samples of $C^{14}O_2$ (up to 20 m. moles) may be satisfactorily assayed than is possible with any other counting arrangement.

Ionization Chamber — Electroscope Equipment. HENRIQUES and MARGNETTI (1946a) built an ionization chamber comprising a glass envelope (200 ml. capacity), the inner surface of which was silvered, and then covered with colloidal carbon. This formed the outer electrode, the central rod was connected to the metal, repelling post of a LAURITSEN electroscope. This instrument was used for the assay of both carbon[14] and tritium (HENRIQUES and MARGNETTI, 1946b). As little as 3×10^{-5} μc. carbon[14] diluted with 20 m. moles of ordinary carbon can be detected. This amount of CO_2 was required to fill the chamber to a pressure of two atmospheres.

Ionization Chamber — Electrometer Equipment. Usually however, in place of the electroscope, a very sensitive electrometer is used for the direct measurement of the small ionization currents produced.

A variety of electrometers have been designed, but not all have been adapted for tracer work. The principles of operation of the various types of electrometer and vacuum-tube electrometers are admirably described by CURTISS (1949), BROWNELL and LOCKHART (1952), GLASS (1952) and in various textbooks (CALVIN, HEIDELBERGER, REID, TOLBERT and YANKWICH, 1949; KAMEN, 1951).

In general, the ionization current is determined by measuring the rate of build up of the charge on the electrodes, though the less sensitive method of measuring the potential developed across a known resistance by the current when it has attained a steady value can also be used. Both these methods can be converted to "null" methods using an additional calibrated micro-condenser or micro-resistor respectively and applying an opposing potential, in such a way as to maintain the galvanometer needle at zero. Measurements made in this way give the ionization current without having to know the capacity of the electrometer system and do not require the indicating needle to be calibrated. The modern tendency is to use the more robust type of instrument, particularly the sensitive vibrating-reed electrometer and the less sensitive vacuum-tube electrometer in place of the mechanical Lindemann type instrument, though the latter has been used successfully even for carbon[14] assay (JESSE, HANNUM, FORSTAT and HART, 1947).

The vibrating-reed (dynamic-condenser) electrometer (LE CAINE and WAGHORNE, 1941, and PALEVSKY, SWANT and GRENCHIK, 1947) is a modification of the generating voltmeter (HULL, 1932). It is proving very suitable for the measurement of radioactive tracers though the instrument is rather costly. The principle of its mode of action is briefly as follows. A reed, whose natural frequency of vibration is made to coincide with that of the a. c. mains supply is mounted on an insulator and forms one electrode of a condenser, the other electrode is stationary and connected to the ion chamber. The oscillation of the reed usually at earth potential generates an a. c. voltage whose amplitude is dependent on the charge on the fixed electrode. This a. c. voltage is amplified and then synchronously rectified. A d. c. meter of ordinary sensitivity is used as an indicator.

In the case of the vibrating reed electrometer, the potential developed across the reed capacitance is nulled to some extent, enabling the measurement of the ionization current to be determined without knowing the capacitance of the reed system or any ionization chamber used with it. This null circuit device is explained in detail by BROWNELL and LOCKHART (1952).

The instrument is extremely sensitive, because it is possible to filter the output of the amplifier to exclude all frequencies except that due to the oscillating reed. Currents as small as 10^{-17} amperes ($\equiv 5 \times 10^{-6}\,\mu c$. radiation from $C^{14}O_2$) may be measured.

The background current is of the order $1—5 \times 10^{-16}$ amperes, depending on the ionization chamber and gas pressure, etc. used; and samples yielding an activity corresponding to only 170 disintegrations/minute, can be assayed with $< 5\%$ instrument error. Using a standard sample of the material to be assayed, a calibration curve to convert ionization current into disintegrations/min. is usually prepared to enable the radioactivity level of an unknown sample to be read off directly.

In carrying out an assay, the ionization chamber is usually fastened firmly by screws to the electrometer head. The 300 V. battery is connected to the chamber, the positive lead to the wall of the chamber and the negative lead to the reed. According to BROWNELL and LOCKHART (1952), it is essential to wait 30 min. before taking any measurements. This allows initial electrical and mechanical stress currents within the insulator to be reduced to a negligible value. During this time, however, the power to the reed and the amplifier is also left switched on.

The ionization current is usually measured by the sensitive rate of drift method (needle drifts across the scale as the charge on the electrode increases) and commences when the key, which connects the ion-collecting electrode to earth, is carefully disconnected. The stopwatch or a synchronised automatic recorder is then started and the time in mins., which elapses for the needle to show a deflection corresponding to 10, 100 or 1000 millivolts depending on the level of radioactivity of the sample under assay, is recorded. (Often only the number of divisions which the trace on the recorder has passed over is used. If the rate of movement of the chart is say x div./hr., then the time interval is easily obtained.)

The ionization current in amperes is determined as follows:

Let the deflection of the electrometer needle = an increase of V volts,

$$\text{time} = t \text{ in secs.}$$

and the ionization current $= I$ amps.,

$$\text{then } I = \text{rate of increase in charge} = \frac{\text{Increase in charge}}{\text{time taken (secs.)}} = \frac{V \times k}{t\,(\text{secs.})}$$

where k is a factor including the capacity of the feedback condenser in the electrometer and the conversion factor (mv/v volts)

$$k = \frac{\text{capacity of condenser } (C)}{1000}.$$

Then from the calibration curve the number of disintegrations per minute corresponding to the ionization current found can be readily seen.

2. Geiger-Müller Counters.

Essentially this instrument consists of a cylindrical cathode, through which is placed a fine wire anode usually of tungsten metal. The cathode at earth potential may form the outer wall of the counter, but generally the two electrodes are sealed in a thin glass envelope with good insulation between the leads, see Fig. 5(a). The gas fillings used are various but usually consist of one of the monatomic inert gases, helium, argon or neon, and a quenching[1] agent such as the polyatomic organic substances, alcohol or ethyl formate. Halogen gas is also a good quenching agent. Tubes filled with neon and halogen gases have lower

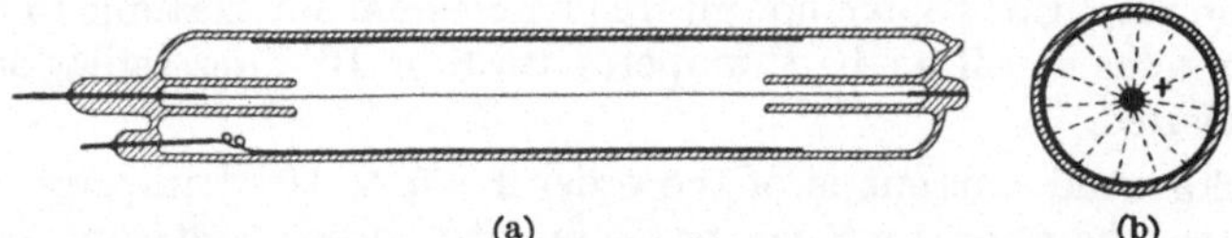

(a)   (b)

Fig. 5. (a) Cylindrical Geiger-Counter with Thin Glass Wall and Deposited Silver cathode for β-Particles. (b) Electro-static Lines of Force between the Coaxial Electrodes.

starting voltages, about 400 V. to 600 V., compared to ca. 1,000 V. for the former type of quenching agent. Furthermore, theoretically, they have an indefinite life since the quench gas is not destroyed in the discharge (Franklin and Loosemore, 1951). Their plateaux however, have greater slopes, ca. 5%/100 volts compared to 1% for ethyl formate types. Many of the counters are filled at relatively low gas pressures, but some have been specially designed to operate at pressures close to atmospheric so that delicate thin windows may be inserted in the end, or wall of the counter. A high positive voltage applied via a very high resistance $10\,M\Omega$ to the centre anode wire creates a convergent electric field [Fig. 5 (b)] across the counter causing the electrons to accelerate towards the centre wire, near which they make many more effective collisions with the molecules of the filling gas releasing more ion pairs until a discharge eventually takes place, known as a Townsend avalanche. This results in a great amplification of the initial ion pairs.

Following the discharge, the voltage drops, owing to the production of a positive ion sheath around the centre wire. The counter is then insensitive to new radiation until the layer of positive ions has diffused away towards the cathode, thereby allowing the strong electric field to be restored.

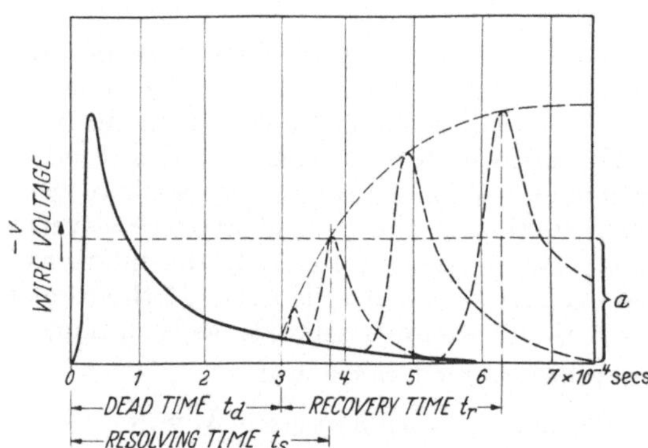

Fig. 6. G.-M. Counter Pulse Characteristics. a: Minimum Pulse which is Recorded by Detecting Circuit. (Adapted from Stever, 1942).

The quenching gas in the counter prevents these positive ions from impinging on the counter wall and liberating further electrons which would maintain the discharge. Stever (1942) followed the pulse pattern using a cathode ray oscillograph. He was able to demonstrate the formation of the pulse and follow the changes which take place in a counter tube from the initiation of the discharge until the tube recovers. These are graphically shown in Fig. 6.

---

[1] Quench gas has a lower ionization potential and its ions dissociate easily on striking the cathode.

Here the negative wire voltage is plotted against time (of the order of microseconds). The time required for the initial pulse to be formed and die away is called the "dead time" (t_d). The period until the counter voltage is restored to the level at which a maximum pulse is formed is called the recovery time (t_r). The detecting circuit however, may be triggered by a pulse much smaller than the maximum so the counter may record a pulse before complete recovery. The minimum time at which this occurs is called the resolving time (t_s). It will be noted that this depends on the sensitivity of the detecting circuit.

If the number of ionizing events (pulses) which take place in a minute is plotted against the voltage applied to the counter, the characteristic curve shown in Fig. 7 is obtained.

V_o is the starting voltage. As the voltage is increased, the pulse size and the number detected increase until at V, the threshold voltage virtually all the ionizing rays which enter the counter are detected. With further increases in voltage the pulse size increases, but the total number of pulses recorded remains much the same until V_2 is reached'. Here the counter develops multiple and giant spurious pulses, and eventually tends towards continuous discharge. The portion of the curve between V, and V_2 is called the plateau; it usually extends for some 200 volts. The best operating voltage is then at a short distance along the plateau. The manufacturers who supply the various counting tubes, usually indicate the correct voltage for a particular tube. The halogen gas is not destroyed by dissociation, as are the organic quench vapours so it is practical to operate this type of counter at the centre of the plateau.

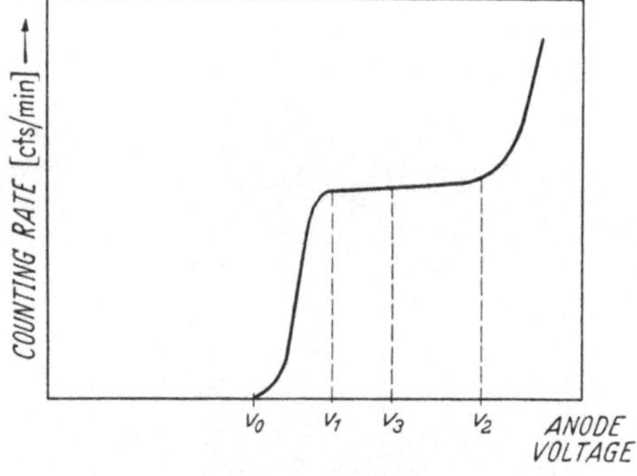

Fig. 7. The Change in Counting Rate with the Voltage Applied to a GEIGER-MÜLLER Counter.

Electronic Equipment for GEIGER-MÜLLER Counters. The electronic equipment required to operate a GEIGER-MÜLLER Counter is as follows: a stabilised extra high voltage unit, generally 300 to 2000 or 3000 volts divided up into ranges on the

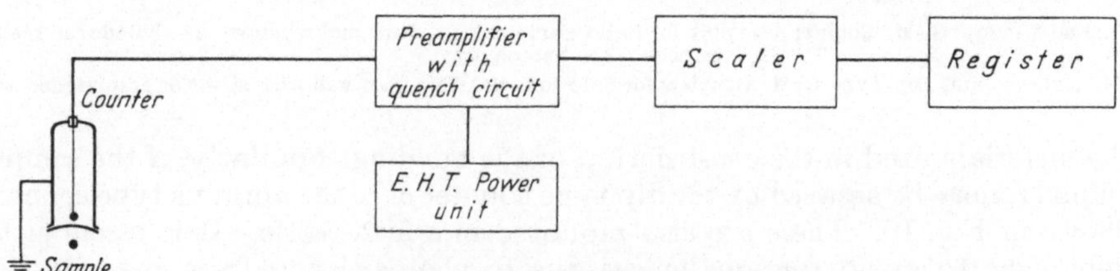

Fig. 8. Block Diagram of Counting System for G.-M. Counters.

voltmeter scale, to supply power to the counter; a small preamplifier, or cathode follower unit, is inserted between the counter and the scaling circuit and a cathode follower unit which may also include an electronic quench circuit, i. e., one which lowers the voltage applied to the counter for a known time following the discharge, thereby inactivating it for a given period. The quench or paralysis time can be set at various times (200—500 μs.) enabling an accurate estimate of the length of time the counter was in action during an assay to be calculated. The amplified pulses are fed into the electronic scaling unit which scales the number down to a suitable rate at which the mechanical register (post-office counter) can operate (10 pulses/sec.). Some scalers make provision for setting the paralysis of the detecting circuit to a given time.

The block diagram, Fig. 8, indicates the manner in which the units are coupled together.

The counter tube is mounted above a sample-containing rack (Fig. 9) and the whole housed in lead screening ($1^1/_2$—2″ thick) called a "lead castle", to cut down the background pulses due to cosmic rays and traces of radioactive contaminants

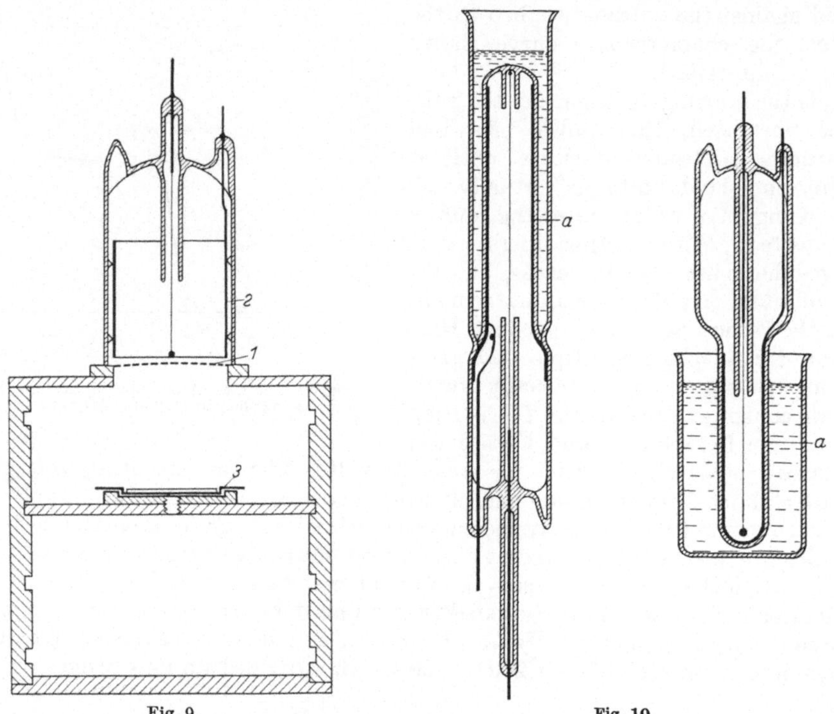

Fig. 9.   Fig. 10.

Fig. 9. End Window G.-M. Counter Assembly for Solid Samples. 1 — Thin mica window; 2 — Cylindrical metal cathode; 3 — Sample tray.

Fig. 10. Annulus- and Dip-Type G.-M. Counters for Solutions. (a) Thin glass wall with silver or graphite deposit.

in the materials used in the construction of the building. Similarly, if the sample is a liquid it may be assayed by the dip type counter or in the annulus type counter as shown in Fig. 10. These are also mounted in a lead castle. It is essential to exclude light to avoid spurious pulses due to photoemission from the cathode.

The other various units, excepting perhaps the preamplifier, may be built on one chassis and enclosed in a single box or assembled as separate units in a rack. British instrument manufacturers generally favour the latter scheme, whereas the United States equipment is usually assembled as one compact unit. Both systems have their advantages and disadvantages. It is now becoming general practice for some of the electronic components, particularly the similar sections of the scaling unit to be assembled as smaller sub-units which are connected to the main chassis by a 5 or 6 pin plug. If a fault should develop in one of them, a spare unit can be quickly replaced, thereby reducing considerably delays which might arise in servicing.

Types of Preamplifier. The counter is connected by as short a screened lead as possible to the preamplifier, to avoid losses in pulse height due to the capacity of the connector. This is particularly important with the halogen quenched counters which have very low operating voltage 400—700 volts. Tracerlab Inc., Boston, manufacture an excellent compact unit which the author has found useful for exploring chromatography paper. It has the preamplifier built into and set immediately above the counter which is enclosed in a cylindrical lead shield.

The quench type preamplifier which paralyses the counter for a definite time interval usually 200, 300, 400 or 500 μsec. is extremely useful for obtaining high accuracy in counting *(vide infra)*. The preamplifier forms a suitable pulse to trigger the scaling unit. When installing a counting outfit, it is sometimes necessary to adjust the gain control of the preamplifier so that the maximum number of pulses will be recorded from a given source. It is preferable to use the least amplification necessary in order to reduce the possibility of producing spurious pulses.

Scaling Units for Detecting Counter Pulses. There is available commercially, a very large variety of these units. Their function is to enable a large number of pulses to be recorded at a very fast rate. The mechanical register or post-office counter can only accept up to about 10 pulses/sec. before it jams and fails to resolve counts at a higher frequency. Some of the more modern 6 digit registers, will however take 16 pulses/sec., and the electronic registers using the cold cathode "Dekatron"[1] glow transfer tubes, which have a scale of ten in one envelope, have a resolving time of 1 millisecond.

The early electronic scaling units were based on the flip-flop circuit, a binary system devised by Eccles-Jordan. This circuit emits one pulse for every two received. By combining a series of these circuits it is possible to reduce the actual count rate down to a convenient value for the operation of the mechanical counter by one of the ratios 1:2, 1:4, 1:8 up to 1:128. It is not often necessary to go much higher than this. Recently from the binary system, a decade system (ROTBLAT, SAYLE and THOMAS, 1948) has been developed. Most recent scalers have two scales of 10, enabling the ratios 1:10, 1:100 to be used before the mechanical counter is operated. This simplifies the calculation of the total number of counts recorded. This circuit has proved useful where there is a considerable number of samples to be handled routinely, but the decade circuits are somewhat more complicated than the binary and may require more servicing and maintenance. The units and tens of pulses are shown clearly by little indicator neons. The hundreds are recorded by the mechanical counter. The scalers are all fitted with a "Reset" control which restores the electronic circuit to its initial stable position before counting commences on the new sample. In many cases the mechanical register can also be restored to zero reading by means of a milled thumb-screw or electrically. This is desirable. The older type P. O. counters however, cannot be returned to zero after each sample count and hence it is always necessary to record the starting value before counting commences.

To reduce the routine labour associated with counting, a number of scalers have the extremely useful additional refinements such as a control for preselection (a) of the total number of pulses or counts to be recorded, and (b) of the time of counting.

In the former case (a), the instrument is switched off by the timing clock, when the preselected total of counts is reached. This is advantageous when it is desired to have the same statistical error for the assay of a series of samples. The other automatic timing device (b) enables the operator to carry on with other

---

[1] Labgear (Cambridge) Ltd., England.

work without having to stand by to switch off after the required time of counting has elapsed. Many instruments have the timing clocks built in them.

The various scalers can be coupled with additional units for the recording of very active samples but this is not usually necessary for tracer work. Theoretically the scalers can accept pulses up to a rate of approx. 600,000 cts./min. to 1,000,000 cts./min., whereas in practice the levels of radioactivity for assay are kept down to ca. 2,000—3,000 cts./min. to minimise the coincidence error *(vide infra)* in Geiger-Müller counting.

Further additional pieces of equipment which can be used in association with the scaler are automatic sample changers and printing interval timers which can be used together as described in Tracerlog. No. 50 (1953). The sample changer holds 25 samples and is used with a scaler preset to count a given number of pulses and with the printing interval timer. The latter will record the time of counting for each sample on a strip of paper, enabling the counting operation for the various samples to be completed automatically to the same statistical error. Background determination may be made at suitable intervals by inserting sample blanks in the appropriate places on the sample changer. This apparatus eliminates the routine of counting a large number of samples and may be set to operate overnight without attention.

Power Units. In equipment manufactured in the United States of America, the stabilised high voltage unit is usually combined with the scaling unit in one housing. The range covered lies generally within the limits 350 to 3,500 volts, which is stabilised to 0.2 volt in E. H. T. for every 1% change in mains voltage. This degree of stabilisation is necessary to reduce the errors introduced through the normal a. c. mains fluctuations.

To date, the majority of British manufacturers[1] make the stabilised E. H. T. power units separate from the scaling unit following the designs of instruments for nuclear physics. This system has many advantages because the power units are usually available covering a greater voltage range, 300 to 4500 volts, and hence can be used for counting in the proportional region as well as in the Geiger-region. The stabilisation provided in the British units is much the same as that mentioned above. However, for an instrument to be used routinely in a biochemical laboratory for the assay of radioactive materials in the Geiger-region, it is more convenient to have a neat compact single instrument containing the power supply, scaler and register as one unit.

For the equipment involving separate electronic units which have to be connected together, it would be of considerable advantage to the user, if the various types of plugs and connectors were standardised.

Internal Sample Geiger-Müller Counters. With the end window counters there is considerable loss in counting efficiency for the weak β-emitters because of the appreciable absorption of the radiation even in the thinnest window (minimum about 1.5 mgs./cm^2.) and also on account of the relatively poor geometry relationship between sample and sensitive volume of the counter. The internal sample counters have been developed largely as an answer to the above difficulties with the isotopes of carbon, sulphur and calcium.

A few very special types such as the screen-wall counter designed by Libby and Lee (1939) and also used by Benson (1949) are not discussed here because they are not commercially available and are not suitable for routine analysis.

The windowless gas-flow type counter *(vide infra)* has proven the most convenient arrangement giving a very high efficiency of counting (approximately 50% geometry). This type of instrument is widely used in the United States. The

---

[1] Panax, Ltd., London, makes a combined scaling and power unit.

sample is placed inside the counter and a gas mixture, 99% helium: 1% isobutane[1] or helium bubbled through ethanol at 0° C (KELSEY, 1949), is passed through slowly to exclude air. The counter operates in the GEIGER-region around 1300 volts. The counting chamber accommodates a 1″ sample and a 3-position turntable allows preflushing of the sample in its recess with the gas mixture, enabling counting to be carried on as soon as the sample is turned round into the counting position. An automatic sample changer for this type of counter has been designed by NYE and TERESI (1951).

There has been some difficulty however in the use of these counters owing to the accumulation of a positive charge on the samples which are poor conductors. This results in a diminution in counting efficiency. The trouble can be overcome to a large extent by using a metal sample planchet with a broad lip in contact with the cathode or by mixing the sample with a trace of graphite to act as a conductor. Alternatively the sample may be sputtered with metal.

The loop-line windowless flow GEIGER-counter designed by DAMON (1951) overcomes the charge difficulty by placing a shielding wire across the tube just above the sample. The position of the wire in relation to the sample and the loop anode is critical however, so considerable care has to be exercised in preparing the counter.

The sensitivity of these counters is up to 30 times greater than that of the end-window type.

3. Proportional Counters.

The proportional counter used for tracer work is invariably the type where the sample in the solid or gaseous form is placed inside the counter. The counters used for gas samples, however, will be discussed in a later section.

Proportional counting has the advantage that there is no "dead time" following a pulse and hence the rate of counting can be very high without appreciable coincidence losses. Furthermore, there is better linearity than with GEIGER-MÜLLER counting (BORKOWSKI, 1949; ROBINSON, 1950). There is the additional

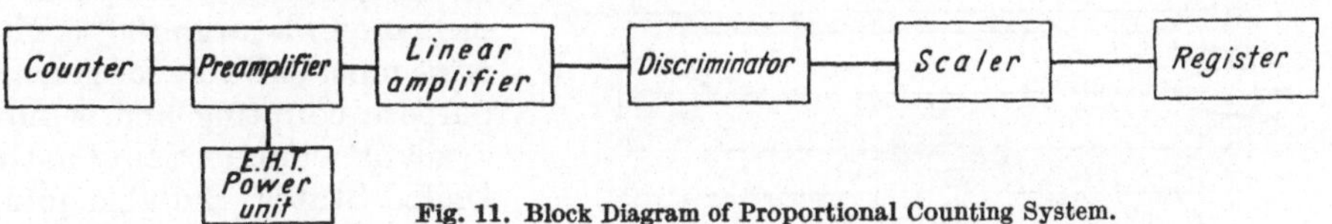

Fig. 11. Block Diagram of Proportional Counting System.

advantage that it is possible to differentiate the pulses due to α- and β- or γ-radiations. The counter is more robust and has an indefinite life. The main disadvantage is that it is necessary to have additional electronic equipment (i) a linear amplifier to increase the pulse voltage to a suitable level to trigger the scaling unit and (ii) a discriminator to resolve the various types of radiations from background "noise" and from each other. The arrangement of the apparatus is shown in the block diagram (Fig. 11).

The two types of counters (shown in Figs. 12[2] and 13[3]) are used in particular for counting weak β-emitters almost exclusively in the proportional region. There are also available commercially[4] a few other windowless gas flow counters which may be used for counting in either the GEIGER or proportional region.

---

[1] Tracerlab Inc. Sc-16 instrument. Tracerlog No. 29, 1950.
[2] Nuclear Measurements Corpn. Indianapolis, USA.
[3] Nucleonic and Radiological Developments Ltd., London, England.
[4] Tracerlab Inc., Boston USA. Radiation Counter Laboratories Inc. Chicago USA.

The anode wires and gas mixtures for the latter are different for each type of counting. A few assemblies have been designed for the counting of a number of samples. With these there can be some time saving by reducing or eliminating the gas preflush periods (Tracerlog No. 29, 1950).

The main advantage of the windowless gas flow counters is the very high efficiency for counting β-radiation which they possess. Samples inserted in them are counted with 2π geometry and that means an efficiency of approx. 50% for thin samples not including the effect of back scattered radiation from the sample mount. Self absorption in thick samples will however cause some reduction in counting efficiency.

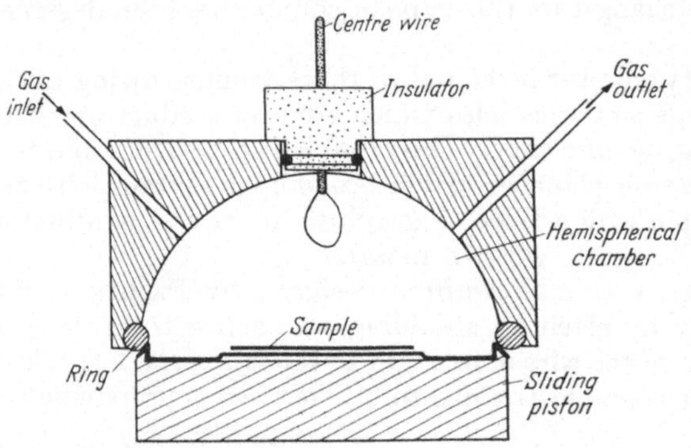

Fig. 12. Section through the centre of a hemispherical Proportional Counter. (By courtesy of Nuclear Measurements Corpn., Indianapolis, USA.)

The samples prepared on flat mounts are placed on a metal slide which is accurately machined to fit smoothly with the main body of the counter. The whole assembly is fitted with a gas inlet and outlet for the counting gas mixture. The gas is usually fed through a bubbler at a constant rate to flush out the small amount of air which enters the chamber with the sample ($^{1}/_{2}$ min. for Nuclear Instrument Proportional counter). This gas stream at slightly positive pressure keeps air excluded during the period of assay. The Tracerlab Inc. instrument possesses a turntable carrying three sample positions — one for loading, one for preflushing with gas and one for counting. This eliminates preflushing time. The gas mixture recommended for proportional counting is methane 10%, argon 90%: This is the most suitable for general purpose counting and is now available commercially[1] in the United States. Suitable quantities of this mixture can be prepared on a laboratory scale from the individual gases which are readily obtained. The methane should be fairly pure and free from oxygen. Though the individual gases themselves may be used, the applied potential required for the mixture is much lower, about 1400—1700 volts for counting β-particles. Tracerlab Inc. recommend 99% He with 1% isobutane for counting in the Geiger region. Helium bubbled through alcohol at 0° C may also be used.

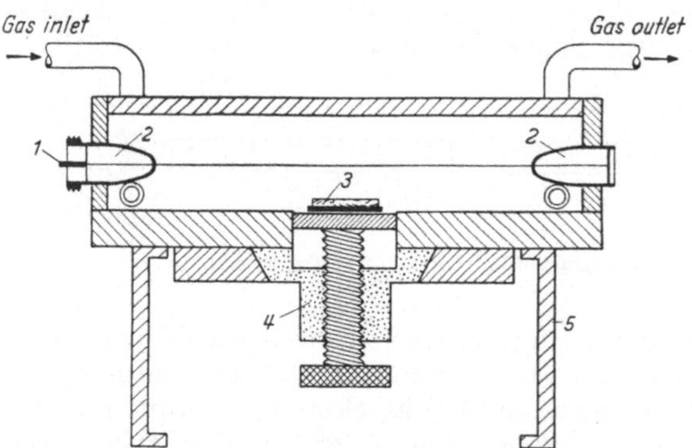

Fig. 13. Section through a horizontal type Proportional Counter. (Adapted from Sharpe and Taylor, 1951. This type of counter is manufactured by Nucleonic and Radiological Development, Ltd., London.)

The windowless gas flow counter operating in the proportional region is the best system for tracer work in biology where weak β-emitters are used.

---

[1] P—10 gas mixture, The Matheson Co. Rutherford, N. J., USA.

4. Gas Counting.

With the previous equipment, the samples have to be prepared in the solid form except in the few cases where special GEIGER-MÜLLER liquid counters could be used for the assay. With low-energy radiation such as that of carbon and tritium, there are often considerable losses in efficiency of counting, owing to absorption of the β-particles by the counter windows and also by the samples themselves. If the radioactive material is introduced into the counter or ionization chamber as an integral part of the counting gas phase, then self-absorption is eliminated and the efficiency of the counting system is dependent only on the ratio of the sensitive volume to the total volume of the counter.

NEVILLE (1952) lists the main advantages of the gas counting arrangement and discusses the merits of the various techniques. The preparation of an isotope sample in the gaseous form is much more reproducible than in the solid form; and once a suitable glass manifold and vacuum system has been built for handling the gases, it is relatively easy to select a convenient amount of the labelled gas for assay in the counter. With solid samples on the other hand, considerable care has to be taken with the varying quantities of material which may be used on the sample tray to obtain a satisfactory reproducibility for their assay. However, the main

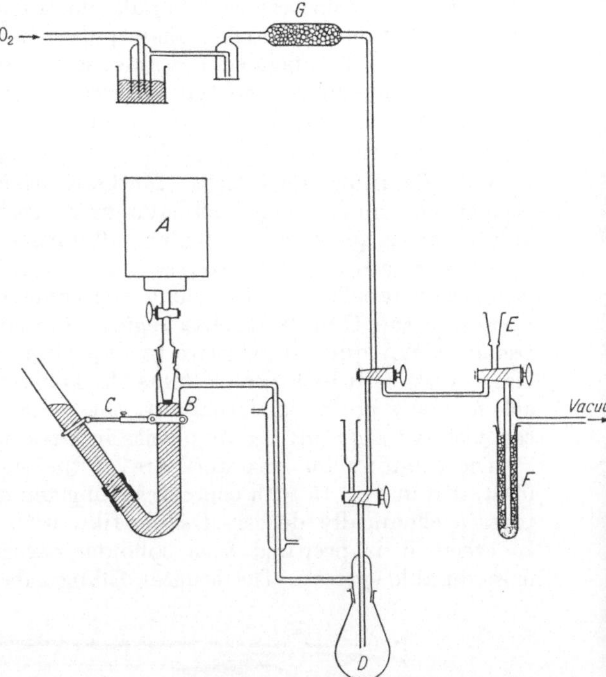

Fig. 14. Diagram of apparatus for transferring the Carbon Dioxide released by wet combustion in flask (D) directly into an Ion Chamber (A). B Sintered glass disk sealed with a mercury column; C Device for adjusting the level of the mercury; E Connector for emptying ion chamber; F soda-lime tube for absorbing waste CO_2 from ion chamber; G Drying tube for inactive CO_2 supply. (Redrawn from NEVILLE, 1953.)

advantages of the gas-counting method are the one mentioned above and the high efficiency which is obtained in the determination of the weak β-radiation of the above isotopes.

Ionization Chamber. Ionization chambers have been used by a number of workers for assaying radio-carbon[14] as $C^{14}O_2$ (JESSE *et al.*, 1947; JANNER and MOYER, 1948; BIGGS, KRITCHEVSKY and KIRK, 1952; GLASS, 1952) and tritium as TH or as labelled methane or ethane (GURIN and DELLUVA, 1947; PLACE, KLEIN, SCHACHMAN and HARFEINST, 1947; WHITE, CAMPBELL and PAYNE, 1950; and BIGGS, KRITCHEVSKY and KIRK, 1952). The advantages of the ionization chamber over pulse-counting arrangements, particularly when the former is used with the sensitive vibrating-reed electrometer, have been discussed by NEVILLE. The main ones are concerned with the simplicity of routine operation and maintenance. The chamber design may be simple and the method of filling it need not be elaborate, since the purity of the filling gas is not critical. The Fig. 14 shows a typical arrangement. The sample of C^{14}-labelled material is placed in the flask D for combustion with an oxidising medium like the van Slyke-Folch reagent (1940). The carbon-dioxide formed is swept into the evacuated ionization-chamber with a slow stream of inert CO_2. When the pressure in the combustion system exceeds atmospheric, the mercury column is pushed down from the sintered disk, allowing the CO_2 to enter the chamber. After the analysis the chamber is connected to the system at E, the CO_2 absorbed in F for disposal, and the ion-chamber evacuated ready for the next run. Large gas samples may be used when the level of radioactivity is low since the addition of a second "charge transfer" gas is unnecessary as in pulse counting. The equipment is commercially available but is more costly than pulse counting apparatus. The ionization chamber is usually operated at atmospheric pressure and above. The sensitivity, of course, depends on the type of electrometer used; with the vibrating-reed instrument this is about $10^{-5}\,\mu c$. Radiocarbon and tritium have been assayed by this method.

Pulse-Counting Equipment. Methods using pulse-counting equipment are theoretically more precise and have great sensitivity since almost every disintegration taking place in the counter will initiate a pulse.

Greater care has to be exercised, however, in preparing and in purifying the isotopically labelled gas for filling the counter, particularly if it is planned to operate in the Geiger-Müller region. Counters operating in the proportional region are not quite so sensitive to impurities in the gas filling. Again, often in tracer work with biological systems the amounts of a particular substance available for assay are so small that only the most sensitive method of assay available can yield a result sufficiently precise in a reasonable time.

The counters for this work are of the standard glass cylindrical type, as illustrated in Fig. 15 with concentric tungsten anode wire. The cathode is sometimes a chemically deposited silver film with a covering of colloidal graphite. In others it is prepared from colloidal carbon[1] alone. This seems to be the most durable system. The counter filling tube is fitted with a standard tapered

Fig. 15. A typical counter for the assay of C^{14} and T (H^3) in gaseous form. a: Silver deposit with graphite on top or graphite alone. b: Thimble for condensing gases. c: Connector for gas line.

ground glass joint for connection to a vacuum manifold, whereby an aliquot of the radioactive gas may be admitted for assay and later removed for disposal.

Geiger-Müller *Counting.* Glass counters into which the labelled carbon dioxide or tritiated gas can be placed from a manifold are coming into more extensive use, particularly for the assay of very small amounts of the isotope. Among the earliest methods to be tried, was that of the addition of a small amount of the radioactive gas to the standard gas filling for the Geiger-Müller counter. According to Calvin *et al.* (1949) the addition of 4 mm. pressure of radioactive carbon dioxide affects but does not destroy the properties of the standard argon-alcohol gas mixture. This technique is difficult to make reproducible however, and is not now used.

---

[1] These counters are readily made up in the laboratory to any suitable dimension, using "Aquadag" (Acheson Colloids Ltd.)—colloidal graphite in water—for preparing the cathode.

Carbon dioxide gas alone is a poor counting gas, and BROWN and MILLER (1947) examined extensively various combinations of CO_2 with other gases and vapours to obtain a suitable filling mixture for counting in the GEIGER region. They found that they could obtain good counting characteristics when 2 cm. (Hg) of CS_2 as a "charge transfer" gas was added to the carbon dioxide. Suitable filling pressures for various sizes of tubes ranged from 10—50 cm. (Hg) CO_2: 2 cm. CS_2. The threshold voltages varied from 1800 to 4,500 volts depending on the counter diameter and CO_2 pressure. The plateaux obtained were excellent with slopes usually $< 2\%/100$ volts.

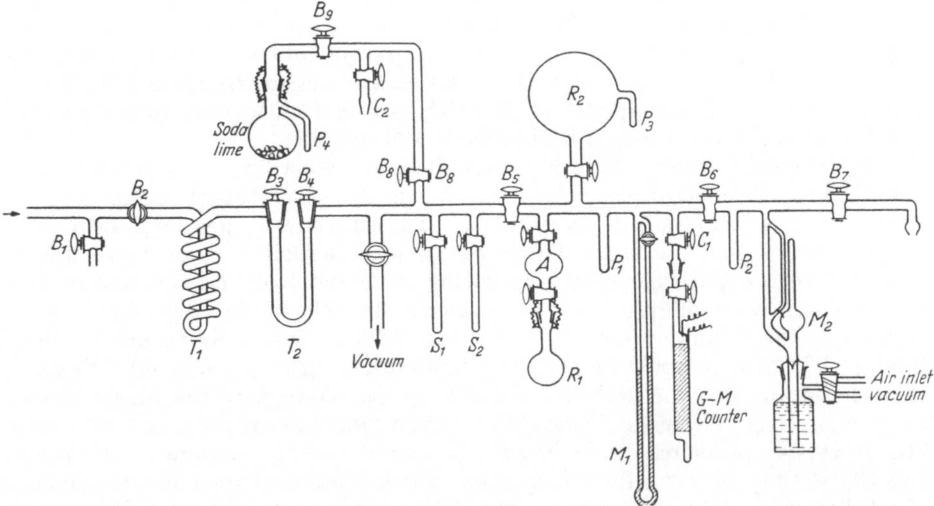

Fig. 16. Diagram of a manifold for filling G.-M. gas counters with C^{14}-labelled CO_2—CS_2 Mixtures. A: Aliquot bulb for CS_2, $B1$—9: Taps in main gas line, C_1—C_2: Connectors for the G.-M. counter, M_1: Hg manometer, M_2: MCLEOD gauge, P_1—P_4: Cooling thimbles for condensing CO_2, R_1—R_2: Reservoirs for CS_2 and inert CO_2 respectively, S_1—S_2: Temporary storage thimbles, T_1—T_2: Cold traps.

The above workers' observations have been extended by EIDINOFF (1950) who has studied counters operating with CO_2 pressures up to 175 cm. The aim here was to assay quite large quantities of material having only a very small amount of the carbon[14] isotope. However, these higher CO_2 pressures require very much higher starting voltages, ca. 7,500 V. and hence are not so suitable or convenient for routine work.

A number of workers (LOFTFIELD, 1949; SKIPPER, BRYAN, WHITE and HUTCHISON, 1948 and GLASCOCK, 1952), however, have used the CO_2-CS_2 system of Miller very successfully, working in the lower CO_2 pressure region up to 20 cm. The author has also found the system very satisfactory for the determination of the radioactive carbon in very small amounts of weakly labelled biological intermediates. The type of apparatus shown in Fig. 16 based on GLASCOCK's arrangement indicates the basic requirement for filling gas counters with a known quantity of the labelled CO_2. GLASCOCK (1951) has also used a similar apparatus for the assay of TOH, which is converted to labelled butane (with GRIGNARD reagent) for filling the counter.

The carbon dioxide, formed either by the action of acid on $BaCO_3$ or directly by combustion (wet or dry method) is swept with a slow gas stream through the traps T_1 and T_2, which are surrounded with acetone-solid CO_2 mixture and liquid nitrogen respectively. The water is trapped in the former and the CO_2

in the latter. The CO_2 from T_2 is then vacuum distilled further either into one of the temporary storage thimbles (S_1 etc.) or directly into one of the calibrated sections of the gas line between taps B_5 and B_6 or B_6 and B_7. The former section is used for large samples (> 1 ml. CO_2 at atmospheric pressure) and the latter for small samples (< 1 ml.). When the gas has attained room temperature, the pressure reading is taken and hence the quantity present determined accurately. Liquid nitrogen is then placed round the cold thimble of the counter and the whole of the CO_2 transferred there. Some inert carbon and an aliquot of carbon disulphide can then be admitted in turn to the counter in a similar way from the reservoirs to bring the total CO_2 and CS_2 pressures in the counter up to the standard level adopted for assay. On completion of the assay, the counter can be emptied by attaching it to connector C_2. The whole of that section of the gas line connected through the tap B_8 is evacuated and isolated by closing B_8. Then by opening the counter tap and B_9 the CO_2 can be distilled over into the soda-lime containing flask, where it is absorbed for disposal.

Proportional Counting. It would seem, however, according to BERNSTEIN and BALLENTINE (1950) that gas-phase counting in the proportional region is to be preferred to the techniques described above. The main advantages are (i) extremely active samples may be assayed accurately with negligible coincidence losses, (ii) there are no spurious counts originating in the detector and the background rate is lower and (iii) proportional counters are only moderately sensitive to changes in the filling mixtures. The latter authors were able to assay $C^{14}O_2$, H_2S^{35} and TOH (converted to ethane by GRIGNARD reagent) successfully. Evaporated chromium was the cathode and a tungsten centre wire the anode in the counter for H_2S. The main filling gas in the couners its usually methane with CO_2 at partial pressures up to 30 cm. Values of partial pressure in the range 2 to 10 cm. CO_2 did not alter the number of pulses recorded for a given quantity of labelled CO_2. The efficiency of the counter was 98% approx. FREEDMAN and ANDERSON (1952) state that up to 10% CO_2 can be added to a methane filling without destroying the counting characteristics of the gas mixture.

One of the difficulties of the gas counting technique is that some of the radioactive gas may remain adsorbed on the counter walls, making the background high for the next sample. The phenomenon is known as the "memory effect". In practice, however, it has been observed that little trouble is experienced when the counting tubes and gas trains are well flushed out with CO_2 or some corresponding carrier gas and then evacuated to 10^{-5}—10^{-6} mm. Hg (EIDINOFF, 1950; GLASCOCK, 1951; BERNSTEIN and BALLENTINE, 1950; BIGGS et al., 1952). In the case of the assay of sulphur^{35} as H_2S, however, BERNSTEIN and BALLENTINE used evaporated chromium as the cathode to reduce the effect. They also found large memory effects for tritium with silver plated and gold cathodes and recommended that the tritiated water formed on combustion of the sample material be converted into ethane for assay. GLASCOCK (1951) has also used the latter technique with success converting the hydrogen of the water into butane. The latter author among others recommends gently flaming evacuated traps in the gas train used for the transfer of the labelled gases to reduce the residual traces adsorbed on the glass.

A few workers do not recommend the use of a diffusion pump on the vacuum system owing to non-reproducible adsorption on the glass surfaces. A really hard vacuum would seem necessary, however, at least in the case of tritium to avoid exchange with adsorbed H_2O.

Electronic Equipment Used with Gas Counters. In the case of the counter tube operating in the GEIGER-MÜLLER region, it is necessary to use an external quench circuit to obtain a good plateau for counting. The CO_2-CS_2 gas mixture is not self-quenching. The NEHER-HARPER (1936) or NEHER-PICKERING (1938) type circuits with a cathode follower or other preamplifier are satisfactory. The usual type of scaling circuits are used but since the counting rate will often be somewhat higher than that attained in routine tracer work with the end-window counter, a scaling unit having a high speed register following the decade or binary scaling units is advantageous. The electronic register, "Dekatron", is admirably suited for this work. This is most certainly advisable in the case of the proportional counter, which can be operated at higher counting rate with negligible coincidence losses.

The high voltages for the gas counters are much greater than those for the end-window tubes, so a power unit which has the capacity to reach 4,500 volts at least increases the versatility of the equipment since larger amounts of CO_2 having low activity may be assayed by counting at higher CO_2 pressures.

With regard to operating the gas-counters in the proportional region, the usual linear amplifier and discriminator circuits are satisfactory, but the voltage requirement with high CO_2 pressures may be again in the region of 4,500 volts. The use of an argon-methane gas mixture lowers the operating voltage considerably to < 1700 volts.

The standard lead-castles do not accommodate the larger type of gas counter, though they can be made to order. It is relatively simple however, to screen the large counters with machined lead bricks.

5. Scintillation Counters.

While the ionization chamber and GEIGER and proportional counters are highly efficient for the detection of α- or β-particles which ionize the gas through which they pass easily, they are not so efficient for γ-radiation. Their efficiency varies inversely with the energy of the γ-rays and even with the counters specially constructed for the detection of γ-rays the efficiency is generally $< 20\%$. The scintillation counter has been designed for this type of work. It has high efficiency for the detection of γ-rays up to 70% depending on the geometry relationship. For the detection of isotopes such as I^{131}, Co^{60} and Fe^{59}, which emit strong γ-rays in biological materials, a system of assaying them readily without elaborate process-ing is of considerable advantage. While this system has up to now been used more extensively in nuclear physics and radiological laboratories, it has also been examined for its possibilities in the assay of isotopes such as I^{131}, Fe^{59} and Co^{60} in biological materials (ANGER, 1951).

Use is made of the property of certain crystals to fluoresce when irradiated by β- or γ-rays. Large crystals of thallium-activated sodium iodide or of various hydrocarbons (e. g. anthracene), have been used successfully. These are some-times called phosphors. The fluorescence emitted in these transparent crystals is amplified by a photomultiplier tube placed beside it. Following further elec-tronic amplification and filtration by a discriminator to eliminate thermal "noise" the integrated current is recorded in a meter (ratemeter) which can be calibrated to show counts/min. if necessary. The current may also be applied to any suitable recording device.

The crystal can be hollowed out to make an annular ring capable of holding a sample bottle in the method described by ANGER. Other arrangements such as the standard one for samples prepared on a tray can also be obtained commer-cially.

There is little information as yet regarding the efficiency and accuracy of this method, but ANGER (1951) claims that for Co^{60} and I^{131}, the counting efficiency is equivalent to that of β-particle counting. The background, however, is higher, (ca. 160 cts./min.) so the instrument is much less sensitive for the assay of very weak samples.

II. Sample Preparation.

1. Material and Sampling.

The main factor requiring emphasis in this connection is reproducibility in technique. When the assay of a particular isotope is to be carried out in a variety of biological materials, one of the first things which has to be decided is the final form of the material for analysis. It is advisable where possible to determine the radioactivity of the material from different sources in the same chemical form. If it is not possible or inconvenient to use one chemical form, then a series of determinations should be carried out by each technique, using a single material labelled with the isotope in question so as to relate the amounts of radioactivity obtained by the different preparations.

Liquids. When the isotope has strong β-radiation and can be prepared in a suitable water soluble form, then it may be most convenient to assay it in solution using a liquid type counter. Here sample preparation and geometry is very reproducible. Great care has to be taken, however, to ensure that the concentration of reagents in the solution remains within a reasonably close range so that their absorption effect, if any, is at least always the same. Liquid type counters have been used successfully with Na^{24}, P^{32}, K^{42} isotopes. Again, great care has to be taken, particularly in sampling and analysing very small quantities of carrier free isotopes where adsorption on the glass surfaces of storage vessels can lead to inaccuracies. For the assay at least it is advisable to add a little carrier material to eliminate this trouble.

The vessels for the dip type counter should be large to enough to allow easy centring of the tube and thus give uniform geometry and self-absorption. With the annular jacket type, the filling should surround the whole of the sensitive volume of the counter. The counters should be carefully washed and decontaminated between assays with solutions of the appropriate inert materials.

Solids. Samples are prepared in this form more than in any other, because many complex biological substances and derivatives are either insoluble in water, or in other convenient common solvents. Furthermore the isotopes C^{14}, H^3, Ca^{45} and S^{35} used for biological work have too low a radiation energy for assay in liquid counters.

They have to be spread on a known surface area as evenly as possible to obtain reproducible geometry. The samples of material are usually treated in one of three general ways. Firstly, if the substance is soluble and non-volatile an aliquot of a suitable solution can be evaporated directly on the sample dish, or secondly, it may be converted to a suitable derivative and precipitated from solution and a portion of the slurry spread on the dish. The removal of the solvent in each case is conveniently achieved by irradiating the sample dishes on a table with infrared radiation from a group of lamps mounted above them. Temperature is variable up to about 150° C. Some workers prefer to use an oven at 105° C or an exsiccator. This avoids losses due to spurting or boiling of the solvent. Thirdly, the precipitated isotope can be filtered or centrifuged on to a specially designed demountable filter.

Choice of Sample Tray. The commercially available dishes are usually circular and made of either copper, nickel, aluminium or stainless steel. For very corrosive liquids, small watch glasses or microscope coverslips have been adapted. Indeed metal bottle tops have also been used. The primary aims are a standard size of tray and reproducibility of geometry. The mounting material chosen however must be used consistently throughout the series of experiments to ensure that the back-scattering effect is constant or always maximal. The sample trays are available in a variety of forms as illustrated (Fig. 17).

The first two of type (a) are probably the most commonly used, for these dishes have the advantage of moderate capacity up to 0.5 to 1.0 ml. solution depending on their diameter (usually up to 1 in.), and height (2.0—3.0 mm.), so that a moderate amount of material can be placed on them accurately and quickly. It is also conveniently shaped to grip with forceps and to handle without spilling the contents. They have the disadvantage that material on evaporation tends to concentrate in the corners. However, a number of techniques have been devised to minimise or prevent this.

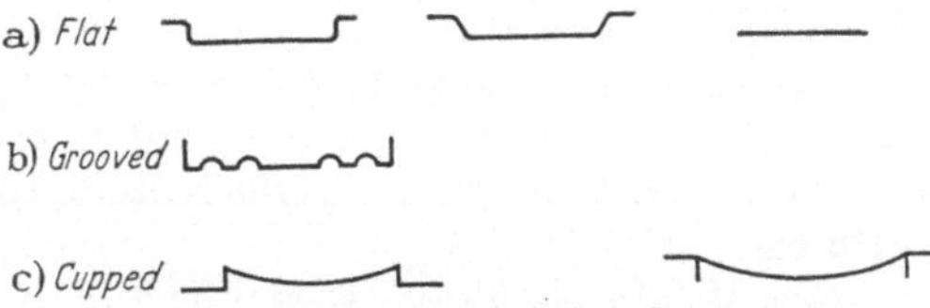

Fig. 17. Cross-sections of the different types of sample trays.

SCHWEITZER and STEIN (1950) draw attention to the selection of a suitable solvent, one in which the solute has a high solubility so that crystallisation will take place quickly and ensure more uniform spreading of the residue over the whole area. Sometimes it is necessary to agitate the dish gently to produce the best result. The following aids have been used successfully: —

(i) Some kieselguhr or other inert material may be placed on the dish first. This technique can only be used however, with the strong β-emitters such as P^{32}.

(ii) A small disc of lens, cigarette or filter paper may be cut out and placed on the aliquot of the sample in the dish (FAGER, 1947) and a few drops of dilute sugar solution added to keep the paper from curling up (SCHWEITZER et al., 1950). This technique has been used by the author successfully even with C^{14}. Alternatively with a heavier gauge tray a small metal retaining ring can be fitted to keep the paper flat (Fig. 18). The absorption effect of the very thin papers is quite small and the reproducibility is considerably improved.

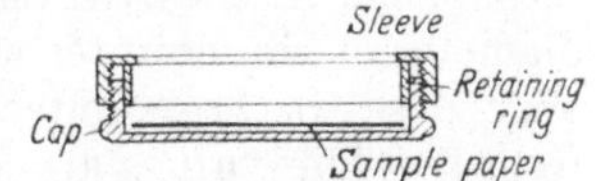

Fig. 18. Cross-section of a cup for Preparing Samples on paper or metal discs. (After YANKWICH et al. 1946.)

If a solution does not spread readily over the metal surface, a drop of alcohol or acetone helps. When volumes of solution > 0.3 ml. are being placed on the smaller dishes, 1 in. diam., care must be exercised to prevent it creeping over the tip of the tray. If it should prove necessary to use such volumes of aqueous solution as might cause this trouble, a very thin smear of grease around the lip and inside edge is a good preventative. Fat-soluble organic materials can usually be mounted on the tray better from chloroform than acetone or alcohol.

The error of the plating technique is certainly $< 5\%$ and usually ca. 2%, provided the various precautions mentioned above are carried out. Otherwise quite large errors, as much as 20—30%, may arise.

The grooves in Type (b) can be used in a dual manner. Firstly, if the whole of the sample dish area is covered with solution the grooves help to maintain even spreading of the solute as the solvent evaporates. Secondly, very small volumes of solvent 0.05—0.1 ml. can be accommodated in the central compartments which improves the geometry. However, with regard to the latter method, it is difficult to control the degree of spread of the solvent on manipulation thereby affecting reproducibility.

Type (c) is designed so that all points on the surface are equidistant from the sensitive volume of the counter. The solute however, in this case tends to be deposited more towards the centre leaving the outside edges much thinner. For very small amounts of sample which can be spread in a solvent in which its solubility is relatively low, this type leads to a more even deposition of the solute. The capacity of the dish however, is much lower than for type (a) and again the reproducibility of the sample area is poor, especially when working with a solvent which tends to "creep". On the whole, however, with aqueous solutions they are satisfactory. Entenman et al. (1949) comment on how lipid materials concentrate in globules on flat dishes without the aid of a lens paper. Flat circular plates are quite suitable for small volumes (0.1—0.2 ml.) of a solution or a suspension, but they and the solutions for assay must be prepared by a standard procedure so that the degree of wetting of the dish is the same and so the area of deposit will be approximately constant. Cook and Duncan (1952) claim that $\pm 2\%$ reproducibility can be obtained with care.

Size of Sample Tray. It is difficult to distribute the radioactive sample over the dish for assay in a reproducible manner. In the case of the flat cupped dish, the residue tends to concentrate round the edges and with the concave type, it concentrates towards the centre. These effects give rice to differences in reproducibility of sample spreading; as a result, considerable errors can arise in comparative measurements. For windowless gas-flow counters this is not quite so important.

To minimise the errors, however, the aim should be to arrange that the radioactivity reaching the sensitive volume of the end-window counter from any point of the sample should be as nearly as possible equivalent to that obtained if all the material were on the axis of the counter. Cook, Duncan and Hewitt (1951) have examined the effects of uneven distribution on the efficiency of the assay and they recommend (i) that the diameter of the sample source should be less than half the diameter of the counter window and (ii) that the sample should be placed either very close to the counter window (< 2 mm. away) or very far (> 4 cm. away) from it. (The values are for the average $1''$ diam. counter window.) Under these conditions the activity of all points of the sample will be detected with 95% of the detection efficiency for the material on the axis. This, of course, assumes a uniform distribution of sensitivity in the sensitive volume of the Geiger counter, which may not always be the case owing to slight imperfections in construction.

It is not always practical or even advisable under certain circumstances to place the sample material, particularly if powdery, within 2 mm. distance from the window. There is a risk of damage to the window and dust contamination reaching it. Again for the low energy β-emitters a distance of 4 cm. from the window lowers the overall efficiency of counting considerably. A compromise is necessary and the efficiency for a uniformly distributed source on a sample tray which has a diam. equal to half that of the window and placed 0.5 to 2 cm. away from the counter window is approximately 90% of that obtained with the source concentrated on the axis.

For analysis to be carried out on larger quantities of radioactive material trays up to 3/4 diameter of the counter window can be used but with slightly greater errors in reproducibility of results, because the overall efficiency has dropped to ca. 75%. For trays equal in diameter to the counter window and at the distance 0.5 to 2 cm. away from it, the efficiency becomes only 50%. Thus it is advisable not to use sample trays whose diameters are greater than 3/4 diam. of the window for the low β-energy emitters which have to be placed close to the counter window for maximal counting efficiency.

Types of Material which May be Assayed in this Manner. The method of direct deposition of samples on the dishes for assay has a number of advantages. It is rapid and is particularly useful when the amount of material to be assayed is small as is indeed often the case in biological tracer work. Additional handling and transfer of the material might involve serious losses. Again as pointed out by ENTENMAN and co-workers (1949), who were working with carbon[14], conversion of an organic substance to $BaC^{14}O_3$, the derivative most commonly used for carbon assay, reduces the activity to mass ratio by a factor of 17. Similar effects occur with the preparation of any derivative which results in an increase in self-absorption and a consequent drop in the actual activity of the sample to be recorded.

Often however, some increase in self-absorption cannot be avoided. It may be necessary for example, as in the assay of the volatile fatty acids to add a drop or two of alkali such as $NaOH$, or $Ba(OH)_2$ solution, to the material on the dish to ensure that they are not lost on removing the solvent.

Plating of Suspensions. It is often absolutely essential to determine the specific activity (the radioactivity per unit of material) of the various substances being studied. This means they must be prepared pure, and so show no contamination from other irrelevant material. This can only be achieved by the final chemical procedure of isolating the substances or their derivatives in crystalline form and recrystallising them perhaps several times, indeed at least until the specific activity becomes constant. Often then the biochemist is left with difficultly soluble solid materials or fine precipitates in suspension for assay. These can be placed on the dishes described above in the same manner as true solutions. The dishes can be agitated gently to prevent convection currents in the supernatant fluid from causing a very uneven distribution of the solid residue. It is not practical to use thin lens-paper as in the previous method and best results for larger samples are only really obtained when the substance in suspension is filtered, or spun down in a centrifuge to form an even layer on a specially prepared and mounted paper or porous disk of metal, glass or porcelain.

This method has been used for the mounting of $BaCO_3$ samples (DAUBEN et al., 1947), but it is sometimes unreliable (SMITH, 1953). It has been emphasised by REGIER (1949), that the particle size is important. It is extremely difficult to ensure uniform particle size of $BaCO_3$ precipitate by resuspension, after it has been dried. It is often the practice to take a weighed portion of the dry $BaCO_3$ ppt. on a dish and resuspend in alcohol-water. The precipitate usually cakes so hard on drying that it has to be broken down and ground prior to placing on the sample dish. It is much better to place a portion of the washed $BaCO_3$ suspension on the dish directly and then weigh it on the dish following drying. This ensures a smoother, more uniform and reproducible product and, for small amounts of material, is satisfactory.

For dependability and accuracy however, the filtration procedure is the best. A variety of assemblies of filtration or centrifugation apparatus has been designed and used (ROBERTS et al., 1948; HENRIQUES et al., 1946; ARMSTRONG et al., 1948; SCHWEITZER and STEIN, 1950; EVANS and HUSTON, 1952; PINAJIAN and CROSS, 1951; CALVIN et al., 1949; HUTCHENS et al., 1950; ENTENMAN et al., 1949).

Some of these assemblies for the collection of precipitates are available commercially and others can be prepared fairly simply from standard laboratory glass or porcelain ware. Some of the designs used are illustrated in Fig. 19. The apparatus for mounting the precipitate for counting is shown in Fig. 20.

The aim is to obtain a smooth layer of the precipitate having a reproducible area. Small samples dry uniformly without the surface cracking but larger samples will not do so readily if not dried carefully. The spinning procedure

Fig. 19c packs the sample better than the filtration method, and gives high accuracy (<2% error). The other methods are reproducible to within 5%.

General Points on Assay Procedure for Solid Samples. It is essential to know the weight of the material spread on the dish when this is appreciable for correction for self-absorption, particularly with the isotopes having low energy radiations.

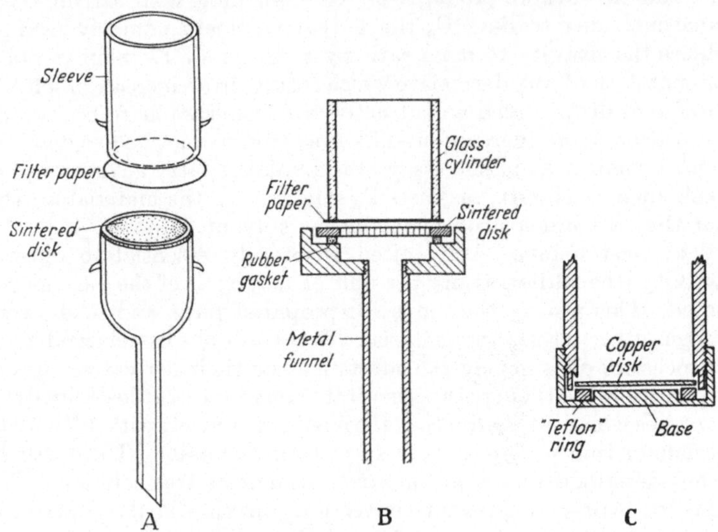

Fig. 19. A and B: Filtration assemblies. (A, Redrawn from Henriques *et al.*, 1946. B, from Entenman *et al.* 1949.) C: Centrifugation assembly. (Redrawn from Evans and Huston, 1952.)

This means that the material on the dish should be dried thoroughly and should not be hygroscopic, so that the weight will be assayed accurately and not change perhaps during a relatively long period of counting.

For the isotopes of carbon, calcium and sulphur, it is essential to prepare self-absorption curves by the technique used for their assay in the particular laboratory as described by Yankwich, Rollefson and Norris, 1946. These curves can then be used for applying corrections to zero thickness of sample. This is particularly important over the low weight ranges, where a self-focusing effect on the β-rays becomes important (see later section).

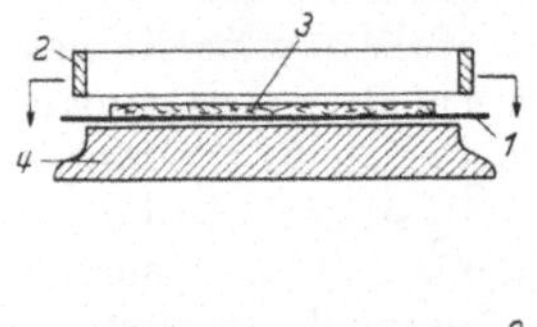
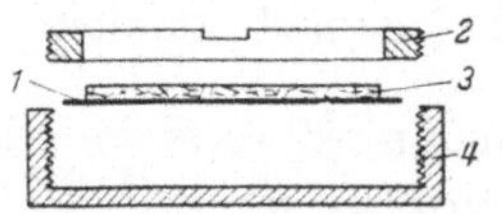

Fig. 20. Mounts for samples on filter paper. (Redrawn from Henriques *et al.*, 1946, and from Roberts *et al.* 1948).
1. filter paper   2. retaining ring
3. sample   4. base

Where plenty of the sample material is available, it is preferable to assay it at "infinite thickness", i. e. in a layer such that self-absorption is maximal. In this way the count rates for the various specimens are directly proportional to their respective specific activities.

The procedure of placing slurries of minced tissues, of precipitated protein or similar non-uniform suspensions or dried powders on dishes, does not yield reproducible or accurate results, and should only be used to give an approximate estimate of the quantity of radioactive label present. It is always better to combust the material and to assay the ash or the recovered CO_2 etc. (depending on the isotope used) for consistent results. Care should be exercised to hold volatile material on the dish or remove it completely as desired by suitable chemical treatment.

In general, the better types of planchets can be cleaned and re-used provided strong alkalis or acids which may react with the metal, have not come into contact with them during cleaning. When a dish becomes etched, it should be discarded. Used dishes should be carefully washed with inert carrier materials and checked for residual radioactivity.

For special techniques such as the counting of solid material in gas flow counters, the solid, if powdery may be coated with a drop of a solution of collodion in acetone to prevent it being disturbed and contaminating the assay chamber.

In certain circumstances to eliminate the possibility of the dried samples collecting a positive charge on storage, or during assay, it may be necessary to have them sputtered with metal or mixed with graphite to render them conductive.

Carbon^{14} compounds are usually assayed as $BaC^{14}O_3$, sulphur^{35} as $BaS^{35}O_4$ and calcium^{45} as $Ca^{45}CO_3$ or more often as $(COO)_2Ca^{45}$. Phosphorus^{32} may be determined as a phosphate in solution or as a solid.

In the preparation of labelled substances for assay it is essential to have them free from radioactive contaminants. In many cases it may be possible to place suitable derivatives directly on the sample dish but the sulphur and calcium isotopes are generally precipitated as $BaSO_4$ and $(COO)_2Ca$ respectively, by the standard procedures. A variety of procedures have been devised for the conversion of organic compounds labelled with C^{14} to $C^{14}O_2$. The $C^{14}O_2$ from the oxidation of the organic material by the standard wet or dry methods described below, is collected in CO_2-free alkali (1 N). An equimolar amount of NH_4Cl or a slight excess is added and then 10% $BaCl_2$ reagent to precipitate the carbonate as $BaCO_3$. The use of NH_4Cl reduces absorption of CO_2 during brief exposure of the solutions to air when adding the $BaCl_2$ reagent. Sometimes when only microamounts are present, the whole operation is performed in a closed system. The $BaCO_3$ is carefully filtered and washed before it is allowed into contact with ordinary air.

Some workers prefer to collect the precipitate, and wash it on a filter, and others in a small centrifuge tube. Extreme care has to be exercised with the latter technique, because of the possibility of losses of some fine $BaCO_3$ while decanting off the supernatant liquid. Traces of the $BaCO_3$ which tend to be deposited on the sides of the centrifuge tube sometimes float off on the surface of the supernatant liquid unless a few drops of alcohol or alcohol/ether mixture are added to lower the surface tension. Direct filtration into one of the systems described above is preferred for dependability and accuracy.

If the sample has to be assayed in a gas flow internal type counter, paper, glass or porcelain cups are unsuitable for collection of the precipitate since it is essential to have good electrical contact between the dish or cup and the metal support, to prevent the build up of a + ve charge during the assay which would lower the efficiency of counting.

2. The Preparation of Radioactive Gases for Filling the Gas Counter Tube.

The various procedures adopted for the conversion of organic substances labelled with carbon^{14}, or tritium into $C^{14}O_2$ and TOH are based either on the dry microcombustion method of PREGL (see PREGL and GRANT, 1946) or on the wet oxidation technique of VAN SLYKE and FOLCH (1940). Since both methods are quantitative on a micro or semi-micro scale, the combination of chemical analysis with the assay of the respective radio-isotopes is a neat procedure for obtaining the specific activity of the carbon^{14} or tritium in the labelled material reproducibly and quickly.

Dry Combustion Method. The CO_2 and H_2O formed by the combustion of the organic material in this standard procedure are collected first in a cold trap (liquid N_2) forming part of a vacuum system (Glascock, 1952; Anderson et al., 1952). The furnace is then switched off from the rest of the apparatus and the residual oxygen pumped out. If the organic substance contains a moderate quantity of nitrogen then the mixed gases may be purified further by passing them over hot reduced Cu screen (450°) which converts N_2O to N_2, the CO_2 and H_2O being trapped again with liquid N_2, the impurity being pumped off in the process (Anderson et al., 1952). Glascock (1952), reports no interference from N-oxides in his technique.

By replacing the liquid N_2 with acetone/CO_2 mixture, the CO_2 can be distilled over into another cold finger immersed in liquid N_2, leaving the H_2O behind. The CO_2 may then be released into an evacuated calibrated part of the vacuum system its pressure recorded manometrically and the whole or a convenient portion transferred into the counter tube by distillation again. If it is desired to operate the counting tube in the Geiger-Müller region, the counter will also have to be filled with the requisite amount of inert CS_2 and carbon disulphide from their appropriate reservoirs on the vacuum system to make up the correct partial pressures for uniform counting characteristics (Brown and Miller, 1947). The apparatus for filling Geiger-Müller gas counters is shown in Fig. 16. If, on the other hand, the assay is to be made in the proportional region, the counter-tube filled with the labelled CO_2 is switched off and allowed to warm up to room temperature, and then filled with methane or argon-methane gas mixture to atmospheric pressure (Bernstein and Ballentine, 1950).

For the determination of tritium in the labelled H_2O, the most convenient procedure is to convert it into methane (Robinson, 1950; Anderson et al., 1952) or butane (Glascock, 1951) with the appropriate Grignard reagent in a previously prepared tube attached to the vacuum system and then transfer the labelled hydrocarbon into the counter for radioactivity assay. The detailed operation of these systems is quite lengthy and for full information the original work, referred to above, should be consulted in addition to that of Eidinoff (1950) and Skipper, Bryan and White (1948).

Biggs, Kritchevsky and Kirk (1952) also use a combustion method for tritium and carbon[14], but the TOH is collected in an ice-salt bath and the $C^{14}O_2$ absorbed in CO_2-free alkali. The TOH is then reduced with $LiAl H_4$, and the TH liberated and collected in an ionization chamber for radio assay. The $C^{14}O_2$ is precipitated, however, as $BaC^{14}O_3$ whose radioactivity is determined in an internal sample gas-flow counter.

Wet Oxidation Method. This method is suitable only for carbon[14]. The sample is oxidised by the phosphoric acid — sulphuric acid — chromic oxide reagent of van Slyke and Folch (1940) by the standard procedure and the $C^{14}O_2$ liberated and collected in CO_2-free alkali (Lindenbaum, Schubert and Armstrong, 1948; Benson, 1949; Skipper et al., 1949; Entenman et al., 1949; Neville, 1952; Claycomb, Hutchens and van Bruggen, 1950; and Evans and Huston, 1952). However, one of the difficulties of this oxidation method is that some SO_3 and free I_2 are liberated in the process. A number of the above authors omit the KIO_4, removing the I_2 interference, and claim good yields (90—97% recovery) of the labelled carbon (Claycomb et al., 1950). It is necessary to liberate the $C^{14}O_2$ again, following the initial absorption to eliminate the SO_3, and I_2 (if KIO_4 was used) to enable the specific activity by-weighing the $BaCO_3$ e. g., to be determined accurately. This reliberation of the CO_2 also ensures a homogeneous sample for radioassay which would not necessarily be the case if the CO_2 were precipitated directly with $Ba(OH)_2$ as it is released by the oxidation process. Differences in the rate of breakdown of C^{12} and C^{14} bonds have been demonstrated.

The method of EVANS and HUSTON (1952) would seem to be the best. These authors heat the syrupy phosphoric and fuming sulphuric acid mixture carefully to remove the excess SO_3 prior to adding the finely powdered CrO_3. Then they collect the CO_2 along with any excess SO_3 in CO_2-free alkali, re-liberate the CO_2 with HCl and trap it again in another vessel.

VAN SLYKE, STEELE and PLAZIN (1951) describe a method for the manometric measurement of the CO_2 evolved, which could perhaps be adapted for the assay of the $C^{14}O_2$ in a gas counter.

NEVILLE (1952) describes a wet oxidation procedure in which he collects the CO_2 after it has passed over hydrated stannous chloride which removes halogens or nitrogen oxides but does not absorb the $C^{14}O_2$. This seems to be a useful modification of the wet oxidation procedure. The radioactivity measurements here however, were made in an ionization chamber.

Again, as for the assay of carbon[14], so in the determination of tritium the water formed must be collected and allowed to react with the GRIGNARD reagent completely before the assay of the methane or butane to avoid anomalies owing to differences in the T and H bonds.

Disposal of Waste CO_2. It is convenient to have fitted on the vacuum system another connection for the counter or ionization chamber which leads to a CO_2 absorber containing soda-lime or similar material. When the assay is completed, the counter may be attached to the absorber to remove the majority of the CO_2. Later the soda-lime can be removed for disposal.

III. Correction Procedures.

The previous sections have discussed the equipment required for the assay of a particular isotope in a given form and also the general practical procedures adopted for preparing the labelled substance suitably for assay. The determination of the amount of radioactivity or the number of disintegrations per unit time which is the measure of the amount of isotope present in a given sample involves in the main the following steps:

(i) The measurement of the geometrical efficiency of the counting arrangement for the particular isotope to be assayed, and

(ii) the measurement of the disintegration rate for the sample at the given geometry and the calculation of the amount of radioactivity present taking into consideration the various corrections to be applied for:

(a) the resolving time of the counting system,

(b) the background radiation, and

(c) the self-absorption of the sample.

1. Geometrical Efficiency and Standardisation.

The determination of the geometrical efficiency is in essence the assessment of the proportion of the total number of disintegrations which take place in the sample that reach the sensitive volume of the counter.

In the typical end-window counter arrangement the main contribution to this preparation is the group of rays which reach the tube in the truncated cone between the sample tray and the sensitive region of the tube, in the particular fixed relationship to each other. In addition, there is the contribution due to β-rays which are scattered back from the sample tray and the walls of the enclosed system used for the assay. However, not all of the radiation directed to the counter will succeed in penetrating to the sensitive region, because of absorption and scattering by the layer of air and the mica window of the counter. Another factor, self-absorption by the sample, is being treated in the succeeding section.

All these various factors can be assessed at the same time if a carefully calibrated standard source is available for mounting in an identical manner to that of the test samples. For weak radiations such as those of carbon[14] and sulphur[35] which are usually placed relatively close to the window of the counting tube, a variation in the position of the sample with respect to the window by 1 mm. will cause an error of as much as 5%. The backing material, that is, the sample tray and mount, should also be identical for the comparison of the standard material with the unknown. Unfortunately, not all of the radioactive isotopes make suitable standards on account of their short half-lives. Again, it is not feasible to use a standard of one isotope for the determination of the geometrical efficiency of another because their energy spectra will be different though they may have the same or very similar energy maxima. The standard must meet all the above requirements for it to be useful in checking routine observations, i. e. it should have the same energy spectrum as the test material.

In the absence of a standard the geometrical arrangement can be determined by one of the methods of absolute β-counting such as are described by Burtt (1949), Gleason, Taylor and Tabern (1951) and Kalmon (1953). This requires accurate knowledge of the thickness of the mica window (mg./cm².).

Fortunately for most purposes in tracer work it is not essential to know the absolute amount of radioactivity accurately in the test samples since the important thing is the proportion of the starting material which has been incorporated into the sample. It is essential, however, to have an approximate estimate of the level of activity being used in an experiment to prevent tissue damage in the experiment, due to excessive radiation. This can easily be obtained from the information on the starting materials given by the isotope suppliers. Carefully calibrated standards are available for carbon[14] (National Bureau of Standards, Washington; and Radiochemical Centre, Amersham, England) and also calibrated simulated reference sources for phosphorus[32] and iodine[131] (Tracerlab., Inc., Boston).

Even if an absolute standard [is available it is generally necessary to have a working or sub-standard for checking any day to day variations which may arise in the efficiency of the counting system. For work with low energy β-emitters the author has found it convenient to use a calibrated sample of C^{14}-labelled barium carbonate mounted in an identical fashion to that used for the assay of C^{14}-labelled compounds and storing it when not in use in a shallow closed weighing bottle kept in a small desiccator. The activity of the sample on the particular geometry used (approx. 2%) is 2,000 cpm. For the isotope with higher β-radiation energy, a standard prepared from U_3O_8 spread on a thin aluminium tray and covered with aluminium foil 3—4 mil. thick and cemented as described by Kamen (1951) is satisfactory. The greatest proportion of the radiation from this source is due to the radioactive daughter of uranium UX_2 ($E_{max.}$ 2.3 Mev and $T_{\frac{1}{2}} = 1.14$ min.) in equilibrium with the parent U^{238}_{92} ($T_{\frac{1}{2}} = 4.6 \times 10^9$ yr.).

If the energy spectrum of the isotope under assay is appreciably different from that of the nearest standard material, and if self-absorption effects are eliminated, it is possible to determine the absolute amount of radioactivity present by comparing their disintegration rates at zero absorption. These values can be obtained experimentally by inserting an increasing number of thickness of thin foil between the sample and the end-window counter and determining the disintegration rate for each absorbing thickness. The position of the absorbers relative to the counter window and the sample is important (Johnson and Willard, 1949; Kamen, 1951). It is preferable to have them close to the window and well clear of the source. By plotting on semi-log graph paper the absorber thickness (on the linear ordinate) against the net count rate (on the logarithmic ordinate) a straight line is obtained which can be extrapolated backwards to zero absorber knowing the air absorption between the sample and the counter and also the thickness of the counter window.

For the standardisation of liquid counters and checking their day to day efficiency, the radiation from the naturally occurring K^{40} isotope is satisfactory and convenient. A $10\,N$ solution of potassium acetate has been used by Bale and Bonner (1946), and potassium carbonate at a similar concentration (100 g. per 100 ml.) by Chalmers (1951).

A normal solution of thorium nitrate is preferred by Shirley (1950) because of its greater radioactivity but this preparation emits both α- and β-particles. A solution of a cobalt^{60} salt (Putnam, 1950) may also be used but this is somewhat expensive. However, it is advisable to select the standard for a particular experiment whose energy spectrum approximates most closely that of the isotope being studied.

The counter should be checked with the sub-standard everyday and the values for the test samples corrected accordingly if there has been any change. This is particuarly important for the counting tubes with limited life, because their plateau characteristics change markedly towards the end of their life. If the correction should become large then the efficiency of the tube should be examined more thoroughly.

When the activity of a sample is very large for the counting system and likely to result in large coincidence losses, the samples may be assayed on one of the lower shelf positions available on the counter support of the end-window assembly or in the case of the liquid counter, simply diluted. The geometry correction factors for these various positions can be determined and hence the count rate on any one related to the standard position. Alternatively, if the activity is still too large, absorbers may be inserted and the true activity determined by applying a correction obtained from a graph relating absorber thickness to net count rate as mentioned above.

2. Other Count Corrections.

a) Resolving Time Correction. For most biological work it is sufficiently accurate to record only 5,000 to 10,000 counts. This gives a probable error of <1% on a statistical basis *(vide infra)*. Thus a radioactive sample giving a count rate of 2,000 cts./min. is a convenient level of activity for counting in the Geiger region. However, many samples prepared for assay will have very much greater activity, and since Geiger counters have an appreciable resolving time of the order of 300 μs., it is not advisable to use very high count rates (5,000 cts. per min.) on account of the large corrections which have to be applied for the losses in β-rays which have passed through the counter when it has discharged and is insensitive.

When an external quench circuit is used it is possible to fix the quench time to a suitable value. In the absence of a quench circuit, however, the resolving time of the counter can be measured by the paired source method. Two small sources of comparable activity (ca. 6,000 cts./min.) are counted singly and together with the particular counter. The resolving time can be calculated (Skinner, 1935; Beers, 1942) from this relationship.

$$T = \frac{2\,(N_1 + N_2 - N_{12})}{(N_1 + N_2)\,N_{12}}$$

where N_1 count rate for 1st source

N_2 count rate for 2nd source and

N_{12} count rate for both together.

Having determined the resolving time (T), then the true count rate (N_o) can be calculated from the observed rate (N) by using one or other of the following equations (Skinner, 1935):

(i) $N_o = N e^{-NT}$ or

(ii) $N_o = \dfrac{N}{1 - NT}.$

In the above equations the various quantities are expressed in terms of seconds. The second equation is the one most often used. The former becomes identical with it when, in the expanded series, the term $\frac{1}{2}\,N^2 T^2 \ll 1$ which is usually the case.

b) Background Correction. The count rate recorded for the sample includes the background rate due to cosmic radiation and other extraneous radiation. The latter rate has to be deducted to give the true activity due to the sample.

c) Correction for Self-Absorption. As the amount of a sample of radioactive material on the dish increases one might expect the observed count rate to rise linearly with it. However, this is not the case, because the radiation emitted from the bottom layer of the sample becomes increasingly scattered as the thickness increases and finally is completely absorbed so the count rate tends towards a limiting value. The thickness of the sample at the limiting value is termed the "infinite thickness". "Infinitely thick" samples of definite area of a given radioactive material give count rates in direct relationship to their specific activities. Furthermore the count rates of very thin samples ($<3\%$ infinite thickness) show some deviation from a linear relationship with thickness. The self-scattering of the sample in this region tends to increase the count rate slightly. The effect is sometimes called self-focusing.

The type of relationship obtained is shown in the curve, Fig. 21.

The usual procedures in carrying out an assay then are as follows:

(i) If sufficient material is available in a suitable form infinitely thick layers can be prepared giving results directly related to specific activities.

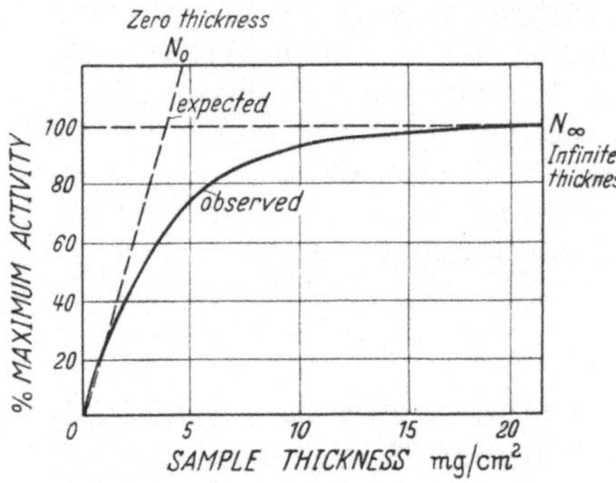

Fig. 21. Relationship between activity observed and the thickness of the sample. (Adapted from Graf, Comar and Whitney, 1951.)

(ii) If there is insufficient material for procedure (i) then the thickness of the sample is recorded and the count rate may be corrected to either "zero" thickness or "infinite" thickness making use of the following relationships derived by Libby (1947).

$$\frac{N}{N_0} = \frac{(1 - e^{-\mu T})}{\mu T} \quad \text{and} \quad \frac{N}{N_\infty} = (1 - e^{-\mu T})$$

where N = observed activity, N_0 = activity at zero thickness

and N_∞ = activity at infinite thickness.

T = sample thickness in mg./cm.².

μ = self-absorption coefficient in cm.²/mg.

It should be noted that as the sample thickness is increased the surface layer lies closer to the window of the end-window type G-M tube, giving rise to an appreciable error if the sample dish is placed close to the tube. A difference of 1 mm. in position may give rise to 5% error.

However an alternative and more convenient procedure is to prepare a series of standard samples of the material having the same specific activity but increasing thickness. Using these values a curve can be prepared relating activity to sample thickness as shown for $BaCO_3$ (Fig. 22). This curve can then be used to prepare a second relating the percentage of the true activity to thickness, from which the correction factor to zero thickness can be read off directly.

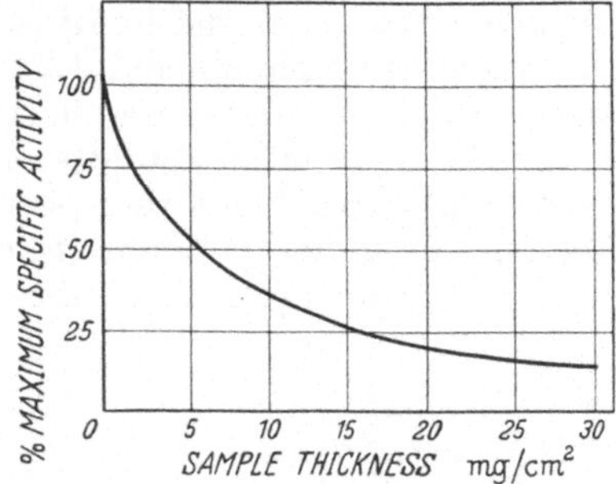

Fig. 22. Absorption correction curve for C^{14} as $BaC^{14}O_3$. (After YANKWICH, ROLLEFSON and NORRIS, 1946.)

3. Assessment of Error Due to Statistical Variations.

The radioactive decay is a random process and so shows a statistical fluctuation. The final accuracy of radioactive measurements is limited by this variation. It has been shown that the decay process follows the *Poisson distribution law*. For random events following this law, the *standard deviation* (denoted by σ) is the amount a single observation may be in error from the mean and is given by the square root of the number of events recorded.

If N = the total number of counts recorded, then $\sigma = \pm \sqrt{N}$ and the number of counts per minute $= \dfrac{N \pm \sqrt{N}}{t}$ where t time in min. The error involved in using the average count rate is proportional to the standard deviation. A term often used is the "probable error" $= \pm 0.6745 \sqrt{N}$. The probability of an error occurring greater than this is a 50% chance. This means that it is the expected error. The "reliable error" $= 1.64 \sqrt{N}$; the chance of an error exceeding this is only 10%.

The assessment of these errors is particularly important when the count for the sample + background is of the same order as the background. Then the standard deviation

$$= \sqrt{\text{Sum of the squares of the separate standard deviations}}$$

$$= \sqrt{\frac{N_S}{t_1^2} + \frac{N_B}{t_2^2}}$$

where N_S and N_B are respectively the total number of counts recorded for the sample + background and the background alone in the times t_1 and t_2 respectively.

The true count rate due to the sample $= \dfrac{N_S}{t_1} - \dfrac{N_B}{t_2} \pm \sqrt{\left(\dfrac{N_S}{t_1^2} + \dfrac{N_B}{t_2^2}\right)}$

4. Correction for Decay of the Radioactive Source.

Having determined the true activity of the sample it may be necessary if it is a relatively short lived isotope, to correct for the decay during the period of the experiment so that all results can be related to a given time of assay. This requires knowledge of the half-life (T) or the decay constant (λ) where

$$\lambda = \frac{0.693}{T}$$

The simplest procedure is again a graphical one as described by Curtiss (1948). A graph (Fig. 23) is constructed on semi-logarithmic paper, the numbers from 1 to 2 are plotted on the logarithmic scale (y - axis) and the fractional half-periods (0 to 1) on the linear scale (x - axis). The line drawn diagonally across the paper through 0,1 and 1,2 coordinates gives the relationship between the decay factor (f) and the fractional half-period t/T.

In the assay of an isotope such as P^{32}, the time elapsed since the last measurement was carried out can be expressed as a fraction of the half-life, so the corresponding decay factor (f) can be determined from the graph. Thus the observed count-rate, N (at time t) = N_0/f (where N_0 is the value at the last

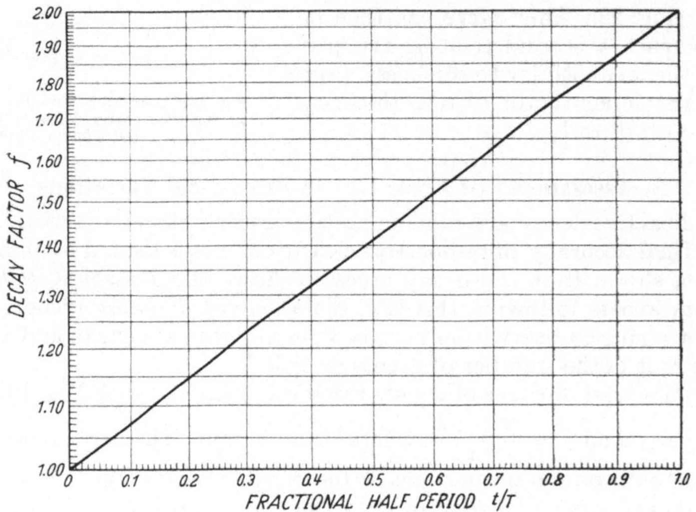

Fig. 23. Graph for the determination of decay of radioisotopes. (After L. F. Curtiss, U.S. Natl. Bur. of Stands. Circular, No. 473,10. 1948.)

measurement and t is the intervening time). This equation can be used to determine the activity of the sample at any time prior or subsequent to the particular time of assay. e. g. suppose in a particular experiment a sample of P^{32} is isolated and its activity found to be 3.51 μc. and it is desired to know the activity some 13.1 days previously.

$$\frac{t}{T} = \frac{13.1}{14.3} = 0.92 \text{ and } f = 1.89.$$

Then $N_0 = fN = 1.89 \times 3.51 = 6.63 \ \mu c$.

For times greater than the half-value period, a decay factor of 2 should be added for every half-value period which has elapsed.

IV. Autoradiographic Methods.

Among the interesting problems which have been explored by the tracer method are those which attempt to localise the site of action of various key biological substances. The general procedure is to prepare the substance for study in the marked form, to administer it to the plant and after different periods of time to examine the various sections or components of the tissue for the labelled substance or its metabolites. The sections of the whole of the plant, if small, may be examined by placing them in contact with an X-ray film or other emulsion sensitive to β-radiation for a time, thereby forming an image or autoradiograph of the distribution of the radioactive materials in the sections. A series of sections studied in this manner at different time intervals can yield information on the rate of transport of the radioactive substances and perhaps on their exact location within the individual cell (RUSSEL, SANDERS and BISHOP, 1949).

The autoradiograph procedure has also been adapted for the detection of labelled substances on paper chromatograms. The equipment required for the work is relatively inexpensive and forms a valuable extension of the elegant paper chromatographic procedure. It has been used extensively and is still being used in the elucidation of the sequence of chemical transformations concerned in photosynthesis (BENSON, BASSHAM, CALVIN, GOODALE, HAAS and STEPKA, 1950) and in photoassimilation (GLOVER, KAMEN and VAN GENDEREN, 1952).

1. Autoradiography of Large Tissue Sections and Paper Chromatograms.

The plant leaf or paper chromatogram is exposed to the X-ray film for a sufficient time to form an image of optical density about 0.5 on development of the film. To obtain the optimal resolution of the labelled entities in the specimen it is necessary to maintain firm contact between it and the film by pressure. Wet tissues or those fixed with formaldehyde should not be placed in direct contact with the emulsion, otherwise chemical development may take place. It is customary to interpose a thin film of gelatin or celluloid or similar inert thin material to protect the emulsion. It is perfectly satisfactory to place freeze dried tissues or dry paper chromatograms in direct contact with the film. In some cases the tissues may be impregnated with paraffin (BOYD, 1947).

Both emulsions of the double-coated fast X-ray film (Ilford Red Seal and Eastman No-screen) will be affected by the high energy β-rays, but those from radiocarbon[14] can react only with the emulsion on the side of the film with which it is in contact. MACDONALD and co-workers (1949) have tabulated (Table 2) for a few isotopes the initial activity required in $\mu c./cm.^2$ and the number of electrons/cm.^{2} required to form an image of optical density 0.6 within an exposure of

Table 2. *Initial Activity and Number of Electrons per Square Centimetre Required to Obtain a Density of 0.6 within Exposure of 15 Days.* (Eastman No-screen Film.)

Isotope	Maximum energy of β-particle Mev	Activity $\mu c/cm.^2$	Electrons/cm^2
C^{14}	0.154	3.6×10^{-4}	0.38×10^7
Ca^{45}	0.26	4.6×10^{-4}	2.0×10^7
I^{131}	0.6	9.8×10^{-4}	2.65×10^7
P^{32}	1.71	2.1×10^{-3}	7.2×10^7

15 days. STEINBERG and SOLOMON (1949) have given similar data. These cover the range of particle energy from 0.154 Mev to 1.7 Mev. Approximate data for other isotopes can be obtained by extrapolation from these or by calculation using the relationship (HERZ, 1951):

$$N_e = \frac{(\mu c.)_0 \times 3.7 \times 10^4 \, (1 - e^{-\lambda t})}{\lambda}$$

where $N_e = $ No. of electrons required per cm^2.
$(\mu c.)_0 = $ No. of microcuries
$\lambda = $ decay constant (sec.$^{-1}$)
and $\quad t = $ time in secs.

In practice, however, it is extremely difficult to determine accurately the overall efficiency (geometry) of a particular arrangement of the test specimen and the film. Preliminary quantitative monitoring at a known geometry with a counter is very valuable and makes the estimate of the time required for a satisfactory exposure easier. This procedure is advisable when it is desired to obtain the maximum of information from a paper chromatogram say, which may have on it a series of substances with widely different activities.

In certain instances it may be necessary to insert a thin metal foil absorber to localise the most active part of a strongly radioactive region. The greater the distance of the sample away from the emulsion, however, the lower is the resolution (Doniach and Pelc, 1950).

For carrying out the exposure of paper chromatograms, the lead backed cardboard X-ray film holders are very satisfactory. The paper chromatogram is marked on a zone free from radioactivity with radioactive marking ink (Benson and co-workers, 1950) to aid later identification. In the dark room the paper is then inserted alongside the X-ray film or a portion of it in the paper folder supplied with the film.

The folder and contents are placed on the open film holder. If radioactive marking ink has not been prepared the folder is held firmly while one or two small pinholes are made through the film and paper chromatogram at two extreme corners. These make exact superposition of the film and paper following development of the image. Finally, the holder is closed, placed on a firm smooth bench and covered with a flat board on which is placed a heavy weight. Any other pressure device such as a photographic press will suit.

A number of such holders may be stacked together, but care must be taken not to disturb those films which have to be exposed for long periods when removing holders with short exposure films. For paper chromatograms of substances labelled with carbon[14] in close contact with Eastman Kodak safety no-screen film, good clear autoradiographs are obtained when a total of 7.5×10^6 disintegrations/cm^2. have occurred. Easily visible dark zones on the film can be seen when only $^1/_4$ of this number is recorded (Glover et al., 1952).

For thin tissues such as leaves, the above holders or smaller photographic printing frames may be used. A successful device appears to be the vacuum cassette (Sherwood, 1947) similar to those used in industrial radiography.

2. Autoradiography of Histological Sections.

The technique here is quite different. Suitable emulsions of high sensitivity for β-radiation have been developed for placing in direct contact with the specimen on the slide. The methods were developed mainly from the work of Belanger and Leblond (1946), Evans (1947) and Pelc (1947) and are clearly described by Herz (1951). The emulsion is mounted on a thin-supporting film of gelatin on a glass plate. A section of the emulsion and gelatin support of suitable size can be cut and stripped off the plate. It is then floated on water with the emulsion downwards. The specimen mounted on a slide immersed in the water is brought up carefully underneath the floating emulsion so that the latter covers the specimen. The preparation is then dried and exposed in the dark. Following the exposure, the emulsion is developed while still in contact with the specimen. Some special developers have been prepared which reduce the tendency to lose water soluble dyes used in staining the tissue. In preparing the original tissue for autoradiography by the above method a procedure must be adopted to fix any water-soluble labelled material in the cells. An alternative procedure has been used by Belanger (1950). The unstained histological section is coated first with Celloidin and then painted with an emulsion. Following exposure and development of the emulsion, the whole preparation is inverted and the tissue stained.

3. Quantitative Estimation of Radioactive Substances Distributed in Histological Sections and in Paper Chromatograms.

A number of methods of a quantitative and semi-quantitative nature have been devised for the determination of radioactivity in small zones of histological sections and of paper chromatograms. It is a relatively simple procedure to cut out from paper a zone containing a radioactive substance identified chemically or autoradiographically, to elute the material from the paper and to assay it by one of the standard procedures. On the other hand it is not easy and often impossible to isolate selectively a very small zone of a tissue section for analysis. The latter has to be examined with the labelled material *in situ* and so presents the more difficult problem. There is a lower limit to the area of the section which can be usefully examined to obtain sufficient activity for assay in a reasonable time by an end-window counter.

Histological Sections. The principle of the method is simply to screen the whole of the tissue section from the counting device except for the tiny area under test. BOURNE (1949) and ATKINSON (1949) use copper foil as the screen in which a tiny hole 0.5 to 1.0 mm. diam. is carefully drilled. The end-window counter within lead shielding is mounted beneath the screen and a short distance away from it. The histological section can be made to traverse the tin hole and hence the radioactivity of any portion can be determined. To show up which part is being examined, a small movable light source is inserted between the counter and the shield. BOURNE placed the light at the side in the lead shielding and a 45° mirror underneath the hole to illuminate the section. ATKINSON has mounted a small lamp on a dental type probe which can be placed underneath the small hole or removed as desired. These techniques give the relative distribution of the activity across the section.

Paper Chromatograms. The same principle applies to the assay of radioactive substances on paper, except that the area for examination can be larger (ca. 1 cm^2.). For reliable quantitative work, the area which can be examined at a time is limited by the area of the end-window of the counter. As explained in a previous section, the efficiency of counting a source falls off the further it lies away from the central axis of the counter. Optimum efficiency can only be obtained when the diameter of the source area is less than half that of the counter window. BENSON and CALVIN (1950) used a specially built large diameter end-window counter which covered completely small radioactive zones on paper. BOURSNELL (1950) also used a wide diam. (2in.) Dural end-window counter for the examination of paper chromatograms containing substances labelled with P^{32}. In his scanning device a square hole (1 cm^2.) cut in the screen made from a thin brass plate, he was able to examine any 1 cm^2. portion of a 23 cm. paper and claims for samples spread over different areas that the results were reproducible to within 1%.

GLOVER, KAMEN and VAN GENDEREN (1952) and GLOVER (1952) have used the standard 1in. to $1^1/_4$in. diam. end-window counter for assaying C^{14}-labelled materials directly on paper. A thin window counter TGC$_2$ was held in a cylindrical lead shield P6A[1] so that it was flush with the end. The whole was suspended rigidly just clear of the bench (3 mm. above). A sheet of unexposed but processed X-ray film having a circular hole cut in it just larger than the counter window was fastened to the bottom of the lead shield. Perpendicular cross lines intersecting at the central axis of the counter were marked on the clear film. The various zones

---

[1] Tracerlab Inc., Boston USA.

of radioactive materials on two dimensional chromatograms were outlined
chemically or autoradiographically, and then each area was divided up into small
squares by a grid of pencil lines 8 mm. apart. The squares were numbered. A thin
copper plate as a screen with a square hole (8 mm. side) cut in the centre and also
marked with perpendicular cross lines was placed on top of the radioactive zone
so that one of the little squares was opposite the hole. The paper chromatogram
plus the relatively light copperplate was then placed underneath the counter and
centred by means of the sets of crossed lines on the counter and the plate respectively.
The count for that area was recorded for 1 or 2 minutes depending on the activity.
Each zone spread over some 10 to 20 squares so that the total time of counting
was from 10 to 40 minutes. The time required to change the plate over from one
part of the radioactive zone to another is very short, about 20 to 30 secs. The
weight of the plate was sufficient to keep the paper firm on the bench which was
covered in the region beneath the counter with a large sheet of waste X-ray film
(17in. $\times$ 14in.). The latter could be removed periodically and replaced if it became
contaminated. With care no relative movement took place between the plate
and the chromatogram in sliding them under the counter.

A standard sample on similar paper was assayed each day to detect slight
changes in efficiency or geometry, so that corrections could be made if necessary.
The activity of a sample on paper was related directly to that of the same
material assayed at the standard geometry in the lead castle. The absorption
due to the paper (Whatman No. 1) reduces the count rate for carbon[14] by a factor
of 3. The overall error in the above method is less than 5%.

Another useful development is the attachment supplied by the Nuclear
Measurement Corpn[1]. for the assay of radioactive samples on paper which can be
inserted into a special tubular gas flow proportional counter. This counter fits
directly on to their standard instrument. Strip chromatograms can be sectioned
and counted with the very high efficiency of the internal sample method and with
great precision. Gray, Ideka, Benson and Kritchevsky (1950) have also used
an internal sample type counter for the assay of tritium labelled compounds.
Whichever technique is adopted a precise radioactivity measurement is of
little use unless the substances examined are pure.

Where single dimensional chromatograms have been prepared and the area of
the developed spots kept minimal by ensuring that the spread of the solution at
the origin is very small < 0.5 cm., it is possible with an automatic scanning device
which will cause the sheet to traverse the end-window of a G.-M. counter to
determine the distribution of activity along the strip and so measure the R_f values
for the zones of maximal intensities of radiation. A number of automatic scanning
devices have been built (Rockland and co-workers, 1952; Soloway, Rennie and
Stetten, 1952) but their advantages do not appear sufficiently to outweigh the disadvantages to warrant the expense of setting up synchronous motors and other
relay and recording gear. In using them often excessive background counts are
taken on blank portions of the paper and at best the results obtained for the
various spots give only an estimate of the relative amounts of radioactive material
present, owing to the errors due to the uneven distribution of the substances
across the spot relative to the counter window.

The writer has often found it more practical to obtain a definite outline of the
labelled substances on the paper chemically or by means of an autoradiograph
prior to quantitative assay.

---

[1] Indianapolis, USA.

V. Disposal of Radioactive Waste and Health Hazard.

During experimental work with radioactive isotopes, it is imperative that unnecessary exposure of oneself to the various radiations shall be avoided, and also that equipment used in the work shall be decontaminated thoroughly on completion of the study. Safety in handling radioactive materials and methods of disposal are discussed in detail by PARKER (1948), and FAY (1952). Precautions to be taken and sets of rules for laboratory procedure are given by SIRI (1949), CALVIN *et al.* (1949) and KAMEN (1951). Reference should be made to these works for full details.

B. Methods for Stable Isotopes.

Although stable isotopes are not used so extensively as the radioactive variety they are being made available now in sufficient quantities at reasonable cost to supply present research requirements.

Table 3 gives a list of a few of the isotopes which have been used in tracer work.

Deuterium in heavy water is obtainable in practically the pure state and a number of deuterated compounds are commercially available with more than 95% deuterium in all labelled positions. The carbon and nitrogen stable isotopes are available commercially in a few starting compounds for syntheses having up to 65 atom % concentration of the isotope.

Table 3.

Isotope	Mass No.	% Natural Abundance
D	2	0.156
C	13	1.108[1]
N	15	0.365[1]
O	18	0.204[1]
S	33	0.74
S	34	4.18

The main limitations to the use of stable isotopes with the exception perhaps of deuterium are:—

(i) the low permissible dilution (of the order of one-thousandfold) to a level which can be differentiated significantly from the natural abundance; (ii) the cost of the equipment to handle them and its maintenance; and (iii) the relatively few starting compounds which are commercially available.

For problems involving the nitrogen atom there is no alternative but to use N^{15} as the tracer. Nevertheless, stable isotopes have certain advantages over the radioactive variety in that there is no time limit to the duration of the experiment and there is no danger of causing radiation damage to a tissue employed in it.

Of the methods available for their assay the direct one involving the mass spectrometer is the most widely used. Instruments specially designed for tracer work are available commercially at a price which is however beyond the reach of the smaller laboratories. In addition, the instruments require considerable care and skill for proper maintenance. There are, however, alternative indirect methods, which require less expensive equipment for the determination of the deuterium and oxygen (^{18}) content of water.

These are based on measuring the differences in physical properties of the natural and enriched water.

I. Indirect Methods for Deuterium.

The main properties of water which have been studied for the determination of deuterium oxide content are density, index of refraction and vapour pressure.

a) Density. The densities of pure deuterium oxide (1.10764 at 25° C) and of mixtures with ordinary water have been determined very accurately by LONGS-

---

[1] NIER, A. O.: Phys. Rev. **77**, 789 (1950).

Worth (1937) and Swift (1939) by a refined pycnometer procedure. Their data show that D_2O—H_2O mixtures form almost ideal solutions even at low D_2O concentrations. Voskuyl (1939) has derived an equation which related the mole fraction of D_2O to the density differences between the unknown sample and deuterium free water

$$N_{D_2O} = \frac{9.257\ \Delta S}{1-0.033\ \Delta S}$$

where N_{D_2O} = mole fraction of deuterium oxide

and ΔS = the density difference d^{25}_{25} —1 relative to deuterium free water.

The method generally adopted for determining the density of the D_2O—H_2O mixtures are modifications of the differential technique using twin silica pycnometers as described by Washburn and Smith (1934). By using twin pycnometers, errors due to changes in humidity, buoyancy and barometric and hydrostatic pressure are avoided. The methods are accurate to one part in a million. This method is the standard for the calibration of all the other methods. It is unsuitable, however, for routine work since it is time consuming and requires large samples of water (5—50 ml.).

b) Falling Drop. The falling drop method devised by Barbour and Hamilton (1924) and applied to the determination of deuterium by Fenger Eriksen, Krogh and Ussing (1936) and Keston, Rittenberg and Schonheimer (1937) is the most convenient of the density methods.

The principle of the method is to form on the tip of a micropipette a drop of water of constant volume, which is allowed to fall slowly down through an immiscible liquid contained in a long vertical tube. The time required for the drop to fall between two fiducial marks on the tube spaced about 20 cm. apart is recorded accurately. The tube is mounted in a large water tank (ca. 100 litres) which is maintained at a suitable temperature and regulated to 0.001° C. Where the differences in densities of the two liquids is small, Stoke's law applies and

$$6\ \pi\eta\, rv = {}^4\!/_3\ \pi r^3\ (d-D)g$$

where η = viscosity of the medium d = density of the drop
    r = radius of the drop D = density of the medium
    v = rate of fall g = acceleration due to gravity.

Thus the rate of falling is directly proportional to the difference in the densities of the two liquids.

In practice with the higher concentration of deuterium $> 0.7\%$ however, Stoke's law is not followed perfectly and Keston *et al.* (1937) found it more satisfactory to calibrate the method by using a series of standard dilutions of heavy water with purified ordinary water.

The solvent used in the tube by the latter authors was *o*-fluorotoluene which was maintained at a temp. of 26.8° C or *m*-fluorotoluene at 19.3° C. These systems are suitable for percentages of deuterium oxide in the range 0 to 3%. For samples containing 10—40% D_2O, solutions of phenanthrene in α-methylnaphthalene are said to be superior to *o*-fluorotoluene (Frilette and Hanle, 1947).

The dimensions of the tube are not critical, but the following conditions must be fulfilled:— (a) the tube diameter must be greater than 3 times the diam. of the drop to avoid wall effects, (b) the fiducial marks should be spaced as far apart as possible to increase the sensitivity (usually ca. 20 cm. accurately measured), (c) provision must be made for the drop to fall down through the solvent for a sufficient distance (ca. 20 cm.) above the top mark to allow it to come to the temperature of the solvent and hence to travel uniformly and (d) the lower fiducial mark should be about 8—10 cms. above the bottom end of the tube to avoid end effects.

A mechanical micro-pipette (KESTON *et al.*, 1937; ROBERTSON and SIRI, 1949) delivers the drop below the surface of the organic liquid. The pipette which is specially mounted on a rack and pinion device is drawn up to the surface of the solvent causing the drop to be released. The size of the drop (5—45 cu. mm.) does not appear to be critical but should be uniform for the calibration and experimental runs. The smaller the drop size, the smaller the quantity of H_2O required for analysis.

The falling drop method gives a precision in density of 1—4 parts per million depending on the range of D_2O concentration being measured. This corresponds to 0.001—0.004% deuterium. The errors in the preparation of the sample for analysis are larger and may rise to 0.02%.

Other methods depending on the buoyant force on a loaded glass bulb immersed in the liquid have been used. The sensitive methods devised by LAMB and LEE (1913) and RICHARDS and SHIPLEY (1912, 1914) are sufficiently accurate for determining the concentration of D_2O in water, but the volume of the sample required is larger than is usually available in tracer work. Similarly while methods based on the Cartesian diver principle (GILFILLAN and POLYANI, 1933) as used by RITTENBERG and SCHONHEIMER (1935) are accurate and can detect a difference of 0.002 atom % deuterium, they are tedious and unsuitable for routine work.

Method for Oxygen. The abundance of the O^{18} isotope in water has also been determined by the density method (DOLE and SLOBOD, 1940).

One of the main difficulties with even the best of the indirect methods is that a relatively large sample of water is required. The distillation procedures for purification requires a minimum of 0.3 to 0.5 ml. The direct method of assay by the mass spectrometer is not however subject to such a severe limitation. A sample of material sufficient to form 3 to 5 mg. H_2O is adequate for an analysis.

c) Refractive Index. The refractive index of a solution of deuterium oxide in ordinary water is a linear function of the mole fraction. The values for H_2O and D_2O are 1.33300 and 1.32828 respectively (NaD line and 20° C). An interferometer is required to give the precision necessary for the measurement of the small differences in refractive index between test samples. Instruments are available which can measure the refractive index to an accuracy of $\pm 1 \times 10^{-7}$ (BAUER, 1945). The instrument has to be calibrated with samples of water with known deuterium oxide content. RITTENBERG and co-workers (1935, 1937) find that the deuterium content of 0.4 ml. water can be determined easily to an accuracy of 0.02 atom per cent.

As with all these methods, great care must be exercised in purifying the water because impurities can cause serious discrepancies in the results.

d) Vapour Pressure. A method based on the changes in vapour pressure has been used by LIFSON, LORBER and HILL (1945) for the analysis of deuterium oxide in water. The method has a much lower degree of precision than the others but gives an approximate result quickly.

Preparation and Purification of Water Samples for Analysis.

A sample which will yield 100 mg. water is required for the routine assay by the falling drop method. If the water of the tissue is to be examined, the whole of it should be distilled over *in vacuo* to avoid errors due to differences in volatility between H_2O and D_2O. Similarly, when an organic compound is combusted, the water formed should be collected completely before a sample or thew hole is taken for assay.

The water must be free from impurities (Fenger-Eriksen, Krogh and Ussing, 1936; Keston, Rittenberg and Schonheimer, 1937). Following the combustion of an organic compound, the water may contain either oxides of nitrogen and of sulphur or halogens, depending on the material under examination. The purification and analysis of the H_2O should be carried out in a room free from solvent and other vapours. Keston et al. (1937) recommend using solid dry $BaCO_3$ for the removal of nitric acid and Cu wire for halogens. The water is finally vacuum distilled over a few mg. of dry chromium trioxide and alkaline permanganate (a few mg. dry CaO and $KMnO_4$ mixture) from traps (10 mm. diam. U-tubes) and finally collected in a graduated vessel.

Again, where standard dilutions of deuterium oxide are being used for routine calibration of the falling drop procedure, they should be redistilled frequently to ensure purity.

The glassware used for the preparation and handling of the water must be cleaned out most carefully. The various pieces of apparatus should be washed with hot solutions of trisodium phosphate, rinsed with distilled water and then treated with boiling concentrated nitric acid followed by washing 10 times in freshly distilled water (Robertson, 1949). Finally, the articles are drained and dried in an electric oven free from organic materials.

II. Mass Spectrometric Method.

The mass spectrometers used largely for tracer work in biology are modifications of the mass spectrographs originally devised by Aston (1919) and Dempster (1918). Aston used a combination of a strong uniform electrostatic field which resolved ions possessing different kinetic energies and a magnetic field to resolve the positive ions having very similar kinetic energies but different values of mass to electronic charge ratio (m/e).

The instruments in use to-day have been designed along the lines of the Dempster 180° type or of the Nier 60° sector type (Nier, 1940) which do not use an electrostatic field but an improved ion source to make the ion beam energetically as homogeneous as possible. Briefly, the principle of the operation of the mass spectrograph is as follows:— The isotopic mixture in a suitable gaseous form (such as CO_2 or N_2) is admitted continuously through a fine capillary into the ionizing region of a highly evacuated chamber so that the pressure is about 10^{-5} mm. Hg. The atmosphere of neutral molecules in this ion source region is bombarded by a narrow stream of electrons to produce positive ions, which are then projected into the analyser tube through slits in a system of focusing and collimating electrodes by means of electrical potentials between them. The slightly divergent ion beam is then directed between the pole faces of a magnet which are wedge shaped in the case of the sector type instrument. The diagram (Fig. 24) indicates the arrangement for the 60° magnet type instrument. The magnetic field turns the lighter ions more sharply (i. e. with a shorter radius of curvature) in a plane perpendicular to it than the heavier ones thereby separating them. Furthermore, the portion of the ion beam which passes through the wider part of the wedge shaped magnetic field will be turned more strongly than that passing through the apex, so that ions having the same mass to the electronic charge ratio (m/e value) from sections of the beam are brought to a focus and hence the different masses are resolved. A collector electrode is placed at the centre of focus of the ion beam, and the current carried by each type of ion may be measured. In the Nier instrument two collector electrodes, one behind a slit in the other are inserted so that each will collect ions of one particular mass or a limited group of masses. The ion currents are then suitably amplified and their relative values determined thereby giving a measure of the amounts of each isotope present.

The selection of the mass range for examination is done by altering the ion accelerating voltage. Where there is only a single electrode, the voltage applied to the focusing slits can be varied to bring the ions of different masses on to the collector in turn.

The above type of instrument[1] together with another 90° sector type[2] are available commercially. The instruments which turn the ion beam through 180° (semi-circular type) are usually built in individual laboratories (SUCHER and RITTENBERG, 1950; LINDHOLM, 1948). The main advantage of the sector type

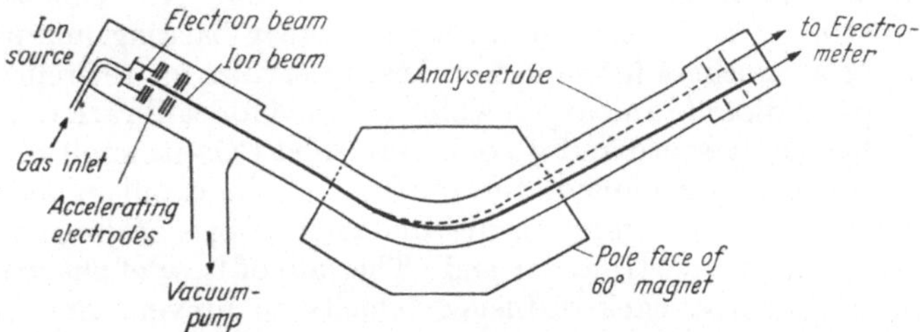

Fig. 24. Schematic diagram of NIER 60° sector type mass spectrometer. (After H. W. WASHBURN: Suppl. to the U.S. Naval Medical Bull. March-Apr. 1948, p. 60.)

is that a smaller and hence cheaper magnet may be used. The great advantage of the semi-circular type is that the ion source lies in the same magnetic field as the analyser and so the conditions for forming the ion beam are better defined and a number of possible errors eliminated *(vide infra)*. Both types of instrument have been widely used for tracer work.

1. Apparatus.

Ion Source. The electrons from the filament moving under the influence of a regulated potential (80—100 V.) and a weak magnetic collimating field enter a slot on one side of a small ionization compartment (1 cm. side) and are collected at the other side by the anode. These low energy electrons produce ions with a small spread in energy. The gas sample is usually admitted through a fine copper capillary leak into the back of the chamber as indicated in the diagram (Fig. 24).

Since the resolution of isotopes by the sector-type spectrometer and the reproducibility depend largely on the uniformity of the ion beam, it is imperative to ensure that the electron emission from the filament be regulated so that it is uniform and quite stable in operation over a long period of time. The electron beam geometry (i. e. position with respect to slits) should be constant.

Detector System. The ion currents which have to be measured may range in magnitude from 10^{-16} up to 10^{-9} ampere (ROBERTSON, 1949). The detector system must be very sensitive, reproducible and show a linear response over a wide range of beam intensity at least of the order of one-thousandfold. NIER (1947) has designed a negative feedback D. C. amplifier especially for use with mass-spectrometers; and the vibrating-reed instrument discussed in the section on electrometers is also a very stable D. C. amplifier possessing the necessary sensitivity.

---

[1] Consolidated Engineering Co., Ltd., USA.
[2] Metropolitan Vickers Ltd., England.

With the single exit slit and electrode system, the ion beams are focused on the electrode in turn and the intensity of the ion current following amplification measured by a suitable galvanometer. In the Nier mass spectrometer having a double exit slit and two electrodes, ions differing by one mass unit are collected simultaneously and the outputs of the amplifier attached to each electrode are compared directly so giving the ratio of the amounts of the two types of ion present. It is generally arranged that the ion beam of the heavier isotope is collected on the rear electrode.

The movement of the ion beam may be accomplished either by adjusting the accelerating voltage across the slits in the ion source (voltage scanning) or by altering the strength of the magnetic field (magnetic field scanning).

Apparatus for Admitting Samples to the Spectrometer. This is a vacuum manifold consisting of a diffusion pump with a rotary backing pump; about two standard taper glass sockets for sample tubes; reservoirs for reference gases such as hydrogen, carbon dioxide and argon which are used for calibration; a manometer for adjusting the gas pressure and a cold trap (solid CO_2-ethanol) to remove any traces of residual moisture immediately in front of the capillary leak. The leak consists of 20 inches of 0.1 mm. inside diameter copper tubing with a small constriction at the mass spectrometer end. The rate of flow of the gas in the leak must be greater than the back diffusion velocity to prevent any discrepancies arising in the composition of the gas entering the spectrometer due to differences in effusion rates of the components through the constriction. The consumption of gas by the spectrometer is only about 1 ml. in 24 hr.

2. Sources of Error.

Ion Source. 1. A change in electron emission will cause fluctuations in ion beam current. Hence a series of readings must be taken to give a mean value.

2. The electron beam geometry can alter with variation in the electric field. magnetic field and filament position. The change in the electric field may result from changes in the applied voltage and formation of deposits on the electrode slits.

3. Accelerating-voltage effect. As the accelerating voltage is increased the ratio of energy from the electric field between the slits to the thermal kinetic energy of the ions increases. As a consequence of this, the ions emitted from a given point in the electron beam are drawn away more sharply towards the exit slits and so a greater amount of them pass through into the analyser tube giving rise to an increased ion current. The effect is most serious with the light ions. Voltage scanning therefore favours the lighter masses. The effect can be avoided by using magnetic scanning or the double exit slit system, which records the ion current from the two isotopes simultaneously.

This is a difficulty with the sector type instrument which can use only one of the two electrodes for the assay of deuterium, on account of the large distance apart of the foci of the resolved hydrogen and deuterium ion beams which cannot be accommodated by the double slit system.

All the above errors apply mainly to the sector type instrument with voltage scanning. They are considerably reduced with magnetic scanning. In the 180 instrument with either type of scanning, they are very small.

Detector System. The electrometer amplifier system may not be linear over the range of measurement. The use of the more recently developed feed back amplifiers avoids the trouble. A null method of recording may also be used (Nier. Ney and Ingraham, 1947).

It is advisable with spectrometers using the single electrode to measure first the ion current of the heavier isotope which is usually present to a much smaller extent (RITTENBERG, 1951). This avoids errors due to polarisation effects on the electrodes caused by the stronger ion currents.

Gas-flow Rates. The lighter of the two isotopes in the gas sample may diffuse through the capillary into the spectrometer at a higher rate than the heavier isotope if the mean free path is very much greater than the capillary radius.

Again the rates at which the gases are pumped out of the spectrometer favour the lighter masses, and with a liquid nitrogen or oxygen trap, also the condensible vapours (ROBERTSON, 1949). These effects tend to compensate one another.

Incomplete Resolution of the Ion Beams. The maxima of the accelerating voltage-ion current plot of an isotope present in a mixture in small amounts may not be free from interference by the spread of the "skirt" of the more intense adjacent peak. Adjustments should be made to the slit and magnetic field to improve the collimation and focusing of the ion beams. Some part of the detecting circuits may have a long time constant.

Background. It is extremely difficult to remove the last traces of water from a spectrometer which will show background peaks of masses 16, 17 and 18. It may be necessary to bake the tube out for a period to reduce them. Heating coils around the spectrometer tube are usually provided for this purpose. The vapours of the diffusion pump such as mercury or hydrocarbon give rise to background peaks even with good traps. The measurement of ion currents of isotopes whose masses lie close to background peaks is unreliable and inadvisable.

Memory Effects. If a sample of gas containing a very small amount of the heavier isotope is to be examined following one containing it in very high concentration, care must be taken to ensure that the remnants of the first sample have been pumped out of the spectrometer prior to admitting the new one. With deuterium there is the difficulty that it can exchange with the hydrogen of adsorbed water vapour and so tend to persist longer. The trouble can be avoided partly by arranging, where possible, the samples to be analysed into groups of expected deuterium concentration.

Again the order in which samples are assayed is important for obtaining accuracy. Carbon dioxide pumps out of a mass spectrometer more slowly than either nitrogen or hydrogen and tends to leave a background at mass 44 and mass 28 (CO) which interferes with nitrogen analyses (RITTENBERG, 1951).

Gas Pressure Effects. In the assay of deuterium as HD^+ (mass 3) there is interference due to the presence of H_3^+ ions, which increases as the pressure of hydrogen in the ion source rises. It is advisable always in analysing gases for any of the isotopes to maintain the pressure gradient across the leak uniform so that the pressure in the ion source is constant. The correction to be applied in the determination of deuterium is discussed in a later section.

Concentration Effects and Overlapping Spectra. A number of molecules containing more than one atomic species such as carbon dioxide are present in the form of a number of isotopic isomers a few of which have identical masses, e. g.. $C^{12}O^{16}O^{17}$ and $C^{13}O^{16}O^{16}$. Where the concentrations of some of the heavier isotopes are very high it may be necessary to examine the complete mass spectrum to obtain an accurate measure of the relative abundance of the various components.

Invariably a more detailed analysis of even a simple isotopic mixture such as nitrogen has to be carried out when the concentrations of the individual isotopes N^{14} and N^{15} in the mixture become comparable.

Presence of Impurities in the Sample. In the determination of the abundance ratio of the nitrogen isotopes, it may be necessary to correct for accidental contamination with air. This will be discussed later in the next section. Traces of air do not interfere with the assay of the hydrogen isotopes.

3. Examination of Samples.

Deuterium. The sample is combusted by the standard procedure in a quartz tube. The usual filling of CuO is used, and held in place with silver wire or gauze and platinum wool or screen (Graff and Rittenberg, 1952; Anderson, Delabarre and Bothner-By, 1952). Oxygen from liquid air is used for the combustion. It may be dried by passing it through a tube containing magnesium perchlorate (Graff *et al.*, 1952), or alternate layers of anhydrone and ascarite separated by glass wool and then through a bubbler containing concentrated H_2SO_4 (Anderson *et al.*, 1952). The rate of flow of the gas is held at about 3 bubbles/sec. The filling is maintained at 750—800° C. The outlet tube of the furnace leads directly into a cold trap, a U-tube immersed in ethanol-solid CO_2 mixture if only the water of combustion is required. If the CO_2 is also required, than a liquid N_2 trap will also have to be inserted in the gas line to trap it. Anderson and co-workers, in their micro-method, recommend that two aliquots of the sample should be combusted first to flush out the furnace before the weighed sample is treated. This procedure does not appear to be necessary for larger samples sufficient to form 3—5 mg. H_2O. However the furnace should always be left on between determinations with a trickle of oxygen passing through it.

The water vapour cannot be assayed directly because it exchanges with adsorbed water in the spectrometer and gas handling system leading to large "memory effects" and hence inaccurate results. There are two main techniques in which the deuterium oxide content of the collected water may be determined. The procedure which has been used extensively and successfully by Rittenberg and his school is that of converting the water to hydrogen (Graff and Rittenberg, 1952). This is probably the best method so far devised. The water vapour is passed over Zn granules (10 mesh) kept slightly below their melting point (400° C) and is quantitatively converted into hydrogen. The hydrogen isotopes are equilibrated in the gas produced according to the reaction:

$$H_2 + D_2 \leftrightharpoons 2\,HD$$

the equilibrium constant of which is 3.8. It does not vary greatly with change in temperature. The reaction must go to completion because of the difference in the rates by which water and deuterium oxide are reduced. When the reaction is left incomplete, the deuterium content in the hydrogen gas formed is only $1/3$ to $1/4$ that of the starting water (Hughes, Ingold and Wilson, 1934). This fractionation takes place in all reaction involving these isotopes which do not go to completion. Rittenberg arranges in his deuterium converter that the water vapour is completely reduced by inserting a cold trap in the outflow from the reduction furnace so that any water which has not reacted may be passed back over the zinc again.

The hydrogen gas is then collected in a Toepler pump and forced into a small sample bottle with a standard taper connector which can be transferred directly to the spectrometer manifold. Sufficient Zn granules can be placed in the converter tube to reduce about 100 samples.

In the analysis of deuterium a few more precautions have to be taken than are necessary for nitrogen, carbon and oxygen. It has been observed that the ratio of mass 3 peak to mass 2 peak for a given mixture of deuterium and hydrogen increases approx. linearly with the pressure in the ion source. The effect is due to the formation of H_3^+ ions (Bleakney, 1932). When the concentration of deuterium is of the order of or less than 1%, it can be assumed that all the deuterium is bound as HD and measurements of mass 2 and mass 3 only are required.

If, then, the ratios of the intensities of the peaks mass 3 to mass 2 are plotted against pressure or the intensity of the H_2^+ peak which is proportional to it, an approximate straight line is obtained which can be extrapolated back to zero. The intercept on the ratio ordinate gives the true proportions of HD to H_2.

Where large number of samples are being assayed it is much better to standardise on a given hydrogen pressure (or intensity of H_2^+ peak) and determine the ratio for a standard sample at that pressure which gives a measure of the extent of H_3^+ formation. The test sample ratios can then be corrected. Samples of the order of 4 mg. can be analysed for the deuterium content in duplicate with an error of $\pm$ .002 atom % excess in 40 minutes. The alternative procedure for the assay of deuterium is to form ethane and ethyl deuteride from the water mixture and zinc diethyl (FRIEDMAN and IRSA, 1952) and measure the intensities of the peaks corresponding to mass 30 and mass 31 respectively. This method seems to be satisfactory for the higher concentrations of deuterium but its main limitation is the relatively high abundance of C^{13} which interferes. So values of deuterium cannot be assayed with accuracy much below 1 atom %. This is a very serious limitation in most tracer work where samples may be labelled to a much lower extent.

Carbon. For the carbon isotope abundance measurements, CO_2 is invariably employed. The organic compound is combusted in the usual way and the carbon dioxide absorbed in CO_2-free sodium hydroxide. The carbon is precipitated later as $BaCO_3$ by the addition of ammonium chloride and barium chloride in excess, as described in the previous section on radioactive isotopes. The precipitated $BaCO_3$ is washed with boiled distilled water and transferred into one arm of a Y-tube (Fig. 25) (SPRINSON and RITTENBERG, 1949). This apparatus was devised by RITTENBERG for fitting to the spectrometer manifold and is suitable for holding the salts of the different isotopes which are later released in gaseous form for the assay.

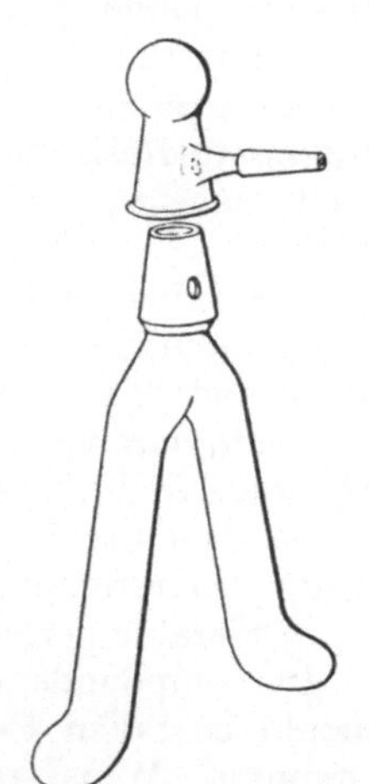

Fig. 25. Diagram of RITTEN-BERG's Y-Tube. (After SPRIN-SON and RITTENBERG, 1949.)

Into the other arm of the RITTENBERG-tube is placed a little mineral acid. The tube is closed and placed on a vacuum line which can accommodate several tubes and is maintained by a mercury diffusion pump as described by SPRINSON and RITTENBERG (1949). The tube is evacuated to 0.01 mm. pressure while the liquid is frozen in an ethanol-solid CO_2 freezing mixture.

The evacuated tube is then connected to the horizontal standard tapered socket of the spectrometer gas line and the acid tipped into the $BaCO_3$ by rotating it. When the CO_2 has been evolved completely, the freezing mixture is placed around the reaction vessel and the liquid frozen. The dry CO_2 is then admitted into the spectrometer to a given pressure.

An alternative procedure for handling the CO_2 is described by ANDERSON et al. (1952). This group of workers trap the CO_2 from the combustion furnace in liquid N_2 and following purification to remove nitrogen oxides, etc., distil the purified CO_2 in vacuo into a small sample tube fitted with a tap which can be connected directly to the spectrometer.

Owing to the presence of the isotopes of O^{16}, O^{17} and O^{18} along with the carbon isotopes C^{12} and C^{13}, there are 12 isomers of CO_2 with masses ranging from 44 to 49. The ion beam intensities at masses 44 and 45 are the ones measured. The former arises from $C^{12}O^{16}O^{16}$ but the latter is derived from two isomers $C^{13}O^{16}O^{16}$ and

$C^{12}O^{16}O^{17}$. However, the abundance of O^{17} is very low ($<0.04\%$) and so its contribution can be neglected.

The atom % C^{13} in the sample of CO_2 is given by $\frac{100}{R+1}$ where R equals the ratio of the intensities of the ion beams at mass 44 and mass 45.

Nitrogen. Elementary nitrogen is the ideal material for the determination of the relative abundance of the nitrogen isotopes. The nitrogen in the compound to be examined is first converted to ammonia and the ammonia thus formed converted to N_2 by hypobromite (Rittenberg, Keston, Rosebury and Schonheimer, 1939; Rittenberg, 1946). The Kjeldahl procedure is adequate for most biological N-containing substances but should the nitrogen be present in the compound in a form (NO_2 or $-N=N-$) which will not lead to NH_3 by this procedure then the substance should be reduced first (Friedrich, 1933).

An amount of the compound containing 1 mg. nitrogen is placed in the Kjeldahl flask and digested for 16 to 18 hr. with 50 mg. $HgSO_4-K_2SO_4$[1] mixture, 2 ml. concentrated H_2SO_4, and a little selenium or selenium dioxide (Rittenberg, 1946).

According to Rittenberg (1946) this long digestion is necessary to break down impurities which on treatment with hypobromite give rise to ions of masses 45, 31 and 29 respectively in the mass spectrometer. Ethylamine, dimethylamine and methylamine are believed to be the materials responsible for this interference. The undesired ions are found when certain amino-acids containing the methylene amine structure ($-CH_2-N\diagdown$) are digested for a shorter period of some 8 hr. Again, their removal from the spectrometer requires the tube to be baked for a considerable period.

In compounds containing more than one nitrogen atom, particular care should be taken to ensure that all the nitrogens give a quantitative yield of ammonia. Weissman and Schonheimer (1941) observed that with the Kjeldahl procedure short periods of digestion of lysine labelled with N^{15} in the α-position yielded high results for the abundance of the N^{15} isotopes suggesting incomplete liberation of the unlabelled ε-amino group as NH_3. The authors considered that the trouble may be connected with the liberation of methylamine during the digestion (Gortner and Hoffman, 1926).

The solution of the ammonium salt finally obtained in the Kjeldahl flask is cooled and the flask having a standard taper socket is fitted with a small separating funnel and distillation head combined. The solution is made alkaline by running the alkali down through the funnel; and the ammonia distilled over in a NH_3-free air stream into 3—5 ml. 0.07 N H_2SO_4 (Sprinson and Rittenberg, 1949). The final distillate is then reduced to a small volume and placed in one arm of a Rittenberg tube. A strong alkaline solution of hypobromite prepared as directed by Sprinson and Rittenberg (1949) is placed in the other arm. The vessel is then evacuated to 0.01 mm. pressure as previously described and fitted to the spectrometer. The hypobromite is tipped into the ammonia solution and the N_2-gas liberated by the oxidation of the ammonia. The vessel is frozen in alcohol-solid CO_2 and the N_2 admitted to a standard pressure.

For the analysis of nitrogen in the mass spectrometer, the intensities of the ion beams at masses 28, 29 and 30 are measured. For concentrations of nitrogen of the order of 1% or less, only masses 28 and 29 need be measured because the

---

[1] The use of mercury in place of copper is recommended by Sprinson and Rittenberg (1949) to eliminate the possibility of traces of the latter contaminating the ammonia sample. Cupric ions appear to accelerate the decomposition of the hypobromite which is added later to evolve nitrogen.

probability of $N^{15} N^{15}$ being present is small. The absolute abundance of N^{15} in atom percent

$$= \frac{100}{2R+1} \text{ where } R = \frac{\text{Intensity of Mass 28}}{\text{Intensity of Mass 29}}.$$

When N^{15} is greater than several percent, then the amount of $N^{15} N^{15}$ becomes appreciable and the

$$\text{atom } \% \ N^{15} = \frac{100 \ (I^{29} + 2 \ I^{30})}{2(I^{28} + I^{29} + I^{30})} \text{ where}$$

I^{28}, I^{29} and I^{30} represent the intensities of the ion beams of masses 28, 29 and 30 respectively.

Occasionally, if the RITTENBERG tube should leak or if all the dissolved air should not have been removed from the solutions, the nitrogen sample will be diluted with the nitrogen from the air. It is possible to correct for this providing the dilution is not too great ($\gg 5\%$).

Correction Procedure. The presence of air can be checked by measuring the oxygen peak at mass 32 and confirmed that the oxygen is not due to decomposition of the hypobromite by observing an ion beam at mass 40 due to argon. The ratio of the intensity of nitrogen mass 28 peak to that of oxygen mass 32 is about 7.5 and not about 4 due to the differences in the probability of ionization of oxygen and nitrogen.

The contribution of the nitrogen from the air to the mass 28 peak is 7.5 $\times$ the value for that of oxygen (mass 32). This is worked out as a percentage. The percentage correction to be added to the atom $\%$ excess value from the observed readings is the same.

Oxygen. The abundance of O^{18} in enriched samples of oxygen may be determined readily either as O_2 or CO_2. For routine work involving a number of samples, O_2 is not so satisfactory because of its action on the filament of the spectrometer (BENTLEY, 1948). Carbon dioxide, on the other hand, is highly suitable because not only can it be obtained directly, say from many carboxylic acids by dry decarboxylation of a metallic salt, but it may be labelled directly from O^{18} labelled water by the exchange reaction:

$$H_2O^{18} + CO_2{}^{16} \rightleftharpoons H_2O^{16} + CO^{16}O^{18}.$$

This reaction was used initially by COHN and UREY (1938).

The substances usually prepared from O^{18}-labelled compounds for isotope abundance analyses are H_2O^{18} and $CO_2{}^{16}$ with $CO_2{}^{16}O^{18}$. The water may be electrolysed to yield elementary oxygen since the fractionation factor is very close to unity (JOHNSON, 1935) but in general it is equilibrated with carbon dioxide ($NaHCO_3$) in a sealed tube. The method used by BENTLEY (1948) for O^{18}-labelled compounds is a modification of the ter-Meulen method for the direct determination of oxygen in organic compounds (RUSSELL and FULTON, 1933). The water is collected in a cold trap (a U-tube immersed in solid CO_2 freezing mixture) which is later used for the equilibration of the water with CO_2 as $NaHCO_3$. The reaction is catalysed with carbonic anhydrase. Following the removal of air from the U-tube, the CO_2 is liberated with anhydrous sodium bisulphate and the CO_2 admitted to the gas line of the spectrometer as previously described.

The intensities of the ion beams at masses 44 and 46 corresponding to $CO^{16}O^{16}$ and $CO^{16}O^{18}$ respectively are measured. If R is the abundance ratio observed for the CO_2 then

$$\text{the atom } \% \ O^{18} \text{ in the water} = \frac{100}{K/2(2R-1)+1}$$

where K is the equilibrium constant (2.076) of the above reaction (Bentley, 1948).

Sulphur. Since the radioactive isotope of sulphur (S^{35}) has become readily available, not so much work has been done with the stable isotopes. However, the latter are useful in tracer studies involving doubly labelled compounds.

The gases SO_2 or H_2S may be used for the determination of the abundance of the isotopes S^{32}, S^{33} and S^{34}. Sulphur dioxide is preferable but both are difficult to pump out of the spectrometer. The gas is usually released by acidification of the appropriate salts in the Y-tube. Vigneaud, Kilmer, Rachele and Cohn (1944) decomposed 4—5 mg. of the amino acids methionine and cystine labelled with S^{34} in a combustion tube containing Pt gauze with a stream of hydrogen, at 700° C, the H_2S formed was trapped in a bubbler containing a solution of 15% Zn-acetate in Na-acetate solution. The ZnS was filtered and washed and transferred to a tube for the liberation of H_2S with acid. They found that 100% phosphoric acid gave best yields of H_2S.

4. Method of Calculating and Presenting Results.

The mass spectrometer and other methods give readings from which the *atom* % of a particular isotope is calculated as described in the previous sections, but in tracer work only the amount in excess of the natural abundance is significant so results are usually expressed as *atom %-excess*

= atom % of isotope found — atom % its natural abundance.

In certain comparative experiments it is often desirable to know how much of the isotope in the administered compound found its way into a particular intermediate or product. This may be done by calculating the excess isotope content of the isolated material on the basis of the admiaistered material having 100% excess. The result then is known as the *per cent excess* of the isotope

$$= \frac{\text{atom \% excess of isotope in sample analysed}}{\text{atom \% excess of isotope in sample administered}} \times 100.$$

This expression gives the percent of the atoms in the substance analysed which must have been derived from the labelled atoms administered.

General References.

Calvin, M., C. Heidelberger, J. C. Reid, B. M. Tolbert and P. F. Yankwich: "Isotopic Carbon". J. Wiley & Sons Inc. 1949.

Cook, G. B., and I. F. Duncan: "Modern Radiochemical Practice". Oxford: Clarendon Press 1953.

Friedlander, G., and J. W. Kennedy: "Introduction to Radiochemistry". J. Wiley & Sons Inc., 1949.

Hevesy, G.: "Radioactive Indicators". New York: Interscience Publishers 1948.

Kamen: M. D., "Radioactive Tracers in Biology". 2nd Ed. New York: Acad. Press 1951.

Kcrff, S. A.: "Electron and Nuclear Counters". D. van Nostrand Co. Inc. 1946.

Langer, A.: „The Measurement of Radioactivity for Tracer Applications" p. 439. Physical Methods in Chemical Analysis. Ed. W. G. Berl, Acad. Press 1951.

Sachs, J.: "Isotopic Tracers in Biochemistry and Physiology". New York: McGraw Book Co. Inc. 1953.

Schweitzer, G. K., and I. B. Whitney: "Radioactive Tracer Techniques". D. van Nostrand Co. Inc. 1949.

Siri, W. E.: "Isotopic Tracers and Nuclear Radiations". McGraw-Hill Book Co. Inc. 1949.

Taylor, D.: "The Measurement of Radioactive Isotopes". Methuen & Co. Ltd. 1951.

Wilkinson, D. H.: "Ionization Chambers and Counters". Camb. Univ. Press 1950.

Edwards, J. W.: "Preparation and Measurement of Isotopic Tracers" (Symposium). Ann Arbor-Michigan 1946. — "The Use of Isotopes in Biology and Medicine" (Symposium). Univ. of Wisconsin Press 1948.

"Advances in Biological and Medical Physics", Ed., Lawrence, J. H., and J. G. Hamilton: Vol. 1. New York: Acad. Press Inc. 1948.

British Medical Bulletin (Symposium), Vol. 8, No. 2—3, 1950.

See also:
BURRIS, R. H.: Botan. Rev. **16**, 150 (1950).
MCKEE, H. S.: New-Phytologist 48, 1 (1950).
HENDRICKS, S. B., and L. A. DEAN: Ann. Rev. Nuclear Sci. **1**, 597 (1952).
VILLEE, C. A.: Ann. Rev. Nuclear Sci. **1**, 525 (1952).
RITTENBERG, D., and T. D. PRICE: Ann Rev. Nuclear Sci. **1**, 569 (1952).

References to Special Papers.

ANDERSON, R. C., Y. DELABARRE and A. A. BOTHNER-BY: Anal. Chem. **24**, 1298 (1952). — ANGER, H. O.: Rev. Sci. Instr. **22**, 912 (1951). — ARMSTRONG, W. D., and J. SCHUBERT: Anal. Chem. **20**, 271 (1948). — ASTON, F. N.: Phil. Mag. **38**, 709 (1919). — ATKINSON, H. F.: Nature (Lond.) **164**, 541 (1949).

BALE, W. F., and J. F. BONNER: Physical Methods of Organic Chemistry. Vol. II, Ch. 25 p. 1249. New York: Interscience Publishers 1946. — BARBOUR, H. G., and W. F. HAMILTON: Amer. J. Physiol. **69**, 654 (1924). — BAUER, N.: Physical Methods of Organic Chemistry. Weissberger Ed. p. 719. New York: Interscience Publishers 1945. — BEERS, Y.: Rev. Sci. Instr. **13**, 72 (1942). — BELANGER, L. F.: Anat. Record **107**, 149 (1950). — BELANGER, L. F., and C. P. LEBLOND: Endocrinology (Springfield, Ill.) **39**, 8 (1946). — BENSON, A. A.: Quoted in "Isotopic Carbon" p. 72. New York: Wiley & Sons Inc. 1949. — BENSON, A. A., J. A. BASSHAM, M. CALVIN, T. C. GOODALE, V. A. HAAS, W. STEPKA: J. Amer. Chem. Soc. **72**, 1710 (1950). — BENSON, A. A., and M. CALVIN: J. Expt. Bot. **1**, 63 (1950). — BENTLEY, R.: Cold Spring Harbor Symposia on Quantitative Biol. Ann. Arbor **13**, 11 (1948). — BERNSTEIN, W., and R. BALLENTINE: Rev. Sci. Instr. **21**, 158 (1950). — BIGGS, M. W., D. KRITCHEVSKY and M. R. KIRK: Anal. Chem. **24**, 223 (1952). — BLEAKNEY, W.: Phys. Rev. **41**, 32 (1932). — BORKOWSKI, C. J.: Anal. Chem. **21**, 348 (1949). — BOURNE, G. H.: Nature (Lond.) **163**, 923 (1949). — BOURSNELL, J. C.: Nature (Lond.) **165**, 399 (1950). — BOYD, G. A.: J. Biol. Photo. Ass. **16**, 65 (1947). — BROWN, S. C., and W. W. MILLER: Rev. Sci. Instr. **18**, 496 (1947). — BROWNELL, G. L., and H. S. LOCKHART: Nucleonics **10**, No. 2 (1952). — BURTT, B. P.: Nucleonics **5**, 28 (1949).

CALVIN, M., and A. A. BENSON: Science (Lancaster, Pa.) **109**, 140 (1949). — CALVIN, M., C. HEIDELBERGER, J. C. REID, B. M. TOLBERT and P. F. YANKWICH: Isotopic Carbon. New York: J. Wiley & Sons Inc. 1944. — CHALMERS, T. A.: Nature (Lond.) **168**, 870 (1951). — COOK, G. E., and J. F. DUNCAN: Modern Radiochemical Practice. Oxford: Clarendon Press 1952. — COOK, G. B., J. F. DUNCAN and M. A. HEWITT: Nucleonics **8**, 24 (1951). — CLAYCOMB, C. K., T. T. HUTCHENS and J. T. VAN BRUGGEN: Nucleonics **7**, 38 (1950). — COHN, M., and H. C. UREY: J. Am. Chem. Soc. **60**, 679 (1938). — CURTISS, L. F.: U. S. Natl. Bur. of Standards, Circular 1948, 473; 1949, 476; 1950, 490.

DAUBEN, W. G., J. C. REID and P. F. YANKWICH: Anal. Chem. **19**, 828 (1947). — DAMON, P. E.: Rev Sci. Instr. **22**, 587 (1951). — DEMPSTER, A. H.: Phys. Rev. **11**, 316 (1918). — DOLE, M., and R. L. SLOBOD: J. Amer. Chem. Soc. **62**, 471 (1940). — DONIACH, I., and S. R. PELC: Brit. J. Radiology **23**, 184 (1950).

EIDINOFF, M. L.: Anal Chem. **22**, 529 (1950). — ENTENMAN, C., S. R. LERNER, I. L. CHAIKOFF and W. G. DAUBEN: Proc. Soc. Exp. Biol. Med. **70**, 364 (1949). — EVANS, T. C.: Proc. Soc. Exp. Biol. Med. **64**, 313 (1947). — EVANS, E. A., and J. L. HUSTON: Anal. Chem. **24**, 1482 (1952).

FAGER, E. W.: (1947) quoted in "Isotopic Carbon" p. 151. New York: J. Wiley & Sons, Inc. 1949. — FAY, J. W. J.: Brit. Med. Bull. **8**, 246 (1952). — FENGER-ERIKSEN, K., A. KROGH and H. USSING: Biochem. J. **30**, 1264 (1936). — FRANKLIN, E., and W. R. LOOSEMORE: Proc. Inst. Elec. Engnrs. **98**, Pt II, 237 (1951). — FREEDMAN, A. J., and E. C. ANDERSON: Nucleonics **10**, 57 (1952). — FRIEDMAN, L., and A. P. IRSA: Anal. chem. **24**, 876 (1952). — FRIEDRICH, A.: Die Praxis der quantitativen organischen Mikroanalyse. Leipzig und Wien 1933. — FRILETTE, V. J., and J. HANLE: Anal. Chem. **19**, 984 (1947).

GILFILLAN, F. S., and M. POLYANI: Z. physik. Chem. A **166**, 254 (1933). — GLASCOCK, R. F.: (a) Nature (Lond.) **168**, 121 (1951); (b) Nucleonics **9**, 28 (1951); Biochem. J. **52**, 699 (1952). — GLASS, F. M.: Nucleonics **10**, 36 (1952). — GLEASON, G. I., J. D. TAYLOR and D. L. TABERN: Nucleonics **8**, 12 (1951). — GLOVER, J.: Unpublished work 1952. — GLOVER, J., M. D. KAMEN and H. VAN GENDEREN: Arch. Biochem. a. Biophys. **35**, 384 (1952). — GORTNER, R. A., and W. F. HOFFMAN: J. Biol. Chem. **70**, 457 (1926). — GRAF, W. L., C. L. COMAR and I. B. WHITNEY: Nucleonics **9**, 22 (1951). — GRAFF, J., and D. RITTENBERG: Anal. Chem. **24**, 878 (1952). — GRAY, I., S. IDEKA, A. A. BENSON and D. KRITCHESKY: Rev. Sci. Instr. **21**, 1022 (1950). — GURIN, S., and A. M. DELLUVA: J. Biol. Chem. **170**, 545 (1947).

HENRIQUES, F. C., G. E. KRITCHEVSKY, C. MARGNETTI and W. G. SCHNEIDER: Ind. Eng. Chem. Anal. Ed. **18**, 349 (1946). — HENRIQUES, F. C., and C. MARGNETTI: (a) Ind. Eng.

Chem. Anal. Ed. 18, 417 (1946). — (b) Ind. Eng. Chem. Anal. Ed. 18, 420 (1946). — Herz, R. H.: Nucleonics 9, 24 (1951). Hughes, E. D., C. K. Ingold and C. L. Wilson: J. Chem. Soc. 493 (1934). — Hull, A. W.: Physics 2, 409 (1932). — Hutchens, T. T., C. K. Claycomb, W. J. Cathey and J. T. van Bruggen: Nucleonics 7, 41 (1950).

Janney, C. D., and B. J. Moyer: Rev. Sci. Instr. 1948, 19. — Jesse, W. P., L. A. Hannum, H. Forstat and A. L. Hart: Phys. Rev. 71, 478 (1947). — Johnson, F., and J. E. Willard: Science (Lancaster, Pa.) 109, 11 (1949). — Johnson, H. L.: J. Amer. Chem. Soc. 57, 484 (1935).

Kalmon, B.: Nucleonics 11, 56 (1953). — Kamen, M. D.: (a) Radioactive Tracers in Biology. 2nd Ed. p. 101. New York: Acad. Press Inc. 1951. — Kelsey, F. E.: Science 109, 566 (1949). — Keston, A. S., D. Rittenberg and R. Schönheimer: J. Biol. Chem. 122, 227 (1937).

Lamb, A. B., and R. E. Lee: J. Amer. Chem. Soc. 35, 1666 (1913). — Lauritsen, C. C., and T. Lauritsen: Rev. Sci. Instr. 8, 438 (1937). — Le Caine, H., and J. G. Waghorne: Can. J. Res. 19, 21 (1941). — Libby, W. F.: Anal. Chem. 19, 2 (1947). — Libby, W. F., and D. D. Lee: Phys. Rev. 55, 245 (1939). — Lindenbaum, A., J. Schubert and W. D. Armstrong: Anal. Chem. 20, 1120 (1948). — Lindholm, E.: Ark. Mat. Astr. Fys. 34, 1 (1948). — Lifson, N., V. Lorber and E. J. Hill: J. Biol. Chem. 158, 219 (1945). — Loftfield, R. B.: Quoted in "Isotopic Carbon" p. 76. New York: J. Wiley & Sons 1949. — Longsworth, G. L.: J. Amer. Chem. Soc. 59, 1483 (1937).

MacDonald, A. M., J. Cobb, A. K. Solomon and D. Steinberg: Proc. Soc. Exp. Biol. Med. 72, 117 (1949). — Montgomery, C. G., and D. D. Montgomery: J. Franklin Inst. 231, 447 (1941).

Neher, H. V., and W. W. Harper: Phys. Rev. 49, 940 (1936). — Neher, H. V., and W. H. Pickering: Phys. Rev. 53, 316 (1938). — Neville, O. K.: Atomics (London) 3, 309 (1952). — Nier, A. O.: Phys. Rev. 77, 789 (1950); Rev. Sci. Instr. 18, 298 (1947). — Nier, A. O., E. P. Ney and M. G. Ingraham: Rev. Sci. Instr. 18, 191 (1947). — Nye, W. N., and J. D. Teresi: Anal. Chem. 23, 643 (1951).

Palevsky, H., R. K. Swant and R. Grenchik: Rev. Sci. Instr. 18, 298 (1947). — Parker, H. M.: In Adv. in Biol. a. Med. Phys. Vol. 1, p. 226. New York: Acad. Press. 1948. — Pelc, S. R.: Nature (Lond.) 160, 749 (1947). — Pinajian, J. J., and J. M. Gross: Anal. Chem. 23, 1056 (1951). — Place, N., L. Klein, H. K. Schachman and M. Harfeinst: J. Biol. Chem. 168, 459 (1947). — Pregl, F., and J. Grant: Quant. Org. Microanalysis, 4th Eng. Ed. Blakiston (1946). Patnam, J. L.: Brit. J. Rad. 23, 46 (1950).

Regier, R. B.: Anal. Chem. 21, 1020 (1949). — Richards, T. W., and J. W. Shipley: J. Amer. Chem. Soc. 34, 599 (1912); 36, 1 (1914). — Rittenberg, D.: Preparation and Measurement of Isotopic Tracers. Ann Arbor: Edwards Bros. Inc. 1946; Private Communication 1951. — Rittenberg, D., A. S. Keston, F. Rosebury and R. Schonheimer: J. Biol. Chem. 127, 291 (1939). — Rittenberg, D., and R. Schonheimer: J. Biol. Chem. 111, 169 (1935). — Roberts, J. D., W. Bennett, E. W. Holroyd and C. H. Fugitt: Anal. Chem. 20, 904 (1948). — Robertson, J. S.: Isotopic Tracers and Nuclear Radiations. W. E. Siri, p. 263, 279. McGraw-Hill Book Co. Inc. 1949. — Robinson, C. F.: Science (Lancaster, Pa.) 112, 198 (1950). — Rockland, L. B., J. Lieberman and M. S. Dunn: Anal. Chem. 24, 778 (1952). — Rotblat J., E. A. Sayle and D. G. A. Thomas: J. Sci. Inst. 25, 33 (1948). — Russell, W. W., and J. W. Fulton: Ind. Eng. Chem. Anal. Ed. 5, 387 (1933). — Russell, R. S., F. K. Sanders and O. N. Bishop: Nature (Lond.) 163, 639 (1949).

Schweitzer, G. K., and B. R. Stein: Nucleonics 7, 65 (1950). — Schweitzer, G. K., and I. B. Whitney: Radioactive Tracer Technique. D. van Nostrand Co. Inc. 1959. — Sharpe, J., and D. Taylor: Proc. Inst. Elec. Engnrs. 98, Pt. II, 209 (1951). — Sherwood, H. F.: Rev. Sci. Instr. 18, 80 (1947). — Shirley, R. L.: Anal. Chem. 22, 132 (1950). — Skinner, S. M.: Phys. Rev. 48, 438 (1935). — Skipper, H. E., C. E. Bryan, L. White jr. and O. S. Hutchinson: J. Biol. Chem. 173, 371 (1948). — Smith, D. R.: Atomics (London) 4, 29 (1953). — Soloway, S., F. J. Rennie and De W. Stetten: Nucleonics 10, No. 4, 52 (1952). — Sprinson, D. B., and D. Rittenberg: J. Biol. Chem. 180, 207 (1949). — Steinberg, D., and A. K. Solomon: Rev. Sci. Instr. 20, 655 (1949). — Stever, H. G.: Phys. Rev. 61, 38 (1942). — Sucher, I., and D. Rittenberg: Private communication 1950. — Swift, E.: (a) J. Amer. Chem. Soc. 61, 198 (1939); (b) J. Amer. Chem. Soc. 61 1293 (1939).

Van Slyke, D. D., and J. Folch: J. Biol. Chem. 136, 509 (1940). — van Slyke, D. D., R. Steele and J. Blazin: J. Biol. Chem. 192, 76 (1951). — Vigneaud, V., G. W. du Kilmer, J. R. Rachele and M. Cohn: J. Biol. Chem. 155, 645 (1944). — Voskuyl, R. J.: Thesis Harvard University, 1938, quoted in Swift, 1939 (a) above.

Washburn, E. W., and E. R. Smith: U.S. Natl. Bur. Stands J. Research 12, 305 (1934). — Weissman, N., and R. Schonheimer: J. Biol. Chem. 140, 779 (1941). — White, D. F., I. G. Cambell and P. R. Payne: Nature (Lond.) 166, 628 (1950).

Yankwich, P. E., G. K. Rollefson and T. H. Norris: J. Chem. Phys. 14, 131 (1946).

Estimation of pH Values.
(Living Tissues and Saps.)

By

J. Small.

A. The New pH.

The outlook of this section is peculiar, because there is already a vast literature dealing with theory, methods, and results; and the basis of theory and practical methods and results was officially admitted in 1950 to have been wrong. Therefore, all post-1950 work should be done with some idea of the new methods and the new limits placed upon the accuracy of the results. Practically all the pre-1950 pH values were calculated on $E_0 = 0.2458$ V for the saturated calomel electrode at 25° C. whereas the new standard value is $E_0 = 0.2543$ V, and this decrease of 1.5 mV in the reference value of E_0 means that 0.03 to 0.04 must be added to pre-1950 *pH values* in order to equate them with post-1950 *pH values* which are themselves subject to an accuracy-limit of at least $\pm$ 0.02. *The common-sense limit in all ordinary estimations of pH values is an accuracy to the first decimal place with a range of $\pm$ 0.05 around the recorded first decimal.* Greater accuracy can be obtained when *pure unmixed* chemical substances are used, but the estimation of pH values is not usually concerned with *pure unmixed* chemical substances, especially in plant analyses.

This section is thus concerned with one of the most controversial aspects of plant analysis, but the writer has had over thirty years experience of beginners with the techniques involved and is convinced that "something" can be estimated, which in modern terminology is known as pH value or pH number. It is now officially recognised that what is measured by various methods is the total or local hydrogen-ion activity as affected by all other associated ions (British Standard 1647:1950, and Letter Circular LC 993 of the U S National Bureau of standards, 1950, dealing with the "Standardization of pH Measurements made with the Glass Electrode"). WALLING (1950) gives a more general definition of the phenomena being estimated, thus — "The most useful basis for the comparison of acid strengths of different media appears to be upon their ability to donate a proton to a neutral base, i.e. in terms of the H_0 function of HAMMETT and DEYRUP, defined as $H_0 \equiv - \log a\mathrm{H}^+ \, fBfB\mathrm{H}^+$, where $a\mathrm{H}^+$ is the activity of hydrogen ion and the f's are the activity coefficients for a neutral (i.e. uncharged) base, and its conjugate acid."

In aqueous solutions of one (B. S. 1647:1950) or a few (LC 993) specified buffer systems it is said to be possible to obtain with a glass-electrode method a universally reproducible accuracy of .005 in pH values, but with all other fluids the *maximum* degree of universally reproducible accuracy is less, $\pm$ .02 according to B. S. 1647:1950 where the definition is — "pH $= - \log_{10} C_\mathrm{H} f_1 \pm .02$", and where even this accuracy applies only "in the restricted range of dilute aqueous solutions (not exceeding one-tenth molar) . . . . (pH between 2 and 12) . . . where C_H denotes the concentration of hydrogen-ion in g. ions/litre, and f_1 denotes the mean activity coefficient of a typical uni-univalent electrolyte in the solution".

The limit of "universally reproducible" accuracy of any method for estimating pH numbers for plant fluids or surfaces is clearly not more accurate than $\pm$ .05, and even that degree of accuracy may be attained only under completely standardised conditions. This has been obvious to the present writer for over thirty years, since he and his collaborators and undergraduate students have been dealing with the vagaries, variations and instabilities of fresh plant materials. The new pH, with its *activity* basis and its recognition of a .04 swing in pH estimations with pure unmixed solutions, has a common-sense outlook which is more in accordance with practical experience than the out-moded insistence on at least a second decimal in order to prove an accuracy which is now regarded as *practically* unattainable with mixed fluids; see Small, 1952. The British Pharmacopoeia in its official standards for pH values, to be used in the preparation and storage of materials which are affected by pH changes, does not go beyond the first decimal place, and in many cases permits a range of pH 5 to pH 7 where slight acidity is not harmful but even a small degree of alkalinity leads to deterioration on storage.

The present position has an interesting history, the earlier parts of which may be read in standard books with dates before 1946, such as Britton (1942), Clark (1928), Mislowitzer (1928), Michaelis (1926), etc. The later history, in which hydrogen-ion *activity* replaces hydrogen-ion concentration, was foreshadowed by Small (1946) in the first sentence of his Preface but merely as an undeveloped statement of common-sense opinion. The new outlook reached recognition as a definitely developed practical point of view in a paper presented by Bates in 1946 at a meeting of the American Chemical Society, which was followed by his comprehensive review (1948) of definitions of pH scales. This in its turn was followed by the publication in 1950 of the British Standard 1647 : 1950[1], and the appearance of the Letter Circular LC 993 from the United States National Bureau of Standards[2].

Sørensen, Michaelis, Clark, Britton, and other authorities had previously agreed that Lewis (1912) had been more or less correct in his modification of "concentration" to "activity", but the theoretical interpretations of "activity" were so great that the change was strongly opposed. Ricci (1952) accepts the "activity" interpretation.

When pH-meters came into general industrial use and *legal* definitions were given for the pH values of a number of plant products used as food and drink a *practical* and *universally reproducible* degree of accuracy became necessary. It was generally recognised from an early date that the concentration as such of hydrogen-ions cannot be measured (as Lewis maintained in 1912). The *activity* of hydrogen-ions is affected by the type and kind of ions with which the hydrogen-ions are associated, e.g. Cl^-, Br^-, SO_4^{--}, etc., and also by the molar concentrations of both ions. Therefore, it is no longer possible to relate the EMF values, which are the objectively measured data, with any great degree of accuracy to the activity of hydrogen-ions alone. Theoretically such an activity of only one kind of ion would have no thermodynamic significance. The practical solution of the problem of defining the now "popular" and "legal" term "pH", has been to take the mean activity coefficient, $f\pm$, as a term modifying the concentration, C_H, and to refer any estimated value of $-\log C_H f \pm$ to an arbitrary standard. The

---

[1] British Standards Institute, 24/28 Victoria Street, Westminster, London S.W.1.

[2] Department of Commerce, National Bureau of Standards, Washington 25, D.C., U.S.A.

primary standard adopted in B. S. 1647:1950 and one recommended standard in LC 993, is pH 4.000 for a one-twentieth molar solution of pure potassium hydrogen phthalate at 15° C. LC 993 recommends six standards, of which three may be regarded as for general use, namely — 0.05 M potassium phthalate as in B. S. 1647:1950; 0.025 M of both potassium dihydrogen phosphate and disodium hydrogen phosphate (to give 0.05 M phosphate); and — 0.01 M borax (sodium tetraborate). Some of the significant changes in outlook are described and discussed in a new book "Modern Aspects of pH" by SMALL (1954).

B. Electrometric Methods.

I. Substances.

When a sufficient quantity of fluid is available, either as sap collected from a series of large cells, e.g. *Valonia* sap, or as juice expressed or extracted from relatively homogeneous tissues, e.g. from apples, citrus fruits, tomatoes, etc., electrometric methods can be applied with reasonably accurate results to the *first decimal* place in the pH values.

Errors. Since plant saps and juices have pH values which are nearly all within the range pH 1.3 to pH 8.0, the errors of estimations which may occur with strong acid or strong alkali are not applicable to the material here considered. Such errors are discussed in the older standard books. The effect of liquid junction potentials smaller than 1 millivolt (1 mV) is now included in the operative definition of pH as part of the hydrogen electrode potential. There is, therefore, no error which is likely to be inherent in normal plant juices, but expressed plant juices may, in special cases, be very oily, e.g. castor oil, or they may contain a large proportion of protein with or without oil, e.g. umbelliferous fruits or seeds of some leguminous plants. Such material requires either special treatment in order to separate the aqueous fluid, or the use of a special electrode.

Errors inherent in the apparatus are mentioned later.

II. Apparatus.

According to the new (1950) operational definition of pH the reference value is 4.000 for the Primary Standard solution, 0.05 M pure potassium hydrogen phthalate at 15° C. What is measured is the difference between the EMF values for (a) this Primary Standard and (b) the solution being examined. With the Standard as pH (S), and the solution (b) as pH (X),

$$\mathrm{pH}\,(X) - \mathrm{pH}\,(S) = \frac{E_X - E_S}{2.3026\,RT/F},$$

where R denotes the gas constant, T the absolute temperature, and F the Faraday: T is the variable in the divisor, and the value for the Primary Standard in relation to temperature is defined as $\mathrm{pH} = 4.000 + \frac{1}{2}\frac{(t-15)^2}{100}$, where t is the temperature in °C.

The essential apparatus for determining these values include:—

(1) the equivalent of a hydrogen electrode, such as a glass electrode with 0.1 N HCl as (Ag·AgCl· 0.1 N HCl· glass) or with quinhydrone as (Ag·AgCl· saturated quinhydrone solution);

(2) a reference electrode, such as a calomel half-cell or electrode, with arrangements for a salt-bridge in the form of saturated KCl solution, thus:—

(Pt·Hg·Hg· $+$ Hg$_2$Cl$_2$· saturated KCl liquid junction). With the KCl solution saturated the liquid junction potential is negligible, but if the temperature falls during operation this saturated solution may give rise to a film of solid KCl on the interior glass surface and thus yield anomalous pH values. The room temperature should be kept reasonably constant during any one series of readings;

(3) a beaker containing the fluid (X) in sufficient quantity (10 ml. or more) for immersing the lower ends of both the above electrodes;

(4) electrical equipment of sufficient sensitivity to detect and measure, with an accuracy of at least $\pm$ 2 millivolts, the EMF developed across or through the film of glass which separates the fluid in (1) the "hydrogen" electrode from the solution X which is connected by the KCl "salt-bridge" to (2) the reference electrode.

The modern electrical measuring equipment includes:—

— a galvanometer, with a central-zero scale, used as a null indicator; this zero is a key point used in balancing accurately the various EMF values observed:

— the other parts of various potentiometric systems, such as a source of current which may be an accumulator, a dry battery, or a mains supply maintaining a steady direct current; also a rheostatic arrangement to control the input of current, and potentiometer wires one of which can be tapped at several large sections and continuously along one section for more precise adjustments:

— a Weston Standard Cell which has an EMF of 1.0185 V at 15° C with only a fourth decimal place variation (.0001 $=$ 0.1 mV) from 5° C. to 25° C.; this is used in conjunction with rheostatic adjustments for standardising the EMF supplied through a potentiometric system:

— a thermionic valve which now takes the place of early electrometers; a positive potential maintained on the anode produces a current the strength of which depends on the potential applied to the grid; the unknown EMF of X is introduced into the circuit and balanced by a suitable opposing EMF through a potentiometric system; this value with its "high" tension supply and its low tension grid bias amplifies to some degree the difference caused by inserting the solution X between the two electrodes (calomel and "hydrogen"), and gives a greater accuracy to the pH equivalent of the mV readings; and it draws no continuous current from the source of the EMF being measured, which is a basic characteristic of all electrometers.

The operations, carried out with these items and the solutions, are given below for pH-meters, in which all these items are now incorporated in convenient and commercially available outfits.

pH-Meters. There are a number of pH-meters commercially available and, if the maker's instructions for use, care and maintenance are followed, they are all capable of yielding reproducible pH values to the new limits of accuracy. Fluctuations of 2 mV around an average value do not affect the first decimal in pH values, and "drift" should be detected by regular checking and corrections made.

The variations in design and construction are not essential elements in the method of estimating pH values of plant saps and juices.

III. Method.

(1) The calomel electrode is prepared for use by filling it with saturated solution of KCl: the arrangements for connecting this to solution X as a salt-bridge vary, but the contacts should be kept chemically clean in order to avoid any subsidiary liquid junction potentials which could wreck the accuracy of the system. Bound

or immobile ions have been shown to give as much as 240 mV (= 4 pH units) in pH measurements with solids in aqueous suspensions (JENNY et al., 1950).

(2) The glass "hydrogen" electrode is similarly prepared by the introduction of 0.1 N HCl. This does not require renewal as frequently as the KCl solution of the calomel electrode, but the level of fluid should be maintained in accordance with the maker's instructions.

(3) The galvanometer mechanism should be kept locked when the pH-meter is stored away, and must be kept unlocked when in regular use. The first step in procedure is to bring the galvanometer to its own mechanical zero. The next step is to standardise the EMF across the main potentiometer. This, of course, involves connecting up the batteries, if this has not been done previously. When the pH-meter is to be stored the batteries should be disconnected and removed, otherwise corrosion may give much trouble when the instrument is required again at a later date. Before taking any readings, a warming-up period of 10 or more minutes should be allowed, for thermal equilibrium to be established within the apparatus. The potentiometer standardisation is performed by switching the Standard Weston Cell into the potentiometer circuit, and adjusting the potentiometer control so that the galvanometer pointer is again exactly at zero. Switch off the Weston Cell.

(4) Switch in the circuit for pH or mV, and adjust the "set-meter" control to bring the galvanometer-pointer once again to zero. These three settings compensate for the internal variables.

(5) *Standardisation of pH Controls.* The electrodes are usually mounted so that they can be lowered together always in the same relative positions, and a thermometer is included in this assembly. Other electrode assemblies are indicated on p. 7—8. Standardisation of the electrode system is done by immersing the lower ends of the electrodes and thermometer in the Primary Standard buffer-solution (0.05 M pure potassium hydrogen phthalate). The pH potentiometric controls are then set at exactly pH 4.000; the temperature control knob (if any) is set to the temperature indicated by the thermometer in the buffer solution: then the galvanometer is again switched on and adjusted to zero if this is necessary, as it may be unless the temperature of the buffer solution is 15° C.

(6) *Reading of pH (X).* The outer surface of the glass electrode and the thermometer should be washed with a jet of distilled water, and so also should the outer surfaces of the calomel electrode. If the last includes a glass sleeve, that also should be washed and a fresh KCl sol. film established. The Primary Standard buffer solution is then emptied out and the beaker thoroughly washed with distilled water. Then the fluid X is put in the beaker and the electrode assembly carefully lowered into that fluid to the correct level. The temperature of the fluid X may differ from that of the Standard Buffer solution, but they should both be used at room temperature. The temperature control, if any, should again be set at the value given by the thermometer attached to the electrode assembly. Then the galvanometer "reading" switch should be put on with a quick action, and the pH or mV controls adjusted without delay so that the pointer is again brought to zero. The previous adjustments having set the instrument to read zero on the galvanometer with the pH controls at 4.000 as a standard, the reading of the pH controls for fluid X with the galvanometer again at zero is the value pH (X) with pH (S) taken as the standard at 4.000. Readings for any plant sap or juice should be regarded as accurate only within the limits of $\pm$ 0.02 of a pH unit, but titrations using a special titration-form of electrode can be taken as yielding results consistent within any one series of readings to an accuracy of .01 of a pH unit: such readings are not "universally reproducible".

1. Double Standard Method.

The use of two different standard buffer solutions, one with its pH above and the other with its pH below the pH value of the fluid X is useful in various ways. Thus if the pH X is much above or much below that of the Primary Standard (pH 4.00) a secondary standard buffer solution should be selected so that pH X is bracketed between pH 4.0 and a higher or lower pH value given by the selected secondary standard buffer solution. Both the British Standard 1647:1950 and the LC 993 recommend this "bracketing". Obviously this procedure will check gross errors in manipulation and, provided that the two standards are not too far apart in their pH values, the resulting estimations of pH X will be more accurate.

Secondary Standard Buffer Solutions.   The secondary standards recommended in these two publications are in some cases the same, namely potassium tetroxalate, potassium and sodium mixed phosphates, and borax, but BS 1647:1950 recommends HCl + KCl for about pH 2 and two different strengths of acetic acid and sodium acetate for pH values 4.64 to 4.72, while LC 993 includes two sodium succinates for pH about 5.4, and sodium carbonate and bicarbonate for pH about 10.2. The last is not likely to be used for plant saps but some details of the others may be useful.

American Standards. Tetroxalate of potassium, $KH_3(C_2O_4)_2$, $2 H_2O$, 0.1 M (2.54 g. per litre); pH 2.15, 10°—25° C.; buffer index .022 at pH 2.15; Δ pH = $+0.30$ where Δ pH is the change in pH on diluting the standard at 25° C. with an equal volume of water, in this case a rise from pH 2.15 to pH 2.45.

Succinates of sodium, NaH succinate (A) and Na succinate (B), 0.025 M of each, A and B (3.50 g. of A with 4.05 g. of B per litre); pH 5.42 at 10° C. and pH 5.40 at 25° C; buffer index .037 at 25° C; Δ pH = $+0.06$ as defined above.

Phosphates of potassium and sodium, KH_2PO_4 (A) and Na_2HPO_4 (B), 0.025 M of each together (3.40 g. of A with 3.55 g. of B per litre); pH 6.92 at 10° C., 6.90 at 15° C., 6.88 at 20° C. buffer index .024 at pH 6.86 and 25° C.; Δ pH = $+0.09$.

Borax, $Na_2B_4O_7 \cdot 10 H_2O$; 0.01 M (3.81 g. per litre); pH 9.33 at 10° C., 9.27 at 15° C., 9.22 at 20° C.; buffer index .020 at pH 9.18 and 25° C.; Δ pH = $+0.02$.

Bicarbonate and carbonate of sodium, $NaHCO_3$ (A) and Na_2CO_3 (B), 0.025 M of each together (2.10 g. of A and 2.65 g. of B per litre; pH 10.18 at 10° C., 10.12 at 15° C., 10.07 at 20° C.; buffer index .026 at pH 10.02 and 25° C.; Δ pH = $+0.09$.

Nearly all these data are gathered from two Tables and the text of LC 993, and due acknowledgments are gratefully recorded to the U. S. Department of Commerce, National Bureau of Standards, Washington, D.C.

To complete the American series of standards, the British Primary Standard is here included with American data. Acid potassium phthalate, KH phthalate, 0.05 M (10.21 g. per litre); pH 4.00 at 10°—20° C.; buffer index .024 at pH 4.01 or pH 4.005 and 25° C.; Δ pH = $+0.06$. The two "standards" differ by 0.005 in the pH value at 25° C.!

British Secondary Standards. Tetroxalate of potassium, as above, 0.1 M, with pH quoted as 1.48 at 25° C, and as 1.50 at 38° C. The large difference in the two sets of data should be noted. This difference makes it very necessary to check any tetroxalate standard very carefully against the phthalate primary standard. Hydrochloric acid and chloride, HCl 0.01 M together with KCl 0.09 M per litre; pH given as 2.07 at 25° C., and 2.08 at 38° C.

Acetic acid and acetate, CH_3COOH, 0.1 M together with CH_3COONa, 0.1 M, prepared from pure acetic acid, diluted and half neutralised with sodium hydroxide, and *not* prepared by mixing sodium acetate with acetic acid; pH quoted from two different authorities as 4.65 at 12° C., 4.64 at 25° C., and 4.65 or 4.66 at 38° C.

A ten times dilution of this standard, having 0.01 M of each, acid and acetate, is quoted as having pH values as follows:— 4.71 at 12° C., 4.70 at 25° C., 4.72 at 38° C.

Phosphates of potassium and sodium, as above, 0.025 M of each together; pH 6.85 at 25° C., and 6.84 at 38° C., with the 0.01 difference at 25° C for the American value not significant.

Borax, as above, but 0.05 M, instead of 0.01 M; pH values quoted as 9.18 at 25° C., and 9.07 at 38° C.; the LC 993 data are pH 9.18 at 25° C., and 9.07 at 40° C., for a solution one-fifth of the molarity of that in the B.S. 1647: 1950 leaflet, but Δ pH is only $+0.02$, and apparently quite insignificant in a comparison such as this. It is now clear that the degree of universally reproducible accuracy cannot be greater than $\pm$ 0.01, even for the pure chemical standards used by standardising authorities.

2. Other Electrode Assemblies.

The normal assembly of electrodes contains both electrodes and a thermometer, all three mounted close together for lowering into a 20—25 ml beaker containing at least 10 ml. of fluid X. Three special cases may arise in which this normal laboratory routine is either impossible or inconvenient.

(1) Field operations, where laboratory facilities with heavy apparatus are not available, may involve the estimation of freshly expressed juices. This can be done with a portable relatively small battery-operated pH-meter with a small, closely-set pair of electrodes which are permanently protected over all except the working surfaces and even these surfaces can be capped during transport.

(2) Titrations involve the addition of successive quantities of acid or alkali followed by stirring or other agitation to mix the fluids, followed by a reading on the pH-meter. The total fluid concerned increases in volume, frequently to double the original. The problems raised are solved by means of an electrode assembly with a special threeheaded flask to replace the beaker; with the glass electrode inside the flask at one side-head; with a calomel electrode having a right-angle side tube connecting, through a flexible capillary tube and the other side-head, as a salt-bridge with the fluid X in the flask. The central-head opening is used for the addition of the titrating acid or alkali from a burette. There are several modifications of this general plan for titrations, all of which allow the operator to swirl the fluid in the flask without breaking either of the electrodes.

(3) Micro-electrodes of many types have been tried for minimal quantities of free fluid, two of them particularly for plant saps. Many of these were described by Mislowitzer (1928) and discussed briefly by Small (1929) but the experimental variation was of the order of 0.7 of a pH unit. At least one modern variant which gives reasonably consistent readings with about 0.35 ml. of fluid is commercially available (Marconi Instruments, Ltd.).

3. Errors of Electrometric Methods.

Concerning the errors of the hydrogen electrode method, *used on plant or animal material*, Reiss (1926, p. 83) wrote — "Cependant cette méthode comporte des causes d'erreur considérables. La destruction probable des complexes, le déplacement des équilibres d'adsorption, la fuite libre de CO_2, le mélange du protoplasme avec les enclaves liquides et autres, le déclanchement de processus fermentatifs, etc., ont pour effet que les résultats obtenus sont — aléatoires."

Most of the errors admitted to be *inherent* in the glass electrode, and in most modern types of practical reference electrodes, do not amount to more than one or two millivolts, and by the *definition* of accuracy in readings of pH as $\pm$ 0.02 these errors all fall within the limits of practical universally reproducible accuracy. But Reiss's criticism is concerned, not with errors inherent in the electrodes, but with errors involved in the material being examined. Oxidising or reducing substances occur frequently in plant saps and juices. By affecting the oxidation-reduction potential such substances may seriously interfere with the working of the instrument as a pH-meter. Plant saps and juices commonly contain some carbon dioxide which may be partially or entirely removed during the experimental manipulation, and so lead to variations of as much as a whole unit of pH in otherwise comparable results.

IV. Other Electrodes.

Quinhydrone Electrode. In the absence of a modern pH-meter, one of the easiest ways of estimating the pH value of a plant sap which is available in quantity lies in the use of a quinhydrone electrode. Using a 0.1 N calomel half-cell as a reference electrode, and a bright clean piece of platinum dipped into the sap mixed with an excess of quinhydrone, the EMF developed is measured by means of a potentiometer which has been calibrated against the EMF produced between the same reference electrode and one or preferably two standard buffer solutions. The solubility of quinhydrone in water at 10° to 30° C. increases from about 0.15 per cent to about 0.54 per cent, so that very little quinhydrone is required for saturation. The EMF is of short duration and readings must be taken quickly.

The principle of this quinhydrone method depends upon electrical effects of the change from quinone OC_6H_4O into the anion of hydroquinone by the addition of two electrons which can be neutralised by $2\,H^+$, thus —

$$OC_6H_4O + H_2 - 2\,F \rightleftharpoons C_6H_4\,(OH)_2.$$

Quinhydrone is $C_6H_4(OH)_2 \cdot C_6H_4O_2$ or a complex of hydroquinone and quinone in equimolecular proportions.

The EMF in acid solutions is greater than that of the 0.1 N calomel half-cell to the 1 N hydrogen half-cell, 0.7045 volt instead of 0.3380 volt at 18° C. Therefore the quinhydrone half-cell is positive to the calomel half-cell and the equation becomes $pH = \dfrac{0.3665 - EMF\ obs.}{0.0577}$ at 18° C., with corrections for different temperatures; note that $0.3665 = 0.7045 - 0.3380$. The temperature corrections can be obtained by altering the values of 0.7045 or 0.3665 and of 0.0577 according to Kolthoff's (1925) formula, thus —

$$pH = \frac{.3665 - .00068\,(t - 18) - EMF\ obs.}{.0577 + .0002\,(t - 18)}$$

According to Britton (1942, I, p. 75) —

E quin $= 0.704 + 0.058 \log (H°)$ at 18° to 20° C. and in accordance with modern limits in accuracy no temperature correction is significant in the usual range of laboratory temperature such as 16° to 20° C.

The quinhydrone electrode reaches equilibrium quickly; below pH 7 it can be used in the presence of some oxidising agents, unsaturated organic acids, and some salts which interfere with the hydrogen electrode. Quinhydrone should not be used for solutions above pH 7, but very few plant saps are at all alkaline. Salt errors with plant saps are usually so low as to be negligible under modern standards and protein errors with plant saps are confined to the second decimal place. Below pH 7, even with blood serum and casein, the quinhydrone protein error ranges from $- 0.18$ to $- 0.08$ (see Britton, 1942, p. 81).

Metal-Metallic Oxide Electrodes. So many special precautions, and so many possible large errors, are involved in the use of antimony-antimony-oxide electrodes and others of this type, that none is in *general* use for plant saps, although some have special uses in particular connections. These electrodes are discussed at some length by Britton (1942, I) who mentions (*op. cit.* p. 111) that Tomicek and Poupe in 1936 found pure tellurium rods reliable as pH indicators over the range pH 2—12, and in some cases more suitable than the antimony electrode. "It appears to be unaffected by strong oxidising agents and organic anions". Previously Tomicek and Feldman (1934) had determined accurate and reproducible pH values for linseed oil, poppy seed oil and for preparations in liquid paraffin, using antimony and tellurium electrodes.

C. Indicator Methods.

I. Indicator Papers.

One of the most useful modern developments in indicator methods has been the introduction of indicator test papers, which make use of ranges of the colours and tints given by indicators absorbed on to narrow strips of paper bound as booklets like the old familiar books of red and blue litmus. The only real difficulty encountered by the writer in the use of these new test papers is the large proportion of colour-blind male students. The most successful users have been women students who wanted to know the approximate pH values of soil fluids or plant saps.

These test-papers are available commercially. They should be treated as sensitive to the acidity of fingers and of exhaled carbon dioxide. They should be held by means of spring metal clips while one end is being dipped into fluid, or laid upon a chemically clean tile while a drop of fluid is being placed upon the paper surface, or pressed with a clean glass rod or rubber-gloved finger on to a moist surface. The resulting change of colour should be observed on that side of the paper which is opposite the point of any one-sided application of fluid. The colour or tint should be compared with the colour scale in each booklet, preferably in good daylight. The range of accuracy varies with the tint-discrimination capacity of the observer. After some practice, a tint intermediate between the 0.2 steps of the colour scales can be established with some confidence, and this 0.1 ± 0.05 is the highest degree of accuracy attainable. With men, the nearest 0.2 tint or colour is usually as far as it is possible to go, giving an accuracy of 0.2 ± 0.1 in the estimated pH value.

There are many occasions when, for comparative purposes with plant saps, such a degree of accuracy is all that is required. The leaf-juice of succulents, for example, may vary during the day and night over two or more units of pH, and such changes are readily followed by means of test papers. These are also very useful for a preliminary test to get an approximate pH value for any fluid, before proceeding to a more accurate estimation by any other method.

II. Comparators.

The general principles involved in the use of comparators are described in considerable detail in most standard books on the measurement of pH.

Materials required:— These are available commercially, ready for use, in sets which include standard buffer solutions with added indicators, usually at pH values 0.2 units apart and a block arrangement with six viewing apertures, in two rows of three each. For reference purposes these may be labelled as A B C in front and D E F behind. A and C are tubes of standard buffered indicator solutions with a difference of 0.2 pH between A and C Behind A and C, tubes D and F contain the sample solution *without* any indicator. The contents of the central pair of tubes B and E are distilled water in one tube and the sample solution with a standard quantity (0.2 ml.) of indicator added in the other tube. Some workers prefer the water in front, tube B, with sample + indicator behind, which places all the three tubes of sample solution in the back row, D. E. F. : but other workers find it suits them better in the matching of colours to have all three tubes with indicators in the front row, A B C, so that the distilled water tube is put in the back row as tube E , and tube B is the one with sample solution indicator.

The common form of comparator includes a number of other spaces for tubes of standard buffer solutions with indicators, at pH values around those in the lateral tubes A and C which are being used for any one comparison. Another form has a whole large circle of spaces for tubes, giving a wider range of standard tints with various indicators which can be brought into action by a turn of the complete set; this is LA MOTTE's "Roulette Comparator".

In the absence of sets of standard buffers + indicators in their commercial form, the work involved in preparing and maintaining sets of standards is too great for this to be a generally accepted method.

The general principles of the comparator method require comparison of equal depths of solutions containing equal concentrations of indicators and the standards must be kept in alkali-free glass tubes sealed against contamination and resulting changes in pH value of these standards by — (a) atmospheric carbon dioxide, (b) chemical fumes such as ammonia or hydrochloric acid or the sulphur dioxide of city air, and (c) the acids of corks which should be impregnated with hard paraffin. The work of preparation and the care required in maintaining the pH values of the standards at their correct values, in tubes of solutions, can be avoided by using standard coloured glass discs in a colorimeter block or tintometer. The solutions supplied commercially in sealed glass tubes yield more direct comparisons with the sample fluids, but these liquid standards do not keep accurately at their original pH values for an indefinite time. In fact it is said to be advisable to renew the sets about once a year. As pH work tends to be spasmodic this renewal tends to mean a new set of standard sealed tubes for each new pH worker. Standard tintometer glasses are much more stable.

Tintometers. There is a wide range of Lovibond tintometer glasses covering many different colorimetric tests, and for pH estimations a set of standard glass tints fitted into a rotatable disc is commercially available for quite a number of pH indicators.

The Lovibond Comparator is a very convenient apparatus and it is now (1952) fitted with two rectangular glass cells instead of the cylindrical Lovibond testtubes as in older models: this makes easier all colour comparisons of equal thickness of fluids. There are two circular windows and comparisons are made between (a) the colour standards in the rotatable disc with the sample fluid in the glass cell behind and (b) 10 ml. of sample fluid with 0.5 ml. of standard indicator solution added by means of a small pipette. In the new model there is space for the insertion of a "brightness screen" which is recommended for use with phenol red (much used for neutrality of waters), methyl red (much used for acid plant saps), and cresol red in its acid range.

The writer is fortunate enough to possess a set of 11 bottles of the corresponding indicator solutions complete in a fitted box which is now replaced in the price list by a mahogany case for only seven special discs for comparison with fluids in shallow rectangular cells of 5 mm. optical depth. Since chloro-phenol red and bromo-cresol purple cover the same range, pH 5.2—6.8, this duplication is not necessary, but a check with both indicators may be useful in this common range for plant fluids. The list of indicators is of general interest and usefulness, it includes: —

pH range	Indicator	Colour Change
1.1 — 2.8	thymol blue (acid range)	red to yellow
2.8 — 4.4	bromo-phenol blue	yellow to violet
3.6 — 5.2	bromo-cresol green	yellow to blue
4.4 — 6.0	methyl red	red to yellow
5.2 — 6.8	chloro-phenol red	yellow to red
5.2 — 6.8	bromo-cresol purple	yellow to purple
6.0 — 7.6	bromo-thymol blue	yellow to blue
6.8 — 8.4	phenol red	yellow to red
7.2 — 8.8	cresol red	yellow to red
8.0 — 9.6	thymol blue (alkaline range)	yellow to violet
4.0 — 11.0	B.D.H. "Four-Eleven"	spectrum colours

A Lovibond Comparator with these eleven indicators covers the whole range of pH values likely to occur in plant saps, so that if these saps are available in quantities from which 10 ml. samples can be used for several indicators the tintometer technique is very satisfactory. Even if only one 10 ml. sample is available, a slip of indicator test-paper can be used for a preliminary investigation and the appropriate indicator added for careful matching.

III. Capillators.

These are sets of 27 capillary tubes with three tubes at each pH value, so that even if two of a set get broken there is still a third one for reference. The B. D. H. Capillator consists of a set of these coloured capillary standards mounted for easy reference, together with empty capillary tubes each having one graduation, little rubber bulbs, small glass dishes, and a bottle of indicator solution of suitable concentration. Capillator cards and indicator solutions are available for eleven different indicators covering a pH range of 1.2 to 9.6 in 0.2 steps, and each indicator having nine steps over a pH range of 1.8 pH units.

In use one drop of indicator solution is measured out in a graduated capillary tube and put into one of the glass dishes, then one similarly measured "drop" of the sample fluid is mixed with the indicator. This mixture is drawn into the capillary tube and its tint is matched as nearly as possible, or placed between a pair of the 0.2 pH steps on the capillator card. This capillator method has been found to be the best way of dealing with small quantities of plant saps when these have been squeezed out of plant tissues in quantities of 0.2 to 1.0 ml.

Since the indicator solution in this method amounts to 50 per cent of the fluid being matched for colour, the fluid tends to take the tint of the indicator solution unless the sap is well buffered. The capillator method is useless for estimations of the pH of waters from different sources: such estimations are commonly made by means of the Lovibond Tintometer. Many plant-saps, however, are sufficiently buffered to yield reasonable results with capillator comparisons.

The capillator can be used for self-coloured fluids, even if these are so dark or turbid that estimations with other colour methods are not of much value. This is made possible by using a "compensating cell" consisting of two flat glasses sealed at the edges with a capillary space between them, equal in width to the bore of the capillary tubes. In use, the compensating cell is half-filled with some of the fluid being examined, and placed behind the capillator tubes which are held in a horizontal position, so that the sample and indicator tube can be viewed with the empty upper half of the compensating cell behind that tube, while at the same time the lower filled half of the compensator is behind the standard tubes of the capillator card. The thinness, of the layers of fluid being compared, reduces very much the obscuring effects of self-colour or turbidity in the sample fluid.

The list of available indicators for the capillator is the same as given above for the Lovibond Comparator, with the addition of diphenol purple, pH range 7.0— 8.6.

IV. Small's Range Indicator Method (1926).

All the indicator methods described above depend upon more or less accurate comparisons of *tints* of various main colours. Apart from the once common statements about fluids, including plant juices, that they yielded "red with litmus", or "blue with litmus", the use of colour rather than tint with indicators was more or less confined to chemical analysis until Small developed his Range Indicator Method in 1921.

The use of indicator on sections or in cells of plants and animals is liable to several errors of which the following are the more serious:— (1) variation in depth of tint and quality of tint due to variation in thickness of the cells or sections; (2) similar modifications of tint due to variation in the rate of penetration, absorption, and sometimes adsorption of the indicators; (3) variation in the quality of the tint due to sap from cut cells; (4) the "protein" error; (5) the "salt" error; (6) the "lipoid" error.

With the tint methods these errors are so extensive that results are entirely unreliable, but there is usually a differentiation in pH values of tissues and even within individual cells, so that reliable results are very necessary for an understanding of what goes on in the living plant or animal. SMALL's Range Indicator Method was devised to circumvent all these errors as far as possible, and has proved so successful that the thousands of results can be treated statistically.

The first, second, and sixth errors are avoided by *not* using tints, by using only main colours, and this is the principle of SMALL's R. I. M. This principle has been very widely accepted for pH estimations where the concentration of the indicator, or the thickness of the layer of a known concentration, is indeterminate in comparison with any available standard.

The third error can be avoided by washing the sections with neutral unbuffered water. The fourth or "protein" error must be considered in the interpretation of special cases where there is a large protein content in the fluid examined. The fifth error may be largely avoided by selection of indicators with a small "salt" error. Bromo-phenol blue has a large "salt" error even at low salt concentrations. Indicators with low "salt" errors include cresol red, neutral red, bromothymol blue, bromo-cresol purple, methyl red, and methyl orange.

SMALL's Range Indicator Method depends on the fact that in a two-colour indicator series one colour tends to be dominant when present in low concentration or in a thin layer. Thus red or blue is dominant over the yellows given by most of the indicators used, and on dilution or viewing through a thin layer, without any change in pH, the pink, pinkish orange, or green tints retain the red or blue element more conspicuously than the yellow element. Red diluted or in a thin layer appears pink; pink diluted appears pale pink; orange diluted becomes doubtful (indet.); while pinkish orange becomes pale pink; similarly blue to pale blue, green to pale green, yellowish green to paler green; whereas yellow diluted appears colourless at a much earlier stage of dilution.

In the range of tints given by any one of the indicators used there is a point where the yellow is definitely yellow with no other colour detectable by ordinary vision, and another point where the colour or tint becomes definitely dominated by the other colour element, either red or blue, and the dichromatic tint becomes definitely pink or green. Between these two points is usually a range of 0.4 or less in pH units. Differences within this 0.4 range are of no value. Several indicators are used to obtain — (a) confirmation of the upper and lower limits of the observed pH range; (b) an overlapping which narrows the range within which lies the actual pH of the material being examined. One indicator gives the upper limit, another indicator gives the lower limit; while the other indicators used confirm or check the outward extension of the range of pH as being outside the possible pH range for the observed material. In some cases the possible range of pH is 0.8, but the possible range is often only 0.4 or 0.2 of a pH unit, while not infrequently the upper and lower limits of the observed pH coincide around one definite pH value to the nearest 0.1 of a pH unit, as when the two critical indicators yield the same value — more or less than 6.2, 5.9, 5.6, 4.4 or 4.0 respectively, see Table 2.

As a summary of the indicators and colours used in the R. I. M., by SMALL and his collaborators and students from 1921 to 1953, Table 1 may be found useful; as a summary of the pH ranges within which the pH of tissues, cells, or parts of cells, can be shown to lie, by using these particular indicators, Table 2 is a condensed guide. Other workers have used other indicators, and the principle of determining the upper and lower limits of the possible range for the actual pH (as degree of acidity or base-avidity) has been used even for dry surfaces (WALLING, 1950).

Table 1. *R. I. M. Indicators and Colour Changes.*

Indicator	Ab-brev.	Alk. Colour Range	pH	Acid Colour Range	pH
Phenol red	PR	pink to red	> 7.0	yellow	< 6.8
Bromo-thymol blue	BTB	green to blue	> 6.4	yellow	< 6.2
Bromo-cresol purple	BCP	pale blue to deep purple	> 6.2	yellow[1]	< 5.9
Ethyl red	ER	yellow	> 5.9	pale pink to deep red	< 5.6
Methyl red	MR	yellow	> 5.6	pale pink to deep red	< 5.2
Benzene-azo-α-naph-thylamine	BAN	yellow	> 4.8	pale pink to deep red	< 4.4
Bromo-cresol green	BCG	pale green to deep blue	> 4.4	yellow	< 4.0
Bromo-phenol blue	BPB	pale green to deep blue	> 4.0	yellow	< 3.4

In Table 2 SMALL introduces a new notation for R. I. M. pH ranges. If the pH scale is to be used only to the first decimal place, as it should be under the new outlook, it becomes a scale of one hundred and forty SÖRENSEN units, with one hundred units between the normal pH 11.0 and pH 1.0. Thus we can express a range such as pH 5.2—4.0 in a simpler notation as 52—40, and use this simpler form instead of the letters which were used by SMALL et al. in their tabulations of ranges within which the actual pH value of saps, etc., must lie. In this way a

Table 2. *Ranges for* pH *Indicated by R. I. M.*

Colours and Indicators	pH Range	Notation
blue to purple BCP	> 6.2	A = > 62
yellow BCP, yellow ER	< 5.9 > 5.9	a = 59—59
yellow BCP, indefinite (indet.) ER, yellow MR	< 5.9 > 5.6	b = 59—56
red ER, yellow MR	< 5.6 > 5.6	c = 56—56
red ER, indet MR, yellow BAN	< 5.6 > 4.8	d = 56—48
red MR, yellow BAN	< 5.2 > 4.8	e = 52—48
red MR, indet BAN, green to blue BCG	> 5.2 > 4.4	f = 52—44
red BAN, green BCG	< 4.4 > 4.4	g = 44—44
red BAN, indet BCG, green to blue BPB	< 4.4 > 4.0	h = 44—40
yellow BCG, green to blue BPB	< 4.0 > 4.0	i = 40—40
yellow BPB	< 3.4	k = < 3.4
Wider Ranges (indefinite)		
yellow BCP, green to blue BPB	< 5.9 > 4.0	X = 58—40
red ER, green to blue BPB	< 5.6 > 4.0	Y = 56—40
red MR, green to blue BPB	< 5.2 > 4.0	Z = 52—40
Higher Ranges		
yellow BTB, indet BCP, yellow ER	< 6.2 > 5.9	B = 62—59
yellow BTB, blue to purple BCP	< 6.2 > 6.2	C — 62—62
yellow PR, indet BTB, and blue to purple BCP	< 6.8 > 6.2	D = 68—62
yellow PR, green to blue BTB	< 6.8 > 6.4	E = 68—64

[1] The yellow with BCP is stronger than the indefinite purple about 6.0—5.8.

suggestion of the range concerned is retained better than by the alphabetical symbols, and the significance of wider or narrower ranges is made more obvious, while the elaboration of the full expression is reduced. A range of pH 5.2—4.0 in the R. I. M. does not mean that there is a variation in pH values from pH 5.2 to pH 4.0, but merely that the pH is estimated as being less than pH 5.2 and more than pH 4.0. A range such as 59—59 means that a yellow with bromo-cresol purple indicates below pH 5.9, while a yellow with ethyl red for the same material indicates more than pH 5.9, so that the pH being estimated lies around pH 5.9 ± .05.

Table 3. *Outline of new Notation for R. I. M.*

As a working summary for the interpretation of R. I. M. data and for the easier comprehension of extensive series of results the following diagram has been found useful:—

pH ranges, R. I. M., more acid to less acid

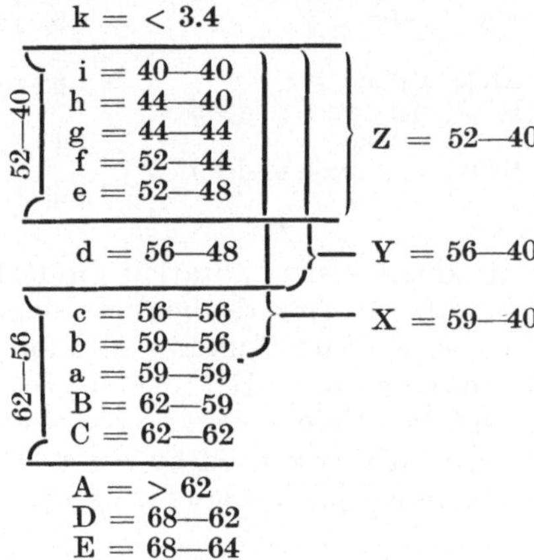

As a method of estimating pH values *within* living material, Small's R. I. M. is subject to many errors of manipulation on the part of investigators who fail to appreciate one or more of the many factors involved in dealing with two very sensitive systems; indicators are necessarily very sensitive to changes in pH, and living cells are usually very sensitive to many factors which may change the pH of one or more of the parts of living cells. There is now no doubt that there can be pH differentiations within a single living cell.

As a guide, for future investigations as well as for a critical interpretation of past records, some of these complications, possible errors of manipulation, and possible wrong or doubtful interpretations of recorded colours er tints are considered below.

In the estimation of general pH values within tissues, fresh sections, at least one uncut cell in thickness, should be examined without a cover-slip, after washing quickly in neutral water and immersing for the minimum time necessary for differential colouring (1 minute to 12 hours) in diluted indicator solutions (0.01 to 0.02 per cent) containing no alcohol or in any case not more than 10 per cent alcohol. Each indicator should, before use, be brought as near as possible to its own neutral point with $N/20$ NaOH or HCl, so that even a slightly buffered plant fluid may have its own effect on the balanced indicator.

1. R. I. M. Precautions.

These directions should be followed in detail. The material must be fresh and the sections must be cut and treated at once, otherwise the cells will be injured, moribund, or even dead. The sections must be at least one uncut cell in thickness, otherwise the sections will consist of parts of cells which have been cut open, and in any case most elongated cells in any thin section will be cut open: this fact must be kept in mind while interpreting the colours shown after immersion in the indicator solutions.

The sections should be examined *without* a coverslip in the first instance, for the observation of tissue differentiation; because with living cells under a coverslip the carbon dioxide of respiration accumulates and this increase of acidity may be enough to alter significantly the pH value of slightly buffered cell-sap. This carbon dioxide effect may be large enough to obscure tissue pH differentiations which occur in the living material. Even without a coverslip, the investigator may observe an acidification which increases for some time after he has begun observations under the microscope. He must learn either to hold his breath while looking through the microscope or to breathe gently so that his carbon dioxide laden breath does not reach the section under observation. Many plant tissues respond quickly to increased carbon dioxide concentrations; one tissue may be much more sensitive than another tissue in the same section, because of differences in buffer capacity.

The preliminary washing before the immersion in indicator solution may not be necessary with some tissues, such as slivers of leaf epidermis, but it is necessary where a section contains rather acid tissues, such as an acid epidermis of a stem; because the acid from the cut cells would affect neighbouring less acid tissues. The washing water should be *neutral* and unbuffered, rather than just "distilled", because distilled water is neutral only when freshly prepared. The pH value of distilled water after storage is uncertain and variable; after two days in contact with air it may be pH 5.6; after a week in a bottle yielding alkali as is the case with many "white" glass bottles it may be pH 7.2—7.8; or it may be somewhere between 5.6 and 7.8 by interaction of the two main factors. The neutrality of the water should be tested with one or two drops of phenol red solution in a 10—20 ml. sample: no definite colour either red or yellow should be apparent if the water is neutral.

The time required to get tissue differentiation can be judged from the colouring of the immersed sections, using a low power hand-lens for inspection. This time varies with the material, from one minute to twelve hours, but very often it is from 30 to 60 minutes.

In aqueous solutions, not one of the indicators listed in Table 1 is toxic to normal plant cells with 24 hours immersion under the plasmolysis-deplasmolysis test: this means that the protoplast can be plasmolysed away from the cell-wall by immersion in 10 per cent sucrose solution and deplasmolysed so that it regains its previous turgor in water, while the indicator is inside the cell, even after 24 hours of immersion *at its natural pH value.*

All the indicators listed can be prepared as fresh aqueous solutions: most of them can be obtained as dry solids in water-soluble form, but ethyl red solution does not keep well except in the yellow alkaline condition. The red acidic form deposits crystals on standing, sooner or later. Ethyl red solution should be maintained yellow with as little $N/20$ NaOH as is necessary, until immediately before use: the dry material is not water-soluble but is readily soluble when a drop of $N/20$ NaOH is added to the 20 milligrammes necessary for 100 ml. of .02 per cent indicator. BAN is the other exception in the list of Table 1. This indicator is often useful but sometimes unsatisfactory. For use in the R. I. M. it should be dissolved in absolute alcohol (0.01 g. in 2 ml.), acidified with two drops of normal HCl, and diluted with distilled water to 100 ml. This solution should be red; and for immediate use in the R. I. M. the acidity should be reduced by titration with $N/20$ NaOH until the addition of one drop of that alkali leads to the formation of the yellow precipitating form of BAN; precipitation is then counteracted by the addition of one drop of $N/20$ HCl to 100 ml. of indicator solution (Cooke, 1952).

Emphasis is placed upon the fact that ordinary solutions of indicators may be alcoholic to various, often unknown, degrees. These solutions should not be used in R. I. M. tests with living cells. The effects of alcohol were investigated in some detail by Ingold and Small (1928), and also by Martin (1927) and by Rea (see Small, 1929, pp. 48—64). The general results of these investigations indicate that alcohol in a concentration below 10 per cent has not, as a rule, any strong action upon plant cells and tissues, but the original (Ingold and Small, 1928) should be consulted for details (see also Small, 1929, pp. 51—62).

2. Special Precautions.

The use of the R. I. M. over thirty years, by workers who have frequently encountered difficulties with anomalous or unsatisfactory results when *beginning* to use this method, has led to the formulation of a list of special precautions:—

(1) A preliminary test of the colour-vision of the worker. An abnormally large proportion of male plant physiologists seems to have defects in colour discrimination if not actual colour-blindness of various kinds.

(2) The use where at all possible of aqueous indicators.

(3) The use of specially prepared alcoholic indicators containing less than 10 per cent of alcohol.

(4) The reduction of the period of immersion of the material in the indicator solution to the minimum which yields distinct colour indications. This period may be anything from one minute to twelve hours.

(5) The use of all indicators as near to the neutral *tint* as possible, so that even a slightly buffered plant fluid may be able to throw the indicator to one side or the other of its neutral, indefinitely *coloured*, zone.

(6) The avoidance of any chemical contamination, and in particular the avoidance of the carbon dioxide errors introduced by breathing upon the microscope and by putting living tissue under a microscope coverslip. The ordinary "blow" wash-bottle should not be used for washing sections, since the carbon dioxide of the breath acidifies the water in this type of flask quite considerably.

Small's Range Indicator Method is a practical process for the estimation of pH values in living materials, perhaps with a lesser degree of apparent accuracy but with a greater degree of certainty than is possible with the many other methods especially those which make hopeful use of the tints of a single indicator. It is true that what is determined by this method is the range within which the actual reaction lies, but it is also true that variations occur which bring the pH out of one range and into another. The variations which occur under natural conditions are so large that the R. I. M. divisions of the pH scale into a series of ranges simplifies the classification of cell-saps into various classes, such as very acid, moderately acid, slightly acid, neutral, slightly alkaline, and definitely alkaline.

3. Other Sources of Error.

Self-colour of Cells. Records of pH values, obtained by means of indicators, for cells containing anthocyan pigments can be viewed only with considerable reserve. Where the cells of a plant tissue already contain a pigment, indicator estimations of pH can be made by adding the same pigment in similar concentration to buffered indicator solutions used for comparisons, or by using colour filters of the same tint as that of the cells under observation, when viewing the buffered indicator solutions. In either case the present writer considers that the addition of indicator solution to a cell which already contains a pigment is apt to give a colour which may be described as aleatory.

Localisation of the Indicator. As SMALL pointed out some years ago (1929, p. 41), "The indicator may be taken up by one part of the cell and not by other parts. Care is required in the attribution of the recorded pH to sap or to protoplast or to wall." Plasmolysis forms a useful method for checking this localisation in some materials. Adsorption by non-aqueous particles may interfere but this appears to be a rare case, as most of the intracellular granules which fix colour are permeated with water. The indicator is then in aqueous solution and behaves normally.

V. Micromanipulation.

There are several methods whereby living materials and indicators can be manipulated under the microscope using fine glass apparatus and holders with fine adjustments. Using a pair of CHAMBERS Micromanipulators, SMALL (1929, p. 270) reported results obtained by *puncturing*, with a fine glass needle, the acid epidermal cells in sections of the stem part of mature "eyes" of potato tubers *after* these sections had been immersed in indicator solutions. Using similar apparatus, CHAMBERS and KERR (1932) reported on the root-hairs of a water-plant, *Limnobium spongia*, but they applied to this material the process of *micro-injection* of indicator solutions into the living root-hairs. This micro-injection procedure has been used for many animal cells with soft exteriors (NEEDHAM, 1925; DAMBOVICEANU and RAPKINE, 1925; RAPKINE and WURMSER, 1926, etc.). Micro-injection has also been used more recently on plant tissues, epidermal cells of *Avena* coleoqtile by RIETSEMA (1950, pp. 66—67). HEILBRUNN (1952) points out that there are possible errors both in micro-injection and in puncturing living cells already coloured by immersion in indicator solutions, but in the present writer's opinion micro-injection is not only more liable to produce errors due to injury but also it may not give sufficient time for absorption of the indicator by an *unstimulated* protoplast.

VI. Natural Indicators.

Where plant cells contain amphoteric pigments such as anthocyanins, these can sometimes be used to follow physiological colour changes if the colours have been carefully calibrated with solutions of known pH values. The best technique is that developed and described by SMITH (1933). Only the coloured parts of petals or corollas are used. These parts are put directly into tubes of buffer solutions at various pH values, the quantities being determined for each material so that a distinctly coloured extract is obtained. Each solution is then boiled for five seconds, cooled for 20 minutes, the extraction being hastened by pressure on the plant material with a glass rod. The cooled extracts are decanted into small Pyrex tubes which are then sealed and used as standards. Pieces of petals, unpulped and unboiled, are placed in another similar series of small tubes of buffer solutions and examined as controls to check that the boiling and pulping of the first set has not changed the colours. This may happen if the pigments are complicated by colloidal conditions or by co-pigmentation. The differences in colour, which may be either natural or experimental, in the individual living cells of the petals can be compared with the prepared series of standard colours at known pH values in various ways, even under the microscope using Pantin's method as described in detail by Smith (1933). This method and Smith's results are discussed with appreciation by Scott-Moncrieff (1936).

References.

Bates, R. G.: Chem. Rev. **42**, 1 (1948). — British Standards Institution (24/28 Victoria Street, Westminster, London S.W. 1.). pH Scale. British Standard. 1647 **1950**. — Britton, H. T. S.: Hydrogen Ions. Vols. I and II. London 1942.

Chambers, R., and T. Kerr: J. Cellular and Comp. Physiology **2**, 105 (1932). — Clark, W. M.: The Determination of Hydrogen Ions. 3rd edition. London and Philadelphia 1928. — Cooke, M. P.: Some aspects of stomatal physiology. Belfast: Thesis, Queen's University 1952.

Damboviceanu, A., and L. Rapkine: C. r. Soc. Biol. **93**, 1346 (1925).

Heilbrunn, L. V.: An Outline of General Physiology. 3rd Edit. Philadelphia & London 1952.

Ingold, C. T, and J. Small: Protoplasma **3**, 458 (1928).

Jenny, H. et al., Science **112**, 164 (1950).

Martin, S. H.: Protoplasma **1**, 497 (1927). — Michaelis, L.: Hydrogen Ion Concentration (trans. W. A. Perlzweig). Baltimore 1926. — Mislowitzer, E.: Die Bestimmung der W.I.K. von Flüssigkeiten. Berlin 1928.

National Bureau of Standards, U.S.A. (Department of Commerce, National Bureau of Standards, Washington, 25). Standardization of pH Measurements made with the Glass Electrode. Letter Circular LC 993, 1950 — Needham, J., and D.: Proc. Roy. Soc. (Lond.) **98** B, 259 (1925); Proc. Roy. Soc. (Lond.) **99** B, 173 (1926)

Rapkine, L., and R. Wurmser: C. r. Soc. Biol. **94**, 989 (1926). — Ricci, J. E.: Hydrogen Ion Concentration. Princeton 1952. — Rietsema, J.: Meded. Bot. Lab. Utrecht **1950**, No. 1.

Scott-Moncrieff, R.: J. Genet. **32**, 117 (1936). — Small, J.: Protoplasma **1**, 324 (1926)— Small, J.: Hydrogen-ion Concentration of Plant Cells and Tissues. Protoplasma Monographs No. 2. Berlin 1929; Practical Botany. London: Churchill 1931. pH and Plants. London and New York 1946; Protoplasma **41**, 273 (1952); Modern Aspects of pH. London 1954. — Smith, E. P.: Protoplasma **18**, 112 (1933).

Walling, C.: J. Amer. Chem. Soc. **72**, 1164.

Oxidation-Reduction Potentials.

By

Robert Hill.

With 3 Figures.

The conception of oxidation-reduction potentials as a measure of differences of free energy in hydrogen transport systems is derivable only from equilibrium states. The equations used to describe the effects of varying concentration ratios are based upon the law of mass action and refer only to ideal solutions. When methods of analysis derived from oxidation-reduction potentials are applied to the living plant cell it has to be accepted that in the equations which may be used, referring to equilibrium states, the time factor is absent and also any molecular orientation factor. The processes in the cell have to be expressed not in terms of equilibria but rather in terms of steady states. Unlike an equilibrium state, which is unaffected by whatever mechanism we imagine to be operative, the steady state depends directly upon the reaction mechanism which has to involve both a time factor and molecular orientation factors. The knowledge of the characteristic potentials of the substances responsible for hydrogen transport can, however, tell us exactly how far a reaction between components can proceed when equilibrium between them is reached. Thus the measurement of differences in oxidation-reduction potentials supplies a fundamental basis for relating many of the dynamic processes in the plant cell.

The study of the distribution of enzymes and of oxidation-reduction carriers in living cells has led to the conclusion that many of the systems concerned in hydrogen transport are attached to more or less rigid cytoplasmic structures. It may also be concluded that the systems show a high degree of orientation in their relative positions. Thus, in the study of the activities of the living cell not only do conceptions based upon equilibrium measurements appear inadequate but the whole conception of velocity constants based upon the theory of ideal solutions would seem to break down. A moment's reflection, perhaps, will serve to convince us that measurements depending upon equilibrium data and also measurements of velocity constants based upon the theory of dilute solutions are each powerful tools for the analysis of the biochemical activities of the cell. For it is only by dissection in a molecular sense, and by the application of the two methods of measurement in question that we could hope to approach an understanding of the intracellular mechanisms in terms of the experimental results with whole living cells. The basis of measurement in molecular terms is through the study of enzyme equilibrium systems and enzyme reaction kinetics. The results may be expressed in terms of the concentrations of reactants and products referred to equivalent ideal solutions. Actually the usefulness of this method does not fail even in the most extreme case: that is, if it is supposed that not even a single molecule within the cell is to be regarded in terms of a simple solution. This is because there is always the method of bringing, either in theory or in practice, a measuring system into equilibrium with a specific part of the intracellular mechanism. The conception of a measuring solution can be used to resolve many of the difficulties associated with the application of potential or free energy measurements to intracellular mechanisms.

Several of the intracellular oxidation reduction systems have been found to show well defined absorption spectra characteristic of their oxidised and reduced states. The absorption bands may be observed either in the visible spectrum or in the near ultra violet where, in favourable cases, the main bulk of the cellular material is relatively transparent. By the application of special spectroscopic methods the state of oxidation-reduction of a system may be observed in living cells by analysis of the light transmitted by them (Keilin, 1925). This important physical method of observation which has been greatly developed by Lundegårdh (1940, 1952), by Chance (1951, 1954) and by Duy-seno (1952, 1954) gives the possibility of relating the properties of systems that can be separated individually *in vitro* to the actual responses of such systems in the physiology of the cell as a whole. The characteristic potentials of the hydrogen transport systems are related to the direction of the transport when the systems react. In a steady state the systems will be in a partially oxidised and partially reduced state. Thus, the oxidation-reduction potential must be considered to vary along a chain of hydrogen transport, so that in an actively respiring cell the oxidation-reduction potential may have different values which depend on the actual single system under consideration. Then it may be possible to arrange for a measuring solution to react with one hydrogen transporting system and to use it as a practical method of determining changes in oxidation-reduction potential with living cells under variable external conditions. This ideal situation can be rarely approached, the most promising method is by utilising the changes of light absorption due to the oxidation-reduction of definite cellular constituents.

In what follows we shall be concerned with the measurement of the oxidation-reduction properties of individual systems and with the application of potential measurements to biochemical studies in plants.

A. Measurement of Oxidation-Reduction Potentials.

1. The Hydrogen Electrode.

The basis of the determination of the potentials is the setting up of the reversible hydrogen electrode. This depends upon the equilibrium between hydrogen gas and hydrogen ions in aqueous solution and the negative charge on the electrode. The standard hydrogen electrode is defined by the equilibrium

$$H_2 \rightleftharpoons 2\,H^+ + 2\,e^- \tag{1}$$

when the pressure of hydrogen is one atmosphere and the concentration of hydrogen ions corresponds to unit activity. The symbol e^- refers to the corresponding equivalent units of negative charge. The reaction is catalysed by platinum and also by palladium, the former metal is the more frequently employed for a standard electrode. The potential is defined arbitrarily as zero independently of temperature and thus gives the fixed reference potential for all the measurements on oxidation-reduction systems. The platinum can be considered to catalyse the reactions:

$$H_2 \rightleftharpoons H + H \text{ and } H \rightleftharpoons H^+ + e^- \tag{1.a}$$

Although the dissociation of H_2 is infinitesimal as far as the presence of free H in an aqueous solution is concerned, there is considered to be a relatively higher concentration of H in combination with the metal surface; the combined H may then rapidly react to give the equilibrium represented in equation (1).

The platinum electrode, saturated with hydrogen gas at one atmosphere pressure and immersed in a solution of H^+ at unit activity (only approximately represented by N/1 HCl), is regarded as a standard half cell. If the complete electrolytic cell is formed by connecting two of these half cells together by a conducting salt solution bridge (e. g. saturated KCl) then the electromotive force, or difference in potential between the two platinum electrodes outside the cell, should be zero. Any difference either in H^+ concentration or, alternatively, in H_2 pressure between the two half cells will give a corresponding difference of potential between the two electrodes. The cell, which can be regarded as a concentration cell, is reversible with respect to both (H^+) and (H_2), as indicated in equations (1.a), and the difference of potential relative to the standard half cell can be used as a measure of either (H_2) or (H^+). Also it may be seen that the measure of (H_2) can also be used as a measure of (H); this is the most important relationship in the measurement of oxidation-reduction potentials, for it allows measurements, as will be explained later, to be taken independently of the actual presence of free molecules of hydrogen in the experimental system. The standard half cell may be replaced by any other suitable half cell so long as its potential relative to the standard hydrogen electrode is known. Thus, in practice, a reference electrode with more dilute HCl e. g. N/100 would be simpler, for then the activity of H^+ would be more nearly equal to the concentration. For most experimental work reference electrodes not depending on the presence of hydrogen gas are used.

The measured potential of the complete cell is not simply the difference between the two single electrode potentials. The contact potentials of the different metals forming the circuit and the liquid-liquid contact of the two half cells are also included. The use of strong KCl solution has been found to reduce the liquid potential to a small value in most cases. The metal contacts can remain constant when the different half cells are being measured against a reference electrode. Thus in the measurement of oxidation-reduction systems we may usually neglect the small differences due to the uncertainty of the complete reproducability of the liquid-liquid contact. However it must be born in mind that the measured potential strictly refers to the whole cell and not simply to the two individual electrodes. For the theory of the junction potential differences BUTLER (1946) and MacInnes (1939) may be consulted.

In all that follows we shall use relationships which refer to ideal solutions, just as when dealing with a definite mass of gas in relation to pressure, volume, and absolute temperature it is more convenient in the first instance to apply the simple relation:

$$PV = RT$$

where $R =$ the gas constant in energy units per gram molecule per degree absolute. Thus, if the concentration is made equal to the activity, there is no difficulty in our subsequent definition of pH, (H^+) or E_h. In all real cases, however, where activity corrections have to be introduced, there is a departure from the simple relationships and the choice of definitions becomes a controversial matter. In many of the practical applications of oxidation-reduction potentials the corrections are relatively small and may be neglected. When it is possible to make measurements of a high degree of accuracy, however, each particular deviation from the ideal condition has to be considered and the best way of introducing the corrections ascertained.

It should be noted moreover that while the use of certain quantities concerned with electrode equilibria have an exact significance in thermodynamics their application in a molecular sense may become misleading (Michaelis, 1951).

The potential of a hydrogen electrode depends on the pressure of hydrogen and on the concentration (more properly, the activity) of hydrogen ions as follows. Let K = the equilibrium constant of equation 1. The free energy in calories, $\Delta F° = - R T \ln K$, where T = the absolute temperature and R = the gas constant in cals. per mole. The electrode potential in volts, E, is given by the relation $\Delta F = - n F E$, where n = the number of equivalents of electric charge transferred and F is the Faraday calories volts equivalent. Thus if the standard potential of the hydrogen electrode is represented by E_0 the equation will be as follows:

$$E_h = E_0 - \frac{RT}{2F} \cdot \ln (H^+)^2 + \frac{RT}{2F} \ln (H_2) \tag{2}$$

By definition E_0 = zero as also does $\Delta F°$. This equation follows the well established sign convention used in physical chemistry in the U.S.A. (Lewis and Randall, 1923): and makes the hydrogen over-potential positive. Much of the classical work on the applications of electrode potentials has followed the opposite sign convention; the hydrogen over-potential is made negative. This opposite convention is used in all biological work, and has an advantage that the standard potentials of biological oxidation-reduction systems are made positive. It is to be regretted that both the sign conventions are in current use, for it easily may lead to errors in the compilation of data from the literature. We shall now adopt the convention, used by Abeg, Aurbach and Luther (1911) and rewrite equation (2) with common logarithms as follows:

$$E_h = E_0 + 2 \cdot 3 \frac{RT}{2F} \log (H^+)^2 - 2 \cdot 3 \frac{RT}{2F} \log (H_2) \tag{3}$$

It may be noted that $\log (H^+) = - pH$. Mansfield Clark (1923) introduced the analogous symbol rH for the negative logarithm of the pressure of hydrogen gas in equilibrium with the electrode [$rH = - \log (H_2)$].

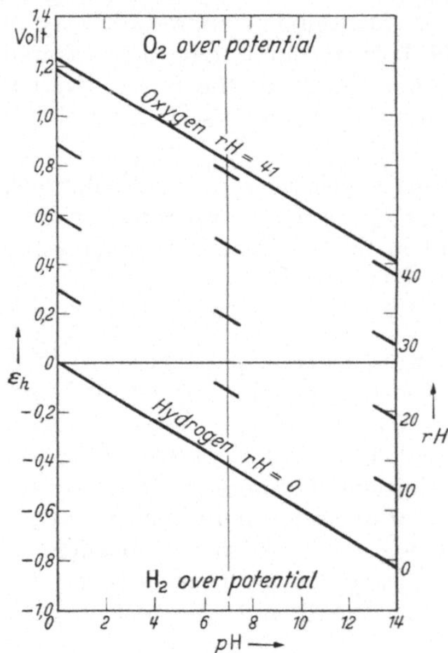

2. The rH Scale.

The scale based on rH may be used in an analogous way to the pH scale. rH is then an inverse measure of the "strengths" of reducing agents just as pH is an inverse measure of "acidity". Thus the standard hydrogen electrode is defined by rH = zero, pH = zero and E_h = zero. In these terms the equation (3) may be written in the two ways:

$$E_h = 2 \cdot 3 \frac{RT}{F} \left(\frac{rH}{2} - pH \right)$$

$$\text{and} \quad rH = \frac{2 F E_h}{2 \cdot 3 RT} + 2 pH. \tag{4}$$

Figure 1. The potentials of the oxygen and hydrogen electrodes showing the relation of E_h for the two gases at unit pressure to pH. The rH scale is indicated by the lines of negative slope; $\frac{\Delta E_h}{\Delta pH} = -0.059$ at 25°. These lines become horizontal when rH is plotted against pH.

The factor represented by $2 \cdot 3\, RT/F$ may be taken as 0.05915 at 25°. It is important to note that the most convenient and accurate methods of measuring hydrogen ion concentrations are based on potential determinations. The results however are not expressed as potentials but as the far more convenient form of pH which is equivalent to $-\log K$ in ionic dissociation. Yet in spite of the general acceptance of the use of pH, rH has been little used it was in fact abandoned by MANSFIELD CLARK himself. The use of E_h together with pH with biological systems (whose properties cannot be referred to pH 0 in practice) leads to obscurity and at times actual mis-statements of fact. DIXON (1949) recently has greatly developed the use of the rH scale and has shown how this may be generalised into the form $-\log K$ and analogous scales constructed for other types of equilibria. DIXON sumarises rules for the use of the scale, so that even quite complex equilibria can be interpreted without highly specialised knowledge. In what follows we shall use both the potential and rH scales which are related as shown in equation (4) and in Fig. 1. To summarise, then, E_h is the potential measured against the standard hydrogen electrode while rH depends solely upon the pressure of hydrogen gas in equilibrium with a system. Thus one atmosphere pressure of hydrogen is represented by rH = zero at all hydrogen ion concentrations.

3. Oxidation-Reduction Equilibria.

In an oxidation-reduction system where the proportions of the reduced and oxidised forms of some substance A can be varied in a reversible manner we may have, for example, the reduction to $A\mathrm{H}_2$ where $n = 2$. The equilibrium may be written as follows:

$$A + \mathrm{H}_2 \rightleftharpoons A\mathrm{H}_2; \quad -RT \ln K = \Delta F° = -2 \cdot 3\, RT \log \frac{(A\mathrm{H}_2)}{(A)(\mathrm{H}_2)}. \tag{6}$$

In order that the potential may be measured it is necessary that the system should be truly reversible with respect to the electrode. Thus the reactions at the electrode have to be represented as:

$$2\mathrm{H} \rightleftharpoons 2\mathrm{H}^+ + 2\mathrm{e} \quad \text{and} \quad A + 2\mathrm{H} \rightleftharpoons A\mathrm{H}_2. \tag{7}$$

It is important to note that it is not essential for molecular hydrogen to be formed; what is required is a rapid transfer of H between the oxidation-reduction system and the electrode. In equation (6) we may write $2\mathrm{H}$ for H_2 and $(\mathrm{H})^2$ for (H_2), for we are only concerned with hydrogen transfer between the electrode and substances in solution. This means that electrodes which do not catalyse the reaction $\mathrm{H}_2 = \mathrm{H} + \mathrm{H}$ may be used.

The standard potential of the oxidation-reduction system E_0 is defined by the potential difference from the standard hydrogen electrode when $(A\mathrm{H}_2) = (A)$, i. e. for half reduction, at pH zero. The potential E_h will depend on the relative amounts of the reduced and oxidised forms (at pH 0) as follows:

$$E_h = E_0 - 2 \cdot 3\, \frac{RT}{n\mathrm{F}} \log \frac{(\text{reduced})}{(\text{oxidised})}. \tag{8}$$

Similarly by defining rH_0 as the rH of the half reduced system at pH = zero:

$$\mathrm{rH} = \mathrm{rH}_0 - \frac{2}{n} \log \frac{(\text{reduced})}{(\text{oxidised})}. \tag{8.a}$$

From the slope of the straight line plot of either of the relationships the value of n may be determined.

The E_0 value of an oxidation-reduction system, as it refers to pH 0, is not directly applicable to the study of biological systems. Thus instead of the standard potential it is necessary to have characteristic potentials for the half reduced systems in other ranges of pH. The characteristic potentials measured against the standard hydrogen electrode are denoted as E'_0 with the appropriate pH stated. Similarly for a half reduced ionising system the characteristic H exponent is written r'H and the pH also stated. It may be seen from equation (3) and Fig. 1 that the E_h of one atmosphere of hydrogen becomes more negative with increase in pH involving both the intrinsic properties of both an oxidation-reduction system and the electrode reaction, while rH is a measure of the property of the oxidation-reduction system only.

4. The Relation of the E'_0 and r'H Values of Systems to Change in pH.

In an oxidation-reduction system the way in which E'_0 and r'H depend on pH is determined by the ionic charges on the reduced and oxidised forms. Thus in the case represented by equation (8) when neither form is ionised the E'_0 will have a negative slope with pH of $2 \cdot 3 \dfrac{RT}{2\,F}$ and the r'H will be constant; this

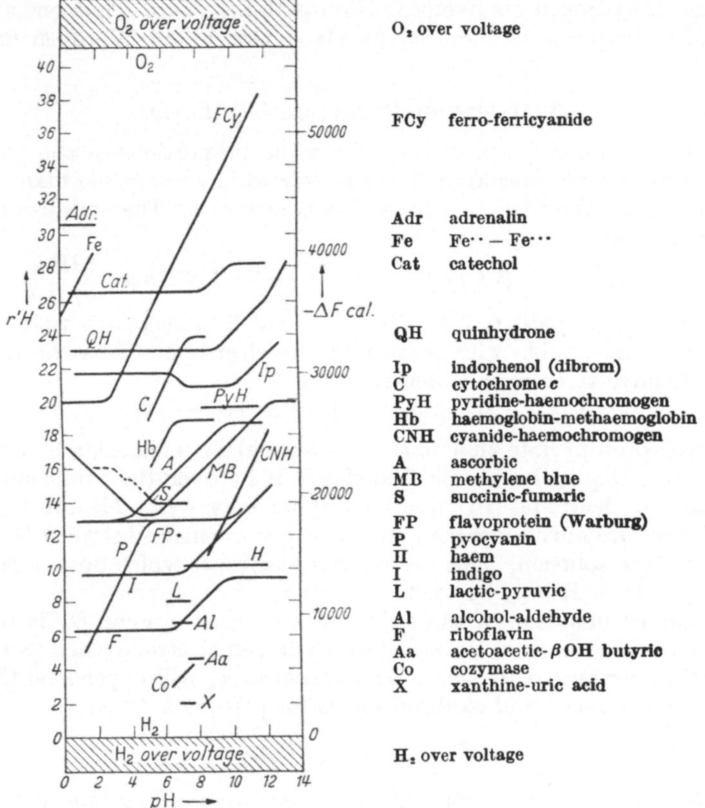

Figure 2. From DIXON (1949).

will also hold if the charge on both forms is the same. When the reduced form has one less positive or one more negative charge than the oxidised form the E'_0 will be constant if $n = 1$ and the r'H will have a positive slope of $\dfrac{2}{n}$ units. The ferri-ferro cyanide system is an example of this. A change in the ionisation of one of the forms, either the oxidised or reduced, will result in a bend in the plot of both the E_0' and the r'H with pH: this is because the energy of ionisation has to be included in the electrode equation. Thus, when the pK values for the ionisations of the reduced and the oxidised forms are known, the changes in E_0' or r'H with pH may be calculated by the inclusion of the appropriate ionisation terms in the electrode equation. Conversely the pK corresponding to an ionisation may be determined from the oxidation-reduction potential measurements in relation to change in pH. The calculations are greatly simplified by the use of rH values and DIXON has given examples and rules for this procedure. Fig. 2 after DIXON shows the r'H values in relation to pH for certain substances of biological interest. From this diagram may be seen at a glance the extent to which any of the systems shown may react with one another at the different values of pH.

5. Oxidation-Reduction Titration Curves at Constant pH.

The plot of E_h or of rH against the percentage reduction or the percentage oxidation of a simple system in equilibrium with the electrode at constant pH will give a symetrical S shaped curve. The fraction $\dfrac{\text{reduced}}{\text{oxidised}}$ for either the pure oxidised or pure reduced form is of course infinite or zero, and a definite potential is only possible in the presence of significant amounts of both forms. The potential depends only on the ratio and is independent of the total concentration provided there is no difference in molecular aggregation in the oxidised and reduced forms. The following relations are sometimes useful in plotting the results.

$$\text{Fraction} = \frac{\% \text{ reduced}}{100 - \% \text{ reduced}} \tag{9.a}$$

$$\ln \text{fraction} = \ln K + n \ln (\text{H}) = 2 \tanh^{-1} \left(\frac{2 \times \% \text{ reduced}}{100} - 1 \right) \tag{9.b}$$

$$\ln K = 2 \cdot 3 \log K; \quad -\frac{2}{n} \log K = \varDelta \text{rH}. \tag{9.c}$$

The slope of the nearly straight line portion of the curve which includes 50 per cent reduction is unversely proportional to n, the number of H equivalents. If precipitation or preferential aggregation of either oxidised or reduced forms occurs the curve will be unsymetrical and may even lose the S shaped form. Thus precipitation of leuco-methylene blue from the half reduced solution of this dye could cause a shift in potential towards a more positive value, for the fraction reduced/oxidised only refers to the components in solution. Again preferential adsorption of the oxidised form on, for example, proteins or polysaccharides will shift the potential towards a more negative value. Such a situation may cause large errors in the indirect determination of potential or of rH by a colorimetric method, in fact the effects are analogous to the salt and protein errors in the use of indicators for colorimetric determination of pH. They are often less serious in dilute solutions.

For most practical purposes, i. e. when 99% of one form is present, the S shaped curve covers a range of just over 100 mV on each side of the half reduced point when $n = 1$ and half this range when $n = 2$. Thus in oxidation-reduction potential titrations the characteristic potential of the titrating reagent preferably should lie several hundred mV outside the range of the substance being titrated so that the contribution of the reagent system itself to the electrode potential is insignificant. This insures a large variation in potential when the substance being titrated is nearly completely present in one form and allows an easy determination of the mid point of the titration curve. The potential corresponding to the mid point will give the constant term corresponding to either E_0 or r'H in equations (8) and (8.a) (actually, of course, for any pH $>$ or $<$ 0, representing E_0' and r'H) and then the results may be expressed as a straight line plot, and an estimate made of n over the whole significent range of the tritation. In the simple case n should be a small integer, 1, 2 etc. and constant over the range. Variations in n, which give departures from the straight line plot may be due to variety of causes, one of which, namely a change in aggregation, has been already mentioned. If the potential of the titrating agent is rather near to that of the substance being titrated it will cause most effect on the later part of the titration curve. If, in a given case $n = 2$ is expected and a value less than this is found, it may be that the system is showing a two stage oxidation reduction process in which with organic substances, a semiquinone type of intermediate is being formed. If the semiquinone is stable in solution the whole reduction process will be represented by two S shaped per cent reduction curves whose slopes at the mid points indicate $n = 1$. The more the semiquinone tends to dismute into the original forms by the reaction $2A\,H \rightleftharpoons A\,H_2 + A$ the nearer will $n = 2$ over the whole range of the curve. The formation of semiquinones was first elucidated by MICHAELIS (1935) and they are of great significance in intracellular reactions when H transfer occurs between a system with $n = 1$ and another with $n = 2$.

Apart from these deviations due to the system not being of the simple form described by equation (8) the results may be affected by certain experimental errors of which the following two are the most commonly encountered.

1. A true equilibrium balance between all the components is not attained. Should this have been the case it may be found either by seeing if the potential at different titration values is stable with time, or by reversing the process by titrating back with another suitable titrating agent. Very frequently it is found that a substance being titrated does itself not react sufficiently with the electrode. This may be overcome by adding a more reactive substance in small amount to act as carrier of H. The characteristic potential of the carrier should be preferably near to the potential of the substance being investigated.

2. The reaction at the electrode in the experimental half cell may not be represented by the process given in equation (7). Such a situation may be caused by the presence of oxygen in the experimental half cell. Oxygen by its tendency to remove H with the final formation of H_2O_2 will tend to make the electrode assume a more positive value. Even minute traces of oxygen in the half cell may cause shifts of the order of 50 mV from the true electrode equilibrium with an H donating substance. Thus in determination of potentials near to or more negative than a hypothetical hydrogen peroxide electrode (i. e. less than about 0.4 V at pH 7 or an rH less than rH 25) in most cases oxygen should be rigorously excluded. The use of some very rapidly reoxidised carrier substance in the half cell is often useful; again if a temporarily more negative charge is externally applied to the half cell any remaining O_2 may be removed by the slight excess of H which results. Some times the electrode reaction may be changed by the adsorption or deposition of substances on the actual metal surface. This may be the case if titration reagents which themselves are not stable compounds are being used. The otherwise so convenient reagent sodium dithionite, $Na_2S_2O_4$, is difficult to employ directly in oxidation-reduction potential-titrations because of its insufficient stability.

A convenient reduction agent for use at neutral pH is methylviologen (MICHAELIS, 1932). The oxidised form can be reduced by H_2 with a platinum catalyst at pH 8 or above. The fact that the oxidised form is colourless renders it most suitable for the titration of coloured compounds. The use of ferri-cyanide as an oxidising agent is satisfactory for many systems. With certain hydroxy-quinones at high pH it is liable to produce irreversible oxidation reactions, and then a less positive reagent should be employed. The advantage of ferricyanide is that it can easily be standardised and can be used either directly as an oxidant or indirectly for estimating the concentrations of reducing reagents used for oxidation reduction titrations.

6. Buffer Systems for Oxidation-Reduction Potentials and Indicator Dyes for rH.

Given any number of mutually independent oxidation-reduction systems, at a definite pH, and all in equilibrium one with another, the E_h values, referred to each of the systems must be the same. The actual ratios of oxidised to reduced components of each system will in general be widely different from each other for these will be fixed according to the characteristic potential E_0' or by the r'H value for each. The r'H value of a given system is analogous to the pK value of a weak acid, and near to this region the potential is stable to relatively small change in H transfer; thus it will be equivalent to a buffer for rH. These rH buffer systems are convenient for measuring oxidation-reduction reactions as they can be used quite independently of any electrode. They are very convenient when the reaction with another substance can be followed by a spectroscopic method. This latter substance will then be acting as an indicator for rH and by measuring the ratio of oxidised: reduced form for a small amount of a pigment in presence of a range of the rH buffer mixture the r'H of the pigment may be directly determined, provided the pH remains constant.

In the determination of pH by indicator dyes equilibrium is nearly always obtained with great rapidity. In oxidation-reduction systems, however, which depend on the transfer of H the equilibrium may be attained slowly or even be practically inaccesible. In the latter case it may be possible to find a suitable carrier or oxidation-reduction catalyst. In any case the system has to be tested for reversibility by approaching an apparant equilibrium position from either side, just as for accurate weighing we have to rely on a true swing of the balance.

One of the more useful rH buffer systems is provided by mixtures of potassium ferro- and ferricyanides. This covers a range of nearly $200\ \mathrm{mV}$ because $n = 1$, and moreover it can rapidly come into equilibrium with several biological systems whose characteristic potentials are within this range. The E_0' of this buffer system is at $398\ \mathrm{mV}$ and is constant with pH over the physiological range. This buffer, however, is not always safe for electrode measurements being in some cases liable to give erroneous E_h values. This may be due to the dissociation of the ferricyanide giving some cyanide ions which are sufficient to modify the electrode reaction, this could occur if any strongly chelating agent was present. The ferricyanide is however a useful oxidising agent in the titration of more strongly reducing substances by electrode measurements for then complete reduction to the quite stable ferrocyanide takes place[1].

A second useful buffer system is provided by the ferro-ferrioxalate system with E_0' very nearly zero constant in the physiological range up to about pH 7.8. This buffer has the disadvantage that an excess of free oxalate is required to avoid precipitation of the yellow sparingly soluble ferrous oxalate in the lower region of the rH range. Further, the use of this buffer system is incompatible with presence of either calcium ions or any strong chelating agents other than the oxalate ions themselves. As ferric oxalate is easily decomposed by light into

---

[1] The ferricyanide ion is somewhat sensitive to light, so that the solutions should be stored in the dark.

ferrous ions and CO_2 the buffer mixture, if used in connection with a spectroscopic method of observation, should not be exposed to light of the shorter wave lengths. In the middle of the visible spectrum only a very small fraction of the light is absorbed so that short exposure to light will cause no significant change to take place.

Apart from these two complex salts of iron and certain quinone/hydroquinone systems there are few well known nearly colourless simple oxidation-reduction systems which form satisfactory buffer mixtures for use with biological material. Thus for ranges below about rH 15 it is often useful to make use of certain biological systems, for example an enzyme-coenzyme system can be used provided a suitable carrier is present. Thus a biological system may be poised against, for example Coenzyme I (DPN) and the percent in the reduced form can be determined by the absorption in the near ultraviolet. The E_0' for coenzymes I and II is at — 320 mV at pH 7 or rH 4 (BURTON and WILSON, 1953).

A whole series of useful indicator dyes covering the whole range of rH from zero to nearly 30 units is available. This series we owe mainly to the labours of MANSFIELD CLARK and of LEONOR MICHAELIS. On the whole, it has to be admitted that the rH dye indicators are less satisfactory than the available dye indicators for pH, particularly for exact work. Many of them are liable to be adsorbed on components of biological material. While this latter difficulty may be overcome by using highly sulphonated compounds the work of DIXON (1926) on the indigo-sulphonic acids showed that these were very sluggish in reacting with an H-donating enzyme system, and that this ran almost parallel with the lesser adsorption on proteins. The soluble halogenated indophenols are very satisfactory indicators of rH, but their potentials are all in a rather highly oxidising region about rH 22. They have however the advantage that their leuco compounds react but slowly with oxygen. Thus they are valuable for making rapid tests for hydrogen transport where the conditions need not be anaerobic. In the very reducing range around rH zero methyl viologen is a satisfactory indicator, and is coloured only in the reduced form. The related benzyl viologen which is slightly more positive is less suitable for work with plants because at temperatures below about 35° the reduced form shows aggregation even from quite dilute solutions. The viologens while reacting with a great variety of oxidation-reduction systems directly are somewhat sluggish in reaching equilibrium.

The dye thionine is an example of a photosensitive oxidation-reduction indicator, the illuminated dye can react as if the characteristic potential is shifted to a more positive value which immediately returns to normal in the dark.

In any work on oxidation reduction it is convenient to have a series of rH indicators at hand. Often it is necessary to select a carrier substance by trial and error. The most generally useful carrier dyes seem to be found among the azines, thiazines and oxazines, which altogether cover a large range of rH. For very low rH the viologens are usually satisfactory. (Note: dyes as purchased are seldom really pure and also their nomenclature in relation to their constitution is not completely standardised.)

7. The Oxygen Electrode.

The value corresponding to one atmosphere of O_2 may be expressed on the hydrogen scale by the oxy-hydrogen reaction:

$$O_2 + 2\,H_2 = 2\,H_2O. \tag{10}$$

With one atmosphere pressure of O_2 the $E_0 = 1.23$ V corresponding to rH 41. The oxygen electrode itself is of theoretical significance only, in connection with biological systems, for there has not been found a suitable substance which will give the true reversible potential with molecular oxygen at ordinary temperatures. This is partly due to fact that $n = 4$ and to the intermediate formation of hydrogen peroxide. Thus the true E_0 value has to be derived from indirect measurements which give the $\Delta F°$ of equation (10). In an oxidation-reduction system, represented by R and RH_2, the characteristic E_0 or rH values are measures of free energy of the reaction

$$R + H_2 = RH_2. \tag{11}$$

With living cells we are usually more interested (SZENT-GYÖRGYI, 1933) in the free energy of the oxidation reaction

$$2\,RH_2 + O_2 = 2\,R + 2\,H_2O. \tag{12}$$

This can be represented in terms of the difference between the characteristic values of E_0' or of r'H from that of oxygen represented on the same scale. As will be seen from Fig. 1 the E_h values for oxygen and hydrogen show a parallel dependence on pH so the difference between them is always the same. Any oxidation reduction system may thus have one of two free energy values assigned to it, that referred to oxygen and that referred to hydrogen. The values will differ by the free energy of the oxyhydrogen reaction. When free energy values are being used in relation to potentials it is important to make clear in the context which value is being used. The writer has seen in a publication the *oxidation* chemical equation written with the *reduction* free energy quoted, thus greatly affecting the interpretation of the free energy calculation that was set out. Thus while many of us may have wished to follow SZENT-GYÖRGYI's original suggestion, to make the oxygen electrode the standard for biological systems, this unfortunately might have lead to even further confusion in the literature.

The term "oxygen electrode" is often used in a quite different sense referring to an irreversible process. If a platinum electrode in a conducting salt solution is given a negative charge any oxygen present in contact with the electrode will react to form water; in a completed cell circuit a current will flow tending to neutralise the negative charge on the platinum. This is an effect which has been referred to previously in connection with the errors introduced in the measurement of E_h with an oxidation-reduction half cell. The electrode reaction may be represented here as follows:

$$e^- + H^+ \rightleftharpoons H \text{ (reversible)}$$
$$2\,H + O_2 \rightarrow H_2O_2.$$

The measured current is a function of the concentration of the oxygen present. This form of electrode has been used successfully in the measurement of the rates of uptake or of production of oxygen by living cells; it has however no direct use for the measurement of oxidation-reduction systems. For the application of depolarising currents in analyses see HUMPHRIES, this Vol. p. 476

The ideal oxygen electrode is best expressed in terms of the electrode equation:

$$O_2 + 2\,H_2O + 4e^- \rightleftharpoons 4\,OH^-.$$

The E_0 value at 25° is calculated to be 0.398 V, the hydroxyl ions are at unit activity which corresponds to about pH 14 (see Fig. 1).

B. Experimental Methods.

I. General Type of Apparatus Required.

The measurements of potentials has, within the last two decades, been made more simple by the development of valve potentiometers for the determination of pH using the glass electrode. Several of the types of potentiometer commercially available are also adapted for the measurement of oxidation-reduction potentials. For this work as in the determination of pH the results are in general significant at best to a few mV because of the uncertainties due to the liquid-liquid contact. The development of the very convenient and compact potentiometers has made the measurement of oxidation reduction potential more generally accessible. The potentials may be read directly on the scale of millivolts and, in the case of measuring progress curves, a recording instrument may be attached. Thus in principle all that is required is to replace the experimental glass electrode half cell, used for determination of pH, by the experimental oxidation-reduction half cell using a noble metal electrode contact. In measurement of oxidation-reduction reactions it is very important that the zero setting on the millivolt scale should remain constant. A few of the available instruments have been designed to give very satisfactory stability. The attainment of equilibrium potential, as mentioned previously, tends to be less rapid than in measurements of pH.

Experimental Half Cell. The term electrode is often used in two senses 1. to refer to the actual electrode reaction in a half cell and 2. to refer to the electrode metal surface contact. Thus in the hydrogen and in the quinhydrone electrodes the metal electrode contacts are platinum and gold respectively. They could, of course both be termed H-electrodes, the former at one atm. H_2, the latter corresponding to 10^{-rH} atmospheres. The meaning of the term "electrode" is usually clear from the context. The essential requirement for the metal electrode is that it should be inert, that is it should behave as a noble metal under the conditions of the oxidation-reduction half cell. While the metal has to be considered to react with H and H^+ the metal ions do not enter into the reaction. In contrast, the calomel electrode depends on the presence of both chloride and mercury ions, for the mercury metal here is actually concerned in the electrode reaction. For the hydrogen electrode the platinum is usually platinised, that is, electrolytically coated with platinum black (from a platinum chloride solution) to give a greater surface. In the oxidation-reduction half cells smooth metal electrodes are most frequently used, with these an uncontaminated metal surface is easier to maintain. The platinum electrodes are made by welding a small piece of platinum foil ($^1/_4$ to 1 cm^2) onto a platinum wire which is sealed through the closed end of a piece of soft glass tubing. Mercury is put in the tube, held in a vertical position, so that by introducing a wire contact the cell circuit can be readily completed. For the gold electrode a piece of gold foil may be welded to the platinum wire, the small area of the platinum below the seal can then be electroplated from an aurocyanide solution. (Gold wire can only be sealed through a type of glass which is not suitable for use here, further, little would be gained, for gold would dissolve in the mercury with which it readily amalgamates.)

While either gold or platinum is suitable, gold is most frequently employed in oxidation-reduction half cells with organic compounds. Gold, in a state of purity, is a soft metal; the softer the metal the less chance there is of obtaining strains in the surface which cause unpredictable variations in the measured potentials.

The electrode vessel may be of any form which allows: 1. The removal of atmospheric oxygen, 2. insertion of the metal electrode contacts, 3. insertion of the reference electrode connection, 4. entry for the addition of required reagents while the cell in circuit and 5. a means of stirring the vessel contents. Stirring and removal of oxygen can be accomplished together by bubbling through nitrogen which is free from oxygen, the gas may be passed over heated copper for this purpose. A glass vessel with a perspex (or lucite) lid is very convenient. This supplies good insulation, which is of primary importance, and simplifies the provision for the required number of ports of entry to the vessel. The surface of the lucite should not be dusted just before an experiment, surface electrostatic charge is very undesirable. It is often convenient to have the vessel arranged so the optical density measurements may be made during the course of a reaction. (For diagram of an experimental vessel see MacInnes, 1939, p. 290.)

Reference Electrodes. For many purposes the actual dipping types of calomel electrodes supplied with the commercial pH meters may be used. Alternatively a quinhydrone-gold half cell may be used. This is usually made with acetate buffer at pH 4.8, the liquid junction consisting of KCl (supported either by agar or a wick) as with a calomel electrode. Although the gold quinhydrone half cell is more troublesome as it requires to be constantly renewed it has the advantage in that the electrode reaction is of the same type as that in the experimental oxidation-reduction half cell.

Measurement of E_h and rH. When the completed cell has been set up, to convert the reading of the potentiometer millivolt scale into E_h, the potential of the reference electrode in terms of the standard hydrogen electrode must be added, observing the correct signs. Thus for example if the E_h value of the saturated calomel electrode used in the half cell is $+$ 249 mV at 18° and the scale reading indicates -298 mV then the E_h would be -49 mV. The rH corresponding to the experimental half cell can then be calculated by equation (8) using the value of the pH in the half cell; for pH 7 the equivalent rH would be 12.3 units. The factor 2.303 RT/F at 18° $= 0.05775$.

The millivolt scale may be checked with a standard Clark cell ($E = 1.018$ V at 25°). In making all the measurements of potential it is necessary to avoid taking an appreciable current from the cell, for this will be liable to cause polarisation which may seriously affect the results.

Measurements with rH-Buffers and Indicators. A simple and convenient form of apparatus (Hill, 1936) can be made by attaching a graduated pipette to the side arm of an evacuated Thunberg vacuum tube. By this method titrations may be accurately carried out with complete exclusion of oxygen. Changes in light absorption can be measured either with a visual spectrocolorimeter or with a photoelectric spectrum photometer. For the latter it is convenient to have an optical cell fused on to the bottom of the vacuum tube.

II. Application of Oxidation-Reduction Electrode Potential Measurements for Determination of Reaction Rates.

These methods are in some degree analogous to the determination of pressure changes in manometric technique. Just as it is not difficult to determine whether a significant change in pressure is taking place and to determine the magnitude in terms of movement of manometric fluid, so it is simple to see if any significant change of electrode potential is taking place and to determine the magnitude of any change with a suitable potentiometer. The essential object in the manometric methods is to account for the pressure changes quantitatively in terms of the actual exchange of the known gaseous components. In electrode potential measurements the object is to account for the changes quantitatively in terms of known electrode reactions. In simple cases the electrode reaction may usually be sufficiently defined to give reliable quantitative results. This however is by no means always the case when cell suspensions or more particularly cell homogenates are being studied. In these cases the actual results obtained may need a very large amount of further experimental analysis before they can be interpreted as electrode reactions in chemical terms. While the gaseous components in manometry are relatively few, the oxidation-reduction systems found as plant molecules are likely to be many and moreover, do not react either one with the other or with the electrode in a uniformly reversible manner.

However in these latter cases the first step is naturally to establish that a change is actually taking place with time. Further detailed analysis may not always be immediately possible, yet the results may have considerable value, especially with living cells and when the change in potential may be legitimately regarded as a physiological response.

The application of the method to suspensions of living bacteria is described by HEWITT (1950). With reference to this aspect ELECK and BOATMAN (1953) have shown that with a platinum electrode (with oxygen carefully excluded) there may be a long lag before the "true" E_h value of the suspension is recorded. WASSINK (1949, 1951) used the change in oxidation-reduction potential of suspensions of *Chromatium sp.* as a measure of the response to illumination. These experiments recorded drifts in potential over periods of one hour or more. In the case of living green plant cells changes in the electrode potential in light after dark are likely to be due to variations in oxygen tension. This as has been stated previously, is best measured by the depolarising current due to the reduction of oxygen to H_2O_2. This polarigraphic method, using a bright platinum electrode was developed for the measurement of photosynthesis by BLINKS and SKOW (1938), it was used by HAXO and BLINKS (1950) in a classical study of action spectra in the photosynthesis of red algae. PETERING and DANIELS (1938) had applied the polarigraphic method, with a dropping mercury electrode for measurement of oxygen produced in photosynthesis.

In the case of cell free preparations, SPIKES *et al.* (1950) have used the determination of oxidation-reduction potential to measure the rate of the photochemical reduction of ferricyanide by chloroplast fragments or whole chloroplasts. Owing to the comparatively positive potentials the electrode reaction is probably expressed in terms of the reversible ferro-ferri-cyanide system, even though oxygen is being produced in the photochemical system. These authors had made a careful study of the conditions affecting the platinum electrode and the control of the oxygen pressure in the electrode vessel. GERRETSEN (1953) has used the electrode potential method to record the effect of illumination in leaf homogenates from *Avena*, under a variety of conditions. This author pointed out that the method forms a valuable exploratory technique; it is, however, only precise in a quantitative sense when the electrode reaction is uniquely determined.

With simpler systems of known components the measurements of change of potential with time may be used in a way analogous with, for example, changes in optical density. Both these methods have the advantage of giving a continuous record of a process without the need for continuous "sampling". While perhaps an optical method is to be preferred, the potential method may be used for opalascent material and can usually be operated in a small space. As in the case of the equilibrium measurements carrier substances or rH indicators can be used. It is very important to be certain that they are in reversible equilibrium with the electrode and the system being investigated: further the carrier reaction itself must be shown not be a rate limiting process.

C. Properties of some Individual Systems.

1. Haem Compounds[1].

The oxidation-reduction properties in this group are determined by the change in valency of the iron atom which can either be ferrous or ferric. The simple ionic system $Fe^{3+} + Fe^{2+}$ can only be approximately measured in acid solution on account of hydrolysis of the ferric salt. $E_0 = 0.7$ V, the calculated E_0', if the effects of hydrolysis are disregarded, for the system would be the same at pH 7 for the oxidised form has one more positive charge. This would correspond to $rH_0 = 25$ and r'H (pH 7) = 38 which is approaching the value of the oxygen electrode (rH = 41 at pH 7). Actually on account of the insolubility of the ferric hydroxide the potential becomes negative at higher pH. When the iron is combined with protoporphyrin giving haem the E_0' at pH 7 is about $- 0.15$ V corresponding to rH = 10. In this region the charge on the reduced and oxidised forms is the same. The reaction may be written,

$$\text{Porphyrin} - \text{FeOH} + \text{H} = \text{Porphyrin} - \text{Fe} + \text{H}_2\text{O}.$$
$$\text{(Ferric)} \qquad\qquad \text{(Ferrous)}$$

In acid solutions the ferric form can give the positively charged ferric form, Porphyrin $- Fe^+$, but in acid solutions haem is insoluble in water. The difference in the potential between the iron ionic system and the haem system could indicate that the porphyrin has a very much greater affinity for ferric iron than for ferrous; this is found to be the case, for the iron in the ferro-haem is removed by dilute acids while the iron in ferri-haem can only be removed directly by a reagent such as concentrated H_2SO_4.

When haem is combined with certain nitrogen compounds which give haemochromogens the potential of the haemochromogen-para-haematin system is more positive than the free haem. This difference in potential may be related to the relative affinities of the nitrogen compound for the ferro-haem and ferri-haem. Thus the less the ferro-haemochromogen is dissociated into free haem and nitrogen compound compared with the ferri-compound (parahaematin) the more positive will be the potential. The E_0' for α-picoline haemochromogen at pH 8 was found by BARRON to be $\div 0.09$ V while at the same pH in borate buffer for free haem $E_0' = - 0.21$ V.

The potential of the haem system, then, is greatly influenced by combination with other groups, and this mainly accounts for the range in characteristic potentials which is covered by the naturally occuring haem protein compounds. The most positive haem-protein system known at present is cytochrome f with $E_0' = + 0.365$ at pH 7 (DAVENPORT and HILL, 1951). The most negative would be peroxidase-reduced-peroxidase determined by HARBURY (1953) $E_0' = - 0.27$ V at pH 7.3. The characteristic potentials of the cytochromes belonging to the b class are probably about zero or slightly below at pH 7, while cytochromes c and a are in a more positive range approaching $+ 0.3$ V, the data for these are mainly derived from the animal cytochrome system. With the cytochrome system in respiration the difference of potential between the b and c components is considered to be important in determining energy available for utilisation in group transfer reactions. Some data of the potentials of haem compounds from various sources is given in Table 1. In Fig. 3 are shown some data for the characteristic potentials of cytochrome c and for cytochrome f determined by

---

[1] See also Vol. IV p. 197.

equilibration in relation to pH. The bends in the curves are interpreted as the presence of ionic dissociation affecting a basic group in the oxidised forms; for example the pK of the dissociation affecting cytochrome f appears at 8.5.

Table 1. *Oxidation-Reduction Potentials of Certain Haem-Proteins.*

System	pH	E_0' V.	r'H	reference
Ferri-ferro				
peroxidase	7.3	—0.27	6	1
peroxidase	6.1	—0.21	5	1
cytochrome b	7.4	—0.05	13	2
myohaemoglobin				
(horse heart) . . .	7.0	+0.05	16	3
haemoglobin				
(horse blood) . . .	7.0	+0.14	18	4
cytochrome c	6.0	+0.254	20	5
cytochrome c	6.0	+0.266	21	6
cytochrome a	7.4	+0.29	24	1
cytochrome f	7.0	+0.365	26	7
"cpd. II"/ferri				
peroxidase	7.0	~ +0.9	~44	8

References: 1) HARBURY (1953); 2) BALL (1938); 3) TAYLOR and MORGAN (1942); 4) TAYLOR and HASTINGS (1939); 5) RODKEY and BALL (1947); 6) PAUL (1947); 7) DAVENPORT and HILL (1951); 8) GEORGE and nEIRVI (1954).

In the function of peroxidase as an oxidising system in presence of hydrogen peroxide the action is not dominated by the ferro-ferric haem-protein system but by the very positive potentials of the ferric peroxide complexes. GEORGE and IRVINE (1954) found that the "compound II" of peroxidase required only one reduction equivalent to regenerate the free ferri-peroxidase. They suggested that in compound II the iron might be regarded as tetra-valent: the characteristic potential has not been measured reversibly but it must be considerably more positive than the ferri-ferrocyanide system, $E_0' = +0.47$ (CLARK et al., 1925).

The haem-proteins, because of their well defined changes in absorption spectra during the oxidation-reduction process, provide a series of natural indicators for changes in rH in living cells. CHANCE (1954) has sumarised his results on the intracellular kinetics of the cytochrome system in the respiration of yeast and has discussed how the reaction between individual components can be expressed in terms of a "solid" oriented structure. DUYSENS (1954) and LUNDEGARDH (1954) have studied changes in absorption spectrum in living cells of *Chlorella* which they relate to changes in the oxidation-reduction of a cytochrome component depending upon processes concerned in photosynthesis. In the higher plants the important studies of LUNDEGARDH (1951a, 1951b) on difference spectra of roots in relation to their physiological function are concerned mainly with the cytochrome system. The basis on which all the interpretations of the results with living cells

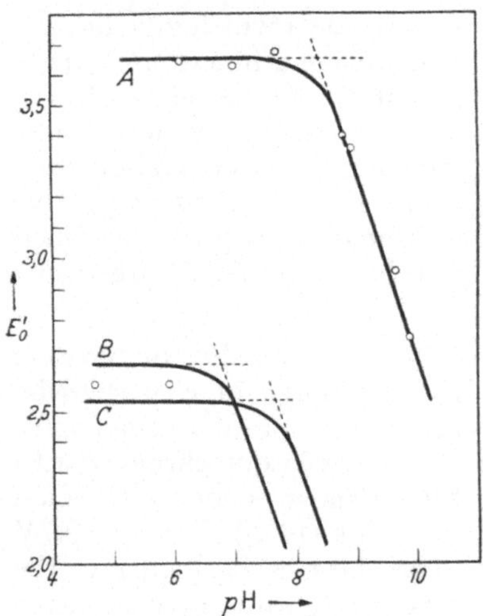

Figure 3. Relation between characteristic potential E_0 (in tenths of a volt) and pH in cytochromes f and c. A, cytochrome f. B, cytochrome c (data from PAUL, 1947). C, cytochrome c (data from RODKEY and BALL, 1947). Additional points for cytochrome c determined for comparison. From DAVENPORT and HILL (1951).

rest has to be established by the isolation of the individual systems from the plant and a careful study of the behaviour in oxidation-reduction.

2. Flavines and Coenzymes.

The electron transfer between the coenzymes I and II and the cytochrome system in respiration is considered to occur via flavoproteins. While the characteristic potentials of the free flavines (flavine dinucleotide and flavine mononucleotide) are near to —0.2 V at pH 7, combination with the specific protein results in a characteristic potential of about −0.05 V at pH 7. This potential is very near to that of component b of cytochrome. At present only two flavoproteins have been measured (DIXON, 1949, p. 84) the yellow enzyme of WARBURG, and diaphorase. The former has the mononucleotide and the latter the dinucleotide as the flavine group. The flavoproteins as a class are found to consist of a series of specific enzymes which catalyse the oxidation-reduction of systems which themselves have a very large range of characteristic potentials. It is not known at present whether this is related to any differences in potential of between the individual flavoproteins concerned.

The two coenzymes I and II (DPN and TPN) have characteristic potentials more negative than the free flavines. BURTON and WILSON (1953) found for DPN: $E_0' = {}$ —0.320 V at pH 7 and for TPN: $E_0' = {}$ —0.324 V at pH 7. Thus the difference in characteristic potential between Coenzymes I and II and cytochrome b is of the order of 0.3 V; there is a similar difference between the potentials of cytochrome b and cytochrome c. The rates of oxidation and reduction of coenzyme I have been measured under different conditions in living yeast cells by CHANCE (1954) using the spectroscopic methods developed by him. In higher plants the amounts of coenzymes I and II present in several types of tissue have been determined by WHATLEY (1951) and by ANDERSON and VENNESLAND (1954). Recent data for the free energy changes referring to the oxidation-reduction of individual metabolite systems are given by BURTON and WILSON (1953) and by BURTON and KREBS (1953).

3. Benzoquinones.

Quinone-hydroquinone. The oxidation-reduction potential of the quinone system has already been referred to. In the higher plants the glycoside of hydroquinone, arbutin, has been found in certain species. The *post mortem* blackening of pear leaves, for example, is partly due to the hydroquinone liberated from the glucoside (ARMSTRONG and ARMSTRONG, 1931). Substituted derivatives of hydroquinone and of quinone itself are found in higher plants, in the Fungi and especially in Lichens (FIESER and FIESER, 1950). Certain varieties of the pear which do not show blackening of the dead leaves contain a glycoside of the monomethyl ether of hydroquinone. Vitamine E may be regarded as a derivative of hydroquinone containing an ether linkage. The simple quinone-hydroquinone system is not completely reversible in neutral solution or on the alkaline side owing to the destruction of quinone which is only stable in acid solution. With some of the substituted quinones, however, stability in the neutral range is maintained.

o-Quinone-catechol. The catechol system has for many years held an important place in the consideration of oxidation-reduction mechanisms in plants (ONSLOW, 1931; WHELDALE, 1911; SZENT-GYÖRGYI, 1925). The oxidation of catechol to orthoquinone is catalysed by polyphenol oxidases. These enzymes have been shown to be copper containing proteins, and the catalytic property is considered to depend upon the valency change of the copper. The characteristic potential of orthoquinone/catechol calculated for pH 7 is 0.370 V, that is a little more positive than the cytochrome c system. It might be inferred that the potential of the enzymic cupric cuprous system of the polyphenolase would also have a very positive value; the copper protein haemocyanin has been found to give a cupric/cuprous system with $E_0 = 0.400$ V at pH 7. The hypothetical potential of the ionic Cu^{2+}/Cu^+ system at pH 7 would be about $+0.16$ V; this would indicate that the protein has a lower affinity for the cupric cuprous than the ion.

Catechol itself is very rarely found in the plant. One of the widely distributed orthodihydroxy-compounds is 3:4 dihydroxycinnamic acid or caffeic acid. This is often found in combination with quinic acid as chlorogenic acid. These and many of the other naturally occurring substitution products from catechol give very active oxidising systems with polyphenolases. The significance of the o-quinone system in the respiration of the plant is still obscure; while in *vitro* the oxidation of many of the cellular components may be secured, there is no indication that the oxidation process can be coupled with any group transfer reaction in experiments carried out up to the present time. The oxidation reduction potential is however near to that of the cytochrome oxidase system in the region of physiological pH.

4. Naphthoquinones[1].

The homologues and hydroxy-derivatives of 1:4 naphthoquinone or of the corresponding naphthohydroquinone are found to occur in an uneven distribution throughout the whole plant kingdom. Some species such as the walnut *(Juglans)* and henna *(Lawsonia)* contain relatively large amounts of the hydroquinones corresponding to the quinones known as juglone and lawsone. Both these substances powerfully stain the human epidermal tissues. A selection of naphthoquinone oxidation-reduction systems is shown in Table 2. Several of the naturally occuring naphthoquinones show physiological effects on living cells, these can in some cases be related to an inhibition of the process of oxidative phosphorylation. Vitamine K, which is a homologue of 1:4 naphthoquinone is probably present in all green plants particularly in the chlorophyll containing tissue. The vitamine is insoluble in water. The oxidation-reduction potential has been measured in ethanol solution, and in this case the observed potential would not appear to differ to the extent of more than about ten milivolts from the hypothetical potential referred to water. The oxidation-reduction of Vitamine K_1 ($E_0' = -0.05$ V at pH 7) is thus very near to that of cytochrome b.

Table 2. *Oxidation-Reduction Potentials of Certain Naphthoquinones.*

System	pH	E_0' V.	r'H	reference
Hydroquinone/quinone				
Lomatiol	7.1	—0.191	8	1
Lapachol	7.0	—0.180	8	1
Lawsone	7.2	—0.154	9	2
Vitamin K_1	0.0	+0.358	12	3
Juglone	7.3	+0.023	14	2

References: 1) HILL (1938); 2) FRIEDHEIM (1934); 3) PIEGEL et al. (1940).

The naphthoquinones are considered in detail by FIESER and FIESER (1950) who also have contributed greatly to this subject: of particular interest is the table compiled by them which shows how the oxidation-reduction potential of 1:4 naphthoquinone is affected by a substituent group in the 2: or 3: position. For example the E_0 is made more *negative* by CH_3, NH_2 and OH to the extent

---

[1] See also Vol. III of this handbook.

of 0.076, 0.210 and 0.128 V respectively; the E_0 is made more *positive* by introduction of the sulphonic acid group to the extent of 0.069 V. Similar, though not identical rules seem to apply to other types of quinonoid oxidation-reduction system and to reversibly reducible dyes provided that the orientation of the alternative substituents is the same. The E_0 of a system may then sometimes be used as a guide for determining constitution; alternatively the effect of substituent groups on the potential may be useful for the choice of a structure to determine the rH range for an indicator dye.

5. Ascorbic Acid[1].

The system ascorbic-dehydroascorbic acid is reversible but the oxidised form is unstable in solution. Both forms are more stable in acid solution and at a slightly alkaline pH the oxidised form undergoes an irreversible change. At pH 3.3 E_0' has been determined as 0.204 V (ANDERSON and PLAUT, 1949). The variation of oxidation-reduction potential with pH is determined by two dissociation constants at pH 4 and 8. The potential calculated for pH 7 would be $+0.05$ V corresponding to rH 16. The rH-pH relation is shown in Figure 2: the potential of the ascorbic acid system is more positive than cytochrome *b* and flavoprotein. Several plants have been shown to contain an ascorbic acid oxidase. This enzyme is found to be a copper protein compound and the enzyme substrate system reacts with oxygen in a way similar to the polyphenol oxidase system. Although the oxidation of ascorbic acid is actively catalysed both by ionic copper and by various co-valent copper compounds, polyphenol oxidase is unable to affect any catalysis. With a trace of an o-dihydroxyphenol ascorbic acid is rapidly oxidised with polyphenol oxidase owing to the reaction with the o-quinone. The work of JAMES and CRAGG (1943) and of MAPSON and GODDARD (1951a) has shown how various respiratory components of the plant may be oxidised by molecular oxygen via the ascorbic oxidase system acting as a terminal oxidase. How far these *in vitro* experiments reconstruct processes occuring in the living cell is still a controversial matter. There is however evidence that both the quinone-polyphenol system and ascorbic acid take part in hydrogen transfer in the plant cell though their function is less clearly defined than is the function of the haem compounds.

6. Glutathione.

HOPKINS and MORGAN (1936) found that certain plant tissues contained an enzyme catalysing the reduction of dehydroascorbic acid by the thiol group of glutathione. The enzyme, dehydroascorbic acid reductase, was shown by CROOK (1941) to be distinct from ascorbic oxidase. The disulphide form of glutathione can be reduced to the thiol in presence of dehydrogenase systems contained in a variety of tissues (CONN and VENNESLAND 1951, MAPSON and GODDARD 1951a). The reaction is dependent upon the presence of a glutathione reductase. The enzyme obtained from ungerminated peas by MAPSON and GODDARD (1951b) was found to be specific for coenzyme II (TPN). Thus, glutathione together with the two reductases can transfer H from the reduced coenzyme to dehydroascorbic acid. With the *in vitro* system (see previous section) where cellular metabolites are oxidised *via* the ascorbic acid oxidase the SH/S—S system can act as a reversible oxidation-reduction carrier. In experiments at pH 6 the reduction of dehydroascorbic acid by the reductase plus glutathione is rapid and would appear to be complete. Again, the oxidation of coenzyme II by the disulphide form was found by MAPSON and GODDARD to be complete: with an excess of the —SH

See also Vol. II of this handbook.

form no reduction of the oxidised coenzyme could be detected. It would be concluded from these results that a characteristic reversible oxidation-reduction potential of the SH/S—S system in glutathione would lie between —0.25 and —0.05 V (rH 6—13) in the physiological range of pH and concentrations. Nickerson and Romano (1952) have described a cystine reductase from yeast which is specific for coenzyme I (DPN).

For a thiol-disulphide system the ideal relationship at constant pH, between the total concentration, the per cent reduction and E_0' can be expressed as follows. Let K = the mass action equilibrium constant for the reaction:

$$(S\text{—}S) + 2\,H = 2\,SH, \quad K = \frac{[SH]^2}{[S\text{—}S][H]^2}. \tag{13}$$

Let m = total concentration of S in gm atom per Liter.

Let $x = [SH]/m$. Then $[S\text{—}S] = \frac{1}{2}\,m\,(1 - x)$. Half reduction is defined by $x = 0.5$ and percent reduction by $100\,x$.

From (13) $K = \dfrac{2\,m^2\,x^2}{m\,(1-x)[H]^2}$; hence when $x = 0.5$, $K = \dfrac{m}{[H]^2}$.

The electrode equation should then be:

$$E_h = E_0' - \frac{2.3\,RT}{2\,F}\left\{\log \frac{2\,x^2}{1-x} + \log m\right\}. \tag{14}$$

When x in equation (14) is plotted against E_h for given values of m and of E_0 the S shaped curve is unsymmetrical and of a character intermediate between corresponding curves for simple systems having $n = 1$ and $n = 2$. Towards complete oxidation n appears to be nearly 1 and towards the completely reduced side n appears to be nearly 2. In all the oxidation-reduction systems previously mentioned the characteristic potentials were ideally independent of the total concentration. The S—S/SH system differs from these in that the potential at half reduction depends on the concentration. A ten fold increase in total S concentration would make the potential more negative by $2.3\,RT/2\,F$ V. The range of oxidation-reduction potentials for the half reduced system with solutions of glutathione containing from one to 10^{-6} gm atom of S per liter would (ideally) extend over 0.18 V or 6 units of rH. This is a range almost covering that within which a value might lie as inferred from the biochemical experiments: in these experiments, however, the S concentrations were of the order of 10^{-2}—10^{-4}. In equation (14) the constant factor 2 inside the bracket can be included in the E_0' term; the subtraction of $2.3\,RT/2F \log 2$ would make the value of this constant only 0.009 V more negative. Between pH 0 and pH 2 and between pH 4.5 and 8 $\Delta E_0'/\Delta$ pH for glutathione should be $-2.3\,RT/F$. In the intermediate range, the graphical method of Dixon (1949, p. 77) applied to the dissociation constants for the reduced and oxidised forms determined by Pirie and Pinhey (1929) gives a total shift of $+ 0.3$ rH units. Thus the relation

$$E_0 = E_0' + \frac{2.3\,RT}{F}\ \text{pH}$$

requires a correction of —0.009 V in passing from pH 4.5 to pH 2. At a definitely alkaline pH the ionisation of the SH group will oppose the effect of pH change on the potential.

While the ideal behaviour of the thiol-disulphide equilibrium appears to be relevant to biological studies, equation (14) would appear to have little relevance to the direct potentiometric results which have been obtained with this system. The interpretation of the experimental behaviour of the SH/S—S system is controversial. In the oxidation process the thiol appears to give residues which are more ready to combine with the metal of the electrode than with themselves to give the disulphide. In the reduction process the disulphide appears to be relatively inert so that further addition of this to an experimental half cell does not give a significant alteration in the measured potential. The situation is reviewed by FREEDMAN and CORWIN (1949) where references to the literature may be found. These authors reject the value for glutathione $E_0' = 0.04$ at pH 7,

Table 3. *Factors for Energy Units.*
1 cal. (15°) = 4.182 Joule; 1 Joule = 10^7 ergs. R = 1.9885 cal/gm mol. degree = 8.316 J/gm mol. degree F = 23074 cal/V-equiv. = 96494 coulomb/equiv. ln 10 = 2.30258; log e = 0.43429.

$t°\,c$	$T°$ absolute	$(2.3\ldots)RT\,F$
0	273.1	0.05420
15	288.1	0.05717
20	293.1	0.05816
25	298.1	0.05915
30	303.1	0.06015
35	308.1	0.06114
40	313.1	0.06213

Table 4. *Reference Electrodes.*

Calomel: E_0 V ($\pm$ 0.002)
Saturated 0.244 — 0.00076 $(t-25)$
Normal 0.283 — 0.00024 $(t-25)$
Decinormal 0.336 — 0.00007 $(t-25)$
where t is the temperature in °C between 0° and 37°.
Quinhydrone: (complete cell, QH/H_2)
$$E_0 = 0.699 - 0.00074\,(t-25)$$
$$E'_0 = E_0 - \frac{2.3\,RT}{F} \times \text{pH}$$

For example; $E_0 = 0.703$ at 20°, $E'_0 = 0.424$ at 20° and pH 4.8, $E'_0 = 0.296$ at 20° and pH 7.

quoted by ANDERSON and PLAUT (1949) on the grounds that the interpretation of the electrode reaction was not valid; also this value seems incompatable with the biochemical data. In order to overcome the difficulties in direct measurements with electrodes the method of rH indicator dyes has been applied to the SH/S—S system. This however introduces a new problem; the indicators were found by FRUTON and CLARKE (1934) only to react with the S-system at pH values of 7 and above. Although these authors give consistent values for the calculated potentials of cysteine and glutathione at pH 7 it is not certain that the thiol and the disulphide are the only forms of the sulphur taking part in the reaction with indicators. Thus their value of $E_0' = -0.23$ V at pH 7 for both glutathione and cysteine may possibly be too negative. However it seems justified to take the value of E_0' as defined in equation (14) at pH 7 *provisionally* as -0.2 V for this would accord, in the biochemical experiments, with the behaviour of glutathione.

Table 5. *List of Some rH Indicators.*

Common Designation	Class	E_0' mV (pH 7)	r'H
Methyl viologen	γ bipyridine	—445	—1
benzylviologen	γ bipyridine	—415	+2
neutral red	azine	—325	3
rosinduline 2 G (rosindone sulphonate)	azine	—281	5
phenosafranine	azine	—252	6
Indigomonosulphonate	indigoid	—150	9
Indigodisulphonate (indigocarmine)	indigoid	—125	10
ethyl capri blue	oxazine	— 72	12
indigotetrasulphonate	indigoid	— 46	12
methylene blue	thiazine	+ 11	14
brilliant cresyl blue	oxazine	47	16
thionine	thiazine	63	16
1-naphthol-2-sulphonate-indo-2-6-dichloro-indophenol	quinonimide	118	18
phenol-indo-2:6-dichlorophenol	quinonimide	217	21

Reference: ANDERSON and PLAUT (1949).

References.

ABEGG, R., FR. AUERBACH and R. LUTHER: „Messungen elektromotorischer Kräfte galvanischer Ketten, mit wäßrigen Elektrolyten". Halle: Wilhelm Knapp 1911. — ANDERSON, D. G., and B. VENNESLAND: J. Biol. Chem. 207, 613 (1954). — ANDERSON, L., and G. W. E. PLAUT: In H. A. LARDY, "Respiratory Enzymes", 2nd. ed. Minneapolis: Burgess Publishing Co. 1949. — ARMSTRONG, E. F., and K. F. ARMSTRONG: "The Glycosides", Monographs on Biochemistry. London: Longmans, Green and Co. 1931.

BALL, E. G.: Biochem. Z. 295, 262 (1938). — BLINKS, L. R., and R. K. SKOW: Proc. Natl. Acad. Sci. U. S. 24, 413 (1938). — BURTON, K., and H. A. KREBS: Biochem. J. 54, 94 (1953). — BURTON, K., and T. H. WILSON: Biochem. J. 54, 86 (1953). — BUTLER, J. A. V.: "Chemical Thermodynamics". London: Macmillan and Co. 1946.

CHANCE, B.: "Enzyme Mechanisms in Living Cells". In W. D. MCELROY and B. GLASS, "The Mechanism of Enzyme Action". Baltimore 1954. — CHANCE, B.: Rev. Scient. Instruments 22, 619 (1951). — CLARK, W. M.: Hygienic Laboratory Bull. 151, 11 (1928). — CLARK, W. M., B. COHEN and H. D. GIBBS: Publ. Helth. Rep. (Wash.) 40, 1131 (1925). — CONN, E. E., and B. VENNESLAND: Nature (London) 167, 976 (1951). — CROOK, E. M.: Biochem. J. 35, 226 (1941).

DAVENPORT, H. E., and R. HILL: Proc. Roy. Soc. 139 B, 327 (1951). — DIXON, M.: Biochem. J. 20, 703 (1926); "Multi-Enzyme Systems", 1st ed. Cambridge: University Press. 1949. — DUYSENS, L. N. M.: Ph. D. Thesis, Utrecht (1952); Science (Lancaster, Pa.) 120, 353 (1954).

ELEK, S. D., and E. S. BOATMAN: Nature (London) 172, 1056 (1953).

FIESER, L., and M. FIESER: "Organic Chemistry". Boston: Heath 1950. — FREEDMAN, L. D., and A. H. CORWIN: J. Biol. Chem. 181, 601 (1949). — FRIEDHEIM, E. A. H.: Biochem. J. 28, 180 (1934). — FRUTON, J. S., and H. T. CLARKE: J. Biol. Chem. 106, 667 (1934).

GEORGE, P., and D. H. IRVINE: Biochem. J. 58, 188 (1954). — GERRETSEN, F. C.: Nature (London) 171, 207 (1953).

HARBURY, H. A.: J. Amer. Chem. Soc. 75, 4625 (1953). — HAXO, F. T., and L. R. BLINKS: J. Gen. Physiol. 33, 389 (1950). — HEWITT, L. F.: "Oxidation-Reduction Potentials in Bacteriology and Biochemistry". Edinburgh: Livingstone Ltd. 1950. — HILL, E. S.: J. Amer. Chem. Soc. 60, 1990 (1938). — HILL, R.: Proc. Roy. Soc. (London), B 120, 472 (1936). — HOPKINS, F. G., and E. J. MORGAN: Biochem. J. 30, 1446 (1936).

JAMES, W. O., and J. M. CRAGG: New Phytologist 42, 28 (1943). — JOHNSON, M. J.: In H. A. LARDY, "Respiratory Enzymes". Minneapolis: Burgess Publishing Co. 1949.

KEILIN, D.: Proc. Roy. Soc. (London) 98 B, 312 (1925).

LEWIS, G. N., and M. RANDALL: "Thermodynamics". 1st ed. New York: MCGRAW Book Co. Inc. 1923. — LUNDEGÅRDH, H.: Archiv. Chem. 3, 69 (1951); Nature (London) 167, 41 (1951); Arkiv. Kemi. 5, 97 (1952); Physiologia Plantarum 7, 375 (1954).

MACINNES, D. A.: "Principles of Electrochemistry". New York: Reinhold Publishing Corporation 1939. — MAPSON, L. W., and D. R. GODDARD: Nature (London) 167, 975 (1951a); Biochem. J. 49, 592 (1951b). — MICHAELIS, L.: "Oxidation-Reduction Potentials". Philadelphia: Lippincott 1930; Chem. Rev. 16, 243 (1935); In "The Enzymes" J. B. SUMNER and K. MYRBÄCK, Vol. II, pt. 1, p. 1. New York: Academic Press Inc. 1951.

NICKERSON, W. J., and A. H. ROMANO: Science (Lancaster, Pa.) 115, 676 (1952).

ONSLOW, M. W.: "The Principles of Plant Biochemistry". Cambridge: University Press 1931.

PAUL, K. G.: Arch. Biochem. 12, 441 (1947). — PETERING, H. G., and F. DANIELS: J. Amer. Chem. Soc. 60, 2796 (1938). — PIRIE, N. W., and K. G. PINHEY: J. Biol. Chem. 84, 321 (1929).

RIEGEL, B., P. G. SMITH and C. E. SCHWEITZER: J. Amer. Chem. Soc. 62, 992 (1940). — RODKEY, F. L., and E. G. BALL: Fed. Proc. 6, 286 (1947).

SHACK, J., and W. M. CLARK: J. Biol. Chem. 171, 143 (1947). — SPIKES, J. D., R. LUMRY, H. EYRING and R. E. WAYRYNEN: Arch. Biochem. 28, 48 (1950). — SZENT-GYÖRGYI, A.: Biochem. Z. 162, 399 (1925); Hoppe-Seylers Z. 217, 51 (1933).

TAYLOR, J. F., and A. B. HASTINGS: J. Biol. Chem. 131, 649 (1939). — TAYLOR, J. F., and V. E. MORGAN: J. Biol. Chem. 144, 15 (1942).

WASSINK, E. C.: Rep. Proc. 4th Int. Congr. Microbiol., pp 455—6 (1949); Symposia of the Society for Experimental Biology 5, 251 (1951). — WHATLEY, F. R.: New Phytologist 50, 244 (1951). — WHELDALE, M.: Proc. Roy. Soc. (London) 84 B, 121 (1911).

Gasometric Analysis in Plant Investigation.

(Warburg, van Slyke, Microdiffusion Methods and Ethylene.)

By

R. H. Kenten.

With 11 Figures.

Since gases enter into a great many chemical and biological reactions considerable attention has been given to their measurement. This has led to the development of a wide variety of methods and the chemical, physical and biological properties of gases have all been exploited. While the majority of the procedures are specialised a few have found wide application in the analytical field. A number of these latter procedures are mentioned and in particular a description of the van Slyke apparatus, Warburg respirometer and microdiffusion methods is included to indicate the apparatus required and the potentialities of these techniques.

Other topics which are considered include the measurement of gas exchange in photosynthesis and respiration, the determination of the gases in tissue and sap and the detection and determination of ethylene.

A. The Warburg Constant Volume Respirometer and other Manometers.

Since two excellent monographs on manometric methods are available (Dixon, 1943; Umbreit, Burris & Stauffer, 1949) only recent original publications will be referred to and discussion will be largely restricted to a brief account of the Warburg apparatus and its use in analysis, respiration and photosynthesis.

I. The Apparatus and its Calibration.

The apparatus is suitable for the measurement of rates of gas exchange as well as total amounts. With the usual form of the apparatus about 50 to 500 μl. gas can be measured with an accuracy of approximately 2%; thus analyses may be performed on a few tenths of a milligram of substance and the respiration of 0.2 to 2.0 g. fresh plant tissue conveniently studied.

Principle. At constant temperature and constant gas volume a change in pressure is a measure of a change in the amount of gas present.

Apparatus. The apparatus (Fig. 1) consists of a U-shaped manometer tube with a removable flask attached to one arm and the other open to the air. The flask is immersed in a constant temperature bath equipped with a variable speed shaking mechanism to which the manometer is fitted.

Water Bath and Shaking Mechanism. Recently several types of circular baths which carry from 14 to 18 manometers round the periphery have appeared on the market (Fig. 2). These machines demand less space in operation since the entire shaking mechanism can be rotated to bring each manometer in front of the operator whereas with the older rectangular type of bath access to three sides is required for servicing the manometers. A combined mercury thermometer-thermoregulator which enables the bath temperature to be set at the desired value by a single adjustment is also available.

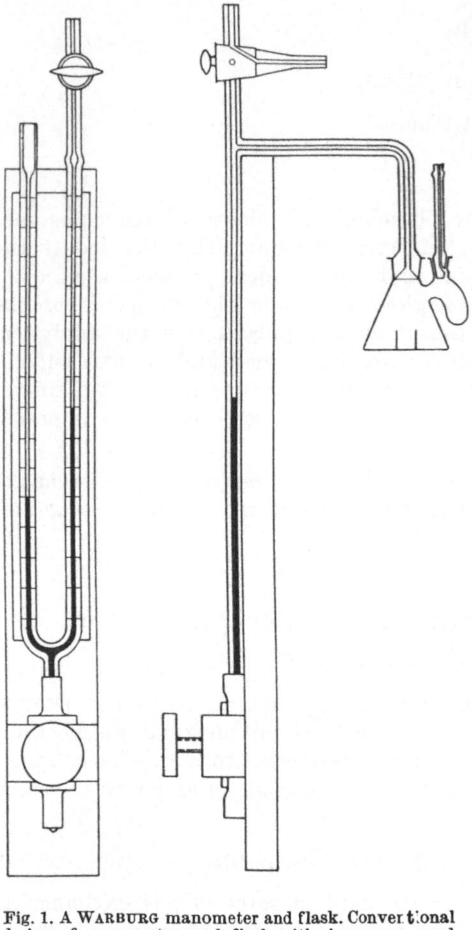

Manometers, Flasks and Manometer Fluid. A new type of double capillary manometer has been introduced and is commercially available (Fig. 2). This design reduces the risk of breakage and since both levels of the manometer fluid are read on a common scale also reduces scale errors. The only possible disadvantage is that the present design does not appear to be suitable for use with the evacuation method of altering the gas atmosphere. This method is, however, only normally used with expensive or poisonous gases.

The most generally useful flasks have an inner cup and one or two sidearms for the addition of reagents and a volume of about 15 ml. A large number of other types of flask are in use for special purposes; recent designs which have been used for the study of respiration and photosynthesis are discussed by Burk, Schade, Hunter & Warburg (1951).

The ground joints of the manometers and flasks should be interchangeable and preferably conform to a standard specification especially if work with a number of different types of flask is being undertaken. Badly ground joints often lead to difficulty in removing the flask from the manometer and breakages.

Fig. 1. A Warburg manometer and flask. Conventional design of manometer and flask with inner cup and single sidearm.

Krebs (1951a) has described an improved manometer fluid of specific gravity 1.033 at 20° consisting of a wetting agent of the "alkylarylpolyethoxy-ethanol" type[1], NaBr, and Evans blue; this fluid keeps better and has greater cleansing power than Brodie's solution. Furthermore, froth and bubbles formed in the capillary disappear more readily.

---

[1] Lissapol N (Imperial Chemical Industries, Manchester), Stergene (Domestos Ltd., Newcastle-upon-Tyne) are commercially available in Great Britain; Triton X-100 or Triton A-20 (Rohm and Haas Co., Philadelphia, Pa.) in the United States. In Germany no equivalent agent has been used so far.

Calibration. The observed pressure reading h is related to the volume of gas exchanged at N.T.P. x by the equation, $x = kh$. The constant k depends on the fluid and gas volumes, the solubility of the gas exchanged in the fluid used, the temperature, and the density of the manometric fluid. Calibration involves the determination of the combined volume of the flask and upper part of the manometer when these are connected. Among the different methods used, calibration with mercury is generally considered to be the most accurate and is most frequently used. DICKENS (1951) has given details of an improved method of calibration with mercury; when a set of manometers and flasks have been calibrated by his method the volume of any combination of flask and manometer is at once available. Using these volumes the constants for O_2 and CO_2 may be read off from the nomographs for manometer constants of DIXON (1951).

Other Modifications. A modified apparatus that gives a graphical recording of the results is described by ARNOLD, BURDETTE & DAVIDSON (1951) who replace the manometers with pressure transducers, whereby a change in pressure is converted to an electrical signal. A socalled free manometer method is given by GOLDSTEIN (1949) in which the fluid on the vessel side of the manometer is set initially to the midpoint of the scale as usual but subsequent readings are made on this same arm. Thus measurements are not made at constant volume and a different constant to that usually employed has to be determined, it is claimed that the accuracy is within 1% and that although the sensitivity is reduced, three or four times the amount of gas can be measured without resetting the manometer fluid. Furthermore, readings may be automatically recorded by a time controlled camera.

Fig. 2. A WARBURG apparatus with circular bath. The manometers are the double capillary type. (Reproduced by permission of the Shandon Scientific Company, 6, Cromwell Place, London, S, W. 7.)

II. Methods in Analysis.

A large number of chemical and enzyme catalysed reactions have been investigated manometrically and analytical procedures have been worked out for the determination of urea, uric acid, hypoxanthine, xanthine, α-ketoglutaric acid,

L-aspartic acid, L-asparagine, L-glutamic acid, L-glutamine, fumaric acid, pyruvic acid, α-ketoacids, acetoacetic acid, oxaloacetic acid and β-ketoacids, glutathione, D-amino acids, L-lysine, L-histidine, L-tyrosine, L-ornithine, arginine, diphospho-pyridinenucleotide, formic acid, ethylene, glucose, reducing sugars, oxyhaemo-globin, nitrite, calcium, and "double bonds" (microhydrogenation). Some of the procedures are given in detail by Umbreit et al. (1949) and many references are also given by Dixon (1943). The list, which includes many important metabolites, is incomplete but is given to show the versatility of the apparatus; each particular method will be discussed elsewhere. Most of the analyses depend on the deter-mination of a total amount of a single gas and the procedures are rapid and comparatively simple. The following example serves to illustrate this.

Determination of L-Histidine in Protein Hydrolysates. The method (Gale, 1945) depends on the measurement of CO_2 liberated from L-histidine by the action of a specific bacterial decarboxylase preparation.

$$\text{L-histidine} \xrightarrow{\text{Decarboxylase}} \text{Histamine} + CO_2.$$

The analysis is usually made in triplicate. The protein hydrolysate is adjusted to p_H 4.5 and measured volumes (0.1 to 1 ml.) containing 0.5 to 2.5 mg. L-histidine are transferred to the main compartment of Warburg flasks and diluted to 2.5 ml. with 0.2 M-acetate buffer p_H 4.5 and to the sidearms 0.5 ml. of an extract of acetone dried cells of *Clostridium welchii* is added. The ground joints are greased with lanoline, the side arms stoppered and the flasks attached to the manometers. A vessel containing about 3 ml. water only is included in the series to serve as a thermobarometer, this responds to and enables a correction to be made for any changes in temperature and atmospheric pressure during the analysis. The mano-meters are now fitted to the constant temperature bath (temperature 37°) and shaken for 5 min. when the stoppers and flasks are worked on to their ground joints, by rotating them gently to and fro through a short arc, until the joints just bind. This prevents subsequent apparent gas changes due to movements of the flask and stopper. Shaking is resumed for 10 min. to complete equilibration and then the manometer fluid in both arms is brought to the top of the scale and the taps closed. The fluid in the closed arm is then adjusted to the mid-point of the scale; this brings the fluid in the open arm to near the bottom of the scale giving a range of about 300 mm. for the measurement of the CO_2 output. The scale readings are noted and the enzyme preparation is added from the sidearm. As the CO_2 is liberated the fluid in the closed arm is adjusted to the midpoint of the scale until no further movement of the fluid takes place, at this time the gas output is complete and the scale readings are noted. The difference between the initial and final readings, when the change in the thermo-barometer has been subtracted, gives the increase in pressure due to the evolution of CO_2. This value is multiplied by the appropriate constant to give the volume of CO_2 and hence the L-histidine content of the hydrolysate.

Substances which do not readily enter into a simple reaction with the evolution of gas may be determined manometrically by allowing a series of reactions to take place in the Warburg vessel whereby one of the final products is a measurable gas. For example Krebs (1950) has determined L-asparagine in extracts of animal and plant tissues, by converting it into L-glutamic and oxaloacetic acids which are then decomposed by decarboxylases with the formation of CO_2. The reactions proceed according to the following equations:—

$$\text{L-asparagine} \xrightarrow{\text{asparaginase}} \text{L-aspartic acid} + NH_3$$

$$\text{L-aspartic acid} + \alpha\text{-ketoglutaric acid} \xrightarrow{\text{aspartic-glutamic transaminase}}$$

$$\text{L-glutamic acid} + \text{oxaloacetic acid}.$$

$$\text{Oxaloacetic acid} \xrightarrow{\text{oxaloacetic decarboxylase}} \text{pyruvic acid} + CO_2.$$

$$\text{L-glutamic acid} \xrightarrow{\text{L-glutamic acid decarboxylase}} \gamma\text{-aminobutyric acid} + CO_2.$$

The overall reaction leads to the evolution of 2 mol. CO_2 per mol. of L-aspara-gine. In practice L-aspartic acid is usually present in the extract and is determined along with the L-asparagine, consequently L-aspartic acid is determined in a separate reaction mixture by omitting asparaginase and the amount of

L-asparagine obtained by difference. L-glutamic acid and L-glutamine if present initially are decomposed by the combined action of glutaminase and glutamic acid decarboxylase before the other components of the system are added. Since the action of glutaminase on L-glutamine leads to the production of NH_3 in addition to L-glutamic acid, determination of the amount of NH_3 produced in addition to the measurement of the amount of CO_2 enables the amounts of L-glutamic acid and L-glutamine to be calculated (Krebs, 1948a). Using these methods Krebs (1950) has followed the fluctuations in the amounts of L-aspartic acid, L-asparagine, L-glutamic acid and L-glutamine during the germination of peas.

While many analytical problems have been successfully solved by the use of enzyme methods, such methods may be misleading for a variety of reasons; e.g. lack of specificity of the enzyme preparation, the presence of inhibitors in the material analysed, and side reactions. Clearly the specificity of the method will depend on the specificity of the enzyme preparation used. It does not follow that highly purified enzyme preparations are essential for success, but rather that the enzymes contaminating a preparation shall not lead to an uptake or output of the gas being measured. In practice crude preparations are often satisfactory, for example, washed suspensions of a certain strain of *Cl. welchii* may be used to determine L-glutamic acid in protein hydrolysates since among the amino acids known to be present L-glutamic acid alone is decarboxylated by such suspensions. A preparation of low specificity may be satisfactory when the material to be analysed is subjected to a preliminary chemical fractionation. This procedure is useful when it is not convenient or possible to use a preparation of high specificity. Thus, succinic acid may be separated by ether extraction from substances likely to be oxidised by a washed muscle mince and consequently this preparation may be used as succinoxidase in the manometric determination of succinic acid in ether extracts of biological material (Krebs, 1937; Umbreit et al., 1949).

In general enzyme preparations of high purity may be used with confidence but even so errors may arise through side reactions. Many flavoprotein enzymes catalyse reactions according to the general equation:—

$$RH_2 + O_2 \longrightarrow R + H_2O_2. \tag{1}$$

If the H_2O_2 is not decomposed then 1 mol. O_2 is taken up per mol. substrate. In the presence of catalase the H_2O_2 is decomposed and an uptake of $^1/_2$ mol. O_2 per mol. substrate is observed. Since catalase catalyses the oxidation of certain substances (e.g. ethanol) by H_2O_2, in the presence of ethanol and catalase part of the H_2O_2 produced by the action of the flavoprotein may be used in the coupled oxidation of ethanol. If sufficient catalase and ethanol are present all the H_2O_2 will be used in this way and an uptake of 1 mol. O_2 per mol. substrate will be obtained. The oxidation of glucose by glucose oxidase proceeds with the production of H_2O_2 (equation 1) and Keilin & Hartree (1948) have pointed out that when glucose is determined by measurement of the O_2 uptake brought about by the action of glucose oxidase it is important to find out that under the conditions used either the H_2O_2 is quantitatively decomposed by catalase into water and O_2 or completely used in coupled oxidation. With crude extracts of cabbage, potato, beetroot and mangold the results obtained by these authors suggest that part of the H_2O_2 produced was used in coupled oxidation when the analyses were carried out in the presence of added catalase. They consider that the most reliable values are obtained in the presence of added catalase and ethanol when all the H_2O_2 produced is used in the coupled oxidation of ethanol. Under these conditions 1 mol. O_2 is taken up per mol. glucose.

The presence of inhibitors may lead to a false negative result if complete inhibition prevails or to an indefinite end point or low results if the inhibition is partial and of the competitive type.

Many enzymes show stereochemical specificity and it should be remembered that only one of the two possible stereo-isomeric forms in which a substance can exist may be returned in an analysis. Since most enzymes are specific for the naturally occurring isomers and their enantiomorphs are encountered only infrequently in biological material, errors are most likely to arise through racemisation brought about during the preparation of the material for analysis. However, a few enzymes are known which specifically attack the "unnatural" isomers, for example D-amino acid oxidase and certain peptidases which split peptides containing D-amino acids (e.g. Krebs, 1948b), and Lipmann, Behrens, Kabit & Burk (1940) have worked out a manometric method for the estimation of D-amino acids using the D-amino acid oxidase.

The sources of error which have been discussed are generally appreciated and most workers demonstrate that the method they describe is adequate under the conditions used, but when hitherto untried material is analysed by such a method further investigation of its suitability is advisable.

To determine that the reaction proceeds satisfactorily in the presence of the other components of the mixture being analysed it is usually sufficient to show that adequate recoveries of the substance being sought are obtained when known amounts of it are added to the mixture. The reaction of other substances in the mixture with exchange of gas is not excluded by this test. The possibility of such undesirable reactions taking place may be reduced by preliminary chemical fractionation of the mixture but it is preferable to avoid this procedure unless it offers special advantages.

It is sometimes possible to check the manometric method against a chemical method or one of the other products of the enzyme reaction may be determined and shown to be in agreement with the amount of gas exchanged. For example, urea may be determined manometrically by measurement of the CO_2 produced by the action of the enzyme urease:—

$$CO(NH_2)_2 \xrightarrow{\text{Urease}} (NH_4)_2CO_3 \xrightarrow{2\,H^+} 2\,NH_4^+ + H_2O + CO_2.$$

Urea can be readily determined colorimetrically and the values obtained manometrically may be checked against the colorimetric values. Furthermore, the amout of ammonia produced during the enzyme action may be determined and provides a useful check of the validity of the manometric method.

Further proof of the absence of undesirable reactions may be got by the addition of a specific inhibitor of the enzyme being used. The absence of gas exchange in the presence of such an inhibitor suggests that undesirable enzyme actions do not take place during the analysis. Krebs (1937) has used malonic acid in this way as an inhibitor of succinoxidase to test the validity of the manometric determination of succinic acid when using a crude muscle preparation as succinoxidase.

III. Respiration and Photosynthesis.

All living organisms produce CO_2 and most of them absorb O_2; certain other gases such as N_2, H_2 and ethylene enter into the metabolic processes of some tissues but with very few exceptions only in extremely small amounts. Nearly all the manometric methods used for the measurement of CO_2 and O_2 exchange are based on the assumption that only these two gases are involved in significant amounts.

In contrast to the use of the Warburg apparatus in analysis where the total amount of a single gas exchanged is usually measured, the study of tissue respiration and photosynthesis involves the measurement of the rate of exchange of two gases. Hence the procedures become more complex and precautions have to be taken to avoid diffusion effects influencing the rate of gas exchange.

It is usual to suspend the tissue being examined in a solution, thus the exchange of gas by the tissue takes place almost entirely from the aqueous phase and O_2 must diffuse firstly into the fluid and then into the tissue. If the amount of tissue is so great that it removes O_2 from solution faster than it diffuses in, or if the pieces of tissue are so large that O_2 cannot diffuse in through the tissue at a sufficient rate to reach the interior before it is used up, then the rate of O_2 uptake observed depends largely on the rates of diffusion and is not characteristic of the tissue. The errors that may arise through diffusion effects are fully discussed by Dixon (1943) and Umbreit et al. (1949). In general the rate of shaking should be such that an increase in this rate does not increase the rate of O_2 uptake, then O_2 diffusion across the gas-liquid interface is not a limiting factor. It would appear preferable to avoid working under conditions where a rapid rate of O_2 uptake prevails since vigorous shaking will be required and mechanical damage to the tissue may take place. Heilbrunn (1943) points out that "in measuring the respiration of sea-urchin eggs, some authors have shaken them to bits". With plant tissues mechanical stimulation can bring about large increases in the respiratory activity. Gentle stroking or bending of leaves and slices of storage tissue (e.g. red beet) may increase the respiration rate by 50% or more over a period of several hours following stimulation (Stiles & Leach, 1952). Also it has long been known that when a plant organ is wounded by cutting an increase in respiration follows. This question of wound and mechanical stimulation of respiration is important in connection with the preparation of material for manometric work. With suspensions of unicellular organisms such as *Chlorella sp.* aliquots may be pipetted directly into the Warburg flasks but with large plant organs such as potato and carrot wounding and handling is obligatory in the preparation of suitable slices. This raises the further question of the thickness of the tissue slice; it has been previously mentioned that if the thickness of the tissue limits the diffusion of O_2 into the interior of the slice then erroneous results will be got. The maximum permissible thickness of the slice can be worked out from a knowledge of the diffusion constant of O_2 in the tissue, the concentration of O_2 in the immediate vicinity of the tissue and the rate of respiration of the tissue. For most animal tissues slices thinner than 0.2 mm. must be used with air as the gas phase but 0.3 mm. slices are permissible when pure O_2 is used. Most plant tissues respire more slowly than animal tissues and Turner (1938) has calculated that 3 mm. slices of carrot tissue are suitable with air, although it is not clear what value for the diffusion constant of O_2 was used. Stiles & Dent (1947) have also attempted to calculate the maximum permissible thickness of storage tissue slices; they assume that "the effect of the intercellular space system will be to increase the effective diffusivity of the tissue" and arbitrarily take a value for the diffusion constant of O_2 as four times that accepted by Warburg for liver. They take an average respiration rate of 45 μl O_2 per hour, per g. fresh weight tissue and assume that the rate is not affected by falling oxygen concentration until a value of 4% is reached. Based on these assumptions they calculate a value of 0.4 mm. for the maximum permissible thickness of the slice. This value seems remarkably low and it appears to the present author that the respiration rate of the tissue per hour rather than per minute has been used in error in the calculation. If this error is corrected a value of about 3 mm. is obtained which agrees with that of Turner (1938). This latter author finds that the respiratory quotient (R. Q. = Ratio CO_2 produced/O_2 consumed) of 1 mm. slices is not significantly different in O_2 and air, and no difference in R. Q. between 1 mm. and 0.5 mm. slices. If the inner cells of the slice were oxygen-starved higher R. Q.'s would have been expected in air and with the thicker slices owing to production of CO_2 by some cells without O_2 consumption. Storage tissue slices of 1 mm. appear to be a convenient working thickness, such slices are easily cut and their respiration is unlikely to be limited by lack of O_2 in the centre of the slice[1]. Most workers find, however, that the respiration rate of slices from storage tissue (e.g. carrot, potato, beet and artichoke) increase with decrease in the thickness of the slice. This holds for quite thin slices in the range 2 to 0.3 mm. and it would appear that this effect is not entirely due to the influence of diffusion of oxygen but also to the fact that the thinner the slice the greater the proportion of damaged to undamaged cells in the sample examined.

To eliminate certain respiratory inequalities associated with the period following cutting and to remove the organic matter from cut cells, some authors wash the tissue slices in running tap water for from several hours to several days. It is generally agreed that during this washing period the rate of respiration steadily increases and may not reach a maximum for several days (e.g. Stiles & Dent, 1947). Furthermore, the work of Levy & Schade (1948, 1949) with potato slices suggests that prolonged washing in tap water is associated with a change in the terminal oxidase pattern; with increase in the washing period the participation of the cytochrome system decreases while that of a second unidentified oxidase increases. In this connection it is worth pointing out that the insensitivity of carrot and beet tissue respiration to cyanide has only been observed with tissue which has been washed for a long period (Robertson, Turner & Wilkins, 1947). When preparing slices from large plant organs it is a common practice to cut plugs of tissue out with cork borers and then slice up the plug with a razor. With some organs samples containing a high percentage of uniform parenchymatous cells may be obtained in this way but it has been demonstrated (e.g. Morris, Weast & Lineweaver, 1946) that some enzymes are concentrated in the outermost layers of certain fruits and roots and the slices may differ appreciably in enzyme content. Such variation may be minimised by sampling only from a particular region of the plant organ (e.g. Turner, 1938).

Among the other factors which influence the respiration rate are temperature, the composition of the solution in which the tissue is suspended and the composition of the gas phase. It is well established that the presence of certain inorganic salts (e.g. NaCl, KNO_3) in the solution will stimulate the respiration of root tissue; some salts of calcium may bring about a decrease in respiration but this is not generally agreed. Within limits increase in temperature increases the rate of respiration while decrease in oxygen concentration in the gas phase decreases the rate. These last three factors are, however, readily controlled.

To summarise the situation, the following factors may affect the rate of respiration; rate of shaking; the method used to prepare the tissue (e.g. mechanical damage and time of washing); thickness of tissue; composition of the gas phase; composition of the suspending medium; temperature.

It would appear, therefore, that the respiratory activities of cut up plant organs will depend to some extent on the technique used by the worker. While manometric studies with plant tissue slices of such processes as "salt respiration"

---

[1] In his recent book "Plant respiration" James (1953) has collected data bearing on the O_2 invasion of plant tissues and discusses the part played by the thickness of the tissue in limiting the O_2 consumption.

and substrate metabolism have provided much useful information misleading results may be got through lack of attention to the large number of factors which can influence the results.

1. Methods of Measuring the Exchange of O_2 and CO_2.

The practical details for carrying out measurements of the exchange of O_2 and CO_2 are given by DIXON (1943) and UMBREIT et al. (1949). These authors also give a full account of the theory on which the methods are based and discuss the limitation of each particular method. A short account of these methods is given below.

The Direct Method of WARBURG. Two flasks are required containing the same reaction mixture or equal amounts of tissue. One of the flasks has alkali in the inner cup which absorbs the CO_2 and the exchange of O_2 is obtained directly. From these values one can calculate the change in reading which would have taken place with the other flask if no CO_2 was exchanged and by difference the amount of CO_2 is found. In practice owing to buffering of the components of the mixture, part of the CO_2 may be retained by the solution and tissue, this has to be determined and a correction made.

The Indirect Method of WARBURG. When the O_2 uptake is measured by the direct method the tension of CO_2 is kept very close to zero. Such a method is useless for the study of photosynthesis because the presence of CO_2 in the medium is necessary. Furthermore, the presence or absence of CO_2 may affect tissue respiration. With the indirect method measurements of O_2 exchange are possible in the presence of CO_2. The method depends on the fact that CO_2 is more readily soluble than O_2 in water and if two flasks of equal volume containing equal amounts of tissue but with considerably different liquid volumes are used the amounts of both CO_2 and O_2 exchanged may be calculated from the observed pressure changes. An alternative procedure is to use equal volumes of solution and tissue in two flasks of markedly different volume. The method has been extended by BURK et al. (1951) by the addition of a third vessel with a different ratio of the volume of liquid phase to that of the gas phase. While with two vessels single values only for the amounts of CO_2 and O_2 each exchanged can be calculated, with three vessels three values for each gas are obtained. The measure of agreement among the three values serves to check the overall adequacy of the experimental conditions.

The Methods of DICKENS and SIMER. The methods of DICKENS & SIMER enable determinations of the exchange of O_2 and CO_2 to be determined on a single sample of tissue and thus avoid errors in the measurement of the respiratory quotient which might arise in the other methods through the use of two samples of tissue of differing activity. Special types of flask are necessary with both of these methods. The principle of the first method is that the oxygen uptake is determined by the direct method in the presence of alkali, but at the end of the experiment acid is added to the alkali and the reaction mixture and the total amount of CO_2 present determined by the change in pressure. While a correction for the amount of CO_2 initially present has to be determined with a separate sample of tissue this correction is usually small. This method like the direct method of WARBURG has the limitation that measurement of the O_2 uptake is made in the absence of CO_2. The second method is rather complicated and requires three manometers for a single determination but it overcomes most of the limitations of the other methods. It enables the aerobic acid production[1]

---

[1] Many tissues and cells show no aerobic acid production but with certain animal tissues aerobic glycolysis takes place with the formation of lactic acid.

to be measured simultaneously with the O_2 and CO_2 exchange on a single sample of tissue. The tissue is allowed to respire for a suitable measured period and the pressure change is noted and then acid is immediately added to the medium and tissue and the change in reading gives the "bound" CO_2 finally present, alkali is now generated in a separate compartment of the flask by mixing weakly acid solutions of KI and $KMnO_4$ and all the CO_2 is absorbed, i.e. the CO_2 present in the gas phase and the acid liberated CO_2. With one control flask containing the same amount of tissue and reagents acid is added at the beginning of the experiment and initial "bound" CO_2 and total CO_2 are measured in the same way. A second control flask containing no tissue or medium but the gas mixture and the KI and $KMnO_4$ reagents enables the percentage of CO_2 introduced with the gas to be determined. From these observed pressure changes the O_2 uptake the respiratory CO_2 and the amount of acid produced may be calculated.

The Electrical Conductivity Method. The method is essentially similar to the first method of DICKENS & SIMER but has the advantage that the rate of CO_2 production may be followed permitting measurement of the variation in the R. Q. during an experiment. The flask used is of special design and has an inner vessel which contains alkali and two platinum conductivity electrodes. Oxygen is measured manometrically and CO_2 by observing the change of the electrical conductance of the absorbing solution. The difficulties encountered by earlier workers when using this method have been largely overcome by WOLF, BROWN & GODDARD (1952) who describe a suitable vessel and electrical circuit and give calibration data which permit the calculation of the volume of CO_2 absorbed from resistance readings at any temperature between 7.5° and 40°.

The Method of LASER and LORD ROTHSCHILD. LASER & LORD ROTHSCHILD (1949) have succeeded in developing a method free from all the limitations previously mentioned but only at the expense of increasing the complexity of the apparatus required. The method avoids the uncertainty introduced into the second method of DICKENS & SIMER by the use of a control sample of tissue for the determination of initial "bound" CO_2 and the rates of exchange of both CO_2 and O_2 and the rate of aerobic acid production may be followed. The complete apparatus consists of five differential manometers (p. 425). The main manometer has a large reaction vessel which contains the sample of biological material and medium and is constructed so that samples of know amounts of gas and liquid may be withdrawn from it and transferred to one of the subsidiary manometers for determination of gaseous CO_2 and bicarbonate. Samples are taken at zero time and at three other times during the experiment, leaving the reaction in the main vessel undisturbed. In this way changes in the total CO_2 evolved and bicarbonate concentration of the medium are determined during three experimental periods. From these data and the readings on the main manometer the O_2 uptake and the total CO_2 production can be calculated for each period and the R.Q. determined.

2. Photosynthesis.

The WARBURG apparatus has been used extensively in the study of photosynthesis. The special requirements of experimentation in this field have led to the development of flasks of complex design and complicated optical systems for controlling the illumination of the experimental material, but in general, the methods used depend on the principles given previously in the "Methods" section. For example, the production of O_2 by illuminated chloroplasts in the presence of certain oxidising agents (the HILL reaction) may be conveniently followed by the direct method.

With living tissue measurements of the exchange of CO_2 and O_2 are made in light and darkness. It has to be assumed that the respiratory rate which is measured in the dark period is not affected by light[1] and hence the exchange of gas in the light when corrected for the exchange in darkness gives the photosynthetic effect. Two methods that have been widely used with *Chlorella* suspensions and leaf discs are WARBURG's indirect method and the carbonate buffer method. With the latter method the use of carbonate-bicarbonate buffer maintains the CO_2 at constant partial pressure and the pressure changes observed relate to O_2 alone. However, it is necessary to work at rather high p_H values (ca. p_H 9) and it is now generally agreed that maximum efficiencies cannot be obtained under such conditions.

Measurements of the rate of photosynthesis are possible with a single vessel if the photosynthetic quotient $(= \varDelta\, O_2/ — \varDelta\, CO_2)$ is assumed. If this is undesirable WARBURG's indirect method with two or three vessels permits the exchange of both CO_2 and O_2 to be followed and the photosynthetic quotient to be determined, but there is not general agreement on the validity of the results obtained when measurements of the quantum yield are made by this method. This controversy is outside the scope of this article it relates largely to methology and is discussed by RABINOWITCH (1951), NISHIMURA, WHITTINGHAM & EMERSON (1951), and BURK et al. (1951). General accounts of the use of manometric techniques in the study of photosynthesis are given by FRANCK & LOOMIS (1949) and RABINOWITCH (1951) and some new and improved techniques are described by WARBURG, BURK & SCHADE (1951), BURK et al. (1951), NISHIMURA et al. (1951), KREBS (1951 b) and KOK (1951).

IV. Some Other Types of Manometric Apparatus.

While the WARBURG apparatus is probably the most popular for general work many other types of manometers have been developed. Of these, the BARCROFT differential respirometer is perhaps the most well known, it is still widely used and in some circumstances has advantages over the WARBURG apparatus. The range of the WARBURG apparatus may be extended to deal with amounts of gas exchange outside the normal range by altering the dimensions of the vessel and manometer and the density of the manometric fluid. There are limits to what can be achieved by such modification and when very small amounts of material only are available or the respiration of a single cell is to be studied other types of manometer have to be used. Several micro- and ultramicro-manometers are available for such purposes, they include differential, volumetric capillary, and CARTESIAN diver types.

1. The BARCROFT and Other Differential Respirometers.

The BARCROFT differential respirometer consists of two similar flasks, one attached to each arm of a U-shaped manometer tube. It is a closed system and is independent of variation in the atmospheric pressure, one flask contains the tissue and the other acts as a blank or compensating vessel since it serves to compensate for slight changes in temperature during the experiment. A thermo-barometer is therefore unnecessary, but the flasks are of course immersed in a constant temperature bath. No control of the manometric fluid is required as both the pressure and the volume are allowed to vary, readings being made of the difference between the levels of the two columns of fluid; owing to this the theory is more complicated than that of the WARBURG. The apparatus may be

---

[1] The work of BROWN (1953) suggests that this assumption is correct except possibly when experiments are made at very low O_2 tensions or at high photosynthetic rates.

used for the same purposes as the Warburg but is less convenient since twice as many vessels have to be filled and assembled, it does, however, offer special advantages. For example, the principle of compensation used in the differential manometer has enabled Dixon & Keilin (Dixon, 1943) to simplify the rather complicated second method of Dickens & Simer (p. 423). The whole determination can be made with a single differential manometer and the calculation of the results is correspondingly simplified.

When greater sensitivity is required the differential microrespirometers of Fenn, or Kirk and his collaborators (Kirk, 1950) may be used. The apparatus of Fenn has been recently used to study the respiration of small samples of lily anthers (Erickson, 1947). Both these apparatuses are essentially similar and they differ from the Barcroft by the horizontal capillary which joins the two vessels; the exchange of gas is determined by observing the movement of a drop of kerosene in the capillary. The Fenn apparatus is constructed from glass and the vessels are rather similar to those used with the Warburg. The apparatus of Kirk consists of a small metal block with two chambers of equal size drilled out of the top and joined by a horizontal capillary. The use of a metal block facilitates rapid temperature equilibration of the two chambers and reduces the chance of errors due to uneven heating. The sensitivity can be as high as 0.001 μl. and may be varied within wide limits by altering the diameter of the capillary. With the low rates of respiration encountered with plant tissues capillaries as small as 0.3 mm. are convenient. The apparatus is suitable for observing the O_2 uptake of small pieces of plant tissue such as a single anther or developing seeds.

2. Constant Pressure Respirometers.

Several types of constant pressure respirometers have been described but those of Dixon (1943) and Tuft (1950) appear to be the most useful. The apparatus is similar to a differential respirometer, except that the volume of gas in the reaction vessel can be adjusted by means of an attached pipette having a mercury filled reservoir from which known volumes of mercury can be displaced by a screw adjustment. An uptake or output of gas in the reaction vessel moves the liquid in the U-shaped capillary which joins the two vessels and at suitable intervals the liquid is adjusted to the same height on each arm of the U-tube by manipulating the screw adjustment. Then the volume of mercury displaced is equal to the volume of gas absorbed or evolved at the temperature and pressure used.

Dixon's apparatus is similar in all respects to a Barcroft differential respirometer except for the addition of a 1 ml. graduated pipette with a screw adjustment. The apparatus of Tuft is for handling O_2 uptakes in the range 5 to 0.01 μl./hr. with an accuracy of $\pm$ 0.001 μl. and the size of the reaction vessel is 50 to 100 μl. The displacement of mercury is controlled by a micrometer screw which actuates a metal plunger and the liquid in the U-tube is observed by means of a microscope. By replacing the eye piece of the microscope with a photocell, gearing the micrometer screw to an electric motor and including a suitable electrical circuit the instrument can be made to record volume changes automatically at regular intervals.

3. Heatley's Membrane Microrespirometer.

The apparatus of Heatley, Berenblum & Chain (1939) and Heatley (1940), is suitable for the measurement of gas exchanges of about 1 μl./hr. with the same accuracy as the Warburg apparatus. The respiration chamber is about 50 μl. capacity and one of its walls consists of a thin sheet of mica carrying two plane mirrors. A change in gas volume in the chamber causes the mica to bulge with the result that the mirrors tilt in opposite directions. The gas pressure on the outside of the membrane may be adjusted to restore the membrane to its original position, a simple optical system being used to detect when the mirrors are in the same plane. The gas space outside the membrane is connected to a manometer tube whereby the change in pressure required to restore the membrane to its original position may be determined. Since the apparatus works at constant volume the theory is identical with that of the Warburg apparatus and if the volume of the chamber is known the amount of gas absorbed or evolved may be calculated from the observed pressure changes.

4. Capillary Ultramicrorespirometry.

A method with a sensitivity as high as 5×10^{-5} μl. is due to Cunningham & Kirk and is described in detail by Kirk (1950). It is suitable for measuring the O_2 uptake of a single cell. Such high sensitivity is achieved by using a very fine capillary in the region where the meniscus movement is observed. The apparatus consist of a vertical length of capillary tubing 0.08 mm. in diametre over the greater part of its length but widening to 0.5 mm. at the lower end. The cell and medium are introduced into the end of the 0.5 mm. portion and sealed in place with a cover slide. Immediately above the medium is the meniscus of a sodium hydroxide solution which extends up into the 0.08 mm. capillary. The sodium hydroe absorbs the respiratory CO_2 and as the O_2 uptake of the organism diminishes the size of the air bubble in the wide portion of the capillary tubing it causes a downward movement of the caustic in the fine capillary which is observed with a horizontal microscope. Temperature is controlled by immersing the lower length of the tubing in water contained in a Dewar flask. This assembly is immersed in water contained in a second, larger, well lagged Dewar flask. If significant variations in the temperature or barometric pressure occur during the experiment the results must be discarded.

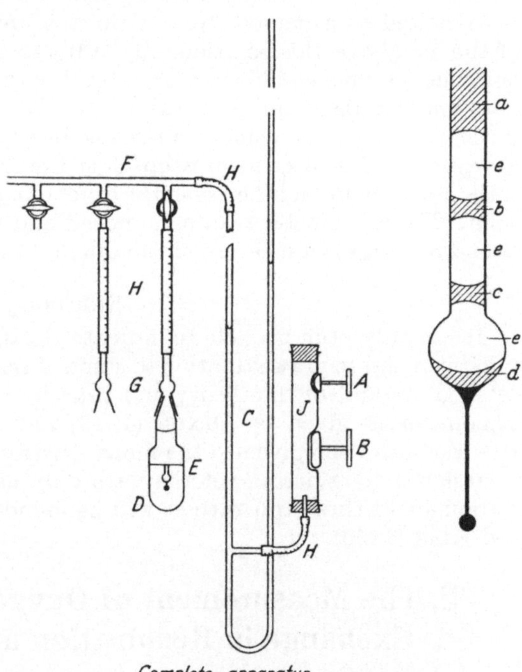

Fig. 3. The Cartesian Diver manometric apparatus. (After Holter, 1943.) Complete apparatus: A, B fine and coarse screw adjustment; C manometer; D flotation vessel; E reference mark; F connecting manifold; G ground glass joint; H rubber pressure tubing; J manometer fluid in rubber tubing. Diver: a mouth seal of flotation medium; b seal of paraffin oil; c absorption seal of sodium hydroxide; d tissue and solution; e gas phase.

5. Cartesian Diver[1].

This is also an extremely delicate method and may be used to study enzyme reactions in a few μl. of liquid or the respiration of microgram amounts of tissue,

___

[1] According to Boell, Needham & Rogers (1939) the Cartesian diver has nothing to do with Descartes. It was first described by Magiotte in 1648 and Boell et al. suggest that the diver was later called "Cartesian" as a synonym for anything "scientific" or mechanical.

it is also adaptable to measurements of the respiration of a single cell. Respiratory quotients can be determined and the technique may be used with very small amounts of material for many of the purposes for which the Warburg is normally used. The apparatus works on the constant volume principle and pressure changes are measured.

The Cartesian diver (Fig. 3) consists of a small capillary tube, of which one end is open and the other, which is usually expanded to form a bulb, carries a glass tail so that it floats upright when in the flotation medium. The total volume of the diver is usually about 10 μl. Using special pipettes and a manipulator the diver bulb is charged, for example, with a small piece of tissue in 1 μl. solution and a drop of sodium hydroxide is placed in the neck to absorb CO_2, the neck is then sealed with a small drop of oil and the diver is immersed in the flotation medium. This is normally a strong salt solution and is carried in a vessel which is connected to a manometer and means are provided for varying the pressure of the air above this solution. By adjusting the pressure the diver is made to hover in unstable equilibrium on a level with a reference point on the wall of the flotation chamber and the reading on the manometer is noted. As the tissue consumes oxygen the volume of the gas in the diver decreases, its density therefore increases and it sinks, the pressure over the flotation medium is reduced by means of the adjustment and the gas in the diver expands raising the diver to the reference point. The manometer reading is noted and the difference between the first and second readings is a measure of the amount of O_2 consumed by the tissue.

Summary.

It has only been possible to indicate the uses and techniques of the Warburg apparatus and to draw attention to some of the most likely sources of error. A more detailed account of the theory and practise of the Warburg and other types of manometer is given by Dixon (1943) and Umbreit et al. (1949). Even less attention has been given to the more sensitive types of respirometers such as the Cartesian diver since as yet they are only used for special work. Further information about these apparatuses will be found in the recent books of Glick (1949) and Kirk (1950).

B. The Measurement of Oxygen and Carbon Dioxide Exchange in Respiration and Photosynthesis.

A number of different methods have been devised for measuring the gas exchanges that take place during photosynthesis and respiration but many of these are now of historical interest only. The choice of a particular method depends among other factors on whether it is desired to identify and measure changes in the concentration of a gas, in a solution in which the tissue is immersed or, in the gas phase surrounding the tissue. There are several methods by which changes in the concentration of O_2 in solution may be readily determined, but small changes in the concentration of CO_2 are more easily measured in the gas phase than in solution. Small changes in the concentration of O_2 in the gas phase cannot be readily followed except by manometric methods and it is partly due to this reason that such methods have acquired a position of predominant importance in studies with small quantities of tissue when measurements of the exchange of O_2 are made. Manometric methods have been discussed previously and here a brief account of certain other methods will be given. Further information will be found in the text books of plant physiology and photosynthesis (e.g. Miller, 1938; Franck & Loomis, 1949; Rabinowitch, 1951).

1. Measurement of O_2 Exchange.

Of chiefly historical interest are the approximate methods such as the counting of O_2 bubbles liberated by submerged plants, the biological methods which use the luminescence and motility of certain bacteria as indicators of the presence of extremely small amounts of O_2, and the colorimetric estimation of O_2 by the oxidation of various leuco dyes.

The method of HILL (1939) which depends on the conversion of haemoglobin into oxyhaemoglobin is essentially similar to the latter method.

The titration method of WINKLER (KEANE & THORNE, 1931) is still used and with proper precautions the O_2 present in 1 to 2 ml. solution can be determined (FOX & WINGFIELD, 1938). In this method a manganous salt is added to the solution together with strong alkali and potassium iodide. Manganous hydroxide is formed and is oxidised by the dissolved O_2 to manganic hydroxide. The iodine liberated by the reaction between the manganic manganese and the potassium iodide when the mixture is acidified is then determined by thiosulphate titration and this titre gives the concentration of O_2. If organic matter and nitrite are present a modified procedure must be followed (KEANE & THORNE, 1931). In the micro method FOX & WINGFIELD use a small calibrated syringe for sampling and carry out the reaction up to and including the addition of acid in the barrel of the syringe. The contents of the syringe are then expelled for the thiosulphate titration which is performed with a micrometer syringe burette.

Physico-chemical methods have been applied, such as the quenching of the phosphorescence of certain dyestuffs, and in particular the dropping mercury electrode has been used for the measurement of O_2 changes in solution with suspensions of algae, yeast and oat coleoptiles. (PETERING & DANIELS, 1938; ANDERSON & DUGGAR, 1941; DUBUY & OLSON, 1940). In this latter method the suspensions of cells or tissue are part of an electrolysis cell with a pool of mercury as one electrode and the dropping mercury electrode as the other. The determination of the difference in the current flowing through such a cell when two different and particular voltages are successively applied is a measure of the O_2 concentration. When using this increment method the costly recording instrument (polarograph) devised by HEYROVSKY is unnecessary and the O_2 concentration may be determined in a few seconds. Temperature control of about 0.5° only is necessary from the analytical point of view to keep this error within 1%. Control experiments have shown that respiration of *Chlorella*, yeast and oat coleoptiles is not affected by the presence of mercury and the electrolysing current is far too low to affect the tissue or to cause any significant alteration in the composition of the solution even after repeated measurements.

In practice O_2 solutions standardised by the WINKLER method are used to calibrate the apparatus. Details of the technique are given by UMBREIT et al. (1949).

When O_2 exchange in the gas phase is measured, manometric methods, mass spectrometric, or analysis by the classical methods of samples of gas withdrawn at intervals may be used. A mass spectrometric method has been recently used with plant material to follow the exchange of both CO_2 and O_2 in the gas phase (BROWN, NIER & VAN NORMAN, 1952). Gas from the system containing the plant tissue is fed continuously at a very slow rate (a few ml. per day) into a special kind of vacuum tube. Here bombardment by an electron beam creates positive ions of the gas which are accelerated in an electric field and focussed into a beam. This ion beam is resolved into a series of separate beams according to the respective masses of the constituent ions by the application of a magnetic field and by adjustment any one separate beam is focussed and the ion current measured with a vacuum tube amplifier. The ion current is proportional to the partial pressure of the corresponding component of the gas mixture being passed through the tube. The instrument is so provided that it records automatically and successively the partial pressures of several gases. If absolute values are required they are most readily obtained by calibration of the instrument with known gas mixtures. The method is especially suitable for experiments with "isotopic tracers" since the instrument distinguishes not only between chemically different gases but also between different isotopes of the same gas.

2. Measurement of CO_2 Exchange.

Physical and physico-chemical methods are replacing the older chemical methods in which the CO_2 was usually absorbed in alkali and determined gravimetrically or titrimetrically. When working with small amounts of tissue a manometric method may be employed, but with whole leaves or intact plants especially if a large population is being studied, an automatic device for continuously determining and recording the CO_2 content or changes in the CO_2 content of the gas phase is useful. Physical techniques have been favoured for this purpose and two properties of CO_2 which have been exploited in modern work are the capacity of the gas to absorb infra-red radiation and to change the electrical resistance of a hot wire by affecting the rate at which heat is removed from it. An apparatus (katharometer) based on the latter property has been described and used by Aufdemgarten (1939) in studies on photosynthesis and van der Veen (1949) has recently used a modified form of the apparatus for the same purpose. Commercial forms of the instrument are available and in use for the measurement of CO_2 in fruit stores.

A number of infra-red methods have been introduced. The instrument developed by Luft & Lehrer is widely used in industry as a gas analyser and it is being increasingly used to follow the CO_2 exchange of plant tissues. Several forms of the instrument which record the CO_2 content of a gas continuously and automatically and will detect 0.0001% CO_2 are available commercially; they all depend on the absorption of infra-red radiation by CO_2 and in general operate as follows. The whole of the radiation from the infra-red sources R,R (Fig. 4) passes through the similar tubes A and B, one of which (A) is filled with dry CO_2-free air, and the other (B) with the gas under examination. The transmitted energy of all wave lengths passed into the receiving chambers C, C which contain a pure dry sample of CO_2. These chambers have a common wall consisting of a thin metal diaphragm which in combination with an adjacent perforated metal plate forms an electrical condenser. If CO_2 is present in tube B, then part of the radiation will be absorbed by it and this causes a difference in the level of radiation reaching chambers C, C. The CO_2 in these chambers absorb and are heated only by the energy within the CO_2 absorption band, hence a pressure difference is set up and the metal diaphragm moves. A rotating shutter S periodically interupts the output from the radiators R, R and makes the effect an alternating one. The resulting capacity changes

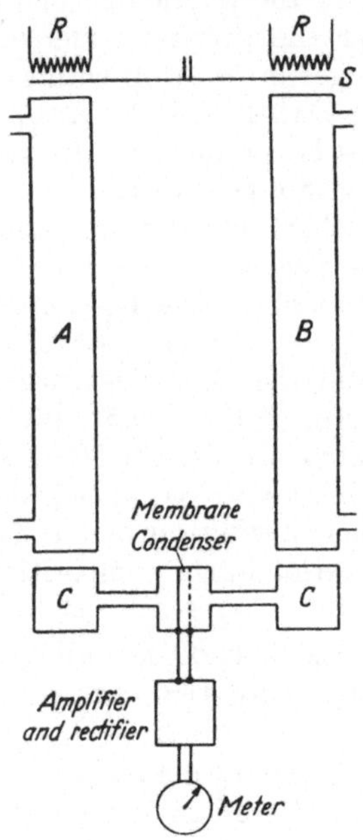

Fig. 4.
Plan of the infra-red gas analyser.

in the diaphragm condenser are amplified electronically and finally indicated on a meter or recorded permanently on a chart. The instrument is calibrated by using known concentrations of CO_2 in air in tube B.

The necessary precautions and difficulties encountered in the use of the instrument are discussed by EGLE & SHENK (1951); EGLE (1951 a, b), STRUGGER & BAUMEISTER (1951) and HUBER (1950) among others have recently used the apparatus in studies of CO_2 exchange by plants.

Two other instruments similarly dependent on the absorption of infra-red radiation by CO_2 have been used for studies of photosynthesis. They do not appear to have any special advantages over the instrument just described. In the method of SCARTH, LOEWY & SHAW (1948) radiation passes through two tubes of equal dimensions and the amount transmitted is measured by means of two thermopiles. The presence of CO_2 in one tube is detected and measured by the difference in the e.m.f's of the thermopiles. MCALISTER (1937) used a spectrophotometric method which required an infra-red spectroscope with rock salt optical parts; the apparatus was modified later by MCALISTER & MYERS (1940) to record changes in the CO_2 concentration.

C. Extraction and Analysis of Gas from Plant Tissue and Sap.

Gas is present in the intercellular spaces of plant tissue and in solution in the cell fluids. Various methods have been described (a) for the removal and analysis of the whole of the gas, (b) for sampling and the analysis of the intercellular gas only, and (c) for the determination of total CO_2.

(a) Total Gas. The gas is extracted by exposing the tissue to a vacuum and transferred to a conventional type of gas analysis apparatus and the constituents determined. DENNY (1946) immerses the plant material in cold saturated NaCl (previously boiled to expel the dissolved gas) and then repeatedly applies a vacuum until no further gas is extracted. The gas is displaced into an Orsat gas analysis apparatus and the CO_2 and O_2 determined by successive absorption and the N_2 by difference. An apparatus capable of handling much smaller amounts of tissue or sap (about 1 ml. volume) is given by BURTON & SPRAGG (1948). The material is introduced into an extraction chamber filled with Hg and the gas extracted by draining the Hg and leaving the material *in vacuo*. The extracted gas is transferred over Hg to a BONNIER-MANGIN gas analysis apparatus (THODAY, 1913) and the constituents measured.

(b) Intercellular Gas. By inserting a tube into the tissue, samples of gas are withdrawn and analysed. With fruits having large internal cavities or those with open storage parenchyma such as the papaw, water-melon and cucumber WARDLAW & LEONARD (1936) insert a glass tube into the fruit and withdraw a sample of gas which is analysed in the HALDANE (1920) gas analysis apparatus. SMITH (1947) uses a hypodermic needle to withdraw the sample and analyses the extracted gases with the BONNIER-MANGIN micro-gas analysis apparatus or the HALDANE apparatus according to the sample size.

(c) Total Carbon Dioxide. A commonly used method is to boil the tissue with alcohol or water and displace the liberated CO_2 into standard alkali by passing CO_2-free air (e.g. WILLAMAN & BROWN, 1930; CLAYPOOL, 1938; WARDLAW & LEONARD, 1939; GERHARDT, 1942). An apparatus for use with small quantities of tissue is given by BURTON (1952) who finds that the CO_2 is carried over by the alcohol vapour into the alkali without passing a current of gas. DENNY (1947, 1948) blends the tissue with alkali and then after acidifying drives of the CO_2 into standard alkali with a stream of CO_2 free air.

Comments. Errors may arise through the neglect of CO_2 retention by the tissue or sap (DENNY, 1947, 1948) or when sampling the intercellular gas through some of the dissolved gas passing into the gas sample as it is withdrawn.

D. The VAN SLYKE Manometric Apparatus.

I. Principle and Procedure.

The original VAN SLYKE (1913—14) amino-N apparatus and the VAN SLYKE (1917) volumetric apparatus are now rarely used since the manometric apparatus (VAN SLYKE & NEILL, 1924; VAN SLYKE, 1927a) is capable of performing the same analyses with a much greater accuracy particularly when small amounts of gas are measured. "The apparatus can be used in any determination in which the final product is a gas suitable for measurement, or will enter into a quantitative reaction producing such a gas", (PETERS & VAN SLYKE, 1932). Techniques have been worked out for the determination of amino-N, organic nitrogen and carbon, urea, iodates, sulphates, total base, reducing sugars, calcium, lactic acid nitrites, potassium, formic acid, and uronic acids, and for the analysis of gas mixtures.

Principle. A quantity of gas may be determined by measuring the pressure which it exerts at known temperature and volume, on a column of mercury.

In practice the material to be analysed is treated with such reagents that the constituent to be determined undergoes a quantitative reaction with the formation of a suitable gas. The reaction may be carried out in the extraction chamber of the VAN SLYKE apparatus, or in an auxiliary vessel followed by transference of the gas to the extraction chamber for measurement. The gas may be purified prior to measurement by removing it from the extraction chamber and treating it with the necessary reagents, or a pressure difference brought about by the introduction of a specific absorbent gives the amount of the gas in question.

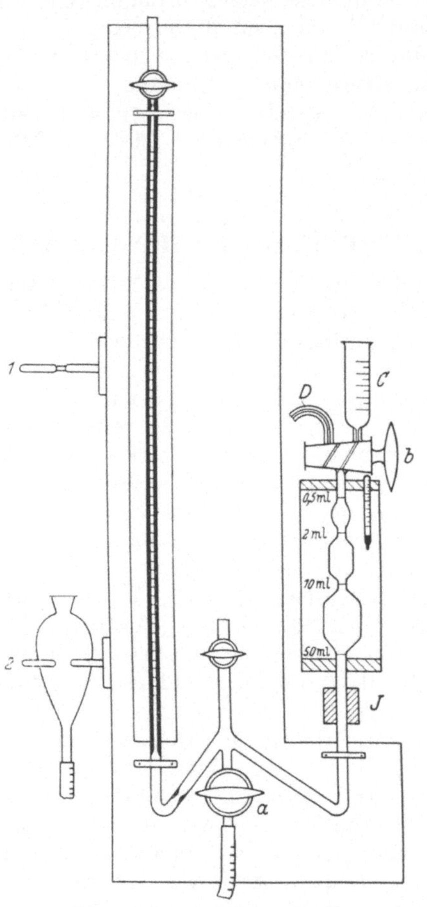

Fig. 5. The VAN SLYKE manometric apparatus.

Apparatus. The VAN SLYKE manometric apparatus constists essentially of a calibrated extraction chamber attached to a manometer; a front view (Fig. 5) shows the glass parts of the apparatus which are fitted to a wooden stand. A shaking mechanismis provided whereby the extraction chamber and its water jacket can be shaken at 300 to 400 r.p.m. and 2" amplitude. Full constructional details and information on calibration, maintenance and general technique are given by PETERS & VAN SLYKE (1932), similar information although with less detail as regards the wooden stand and shaking mechanism is given by

Milton & Waters (1949). According to these latter authors the mercury seal at the joint (J), where the extraction chamber meets the manometer tubing, which was fitted by van Slyke to prevent inward diffusion of air during extraction *in vacuo* is unnecessary if synthetic tubing (which is less porous than natural rubber) of $^3/_4$ in. diameter and $^1/_8$ in. bore is used. Most modern commercial forms of the apparatus are not fitted with a mercury seal. When an apparatus is purchased particular attention should be paid to the following points. The taps are subjected to pressures approaching 1 atmosphere, and since any leakage will spoil the analysis, they should be "well ground" and appear transparent throughout and rotate freely when lubricated with a minimum of grease. It is worth pointing out that frequent regreasing of the taps can be avoided if they are turned without applying inward pressure. The handles of taps **a** and **b** should be reasonably large since if these are small it is difficult to achieve the fine control of mercury and gas flow necessary for precise work. The bores of tap **b** should be drilled without funnelling at either end and must meet the capillaries and the extraction chamber truly, otherwise small bubbles of gas may be trapped; the diameters of the bores should lie between 1.2 to 1.4 mm. The shaking mechanism must be robust and in particular the metal stirrup which carries the pulley wheel should be firmly fixed to the side of the wooden stand since it is subjected to a considerable strain. There is a tendency to fit a motor of insufficient power in the shaking mechanism; a powerful motor which starts easily from cold and runs at constant speed avoids frequent adjustment of the rheostat. The rubber bungs which hold the water jacket round the extraction chamber should not obscure the 0.5 ml. or 50 ml. calibration marks or the first 2 to 3 mm. of the extraction chamber immediately below the tap.

Procedure. The apparatus is frequently used for the determination of free α-amino-acids by the ninhydrin reaction and as the procedure is similar to that employed when determining carbon, formic acid and uronic acids it is given below in some detail as an example. The determination of other substances is briefly discussed subsequently.

II. Determination of Free α-Amino-acids with Ninhydrin.

The method is that of van Slyke, Dillon, MacFadyen & Hamilton (1941), and depends on the quantitative evolution of CO_2 from the carboxyl group of α-amino-acids when they are heated at p_H 1 to 5 and 100° in water in the presence of excess ninhydrin (triketo-hydrindene hydrate).

$$R \cdot CH(NH_2) \cdot COOH \longrightarrow R \cdot CHO + NH_3 + CO_2$$

Amino-acids such as proline, hydroxyproline and sarcosine having the structure

$$\begin{array}{c} R \cdot CH \cdot COOH \\ | \\ NH \cdot CH_2R' \end{array}$$

also react quantitatively.

The reaction is carried out in an auxiliary vessel and the CO_2 produced is transferred into an alkaline absorbent in the van Slyke extraction chamber where it is subsequently released by the addition of acid and the pressure it exerts measured. Samples containing 0.035 to 3.5 mg. carboxyl carbon may be satisfactorily analysed.

Accessories and Reagents. *0.5 N* NaOH, CO_2-*free.* This is kept in a separating funnel with a capillary delivery tube bearing a rubber tip, it is protected from atmospheric CO_2 by a soda lime tube at the top and by immersing the tip in mercury which is covered with *N* H_2SO_4 (Fig. 6).

Reaction Vessels. Two types of reaction vessels are shown in Fig. 7. They are of 15 to 25 ml. capacity and capable of holding a vacuum, the metal clamps serve both to close the vessels and sink them below the water during heating.

Calibrated Glass Spoons. These are made according to VAN SLYKE & FOLCH (1940) and are calibrated to contain 50 and 100 mg. of ninhydrin and buffer.

Water Bath. Preferably of metal and containing sufficient water and heating adequate for keeping the water boiling when the cold reaction vessels are introduced.

Citrate Buffer. For work at pH 2.5, 2.06 g. trisodium citrate dihydrate and 19.15 g. citric acid monohydrate are powdered separately and then mixed till they cake. The cake is then ground to a powder.

Procedure. A dry sample is weighed into the reaction vessel and dissolved in 2 ml. water, or an aliquot of 1 to 5 ml. of a solution is taken. Citrate buffer, 50 mg. when the volume is 1 or 2 ml. and 100 mg. for 3 to 5 ml. is added together with a few alundum (fused aluminium oxide) chips to give smooth boiling and a drop of capryl alcohol to prevent foaming. The

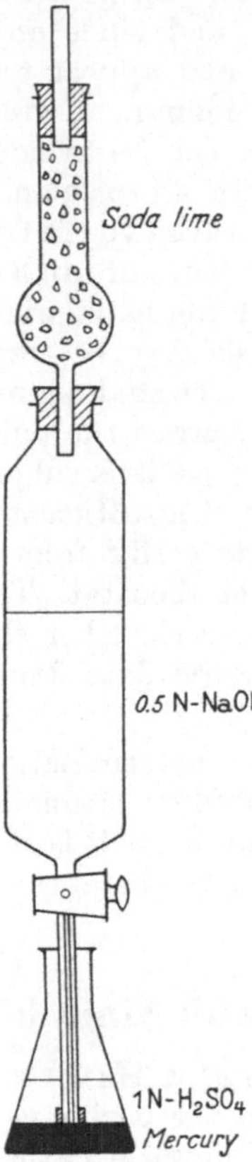

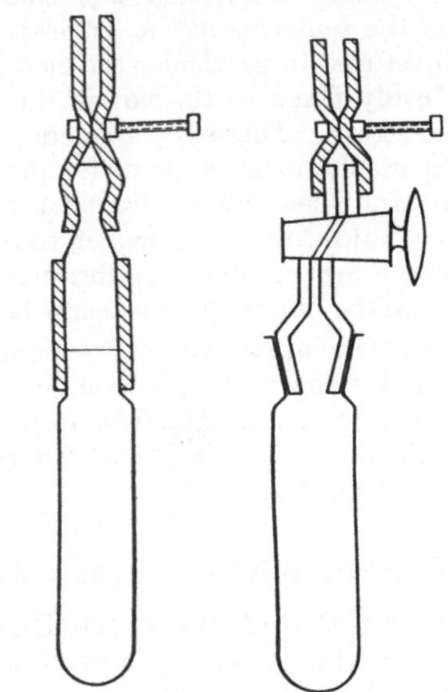

Fig. 6. Container for carbon dioxide-free sodium hydroxide.

Fig. 7. Reaction vessels for amino-acid determinations.

reaction vessel is now boiled for about $^1/_2$ min. to remove CO_2 (longer boiling may be necessary if α-keto-acids or other compounds which evolve CO_2 on heating at 100° are present). The vessel is stoppered to prevent re-absorption of CO_2 cooled to below 20° and 50 or 100 mg. of ninhydrin added from the calibrated spoon. The rubber adaptor or glass stoppered tap is quickly fitted to the reaction vessel using a little water as lubricant in the former case and glycerol to seal the ground joint and tap in the latter. Without delay, the vessel is now evacuated for 1 min. at a good water pump, and closed. Each vessel *must* be evacuated immediately after the ninhydrin is added. The reaction vessels are immersed as far as the screw clamp in an upright position in a bath of briskly boiling water. The vessels are shaken after the first minute and heating is continued for a period which depends on the amount of ninhydrin and the volume of the solution. The relationship between the heating period for complete reaction and the volume of the reaction solution is linear and the following data from VAN SLYKE et al. (1941) permits calculation of the heating period for volumes between 1 and 5 ml. with 50 or 100 mg. ninhydrin. At pH 2.5 the heating periods are, with 50 mg. ninhydrin 8 min. and 31.5 min for 1 and 5 ml. volume respectively, with 100 mg. ninhydrin 7.5 and 20 min. for 2 and 5 ml. volume respectively. It is desirable to keep to the recommended heating periods.

The CO_2 formed is now transferred to the VAN SLYKE apparatus in the following way. The extraction chamber is filled with mercury by placing the mercury reservoir in position 1 and opening cock b and controlling the flow of mercury with cock a. A little mercury is allowed to flow into cup C and cock a is closed, the rubber tip of the funnel containing the 0.5 NNaOH is pressed down firmly in cup C and by manipulating cock a alkali is drawn into the chamber until the mercury surface is about 1 mm. above the 2 ml. mark on the chamber. The funnel is removed and a little mercury is drawn into the chamber to clear the alkali from the bore of cock b and then both cocks a and b are closed. Cup C is then rinsed with a few drops of 2 N lactic acid and a little water to prevent the subsequent introduction of alkali contaminated with atmospheric CO_2. The reaction vessel is warmed to about 40° and attached to D and the mercury lowered to the middle of the reaction chamber by holding the reservoir below bench level and opening cock a. The reaction vessel is now connected with the extraction chamber by opening the screw clamp and turning cock b. The reservoir is held in the left hand and raised and lowered 10 times with cock a open. Each time the mercury in the extraction chamber should flow up to a point between the 2 and 10 ml. marks and down to the 50 ml. mark, on each down stroke of the mercury the reaction vessel is shaken by hand to assist the extraction of the CO_2. After the last excursion the mercury is brought to the middle of the chamber, cocks a and b closed, the reaction vessel removed and the capillary by which it has been attached sealed with mercury (Fig. 8). The reservoir is placed in position 1 and cock a opened, this compresses the unabsorbed gases, cock b is now carefully opened and the alkali allowed to rise until it is just below cock b which is then closed. The reservoir is brought to position 2 and about 0.5 ml. mercury is dropped into cup C and a small amount is admitted into the chamber to seal the bore of b. A small bubble of gas is re-admitted into the chamber but this does not affect the analysis. The rubber tip of a stopcock pipette containing 2 N lactic acid is pressed down in cup C in the remaining mercury and by manipulating cock b 1 ml. lactic acid is delivered into the chamber followed by mercury to seal the bore. The mercury is brought to the 50 ml. mark by lowering the reservoir and cock a closed, the chamber is now shaken for 0.5 min, while mercury is admitted to maintain the top of the meniscus at the 50 ml. mark. A further 1.5 min. shaking completes the extraction of the CO_2 and then mercury is allowed to flow

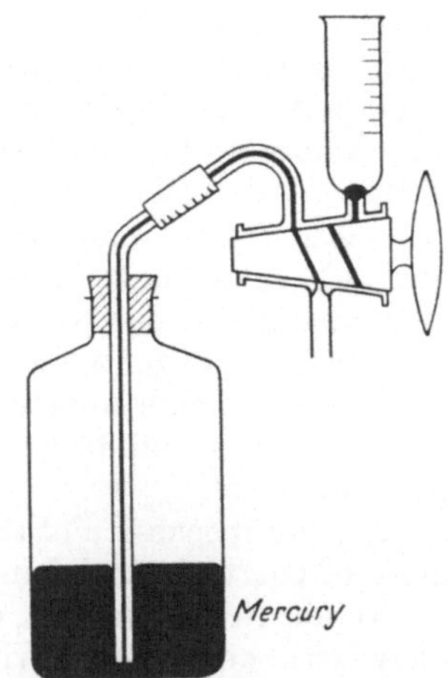

Fig. 8. Mercury bottle for sealing the bore of the extraction chamber cock.

through cock a until the aqueous meniscus is exactly at one of the calibration marks (e.g. with 0.14 to 0.7 mg. carboxyl carbon the 2 ml. mark is used). The mercury must flow smoothly up the chamber and be brought to the mark within 30 or 40 seconds to prevent excessive reabsorption of the CO_2, if the mark is overshot or the mercury is set oscillating the chamber must be re-evacuated, shaken for 1 min. and the mercury returned to the mark. The mercury meniscus in the manometer is read to 0.2 mm. (p_1) and the temperature in the water jacket is noted. With the reservoir in position 2 and cock a open, 0.5 ml. 5 N NaOH is measured into cup C and allowed to flow into the chamber until just sufficient remains to fill the capillary of cup C, about 0.5 ml. mercury is then added to cup C and run into the chamber to dislodge the alkali from the bore of cock b, this cock is closed while the bore is full of mercury. Care must be taken that no air bubbles are introduced into the chamber during these additions. The solution in the chamber is mixed and the absorption of the CO_2 completed by lowering and raising the surface of the solution between the 2 and 10 ml. marks three times and finally cock a is closed with the solution a little below the mark at which the last reading was taken. After 1 min. the solution meniscus is brought to the mark and a reading (p_2) is made at the manometer. A correction c is determined in a blank analysis and then the pressure of CO_2(P_{CO_2}) from the amino acids in the sample is given by, $P_{CO_2} = p_1 - p_2 - c$. This value is multiplied by the appropriate factor to give mg. carboxyl carbon or carboxyl nitrogen. Tables of these factors are given by VAN SLYKE et al. (1941) and MILTON & WATERS (1949).

Comments. Although the length of the description suggests that the method may be laborious and time consuming, in practise once the apparatus and solutions are assembled and the worker becomes familiar with the technique it should be possible to complete about 3 analyses every hour.

The above description is included as an example of a typical procedure solely for those who are unfamiliar with the apparatus. The reader should consult the original paper of van Slyke et al. (1941) for the rationale on which the manipulations are based, and for further details such as the effect of p_H on the ninhydrin reaction, interfering substances, and the anamolous behaviour of certain amino-acids.

III. Determination of Other Substances.

A short account of the methods by which other substances may be determined is given below. While some of the procedures are highly specific, for example the determination of α-amino acids by ninhydrin, and may be applied to complex mixtures with confidence other methods are liable to interference from a wide variety of substances. For example it does not appear to be well known that many substances (e.g. acetone, alcohol, phenols and tannins) react with nitrous acid, under the conditions used in the determination of aliphatic amino-N, with the evolution of gas which is insoluble or only soluble with difficulty in alkaline $KMnO_4$ (van Slyke, 1912; Hulme, 1935; Carter & Dickman, 1943). Phenols and tannins are commonly encountered in plant material and can lead to spurious amino-N values unless special precautions are taken.

Some of the procedures have been worked out especially for use with plant material (e.g. uronic acids, Tracey, 1948) and a large number of plant constituents tested for possible interference, but others have been shown suitable only with animal tissues and body fluids and may require modification when used with plant material.

Further discussion of these points will be found elsewhere when the determination of particular substances is considered.

Amino-N. Substances containing aliphatic amino nitrogen react quantitatively with nitrous-acid with the evolution of N_2 according to the equation:—

$$R \cdot NH_2 + HNO_2 = R \cdot OH + H_2O + N_2.$$

The reaction is carried out in the extraction chamber of the Van Slyke and the N_2 together with the NO which is evolved, is transferred to a modified Hempel pipette containing alkaline $KMnO_4$. This reagent absorbs the NO and the pure N_2 is returned to the chamber and its pressure is measured. A sample containing 0.05 mg. amino-N may be analysed with an accuracy of about 1%, (van Slyke, 1929a; Peters & van Slyke, 1932). A simple microvolumetric apparatus for samples containing 0.5 to 20 μg. amino-N has been described by Sandkuhle, Kirk & Cunningham, (1942). The reactions used are identical to those employed by van Slyke and with most of the common amino-acids recoveries of $100 \pm 2\%$ are obtained. For the determination of the amino-N of the insoluble proteins such as wool and silk Doherty & Ogg (1943) have designed an auxiliary chamber which is attached to the van Slyke apparatus. The reaction is carried out in this chamber and gas is withdrawn into the Hempel pipette, purified and passed into the van Slyke extraction chamber for measurement.

Total-N. The sample is digested with a sulphuric-phosphoric acid mixture with potassium persulphate as catalyst, the digest is partially neutralised and washed into the extraction chamber and freed from gas. The nitrogen evolved when alkaline hypobromite is added gives the amount of NH_3 present in the digest:

$$2\,NH_3 + 3\,NaBrO = 3\,H_2O + 3\,NaBr + N_2.$$

The reaction is not quantitative but the percentage of the theoretical yield is sufficiently constant to keep this error within 0.5% (van Slyke, 1927b; Peters & van Slyke 1932; van Slyke & Kugel, 1933).

Carbon. The method is suitable for non-volatile compounds only. The sample is oxidised at reduced pressure in an auxiliary vessel with a special reagent containing fuming sulphuric, phosphoric, chromic and iodic acids which effects complete oxidation in 1 to 3 min. The CO_2 is collected and measured in the van Slyke apparatus. The mean error is of the order of 0.5% with 0.3 to 0.7 mg. C and 0.2% with 2 to 15 mg. C. (van Slyke & Folch, 1940).

Sulphate, Phosphate and Magnesium. Sulphate, phosphate and magnesium are quantitatively precipitated with specific organic reagents as benzidine sulphate, strychnine phosphomolybdate and magnesium-8-hydroxyquinoline complex. The carbon content of the precipitates determined by the wet combustion method of van Slyke & Folch (1940) permits calculation of the amount of inorganic constituent (Hoagland, 1940a, 1940b; Kirk, 1934).

With about 0.03 mg. SO_4-S the error is within 2%, and with larger amounts the average deviation from theoretical was 0.5%. Recoveries of Mg added to sera varied between 96 and 98.6%. The average error with 0.01 to 0.02 mg. P is $\pm$ 0.5%.

Urea. Two procedures have been described, the hypobromite method being less specific and accurate than that using urease (van Slyke & Kugel, 1933). One method (van Slyke, 1927c) depends on the conversion of urea to $(NH_4)_2CO_3$ by the action of a urease preparation, and the amount of $(NH_4)_2CO_3$ is determined manometrically by measuring the CO_2 evolved on acidification. The second method (van Slyke, 1929b) is based on the measurement of N_2 evolved in the reaction between urea and hypobromite:

$$CO(NH_2)_2 + 3\,Br_2 + 6\,NaOH = Na_2CO_3 + 6\,H_2O + 6\,NaBr + N_2.$$

The reaction is not quantitative, the yield of N_2 varying according to the conditions used; the yields obtained by Van Slyke under the conditions of urine analysis were 0.95 mol. N_2/mol. urea and under those of blood analysis 0.98 mol.

Formic Acid. The acidified sample is steam distilled, the distillate concentrated, and the formic acid present oxidised quantitatively to CO_2 by heating at 100° with $HgCl_2$ in an auxiliary vessel. The CO_2 is transferred to alkali in the extraction chamber and measured in the usual way (Pirie, 1946). With 1 mg. amounts of formic acid the uncertainty is less than 1%, but rises to 5 or 10% with 0.1 mg.

Uronic Acids. A 25% yield of CO_2 (calculated to the anhydride) is obtained when uronic acids are heated at 111° with 12% w/w HCl. The reaction is carried out in a small sealed tube and the CO_2 is transferred to and measured in the van Slyke apparatus (Tracey, 1948). A number of samples of galacturonic acid varying from 4 to 12 mg. in weight gave an average CO_2 value of 22.33% S.D. 1% (theoretical yield 22.79%). For details see Bell, vol. 2 of this handbook.

Total Base. The sample is digested with a mixture of sulphuric and nitric acids, diluted, the phosphates removed by precipitation and an aliquot taken to dryness. The sulphates are dissolved and shaken with $Ba(IO_3)_2$ which is insoluble but less so than $BaSO_4$ and hence double decomposition occurs with iodate going into solution:

$$Na_2SO_4 + Ba(IO_3)_2 \rightleftharpoons 2\,NaIO_3 + BaSO_4.$$

The mixture is filtered and the iodate in the filtrate determined by measuring the N_2 evolved when a portion of it reacts quantitatively with alkaline hydrazine in the van Slyke extraction chamber.

$$2\,NaIO_3 + 3\,N_2H_4 = 2\,NaI + 3\,N_2 + 6\,H_2O.$$

The first reaction reaches equilibrium with a significant amount of SO_4 in solution and a correction has to be made (van Slyke, Hiller & Berthelsen, 1927).

Reducing Sugars. The method (van Slyke & Hawkins, 1928) depends on the quantitative reduction of potassium ferricyanide by the sugars in an alkaline solution. The N_2 evolved by the ferricyanide solution when it reacts with hydrazine is determined manometrically before and after treatment with the sugar and the amount of ferricyanide reduced by the sugar determined by difference.

$$4\,Fe^{+++} + N_2H_4 = 4\,Fe^{++} + N_2 + 2\,H_2O.$$

Calcium. The calcium is precipitated as calcium oxalate which is dissolved in dilute sulphuric acid, treated with excess permanganate in the van Slyke extraction chamber and the CO_2 is measured (Van Slyke & Sendroy, 1929). With 0.1 mg. Ca the error is approximately $\pm 3\%$.

Lactic Acid. After a preliminary treatment of the sample to remove protein and sugar the lactic acid is oxidised by permanganate in the van Slyke apparatus and the CO_2 evolved is measured. At room temperature 1 mol. CO_2 is produced per mol. lactic acid (Avery & Hastings, 1931). Recoveries with 0.1 to 0.2 mg. lactic acid are within 2% of the theoretical.

Potassium. The potassium is precipitated as the cobalti-nitrite which is then decomposed with hot alkali according to the equation:—

$$K_2NaCo(NO_2)_6 + 3\,NaOH = 2\,KNO_2 + 4\,NaNO_2 + Co(OH)_3.$$

The solution is transferred to the extraction chamber and the nitrite determined by measuring the N_2 evolved when it reacts with urea in acid solution:—

$$2\,HNO_2 + CO(NH_2)_2 = 2\,N_2 + CO_2 + 3\,H_2O.$$

The error does not exceed 0.01 mg. K in the sample analysed (Kramer & Gittleman, 1926).

Lipid Analysis. The procedures for the determination of phosphate, total-N, total-C and amino-N may be applied for the determination of total lipids, total and esterified cholesterol, phosphatides, lipid amino-N (cephalin) and total lipid-N (Kirk, Page & van Slyke, 1934).

E. Microdiffusion Methods.

The theoretical aspects and the analytical techniques of microdiffusion analysis are fully discussed by Conway (1950). With this method of analysis the determination of ammonia is the most well known and frequently applied, but procedures have been described for the determination of small amounts of halogens, carbonates and bicarbonates, nitrate, nitrite, adenylpyrophosphoric acid, the volatile fatty acids, alcohol, amide-nitrogen, formaldehyde, acetone, lactic acid, threonine, glucose, urea and for the estimation and identification of volatile amines. Some of these analyses can be carried out using very small amounts of material with a high degree of accuracy, the technique is comparatively simple and a minimum of apparatus is required.

I. Apparatus and Procedure.

Apparatus. A cross section of a standard Conway microdiffusion apparatus, which is commercially available, is shown in Fig. 9. It is constructed of pyrex glass and consists of a circular dish with an inner ring of glass fused to the floor. The outer edge of the dish is ground to ensure a good fit with the square of flat ground glass which is used as a lid. A fixative is smeared on the lid to obtain a perfect seal. While the dimensions of the standard "unit" are ideal for most of the determinations described by Conway and his collaborators, it may be necessary to alter these for special purposes. The effect of these alterations on the diffusion process may be predicted from the theoretical considerations and the experimental data of Conway (1950). Two smaller units, one having a much wider brim and a hole in the lid which is sealed by a glass cylinder have been described by CONWAY (1950). These units are more readily secured against inward leakage of atmospheric CO_2 and are of particular use for the determination of small amounts of CO_2 when a high degree of accuracy is desired. Various other forms of microdiffusion apparatus have been designed particularly in connection with the determination of small amounts of total-N; these are discussed in some detail by CONWAY (1950) and KIRK (1950).

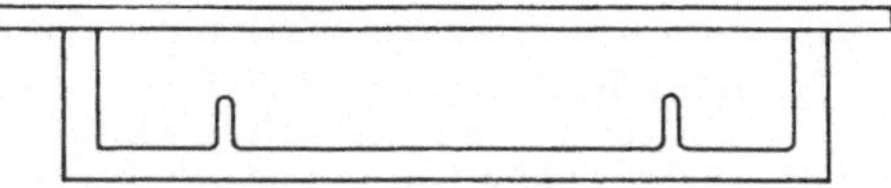

Fig. 9. A standard Conway microdiffusion "unit".

Principle. The method depends on the gaseous diffusion of a volatile substance from the outer chamber, which contains the mixture being analysed, into the inner chamber which contains an absorbing liquid.

Procedure. Space does not permit a detailed description of all the determinations which are possible with the CONWAY and other units. The determination of ammonia is given as an example and brief reference is made to other methods.

II. Determination of Ammonia.

1 ml. of standard acid is delivered into the inner chamber, and an aliquot of the liquid to be investigated (usually 0.1 to 2.0 ml) is measured into the outer chamber, of a standard unit. The lid is smeared with fixative (see below) and placed in position. By slightly tilting the "unit" the liquid in the outer chamber is made to flow away from the point where the alkali is to be introduced. The lid is horizontally displaced just sufficiently to introduce the tip of a pipette and by means of this pipette (which must deliver rapidly, accuracy is not very important) 1 ml. of saturated K_2CO_3 is quickly added to the outer chamber and the lid is replaced immediately. By holding the "unit" between thumb and fingers and gently rocking, the liquid in the chamber is rotated about fifteen times to ensure thorough mixing. The "unit" is set aside for a suitable time to allow absorption of the ammonia to proceed. After allowing a suitable time for the diffusion of the ammonia into the standard acid the lid is removed and the residual acid determined by titration with standard $Ba(OH)_2$. The titration is performed directly in the inner chamber the $Ba(OH)_2$ being delivered from a microburette graduated in 0.01 ml. large and 0.001 ml. small divisions. The solution is stirred by a thin pyrex rod. Blank determinations with the reagents alone and controls with standard solutions of an ammonium salt are made under the same conditions.

Solutions. The strength of the standard acid and alkali required varies according to the amount of ammonia to be determined. From 90 to 0.1 μg. NH_3-N may be determined with an accuracy of the order of 0.5% (coefficient of variation). There is no advantage in taking a sample containing more than 90 μg. NH_3-N. CONWAY (1950) recommends the solutions given in Table 1.

Table 1. *Hydrochloric acid and barium hydroxide solutions used in the determination of ammonia.*

Range μg. NH_3—N	Acid in central chamber	Solution in burette	Each 0,01 ml. on burette as μg. NH_3—N
90 to 14	1 ml. N/150 HCl	35.7 ml. N/10 $Ba(OH)_2$ diluted to 250 ml.	2.0
14 to 1.96	1 ml. N/1,000 HCl	21.4 ml. N/10 $Ba(OH)_2$ diluted to 1,000 ml.	0.30
1.96 to 0.1	0.7 ml. N/5,000 HCl	Above solution diluted 5 times.	0.05

Standard Acids with Indicator. These are prepared from N/10 and N/100 HCl which are made up in the usual way from standard N acid. TASHIRO's indicator is made by mixing 200 ml. of 0.1% methyl red in alcohol with 50 ml. of 0.1% methylene blue in alcohol; protected from light it keeps indefinitely.

To a 500 ml. volumetric flask, 5 ml. TASHIRO's indicator, 100 ml. absolute ethanol and about 300 ml. distilled water are added and the indicator brought to the neutral point, (i. e. complete disappearance of the reddish colour, or faintly tinged green). This normally requires the addition of a few drops of dilute alkali. Standard acid is added in the following amounts;

for $N/150$ add 33.3 ml. $N/10$, for $N/1000$ add 5 ml. $N/10$, for $N/5000$ add 10 ml. $N/100$. After diluting to the mark and mixing the solutions are stored in pyrex, or wax lined, bottles.

Standard Ba(OH)₂ Solutions. $N/10$ Ba(OH)₂ is diluted according to the directions given in Table 1. avoiding undue exposure to the atmosphere. After dilution the solution is transferred to the burette reservoir and it is usual, particularly with the weaker solutions, to seal the cork of the reservoir bottle and the soda-lime tube connections with melted paraffin wax. Immediately before use the alkali is standardised against the acid.

Saturated K₂CO₃. 110 g. K₂CO₃ is dissolved in 100 ml. water and the solution is boiled for about 10 min. in a conical flask which is then loosely stoppered and the contents cooled. A little solid should separate when the solution is quite cold.

Fixatives. The choice of a fixative for sealing the lid of the "unit" depends to some extent on the substance to be determined and the conditions used. With NH₃ determinations at room temperature when using $N/150$ acid, vaseline is commonly used while liquid paraffin, water glass, gum tragacanth and gum-arabic have also proved suitable. The latter three fixatives are water soluble which makes cleaning easier. When using $N/1,000$ and $N/5,000$ acids and for the determination of halogens and fatty acids a mixture of solid and liquid paraffins is employed. With CO₂ determinations an acid gum tragacanth mixture, vaseline or liquid paraffin are suitable and for alcohol determination at 90° a silicone stopcock grease has been used. If water soluble fixatives are used they should be tested for the presence of significant amounts of ammonia.

Preparation of Fixatives. A mixed paraffin fixative is made by dissolving 50 g. paraffin wax (m.p. ca. 49°) in 80 ml. liquid paraffin with warming; these quantities may be varied according to room temperature. This mixture is not suitable for incubation at 38°. At 38° with $N/150$ HCl, 3 parts of vaseline and 1 part of paraffin wax (m.p. 55°) are mixed by melting. Gum tragacanth fixative is prepared by grinding 3 g. powdered gum with the gradual addition of 34 ml. water followed by 15 ml. glycerol and 8 ml. saturated K₂CO₃.

Cleaning. Conway (1950) recommends the following procedure. The "units" are well washed first with cold and then hot tap water. Grease is removed with a brush using soap and after throughly rinsing under the tap the "units" are soaked in approximately $N/200$ sulphuric acid with indicator for 15 min. They are rinsed free from acid under the cold tap and then with distilled water and left to dry. The interior of the "unit" should not be dried with a cloth. It is important that the apparatus "should be perfectly clean in an acid-alkali sense" and free from grease so that the surface of the central chamber is fully covered by the 1 ml. of absorbing liquid.

Absorption Time. The rate of absorption is influenced by a number of factors, viz. the dimensions of the "unit", the depth of solution in the outer chamber and its salt content, liquid volumes, temperature, and shaking. Conway (1950) has investigated all these factors and states the absorption times for a large number of different conditions. Thus, for ammonia determinations with the standard "unit" and 2 ml. sample plus 1 ml. sat. K₂CO₃ in the outer chamber about 3 hr. is required at 20° and about 2 hr. at 38, while with a 1 ml. sample these absorption times are approximately halved. It is preferable, however, to determine the necessary absorption time under the particular conditions used and with standard solutions of the substance to be measured. A common procedure when a large number of ammonia determinations are being carried out, is to allow absorption to proceed overnight.

Alternative Procedures.

(a) Boric Acid-HCl. The method is similar to that described previously except that 1 ml. of 1% boric acid is used as absorbent in the inner chamber and at the end of the absorption period the ammonia is titrated *in situ* with $N/50$ HCl from a suitable microburette. The end point is a colour change from green to red. 0.01 ml. $N/50$ HCl = 2.8 μg NH_3—N.

Absorbing Fluid. 10 g. A. R. boric acid, 200 ml. ethanol and 700 ml. water are placed in a 1 L. flask. When the boric acid has dissolved 10 ml. of indicator solution (containing 0.033 g. bromocresol green and 0.066 g. methyl red per 100 ml. of ethanol) are added. The mixture is adjusted to the end point (faint red), if necessary, by the addition of a few drops of dilute alkali and diluted to 1 L. with water.

Comments. The method has advantages over the HCl—$Ba(OH)_2$ procedure since the boric acid absorbent is indefinitely stable and need not be exactly measured, also the determination finally depends on a direct titration and not on a difference in titration. The end point using boric acid is not as sharp as with $Ba(OH)_2$ and below 10 μg. NH_3—N, the use of $Ba(OH)_2$—HCl and TASHIRO indicator is preferable.

(b) Colorimetric or Spectrophotometric. While the titration method is more accurate, colorimetric or spectrophotometric measurement of the absorbed NH_3 may be preferred particularly when small amounts are to be measured since the determination is then less dependent on perfect cleaning of the "units". With these procedures the absorbing fluid is dilute acid without indicator, when absorption is complete either an aliquot of the absorbent is taken or it is transferred entirely by pipetting out and made up to volume with washings. Suitable reagents for the colorimetric determination of the absorbed ammonia are NESSLER's and phenate-hypochlorite, the preparation and use of these is fully described by CONWAY (1950). The blue NH_3-complex formed by a ninhydrin-hydrindantin reagent has been recently used with amounts of NH_3—N varying between 1 and 20 μg. (BOISSONNAS and HASELBACH, 1953).

III. Determination of Other Substances.

CONWAY (1950) and his collaborators have worked out microdiffusion methods for the determination of blood glucose and fermentable sugar of urine by measuring the CO_2 produced when a yeast suspension acts on these fluids. They have also described procedures for the determination of adenylpyrophosphoric acid and adenylic acid of blood and muscle extract by using the microdiffusion unit to measure the NH_3 produced when crude muscle extract brings about the deamination of these substances. CONWAY (1950) has indicated the possibility of determining the amino purines such as adenine and guanine and their derivatives by using specific deaminases. It seems likely that certain amino-acids could also be determined by a microdiffusion procedure using specific decarboxylases.

Since some of the methods described below have been used successfully only with certain animal tissues and body fluids, particularly blood and urine, a few of the procedures will most probably require modification for use with plant material.

Total-N. A number of diffusion procedures for determining the NH_3 of a KJELDAHL digest have been described and particular attention has been given to the determination of very small amounts of total N. With amounts of N down to 100 μg. the sample is digested, suitably diluted and an aliquot taken for NH_3 determination using the standard "unit". The use of a catalyst containing Hg must be avoided and since high concentrations of $CuSO_4$ extend the absorption period a catalyst with low Cu content is preferable. The high acidity of the diluted digest requires the use of saturated potassium metaborate or 40% KOH in place of K_2CO_3 for the liberation of the ammonia (CONWAY, 1950). For determining amounts of total-N below 100 μg. NEEDHAM & BOELL (1939), HAWES & STA-VINSKI (1942) and TOMPKINS & KIRK (1942) use a single small vessel for digestion and diffusion. The method of the latter authors has certain advantages of speed and accuracy (KIRK, 1950) and permits the measurement of 0.5 to 20 μg. total-N to within 1%. The method of BRUEL, HOLTER, LINDERSTROM-LANG and ROZITS (1946) is available for quantities of total-N down to 0.1 μg. but requires rather complex equipment. CONWAY (1950) gives a detailed description of a number of methods (including those mentioned above) for determining total-N and suggests certain modifications. A full account of the methods of TOMPKINS & KIRK (1942) and BRUEL et al. (1946) is given by KIRK (1950).

Halogens. Chloride, bromide and iodide in a mixture may each be estimated when present in amounts down to a few μg. The principle used consists of selective oxidation of the halide mixture so that a single halogen gas is liberated. The halogen is absorbed in KI in the inner chamber where with Br_2 and Cl_2 an equivalent amount of I_2 is released. The I_2 is subsequently determined either by thiosulphate titration from a microburette or by colorimetric or spectrophotometric procedures after developing the blue colour with starch (CONWAY, 1950).

Carbon Dioxide (Carbonates and Bicarbonates). The CO_2 is liberated from the solution in the outer chamber by the addition of dilute acid and absorbed in standard $Ba(OH)_2$, where it is precipitated as $BaCO_3$. When absorption is complete the excess $Ba(OH)_2$ is determined by titration with standard acid from a microburette using thymolphthalein or a mixture of thymolphthalein and phenolphthalein as indicator. Amounts of CO_2 down to 0.2 mg. can be measured with the standard "unit" and as low as 40 μg. with the smaller units. CONWAY (1950).

Nitrate and Nitrite. The nitrate and nitrite are converted to NH_3 by reduction with DEVARDA's alloy in the presence of alkali in the outer chamber and the NH_3 is absorbed in boric acid or standard HCl and determined in the usual way. Ammonia initially present is determined separately and nitrite may be destroyed prior to reduction by acidification to p_H 1, hence, by difference, the amounts of NH_3, NO_3 and NO_2 may be calculated (CONWAY, 1950).

Amide-N. The amide-N is hydrolysed to NH_3 by heating with dilute acid at 100° and the NH_3 in the hydrolysate is determined. KIRK (1950) has modified the procedure of BORSOOK & DUBNOFF (1939) since it gave somewhat low and variable results with asparagine, glutamine and acetamide. The modified method gives "approximately theoretical results" with 1 to 20 μg. amide-N.

Volatile Fatty Acids. CONWAY & DOWNEY (1950) use the standard "unit" at room temperature and hasten the diffusion of the volatile fatty acids from the acidified sample in the inner chamber by the addition of solid Na_2SO_4. The fatty acids are absorbed in dilute sodium citrate or water in the outer chamber and determined by $Ba(OH)_2$ titration using phenolphthalein as indicator. BLACK (1949) uses a glass stoppered Erlenmeyer flask with a stainless steel centre cup as the diffusion apparatus and places the absorbent, dilute K_2CO_3, in the cup and the acidified sample in the flask. Diffusion is carried out at 100—105°. With the latter method the average error in determining acetic, propionic and butyric acids in the range 0.2 to 2.0 microequivalents is less than 0.03 microequivalents. The methods are essentially non-specific but BLACK (1949) gives some data whereby individual acids may be distinguished in some instances by their distribution ratios between water and ether.

Alcohol. The sample is placed in the outer compartment together with a strong solution of K_2CO_3 or Na_2CO_3 to hasten the diffusion and the alcohol diffuses into a strongly acid solution of $K_2Cr_2O_4$ or alkaline $KMnO_4$ in the inner compartment. The alcohol is oxidised to acetic acid and the amount of oxidant used is determined by titration or colorimetrically. Ryan, Nolan & Conway (1948) have modified Winnick's (1942a) method and thereby improved the accuracy and shortend the diffusion period to 1 hr. Sunshine & Nenad (1953) have further reduced the diffusion period to 20 min. by incubating at 90°, they determine the reduction of the $K_2Cr_2O_7$ by measuring the intensity of the green colour at the end of the absorption. A high temperature diffusion is also used by Kingsley & Current (1950) who put the solution to be analysed in a tiny beaker which is then placed in a glass stoppered weighing bottle containing acid dichromate. The assembly is autoclaved at 15 lb. pressure for 30 min. and the autoclave allowed to cool to room temperature before releasing the pressure. McLeod (1949) uses alkaline $KMnO_4$ as absorbent and oxidant, the residual permanganate being determined by titration with thiourea in the presence of Ba^{++}.

Lactic Acid. The sample after preliminary treatment for the removal of protein and sugar is warmed with acid ceric sulphate at 37° in a stoppered tube to convert the lactic acid to acetaldehyde. Samples are then transferred to the outer chamber of the "unit" and the acetaldehyde diffuses into $NaHSO_3$ in the inner chamber. After absorption is complete an aliquot of the absorbent is removed and the excess bisulphite titrated with I_2, the addition of Na_2HPO_4 and brief heating dissociates the aldehyde-bisulphite addition compound and the liberated $NaHSO_3$ is determined by I_2 titration. The method is Conway & McCarvill's modification of the procedure of Winnick (1942b), it is given in detail by Conway (1950).

Threonine. The amino-acid is oxidised by neutral periodate in the outer chamber to acetaldehyde which is absorbed by $NaHSO_3$ in the inner chamber. The iodine titration procedure given above for lactic acid is then followed. Winnick (1942c), Conway (1950).

Formaldehyde. The formaldehyde diffuses from the outer chamber of the standard "unit" into a chromotropic acid reagent in the inner chamber. The diffusion is carried out overnight (17 hr.) at 50° in which time not only is diffusion complete but the maximum colour has developed in the reagent-formaldehyde mixture. This colour is measured spectrophotometrically at 570 mμ. Recoveries are better than 95% with 0.4—4 μg. formaldehyde (Henly & Potter, 1952; Hollander, DiMauro & Pearson, 1951).

Urea. The sample is placed in the outer chamber of the "unit" and subjected to the action of a urease preparation whereby the urea present is converted to $(NH_4)_2CO_3$. The subsequent addition of alkali liberates the NH_3 which is absorbed in boric acid or standard HCl in the inner chamber and determined in the usual way (Conway, 1950). A similar method using a micro Conway cell is given by Kirk (1950). A method whereby the NH_3 produced by the action of urease diffuses into a hanging drop of glycerol containing boric acid is described by Kinsey & Robison (1946) as suitable for the determination of 1 μg. urea with an accuracy of $\pm$ 5%.

Amines. Richter (1937) has used the standard "unit" for the determination and identification of small amounts of certain amines. The conditions used are similar to those employed for the determination of NH_3. For the identification of the amines they are allowed to diffuse into a single drop of a reagent containing picrate or 2:4 dinitro-α-naphthol. The derivatives are then identified by examination of the optical properties of the crystals with the polarizing microscope in plane and polarized light. By this means it is possible to identify about 10 μg. of amine. A method for the determination of trimethylamine, in which formaldehyde is used to prevent the diffusion of NH_3 while permitting the passage of the amine into standard acid is given by Beatty & Gibbons (1936).

Determination of Free α-Amino-acids with Ninhydrin. While this method depends on a distillation in vacuo and not on diffusion the technique is similar in that a volatile product moves from one compartment to an absorbing fluid in a second compartment. The apparatus consists of two 25 ml. Erlenmeyer flasks joined by a U-tube. The amino-acid mixture and the ninhydrin is put into one flask and standard $Ba(OH)_2$ in the other and the apparatus is assembled and evacuated at the water pump. The whole apparatus is heated in boiling water until the reaction is complete and then the flask containing the $Ba(OH)_2$ is plunged into cold water whereby the CO_2 produced together with most of the water distils into the $Ba(OH)_2$. The CO_2 is determined by titrating the contents of the $Ba(OH)_2$ flasks with standard HCl. The error is less than 1% with 0.04 mg. carboxyl carbon and about 0.3% with samples of 0.4 mg. (VAN SLYKE, MAC-FADYEN & HAMILTON, 1941), (See p. 433).

F. Ethylene.

The mechanism by which ethylene is formed in plant tissues is not known. It is physiologically active at extremely low concentrations and the responses which it causes in some intact plants, fruits and tubers have been widely studied and form the basis of certain qualitative tests for the presence of the gas in plant emanations.

I. Distribution.

Ethylene has been identified among the volatile products from the ripening fruits of the apple, pear, avocado and banana and from the common green mould of citrus fruits, *Penicillium digitatum*. Inferential proof, partly chemical and partly biological, has been obtained that ethylene is produced by certain seedlings, by fruits other than those mentioned previously, and by the pathogenic fungus *Blastomyces dermatitidis*. Present evidence suggests that ripening fruits, particularly the apple and pear, produce ethylene most readily (Table 2) and that with these fruits ethylene production increases with the climacteric rise in respiration and reaches a maximum at about the same time as the respiratory maximum.

Table 2. *Ethylene Production by Fruits.* The values for apples and pears are those when ethylene production was at a maximum. The values for banana and avocado are averages over a 6 and 7 day period respectively with ripening fruit.

Fruit	Variety	Temperature	Ethylene ml./kg. fresh wt./24 hr.	Reference
Apple	Astrachan	20	11.4	HANSEN (1945)
	Red June	20	9.3	HANSEN (1945)
	Gravenstein	20	5.2	HANSEN (1945)
	Delicious	20	1.8	HANSEN (1945)
	Delicious	0	0.2	HANSEN (1945)
	Newtown	20	1.8	HANSEN (1945)
	Newtown	0	0.1	HANSEN (1945)
Pear	Bartlett	20	4.5	HANSEN (1942)
	Anjou	20	0.8	HANSEN (1942)
Banana	—	20	ca. 0.00004	NIERDERL, BRENNER & KELLEY (1938)
Avocado	Fuerte	15	0.2	PRATT et al. (1948)

II. Methods of Detection.

The evolution of ethylene from plant tissues can be detected by certain biological tests. Those most frequently used have been the epinastic response of tomato and potato leaves and the "triple response" of etiolated legume seedlings.

1. Epinastic Response of Tomato Petioles.

Over two-hundred different plant species have been tested by CROCKER, ZIMMERMAN & HITCHCOCK (1932) with low concentrations of ethylene. These authors recommend tomato plants (varieties BONNY BEST and MARGLOBE) as the most suitable test plants, the epinastic response of the petioles being an extremely delicate test for the presence of ethylene. Certain precautions are necessary. Young vigorously growing plants should be used since they are more sensitive and give a quicker response; the upper sides of the petioles should all form acute angles with the stem; the test should be made at a temperature of 15° or higher to permit growth and should be terminated after one or at most two days. Control plants should be run in air known to be free from ethylene.

The test is usually carried out in one of three ways. The tomato plant and tissue to be tested are placed in a closed vessel such as a bell jar. Alternatively the plant tissue is placed in a closed vessel from which samples of gas are withdrawn and injected into another vessel containing the tomato plant, or the two vessels are joined and the plant volatiles displaced into contact with the tomato plant by passing a stream of air.

Sensitivity. A concentration of 0,1 p.p.m. ethylene gives a positive response.

2. "Triple Response" of Etiolated Legume Seedlings.

When intact etiolated pea seedlings are exposed to low concentrations of ethylene, the epicotyls show increased growth in thickness and reduced rate of longitudinal and horizontal growth. This so-called "triple response" of the seedlings varies with the concentration of ethylene giving well-defined qualitative and quantitative responses, (NELJUBOW, 1901, 1911) and has been used by ROHRBAUGH (1943) and PRATT & BIALE (1944) for the measurement of small concentrations of ethylene. The method given is based on the work of these authors.

Dishes containing about 30 etiolated pea seedlings about 4 cm. high are exposed in one of the ways previously described for epinasty tests with tomato plants. The duration of the test is 2—4 days when the plants are removed and photographed. A series of plants treated with known concentrations of ethylene under similar conditions are prepared and photographed and by comparison with the unknowns an estimate of the ethylene concentration is obtained.

The preparation of the standard set of peas requires a number of ethylene-air mixtures containing known concentrations of ethylene covering the range 0.05 to 10 p.p.m. A simple apparatus for the preparation of these mixtures has been described by ROHRBAUGH (1943).

Sensitivity. The minimum concentration required to produce a response is 0.05 p.p.m.; the maximum response is obtained at 5 to 10 p.p.m.

3. Comments.

While other gases or volatile substances are known to cause similar responses, nevertheless a positive result obtained by either of the above tests is a strong indication of the presence of ethylene (PRATT & BIALE, 1944). Among a very large number of gases and volatile substances investigated by CROCKER et al. (1932), NELSON & HARVEY (1935) and DENNY (1939) the following were found to cause epinasty of tomato and potato petioles: carbon monoxide, acetylene, propylene, butylene, amylene, ethyl bromide, ethyl iodide, propyl chloride, acetonitrile, mesityl oxide and vinyl acetate. Some plant seedlings produce volatile products which kill the test plant (DENNY, 1937). These products are not absorbed by a mercury reagent whereas ethylene is, hence they can be eliminated and the specificity of the test improved by passing the air containing the plant volatiles through a solution of mercuric nitrate in dilute nitric acid. The ethylene is released for testing by the addition of concentrated HCl (HANSEN & HARTMAN, 1935; DENNY, 1937, 1939). Propylene, butylene, acetylene and carbon monoxide are not absorbed by this reagent and released by HCl.

III. Quantitative Determination.

Two methods have been described for the determination of the ethylene present at a given moment in the internal atmosphere of plant tissues. Most attention however, has been given to the determination of the gas in the volatiles which are released into the atmosphere during the ripening of fruits. Here, a rate of production and not an ethylene content is measured.

1. Ethylene Content.

The method of NELSON (1937, 1939) depends on the removal of permanganate reducing volatiles other than ethylene from the extracted gases of fruit tissue by using an absorption train of Dehydrite (anhydrous granular magnesium perchlorate) and sodamide. The ethylene is determined by measuring the capacity of the purified extracted gases to reduce standard $KMnO_4$. The use of permanganate did not prove satisfactory in the hands of CHRISTENSEN, HANSEN & CHELDELIN (1939) who developed the microbromination method described below.

Principle. Ethylene is quantitatively brominated by bromine formed when standard $KBrO_3$ is added to an acid solution of KBr. The subsequent addition of KI followed by thiosulphate titration of the liberated I_2 gives the amount of standard bromate used in the bromination and hence the amount of ethylene.

$$BrO_3^- + 5\,Br^- + 6\,H^+ = 3\,Br_2 + 3\,H_2O.$$
$$Br_2 \quad + C_2H_4 \qquad = C_2H_4Br_2$$
$$2\,KI \quad + Br_2 \qquad = 2\,KBr + I_2.$$

Apparatus. The apparatus Fig. 10. is constructed as follows. The extraction chamber **A** is a section of iron pipe 8.9 cm. internal diameter and 7.6 cm. long. A steel plate fitted with a 0.64 cm. steel tube is welded to the bottom and an iron collar (1.25 cm. thick) to the top. The cover is made from 0.64 cm. steel plate polished and fitted to the cover. A tight connection is made by using a greased rubber gasket and the cover is held in position by a heavy screw clamp. The 250 ml. pyrex bulb **B** is connected to the extraction chamber with 1 mm. capillary tubing and the flow of gas between these units is controlled by tap **c**. A manometer for measuring the pressure in chamber **A** is connected through tap **b**. A nitrometer **C** is used to accumulate the extracted gases prior to purification. A small Dessichlora tube (anhydrous barium perchlorate) **f** and a copper coil **g** (2 mm. internal diameter × 100 cm.) immersed in solid CO_2-ether connects nitrometer **C** with the gas burette **D**. The total volume of the tube and coil is 5.3 ml. The reaction flask is a 50 ml. Erlenmeyer with a ground glass joint and capillary stopcock attached.

Procedure. The tissue (whole or cut) is weighed and placed in chamber **A** and the cover clamped in position. Tap **a** is opened and the chamber **A** filled with mercury, **a** is closed and the mercury drained leaving the tissue *in vacuo*. Bulb **B** is evacuated by filling with mercury and draining. 1 ml. 2.5% NH_4OH is introduced into nitrometer **C** which is then filled with mercury. The extracted gas is transferred to **C** by raising and lowering the levelling bulb while operating taps **c** and **d**. The procedure is repeated until no more gas is extracted. After standing for 15 min. in contact with the NH_4OH, the gas is driven through the purification train at a slow rate (ca 4 ml./min.), collected in burette **D** and the volume noted. 5 ml. 0.0025 N $KBrO_3$ and 0.5 ml. 6N H_2SO_4 are added to the reaction flask which is then evacuated. Burette **D** is detached, connected to the reaction flask and a sample of approximately 40 ml. gas transferred to the reaction flask. By means of the residual vacuum 1 ml.

of $0 \cdot 1 N$ KBr is added and the mixture is shaken mechanically for 15 min. 1 ml. 0.1 N KI is then added and the I_2 liberated titrated with 0.0025 N-thiosulphate from a microburette.

Calculation. The amount of $KBrO_3$ used is determined by the difference between a blank run (using air) and the actual determination.

$$0.1 \text{ ml. } 0.0025 \ N \ KBrO_3 \equiv 0.0028 \text{ ml. ethylene at N.T.P.}$$

In all determinations a correction is made for the gas remaining in the purification train.

Comments. Recoveries of 94 to 100% are possible when pure ethylene is used in amounts of 0.0026 to 0.063 ml. With mixtures of previously evacuated apple tissue, air and ethylene recoveries varied between 88 and 107%.

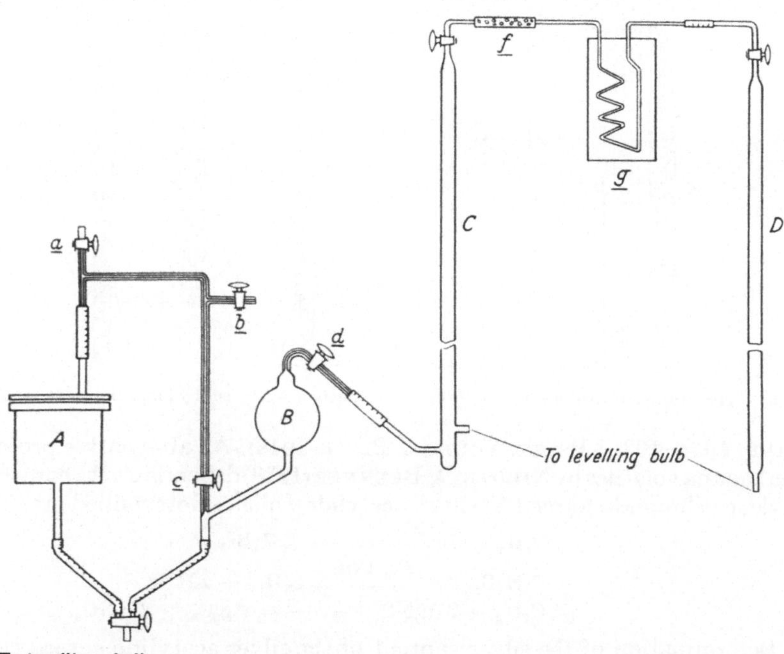

Fig. 10. Apparatus for the determination of the ethylene content of fruit. (After CHRISTENSEN et al., 1939.)

Since a large number of organic compounds combine with bromine under the conditions used in this method, the efficient removal of active contaminants by the purification train is most important. It is claimed that the treatment with 2.5% NH_4OH removes acetaldehyde and alcohol vapours, the ammonia which then contaminates the gas being removed by the anhydrous barium perchlorate. The cold trap is included to remove other "possibly active agents". The presence of interfering unsaturated hydrocarbons in apple and pear volatiles is unlikely since pretreatment with reagents which remove acetylene, propylene and butylene failed to reduce the value obtained on microbromination (HANSEN & CHRISTENSEN, 1939).

2. Rate of Production of Ethylene.

The microbromination method previously described has been used (e.g. HANSEN & CHRISTENSEN, 1939; HANSEN, 1942) for the determination of the rate of production of ethylene. The plant tissue is placed in a closed vessel and gas samples are withdrawn from time to time, shaken with ammonium hydroxide, passed through the purification train and the ethylene brominated. This method suffers from the possible disadvantage that the tissue is subjected to the continuous accumulation of the volatile substances.

448   R. H. Kenten: Gasometric Analysis in Plant Investigation.

In other methods the plant tissue is continuously ventilated and the ethylene is trapped by subsequent passage of the air through a suitable absorbent. Bromine, mercuric perchlorate in perchloric acid and silver sulphate in sulphuric acid have proved suitable absorbents and sulphuric acid either alone or with magnesium perchlorate has been used to remove undesirable materials from the gas stream prior to absorption of the ethylene.

Although bromine is a very efficient absorbent of ethylene its volatility is a disadvantage and its use permits only a rough estimate of the amount of ethylene which is generally based on the weight of crude ethylene dibromide obtained

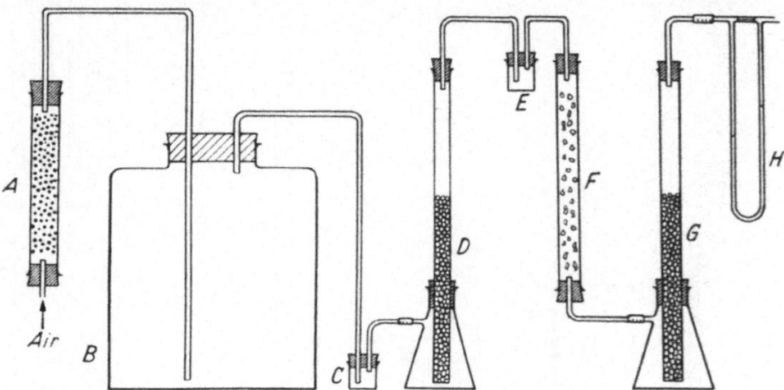

Fig. 11. Apparatus for the determination of the rate production of ethylene by plant tissue. (After Mattus, 1950.)

(Gane, 1934, 1935; Pratt, Young & Biale, 1948). An alternative procedure used with banana volatiles by Niederl & Brenner (1938) depends on the conversion of the ethylene dibromide formed to silver acetylide which is determined gravimetrically.

$$C_2H_4 + Br_2 \longrightarrow C_2H_4Br_2$$
$$C_2H_4Br_2 \xrightarrow{\text{alc. KOH}} C_2H_2 + 2\,HBr$$
$$C_2H_2 + 2\,AgNO_3 \longrightarrow Ag_2C_2 + 2\,HNO_3.$$

Determination of the silver content of the silver acetylide agreed closely with the theoretical, suggesting the absence of propylene and butylene in banana volatiles. The method has the disadvantage that only 40—60% of the ethylene dibromide is returned as silver acetylide under the conditions used.

In recent work either $AgSO_4$ in H_2SO_4 or $Hg(ClO_4)_2$ in $HClO_4$ have been used to absorb ethylene. Both reagents are capable of trapping ethylene from an air stream containing a very low concentration of the gas (Walls, 1942; Fidler, 1948; Gross, 1950; Mattus, 1950; Young, Pratt & Biale, 1948, 1951). The methods given below are based on the work of the authors just cited. The apparatus described is similar to that of Mattus (1950).

Principle. The air containing the plant volatiles is passed through concentrated sulphuric acid followed by anhydrous magnesium perchlorate to remove the non-ethylene volatiles and the ethylene is then absorbed by a silver or mercury reagent. Determination of total carbon gives the ethylene content of the silver reagent and with the mercury reagent the ethylene is released by the addition of HCl and determined manometrically.

Apparatus. The assembly Fig. 11 consists of: A, an air purification unit 0.5 cm. in diameter and 80 cm. long filled $^1/_3$ full of brominated carbon (24 g. Br_2 on 200 g. carbon) followed by twice this volume of activated carbon. B the plant tissue in a large vessel with inlet and outlet tubes. C a drip trap. D a Truog (1915) tower containing concentrated H_2SO_4. E a foam trap. F a tube packed with anhydrous $Mg(ClO_4)_2$. G a Truog tower containing the Hg- or Ag-reagent. H a capillary flowmeter.

Procedure. The plant material is placed in the vessel B (2—4 Kg. with apple or pear) and the TRUOG tower G is charged with 40 ml. concentrated H_2SO_4 + 0.8 g. $AgSO_4$, or 100 ml. Hg-reagent (50 g. HgO, dissolve in 177 ml. 10% $HClO_4$, dilute to approximately 8 N, filter through asbestos pad and dilute to 1 litre with water, Young et al., 1951). The pump is turned on and the rate of air flow adjusted to 3 to 5 litres/hr. (WALLS, 1942; FIDLER, 1948). Samples of the Ag- or Hg-reagent are taken at suitable intervals or the run is terminated after 7 to 8 days, if this period is exceeded it is preferable to renew the H_2SO_4 and the ethylene absorbent in towers D and G. (FIDLER, 1948). The ethylene is determined as follows:

a) In the Hg-reagent.

The method is that of YOUNG, PRATT & BIALE (1948). A 2—5 ml. aliquot of the Hg-reagent containing the ethylene is placed in the main compartment of a WARBURG flask and slightly more than 4 equivalents of $2\,N$ HCl is added to the side bulb. The flasks are equilibrated at 25°, the contents mixed and the increase in pressure recorded. A solubility coefficient of 0.088 is used to calculate the amount of ethylene. Blank determinations with the reagents must be run owing to the increase in solution volume and change in vapour pressure on mixing.

Comments. Under suitable conditions about 75 μl. of ethylene can be determined to within $\pm$ 10%.

The method is liable to interference by other volatile olefines (YOUNG et al., 1948).

b) In the Ag-reagent.

The total carbon present in a suitable aliquot is determined by wet combustion with chromic acid. The method of BIRKINSHAW & RAISTRICK (1932) is suitable. The ethylene content is calculated on the assumption that the total carbon is ethylene carbon.

Comments. Any organic material which escapes absorption in the first H_2SO_4 tower and the $Mg(ClO_4)_2$ is returned as ethylene. WALLS (1942) and FIDLER (1948) showed that the method is satisfactory for apples, they test for the presence of non-ethylene carbon in the Ag-reagent as follows:

$$
\begin{aligned}
H_2SO_4 \quad\quad + C_2H_4 &= C_2H_5HSO_4 & (1)\\
C_2H_5HSO_4 + H_2O &= H_2SO_4 + C_2H_5OH & (2)\\
C_2H_5OH \quad + O_2 &= H_2O + CH_3COOH & (3)
\end{aligned}
$$

After absorption (1) an aliquot of the Ag-reagent is diluted with water and distilled (2). The aqueous alcohol in the distillate is determined by oxidation with standard $K_2Cr_2O_7$ (3) by the method of FIDLER) (1934. The amount of oxidising agent used and acetic acid produced should agree closely. Furthermore, quantitative oxidation by both chromic and iodic acids on portions of the Ag-reagent should agree. Iodic acid oxidation (method of TROPSCH & DITTRICH, 1925) gives a measure of the oxygen required to oxidise the carbon compounds to CO_2 and H_2O whereas with chromic acid the CO_2 is measured.

$$C_2H_4 + 3O_2 = 2CO_2 + 2H_2O.$$

These tests should be made, particularly if the tissue used is not apple fruit.

With apples the anhydrous $Mg(ClO_4)_2$ absorbent F (Fig. 11.) can be omitted but with pears it is necessary (GROSS, 1950; MATTUS, 1950).

IV. Chemical Identification.

The method of NIEDERL et al. (1938) and the tests applied by WALLS (1942) and FIDLER (1948) have been discussed previously.

GANE (1934, 1935) and PRATT et al. (1948) absorbed the plant volatiles directly in bromine while YOUNG et al. (1951) used $HgClO_4$ in $HClO_4$ as a preliminary absorbent the ethylene being released and brominated subsequently.

Principle. The ethylene is converted to ethylene dibromide and the solid derivatives N,N'-diphenylethylenediamine and N,N'-diphenyl-N,N'-dianilino-thioformylethylenediamine are prepared and identified by m.p. and mixed m.p. with authentic specimens.

Method. The excess bromine is removed by addition of $NaHSO_3$ and the ethylene dibromide is recovered by extraction with ether. The ether is evaporated and the crude oil is heated with excess aniline at 100° for 3.5 hr. The unchanged aniline is removed by steam distillation and the residue is extracted with chloroform. The chloroform is evaporated and the residue recrystallised three times from 50% aqueous ethanol. Pure N,N'-diphenylethylenediamine m.p. 66.5—67° is obtained. This derivative may be converted to N,N'-diphenyl-N,N'-dianilino-thioformylethylenediamine m.p. 189—189.5° by treatment with phenylisothiocyanate according to the method of Davis (1906).

References.

Anderson, T. F., & B. M. Duggar: Proc. Amer. Phil. Soc. 84, 611 (1941). — Arnold, W., E. W. Burdette & J. B. Davidson: Science 114, 364 (1951). — Aufdemgarten, H.: Planta 29, 643 (1939). — Avery, B. F., & A. B. Hastings: J. Biol. Chem. 94, 273 (1931).

Beatty, S. A., & N. E. Gibbons: J. Biol. Bd. Can. 3, 77 (1936). — Birkenshaw, J. H., & H. Raistrick: Phil. Trans. Roy. Soc. 220 B, 11 (1931). — Black, S.: Arch. Biochem. 23, 347 (1949). — Boell, E. J., J. Needham & V. Rogers: Proc. Roy. Soc. 127 B, 322 (1939). — Boissonnas, R. A., & C. H. Haselbach: Helv. chim. Acta. 36, 576 (1953). — Borsook, H., & J. W. Dubnoff: J. Biol. Chem. 131, 163 (1939). — Brown, A. H.: Amer. J. Bot. 40, 719 (1953). — Brown, A. H., A. O. C. Nier & R. W. Van Norman: Plant Physiol. 27, 320 (1952). — Brüel, D., H. Holter, K. Linderstrøm-Lang & K. Rozits: Compt. rend. trav. lab. Carlsberg, Ser. chim. 25, 289 (1946). — Burk, D., A. L. Schade, J. Hunter & O. Warburg: Symp. Soc. Exp. Biol. 5, 312 (1951). — Burton, W. G.: New Phytol. 50, 287 (1952). Burton, W. G., & W. T. Spragg: New Phytol. 47, 17 (1948).

Carter, H. E., & S. R. Dickman: J. Biol. Chem. 149, 571 (1943). Christensen, B. E., E. Hansen & V. H. Cheldelin: Industr. Engng. Chem. Anal. Ed. 11, 114 (1939). — Claypool, L. L.: Proc. Amer. Soc. Hort. Sci. 36, 374 (1938). — Conway, E. J.: Microdiffusion Analysis and Volumetric Error. 3 rd. ed. London: Crosby Lockwood & Sons Ltd. 1950. — Conway, E. J., & M. Downey: Biochem. J. 47, iv (1950). — Crocker, W., P. W. Zimmerman & A. E. Hitchcock: Contr. Boyce Thompson Inst. 4, 177 (1932).

Davis, O. C. M.: J. Chem. Soc. 89, 713 (1906). — Denny, F. E.: Contr. Boyce Thompson Inst. 9, 431 (1937); 10, 191 (1939); 14, 257 (1946); 15, 47 (1947); 15, 141 (1948). — Dickens, F.: Biochem. J. 48, 385 (1951). — Dixon, M.: Manometric Methods, 2 nd. ed. Cambridge University Press 1943; Biochem. J. 48, 575 (1951). — Doherty, D. G., & C. L. Ogg: Industr. Engng. Chem. Anal. Ed. 15, 75 (1943). — DuBuy, H. G., & R. A. Olsen: Amer. J. Bot. 27, 401 (1940).

Egle, K.: (a) Beitr. Biol. Pfl. 28, 145 (1951); (b) Naturwissenschaften 38, 350 (1951). — Egle, K., & W. Schenk: Ber. dtsch. bot. Ges. 64, 132 (1951). — Erickson, R. O.: Nature (Lond.) 159, 275 (1947).

Fidler, J. C.: Biochem. J. 28, 1109 (1934); J. Hort. Sci. 24, 178 (1948). — Fox, H. M., & C. A. Wingfield: J. Exp. Biol. 15, 437 (1938). — Franck, J., & W. E. Loomis: Photosynthesis in Plants. Iowa State College Press 1949.

Gale, E. F.: Biochem. J. 39, 46 (1945). — Gane, R.: Nature (Lond.) 134, 1008 (1934); J. Pomol. 13, 351 (1935). — Gerhardt, F.: J. Agric. Res. 64, 207 (1942). — Glick, D.: Techniques of Histo- and Cyto-chemistry. New York: Interscience Publishers Inc. 1949. — Goldstein, A.: Science 110, 400 (1949); Proc. Amer. Acad. Arts Sci. 77, No. 7 (1949). — Gross, C. R.: Unpublished data. Cited by G. E. Mattus. Proc. Amer. Soc. Hort. Sci. 55, 199 (1950).

Haldane, J. S.: Methods of Gas Analysis. London: C. Griffin & Co. Ltd. 1920. — Hansen, E.: Bot. Gaz. 103, 543 (1942); Plant Physiol. 20, 631 (1945). — Hansen, E., & B. E. Christensen: Bot. Gaz. 101, 403 (1939). — Hansen, E., & H. Hartman: Oregon Exp. Sta. Bull. No. 342 (1935). — Hawes, R. C., & E. R. Skavinski: Industr. Engng. Chem. Anal. Ed. 14, 917 (1942). — Heatley, N. G.: J. Sci. Instrum. 17, 197 (1940). — Heatley, N. G., I. Berenblum & E. Chain: Biochem. J. 33, 53 (1939). — Heilbrunn, L. V.: An Outline of General Physiology. 2 nd. ed., p. 251. London: W. B. Saunders Co. 1943. — Henly, A. A., & M. Potter: Lancet 1952, 697. — Hill, R.: Proc. Roy. Soc. 127 B, 192 (1939). — Hoagland, C. L.: J. Biol. Chem. 136, 543 (1940); 136, 553 (1940). — Hollander, V. P., S. Dimauro & O. H. Pearson: Endocrinology 49, 617 (1951). — Holter, H.: Compt. rend. trav. lab. Carlsberg, Ser. Chim., 24, 399 (1943). — Huber, B.: Ber. dtsch. bot. Ges. 63, 52 (1950). — Hulme, A. C.: Biochem. J. 29, 263 (1935).

James, W. O.: Plant Respiration. Oxford Clarendon Press. (1953).

Keane, C. A., & P. C. L. Thorne: Lunge and Keane's Technical Methods of Chemical Analysis. Vol. 3. 2 nd. ed. London: Gurney & Jackson 1931. — Keilin, D., & E. F.

HARTREE: Biochem. J. **42**, 230 (1948). — KINGSLEY, G. R., & H. CURRENT: J. Lab. Clin. Med. **35**, 294 (1950). — KINSEY, V. E., & P. ROBISON: J. Biol. Chem. **162**, 325 (1946). — KIRK, E.: J. Biol. Chem. **106**, 191 (1934). — KIRK, P. L.: Quantitative Ultramicroanalysis. New York: Wiley & Sons Inc. 1950. — KIRK, E., I. H. PAGE & D. D. VAN SLYKE: J. Biol. Chem. **106**, 203 (1934). — KOK, B.: Symp. Soc. Exp. Biol. **5**, 211 (1951). — KRAMER, B., & I. GITTLEMAN: Proc. Soc. Exp. Biol. N. Y. **24**, 241 (1926). — KREBS, H. A.: Biochem. J. **31**, 2095 (1937); (a) **43**, 51 (1948); (b) Biochemical Society Symposia **1**, 1 (1948); Biochem. J. **47**, 605 (1950); (a) Biochem. J. **48**, 240 (1951); (b) Symp. Soc. Exp. Biol. **5**, 336 (1951).

LASER, H., & LORD ROTHSCHILD: Biochem. J. **45**, 598 (1949). — LEVY, H., & A. L. SCHADE: Arch. Biochem. **19**, 273 (1948); **20**, 211 (1949). — LIPMANN, F., O. K. BEHRENS, E. A. KABIT & D. BURK: Science **91**, 21 (1940).

MATTUS, G. E.: Proc. Amer. Soc. Hort. Sci. **55**, 199 (1950). — McALISTER, E. D.: Smithsonian Miscellaneous Collections **95**, No. 24 (1937). — McALISTER, E. D., & J. MYERS: Smithsonian Miscellaneous Collections **99**, No. 6 (1940). — McLEOD, L. D.: J. Biol. Chem. **181**, 323 (1949). — MILLER, E. C.: Plant Physiology. 2nd. ed. New York: McGraw-Hill, Book Co., Inc. 1938. — MILTON, R. F., & W. A. WATERS: Methods of Quantitative Microanalysis. London: Arnold & Co. 1949. — MORRIS, H. J., C. A. WEAST & H. LINEWEAVER: Bot. Gaz. **107**, 362 (1946).

NEEDHAM, J. & E. J. BOELL: Biochem. J. **33**, 149 (1939). — NELJUBOW, D.: Beih. Bot. Zbl. **10**, 128 (1901); Ber. dtsch. bot. Ges. **29**, 97 (1911). — NELSON, R. C.: Plant Physiol. **12**, 1004 (1937); Food Research. **4**, 173 (1939). — NELSON, R. C., & R. B. HARVEY: Science **82**, 133 (1935). — NIEDERL, J. B., & M. W. BRENNER: Mikrochemie **24**, 134 (1938). —NIEDERL, J. B., M. W. BRENNER & J. N. KELLEY: Amer. J. Bot. **25**, 357 (1938). — NISHIMURA, M., C. P. WHITTINGHAM & R. EMERSON: Symp. Soc. Exp. Biol. **5**, 176 (1951).

PETERING, H. G., & F. DANIELS: J. Amer. Chem. Soc. **60**, 2796 (1938). — PETERS, J. P., & D. D. VAN SLYKE: Quantitative Clinical Chemistry. Vol. 2. Methods. London: Bailliere, Tindall & Cox. 1932. — PIRIE, N. W.: Biochem. J. **40**, 100 (1946). — PRATT, H. K., & J. B. BIALE: Plant Physiol. **19**, 519 (1944). — PRATT, H. K., R. E. YOUNG & J. B. BIALE: Plant Physiol. **23**, 526 (1948).

RABINOWITCH, E. I.: Photosynthesis, Vol. 2. Part 1. New York: Interscience Publishers 1951. — RICHTER, D.: Biochem. J. **31**, 2022 (1937). — ROBERTSON, R. N., J. S. TURNER & M. J. WILKINS: Austr. J. Exper. Biol. Med. Sci. **25**, 1 (1947). — ROHRBAUGH, P. W.: Plant Physiol. **18**, 79 (1943). — RYAN, M. T., J. NOLAN & E. J. CONWAY: Biochem. J. **42**, LXIV (1948).

SANDKUHLE, J., P. L. KIRK & B. CUNNINGHAM: J. Biol. Chem. **146**, 427 (1942). — SCARTH, G. W., A. LOEWY & M. SHAW: Canad. J. Res. **26**C, 94 (1948). — SMITH, W. H.: Ann. Bot. (Lond.) N. S. **11**, 363 (1947). — SOUTHWICK, F. W.: J. Agric. Res. **71**, 297 (1945). — STILES, W., & K. W. DENT: Ann. Bot. (Lond.) N. S. **11**, 1 (1947). — STILES, W., & L. LEACH: Respiration in Plants. 3rd. ed. London: Methuen & Co. Ltd. 1952. — STRUGGER, S., & W. BAUMEISTER: Ber. dtsch. bot. Ges. **64**, 5 (1951). — SUNSHINE, I., & R. NENAD: Anal. Chem. **25**, 653 (1953).

THODAY, D.: Ann. Bot. (Lond.) **27**, 565 (1913). — TOMPKINS, E. R., & P. L. KIRK: J. Biol. Chem. **142**, 477 (1942). — TRACEY, M. V.: Biochem. J. **43**, 185 (1948). — TROPSCH, H., & E. DITTRICH: Brennstoff-Chemie **6**, 169 (1925). — TRUOG, E.: Industr. Engng. Chem. **7**, 1048 (1915). — TUFT, P.: J. Exp. Biol. **27**, 334 (1950). Turner, J. S.: New Phytol. **37**, 232 (1938).

UMBREIT, W. W., R. H. BURRIS & J. H. STAUFFER: Manometric Techniques and Tissue Metabolism. 2nd. ed. Minneapolis: Burgess Publishing Co. 1949.

VAN DER VEEN, R.: Physiol. Plant. **2**, 217 (1949). — VAN SLYKE, D. D.: J. Biol. Chem. **12**, 275 (1912). — VAN SLYKE, D. D.: J. Biol. Chem. **16**, 121 (1913—1914); **30**, 347 (1917); (a) **73**, 121 (1927); (b) **71**, 235 (1927); (c) **73**, 695 (1927); (a) **83**, 425 (1929); (b) **83**, 449 (1929).— VAN SLYKE, D. D., R. T. DILLON, D. A. MACFADYEN & P. HAMILTON: J. Biol. Chem. **141**, 627 (1941). — VAN SLYKE, D. D., & J. FOLCH: J. Biol. Chem. **136**, 509 (1940). — VAN SLYKE, D. D., & J. A. HAWKINS: J. Biol. Chem. **79**, 739 (1928). — VAN SLYKE, D. D., A. HILLER & K. C. BERTHELSEN: J. Biol. Chem. **74**, 659 (1927). — VAN SLYKE, D. D., & V. H. KUGEL: J. Biol. Chem. **102**, 489 (1933). — VAN SLYKE, D. D., D. A. MACFADYEN & P. HAMILTON: J. Biol. Chem. **141**, 671 (1941). — VAN SLYKE, D. D., & J. M. NEILL: J. Biol. Chem. **61**, 523 (1924). — VAN SLYKE, D. D., & J. SENDROY: J. Biol. Chem. **84**, 217 (1929).

WALLS, L. P.: J. Pomol. **20**, 59 (1942). — WARBURG, O., D. BURK & A. L. SCHADE: Symp. Soc. Exp. Biol. **5**, 306 (1951). — WARDLAW, C. W., & E. R. LEONARD: Ann. Bot. Lond. **50**, 621 (1936); **3**, N. S, 27 (1939). — WILLAMAN, J. J. & W. R. BROWN: Plant Physiol. **5**, 535 (1930). — WINKLER, L. W.: Z. anal. Chem. **53**, 665 (1914). — WINNICK, T.: (a) Industr. Engng. Chem. Anal. Ed. **14**, 523 (1942); (b) J. Biol. Chem. **142**, 451 (1942); (c) J. Biol. Chem. **142**, 461 (1942). — WOLF, J. M., A. H. BROWN & D. R. GODDARD: Plant Physiol. **27**, 70 (1952).

YOUNG, R. E., H. K. PRATT & J. B. BIALE: Amer. J. Bot. **35**, 814 (1948); Plant Physiol. **26**, 304 (1951).

Cytochemical Methods.

By

F. R. Whatley.

Two major divisions of approach to the identification of cell constituents may be distinguished: 1) the attempt to show the localisation of substances *in situ* within the cell, or to estimate some constituent within a single cell; here the techniques of microscopy and microchemistry are of great significance: 2) the attempt to isolate from a tissue a fraction containing only one type of cellular inclusion, e.g. chloroplast; this is usually done on a "large" scale and the more "classical" chemical and biochemical analyses may be applied.

Both approaches have yielded significant results, but each is liable to particular objections. It is especially important when attempting a cytochemical investigation to become aware of all the many limitations inherent in the techniques chosen, and to evaluate the observations giving due attention to these limitations. Perhaps in no other field of experimentation is the observer so liable to draw incorrect conclusions from his observations.

In the discussion which follows an attempt will be made to give examples of the basic techniques which have been applied to cytochemical investigations. It should be noted that a major portion of the work on cell chemistry has been done with animal tissues as the material of choice, although there seems to be no reason why such techniques should not easily be applicable, with suitable modifications, to plant material. In the majority of cases work on plants has involved such a transfer of technique from experiments made previously with animal tissues, although some early studies were made with plant tissues because of the greater ease with which sections could be prepared from tissues having rigid cell walls.

A. Methods for Microscopic Examination of Tissue Sections.

Microscopic examination of tissue sections will permit the recognition of substances in the cells if they are coloured, or may be easily converted to coloured derivatives by chemical treatment. Physical properties, such as ultraviolet absorption or fluorescence may also be used for the detection of certain substances.

Techniques involving the use of the microscope are essentially qualitative except for one or two physical methods. The principal aim is to recognise substances within cells and as far as possible to determine their distribution even within a single cell. In a few fortunate cases quantitative estimations for the amounts present may be obtainable.

There are dangers in the preparation of material for microscopic investigation. These involve mainly the difficulty of avoiding changes in distribution of the cellular constituents prior to sectioning, and it is likely that they can be largely overcome by the technique of rapid freezing of the tissue followed either by sectioning in the frozen state, or by freeze-drying with subsequent embedding in paraffin and sectioning with an ordinary microtome.

Where the constituent is known to be unaltered by the fixative it may be most convenient to use one of the standard cytological techniques for the tissue sections, but since this will rarely be the case it seems better to rely on one of the freezing methods. In any case localisation of substances having high molecular weights is likely to be more reliable than where small easily diffusible molecules are under examination.

I. Methods of Obtaining Tissue Sections.

Tissue sections for microscopic investigations may be obtained by one of the following methods:—

a) Conventional Cytological Methods. Details of the various methods for fixation and preparation of paraffin or celloidin sections are given in LEE (1937) and PEARSE (1953) and the effects of fixatives on cell structures are discussed there and in BAKER (1950). Books dealing particularly with plant cytology include those of JOHANNSEN (1940) and McCLUNG (1950). These books should be consulted for detailed information on the methods employed in conventional cytology. Such methods for the preparation of sections for cytochemical investigations may be applicable in some cases but are not generally recommended.

b) Freeze-drying Technique. The method is to cool the tissue suddenly to a low temperature and to dehydrate it rapidly in a vacuum whilst still frozen (cf. p. 51). GLICK (1949) emphasises the advantages of the method and points out that freeze-drying should be given preference wherever possible. He discusses the advantages over the conventional cytological methods of fixation and tissue drying under the following headings — i) There is an immediate cessation of metabolic activity at the low temperature if only small pieces of tissue are employed; thus chemical changes are minimised; ii) No fluids are used and fixation is instantaneous on freezing, thus allowing only the minimum shift in diffusible constituents; iii) Cytoplasmic inclusions are less liable to alteration or destruction than with fixing fluids; iv) Cell shrinkage is absent; v) The freeze-dried material can be embedded directly in paraffin without the need for a passage through the alcohols, so that the distribution of substances soluble in these reagents is not affected.

GERSH (1932) constructed an apparatus for dehydrating tissue *in vacuo* at the temperature of solid carbon dioxide (Altmann-Gersh technique). This was improved upon by PACKER and SCOTT (1942), who built a cryostat which operates at —55° C or lower. The tissue is frozen *in small pieces* in isopentane at liquid air or liquid nitrogen temperatures. It is important to freeze it very quickly in order to get the smallest ice crystals possible, and hence the minimal mechanical displacement of the cell contents. The tissue is then placed in the cryostat and dried *in vacuo* at the low temperature. The cryostat of PACKER and SCOTT is described in some detail by GLICK (1949, especially pp. 5—9). The original reference may not be readily available.

Other simplified versions of the freeze-drying apparatus may be designed by the individual investigator.

c) Freezing Microtome. It may sometimes be undesirable to treat the tissue with solvents associated with embedding or removal of paraffin from the section. Thus the substance investigated may be soluble in the paraffin solvent, or if it is an enzyme, may be destroyed. Where this is the case the freezing microtome can be used with fresh material, or with fixed tissues, to obtain sections for cytochemical investigation. LINDERSTRØM-LANG and MOGENSEN (1938) surrounded their microtome with a box kept at — 20° C by means of air circulating over solid carbon dioxide, and in this way could maintain their enzyme activity unimpaired. In their cryostat they were able to cut very even sections of constant thickness. LINDERSTRØM-LANG and MOGENSEN (1938) and LINDERSTRØM-LANG and HOLTER (1940) found the use of a rotary microtome essential to obtain more constant sections and developed also an ingenious device to prevent the curling of sections as they came from the knife. This consisted of a glass plate which clipped on to the microtome knife and was held at a distance of 50 μ from the blade by strips of cellophane of the requisite thickness. As the sections came from cutting they passed between the knife and the glass surfaces and were thus held flat. The cross-sectional area of the sections was maintained by boring cylinders of known diameter from the tissue and freezing these to the microtome head. In this way sections of known volume were obtained by the workers at the Carlsberg laboratory and used for work on peptidases. For less quantitative work it would be possible to obtain sufficiently good sections with an ordinary freezing microtome under the usual conditions. Localisation of cell constituents might often be investigated with sections made in this way. The technique and apparatus required are somewhat simpler than those involved in the freeze-drying technique.

II. Physical Methods of Examination.

Where the compounds under examination show some characteristic physical property such as light absorption or fluorescence, it is possible to study their distribution by the application of physical methods without the necessity for further manipulation of the tissue section. Provided that the preparation of the section under examination has not involved any change in the distribution of the compound and provided that there is no change induced by the method of measurement (e.g., X-ray irradiation) the physical methods provide techniques to study the distribution of suitable compounds within the cell. In certain cases it will also be possible to obtain quantitative measurements as well as find the distribution by the physical methods. Most of the experiments so far carried out have been made with animal tissues, but no doubt the methods could also be used with plant cells. Mention is made below of some of the methods which have been applied to cytochemical investigations. New applications are constantly being proposed. Table 1 gives some idea of the size of cell inclusions whose identification may be reasonably attempted with techniques using the microscope.

Table 1. *Resolving Powers of Various Microscopes.*

Type of Instrument	Diameter (mμ) of Smallest Object Discernible
Light Microscope	200
Ultra-violet Microscope	100
Ultra Microscope (scattered light)	50
Electron Microscope	3
X-Ray Studies (best value)	0.1

1. Polarising Microscope.

This simple device may be used in a few instances to identify microscopic crystals occuring within plant cells. Thus crystals of calcium oxalate, calcium sulphate and (at low temperatures) neutral fats and fatty acids all show birefringence. Other substances show double refraction, and appear as black crosses when observed with crossed Nicols. Starch grains can be positively identified without staining since they exhibit this phenomenon; the same tissue section could then also be used for observations of another constituent. However, quantitative results are not possible with this technique. FREY-WYSSLING (1948) has employed the polarising microscope in his studies of the structure of the cell wall to detect microcrystalline properties in the cellulose.

2. Phase Contrast Microscope.

Differences of refractivity which may be possessed by cell structures are converted by the phase contrast microscope into light intensity differences, which can be easily observed. This permits the observation of the cell without alterations in its structure and the results can be compared with information obtained with a light microscope. A particular application has been the study of chromosome physiology. BENNETT, OSTERBERG, JUPNIK and RICHARDS (1951) have written a comprehensive book on phase contrast microscopy and its applications. GOTTSCHEWSKI (1952) has discussed in detail the performance and possibilities of the phase contrast microscope marketed by LEITZ.

3. Fluorescence Microscopy.

Many tissues and cells fluoresce in ultra-violet light and an examination of tissue sections may permit observations of the distribution of the fluorescent substances within certain cells or even parts of cells. The method is still qualitative but might conceivably be made quantitative.

In the method of METCALF and PATTON (1944) a high intensity source of ultra-violet light in the range 3—4.000 Å is required (carbon arc or mercury vapour lamp). Visible light must be screened out completely (remember that ordinary glass filters will absorb in the ultraviolet). The screened light is passed through a quartz condenser unless rather low incident ultraviolet illumination is enough, when a glass condenser may be used or a condenser omitted altogether. The specimen is placed on a Corex slide (Corning glassworks, Corning, New York) or *thin* glass slide and care must be taken that the mounting medium does not fluoresce. Glycerol, mineral oil or water is usually suitable; Canada balsam fluoresces strongly. The observer looks at the specimen through a filter attached to the ocular which absorbs ultra-violet light but allows the visible to pass. Photomicrographs can be obtained and may allow the easier evaluation of results. Black and white or colour pictures may be possible. It is of course necessary in every case to filter out *all* the ultra-violet light before attempting photography.

Formalin fixation and the freeze-drying technique have both given sections which could be observed after removal of the paraffin which is used in embedding.

The method of fluorescence microscopy has not been widely employed with plant cells but offers many possibilities. It has been used to examine the distribution of chlorophyll in cells by its red fluorescence. Other tetrapyrrols fluoresce and might be investigated in this way. TCHAN (1952) has given a method for counting soil algae by the fluorescence of their chlorophyll which involves very simple apparatus, and this might be used as the basis for localisation of chlorophyll in small amounts. Carotene has a rather stable green fluorescence and may therefore be detected. Vitamins E, K and riboflavin may also be susceptible of study by this technique. Thiamin can be easily converted into its fluorescent derivative thiochrome and this has been used by HENKES (1947) to detect it in cells; a combination of a chemical and a physical technique is thus used.

4. Light Absorption Method.

A technique has been worked out by Caspersson (1950) for the application of the quartz microscope to measurements of the absorption spectra of cell structures *in situ*. Using this apparatus it has been possible to study the distribution of compounds such as nucleic acid within the cell, as has been done by several workers on animal tissues — e.g. Mirsky (1943) on chromosomes, and Gersh and Bodian (1943) on nerve cells. This method should also be capable of use with plant cells but its application has not been made so far. Requirements include a source of light (electrode sparks for less than 2.350 Å, and a high pressure mercury lamp for longer wave lenths) a quartz monochromator to select the wavelength required, light being focussed through a quartz condenser on to the object on a quartz slide, and a device to measure the amount of incident light absorbed. Caspersson employs a photocell and a galvanometer to read the current generated; the galvanometer deflection is first measured with the object in place, and secondly, using the same light source, with the object removed but interposing an adjustable rotating sector to reduce the amount of light falling on the photocell so that an identical deflection is obtained. The light absorbed by the object is thus the same as that cut out by the operation of the sector. The major difficulty is the exact centering of the object when it cannot be seen in ultra-violet light. Corrected lenses are employed interchangeably, and photomicrography accompanies each measurement.

Gersh and Baker (1943) have made a modified apparatus of simpler design which has yielded good results in their hands. Mention may also be made of the technique of Stowell (1942, 1945) for measurement of the visible light absorption of stained sections. This might also be applicable directly for the cell localisation of coloured compounds, e.g., anthocyanins.

Quantitative measurements may be attempted using this technique. Danielli (1953) has advised caution in the use of such measurements and has pointed out that the absorption characteristics of a substance when isolated may not be the same as that when it is still in the cell.

5. X-Ray Absorption Spectroscopy.

Engström (1947) investigated the use of X-rays in the estimation of the amounts of individual elements within single cells. His earlier method involving irradiation by X-rays and measurement of the secondary emission spectrum (von Hamos and Engström, 1944) has been superseded by measurements of the amount of X-ray irradiation absorbed. The amount of elements of atomic numbers higher than carbon (6) could be determined in single mammalian cells, and it is possible to analyse any one cell for more than one element. Details of the method are given in the paper of Engström (1947). The apparatus required is very complicated and the method has not so far been applied to plant cells.

6. Microincineration.

Attempts to investigate the distribution of mineral elements within cells have been made by Policard (1932) and by Scott (1937, 1943). Similar methods have been employed by later workers. The tissue is embedded in paraffin following freeze-drying to prevent diffusion, or sometimes after fixing in a mixture of 9 vol. absolute alcohol plus 1 vol. formalin. Sections 3—5 μ thick are made and incinerated on glass slides without previously removing the paraffin. An electrically heated quartz tube was used as a furnace by Scott (1937) and the slides were pushed through the tube on a mechanical carrier. Scott gives details of the incineration procedure which involves slow heating to 650°. It seems desirable to heat to about 100° fairly rapidly, and more slowly thereafter. After cooling a cover slip is placed on the section and a resin seal is made at the edge. Canada balsam is not used as it may mechanically alter the distribution of the ash. Dark field illumination is used for examination of the distribution of the ash, which probably shows the distribution of the minerals in the tissue.

7. Electron Microscopy.

The use of the electron microscope as a microscope of high resolving power has allowed very fine morphological differentiations to be made. Descriptions of its use may be found in COSSLETT (1951). SCOTT and PACKER (1939) have also drawn attention to the practicability of using the electron microscope to analyse tissues for certain metals on the basis of the electron emission characteristically exhibited by elements like calcium or magnesium on heating *in vacuo*.

8. Radioautography.

When a tissue slice containing a radioactive element is placed in close contact with a photographic film the emission of the radiation will fog the film and produce blackening on subsequent development. If the distance between the tissue section and the film is kept small, thus avoiding the scattering of the radiation, it will be possible to obtain a picture showing the distribution of radioactivity within the cell and hence the distribution of the radioactive element. The use of radioactive isotopes in biochemical investigations is becoming more and more widespread. It is generally considered that the addition of a small amount of an isotopic tracer will not significantly affect the metabolism or distribution of the element already present in the organism; consequently an examination of the distribution of radioactivity from a tracer element (e.g. P^{32}) within the cell will give an indication of the normal distribution of the element (e.g. P^{31}). Difficulties involved are the types of radiation (some weak, some strong) and the stability (half life) of the radioactive element. Distribution studies are possible only where there is a combination of reasonable half life with a moderately strong intensity of radiation. The shorter the half life the stronger the radiation must be — if the isotope is fairly stable, then long time exposures may be suitable to counterbalance a weak radiation. Early studies on plant tissues using P^{32} were made by ARNON, STOUT and SIPOS (1940) on tomato, and using S^{35} by HARRISON, THOMAS and HILL (1944) on wheat. The possibility of spreading the photographic emulsion directly on the tissue section in order to avoid the bad definition due to scattering has been noted by EVANS (1947) and DONIACH and PELC (1950).

III. Chemical Methods of Examination.

1. General Considerations.

Chemical methods depend on the production of a coloured derivative from a colourless cell constituent by the action of a specific reagent. Observation of the treated section in an ordinary optical microscope will then show the distribution of the coloured derivatives. If the method has been successful, the distribution of the colour will show up the distribution in the cells of the compound giving the coloured derivative. Usually only qualitative results are possible by these chemical methods on tissue sections. Quantitative microchemical methods are often available for the estimation of the very small amounts of compounds found in cells, but these methods involve the extraction of the compounds from the cells and hence do not reveal their distribution. It is therefore necessary to choose either qualitative or quantitative methods of study, depending upon the particular objective. In special cases one can combine both methods if it is found qualitatively that the substance occurs in only one cell organ, say the chloroplast. A quantitative estimation in the cell as a whole will then give a measure of the substance in its particular locality. Chlorophyll provides an example of such a substance. However, it is only rarely that a substance has such a well defined sub-cellular distribution. As has been pointed out by many writers the ultimate aim of cytochemistry is to discover the amount and distribution of a cell substance at one and the same time. An attempt towards this has been made by STOWELL (1942, 1945) who obtained quantitative values by measuring the light absorption due to the coloured derivatives in a tissue section and this technique may lead to successful evaluations of both the amount and the distribution of particular compounds in the cell.

Since the localisation made microscopically depends on the formation of an easily visible product from the cellular constituents it becomes necessary to be absolutely certain that following chemical treatment the product has the same distribution as the original constituents. An easily visible product means a compound which is either coloured or absorbs strongly in the ultra-violet and can thus be easily detected. BRADFIELD (1950) has reviewed the minimal requirements for reasonably certain localisation to be made:

1. Microtome sections must be prepared in which there has been no significant alteration in the position of the constituent investigated. Mechanical displacement of cell organs must be considered as well as the effect of diffusion and possible solubility in the solvents used.

2. A specific reagent must be found which will react only with the particular compound or group being investigated. It is of course desirable to find reagents which will react with a single compound only, but this is often impossible; however, there is often only a single representative of a group of compounds likely to be present in the plant material, thus making a "group" reaction more specific.

3. During the chemical treatment diffusion of the constituents may be obviated only where there is a rapid reaction between the reagent and the constituent. The reaction product must not itself be diffusible. Penetration of the reagent to all parts of the cell must occur evenly or incorrect observations may be made. Possible errors due to variations in ionic mobility must also be borne in mind.

4. The reaction product formed at the site of the constituents must either be visible, or capable of being converted into a visible compound without alteration of position.

Where the constituent examined is an enzyme the above requirements should hold, and in addition it is necessary to fulfill others.

a) A reagent must be found which reacts only with one of the products of enzyme action, but not with substrate (often chemically similar to the product), nor with the buffer solution, which must be present to maintain the correct pH.

b) It must be known that the enzyme is not inhibited by the reagents or by substances present in the cell.

c) If possible any interfering compounds already present in the cells should be removed. If this cannot be done control experiments should be made in which the activity of the enzyme is inhibited. The difference between pre-formed colour-producing substances and those present after the enzyme has acted will measure the enzyme activity.

2. General Method for Localisation of Cell Constituent.

A generalised procedure to give an idea of the steps involved in attempting distribution studies within cells or tissues is given below.

1) Fix the tissue in a suitable fixative which will not cause diffusion or mechanical displacement (e.g. by shrinkage). The tissue is then dehydrated, embedded in paraffin and sectioned on a suitable microtome. A discussion of the various types of microtomes commonly used will be found in the books of LEE (1937) and JOHANNSEN (1940). The choice will normally be between a rotary or rocker type of microtome. Alternatively, the sections may be freeze-dried and embedded in paraffin without the complication of fixatives or dehydrating agents. Sectioning then follows the usual procedure. The sections from paraffin blocks are treated to remove paraffin and are taken by steps to dilute alcohol or water, depending upon the reagent which will be used. It may occasionally be possible to use non-aqueous solvents to develop the colour and so prevent the diffusion of water-soluble constituents.

2) It may be possible to use sections directly which have been cut on a freezing microtome, thus avoiding the need for paraffin embedding.

3) Carry out any preliminary treatment of the section which may be needed for the colour-producing reaction later — e.g., acid hydrolysis to liberate free aldehyde groups before FEULGEN staining.

4) Incubate the prepared section with the reagent for the time required, and then stop the reaction (by washing out the reagent if necessary). Details of individual procedures will be found under those sections of this book dealing with the particular compounds. Sometimes a sequence of different reagents may by necessary. Where the intention is the demonstration of enzyme activity it is most important that the requisite control experiments be carried out. Account must be taken of preformed products of the reaction, interfering substances and inhibitors of the reaction.

5) Mount the section for permanent observation, if this is possible. Mounting media superior to neutral Canada balsam have been found by several investigators and may be used where they are available. GROAT (1939) and LILLIE (1941) have used various cycloparaffin polymer resins in toluene or xylol — a mixture of 60% resin in 40% solvent appears suitable as a mounting medium. The resins used are Clarite and Clarite X (Nevillite V and Nevillite I). For "semi-permanent" mounts, glycerol or even water may be used.

Where the amounts of reagents are restricted, as may particularly happen when enzyme substrates are involved, GLICK and FISCHER (1945) recommend the use of a hanging drop technique whereby the amounts of reagents may be minimised.

3. Substances Investigated.

Examples of substances whose distribution has been examined in plant tissues by microscopic techniques involving chemical reactions include inorganic radicals such as calcium, magnesium and iron; methods which have been suggested for other radicals in animal tissues could probably be employed for plants after suitable modification. Organic substances and radicals in plant tissues which have been made visible by chemical techniques include lipides, carotenoids, sulphydryl groups, some amino acid groups in proteins, nucleic acid and polysaccharides (such as starch, cellulose, hemicelluloses and pectin). Finally a few compounds — e.g., chlorophyll and anthocyanins — are directly recognisable without chemical treatment and their distribution is at once apparent. Enzymes whose distribution has been studied in plant tissues include urease, phosphatases, cytochrome oxidase (Nadi oxidase) and dehydrogenases. Of all these components, the most reliable localisations are found with insoluble or slowly diffusing compounds; in other cases the substance can merely be demonstrated but not accurately localised. References to original investigators are given in Table 2.

Table 2. *Substances Investigated by Production of Coloured Derivatives.*

Group Investigated	Authors	Reference
Calcium	Lee, B.	Vade-Mecum (Churchill, London pp. 293, 668 (1937)
Iron	Lee, B.	Vade-Mecum (Churchill, London) pp. 289, 292 (1937)
Magnesium	Broda, B.	Mikrokosmos **32**, 184 (1939)
Arginine (in basic proteins)	Glick, D., and E. E. Fischer	Arch. Biochem. **11**, 81 (1946)
Carotenoids	Steiger, A.	Mikrokosmos **34**, 121 (1941)
Cellulose	Post, E. E., and J. D. Laudermilk	Stain Technol. **17**, 21 (1942)
Nucleic acid (Feulgen)	Whitaker, T. W.	Stain Technol. **14**, 13 (1939)
Polysaccharides (including hemicelluloses and pectin)	Hotchkiss, R. D.	Arch. Biochem. **16**, 131 (1948)
Starch	Bates, J. C.	Stain Technol. **17**, 49 (1942)
	Milovidov, P.	Arch. anat. microscop. **24**, 9 (1928)
Sulfhydryl groups	Rapkine, in Lison, L.	Histochemie animale (Gauthier-Villars, Paris) 1936, p. 133
Adenosine triphosphatase	Glick, D. and E. E. Fischer	Science **102**, 429 (1945)
Cytochrome oxidase	Lison, L.	Histochemie animale (Gauthier-Villars, Paris) 1936, p. 274
Dehydrogenases	Mattson, A. M., C. O. Jenson and R. A. Dutcher	Science **106**, 294 (1947)
Phosphatase	Glick, D., and E. E. Fischer	Arch. Biochem. **8**, 91 (1945)
	Yin, H. C.	New Phytologist **44**, 191 (1945)
Phosphorylase	Yin, H. C., and C. N. Sun	Science **105**, 650 (1947)
Urease	Sen, P. B.	Indian J. Med. Research. **18**, 79 (1930)

B. Methods Involving the Separation of Cell Constituents.

I. Methods Using Single Cells.

A number of techniques have been applied to the analytical study of individual cells, involving the selection of particular cellular inclusions, and also the metabolism of the whole cell. The most usual methods involve the discovery of a suitable source material and manipulation of the chosen material by microdissection. Such methods will provide individual nuclei or other cell structures, which may then be analysed by microchemical methods suitable for the very small amounts of material involved. Gaseous exchanges may also be measured on an extremely small scale and such measurements may prove suitable in some cases; for example it might be desirable to study the respiration of a single cell, perhaps isolated from a leaf, perhaps a single *Chlorella* cell. Methods to measure the respiration of single animal cells might easily be adapted to such work with plants.

1. Analysis of Vacuole Contents.

HOAGLAND and DAVIS (1929) chose the freshwater alga Nitella as their test organism during an investigation of the accumulation of inorganic salts in the vacuole. The cells of this plant are extremely large, growing to several centimetres in length, and have a large central vacuole with a small amount of cytoplasma adjacent to the cell wall; this makes them very suitable for the work on vacuole contents. After the plants had accumulated salts for an experimental period the vacuole contents were collected simply by subjecting the cells to low pressure. About 0.02 ml. of vacuolar sap was obtained from each large cell. Analyses could then be made for the particular ions present in the sap. In HOAGLAND's work use was made of the fact that the plants readily accumulate bromide ions, which are not normally present in the cells. Consequently an analysis for the "foreign" ion provided a good method of estimating the salt uptake and avoided the necessity for a large number of blank determinations to account for the salts already present. Analyses of other constituents of the vacuole contents could also be made. There are other coenocytic types like *Valonia* and *Cladophera* which grow to large size and contain large central vacuoles. Valonia in particular has been used in studies of salt uptake from marine environments, e.g., OSTERHOUT (1936).

2. Microdissection of Cells.

Very few attempts have been made with plant cells to conduct microdissection experiments. Much more has been done with animal cells. For this work several micromanipulators are available, of which perhaps the most versatile is that of DE FONBRUNE (1949). This is based on a universal joint operating three pistons; pressure variations are transmitted at a distance through flexible tubes to three metal diaphragms which actuate the rod on which the dissecting needle is clamped. Vibration is negligible. DE FONBRUNE also has produced an instrument for drawing out micro-needles and micro-pipettes under a microscope lens. Suitable tissues for microdissection include epidermis of leaves and of onion scales; individual nuclei have been extracted from these cells.

3. Separation of Individual Cells from Tissues.

MERCER (1953) has obtained individual protoplasts from beet tissue free from the complication of the cell wall. The isolated protoplasts were then analysed for their osmotic properties, their ability to take up salts, their surface charge and the types of protein present. The metabolic activity might also be investigated, and other chemical analyses performed. The technique used is to plasmolyse small cubes of beet or other tissue in slightly hypertonic sucrose solutions for two hours, gradually increasing the molarity of the external solution to about 1 M. (depending upon the type of tissue used). Then a thin slice is cut from the cube which is replaced in about 0.5 M. sucrose. The undamaged protoplasts which are exposed then swell and are pushed out of the cut cells by the osmotic forces. The individual protoplasts may then be collected in capillary tubes under the microscope.

4. Chemical Analysis.

The amount of material yielded by each of the above methods is necessarily very small, and in order to make quantitative chemical estimations for particular compounds, it is necessary to modify the mode of application of the usual macrochemical procedures. The reagent concentrations and reaction conditions are usually retained when setting up microestimation procedures, only the volumes being appropriately reduced, and the modifications involve the use of a number of special small glass vessels of a size suitable for microquantities. The construction and use of these vessels is described fully by Kirk (1950) and Glick (1949, pp. 165—193).

The weighing of small quantities of sample materials is carried out on quartz fibre balances such as are described by Lowry (1944) and Kirk, Craig, Gulberg and Boyer (1947). Lowry's balance has a sensitivity of about 0.03 μg. A "Cartesian diver" balance has also been made by Zeuthen (1947). Commercial torsion balances are available which are sensitive down to 2 μg.

Details of microchemical procedures, which may be applied to the estimation of extremely small amounts of substances, can be found in the books and articles of Kirk (1950), Conway (1947), Glick (1949) and Linderstrøm-Lang and Holter (1940). The spot tests of Pregl (1951) may prove a useful guide to possible colorimetric methods. Quantitative separations and estimations may sometimes be accomplished with the assistance of paper chromatography.

II. Large Scale Mechanical Separation of Cell Constituents.

The general method involved is to grind the tissue under suitable conditions in a medium which will cause the least alteration to the cell organ investigated. These conditions will vary not only with different cell organs but also with different starting materials, and it is impossible to give more than general guidance. After grinding, individual fractions are separated by differential centrifugation or in a few cases by differential flotation methods. The method can be used to isolate nuclei, mitochondria, microsomes, and chloroplasts. Crystals which are contained in the cells and which are not soluble in the suspending medium (e.g., calcium oxalate) will also be obtained as a separate fraction by centrifugation. Various cell wall materials such as cellulose, pectin, lignin and suberin, can all be obtained on a macroscale by the usual chemical methods of isolation. Their distribution within a tissue or cell may easily be determined by microscopic staining techniques.

Following their isolation the particles prepared on the larger scale may be examined for their chemical and enzymatic composition. The methods which may be employed include the more conventional biochemical methods of analysis, which makes the method of isolation of particles on the large scale particularly attractive to those familiar with biochemical techniques.

There are a number of dangers which must be considered when such separations of cell constituents are made. These may make the interpretation of work somewhat uncertain.

1) During the separation there may be a loss of material from the particle being isolated if there are easily diffusible, water-soluble compounds present. Thus we might expect that there will be a loss of salts and coenzymes from mitochondria. There is some evidence that in animal mitochondria many of the easily diffusible coenzymes are not lost at first, but appear to be bound to the proteins (Green, 1951). In this case there is no loss during isolation of the "easily diffusible" coenzyme.

2) There is a considerable danger of contamination of the particle (during isolation) by metals from the grinding apparatus and by proteins originally present in the cytoplasm. These may become adsorbed on the particle surface, and an analysis of the particles will then show a localisation of a substance or enzyme activity within the particles. This is then a secondary phenomenon, and there is a considerable danger that the apparent distribution observed *in vitro* may not correspond to the actual distribution. The apparent distribution may very well

depend on the method of preparation of the particles; depending on the care taken in the isolation of mitochondria, one may find isocitric dehydrogenase activity associated with the mitochondria or present as a soluble enzyme in the cytoplasm (Green, 1951); depending on the method used to isolate chloroplasts from leaf homogenates, glycolic oxidase can be shown apparently bound to the particles or dissolved in the cytoplasm (Stock and Whatley, 19.2).

3) There may be a loss of activity associated with the (even short term) storage of the particle — e. g., both chloroplasts and mitochondria rapidly lose their ability to carry out complicated enzymatic processes after isolation, although their gross chemical composition appears to change very little (Clendenning and Gorham, 1950).

1. Isolation of Nuclei.

This has not so far been attempted on a large scale for plants. Nuclei of animal cells have been obtained by Dounce (1943) from rat liver. The liver was blended in $M/475$ citric acid, strained through muslin, and centrifuged for 20 minutes at 2,000 r. p. m. The precipitate was washed with distilled water, maintaining the pH above 6.5 or at 4.0. Recentrifugation and resuspension permitted the removal of contaminating mitochondria and the collection of a pure nuclear fraction. If the precipitate was washed between 4.0 and 6.5 the mitochondria flocculated on centrifuging and this made it impossible to separate out the nuclei. Hoerr (1943) maintains that blending is too drastic, altering the properties of the nuclei, and prefers to use a mortar and pestle to grind the tissues and complete the disintegration of the cells by forcing the ground tissue through bolting silk.

Behrens (1938) has proposed a method involving the drying of the tissue with cold acetone and ether, grinding in a ball mill, and differential flotation of the nuclei and cytoplasmic particles in a benzene/carbon tetrachloride mixture of specific gravity 1.25. The technique was used by Feulgen, Behrens and Mahdihassan (1937) to isolate nuclei from rye germ. This drastic treatment might be used for the analysis of proteins in the nucleus, for these may not be much altered. However, the fat solvents will have brought about far-reaching effects in the lipide situation.

2. Isolation of Mitochondria.

Following the work of Claude (1943) and Hogeboom, Schneider and Pallade (1948), mitochondria have been isolated by Millerd, Bonner, Axelrod and Bandurski (1951) from mung bean seedlings. The seedlings were ground in a mortar with 0.4 M sucrose solution buffered with phosphate to pH 7.1, the unbroken cells were removed by filtration and the suspension centrifuged at a moderate speed (500 g. for 5 minutes), to remove the large particles. The supernatant containing the mitochondria was then poured off and centrifuged down at higher speeds (10,000 g.). The sediment was resuspended in sucrose/buffer and washed on the centrifuge. After washing the mitochondria were resuspended in sucrose/buffer solution. All operations were carried out in the cold. This was particularly important. Millerd et al. found close adherence to the experimental conditions to be necessary to get preparations which would carry out the steps of the tricarboxylic acid cycle. Small variations resulted in alterations in the mitochondria (shape, swelling) and loss of enzymatic activity. The chemical changes associated with this loss have not been studied. During the isolation of mitochondria from a new material it will be desirable to observe the particles microscopically, perhaps after staining with Janus Green, which is often considered specific for mitochondria (Ludford, 1933). Changes in the gross morphology of the particles occurring during isolation (e. g., from rods to spheres) may then be observed and the results of metabolic experiments on them interpreted with due caution. Centrifugation at excessive speeds may break the mitochondria, the fragments may agglutinate, and it may not be possible to resuspend them. Normally it is quite simple to resuspend good mitochondrial preparations. The necessity for working out the precise experimental conditions for the isolation of mitochondria is emphasised by the work of Robertson and Wilkins (1953) who isolated plastids (mitochondria) from beet tissue having a high succinoxidase activity but without activity towards most of the intermediates of the tricarboxylic acid cycle. Work is currently in progress in this laboratory to discover what variations in the preparative technique are required to obtain the additional activity. High temperatures and any treatment causing the breakdown of the mitochondria cause the greatest losses of the labile enzymes.

3. Isolation of Microsomes.

Following the removal of mitochondria from preparations by centrifugation at fairly low speeds it is possible to collect another fraction by high speed centrifugation, as was done by Claude (1943) for animal tissues. The particles so collected are considered to represent the microsomes, very small particles on the limit of microscopic visibility, which can be demonstrated cytologically under good conditions. Microsomes have not been much studied in plant cells but can be isolated by high speed centrifugation.

4. Isolation of Chloroplasts.

To obtain intact chloroplasts from leaf tissue the usual procedure has been to grind the leaves in 0.5 M. glucose or sucrose solution in a mortar, filter out the larger particles through muslin, and centrifuge the chloroplast suspension for a short time at quite low speeds to remove starch, cell fragments and any whole cells. The chloroplasts are then sedimented by a further period of centrifugation at a moderate speed, it being necessary to choose the appropriate conditions for each species of plant. Where the vacuole sap is very acid it is necessary to use buffers, glucose/phosphate solutions being often employed, to hold the pH at about 6.5. The chloroplasts after centrifugation are resuspended by gently agitating with glucose solution, and further purification may be made if considered desirable by simply repeating the centrifugation. At each subsequent recentrifugation the chloroplasts tend to be more difficult to sediment. It should be noted that whole chloroplasts very easily become damaged, and this sets a limit to the degree of purification which may reasonably be attempted. Granick (1938) and Neish (1939) have isolated whole chloroplasts and attempted chemical analysis upon them.

More recently it has been shown that chloroplast fragments retain many of the characteristic enzymatic properties of the intact chloroplasts, and the fragments may be more easily made in relatively large amounts. Leaves are ground in a Waring blendor in twice their volume of distilled water or buffer solution so that the chloroplasts become broken into fragments. After squeezing through muslin large cell fragments are removed by low speed centrifugation and the chloroplast fragments are collected at higher speeds. It is usually necessary to run the centrifuge at considerably higher speeds than are used with the whole chloroplasts. Under the same conditions it is likely that mitochondria from the leaf cells will also be sedimented, so that most chloroplast preparations will have these as a contaminant. Isolated chloroplasts resemble mitochondria in their extreme sensitivity to warming and poor storage properties. GORHAM and CLENDENNING (1950) have successfully investigated a method of snap freezing in the presence of sucrose and low temperature storage as a means of keeping chloroplast preparations.

Analyses of enzymes have been carried out on intact (HILL, 1951) and fragmented chloroplasts, both of the "photosynthetic" activity (HOLT and FRENCH, 1949; ARNON and WHATLEY, 1949) and of the enzymes of respiration (LI and BONNER, 1947). Estimations of the distribution of micronutrient elements in chloroplasts and fragments have been carried out by NEISH (1939) and WHATLEY, ORDIN and ARNON (1951).

Mention should also be made of several experiments to investigate the distribution of enzymes within the chloroplasts and cytoplasm of the leaf. Thus enzymes may be present in a leaf homogenate but absent from chloroplast fragments separated from this. The conclusion then is that the particular enzyme is present within the cytoplasm, and not located in the chloroplasts. As has been mentioned above considerable caution must be exercised in interpreting results of such distribution studies, as there is always the danger of substances altering their distribution during isolation of the chloroplasts. BRADFIELD (1947) and WAYGOOD and CLENDENNING (1950) have both shown that carbonic anhydrase is absent from the chloroplasts and this is presumably a cytoplasmic enzyme.

C. General Conclusions.

A brief survey of the aims and methods of cytochemistry shows that there are several different lines of approach in the study of individual cell constituents. Not all are equally satisfactory in any one case, and it is necessary to select the methods to be used having in mind the ease of manipulation, the type of apparatus required, and the possible errors involved in the preparation of the material for observation.

Physical methods of observation of tissue sections are the most straightforward, as they do not involve any change of properties of the substance being investigated. Fixation is usually a necessary preliminary. This may be accomplished by freeze-drying so that the danger of alteration by diffusion is minimised. If the substance under investigation has some convenient physical property (e. g., strong ultra-violet absorption) its distribution and amount may be accurately measured by a physical method. There is some danger that the properties of the compound in the cell may be slightly different from those of the compound when isolated (e. g., chlorophyll undergoes a slight shift of its absorption spectrum when isolated) and this may render quantitative measurements somewhat inaccurate. The apparatus required for the physical methods is often rather expensive and complicated, and this may seriously limit the application of certain methods. However, where they are practicable physical methods provide a most valuable tool for cytochemical investigations.

The chemical methods of observation of tissue sections are liable to more objections than the physical ones, but are often much easier to carry out and hence are frequently applied. Given a specific reagent, and provided that all precautions are taken to avoid redistribution of the substance or its coloured derivative by diffusion, etc., reliable localisations will be obtained. It is possible to make quite large numbers of observations using the chemical methods since the apparatus needed and the manipulations required are not complicated. This may prove extremely valuable for many studies.

The various procedures involving isolation of cell organs for further study are also liable to particular objections. Where individual cells are used in microdissection, individual nuclei etc. can be obtained. The apparatus for microdissection is complicated and the procedure time-consuming. The cell organ isolated will probably represent its condition in the cell as nearly as is attainable with an isolation procedure. The major problem following the isolation of the individual cell organ is the application of an ultramicrochemical analysis for the compound investigated. While the method of isolation and analysis of individual cell organs commends itself on theoretical grounds its practical application is extremely difficult and has not been frequently attempted. A special advantage is that the conditions present in a particular cell may be investigated, and the degree of variation between cells may be observed.

Where large scale isolations of cell particles are made the amount of material for analysis is larger but is much more liable to alteration by the loss of constituents by diffusion or their gain by adsorption. The dangers of a changed picture usually weigh less than the possibilities of much more extensive analysis from the isolates by the more usual microchemical procedures, and large scale isolations are becoming more commonly used. It will be obvious that information obtained from these isolates represents a statistical average of the conditions in many cells, and this may be a considerable disadvantage. For example, it is impossible to tell whether all the mitochondria in a given fraction are identical or represent a mixed "population". Some information on this question will be available from chemical and physical methods on tissue sections, which both have the advantage that they are concerned with individual cells and show up any variation.

This latter observation leads to one final conclusion, namely, the wisdom of choosing several different methods for the estimation of any one compound in a given cell type. If results are obtained which indicate identical distributions and amounts within the cell, the observations attain a degree of certainty which is never achieved with any single method. The performance of physical and chemical measurements in sequence upon a single tissue section would rule out many of the objections inherent in each alone, and the observed distributions might then be checked using an isolation procedure. Similar duplications, which have not often been attempted in the past, would do much to put the results of cytochemical investigations on a firmer basis.

I wish to thank my colleagues in the Biochemistry Department of the University of Sydney for their many helpful suggestions during the writing of this article.

References.

ARNON, D. I., P. R. STOUT and F. SIPOS: Am. J. Botany 27, 791 (1940). — ARNON, D. I., and F. R. WHATLEY: Arch. Biochem. 23, 141 (1949).

BAKER, J. R.: Cytological technique. Methuen, London 1950. — BENNETT, A. H., H. OSTERBERG, H. JUPNIK and O. W. RICHARDS: Phase Microscopy, principles and applications. New York: Wiley 1951. — BEHRENS, M.: In ABDERHALDEN, A. Handbuch der biologischen Arbeitsmethoden. Berlin: Urban u. Scharzenburg 1938. — BRADFIELD, J. R. G.: Nature (London) 159, 467 (1947); Biol. Rev. 25, 113 (1950).

CASPERSSON, T. O.: Cell Growth and Cell Function. New York: Norton 1950. — CLAUDE, A.: Biol. Symposia 10, 111 (1943). — CLENDENNING, K. A., and P. E. GORHAM: Can. J. Research. 28C, 78 (1950). — CONWAY, E. J.: Microdiffusion Analysis and Volumetric Error. London: Crosby Lockwood 1947. — COSSLETT, V. E.: Practical Electron Microscopy. London: Butterworth 1951.

DANIELLI, J. F.: Cytochemistry — a Critical Approach. New York: Wiley 1953. — DE FONBRUNE, P.: Technique de micromanipulation. (Monographie de l'Institut Pasteur). Paris: Masson et Cie. 1949. — DONIACH, I., and S. R. PELC: Brit. J. Radiol. 23, 184 (1950). — DOUNCE, A. L.: J. Biol. Chem. 151, 221 (1943).

ENGSTRÖM, A.: Acta Physiol. Scand. 8, 137 (1944); Biochim. Biophys. Acta 1, 428 (1947).—
EVANS, T. C.: Proc. Soc. Exptl. Biol. Med. 64, 313 (1947).
FEULGEN, R., M. BEHRENS and S. MAHDIHASSAN: Hoppe Seylers Z. 246, 203 (1937). —
FREY-WYSSLING, A.: Submicroscopic Morphology of Protoplasm. Amsterdam: Elsevier
1953. —
GERSH, I.: Anat. Record 53, 309 (1932). — GERSH, I., and R. F. BAKER: J. Cell. Comp.
Physiol. 21, 213 (1943). — GERSH, I., and D. BODIAN: Biol. Symposia 10, 163 (1943). —
GLICK, D.: Techniques of Histo- and Cyto-Chemistry. New York: Interscience 1949. —
GLICK, D., and E. E. FISCHER: Science 102, 429 (1945). — GORHAM, P. R., and K. A. CLEN-
DENNING: Can. J. Research. 28C, 513 (1950). — GOTTSCHEWSKI, G. H. M.: Zeitschrift für
Microskopie 61, 185 (1952). — GRANICK, S.: Am. J. Botany 25, 558 (1938). — GREEN, D. E.:
Biol. Rev. 26, 412 (1951). — GROAT, R. A.: Anat. Record 74, 1 (1939).
VON HAMOS, L., and A. ENGSTRÖM: Acta Radiol. 25, 325 (1944). — HARRISON, B. F.,
M. D. THOMAS and G. R. HILL: Plant Physiol. 19, 245 (1944). — HENKES, H. E.: Acta Anat.
2, 321 (1947). — HILL, R.: Symposia Soc. Exptl. Biol. 5, 222 (1951). — HOAGLAND, D. R.,
and A. R. DAVIS: Protoplasma 6, 610 (1929). — HOERR, N. L.: Biol. Symposia 10, 185
(1943). — HOGEBOOM, G. H., W. C. SCHNEIDER and G. E. PALLADE: J. Biol. Chem. 172,
619 (1948). — HOLT, A. S., and C. S. FRENCH: In J. FRANCK and W. E. LOOMIS, Photosyn-
thesis in Plants. Iowa State College Press. Ames. 1949.
JOHANSEN, D. A.: Plant Microtechnique. New York: McGraw Hill. 1940.
KIRK, P. L.: Quantitative Ultra-microanalysis. New York: Wiley 1950. — KIRK, P. L.,
R. CRAIG, J. E. GULBERG and R. Q. BOYER: Ind. Engng. Chem. Anal. Ed. 19, 427 (1947).
LEE, B.: The Microtomists Vade-Mecum. London: Churchill 1937. — LI, L., and J.
BONNER: Biochem. J. 41, 105 (1947). — LILLIE, R. D.: Stain Technology 16, 127 (1941). —
LINDERSTRØM-LANG, K., and H. HOLTER: In E. BAMANN and K. MYRBÄCK. Die Methoden der
Ferment-Forschung. p. 1132. Leipzig: Georg Thieme 1940. — LINDERSTRØM-LANG, K., and
K. R. MOGENSEN: Compt. rend. trav. lab. Carlsberg, Ser. chim. 23, 27 (1938). — LOWRY, O.H.:
J. Biol. Chem. 152, 293 (1944). — LUDFORD, R. J.: Biol. Rev. 8, 357 (1933).
McCLUNG, C. E.: Microscopical Technique. New York: Hoeber 1950. — MERCER, F. V.:
Unpublished 1953. — METCALF, R. L., and R. L. PATTON: Stain Technology 19, 11 (1944). —
MILLERD, A., J. BONNER, B. AXELROD and R. BANDURSKI: Proc. Nat. Acad. Sciences 37,
855 (1951). — MIRSKY, A. E.: Adv. Enzymol. 3, 1 (1943).
NEISCH, A. C.: Biochem. J. 33, 293 (1939).
OSTERHOUT, W. J. V.: Bot. Rev. 2, 283 (1936).
PACKER, D. M., and G. H. SCOTT: J. Techn. Meth. Bull Intern. Soc. Assoc. Med. Museums
22, 85 (1942). — PEARSE, A. G. E.: Histochemistry. London: Churchill 1953. — POLICARD, A.:
Harvey Lectures 27, 204 (1932). — PREGL, F.: Ed J. GRANT, Quantitative Organic Micro-
analysis. London: Churchill 1951.
ROBERTSON, R. N., and M. J. WILKINS: Unpublished 1953..
SCOTT, G. H.: In C. E. McCLUNG Microsopical Technique. New York: Hoeber 1937. —
SCOTT, G. H.: Biol. Symposia 10, 277 (1943). — SCOTT, G. H., and D. M. PACKER: Anat.
Record 74, 17 (1939). — STOCK, J., and F. R. WHATLEY: Unpublished 1952. — STOWELL,
R. E.: J. Natl. Cancer Inst. 3, 111 (1942); J. Investigative Dermatol. 6, 183 (1945).
TCHAN, Y. T.: Proc. Linnean Soc., New South Wales 77, 265 (1952).
WAYGOOD, E. R., and K. A. CLENDENNING: Can. J. Research 28C, 673 (1950). — WHATLEY,
F. R., L. ORDIN and D. I. ARNON: Plant Physiol. 26, 414 (1951). — WILLIAMS, P. S., and
G. H. SCOTT: J. Optical Soc. Am. 25, 347 (1935). —
ZEUTHEN, E.: Nature (London) 159, 440 (1947).

Mineral Components and Ash Analysis.

By

E. C. Humphries.

With 2 Figures.

A. Introduction.

1. Occurrence of Ash Constituents.

The amount and composition of ash remaining after combustion of plant material varies considerably according to the part of the plant, age, cultural treatment etc. Thus, in a young leaf the ash may constitute approximately 5 per cent of the dry weight while in the mature leaf it may be 15 per cent. The ash content of the wood (of the order of 5 per cent) is usually much lower than that of the bark (up to 20 per cent).

The constitution of the ash also varies with time and from organ to organ and the distribution of the ash constituents is in large part decided by the path they follow in the plant. The general picture is that nutrients absorbed by the root ascend the stem with the transpiration current and solutes may pass laterally into the living cells of the wood and into the bark tissues. Normally, however, the bulk goes into the leaves where concentration and elaboration takes place. From the leaf most of these materials may be re-exported via the phloem to other parts of the plant. Materials going to developing foliage and fruits on the other hand would be used entirely for growth and storage. Certain elements notably calcium appear never to be re-exported from the leaf so that this element accumulates with time. It appears that calcium becomes converted to a form which cannot be re-mobilised. On the other hand, nitrogen, phosphorus and potassium are readily re-exported from the leaf. In the seed of most plants the bulk of the mineral constituents come via the phloem and hence only these materials which are re-exported from the leaf via the phloem can arrive there in any quantity. Thus seeds are usually low in calcium for instance. The bark of trees appears to act as a temporary storage reservoir for mineral constituents.

Plants are capable of absorbing considerable quantities of elements which are apparently not utilised in their metabolism. The most notable example is silica which accumulates in considerable quantities in certain species of grasses and in the genus *Equisetum*. Under certain circumstances elements such as Mo, Se, Ba accumulate and may have toxic properties for cattle.

2. Sampling Plant Material.

Care in sub-sampling a considerable bulk of plant material is of the utmost importance. Unless a truly representative sample is obtained, accuracy in the subsequent analytical determinations is of little avail. It is not possible to give any general directions for the sampling of plant material, whether grown in the field or in the glasshouse — much will depend on the problem in hand. The sampling is especially difficult when whole plants with the various organs in different stages of development are to be sampled. Here it is advisable to keep the plants as intact as possible and sub-divide the sample by successive halving until a sample of manageable size is obtained. This may be chopped up and further sub-divided if desired. If leaves only are to be sub-sampled a convenient procedure is to heap the leaves in a layer 2—3 inches deep on a wooden tray and cut out discs at random with a sharp 1 inch cork borer. This ensures that all parts of the leaf, including the edges and the veins, have equal chance of being sampled (WATSON and BAPTISTE, 1938). It is always advisable to take at least 2 sub-samples from each sample of material. Other methods of reducing the size of samples will readily suggest themselves according to the type of material, but it is essential to be satisfied that a really representative sub-sample is obtained. It is possible to ensure this, when practicable, by oven-drying the whole sample and grinding in a mill and thoroughly mixing the powder. Whether this procedure can be followed will depend upon the size of the sample and upon what analyses are contemplated (e. g. whether the sample is likely to be contaminated in the mill, see below), but it is worthy of consideration when the material is difficult to sub-sample accurately.

A further important consideration during sampling is to avoid contamination. This may occur from soil, fertilizers, containers etc. It is especially important to avoid contamination when trace elements are to be determined.

Fresh plant material destined for ash analysis should be oven dried as quickly as possible. This is best carried out in an oven with forced draught with the material spread out as thinly as possible. Such a procedure is not always possible and it is sometimes convenient to place the material on paper trays in a heated drying room where in the course of a few days most of the moisture is lost. Some undesirable chemical and biological changes may occur in these circumstances but usually if only the total content of an element is required these will not matter. It is known, however, that nitrate content may increase markedly when plant material wilts slowly and rapid drying is essential if this radicle is to be determined. If trace elements such as copper or zinc are to be determined the sample should not be dried in copper or brass ovens. A stainless steel oven is preferable.

3. Grinding Plant Samples.

Any of the types of mill available for the grinding of plant material will contaminate the sample to some extent, and the method chosen will be decided by the nature of the subsequent analyses. It has been reported that grinding in a Wiley mill or hammer mill gives appreciable iron and copper contamination while a jar-mill with flint balls will produce iron, zinc, copper, cobalt and sodium contamination. The substitution of porcelain or mullite balls produces somewhat similar contamination with the addition of sulphur and phosphorus. If iron is to be determined the use of a phosphor-bronze mill is permissible, but the phosphorus content of the sample is appreciably increased. Hence the method employed in grinding will depend on the analyses required and it may be necessary to treat sub-samples by special methods to avoid contamination. Hand grinding in a pestle and mortar produces very little contamination, but is a laborious process with certain types of plant material. Another way out of the difficulty is to ash the whole sample, or sub-sample, which has been cut up as finely as possible preferable with a stainless steel knife or scissors. The importance of avoiding contamination at the grinding stage is often overlooked.

The particle size to which the material is reduced is decided by the use of appropriate sieves on the mill. If relatively large samples are to be used in the analysis larger particles are permissible than when only small samples are to be taken.

It is usual to oven-dry the powdered material immediately before weighing out the appropriate amount. Allowance may be made for the moisture in the bulk sample which has been allowed to come into equilibrium with the atmospheric humidity by determining the moisture in a sub-sample but this procedure is not advisable when rapid changes in humidity are likely to occur.

B. General Preparations.

I. Ashing Plant Material.

The object of ashing plant material is to remove all traces of organic material which might otherwise interfere in an analytical determination. It is necessary to exercise considerable care in the process so that none of the inorganic constituents are lost either mechanically by charred fragments floating away or by volatilisation of constituents by an excessive temperature. Sometimes local deflagration is likely to occur with the result that at these points the temperature is raised above that of the surrounding mass and there is then danger of loss of constituents. Ashing at too high a temperature may also result in the formation of complex silicates which are not readily soluble in hydrochloric acid and an apparent loss of some constituents may result from this cause. Some analysts favour mixing sulphuric acid with the dry powdered plant material before ashing and this sulphated ash is normally less fusible than ordinary ash. It is usual to ash powdered material but circumstances may require ashing of larger pieces (see p. 469). In any case carbon must be removed as thoroughly as possible so that there is no danger of incomplete extraction owing to patches being surrounded by unburnt carbon.

For certain determinations e. g. chlorine and boron it is necessary to ash under alkaline conditions and the powdered material is then mixed with calcium hydroxide or sodium hydroxide before ashing.

It has been shown conclusively that loss of potassium may occur if the temperature is too high and it is usual to avoid a temperature of over 480° C if all the potassium is to be retained. Phosphorus is less readily lost and may be guarded against by mixing the dry plant material with a solution of magnesium or calcium nitrate or acetate and drying off the moisture before ashing. Temperature up to 800° C may then safely be used without loss of phosphorus occurring. A temperature of 450° C should not be exceeded if zinc is to be determined.

Carbon may also be destroyed by a process of wet digestion similar to that used in the Kjeldahl procedure for estimation of total nitrogen (see for instance, determination of phosphorus). In addition to sulphuric, nitric and perchloric acids may also be employed.

There are certain advantages in the wet digestion procedure although it is not in general favour owing to the possibility of explosions from the perchloric acid. Among the advantages are the fact that the temperature cannot exceed the boiling point of the mixture and generally speaking carbon is destroyed quicker than by dry ashing. There is also the danger in a dry ashing procedure that the silica residue left after digestion of the ash with hydrochloric acid retains some elements which however can be recovered by alkaline fusion. Fusion with sodium carbonate in the dry ashing procedure to prevent retention of trace elements is mentioned later (see p. 473). Wet digestion overcomes this difficulty so that this procedure is particulary recommended in trace element determination.

The wet digestion procedure depends on the destruction of organic matter chiefly by the use of nitric acid at a fairly low temperature to avoid loss by evaporation and in the later stages of the digestion the process is considerably speeded up by the action of perchloric acid. Sodium perchlorate may be used instead of perchloric acid if sodium is not to be determined in the digest.

In certain routine determinations e. g. that of potassium, some analysts have advocated extraction of the powdered dry plant material with hydrochloric acid to avoid the somewhat tedious ashing operation. There appears to be fairly complete extraction of potassium using normal hydrochloric acid (5 g. material and 100 ml. HCl) for some plant materials but it would probably be inadvisable to use this as a general method and before adopting the procedure for any given plant material a thorough test against ashed material is certainly to be advocated. Even if complete extraction is achieved the organic matter also extracted is likely to interfere in the subsequent determinations.

The following are general instructions for the various ashing procedures:—

1. Dry Ashing.

Weigh a quantity of oven-dried powdered material into a silica dish. It is advisable to remove some of the organic material, especially when the samples are large, by a preliminary charring over a low bunsen flame before transferring to a muffle furnace. The best results are obtained by keeping the muffle at about 300° C until all the carbon has ceased to glow and then raise the temperature to 450—500° C. The time required at this temperature will depend upon the nature of the material but the object is to get a white ash and this may require several hours. Oxidation of the last traces of organic material is sometimes accomplished by removing the dish from the muffle allowing it to cool and adding 1—2 ml. of concentrated nitric acid, evaporating to dryness and replacing the dish in the muffle for a further hour or so. The silica dish is then covered with a clock glass and about 40 ml. of dilute hydrochloric acid (1:1) cautiously added from a pipette. The clock glass prevents loss by spattering. After digesting over a water bath for 30 min. the cover is rinsed and removed and heating continued for a further 30 min. to dehydrate silica. Add a further 10 ml. of hydrochloric acid (1:1) then 50 ml. water and keep warm on a water bath to dissolve soluble salts. Filter through a No. 44 Whatman filter paper into a volumetric flask. Wash the residue from the basin into the filter paper and wash with hot dilute hydrochloric acid. The residue on the filter paper consists almost entirely of silica which may be ignited and weighed to give an approximate estimate of silica. If it is suspected that any other elements (especially trace elements) have been retained in the residue, it may be treated with hydrofluoric acid to remove silica and the resulting residue added to the hydrochloric acid extract. The loss in weight may be taken as a more accurate estimate of silica.

2. Sulphated Ash.

The dry powdered material (contained in silica dish) should be practically saturated with concentrated sulphuric acid (1 ml. of concentrated sulphuric acid to 1 g. dry matter). Mix the acid thoroughly with a glass rod and set aside for several hours. Heat very gently until charring occurs.

Continue heating until the mass is nearly dry and then heat more strongly to drive off most of the sulphuric acid and then put in a muffle at 500° C until ashing is complete.

3. Ashing with Alkali.

This procedure is adopted when chlorine is to be determined — if dry ashing alone is employed variable losses of chlorine occur. The dry powdered sample is intimately mixed with about one-fifth its weight of calcium oxide (chlorine-free) and sufficient water added to form a paste. This is dried on a water bath and ashed at 500° C.

For the determination of boron alkaline ashing is also necessary and with some plant samples loss of boron may occur during drying so that it is advisable to use fresh material. In this case a solution of sodium hydroxide may conveniently be used. If the material is dried at a temperature not exceeding 70° C however probably little loss of boron occurs and if this procedure is followed the dry powdered material may be mixed with calcium oxide as above using about 0.1 g. of oxide to every gram of dried material.

4. Wet Digestion.

Several objections have been raised to this procedure — for instance relatively large amounts of acid and alkali are required which may result in a large blank but the necessary purification is easily performed. The danger of explosions with perchloric acid has also been stressed but it is considered to be quite safe when sulphuric acid is also present. To obviate the risk of omitting sulphuric acid the three acids may be mixed before addition to the plant material. The cost may be reduced by the use of sodium perchlorate instead of perchloric acid which is also easily purified. The advantages of the method are rapidity and ease with which the digestion is carried out and the non-retention of other substances by silica so that the method is especially valuable with plant material yielding a large amount of insoluble ash and when trace elements are to be determined it is the method of choice. The process may be carried out on a macro- or micro-scale.

With Sulphuric and Nitric Acids. Take up to 10 g. of powdered material in a 300 ml. Kjeldahl flask and add 10 ml. of sulphuric acid and 10 ml. nitric acid or more nitric acid if necessary to keep the sample fluid. Apply very gentle heat and avoid excessive frothing. When all the nitric acid fumes have been evolved, allow the flask to cool and add more nitric acid if necessary. When all the organic matter has been oxidised increase the temperature for ten minutes and then allow flask to cool.

With Sulphuric, Nitric, and Perchloric Acids. The following details for a macro-digestion are taken from Piper (1942) one of the chief advocates of the wet digestion process.

Weigh out 5 g. of oven-dried material into a 300 ml. Kjeldahl flask, add 4 ml. perchloric acid (S. G. 1.54) and sufficient nitric acid to ensure complete oxidation of the organic matter (about 7 ml. for every gram of material). Then add 5 ml. of sulphuric acid (at least 2 ml. should always be present to ensure a sufficiency of acid of high boiling point to prevent overheating of the digest in the later stages after the nitric acid has gone. In the absence of sulphuric acid local heating of the digest at this stage may lead to decomposition of ammonium perchlorate with explosive violence.

After addition of the 3 acids mix contents by swilling and heat gently at low heat for 3—5 minutes or until first appearance of dense brown fumes. Then remove from the heater for 5 minutes and allow the reaction to subside. Replace the flask on the heater and continue digestion slowly at low heat until the appearance of dense white fumes of sulphuric acid. If bumping occurs add 2 small glass beads. The rate of digestion is important. If it is too high a wasteful loss of nitric acid occurs before the oxidation of organic matter is complete. Too low a temperature prolongs the digestion time. Continue the digestion at low heat for 5—10 minutes after the appearance of dense white fumes of sulphuric acid; then digest for a further 1—2 minutes at increased heat. If the digestion is complete the liquid is colourless at this stage. If any carbon is present add 1—2 ml. nitric acid and digest again to fuming. When cold, dilute the digest with 50—75 ml. water and the solution is ready for analysis.

Micro-digestion. The following procedure is described by WALKLEY (1942). 1 g. of oven-dried ground plant material is transferred to a 50 ml. KJELDAHL flask. Add 10 ml. of nitric acid, 1 ml. of perchloric acid (or 2 ml. of sodium perchlorate solution; see p. 493), 1 ml. sulphuric acid and 1 drop kerosene to prevent frothing. Heat gently until most of the nitric acid fumes have subsided. White fumes then begin to appear and a second vigorous action sets in. When this has subsided the digest should be colourless. The heating should be so adjusted that it takes 30 minutes to get to this stage. After a further 5 to 10 minutes heating, sulphuric acid begins to reflux. Raise the temperature so that refluxing occurs at the base of the neck of flask or higher. Continue heating for 5 minutes. Cool. Add 15 ml. water and bring to the boil over a bunsen flame, keeping the flask agitated to prevent bumping. The solution is then ready for analysis.

II. Concentration Methods for Detection and Estimation of Trace Elements.

It is sometimes desirable to make a spectrographic survey of plant materials for the occurrence of trace elements and it is usually necessary to carry out a preliminary concentration to bring the elements occurring in smallest amounts within the range of the sensitivity of the method and at the same time to eliminate the alkali metals and alkaline earths. Some preliminary concentration is also usually desirable for polarographic determinations.

1. 8-Hydroxyquinoline Method. (MITCHELL, 1948.)

Ash 20 g. of oven-dried material, observing all the necessary precautions to prevent contamination (see p. 469), in a platinum basin at 430—450° C with a loose silica lid over the basin. Transfer the ash to a platinum crucible and mix with 4 g. of purified anhydrous sodium carbonate. After fusion, dissolve in 50 ml. of 1:2 HCl and evaporate to dryness on a steam bath and take up again in 50 ml. hydrochloric acid (1:2). Filter off silica on a No. 41 Whatman filter paper and wash with hot water. Make filtrate up to a volume of 150 ml. It is then ready for the concentration process.

The solution to be concentrated should contain aluminium equivalent to about 30 mg. Al_2O_3 and iron equivalent to 2 to 5 mg. Fe_2O_3. (It is generally necessary to add aluminium to plant extracts.) Add 10 ml. of a 5% solution of 8-hydroxyquinoline in 2 N acetic acid. Then add ammonia solution (1:1) drop by drop until the colour just changes from yellow to emerald green at pH 1.8 to 1.9. Finally add 50 ml. of 2 N ammonium acetate. Stir vigorously and allow to stand overnight. Filter through a No. 540 Whatman filter paper and wash with cold water. After partial drying, the precipitate is ashed with the paper in a small porcelain crucible at 450° C. The weight of ash should be 30—50 mg. If below it can be made up to 40 mg. by addition of pure Al_2O_3 powder. The ash is thoroughly ground in a small agate mortar and is then ready for spectrographic determination (arc) of the trace constituents and for colorimetric determination of iron.

This method has been shown to give complete recovery of Co, Ni, Mo, Cu and Zn whilst Cr, V, Ag, Sr, Pb, Ge, Be and Cd are not completely precipitated and the method has been extended using in addition to 8-hydroxyquinoline, other precipitants which give a more complete recovery of trace elements.

2. 8-Hydroxyquinoline, Tannic Acid and Thionalide.

This procedure follows that for 8-hydroxyquinoline alone as far as neutralisation with ammonia (1:1) to the emerald green colour change at pH 1.8 to 1.9, except that to the solution are added also 10 ml. of a solution containing 0.4 mg. of Cd as $CdCl_2$. Then add 30 ml. of 2 N ammonium acetate with stirring. Add 2 ml. of 10% tannic acid in 2 N ammonium acetate, and 2 ml. of 1% thionalide in glacial acetic acid, followed immediately by an equivalent quantity of ammonia with stirring. The amount of ammonia equivalent to 2 ml. of glacial acetic acid is previously determined by titration with bromothymol blue as indicator. Tannic acid and thionalide should be freshly prepared. After standing overnight, the precipitate is filtered through a No. 540 Whatman filter paper, and ashed as before.

Cd is added to provide a second internal standard for Zn determination.

The acetic, nitric and hydrochloric acids are purified by redistillation in glass and the ammonia purified by re-absorption in distilled water and kept in wax bottles.

3. Diphenylthiocarbazone (Dithizone) Method.

The methods described above concentrates practically all the trace elements likely to be encountered in plant material but by means of dithizone a more specific extraction may be made. Dithizone forms coloured complexes ("Dithizonates") with many of the heavy metals. Both dithizone itself and the coloured complexes are readily soluble in chloroform or carbon tetrachloride but practically insoluble in water. It is therefore possible with suitable adjustment of the pH of the aqueous phase to extract the metals quantitatively. The various metals react at different optimum hydrogen-ion concentrations and hence by adjustment of the latter it is possible to achieve a selective extraction. Since the extracting solvent is heavier than water, repeated extraction can be made in separating funnels without transferring the aqueous phase.

Dithizone extraction is commonly used in the determination of cobalt (p. 491) copper (p. 492) and zinc (p. 499) and directions for the purification of dithizone is given under Piper's method for determination of copper (p. 493).

C. Methods of Analysis.

The choice of a particular method will depend upon considerations such as amount present, occurrence of interferring substances, speed and accuracy required. It should always be the aim to avoid as much manipulation as possible. Above all accuracy is the most important consideration — semi-quantitative methods rarely serve any useful purpose. In general ash analysis employs all the usual methods — gravimetric, volumetric, colorimetric, spectrographic, and polarographic with use of well-known apparatus. Two instruments not yet widely used viz:— the flamephotometer and polarograph will be briefly mentioned.

1. The Flamephotometer.

Principle. The principle of the flamephotometer is essentially the same as that of the spectrograph except that the intensity of the spectral line is measured directly by the response of a galvanometer to the current emitted by a photocell. A finely atomised spray of the solution to be analysed is passed into a flame and the emitted light from the excited element passed through a suitable filter such that only the appropriate wavelength of the element being determined is transmitted. The intensity of the line is measured by means of a photocell and by using a calibration curve obtained from standard solutions of the element the concentration may be determined. The sensitivity of the instrument may be increased either by amplifying the current from the photocell or by use of photo-multipliers where internal amplification occurs. There are two types of cathodes for photocells commercially available, the caesium-silver type where the peak sensitivity is in the near infra-red region (about 840 mμ) and is especially suitable for estimation of the potassium line at 768 mμ and the antimony type which has a peak sensitivity in the blue region of the spectrum (about 450 mμ). This type is suitable for the estimation of calcium, sodium and certain other elements. The selenium type of photocell is also used in certain types of flamephotometer but is less sensitive.

General. Developments in this field in the last 15 years have provided an accurate and extremely rapid method of estimating a number of elements important in plant nutrition. The alkali metals, potassium, sodium and calcium are especially susceptible to analysis by this method which eliminates much tedious chemical analysis and provides results at least as accurate as the existing chemical methods. Other elements may also be estimated by direct photometry and it is claimed that with certain instruments as many as 20 elements may be estimated. The analyst is advised however, to examine each claim on its merits and to pay particular attention to interference by other elements. The extent and degree of interference appears to depend on the operating conditions such as type of filter, concentration of elements and temperature of the flame — the latter depending on the mixture of gases used. The whole question of interference has not yet been systematically investigated but there is no doubt that quite erroneous results may be obtained without taking account of interference. Interference may be of two types. The first is where the filters (such as the gelatine type) permit a fairly wide band of wavelength to be transmitted so that light from an interfering element may also be transmitted resulting in high values for the element being determined. The second type apparently arises by mutual excitation between elements, although their wavelengths may be widely separated. An example of this is between potassium and sodium. Thus the presence of sodium increases the emission of light of the potassium wavelength and so increases the apparent amount of potassium present. In a particular instrument, using an air-acetylene flame, where the concentration of potassium was measured between 0 and 10 p.p.m. the presence of 500 p.p.m. of sodium doubled the apparent potassium content. The effect of potassium on the apparent sodium content although evident was much less and it was found possible to add sufficient potassium to the solutions being analysed so that there was no further increase in apparent sodium content. Hence, by the addition of potassium chloride to the unknown solutions and the standards the effect of potassium on sodium could be overcome but it was not found practicable to add enough sodium to unknown potassium solutions to reach a point where further addition of sodium had no effect. There seems little doubt that such an interference also occurs in spectrography especially instruments of the LUNDEGARDH type which uses an air-acetylene flame but it is usually ignored. It is claimed that this particular interference is not observed with other flames such as air-propane or air-butane and this may be because the sensitivity is reduced.

Interference due to the anion associated with the cation being determined appears also to be of the second type. Here again the degree of interference appears to be associated with the operating conditions but it is desirable wherever possible to have present only one anion e. g. chloride. The second category of interference is not always easy to overcome and it may be necessary to use standards having approximately the same concentration of interfering ions as the unknowns. The first type may be remedied by use of more selective filters e. g. interference filters which are virtually monochromatic or by use of a suitable spectroscope for isolation of the line.

2. The Polarograph.

The polarograph method of estimation consists essentially in electrolysing the solution being investigated under special conditions and interpreting the current voltage curves obtained. The solution is contained in a special cell in which one electrode (the cathode) consists of mercury falling in small, slow drops at constant speed from a glass tube with a very narrow capillary. The other electrode (the anode) is a pool of mercury at the bottom of the cell. Fig. 1 shows such an arrangement. *A* is the electrolysis cell containing the solution to be analysed, *B* is the dropping mercury electrode and *C* a pool of mercury at the bottom of the cell which acts as a second electrode. A small drop of mercury falls from the capillary about every 3 seconds. By means of the battery and variable resistance an E.M.F. from zero up to the maximum E.M.F. of the battery may be applied to the cell. The applied E.M.F. is measured by means of a potentiometer. The E.M.F. is gradually increased and the current measured on the galvanometer and the current voltage curves obtained

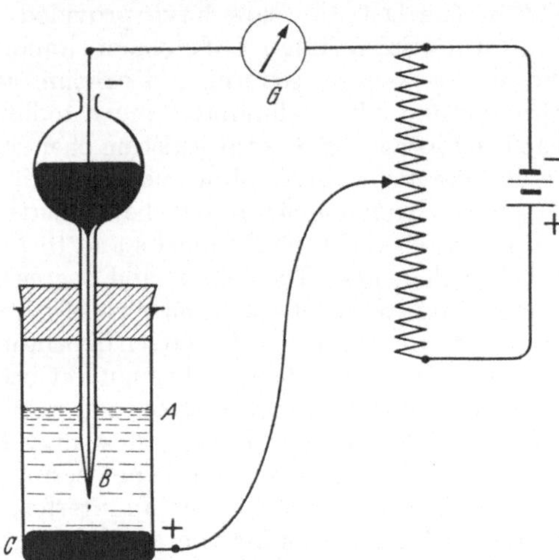

Fig. 1. Principle of the polarograph [from Kolthoff and Lingane, (1939)].

are plotted. Until a certain voltage is applied there is little change in the value of the current flowing, but at a certain point known as the decomposition potential the current begins to increase and then becomes constant again (the limiting current). Under optimum conditions and with all other factors constant, the limiting current is directly proportional to the concentration of the substance being estimated. In practice a "basal solution" or "supporting electrolyte" is usually used. These are so chosen as to remove as far as possible the interfering effects of accompanying constituents either by converting them to stable complexes or by rendering them insoluble.

Dissolved oxygen also provides a current-voltage curve and it is usually advisable to remove oxygen by passing an inert gas such as hydrogen (oxygen-free) through the solution.

Certain anions may be estimated polarographically by using the dropping electrode as the anode.

The polarograph is an instrument which gives an automatic record of the current voltage curves either photographically or by pen-traces.

D. Detection and Estimation of the Major Elements.

I. Calcium.

Calcium occurs in all parts of the plant and accumulates with age in certain parts, especially the foliage. Numerous calcium compounds have been isolated from plants some of these e. g. calcium oxalate occur as crystals in certain cells. Calcium is also laid down in the cell walls.

It may readily be detected by the flame-test and also as the precipitate of calcium oxalate formed with ammonium oxalate under appropriate conditions.

Apart from spectrographic determinations most methods for the determination of calcium depend on the insolubility of the oxalate. This must be precipitated under exact conditions of pH to exclude the co-precipitation of magnesium (as phosphate). Otherwise the procedure is straightforward and the oxalate may be determined accurately by titration with potassium permanganate. Usually the amount of calcium in plant material is relatively abundant and a really micro-procedure is not necessary. Calcium may also readily be determined by flame-photometry with considerable saving in time and material.

Method 1.

Reagent:— Saturated ammonium oxalate solution. Ash 5 g. of powdered material in a silica basin — make to volume with dilute HCl (cf. p. 471). Transfer aliquot to a 200 ml. beaker and make volume approximately 50 ml. Bring to boil and add 10 ml. of hot saturated ammonium oxalate solution and 1 drop of methyl red. Almost neutralize with ammonium hydroxide and boil until precipitate is granular and coarse. Cool. Add ammonium hydroxide (1 + 4) until colour is faint pink (pH 5.0) and allow to stand at least 4 hours. Filter and wash with water until filtrate is free from oxalate. Break point of filter paper and wash precipitate into beaker in which the calcium was precipitated with hot sulphuric acid (1 + 4) followed by hot water. Add about 10 ml. of sulphuric acid (1 + 4), heat below boiling point and titrate with $0.05 N$ KMnO$_4$. Finally add filter paper to solution and complete titration.

$$1 \text{ ml. of } 0.05 N \text{ KMnO}_4 = 1 \text{ mg. Ca.}$$

Method 2. Estimation of Calcium by Flamephotometer. Proceed exactly as under potassium (method 2).

II. Magnesium.

The magnesium content of plants is usually less than that of calcium but sometimes approaches the latter in amount. It constitutes 2.7 % of the chlorophyll molecule but this represents only a very small proportion of the total magnesium content of plants. Besides being an essential constituent of chlorophyll it appears to be combined in the protoplasm and in the inorganic state in the cell sap. It is usually more abundant in seeds and foliage than in the roots or stem.

1. Detection and Estimation.

Magnesium may be detected by means of the dye Titan Yellow (Thiazol Yellow). The dye is absorbed upon magnesium hydroxide producing a deep red colour or precipitate. This reaction will detect presence of magnesium in solution containing only 20 p.p.m. The presence of barium and calcium salts intensifies the reaction. Aluminium interferes and should be removed before testing. To 10 ml. of the solution add 0.2 ml. of 0.1 per cent aqueous solution of Titan Yellow and sufficient sodium hydroxide to make the solution distinctly alkaline; a red colour or precipitate indicates presence of magnesium. Smaller contents of magnesium may be detected by using a spot of solution on a porcelain tile.

When magnesium is present in moderate amounts it may be estimated in the solution remaining after calcium has been carefully precipitated (see above) it is then precipitated as magnesium ammonium phosphate which may be estimated gravimetrically after ignition as the pyrophosphate ($Mg_2P_2O_7$). Alternatively the pyrophosphate may be dissolved in sulphuric acid and the phosphorus content estimated according to the procedure on p. 488.

Smaller amounts of magnesium may be estimated colorimetrically by the reaction with Titan Yellow. Most of these methods have been based on the direct absorptiometric measurement of the red-coloured co-ordination complex of magnesium hydroxide and the dye but such a procedure has definite objections. When the solution containing magnesium and the dye are adjusted to pH 12.5 the magnesium dye complex is formed very rapidly and is not consistent in degree of colloidal dispersion and colour intensity. In the method of HUNTER (1950) by the use of tartrate the complex is formed slowly and is more consistent physically and the excess of dye remaining after the formation of the complex is measured in true solution in alcohol.

A procedure based on precipitation of magnesium as the 8-hydroxyquinolate has also been suggested but this is subject to interference from other metals which must first be removed.

2. Determination of Magnesium.

Method 1. To combined filtrate and washing from the Ca determination (p. 477) add 30 ml. HNO_3 and evaporate to dryness and decompose ammonium salts. Take up with 5 ml. HCl and make to about 100 ml. with water. Add 5 ml. of 10% Na citrate and 10 ml. of 10% $(NH_4)_2HPO_4$ or enough to precipitate all the Mg. Add NH_4OH (1:4) with constant stirring until solution is faintly alkaline and precipitate forms, then add 25 ml. of NH_4OH, stir vigorously until precipitate is granular and allow to stand overnight. Filter and wash free from chloride with cold NH_4OH (1:10). Ignite and weigh as $Mg_2P_2O_7$. If manganese is present in appreciable amounts this will also be included as manganese pyrophosphate.

Method 2. *Colorimetric method* (adapted from HUNTER, 1950).

Reagents.

MORGAN's Reagent. Dissolve 100 g. hydrated sodium acetate and 30 ml. glacial acetic acid in water and dilute to 1 litre.

Tartrate Reagent. Dissolve separately in water, 10 g. sodium hydrogen tartrate, 10 g. mannitol and 2.5 g. hydrazine sulphate. Mix and dilute to 1 litre.

15% Sodium Hydroxide. Dissolve 150 g. pure sodium hydroxide in water and dilute to 1 litre.

Dye Reagent. Dissolve 0.09 g. Thiazol Yellow (or 0.15 g. Titan Yellow) in water, dilute to 1 litre, mix with 2 drops sodium hydroxide solution and filter after 24 hours. This solution is stable for several months.

Dye Solvent. Mix 600 ml. n-butyl alcohol with 400 ml. ethyl alcohol.

Magnesium Stock Reagent. Dissolve 4.054 g. pure magnesium sulphate ($MgSO_4 \cdot 7H_2O$) in MORGAN's reagent and dilute to 1 litre with MORGAN's reagent.

Magnesium Standard Solution. Dilute 50 ml. of stock solution to 1 litre with MORGAN's reagent.

In the original method the acid extracts of the ash are used directly without elimination of calcium and a compensating solution is used to allow for possible calcium interference. The present method uses the filtrate after calcium precipitation so that there is no possibility of calcium interference.

Evaporate filtrate from the calcium determinations as on p. 477 to dryness to decompose ammonium salts. Take up residue in MORGAN's reagent and make to a suitable volume with MORGAN's reagent. Take an aliquot of 15 ml. and add successively with continual mixing 5 ml. of tartrate reagent, 5 ml. of dye reagent and 20 ml. of sodium hydroxide. Mix and leave overnight. Add 50 ml. of dye solvent, shake 30 secs. and allow phases to separate. After 30 mins. decant off as much as possible of the upper layer into conical flask containing 0.5 ml. acetone. Mix and compare with colours of standards within 30 minutes. Prepare standards containing 0 to 10 ml. of magnesium standard solution made to a volume of 10 ml. with MORGAN's reagent. Add tartrate etc. to each as above.

III. Total Nitrogen.

The classical KJELDAHL method in which organic matter is oxidised by sulphuric acid and nitrogen converted quantitatively to ammonia has undergone many modifications which have increased both speed and accuracy. Provided due precautions are observed very accurate results may be obtained. The modifications have mainly been concerned with the type of catalyst, the design of the distillation apparatus and the final titration of the ammonia produced. It has been found that not all the nitrogen is converted to ammonia when the digest first becomes clear and it is essential to continue the digestion for at least half-an-hour. With some types of material even longer digestion times have been advocated.

In the older methods the ammonia was absorbed in standard hydrochloric acid and titrated with carbon dioxide-free sodium hydroxide, thus necessitating two standard solutions. It is now more common to absorb the ammonia in boric acid and titrate with standard hydrochloric acid using a mixed indicator.

If nitrate is present in the material, not all the nitrogen will be converted to ammonia and a special modification is necessary (see below).

1. Determination of Total Nitrogen.

Reagents.

Catalyst. 1 g. copper sulphate, 8 g. potassium sulphate, 1 g. selenium dioxide. Grind each separately in a mortar and then mix together.

Indicator (CONWAY).

  6 ml. methyl red (0.16% in 95% alcohol);

12 ml. Brom-Cresol green (0.04% in water);

  6 ml. 95% alcohol.

(Turns faint pink at the end-point, pH 4.9.)

N/28 HCl (approximate). 31.8 ml. concentrated hydrochloric acid diluted to 10 litres with water.

Standard Borax. Saturate 300 ml. of water at 55° C with borax (requires about 45 g.). Filter at this temperature through a fluted filter paper into a 500 ml. conical flask. Cool filtrate to 10° C with continuous agitation during the crystallisation. Decant the supernatant liquid. Rinse crystals once with 25 ml. cold water. Dissolve in just sufficient water at 55° C to ensure complete solution (about 200 ml.). Re-crystallize by cooling to 10° C, agitating the flask during crystallisation. Filter the crystals on small BUCHNER funnel with suction. Wash once with 25 ml. of ice-cold water. Dry crystals by washing with two 20 ml. portions of alcohol, drying after each washing with suction. Follow with two successive 20 ml. portions of pure ether. (Both alcohol and ether just prior to use should be freed from any possible reacting acids by shaking each vigorously with 2 or 3 g. of pure dry borax, then filtering.) After speading on a watch glass, immediately place the dried borax in a desiccator over a solution saturated with respect to both sugar and sodium chloride, and allow to remain at least 24 hours before use. Transfer into a bottle with ground glass stopper and store in the desiccator when not in use. (It is stable in these conditions for 1 year.)

Reference Solution. ($M/28$ with respect to boric acid, $M/56$ with respect to sodium chloride.)

Dissolve 1.104 g. pure boric acid and 0.522 g. NaCl in 500 ml. water.

2% Boric Acid. Dissolve 20 g. of boric acid (analytical quality) in water and make to 1 litre.

Method.

Digestion. Weigh out 50 to 100 mg. of dry powdered material and transfer to a small KJELDAHL flask. Add a small amount (about 0.06 g.) of catalyst (on tip of a small spatula) and 0.5 ml. of nitrogen-free sulphuric acid for 50 mg. of material or 0.75 ml. for 100 mg. Heat gently on a digestion stand until fumes of sulphuric acid are freely evolved and then heat more strongly until digest is apple green in colour. Continue digestion for at least half an hour longer. Blanks on the reagents alone should be run at the same time. If the blank exceeds 0.05 ml. of acid one or more of the reagents contain an excessive amount of nitrogen. During the digestio ngreat care should be taken to avoid particles of undigested carbon sticking to the sides of the tube.

Distillation. There are several modifications available but that due to MARKHAM (1942) is reduced to the simplest form (see Fig. 2).

If the apparatus has not been used for some time, steam it out thoroughly for about 10 minutes. With the water boiling vigorously in flask D, close clip A so that steam passes into the steam jacket E. Introduce the digest into the apparatus through the side tube C and wash out digestion tube twice with about 1 ml. of distilled water each time. Replace ground glass stopper and add excess of 40% sodium hydroxide to the funnel C. When steam issues freely from the tube G at the bottom of the steam jacket E close lower clip B. Lift stopper in funnel C and allow soda to run into digest. Distil into 5 ml. of 2% boric acid contained in a 50 ml. conical flask. At the commencement of distillation the top of the condenser should be immersed in the boric acid. After the first few drops have distilled the top of the condenser is raised above the surface of the acid. Continue distillation until about 25 ml. of distillate have collected.

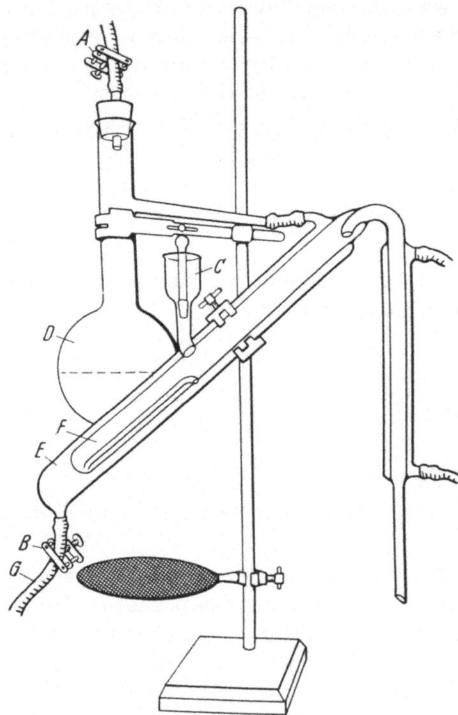

Fig. 2. Steam distillation apparatus for determination of nitrogen (from MARKHAM, 1942).

When distillation is complete, remove burner and liquid in F flushes automatically into E. Pour water into C and this washes through into the steam jacket. Open clip B and allow fluid in E to run to waste. The apparatus is then ready for another distillation.

Add 2 drops of indicator and titrate with $N/28$ hydrochloric acid to a faint pink colour (1 ml. $N/28$ HCl = 0.5 mg. N).

Standardisation of HCl. Weigh out about 0.3 g. of standard borax. Dissolve in water and make up to 50 ml. Titrate 10 ml. with the acid to be standardized using 1 drop of methyl red as indicator. Determine end point by comparison with 20 ml. of reference solution to which 1 drop of methyl red has been added.

$$\text{Normality of acid} = \frac{\text{Weight of borax} \times 200}{190.72 \times \text{ml. of acid}}$$

2. Modified Procedure to Include Nitrate.

When there is only a small amount of nitrate present in the material there is probably sufficient carbon present to effect reduction to ammonia but much will depend on the conditions present during the digestion and variable amounts of nitrate are likely to be reduced in replicate digestions. Thus when the plant material is suspected to contain nitrate it is advisable to use a procedure which ensures that all the nitrate is converted to ammonia. This may be done in one of two ways (a) by the production of hydrogen from reduced iron and dilute sulphuric acid (b) by the addition of salicylic acid which becomes nitrated and the nitro compound breaks down to ammonia in the usual way.

Method 1. Weigh the dried sample into a KJELDAHL flask in the usual way. Add approximately 0.3 g. of reduced iron (some samples contain appreciable amounts of nitrogen and these should be rejected) followed by 1 ml. of 50% (by vol.) sulphuric acid and 3 ml. water. Allow flask to stand for 10 minutes and gently bring to the boil and boil steadily for 5 minutes on the digestion stand. Allow to cool and add catalyst and sulphuric acid as usual. Heat gently for about 10 minutes until contents are fluid. Add a few drops of pure 100 vol. hydrogen peroxide to assist digestion and then heat more strongly till colourless. Digestion in this procedure takes rather longer than normal owing to there being more water present.

Method 2 (modified from DONEEN, 1932).

Salicylic-sulphuric acid mixture. Dissolve 5 g. pure salicylic acid in 100 ml. concentrated sulphuric acid.

To the weighed sample in a small KJELDAHL flask add 1 ml. of salicylic-sulphuric acid mixture. Mix thoroughly and allow to stand for at least 20 minutes (2 ml. may be necessary for a large quantity of organic matter). Add approximately 0.3 g. sodium thiosulphate and heat gently until fumes appear. Cool. Add catalyst and 0.5 ml. sulphuric acid and digest as usual.

IV. Nitrate.

The nitrate content of plant tissues is extremely variable but may usually be detected in young tissues and in actively growing tissues receiving abundant nitrogen. It is rarely detectable in senescent material. Nitrate accumulates in certain leaves kept in the dark e. g. tobacco, sugar beet and is sometimes stored in stem tissue (e. g. tobacco).

Nitrate forms coloured compounds with several organic substances such as brucine, diphenylamine, phenoldisulphonic acid and most of these reactions have been proposed as a basis of a method of estimation. The reaction with phenoldisulphonic acid to produce a yellow solution (in the presence of ammonia) of the ammonium salt of $1:2:4$ nitrophenoldisulphonic acid is the basis of methods most commonly used at the present time. The method has the advantage that the colour is quite stable. The chief interfering substances are chlorides and organic matter. Nitrites will also be determined, but not necessarily completely, by this method so that if these are suspected to be present it is advisable to oxidise them to nitrate by means of hydrogen peroxide and to do a separate determination of nitrite on the material. Chlorides interfere by the production of volatile nitrosyl chloride when the dry residue is treated with phenol-disulphonic acid. When less than 1% chloride on the dry weight is present the error involved will be quite small and it is not necessary to eliminate chloride. When it is present in excess of this amount it may be removed by use of saturated silver sulphate solution. Organic matter interferes because the aqueous extract often contains coloured substances which interfere with the colour density of the yellow salt of nitro-phenoldisulphonic acid and also the organic matter may be charred by the concentrated sulphuric acid giving rise to a coloured solution. Organic matter may also cause loss of nitrate by reduction. The method therefore should aim at getting rid of both chlorides and organic matter.

One of the disadvantages of using silver sulphate to remove chloride is the possibility of leaving some silver compounds in the solution which may become reduced to metallic silver which in turn reduces nitrate. The procedure introduced by Johnson and Ulrich (1950) of adding an excess of silver sulphate and immediately removing the excess by addition of sodium phosphate is an improvement on previous methods.

Nitrate may also be determined in plant extracts by means of Devarda's alloy with subsequent titration or nesslerization of the ammonia produced. The colorimetric procedure however is probably more convenient.

Reagents.

Copper sulphate (0.5%). Dissolve 5 g. of $CuSO_4 \cdot 5H_2O$ in water and make to 1 litre.

Silver sulphate. Dissolve 3.5 g. silver sulphate in 1 litre water by heating.

Sodium Phosphate. Dissolve 138 g. of NaH_2PO_4 in 500 ml. water, add strong sodium hydroxide solution to bring the pH to 6.5 and make to 1 litre.

Calcium Hydroxide—Magnesium Carbonate Mixture. Make an intimate mixture of 1 part of calcium hydroxide and 2 parts magnesium carbonate in a mortar.

Phenol-disulphonic Acid. Leave concentrated sulphuric acid in contact with a drop of mercury overnight to free it from nitric acid. Add 25 g. pure phenol to 225 ml. of nitrate-free sulphuric acid and heat on steam bath for 2 hours.

Standard Potassium Nitrate Solution. Dissolve 0.5055 g. of pure potassium nitrate in water and dilute to 1 litre (1 ml. = 0.07 mg. N as nitrate).

Method. Weigh into a small beaker 100 mg. of finely powdered plant material which has been dried quickly in order to prevent nitrate changes (see p. 469) and add 9 ml. of silver sulphate solution and swirl around quickly. Add immediately exactly 1 ml. of sodium phosphate solution in order to precipitate the excess silver. Stand for 2 hours to extract nitrate and filter through a No. 42 Whatman filter paper. Put 1 or 2 ml. of the extract (depending on the nitrate content) into a 15 ml. centrifuge tube, add 2 ml. of copper sulphate solution and 2 ml. of water (3 ml. if only 1 ml. of extract taken). Add approximately 0.5 g. of the calcium hydroxide-magnesium carbonate mixture. Stand for 1 hour and centrifuge. Measure 2 ml. of the supernatant liquid into a 25 ml. beaker and evaporate to dryness on a water bath. Cool and add quickly 1 ml. of phenol-disulphonic acid making certain that all the residue comes into immediate contact with the acid. Stand for 10 mins. and then add approximately 10 ml. water. Add an excess of 50% ammonium hydroxide. Make to volume (25 ml.) and compare colours with that of standards. The standards are prepared by measuring into centrifuge tubes amounts of 3, 2, 1 and 0 ml. of standard solution, making each to a total of 4 ml. adding 2 ml. $CuSO_4$ solution and calcium hydroxide-magnesium carbonate mixture and proceeding just as with the unknown solutions.

V. Nitrite.

The nitrite content of plants is usually extremely small in fact its presence in the free state in higher plants has not been incontrovertibly demonstrated probably owing to the ease with which it reacts with amino groups and its presence could only be detected when special precautions are taken in the preparation of the material. The following method is however included for completeness if under any circumstances nitrite is suspected to be present. The procedure may also be used for estimating nitrite in the potassium cobaltinitrite method for potassium (see p. 484). The method is based on the reaction between sulphanilic acid and nitrous acid with the formation of the diazo compound which reacts with α-naphthylamine to form a red azo dye.

Reagents.

Solution 1. Dissolve 3.3 g. sulphanilic acid in 750 ml. water and 250 ml. glacial acetic acid.

Solution 2. Boil 0.5 g. α-naphthylamine in 100 ml. water for 5 mins. add 250 ml. glacial acetic acid and make to 1 litre with water.

Standard Nitrite Solution. Dissolve 9.858 g. sodium nitrite in 1 litre. For use dilute 100 times (1 ml. $= 20\ \mu g$. N as nitrite).

Method. Take 1 ml. of extract in 50 ml. volumetric flask. Add about 40 ml. water and 2 ml. of solutions 1 and 2 mixed in equal proportions. Make to volume allow to stand for $\frac{1}{2}$ hour before comparing colours with standards.

VI. Potassium.

Potassium appears to exist in the living plant almost entirely in the ionic form. It is readily leached out of fresh tissue by water. It usually occurs abundantly in all parts of the plant especially in meristemmatic regions and the concentration decreases with age.

There are very few really insoluble potassium compounds and this presents the greatest difficulty in the separation and chemical determination of potassium in plant extracts. Most chemical methods make use of the fact that potassium sodium cobaltinitrite or silver potassium cobaltinitrite is relatively insoluble, but these compounds have an indefinite composition and the percentage of potassium depends on a number of factors. For instance the potassium sodium ratio in the first compound increases with the amount of potassium in the unknown solution; the composition of the precipitate varies according to the amount and rate of addition of the reagents. The temperature at which precipitation takes place also affects the composition of the precipitate. The more reliable methods attempt to take these facts into consideration by carefully controlling as far as possible, all the conditions at the time of precipitation and minimise loss due to solubility of the precipitate by washing with such substances as acetone, alcohol etc.

The inaccuracies due to the empirical nature of the precipitate may be overcome by effecting the preliminary separation of potassium by the cobaltinitrite procedure where relatively few other ions interfere with the separation and subsequently estimating the potassium content of the precipitate by either the chloroplatinate method or the perchlorate method. Both of these methods are rather susceptible to the presence of other ions.

Any of these processes are laborious and no acceptable rapid and accurate procedure for the chemical estimation of potassium has yet been devised. The flamephotometer, however, provides an accurate and rapid method for estimation of potassium and this should always be used wherever possible. The saving in time and cost of materials is considerable.

Method 1 (modified from Ismail and Harwood, 1937). Depends on precipitation of potassium as potassium silver cobaltinitrite.

Reagents.

O-Phenanthroline-Ferrous Complex. Dissolve 0.3 g. o-phenanthroline in 20 ml. $N/40$ ferrous sulphate.

Ferrous Ammonium Sulphate. Dissolve 7.843 g. in 1 litre of 2 N sulphuric acid.

Acetone. Pure analytical reagent.

Ceric Sulphate (Approximately $N/50$). Dissolve 8.0 g. ceric sulphate in 200 ml. 10 N H_2SO_4 and 300 ml. water and make to a volume of 1 litre. Standardize against ferrous ammonium sulphate.

Hydrochloric Acid. 10% by volume.

Nitric Acid. Pure.

Silver Nitrate. 1.4% solution.

Sodium Cobaltinitrite. 25% solution freshly prepared immediately before use.

Ash approximately 200 mg. of finely powdered dried plant material at 480° C in a silica basin. Cool and add 5 ml. 10% HCl, digest on sand bath for few minutes, filter through No. 44 Whatman filter paper into a 50 ml. flask. Wash three times with hot water. Cool and make to volume.

An aliquot containing approximately 1 mg. of potassium is placed in 25 ml. beaker together with 1 ml. nitric acid and evaporated to dryness on a hot plate. Add 2 ml. nitric acid and again evaporate to dryness. Cool. Add 0.5 ml. distilled water, warm gently and transfer to 5 ml. centrifuge tube with the aid of a thin glass rod. Add a further 0.5 ml. water to the beaker, warm and transfer to the centrifuge tube. Repeat, finally, with a further 0.5 ml. water. Add 1 drop of glacial acetic acid to the tube and stir. Add 0.5 ml. of 1.4% silver nitrate and stir. Add 1 ml. of 80% acetone. Stir. Add 1 ml. of ice-cold freshly prepared 25% sodium cobaltinitrite, washing off the glass rod with the last 0.2 ml. of solution. Keep at about 2° C in a refrigerator for 2 hours.

Centrifuge for 3 minutes to consolidate the precipitate. Pour off the supernatant liquid and invert tube over a filter paper to drain. Wipe mouth and top part of inside of tube with filter paper. Then add 3 ml. of 50% acetone in small portions down the side of the tube gently agitating after each addition. Do not disturb precipitate at this stage. Centrifuge for 2—3 minutes, pour off acetone and invert tubes to drain. Add 3 ml. 80% acetone, stir and suspend precipitate by means of a glass rod. Rinse and drain rod with 1 ml. 80% acetone. Centrifuge for 2 minutes. Repeat this washing procedure two more times. Add 3 ml. pure acetone. Suspend and stir precipitate. Rinse rod with 1 ml. acetone. Centrifuge for 3 minutes. Invert to drain and dry. When dry add 3 ml. of 2 N sulphuric acid. Stir precipitate with a glass rod and transfer to 100 ml. conical flask. Wash tube with water and finally wash out the tube with about 4 ml. of $N/50$ ceric sulphate taken from a measured quantity (20 ml. or other appropriate quantity according to the amount of K). The remainder of the ceric sulphate is placed in the flask. Wash tube twice with water and add washings to the flask. Heat flask just to boiling and cool under running water. Add measured excess of $N/50$ ferrous ammonium sulphate and titrate with $N/50$ ceric sulphate, using 1 drop of o-phenanthroline-ferrous complex as indicator (1 ml. of $N/50$ ceric sulphate = 0.10866 mg. K).

For the determination of amounts less than 0.1 mg. K, use $N/100$ ceric sulphate and $N/100$ ferrous ammonium sulphate. As an alternative to the titration procedure, potassium may be estimated colorimetrically by estimating either the nitrite or cobalt portions of the complex.

Method 2. Estimation of Potassium by the Flamephotometer. Ash 50 or 100 mg. of dry powdered material, digest with hydrochloric acid and make to volume as for the preceding method. The amount of hydrochloric acid should be carefully measured and the digestion controlled so that the final extract contains 1% hydrochloric acid. The extracts are then compared in the flamephotometer against standard solutions of potassium chloride containing exactly the same amount of hydrochloric acid.

VII. Sodium.

Sodium probably exists chiefly in the ionic form in plants. Most species of plants contain only a small amount although this depends largely on the nutrient condition of the medium on which they are grown. Some plants which normally absorb only small amounts of sodium are capable of absorbing quite large amounts if these are deliberately supplied. Some species in certain groups of plants (e. g. *Chenopodiaceae*) normally absorb large amounts of sodium and there is some evidence that this element may have an essential rôle in this group. Halophytes are normally rich in sodium.

1. Detection and Estimation.

The presence of sodium in plant ash may readily be ascertained by the flame test.

Like potassium, sodium forms very few insoluble compounds and the chemical estimation is somewhat difficult and tedious. The most insoluble compounds are the so-called triple salts such as sodium zinc uranyl acetate or sodium magnesium uranyl acetate. These precipitates have a definite composition.

Sodium may also be determined spectrographically but the most convenient and sensitive method is by means of the flamephotometer and all the remarks on the determination of potassium by this method apply to the determination of sodium also. The sodium "D" line is more sensitive than any of the potassium lines and it is possible to estimate as little as 0.1 p.p.m. of sodium by flamephotometry. Even small quantities may be estimated by a method due to RAMSAY (1950) where the light emitted by total combustion of a small sample is integrated and the total emission calculated. This method is probably applicable to traces of other elements with suitable modification. Mutual interference between sodium and potassium may occur (see p. 475) and due allowance must be made for this.

2. Determination of Sodium.

Method 1. Uranyl-zinc-acetate method (modified from BROADFOOT and BROWNING, 1941).

Reagents. Uranyl-zinc Acetate. Solution A. Dissolve 365 g. sodium-free uranyl acetate in 1790 ml. water by gently warming and add 205 ml. glacial acid.
Solution B. Dissolve 1095 g. sodium-free zinc acetate in 1242 ml. warm water and add 34 ml. glacial acetic acid. Mix solutions A and B while hot, allow to cool and treat with about 0.2 g. sodium uranyl zinc acetate to insure saturation. Add 15 ml. nitric acid per 100 ml. of reagent, allow to stand 24 hr. in the dark and filter. Store in pyrex bottles in the dark.
Saturated Ethyl Alcohol. Saturate 95% ethyl alcohol with sodium uranyl zinc acetate at room temperature and filter (solution must be freshly prepared every few days).

Method. Ash about 2 g. of dry material for about 5 hr. at 500° C. Cool and add 1.0 ml. HCl and 15—25 ml. water and heat on hot plate for 30 min. Precipitate phosphorus by adding slight excess of powdered calcium hydroxide using phenolphthalein as indicator. Filter into 100 ml. beaker and evaporate to 5.0 ml. Cool and add 30 ml. of uranyl zinc acetate and stir vigorously for 1—2 minutes. If sodium is low considerable stirring may be necessary. Stand for 30 minutes and filter through No. 4 sintered glass crucible. Wash precipitate four times with 2 ml. portions of alcohol saturated with the triple salt and finally with 5 ml. of ether. Dry at 105—110° C for 15 minutes, cool and weigh. Multiply weight of precipitate by 0.01495 to obtain weight of sodium.

Instead of weighing, the sodium may be determined alkalimetrically by the following procedure:— the precipitate of the triple salt is dissolved off the sintered glass crucible in the minimum amount of water and titrated with $N/10$ sodium hydroxide using phenolphthalein and brom-thymol blue as indicator, the first shade of pink which appears from a green surround being taken as the end point. Na (mg) = ml. $N/10$ NaOH × 0.259.

Method 2. *Determination of Sodium by the Flamephotometer.* Proceed exactly as under potassium.

VIII. Sulphur.

Sulphur is an essential constituent of plant proteins and many plants contain volatile organic sulphur compounds as well as inorganic compounds.

Ordinary ashing is precluded as a means of determination of total sulphur owing to the ready evolution of sulphur compounds in the process. Recourse must therefore be taken to a carefully controlled fusion with sodium peroxide or by combustion in a steel bomb. The latter method, based on the Carius' determination of sulphur in organic compounds is preferable and should be regarded as the reference method if loss of volatile sulphur compounds is suspected using other techniques (see Marston, 1938). The combustion method however is inconvenient if a number of samples are to be analysed and the sodium peroxide fusion gives reliable results if carefully performed.

Method. Take 1.5—2.5 g. sample in nickel crucible (100 ml.) and add 5 g. anhydrous sodium carbonate. Mix thoroughly and moisten with 2 ml. H_2O. Add Na_2O_2, 0.5 g. at a time with thorough mixing — continue until mixture is nearly dry and quite granular (about 5 g. Na_2O_2 required). Place crucible on hot plate (avoid flame containing sulphur) heat carefully to fuse contents (material must *not* ignite). Allow to cool somewhat and cover with Na_2O_2 to depth of about 0.5 cm. Heat gradually and finally increase heat until fused again. Heat further 10 minutes. Cool somewhat and place warm crucible in 600 ml. beaker and add about 100 ml. H_2O. After actions has ceased, wash out crucible, make slightly acid with HCl (small additions at a time), transfer to 500 ml. flask, cool and dilute to volume. Filter.

Take an aliquot and make to approximate 200 ml. and add HCl (about 0.5 ml. free acid in excess). Heat to boiling and add 10 ml. of 10% $BaCl_2$ with constant stirring. Continue boiling for 5 mins. Stand 5 hours in warm place. Decant through ashless filter paper or an ignited and weighed Gooch crucible. Wash precipitate with boiling H_2O until filtrate is free from Cl. Dry precipitate on filter, ignite and weigh as $BaSO_4$. Weight of precipitate × 0.1374 = weight of sulphur.

IX. Chloride.

Most plant material is low in chloride but many plants readily absorb chloride if supplied so that plants on saline soils have usually a high content and values up to 5% of the dry weight have been recorded.

Chloride may be estimated on material which has been ashed in the presence of calcium oxide to prevent loss of chlorine, by titration with silver nitrate using VOLHARD's method.

Reagents.

0.1 N Silver Nitrate. Dissolve 16.989 g. of pure silver nitrate in water and make to 1 litre.

0.1 N Ammonium Thiocyanate. Dissolve about 8 g. of ammonium thiocyanate in water and dilute to 1 litre. Titrate against the standard silver nitrate and adjust volume to make it exactly 0.1 N.

Ferric Alum. To 100 ml. of a saturated solution of $FeNH_4(SO_4)_2 \cdot 12 H_2O$ add 5 ml. of concentrated nitric acid.

Method. Ash 5 g. of dry powdered material with one quarter of its weight of calcium oxide in a platinum dish according to the procedure outlined on p. 472. Cool and extract the ash with hot water, filter through No. 44 Whatman filter paper and wash. Return residue to the platinum dish and ash again. Dissolve in dilute nitric acid (1 + 4), filter, wash with hot water and combine the 2 filtrates in a 250 ml. volumetric flask. Add a known volume of 0.1 N silver nitrate solution in slight excess. Shake well until the precipitate of silver chloride coagulates, dilute to volume and shake well to mix. Filter through a dry No. 44 Whatman filter paper and collect filtrate in dry flask. Take a suitable aliquot e. g. 100 ml. add 5 ml. of ferric alum solution and 3 ml. dilute nitric acid. Titrate excess silver with 0.1 N ammonium thiocyanate until first signs of permanent light brown colour appears. The volume of thiocyanate used corresponds to excess of silver nitrate in the aliquot from which may be calculated the amount of chloride present in the sample.

$$(1 \text{ ml. } 0.1 \, N \text{AgNO}_3 = 3.55 \text{ mg. chlorine}).$$

Chloride may also be estimated electrometrically.

X. Phosphorus.

There are numerous phosphorus compounds in fresh plant material both organic and inorganic and when the material is ashed all the phosphorus is converted to phosphate. It is usual to carry out the ashing in the presence of magnesium nitrate or acetate which prevents loss of phosphorus during the ashing process.

The methods most commonly used for the estimation of phosphate depend on the formation of a blue complex between phosphate and molybdic acid in the presence of a reducing agent. Various reducing agents have been proposed such as amidol, 1:2:4 amino-naphthol-sulphonic acid, sulphite, hydroquinone and stannous chloride. The last named substance seems to give the most sensitive result. All the methods suffer from the defect that the full blue colour is not developed immediately but slowly attains a maximum and then fades again so that careful standardisation of the procedure is necessary if good results are to be obtained. Colour development also depends on temperature. Arsenic and silica form similar coloured compounds and these elements must be removed. The following method adapted from KUTTNER and LICHTENSTEIN (1932) has been found to give reliable results:—

Reagents.

N/10 Magnesium Nitrate. Dissolve 3.71 g. in 500 ml. distilled water.

10 N Sulphuric Acid. Add 300 ml. sulphuric acid to 867 ml. water.

Ammonium Molybdate. Dissolve 8.3 g. ammonium molybdate in 100 ml. water by heating to about 60° C. Store in a waxed bottle.

Stannous Chloride. Dissolve 0.2 g. stannous chloride in 0.5 ml. concentrated hydrochloric acid, and make to 100 ml. with water. This should be prepared fresh daily.

Standard Phosphate Solution. Dissolve 1.097 g. pure KH_2PO_4 in 250 ml. water. Dilute 100 times for preparation of standards (1 ml. = 0.01 mg. P).

Method. Weigh out 50 mg. dry powdered plant material into a silica basin. Add 3 ml. of $N/10$ magnesium nitrate. Thoroughly mix by means of glass rod which is finally washed off with a few drops of water. Evaporate to dryness on a sand bath (about 15 minutes). Ignite for 20 minutes to a light grey or white ash at 500° C. Cool. Slowly add 10 ml. of $N\ H_2SO_4$ washing down the ash to the centre of the basin. Digest gently on a water bath for 15 minutes, breaking up the ash with a glass rod. Cool. Dilute with water and filter through a No. 44 Whatman filter paper into a 100 ml. volumetric flask. Wash filter paper three times with hot water and make to volume.

Add an aliquot of this solution to a 50 ml. volumetric flask and sufficient 10 N sulphuric acid to make the total to 2.5 ml. of 10 N sulphuric acid. Add 1 ml. of ammonium molybdate solution and water to make the volume approximately 45 ml. Shake well and add 1 ml. stannous chloride solution. Shake immediately and make to volume with water and then mix thoroughly. Allow to stand for 20 minutes before comparing colours with that of standards. For preparation of standards the stock solution is diluted 100 times (1 ml. = 0.01 mg. P). The velocity of colour development depends on temperature and additional accuracy may be obtained by having the solutions at 25° C before colour development, but this refinement usually is not necessary for routine determinations.

If a wet digestion procedure is preferred the original procedure of Kuttner and Lichtenstein may be followed:— amounts containing 0.01 to 0.04 mg.P are transferred to a small Kjeldahl flask and 1 ml. 10 $N\ H_2SO_4$ added with small chip of unglazed porcelain to prevent bumping. Digest over a microburner and add several drops of H_2O_2 to assist clearing. When a clear solution is obtained, heat more strongly to drive off H_2O_2. Add a few tenths of a ml. of water in a fine stream along sides of tube. Boil to remove remainder of H_2O_2. Add about 2 ml. water. Cool. Transfer to a 10 ml. graduated flask. Add further 3 ml. water and 1 ml. molybdate and 1 ml. stannous chloride solution. Mix and make to mark. Compare colours as before.

E. Determination of the Trace Elements.

General Precautions for Trace Element Analysis.

There is ample opportunity under ordinary laboratory conditions for samples to become contaminated with various trace elements during the analysis. Apparatus made of copper and zinc should be scrupulously avoided and all metallic surfaces in the laboratory protected as much as possible by a non-metallic paint. Electric heating should be used wherever possible and it is preferable to use a silica lined muffle furnace. Failing this a large silica tube may be used to protect crucibe contents during ignition (see p. 489). The type of glassware used is also of importance in some determinations e. g. boro-silicate glass should be avoided in boron estimations.

It is also essential to purify all the reagents used in the analysis and directions for this are given under the individual methods (see also p. 474).

I. Aluminium.

This element is present in plants in very variable amounts depending partly on the soil conditions in which the plant is grown and on the species. Some families of plants have a high proportion of so-called "aluminium accumulators" and contents of Al as high as 3—4% of the dry matter have been recorded. In some plants a large part of this appears to be present as the insoluble phosphate. There is at present no substantial evidence that aluminium plays any essential rôle in plant nutrition.

The main difficulty in estimating aluminium in plant extracts or ash is that iron is also always present and this interferes in the determination. Chromium also interferes but this is unlikely to be encountered in plant materials in sufficient amounts. Various methods have been suggested for overcoming interference from iron such as extracting the iron as ferric chloride with ethyl or isopropyl ether or removal of the iron as ferric cupferrate. Alternatively the aluminium may be extracted by various means. Masking agents such as thioglycollic acid, 2-2'-bipyridine and α-picolinic acid keep the iron in solution in the ferrous state and aluminium may be estimated without iron interference. Methods using such masking agents are probably the most convenient available.

The following method using thioglycollic acid is due to CHENERY (1948 and private communication). Aurin tricarboxylic acid reacts with aluminium salts to form a bright-red lake.

Reagents.

"Aluminon" Reagent. Ammonium aurine tricarboxylate, 0.75 g.

Ammonium acetate, analytical quality, 200 g.

Hydrochloric acid, analytical quality, 189 ml.

Gum acacia, 15 g.

Thioglycollic Acid. 0.5% solution in distilled water.

Aluminium Sulphate Standard. Prepare stock solutions containing 250 p.p.m. of aluminium and 4 ml. of nitric acid per litre. Ten ml. of this diluted to 250 ml. gives 10 μg. standard, aliquots of which may be used to prepare the standard curve.

Method. Put an amount of dry powdered material containing not more than 10 μg. of aluminium into a small platinum crucible. Place the crucibles on a silica plate which is slid into a silica tube with foot supports. This is a very satisfactory anti-contamination device. The loaded silica tube is placed in an electric furnace and the temperature raised to 450—500° C and maintained for 3 hours. (If a temperature of 500° C is exceeded the aluminium is rendered insoluble.)

To the cooled ash add 1 drop conc. HNO_3 and 1 drop 10 vol. hydrogen peroxide, taking care that the crucibles are in a slant-wise position to avoid spattering. Return the crucibles to the silica tube (at about 150° C) to evaporate contents to dryness. When no smell of nitric acid can be detected, add 1 ml. of dilute nitric acid (1:150) to each crucible which is then heated to about 80° C for a few minutes.

The contents of the crucibles are transferred to test tubes graduated at 10 ml., 1 ml. of 0.5% thioglycollic acid, 2 ml. of Aluminon reagent and water to the mark are added and the tubes placed in a rapidly boiling water bath for 15 minutes and allowed to cool to room temperature. So long as the cooling procedure is always the same the solutions may be measured photoelectrically at any time between 6 and 48 hours after development. Standards are prepared in the same manner.

II. Boron.

Boron usually occurs in small quantities in plants but variable amounts are reported in the literature. The form in which it occurs is not known. The greatest amount usually occurs in the leaves.

1. Detection and Estimation.

The presence of boric acid causes the reddish-violet colour of solutions of quinalizarin in slightly diluted sulphuric acid to be changed to blue. The test is performed by adding to 9 ml. of pure concentrated sulphuric acid to 1 ml. of a solution containing 0.001 to 0.04 mg. of boric acid and then adding 0.5 ml. of 0.01 per cent solution of quinalizarin in 93 per cent (by weight) of sulphuric acid.

This colour reaction has been used as the basis of a method for the colorimetric estimation of boron (Maunsell, 1940) but has the great inconvenience that it is necessary to use concentrated sulphuric acid (99.4%) and the exclusion of traces of water is important.

Boron may also be determined volumetrically by titration of boric acid. Direct titration of such a weak acid in dilute solution is not feasible but in the presence of polyhydroxy alcohols, a complex acid with a greater degree of ionisation is formed. This may be titrated directly with calcium or sodium hydroxide to the neutral point of methyl red before the addition of mannitol or invert sugar and then to the colour change of phenolphthalein. The titration may be done more conveniently electrometrically.

It is advisable to use fresh material whenever possible as there is a possibility of loss of boric acid during drying unless the material is alkaline or the drying is carried out at a low temperature (about 70° C).

Boron also forms coloured complexes with dyes such as tumeric, curcumin, carmine etc. and these reactions have been proposed as methods of estimation.

2. Determination of Boron. (Hatcher and Wilcox, 1950.)

Reagents.
6 N Hydrochloric Acid. Make 545 ml. concentrated hydrochloric acid to 1 litre with di tilled water. *Dilute Hydrochloric Acid.* Dilute 5 ml. of concentrated hydrochloric acid to 100 ml.with water.

Carmine Solution. Dissolve 0.05 g. carmine in 100 g. sulphuric acid (S. G. 1.84).

Standard Boric Acid Solution. Dissolve 0.5716 g. recrystallised boric acid in distilled water and dilute to 1 litre (1 ml. = 0.1 mg. boron).

Method. Dry the fresh plant material at a temperature not exceeding 70° C and grind as finely as possible. Weigh out a suitable amount (1 to 5 g.) depending on the boron content. For each gram of sample add 0.1 g. of calcium oxide and mix thoroughly. Transfer to a porcelain dish, ignite as completely as possible at 500° C. Allow to cool and moisten with water. Cover the dish with a watch glass and introduce 6 N hydrochloric acid (15 ml. for a 5 g. sample) and heat on a steam bath for 30 minutes. Filter and wash residue with distilled water and make filtrate to a convenient volume. Pipette 2 ml. into a conical flask (boron-free glass). Add 10 ml. concentrated sulphuric acid, mix and cool. Add 10 ml. of carmine solution mix and allow to stand at least 45 minutes for colour development. Compare with standards prepared in the same way, in the range 0—10 p.p.m. boron. When the boron concentration is too high, dilute the original extract to a suitable volume taking 2 ml. for estimation as before. When the boron concentration is too low, evaporate an aliquot of the original extract containing a slight excess of dilute sodium hydroxide to dryness on water bath. Cool and add 5 ml. of dilute hydrochloric acid mixing well with a glass rod. Centrifuge at 2000 r.p.m. and use 2 ml. of this solution as before.

III. Cobalt.

Cobalt normally occurs only in very small amounts in plant tissue but information regarding the cobalt content of plants is often required because of the importance of cobalt in animal nutrition.

1. Detection and Estimation.

Cobalt forms an intense red colour with nitroso-R-salt (sodium salt of 1-nitroso, 2-naphthol-3:6-disulphonic acid) and this forms the basis of a method of estimation. Other trace metals such as ferric iron, manganese and zinc normally present in the plant do not interfere unless present to the extent of more than ten times that of cobalt. Interferences due to copper and nickel is avoided by use of a citrate buffer (pH 8) and an excess of reagent. It is probably preferable, however, to first remove copper (pH 3—4) in presence of citrate buffer by dithizone and then extract cobalt at pH 8.3 by dithizone.

2. Determination of Cobalt. (Marston and Dewey, 1940.)

Reagents. All reagents should be tested for absence of cobalt.
Nitric Acid. Redistil from pyrex glass.
Sulphuric Acid. Redistil from pyrex glass.
Perchloric Acid. S. G. 1.54. Highest grade analytical reagent.
0.2 M Citric Acid. Pure citric acid is dissolved in water and standardised by titration with carbonate free sodium hydroxide using phenolphthalein as indicator.
N Sodium Hydroxide. Carbonate-free in redistilled water.
Buffer Solution. Dissolve 6.184 g. boric acid, 35.62 g. sodium phosphate ($Na_2HPO_4 \cdot 2H_2O$) in water and add 500 ml. of N sodium hydroxide and make to 1 litre.
Dithizone in Carbon Tetrachloride (0.05%). Dissolve 0.25 g. dithizone in carbon tetrachloride and purify according to the method on p. 493. Finally make to volume of 500 ml. and store in pyrex bottle in refrigerator.
Dithizone in Chloroform (0.20%). Dissolve dithizone in chloroform containing 1% ethyl alcohol and purify as above.
Brom-Phenol Blue. Dissolve 40 mg. in 100 ml. water containing 5.7 ml. of 0.01 N NaOH.
Methyl Red. Dissolve 0.025 g. in 100 ml. of 60% alcohol.
Phenolphthalein. Dissolve 50 mg. in 100 ml. of 50% alcohol.
Nitroso-R-Salt. Dissolve 1 g. of pure salt in water and make to a volume of 500 ml.
Bromine Solution. Dilute a saturated solution of bromine water to a concentration of 0.2 N. This is determined by titration with sodium thiosulphate in presence of excess potassium iodide. (Solution is not stable.)
Standard Cobalt Solution. A standard solution of cobalt nitrate containing 1 mg. Co/ml. is diluted as required to 1 μg. per ml.
Method. About 10 g. of dried material (1—5 μg. Co) is transferred to a 500 ml. Kjeldahl flask and digested with 80 ml. nitric acid, 5 ml. perchloric acid and 3 ml. sulphuric acid. Warm gently until vigorous action commences. When digestion is complete allow to cool and add 10 ml. water, boil for a few minutes, filter through No. 44 Whatman filter paper and wash into a silica basin. Evaporate

slowly until only a trace of sulphuric acid remains. Avoid precipitation at any stage of the analysis to prevent Co being absorbed. Dissolve residue in 7.5 ml. of 0.2 M citric acid and dilute to about 30 ml. Add 5 drops brom-phenol blue and run in N NaOH drop by drop until greenish blue. The solution should still be acid to methyl red. Wash into 100 ml. separating funnel and dilute to 50 ml. to make citrate concentration 0.03 M. Extract with 20 ml. portions of 0.2% dithizone in chloroform, shaking vigorously each time. Three extractions are usually sufficient but extraction should be continued until the chloroform layer retains the original green colour of the dithizone solution. A determination of copper (see p. 493) may be made on the chloroform extract if desired. Wash the aqueous phase with 20 ml. chloroform, discard the chloroform and adjust pH of aqueous phase to about 8.3 by titrating with buffer solution until the first sign of purplish pink colour appears (about 6 ml.). Remove cobalt by successive extractions with 10 ml. portions of 0.05% dithizone in carbon tetrachloride (usually 3 extractions are sufficient but extraction should be continued until the carbon tetrachloride phase retains green colour of original dithizone solution). Collect the carbon tetrachloride extract in a pyrex boiling tube (2.5 cm. × 10 cm.) and distil off the solvent and digest residue with 1 ml. nitric acid, 0.2 ml. sulphuric acid and 0.5 ml. perchloric acid, until colourless. Wash contents of tube into a silica basin remove water by evaporation and place basin in muffle at 350° C (not above) for 5 minutes to remove completely sulphuric acid.

Dissolve residue in 1 ml. of 0.2 M citric acid and wash into boiling tube with minimum of water. If the total volume exceeds 5 ml. reduce by evaporation. Carefully adjust reaction (pH 8.0) by adding 1.2 ml. buffer solution. Check by withdrawing small drop and testing with cresol red. Develop the cobalt nitroso-R-salt complex by adding 1 ml. of 0.2% nitroso-R-salt and shake vigorously during the addition. Boil for 1 minute and add 1 ml. nitric acid and boil again for 1 minute. This stabilises the complex. Discharge excess colour of the reagent by adding 0.5 ml. of 0.2 N bromine to the warm solution and allow to stand 5 minutes. Remove excess bromine by boiling 1 minute. Cool, dilute to 10 ml. and compare intensity against a standard prepared by adding required amount of cobalt to 1 ml. of 0.2 M citric acid, adjust reaction with 1.2 ml. buffer solution and develop colour as above.

IV. Copper.

Usually occurs only in small quantities in plants but may be relatively abundant in certain species e. g. mushroom and cacao bean. Its essential rôle appears to be connected with oxidising enzymes which have copper as a prosthetic group.

1. Detection and Estimation.

Small amounts of copper may be detected by the brown coloration or precipitate formed when solution of sodium diethyldithiocarbamate is added to a solution containing copper. Iron also gives a brown colour with the reagent. Copper forms complexes with many other organic compounds e. g. dithizone. A solution of the latter in carbon tetrachloride gives a red-violet colour with copper in dilute acid solution.

Copper may be estimated spectrographically the line 3247 Å being used. The methods in common use for the chemical determination of this element are based on the two colour reactions mentioned above. The most favoured method is the one in which the copper is first extracted from the dilute acid solution (at pH 3) and this allowed to react with sodium diethyldithiocarbamate. The coloured compound formed is extracted by amyl alcohol.

2. Determination of Copper.

PIPER's modification (1942) of method of SYLVESTER and LAMPITT (1935).
The method depends upon the quantitative extraction of copper (at pH 3) by
means of dithizone (diphenylthiocarbazone) in carbon tetrachloride. After removal
of the carbon tetrachloride the residue containing the copper is digested in sulphuric and perchloric acids and copper determined colorimetrically by means of
sodium diethyldithiocarbamate.

Reagents.

Concentrated Sulphuric Acid — redistil from pyrex glass.

Concentrated Nitric Acid — redistil from pyrex glass.

Perchloric Acid S. G. 1.54 — free from copper.

Sodium Perchlorate — 550 g. sodium perchlorate dissolved in water and made
up to 1 litre. Add few drops dilute sodium hydroxide until solution is alkaline
(use phenol red as external indicator). Filter and transfer to a separating funnel.
Shake with successive 20—30 ml. portions of dithizone until no more heavy metals
are extracted. Shake with a final portion of 50 ml. of carbon tetrachloride alnoe.
Separate as completely as possible. Acidify with a few drops of sulphuric acid
and store the purified solution of sodium perchlorate in a pyrex bottle. The excess
of dithizone remaining does not interfere with its use.

Ammonia. S. G. 0.91. Dissolve pure ammonia gas in distilled water.

Ammonium Citrate. Dissolve 200 g. reagent grade citric acid in 1 litre of
water and neutralize to pH 7—8 with concentrated ammonia (about 225 ml.)
using brom-thymol blue as external indicator. Filter if necessary and transfer to
large separating funnel. When cool extract by shaking with successive portions
of dithizone solution (as above) until free from heavy metals. At this stage carbon
tetrachloride layer shows pure green colour. Shake with 50 ml. carbon tetrachloride
and separate as completely as possible. Dilute to 2 litres and store in pyrex bottles.

Brom-phenol Blue Indicator Solution. Dissolve 0.1 g. of brom-phenol blue
in 50 ml. redistilled alcohol and dilute to 100 ml. with water.

Dithizone in Carbon Tetrachloride. Dissolve 0.25 g. of dithizone in 600 ml.
carbon tetrachloride, warming to about 50° C to assist solution. Transfer to
large separating funnel and shake with 350 ml. water containing 3—4 ml. conc.
ammonia to extract dithizone as soluble ammonium salt. Reject carbon tetrachloride layer and wash aqueous solution by shaking with 3 separate lots (75 ml.
each) of redistilled carbon tetrachloride, rejecting carbon tetrachloride layer
each time. Add 600 ml. redistilled carbon tetrachloride and make aqueous layer
slightly acid with redistilled hydrochloric acid. Shake thoroughly. The purified
dithizone passes into the tetrachloride phase. Transfer to a second separating
funnel and wash by shaking with three separate lots, each of 150 ml. water,
discarding aqueous layer each time. Transfer the purified solution of dithizone
to a stoppered pyrex bottle, dilute with a further 750 ml. carbon tetrachloride
and store in refrigerator at 2 to 5° C.

Sodium Diethyldithiocarbamate. 3% solution in water. Filter. Keep in dark
in pyrex glass dropping bottle with ground-in pipette.

Amyl Alcohol. Reagent grade.

Standard Copper Solution. Dissolve 0.3930 g. pure $CuSO_4 \cdot 5H_2O$ in water,
add 5 ml. concentrated sulphuric acid and dilute to 1 litre. Dilute 10 ml. of this
to 1 litre (including 5 ml. sulphuric acid to stabilise it). 1 ml. $= 1\ \mu$g. Cu.

Sodium Pyrophosphate. Heat 20 g. anhydrous di-sodium hydrogen phosphate
in a silica basin in muffle furnace for 3 hours at 370—450° C. When cool, dissolve
in 400 ml. water, transfer to separating funnel, add 5 ml. ammonia and 30—40 ml.

amyl alcohol. Add 10 drops sodium diethyldithiocarbamate and shake vigorously to extract Cu from aqueous phase. Allow to stand for 1 hour and transfer aqueous phase to pyrex bottle.

Wet Digestion Procedure. Digest a suitable amount of material (1—5 g.) to give 5—15 μg. Cu with 2 ml. sulphuric acid, 4 ml. perchloric acid (or 8 ml. NaClO$_4$ solution + 1 ml. additional H$_2$SO$_4$) and sufficient nitric acid. When digestion is complete, cool and dilute with 60 ml. water and boil vigorously 10—15 secs. to destroy sulphuric acid and nitric acid compounds. When still warm add 10 ml. ammonium citrate solution to dissolve any hydrolysed manganese compounds and to prevent precipitation of phosphates during neutralization. Allow to cool, add 5 drops brom-phenol blue and carefully neutralize with strong ammonia solution adding the ammonia by means of a dip pipette and shaking the flask during the operation. The ammonia should be added carefully and only sufficient to produce a bluish green colour in the solution. Rinse neck of flask and just restore yellow colour of indicator by one or more drops of sulphuric acid (1 + 2). Solution should have pH of approximately 3. Cool to room temperature and transfer contents of digestion flask without filtration to a separating funnel (160—200 ml.). Rinse flask twice (25 ml. water in all). At this stage there is 90—100 ml. in the funnel. All calcium sulphate should be in solution. Add 10 ml. dithizone reagent and shake vigorously for 30—40 secs. After standing for a few minutes separate the carbon tetrachloride layer as completely as possible but do not allow any aqueous phase to enter bore of stopcock. Collect the dithizone solution in a 50 ml. Kjeldahl flask or boiling tube. Repeat extraction with 2 further portions of dithizone (5—6 ml.), shake for 30 sec. each time and collect carbon tetrachloride layer as before. The whole of the copper is usually obtained in the first extraction. Heat the combined dithizone extracts over a hot plate until the carbon tetrachloride is boiled off. Remove from hot plate and add 30 drops (0.75 ml.) of concentrated sulphuric acid and 2 drops of perchloric acid. Digest over a bunsen until a clear digest is obtained. Cool and dilute with 4 ml. water and transfer to 25 ml. stoppered graduated tube and rinse 3 times with 2 ml. water. Make ammoniacal by adding 4 ml. conc. ammonia. Dilute to about 20 ml. add 3 drops sodium diethyldithiocarbamate reagent and shake. Extract yellow copper complex by shaking with 4—10 ml. amyl alcohol. Stand $^1/_2$ hour or until amyl alcohol layer is clear, then withdraw some with a dry pipette and compare with standards. Colour is stable. Procedure should be repeated with reagents for a blank determination.

Standard Copper Solution. Pipette 1—15 ml. of dilute copper solution (equivalent to 1—15 μg. Cu) into 25 ml. graduated tubes, and 20 drops concentrated sulphuric acid and 4 ml. concentrated ammonia. Dilute with water to same volume as unknown and when cool add 3 drops of sodium diethyldithiocarbamate solution. Then add same volume of amyl alcohol as added to the unknown and proceed as above.

Dry Ashing Procedure. Ash with sulphuric acid in platinum basin and remove silica with hydrofluoric acid (use NaF purified with dithizone and concentrated sulphuric acid). Remove excess sulphuric acid from silica free ash by ignition at 500° C. Take up residue in 5 drops sulphuric acid, 5 ml. hydrochloric acid and 10 ml. water. Warm on water bath to ensure complete solution and dilute with a further 30 ml. water, cool. Transfer to separating funnel, rinse basin with small quantity of water. Add 10 ml. ammonium citrate and 5 drops brom-phenol blue. Adjust to pH 3 and proceed as above.

Note: Comrie (1935) found that dry ashing gave small variable losses of copper which was traced to the use of old silica dishes where the copper was retained on the silica. With new dishes this difficulty did not arise.

V. Iron.

Occurs in plants in widely varying amounts. Some of the high values given in the literature may be due to soil contamination. Iron appears usually to be in a complex combined form and is not readily soluble in water. It is a constituent of various haem compounds which occur in plants. Iron when taken up in large amounts by some plants appears to be precipitated in certain parts of the plant in an insoluble form e. g. in the nodes of the stem of sugar cane. These accumulations are probably mainly inorganic.

1. Detection and Estimation.

Many colorimetric procedures for the determination of iron have been described, some estimating ferrous iron others ferric. The colour produced by thiocyanates is extensively used but this method has the disadvantage that the colour is not stable unless extracted by organic reagents which makes the procedure tedious and slow. Probably the best iron method is based on the colour reaction between ferrous iron and α,α'-dipyridyl or o-phenanthroline — the latter is said to be slightly more sensitive. Qualitatively these reactions detect as little as 0.2 mg.

2. Determination of Iron.

Reagents.

2 M Sodium Acetate. Dissolve 272 g. of sodium acetate ($NaC_2H_3O_2 \cdot 3H_2O$) in water and dilute to 1 litre.

10% Hydroxylamine Hydrochloride. Dissolve 10 g. in distilled water and make to 100 ml.

0.5% o-Phenanthroline. Dissolve 0.5 g. of the monohydrate in 100 ml. water by heating to about 80° C.

Method. Take 1—2 g. of dry material in a silica dish and ash at 550—600° C for about 3 hours. Cool. Add 0.5 to 1 ml. concentrated HNO_3 and evaporate off on a sand bath and place dish in muffle at 600° C for a further hour. Cool. Add 10 ml. of dilute HCl (1:9) and heat on water bath for 15 minutes. Filter through No. 44 Whatman filter paper into 100 ml. volumetric flask and after washing filter paper with hot water make to volume.

Measure a suitable aliquot into a 50 ml. volumetric flask and a similar volume into a small conical flask. Add 5 drops of brom-phenol blue to the contents of the conical flask and add 2 *M* sodium acetate from a burette to bring the pH to 3.5—4.0. Adjust the pH of the solution in the volumetric flask by using the same amount of sodium acetate. Then add 1 ml. of hydroxylamine hydrochloride, dilute to approximately 40 ml. and add 1 ml. of o-phenanthroline solution. Make to volume. Allow to stand for at least 30 minutes to ensure hydrolysis of pyrophosphates. Sometimes as long as 18 hr. standing is necessary for maximum colour production. Compare colour with suitable standards prepared in exactly the same way. A blank determination should be done on the reagents.

VI. Manganese.

Manganese is of universal occurrence in plants and appears to be associated with certain oxidising enzymes which have an essential rôle in metabolism.

1. Detection and Estimation.

Manganese may often be detected by the pink coloration produced on acidifying a plant ash. It may also be detected by means of the benzidine reagent (2 g. pure benzidine in 100 ml. water containing 1% HCl). Filter paper is treated with a drop of the test solution then with a drop of 0.05% solution of sodium hydroxide and finally with a drop of benzidine reagent. A blue colour indicates presence of manganese. This test is also given by certain other metallic salts with oxidising properties such as lead, gold, chromium which are not likely to be present in plant material to any extent.

Manganese may be estimated spectrographically (1 part in 100,000) and there is usually sufficient of the element present to permit of its accurate estimation by the Lundegardh acetylene flame. The most convenient line is 4031Å which is quite close to a potassium line (4044) and it is common analytical practice to estimate both of these elements at the same time.

Small amounts of manganese may also be estimated colorimetrically by conversion to potassium permanganate in acidic solution and comparison of the colour with standards. The oxidation may be carried out either by potassium periodate or ammonium persulphate. The former is usually preferred since it gives a true permanganate colour. When a wet digestion with perchloric acid is used it is sometimes necessary to use ammonium persulphate also in the later stages of the digestion to prevent fading of the permanganate colour. Reducing substances reacting with periodate or potassium permanganate must be destroyed before oxidation is commenced.

2. Determination of Manganese.

The following method is modified from Coleman and Gilbert (1939).

Reagents. Pure H SO$_4$, Pure HNO$_3$, Potassium persulphate, Potassium periodate, sodium metabisulphite.

In the original method of Coleman and Gilbert the oxidation of the sample was accomplished by digestion with sulphuric and nitric acid. Perchloric acid may be used in addition if considered desirable.

Method. The dried sample (1—5 g.) contained in a 500 ml. Kjeldahl flask is moistened with nitric acid and 10 ml. of sulphuric acid added. Heat gently at first and then boil. Add nitric acid in small quantities (about 1 ml.) until oxidation of organic matter is completed. Evaporate until sulphuric acid fumes appear. Add 1 g. of potassium persulphate, dilute with approximately an equal volume of water and heat until white fumes again appear. Allow to cool and transfer after dilution to a 250 ml. conical flask. Total volume after washing out should be about 100 ml. Boil for a few minutes. After cooling add 3 ml. of phosphoric acid (85%) and 0.3 g. potassium periodate. Boil for a few minutes and place in a boiling water bath for 15—30 min. to develop full colour of potassium permanganate. Cool and dilute to a suitable volume (e. g. 200 ml.) and compare colour with standards.

A standard solution may be prepared by dissolving 0.2878 g. of pure potassium permanganate in 250 ml. water in a 1 litre volumetric flask, adding 20 ml. concentrated sulphuric acid and sodium metabisulphite solution slowly until the solution is just colourless. Any excess of sulphur dioxide is removed by addition of a few drops of nitric acid. Dilute to 1 litre (1 ml. = 0.1 mg. Mn). To prepare standard solutions, put appropriate amounts of this manganous sulphate solution into volumetric flasks, add 10 ml. sulphuric acid and 3 ml. phosphoric acid. Dilute to about 60 ml. Add 0.3 g. potassium periodate and proceed as above. When the colour is fully developed cool and make to volume.

VII. Molybdenum.

Molybdenum occurs in small amounts in all plants and its essential nature has been demonstrated but the exact form in which it occurs is not known.

1. Detection and Estimation.

Molybdenum gives a bright yellow colour with tiron (disodium 1-2-dihydroxy-benzene-3-5-disulphonate) at a pH of 6.6—7.5. One part of Mo in 10,000,000 may be detected (YOE and WILL, 1952).

Molybdenum may be estimated by means of thiocyanate which in acid solution in the presence of a reducing agent such as stannous chloride gives an amber to orange red colour. The coloured compound may be extracted with ethyl ether, butyl acetate etc., and comparison made with standards. It is important in this method that acidity, concentration of thiocyanate and time of standing be accurately standardised. A more sensitive method, subject to less interference from other ions, is based on the fact that molybdenum forms a green precipitate with dithiol (4-methyl-1:2-dimercaptobenzene) in acid solutions and this precipitate is soluble in amyl acetate. Copper may be estimated at the same time if desired.

2. Determination of Molybdenum.

Method of PIPER and BECKWITH (1948).

Amounts of the order of 0.2 to 25 μg. may be determined. This method is superior to the thiocyanate method where the composition of the molybdenum-thiocyanate complex is liable to vary with conditions during its formation. Dithiol forms coloured precipitates with a large number of other elements and a preliminary separation of molybdenum is necessary. Even then tungsten is said to interfere (ALLEN and HAMILTON, 1952). This element, however, is unlikely to be present in plant material in sufficient quantity to cause trouble.

Reagents.

12% Ammonium Citrate. Dissolve 100 g. of citric acid in water, neutralize with ammonia to pH 7—8, and dilute to 1 litre. Purify with dithizone if this reagent is to be used for copper determinations.

6% Cupferron. Dissolve 3 g. of good quality cupferron in 50 ml. water and filter. Prepare a fresh solution each day.

Dithiol. Dissolve a freshly opened 1 g. tube of dithiol in 500 ml. of 1% sodium hydroxide. When completely dissolved, add thioglycollic acid from a pipette until the solution is slightly hazy due to precipitation of dithiol (8—9 ml.). If a heavy precipitate forms, add small amount of sodium hydroxide and leave to re-dissolve. Store in completely full, stoppered pyrex glass bottles in a refrigerator at 2—4° C.

Amyl Acetate. Isoamyl acetate B. P. 135—142° C. For other reagents if copper is to be simultaneously determined see p. 493.

Method. Digest 2—4 g. of plant material with nitric, sulphuric and perchloric acids (or sodium perchlorate) (see p. 493). Dilute digest with water, add ammonium citrate, neutralize to pH 3 and extract with dithizone in carbon tetrachloride to remove copper. One extraction is sufficient unless it is desired to determine copper quantitatively. Then add 8 ml. of dilute sulphuric acid (1 + 1) to the contents of the separating funnel so reducing the pH to about 0.3—0.5, and shake. Then add 1—1.5 ml. of freshly prepared 6% solution of cupferron and shake again to precipitate all iron and molybdenum. Add 10 ml. of chloroform and shake for 40 sec. to extract the metal-cupferron complexes. After standing 3—5 min. separate the chloroform phase and add a further 0.5 ml. of the cupferron solution and 10 ml. of chloroform, shake again for 30 sec. and separate after standing, as before. If this second extract does not show a blue tinge make a third extraction using 3 drops of cupferron and 5 ml. of chloroform. Collect all the chloroform extracts in a 50 ml. KJELDAHL flask.

Add two glass beads to the chloroform extract in the Kjeldahl flask and boil off the chloroform. Remove the flask from the heater, add 3 ml. of concentrated sulphuric acid and digest for 1—2 min. until all chloroform vapour is removed. Then add 5 drops of perchloric acid and again digest for 1—2 min. or until nearly clear. Again remove from the heater and allow the condensation occurring in the neck to wash down any organic material that may have volatilized into the neck. If necessary at this stage allow to cool and wash down the neck with about 1 ml. of water. Return the flask to the heater and digest for a further 5 min. or until the neck of the flask is perfectly clean. When extract is cold, dilute with about 5 ml. of water and boil for 1—2 min. to ensure complete solution of all ferric sulphate. When cool transfer the solution to 25 ml. graduated stoppered tube, washing with three lots of 2—3 ml. of water and diluting to a final volume of 17 ml. Mix thoroughly and allow to cool. Then add 15 drops of dithiol reagent and shake twice. Leave and stand 30 min. to allow precipitate of molybdenum with dithiol to form completely. Then add, by means of a pipette, 7.5 ml. of isoamyl acetate, shake thoroughly to extract the dithiol complex and leave to stand for 4—6 hours. Remove the amyl acetate phase and determine the intensity of colour in a photo-electric colorimeter, using a wave band of 6700—6900 Å.

Standards. Prepare a series of standards as follows:— Pipette suitable amounts of a standard molybdenum solution into Kjeldahl flasks and to each add 0.5 mg. iron (as ferrous sulphate solution) and 3 ml. of concentrated sulphuric acid. Add two glass beads and digest until fuming. Cool, dilute, transfer to 25 ml. graduated tubes and develop colour as above. Carry out a blank determination, adding 0.5 mg. of iron at the time of digestion with nitric, sulphuric and perchloric acids.

VIII. Selenium.

This element is not usually found in plants except in very minute quantities but certain species accumulate it on seleniferous soils. These plants are then toxic to animals and it is sometimes necessary to determine selenium content of herbage.

1. Detection and Estimation.

Selenium may be detected qualitatively by the green or blue colour produced by codeine in the presence of concentrated sulphuric acid. This test may be conveniently carried out by digesting the plant material by the Kjeldahl procedure (using mercuric oxide as catalyst) and then adding codeine sulphate. It may be necessary to use as much as 10 g. of dried plant material if the selenium content is very low. Vanadium gives a similar reaction.

In the quantitative determination of selenium the most satisfactory method is by distillation with HBr containing free bromine. This converts all the Se to the sexivalent state and on distillation the excess bromine collects in the distillate followed by the selenium. The distillate is treated with SO_2 and hydroxylamine hydrochloride and the selenium completely precipitates. It may then be weighed or determined colorimetrically.

2. Determination of Selenium.

Method. This is essentially the method described in Methods of Analysis, A. O. A. C. 7th Edition (1950).

Stir 5 g. of dry powdered material into 50 ml. sulphuric acid and 100 ml. of 68% nitric acid in a 600 ml. beaker. Rate of addition should be controlled so that temperature of the mass does not exceed 80° C. Allow to stand until vigorous action has subsided then warm gently with occasional stirring until no more nitrous fumes evolved. Warm just below 120° C until darkening occurs. Transfer to an all glass distillation apparatus and add through a thistle funnel, 100 ml. of HBr containing 2 ml. of bromine. Warm gently for 15 mins. and distil into 100 ml. conical flask containing 5 ml. water. The end of the condenser should be submerged in the water. If a drop of bromine does not collect beneath the water in the receiver add 2 ml. bromine to the distillation flask through the thistle funnel and repeat gentle warming. Continue distillation until about 60 ml. liquid has collected. To the distillate add 25 ml. water and cool in iced water. Pass a slow stream of SO_2 into the distillate until bromine is removed. Add 0.25 g. hydroxylamine hydrochloride. Warm on a steam bath at 80° C for 15 minutes and allow to stand overnight. The selenium appears at the bottom of the flask as a rose-pink precipitate. Modify further treatment according to the quantity of precipitate:—

Precipitate not Greater than 0.5 mg. Filter selenium through a small asbestos GOOCH crucible with suction. Re-dissolve precipitated selenium from the asbestos pad with 10 ml. of 48% HBr which has been rendered bright red by addition of bromine. Collect filtrate by suction in 25 ml. volumetric flask and wash pad with two portions of water. Decolorize with SO_2 and add 1 ml. of solution containing 100 mg. hydroxylamine hydrochloride and 25 mg. gum arabic. Make to volume with water. Transfer flask and contents to steam bath and warm at 80° C for 30 minutes. Cool to room temperature, shake vigorously and transfer to 50 ml. NESSLER tube. Before final precipitation of the selenium in the volumetric flask, prepare a series of standards in 25 ml. volumetric flasks by addition of 0.01, 0.02, 0.05, 0.1, 0.2, 0.5 and 0.7 mg. of Se as Na_2SeO_4. Precipitate these standards after addition of HBr, Br, H_2O, $NH_2OH \cdot HCl$ and gum arabic and treat precisely as the sample is treated. Compare colours.

Initial Precipitate Greater than 0.5 mg. Re-dissolve the washed precipitate in HBr containing bromine as above. Transfer dissolved material to 100 ml. beaker and dilute with 20% HBr to volume of 50 ml. Precipitate this solution with SO_2 and add 0.25 g. $NH_2OH \cdot HCl$. Warm on steam bath for 15 minutes and allow to stand overnight at room temperature. Filter on a weighed GOOCH, dry 4 hours at 85° C and weigh on balance sensitive to 0.05 mg.

IX. Zinc.

Zinc is an essential element for plant nutrition but is usually present in very small amounts usually 5—40 p.p.m. although values up to 200 p.p.m. have been recorded in the literature.

1. Detection and Estimation.

Owing to the very small zinc content in most plant materials some concentration process is usually necessary before estimations can be made and this is usually carried out by the dithizone process (see p. 474 for general discussion). Spectrographic flame methods are not sufficiently sensitive but the arc may be used; for instance ROGERS (1935) used the line 2138.5 Å (sensitivity 10 p.p.m. Zn) and special ultra-violet sensitive plates. VANSELOW and LAURANCE (1936) used 3345.0 Å (sensitivity 100 p.p.m. Zn) and the cadmium line 3252.5 as internal standard but these methods are not very suitable for general use and the extraction method developed by WALKLEY (1942) with subsequent polarographic or colorimetric estimation (COWLING and MILLER, 1941) seems to offer the best possibilities. In this process the Zn and other heavy metals are extracted, after wet digestion, with excess of dithizone in chloroform or carbon tetrachloride at about pH 10 in presence of ammonium citrate to prevent precipitation of iron and aluminium. The dithizone extract is digested with sulphuric, nitric and perchloric acids and after evaporation to dryness the residue is dissolved in a suitable supporting electrolyte and estimated by means of the polarograph. In the colorimetric procedure of Cowling and Miller the dithizone extract is shaken with 0.02 N HCl which extracts zinc and other metals and leaves copper in the dithizone phase. The pH of the aqueous phase is adjusted to pH 8.5 to 9.0 by addition of ammonia-ammonium citrate buffer containing sodium diethyldithiocarbamate. This compound forms complexes with all the metals present except zinc which may be extracted again with dithizone and this extract may be compared with standards without the removal of the excess dithizone.

2. Determination of Zinc. (Walkley, 1942.)

Reagents.

Acids. Nitric acid (S. G. 1.42), sulphuric acid (S. G. 1.84) and perchloric acid (S. G. 1.54) re-distilled in pyrex glass.

Chloroform. Re-distil in pyrex glass and add 1 % of its volume of absolute alcohol.

Ammonium Citrate Buffer. Mix 5 g. citric acid, 50 ml. distilled water and 200 ml. 4.0 M ammonium hydroxide and shake for 1 min. in a separating funnel with 10 ml. chloroform and 100 mg. powdered dithizone. Discard the chloroform and shake twice more with 10 ml. lots of chloroform only. The solution has a pH of 10.7 and is orange due to the dissolved dithizone. Since dithizone oxidises fairly rapidly in aqueous solutions it is advisable to prepare a stock solution of citric acid and ammonia and to add the dithizone when required for immediate use.

Basal Solution of 0.1 M Ammonium Chloride, 0.02 M Potassium Thiocyanate and 0.0002% Methyl Red. Dissolve 5.35 g. ammonium chloride and 1.94 g. potassium thiocyanate in water and add 5 ml. of 0.04 % aqueous solution of methyl red and dilute to 1 litre.

Standard Zinc Sulphate (0.01 M). Dissolve 2.875 g. of pure crystalline zinc sulphate in water and dilute to 1 litre. Dilute a portion to give a 0.001 M solution in a basal solution of the same composition as above.

Method. Weigh out 1 g. of dry powdered material into a Kjeldahl flask. Add 10 ml. nitric acid, 1 ml. perchloric acid (or 2 ml. of purified sodium perchlorate — see p. 493) 1 ml. of sulphuric acid and 1 drop of kerosene. Heat until all the nitric acid and perchloric acid has been driven off and the sulphuric acid has been refluxing for about 5 minutes. Cool. Add 15 ml. water and bring to the boil over a bunsen flame, keeping the flask agitated to prevent bumping. Allow to cool and add 25 ml. of ammonia buffer containing dithizone.

To a 100 ml. separating funnel add approximately 5 ml. chloroform and then the neutralised digest and rinsings. Shake vigorously for about 1 minute and allow to stand. Run off as much of the chloroform layer as possible without allowing any of the aqueous layer or the silica which collects at the interface to enter the stopcock. Repeat with two further 5 ml. portions of chloroform. The third portion is merely for rinsing. Collect all three portions of chloroform in a small glass weighing bottle (about 30 ml.) and evaporate to dryness. Add 2.5 ml. nitric acid, 0.5 ml. perchloric acid and 2 drops of sulphuric and again heat to just below boiling. When the sulphuric acid is fuming strongly transfer to a muffle at 300—350° C for 2—3 minutes. To the cool dry residue add 1 ml. of the mixed basal solution, stopper the bottle and allow to stand for a few minutes for the zinc to dissolve.

A portion of this solution is transferred to the polarograph and estimated (see p. 476).

3. Determination of Zinc (A.O.A.C.).

This is essentially the method of Cowling and Miller (1941) as modified in the Methods of Analysis, A. O. A. C. 7th Edition (1950).

Reagents.

Carbon Tetrachloride. Redistil with a small quantity of calcium oxide.

N Ammonium Hydroxide. Distil ammonium hydroxide into glass distilled water and dilute to correct strength. Store in pyrex glass.

Dithizone in Carbon Tetrachloride. Dissolve 0.2 g. dithizone in 500 ml. carbon tetrachloride. Filter. Shake with 2 litres of 0.02 N NH_4OH. Separate aqueous phase and extract with 100 ml. portions of carbon tetrachloride until the carbon tetrachloride extract is pure green in colour. Discard each carbon tetrachloride phase. Add 500 ml. carbon tetrachloride and 45 ml. N HCl and shake to extract the dithizone into carbon tetrachloride. Discard aqueous phase. Dilute the carbon tetrachloride solution of dithizone to 2 litres with carbon tetrachloride. Store in a dark bottle in a cool place.

0.5 M Ammonium Citrate. Dissolve 226 g. ammonium citrate in 2 litres water. Add ammonium hydroxide until the solution has a pH of 8.5—8.7 (80—85 ml.). Add excess of dithizone solution and separate the carbon tetrachloride phase. Excess of dithizone is indicated by a yellow to orange colour in the aqueous phase after shaking. Wash the aqueous phase 2 or 3 times with 100 ml. portions of carbon tetrachloride until extract is full green colour. Store aqueous phase in a pyrex bottle.

Sodium diethyldithiocarbamate. Dissolve 0.25 g. in water and dilute to 100 ml. Prepare immediately before use.

Standard Zinc Solutions. Place 0.25 g. pure Zn in 250 ml. volumetric flask. Add about 50 ml. water and 1 ml. H_2SO_4. Heat on water bath until all Zn dissolved. Dilute to 250 ml. and store in pyrex bottle. Dilute 10 ml. to 1 litre for preparation of standards.

From the above make the following solutions:—

Solution A. To 1 litre of 0.5 M ammonium citrate add 140 ml. N NH_4OH and dilute to 4 litres.

Solution B. To 1 litre of 0.5 M ammonium citrate add 300 ml. N NH_4OH and dilute to 4.5 litres. Just before using add 1 vol. of freshly prepared carbamate solution to 9 vol. of ammonia-ammonium citrate solution to obtain volume of solution B immediately required.

Method. Ash 5 g. of dry powdered material at 500° C. Moisten ash with a little water, then add 10 ml. N HCl and heat on sand bath. Add 5—10 ml. hot water. Filter off on a No. 42 Whatman filter paper and collect filtrate in 100 ml. volumetric flask. Wash filter with hot water. Neutralize filtrate (methyl red) with N ammonium hydroxide and add 4 ml. N HCl. Cool and make to volume with water.

1st Extraction. (Separation of dithizone complex-forming metals from the ash solution.)

Put an aliquot of the ash solution containing not more than 30 μg. zinc into a separating funnel. Add 1 ml. of 0.2 N HCl for each 5 ml. of ash solution less than 10 ml. taken or 1 ml. of 0.2 N NH_4OH for each 5 ml. over 10 taken. (A 10 ml. aliquot is usually satisfactory.) Add 40 ml. solution A and 10 ml. of dithizone reagent. Shake vigorously for 30 sec. to separate from the aqueous phase the zinc and other dithizone complex forming minerals present. Allow the layers to separate. At this point an excess of dithizone (indicated by orange or orange yellow coloration of the aqueous phase) must be present. If not add more reagent till there is an excess after shaking. Draw off the carbon tetrachloride extract into a second separator as completely as possible without allowing any of the aqueous phase to enter the bore of the stopcock. Rinse aqueous phase several times with successive portions of 1—2 ml. of carbon tetrachloride and run into the second separator taking care that none of the aqueous phase enters the bore of the stopcock. When the zinc is completely separated the carbon tetrachloride layer will be clear green. Discard aqueous phase.

2nd Extraction. (Separation of copper by extraction of zinc into 0.02 N HCl.)

Pipette 50 ml. 0.02 N HCl into separating funnel containing the carbon tetrachloride solution of metal dithizonates. Shake $1^1/_2$ minutes and allow phases to separate. Shake down drop from surface of aqueous phase and as completely as possible run off the carbon tetrachloride phase containing all the Cu as dithizonate, without allowing any of the aqueous phase which contains all the zinc to enter stopcock bore. Rinse down the carbon tetrachloride extract from the surface of the aqueous phase and rinse out stopcock bore with 1—2 ml. portions of clear carbon tetrachloride until all traces of green dithizonate have been washed out of funnel. Shake down drop of carbon tetrachloride from surface of aqueous phase and run off carbon tetrachloride as completely as possible without allowing any aqueous phase to enter stopcock bore. Remove stopper from funnel and lay across neck until small quantity of carbon tetrachloride on surface of aqueous phase has evaporated.

Final Extraction. (Extraction of zinc in presence of carbamate reagent.)

Pipette 50 ml. of solution B and 10 ml. of dithizone solution into 50 ml. of 0.02 N HCl solution containing the zinc. Shake 1 minute then allow phases to separate. Flush out stopcock and stem of funnel with about 1 ml. of the carbon tetrachloride extract and collect remainder in a test tube. Pipette 5 ml. of extract into 25 ml. volumetric flask, dilute to mark with clear carbon tetrachloride and compare with standards. The final extract should be protected from strong light as much as possible.

Standard Curve. Place 0, 5, 10, 15, 20, 25, 30 and 35 ml. of standard zinc solution containing 10 μg. of Zn/ml. in 100 ml. volumetric flasks. To each flask add 1 drop methyl red indicator and N NH$_4$OH until neutral, then 4 ml. N HCl and make to volume. Proceed as for ash solutions using 10 ml. aliquot of the standard solutions. Construct a standard curve for comparison of the unknown solutions.

References.

Allen, S. H., and M. B. Hamilton: Anal. Chim. Acta. 7, 483 (1952).

Broadfoot, W. M., and G. M. Browning: J. Assoc. Off. Agr. Chem. 24, 916 (1941).

Chenery, E. M.: Analyst 73, 501 (1948). — Coleman, D. R. K., and F. C. Gilbert: Analyst 64, 726 (1939). — Comrie, A. A. D.: Analyst 60, 532 (1935). — Cowling, H., and E. J. Miller: Ind. Eng. Chem. (Anal. Ed.) 13, 145 (1941).

Doneen, L. D.: Plant Physiol. 7, 717 (1932).

Hatcher, J. T., and L. V. Wilcox: Anal. Chem. 22, 567 (1950). — Hunter, J. G.: Analyst 75, 91 (1950).

Ismail, A. M., and H. F. Harwood: Analyst 62, 443 (1937).

Johnson, C. M., and A. Ulrich: Anal. Chem. 22, 1526 (1950).

Kolthoff, I. M., and J. J. Lingane: Chem. Rev. 24, 1 (1939). — Kuttner, T., and L. Lichtenstein: J. Biol. Chem. 95, 661 (1932).

Markham, R.: Biochem. J. 36, 790 (1942). — Marston, H. R.: J. Agr. Sci. 28, 679 (1938). — Marston, H. R., and D. W. Dewey: Austr. J. Exp. Biol. and Med. Sci. 18, 343 (1940). — Maunsell, P. W.: New Zealand J. Sci. Tech. 22, 101 B (1940). — Methods of Analysis.: Ass. Off. Agr. Chem. 7th Ed. Washington D. C., A.O.A.C. 1950. — Mitchell, R. L.: Tech. Communication 44. Harpenden: Commonwealth Bureau of Soil Science 1948.

Piper, C. S.: Soil and Plant Analysis. Adelaide: University of Adelaide 1942. — Piper, C.S. and R. S. Beckwith: J. Soc. Chem. Ind. 67, 374 (1948).

Ramsay, J. A.: J. Exp. Biol. 27, 407 (1950). — Rogers, L. H.: Ind. Eng. Chem. (Anal. Ed.) 7, 421 (1935).

Sylvester, N. D., and L. H. Lampitt: Analyst 60, 376 (1935).

Vanselow, A. P., and B. M. Laurence: Ind. Eng. Chem. (Anal. Ed.) 8, 240 (1936).

Walkley, A.: Austr. J. Exp. Biol. and Med. Sci. 20, 139 (1942). — Watson, D. J., and E. C. D. Baptiste: Ann. Bot. (N. S.) 2, 437 (1938).

Yoe, J. H., and F. Will: Anal. Chim. Acta 6, 450 (1952).

Sachverzeichnis.

(Deutsch — Englisch).

Wegen allgemeiner Stichworte wie Extraktion, Abtrennung, Reinigung usw. der einzelnen
Stoffgruppen vergleiche man auch das Inhaltsverzeichnis am Anfang dieses Bandes.
n-, D-, L- und ähnliche Isomere sind unter dem Anfangsbuchstaben der Verbindung und nicht
unter dem Präfix eingeordnet.
Ä, Ö, Ü sind wie Ae, Oe, Ue eingereiht.
Bei gleicher Schreibweise in beiden Sprachen sind die Verbindungen jeweils einfach aufgeführt.

ABBE-Refraktometer, ABBE *refractometer* 255.

ABBOTsche Korrektur, ABBOT's *correction* 322.

Abdampfen, *evaporation* 34.

— der Lösungsmittel, *evaporation of solvents*
72.

Abdampfschälchen, *evaporating dish* 73.

Abschätzung, *estimate* 307.

Absorbentien für Radioaktivität, *absorbers
for radioactivity* 353, 358.

Absorptiometer, lichtelektrisches (Spekker),
absorptiometer, photoelectric 162—164.

Absorption, *absorption.*

—, allgemeine, *general* 151, 152.

—, aromatische Systeme, *aromatic systems*
204.

—, Korrektur störender Absorptionsanteile,
irrelevant, correction procedures 210.

— mit Feinstruktur, *with fine structure* 151,
152.

—, Ringsysteme, *ring systems* 204.

—, selektive, *selective* 151, 152.

—, Umkehrpunkt, *inflexion* 151.

— und Stereoisomerie, *and stereoisomerism*
206.

— v. Steroiden, *of steroids* 205.

Absorptionsgesetze, *absorption laws* 150.

Absorptionsindex, *absorbance index* 151

Absorptionskoeffizient, *absorption coefficient*
150.

Absorptionskurven, Nomenklatur, *absorption curves, nomenclature* 151.

Absorptionsmessung, *absorptimetry* 150—152.

Absorptionsspektren, Absorptionsverschie-
bungen, *absorptionspectra, displacement
effects* 203.

—, Ausdeutung u. Auswertung, *interpretation*
201, 202.

—, Darstellung, *presentation* 201.

—, isosbestischer Punkt, *isosbestic point* 209.

Absorptionsspektrum, Persistanz, *absorption
spectrum, persistence* 151.

Acetaldehyd, *acetaldehyde* 68.

Acetessigsäure-β-Oxybuttersäure, Redoxpotential, *aceto-acetic-β OH butyric acid,
redox potential* 398.

Adipinsäure, *adipic acid* 68.

Adrenalin, Redoxpotential, *adrenalin, redox
potential* 398.

Adsorptionskohle (Aktivkohle), *charcoal,
activated* 106.

Adsorptionszonen, Reagentien z. Kenntlichmachung, *adsorption zones, reagents for
detection* 104.

Ätherextrakt, *ether extract* 17.

Äthylamin, *ethylamine* 68, 370.

Äthyl-Capriblau als rH-Indikator, *ethyl capri
blue as an rH indicator* 413.

Äthylen, *ethylene* 444—450.

—, Bestimmung, *determination* 446ff.

—, Identifizierung, *identification* 449.

Aktivität, optische, *optical activity* 278.

Aktivitätsstufe nach BROCKMANN u.
SCHÖDDER, *activity grade of BROCK-
MANN and SCHÖDDER* 108.

Alanin, *alanine* 81, 84.

Alkalimetalle, *alkali metals* 60.

Alkaloide, *alkaloids* 60.

Alkohol-Aldehyd, Redoxpotential, *alcohol-
aldehyde, redox potential* 398.

Alkohol, Bestimmung, *alcohol, determination*
442.

Alkohole, Infrarotspektroskopie, *alcohols,
infrared spectroscopy* 228.

Aluminium 489.

Aluminiumoxyd, *aluminium oxide* 106.

Aluminon-Reagens, *aluminon reagent* 489.

Amberlite 119.

Ameisensäure, manometr. Bestimmung,
formic acid, manometric determination 437.

AMICI-Prismen, AMICI *prisms* 255.

Amidbestimmung, *amide-N, determination*
442.

Aminco-Photometer, lichtelektrisches,
Aminco photoelectric photometer 167.

Amine, Bestimmung, *amines, determination*
443.

p-Aminobenzoesäure, *p-aminobenzoic acid* 68.

α-Aminobuttersäure, *α-aminobutyric acid* 81.

Aminosäure-Gemisch, Trennung, *amino
acid mixture, separation* 81.

Aminosäuren, DNP-Derivate, *amino acids,
DNP-derivatives* 115.

Subject Index.

(English — German)

For general terms such as extraction, isolation, purification etc. of various groups of compounds cf. also the table of contents at the beginning of the volume.

n-, d-, l- and similar isomeres are listed according to the first letter of the following word. Ä, Ö, Ü are taken as Ae, Oe, Ue.

Where the English and German spelling of a word is identical, the italicised (German) entry is omitted.

34